Zum 50. Geburtstag

von der gesamten

Freiw. Feuerwehr - Rottenburg

Renz

- Renz -

Stadtbrandmeister

DER GOLDENE HELM

DER GOLDENE HELM

Werden, Wachsen und Wirken der Feuerwehren

VERLAG MODERNE INDUSTRIE · MÜNCHEN

Biographien und Zusammenstellung

HANS G. KERNMAYR

Erstausgabe 1956 bei Pohl & Co. Verlagsbuchhandlung GmbH., München
in Gemeinschaft mit Verlag Dr. Haas KG., Mannheim

Druck: Huber KG, Dießen
Printed in Germany · 660 980/678 305

Mitarbeiter

HERMANN ADE, Sprecher der Freiwilligen Feuerwehr, Kempten, Allgäu; ARTELDT, Geschäftsführer des Zentralinnungsverbandes des Schornsteinfegerhandwerks, Düsseldorf; RICHARD BANGE, Dipl.-Ing., Oberbrandrat, Hannover; CARL DIETRICH BEENKEN, Dipl.-Ing., Generaldirektor der Schleswig-Holsteinischen Landesbrandkasse, Kiel; HANS BRUNSWIG, VDI, Dipl.-Ing., Oberbrandrat, Hamburg; ALBERT BÜRGER, Architekt, Präsident des Deutschen Feuerwehrverbandes, Rottweil a. N.-Zimmern; G. DEDERBÖCK, Dipl.-Ing., Dr., Oberbaurat, Arbeitsgemeinschaft der gemeindlichen Unfallversicherungsträger, München; BRUNO ELFREICH, Dipl.-Ing., Feuerwehrdirektor (Bundesluftschutzverband) Köln/Rhein; Dr. E. EMRICH, Schriftstellerin, Stuttgart; EGID FLECK, Dipl.-Ing., Regierungsbaudirektor, Innenministerium, Stuttgart; LOTHAR GARSKI, Dipl.-Ing., Oberbrandrat, Düsseldorf; REINHOLD GELLE, Hauptbrandmeister, Laucherthal-Hohenzollern; WILHELM HARMS, Oberinspektor, Landschaftliche Brandkasse, Hannover; GEORG-WILHELM PRINZ VON HANNOVER, Leiter der Schulen Schloß Salem; KURT HARTMANN, Dr. med., Chirurg, Krankenhaus „Bergmannsheil", Bochum; HANS HELMERS, Bezirksbrandmeister, Brinkum; ERICH HENTSCHEL, Dr., Verband der Sachversicherer E. V. Köln/Rhein; HEINZ HENTSCHEL, Dir. Karlsruhe; O. HERTERICH, Dir., Dipl.-Ing., Ulm/Donau; G. A. HUGO, Brandinspektor i. R., Koblenz; EMIL HURTER, Dr., Werkfeuerwehrverband E. V., Krefeld-Uerdingen; THEODOR ISNENGHI, Dipl.-Ing., Oberbrandrat, Stuttgart; R. JOOP, Institut für Bauforschung, Hannover; FRIEDRICH KAUFHOLD, Dr., Direktor der Landesfeuerwehrschule Nordrhein-Westfalen, Warendorf; WALTER KAUFHOLD, Dr., Werenwag/Hohenzollern; H. G. KERNMAYR, Altenbeuern/Rosenheim; ERNST KIRCHNER, Dipl.-Ing., Brandrat, Lübeck; ALBIN KLEIN, Gießen/Lahn; PAUL WILHELM KLINK, Untertalheim bei Horb a. N.; FRITZ KLUGE, Dr. Reg.-Baurat, Direktor der Landesfeuerwehrschule Rheinland-Pfalz, Kirchheimbolanden/Pfalz; ALEXANDER KOSS, Oberbrandrat, Krefeld; BENNO LADWIG, Geschäftsführer des Landesfeuerwehrverbandes Niedersachsen E. V., Hannover; LÖFFLER, Dipl.-Ing., Chem. Werke Hüls AG., Marl/Kreis Recklinghausen; OTTO LUCKE, Obering., Branddirektor i. R., Berlin-Siemensstadt; GERT MAGNUS, Dr.-Ing., Branddirektor der Stadt Mannheim; OTTO MEHLTRETTER, Dipl.-Ing., Städt. Baurat, München; BERNHARD PEILL, Schriftsteller, Ladenburg/Neckar; K. RAUE, Dipl.-Ing., Reg.-Baurat; MICHAEL REUSCH, Kommandant der Freiwilligen Feuerwehr, Sigmaringen/Hohenzollern; E. RIETZEL, Dipl.-Ing., Branddirektor, Berufsfeuerwehr Hannover; HERMANN RITGEN, Generalsekretär des Deutschen Roten Kreuzes, Bonn/Rhein; HANS RODEN, Presse-Nachrichtendienst in Wort und Bild, Mannheim; OTTO SCHÄFER, Brandoberinsp. a. D., Dörnigheim; H. SCHILBACH, Dipl.-Ing., Branddirektor, Essen; SCHLOSSER, Brandobering.; E. SCHMITT, Dipl.-Ing., Oberreg.-Rat, Bundesministerium des Innern, Bonn; HUGO SCHNEIDER, Kriminaldirektor a. D., Stuttgart; C. A. W. SCHNELL, Celle; SCHUBERT, Dr.-Ing., Oberbrandrat, Feuerwehramt Hamburg; W. SCHWARZENBERGER, Dipl.-Ing., Branddirektor, Hamburg; G. SCHWIERZ, Fa. Mix und Genest, Pressestelle; RICHARD SCHWINGER, Dr., Dir., München; KARL SONDERGELD, Hauptbrandmeister, Werkfeuerwehr VW, Wolfsburg; M. TÖGEL, Berlin-Wannsee; TRAPPMANN, Vorsitzender des Zentralinnungsverbandes des Schornsteinfegerhandwerks, Düsseldorf; WILLY ULRICH, Brandamtmann, Bielefeld; HANS VOGL, Kreisbrandinspektor, Rosenheim/Obb.; H. WITZLER, Dipl.-Ing., Brandrat, Reg.-Baumeister a. D., Berufsfeuerwehr, Hannover; W. ZILIUS, Dr., Stuttgart; ZILIUS, Dipl.-Ing., Oberbaurat a. D., Stuttgart-Weil im Dorf; EMIL ZILLMER, Werkfeuerwehrleiter der Dortmund-Hörder Hüttenunion AG., Werk Hörde, Dortmund.

Inhaltsverzeichnis

Seite

V. Teil

Aus den Annalen der Feuerwehr

ZUM GELEIT

*Der Wahrheit eine Gasse; das Werk „*DER GOLDENE HELM*“ will einem stillen Heldentum ein kleines Denkmal setzen. In Stadt und Land stehen Tag und Nacht zu jeder Jahreszeit die braven und tapferen Feuerwehrmänner bereit, den Mitmenschen in höchster Not beizustehen, die Lebensgrundlagen der Menschheit und ihre kulturellen Güter vor der Vernichtung durch die Naturgewalten zu schützen. Hinter diesen stillen Kämpfern stehen die Mütter und Frauen, die die Männer in ihrem Tun und Wollen bestärken und mit ihnen die Bürde und Aufgaben des Dienens an Volk und Heimat tragen.*

Die Legion der Witwen und Waisen der im Kampf mit den Elementen Gebliebenen sind beredte Zeugen für den Ernst und die Schwere der von den Feuerwehrmännern freiwillig übernommenen Pflicht. Ein ehrenvolles Gedenken sei aber auch den Frauen, den Kindern und den Greisen, die an die Stelle der Wehrmänner traten, als es galt, die Heimat mit der Waffe zu schützen, zugedacht. — — Frauen, Kinder und Greise standen ihren „Mann“.

Es gilt in diesem Buch nicht nur vollbrachter Leistungen zu gedenken, es gilt das Wesen der Feuerwehr zu ergründen, um ihr in den breitesten Schichten der Bevölkerung Achtung zu sichern.

Ein einzelner gilt, um das hohe Lied des braven Mannes zu singen, nichts. Ich durfte bescheiden die vielen Arbeiten aus bewährten Federn zusammentragen. Die Besten und Getreuesten waren es, die das Wirken der Feuerwehr aus ihrem Werden und Wachsen heraus zeigten. Es waren die Berufenen aus dem Brandschutzlager, die diesem Werk ihr Wort im wahrsten Sinne — schenkten. Eine beachtliche Fülle von fachlichen Betrachtungen ranken sich um eine nach historischen Grundlagen mit künstlerischer Freiheit gestalteten Legende vom Werden, Wachsen und Wirken der Freiwilligen, Berufs- und Werkfeuerwehren Deutschlands.

Allen dem Werk wohlmeinend gegenüberstehenden Freunden und Mitarbeitern, die trotz Arbeitsüberlastung mir behilflich waren, mich mit Rat und Tat unterstützt haben, sage ich an dieser Stelle mein allerherzlichstes ‚Dankschön‘.

*Nun möge das Buch „*DER GOLDENE HELM*“ hinausgehen in alle Lande, künden und helfen, das große und hehre Ansehen der Feuerwehren im Volk und im Staate zu befestigen, die Kameradschaft noch fester zu knüpfen und das Verständnis für die Sorgen der Feuerwehr bei den gesetzlichen Trägern des Brandschutzes zu wecken.*

Mein herzlichster Wunsch und Ruf gilt der männlichen Jugend, damit sie sich bereit macht, die Fackel der Nächstenliebe aus den Händen der älteren erprobten Kameraden entgegenzunehmen und weiterzutragen in eine — Gott gebe es — der Allgemeinheit dienenden Gegenwart und Zukunft.

HANS G. KERNMAYR

Flackernd steigt die Feuersäule,
durch der Straße lange Zeile
wächst es fort mit Windeseile;
kochend, wie aus Ofens Rachen,
glühn die Lüfte, Balken krachen,
Pfosten stürzen, Fenster klirren,
Kinder jammern, Mütter irren,
Tiere wimmern
unter Trümmern;
alles rennet, rettet, flüchtet,
taghell ist die Nacht gelichtet.
Durch der Hände lange Kette
um die Wette
fliegt der Eimer, hoch im Bogen
spritzen Quellen, Wasserwogen.
Heulend kommt der Sturm geflogen,
der die Flamme brausend sucht;
prasselnd in die dürre Frucht
fällt sie, in des Speichers Räume,
in der Sparren dürre Bäume,
und, als wollte sie im Wehen
mit sich fort der Erde Wucht
reißen in gewalt'ger Flucht,
wächst sie in des Himmels Höhen
rießengroß!
Hoffnungslos
weicht der Mensch der Götterstärke;
müßig sieht er seine Werke
und bewundernd untergehen.

AUS SCHILLERS „LIED VON DER GLOCKE"

I. TEIL

HISTORISCHE ENTWICKLUNG

St. Florian, „Schutzpatron der Feuerwehr"

Von Paul W. Klink, Untertalheim/Württ.

Man sollte es kaum für möglich halten, daß von einem Manne, der seine unwandelbare Gefolgschaftstreue und Gesinnungsfestigkeit mit dem Tode besiegelt hat, heute als bekanntestes nur noch ein windiger Volksspruch übriggeblieben ist, der die alte Wahrheit beweist, daß manch einer vorgibt, Gott und seine Heiligen zu lieben, während er's gleichzeitig mit der doch wahrlich ebenso notwendigen Nächstenliebe gar nicht wichtig nimmt. Solches ist dem heiligen Florian widerfahren und wären da nicht noch die leibhaftigen Repräsentanten tatkräftiger Nächstenliebe, die wackeren Mannen der Feuerwehr, — weiß Gott, es wäre wohl dem Heiligen längst verleidet, sich von seinen Nachfahren hänseln zu lassen mit dem losen Sprüchlein:

„O heiliger Sankt Florian, verschon' mein Haus, zünd' and're an!"

Neuerdings kann man den Spruch sogar in kleiner Abwandlung wiederfinden auf jenen drallgebackenen Lebkuchenherzen, die sich die Jugend an Fahnenweihen und Musikfesten von den Jahrmarktsbuden kauft und gegenseitig umhängt. Da ist dann in grellem Buntdruck darauf zu lesen: „O heiliger Sankt Florian, verschon' mein Herz, zünd' andre an!" Als ob es den kichernden Trägerinnen sotaner eßbarer Herzen darum zu tun wäre, ihr eigenes warmes Herz kein Feuer fangen zu lassen! Wo sie doch selber mindestens ebenso „zum Anbeißen" sind wie die billigen Herzen über ihrem echten!

Nun, der gestrenge Florian weiß schon: Es ist mehr bloße Gedankenlosigkeit als nackte Mißgunst, was das Volk so beten läßt, und daß kein rechtschaffener Christenmensch seinem Nachbarn im Ernst den roten Hahn an den Kragen wünscht. Ganz abgesehen davon, da es ihm dann bei der Gelegenheit auch blühen könnte!

Ganz große Stücke auf Sankt Florian aber muß jener dreimal abgebrannte Bauer gehalten haben, der über seinen Neubau den Vers gesetzt hat: „Dies Haus stand einst in Gottes Hand — Und ist doch dreimal abgebrannt. Zum vierten Mal hab' ich's gebaut — Doch nun Sankt Florian anvertraut!"

Zwar hat sich dieser Versdichter arg in der Rangordnung der Werte verguckt und dem Gefolgsmann weit mehr zugetraut als dessen Vorgesetztem, aber auch hier scheint's kein böser Wille oder mangelndes Gottvertrauen gewesen zu sein, sondern das verstandesmäßig nicht zu beweisende Gefühl, daß einfach der heilige Florian für das Ressort „Brand und Feuer" der am ehesten Zuständige von allen Himmlischen sein müsse.

Noch drastischer drückt ein anderer Hausbesitzer sein Vertrauen zum Heiligen aus, wenn er über seine Haustüre schreibt:

„Dies Haus steht in Sankt Florians Hand
Verbrennt's, so ist's ihm seine Schand!"

Das ist nun freilich dieselbe Schulbubenlogik, die jenes Büble sagen ließ: „Meinem Vater geschieht's grad recht, wenn's mich in die Finger friert — warum kauft er mir keine Handschuhe?"

Unser Volk kennt zwei beliebte Heilige, die mit Gefäßen abgebildet werden: Den heiligen Veit (oder lateinisch gesprochen: „Sankt Vitus") und St. Florian. Der erste wurde jedoch nur durch ein pures Versehen zum Patron der — Bettnässer: Weil er in einem Kessel voll glühenden Öls zu Tode gemartert worden war, gab man ihm später auf seinen Statuen solch rundes Behältnis als kennzeichnendes Attribut in die Hand. Aus Material- und Platzmangel wurde dieser Kessel zuweilen so klein dargestellt, im Verhältnis zu seiner Figur, daß irgendwann und irgendwo einmal das Mißverständnis entstanden ist, der gute Heilige trage da jenes allzumenschliche Geschirr in der Hand, dessen man zuweilen, besonders nächtlicherweile, kaum entraten kann. Und so erklärt sich die Entstehung jenes Gebetes, das die Omas und Ammen der halben Welt in tausend Dialekten ihren Schützlingen vorzubeten pflegen:

„Heiliger Sankt Veit: Weck' mich bei Zeit!
Nicht zu früh und nicht zu spät, Daß nichts ins Bett geht!"

Kein Zweifel, daß es auch in diesem Spezialfall oft recht „brandeilig" zugehen mag, aber unser heiliger Florian kam denn doch echter und gerechter zu seinem Patronat für Feuersbrunst und Brandgefahren, und damit auch zu seinem Schöpfgefäß, das er auf seinen Bildern über den Brandherd ausgießt, der ihm zu Füßen emporschwelt.

Er war der Zeitgenosse der heiligen Barbara, gehört also in die letzte Etappe der Christenverfolgung. Allem nach war die römische Provinz Noricum seine Heimat, also etwa Oberösterreich, Steiermark und Kärnten. Als Oberst des römischen Heeres hatte er sich pensionieren lassen. Noch war das Christentum offiziell nicht als Staatsreligion anerkannt, wiewohl vernünftige Statthalter zuweilen schon anderthalb bis zwei Augen zudrückten, wenn sie einen Christen entdeckten. Aber immer wieder kam es unter Scharfmachern und Hundertfünfzigprozentigen zu Säuberungen, vor allem im Heer. So wurden auch — es muß um die dritte Jahrhundertwende gewesen sein — im Römerkastell Lauriacum, dem heutigen Lorch an der Enns, vierzig christliche Soldaten vor die Alternative gestellt: Entweder Treue zu Christus oder zum Kaiser Diokletian. Als ob Fahneneid und Christentaufe sich gegenseitig ausschlössen! Als Veteran wäre Florian ohne weiteres als „nichtbetroffen" eingestuft worden, aber er hatte einen so hohen Begriff von der Kameradschaft mit seinen einstigen Waffengenossen, daß er schnurstracks sich aufmachte, um mit seinem Bekenntnis ihre Standhaftigkeit zu untermauern. Schon auf dem Hinweg fiel er in die Hand der Häscher. Dann ergoß sich die ganze Litanei des Leidens und Quälens über ihn: Folter und Zange, Geißel und Peitsche, Brennen und Sengen bis zur Bewußtlosigkeit. Aber seine Ohnmacht erwies erst die Ohnmacht all dieser sadistischen Mittel. Zuletzt schleppt man einen Mühlstein herbei und hängt ihn dem Gemarterten um den Hals, um ihn in die Enns zu stürzen, die seine Leiche ans Ufer spülte, wo eine christliche Matrone namens Valeria ihm dann ein würdiges Begräbnis zuteil werden ließ. Bis zu seiner Bergung habe ein Adler mit ausgebreiteten Fittichen seinen Leichnam bewacht, nachdem der römische Adler ihn zur Leiche gemacht hatte.

Heute steht dort das Barockstift St. Florian, unter dessen Orgel Altmeister Anton Bruckner begraben liegt. Alle Berufe aber, die es mit dem Brennen und Löschen zu tun haben: Die Köhler und die Schmiede, die Kaminkehrer und die Zinngießer, die — Schnapsbrenner und allen voran die Feuerwehren haben ihn, den Feuergepeinigten und Wassergesteinigten, zu ihrem Patron erwählt:

„Es brennt, o heil'ger Florian,
Heut aller Orts und Enden:
Du aber bist der rechte Mann,
Solch Unglück abzuwenden!"

St. Florian

(Alter Stich eines unbekannten Meisters)

Theodor Georgii (1826–1892)
„..Die Feuerwehr geht mit den Turnern Hand in Hand...“

Johannes Buhl (1804–1882)
Turnvater und Feuerwehrkommandant in Schwäbisch Gmünd

Carl Metz mit seiner Feuerwehr nach Ablöschen eines Brandes im Jahre 1851

Die große Landspritze von Carl Metz

Carl Metz

FABRIKGEBAEUDE von CARL METZ.

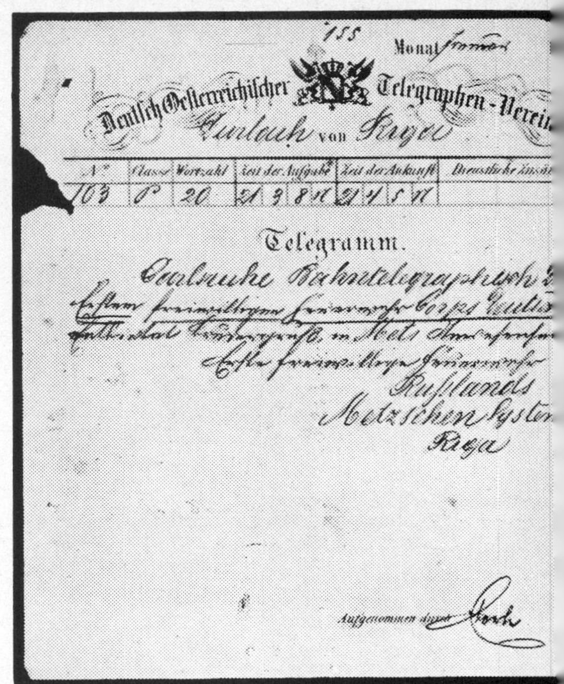

Monat

Deutsch-Oesterreichischer Telegraphen-Verein

Durlach von Riga

No	Classe	Wortzahl	Zeit der Aufgabe	Zeit der Ankunft	Dienstliche Anm.
103	P	20	21 3 8 N	21 4 5 N	

Telegramm.

Russlands
Metzschen System
Riga

Aufgenommen durch

Telegramm aus Riga an die erste Freiwillige Feuerwehr Durlach nach Metzschem System

Wortlaut des Schildes: Letzte und entscheidende Probe in dem Preiskampfe bei der Pariser Weltausstellung zwischen CARL METZ aus Heidelberg und seinem nächsten Concurrenten LETESTU aus Paris am 19. October 1855 vor dem Ks. Conservatorium der Künste & Wissenschaften in Paris. Links Letestu mit einer Maschine und einem Strahle, rechts Metz mit einer Maschine und zwei Strahlen zugleich bei gleicher Bedienungsmannschaft

Auszeichnungen des Fabrikanten und Feuerwehr-Instructors Carl Metz, aus einem Preiscourant des Jahres 1864

„Das Feuer“

Von Benno Ladwig, Hannover

Es liegt im Wesen unseres freiwillig erwählten Berufes als Feuerwehrmann begründet, daß wir uns fast ausschließlich mit der verderbenbringenden Macht des Feuers und mit der Abwehr von Feuersgefahren befassen. Das Feuer aber hat eine Doppelnatur, und wir wollen ob der gefahrbringenden seine andere, seine wohltätige Seite im Leben nicht vergessen. Es ist zwar kaum noch zu ergründen, auf welche Weise das Feuer einst zu den Menschen gekommen ist, ob durch Blitzschlag, Vulkanausbruch, Selbstzündung oder sonstwie. Als es aber da war, lernte der Mensch auch, es zu seinem Vorteil zu nützen. Und die Entdeckung des Feuers, seine Bezähmung und sein Gebrauch wurde die erste Kulturerrungenschaft des Menschen überhaupt und die Grundlage für die gesamte weitere kulturelle Höherentwicklung der Menschheit. Mit Recht singt der Dichtermund: „Aus Feuer ward geboren die wunderweite Welt!“

Zwar ergriff den Menschen wohl zuerst große Furcht vor dem noch unbekannten, alles verzehrenden Feuerbrand, eine Furcht, die bis heute noch nicht erstorben ist und kaum je gebannt werden wird. Denn das Feuer erregt jedermann, es blendet, wärmt und macht fürchten. Allmählich aber lernt der Mensch den Gebrauch des Feuers, lernt er, mit dem Feuer umzugehen und es seinen Zwecken dienstbar zu machen. Es erhellt ihm nun das Dunkel, schützt ihn vor Kälte, hilft ihm, seine Speisen genießbar und verdaulich zu bereiten, härtet den Ton, schmilzt das Erz, schmiedet das Eisen und vernichtet sowohl seuchenerregende Abfälle, als auch die unheilbringenden Dämonen. Als leuchtendes und wärmendes Element ist es zum unentbehrlichen Bestandteil des menschlichen Lebens, menschlicher Geschichte und Kultur geworden. So gelangt es schon früh zu einer Wertschätzung und Verehrung, die sich geradezu ins Kultische steigerte.

Die anfängliche Schwierigkeit der Feuererzeugung zwang den Menschen der Frühzeit zu einer sehr sorgsamen Bewahrung des Feuers, zur dauernden Unterhaltung der einmal entfachten Flamme. An heiligen Stätten, in Bergheiligtümern, auf Feuertürmen und in Feuertempeln wurde das heilige Feuer von Geschlecht zu Geschlecht von Priestern gehütet und von dort in die Häuser geholt. Selbst das Gesetz des Brandopfers im Alten Testament der Bibel schreibt noch vor, daß das Feuer auf dem Altar ewig brennen soll und nimmer verlöschen. Und noch heute brennt in symbolischer Anwendung dieses uralten Feuerkultus auf dem Göttersims des japanischen Hauses unaufhörlich ein Öllämpchen. In den Gotteshäusern der Katholischen Kirche leuchtet schon seit Jahrhunderten dem Leichnam Christi zu Ehren vor dem Tabernakel die Ewige Lampe. Und wenn die Olympische Flamme auch kein ewiges Feuer ist, so gehört dennoch auch sie, die während der Dauer der Olympischen Spiele auflodert, in ihrer symbolischen Bedeutung in diesen Kultbereich.

Die Entsprechung des auf der Erde brennenden Feuers mit den Feuererscheinungen des Blitzes, der Sonne, der Kometen und Meteore am Himmel legte von Anfang an den übernatürlichen, außerirdischen Ursprung des Feuers nahe. Nur von diesem Feuer des Himmels konnte das irdische abstammen. Der Sage nach ward es von dort entwendet.

Das himmlische Feuer deutete man in seinen verschiedenen Erscheinungsformen als Glück oder Unglück verheißendes Vorzeichen der Gottheit. Viele geschichtliche und mythologische Ereignisse sind durch außergewöhnliche Himmelserscheinungen angekündigt worden. Man denke nur an den Kometen, der zur Zeit der Geburt Christi am Himmel stand, und an die Feuersäule, die das Volk Israel sicher durch die Wüste bis zum Sinai führte und in der man Gott gegenwärtig glaubte. Noch heute verbreiten derartige Himmelserscheinungen, wie z. B. Sonnenfinsternisse, bei den Naturvölkern Angst und Schrecken. Aber selbst der moderne Mensch des Abendlandes pflegt still einen Wunsch zu denken, wenn er eine Sternschnuppe fallen sieht. Wenn es gar blitzt und donnert, wenn das Feuer vom Himmel kommt, dann hält er mit dem Essen inne und läßt die Musik verstummen, bekreuzigt sich und spricht Gebete. Denn das Feuer Gottes fällt als verzehrende Kraft vom Himmel, wie einst auf Sodom und Gomorra.

Im mittelalterlichen Volksglauben sah man hinter den vier Elementen, die Aristoteles als die Grundstoffe der Welt gelehrt hatte, besondere Geister, die Elementargeister. Die Geister der Erde sind die Gnomen, die Wassergeister heißen Undinen, die des Lichts Sylphen und die Geister, die dem Feuer innewohnen, Salamander. Heute ist diese Lehre des Aristoteles längst überholt. Die Zahl der Elemente ist beträchtlich angewachsen und das Element Feuer ist nicht mehr unter ihnen, weil es kein Grundstoff ist. Dennoch leben die Geister in Märchen und Sagen, in Spukgeschichten und im Aberglauben weiter. Wenn wir auch heute wissen, daß das Feuer gar nichts materiell Faßbares ist, vielmehr eine bloße Erscheinung, ein chemischer Vorgang, nämlich eine Verbrennung mit gleichzeitiger Licht- und Wärmeentwicklung und gewöhnlich auch Flammenbildung, so vermag dennoch keine wissenschaftliche Definition die Kraft des Feuers als Symbol und Kultobjekt einzuengen.

Die Leuchtkraft des Feuers, die alle Feinde der nächtlichen Finsternis verscheucht, und seine alles verzehrende Brennkraft verliehen dem Feuer im Glauben der Menschen dämonenabwehrende Kräfte. Himmlischer Herkunft, selbst dämonisch in seinem lodernden, verzehrenden, leuchtenden, geheimnisvollen Wesen, und zugleich dämonenbannend stieg es zur religiösen Verehrung als einer Erscheinungsform des Heiligen in der Natur auf. Das heilige Feuer, die heilige Flamme blieb bis auf den heutigen Tag religiöses Kultobjekt verschiedenster Religionen. Seiner geheimnisvollen Eigenart entsprechend mischten sich im Menschen angesichts des Feuers, je nach seiner Kulturhöhe, Furcht und Verehrung. Daraus entstanden die mannigfaltigen Kultformen vom Feueropfer bis zur Feueranbetung. Und selbst in den höchsten Religionen ist ein Rest dieser uralten Verehrung des heiligen Feuers erhalten geblieben.

Das freundlich-feindliche Doppelgesicht des Feuers, die Unheimlichkeit seines Überganges vom Nutz- zum Schadenfeuer entlarvte das Feuer als eine lebendige, nur gefesselte Naturkraft. Primitive Völker sehen die Flamme als lebendiges, bald wohltätiges, bald zerstörendes Wesen an, sie betrachten das Feuer als Wesen. In dem Bestreben, dieses Wesen Feuer zu versöhnen, sich gut mit ihm zu stellen, bieten sie ihm Fette oder sonstige Speisen und Getränke als Nahrung an. Denn wie man das Feuer behandelt, meint man, verhält es sich dem Menschen gegenüber. Darum darf man das Feuer nicht beleidigen, indem man etwa hineinspuckt oder mit ihm spielt, sonst wird es plötzlich gereizt und verwandelt sich unversehens vom wohltätigen Feuer zum verheerenden Brand. Mannigfache Bräuche beruhen noch heute auf dieser Anschauung vom Feuer als einem nur gezähmten Naturwesen. Und das Sprichwort hat wohl recht, wenn es sagt: „Feuer und Wasser sind zwei gute Diener, aber schlimme Herren!"

In der veredelten Form des Feuerkultus, wie er von den Indern auf die meisten indogermanischen Völker überging, verehrte man das Feuer als Gott selbst. Durch Reiben und Quirlen zweier Hölzer wurde es in weihevoller Form zur Erde herabgerufen, mit tiefer Verehrung, unter Sprüchen und Zeremonien in der Hütte begrüßt und mit Butter erquickt. Die Feueraltäre, auf denen man das Feuer hütete, waren zuvor in feierlicher Weise geschichtet worden. An dem heiligen Feuer zündete man dann die Fackeln an, mit denen man das Feuer zum häuslichen Herd trug. Ein Überbleibsel dieser Sitte findet sich noch in der Feuerweihe der Katholischen Kirche. Am Karsamstag wird, nachdem alle Lichter in der Kirche gelöscht worden sind, auf dem Kirchhofe auf altertümliche Weise das Osterfeuer entfacht und geweiht. An ihm entzündet man die Osterkerze und alle Lampen und Lichter der Kirche wieder neu. Vor dem Kirchgang sind daheim alle Herdfeuer ausgelöscht worden und werden hernach mit dem von der Feuerweihe heimgebrachten Brand von neuem entfacht.

Der spätere Kult verlagert die Verehrung des Feuers mehr auf seine weltenschöpferische kulturbringende Wirkung; er sieht das Feuer als Kulturbringer. Im Mittelpunkt dieses Kultus steht der häusliche Herd. Der feste Herd in der Mitte des Hauses ist heiliger Bezirk, er ist die Pflege- und Hegestätte des heiligen Feuers. Ein neugeborenes Kind wird um den Herd herumgetragen und damit erst in das Leben der Familie aufgenommen. Bei der Hochzeit wird die junge Frau um das Herdfeuer geführt, und die Brautleute sprechen angesichts der brennenden Flamme ihren Treueschwur. Bei den Mahlzeiten gießt man kleine Schalen mit Speisen ins Feuer, als Spende an die Göttin des Herdes. In der Nacht zur Wintersonnenwende brennt auf dem Herde der Feuerklotz oder Julbock als Symbol des neuen Feuers und des neuen Lebens. Mancher dieser Bräuche ist noch heute in einigen Gegenden Europas lebendig.

Von großer Bedeutung ist das Feuer als der Sonne Bild, als Symbol der Sonne. Ihr zu Ehren werden zu den Tag- und Nachtgleichen, zu Ostern und zu den Sonnenwendzeiten bis in die heutige Zeit hinein die großen Jahresfeuer entzündet. Auf allen Höhen lodern dann Feuer auf als der irdische Widerschein der wärmenden, lebenschaffenden Sonne. Dazu rollen die flammenden Sonnenräder zu Tal, als Zeichen der untergehenden Sonne, oder es steigen als Symbol der wiederaufgehenden Sonne die Feuerscheiben empor, wenn es Frühling wird. Das Jahresfeuer muß nach der Methode der Naturvölker durch Reiben zweier Hölzer oder durch das Brennglas als jungfräuliches Feuer, als Not- oder Wildfeuer erzeugt werden. An der heiligen Flamme, die auf dem Altar lodert, zündete man einst die Fackeln an, mit denen wiederum die Holzstöße auf den Hügeln und Bergen, sowie das eigene Herdfeuer entzündet wurden. Man tanzte um das Feuer herum, sang und freute sich. Feuersprüche und Feuerreden klangen auf. Und zum Schluß sprangen die Paare, sich an den Händen fassend, durch die Flammen des Feuers. Damit versinnbildlichten sie den Übergang von der einen Jahreshälfte in die andere.

Nicht nur in den alten Religionen, wo zum Beispiel Ormuzd und Jupiter im verzehrenden Feuer erscheinen, sondern auch im Alten und Neuen Testament der Bibel finden wir das Feuer als Symbol der Gottheit. Gott erscheint in einer feurigen Flamme, die aus einem Busch schlägt, der selbst nicht verbrennt; Jehova spricht aus dem Feuer, als er die zehn Gebote gibt; der Herr fährt mit Feuer auf den Berg Sinai herab; Gott erscheint in Gestalt einer Feuersäule oder in einer Wolke von Feuer. Und nicht nur Jesus wird ein Licht zur Erleuchtung der Heiden genannt, Gott selbst ist ein verzehrendes Feuer. Das Feuer ist in Gestalt der leuchtenden, nach oben strebenden Flamme und mit seiner reinigenden Kraft zum erhabenen Symbol der Gottheit geworden und bis heute geblieben.

Ganz besonders aber zeigt sich das Feuer als Wesen und Erscheinungsform, als Symbol des Geistes und als Stoff, Struktur und Sinnbild der Seele. „Die Seele ist Feuer nach mannigfachsten Lehren“ (Dieterich). In der Bibel erscheint das Feuer als göttliche Liebe schlechthin. Bei der Ausgießung des Heiligen Geistes zu Pfingsten erscheint dieser in Gestalt von Feuerzungen. Das innere religiöse Geschehen in einem Menschen nennen wir Erleuchtung, und das Symbol für eine solche Erleuchtung ist der Heiligenschein. Jesus Christus kommt, um mit dem heiligen Geist und mit Feuer zu taufen; er ist gekommen, daß er ein Feuer anzünde auf Erden. Das Feuer, das nur in der Flamme lebt, nicht in der Nahrung, vermag am reinsten den heißen Atem der Seele, den über alles Leibliche sich erhebenden Geist zu verkörpern.

Die Anschauungen von der Heiligkeit, Offenbarungskraft und übernatürlichen Wirksamkeit des Feuers haben sogar zum Wahrsagen aus dem Feuer geführt, zu

Feuerzauber und Feuerbeschwörung. Als magisches Feuer ist es auch in die heute noch lebendige Schwarze Kunst eingezogen. Aus einer bläulich brennenden Flamme schließen die Wahrsager auf einen Todesfall. Aus dem Feuer springende Funken bedeuten Unglück, während ein funkenschlagender Ofen Besuch ankündigt. Das Knistern des Feuers zeigt baldige Freude an; bullert der Ofen aber, so gibt es Verdruß und Streit im Hause. Ein mit heller Flamme aufglühendes Feuer sagt Glück und Freude voraus, ein dunkles, qualmendes Trübsal und Not. Das „Ofenanbeten" beim Pfänderspiel findet in dieser Feuermagie Ursprung und Begründung. Noch heute werden Strohbüschel in Kreuzform am Stall angebracht und angezündet, um die bösen Geister zu vertreiben, die Krankheit und Seuchen zu dem Vieh gebracht haben. Um die Kornfelder werden Feuerbrände getragen, um reiche Ernte zu erzielen. Und bei dem bis heute noch nicht ausgerotteten Hexenwahn spielen geweihte Kerzen, die mit Sargnägeln gespickt sind, eine wichtige Rolle.

Auf der verzehrenden Glut seiner brennenden Flamme beruht die reinigende und heilende Kraft des Feuers. Das brennende Feuer verscheucht nicht nur die Dämonen, es vernichtet diese Krankheit und Schuld verursachenden Geister. Dem Sprung über das Jahresfeuer schreibt man daher auch heilende und reinigende Wirkung zu; alles Kranke und Schlechte, alles Überwundene geht in Flammen auf. Das Fegefeuer der katholischen Lehre ist der Reinigungsort der abgeschiedenen Seelen im Erdinnern, wo sie nach dem Tode die erläßlichen Sünden abbüßen können. Zu Ostern wird der Winter in Gestalt einer Puppe verbrannt; der Blütenkranz der Braut wird in die Flamme geworfen, wenn sie sich mit dem Myrthenkranz schmückt; unerwünschte und ketzerische Bücher übergibt man symbolisch dem Scheiterhaufen. Im Mittelalter galt die Feuerprobe als Gottesurteil zum Unschuldsbeweis. Der Beschuldigte mußte ein glühendes Eisen in die Hand nehmen, über glühende Kohlen laufen, die Hand ins Feuer halten oder durchs Feuer gehen (daher auch die Redensarten); blieb er dabei unversehrt, so war seine Unschuld bewiesen. Als Strafe für Mordbrenner, Zauberer, Hexen und Ketzer verhängte man den Feuertod durch Lebendigverbrennen auf dem Scheiterhaufen, um zugleich die unheilvollen Dämonen zu vernichten und um selbst kein Blut zu vergießen. Auch die uralte Sitte der Feuerbestattung Verstorbener entstand bei den Naturvölkern ursprünglich aus der Furcht vor einer etwaigen Wiederkehr der Toten oder der ihnen innewohnenden Dämonen. Auch in der modernen Heilkunst und Hygiene spielt das brennende Feuer noch eine bedeutende Rolle, wenn auch in abgewandelten Formen.

Das leuchtende Feuer hat seine mannigfache symbolische Anwendung bis heute am längsten bewahrt. Der Leuchtkraft des Feuers schreibt man ursprünglich dämonenabwehrende Kräfte zu. Die Fackel, schon im Altertum in Form harzhaltiger Holzspäne bekannt, vertreibt mit ihrem Licht alle lichtscheuen Dämonen der Finsternis und hält sie fern. Sie wird daher als Schutzmittel gegen schädigende Einflüsse besonders an den Wendepunkten des Lebens verwandt. Die Griechen feierten ein drei Tage währendes Fackelfest. Beim Fackellauf der Athener zu Ehren der Feuergötter mußte der Sieger die Fackel als erster und unverlöscht durchs Ziel tragen. 1936 wurde das Olympische Feuer durch einen Fackellauf in Staffelform aus dem Hain in Olympia in das Berliner Stadion getragen. Der Volksbrauch des Fackellaufes um die Kornfelder soll diesen die segnende Kraft des Feuers mitteilen. Fackeltänze, feierliche Schrittänze, bei denen die Männer Fackeln tragen, sind schon seit dem Altertum bei fürstlichen Hochzeiten, bei Turnieren und im höfischen Zeremoniell üblich. Schon in der alten christlichen Kirche wurden am Ostersonnabend Fackelzüge veranstaltet zum Zeichen dafür, daß selbst in der tiefsten Trauer das christliche Hoffnungslicht nicht erloschen sei. Bei den Prozessionen wird noch heutzutage das Sanktissimum von brennenden Fackeln begleitet. Außerdem sind Fackelzüge als Ehrenerweisungen und an wichtigen Gedenktagen Brauch. Die Laternenumzüge der Kinder am St. Martinstag gehören auch hierher. Seine höchste Steigerung aber erfährt dieser Kult des leuchtenden Feuers in den großen Freuden-Feuerwerken und in den durch Scheinwerfer gebildeten gewaltigen Lichterdomen.

An die Stelle der Fackel ist jedoch mehr und mehr die Kerze getreten, die im religiösen Kult eine vielfältige Rolle spielt. In ihrer Bedeutung kommt sie der Fackel gleich; auch sie dient ursprünglich der Abwehr böser Mächte, wird darüber hinaus aber auch zu einem Symbol der Freude und des Lebens. Denn Feuer ist des Lebens Gleichnis. Die Katholische Kirche segnet die bei der Prozession zu Mariä Lichtmeß getragenen und auch die zu privatem Gebrauch gebrachte Kerzen feierlich ein und verleiht ihnen damit besondere Schutzkräfte gegen Krankheit, Not und Gefahren. Bei allen Prozessionen werden Kerzen mitgeführt, und es gibt sogar besondere Kerzenprozessionen. Am 75. Katholikentag zündete bei der Schlußveranstaltung in der Berliner Waldbühne jeder Besucher eine mitgebrachte Kerze an: dann trugen alle dieses brennende, leuchtende Licht nach Hause. Auf dem Altar der Kirchen brennen Kerzen, um alles Böse abzuwehren. Die geweihte Osterkerze versinnbildlicht Christus als das Licht der Welt. Bei der Geburt eines Kindes zünden wir eine Kerze auf dem Lebensleuchter an, bei seinem Geburtstag brennen auf einem Ring soviel Kerzen, wie das Kind Jahre alt wird, dazu das Lebenslicht des neuen Lebensjahres. Bei der Hochzeit werden die Kerzen an dem zweiarmigen Sippenleuchter angezündet. Und auch der Sarg ist von Kerzen umstellt. Zu Allerseelen und Allerheiligen gelten die entfachten Kerzen dem Gedenken der Verstorbenen. In der Vorweihnachtszeit aber mehren sich von Sonntag zu Sonntag die Kerzen am Adventskranz, bis endlich am Fest des jungen Lichtes und des neuen Lebens, am Geburtstag des Weltenheilandes die volle Zahl der Kerzen am immergrünen Weihnachtsbaum erstrahlen und von Licht und Leben und Liebe künden.

So mündet denn diese Betrachtung der wohltätigen Seite des Feuers in eine Besinnung auf das Weihnachtsfest, über dem das Wort stehen sollte:

„Bekämpfet die Flammen,
die Haus und Gut der Mitmenschen bedrohen;
Entzündet die Flammen
der Nächstenliebe, der Gemeinschaft und der Opferbereitschaft!"

Turner standen an den Wiegen von freiwilligen Feuerwehren

Von Dipl.-Ing. Egid Fleck, Stuttgart

I.

Fast überall in deutschen Landen boten die behördlichen Einrichtungen zur Feuerbekämpfung eigentlich jahrhundertelang das Bild einer undisziplinierten Masse von Löschdienstpflichtigen. Wenn zwar, wie dies gar mancherorts schon vorgesehen war, die Bauhandwerker unter technischer Leitung zur Brandbekämpfung eingeteilt waren, so war dies immerhin ein kleiner Fortschritt. Als von der Mitte des 18. Jahrhunderts ab dann auch brauchbare Feuerlöschpumpen gebaut wurden und zur Einführung kamen, fehlte aber noch lange eine Organisation zur Ausnützung solcher gerätetechnischer Verbesserungen. Nun hatten die gegen Mitte des 19. Jahrhunderts sich häufenden Brandkatastrophen, die öfters auch Opfer an Menschenleben forderten, gewaltige Verluste an Sachwerten gebracht. Diese Ereignisse brachten vielerorts die Stadtbewohner zur Selbsthilfe und auf den Gedanken, Löschvereine zu gründen.

Dadurch konnte die Bedienung von Feuerlöschgeräten von einem großen undisziplinierten und meist nur widerwillig arbeitenden Menschenhaufen auf kleinere Scharen arbeitsfreudiger und selbstloser Männer verlagert werden.

Bei den von der Mitte der vierziger Jahre des 19. Jahrhunderts an einsetzenden Gründungen von freiwilligen Löschorganisationen standen nun vielfach Vorstände oder Angehörige von Turngemeinden und Turnvereinen zu Pate. Der Turnergeist, der in Deutschland in jenen Jahren erneut auflebte, bildete auch für die aufkommenden Gründungen von freiwilligen Löschvereinen einen guten Boden.

Bald nach der im Jahre 1811 geschehenen Eröffnung des ersten Turnplatzes auf der Hasenheide in Berlin durch den später „Turnvater" genannten Fr. Ludwig Jahn (1778—1852) entstanden die ersten Turngemeinden. Aber schon acht Jahre nachher erlitt diese auf volkstümlich-pädagogischen Ideen ihres Begründers Jahn beruhende Bewegung einen Rückschlag, und die Turnplätze wurden geschlossen. Verblendete reaktionäre Politiker hatten dem Idealisten Fr. L. Jahn wegen der „Erfindung" seiner angeblich „höchst gefährlichen Lehre von der deutschen Einheit" einen Strick gedreht. Erst im Juni 1842, als der seit zwei Jahren zur Regierung gekommene König Friedrich Wilhelm IV. von Preußen durch eine Kabinettsordre die Leibesübungen als einen „notwendigen und unentbehrlichen Bestandteil der männlichen Erziehung" anerkannt und in Preußen das Turnen amtlich eingeführt hatte, begann allüberall die Neugründung von Turnanstalten, Turngemeinden oder Turnvereinen. Ludwig Jahn, dieser echt deutsche Mann, hatte seine Lehre von der Turnkunst, mit welcher er die körperliche und sittliche Ertüchtigung des deutschen Volkes erstrebte, an das Gemein- und Gemeindeleben geknüpft. Jahns Anhänger faßten das Turnen auf als Zucht und Überwindung des Einzelwillens, als Selbstbezwingung und Unterordnung unter eine gemeinsame Sache. In diese Zeit des wiedererstarkenden deutschen Turnens fallen auch die Gründungen der ersten richtigen Feuerwehren. Was war natürlicher, als daß die Turner, welche sich der Übung ihrer Körperkräfte verschworen hatten, das im Turnverein Erlernte auch einer praktischen Ausübung zunutze machen wollten. Die ersten Feuerwehren nannten sich ja vielfach „Steiger-Kompagnie". Damit wollte kundgetan werden, daß man körperlich gewandte und bewegliche Männer brauchte zum Leiternbesteigen und zum Hinaufkraxeln auf die Hausdächer, um von dort oben die Wasserstrahlen in das brennende Nachbarhaus richten zu können.

Die Gründung von auf Freiwilligkeit aufgebauten richtigen Feuerwehren hat mit der Errichtung des „Pompier-Corps" im badischen Städtchen Durlach im Juli 1846 begonnen, und in den ersten fünf bis zehn Jahren waren die süddeutschen Lande führend in der Aufstellung solcher Freiwilligenorganisationen. So mußten in dieser Abhandlung über deutsche Turner, die an der Gründung von Feuerwehren maßgebend beteiligt waren, meistmals auch süddeutsche Männer näher erwähnt werden.

II.

Die Bezeichnung „Feuerwehr" finden wir erstmals zu Karlsruhe i. B., als sich nach dem am 28. Februar 1847 stattgehabten schweren Brand des Karlsruher Hoftheaters im März 1847 ein Verein von Freiwilligen unter dem Namen „Karlsruher Feuerwehr" bildete. In die Reihen dieser Wehr traten sofort auch 160 Mitglieder (von insgesamt 200) des „Allgemeinen Turnvereins Karlsruhe" ein. Der Sprecher (Vorstand) dieses Vereins, Architekt C. Müller, gehörte dann längere Jahre dem Verwaltungsrat der Karlsruher Feuerwehr an. — In Leipzig wurde im ersten Halbjahr 1847 aus Mitgliedern des „Allgemeinen Leipziger Turnvereins" (von 1846) die „Abteilung für Lösch- und Rettungsmannschaft" zusammengestellt. Sie hieß später „Turner-Feuerwehr" und bildete nach 1860 mit ihren rund 180 Mann eine Kompagnie der Leipziger Feuerwehr.

In der ehemal. freien Reichsstadt S c h w ä b. G m ü n d war seit dem Jahr 1831 als Vorläuferin einer Feuerwehr die „Gmünder Rettungskompagnie" aufgestellt. Der dieser Kompagnie seit ihrer Gründung als Obermann und Stellvertreter des Hauptmanns angehörende Kaufmann Johannes B u h l (1804—1882), der später auch als schwäbischer „Turnvater" benamst worden ist, hat seit 1842 das Turnen in Gmünd gepflegt und im Jahr 1844 in seiner Vaterstadt den Turnverein gegründet. Aus Mitgliedern dieses Turnvereins wurden auf Buhls Veranlassung gar bald die allmählich gelichteten Reihen der Rettungskompagnie verstärkt, und vom Jahr 1847 ab übernahm der Gmünder Turnverein allein den Steigerdienst bei der Brandbekämpfung. Bei der im Jahr 1852 gebildeten Gmünder Feuerwehr wurde Johannes Buhl zum Führer der Steigerabteilung erkoren, und im Jahr 1868 ist er, der inzwischen auch mit dem Amt eines Stadtrats betraut worden war, zum Feuerwehrkommandanten gewählt worden. Diesen Posten hatte der 78 Jahre alt gewordene Turner und als Turnvater verehrte Johannes Buhl bis zu seinem Tode im Jahr 1882 inne.

Wiederum in einer ehemal. freien Reichsstadt, in H e i l b r o n n am Neckar, kam unter wesentlicher Beteiligung der dortigen (im April 1845 gegründeten) Turngemeinde im Mai 1847 eine 200 Mann starke freiwillige „Lösch- und Rettungsanstalt" zustande. Auch als aus letzterer, im Zusammenhang mit den Nachwirkungen der 1848er Ereignisse, im Jahr 1852 eine Pflichtfeuerwehr (mit freiwilligen Abteilungen) geworden war, blieb die freiwillige Turner-Feuerwehr zu Heilbronn auf dem Plan und sie bestand noch bis zum Jahr 1884. Von den Führern dieser Turnerfeuerwehr seien hier genannt der zeitweilige Sprecher und spätere Ehrenvorstand der Heilbronner TG, Georg Friedrich Härle (1821—1894), und der ihm 1877 folgende Turnwart Gustav Hohenacker (1834—1907). — Aus einer weiteren ehemal. freien Reichsstadt, nämlich aus R e u t l i n g e n / Württ., ist zu berichten, daß dort im Jahr 1844 gleich zwei Turnvereine erstanden sind, der Turnverein und die Turngemeinde. Schon im September 1845 fand in Reutlingen das erste Schwäbische (Kreis-) Turnfest statt. Hierbei hat der neunzehnjährige Tübinger Student Th. Georgii, dessen Arbeit für die Turnerei und für die Feuerwehr nachher noch näher gewürdigt werden wird, die zündende Schlußrede gehalten. In einem Bericht über dieses Turnfest schrieb er u. a. noch: „Die Turner haben ihre Aufgabe erkannt, sich selbst zu bilden, zu ganzen Menschen nach Seele und Leib. Die Bildung von Turngemeinden, worin der einzelne einem Ganzen sich unterordnen lernt, wobei auch der Jüngling die Idee von einem Gemeinwesen bekommt, wo er lernt, seine eigenen Angelegenheiten zu ordnen, mag tüchtige Bürger bilden." — Bei einer Brandbekämpfung im August 1845 in Reutlingen zeichnete sich neben anderen ein Angehöriger der Löschmannschaft aus, der dann wie jene sechs anderen öffentlich belobt worden ist. Es war dies der Mitbegründer der Reutlinger TG, der Kaufmann und Turnlehrer (auch späterer Stadtpfleger) Wilhelm Fischer (1816—1851). Im Frühjahr 1847 regte der Sprecher der Reutlinger TG, der Buchhändler Gustav F. Heerbrandt (1810—1896), die Gründung einer freiwilligen Feuerwehr nach dem Durlacher Vorbild an und er hat seinen besten Turner, den Färbereibesitzer Gottlob Aickelin, zur Informierung nach Durlach entsandt. Im Spätsommer 1847 wurde dann zu Reutlingen ein freiwilliges und militärisch organisiertes „Pompier-Corps" (die spätere Freiw. Feuerwehr R.) vor allem aus über zwanzig Mitgliedern der beiden Turnvereine gegründet. Der erste Kommandant war der schon genannte Turnlehrer Wilh. Fischer, während Gottlob Aickelin von da ab jahrzehntelang als stellv. Kommandant fungierte.

An der Gründung des „Pompier-Corps" von 1847 zu S c h w ä b. H a l l / Württ. — ebenfalls in einer früheren Reichsstadt — waren die Turnlehrer Präzeptor Rümelin und G. Hoppensack beteiligt, wobei letzterer als Obersteiger in diesem Korps tätig wurde. — Als im Jahr 1852 in G ö p p i n g e n / Württ. das „Pompiercorps" (die heutige Freiw. Feuerwehr G.) gebildet wurde, waren es wiederum Turner (von der in G. seit 1844 bestehenden Männer-Turngemeinde), die zu den Gründern zählten, wie der

Seilermeister Johannes Fischer (1808—1885). Dieser war dann von 1861 bis 1865 der Kommandant der Freiw. Feuerwehr Göppingen. — Auch in der oberschwäbischen O.A.-Stadt Biberach/Riß war durch die Turngemeinde im Sommer 1850 ein freiw. Pompiercorps gebildet worden. Sein stellv. Kommandant war jahrelang der Konditor Robert Langer (1822—1897), der als Sprecher der TG Biberach und des ganzen Turngaus Oberschwaben unter den Turnvereinen des letzteren ständig für die Feuerwehrsache geworben hat. Ihm war es auch zuzuschreiben, daß beim Schwäbischen Turnfest im August 1857 in Biberach eine nächtliche Schauübung von der ganzen Feuerwehr vorgezeigt wurde. „Diese zeigte", so heißt es in einem Bericht hierüber, „daß die praktische Seite des Turnens in Biberach ganz gut vertreten ist."

Als in der Stadt Schweinfurt (Bayern) im Jahr 1848 durch den Turner Ferdinand Fischer erstmals eine Turngemeinde gegründet worden war, wurde dort gleich nachher auch eine „Turner-Spritzen-Abteilung" gebildet, aus der sechs Jahre später die Freiw. Feuerwehr Schweinfurt entstanden ist. — Die „Freiw. Turn- und Feuerwehr" in Nürnberg wurde im Jahr 1854 unter ihrem ersten Kommandanten Kästner gegründet.

III.

Mit den Gründungen der freiwilligen Feuerwehren zu Tübingen (1847) und zu Eßlingen am Neckar (1852) ist der Name Theodor Georgii (1826—1892) eng verbunden. Th. Georgii, im Schwabenland hochgeschätzt als Führer der Schwäbischen Turnerschaft und als Ehrenvorsitzender der Deutschen Turnerschaft, hatte an Ostern 1843 als Student der Rechtswissenschaft die Universität Tübingen bezogen und ist dort Burschenschaftler geworden. Er hatte schon während der Gymnasiastenzeit in seinem Geburtsort, der ehemal. freien Reichsstadt Eßlingen, und in der Reformanstalt zu Stetten i. R. unter Anleitung verständiger Lehrer das Turnen eifrig und mit Erfolg betrieben. So hat er als kaum 18jähriger Student in Tübingen auch gleich eine Vorturnerstelle bei den Schülern des Tübinger Gymnasiums übernommen. Bald nach dem Heidelberger Turntag 1845 kam es auch zur Gründung der Tübinger Turngemeinde, die Studenten und Bürgersöhne umfassen wollte. Unter den Gründern waren eine ganze Anzahl Studenten, voran unser Th. Georgii. Als dann im Mai 1847 auch ein Pompierkorps zu Tübingen gegründet werden sollte, war der cand. jur. Th. Georgii sofort mit noch einigen Kommilitonen in selbstloser Weise begeistert diesem freiwilligen Löschkorps beigetreten. Er hat dort die Ausbildung als Steiger eifrig mitgemacht, obwohl er durch die im Spätherbst des gleichen Jahres abzulegende erste juristische Staatsprüfung stark in Anspruch genommen gewesen wäre.

Nachdem Th. Georgii im November und Dezember 1847 die Staatsprüfung, allerdings „mit mäßigem Erfolg", bestanden hatte, mußte er Tübingen und das dortige Pompierkorps verlassen, um als Referendar an den Amtsgerichten in Waiblingen, Besigheim und Leonberg verwendet zu werden, bis er im April 1849 die zweite Dienstprüfung ablegen konnte. Bei der Gründung des Schwäbischen Turnerbundes am 1. Mai 1848 auf dem schwäbischen Turntag zu Eßlingen hat der Gerichtsreferendar Th. Georgii führend mitgewirkt. In der auf das bewegte Jahr 1848 und nach 1849 folgenden, dumpfen und schweren Zeit ist es Georgii gelungen, den Schwäbischen Turnerbund und seine Vereine fast unversehrt über die Notzeit hinüberzubringen. — Gegen Ende des Jahres 1849 ließ sich Georgii als freier Rechtskonsulent in Stuttgart nieder; aber auf Wunsch seines Vaters übersiedelte er in gleicher Eigenschaft im September 1851 in seine Vaterstadt Eßlingen. Neben seiner rastlosen Tätigkeit für die Turnerei und die schwäbische Turnerschaft betrieb er sofort auch die Gründung einer freiwilligen Steigerkompagnie zu Eßlingen. Nach seinen Vorschlägen hat die Stadtverwaltung Mitte Januar 1852 einen Aufruf zum Beitritt erlassen, und gar bald stand die Eßlinger Steigerkompagnie. Die Mehrzahl ihrer Freiwilligen stammte aus der im September 1845 gegründeten Turngemeinde. So bestand die Uniform der jungen Eßlinger Feuerwehrmänner auch aus dem „grauen Turnergewand“ (aus Drillich), mit blankem Messinghelm und Gurt. Die freiwillige Steigerkompagnie zu Eßlingen, die bis zum Sommer 1852 auf 80 Mitglieder angewachsen war, wählte ihren maßgeblichen Mitbegründer, unsern erst 26 Jahre zählenden Theodor Georgii, zum Hauptmann. Er hat dieses Amt trotz seiner immer mehr zunehmenden Inanspruchnahme in Turnerschaftsangelegenheiten in vorbildlicher Weise beibehalten, bis im Jahr 1866 ein geeigneter Nachfolger in dem neubestellten Stadtbauinsp. Fr. Grosmann nach Eßlingen gekommen war.

Th. Georgii hat im Jahr 1850 auch eine Turner-Zeitschrift, das „Turnblatt für und aus Schwaben“, geschaffen und herausgegeben, dessen Nachfolgeblatt (ab 1854 bis 1856) die ebenfalls von Georgii redigierte „Eßlinger Turnzeitung“ war. Die letztere führte sogar den Untertitel „Zeitschrift für Turn- und Feuerlöschwesen“. Mit letzterem wollte Georgii seine stets gleichzeitig auch den Feuerwehren gewidmeten Bestrebungen kund tun. In dem Entwurf zu einer „schwäbischen Turnordnung“, der im April 1849 maßgeblich von den weiter vorne schon genannten Feuerwehr-Turnern Johs. Buhl, Wilhelm Fischer und Th. Georgii bearbeitet war, sah u. a. der § 10 vor, daß das Turnen der Männer in selbstgebildeten Riegen mit Feuerlösch- und Rettungsübungen verbunden sein sollte. Th. Georgii hatte auch auf die Tagesordnung für den allgemeinen schwäbischen Turntag im April 1851 zu Stuttgart einen Punkt „Feuerwehren“ gesetzt, was zu dem Beschluß des Turntags führte: „Die allgemeine Beteiligung der Turngemeinden an den Feuerwehren wird als Grundsatz aufgestellt.“ Georgii berichtete in der Folge in seinem Turnblatt auch regelmäßig über Feuerwehreinsätze, über Gründungen neuer Wehren und sonstige Dinge des Feuerlöschwesens. Auf der Tagesordnung für die Besprechungen anläßlich des allgemeinen schwäbischen Turnfestes 1852 in Ravensburg (Württ.) stand u. a. wieder ein Antrag „auf Hebung und Fortbildung des Turnwesens, insbesondere des Feuerlöschwesens“.

Auch als die von Georgii begründete Turnerzeitschrift von Ende des Jahres 1858 ab, nun unter dem Titel „Deutsche Turnzeitung“, nach Leipzig übergesiedelt war, hat Th. Georgii in diesen Blättern in seiner Doppelspännigkeit als Turner und als Feuerwehrmann weiterhin für das deutsche Feuerwehrwesen in Wort und Schrift geworben. So schreibt er einmal in Nr. 47/1862 der Deutschen Turnzeitung u. a. folgendes: „Die Feuerwehr geht mit dem Turnen bisher soweit Hand in Hand, als die Turnvereine die Feuerwehr teilweise ins Leben gerufen haben und mit wenig Ausnahmen derselben entweder ganz oder mit einzelnen Mitgliedern angehören. Nicht so allgemein findet umgekehrt das gleiche Verhältnis statt. Es sind in neuerer Zeit, namentlich auf dem Lande, Feuerwehren entstanden, wo noch kein Turnverein besteht. Die Zusammengehörigkeit beider ist aber so natürlich, daß ich die Wahrheit des Satzes ‚kein Turnverein ohne Feuerwehr, keine Feuerwehr ohne Turner‘ in Bälde zu erleben hoffe.“

Mit diesen etwas ausführlich gewordenen Ausführungen über Theodor Georgii (1826—1892) mag kundgetan worden sein, daß nicht bloß die Schwäbische und die Deutsche Turnerschaft diesen aufrechten und charaktervollen Mann als einen ihrer hervorragendsten Führer für sich in Anspruch nehmen, sondern daß auch in deutschen Feuerwehrkreisen bei Nennung der Initiatoren und Gründer der Namen des Schwaben Theodor Georgii, dieses für alle Ideale des tatkräftigen Gemeinsinns Begeisterten, nicht fehlen darf.

IV.

Die Gründungen und Bildungen von Turnerfeuerwehren in andern deutschen Ländern haben von 1860 ab, wohl vielfach durch die allgemeine Werbung des Schwaben Th. Georgii veranlaßt, merklich an Zahl zugenommen. Die Turner-Feuerwehr zu Duisburg am Niederrhein berichtete in der Deutschen Feuerwehr-Zeitung, daß

„angefeuert durch das Beispiel unserer süddeutschen Brüder sowohl, als durch die mangelnde Einrichtung der hiesigen städtischen Feuerwehr, der Duisburger Turnverein um die Mitte des Jahres 1860 den Beschluß gefaßt hat, in sich ein Turnerfeuerwehrkorps zu bilden". — Beim 3. Deutschen Turnfest zu Leipzig in den ersten Tagen des August 1863 wurden auch Vorführungen der Leipziger Feuerwehr geboten, was für die Bildung von Turnerfeuerwehren weitere Anregungen brachte. — Zwischen 1860 und 1865 entstanden weitere Turnerfeuerwehren in Altenburg/Anh., Barmen, Bayreuth, Bielefeld, Bochum, Bonn, Braunschweig, Darmstadt, Dessau, Dresden, Duisburg, Eilenburg, Erlangen, Essen/Ruhr, Freiberg i. Sa., Gera, Gotha, Grabow, Hannover, Hoyerswerda, Landau/Pf., Lüneburg, Mönchen-Gladbach, Oppeln, Schwerin, Sondershausen, Weida, Wolfenbüttel und Zeitz. — Der Gründer (1864) und erste Hauptmann der „freiw. Turner-Feuerlösch- und Rettungsschar" zu Lüneburg (Hann.), Johannes Westphal (gest. 1904), war 36 Jahre lang bis zu seinem Tode der Vorsitzende des (1868 gegr.) Niedersächsischen Feuerwehrverbandes. — Der Rheinisch-Westfälische Turnverband, dem damals rund 70 Turnvereine angehörten, hielt vom Jahr 1860 ab verschiedentlich „Feuerwehrtage" (auch Turnfeuerwehrfeste genannt) ab, so 1860 in Duisburg, 1863 in Bochum und 1865 in M.-Gladbach, um für die Feuerwehrsache zu werben. — Aus den Reihen des Männer-Turnvereins in Braunschweig ist im Dezember 1862 die „Braunschweiger Turner-Feuerwehr" gebildet worden, die zwar dann den riesigen Brand des Schlosses zu Braunschweig am 23. Februar 1865 nicht ganz hatte meistern können. Beim 1. Braunschweigischen Bezirksturnfest, das an Pfingsten 1863 in Braunschweig abgehalten wurde, stand aber eine nächtliche Feuerwehr-Schauübung auf dem Programm, „um die fremden Turner und die zum Bezirk gehörigen Turnvereine zur Bildung von Feuerwehren anzuspornen". Auch als von 1875 ab in Braunschweig eine Berufsfeuerwehr aufgestellt war, bestand die Turner-Feuerwehr (mit rund 125 Mann) als 1. Kompagnie der Freiw. Feuerwehr weiter (und zwar bis nach dem ersten Weltkrieg).

Schließlich mag noch vermerkt werden, daß z. B. der Vorsitzende des Deutschen Feuerwehrausschusses, der dieses Amt von 1880 bis zu seinem frühen Tod im Jahr 1887 innehatte, der Dresdener Feuerlöschdirektor Gustav H. Ritz (1829—1887), auch von der Turnerei zur Feuerwehr gekommen ist. Er hatte das Lehrerseminar besucht und wurde 1849 Lehrer an einer Schule in seiner Vaterstadt Dresden, wo er besonders den neu aufgenommenen Turnunterricht zu erteilen hatte. Sein besonderes Interesse galt dem Turnen, und er war sowohl selbst ein gewandter Turner, als auch ein begabter Turnlehrer für Kinder und Erwachsene. Er gründete in den fünfziger Jahren des vergangenen Jahrhunderts eine Turnanstalt, die ihren Übungssaal in der Trompeterstraße in Dresden hatte und wo hunderte von Männern die Leibesübungen betrieben. G. H. Ritz war alsdann an der im Jahr 1862 erfolgten Gründung der freiwilligen Turner-Feuerwehr zu Dresden maßgeblich beteiligt. Er wurde sofort deren Kommandant, dem heute noch seine Umsichtigkeit, sein Mut und seine Beliebtheit bezeugt werden. Er war auch mehrere Jahre lang Stadtverordneter in Dresden, bis ihm im Januar 1868 bei der Aufstellung einer Berufsfeuerwehr in der Residenzstadt Dresden deren Leitung mit dem Titel Feuerlöschdirektor übertragen worden ist.

Carl Metz, Heidelberg

Begründer der freiwilligen Feuerwehr Deutschlands

Von Hans. G. Kernmayr

In Hamburg wurden im Frühjahr 1842 von einem Tag auf den anderen dreiunddreißigtausend Männer, Frauen, Kinder obdachlos.

Durch die große Stadt an der Elbe, durch das Tor in die Welt, heulte der schreckenbringende Ruf: „Feurio"!

4219 Wohnhäuser, große Kirchen, Schulen und Amtsgebäude, mehrere hundert Menschen, Frauen, Männer, Kinder sind diesem großen Schadenfeuer zum Opfer gefallen.

75 Straßenzüge lagen in Asche.

Diese Nachricht erreichte in Heidelberg einen jungen Mann, namens Carl Metz.

In der alten Weinstube sitzen: Dr. Adolf Kußmaul, Wundarzt, und Carl Metz, Mechanikus —.

„Ich will eine Feuerspritzmaschine bauen." Carl Metz — will seßhaft werden. —

Adolf Kußmaul weiß, Carl Metz führt alles aus, was er sich vornimmt. So war es schon im Mannheimer Lyzeum. Im Kalender stand das Jahr 1834. Mitten in der Lateinstunde, stand der fünfzehnjährige Schüler Carl Metz auf, sagte laut und vernehmlich: „Lebt wohl und bleibt bei eurem dummen Latein! Ich weiß mir Besseres. Ich werde Schlosser!"

Der Schüler Carl Metz packt die zugespitzten Gänsekiele, die Schreibhefte, die Lehrbücher, Mathematik, Latein, Deutsch in seinen Lederranzen, stülpte ein braunes Samtbarett auf seinen schwarzen Wuschelkopf, er geht über den knarrenden Boden der Tür zu.

Fünfzehn Jahre war er alt, nicht älter.

Der Leiter des Lyzeums, Direktor Nüßlein, wurde verständigt. Er war auf dem Wege; voran der Schuldiener, mit dem spanischen Rohr in der Hand. Vor allen Schülern wollte er den Missetäter strafen. Die offene Handfläche, Finger an Finger, will er sich hinhalten lassen. Nüßlein wußte, wie schmerzhaft so ein dünner, schmiegsamer spanischer Rohrstock sein konnte. Er ließ den Stock durch die Luft sausen. Dann erteilte er die Batzen: Von einem Stück bis zu fünfundzwanzig. Keiner der Schüler lachte bei solcher Prozedur.

Keiner fällt in Ohnmacht, keiner gibt einen Laut von sich. Alle stehen, die Zähne zusammengebissen.

Der Schüler Carl Metz war bekannt, daß er Schläge nehmen konnte. Er hat nie um Gnade oder Milde gebeten.

„Ja, ja" sagte Kußmaul, „unsere guten Lehrer von damals haben es nicht schlecht gemeint. Sie waren verzopft, hatten vergessen, daß sie selber jung gewesen, daß sie selber Schulstürzer, raufsüchtig, und jeden Schabernack geliebt hatten."

Einem Sieger gleich verließ Carl Metz aufrechten Schrittes das Lyzeum. Er hörte Direktor Nüßlein: „Heda, Metz! Ja! Er! Komm er mal her da! Dich mein ich!"

Direktor Nüßlein glaubte in die Erde versinken zu müssen. Der Schüler Carl Metz gab ihm den guten Rat, all das Latein, was er nicht lernen wollte, möge der Herr Direktor lernen.

Jeder, der es hören wollte, erfuhr es aus Nüßleins Mund, dieser Carl Metz wäre ein Tunichtgut und Taugenichts — ein Nagel zum Sarg der bedauernswerten Eltern.

Es waren noch mehrere Schüler, die in Nüßleins Augen talentlos und nichts taugten. Sie waren alle auf dem besten Wege, als Kaufleute und Industrielle erfolgreich zu werden.

Carl Metz hatte sein Wort gehalten, als er das Lyzeum in Mannheim verlassen um Schlosser zu werden. Im Elternhaus gab es eine tüchtige Portion Schelte. Die Eltern kannten ihren Sohn Carl, waren überzeugt, daß Abrede nichts hülfe.

„Lieber Vater, liebe Mutter, ich will nicht studieren. Ich will mit den Händen arbeiten; ich will Maschinen bauen."

Die Eltern Carl Metz' ließen dem Buben den Willen. Der Vater sagte: „Das Schulgeld heb ich Dir auf. Du wirst es später gebrauchen können. Wer nicht will, hat schon gehabt. Eines bitte ich mir aus: Vergiß nie, daß du ein echter Metz bist. Mache dem Namen keine Schande. Du hast das Glück in der Hand."

Der Vater gab dem Sohn viele Ratschläge. Die Mutter weinte, während sie für den Buben alles Nützliche zusammenrichtete.

Carl Metz stellte sich einem Meister vor: „Ich will Euer Handwerk lernen."

Laut klangen die Hämmer vom frühen Morgen bis in die späte Nacht. Auf den Ambossen glühten feurige Eisen.

Meister und Gesellen glaubten, der Bursche von der hohen Schule würde nie und nimmer grobe Arbeit verrichten können.

Carl Metz war voll Respekt und Ehrbarkeit gegenüber dem Meister, der Meisterin, den Gesellen. Er war kein Studentlein, welches aus der Schule geworfen, strafweise in die Lehre gesteckt wurde. Der Lehrling Carl Metz hatte einen klugen Kopf. Seine Hand war sicher. Der Meister lobte: „Handwerker sein, ist adlig sein."

Es waren bärtige Männer, ledige und beweibte, um Brust und Bauch einen Lederschurz. Sie beobachteten den schmächtigen, aufgeschossenen, hübschen Burschen Carl.

Nach einigen Tagen sagte der Meister: „Du wirst ein richtiger Mechanikus, weil die Freude bei Dir ist."

Carl Metz verrichtete jede Arbeit. Keine war ihm zu minder. Schelte gab es. Manche Männerhand griff nach dem schwarzen Schopf des Lehrlings. Hunger ist der beste Koch, als er sich zur Schüssel der Meisterin setzte. Das Essen war nicht so gekocht wie bei Muttern. Er hatte Hunger; er war im Wachsen, brauchte Kraft.

Es vergingen Tage, Wochen, Monate, Jahre. Alle, die Carl Metz kannten, sagten, er hatte eine gute Hand. Er konnte zeichnen, er hatte es bald heraus, das Eisen so zu biegen, wie er es wollte, er schmiedete und härtete, schweißte Stück für Stück zusammen.

Carl Metz war wißbegierig. Lernen wollte er. Viel lernen. Kein geringerer als Jakob Friedrich Messmer gab ihm Arbeit und Brot. Er verlangte von ihm Meisterschaft in Grau- und Messingguß.

„Mein Freund", so begann Messmer seine Rede, „die Kraft ist viel, aber nicht alles. Der Geist ist auch nicht alles. Wenn zum Geist und zur Kraft die Freude und die Liebe zum Nächsten kommt, dann ist das Glück bei dir zu Gast. Freund Metz! Sie haben Geist, Kraft und Liebe in Ihrer Hand, und wenn es mich nicht trügt, ist auch das Glück bei Ihnen. Sie sind Erfinder? Darf ich Ihre Zeichnungen sehen? Wie heißt Ihre Liebe?"

Carl Metz gab seine Liebe preis. Turnen. Die freie Zeit verbrachte er bei den Turnern. Sonntags ging er mit den Turnbrüdern in die Wälder. Schöne Gedanken beseelten sie. Für Deutschland schlugen die Herzen der Turner. Aus allen Volksschichten kamen sie: Arbeiter, Studenten, Kaufleute, Handwerker, Gelehrte. Arm und reich, sangen die Lieder ihrer Dichter, lobten die Schönheit der Heimat, ehrten Fleiß und Tugenden.

Ludwig Jahn rief: „Seid jederzeit bereit, dem Nächsten zu helfen und zu dienen!"

Es geschah zu jener Zeit, daß ein Schadenfeuer über ein Dorf große Not brachte. Carl Metz erhob seine Stimme: „Wenn alle geholfen, wäre der Brand gedämmt worden, gäbe es nicht Asche und Tote!"

Carl Metz' Worte wurden nicht gehört. Die sie hörten, spotteten. „Der junge Fant will uns belehren!"

Jakob Friedrich Messmer in Grafenstaden sah es gern, wenn seine Freunde, ob es nun Arbeiter, Konstrukteure, Kontoristen, sich der Turnerschaft anschlossen und ihre Hilfsbereitschaft öffentlich kundtaten.

Mehr und mehr überkam Carl Metz der Gedanke, all sein Wissen und Können der Brandbekämpfung zu opfern. Er wollte die notwendigen Feuerbekämpfungsgeräte entwerfen und herstellen. Franz, der neben Carl Metz in Arbeit und Brot bei Messmer stand, erzählt, daß die große Kaiserin Maria Theresia, die einen Lothringer geheiratet hatte, die erste Feuerwehr in Wien auferstehen ließ.

Fachleute, auch Wissenschaftler, sprachen sich über Carl Metz' Leistungen gut aus. Eines Tages setzte sich Carl Metz auf den Hosenboden. Aus vergilbten Papieren studierte er

Die erneuerte
Feuer-Ordnung
der Chur- und Pfälzischen Haupt- und Residentz-Stadt
Heydelberg
Anno 1760

Wo sichs begebe (so doch Gott der Allmächtige gnädigst und vätterlich verhüten wolle) daß man in Feuers Noth, Tags oder Nachts, die Glock anschlagen, und stürmen, oder die Trommel rühren, oder mit dem Horn blasen würde, sollen die Pförtner und Thor-Hütere auf ihre gethane Eyd und Pflichten gehalten seyn, die Thore alsbald zuzumachen, und bey Vermeidung ohnnachlässiger Straff, gesperrt zu halten.

Alle Burgeren sollen bey ihrem gethanen Burger-Eyd, verpflichtet seyn, alsobald mit ihrem Gewehr, an dem Orth, wohin sie (wie hernach unterschiedlich verordnet) beschieden seynd, zu lauffen.

Es wird denen Kärcheren bey nemlicher Straff von 10. Reichsthaler eingebunden, ihre Ladfässer zu allen Zeiten mit großen Zapffen-Züberen samt darzu gehörigen Wasser-Schöpferen in ihren Häusern gerüst zu halten.

Dem Ersteren so ein Fass Wasser zum Brand bringt sollen gegeben werden

	= 36 Kr.
Dem Anderen	= 24 Kr.
Dem Dritten	= 18 Kr.
Dem Vierten	= 12 Kr.
Dem Fünfften	= 6 Kr.
Dem Sechsten	= 3 Kr.

Damit man wisse, ob alle übrigen Bürgere auf ihren hernach angewiesenen Posten sich befinden, sollen die beyde Hauptleuthe, die mit ihren unterhabenden Companien respective auf dem Marckt und Graben in der Vorstadt ihren Sammel-Platz haben, durch einen Unter-Officier und etliche Gemeine währendem Brand alle Posten beständig visitieren lassen.

Jedermann wird ernstlich eingeprägt, auf Licht und Feuer fleißige Obsorge zu tragen, und die Schornsteine zu rechter Zeit fegen zu lassen.

Carl Metz überlegte: Alles schön und gut, was die hochlöbliche Obrigkeit seit eh und je in ihren Veröffentlichungen gebietet. Mit dem Anordnen und Instrafenehmen ist es nicht getan. In keiner dieser Vorschriften steht, daß der Mensch freiwillig Gott und den Menschen gefällig sein soll, daß er freiwillig Gutes verrichte. Außerdem: mit welchen Geräten sollen die Flammen bekämpft werden? Sollen die Küfer, Brauburschen, Handwerker, Knechte mit den bloßen Händen das Feuer auslöschen? Mit den alten verrosteten Feuergeräten ist nichts anzufangen. Die hanfenen Wasserbütten zerrissen, die Lederschläuche verdreckt. Das Jahrhunderte alte Holz brannte gleich Zunder.

Carl Metz mußte die Maschine, die das Feuer wirksam bekämpft, bauen. Feuerspritzen, Geräte zur Bekämpfung großer und kleiner Feuer. Woher sollte er das Geld dazu nehmen?

Carl Metz' Vater, Teilungskommissär, ehrbar, gerechtsam, konnte sich keinen Reichtum erwerben. Der Mechanikus machte sich auf den Weg, das Geld vom Nächsten zu leihen. Die Männer, die er ansprach, wiegten bedächtig den Kopf, schlugen ihre Hände um den dicken Wanst, spielten mit den Fingern an der goldenen Kette, an der schweren Berloques: „Ich versteh', Herr Mechanikus", sagten sie, „alles schön und gut, was Sie vorhaben, Euer Charakter ist lauter, Euer Lebenswandel solide. Von Eurem Wissen, Eurem Fleiß und Eurem Können haben wir gehört. Aber wisset, wenn wir unser Geld in Eure Hände legen, müßt Ihr es verdreifachen, vervierfachen."

Es waren gute Bürger, die so sprachen. Die einen hatten in den Kirchen und die anderen in den Ämtern maßgebende und gewichtige Worte zu sprechen. Sie wollten, der Mechanikus Carl Metz sollte aus Silber Gold machen. Er wollte Schlosser, Schmiede, Schreiner, Wagner, Seiler in Arbeit und Brot nehmen, wollte Feuerlösch- und Rettungsgeräte herstellen.

„Meine Herren, nehmen Sie es mir nicht übel, aber ich bin kein Spekulant."

Die Geldleute dankten Carl Metz' Gruß, waren aber fest überzeugt, dieser junge Mann, der aus Silber kein Gold machen kann, würde es nie zu etwas bringen.

Wo Carl Metz hinkam, war er gerne gesehen. Der beschwingte Schritt des Turners – der Schnurrbart aufgezwirbelt, er machte gute Figur, sah gut aus.

Was halfen dem städtischen Magistrat, der großherzoglichen Obrigkeit der Stadt Heidelberg die veralteten fahrbaren und tragbaren Wasserspritzen.

Im großherzoglichen Oberamt mit dem Datum vom 29. März 1836 von einem Herrn Eichbrodt, für das Feuerpikett geschrieben, stand zu lesen:

> Bei der, von dem Stadtinspektor anzuordnenden Probierung der Feuerspritzen und wenigstens zweimal des Jahres rückt das Feuerpikett aus und stellt sich auf dem Marktplatz zur Inspektion auf.
>
> Die unentschuldigt Ausbleibenden werden mit 1 fl., welcher in die Gemeinde-Kasse fällt, gestraft.
>
> Bei der Ankunft an der Brandstätte besetzen die zuerst ankommenden Feuerpikett-Mitglieder die Eingänge des brennenden Gebäudes und lassen nur aus- und eingehen, was neben den Eigenthümern zur Rettung der Effekten und zur unmittelbaren Löschung des Feuers befugt und verpflichtet ist.
>
> Jeder Feuerspritze ist ein Wachtposten beizugeben.
>
> Die an den Thoren stationierte Mannschaft schließt dieselben während des Brandes, läßt Niemand, der nicht zum Löschpersonale auswärtiger Ortschaften gehört, oder der nicht vermöge seines Berufes oder sonstiger unverdächtiger Zwecke wegen die Stadt zu betreten oder zu verlassen hat, ein und aus passiren.

In der Feuerordnung, vom Städtischen Magistrat herausgegeben, wird angeordnet und befohlen. Kein Wort, daß „Gott zur Ehr – dem Nächsten zur Wehr" den Menschen zu helfen ist, daß jedermann gesund an Körper und Geist, sich freiwillig in den Dienst der guten Tat stelle. –

Carl Metz traf sich mit den Turnern. – Junge und alte Männer standen zu ihm. Nicht Silber noch Gold waren die Preise, ein einfacher Kranz grünen Eichenlaubes zierte den Sieger. Von Dorf zu Dorf zog Carl Metz, von Marktflecken zu Marktflecken, von Städtchen zu Stadt. Überall stellte er den Turnern die Frage, ob sie bereit wären, freiwillig Leben und Eigentum des Nächsten zu schützen.

Die Turner legten ihr Ja in Carl Metz' Hände.

Mit diesem Versprechen ging Carl Metz daran, Bürgermeister und Regierungsmitglieder zu überzeugen, daß die bestehenden Feuerverordnungen veraltet und nicht mehr dem Gebot der Stunde nützten. –

Es war nicht viel Geld, das Carl Metz vom elterlichen Hause bekam. Er legte es zu dem Ersparten. Mit diesem Wenigen wollte er die Geräte schaffen, die den Menschen zum Nutzen sein sollten.

Die Zeugnisse, die Carl Metz vorweisen konnte, waren alle erstklassig. So bestätigte der Lehrer für Physik, der weit in deutschen Landen bekannte Professor Wilhelm Eisenlohr, daß Carl Metz beachtliche Leistungen vollbracht habe. Herr Christian Dingler, Maschinenfabrikant in Zweibrücken, stellte dem Volontär Carl Metz den besten Leumund aus.

Jakob Messmer lobte ohne Aufforderung. Er schrieb: „Freund Metz war nicht nur gewissenhaft bei den Ausfertigungen seiner Arbeiten. Er war ein Mann, der selbständig entwerfen und ausführen konnte, Verbesserungen und Erfindungen, ohne viel Worte, in den Dienst der guten Sache stellte."

Die Eisenbahn hatte Carl Metz beschäftigt. Er hatte Augen und Ohren offengehalten, überall eingegriffen, war bei Arbeitern und Vorgesetzten beliebt.

Die Herren J. J. Meier in Mühlhausen und der Direktor der Badischen Bahn in Heidelberg lobten den Werkführer Carl Metz.

An dem jungen Metz war nichts auszusetzen.

Der junge Werkführer von der Badischen Eisenbahn sprang aus der sicheren Anstellung, die ihn pensionsberechtigt machte. Er suchte das wechselvolle Los des selbständigen Unternehmers.

Das Gelände war bald gefunden. Für wenig Geld konnte er das Grundstück erstehen. Er mußte jedes Geldstück dreimal umdrehen, bevor er es ausgeben durfte. An manchen Tagen mußte er den Leibriemen enger schnallen. Alles Geld brauchte er für die Werkstätte, für die Löhne seiner Mitarbeiter, für die Holzkohle, für das Eisen, für Messing, für die Modellschreinerei, für die Schmiede.

Alle Augen richten sich auf die erste Feuerspritze aus der Werkstätte Carl Metz.

Er wollte nicht nur Feuerspritzen verkaufen, er wollte auch die Männer, die diese Maschine bedienen, ausbilden. Selber ausbilden.

„Was will dieser Carl Metz? Freiwillige Feuerwehren sollen in den Dienst gestellt werden? Der Mann kommt wohl vom Mond! Wer tut etwas freiwillig?"

Die Turner waren es, die sich bereit erklärten, Carl Metz' Vorschlägen Folge zu leisten. Sie würden freiwillig das Feuer bekämpfen.

Diese Männer waren es, in deren Reihen sich Carl Metz wohlfühlte. Er lauschte ihren Worten. Es waren nicht viele Handwerker, die Carl Metz, als er die Werkstätte eröffnete, folgten. Er konnte unter allergrößten Schwierigkeiten entlohnen.

Der Großherzog hatte von Carl Metz' Planungen Kenntnis genommen. Warum wollte dieser Mann, daß neue Feuerlösch-Vorschriften ausgearbeitet werden sollten? Der Regent hatte einen lauteren Charakter, war ein Freund der Oper, Musik, Komödie, Tanz, der Dichter, Maler, Bildhauer und Wissenschaftler, Heidelberg konnte auch einen Mechanikus, namens Carl Metz, ertragen. Dieser würde niemanden aus dem Schlafen wecken. Lasset doch den Mann! Er soll schalten und walten, wie er will.

Es kamen Mahnungen und Vorsichtsrufe an die Ohren des Hochgeborenen. Bis jetzt hatten sie die meisten Maschinen aus England, aus Manchester bezogen. Die Engländer waren berühmte Mechaniker und Maschinenbauer. Auch die Franzosen und Österreicher. Ausgerechnet einer aus ihrer Mitte wollte sich mit einer Feuerspritze in die Öffentlichkeit drängen. Ein Herr Carl Metz?

Der Großherzog ließ die Neider und Spötter ausreden. Er war guter Laune. Die Heidelberger liebte er gleich seinen Kindern. Er raffte sich zu dem Ausspruch auf: „Warum muß es immer einer aus dem Ausland sein? Die Engländer und Franzosen löschen ihre Feuer auch nicht mit deutschen Spritzen. Ich bin sehr froh, einen Mechanikus in meiner Stadt zu wissen, der das Risiko eingeht, seine Zeit und seine Ersparnisse für die Allernächsten zu opfern."

Die Neider, Spötter und Miesmacher standen einer nach dem anderen auf. Der Großherzog merkte bald, es waren keine stichhaltigen Einwendungen. Die Persönlichkeit Carl Metz war unantastbar. Die Maßgebenden sträubten sich, in den Magistratsäckel zu greifen, Geld für Feuerspritzen und Löschgeräte auszugeben. Die wollten nicht hören, daß ihre Gerätschaften veraltet, verrottet — verrosten.

Carl Metz zeichnete, arbeitete. Er fuhr in die Dörfer, in die Städte. Seine Stimme war überzeugend. Man konnte seiner Liebenswürdigkeit nicht widerstehen. Er bot den Bürgermeistern und den Stadtbaumeistern, den Stadt- und Gemeinderäten, allen Männern, die für das Wohl der Allgemeinheit sorgen mußten, seine neue Feuerspritze an. Es gab eine Stadtspritze, eine Landspritze, eine große Hausspritze, eine kleine Hausspritze. Letztere konnte von einem Mann getragen und bedient werden. Es gehörten noch viele Geräte dazu.

Der Großherzog nannte ihn einen Hexenmeister. Wenn etwas Ausgefallenes gesucht wurde: „Geht doch zu Carl Metz, der besorgt euch alles.“

Die Firma lautete: „Lösch- und Rettungsgerätschaften von Carl Metz, Heidelberg.“ Sie empfahl sich in Verfertigung von Feuerspritzen, Wasserzubringern, Wasserleitungen, hydraulischen Pressen, Saug- und Druckpumpen aller Art nach den neuesten und besten Systemen, Luftapparaten, Rettungssäcken, Haken, Maschinen und sogenannten italienischen Leitern, leinernen Eimern, Requisiten für die Lösch- und Rettungsmannschaft, als Helm, Gürtel, Axt, Signalpfeife und vieles mehr.

Über Anwendung bei Feuersbrünsten ließ Carl Metz wissen: „Deutsche Städte haben zwar das Verdienst, dem Auslande in der Einrichtung zweckmäßiger Löschanstalten vorangegangen zu sein; aber wie in so manch' anderen Dingen sind wir in späterer Zeit in diesem Fache von dem Ausland überflügelt worden, so daß unsere jetzige Aufgabe darin besteht, dasjenige einzuholen, was große Städte des Auslandes, zum Beispiel Paris, mit ungeheuren Geldopfern und kostpieligen Experimenten in der Organisation eines ineinandergreifenden Dienstes bei Feuersbrünsten geleistet haben. Nur eine persönliche Kontrolle durch einen vom Staate aufgestellten, erprobten Techniker, kann hier helfen, z. B. zur Errichtung der so wichtigen, aber noch selten zustandekommenden freiwilligen, organisierten Löschvereine ermuntern.

Durch ein gut organisiertes Bürgerkorps, besonders durch die über ganz Deutschland verbreiteten Turnvereine, kann ein freiwilliges Feuerkorps erreicht werden.

Ich werde mit aller Kraft und den mir zu Gebot stehenden Mitteln darauf hinarbeiten, die Leute mit der einfachen Maschine und deren Anwendung so vertraut zu machen, daß schon nach einigen Versuchen die günstigsten Resultate hervortreten müssen.

Zu diesem Zweck gebe ich bei Ablieferung meiner Feuerlöschgeräte und Maschinenspritze eine genaue Beschreibung der Maschine nebst vollständiger Gebrauchsanweisung für alle möglichen vorkommenden Fälle bei.“

Carl Metz war in seiner Geschäftsgebarung ein moderner und allem Neuen aufgeschlossener Mann. Er hatte vollkommen recht mit seiner Kritik. Wie stand es in Städten und Dörfern mit der Feuerbekämpfung? Miserabel! Er war berechtigt, Einwände weiterzugeben, war nicht zufrieden, wenn er einer Stadt seine neue mechanische Feuerlöschspritze lieferte, die Mannschaft die Bedienung nicht übernehmen konnte. Carl Metz griff selber zu. Einer nach dem andern kam und löste ihn ab.

Er war kein Hexenmeister, kein Hokuspokusmann. Was er sagte, hatte Hand und Fuß. Was er nicht wußte, wußten seine Mitarbeiter. „Die Besten sind gerade gut“, stellte er fest.

Seine Leute mußten wehrhafte Männer sein, mußten nicht ihm, sondern allen nutzen.

Metz wollte seine Maschinen und alles, was er herstellte, in gute Hände legen. Für jede seiner Maschinen gab er eine große Zahl von Monaten Garantie.

Tanklöschfahrzeug mit Kreiselpumpe,
gefertigt im Jahre 1908
durch die Firma Carl Metz, Karlsruhe,
gezeigt im Jahre 1909
anläßlich der
Feuerwehrgeräte-Ausstellung
in Nürnberg

Metz-Denkmal
am Fuße des Schloßberges zu Heidelberg

Metz-Denkmal in Heidelberg
Inschrift: Carl Metz (1818–1877)
Von den deutschen freiw. Feuerwehren
ihrem Begründer errichtet 1880

Grabstein
Christian Hengst (1804–1883)
Gründer der ersten Freiwilligen
Feuerwehr Deutschlands in Durlach

Stadtbaumeister Christian Hengst
Durlach

Durlach vor der 1689 erfolgten Zerstörung durch die Franzosen

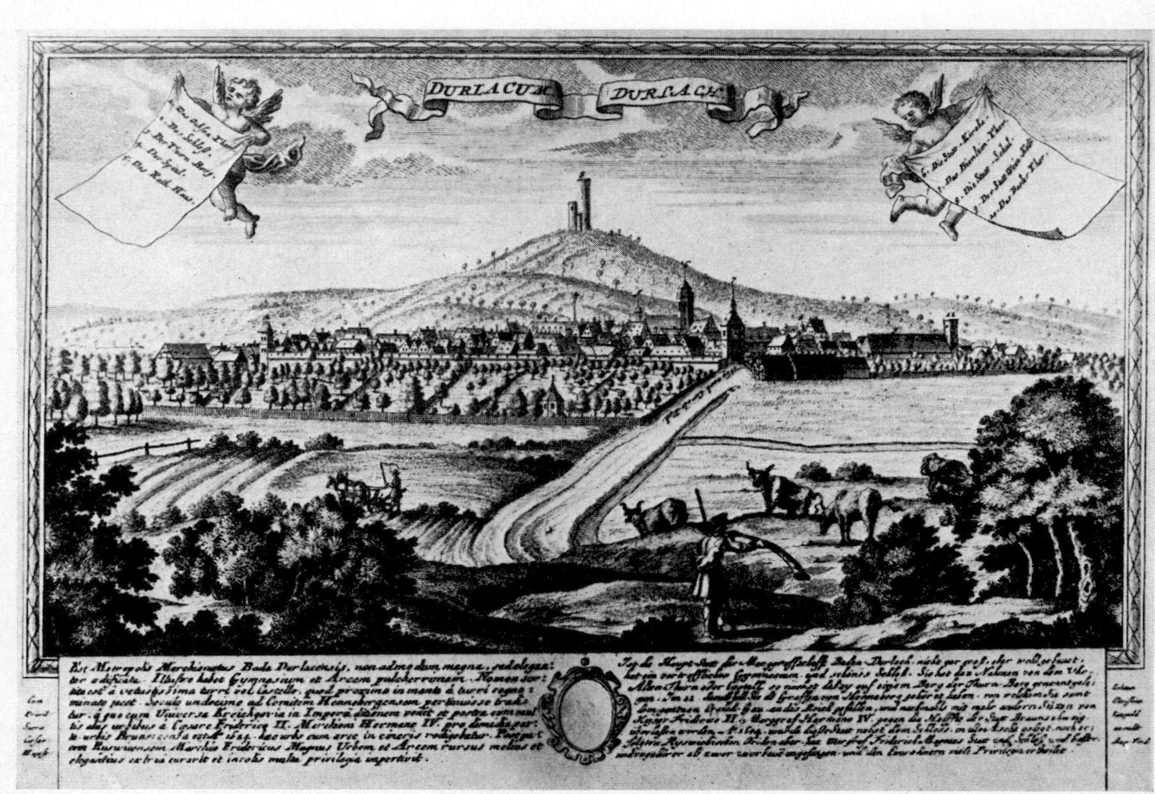

Der große Brand von London im Jahre 1666

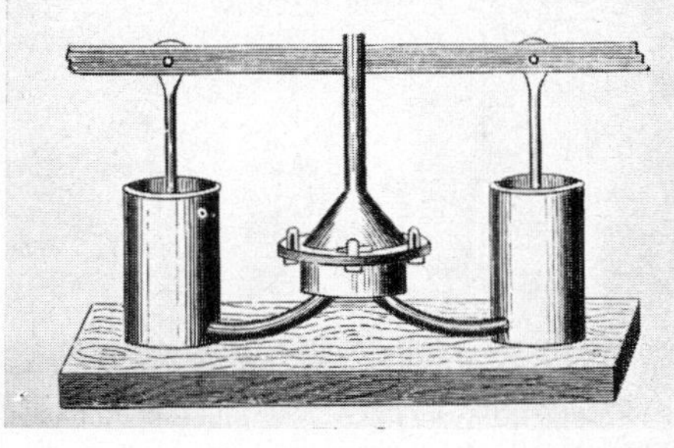

Erste Feuerspritze von Ktesibius vom Jahre 250 v. Chr.

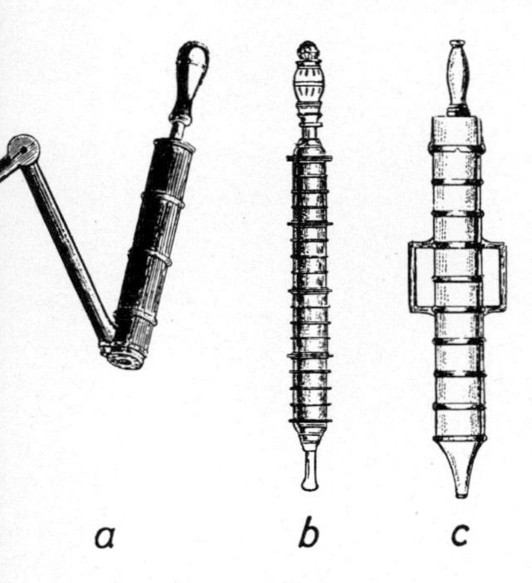

Einfache Handspritzen

a) Handspritze aus Holz mit Wenderohr aus dem Jahre 1450, Würzburg.

b) Handspritze von 1557 reich verziert, 72 cm lang.

c) Englische Handspritze aus Kupfer, 66 cm lang, wie sie beim großen Brand von London im Jahre 1666 Verwendung fand.

Kunstvoll verzierte Handdruckspritze aus dem Jahre 1759, Feuchtwangen. Seitlich am Wasserkasten sind an vier Feldern die Bilder von vier Feuerheiligen angebracht

Handdruckspritze für Pferdezug aus der zweiten Hälfte des Jahrhunderts

Jan van der Heyden (1637—1712)
Brandmeister von Amsterdam

Genieteter Lederschlauch aus dem Jahre 1809

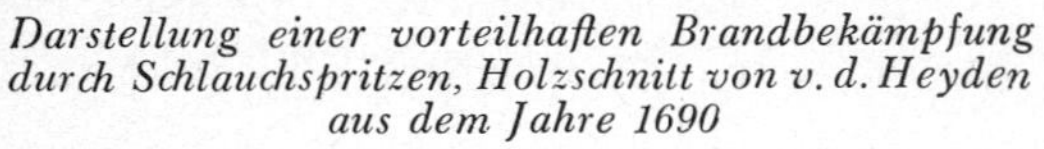

Darstellung einer vorteilhaften Brandbekämpfung durch Schlauchspritzen, Holzschnitt von v. d. Heyden aus dem Jahre 1690

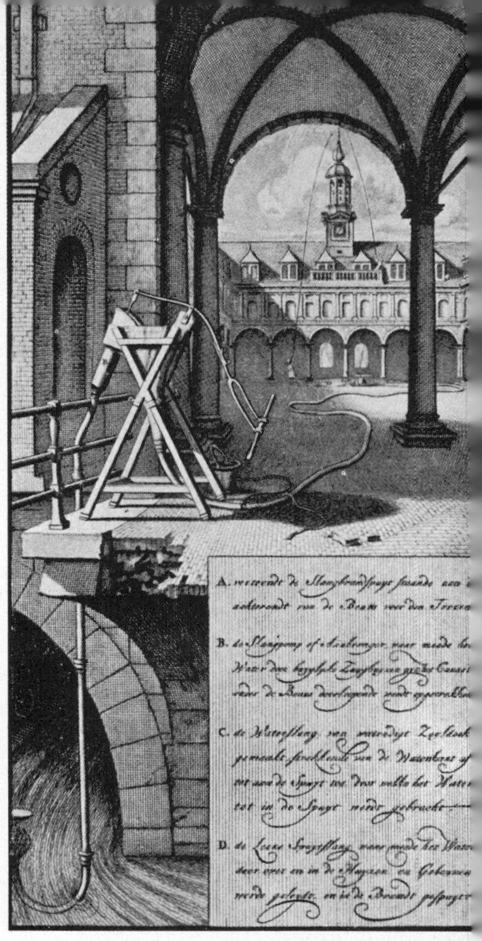

Anbringer mit Saugschlauch und Saugpumpe, 1

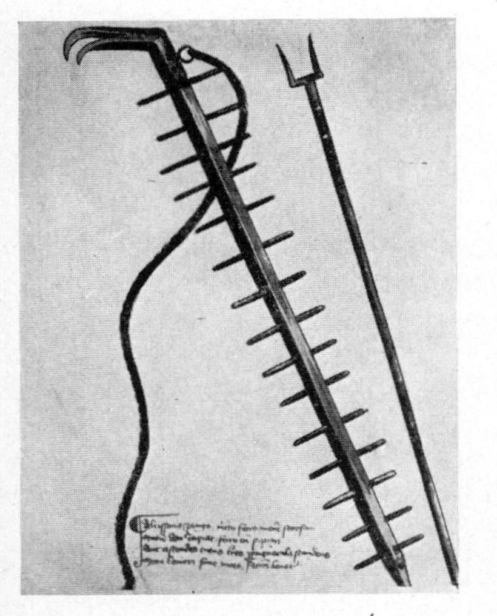

Papagei- oder Kopenhagener Leiter
(Bild aus dem Jahre 1405)

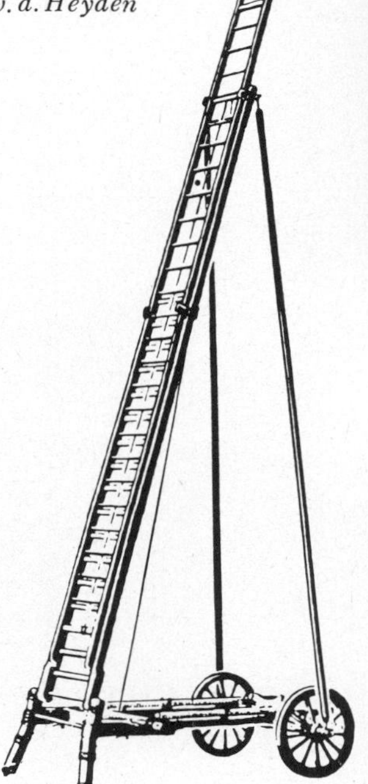

Berner Leiter von Haller & Hortin, 1806

Älteste Darstellung einer Steckleiter

Saugpumpen mit biegsamen Saug- und Druckschläuchen, wie sie von v. d. Heyden im Jahre 1672 und 1673 gezeigt wurden

Er machte sich das Leben nicht leicht. Wo steht es geschrieben, daß er sich um die Ausbildung der Feuerwehrmannschaften bemühen müßte? Nirgends!

Als Verkäufer seiner Erzeugnisse war er reell, war er großzügig, unterrichtete er die Mannschaft in der Bedienung der Feuerlöschgeräte. Die Bügermeister, die Stadtväter waren nicht immer begeistert, wenn Carl Metz auftauchte. Es kam noch dazu, daß viele in dem Heidelberger einen Auswärtigen sahen.

„Lieber lassen wir unser Hab und Gut vom Feuer zerstören, bevor wir uns nachsagen lassen, ein Mann aus Heidelberg habe uns Hilfe gebracht ..."

Carl Metz zog seinen Hut, fuhr weiter, lächelte. Er wußte, der Tag würde kommen, an dem er geholt wird, von den gleichen Leuten, die ihm die Tür vor der Nase zuwarfen.

Den aufgeschlossensten Mann hatte Carl Metz in der schönen Stadt Durlach, nicht weit von Karlsruhe, in der Person des Stadtbaumeisters Christian Hengst gefunden.

Ein Markgraf mit dem Namen Carl zu Baden und Hochberg hat am 9. November 1715 eine Feuerlöschordnung herausgegeben. Darin ist zu lesen, daß bei einer ausbrechenden Feuersbrunst die Leibgarde den Wach- und Sicherheitsdienst zu übernehmen habe, um die in vier Quartiere geteilte Stadt zu schützen.

Christian Hengst und Carl Metz wußten, Feuerverordnungen gab es in Hülle und Fülle. Richtigen Feuerschutz gab es kaum.

Christian Hengst war einige Jahre älter als Carl Metz, ein geborener Durlacher — sein Vater war der Zimmermeister Conrad Hengst —, hatte sich von der Pike bis zum Staatsbaumeister laut Patent, das ihm 1832 verliehen wurde, heraufgearbeitet.

Dreizehn Jahre später wurde ihm die verantwortliche Stellung eines städtischen Baumeisters in Durlach übertragen. In dieser Eigenschaft unterstanden ihm auch die sich im Besitz der Stadt befindlichen Feuerlöschgeräte. Die Fahrspritze Nummer eins war alt, aber noch brauchbar. Gefertigt von einem gewissen Urban Rutzen im Jahre 1781 in Reutlingen. Die Land- oder Schloßspritze Nummer zwei war noch älter. Ihr Geburtsjahr war 1744. Die Feuerspritze Nummer drei war von Kupferschmidt Becker in Karlsruhe um tausend Gulden angefertigt. Dann gab es noch eine Tragspritze Nummer vier, die mittels eichener Handgriffe und eichener Holzstänglein getragen wurde, und zwei im Jahre 1823 für sage und schreibe dreißig Gulden angekaufte Handspritzen und eine Kübelspritze, die aber nicht mehr zu verwenden war.

Der Stadtbaumeister von Durlach wandte sich, verantwortungsbewußt wie er war, an die Stadtväter. Es sei höchste Zeit, daß eine neue, nach den neuesten Erfahrungen konstruierte Feuerspritze angeschafft würde.

Dem Maschinenfabrikanten Carl Metz in Heidelberg wurde Bescheid getan. Die Durlacher wußten, daß in seinen Werkstätten seit einigen Jahren Feuerspritzen gebaut wurden.

Zwischen Carl Metz und Christian Hengst entspann sich eine wahre Kameradschaft. Ihre Gespräche drehten sich um den Feuerschutz. Christian Hengst war in seiner Eigenschaft als Baumeister der Stadt auf dem Brandplatz der erste und der letzte. Er war der eifrigste Verfechter für eine Neufassung der Feuer- und Löschordnung.

Der Heidelberger und der Durlacher waren aufrechte Männer. Ihre Gedanken galten dem Wohl und Wehe der Nächsten.

Beide bekämpften die Einwendungen, man möge es bei dem alten belassen. Ein Braumeister und ein Schulmeister geben den Rat: „Die Leut' sollen mehr beten, so lange beten, bis Gottvater es höre, mit dem Feuer ein Einsehen habe und von sich aus die Flammen zum Erlöschen bringe."

Beide Männer, Metz und Hengst, wußten, sie waren beide ehrliche Christen, Gott gibt dem Menschen die Kraft, das Feuer zu löschen, selbst greift er aber nicht ein.

Die Gegner der Neuanschaffenden behaupteten: „Es ist schon genug Geld für den Feuerschutz ausgegeben. Maschinen taugen nichts. Der Mensch ist der beste Kämpfer gegen das Feuer."

Bis zur Stunde war es in deutschen Landen so, daß das Feuer Gewalt über die Menschen hatte. – Das Feuer fraß die Stärksten und die Klügsten, die Riesen und die Zwerge, die Athleten und die Geistvollsten.

Der Chronist der Zeit schrieb, daß der um sein Städtchen Durlach besorgte Stadtbaumeister Christian Hengst, als er die neue Carl-Metz-Spritze in ihrer Arbeit sah, dem Erfinder und Hersteller kräftig die Hand drückte. Groß war seine Freude, als Metz ihm die Bedienungsvorschriften für diese Maschine in die Hand legte. Dem aufgeschlossenen Christian Hengst mitteilte, daß er seit Jahr und Tag danach Ausschau halte, den Mann und die Männer zu finden, die freiwillig den Kampf mit dem Feuer aufnehmen.

Christian Hengst, dem solche Gedanken auch schon lange vorgeschwebt waren, versprach Carl Metz, er würde sich mit den Durlachern freiwillig dem Feuerwehrdienst zur Verfügung stellen. Gelobt sei der Tag, an dem Carl Metz nach Durlach kam – dort Christian Hengst kennenlernte. Metz brachte die Idee, Hengst führte sie aus.

Durlach ist die Wiege aller freiwilligen Feuerwehren in Deutschland.

Für sage und schreibe 850 Gulden verpflichtete sich Carl Metz aus Heidelberg, eine zweirädrige Stadtspritze mit einer Handdeichsel nebst allem Zubehör, wie er sie schon mehrere an der Zahl an die badischen Bahnhöfe geliefert hatte, für Durlach in allen Teilen tadellos zu fertigen. Längstens am 1. Juni 1846 mußte diese Feuerspritze geliefert werden, widrigenfalls sich Carl Metz verpflichtete, für jeden späteren Lieferungstag fünf Gulden von seiner Akkordsumme abziehen zu lassen. Bei der Ablieferung hatte Carl Metz in Gegenwart des großherzoglichen Oberamtsvorstandes und der beiden Bürgerkollegien die Spritze einer starken Probe und Prüfung zu unterwerfen und bei einem allenfalls vorkommenden Fehler die Spritze ohne Vergütung zurückzunehmen, dafür eine andere fehlerfreie zu fertigen.

Carl Metz blieb außer diesen Bedingungen ein volles Jahr haftbar für alle vorkommenden Gebrechen, welche derselbe unentgeltlich zu beseitigen hat.

Bei der Ablieferung und nach der überstandenen Prüfung der Spritze folgt Barzahlung aus der Stadtkasse Durlach.

Carl Metz hatte sich auch verpflichtet, außerhalb jeder Gepflogenheit, innert eines Jahres, zwei- oder dreimal auf Einladung des Stadtbaumeisters Hengst zur Instruierung der Mannschaft ohne besondere Kostenrechnung zu erscheinen.

Die Stadtväter unterzeichneten diesen Vertrag.

In Gegenwart des gesamten Gemeinderats von Durlach wurde am 18. Mai 1846 die von Carl Metz gelieferte Stadtspritze erprobt. Es ergab sich ein allseits befriedigendes Ergebnis. Die Herren und auch die Frauen von Durlach hatten für Carl Metz nur Lob.

Der Stadtbaumeister Christian Hengst bat am 6. Juli 1846 den Gemeinderat in Durlach, dieser möge ihm eine Anzahl Bürger vorschlagen, die sich freiwillig in den Dienst zur Bekämpfung des Feuers stellen würden.

Nachdem die neue Maschine von Carl Metz in Durlach installiert war, konnte man im Durlacher Wochenblatt lesen, daß mittags, punkt drei Uhr, vierzehn lederne Feuereimer, eine Faßwinde, eine Handfeuerspritze, eine Leimpfanne, zehn Pechpfannen, fünf Teuchelbohrer, ein Teuchelwägelchen mit Kette, eine Laterne in Holz, auf dem Wege der Versteigerung gegen Barzahlung zu erstehen war.

Um diese Zeit kostete in Durlach das Mastochsenfleisch zwölf, das Kalbfleisch acht, das Hammelfleisch zehn und das Schweinefleisch elf Kreuzer. Das Brot war zu kaufen: ein zweipfündiger Laib achteinhalb und ein vierpfündiger Laib sechseinhalb Kreuzer. Das Schwarzbrot mußte in runder Form hergestellt werden.

Der evangelische Kirchengemeinderat von Palmbach gab kund und zu wissen, daß aus dem Heiligenfonds zweitausendfünfhundert Gulden zum Ausleihen auf gesetzliche Pfandurkunden bereitstünden. Zwei Feldhüter wurden aufgenommen. Man bot ihnen sechsunddreißig Kreuzer pro Tag.

Der Mechanikus und Fabrikant Carl Metz aus Heidelberg war immer, wenn ein großes Schadenfeuer ausbrach, dabei, um zu helfen. Er war immer bereit, die Bedienungsmannschaft anzulernen.

Metz hatte seit dem Jahre 1843 drei bis vier Dutzend seiner neuen Feuerspritzen zur Lieferung gebracht. Eine der ersten ging in den Marktflecken Aussee im K. und K. Österreichischen Salzkammergut. Es waren auch viele von den neuen Feuerspritzen in Deutschland erfolgreich in Aktion getreten. So schrieb eine Zeitung im Jahre 1843: „Sonntag, den 19. November, gibt sich das großherzogliche Hof- und Nationaltheater in Mannheim die Ehre, eine Oper in zwei Akten von Donizetto „Die Regimentstochter“ aufzuführen (am gleichen Tage wird vormittags eine Carl-Metz-Maschinenfeuerspritze auf dem Hauptplatz zur Vorführung gebracht werden).“

Die Zeitung berichtet:

„Der Mechanikus Carl Metz in Heidelberg verfertigt Feuerlöschspritzen nach eigener Erfindung, die wegen ihrer einfachen Konstruktion und kräftigen Wirksamkeit bei Feuersbrünsten große Vorteile vor den bisher üblichen voraushaben.

Mit dieser Spritze wurden bereits Proben vor der Eisenbahnbrücke in Karlsruhe, in Frankfurt am Main und in Bruchsal gemacht, die nicht nur zur allgemeinen Zufriedenheit ausfielen, sondern auch jede Erwartung übertrafen.

Vergleicht man diese Leistungen mit jenen der anderen bisher gebrauchten Spritzen auch hinsichtlich des Preises, so ist es wirklich erstaunlich, daß Mechanikus Metz eine Spritze mit vollständiger Ausrüstung für achthundert bis tausend Gulden liefern kann, während die Spritzen älterer Systeme, mit bedeutend geringerer Leistungsfähigkeit und schwerfälligerer Konstruktion, auf vierzehnhundert bis zweitausendzweihundert Gulden zu stehen kommen. Das Polizeiamt hat dem Mechanikus Metz nachstehendes Zeugnis ausgefertigt:

„Dem Herrn Carl Metz aus Heidelberg wird bescheinigt, daß die von ihm heute zur Probe gebrachte Feuerspritze sich in jeder Beziehung ganz ausgezeichnet bewährt hat.

Frankfurt a. M., den 3. Oktober 1843 Unterschrift:
Dr. Beer“

Die gleiche Zeitung meldet:

„Aus Stockholm wird berichtet, in der Stadt Wexio habe ein großes Schadenfeuer gewütet. In einem Futterhaufen glimmte ein Feuerchen. Ein starker Sturm trug die Funken auf fünf Häuser. Im Nu war ein Riesenbrand. Rathaus, Tentamt, Postamt, Privatbank, Gefängnis, Apotheke, zwei Druckereien, Hunderte von Häusern lagen in Asche. Vierzehnhundert Personen obdachlos. Die Versicherung ist nur auf zweihunderttausend Taler abgeschlossen. Sechzig Handwerker und sämtliche Kaufleute haben das Ihrige verloren. Ein Hilfskomitee meldete sich beim König. Der Staatsrat hat die Absendung von dreißigtausend Taler bewirkt. Der König selbst ist geneigt, eine allgemeine Unterstützung aus Darlehen zu beschließen.

Für diese Nachrichten zeichnet verantwortlich *G. Reichard.*“

Am 26. August 1844 stand im Mannheimer Journal der Korrespondenzartikel unter der Überschrift: „Zeugnisse über geleistete Dienste beim Feuer".

„Heute hatten wir das Schauspiel eines bedeutenden Brandes. Schon um 12 Uhr mittags sahen viele Leute aus dem Dache des Mittel- oder Hauptgebäudes der schönen Villa der verstorbenen Frau Mies Feuer ausbrechen. Die Beobachter machten im Hause die Anzeige. Mach achtete aber nicht darauf und wies die Helfenwollenden ab. Um dreiviertel vier nachmittags brach das Feuer aus. Das ganze Dach stand in Flammen. Nun kam der Feuersturm in die Stadt. Mechanikus Metz war mit seiner nach neuer Art gebauten Spritze und seinen Leuten zuerst am Platze. Es war allgemein auffallend, welche niegesehene Kraft diese Maschine entwickelte, denn der Wasserstrahl, der aus dem langen Schlauch, den Herr Metz selbst auf dem Dach des Flügelgebäudes auf die Flamme dirigierte, schlug die stärksten Flammen im Nu nieder! Ohne diese Feuerspritzmaschine wäre es nicht möglich gewesen, schon um 5 Uhr nachmittags des großen Feuers Herr zu werden."

Ein Angebot an das hochlöbliche Bürgermeisteramt der Stadt Offenburg im Badischen kündete, daß Carl Metz dorthin eine Spritze verkaufte. Die Maschinenwerkstätte, Eisen- und Messinggießerei Carl Metz, Heidelberg, offerierte unter anderem auch einen Wasserzubringer, Hydrophor genannt. Die Spritze kostete ohne Saugrohr, ohne Schläuche achthundert Gulden, war auf einen Wagen mit eisernen Achsen auf zwei oder vier Rädern montiert. Die Saugröhren waren mit vollständigen Verbindungen aus Kernrindsleder hergestellt. Zweitausend Fuß lang sollten die Druckschläuche sein, damit diese von der Johannisbrücke bis in die Allee reichten. Diese Schläuche waren dreifach geschlagen. Dreißig Fuß Saugröhren, der laufende Meter drei Gulden, machen neunzig Gulden. Zweitausend Fuß Schläuche, der Fuß zu fünfzehn Kreuzer, machen fünfhundert Gulden. Die Spritzmaschine mit Wagen, Requisitenkasten, zwei Schlauchröhren, Schraubenschlüsseln, achthundert Gulden. Die Garantie währte ein Jahr.

Die Offenburger waren mit der gelieferten Spritze mit allem Zubehör von Carl Metz sehr zufrieden.

Carl Metz mußte feststellen, der Prophet galt im Lande nicht viel. Ein alter guter Freund sagte: „Ich an Deiner Stelle wäre längst auf und davon."

Im Jahre 1845 kam Carl Metz nach Nürnberg. Ihn drückten Sorgen. Er erinnerte sich des Meisters Jakob Messmer in Grafenstaden, der ihm viele gute Ratschläge mitgegeben hatte: Wenn du unter Menschen bist, lache, lache, lache. Wenn du lachst, lachen sie alle. Carl Metz lachte. Auch wenn es ihm nicht zum Lachen war.

Zum allgemeinen Erstaunen stellte Carl Metz in Nürnberg die Behauptung auf, daß es auch eine Möglichkeit gäbe, wenn durch Wassermangel die Löschung eines Brandes in Frage gestellt würde, ohne viel besondere Geräte zur Hand zu haben, Menschen vor dem Feuertode zu retten.

Durch Nürnberg flatterte die Mär, einer aus Heidelberg behauptet, er könne vom vierten Stock eines Hauses, ohne Schaden zu erleiden, zur Erde springen. „Das wird ein Aufschneider sein, wenn nicht gar einer, der uns das Geld aus der Tasche locken will", stellten die ehrsamen Rauschengel- und Spielwaren-Handwerker fest.

Carl Metz stand im Fensterrahmen eines großen vierstöckigen Hauses.

Auf der Straße standen Männer, hielten ein Tuch, sechs Meter im Geviert. Carl Metz sprang in dieses Tuch. Großer Beifall wurde ihm zuerteilt. Er sprang einmal, zweimal, dreimal, viermal. Dann sprangen auch die anderen.

Die Stadt Nürnberg, vermerkte Carl Metz in seinem Tagebuch, bestellte bei ihm viele Geräte. Den letzten Schritt, den ihnen der Meister aus Heidelberg vorschlug, die Feuerwehrmänner mit dem Geist der Freiwilligkeit zu beseelen, nahmen sie nicht an.

Die Königliche Eisenbahndirektion ließ sich von Carl Metz für ihre Bahnhöfe und Werkstätten eine Anzahl Löschgeräte bauen. Die Großherzoglich Badische Eisenbahn blieb nicht zurück. Die Eisenbahndirektionen waren die fortschrittlichsten auf dem Gebiet der Feuerbekämpfung. Die Bestellungen bei den Eisenbahndirektionen halfen Carl Metz weiter.

Carl Metz war kein reicher Mann. Sein Prinzip war: erste Qualität, niedrigste Preise. Die ärmste Dorfgemeinde muß sich eine Feuerspritze kaufen können.

Sonntags saß er zu Hause in Heidelberg mit seinen engsten Mitarbeitern, entwarf Geräte, besprach alles Nötige. Ein gemeinsamer Gottesdienst verband sie.

Die Carl Metz kannten, neideten ihm die Erfolge nicht, sie wußten, wie teuer er sich diese erkaufen mußte. Die Neider hatten die Parole „Carl Metz will nur Geschäfte machen, will in den Gemeindestuben Geschäfte machen".

Es waren kleine Geister, die Carl Metz vorwarfen, alles an ihm sei Geldmacherei. Seine Antwort war: „Ich gebe zu, daß ich von dem Profit, den mir meine Erzeugnisse bringen, lebe, recht und schlecht lebe. Lebt Ihr von der Luft? Lebt Ihr nicht auch vom Profit, den Ihr Euch durch Eure Würste, Brote, Biere, Weine, durch Eure Arbeit erschafft? Der Mensch braucht sein tägliches Brot, braucht sein Dach über dem Kopf. All das kann er sich nur dann erschaffen, wenn ihm ein Profit bleibt. Ich profitiere doppelt. Ich lindere Not, halte das Unglück auf, gebe meinen Arbeitern jeden Tag, den der liebe Herrgott auferstehen läßt, Brot, Brot und wieder Brot. Ich sorge für meine Arbeiter, und diese sorgen für mich."

Carl Metz gönnte sich keine freie Zeit. Er arbeitete, arbeitete, arbeitete. Seine Arbeiter machten Überstunden, die sie ihm, dem Mechanikus nicht ankreideten. Sie kamen zu ihm, legten ihre schwieligen Hände auf die Schultern des Meisters: „Wir gehen mit Dir durch dick und dünn."

Die Stadt Karlsruhe hätte schon längst eine neue Feuerspritze nötig, nicht nur eine, zwei, drei. Die Karlsruher müßten genau so freiwillig ihren Dienst an der Maschinenspritze ausführen wie die Durlacher.

Die Karlsruher taten es nicht.

Die Stadtväter waren sich nicht einig. Die aufgeschlossenen Männer waren in der Minderheit. Sie stimmten für eine neue Feuerspritze, verlangten, den Durlachern nachzueifern.

Die Mehrheit im Stadtrat sprach sich nicht dafür aus, ihnen genüge das althergebrachte Feuerwehrgerät; die Durlacher gingen sie nichts an.

Carl Metz kam mit seinen Gerätschaften zur Badischen Landesausstellung nach Karlsruhe. Er war ein guter Schaumann. Er ließ in aller Öffentlichkeit seine Feuerspritzen Neugierigen und Interessenten vorführen. Als Objekt wurde das großherzogliche Theatergebäude ausgewählt.

Badens allergnädigster Landesfürst, Großherzog Friedrich, hatte lobende Worte für Carl Metz.

Es gab viel zu sehen; Feuerwehrspritzen zweirädrig, vierrädrig, Hakenleitern, Luftapparate, Rettungssäcke. Die hochlöbliche Prüfungskommission und viele Tausende Zuschauer spendeten Carl Metz und seinen Männern laut und anhaltend Beifall. Eine große goldene Medaille wurde dem Mechanikus verliehen.

Für Karlsruhe eine Feuerspritze und neue Geräte zu liefern, die Männer auszubilden, blieb dem Heidelberger Maschinenfabrikanten verwehrt.

Ein Jahr später. Am 28. Februar 1847, der Tag war eisig, Menschen und Tiere froren, die Erde war steinhart, klang durch das nächtliche Karlsruhe der Schrei: „Feurio!" Von allen Kirchtürmen wurde Sturm geläutet. Die Trommler ließen ihre Hölzer auf die gebleichten Kalbfelle wirbeln.

Das Großherzogliche Theater in Karlsruhe brannte. Polizisten und Soldaten sperrten die Straßen ab. Keine Sturmglocken, kein Trommelwirbel konnte die Schmerzensschreie übertönen. Alles eilte zur Brandstätte. Die Absperrung war durchbrochen. Carl Metz' Prophezeiungen waren in Erfüllung gegangen. Die alten Feuerspritzen waren unzureichend. In der ganzen Stadt gab es keine Leitern, die bis zum Vordach des Theaterbaues reichten.

Die feuerbekämpfenden Männer aus dem benachbarten Durlach waren die ersten auf dem Brandplatz. Sie hatten, kaum daß die Feuerglocke die Gefahr kündete, sich mit ihrer Feuerspritze auf den Weg nach Karlsruhe gemacht. In vierzig Minuten waren sie am Brandherd. Mannschaft und Maschinen waren eines. Es funktionierte. Disziplin herrschte unter den Durlachern. Jeder Handgriff klappte. Jeder stand auf dem Platz, der ihm zukam. Die Durlacher konnten das gefährdete Requisitenhaus retten. Von Minute zu Minute stieg die Zahl der im Flammenmeer Umgekommenen.

Zweiundsiebzig Tote klagen an.

Ergriffen drückte Carl Metz dem Feuerwehrhauptmann Christian Hengst aus Durlach die Hand.

Nach den Durlachern schlossen sich die Ettlinger, die Rastatter zu einer freiwilligen Feuerhilfe zusammen. Sie ließen Carl Metz rufen, das Beste mußte er ihnen an Geräten und Spritzen liefern.

Viele nahmen die Lehren, die ihnen Carl Metz gab, an.

Freiwillig melden sich die Besten, die die Städte, die Marktflecken, die Dörfer hervorbrachten. Sie reihten sich freiwillig ein, wurden Schützer von Menschen und Gütern. Alte und junge Männer waren es. Arm und reich. Auf ihren Lippen stand der Spruch: „Frisch, fröhlich, fromm und frei!"

Jedermann, der dem Feuerschutz diente, war von allen Mitbürgern geachtet und geehrt.

Aus Erfahrungen klug geworden, nahm die badische Regierung den Feuerschutz in ihre Hände. Sie gab dem Feuerwehrkorps und ihren selbstgewählten Hauptleuten Anerkennung und Unterstützung.

Carl Metz war auf dem besten Wege, erfolgreich die Städte, die Dörfer, die Märkte, die öffentlichen Gebäude, Fabriken und Privathäuser mit seinen Feuerlöschgeräten zu versorgen.

1848. In Wien und Frankfurt standen Studenten, Arbeiter und Bürger auf den Barrikaden. Der Revolution wurde ein Altar gebaut. Deutschlands Banner Schwarz-Rot-Gold flatterte. Für diese Farben wollen sie kämpfen.

Die Jugend war begeistert von der Idee des einigen deutschen Reiches. In der Universitätsstadt Jena traten die Studenten mit den Farben Schwarz-Rot-Gold in die Öffentlichkeit.

In Mannheim lodert es. Freiheit der Presse, Gleichheit aller Stände wurde verlangt.

Der König von Bayern versprach Zensurbefreiung, Wahlreformen, Ministerverantwortlichkeit.

In Frankfurt am Main tagte, im Thurn- und Taxis'schen Palais, in Permanenz der Bundestag.

In Wien flatterte am 10. März 1848 ein schwarzrotgoldenes Reichspanier vom Stephansdom.

Am 19. März des gleichen Jahres, von Tausenden umjubelt, flattert auf dem Kölner Dom die Fahne Schwarz-Rot-Gold.

Am 15. März kam es in Berlin zu großen Unruhen.

Friedrich Wilhelm IV. berief den Vereinigten Landtag nach Berlin. Schüsse fielen. Aus dem Boden wuchsen die Barrikaden. Der König schrieb: „An meine Berliner".

Nicht nur Berlin und Preußen, ganz Deutschland war vom Geist der Freiheit und Einheit erfüllt.

Der Dichter Ernst Moritz Arndt verfaßte den Fahnenschwur:

„Hebt das Herz! Hebt die Hand!
Wehe, wehe schwarzrotgoldne Fahne,
Daß sich jede Brust ermahne,
Für das heilge Vaterland!“

Erzherzog Johann von Österreich wurde zum Reichsverweser ernannt.

Ein einig deutsches Reich sollte beschlossen werden. — Den preußischen König wollte man zum deutschen Kaiser machen. Freudenböller wurden geschossen. Der Preuße Friedrich Wilhelm IV. war schwach.

Er enttäuschte alle, die gesamtdeutsche Hoffnungen auf ihn setzten. Die kleinen Fürsten, Herzöge und Großherzöge stellten die Soldaten gegen die Freiheitskämpfer. Das Bajonett siegte. Die Farben Schwarz-Rot-Gold wurden vom Turm der Paulskirche niedergeholt. Die Revolution war zu Ende.

Auf einer seiner vielen Reisen begegnete Carl Metz einem jungen Mann. Ein Riese an Gestalt. Conrad Dietrich Magirus aus Ulm.

Magirus? Sonderbarer Name.

„Was kann ich für Sie tun, Herr Magirus?“ fragte Metz. „Es ist mir eine Ehre, Ihnen begegnet zu sein.“

Der Heidelberger Fabrikant war nicht wenig erstaunt, als er aus dem Munde des jungen Süddeutschen hörte, daß dieser sich mit dem Bau von Leitern beschäftige. „Ich gestehe“, sagte der Ulmer, „daß Sie, sehr geehrter Herr Mechanikus, mir gegenüber einen großen Vorsprung haben.“

Carl Metz mußte laut lachen. „Ich begrüße eine gesunde Konkurrenz. Sie müssen sich aber auch klar sein, Herr Magirus, wo gehobelt wird, fallen Späne. Verlangen Sie nicht, daß ich Ihre Erzeugnisse verkaufen werde.“

Der junge Mann aus Ulm liebt die Offenheit. Er spürte: er, Conrad Magirus, wird es nicht leicht haben. Die Metz-Erzeugnisse sind bester Ausführung. —

„Herr Metz, ich bin Ihretwegen hierhergekommen —, ich mußte Sie sehen, bevor ich an meine Arbeit gehe. Sie sind ein großer Meister. Eines haben wir beide gemeinsam: die Besessenheit, allen Menschen in ihren Feuernöten beizustehen. Es würde mir eine große Freude bereiten, wenn Sie, verehrter Herr Metz, mir die Ehre geben, sich meine neue Feuerleiter zu besichtigen.“

„Wir werden uns nicht im Wege stehen, Herr Magirus. Deutschland hat genügend Platz für Männer, wie wir zwei sind.“

Magirus verneigt sich. „Ich bin schon lange Ihr Verehrer. Sie haben die Anregung, freiwillige Feuerwehrkorps zu bilden, überall hingetragen. Ich will diese Feuerwehrkorps in großen Verbänden zusammenfassen, länderweise.“

Carl Metz spürt, dieser Ulmer ist ein Mann, der gewinnen und verlieren kann. Dieser Conrad Dietrich Magirus ist ein Eroberer.

„Herr Magirus, würden Sie mir eine Frage beantworten?“

Der Ulmer war bereit: „Es ist mir eine Ehre, wenn Sie mich mit einer Frage würdigen.“

„Herr Magirus, wenn Sie einen Einkauf tätigen, denken Sie dabei an die Qualität oder an den Preis?“

„An beides! Ich will das Beste an Qualität, weiß aber, das Beste steht hoch im Preis.“

„Bravo! So handle ich auch.“

Beide Männer tauschten Erfahrungen aus. Der Ulmer wußte, Carl Metz aus Heidelberg war ein prächtiger Mann. Und Carl Metz wußte, der Ulmer, Conrad Dietrich Magirus, war ein Bursche, der seinen Weg siegreich gehen wird.

Sie tranken sich Gesundheit und langes Leben zu.

Carl Metz, obwohl das Geschäft gut ging, hatte immer mit Sorgen zu kämpfen. Die Eltern verstanden nicht, daß der Sohn fanatisch einem Industriezweig nachlief, der keine großen Verdienste brachte. Mütter hätten es gern gesehen, wenn er die Tochter freite. Alle wunderten sich, daß er noch keine Frau zum Altar geführt habe. Der Bruder Franz stellte die Frage:

„Warum nimmst Du Dir keine Frau? Die meisten Männer in Deinem Alter haben schon eine Familie."

„Meine Sorgen will ich nicht auf Frau und Kinder übertragen."

Carl Metz getraute sich nicht, eine Tochter aus ihrem Elternhaus fortzuholen, sie mit Sorgen zu belasten, er getraute sich nicht, einer Frau die Stärke zuzumuten, alle Sorgen mit ihm gemeinsam zu teilen und zu tragen. Wenn er abends in seinen vier Wänden versuchte, die Lasten des Tages zu vergessen, spürte er Müdigkeit. Er sagte selber: „Ich komme mir wie ausgebrannt vor."

Seine vier Wände, darinnen er wohnte, waren einfach gehalten. Es war die Behausung eines Mannes, der wenig zu Hause war, und wenig zur Ruhe kam. Wo er ging und stand, machte er Notizen, Zeichnungen. Auch im Schlaf verfolgte ihn das Geschäft, verfolgten ihn die Sorgen, die Planungen. Es waren Freunde, die ihm zuredeten: „Carl, nimm Dir ein Weib! Ein gutes Weib." Auch die Neider wünschten ihm eine Frau, aber eine solche, die ihn von seiner Arbeit ablenkte. Sie hätten auch Frauen bereit, Frauen, die ihm beibringen sollten: „Laß die Hände von Geschäften, die nicht viel Geld bringen!"

Carl Metz, der Silber nicht in Gold verwandeln konnte, dem am Ende der Woche, am Ende des Monats, am Ende des Jahres kaum etwas übrig blieb, konnte sich nicht entschließen, einem jungen Mädchen aus gutem Hause zuzumuten, sich ihm anzuvertrauen. „Noch bin ich kein Garant für eine sorgenfreie Ehe."

„Für wen schaffst Du, Carl Metz?" fragen seine Freunde.

Dieses Wissen machte sie ungerecht gegen Carl Metz. Die Feinde des Mechanikus spürten, Carl Metz ist auf dem Wege zu einem angemessenen Wohlstand.

Es war zu spät geworden, die Feile anzusetzen, um ihn zu stürzen.

Das Gröbste hatte Carl Metz hinter sich gebracht. Er konnte für sich und für seine Kleidung etwas ausgeben. Seine Arbeiter waren die große Familie, nach der er sich sehnte.

Tag und Nacht war Carl Metz unterwegs. Die Wettkämpfe der Feuerspritzen verlangten einen ganzen Kerl. Es gab immer Hindernisse zu überwinden. Die Konkurrenten waren in den Kampfmethoden, Metz aus dem Blickfeld zu drängen, nicht kleinlich. Doch der Sieg war bei Carl Metz. Mit seinen Männern nahm er die Auszeichnungen entgegen. Den Konkurrenten bleibt nichts anderes übrig, als dem Mann aus Heidelberg zu gratulieren. Mit Bruder Franz besprach Carl Metz alles. Dieser gab oft sein Letztes, damit alle Verpflichtungen bezahlt werden konnten. Wenn Carl Metz eine neue Maschine in Angriff nahm, sagte der Bruder: „Der liebe Herrgott ist auf der Seite meines Bruders Carl. Die anderen können machen, was sie wollen."

Der Prinz von Preußen schrieb am 1. September 1849:

> „Ich danke Ihnen für die mir übersendete, von mir mit ganz besonderem Interesse aufgenommene Schrift über die Feuerwehr und deren innere Einrichtungen und werde gern, da ich mich von der großen Nützlichkeit dieser Institution überzeugt habe, solche dem Ministerium des Innern zu Berlin zur Prüfung und weiteren Veranlassung mitteilen."

Der Prinz von Preußen schrieb an den Staatsminister, Freiherrn von Manteuffel:

> „Eure Excellenz habe ich ein Gesuch nebst Anlagen des Mechanikus Carl Metz zu Heidelberg übersandt. Ich habe ersehen, daß Sie die Nützlichkeit dieser

Institution vollkommen anerkennen und nicht abgeneigt sind, solche auch in Berlin einzuführen, weshalb ich Euer Excellenz ersuche, den Metz, welcher sich in diesen Tagen nach Berlin begeben und sich Ihnen selbst vorstellen wird, gefälligst zu empfangen und ihm erforderlichenfalls bei seinem Unternehmen behilflich zu sein."

Viele Anerkennungen durfte Carl Metz auf seine Arbeiten buchen.

Am 7. August 1850 schrieb der Bürgermeister von Coburg im Auftrage des Magistrates u. a.:

„Für die uneigennützige und tüchtige Einübung des Stammes einer Steigkompagnie nach den Grundsätzen strenger freiwilliger Ordnung, der einzig haltbaren Grundlage einer wirksamen Feuerwehr, sagen wir Herrn Metz unseren besonderen Dank. Wir können ihn als einen Mann empfehlen, der die Verbesserung des Feuerlöschwesens sich zur Lebensaufgabe gemacht hat."

Darmstadt meldete:

„Der bekannte Gründer und Konstruktor der deutschen Feuerwehr, Herr Carl Metz aus Heidelberg, war mit Lösch- und Rettungsgerätschaften hier, übte die Mannschaft während drei Tagen ein und hielt gestern an dem Theatergebäude öffentliche Probe."

Carl Metz bot in seinem Preiscourant vollständige Lösch- und Sicherheitseinrichtungen für öffentliche Gebäude, Institute, Kasernen, Spitäler, Zucht- und Irrenhäuser, namentlich aber für Theater, Maschinen-Pumpwerke, Reservoirs, Röhrenleitungen, Drahtvorhänge usw. an.

Eine Danksagung des Gemeinderates Heidelberg vom 21. Juni 1847 ließ Carl Metz wissen:

„Dem Herrn Mechanikus Carl Metz, hier, welcher nicht nur bei dem letzten Brand des Reiffelschen Gartenhauses, sondern auch bei mehreren vorhergehenden mit Mannschaft und Spritze der erste auf der Brandstätte war, und durch große Tätigkeit und Umsicht zur Bewältigung des Feuers wesentlich mitwirkte, zollen wir hiermit gerne gebührende öffentliche Anerkennung und unseren Dank."

Die Karlsruher Zeitung berichtete am Dienstag, dem 21. September 1847, über das Riesenschadenfeuer zu Waibstadt:

„Ein rauchender Trümmerhaufen deckt ein Drittel unseres Städtchens. Es bedarf noch der größten Wachsamkeit und Tätigkeit, neues Unglück zu verhüten. Gestern nachmittag fand sich Mechanikus Metz aus Heidelberg auf der Brandstätte ein und entfaltete hier, wie überall bei derartigen Unglücksfällen, seine bekannte Tätigkeit. Er brachte in das Ablöschen und das Abräumen der großen Brandstätte einen geordneten Plan, legte selbst Hand an. Einer Maschine aus seiner Werkstätte, der Spritze der Stadt Neckar-Bischofsheim, verdankt man die Rettung der Kirche."

In der Karlsruher Zeitung standen auf vielseitiges Verlangen die Ausführungen Carl Metz' über den Brand von Waibstadt.

17. September 1847 berichtet:

„Die erste geschichtliche Kunde von Waibstadt fällt in das zwölfte Jahrhundert. Der Ort wurde Anfang des vierzehnten Jahrhunderts befestigt, mit Mauern umgeben und unter die kaiserlichen Reichsstädte aufgenommen.

Die Brandstätte liegt ziemlich in der Mitte des Städtchens. Das Feuer nahm am 17. September 1847 abends halb sechs Uhr in der Scheuer Nummer zweihundertfünfzehn seinen Anfang. Das Feuer schritt bei heftigem Wind von West nach Süd und griff andere Häuser an. Die Waibstadter Spritze arbeitete zuerst in der Einfahrt von Nummer zweihundertdreizehn, später auf der Hauptstraße und erhielt ihr Wasser von dem Röhrenbrunnen vor dem Haus zweihundertdreizehn und von mehreren Pumpbrunnen aus der Nachbarschaft. Es wurden reitende Boten nach den Nachbarorten ausgesendet, und vor sieben Uhr abends waren schon sieben auswärtige Spritzen und dreihundert Mann auf dem Platze. Mit diesen Kräften hätte meines Erachtens unter guter energischer Leitung dem Feuer Einhalt getan werden können. Allein in welchem Zustand sind die Schläuche und deren Gewinde gewesen. Zehn Hände tappen nach einem Gegenstand. Sobald nun das Wasser oben hinausspritzt und jeder sich durch Kommandieren die Kehle wundgeschrien hat, geht die Sache ihren gewöhnlichen Gang. Hätte man eine Maschine mit Saugapparat und Schläuchen gehabt, so wäre nur diese eine Maschine und zehn Mann zum Pumpen nötig gewesen, während man so fünf Maschinen, fünfzig Mann zum Pumpen und wenigstens zwanzig zum Wasserschöpfen brauchte.

Ein Feuerregen bedeckte den Stadtteil.

Es kam immer mehr Hilfe von auswärts. Kurz vor Mitternacht waren vierundzwanzig Spritzen und acht- bis neunhundert Mann beisammen.

Betrachten wir dieses Brandunglück wie viele andere, so muß sich uns die Frage aufdrängen, was geschieht zur Abwehr solcher Fälle? Tritt der junge Bürger mit einigen Kenntnissen über das Löschen ausgerüstet seinen eigenen Herd an? Nein. Wo soll er es auch lernen? Schon in den Schulen soll die Theorie des Lösch- und Rettungswesens dem jugendlichen Geiste eingeprägt werden.

Wenn man bedenkt, eine Zwölfpfünderkanone kostet dreitausend Gulden und diese dient nur der Zerstörung. Daß man mit diesem gleichen Geld ein Feuerwehrcorps mit hundert Mann, mit Helm, Gürtel, Axt und vollständigen Lösch- und Rettungsgerätschaften ausstatten kann und dabei Menschen und Eigentum gegen den gefährlichsten Feind „Feuer“ schützen kann.

Dreiundvierzig Wohnhäuser und vierundzwanzig Scheuern sind niedergebrannt.

Vierundfünfzig Familien mit zweihundertachtundsechzig Leuten sind obdachlos. Der Totalverlust an Fahrnissen, Mobiliaren dreiundsiebzigtausenddreihunderteinundzwanzig Gulden. Das große Elend steht in seiner ganzen Größe vor Augen.

Die Allerärmsten haben ihre Häuser nicht versichert. Sie können nicht gleich den anderen, die bei der Phönix, der Colonia, der Münchener-Aachener Gesellschaft versichert sind, mit Schillers Worten sprechen:

„Fest gegen des Schicksals Macht
Steht mir des Hauses Pracht.“

Der panische Schrecken war so groß, daß, als das wütende Element in ein Haus vordrang, dort eine Wöchnerin lag, die selber kaum bedeckt in Sturm und Regen entfloh und in der Verzweiflung ihr fünf Stunden altes Kind vergaß, welches ihr von hilfreichen Nachbarn dann nachgetragen wurde.

Viele müßten diesen trostlosen Zustand in Waibstadt gesehen haben. Es müßte sie drängen, helfen zu wollen; denn alles ist Gottes Eigentum. Er hat es gegeben, er kann es wieder nehmen.

Der Herrgott ruft in seiner ewigen Vaterliebe:

„Was Ihr dem geringsten Euerer Brüder tun werdet, das habt Ihr mir getan!“

Unter dem Titel „Die Feuerwehr als notwendiger Bestandteil der allgemeinen deutschen Bürgerwehr“ gibt Carl Metz 1848 allen zu wissen:

Soll die Feuerwehr einen Zweck haben, muß sie als besondere technische Compagnie organisiert, eigens bewaffnet und ausgerüstet, der Bürgerwehr einverleibt sein.

Betrachtet man das Exercitium, sowie die Vorrichtungen der Feuerwehr, gegenüber der allgemeinen Bürgerwehr, so kann nicht in Abrede gestellt werden, daß wesentlich andere Fähigkeiten, ja daß sogar besondere körperliche Vorzüge zu ersterer gehören, welche bei der allgemeinen Bürgerwehr nicht erfordert werden.

Für die Bürgerwehr werden von den Regierungen, Gemeindebehörden und Privaten Unterstützungen herbeigeschafft, während die Feuerwehr ihr kümmerliches Dasein bisher oft nur dem zufälligen Vorhandensein altväterlicher halb unbrauchbarer Gerätschaften verdankte, oder, wenn diese (in dem vielleicht besseren Falle) ganz und gar fehlten, vom Gnadenbrode der Feuerversicherungs-Gesellschaften gefristet hat! —

Es bestehen keine von den Regierungen sanktionierte Statuten: in dem einen Orte besteht die Feuerwehr nur aus Freiwilligen.

In anderen Orten führen Beamte, bloß weil sie Beamte sind, das Commando auf der Brandstätte, und der Feuerwehrhauptmann besitzt nicht die nötige unumschränkte Gewalt; ja in den allermeisten Orten ist das Löschwesen leider noch eine Zwangspflicht gewisser Zünfte, oder gar eine freie Kunst, welche von beliebigen, gerade im Augenblicke dazu aufgelegten, lärmenden Dilettanten unter allgemeiner Prügelfreiheit ausgeübt wird, wo die armen Löschgerätschaften einer Art Faustrecht preisgegeben sind! Das Einzige, worin guter Wille bis jetzt etwas Leidliches zu Stande gebracht hat, ist die Ausrüstung mit Helm, Gürtel, Beil und Seil, sowie die leinerne Turnkleidung.

Vergleicht man die Feuerwehr in Hinsicht ihrer Pflichten und ihres Nutzens mit der allgemeinen Bürgerwehr, so springt ihre Notwendigkeit und das Unrecht ihrer bisherigen Vernachlässigung noch mehr in die Augen. Der Kampf mit dem verheerenden Elemente ist ein täglich drohender, denn „die Elemente hassen das Gebilde der Menschenhand.“

Alle einzelnen Corps der Ortsfeuerwehren müssen in ernsten Fällen zu einem Ganzen vereint werden können, was nur durch ein kräftiges in Liebe zur Sache einträchtiges Zusammenwirken des ganzen Volkes erreicht werden kann. Und wer ist dieser Liebe würdiger, als die Feuerwehr, als die Männer, welche zu jeder Stunde des Tags und der Nacht bereit sind, ihre Gesundheit, ja ihr Leben zu wagen, um die drohende Gefahr von dem Haupte oder dem Eigentum ihres Mitbürgers abzuwenden.

- Die Uniformierung, sowie die Ausrüstung, ist bei den jetzt bestehenden Feuerwehrabteilungen so ziemlich gleich, es handelt sich daher nur noch um eine Feststellung allgemeiner dem Zwecke entsprechender Satzungen, Einheit des Exercitiums und eine practische Bewaffnung für Friedens- sowie Kriegszeiten.

Ich habe mir erlaubt, einige Vorschläge zu machen, mit der Bitte an alle Feuerwehrhauptleute des gesamten Vaterlandes, mich hierin mit Rath und Tath zu unterstützen.

Die Feuerwehr wird nach ihren Verrichtungen in zwei Hauptgattungen eingetheilt:

I. Steig- und Rettungsmannschaften, welche im brennenden Bau arbeitet.

II. Lösch- und Feuerpolizeimannschaft, welche auf der Straße beschäftigt ist.

Die beste Bewaffnung der Lösch- und Rettungsmannschaft, und dies hauptsächlich letzterer, ist:

1. Ein leichter möglichst niederer metallner oder lederner Helm.
2. Ein starker wenigstens 4 Zoll breiter wollener Gürtel mit Ring und Tasche.
3. Die kleine Axt.
4. Nothseil.
5. Signalinstrument.

Diese Ausrüstung ist dem Steiger, sowohl bezüglich der Rettung Anderer, als auch zur Sicherheit seines eigenen Lebens unbedingt nothwendig.

Für die Steiger ist deren Form und Leichtigkeit dadurch vorgeschrieben, daß dieselbe nicht zu schwer zum Mittragen sein darf, und mit einer Hand bequem zu führen sein muß. Die Form der Axt ist darauf berechnet, daß sie beim Steigen von außen, z. B. mit der Hakenleiter oder beim Einsteigen in die Fenster, sowie beim Klettern auf dem Dache nicht hinderlich oder gar bei einzelnen Bewegungen gefährlich werden darf.

Ich schlage ein kurzes zweischneidiges Schwert mit halber Stichplatte, geradem Griff und Lederscheide vor, welches in einer an dem Gürtel befestigten Tasche samt der

Scheide steckt und beliebig auch weggelassen werden kann. Diese Waffe verdient aus folgenden Gründen den Vorzug:

1. Sie dient als Hieb- und Stichwaffe zum Angriff wie zur Vertheidigung.
2. Sie ist zur Arbeit sehr geeignet wie das Faschinenmesser und ersetzt in vielen Fällen die Axt.

Da wir nicht in geschlossenen Gliedern dem Angriff des Feindes ausgesetzt sind, sondern der Hauptzweck die Arbeit beim Feuer, Überwachung der vom Feinde bedrohten Baulichkeiten, Errichtungen von Verschanzungen etc. ist, so muß hierzu eine Waffe gewählt werden, welche in der Arbeit nicht hindert, also den Oberkörper frei läßt, möglichst leicht ist, beständig mitgetragen werden kann und möglichst wenig Raum zum Laden erfordert.

Meines Erachtens würde dieser Zweck am besten mit einer oder einem Paar Pistolen erreicht werden.

Das erste Aufgebot, die Altersklasse von 18 bis zu 30 Jahren soll nach obiger Zeichnung ausgerüstet und auf den ersten Aufruf zum Abmarsch bereit sein. Diese Einrichtung könnte ohne große Schwierigkeit überall, wo eine Bürgerwehr besteht, oder bestehen wird, eingeführt werden; sie wird namentlich bei den Turnvereinen den einigsten Anklang finden, denn beinahe in allen Städten, wohin mich mein Beruf führte, standen die Turner zur Seite, waren es Turner, die sich zuerst diesen gefährlichen Rettungsversuchen unterzogen. Darum kann ich auch, gestützt auf diese Erfahrung, mit Recht behaupten:

„Das Löschwesen ist Turnwesen!"

Was nützen alle technischen Kenntnisse, wenn körperliche Kraft und Gewandtheit in Ausführung der bestimmten Maßregeln fehlen, was wäre aber alles dies zusammengenommen, wenn die Handlungen nicht durch die Haupttriebfeder, durch innige, aufopfernde Nächstenliebe erzeugt würden?! Eine Dampfmaschine ohne Dampf!

Ich übergebe diese Vorschläge und Betrachtungen dem Publikum in der Voraussicht, daß dieser Same auf keinen unfruchtbaren Boden gestreut ist, daß in dieser hochwichtigen Entwicklungsperiode aller deutschen Verhältnisse auch dem Lösch- und Rettungswesen besserer Fortgang und Gedeihen bereitet werde.

Als ich Oktober 1846 an dem Theatergebäude in Carlsruhe meine ersten öffentlichen Rettungsversuche machte, waren auch einige Leute zugegen, die diese meine eifrigsten und uneigennützigsten Bestrebungen zu verhöhnen und in den Koth zu ziehen versuchten, doch vier Monate darauf, als dieses Gebäude in Flammen stand, als Personen den gräßlichen Feuertod starben, da hat das Schicksal mir zu meinem Entsetzen auf die schrecklichste Weise Rechtfertigung gegeben! —

Darum greift zu, sollten sich uns auch Hindernisse aller Art entgegenstellen. Wir wollen sie überspringen unter dem einigen kräftigen Rufe:

„Bahn — frei!"

Von einem Tag zum andern galt in Heidelberg und überall, wo Carl Metz hinkam, eine Meinung, sie alle hatten schon immer gewußt, daß der Mechanikus tüchtig, fleißig, erfolgreich sich durchsetzen werde. Vergessen waren die Tage, an denen sie ihm das Schlechteste auf den Hals hetzen wollten. Sie zogen tief den Hut, öffneten weit die Haustore, riefen ihm zu „Kommen Sie bitte, nehmen Sie Platz bei uns. Unser Tisch sei auch Euer Tisch. Brauchen Sie Geld, Herr Metz? Heiraten Sie unsere Tochter. Das Geld bleibt in der Familie. Gefällt Ihnen diese Tochter nicht, wir haben noch eine, die ist jünger, hübscher."

Alles, was Carl Metz für seine Maschinen und Feuerwehrgeräte kassierte, gab er für Neuanschaffungen und Erweiterungsbauten aus. Er holte sich die besten Mitarbeiter aus allen Gauen Deutschlands. Eines Tages war die Frau, die sich Carl Metz für sein Leben aussuchte, gefunden. Babette war ihr Name. Es war Liebe auf den ersten Blick. Beide wußten, einer ist für den anderen zur Welt gekommen, wußten, der Herrgott hat sie füreinander bestimmt. Die Mütter der vielen unverheirateten Töchter riefen: „Carl Metz heiratet die Babette?" Dabei wußten sie alle, die Babette kannten, daß sie untadelig war, daß sie aus bester Familie stammte. Sie wußten auch, und das kränkte sie am meisten, daß der Mechanikus die Babette nicht um ihres Vermögens willen, sondern aus Liebe zur Frau forderte. Er hat unsere Tochter, er hat unser Geld verschmäht!

Die Töchter standen hinter den Fensterscheiben, zählten Carl Metz' Maschinen, die aus der Fabrik dieses Mannes gingen, der als kleiner Handwerker begann, um heute vielen Leuten das Brot zu geben.

Carls Bruder fragte die jungverheiratete Babette: „Wie war es auf der Hochzeitsreise?"

„Hochzeitsreise?" wiederholte sie. „Mein lieber Schwager, kennst Du Deinen Bruder Carl? Eine Geschäftsreise wurde es. Von Stadt zu Stadt sind wir gefahren. Tagsüber hat er mich in einem Gasthof abgesetzt, mich geküßt: „Du bist eine gescheite, eine liebe Frau. Ich komme gleich. Schnell bin ich wieder da." Ich habe gewartet, gewartet, gewartet! Nach vielen Stunden ist Carl gekommen, begleitet von Turnern oder Feuerwehrmännern. „Babett, ich bitt Dich, verzeih mir . . . Ich habe eine zweirädrige Feuerspritze verkauft."

Babette hatte viel Humor. Das war gut. Sie hätte es sonst mit Carl Metz nicht ausgehalten. Sie liebte ihn. Er gestand auf der Hochzeitsreise, daß er sich das Geld unterwegs durch Verkauf von Feuerwehrgeräten verdienen müsse. Dabei lachte er. „Zu Hause warten Leute, die haben Frau und Kinder, für die muß ich das Brot beschaffen."

Frau Babette nahm den Kopf ihres Mannes in ihre Hände, schaute ihm in die Augen und sagte: „Was hilft es, wenn ich traurig wäre? Ich liebe Dich! Eine Frau muß ihren Mann so lieben, wie er ist."

Babette hatte für Kunst und Kultur viel übrig. Sie ging ins Konzert, erzählte dem Gatten, wenn er von seiner Arbeit nach Hause kam, was sie gesehen und gehört.

Carl Metz war glücklich, wenn Babette erzählte. Er war sehr glücklich mit Babette. Wenn er nur mehr freie Zeit hätte. Abends mußte er fort; eine Feuerwehrübung wartete auf ihn, Turnerfreunde brauchten seinen Rat, Kunden von auswärts mußte er die Stadt zeigen.

Wenn der Ruf „Feuer" und die Feuerglocke aufklingt, war der Gatte Carl Metz nicht zu halten. Er ließ Essen, Frau und Kinder zurück. Babette, die Kinder, der Bruder sowie alle aus der Metzschen Verwandtschaft und aus der Verwandtschaft der Frau gaben es auf, den Tag abzuwarten, wo der Mechanikus in Ruhe sich mit ihnen an einen Tisch setzen würde.

„Unter der Leitung Carl Metz" — so zu lesen in der ‚Didascalia' — „nahmen die Lösch- und Rettungsproben von Frankfurter Turnern eine rühmliche Stelle ein. Er selbst leitete die nötigen Vorübungen und zwar mit einem solchen Erfolge, daß vier Übungen hinreichten, die Turner mit der Handhabung der Gerätschaften so vertraut zu machen, daß sie die Proben mit einer erstaunenswerten Präzision, Ordnung und Ruhe auszuführen im Stande waren und dafür allgemeine Anerkennung eingeerntet haben.

Auswärtige Turnvereine haben sofort beschlossen, Lösch- und Rettungsgeräte aus der Fabrik von Carl Metz anzuschaffen."

Der Nürnberger Kurier schreibt:

> „Das gebildete Korps Freiwilliger war nach vier Übungen von Herrn Metz so excerziert, daß, wie man deutlich sah, alle Signale verstanden und danach rasch verfahren wurde. Besonders finden die Mitglieder der Turnvereine Gelegenheit, von der gewonnenen Beweglichkeit und Behändigung Gebrauch zu machen."

Carl Metz gab einen Bericht über den Stand der Feuerwehr.

„Eine Menge müßiger Zuschauer versperrte der Löschmannschaft den Platz. Jedermann wollte kommandieren. Niemand einem gegebenen Befehl gehorchen. War aber der Wille hierzu vorhanden, dann fehlte die Kenntnis und praktische Ausführung desselben. Das Feuer nahm trotz der angewendeten Löschmittel oft zu, weil die Kräfte zu sehr zersplittert waren und nicht ein geordnetes Ganzes mit ruhigem Überblick der Verhältnisse demselben entgegentrat.

Nur eine periodische Kontrolle durch einen vom Staat aufgestellten, erprobten Techniker kann hier helfen und auch zur Errichtung der so wichtigen freiwilligen organisierten Löschvereine der jetzigen Feuerwehr ermuntern.

Seit dem Jahre 1843 habe ich mir die Bildung solcher Vereine zur Aufgabe gemacht und mit aller Kraft und den mir zu Gebot stehenden Mitteln darauf hingearbeitet.

Soll die Feuerwehr einen Zweck haben, so muß dieselbe in eine besondere organisierte technische Kompagnie einverleibt werden.

Im Ernstfalle bei Großbränden müssen die einzelnen Korps der Ortsfeuerwehren zu einem Ganzen vereint werden können, was nur durch ein kräftiges, in Liebe zur Sache einträchtiges Zusammenwirken des ganzen Volkes erreicht werden kann. Und wer ist dieser Liebe würdiger als die Feuerwehr, als die Männer, welche zu jeder Stunde des Tages und der Nacht bereit sind, ihre Gesundheit, ja ihr Leben zu wagen, um die drohende Gefahr von dem Haupte oder dem Eigentume ihres Mitbürgers abzuwenden.

Die Brandstiftung verbunden mit Raub werden immer häufiger. In der Nacht vom 21. bis zum 22. Februar wurde in Wolfach, einem badischen Städtchen im Kinzigtale vierundzwanzig Gebäude ein Raub der Flammen. Das Feuer war an mehreren Stellen zugleich gelegt. Das Tor zum Spritzenhaus war vernagelt."

Carl Metz betonte immer wieder: „Das Löschwesen ist Turnwesen. Was helfen alle technischen Kenntnisse, wenn körperliche Kraft und Gewandtheit fehlen. Was wäre alles, wenn die Handlungen nicht durch die Haupttriebfeder, durch innige aufopfernde Nächstenliebe erzeugt werden würden.

Keine Obrigkeit kann die Menschen zur Hilfeleistung zwingen. Freiwillige, tatkräftige Männer müssen es sein, denen das Wohl ihrer Mitmenschen so sehr am Herzen liegt, wie das eigene. Unter dieser Voraussetzung kann ich die Versicherung abgeben", so sagte Carl Metz, „daß ich solche Leute mit dem Gebrauch der Rettungsgerätschaften nach einer Probe vollständig vertraut machen kann. Diese Proben müssen häufig und zwar öffentlich wiederholt werden. Nur so kann sich die Feuerwehr allgemeines Vertrauen verschaffen. Ratsam ist auch, daß sich einer oder mehrere Chirurgen bei der Rettungsmannschaft befinden, um den Verunglückten durch einen Aderlaß, Verband oder Frottieren augenblicklich Hilfe verschaffen können. Einige Arzneimittel sollen immer im Beiwagen mitgeführt werden."

In der Karlsruher Zeitung steht zu lesen:

> „Herr Metz, ist als Gründer der meisten Feuerwehrgemeinschaften in Deutschland zu betrachten und hat sich als gewandter Konstrukteur in diesem Fache um die Menschheit viele Verdienste erworben. Wir können ihn als einen Mann empfehlen, der die Verbesserung des Feuerlöschwesens sich als Lebensaufgabe gemacht hat."

Viele Gold- und Silbermedaillen bezeugen, daß die Feuerspritzen und die Gerätschaften aus den Werkstätten Carl Metz, Heidelberg, erfolgreich waren.

Ein großes Bild zeigte die letzte und entscheidende Spritzprobe bei den Preiskämpfen auf der Pariser Weltausstellung, die Carl Metz am 19. Oktober 1855 siegreich bestand.

Glaube aber keiner, daß die Siege und die Preise dem Carl Metz leicht zugefallen sind. Sollte er zur Weltausstellung nach Paris gehen? Die Neider und Konkurrenten waren es, die ihn trieben, seine Entschlüsse in die Tat umzusetzen. Wenn er mit seiner Feuerspritze nicht nach Paris zur Weltausstellung ging, würden sie sagen: „Seine Feuerspritzen taugen nichts!"

Der Kommandant der freiwilligen Feuerwehr Mannheim, Herr Wirrschin, bekam die Siegerin von Paris, die Spritze, die Carl Metz zum Siege führte. Er kommandierte damals die erste Kompagnie der Freiwilligen Feuerwehr. Carl Metz übergab der Stadt und dem Kommandanten die Spritze mit den Worten: „Mannheimer, haltet mir das Instrument in Ehren. Es ist mein Kind, daß ich mit vielen Opfern erbaute. Es soll als Erinnerung des großen Sieges in Paris dienen."

In Frankfurt am Main gab es am 21. November 1863 einen Wettkampf zwischen Feuerspritzen auf dem Römerberg. Es war ein Wettkampf zwischen einer Spritze von Carl Metz und zwar der Stadtspritze Nummer zwei mit der amerikanischen Dampfspritze „Victoria". Viele Zuschauer gab es. Von weit und breit kamen sie geeilt. Es war ein großartiges Schauspiel.

Carl Metz war mit seinen Erfolgen bei den Ausstellungen in Frankfurt und Paris zufrieden. Er stellte diese Erfolge nicht in den Vordergrund. So schrieb er bei einem Offert: „Beifolgend beehre ich mich, daß besprochene Material zu übersenden. Ich habe die Erfolge bei den Ausstellungen sowie bei meinen Wettproben in Frankfurt und Paris weggelassen. — — —"

In alle Welt fuhr er. So kam er auch nach Riga. Nie vergaß er seine Durlacher. Nach dem Metzschen System hatte er im russischen Riga die erste Freiwillige Feuerwehr ins Leben gerufen. Er hatte aus Riga den Durlachern einen Brudergruß geschickt.

Kreuz und quer fuhr Carl Metz. Sein Name und seine Erzeugnisse waren über die Grenzen Deutschlands bekannt. Viele seiner Feuerspritzen standen in Österreich, in Ungarn, in den Balkanländern, in der Türkei. Er hielt überall Augen und Ohren offen. Immer wollte er lernen.

„Ditteney" war Carl Metz' bester Freund in schlechten und guten Zeiten. Ob Ditteney einen Vornamen hatte, das wußte niemand. Er war der Ditteney, und damit war alles gesagt.

Freund Ditteney hatte seine Ersparnisse seinem Freund Carl zur Verfügung gestellt. Er war auch in Paris mit Metz. Alle Nationen waren vertreten. Als der Sieg bei ihnen war, als die Metzsche Feuerspritze die Konkurrenten bezwang, tranken sie vom edlen Champagner.

Ditteney begleitete Carl Metz nach dem Balkan. Er schrieb nach Hause: „Wo Carl Metz seinen Fuß hinstellt, seinen Mund auftut, ist Deutschland." Der Heidelberger Mechanikus war ein Sänger deutscher Lande. Er nahm die Ehre, die Entwicklung und Bekämpfung des Feuers, nicht auf sich, er verteilte sie an die Männer, wie Stadtbaumeister Christian Hengst, Durlach, und noch an Conrad Dietrich Magirus, Ulm.

Carl Metz sprach von seinen Konkurrenten voll Hochachtung. Es gab genug Leute, die Zwist und Streit zwischen den Männern der Feuerbekämpfung tragen wollten. Er haßte jede Zwischenträgerei, und die Männer, die ihm liebdienen wollten. Nie bediente er sich unlauter gegen seinen Konkurrenten. Wenn es sich ergab, daß sich die großen Feuerschützer Deutschlands im Ausland trafen, galten die Handschläge alter Freundschaft. Freunde sprachen von Carl Metz als dem „Spritzen-" und von Magirus als dem „Leiterkönig". Beide waren in ihrem Reiche Könige.

Carl Metz nahm das beste an Eisen, Stahl, Holz, Leder, Leinen, Hanf, nahm nur Arbeiter, die gewissenhaft ihrer Pflicht nachkamen.

Er rechnete genauest, wußte, Gemeindeväter und Stadtväter griffen nicht gern in die öffentlichen Säckel. Wahrlich, die Profite waren nicht groß. Die Umsätze machten es, zeterten die Neider. Umsätze? Jedes Stück, das er in Auftrag bekam, mußte gesondert angefertigt, mußte der Stadt, dem Dorf, den Straßen angepaßt werden.

Die Handwerker waren jeder einzelne ein Meister. Sie standen geschlossen hinter ihrem Mechanikus. Er konnte sie überall rufen, er konnte zu jeder Tages- und Nachtzeit fordern. Sie gaben ihm den ehrenvollen Namen: „Vater Metz".

Den Schwiegereltern Hiller, denen er die schöne und liebliche Tochter Babette entführte, versprach er, ein guter Schwiegersohn zu sein. Er hielt sein Versprechen. Babette äußerte: „Er ist der beste Gatte, und der beste Vater. Mein liebster Carl. Nur Zeit hat er keine für uns.“ Er hatte wirklich keine Zeit. Er arbeitete rastlos. „Mich brauchen alle, die mich rufen“, sagte er zu seinem Freunde Ditteney.

Ein Engländer sagte über die Feuerspritze aus Carl Metz' Werkstätte: „Es vergeht kein Tag, daß nicht ein Mann mir von den Feuerspritzen Carl Metz berichtet.“ Überall wurde ihm gesagt: Gestern war Carl Metz hier. Morgen kommt Carl Metz.

Carl Metz in der Türkei, in der Bukowina, in Polen, in Serbien. Metz war aber überall, stellte Conrad Dietrich Magirus fest. Letzterer lächelte: „Ihm gebührt dieser Vorrang.“

Der Sohn Adolf und der Sohn Carl hatten in ihrer Jugend nicht viel von ihrem Vater. Es fehlte ihnen die Besessenheit. Sie hatten den Kampf gegen das Schadenfeuer nicht in ihrem Blute. Babette hatte viel Liebe auf ihre Kinder übertragen. „Es sind Hillers, die beiden Buben“, sagte Carl Metz zu seiner Frau. „Hoffentlich“, gab die liebende Gattin zur Antwort. „Drei Metz würde ich nicht überstehen. Ich will nicht, daß meine Söhne nichts anderes kennen als Arbeit, immer Arbeit. Ich will Adolf und Carl nicht bei jedem Schadenfeuer in Gefahr wissen.“

Vater Metz zwirbelte seinen immer mehr und mehr grau werdenden Schnurrbart: „Es ist aber höchste Zeit, daß die Buben von Deiner Rockfalte wegkommen.“

Die Großeltern verwöhnten die Enkelkinder: „Bleibt bei Eurer Mutter! Sie ist soviel alleine.“

Die Metzbuben waren fleißig, brav und folgsam in der Schule. Die „Feuerspritzer“ wurden sie genannt. Sie versäumten keine Schulstunde. Die Lehrer hatten nie Anlaß, sich zu beklagen. Die Sturmglocke konnte geläutet werden, der Feuerschuß abgefeuert werden, die Metzbuben saßen zu Hause bei ihrer Mutter.

Eines Tages nahm Carl Metz seinen Ältesten an die Hand, ging mit ihm durch die Werkstätte. Der Sohn mußte vor jedem Meister den Hut ziehen, jedem Handwerker den Gruß entbieten. Vater Metz scheute sich nicht zuzugeben, wenn Schulze, Müller, Lämmle, Steinle und wie sie alle hießen nicht gewesen, würde er das Werk, das er ins Leben gerufen hatte, nicht geschafft haben. Diesen Leuten gebührt Dank, immer wieder Dank. Er nahm den Buben das Versprechen ab, in Ehrfurcht und Dankbarkeit dieser Männer zu gedenken.

Der Sohn hörte seinem Vater aufmerksam zu. Er saß Abend für Abend bei seinem Vater, hörte die Worte: „Adolf, Du bist ein großer Bub. Versteh' mich, der Mensch wird geboren, er kriegt eine Aufgabe mit, diese muß er erfüllen. Meine Aufgabe war, allen Feuern, die Schaden bringen, den Kampf anzusagen. Du bist mein Ältester, Du wirst eines Tages meine Stelle einnehmen müssen. Du bist ein Metz. Man wird fragen: „Wird der Bub vom Metz seinem Vater nacheifern?“ Du mußt Dich der Arbeit verschreiben. Nicht denken, was verdiene ich? Nie glauben, Arbeit mindert, Du wirst für Mutter, für Deine Geschwister und für die Arbeiter sorgen müssen. Man wird sagen, der junge Metz stellt seinen Vater in den Schatten. Deine Mutter wird sagen: „Mein Ältester, der Adolf, ist ganz der Vater!“ Ich werde glücklich sein, weil ich weiß, mein Adolf ist ein echter Metz.“

Adolf verließ den Vater kaum, begleitete ihn in die Fabrik, auf Reisen.

In der Schule ließen sich die Metzbuben nicht mehr als Musterkinder hinstellen. „Kommt her, wenn Ihr Euch traut.“ Adolf und Carl krempelten sich die Rockärmel, waren bereit, die Buben zu verprügeln. „Wir sind die Buben von Vater Metz. Wenn Ihr nicht wißt, was das bedeutet, dann kommt und riecht an unseren Fäusten!“

Nach Jahr und Tag bedienten sie die Feuerspritzen, die den Namen „Carl Metz“ trugen.

Vater Metz war glücklich. „Die Buben haben es viel leichter ...“

Er mußte jeden Ziegelstein zu seinem Werk mühsam zusammentragen. Nun hatte er Kinder, die seinen Namen hochhalten werden.

Carl Metz wurde nicht nur von seinen Arbeitern, nicht nur von seinen Freunden, nicht nur in Heidelberg, Mannheim, Karlsruhe, nein überall in Deutschland, wohin er kam, geehrt und geliebt.

Den Feuerwehrmännern in aller Welt war er als Vater Metz bekannt. In stillen Stunden bat er Gottvater, dieser möge ihm noch lange die Zügel in Händen lassen, damit er das Werk, das er begonnen und festigte, noch lange leiten könne.

Dem Freund Ditteney und auch seinem Bruder Franz vertraute Carl Metz. Wie ist alles gewesen? Kampf, Kampf und wieder Kampf. Arbeit, Arbeit und wieder Arbeit. Dann kamen die Ehrungen und Anerkennungen. Zum Schluß Verdienste und Lohn. Keine Stunde für Vergnügen hat Carl Metz sich gönnen können. Von einer Aufgabe in die andere wurde er getrieben. Er mußte wandern, wandern, immer wandern. Seine Freude lag in der Arbeit.

Viele kamen zu Carl Metz. Sie hatten einen guten Gedanken, den sie von dem Mechanikus in die Tat umsetzen lassen wollten.

Der Meister, älter, gnädig und weise, hörte sie an, die Jungen und die Alten. Er gab ihnen Ratschläge, gab ihnen Geld, gab ihnen Empfehlungsschreiben. Er half. „Seid selbstherrlich, wenn Ihr an Euch glaubt, seid demütig, wenn Ihr Großes schaffen wollt."

Viele Patente wurden mit Carl Metz' Hilfe angemeldet und zur Ausführung gebracht. Erfolge im In- und Auslande waren bei ihm. Er konnte sich leisten: schöne Pferdegespanne, schöne Kaleschen, Reisen in heilbringende Bäder. Was tat Carl Metz? Er arbeitete. Er konnte das Eisen, das er von frühester Jugend in Händen hielt, nicht lassen. Ohne Werkstatt konnte Carl Metz nicht glücklich sein. In einem schönen, gepflegten großen Hause wohnte er, ein Park gehörte ihm. Er hätte bis spät in den Vormittag schlafen können, hätte mit Babette Rosen schneiden können, Obstbäume pfropfen. Nein! Er ließ sich frühmorgens mit dem Pferdegespann in die Fabrik fahren. Unter seinen Arbeitern mußte er sein, mußte die Maschinen hören. Mußte Feuerspritzen ausprobieren.

Jedes Stück, das die Fabrik verließ, wurde von ihm geprüft. Wenn er sagte: fertig, wurde die Feuerspritze zum Versand gebracht.

Allen Neuerungen auf dem Gebiet der Feuerbekämpfung war Carl Metz aufgeschlossen. Die Arbeiter, die Techniker, die Prokuristen, die Kassierer, darunter Männer, die ihm viele Jahre dienten, besprachen das Gestrige, das Heutige und das Morgige.

Eines Tages spürten die Arbeiter die fiebrige Hand Carl Metz'. Sie wußten, er, der sie immer anfeuerte, war krank. Die Ärzte mit Aderlaß und Purgieren konnten nicht helfen. Die besten, gelehrtesten Ärzte mußten zugeben: „Mit Vater Metz geht es dem Ende zu." Was kümmerten Vater Metz die Ehrungen, die Stadt und Land brachte? Er wollte gesund sein, er wollte leben; er hatte noch viel Arbeit fertigzustellen. „Ich war nie krank!" bekamen die Ärzte zu hören. „Ihr taugt alle nichts!"

Königliche und fürstliche Hände hatten Carl Metz' Hände gedrückt. Sie hatten ihm Dank für seine Hilfe übermittelt. Carl Metz war mildtätig, gab den Ärmsten, den Unglücklichen, den Kranken, den Bresthaften. Er wußte von vielem Unglück, das zu jeder Stunde geschah, die Menschen heimsuchte. Hilfreich war er. Feuerwehrleute müssen hilfreich, edel und gut sein. Mutter, Vater und Geschwister hatten ihn verlassen. Den Bruder Franz beschenkte er: „Du warst ein guter Bruder! Ich danke Dir." Viele Freunde aus der Jugendzeit hat er in die Erde bestatten helfen. Sie ruhen in Gott. Bald würde er ihnen folgen müssen?

Vater Metz saß aufrecht im offenen Landauer, davor alte Schimmel gespannt. Alle zogen den Hut; ob alt, ob jung. Die Höchsten im Lande grüßten ihn. Sie wußten, er hatte viel Gutes getan.

In den Carl Metz' Werkstätten wußten es alle, in den Kontoren auch, der Meister würde bald aus dieser Welt gehen müssen. Frau Babettes Gesicht war versorgt, ihr Herz voll Tränen. Sie wußte, der liebste Mensch auf dieser Welt wird sie verlassen. Für immer verlassen. Wird sie die Kraft aufbringen ,das Erbe ihres Mannes in seinem Sinne zu verwalten? Sie betete, betete, betete. Der Sterbende verlangte: „Babette, bleib meiner Arbeit treu. Laß nie zu, daß schlechte Arbeit den Namen Metz trägt. Laß nie zu, daß Profitgier in meinem Werk überhand nimmt. Die Freunde, die uns geholfen, werden, wenn Du ihnen treu bist, treu bleiben."

Sie beteten, Mann und Frau. Laut beteten sie. Alle sollten es wissen, den Carl Metz hatte der Glaube zu jeder Stunde aufrecht erhalten.

„Unser Vater, der Du bist im Himmel,
Geheiliget ist Dein Name . . ."

Laut bekennt sich Carl Metz zu Gott. Er bittet: „Babette, erzähl, wie war es auf der Hochzeitsreise? Du hast Dir zwei Schimmel gewünscht. Babette erzählte zum hundertsten Male die Geschichte. Sie hatte sich eine Fahrt mit zwei Schimmeln gewünscht. „In Mannheim war es" Carl Metz hatte in Mannheim einen guten Freund, der zwei Schimmel besaß. Diese schönen Pferde ließ Carl Metz vor die Feuerspritze, die er dorthin lieferte, spannen. Mit zwei Schimmeln vor einer Feuerspritze kam er angefahren, hob Babette auf den Kutschbock. Mit Holterdiepolter ging es über Stock und Stein. Die Leute lachten und klatschten in die Hände.

Nachts, der Zeiger stand vor Mitternacht, ließ Vater Metz seine Kinder kommen. Sie knieten vor dem Vater, spürten seine segnende Hand, küßten diese, legten das Gelöbnis ab, den Namen Metz und alles, was mit diesem Namen zusammenhängt, hochzuhalten. Lange sieht der Kranke in das Gesicht seines Ältesten: „Schade, schade! Du wirst den Kampf, der kommen wird, nicht bestehen."

Dem Zweitältesten, dem Carl sagte er: „Morgen ist der große Tag. Immer morgen."

Vater Metz hatte von den Kindern, seinem alten Freund Ditteney und von seinem Bruder Franz Abschied genommen. „Ditteney, bist Du mir böse?" fragte er, „wenn ich Dir zeitlebens Deinen Vornamen genommen habe?"

Ein neuer Tag war angebrochen. „Ich muß in die Fabrik."

Frau Babette wußte, es hatte keinen Zweck ihrem Gatten zu widersprechen. Sie fuhr mit ihm in die Fabrik. Von jedem Arbeiter nahm er Abschied. Auch von den Maschinen. Er wußte, wann sie gekauft, wann sie aufgestellt, kannte die Arbeiter beim Vornamen, wußte, wie die Frauen, wie die Kinder hießen. Die Männer kämpften mit den Tränen. Er ging für immer fort. „Haltet mir die Treue, über meine Bahre und über meine Kinder hinaus!"

Unruhe überfiel ihn. Er wunderte sich, daß Babette das „Feurio" und die Sturmglocke, die Kanonen nicht hörte. „Es brennt! Es brennt! — Alle Spritzen müssen zum Brandherd! Alle Mann angetreten!"

Vater Metz liegt im Sterben. Die Meister, Gesellen, Lehrlinge, die Prokuristen, die Ingenieure, die Fakturisten und alle, die für ihn Hand anlegten, konnten es in den Werkstätten und in den Kontoren nicht aushalten. Sie mußten zu Vater Metz; die Hüte und Mützen in Händen riefen sie: „Vater Metz!" „Vater Metz!" Immer wieder riefen sie „Vater Metz!"

Es war ein Regentag. Der letzte Tag im Monat; der 31. Oktober 1877.

Vater Metz hatte die Rufe seiner Männer gehört. Er lächelte.

Mit dem erstgeborenen Sohne Adolf stellt sich Frau Babette in die Reihen der Meister, der Gesellen, der Lehrlinge. „Es ist sein Wunsch, daß wir bleiben eine große Familie."

Alle, die gekommen, Männer und Frauen, wußten, sie würden ihre Treue dem Hause Metz schenken.

Das Organ des Badischen Landesfeuerwehrvereines, herausgegeben in Pforzheim, schrieb am 15. November 1877:

† CARL METZ

In der Nacht vom 31. Oktober auf 1. November d. J. ist der Pionier der deutschen Feuerwehren und des Löschwesens, Carl Metz, zu Heidelberg aus dem Leben geschieden.

Die Anerkennung, welche dem Dahingeschiedenen für sein vielseitiges Wirken unter harten Kämpfen und schwerer Arbeit zuteil ward, gab sich auch bei der am 3. November, nachmittags 3 Uhr, stattgehabten Beerdigung kund, worüber die „Heidelberger Zeitung“ folgenderweise berichtet:

Ein unabsehbarer Leichenzug bewegte sich heute Nachmittag durch die Straßen unserer Stadt nach dem Friedhof, um die sterblichen Reste unseres unvergeßlichen Freundes und Mitbürgers Carl Metz zur letzten Ruhestätte zu geleiten und dem Dahingeschiedenen die letzte Ehre zu erweisen. Der Zug war ein imposanter, wie er selten einem Verstorbenen zu Theil geworden. Alle Schichten der Gesellschaft waren vertreten und wohl an tausend Personen folgten dem Leichenkondukt, ein sprechender Beweis von der allgemeinen Theilnahme, welche die Bevölkerung bei der Kunde von dem Hintritt unseres Mitbürgers ergriffen.

— Von Nah und Fern waren Freunde des Verstorbenen herbeigeeilt, um demselben den letzten Tribut der Anhänglichkeit und Verehrung zu zollen — S. K. H. der Erbgroßherzog hatte die Gnade, seine herzliche Theilnahme durch seinen Adjutanten den Hinterbliebenen ausdrücken zu lassen — eine große Zahl von Feuerwehrdeputationen betheiligte sich an dem letzten Gange zum Grabe eines Kollegen, der rastlos gewirkt für die Entwickelung und bessere Gestaltung der so wohlthätigen Feuerwehr, eines Instituts, dessen Mitglieder in so vielen Fällen für die Erhaltung der materiellen Güter der Menschen und das Leben derselben bereitwillig ihre Opfer bringen.

— Die hiesige Feuerwehr hatte sich von der Familie die Erlaubniß zur offiziellen Begehung der Leichfeier erbeten. Der Zug wurde durch eine Abtheilung derselben eröffnet. Hierauf folgte der Obmann derselben mit den Orden und Medaillen des Verewigten, sodann der mit Blumen und Kränzen geschmückte Sarg von vier Pferden gezogen, geführt durch Chargirte, während derselbe zu beiden Seiten vom Verwaltungsrathe begleitet wurde, die Arbeiter der Metz'schen Fabrik, hiesige und auswärtige Bürger und Freunde nebst dem Korps „Rhenania“, mit welchem seit langer Zeit der Verstorbene in freundschaftlichen Beziehungen stand. — Den Schluß des feierlichen Zuges bildete eine Reihe von Equipagen, in denen die Vertreter unserer Stadt folgten, um auch ihrerseits dem Gefühle der Trauer und Theilnahme an dem für Heidelberg so empfindlichen Verluste einen ebenso unzweideutigen, wie herzlichen Ausdruck zu verleihen, womit unser Stadtrath gewiß in vollem Einverständnis mit der gesammten Bürgerschaft sich befand. — Nachdem der Trauerzug am Grabe angelangt war, nahm Hr. Pfarrer Rieks das Wort und richtete an die tief ergriffene Trauerversammlung folgende warm empfundene und zum Herzen gehende Ansprache:

„Die Kunde, daß Carl Metz nicht mehr unter den Lebenden weilt, hat weit über das Weichbild unserer Stadt und die Grenzen unseres Vaterlandes hinaus schmerzliche Theilnahme erweckt.

Zwischen seiner Geburt zu Feudenheim am 1. August 1818 und seinem Tode liegt ein Zeitraum von 59 Jahren und drei Monaten: zu kurz für die, welche an seiner Bahre trauern, zu kurz für das von ihm begonnene Werk. Doch: Was Gott thut, das ist wohlgethan, auch wenn es unserer Kurzsichtigkeit nicht einleuchten will. Wir haben vielmehr Grund Gott für das zu danken, was er durch den Verstorbenen im Dienste der Menschheit hat wirken lassen. —

Als Carl Metz 1842 in unserer Stadt seine mechanische Werkstätte gegründet hatte, richtete er sein ganzes Streben auf die Regeneration des Feuerlöschwesens. Zu einem edlen Werke der Nächstenliebe forderte er die Männer auf, wohlorganisierte Feuerwehrkorps zu bilden, welche in den Stunden der Noth und Gefahr herbeieilen, um das Leben und die Habe ihrer Mitmenschen dem gähnenden Rachen des Feuers zu entreißen und mit militärischer Strenge und Ordnung jeder Verwirrung und Ausbeutung vorzubeugen, welche ein Brandunglück gewöhnlich zum großen Schaden der Betroffenen zu begleiten pflegt. Es gelang ihm 1846 in Durlach das erste geschulte Korps zu gründen. Ettlingen und Rastatt folgten. Mißerfolge, Kälte und kritische Theilnahme, Hindernisse aller Art, gegen welche er jahrzehntelang zu kämpfen hatte, entmuthigten ihn in seinem Streben nicht. Und er sah dieses auf der deutschen Ausstellung in München 1854 anerkannt. Ja, die Pariser Weltausstellung von 1855 begrüßte ihn durch Überreichung der goldenen Medaille als den ersten Meister seines Faches. In einer großen Anzahl von deutschen, österreichischen, russischen etc. Städten hat er seit jener Zeit das Feuerlöschwesen organisiert. Am 2. November 1872, dem 30. Jahrestag seiner Wirksamkeit in hiesiger Stadt, verlieh im S.K.H. der Großherzog den Zähringer Löwenorden, nachdem er ihn bereits zwölf Jahre vorher gelegentlich des Brandes des Kellerschen Hauses mit der goldenen Verdienstmedaille geschmückt hatte. Eine Reihe von Auszeichnungen auswärtiger Potentaten zeugt von der Anerkennung, welche sein Wirken über die deutschen Grenzen hinaus gefunden hat.

In seinem Werke lebt Carl Metz fort und die große Zahl der Feuerwehrkorps, von denen von Nahe und Ferne so viele Vertreter sein Grab umstehen, werden dafür sorgen, daß mit vereinten Kräften sein Werk fortgesetzt werden kann, allen Mitmenschen zum aufmunternden Beispiele, in Opferwilligkeit und Uneigennützigkeit, Einigkeit und Ausdauer Werke der Nächstenliebe zu üben. —

Nach großen Opfern an Geld, Zeit und Mühe öffnete Carl Metz 1868 auf dem Hausacker ein Museum, in welchem dankbare Mitbürger und erkenntliche künftige Generationen vielleicht einen schönen Anfang und wichtigen Beitrag zu einer Sammlung begrüßen werden, welche unserer Stadt Heidelberg zur Zierde, den Mitbürgern zum Nutzen und Tausenden von Mitmenschen zur Freude und zur Belehrung gereichen dürfte.

Möge der Herr über Tod und Leben, der schlägt und heilt, alle diejenigen trösten, die durch diesen Todesfall in Trauer versetzt sind. Wir aber wollen diese Stätte nicht verlassen, ohne für die Seelenruhe unseres verstorbenen Freundes gemeinsam zu beten."

Nach dem Gebet gaben ihre Verehrungen für den Verstorbenen nicht nur eine große Anzahl Abgeordneter von Feuerwehren und Vereinen durch Niederlegung von Kränzen am Grabe zu erkennen, sondern es wurden ihm auch ergreifende Worte dankbarer Erinnerung nachgerufen von seinen Feuerwehrkollegen: Heidenreich aus Speyer im Namen des deutschen Feuerwehr-Ausschusses, Schulz aus Aschaffenburg für den Bayerischen Landes-Feuerwehrverein, Franzmann aus Pforzheim für den Badischen Landes-Feuerwehrverein, Haller von Tübingen für die Tübinger und Württembergischen Feuerwehren und von seinem früheren Arbeiter Gillardone aus Speyer im Namen der Arbeiter des Metzschen Geschäfts.

Wir aber wollen die Erinnerung an den teuren Toten durch die Erfüllung des von unserem Landesvereins-Präsidenten Franzmann am Grabe ausgesprochenen Gelöbnisses wahren: Daß wir uns bemühen, seinem Beispiel der Tatkraft, Opferwilligkeit und Nächstenliebe nachzukommen und das von ihm begonnene Werk weiter zu fördern, damit das Andenken an unseren allverehrten Vater Metz stets ein gesegnetes bleibe.

Für Carl Metz wurde in der fernen Bukowina in Suczawa am 15. November 1877 eine Gedächtnisfeier mit anschließendem Trauergottesdienst abgehalten. Der Priester nahm die Worte des Apostels Johannes: „Es ist ein Gebot Gottes, wenn Du Gott den Vater liebst, auch Deinen Mitmenschen zu lieben." Aus diesen bedeutungsvollen Worten entwickelte sich eine schwungvolle Predigt, in welcher die großen Verdienste um den Mann Carl Metz für die Feuerwehr, sowie um die große Menschheit vortrefflich geschildert wurde. Nicht nur die Familie des Verewigten habe ihr Oberhaupt und Leiter verloren, auch die Feuerwehren haben ihr Haupt verloren.

Das Leben ging weiter. In allen Feuerwehrzeitungen, mit Trauerrand umgeben, stand zu lesen:

„Unter Bezug auf unsere Anzeige vom 1. d. M. beehren wir uns hiermit bekannt zu geben, daß wir die von unserem entschlafenen Gatten und Vater

Herrn CARL METZ

im Jahre 1842 gegründete Fabrik von

Lösch- und Rettungsgeräthschaften

gemeinschaftlich übernommen haben und dieselbe, von bewährten Kräften unterstützt, unter der seitherigen Firma zu deren Zeichnung wir beide berechtigt sind, unverändert fortführen werden.

Unverbrüchlich festhaltend an den Grundsätzen strengster Reellität, denen unser Gatte und Vater huldigte, geben wir die Versicherung, daß die Erzeugnisse unserer Fabrik wie bisher in größter Vollkommenheit und mustergiltiger Ausführung, den neuesten Fortschritten der Technik Rechnung tragend, hergestellt und den guten Ruf rechtfertigen werden, dessen sie sich bis dato allerorten zu erfreuen hatten.

Heidelberg, im November 1877.

Babette Metz geb. Hiller
Adolf Metz."

Die Badische Feuerwehrzeitung vom 15. April 1878 erließ einen Aufruf:

„Bei dem bedeutenden Aufschwung, den das Feuerwehrwesen in den letzten Jahren genommen hat, dürfen wir nie der Männer vergessen, welche vor Jahrzehnten den Gedanken an eine freiwillige und geordnete Hilfe in Feuersnoth angeregt und unter den schwierigsten Verhältnissen die ersten organisierten Feuerwehren ins Leben gerufen haben.

Unter diesen nimmt Carl Metz die erste Stelle ein.

Dieser verdienstvolle Gründer der ersten deutschen Feuerwehren ist am 31. Oktober 1877 nach einem wirkungsreichen Leben in seiner Vaterstadt Heidelberg gestorben. Der allgemeine Wunsch geht dahin, dem unvergeßlichen Vater Metz einen würdigen Denkstein zu errichten.

Es gilt, unserem Landsmann ein bleibendes Werk der Dankbarkeit und Verehrung zu schaffen, welches gleichzeitig auch die Gemeinschaft aller auf dem Prinzip der Freiwilligkeit beruhenden Feuerwehren bekunden soll.

Unterzeichneter Vorsitzender des badischen Landes-Feuerwehrvereines nimmt die Beiträge für das Metz-Denkmal entgegen und wird darüber quittieren und Rechnung ablegen.

Pforzheim, den 27. März 1878.

DER AUSSCHUSS DES BADISCHEN LANDES-FEUERWEHRVEREINES:

L. Franzmann
Vorsitzender.

L. Theilmann
Sekretär."

Am VIII. Badischen Feuerwehrtag wurde in Heidelberg in feierlichster Weise das Carl-Metz-Denkmal enthüllt. Dicht gedrängt standen die Zuschauer, die Feuerwehren aus ganz Deutschland hatten ihre Deputationen geschickt. Feierlich wurde das Lied gesungen:

„Stumm schläft der Sänger,
Dessen Ohr gelauschet hat an anderer Welten Tor.

Der Präsident des Landesvereins der Badischen Feuerwehren, Herr Franzmann aus Pforzheim, hielt die große Gedenkrede:

„Hochverehrte Herren, Kameraden und Freunde!

Das Leben einer Nation verläuft in einer unaufhörlichen Wechselwirkung des Ganzen auf die Einzelnen und des Mannes auf das Ganze. Jedes Menschenleben, auch das kleine, gibt einen Theil der schöpferischen Gesamtkraft, alle Resultate seiner Arbeit kommen dem Ganzen wie ihm zu Gute; nach allen Richtungen aber entwickelten sich aus der Menge bedeutende Persönlichkeiten, die als Gestaltende größeren Einfluß auf das Ganze gewinnen.

Meine Herren und meine Kameraden! Eine solche Persönlichkeit, die einerseits in der tiefsten Wechselwirkung mit der deutschen Nation sich befand und andererseits deren schöpferische Kraft einen ungemeinen Einfluß bis weit über die Grenzen unseres Vaterlandes hatte, war der Mann, dessen Namen und Andenken wir heute feiern — Vater Carl Metz!"

Zum Gedenken an Carl Metz

Von Dr. Heinz Hentschel, Karlsruhe

Als am 31. Oktober 1877 Carl Metz, der im Jahre 1842 die erste Spezialfabrik zur Herstellung von Lösch- und Rettungsgerätschaften in Heidelberg gegründet hatte, nach einem erfolgreichen Leben verschied, wurde des Verstorbenen in zahlreichen Nachrufen, die u. a. in der Heidelberger Zeitung und in den damals bestehenden Feuerwehrzeitungen veröffentlicht wurden, in bewegten Worten der Dankbarkeit für seine Leistungen als

„des Pioniers der deutschen Feuerwehren und des Löschwesens,
des verdienstvollen Nestors und Gründers der deutschen Feuerwehr“

gedacht.

Fünf Monate später, im März des Jahres 1878, erschien in den Feuerwehrzeitungen ein Aufruf zur Sammlung von Geldern zur Errichtung eines Denkmals, der von dem deutschen Feuerwehr-Ausschuß und von den Landes- und Provinzial-Feuerwehrverbänden veröffentlicht wurde. In demselben hieß es u. a.:

> „Der verdienstvolle Gründer der ersten deutschen Feuerwehren ist am 31. Oktober 1877 nach einem wirkungsreichen Leben in seiner Vaterstadt Heidelberg gestorben, und der allgemeine Wunsch geht dahin, dem unvergeßlichen Vater Metz einen würdigen Denkstein zu errichten.“

Im Dezember 1878 lag folgende Inschrift für Vorder- und Rückseite des Denkmals vor:

CARL METZ
Ihrem Gründer
Die deutschen Feuerwehren.
Gründete im Mai 1846 die 1. deutsche Feuerwehr
in Durlach.

Dieses aus dem Opfersinn der Feuerwehren entstandene Denkmal wurde anläßlich des VIII. Bad. Feuerwehrtages in Heidelberg am 29. August 1880 in feierlicher Weise enthüllt.

Im ersten Weltkrieg wurde dieses Metz-Denkmal, der Not des Vaterlandes gehorchend, eingeschmolzen; aber schon im Jahre 1920 wurde dasselbe neu errichtet und erhielt folgende Inschrift:

CARL METZ
1818—1877
Begründer der
Freiwilligen
Feuerwehr

Dieser Stein trat an die Stelle des im Jahre 1880 von der
Freiwilligen Feuerwehr Deutschlands errichteten Denkmals,
das im Jahre 1916 der Not des Vaterlandes geopfert wurde.

Das Denkmal wurde zu einer von Feuerwehren oft besuchten Gedenkstätte ihres Begründers.

Worin liegt nun das außerordentliche Verdienst von Carl Metz, das dazu Veranlassung gab, seine Persönlichkeit derart herauszustellen?

Carl Metz erkannte die Notwendigkeit der Organisation eines ineinandergreifenden Dienstes bei Feuersbrünsten und hielt eine periodische Kontrolle durch einen vom Staat aufgestellten, erprobten Techniker für erforderlich, obwohl schon damals das Feuerlöschwesen Gemeindeangelegenheit war.

Weiter erkannte er die Notwendigkeit der Errichtung

„von freiwilligen organisierten Löschvereinen“,

die er den von ihm auf Reisen nach Paris kennengelernten militärisch organisierten Pompierkorps gegenüber bevorzugte.

Diese Gedanken behandelte Carl Metz in seinen bereits in den Jahren 1844 und 1847 in gedruckter Form herausgebrachten Veröffentlichungen ausführlich und versuchte hierdurch den Gedanken für eine gründliche Neuorganisierung des Feuerlöschwesens auf der Grundlage der Freiwilligkeit in weiteste Kreise hineinzutragen.

Kurze Zeit nach der Gründung seines Werkes richtete er eine eigene freiwillige Feuerwehr ein, zu der nicht nur Werksangehörige gehörten, sondern in der auch außenstehende Freiwillige Dienst leisten konnten. So wurde der Hoftanzlehrer Ludwig Zimmer, der im Sommer 1846 in die damalige Metzsche Feuerwehr eingetreten war, anläßlich des VIII. Badischen Feuerwehrtages 1880 mit dem vom Großherzog von Baden erstmalig verliehenen Ehrenzeichen für 25jährige treue Dienstleistung ausgezeichnet.

Bei mehreren Bränden in Heidelberg und in der Nachbarschaft war Metz „mit seiner nach neuer Art gebauten Spritze und seinen Leuten zuerst am Platze“. Überall, wo Metz erschien, wurde planmäßig und systematisch dem verheerenden Element entgegengetreten.

Carl Metz entfaltete eine unermüdliche Tätigkeit, um für den Gedanken eines geordneten Feuerlöschwesens auf freiwilliger Grundlage überall zu werben, hielt Vorträge, veranstaltete praktische Vorführungen und legte seine Gedanken in umfassenden Werbeschriften nieder, in denen nicht nur die ideelle Seite des Feuerlöschwesens herausgestellt wurde, sondern in denen praktische Vorschläge für die Organisation, für die Ausrüstung und für die Unterweisung einer Feuerwehr gegeben wurden.

Vorhandene Dokumente besagen, daß bereits im Jahre 1845 in verschiedenen Städten der Metzsche Gedanke der Umorganisation des Feuerlöschwesens auf der Grundlage der Freiwilligkeit aufgegriffen war, so in Heidelberg selbst. Doch ist es Durlach gewesen, das diesen Gedanken schon im darauffolgenden Jahr am schnellsten verwirklichte dank der Aufgeschlossenheit des Gemeinderats und der Tatkraft des städtischen Baumeisters Hengst, der sich zur Durchführung der Metzschen Idee als Organisator und erster Hauptmann des Pompier-Corps zur Verfügung stellte.

Carl Metz warb für seine Gedanken aber nicht allein in den deutschen Ländern, sondern trug diese auch über deren Grenzen weit hinaus und gründete auch im Ausland freiwillige Feuerwehren. So grüßte im Jahre 1865 mit einem Telegramm die „Erste freiwillige Feuerwehr Rußlands Metzschen Systems Riga“ das „Erste freiwillige Feuerwehr-Corps Deutschland“ in Metz' Anwesenheit.

Welch ein großer Idealismus spricht aus folgenden Worten, die Carl Metz in einem im Juni 1848 erschienenen Prospektblatt gesprochen hat, in dem er die Feuerwehr als notwendigen Bestandteil der allgemein deutschen Bürgerwehr behandelt:

> „Alle einzelnen Corps der Ortsfeuerwehren müssen in solchen ernsten Fällen zu einem Ganzen vereint werden können, was nur durch ein kräftiges, in Liebe zur Sache einträchtiges Zusammenwirken des ganzen Volkes erreicht werden kann. Und wer ist dieser Liebe würdiger als die Feuerwehr, als die Männer, welche zu jeder Stunde des Tages und der Nacht bereit sind, ihre Gesundheit, ja ihr Leben zu wagen, um die drohende Gefahr von dem Haupte oder von dem Eigentum ihres Mitbürgers abzuwenden. Durch Einigung in der Beschaffung und im Exercitium würde dann das festgesteckte Ziel erreicht und

eine „deutsche Feuerwehr“ gebildet werden, deren Mitglieder nicht mehr an einzelne Orte gebunden sind, sondern dahin zur Hilfe eilen, wo man derselben bedarf.“

Diesen auch noch für unsere Gegenwart gültigen Grundgedanken des freiwilligen Feuerlöschwesens und des Deutschen Feuerwehrverbandes konnte in jener Zeit, als erst zwei Jahre zuvor die erste freiwillige Feuerwehr gegründet war, nur ein Mann schreiben, der von seiner Aufgabe zutiefst durchdrungen war. Bei Metz folgte den Worten gleichlaufend die Tat und das Vorbild.

Der Feuerlöschdienst „anno dazumal“

Von Egid Fleck, Stuttgart

I.

Als vor Jahrtausenden das Feuer den Menschen bekannt geworden war, empfanden sie dieses Wunder gar bald als wohltuende Wärme und sie freuten sich an dem herrlichen Leuchten der Flammen. So wurden das Feuer und das Licht die großen Gottheiten der Menschen, denen Verehrung gebührte. Die erhabenste Vorstellung der Gottheit gipfelte in der Versinnbildlichung durch das lebenspendende Licht. Dies wurde mit dem heiligen Feuer auf den heidnischen Altären, mit dem ewigen Feuer im jüdischen Tempel zum Ausdruck gebracht und wird jetzt noch mit der ewigen Lampe in den Kirchen der Christen angedeutet. Im Lichte lebt das Gute, aus ihm heraus wird das Heil geboren.

Die heiße helle Flamme ist inzwischen der beste Gehilfe des Menschen geworden. Sie leuchtet in der Lampe und erwärmt uns den Ofen; sie kocht unser Essen und backt unser Brot. Alles Schmelzen, alles Glühen, alles Löten wäre ohne Feuer unmöglich. Wie viele der täglichen Gebrauchsgegenstände konnten nur mit Hilfe der Glut hergestellt werden. Ohne Feuer gäbe es keine Lokomotiven, keine Kraftwagen, und viele Maschinen, die wir im technischen Zeitalter nicht mehr missen könnten, kämen ohne Feuer nicht zustande.

Sehr frühzeitig hat aber die Menschheit auch die Schrecken kennengelernt, die das Feuer bringt und bringen kann, wenn es ungewollt oder gewollt seinen Herd verläßt. Auch bei kriegerischen Auseinandersetzungen bediente man sich des Feuers als der Zerstörung dienend. So haben deshalb die Menschen schon sehr bald auch den Kampf gegen die losgelassene Naturgewalt, das Feuer, das sie normalerweise als wohltätige Macht kannten, aufnehmen müssen.

In den alten größeren und unter Verwendung von viel Holz eng gebauten Ansiedlungen hat man sehr bald die Schrecken und verheerenden Auswirkungen von Feuersbrünsten erfahren. Da ist z. B. das alte Rom anzuführen, aus dem uns die Kunde von einer ganzen Anzahl durch Fahrlässigkeit oder anläßlich von Kriegshandlungen entstandenen, ungeheuren Stadtbränden überliefert worden ist. Als einer der bekanntesten Großbrände in Rom zur Kaiserzeit mag jener gelten, der die Bezeichnung „der neronische Brand“ erhalten hat. Der römische Kaiser Nero (37—68 n. Chr.), der als Siebzehnjähriger im Jahre 54 n. Chr. zum Kaiser ausgerufen worden war, soll die erwähnte, sechs Tage lang wütende Brandkatastrophe im Jahre 64 n. Chr. selbst veranlaßt haben, wenngleich er nachher die Schuld auf die in Rom lebenden Christen abwälzen wollte und diese verfolgen ließ. Vor allem die engen und gewundenen Straßen, deren Gebäulichkeiten schon einmal abgebrannt und auf der alten Anlage wiederhergestellt worden waren, sind daran schuld gewesen, daß sich Brände in

Rom so weit ausdehnen konnten. Die Abwehr von Schadenfeuern im alten Rom gehörte zu den Aufgaben des allgemeinen Sicherheitsdienstes, der in mehrere Kohorten aufgestellt war und auch über Wasserträger usw. verfügte.

Nach dem Niedergang vieler der im nachherigen Deutschland gelegenen römischen Städte während der Stammesverschiebungen des 4. und 5. Jahrhunderts n. Chr., der Völkerwanderung, setzten eigentliche Städtegründungen erst ungefähr vom 10. Jahrhundert an ein, etwa zur Zeit des vom Jahr 919 an regierenden deutschen Kaisers und Herzogs von Sachsen, Heinrich I. (etwa 876—936). An Bischofssitzen und im Anschluß an neu erbaute Klöster waren schon vorher Ansiedlungen und Märkte entstanden, die jedoch meistmals zunächst noch ländlichen Charakter trugen. Die Häuser waren meist ganz aus Holz gebaut und ihre Dächer waren mit Schindeln oder Stroh gedeckt. Die Feuerstätten lagen in der Regel mitten im Haus und hatten noch keine Kamine. Nur vereinzelte Vornehme, Adelige oder Patrizier hatten zunächst ihre Häuser („Burgen") ganz aus Stein errichten lassen. Gar bald hatten daher auch diese deutschen Siedlungen unter Verheerungen durch Feuersbrünste zu leiden.

So sah sich die Obrigkeit veranlaßt, durch Anweisungen, Verbote und durch „Feuerordnungen" auf die Feuersgefahren hinzuweisen und damit „vorbeugenden Feuerschutz" zu betreiben, wie auch Bestimmungen für die Feuerbekämpfung aufzustellen.

II.

Eine der ältesten uns überkommenen Bestimmungen über die Hilfsdienstpflicht bei Feuersbrünsten entnehmen wir dem Stadtbuch vom Jahr 1276 der Stadt Augsburg. Diese ums Jahr 14 n. Chr. von den Römern unter dem Namen „Augusta Vindelicorum" in ihren Anfängen angelegte und im Jahr 832 n. Chr. erstmals mit Augsburg bezeichnete Stadt hatte sich unter den sächsischen und fränkischen Kaisern zu hoher Blüte erhoben. Die Augsburger entwickelten dann ihre freie Verfassung und erwirkten schon im Jahr 1276 die Anerkennung ihres Stadtbuchs und die Bestätigung Augsburgs als freie Reichsstadt. In dem Stadtbuch ist folgende uns hier interessierende Stelle zu finden:

> „ouch habent die wintrager vnd alle trager daz reht daz sie an stiture sindt. Vnde darumbe suln si sin allesampt ihna fiwer uzgat vnde suln wazzer zutragen one lon. Vnde sua ir der vogt oder sine botten da misseten, fwelhes man da misset, der ist dem vogte schuldic finef Schillinge phenninge."

Hiernach war also in Augsburg im letzten Viertel des 13. Jahrhunderts den Weinträgern und den Wasserträgern — Berufe, die wir heute kaum mehr kennen — allesamt Steuerfreiheit zugesichert und gleichzeitig anbefohlen, bei aufkommenden Schadenfeuern mit ihren täglichen Gebrauchsgeräten das Löschwasser zur Brandstelle zu tragen, ohne dafür eine Entlohnung ansprechen zu können.

Die nächstältesten, heute noch bekannten Anweisungen für eine Feuerwehr finden wir in einer Zunftordnung der Stadt Eßlingen am Neckar aus dem Anfang des 14. Jahrhunderts. Das alemannische Dorf Eßlingen wird schon im 8. Jahrhundert genannt. Im Jahr 1200 erhielt es Stadtrecht und die Stadt Eßlingen hat sich dann im Jahr 1260 (in der kaiserlosen Zeit) als freie Reichsstadt durchgesetzt. Da hat die Reichsstadt Reutlingen im Jahr 1331 eine Anfrage an ihre etwa 40 km gen Norden entfernte Schwesterstadt Eßlingen wegen der Eßlinger Zunftordnung gerichtet. Mit dem uns überkommenen Schreiben vom 8. April 1331 teilte der Rat der Stadt Eßlingen seine (wohl schon länger bestehende) Zunftordnung den Reutlingern mit. Als Punkt 11 steht in dieser Ordnung geschrieben:

> „Die winschenken vnd die underkäufel an wine vnd die stainmetzzen hänt ouch ain zunft vnd nement ain maister under den winschenken, so sind die ycher

vnd die winzieher under dehainer zunft, vnd die sülent zu allen brünsten vnd fären louffen mit ihren ymin vnd gelten vnd da, so si beste mugen, uf ir aide leschen ungevarlichen ..."

Wie hieraus erhellt, waren schon vor über 600 Jahren zu Eßlingen die Weinschenken, die Weinhändler, die Eichmeister und Weingärtner verpflichtet, bei Feuersbrünsten mit ihren Eimern und Gölten herbeizueilen und Löschversuche anzustellen.

Aus jener Zeit gegen Mitte des 14. Jahrhunderts sind uns noch weitere, jetzt auch schon über 600 Jahre zurückliegende Bestimmungen für die Feuerbekämpfung aus der Stadt Zwickau i. Sa. überliefert. Zwickau, eine Ansiedlung sorbischen Ursprungs, liegt an der früher berühmten, von Sachsen nach Böhmen führenden Handelsstraße und ist früh emporgeblüht. Bereits ums Jahr 1030 erscheint es als Stadt. In der Zwickauer Stadtverordnung vom Jahr 1348 gibt der siebzehnte Abschnitt die „Fewersnothordnung" bekannt. Diese verhältnismäßig kurz gehaltene Zwickauer Feuerordnung gibt Weisungen für die Bereitstellung der einzelnen „Kirchspiele" bei ihrem Hauptmann, wenn Feuer in der Stadt ausbricht, für die Beschaffung des Löschwassers mit „zuber, gelten, schufen" (d. h. mit Zubern, Gölten und Schöpfgefäßen) und für das weitere Löschbemühen. Hierbei wird auch erstmals die fast noch bis zum Ende des 18. Jahrhunderts vielfach übliche Feuerbekämpfungsmethode angeordnet, nämlich der Gebrauch von Feuerhaken zum Niederreißen von Gebäuden, wodurch ein Weiterlaufen des Feuers unterbunden werden sollte. Gleichzeitig wird dort demjenigen, dessen Haus dazu niedergerissen werden mußte, daß das Schadenfeuer eingedämmt werden konnte, der Wiederaufbau in bescheidenem Maße von Amts wegen zugesichert. Diese auf dem Papier stehenden und wohl des öfteren in ortsüblicher Weise zu Zwickau bekannt gemachten Anordnungen haben es aber nicht verhindern können, daß die ganze Stadt Zwickau im Jahr 1403 ein Raub der Flammen wurde.

Die Stadtverwaltungen in deutschen Landen haben es mindestens schon vor 600 bis 700 Jahren immer als ihre Aufgabe betrachtet, Verordnungen zu erlassen für die Entdeckung und Meldung von Schadenfeuern, für die Alarmierung der Einwohnerschaft in solchen Fällen sowie für die Herbeischaffung des Löschwassers und für das Löschbemühen selbst. Offensichtlich wurden solche, anfänglich zumeist nur handschriftlich hergestellten Ordnungen von anderen zwecks Nachahmung immer wieder eingesehen oder auf Ansuchen an andere Städte zur Einsicht- und Abschriftnahme ausgeliehen. So ist es verständlich, daß die alten städtischen Feuer- oder Feuerlöschordnungen, von denen nachher die wichtigsten, soweit sie noch bekannt und in Archiven vorhanden sind, aufgezählt werden, meist gleichlautende oder wenigstens gleichbedeutende Unterabschnitte aufweisen und in ihrem Gesamtinhalt nahezu übereinstimmen. Natürlich sind jeweils die örtlichen Gegebenheiten andere, wie Sammelplätze, Stadttore, Stadttürme mit Hochwächtern, wie Feuerseen, Wassergräben und Brunnen zur Löschwasserentnahme, wie Geräteunterkünfte und -aufbewahrungsräume usw. In den meisten städtischen Feuerordnungen sind auch die einzelnen Personen, die mit der Leitung wie mit den verschiedenen Beschäftigungen und Handreichungen im Brandfall beauftragt sind, näher bezeichnet. Die Zeiten der wiederholten Bekanntgabe der Ordnungen und ihrer Einzelheiten vor den versammelten Zünften und vor der ganzen sonstigen Bürgerschaft, wie es unter „Feuerordnungs-Erneuerung" verstanden wurde, sind freilich örtlich verschieden. Es war festzustellen, daß dort, wo in der eigenen Stadt oder in deren weiterer Umgebung längere Zeit sich kein schweres Schadenfeuer ereignet hatte, auch die Feuerordnungen dann manchmal längere Zeit oder gar jahrzehntelang ohne Erneuerung in den Aktenregalen geruht haben. In seinem Buch „Das Feuerlöschwesen in allen seinen Teilen" (Ulm, 1877), S. 25, hat schon der bekannte Feuerwehrmann, Feuerwehrrequisiten-Fabrikant und feuerwehrtechnischer Schriftsteller Conrad Dietrich Magirus (1824—1895) den wesentlichen

Inhalt der eben besprochenen Feuer- und Feuerlösch-Ordnungen in folgenden Sätzen zusammengefaßt:

1. Sorge für rasches Bekanntwerden eines Feuers:
   Wer ein Feuer gewahr wird, soll „Feuer" schreien.
   Der Türmer soll fleißig Umschau halten und, wenn ein Feuer aufgeht, sofort die Glocken anschlagen.
   Blasen der Wächter, später auch Trommeln des Bürgermilitärs, und Alarmschüsse.
2. Maßregeln zur Aufrechterhaltung der Ordnung:
   Es sollen sofort die Stadttore geschlossen werden.
   Der Bürger soll den Harnisch anlegen und die Wälle besetzen.
   Herbergshalter sind bei Strafe verpflichtet, ihre Gäste zurückzuhalten.
   Wirte dürfen kein oder nur ein bestimmtes Maß von Getränken abgeben.
   Händel anfangen ist bei Strafe verboten.
   Diebstahl bei einem Brand wird mit dem Tode betraft.
3. Die eigentlichen Löschanstalten:
   Maurer und Zimmerleute sollen mit ihren Werkzeugen erscheinen.
   Gärtner, Weingärtner, Wasserträger usw. sollen in Gefäßen das Wasser herbeischaffen.
   Die verteilten Feuereimer sollen herbeigeschafft und bedient werden.
   Die Oberleitung ist Sache des Stadtoberhaupts oder auch mehrerer Ratsmitglieder.

Nun mag hier noch eine Liste der ältesten und bemerkenswertesten Feuerordnungen gegeben werden:

Vollständige Löschordnung von 1403 der Stadt Köln,

Feuer-Ordnung von 1429[1]) der Stadt Erfurt („im Dietbuch niedergeschrieben von des Feuers wegen"),

Feuerordnung von 1439 der Stadt Frankfurt a. M.,

Feuerlösch-Ordnung von 1461[2]) der Hansestadt Lübeck,

Feuerordnung von 1476 der Reichsstadt Ulm (im November 1476 „erneuert", also an sich noch älter),

Feuerordnung von 1492 der Residenzstadt Stuttgart (enthalten im „Stadtrecht", das Graf Eberhard im Bart unterm 6. November 1492 seiner Stadt St. gab; eine dritte „wohlbestellte Wach- und Feuerordnung" für Stgt. wurde unterm 6. November 1606 bekanntgemacht),

Feuerordnung von 1529 der Stadt Dresden,

Ordnung für Feuersnöte von 1549[3]) der Stadt Zwickau,

Sturm- und Feuer-Ordnung von 1616 der Stadt Pforzheim,

Feuer-Ordnung von 1619 der markgräfl. Residenzstadt Durlach (sie hatte eine Art Vorläufer in einer Sturmordnung von 1587),

Feuer-Ordnung von 1620 der Deutschordens-Residenzstadt Mergentheim,

Feuer-Ordnung von 1630 der kaiserl. Stadt Breslau (unterm 3. Januar 1630 „aufs neu umgefertigt und verbessert", also an sich wohl noch älter),

Feuer-Ordnungen von 1660 der markgräfl. Residenzstädte Berlin und Kölln a. d. Spree.

Gegen Ende des 17. und im Laufe des 18. Jahrhunderts haben außer den vorgenannten fast alle andern Städte in deutschen Landen, auch die kleineren, Feuerordnungen für ihr Gebiet erlassen. Diese können aber hier nicht alle aufgezählt werden. Wie schon bei einem Teil der vorstehend namentlich genannten Ordnungen findet man nun auch Feuerverhütungsvorschriften, z. T. sehr ins einzelne gehend, in solche städtische Feuerordnungen eingearbeitet. Ein Teil der städtischen Ordnungen war auf besonderes Geheiß der Landesherren nach von diesen gleichzeitig anempfohlenen Vorbildern aufgestellt und erlassen worden. Mit dem Aufkommen der öffent-

---

1) Vollst. Wortlaut (in alter Schreibweise) ist abgedruckt im „Handbuch des Feuerlösch- und Rettungswesens" von W. Doehring (Berlin, 1880), S. 321—323.

2) Wortlaut im vorgen. Buch, S. 323—325.

3) Wortlaut im vorgen. Buch, S. 329—340.

lich-rechtlichen Brandversicherung in deutschen Ländern im 17., besonders aber im Laufe des 18. Jahrhunderts mußte allüberall auf den vorbeugenden Feuerschutz, mit Durchführung einer „Feuerschau", besonderer Wert gelegt werden.

III.

Landesherrliche Vorschriften für ganze Länder hinsichtlich Feuerverhütung und Feuerbekämpfung sind aber nur in wenigen Fällen in deutschen Landen ergangen. Es kann jedoch hierüber z. B. aus dem im Jahr 1495 zum Herzogtum erhobenen Württemberger Land berichtet werden. Herzog Eberhard im Bart von Württemberg (1445—1496) hat am 11. November 1495, bald nach dem berühmten Wormser Reichstag, eine Landesordnung, die erste einheitliche Gesetzgebung für sein Herzogtum, erlassen. Diese Landesordnung enthält dann auch schon Feuerverhütungs-Vorschriften: „So ist es unser Befehl, daß an jedem Ort fleißige Aufsicht geführt wird des Feuers halber und die Feuerbeseher angewiesen werden, so oft dies nottut, von einem Haus zum andern umgehen, die Kemit (= Kamine) und andern Feuerstätten zu besehen und was Mängel sie vorfinden, welche die Besorgnis zur Entstehung eines Schadens geben könnten, deren Abstellung anzuordnen. Auch soll man ein gut Aufsehen haben auf Bettler und andere als ortsfremd erkannte Personen, um sich vor einer etwaigen Feuerlegung durch diese zu bewahren."

Unter Herzog Christoph von Württemberg (1515—1568) erging sechzig Jahre später (1552) eine dritte Landesordnung. In dieser sind die vorgenannten Vorschriften noch etwas erweitert, besonders in bezug auf den Betrieb von Werkstätten der Handwerker. Auch soll hier die auf Herzog Christophs Betreiben verfaßte und unter dem 1. März 1568 erstmals veröffentlichte neue Bauordnung („Newe Bawordnung des Fürstenthumbs Würtemberg") erwähnt werden. Sie befaßt sich in ihrem ersten Teil u. a. mit der Gefahr für die öffentliche Sicherheit durch schlechtgebaute oder baufällige Häuser und durch feuergefährliche Einrichtungen. Diese Bau- und zugleich auch Feuerverhütungs-Ordnung hatte sich sehr gut bewährt, so daß sie 1587 und 1593 unverändert von neuem bekanntgemacht werden konnte. — Weiterhin ist eine besondere württembergische „Verordnung gegen Feuerverwahrlosung" zu erwähnen, die für das ganze Herzogtum am 21. Oktober 1596 ergangen ist. In dieser wird u. a. wiederholt vorgeschrieben, daß man des Nachts die Stallungen und Scheunen nur mit in Laternen befindlichen Lichtern betreten dürfe. Auch ist erstmals die Bestimmung hinzugefügt, daß „Frucht und Futter nur witterlich und gedörtt eingebracht" werden dürfe.

Ein schweres Brandunglück in der Reichsstadt Eßlingen am Beginn des 18. Jahrhunderts gab dem Herzog Eberhard Ludwig von Württemberg (1676—1733) Veranlassung, für seine fürstliche Residenzstadt Stuttgart eine neue Feuerordnung zu erlassen. Gegen Mitternacht des 25. Oktober 1701 war in der Küfergasse zu Eßlingen im Gasthaus zum „Schwarzen Adler" ein Schadenfeuer ausgebrochen, durch das innerhalb von sechsunddreißig Stunden 200 Gebäude zerstört wurden. Die beiden Feuerseen waren gerade des Fischfangs halber abgelassen. In der Einleitung zu der daraufhin am 29. Januar 1703 publizierten Stuttgarter Feuerordnung wird vermerkt, daß die Beobachtungen bei dem kürzlich in der benachbarten Reichsstadt Eßlingen entstandenen höchst schädlichen Brande mit ein Grund waren, die nunmehr diesen Erfahrungen gemäß verbesserte Feuerordnung zu erlassen. Damit nicht nur in der fürstl. Residenzstadt Stuttgart von jedermann danach gelebet werde, sei die Ordnung „zum Druck befördert" worden, um die entsprechenden Veranstaltungen draußen im Lande, nach jeden Orts Beschaffenheit, einrichten zu lassen. Auf Grund dieser Präambel und der darin gegebenen Weisungen hat diese Feuerordnung von 1703 eigentlich schon Geltung für das gesamte Herzogtum Württemberg erhalten. Sie umfaßt 48 Druckseiten (Folio) und enthält in ihren drei Teilen insgesamt 34 Abschnitte. Die Überschriften der 3 Hauptteile lauten:

> „1. Durch was Mittel und Weg die Feuers-Brünsten, soviel nach menschlicher Vorsichtigkeit geschehen kann, grösten theils zu verhüten.
> 2. Wann würcklich Feuers-Brünste entstanden, wie und mit was vor Instrumenten denenselben zu begegnen, und solche wiederum zu löschen.
> 3. Durch was vor Personen und in was Ordnung sothane Löschung und Dämpffung deß Feuers hauptsächlichen geschehen, und was sonsten darbey nöthiges beobachtet werden solle."

Obschon diese sehr ins einzelne gehende Feuerordnung (von 1703) erlassen, „publiciert" und über ein Jahrzehnt schon in Anwendung war, konnte es geschehen, daß zu Stuttgart durch ein in der ersten Frühe des 21. Juli 1716 ausgebrochenes Schadenfeuer wieder eine erhebliche Brandkatastrophe entstand. Im Hause des Handelsmanns Samuel Schöpf am Hafenmarkt war im Verkaufsladen des Erdgeschosses ein Feuer entstanden, wodurch auch die dort verwahrten Pulvervorräte zur Explosion kamen. Dem rasend weiterlaufenden Feuer sind innerhalb von fünf Stunden 45 Wohnhäuser und Scheunen, teils durch Brand, teils durch Niedergerissenwerden, zum Opfer gefallen. Dieses betrübliche Ereignis war ein Grund für den Herzog Eberhard Ludwig von Württemberg, die Stuttgarter Feuerordnung mit gewissen Ergänzungen „um bessrer Ordnung willen" unter dem 15. Dezember anno 1716 erneut im Druck[1]) erscheinen zu lassen. Darin wurde wieder darauf hingewiesen, daß diese Ordnung entsprechend für das ganze Land zu gelten habe.

Unter dem im Jahr 1744 zur Regierung gekommenen, vom schwäbischen Volk als „Carl Herzog" gefeierten Herzog Carl Eugen von Württemberg (1728—1793) ist am 9. Oktober 1750 die Feuerordnung der fürstlichen Residenzstadt Stuttgart „erneuert" und den geänderten Zeitumständen entsprechend wiederum verbessert erlassen worden. Diese umfaßte jetzt in etwas kleinerem Druck 32 Seiten (Folio) und nunmehr vier Hauptabschnitte (mit zusammen 95 Paragraphen). Die drei ersten Abschnitte tragen die gleichen Überschriften wie die Ordnungen von 1703 und 1716, während der vierte (neue) Abschnitt sich damit befaßt, „was nach gedämpftem Feuer zu observieren sei". In der eben genannten Feuerordnung (von 1750) wird eingangs gesagt, daß die „Veranstaltungen gegen Feuersnöte" zwar allgemeine Landesangelegenheit seien, daß aber bei der verschiedenen Lage der Orte und deren unterschiedlicher Einwohnerzahl eine „Generalverordnung für sämtliche dem Herzogtum angehörenden Ortschaften" nicht gegeben werden könne; deshalb sei die vorliegende Ordnung noch einmal als Stuttgarter Feuerordnung bezeichnet. Es waren ohne Zweifel viel zu viele der Vorschriften, die hier in den 95 Paragraphen, wie auch sonst in anderen ähnlichen Feuerordnungen, gegeben wurden, so daß wir gut verstehen, wenn es gerade wegen der vielerlei auf dem Papier stehenden Anordnungen, deren praktische Ausübung eigentlich nie geübt wurde, im Brandfall mit der erwünschten raschen Brandbekämpfung nicht klappen konnte.

Bald hiernach hat aber Herzog Carl Eugen von Württemberg eine auf sein Herzogtum und die seinen Landen zugehörigen Ortschaften „applicable" Generalverordnung ausarbeiten lassen, die unter dem Titel „Hochfürstl. Württembergische Land-Feuer-Ordnung de anno 1752[2]) am 12. Januar des letztgenannten Jahres erlassen worden ist. In der Einleitung dieser Feuerordnung wird zwar zugegeben, daß sie „wohl wegen der differenten Lage der Ortschaften, wegen deren discrepanten Verfassungen und der ungleichen Anzahl der Einwohner nicht in allen und jeden Punkten anschlagen mag, doch in den meisten und vornehmsten Stücken praktikabel

---

1) Vgl. auch Nr. 799 in „Sammlung der württ. Gesetze" von Dr. A. L. Reyscher, 13. Bd. (Tübingen, 1842), S. 1041—1073.
2) Vgl. auch Nr. 1238 in Reyscher, 14. Bd. (Tübingen 1843) S. 372—395.

wie von gutem und gedeihlichem Effekt sein werde". Diese württ. Land-Feuer-Ordnung (von 1752) umfaßt nun 28 Druckseiten (Folio) und ebenfalls 4 Hauptabschnitte gleichwie die Stuttgarter Feuerordnung von 1750. — Im ersten, der Feuerverhütung und der Feuerschau gewidmeten Abschnitt mit 29 Paragraphen (9 Druckseiten) dieser Land-Feuer-Ordnung werden in besonders eingehenden Darlegungen den staatlichen Aufsichtsbeamten und den Ortsvorgesetzten nun genaue Anweisungen gegeben. Auch wurde darin die Anlegung von Löschwasser-Zisternen und -Behältern befohlen, „wo es überhaupt an fließendem Wasser und Bronnen fehlt". — Unter dem 28. Februar 1785 wurde dann für das Herzogtum Württemberg eine eigene „Feuerpolizei-Verordnung" erlassen, die im wesentlichen eine Wiederholung und Einschärfung der im eben genannten ersten Hauptabschnitt der württ. Land-Feuer-Ordnung (von 1752) gegebenen Vorschriften darstellte. Dies war der erste Schritt zu einer Trennung der zu umfangreichen allgemeinen Feuerordnung in eine Feuerpolizei- und eine Feuerlösch-Ordnung.

Für das im Jahr 1806 zum Königreich erhobene Land Württemberg ist hernach unter dem 13. April 1808 die „General-Verordnung betreffend die Feuer-Polizei-Gesetze" (StuRBl. S. 201) ergangen; in ihr wurden die Feuerverhütungsvorschriften (von 1785) teils wieder bestätigt, teils in abgeänderter und ergänzter Form bekanntgemacht. — Wenige Wochen hernach erging am 20. Mai 1808 ein Landesgesetz für das Königreich Württemberg, die neue allgemeine „Feuerlösch-Ordnung" (StuRBl. S. 297[1]). Sie gründete sich auf die vorausgegangene Land-Feuer-Ordnung (von 1752) und umfaßt drei Hauptabschnitte:

I. „Feuerlösch-Instrumente und andere zum Löschen erforderliche Hülfsmittel betreffend" (mit den Paragraphen 1 bis 30),

II. „Unmittelbare Löschanstalten" (mit den Paragraphen 31 bis 77),

III. „Die nach dem Brand zu ergreifenden Maasregeln" (mit den Paragraphen 78 bis 90).

In dem letzten § 91 wird als Schlußbestimmung angeordnet, daß die neue Feuerlöschordnung in dem ganzen Umfang des Königreichs allgemeine Gesetzeskraft hat und bei allen Vogt-Ruggerichten verlesen werden müsse, „damit sich niemand mit der Unwissenheit entschuldigen könne". Daneben mußte für jeden Ort noch eine Local-Feuer-Ordnung (die spätere „Ortsfeuerlöschordnung") entworfen werden, die aber keine Abweichung von dem vorliegenden allgemeinen Gesetz enthalten durfte. — Diese württ. Landes-Feuerlöschordnung (von 1808) hat später zweimal noch ergänzte und geänderte Neuauflagen erfahren, nämlich unter dem 7. Juni 1885 (RegBl. S. 235) und unter dem 21. Januar 1937 (RegBl. S. 21).

IV.

In einem andern süddeutschen Land sind auch schon recht frühzeitig allgemeine landesherrliche Vorschriften für die Feuerverhütung und Feuerbekämpfung aufgestellt worden. In der Markgrafschaft Baden-Durlach hatte der Markgraf Georg Friedrich (1573—1638), ein eifriger Verfechter des Protestantismus, der 1604 zur Regierung gekommen war, schon im Jahr 1608 einen Generalbefehl als Ausschreiben „des Brennens halber" an alle Beamten seiner Markgrafschaft und der Herrschaften gerichtet. Sie sollten zur Informierung der landesherrlichen Regierung berichten, was für Ordnungen zu Sturm- und Feuersnöten, zu Feind- oder sonstigem Landgeschrei draußen in den Städten und Orten vorhanden seien und gehalten werden. Dabei sollte auch das Nötige berichtet werden über etwa bestehende Vorschriften „wie sich vor Fewer zu hüten, auch in Sturm-, Fewr- oder Feindsgefahr zu verhalten, wie auch das Fewranzünden auf

[1]) Vgl. auch Nr. 1831 in Reyscher, 15. Bd. (Tübingen 1846) S. 244—360.

Feldere und Waldungen betreffend". Diese Rundfrage gab mancher badischen Stadt die Veranlassung, nun erst eine Feuerordnung aufzustellen. Unter den im Lauf der nächsten fünf, sechs Jahre eingerichteten, allerdings meist recht kurz gefaßten Sturm- und Feuerordnungen waren auch zwei, die schon mehrere Jahrzehnt bestanden hatten. so die des Städtchens Steinbach vom Jahr 1546 und die des damaligen Dorfes Bühl vom Jahr 1549.

Aus einer im Staatsarchiv noch vorhandenen, freilich nicht datierten Zusammenstellung ist zu schließen, daß man sich in badischen Regierungskreisen, bald nachdem die ersten Antworten zu dem markgräfl. Ausschreiben (von 1608) eingekommen waren, ernstlich und angelegentlich mit dem Entwurf einer förmlichen Landesfeuerordnung befaßt hat. Die Zusammenstellung enthält alle möglichen Punkte, die in die Feuerschutz- und Feuerbekämpfungsmaßregeln aufgenommen werden sollten. Aber die geplante Landesordnung ist zunächst nicht fertiggestellt worden.

Erst im Jahr 1617 erließ der Markgraf Georg Friedrich dann einen einstweiligen Immediatbefehl an die Ober- und Untervögte des Landes, der sich mit den eingesandten Orts-Feuerordnungen im allgemeinen einverstanden erklärte. „Dieweil", so heißt es weiter darin, „was Gott gnädiglich zu verhüten geruhen wolle, es wohl geschehen kann, daß Feuer und Feindesnot einmal beisammen sein können, so ist hiermit Unser Befehl, daß an allen besagten Orten wenigstens der dritte Teil der Bürgerschaft mit ihren Wehren sich auf dem Markt vor dem Rathaus einfinden solle. Auch wird die Ordnung, so früher mit den Pechpfannen und Fähnlein gemacht worden, wieder erneuert." — Ein weiterer Erlaß vom Jahr 1617 befahl die äußerste Vorsicht vor Waldbränden. — Inzwischen hatten Kriege begonnen, die später als Dreißigjähriger Krieg (1618—1648) bezeichnet wurden. Der böhmisch-pfälzische Krieg (1618—1623) sollte auch in der Markgrafschaft Baden-Durlach manche schwere Wunde schlagen. Die vorn im III. Abschnitt erwähnte erneuerte Feuerordnung der Residenzstadt Durlach von 1619 war sicherlich im Hinblick auf die angebrochenen Kriegszeiten entstanden. Nach Beendigung des Dreißigjährigen Krieges dauerte es fast ein Jahrzehnt, bis im Jahr 1657 den badisch-durlachischen Ämtern von ihrer Regierung befohlen wurde, „die vor den verwichenen Kriegsläuften zur Übung gewesene Feuerordnung schleunigst erneuern und wohl verkünden zu lassen".

Unter dem im Jahr 1677 zur Regierung gelangten Markgrafen Friedrich VII. (Magnus) von Baden-Durlach (gest. 1709) ist hernach anno 1685 eine allgemeine Feuerordnung ergangen, die „Ordnung, wie im Fürstentum, in den Herrschaften und Landen die Feuersgefahr nächst göttlichem Beistand verhütet und allenfalls auch gedämpfet werden solle". Als der Markgraf Friedrich Magnus diese (im Druck erschienene) Land-Feuerordnung zu Durlach unterzeichnete, war der politische Horizont den ganzen Rhein entlang bereits wieder trübe und düster. In der neuen Ordnung, die allen Beamten des Ober- und Unterlandes wieder zur Publikation mitgeteilt worden ist, wurde im Markgräfler Land nun auch eine Art Feuerschau eingeführt; außerdem wurden Weisungen für gute Feuerrüstungen gegeben. Sie enthält ferner besondere Anweisungen für etwaige Brandfälle in den Residenzstädten Durlach und Pforzheim.

Bei den mordbrennerischen Einfällen der Franzosen in den beiden letzten Jahrzehnten des 17. Jahrhunderts sind alsdann in der Markgrafschaft Baden-Durlach viele Städte und Orte niedergebrannt worden. Mélacs Horden eroberten dabei auch die Residenzstadt Durlach, die sie dann am 6. August 1689 bis auf 5 Häuser niederbrannten. Weiter sanken dort unter der Kriegsfackel damals in Asche: Mühlburg, Graben, Gottesau, Ettlingen, Pforzheim, Stollhofen, Rastatt, Kuppenheim und Steinbach. Der Regent von Baden-Durlach hatte nach dem Ryswyker Frieden (30. Oktober 1697) kein Haus mehr, wohin er sich hätte zurückziehen können; die herrschaftlichen Schlösser und Häuser zu Durlach, Röteln, Badenweiler, Emmendingen, Mühlburg,

Pforzheim, Berghausen, Remchingen, Staffort und Graben waren sämtlich ausgebrannt. Markgraf Friedrich Magnus versuchte nun, sein Land wieder aufzubauen und der Not zu entreißen. Da brachte aber der Spanische Erbfolgekrieg (1701—1714) neue Kriegsdrangsale über das Land.

Erst dem Sohn des Vorgenannten, dem Markgrafen Karl III. Wilhelm von Baden-Durlach (reg. 1709—1738), einem trefflichen Fürsten, gelang es, der allgemeinen Not in seinem Lande zu steuern und nach dem Frieden von Baden (1714) eine Ordnung der Finanzen wiederherzustellen. Unter ihm ist vom Jahr 1715 ab auch die Stadt Karlsruhe entstanden. In der Sorge um sein Land und in Erinnerung an die Machtlosigkeit, mit der man einige Jahrzehnte zuvor in Kriegszeiten dem wütenden Feuer in den von Feindeshand in Brand gesteckten Städten und Orten gegenüberstand, hat Karl Wilhelm seine neue General-(Landes-)Feuer-Ordnung erlassen. Die fünfzig Paragraphen umfassende „Hochfürstl. Markgräfl. Baden-Durlachische Feuer-Ordnung, nach welcher man sich in den gesambten Fürstenthummen und Landen zu verhalten hat"[1]), wurde gegeben im Schloß Carols-Burg (bei Durlach) am 24. Oktober 1715. Die ersten 19 Paragraphen enthalten Bau-, Feuerverhütungs- und Feuerschau-Vorschriften, die Paragraphen 20 bis 29 handeln von der Bereithaltung und Beibringung des Löschwassers, von der Bevorratung an Handspritzen und Feuereimern sowie von der Direktion bei den Löschmaßnahmen, die Paragraphen 30 bis 40 von der Feuermeldung, der Alarmierung, der Aufrechterhaltung der Ordnung und von der Rettung des Mobiliars usw., während in den letzten zehn Paragraphen die Vorschriften für das Verhalten nach gelöschtem Brand sowie Strafandrohungen enthalten sind. „Damit aber diese Ordnung in beständiger Gedächtnus bleibe", so wurde am Schluß der im Druck herausgegebenen Landesordnung (von 1715) noch bemerkt, „und sich Niemand mit der Unwissenheit entschuldigen möge, so solle dieses alle Jahre wenigstes zweymal vor offentlicher Gemeinde verlesen und auch einem jeden, so es verlanget, ein Exemplar davon um die Gebühr zugestellet werden."

Die vorbesprochene badische General-Feuer-Ordnung von 1715, die zu einem Drittel baupolizeiliche Vorschriften enthält, hatte sich allem nach ziemlich bewährt, da sie mehr als ein Jahrhundert ihre gesetzliche Gültigkeit behalten hat. Sie wurde erst im Jahr 1824 außer Kraft gesetzt. Von da ab kam es im Großherzogtum Baden nicht mehr zu einem Landesgesetz über das Feuerlöschwesen. —

In andern deutschen Ländern und meist Ländchen sind noch im 18. Jahrhundert allgemeine Feuerordnungen, die dort nicht bloß einzelne Städte betrafen, erlassen worden. Es können hier u. a. genannt werden:

für die Vorderösterreich. Lande eine Löschordung vom Jahr 1755 (zu Konstanz),
für die Markgrafschaft Brandenburg-Ansbach die allgemeine Feuer-Ordnung vom Jahr 1757 (zu Ansbach),
für die gefürstete Probstei Ellwangen eine allgemeine Feuerordnung vom Jahr 1760,
für das Fürstentum Würzburg eine Feuer-Ordnung vom Jahr 1769,
für das Kurfürstentum Sachsen eine Dorf-Feuerordnung vom Jahr 1775,
für das Herzogtum Sachsen-Altenburg eine Feuerordnung vom Jahr 1782,
für das Kurfürstentum (Alt-)Bayern eine allgem. Feuerordnung vom Jahr 1791,
für die Fürstl. Thurn und Taxische Reichslande eine Feuer- und Lösch-Ordnung vom Jahr 1791 (zu Trugenhofen) und
für das Fürstentum Fürstenberg eine General-Feuerordnung vom Jahr 1798 (zu Donaueschingen).

---

1) Abgedruckt auf S. 117—122 des von Arch. Dr. Cathiau verfaßten Buchs „Die Freiw. Feuerwehr der Residenzstadt Karlsruhe" (Karlsruhe i. B., 1876).

Drehleiter von C. D. Magirus, Ulm, 1893

Drehleiter System Schapler um 1901 Vorführung einer solchen Leiter vor dem österreichischen Kaiser durch die Feuerwehr Wien

Alarmzentrale der Berliner Feuerwehr vor etwa 100 Jahren

James Watt

Selbstfahrbare Dampfspritze von Hodge, 1840

Amerikanische Dampfspritze für Handzug erbaut von Silbsby MGF, Senneca Falls N.J., USA

Von 3 Pferden gezogene Dampfspritze der Feuerwehr von New York um 1900

Automobile Dampfdrehleiter von C. D. Magirus, Ulm 1906

Dampfspritze von Shand, Mason & Co., London 1858

Automobile Dampfspritze von C. D. Magirus, Ulm 1906

August Nicolaus Otto und Eugen Langen

Daimler-Motorfeuerspritze (1892)

Benzin-Motorspritze von Kurtz, Stuttgart (1888)

Daimler-Motorfeuerspritze (1889/90)

Magirus-Motorspritze (1893)

Daimler-Kraftfahrspritze, 1914

Magirus-Kraftfahrspritze vom Jahre 1918

Leichte Kraftfahrspritze vom Jahre 1921 (Magirus)

Magirus-Tanklöschfahrzeug aus dem Jahre 1924

Tanklöschfahrzeug aus dem Jahre 1926 (Magirus)

Magirus-Löschfahrzeug mit vollständig geschlossenem Aufbau

V.

Die technischen Hilfsmittel für die Brandbekämpfung waren eigentlich bis zum Beginn des 19. Jahrhunderts recht primitiv. Es mag hier nur auf die an anderer Stelle dieses Buches befindliche Abhandlung über die Geschichte und Entwicklung der Feuerlöschpumpen[1]) oder der „Feuerspritzen", wie meist, wenn auch nicht ganz treffend, die Redeweise hierfür war, verwiesen werden. In all den aufgezählten Feuerordnungen des 17. und 18. Jahrhunderts ist neben Hand- und Fahrspritzen in der Hauptsache die Rede von Butten, Zubern, Wasserfässern und Feuereimern für die Herbeischaffung des Löschwassers, wie auch von Leitern, Einreißhaken, Dachkrücken und den üblicherweise zu ihrem Handwerk gehörigen Werkzeugen, welche die Maurer, Zimmerleute, Dachdecker, Schlosser usw. im Brandfall mitzubringen hatten.

Fast jede der besprochenen Ordnungen hat irgend eine Bestimmung über die Vorratshaltung an Feuereimern. Diese mußten entweder auf den Rathäusern oder zu Hause bei jedem Gebäudeeigentümer aufbewahrt werden. Meist ist die Vorschrift gegeben, daß jeder Zuziehende oder z. B. jeder neu zum Bürger aufgenommene Bürgerssohn, wenn er sich verheiratet, einen brauchbaren („keinen schlechten, so die Hausierer zum Verkauf auf dem Lande herumtragen") und wohlverpichten ledernen Feuereimer anzuschaffen und abzuliefern bzw. bereit zu halten habe. In der Stuttgarter Feuerordnung (von 1750) wird dazuhin verlangt, daß ein vermöglicher Bürger mindestens 2 Feuereimer auf Vorrat zu halten hat und daß auch die gesamte staatliche und städtische Beamten- und Dienerschaft von dieser Vorschrift nicht ausgenommen ist. — Ein auf den damals so wichtigen Feuereimer bezüglicher Vers aus dem Schwabenland, der irgendwo in einem öffentlichen Buch der Reichsstadt Reutlingen eingeschrieben gewesen sein soll, mag hier wiedergegeben werden:

In Reutlingen, der guten Stadt,
ein jeder seinen eig'nen hat.
In großer Not, wo Gott vor sei,
hat einer seine zwei bis drei.

Da hat einer aus der benachbarten altwürttembergischen Universitätsstadt Tübingen darunter geschrieben:

Oh, hätt' ich hier das Bürgerrecht!
Ich hab' nur ein'n
und der ist schlecht.

Vielfach war in den Feuerordnungen auch vorgeschrieben, daß ein oder mehrere Male im Jahr mit den Löschmaschinen — das waren die abprotzbaren bzw. auf Zwei- oder Vierradgestell fahrbaren Feuerlöschpumpen —, eine „Spritzenprobe" abgehalten werden muß. Dies war aber beileibe noch keine Löschübung, wie sie der richtige Feuerwehrmann von heute kennt. Mit der Spritzenprobe, die dann oft in eine Art Volksbelustigung ausartete, wurde bestenfalls festgestellt, ob die bereits gehaltenen Handdruckspritzen überhaupt betriebsfähig waren und das eingefüllte Wasser „verspritzen" konnten.

Daß man sich von Amts wegen auch über die mancherlei Schwierigkeiten personeller Natur im klaren war, die bei einem plötzlich notwendig werdenden Versuch einer Brandlöschung eintreten können, mag z. B. aus den Weisungen in Abschnitt III, Ziff. 12 der württ. Land-Feuer-Ordnung (von 1752) erhellen: „Es sollen sammtliche zum Löschen sich eingefundenen Personen", so heißt es dort, „demjenigen willigst nachkommen und pariren, was ihnen überhaupt und jedem besonders von Unsern Beamten und denen bey dem Feuer commandirenden Personen wird anbefohlen

---

1) Siehe Seite 96 bis 97.

werden, an einem derselben vergreiffen, oder gewärtigen, daß der oder derjenige, so darwider handlen, mit empfindlicher Leibes-Straffe werden beleget werden. Dargegen versehen Wir Uns auch zu Unsern Beamten und andern bey dem Löschen sich einfindenden Befehlshabern, daß sie die mit Löschung des Feuers, oder aber mit Flehnung (= Flüchtung) derer Effecten beschäfftigte Personen durch gütliches Zureden und ernstliches Erinnern zur Arbeit aufmuntern, nicht aber dieselben ohne Noth mit Schimpf-Worten und Schlägen tractiren werden, um die Leute nicht abzuschröcken und verdrossen zu machen". — Dem württ. Landesherrn „Carl Herzog", der vorn im III. Kapitel näher genannt ist, war das Feuerlöschwesen eine besonders wichtige Angelegenheit, und des öfteren hat er bei der Brandbekämpfung selbst die Oberleitung übernommen. Deshalb hatte er in seiner für die Residenzstadt Stuttgart anno 1750 erneuerten Feuerordnung u. a. auch angeordnet, daß man ihn, falls er bei einem Brandausbruch gerade in seiner Residenz nicht anwesend sein sollte, sofort durch einen Postillion zu benachrichtigen habe.

Nach der Stuttgarter Feuerordnung von 1750 hatte dort bei einem ausgebrochenen Schadenfeuer das nachstehende Aufgebot aufzumarschieren:

als Feuerkommando

der Vorstand (der Obervogt und der Untervogt),
3 Bürgermeister,
4 Abgeordnete des Magistrats,
der Stadthauptmann mit 9 Bauverständigen,
der Stadtwachtmeister mit 8 Mann und 3 Waldschützen,
1 Hauptmann, 1 Lieutenant, 1 Fähndrich, 1 Feldwebel und 6 Korporale, welche die Reihen zum Wasserleiten einzurichten und Ordnung zu halten hatten,
1 Hauptmann, 1 Feldwebel und 1 Korporal mit 20 Mann, um die Zugänge zur Brandstätte und die nächsten Gassen zu besetzen,
1 Lieutenant, 1 Korporal und 10 Mann als Gassenpatrouille,
die 6 Gassen-Hauptleute und die 12 Obleute (die ersteren auf den Sammlungsplätzen, die letzteren zum Empfang der fremden Helfer unter den Stadttoren),

als Löschmannschaft

6 Aufseher und 69 Arbeiter (bei den großen Spritzen) sowie 41 Arbeiter (bei den Tragspritzen)
4 Obleute und 4 Arbeiter bei den drei Feuerwagen,
2 Aufseher über die Wasserfässer und Zuber,
1 Aufseher über die Einreiß- und Sprießgerätschaften,
1 Aufseher über die Balken und Bretter,
2 Aufseher über die Feuereimer,
1 Aufseher über die Segeltücher und Löschfahnen, sowie 4 Zimmergesellen, um mit den genetzten Tüchern das Feuer zu dämpfen oder Häuser und Wände zu bedecken und anzufeuchten,
15 Aufseher über die Pechpfannen (=Beleuchtungsgeräte),
28 Personen zu den Wasserstuben,
1 Aufseher über die Wärmekessel samt 1 Fuhrmann hiezu,
2 Aufseher zu den „Fäßleins-Feuerlöschmaschinen", die man „in Fällen, wo das Feuer nicht sonderlich ausgeschlagen, mit besonders gutem Nutzen und Effekt brauchen konnte",
2 Obmänner mit 24 Kärrnern und 21 Fuhrleuten,
als Flüchtlings- und Wachmannschaft,

12 Rottmeister mit ihrer Mannschaft (aus den Stadtkompagnien) zum Herbeibringen der Feuereimer und anderer Geschirre.
17 Trommler zum „umschlagen", sobald Feuerlärm entstand,
2 Obleute und 14 Personen als Rettungsmannschaft,
4 Obleute und 23 Aufseher für die Bewachung der geflüchteten Gegenstände.

Dieses Aufgebot mit über 400 Köpfen entspricht etwa dem, was man später unter zwei kriegsstarken Infanteriekompanien verstand. Dabei ist zu beachten, daß die Residenzstadt Stuttgart (mit dzt. rd. 510 000 Einw.) um die Mitte des 18. Jahrhunderts nur etwa 18 500 Einwohner zählte und daß das bebaute Stadtgebiet nur etwa zwei Quadratkilometer groß war.

VI.

Auch wenn wir die karikierende Darstellung eines Aufmarsches der Feuerlöschkräfte, wie sie in einer mittelgroßen Reichsstadt vor Ende des 18. Jahrhunderts in deren Feuerlöschordnung vorgeschrieben waren, näher betrachten, dann erscheint schon auch dieses Aufgebot als recht umständlich. Wir sehen da zuvörderst die pferdegezogene, mit hölzernem Wasserkasten und hölzernen Druckbalken ausgestattete, aber noch einer Saugvorrichtung entbehrende Vierrad-Handdruckspritze. Als Bedienung des sogen. Wendestrahlrohrs steht der auch sonst meistmals in die Löschmannschaft eingeteilte Kaminfeger auf dem Fahrzeug. Dann folgt mit Laterne und Hellebarde der Nachtwächter als eine gewichtige Persönlichkeit für die Feuerverhütung. Sein Begleiter, der Stadttambour, mußte „Sturm" schlagen, wenn der Ausbruch eines Feuers entdeckt worden war. In der nächsten Reihe erscheint die „Obrigkeit", deren Mitglieder die Leitung der Löschanstalten zu übernehmen hatten. Hiezu gehört auch der reichsstädtische Stadtphysikus, falls bei Unfällen eingegriffen werden müßte. Das unter den Arm geklemmte Zeichen seiner Würde darf aber nicht mit einer damals üblichen Handfeuerspritze verwechselt werden! Der kleine Bruder des heute als „Tanklöschfahrzeug" bezeichneten Geräts war der vom Büttner und vom Wagner hergestellte, dazu von Pferden gezogene Wasserwagen, der aber kaum zwei Kubikmeter Wasser fassen konnte. Den Wasserbuttenträgern, angetan mit dem ihrer „Wengerter"zunft eigenen Leinenschurz, folgt die Masse der Hilfsmannschaften, die mit dem zunächst noch leeren Feuereimer mitzumarschieren und zum großen Teil auch als Pumpmannschaften zu dienen hatten.

Von Übungen mit den Feuerlöschgeräten war damals in der guten alten Zeit bekanntlich nirgends die Rede. Ja, aus fast all den erwähnten Feuerordnungen ist zu erkennen, daß man damals die für den Ernstfall doch so notwendige Feuerlöschtechnik als eine von Haus aus den auf dem Papier für die Feuerbekämpfung eingeteilten Handwerkern und Zunftgenossen anhaftende Fähigkeit voraussetzte. Und erst recht für die Leitung der Löschanstalten wurde nie an eine Schulung gedacht. Man hat sich wohl, wie manchmal im Kriegswesen, darauf verlassen, daß „das Schlachtfeld die Feldherrn erzeuge". Wie es bei der Brandbekämpfung noch vor hundert und einigen zwanzig Jahren in einer mittelgroßen Stadt zugegangen sein mag, kann uns die nachstehende, aus einem älteren einschlägigen Schriftwerk zitierte Schilderung näher bringen.

> Unter Böllerschüssen, Trommelschlägen und Trompetenstößen, unter wüstem Geschrei und dem Klang der dumpftrönenden Sturmglocke rennt, was Füße hatte, alt und jung, Weib und Kind nach der Richtung des Feuers. Dorthin galoppieren auch die von den prämiendurstigen Fuhrleuten an die Faß- und Leiternwagen gespannten Gäule und dorthin rasseln die umfangreichen städtischen Kastenspritzen mit ihrer schreienden Bemannung, zur Seite qualmende Pechfackeln, von bereits rußgeschwärzten Trägern geschwungen. — Durch die Menge sprengt ein Reiter mit roter Schärpe und wichtiger Amtsmiene: es ist der Herr Polizeipräsident. — Nach und nach erscheint auch der an roten Armbinden kenntliche hohe Magistrat; man tauscht bedenkliche Gesichter und — —

Prisen. — — Von der Brandstätte loht indes die Flamme mächtig zum nächtlichen Himmel. Endlich wird unter wildem Kommandogeschrei eine Feuerspritze fertig. Dreißig starke Männer arbeiten sie, unter Keuchen und Pfeifen, in Gang: „Wasser her! mehr Wasser!" ertönt es von allen Seiten. Jetzt! — das Wasser steigt im Schlauch, dessen Strahlrohrführer auf der Spitze einer Leiter am Nachbarhause postiert ist, — aber ein wahrer Sturzbach ergießt sich über die Untenstehenden. — Da, nun prasselt der starke Wasserstrahl in die Flammen. „Ruhig halten!" schreits wieder von unten dem Schlauchführer zu. Der scheint seine Freude daran zu haben, mit dem Strahl die züngelnde Flamme zu necken. Jetzt ein zischender Krach und ein dröhnender Fluch: — der Schlauch ist gebrochen. Zum Glück ist mittlerweile eine andere Spritze durch das Gewühl der Menschen und Gaffer mühsam herangebracht worden und in Tätigkeit gekommen. Sie keucht aber noch jämmerlicher als die erste, trotz anstrengender und rastloser Bedienung; der eine Pumpenstiefel leckt. Doch der Wasserstrahl kommt in abgehackten Stößen wenigstens zum Feuer, das von Minute zu Minute an Ausdehnung zunimmt.

Die Straße ist auf- und abwärts auf ihrer ganzen Länge schaurig grell erleuchtet. Das Licht der Straßenlaternen, die an langen, über die Straße gespannten Ketten baumeln, wie auch die gemäß der Feuerordnung nun an den Fenstern ausgehängten Windlichter erscheinen rot und matt im jähen Widerstrahl der vom Luftzug erfaßten, heftig aufsprühenden Feuerlohe.

Lange Menschenreihen ziehen sich zweifach zum Flußufer hinab und die Feuereimer wandern durch die eine Reihe gefüllt zum Brandplatz, durch die andere leer zurück. — Ohne Lärm und Prügelei geht's dabei aber nicht ab, um so weniger als die Herren vom Stadtrat mit Unterstützung der Stadt- und Polizeidiener alle paar Augenblicke einen müßigen Zuschauer beim Kragen zu fassen kriegen und in die Reihen schieben. Und, Zwang — dazu noch Spott obendrein — läßt sich aber nicht jeder so leichthin gefallen.

Ein donnerartiges Gepolter wendet die Aufmerksamkeit wieder nach der Brandstätte. Der mächtige Straßengiebel des brennenden Hauses ist herabgestürzt. Noch starrt ein riesiges zweifaches Kamin wie rotglühend und turmhoch aus dem Flammenherd in die Nacht. Es kann jeden Augenblick zum Einstürzen kommen, — wer weiß nach welcher Richtung? Die Löschmannschaften ziehen sich scheu vor dieser drohenden Gefahr zurück und verweigern dem Herrn Stadthauptmann den Gehorsam. Neues Schelten — — neuer Trotz! Zu löschen ist jedoch nicht mehr viel; die Wut des entfesselten Elements scheint jeder Anstrengung zu spotten.

Jetzt geht's an's Einreißen. Die mächtigen Stützleitern, die großen Gabeln und die langen Einreißhaken sind ja mittlerweile eingetroffen. Aus den Fenstern der Nachbarhäuser fliegt mit Gekrach und Gepolter allerlei Wohngeräte. Brave und eifrige Leute sind's, die dies Geschäft vollbringen, — die besten und ehrlichsten Bürger der Gemeinde —, und sie feiern als offizielle Rettungsmannschaft alljährlich am Florianstag mit Sang und Trunk pflichtgemäß ihr Stiftungsfest.

„Einhalten!" schreit's jetzt von unten, wo ein beherzter Stadtbaumeister mit dem Stadtwachtmeister und einigen zehn Mann aufmarschiert und zunächst den Platz vor dem brennenden Gebäude, sodann die Straße frei machen läßt. Die Spritzenbedienungsmannschaft, — ehrsame Bau- und Metallhandwerker, mit ihren Arbeitsschürzen angetan und unter Leitung ihrer Meister —, und die Herren im zugeknöpften Überrock mit der roten Armbinde bleiben allein zurück, ein bescheidenes Häuflein auf dem trümmerbedeckten, seit dem Giebeleinsturz nur selten noch durch flackernde Flammen erleuchteten Platz. Diesen versperren Leitern- und Fässerwagen, Wasserbutten und Feuereimer, außer Dienst gesetzte Löschgeräte und in malerischen Gruppen die Haufen herabgestürzten, verkohlten Holzwerks und geretteten Mobiliars. — Mit dem langsam mehr und mehr zurückgedrängten Menschenknäuel läßt auch das unbändige Geschrei nach. Da an Wasser glücklicherweise kein Mangel ist, konnte das Feuer schließlich auf seinen Herd beschränkt werden und — zum Glück der benachbarten Gebäudeeigentümer — blieb die begonnene Einreißtätigkeit mit Ausnahme mehrerer Quadratmeter von Ziegeldächern im Keime stecken.

Da taucht aus den dunklen Häuserschatten eine mittelgroße, leutselig blickende Gestalt im grauen Überrock und einfacher Mütze auf. Ehrfürchtig tritt, was an ihm vorüberkommt, ihm aus dem Wege. Herren in Uniform und solche mit roten Armbinden geleiten ihn, letztere die Hüte in der Hand, hintennach ein Schweif von Leibgardisten, — es ist der hochfürstliche Regent selbst. Der endlose Feuerlärm hat den alten Herrn aus seinem nahen Sommerschloß hieher geführt. Er kam gerade zur rechten Zeit und konnte statt des sinnlosen Tumults und Wirrwarrs von vorher nun noch eine sichere und ruhige Operation gegen den beutegierigen Gegner, den roten Hahn, mit ansehen. — Die Herren mit den Armbinden machen noch immer bedenkliche Gesichter und stärken sich mit einer bedeutungsvollen Prise.

Das Feuer ist bezähmt und gedämpft, und mit den städtischen „Organisatoren", den Lösch- und Einreißgeräten und deren Bedienung, welche sich — soweit nicht noch zur Bewachung des Geretteten und der Brandstätte erforderlich — zum Lohntrunk in die nahen Wirtshäuser verzieht, verliert sich nach und nach auch das Heer der Neugierigen mit verhallendem Schritt in die Stadt.

So etwa hat sich „anno dazumal" eine Brandbekämpfung abgespielt. Und wir alten Feuerwehrmänner, die jetzt die sechzig schon überschritten haben, und noch mehr die jungen Kameraden von heute können über eine solche Art des Feuerlöschdienstes bloß noch die Köpfe schütteln.

VII.

Schließlich möge hier noch eine Art Vorläufer der freiwilligen Feuerwehren besprochen werden. Gegen Ende des 18. Jahrhunderts begannen da und dort in deutschen und anderen europäischen Landen sich Vereine zu bilden, die als Ziel die Rettung von beweglichem Eigentum bei Feuersgefahr hatten. Diese Vereine können aber keinesfalls als „erste Feuerwehren" gerechnet werden, wie dies gar manchmal bei Jubiläen von freiwilligen Feuerwehren der Fall war, wenn diese damit ihre Bestandszeit hinaufschrauben wollten.

Es ist uns eine einschlägige Vereinsgründung schon vom Jahre 1792 aus Hannover überliefert. Im Jahre 1797 bildeten sich solche Rettungsvereine auch in den mitteldeutschen Städten Erfurt und Rudolstadt.

Die „Gesellschaft zur Rettung von Effekten und Mobilien bei entstandener Feuersgefahr" in Erfurt war schon 1795 von einigen zwanzig Kaufleuten und Fabrikanten angeregt worden, brauchte aber noch längere Zeit, bis ihr die behördliche Genehmigung erteilt werden konnte. Die Bestimmungen (Vereinssatzungen) dieser Rettungsgesellschaft (von 1797) hatten folgenden Wortlaut:

1. Keinem unserer in Gefahr kommenden Miteinwohner (ohne alle Ausnahme, sei er auch wer er wolle) darf unsere Hilfe entzogen werden. Denn wir machen es uns zur Pflicht, jedem Unglücklichen beizustehen, wenn nicht selbst ein Mitglied sich in Gefahr befindet.

Zu solchen Gesinnungen gehört:

2. Freie Wahl der Mitglieder, die nur gut gesinnte, tätige und ehrliche Männer treffen kann.
3. Die Gesellschaft darf nicht höher als auf 30 Personen anwachsen, weil bei einer größeren Anzahl viele Unordnungen entstehen würden.
4. Von den Mitgliedern darf keiner dem anderen zu nahe wohnen, weil sonst die Kräfte dieser kleinen Gesellschaft zu sehr geteilt sein würden.
5. Auch soll kein Mitglied Alters oder Schwachheits wegen ausgeschlossen werden, sondern es soll fernerhin auf unsere Hilfe rechnen können.

Dann ist bekannt, daß in Überlingen am Bodensee, der vormaligen Reichsstadt (seit 1803 zu Baden gehörig), im Jahr 1804 eine „Rettungsanstalt" gebildet worden ist.

In Ulm a. d. Donau, der bis 1802 freien Reichsstadt, ist im Jahr 1806 unter bayerischer Herrschaft im Zusammenhang mit einer amtlichen Revision der städtischen Feuerlöschordnung auch eine „Feuer-Rettungs-Anstalt" entstanden. Sie umfaßte zunächst 6 Offiziere samt 75 Mann und sie hatte sich für Brandfälle zur Rettung von Menschen und Effekten sowie zur Aufsicht über die Brunnen und die Herbeiführung des Löschwassers verpflichtet. Die Offiziere der Ulmer Rettungs-Kompagnie trugen als Abzeichen einen Hut mit Cordon und weißem Federbusch, dazu eine breite weiß-rote Armbinde sowie zunächst noch Degen und Portepée, während die Retter lediglich mit einer weiß-roten Armbinde gekennzeichnet waren. Um 1820 war die Rettungs-Kompagnie auf rund 200 Mann angewachsen und seit dem Jahr 1824 noch durch weitere acht Männer „von unbescholtenem Ruf“ verstärkt worden. Die letzteren sollten bei entstehender Feuersgefahr für die schnelle und bequeme Fortschaffung von kranken Personen auf eigens dazu eingerichteten Tragbahren und die Verbringung in besonders hiefür vorgesehene Wohnungen besorgt sein (also Vorläufer einer Sanitäts-Abteilung!). — Während der ersten zwanzig Jahre des Bestehens der Ulmer Rettungskompagnie war der Kunsthändler Theodor Ulrich Nübling (1766—1837) deren Hauptmann. Dieser hat dann im Jahr 1828 sogar eine Druckschrift herausgegeben unter dem Titel: „Auf vieljährige Erfahrungen gegründete Beobachtungen für eine zweckmäßige Einrichtung der Rettungs-Anstalten bei entstehenden Feuersbrünsten in Städten“. — Vom Januar 1853 ab bildete die Rettungs-Kompagnie zu Ulm einen Teil der Ulmer Freiwilligen Feuerwehr (von 1847).

In der zeitlichen Reihenfolge ist nun der im Jahr 1820 zu Braunschweig entstandene und 300 Köpfe umfassende „Rettungsverein“ zu nennen. Er hatte den Zweck, bei ausgebrochenem Feuer das Leben und Eigentum seiner Mitbürger zu retten. — Im Jahr 1822 wurde in der ostpreußischen Hafenstadt Elbing ein „Feuerlösch- und Rettungsverein“ gegründet, der aber erst vom Jahr 1847 ab, als eigentliche Feuerwehren aufgekommen waren, Übungen mit den Feuerlöschgeräten abhielt. — Auch in der ehemaligen Reichsstadt Reutlingen (Württ.) hatte sich im Frühjahr 1826 das Bedürfnis nach einer Schutzeinrichtung eingestellt. Die daraufhin gebildete freiwillige „Rettungs-Gesellschaft zum Schutze für Personen und bewegliches Eigentum bei Feuersgefahren“ bestand aus 215 Mitgliedern (135 Rettern und 80 Wachtmännern). Bald nach Gründung eines freiwilligen Pompierkorps in Reutlingen im Jahr 1847 hat sich dann die Rettungsgesellschaft (von 1826) aufgelöst.

Wohl angeregt durch die Reutlinger und Ulmer Vorbilder, wie auch durch Th. U. Nüblings Schriftchen kam in der altwürttembergischen Oberamtsstadt Göppingen im Sommer 1829 auf Betreiben des Strumpfwirkers und Stadtrats Gg. Chr. Mozer (1770—1841) auch eine „Feuer-Rettungs-Kompagnie“ zustande. Die Kompagniestärke schwankte zwischen 125 bis 200 Mann. Als vom Jahr 1849 ab im Zuge der damaligen politischen Bewegung die Bürger anderweitig, z. B. von der Bürgerwehr, in Anspruch genommen wurden, löste sich die Göppinger Rettungs-Kompagnie jedoch allmählich auf. — In der früheren Reichsstadt Schwäbisch Gmünd war im Jahr 1831 ebenfalls eine militärisch organisierte „Rettungskompagnie“ aus 50 unbescholtenen Bürgern aufgestellt worden. Ihre Angehörigen trugen farbige Armbinden und sammelten sich bei Bränden um eine von einem Trommler begleitete rot-weiße Fahne. Nach dem anno 1832 aufgestellten Statut mußten zuerst hilfsbedürftige Personen gerettet werden, dann die beweglichen Güter wie Wertpapiere, Gold, Silber und Möbel. Jedes Mitglied mußte außer seinem Werkzeug auch einen Feuereimer mitbringen. Dazuhin hatte sich diese freiwillige Rettungskompagnie zum Feuerlöschen verpflichtet, und zwar solange, bis die eingeteilte anderweitige Löschmannschaft auf dem Brandplatz vorhanden war. Die Rettungskompagnie zu Schwäbisch Gmünd ist bei Gründung einer freiwilligen Feuerwehr im Jahr 1852 in dieser aufgegangen. — Auch in einer weiteren früheren Reichsstadt, in Schwäbisch Hall, war man daran gegangen, das Feuerlöschwesen etwas zu modernisieren. Dort wurde im Jahr 1837 eine neue „Ordnung und Instruktion für die Einwohner von Hall bei einem sich ergebenden Brand-Unglück“ in Kraft gesetzt. Hierbei ist eine Rettungskompagnie mit ähnlicher Stärke und Ausstattung wie das Gmünder Vorbild eingeteilt worden. Die gleichzeitig neu gebildeten Sicherheitswachen hatten neben der allgemeinen Aufrechterhaltung der Ordnung bei Brandbekämpfungen in erster Linie dafür zu sorgen, daß die Retter in ihrer Tätigkeit nicht durch die Löschmannschaften gestört (!) wurden. Die Rettungskompagnie zu Schwäbisch Hall blieb gerade zehn Jahre lang bestehen, bis dort im Oktober 1847 aus Kreisen der Turngemeinde ein freiwilliges Pompierkorps gebildet worden ist.

In der bayerischen Stadt Schweinfurt hatte sich im Jahr 1831 ein Verein unter dem Namen „Retter-Korps" gebildet, der bei Brandfällen die Rettung der Mobilien und die Aufsicht über dieselben übernehmen wollte. Später (1845) wurden die Mitglieder dieses Korps mit Rettungssäcken, Laternen, Leinen und Beilen ausgerüstet, und sie verfügten auch über einige Hakenleitern. Auch dieses Korps ist in der im November 1854 gegründeten Freiwilligen Feuerwehr Schweinfurt aufgegangen. — Seit dem Jahr 1829 bestand (bis etwa 1860) in in der Stadt Barmen (heute Wuppertal) ein freiwilliges „Lösch- und Rettungs-Corps", dessen Anfänge bzw. Vorläufer sogar schon um 1747 entstanden sein sollen. Aber auch dieses Corps war noch nicht das, was man später unter einer Feuerwehr versteht, da die Einübung für die Brandbekämpfung noch fehlte. — Zum Schluß ist noch aus der sächsischen Stadt Meißen zu vermelden, daß dort auf Veranlassung des amtierenden Bürgermeisters Zschokke im Juli 1841 ein „freiwilliges Lösch- und Rettungs-Corps" errichtet worden ist. Auf das Retten ist offenbar wie bei den ähnlichen, vorgenannten Vereinen der Hauptwert gelegt worden. Das Corps bestand aus einer Rettungs-, einer Lösch- und einer Wachschar. Die Mannschaft war einheitlich uniformiert mit grauem Leinenrock, der einen farbigen Kragen trug: die Retter der ersten Schar waren dazu mit Helm, Beil, Leine und Laterne ausgerüstet. Der zum Hauptmann gewählte Seifensiedermeister Kentzsch und sein Adjutant trugen einen weißen Roßhaarbusch auf ihrem Helm. Da dieses Lösch- und Rettungs-Corps gelegentlich schon Übungen für seinen Dienst im Ernstfall abgehalten haben soll, könnte man es schon einigermaßen zu den nachher besprochenen Feuerwehren rechnen.

Christian Hengst, Durlach

Erste Freiwillige Feuerwehr Deutschlands

Von Hans G. Kernmayr

Anfangs des neunzehnten Jahrhunderts — an einem schönen Sonntag — schrieb ein deutscher Dichter in sein Wanderbuch:

DURLACH heißt die Stadt.
Und die Menschen hier?
Kerndeutsch von Manier!

Die Residenz des Markgrafen von Baden war im Dreißigjährigen Krieg gleich vielen anderen Städten in deutschen Landen von großen Schadenfeuern heimgesucht. Pest und Cholera konnten nicht schlimmer wüten als die Brände, geschleudert von feindlichen Soldaten zwischen Rhein, Main, Neckar und Bodensee. Aufblühendes Land, bedeutende Städte, friedliche Ortschaften lagen in Schutt und Asche. Früchte von Acker und Feld verbrannt — die Wiesen zertreten — verödet — die Menschen gedemütigt. Gott blieb bei ihnen. Er verließ sie nicht. Die Verängstigten, die Furchtsamen, die Kleinmütigen, die Gebrandschatzten beteten laut:

„Feuer, steh' still!
Um Gottes Will' —.
Feuer, steh' still in deiner Glut,
Wie Christus der Herr — —
In seinem rosinfarbigen Blut!"

Im markgräflichen Durlach hatte jedermann den Moloch Feuer kennenlernen müssen. Die Flammen hielten nicht vor den Hochgeborenen, nicht vor den Niedergeborenen.

Die allerchristlichste Majestät aus gallischem Lande, sie schrieb sich Ludwig, der Vierzehnte, befahl am 15. August 1689, man möge die Residenz Seines gnädigen Herrn Vetters, des Markgrafen, das Städtchen Durlach, in Brand stecken. Die Soldaten wußten nichts von Gott und seiner Barmherzigkeit; sie warfen brennende Strohpuppen und Pechkränze in die Häuser; verwandelten eine aufstrebende Stadt in einen Trümmerhaufen. Durlach brannte Tage und Nächte lang. Grausamkeit, Unmenschlichkeit standen Pate. Die Angst war bei den Bedrängten so stark, daß keiner die Kraft, daß keiner den Willen in sich trug, das Feuer zu bekämpfen. Ohne Tränen, ohne Mut standen Männer und Frauen —, ihre Kinder an den Händen haltend und beteten:

„Feuer und Glut, wir gebeuen dir in Gottes Namen;
Daß du schnell weiterkommst von dannen.
Wir flehen und flehen — behalt' deine Funken und Flammen!
Amen! Amen! Amen!

Die Durlacher fanden keinen Schlaf. Sie fürchteten, der Rote Hahn würde das letzte Gebälk aufheizen.

Die Männer und Frauen zogen zum Markgrafen Karl. Er residierte auf der Carolsburg. Sie forderten von ihm Schutz und Maßnahmen gegen die Feuerbrände. Leben — Hab und Gut — waren in Gefahr.

Der Markgraf holte sich die Besten seiner Untertanen in die Carolsburg. Er beriet über eine Feuerlöschordnung.

Auf Grund der neuen markgräflichen Feuerlöschverordnung wurde die Brandbekämpfung ausgeübt. Zur selbigen Zeit gab es noch viele, auch Gelehrte waren darunter, die in jedem Brand eine Strafe und ein Verhängnis Gottes sahen. Diese wollten, daß den Feuern freier Lauf gelassen werde.

Die Obrigkeiten in den Städten und auf dem Lande verlangten, daß die Bürger Spring- und Ziehbrunnen errichten ließen, verlangten, daß genügend Wasser das ganze Jahr hindurch in haltbaren Holzbottichen zur Stelle sei, daß dieses während des Winters nicht einfröre; verlangten, daß in jedem Hause Wasserzuber und hölzerne Schöpfer bereitstanden. In den neuen Verordnungen hieß es, die Bürger in den Städten und Orten müßten eine Feuerspritze kaufen, diese immer instandhalten, viermal im Jahre visitieren und ausprobieren. Alle Hauseigentümer mußten Wassereimer in großer Zahl an sichtbarer Stelle griffbereit halten. Die Magistratsobrigkeiten mußten für eine große Anzahl von Feuerhaken, großer und kleiner Sprossenleitern sorgen. Bei den Kirchen, Rathäusern und allen anderen der Öffentlichkeit dienenden Gebäuden waren Pechpfannen aufzustellen. Bei Ausbruch eines Feuers bestimmte die Verordnung, daß Männer und Frauen vom fünfzehnten Lebensjahr an sich sofort an der Brandstelle einzufinden hätten, um den Brand löschen zu helfen.

Fürstliche Leibgardisten oder Männer von der Bürgerwehr vollzogen den Wach- und Sicherheitsdienst.

Die Durlacher unterstellten ihre vier Stadtteile je einem Gassenmeister. Dieser mußte, wenn in seinem Viertel ein Brand ausbrach, von Haus zu Haus laufen, den Leuten die gesetzliche Feuerlöschordnung verkünden.

Die einzelnen Tätigkeiten beim Brand wurden unter den verschiedenen Handwerkszünften verteilt. Die Küfermeister mußten sich um das Wasser kümmern, die Zimmerleute hatten das auf dem Brandplatz befindliche Holz und alles andere leicht brennbare Material sofort wegzuschaffen, die Maurer und Steinhauer besorgten das Abdecken der Dächer und Einreißen der Mauern. An der Spritze standen die Schlosser, die Klempner. Alles andere Volk drückte die Spritzen, bediente die Leitern und Hacken. Vier Männer gab es zu jener Zeit in Durlach, die sich um das Feuerwehrwesen beachtlich kümmerten. Das waren: im Burgviertel, Ernst Zachmann, im Gärtnerviertel, Simon Fuchs, im Speicherviertel, Friedrich Heilbronner, und im Endrisviertel, Wilhelm Seitz.

Alljährlich wurde die Durlacher Bürgerschaft auf das Rathaus geladen; dort wurde ihnen jedesmal die Feuerlöschordnung immer aufs neue Wort um Wort vorgelesen.

Den Männern und den Frauen fehlte das notwendigste Werkzeug, sie hatte keine Übung, einen Brandherd erfolgreich niederzukämpfen. Das Feuerlöschwesen und die Rettung von in Feuersnot geratenen Menschen lag in Durlach und überall in Deutschland im argen.

Am Durlacher Schloßplatz, gegenüber der Kaserne, dort die Soldaten die Trommel rührten, die Trompeten bliesen, Gewehrgriffe klopften, wohnte der von allen Bürgern hochgeschätzte Zimmermeister Conrad Hengst. Er hatte eine gute, sittsame Frau und brave Kinder und einen ehrsamen Beruf. Die Durlacher achteten ihn. Die Aufträge, die er bekam, waren nicht groß, doch sie ernährten die Familie.

Conrad Hengst merkte bald, daß sein Sohn, der schwächliche Christian, frühzeitig Sehnsucht nach Wissen und Geist zeigte. In der Schule war er einer der Ersten, ohne als Streber unangenehm aufzufallen. Die Fragen, die ihm der Schulmeister stellte, beantwortete er stehenden Fußes. Öfters stellte der Schüler dem Schulmeister eine Frage. Er war nicht altklug, nicht vorlaut, protzte nie mit seinem Wissen, trug ein offenes Wesen zur Schau. Die Buben und die Mädchen mochten ihn gerne; — er half ihnen auch bei den Schularbeiten. In den Fächern Zeichnen und Rechnen galt er für alle Schulen Durlachs als Vorbild. Mit freier Hand konnte er einfache und schwierigere Bauwerke zeichnen. Das einfache Wohnhaus mit dem schmalen Giebel — die ortsüblichen Fachwerkbauten, waren ihm vertraut. Aus dem Gedächtnis konnte er das Schloß, das Rathaus, die Kirche zu Papier bringen.

Vater und Mutter fragten Christian, wenn er groß und älter; was er für ein Gewerbe ergreifen würde?

Ohne nachzudenken: „Ich will Häuser bauen".

In Durlach wurden die Häuser von den Handwerkern aufgeführt. Maurer- und Zimmermeister versahen diese Arbeit. Die herrschaftlichen Bauherren ließen sich die Baumeister und Stukkateure aus dem Auslande kommen. Aus dem Süden; aus Italien. Vater Conrad Hengst legte die Hand auf den Kopf seines Söhnchens: „Als Durlacher Baumeister hast du keine großen Aussichten, dein Brot damit zu verdienen. Werde lieber Zimmermann."

Frau Hengst, die liebende Mutter, würde sich gefreut haben, wenn sie ihren Christian als Baumeister gewußt hätte.

Schulmeister und Pastor hatten Christian in ihr Herz geschlossen. Während des Konfirmandenunterrichtes ging der Pastor zur Familie Hengst. Er sprach mit dem Meister:

„Vater Hengst, es wäre schade, wenn Euer Christian nicht studieren könnte. Der Bub ist reif, um auf eine hohe Schule zu gehen."

Die Eltern Hengst hätten ihrem Sohn gerne ein Studium ermöglicht. Das Geld reichte aber nur für das tägliche Brot, für die Kleidung, für das Allernotwendigste. Außer Christian gab es noch Geschwister, die nach einer vollen Schüssel verlangten.

Der Großherzog war immer bereit, in seinen Privatsäckel zu greifen, um einigen seiner begabten Landeskindern das Studium zu ermöglichen. Er erklärte sich einverstanden, den Christian schon mit vierzehn Jahren in das Revisoramt Stein gegen Bezahlung aufzunehmen. Christian sollte dort gegen ein kleines Entgelt Schreiberling werden. Von dieser Arbeit aus hätte Christian die Möglichkeit, sich in die von ihm so sehr gewünschte Stellung hinaufzuarbeiten.

Christian bekam am Konfirmationstag die erste lange Hose, einen Rock, in den er hineinwachsen mußte. Ein festliches Essen wurde von den Eltern Christian und den Gästen gegeben. Vater Hengst ließ sich nicht lumpen. Alle, die gekommen waren, um Christians Ehrentag zu feiern, wurden bewirtet.

Der Tag des Abschieds war voll der Sonne. Christian hatte frühmorgens die Lerchen aufsteigen gesehen, ihren Gesang belauscht. Die Postkutsche, davor waren vier Pferde, schwere, starkknochige Falben eingespannt, wartete auf Christian. Der schnauzbärtige Postillion half dem Jüngling auf den luftigen Hochsitz, reichte ihm den mit messingen Bändern beschlagenen Holzkoffer hinauf. Zwei silberne Taler gab der Vater dem Buben. Die Mutter hatte in einem rotblau gestreiften Schnupftuch Süßigkeiten und eine stark geräucherte Schweinswurst als Wegzehrung mitgegeben. Christian versprach, ein guter Sohn zu bleiben, seinen Eltern Freude zu bereiten. Der Postillion blies in das Horn. Die Peitsche schnalzte. Eine Staubwolke wirbelte auf. Niemand sah die Tränen bei Mutter und Christian. Meister Hengst schneuzte sich kräftig.

Die Herren Aktuare im Revisionsamt zu Stein, ältere, ausgetrocknete Ziffernspione, nichtssagende Menschen, waren von dem Arbeitseifer des schmächtigen, immer nach vorne gebückten Christian beeindruckt. Dieser Milchbart, so sie ihn nannten, nahm seine Arbeit gewissenhaft, stand schon frühmorgens am Schreibpult. Bis spät abends beim Schein einer Ölfunzel schrieb Christian mit seiner Kielfeder Zahlen um Zahlen auf gelbliches Kanzleipapier. Das Essen, das ihm die Quartierfrau, dort er für Geld Unterkunft gefunden hatte, zweimal des Tages hinstellte, war spärlich. Er wurde von Tag zu Tag klappriger. Der Revisoramtsrat schrieb an Christians Eltern, diese möchten kommen und selber entscheiden, ob der Beruf eines Schreiberlings für ihren Sohn der richtige wäre. Christian hatte von seiner Schwäche, die ihn Tag und Nacht überfiel, den Eltern gegenüber geschwiegen. Er wollte durchhalten; das Pensum, das man ihm übergeben, aufarbeiten. Als die Mutter Christian sah, schlug sie die Hände über den Kopf. Die Wangen des Buben waren käseweiß, Stirne und Hände eiskalt. Die Entschlüsse waren schnell gefaßt. Christian mußte an die elterliche Schüssel. Er würde das väterliche Handwerk erlernen. Zimmermann sollte Christian werden.

Die Aktuare, die Kielfedern hinter den Ohren, ließen den arbeitsfreudigen Christian ungern aus ihrem Aktenstall ziehen. Er hatte ihnen so manche Arbeit abgenommen. Christian nahm in Gedanken viele Zahlen und Ziffern mit nach Durlach. Er konnte vielstellige Rechnungen im Kopfe behalten.

Die meisterliche Hand des Vaters und die Pflege der liebenden Mutter taten dem kleinen Christian gut. Er wuchs zusehends. Es war also nicht so, wie die Leute sich auf dem Schloßplatz und in den kleinen Gassen viele Wochen lang zuflüsterten, daß Christian an der Auszehrung, ja, an einer gallopierenden Schwindsucht leide. Heimweh war es, unsagbares Heimweh, welches Christian in Stein überfallen hatte.

Meister und Gesellen waren mit dem Lehrling Christian zufrieden. Er ging den Gesellen gut an die Hand. Vor allem konnte er Grundrisse, Baupläne mit der Bleifeder oder mit dem Nagel aufzeichnen. Er war ein guter Rechner. Ein Jammer, daß das liebe Geld an allen Ecken fehlte, um den Christian auf eine hohe Schule schicken zu können. Söhne von reicheren Eltern konnten auf die hohe Schule in Karlsruhe und nach Heidelberg geschickt werden. Manche Durlacher waren des Vaters gleicher Meinung, er müsse mit dem Christian an der Hand zum Großherzog gehen. Christians Kenntnisse auf dem Gebiet des Hausbaues seien groß.

Vater und Mutter Hengst lehnten den Bittgang zum Fürsten ab. Der Markgraf habe schon einmal geholfen. Ein zweites Mal wollten sie den hohen Herrn nicht in Anspruch nehmen.

Christian hatte ohne Aufforderung das Stadtbild von Durlach mit allen Gassen, Straßen, Plätzen, Häusern, Kirchen und Schloß zu Papier gebracht. Er äußerte sich, die Straßen und Gassen müßten breiter gehalten sein, die Giebel der Häuser dürften sich nicht zueinander neigen; die Häuser aus Stein und Ziegel gebaut, denn: „Holzhäuser, jahrhundertealt, brennen wie Zunder."

Christians Gesellenstück fiel sehr gut aus. Die Gesellen nahmen den jungen Gesellen herzlichst in ihre Reihen auf. Nach alter Sitte war es Brauch, daß der Freigesprochene den Umtrunk bezahlen mußte. Christian wußte vom Durst der Zimmermannsgesellen. Diese konnten, ohne abzusetzen, einen vollen Glasstiefel mit Genter-, Derrer- oder Eglauer Bier austrinken; von den ortsüblichen Weinen, wie Kaisersberger und Drollinger, gar nicht zu sprechen. Dazu wurde ein kleiner Berg von Würsten und Rauchfleisch aufgegessen.

Die mündliche Prüfung legte Christian mit „vorzüglich" ab. Die Zunftmeister waren erstaunt, sogar Vater Hengst hielt den Mund offen, als der kleine Christian einige Vorschläge zur bestehenden Feuerlöschordnung zum besten gab. Sie sagten „Naseweiß" zu ihm; hörten sich aber alles an. Christian schlug vor, wenn man eine Feuersbrunst erfolgreich bekämpfen wolle, müßte man diesen Kampf — einüben. Es würde genügen, wenn einmal im Monat die Zimmerleute, die Böttcher, die Brauer, die Schuster, die Lederer, die Seiler und wie sie alle heißen, die ehrenwerten Herren vom Handwerk und Handel, unter einem aus ihrer Mitte gewählten Kommandanten die zur Bekämpfung des Feuers notwendigen Griffe erlernen würden. Auf die Frage, woher Christian seine Erkenntnis habe, gab der junge Geselle zur Antwort: „Von den Soldaten! Diese Soldaten müssen täglich ihren Säbel und ihr Gewehr handhaben, damit sie, wenn es zu einem Kampf käme, diese Waffen richtig gebrauchen könnten."

Der älteste von den Meistern billigte Christians Worte. „Es ist nicht das Dümmste, was der Christian herschwätzt. Aber — — warum sollen wir Zimmerleute den Anfang machen? Warum vordrängen? Sollen die Böttcher, die Metzger, die Lederer mit den Übungen beginnen. Wenn wir es tun, würden alle lästern: ‚Aha, die Zimmerleute wollen sich wichtig machen!' Und außerdem, wer zahlt die Zeit, die solch eine Übung in Anspruch nimmt?"

Christian schüttelte verneinend den Kopf. —

„Bezahlung? Nein. Freiwillig müßt Ihr das Feuer bekämpfen lernen."

Da lachten Meister und Gesellen: „Freiwillig? — hahahahaha!"

Christians Vorschlag war schnell vergessen. Er hörte von den Männern, daß das Feuerlöschen keinen Sinn habe. Das Rüstzeug tauge nichts. Christian ging hin zu dem Hause, dort die Stadtväter ihre Feuerspritzen untergebracht hatten. Was er zu sehen bekam, war altes Gerümpel. Dieses war fein säuberlich aufgeschrieben, war renoviert und suppliert worden. Brauchbares war nicht dabei.

Die Stadt besaß eine Spritze Nummer 1, viel Eisen war drauf, selbiges war voll Rost, eine Landspritze, die auseinanderzufallen drohte — und die herrschaftliche Schloßspritze. Die sechs Handfeuerspritzen lagen zerlegt auf der Erde. Die zum Pumpen bestimmte Mannschaft war namentlich aufgezeichnet, auch die Fuhrleute, die mit den mit Pferden bespannten Wagen die Feuereimer und die Zuber aus dem Wehrhaus holen sollten.

Dem Stadtbaumeister und einem Ratsherrn stand die Überprüfung der Feuerwehrgeräte zu. Vierteljährlich sollten die Feuerspritzen einer Prüfung unterzogen werden. Es geschah nie. — Im Ernstfalle funktionierten die Spritzen nicht; die Mannschaften wußten nicht, wo zuerst anpacken, Manneszucht war nicht vorhanden. Christian wußte, wo einzugreifen wäre. Die Führung einheitlich, die Mannschaften müßten an den Lösch- und Rettungsgerätschaften eingeübt werden, und erstes Gebot für alle, die dem Feuerschutz dienten: „Stramme Manneszucht".

Vater und Mutter Hengst überhörten es, wenn Freunde ihnen mitteilten, die Herren von der Obrigkeit hätten es übel vermerkt, daß der Zimmermanngeselle Christian sich in die Feuerwehrsache hineingedrängt habe. Der Herr Stadtbaumeister sähe es nicht gern und auch nicht der Herr Bürgermeister, wenn sich ein junger Dachs, bevor er hinter den Ohren trocken sei, herausnähme, alles besser wissen zu wollen.

Vater Hengst überlegte nicht lange: „Warum soll der Christian nicht reden, wenn er reden will? Dazu hat er ja einen Mund. Er tut ja nicht lästern, nicht spotten, was er sagt, hat Hand und Fuß."

Es stimme, daß Christian nichts Unbilliges verlange, sagten die Einsichtigen, aber es sei nicht üblich, daß ein Stadtbaumeister, dem das Feuerlöschwesen unterstehe, sich von einem Zimmermanngehilfen, noch dazu von einem, der sich kaum das Kraut zum Ripple verdient habe, etwas erzählen lasse. Ja, wenn der Christian seine Soldatenzeit hinter sich gebracht habe, wenn er selber Meister geworden sei, wenn ihn die Durlacher zu ihrem gleichberechtigten Bürger gemacht hätten, dann könne er sein Wort erheben.

Soldat! Christian sollte Soldat werden. Das Geld zum Loskaufen fehlte. Die Soldatenzeit war lang. Man war schnell Soldat, aber es dauerte lang, bis man die Uniform wieder ausziehen konnte. Der Markgraf war kein schlechter Kriegsherr, es gab viel schlechtere in deutschen Landen, solche, die, um ihre Finanzen aufzubessern, ihre Landeskinder an fremde Staaten verkauften. Christian ging den Weg, der ihm vorgeschrieben, mit offenen Augen. Er suchte nicht das Glück, er wußte aber, daß das Glück im Leben eines jeden Menschen eine große Rolle spielte. Vier große Gaben waren bei Christian: Gottvertrauen, Können, Wissen und Glück.

Christian spielte um seine Freistellung und hatte Glück. Durch Konskription blieb er vom Soldatenleben verschont. Nicht, daß er zu feige gewesen wäre. Wenn das Schicksal es anders gewollt hätte, er hätte auch das Los eines Soldaten auf sich genommen. Es sollte anders sein. In die Welt sollte er ziehen. Viel lernen, viel schauen.

Es waren viele Handwerksgesellen, die auf der Landstraße dahinzogen, bei den Meistern nach Arbeit, Wegzehrung und Nachtquartier vorsprachen. Sie erzählten, was sie in aller Welt geschaut und gehört hatten. Es war Sitte, daß die Gesellen, bevor sie als Meister seßhaft wurden, sich eine Zahl von Jahren in der Welt umschauten. Es gab auch Landstürzer, Vagabunden, die jeder Arbeit flohen, in Schnaps und Bier ihre Offenbarung suchten. Diese Kunden logen das Blaue vom Himmel, erzählten von dem Kaiser der Landstraße, der unter vielerlei Verkleidungen daherkäme.

Der Abschied von Durlach fiel dem Handwerksburschen Christian nicht leicht. Er hatte von vielen Freunden Abschied genommen; auch von einem braungelockten, schwarzäugigen Mägdelein. Er hatte ihr nicht nur die Hand gereicht, er hat auch den Kuß, den sie ihm geschenkt, entgegengenommen. Lange grüßte er mit der Pludermütze Vater und Mutter, dann schluckte er tief, damit er das Heimweh überwand. Auf den Straßen traf er die Handwerksburschen aus dem Norden und aus dem Osten. Er wanderte mit ihnen weiter nach dem Westen, dort die Eidgenossen leben. Nach der Schweiz wollte er. Dort wurden die Handwerksleute aus Deutschland sehr geschätzt. Die Schweizer bauten ihre Chalets; unten mit Steinen, oben aus Holz. Sie brauchten tüchtige Zimmerleute. Manch' Mägdelein grüßte Christian blitzenden Auges. Manch' Maidlein lockte: „Bleib bei mir." Christian war nicht ausgezogen, um zu küssen, er war ausgezogen, um die Welt und die Menschen kennenzulernen.

Von Zeit zu Zeit arbeitete er bei den Meistern, verdiente sich die Taler zur Weiterreise. Es war ein lustig Leben auf der Landstraße. Wenn die Sonne vom Himmel fiel, wenn es Nacht wurde, wurde in der Herberge dem Vater dieses Hauses das Hemd gezeigt, damit sich dieser davon überzeugen konnte, daß keine Flöhe, keine Läuse eingeschleppt würden. Der Polizeiwachtmeister, ein ehemals im Kriege erprobter Mann, man sah es an den Medaillen, die er auf der Brust trug, forderte Tauf-, Heimatschein und Gesellenbuch, mahnte diejenigen, die der Arbeit zu lange aus dem Wege gegangen — sie möchten sich baldigst um eine solche bemühen, sonst müßten sie von Staats wegen zu einer Arbeit gebracht werden. Der Polizist konnte auch lustig sein, denn: ehe er Soldat geworden, war er auch auf der Landstraße gewesen. Er sang mit den Kunden und Handwerksburschen manch lustiges Lied. Seine rote Nase zeigte, daß er dem Wein nicht aus dem Wege gegangen war.

Es wanderte sich gut mit Christian. Dieser verstand es, manchen Metzgermeister zu konterfeien, von mancher Wirtin ein liebliches Bild zu zeichnen. Da gab es dann ein großes Stück Wurst, Speck, Rauchfleisch und manchen Humpen Bier oder Wein. Eine lustige Zeit war es. Die Handwerksmeister hätten den Jüngling Christian gerne bei sich behalten, sie hätten ihm auch gerne ihr Töchterlein anvertraut. Überall, wo er hinkam, besuchte er die Wehrhäuser. Er stellte in allen Orten fest, daß alles Feuerlöschgerät mehr als kläglich war. Für die Rettung von Menschen, ihres Hab und Gutes war kaum etwas vorgesehen. Die Bevölkerung kam nirgends einem Feuerlöschbefehl gerne nach. Oft ergriff Christian das Wort. Sie hörten sich die Rede des jungen Wandergesellen an, ließen ihn wissen, sie seien bis zur Stunde auch ohne seine Weisheit ausgekommen. Christian möge seine Nase nicht in fremde Töpfe stecken. Was die Geräte betreffe, so hätten diese schon vor hundert Jahren ihren Altvorderen genügt, und was diesen gut genug, wäre auch ihnen gut genug. Er möge in Gottes Namen weiterziehen.

Christian hörte oft den Ruf „Feuriooo!“ durch die Gassen gellen. Er zog zur Brandstelle, arbeitete an der Pumpe, reichte die ledernen Eimer voll Wasser von Hand zu Hand.

In der Schweiz bekam Christian bald Arbeit. Er war wegen seiner Leistung und seines Benehmens sehr beliebt. Man sprach, er sei ein Künstler in seinem Fach. Bald gab man ihm den Bau eines hochgeschossigen Hauses zur Ausführung. Er leistete gute Arbeit. Bekam das Lob des Meisters und der Ansässigen. Manchen Batzen Silber konnte er zur Seite legen. Er war sparsam. Mit dem Ersparten wollte er sich später weiterbilden. Während die anderen Gesellen sich dem Tanz und Trunk hingaben, las er Bücher, die Baukünstler anderer Zeiten geschrieben hatten. Er wollte sich für seinen zukünftigen Beruf, Häuser zu bauen, vorbereiten. Viele Jahre blieb Christian in der Fremde. Baumeister aller Nationen ließen ihn ungern ziehen. Sie bestätigten ihm gerne, daß er, was das Baufach betreffe, große Kenntnisse besitze. Aus Frankreich, wo Hengst sich längere Zeit aufhielt, stammte der Name für das später von ihm gegründete „Pompierkorps“.

Auf Schusters Rappen zog Christian durch das Schweizerland. Er kam auch nach dem schönen Kanton Obwalden, nach Sachseln. Er, der Protestant, besuchte die Grabstätte des seligen Bruders Klaus von Flue. Dieser Verewigte war schon zu Lebzeiten vom Volk als Heiligmann verehrt. Ein aufrechter Schweizer Bauer war er; Soldat, Ratsherr, verheiratet mit Frau Dorothea, Vater von zehn Kindern, die er im Gehorsam zu Gott verließ und als Einsiedler lebte. Der gottesfürchtige Protestant bezeugte dem Bruder Klaus seine Achtung. Tief zog er den Hut, verharrte im stillen Gebet. Dann zog er weiter.

Deutschland! Groß war die Freude bei den Eltern. Aus dem schmächtigen Christian war ein starker junger Mann geworden. Er ging nicht mehr gebückt, er ging aufrecht. In der Schweiz hatte er gelehrt bekommen, daß Luft, Licht und Wasser für die Gesundheit des Menschen ausschlaggebend seien. Er wollte studieren. Er hatte das Geld dazu. Es kam anders. Der Vater hatte viele Aufträge auszuführen. Er hatte mit Sehnsucht auf seinen Sohn gewartet, damit ihm dieser dabei helfe. Christian nahm die Arbeit an. Er nahm auch den Rat des Vaters an, sich in Durlach als Zimmermeister niederzulassen. Er tat es. Die Durlacher waren überrascht, als der kaum sechsundzwanzigjährige Christian als Lehrer in die Handwerkserziehungsschule berufen wurde. Das Großherzogliche Ministerium des Innern schickte ihm eine Bestallung. Der Innenminister selber gab ihm das Patent eines Werkmeisters. Als solcher durfte er selbständig Bauten ausführen. Die Räte im Innenministerium freuten sich ob der aufrechten Rede des Mannes Christian, der alles, was er dachte, auch sagte. Die Lehrlinge waren begeistert von ihrem Lehrer. Es kamen Schüler aus Baden und Württemberg, ja sogar aus dem Rheinischen und aus der Schweiz. Seine Schüler, die in die Welt gezogen, kündeten von seinem Wissen und Können. Die Gewerbeschule in Durlach bekam einen guten Ruf.

Christian baute einen großen Gasthof in der Nähe des Bahnhofes. Die Juden legten den Bau einer Synagoge in seine Hände. Allseits kamen Lobeshymnen auf den jungen Baumeister. Die Regierung übergab viele der öffentlichen Bauten Christian. Er war Baumeister und Lehrer. Die Durlacher Bürger, Handwerker, Kaufleute baten ihn, er möge die Stellung eines Rates in der Gemeinde annehmen. Ungern kam Christian dieser Bitte nach.

Erfolg und Glück zogen Neider nach. So war es auch bei Christian Hengst. An erster Stelle war es der landesherrliche Kommissar und Geheime Rat, Herr Baumüller. Man nannte ihn den „Einflüsterer" beim Großherzog. Dieser sagte:

„Wenn ich dem Christian Hengst auch nichts nützen kann, schaden kann ich ihm auf alle Fälle."

Christian zog einige Zeit nach Pforzheim, dort er einige große Bauten aufführte. Die Pforzheimer wollten ihn nicht weglassen. Sie wollten ihn mit einer großen Aufgabe betrauen, ihn als städtischen Baumeister anstellen.

Christian zog es zu seinen Eltern. Er hatte, wo er auch war, Heimweh nach Durlach. Den Gemeinderat gab er ab. —

Im Jahre 1841 bat er um die Entlassung aus der Gewerbeschule. In der großen Schulkonferenz vom 23. Dezember wurde von der Lehrerschaft und vom Rektor der Beschluß gefaßt, man möge Christian Hengst überreden, er möge seine Entlassung zurückziehen. Christian Hengst stellte Bedingungen. Der Geheime Rat Baumüller war es, der Christians Bedingungen bei der Regierung unterband. —

Der Lehrer Christian Hengst verließ die Gewerbeschule. Lehrer und Schüler bedauerten es sehr. —

Der Verwaltungsrat der General-Witwen- und Krankenkasse von der Feuerversicherungsanstalt holte sich Christian Hengst zum Bezirkstaxator vom Oberamt Durlach. —

Verschiedene Bürger von Durlach waren Christian Hengst wegen seines unbeugsamen Willens, immer der Gerechtigkeit zu dienen, nicht gut gesinnt. Das Wort „Geldverdienen" wurde bei dem Stadtbaumeister sehr klein geschrieben. Wer von ihm ein Haus bauen ließ, mußte sich einverstanden erklären, daß auch eine Brandmauer gezogen wurde. Eine Brandmauer? Das ist doch eine unnötige Geldausgabe. Keiner der anderen Bau- und Maurermeister verlangte von den Auftraggebern, daß eine Brandmauer aufgeführt wurde. Christian Hengst verlangte auch, daß die Schornsteine weit über das Dach hinausragten und nicht, wie er es oft angetroffen hatte, daß der Kamin innerhalb des Dachbodens sein Ende nahm, daß Rauch- und Feuerfunken freien Lauf nahmen, auf die Holzsparren sich setzten, brandschatzen konnten, wo sie wollten.

Ein Dickkopf war dieser Baumeister Hengst, stellten viele Durlacher fest. Das Leben, das er führte, die Familie, die er sich schaffte, seine staatserhaltende Gesinnung, seine christliche Lebensauffassung waren in keiner Weise anfechtbar. Aber Kaufmann war er kein großer. Von all den Einnahmen, die er sich durch seine Arbeit verschaffte, gab er einen „Zehnten" an die Armen ab. Er half, wo er konnte, die Not lindern. Seinen Eltern gegenüber war er immer der dankbarste Sohn, seinen Geschwistern ein hilfsbereiter Bruder. Die Zimmermannszunft und die Männer, die dem Baufach angehörten, die Maurer, Dachdecker, die Ziegelbrenner, die Farbenreiber, die Anstreicher, die Fußbodenleger, alles tüchtige Meister und Gesellen mit durstigen Kehlen, wunderten sich, daß Christian Hengst, der doch einer der ihren war, mit einem Rast- und Ruhetag in der Woche, mit dem Sonntag als Feiertag auskam. Sie feierten auch montags, machten diesen Arbeitstag zu einem „blauen Montag". —

Leichten Herzens widerstand Christian Hengst den Verlockungen seiner Berufskollegen. Er benötigte, so sagte er, keine Gespräche am Stammtisch; er fände am Trinkgelage keine Freude. Gastereien lehnte er ab. Er ging auch jedem Pietismus aus dem Wege. Familie, Arbeit, Leistung, das waren seine Freuden.

Seine freie Zeit verbrachte Christian Hengst bei den Turnern. Mit diesen trank er auch gerne einen Humpen Bier, einen Schoppen Wein, verschmähte kein gutes Essen, sang mit ihnen manch schönes Lied. Für alles sinnlose Trinken, Kleben am Wirtshaustisch — hatte er nichts übrig. So geschah es, daß er sich mehr und mehr außerhalb der vielen Stammtischbrüder stellte. Diese Männer, die nur Geschäfte machen wollten, Geschäfte um jeden Preis, waren ihm feindlich gesinnt. Er blieb den Bürgertagen, Montagabends im Gasthaus zur Sonne, Dienstag zur Traube, Mittwoch in der Brauerei Walz, Donnerstag zur Krone, Freitag zum Weinberg, Samstag im Hotel Karlsburg und Sonntag auf dem Thurmberg, absichtlich fern.

Allen Männern und Frauen, denen er sich nicht anschloß, wurde er ein Dorn im Auge. Sie waren ihm auch ernstlich gram, daß er ein glückliches Familienleben mit seiner Frau Maria, geborene Sartorius, und den sechs Kindern führte, daß er ohne Schulden war, daß man über ihn nichts Nachteiliges sagen konnte. Für diese Leute war es furchtbar, daß Christian Hengst tüchtig war, daß er einen sittsamen und aufrechten Lebenswandel führte. Die Leute, die ihn beneideten, die Ehre abschnitten, hinter seinem Rücken sprachen, kamen abends zu ihm, wenn sie in Sorge waren, erbaten sich von ihm Rat und Hilfe. Kaum hatten sie seine Hilfe, waren sie wieder bereit ihn zu verraten. Frau Maria Hengst sagte — sie war im Recht — verbittert zu ihrem Gatten: „Tu nichts Gutes, dann kann Dir nichts Schlechtes widerfahren." Der Baumeister lächelte, beruhigte seine Frau: „Aber, Maria! Das Gute setzt sich immer durch, wenn es auch nicht gleich sichtbar ist." Weil Hengst fortschrittlich war, war er auch manchen Männern der Obrigkeit nicht genehm. Er sagte diesen ins Gesicht: „Der Allgemeinheit muß man dienen und nicht dem persönlichen Vorteil."

Als Feind des guten Lebens galt der Baumeister? Wußten die Durlacher, was ein gutes Leben ist? Führte man dann ein gutes Leben, ob von Adel oder als Bürger, wenn man Gemäuer besaß, Truhen voll Gold und Geschmeide hinter verschlossenen Türen hielt? Wußten diese Menschen nicht, daß sie ihre Schätze den Besitzlosen verdankten, jenen Armen, die den Rücken krümmend, den Hut zogen, auf den Augenblick warteten, bis sie das Messer zückten, bis sie den Besitzenden töten würden? Christian Hengst warnte: „Seid nicht stolz zu den Armen! In der Ewigkeit werden die Armen auf dem Throne sitzen!" Was die Bürger von Durlach am meisten ärgerte, auch manchen Verantwortlichen, daß sich der Baumeister immer wieder um Verbesserungen auf dem Gebiet des Feuerschutzes kümmern wollte. —

Er bedrängte die Bürger und die beamteten Herren. Sie gaben zur Antwort: „Kümmert Euch um Eure Schüler, um Eure Bauaufträge." Im Durlacher Wochenblatt stand zu lesen:

> ‚Ich mache hiermit bekannt, daß mein Zeichen- und Modellierunterricht für Bauhandwerker wieder begonnen habe, wobei bemerkt wird, daß jeder, welcher meine Schule besucht, jeden Tag von morgens bis abends sich im Zeichnen und Modellieren üben kann, und ihm freigestellt wird, ob er das betreffende Schulgeld gleich nach beendigter Lehrzeit, oder auch erst nach fünf Monaten bezahlen will.
>
> *Hengst,* Baumeister.'

So war er, der gute Christian Hengst. Bei ihm konnte man lernen — ob und wann der Lehrling bezahlte, war nicht so wichtig.

Der Baumeister hätte Aufträge über Aufträge erhalten, wenn er frei von jedem Gewissen gewesen wäre, die Bauten so ausgeführt hätte, wie es die Spekulanten von ihm verlangten Was tat er? Er jagte sie fort. Kein Wunder, daß man von ihm als von einem Querulanten, von einem Besserwisser, von einem großen Könner, von einem Ehrenmann in Stadt und Land sprach.

Was er tat und was er sagte, war immer umstritten. Seine Vorbehalte hinderten ihn, Reichtum zu scheffeln. Er verlangte, alles müßte zum Wohle der Menschen geschehen. Keiner der Bauherren, der Maurer- und Zimmermeister trafen, wenn sie ein Haus ausführten, Vorkehrungen, die dem Brandschutz dienten. Wenn Christian Hengst solche Anordnungen verlangte, nannten sie ihn einen Schwarzseher. Es gab aber auch viele in Durlach und im Lande, die Christians Wort schätzten, die, wenn Gefahr im Verzuge war, seinen Ratschlägen zustimmten. So war es nicht verwunderlich, daß der Tag anbrach, an dem an der Spitze der Bürgermeister mit seinen Räten und einige Herren von der Bürgerschaft, Meister des Handwerks, Männer des Handels, den Weg nach dem Durlacher Oberamt antraten, dort den Taxator Baumeister Christian Hengst baten, er möge allen ihn angetanen Ärger vergessen, er möge sein Wissen und seine Ratschläge wieder in den Dienst der Allgemeinheit stellen. — Der Bürgermeister sprach auch im Namen der Durlacher, Christian Hengst möge im Magistrat wieder einen Sitz einnehmen. Das war im Jahre 1844. Um dieselbe Zeit erfuhr Christian Hengst von der erfolgreichen Feuerlöschmaschine, die der Mechanikus Carl Metz in Heidelberg konstruierte, herstellte und verkaufte. Ein Dutzend dieser Feuerspritzen waren schon nach verschiedenen Städten im In- und Ausland verkauft worden. Ohne viel Aufhebens zu machen, bezahlte Christian Hengst die Reise nach Heidelberg aus eigener Tasche, sprach bei Carl Metz vor, ließ sich von diesem die neue Feuerspritze vorführen und erklären. Manches aufrechte Wort sprachen die beiden Männer. Bald stellten sie fest, daß sie viele gemeinsame Gedanken verwirklichen wollten. Die Verbesserung auf dem Gebiet der Feuerbekämpfung lag beiden am Herzen. Der Heidelberger Fabrikant erzählte, was ihn schon so viele Jahre bewegte — daß er vergebens den maßgebenden Mann in den Bürgermeistereien oder Regierungskanzleien gesucht habe, der seine Gedanken in die Tat umsetzen würde. Man müßte den Mut haben, so sagte Carl Metz, die Bevölkerung aufzurufen, daß diese sich freiwillig in den Dienst der Feuerbekämpfung stellen solle. Die Menschen müßten um der Nächstenliebe willen den Brandherd bekämpfen und ihre Mitmenschen aus allen Nöten retten.

Carl Metz's Gedanken waren auch Christian Hengsts Gedanken. Sie lebten im gleichen Lande, der eine in Heidelberg, der andere in Durlach, und jeder trug die große Idee, sich freiwillig in den Dienst der Feuerbekämpfung zu stellen. Der Baumeister von Durlach bekam seine eigenen Gedanken anschaulich zu hören. Der Heidelberger Mechanikus wußte nicht, wie man die Idee in die Tat umsetzen sollte, der Durlacher wußte es.

Carl Metz sagte, was nützt die schönste und beste Feuerspritze, wenn es an Männern fehlt, die diese richtig bedienen können. Jeder Handgriff an der Maschine muß sitzen. Ohne Entgelt und ohne ein Opfer zu bringen, müßten Männer Tag und Nacht bereit sein, dem Schadenfeuer energisch entgegenzutreten.

Ein kräftiger Handschlag besiegelte das Wollen dieser beiden Männer.

Im Februar 1845, der Winter galt als sehr streng, der Schnee lag schon seit Monaten auf den Straßen und Dächern, übertrugen die Gemeinderäte von Durlach unter dem Vorsitz des Bürgermeisters dem ehrenwerten Christian Hengst die Stelle eines Städtischen Baumeisters. Das Salär, das für die Stelle ausgeworfen wurde, war nicht hoch, vierhundert Gulden im Jahr, benötigte aber einen unbestechlichen Mann. Alle städtischen Bauten unterstanden Christian Hengst. Er hatte für das Stadtbild zu sorgen. Ohne Überlegung nahm Christian Hengst diesen Auftrag an. Sein erster Gedanke war — seiner Obhut unterstanden auch die Feuerlöschgeräte sowie die Durchführung des Brandschutzes —, diesen von Grund auf neu zu gestalten. Die erste Amtshandlung war, daß er die Feuerlöschgeräte einer Bestandsaufnahme unterzog. Ein trauriger Anblick bot sich ihm und den Räten der Stadt. Die meisten Gerätschaften

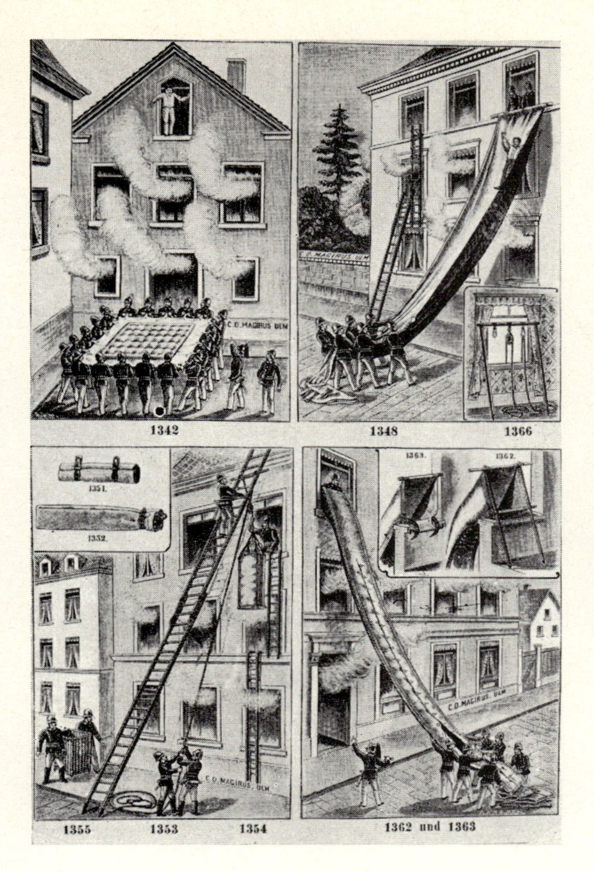

Kommerzienrat C. D. Magirus (Ulm)
der Altmeister der deutschen Feuerwehr

Brand des Hallamts in Ulm

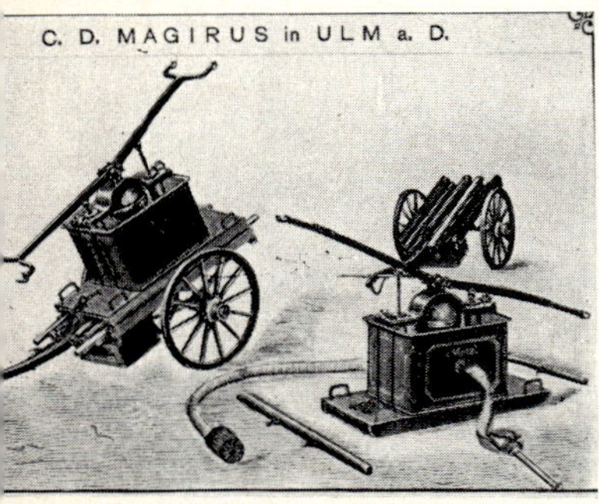

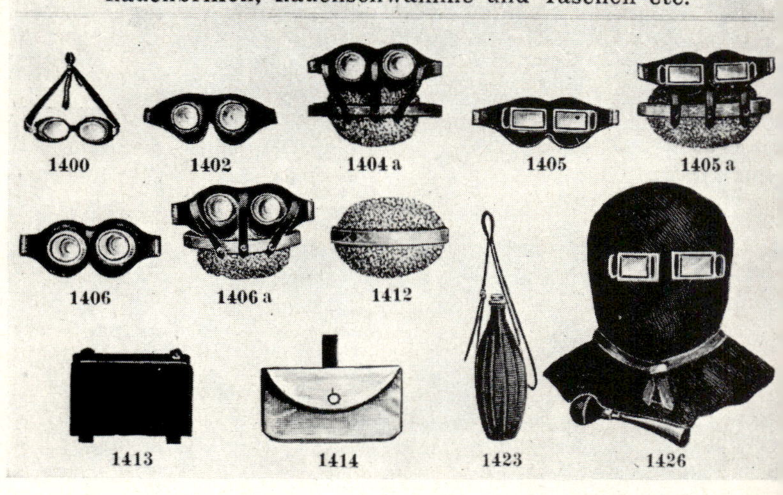

Links, von oben nach unten: Ulmer Leiter um 1880 · Gleit-Abprotz-Spritze mit Saug- und Druckwerk · Schubkarren-Spritze, während der Fahrt im Gleichgewicht ausbalanciert · Omnibus-Spritze mit Saug- und Druckwerk · Rechts oben: Feuerwehrübung am Rathaus in Ulm anfangs der 60iger Jahre; rechts unten: Magirus'sche Motor-Spritze.

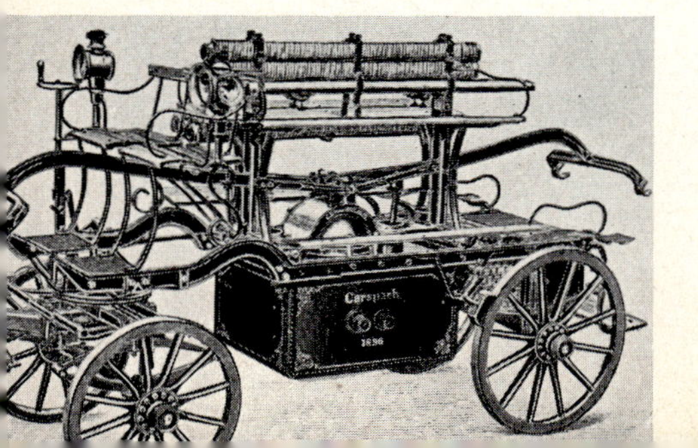

Holzschnitt von v. d. Heyden, 1690
Es soll durch dieses Bild der große Unterschied in der Wirkung des Spritzens mittels Wenderohr und des Spritzens mittels Schläuchen gezeigt werden.
Die aus den Wenderohren kommenden Wasserstrahlen treffen den Brandherd nur schlecht, dagegen ist es möglich, mit den Schläuchen direkt zum Brandherd vorzudringen.
Eine große Anzahl Leitern und viele Menschen sind notwendig

Wasserkunst oder Feuerspritze von Hans Hautsch aus Nürnberg 1655
Mit Ledereimern wird der Behälter gefüllt, während viele Menschen abwechselnd an hölzernen Stangen das Pumpwerk betätigen.
Mittels drehbarem Rohr wird der Strahl gegen den Brandherd gerichtet

Kipp-Abprotz-Wagenspritze

Feuerwehr-Stadtspritze
mit Saug- und Druckwerk

Kipp-Abprotz-Spritze
mit Bock und Vorrichtung für Pferdebespannung
mit Saug- und Druckwerk

Werk I

C. D. Magirus, Aktiengesellschaft, Ulm a. d. Donau

Werk II

waren unbrauchbar. Damit die Widersacher davon überzeugt wurden, daß es mit diesen veralteten Gerätschaften nicht mehr möglich wäre, einen Brandherd erfolgreich zu bekämpfen, lud er diese zur Besichtigung ein. Der Rost hatte gute Arbeit geleistet, Staub und Schmutz nicht minder. Die Feuerwehrgerätschaften waren kaum brauchbar.

Christian Hengst forderte die anwesenden Männer auf, sie mögten sich von der Brauchbarkeit der Feuerlöschgeräte überzeugen. Ein Trauerspiel war es, wenn die Zuschauer auch laut lachten. Mit den Feuerspritzen war nicht viel anzufangen. Mancher Bürger erhob öffentlichen Protest bei der Obrigkeit. Christian Hengsts Urteil: Die Feuerlöschgeräte taugten nichts. In öffentlicher Sitzung erstattete er den hochlöblichen Stadträten ausführlichen Bericht. Seine Worte waren so scharf gehalten, daß jedem der Herren Räte, so sagten sie nachher, eine Gänsehaut über den Rücken lief. Manche spürten sich schon vom Feuer bedroht.

Der Städtische Baumeister empfahl dem Hohen Rat, auf schnellstem Wege eine neue Feuerlöschmaschine anzuschaffen. Der Stadtkämmerer war gegen Hengsts Vorschlag. Es tat ihm um das Geld leid. Eine neue Feuerspritze kostete, so wie sie Carl Metz in Heidelberg herstellte, ohne Protzenwagen achthundertfünfzig Gulden. Boshaft sagte er, mit einem Seitenblick auf den Stadtbaumeister: „Neue Besen kehren gut. Ich stimme dagegen.“

Man vertagte die Sitzung. Acht Tage später war es der Stadtkämmerer, der sich bei Christian Hengst meldete und ihm ehrlichst Abbitte leistete. Was war geschehen? Fünf seiner Häuser waren bis auf die Mauern niedergebrannt. Die Feuerspritzen funktionierten nicht. —

Der gesamte Gemeinderat von Durlach beschloß einstimmig, daß eine neue Stadtfeuerspritze bestellt werde. Die Bestellung auf eine Stadtspritze Nummer 2 ging an den Mechanikus Carl Metz nach Heidelberg. Er mußte eine ausführliche Offerte vorlegen. Ein Liefertermin wurde ihm auch gestellt. Unter anderem mußte sich Carl Metz laut Vertrag verpflichten, im Laufe eines Jahres zwei- oder dreimal auf jeweilige Einladung des Stadtbaumeisters zur Instruierung der Mannschaft ohne besondere Kostenanrechnung zu erscheinen.

Am 18. Mai 1845 empfing Carl Metz achthundertfünfzig Gulden. Er bestätigte als Maschinenfabrikant aus Heidelberg.

Unter den Vertragsunterzeichneten stand auch der Name des Gemeinderates und Stadtbaumeisters Christian Hengst.

Der Stadtbaumeister ließ einen Großteil seiner unbrauchbar gewordenen Feuerlöschgeräte in öffentlicher Versteigerung zu Geld machen.

Ein großer Festtag war es für die Durlacher, als die neue Carl Metzsche Stadtfeuerspritze angeliefert wurde. Von weit und breit kamen die Neugierigen, bestaunten die Maschinenspritze, lobten Christian Hengsts Vorsorglichkeit. Zur selbigen Zeit stand im Durlacher Wochenblatt unter der Rubrik „Bekanntmachungen“:

> „Es wird hiermit zu jedermanns Warnung öffentlich bekanntgemacht, daß niemanden ohne Bestellung oder Anweisung vom Stadtbaumeister Arbeiten auf Rechnung der Stadtkasse verfertigt; indem solche Rechnungen unter keiner Bedingung berücksichtigt werden.
>
> Stadtbauamt
> *Hengst.*“

Der Baumeister der Stadt Durlach, Christian Hengst, beließ es nicht bei der Anschaffung einer neuen Feuerspritze. Er stellte dem Hohen Magistrat den Antrag, man möge ihm zur Aufstellung eines freiwilligen Pompier-Korps die besten und aufrechtesten Männer der Stadt nennen.

Diese Männer müßten unter Hengsts Kommando einige Male im Jahr an der Feuerspritze und an den Leitern üben, daß sie, wenn es um einen ernstlichen Kampf gegen das Feuer ginge, bereit seien. Der Bürgermeister von Durlach stellte fest.

daß bis jetzt solch ein Verlangen noch nicht herangetragen worden war. Der neue Stadtbaumeister verlangte, die Freiwilligkeit der Mannschaft müßte soweit gehen, daß es diesen in keiner Weise ein Opfer bedeute, wenn sie Frau und Kinder verlassen müßten, um Feuer zu bekämpfen. Nur wer wirklich freiwillig seiner Aufgabe nachkäme, sollte sich bei ihm melden. Opfer bringen heißt, schweren Herzens bei der Sache sein. Um der guten Tat willen mußten die Männer kommen.

Gut und Menschen waren zu retten. Nicht der Name, nicht der Titel, nicht der Stand des Helfenden galt. Unbekannt sollte Unbekannt helfen.

Christian Hengst sprach auch mit den Durlacher Turnern. Diese waren ihm gleich zugetan. Dort waren alle Stände vertreten, dort galt nicht das Ansehen, dort wurde nur die Leistung bewertet. Sie eiferten dem Motto nach: Frisch, fromm, fröhlich und frei! Untereinander hielten sie die Treue und Hilfsbereitschaft. Geist und Körper waren gesund. Für eine gute Sache waren sie immer zu haben. Sie versprachen, Christian Hengst Gefolgschaft zu leisten.

Am 6. Juli 1846 tagte der Gemeinderat in Durlach bis spät in die Nacht.

Christian Hengsts Vorschlag, Gründung eines freiwilligen Pompierkorps, wurde angenommen. Er wollte mit den Feuerbekämpfern an den Feuerspritzen und an den Leitern solange exerzieren, bis jeder Handgriff klappte. Was ein guter Feuerbekämpfer ist, der muß auch im Schlaf Spritze und Leiter handhaben können.

Vier Tage später übergaben die Durlacher Stadtväter ihrem Stadtbaumeister eine Liste, darin sich achtundvierzig Bürger eingetragen hatten, die sich verpflichteten, sich freiwillig einem Exerzitium an den Feuerlöschgeräten zu unterziehen.

Das Kommando für das freiwillige Pompierkorps wurde dem Stadtbaumeister Christian Hengst übertragen.

Der neue Pompier-Hauptmann bat die achtundvierzig Bürger zu einer Besprechung für Montag, den 27. Juli, um 7 Uhr abends in den Rathaussaal.

Hengst sagte, er habe bei den verschiedenartigsten Brandunglücken immer feststellen müssen, daß eine kleine Zahl von Männern, die sich untereinander einig waren, Großes geleistet, vieles an Gut und Menschenleben gerettet hätten, während große Menschenmassen, die sich untereinander nur kommandierten, im Wege standen, nie in der Lage waren, dem Feuer Einhalt zu gebieten, im Gegenteil, diese hätten den Brandherd genährt und Gebäude eingerissen, die hätten stehen bleiben können. Solche Mißstände könnten vermieden werden, wenn aufrechte Männer bereit wären, Übungen durchzuführen. Es freue ihn von ganzem Herzen, daß beim ersten Aufruf achtundvierzig Männer sich gemeldet hätten, um der guten, schönen und segensreichen Sache zu dienen.

Die Anwesenden bezeugten mit einmütigem Beifall, daß sie bereit seien, sich jeder Anordnung des Hauptmanns willigst und gehorsamst zu unterziehen. Von diesen ersten achtundvierzig fiel in Bälde die Hälfte aus; Tatsache war, daß der 27. Juli 1846 der Gründungstag der ersten freiwilligen Feuerwehr in Deutschland war. Christian Hengst schrieb mit einer gutgeschnittenen Kielfeder Namen und Stand aller Männer, die sich ihm unterstellten, in ein Buch. Von den ersten achtundvierzig, die sich im Gemeinderat dem Kommandanten zur Verfügung stellten, blieben zweiundzwanzig dem Kommandanten treu. Achtundzwanzig kamen aus den Reihen der Turner und Handwerkerschaft. In Reih und Glied standen die besten Männer Durlachs. Auf Christian Hengsts Aufruf antworteten sie mit einem klaren „Ja".

Die Namen dieser Männer sind folgende: Jakob Kleiber, Weingärtner; Philipp Jakob Maier; Ludwig Schmidt, Kettenschmied; Heinrich Leber, Metzger; Karl Klotzbücher; Fr. Lichtenfels, Windenmacher; Wilhelm Steinbrunn, Nadler; Jakob Friedrich Flohr; Christian Altfelix, Bäcker; Friedrich Heidt, Metzger; Georg Wilhelm Schmidt; Ernst Korn, Schlosser; Johann Christoph Röttinger; August Liede, Buchbinder; Christian Heinrich Oeder; Wilhelm Dümas; Wilhelm Itte; Ernst Friedrich Kühnle; Friedrich Heinrich Etschmann; Ernst Friedrich Kaiser; Johann Friedrich Schäfer, Maurer; Christian Jakob Sengle; Friedrich Zittel, Tüncher; Christian Luger, Chirurg; Wilhelm Münster, Schreiner; Friedrich Knecht; Friedrich Völkle, Wirt; Christian Märker, Seifensieder; Friedrich Wächter, Seiler; Friedrich Barié, Kaufmann; Karl Altfelix, Blechner; Wilhelm Zipperlin, Kaufmann; Friedrich Derrer, Bierbrauer; Ad. Heinrich Rittershofer; Christian Sulzer, Schreiner; Gustav Dill, Sattler; Friedrich Märker, Bäcker; Jakob Frantzmann, Seifensieder; Friedrich Horst, Blechner; Jakob Groß, Glaser; Joseph Lichtenfels, Windenmacher; Friedrich Kleiber, Blechner; Heinrich Schneider, Kaufmann; Danilie Frantz; Johann Wagner, Kübler; Freidrich Weißinger, Pflugwirt; Andreas Knecht; Heinrich Knecht; Johann Lotsch, Taglöhner; Hermann Friderich, Seifensieder.

Fünfzig wehrhafte Männer waren es, die dem Pompierkorps Durlachs angehörten. Aus eigenen Mitteln ließen sie sich einheitlich Jacken und Hosen aus festem grauleinenem Stoff, Gürtel und Seil anfertigen. Die Stadt Durlach stellte Helme und Beile zur Verfügung. Es galt als eine große Ehre, Mitglied des Pompierkorps Durlach zu sein. Von weit und breit kam man nach Durlach, um den Übungen dieser Männer beizuwohnen.

Im Oktober 1846 bekam das Oberamt Durlach von der Regierung des Mittelrhein-Kreises die Aufforderung, man möge die Statuten des Pompiervereins einsenden, da man auch dort die Absicht habe, einen solchen Verein zu gründen.

Gerichtet war das Schreiben an den Turnverein. Die Verwechslung kam dadurch zustande, daß viele Pompiers eine Zeitlang Turnerjacken und Turnermützen trugen.

Die Statuten, die Christian Hengst in Gemeinschaft der Pompiers aufsetzte, waren noch nicht vollkommen. Lehrreich war aber, daß er nur kräftige und gesunde junge Bürger in das Pompierskorps aufnahm. Statt eines Feuereimers, zu dessen Anschaffung jeder Durlacher Bürger von altersher verpflichtet war, mußten sie die Uniform mitbringen. Sechs Jahre lang hatte jeder seiner Pflicht nachzukommen. Jedes Jahr, sowohl in der Stadt als auch auf dem Lande, sollte eine Generalprobe abgehalten werden.

Im Dezember dieses Jahres verfaßte Christian Hengst ein Exerzitium für die Übungen des Pompierkorps.

Die Übungsvorschriften erstreckten sich auf die Bedienung der Abprotzspritze und auf den Steigerdienst. Er teilte seine Pompiers in Vor- und Nach-Pompiers ein. Acht Tempi waren vorgeschrieben bei dem Kommando „Achtung! — Abgeprotzt!"

Die Steiger waren verantwortlich, mit den beiden Schlauchführern den Weg den nachfolgenden Pompiers zu schaffen und zu bahnen. Wörtlich schrieb Hengst:

> „Brennt es im untern Stock eines Hauses und die Pompiers brauchen den Weg zum Fenster, so stellen die Steiger ihre Leitern verkehrt an das Fenster und halten sie von unten fest.
>
> Brennt es im zweiten Stock eines Hauses und der Sockel ist hoch, so stellt der eine Steiger seine Leiter wieder verkehrt hin und hält sie von unten fest, der andere Steiger steigt auf diese und hängt seine Leiter im zweiten Stock ein, öffnet das Fenster, damit die Vorpompiers und Schlauchführer hinein können, springt innen hinein, hält seine Leiter fest und bleibt dabei stehen, reicht auch nach Verlangen jedem Einsteigenden die Hand.
>
> Brennt es im dritten Stock, so treten Steiger, Vorpompiers, Schlauchführer zuerst in den zweiten Stock ein, die Steiger hängen alsdann ihre Leiter im zweiten und dritten Stock ein, so daß der Weg von unten bis oben gebahnt ist, und die Vorpompiers folgen den Steigern im dritten Stock nach.
>
> Die Vorpompiers, mit Beil, Notseil, Hebel, Knopf- und Rettungsseil versehen, besteigen den Stock, in welchem es brennt, entweder durch die Steigen, oder wenn dieselben abgebrannt sind, durch die Steigleitern, legen ihre Hebel mit aller Vorsicht an und retten, was zu retten ist.

Wenn die Schläuche in den zweiten oder dritten Stock hineinsollen oder die Steiger zum Steigen kommandiert sind, haben die Nachpompiers mittelst ihrer Gabeln oder Sticher in allen Teilen mitzuhelfen und die Schläuche mit ihren Gabeln passend nach der Steigung unterstützt zu halten.

Die beiden Schapfenträger sind dafür besorgt, daß der Spritzenkasten, sobald abgeprotzt ist, mit Wasser angefüllt wird. Dann erst helfen sie, die Wasserbütte füllen, und haben für das Speisen der Spritze mit Wasser alleine Sorge zu tragen, um die Kanäle zu besorgen."

Die fünfzig Mannen, die sich dem Kommandanten Christian Hengst freiwillig unterstellten, übten an der Leiter, an der Spritze Woche für Woche — Frohsinn und Freude war bei ihnen. Das war auch das Ziel, das der Stadtbaumeister bei seinen Männern erreichen wollte.

Am 28. Februar, die Stadt Durlach lag tief im Schnee, die meisten Seen, Flüsse, Teiche waren zugefroren, schossen die Leibgardisten das Feuerzeichen, bliesen Hornisten das „Feurio", schlugen Trommler Alarm. Durch die Straßen schrillte der Ruf: „Das Großherzogliche Hoftheater in Karlsruhe steht in Flammen!" Eine Gasflamme habe den Brand ausgelöst. Der große Bau, voll mit zahlreichen brennbaren Stoffen, loderte gen Himmel. Karlsruhe war in ein Flammenmeer untergetaucht. Der Ostwind setzte ein, wirbelte die Funken himmelwärts; der Nordwind schlug die Flammen wieder zurück, so daß die Gefahr bestand, daß viele Häuser bis zum Kasernenplatz hinunter ein Opfer der Flammen würden. Christian Hengst mit seinen Pompieren fragte nicht lange, er und die Durlacher erinnerten sich ihres freiwilligen Gelöbnisses zu helfen, wo man sie gerade benötigt. Sie fanden es selbstverständlich, ihr Leben für die Karlsruher einzusetzen. Christian Hengst wußte, die Stunde der Bewährung hatte geschlagen. Er mußte mit seinen Männern zeigen, daß der Geist der Freiwilligkeit allen Zwang übertraf. In den Pompierkorps gab es keine Nieder- und keine Hochgeborenen, keine Armen, keine Reichen. Sie waren eine mutige, geschlossene Gemeinschaft. Die Durlacher Pompiers waren die ersten auf dem Brandplatz in Karlsruhe.

Welch' trauriger Anblick!

Niemand glaubte an die Rettung des Theaters. Es war ein furchtbares Durcheinander. Christian Hengst und seine Männer kümmerten sich nicht um die Karlsruher. Umsichtig und ruhig gab der Kommandant seine Weisungen. Wäre der Grund nicht so traurig gewesen, wäre es eine Freude, die Durlacher Pompiers bei ihrer Arbeit zu sehen, stellten die verdutzten Karlsruher fest. Christian Hengst und die Seinen schützten die rings an das Theater angeschlossenen Baulichkeiten vor den Flammen, namentlich die Orangerie, die der Stadt und dem Schloß zu lag.

Die Feuerlöschmaschine, Stadtspritze Nummer zwei, geliefert von Carl Metz, Heidelberg, bewährte sich großartig.

Die Obrigkeit von Karlsruhe, vor allem die Magistratsherren, bekamen es von allen Seiten zu hören, daß sie viel Schuld auf sich geladen hatten, weil sie vor Monaten Carl Metzs Angebot nicht Gehör gegeben hätten.

Die Durlacher Pompiers retteten Menschen, retteten Baulichkeiten und verhüteten die weitere Ausdehnung des Brandes. Ihre Leistungen waren in aller Munde. Viel Lob und viel Ehrungen wurde den tapferen Männern entgegengebracht.

Carl Metz, der von Heidelberg herbeieilte, drückte dem Pompierhauptmann Christian Hengst dankbar die Hände:

„Unsere Saat, Herr Hauptmann, ist aufgegangen. Sie und ihre Pompiers werden in die Geschichte der deutschen Feuerwehr eingehen!"

Christian Hengst dankte laut mit bewegten Worten. Alle sollten es hören, was er zu sagen hatte:

„Herr Metz! Wir wollen weiter getrennt marschieren und gemeinsam schlagen!"

Der Markgraf Wilhelm, Bruder des Souveräns, schrieb am 11. März 1847 an Christian Hengsts Bruder, er wurde nach seinem Vater „Konrad“ getauft und war Herzoglich Anhaltischer Regierungs- und Baurat in Köthen, folgenden Brief:

„Wir sind hier in Karlsruhe noch alle schwer bedrückt durch die furchtbare Katastrophe des schrecklichen Brandes.

Ich eilte gleich auf die Brandstätte, wo noch wenige Personen waren. Mein Augenmerk ging dahin, den Gang, der das Theater mit dem Schloß verbindet, abhauen zu lassen.

Mein Bruder Max drang bis zur großen Loge vor, fand aber niemand mehr dort, so daß wir alle glaubten, jedermann habe sich gerettet.

Ich schickte Ordonnanzen nach Mühlburg und Durlach um Hilfe. Von den ersten Spritzen, die in Aktion gesetzt wurden, waren zwei sofort unbrauchbar. Die Flammen schlugen haushoch empor. Es war ein schrecklicher Augenblick. Da kam Hilfe von Ihrem Herrn Bruder, dem Stadtbaumeister und Kommandanten des Pompierskorps aus Durlach.

Diese übernahmen die Orangerie zu retten. Mit der größten Hingebung und dem angestrengtesten Eifer wurde dieses Haus gerettet, wodurch die Stadt vor weiterem Unglück bewahrt wurde.

Ihr Bruder sowie seine Durlacher erwarben sich dadurch die allgemeinste Anerkennung.

Das von ihm organisierte Pompierkorps wird in allen Städten nachgeahmt werden.

Es ist mir ein wahres Bedürfnis Ihnen das Lob Ihres Bruders auszusprechen und faßte ich schon auf der Brandstätte den Entschluß, Ihnen deshalb zu schreiben.

Ich war auch einige Tage später in Durlach und habe einer Probe des Pompierkorps beigewohnt. Das Resultat war mehr als genügend.“

Die Zeitungen waren voll des Lobes über die wackere Schar aus Durlach. So schrieb das Durlacher Wochenblatt am 4. März:

„Sr. Königl. Hoheit, der Großherzog habe in besonderer Zufriedenheit wahrgenommen, daß bei dem im Karlsruher Hoftheater ausgebrochenen Brand, die Durlacher Pompiers sich hervorragend bewährt haben.

Sr. Königl. Hoheit haben daher das diesseitige Ministerium beauftragt, an den Vorstand des Oberamtes Durlach allerhöchst ihre aufrichtigste Anerkennung und den lebhaftesten Dank für die so eifrig geleistete Hilfe an den Tag zu legen.“

Die Karlsruher Zeitung schrieb am Montag, dem 1. März:

„Das Großherzogliche Hoftheater ist in diesem Augenblick nur ein großer Aschenhaufen. Ein schauerlicher Anblick.

Eine besondere Anerkennung sind wir unseren wackern Nachbaren, dem neugegründeten Pompierkorps von Durlach schuldig, das mit einer Feuerlöschmaschine von Carl Metz, Heidelberg, die tatkräftigste Hilfe leistete.

Was uns am schmerzlichsten berührt, ist der Verlust von vielen Menschenleben.

Alsbald, nachdem aus den Logen des zweiten Ranges sich das Feuer zu verbreiten begann, stürzte alles nach den Ausgängen zu. Alleine von der dritten dichtbesetzten Galerie konnten die Zuschauer kaum entrinnen. Einzelne sprangen in die zweite Galerie und von dort in das Parterre. Andere suchten einen Ausgang durch die Fenster nach dem Hof zu. Viele konnten sich nimmer retten.

Wir sahen Sr. Königl. Hoheit, den Markgrafen Max mit mehreren Offizieren und Zivilisten sich nach dem Eingang des Hauses drängen, um Rettung zu bringen. Leider vergebens.

Wie viele um das Leben gekommen sind, können wir im Augenblick nicht angeben. Das Gerücht nannte eine nicht geringe Anzahl. Auch die Zahl der Verunglückten stieg von Minute zu Minute."

Die Karlsruher Zeitung schrieb:

„Bis jetzt werden zweiundsechzig Personen als tot bezeichnet.

Seit drei Tagen ist man unablässig damit beschäftigt, die Verunglückten aus den Trümmern auszugraben. Ein gemeinschaftliches Grab wird die Toten aufnehmen. Es ist ein herzzerreißender Anblick, die Überreste bald von Kindern, bald von erwachsenen Mädchen und jungen Männern zu sehen, von denen manche im Augenblick, als der Tod sie ereilte, schutzsuchend sich fest aneinander angeschlossen haben mögen.

Dem neugebildeten Pompierkorps von Durlach verdankt man die Rettung des Kulissen- und Intendantshauses.

Christian Hengst war einer der Umsichtigsten."

Im Frühjahr 1847 war der Stadtbaumeister Christian Hengst so weit, um mit seinen Freiwilligen eine allgemeine Feuerlöschprobe vor den höchsten Würdenträgern des Landes und der Stadt abhalten zu können.

Der Markgraf schickte seinen Geheimen Kabinettschef, die Kommandeure der stationierten Regimenter. Die Vertreter der Kirchen, Wissenschaftler, die ersten Männer aus Industrie, Vertreter des Handels, der Bürgermeister, der Erste Beigeordnete, die Räte vom Magistrat waren erschienen. Die Gazetten in Durlach und auch außerhalb des Städtchens schickten ihre Vertreter, Bürgermeister aus anderen Städten kamen angefahren. Alles was in Durlach gehen und krauchen konnte, war auf den Beinen. Niemand wollte fehlen bei dem großen Schauspiel der öffentlichen Feuerlöschprobe. Bis zu dieser Stunde gab es in keiner Stadt, in keinem Marktflecken und in keinem Dorf Deutschlands Männer, die sich freiwillig zusammengetan hatten, um den Schadenfeuern erbitterten Kampf anzusagen. Die Durlacher waren die Ersten.

Christian Hengst und Carl Metz reichten sich vor allen Erschienenen die Hände. Sie sagten, daß sie getrennt marschieren, aber vereint schlagen, überall das Feuer schlagen, wo es Schaden bringe. Die Worte: „Einer für Alle, Alle für Einen" und „Gott zur Ehr' — dem Nächsten zur Wehr" klangen auf.

Die Lehrer waren mit ihren Schülern angetreten. Die jungen Burschen aus Durlach versprachen dem Christian Hengst in die Hand, wenn sie größer geworden, müsse er sie in die Reihen der Steiger aufnehmen.

Ein Zeitungsschreiber kündete: „Es ist eine wahre Freude, die beiden aufrechten Männer, den Durlacher Hengst und den Heidelberger Metz sprechen zu hören und handeln zu sehen. Einer braucht den anderen. Beide geben zu, Schöpfung und Gründung hätte nicht ausgereicht, wenn sich nicht die ersten fünfzig Männer freiwillig in die Reihe der guten Sache gestellt hätten."

Ein reitender Kurier meldete, man möge warten, der Bruder des Großherzogs wolle im Auftrage des Souveräns bei der Feuerlöschprobe anwesend sein.

Entblößten Hauptes sangen alt und jung das Lob Gottes. In Uniform standen fünfzig Männer. Sie warteten auf das Kommando Christian Hengst's. Jeder Handgriff saß. Die Bürgerwehren und die Leibgardisten übernahmen den Absperrdienst. Einheitlich waren die Kommandos. Die Übung klappte. Die Stadtoberhäupter von Durlach, Rastatt, Ettlingen, Eßlingen waren voll des Lobes über die Darbietungen. Die Bürgermeister aus den auswärtigen Bezirken nahmen sich vor, Christian Hengst und seinen Pompiers nachzueifern. In kürzester Zeit wurde ein angenommenes Feuer gelöscht.

Die Wasserzufuhr und die Leistungen an den Leitern waren vorbildlich. Die Feuerspritzen glänzten und blitzten; die Schläuche hielten dicht. Ein Medicus mit zwei Gehilfen schlugen einen Verbandsplatz auf. „Es war eine reine Freude, Zuschauer bei diesen Darbietungen zu sein", berichteten die Zeitungsschreiber. „Ein Schauspiel ohnegleichen", schrieben sie. „Die Pompiers waren voll Freude und Liebe bei der Sache. Christian Hengst darf mit der Gründung seiner Ersten Freiwilligen Feuerwehr zufrieden sein. Er hat der Menschheit ein großes Werk geschenkt." In aller Mund waren die Namen Christian Hengst und Carl Metz. Letzterer war es, der den Durlachern die Handgriffe an der von ihm gelieferten Stadtspritze Nummer zwei vorexerzierte.

Carl Metz lobte den Kommandanten Christian Hengst und die sich als Pompierskorps zusammengeschlossenen Männer: „Christian Hengst, die Durlacher waren es, die mein Wollen in die Wirklichkeit umsetzten. Ein Hoch dem Christian Hengst und seinem Pompierkorps."

Österreichische und Russische Zeitungen brachten ausführliche Berichte über die allgemeine Feuerlöschprobe der Durlacher Pompiers.

Der Regierungsvertreter berichtete:

„Der Verabredung zufolge habe ich dem öffentlichen Manöver der Lösch- und Rettungsmannschaft zu Durlach beigewohnt und kann hierüber nur erfreuliches melden.

Die Generalprobe war nach Anleitung des eingekommenen Programms abgehalten, und dabei ein Brand an einigen dreistöckigen Häusern fingiert durch Alarmierung mit Trommelschlag, Schießen, Läuten der Glocken und durch sofortiges Herbeieilen der Mannschaft abgehalten. Insbesondere hat hierbei das neugebildete Pompierskorps von seinem wackeren Baumeister Hengst kommandiert, die Bewunderung der großen Masse der Zuschauer aus allen Ständen. Durch die Präzision, Raschheit, Leichtigkeit, Sicherheit des vorgeführten Manövers, wurden den Pompiers immer wieder Beifall zuerkannt. Es erregte wirklich gerechtes Erstaunen, wie diese junge Schar, obgleich noch nicht lange eingeübt, die neue Karrenspritze von Metz aus Heidelberg nach Kommando ihres Hauptmanns handhabte und im Nu mit der Zurichtung fertig waren, die Druck-, Saugrohre und Schlauchrohre abschraubte.

Der Städtische Baumeister Hengst hat sich ein großes Verdienst erworben durch die viele Mühe, Anstrengung und Ausdauer und auch die bedeutende eigenmächtig dargebrachten pekuniären Opfer, damit er dieses Korps ins Leben stellen konnte und einexerzierte. Sein Werk ist das sehr glänzende Resultat dieser Generalprobe; sein Werk ist ferner die musterhafte Ausrüstung und Einrichtung des Durlacher Feuerwehrhauses mit Lösch- und Rettungsgerätschaften; sein Werk ist auch die Erfindung einer neuen Art von Rettungsapparaten, sein Werk ist es aber auch, daß er bei dem entsetzlichen Theaterbrand von Durlach pfeilschnell in sechsundzwanzig Minuten mit seinen Pompiers an der Brandstätte erschien.

Baumeister Hengst hat sich auch bei anderen Bränden so auch bei dem bedeutenden Brand zu Jöhlingen rühmlich ausgezeichnet, wie mir der Oberamtsvorstand versicherte.

Inzwischen sind noch große Verdienste Hengst an der Feuerpolizei hinzugekommen. Es ist im höchsten Interesse für das allgemeine Wohl, Hengsts Verdienste öffentlich anzuerkennen, seinen warmen Eifer hierfür zu erhalten und alles zu tun, damit sein Beispiel Nachahmung findet.

Nach alledem trage ich nun darauf an, bei der Hohen Behörde obigen Antrag dafür zu wiederholen, daß dem Baumeister Christian Hengst in Durlach die Goldene Verdienstmedaille durch die Gnade Sr. Königlichen Hoheit, des Großherzogs huldreichst zuteil werden möge. Mein Bestätigungszeugnis liegt zur gefälligen Dekretur bei."

Die Karlsruher Zeitung meldete:

„Baumeister Hengst und seine Durlacher Pompiers sind Mittelpunkt und Zuflucht geworden für alle diejenigen, welche ihre Löschordnung auf den rechten Stand setzen wollen. Wie groß jene Bestrebungen sind, geht daraus hervor, daß in dieser kurzen Zeit folgende Städte besondere Kommissionen nach Durlach gesandt haben, um das Pompierskorps mit allen seinen Einrichtungen kennenzulernen; aus Karlsruhe, aus Ettlingen, aus Rastatt, Bruchsal, Cannstatt, Pforzheim, die Städte sandten Kommissionen, die mehr als zwanzig Mann stark waren. Regierungskommissär Geh. Rat von Stockhorn, war einer der größten Verehrer des Baumeisters Christian Hengst und seiner Pompiers. Die Turner und die Stadtverwaltungen von Baden, Gernsbach, Heilbronn, Eßlingen, Urach, Reutlingen wandten sich schriftlich an Baumeister Hengst nach Durlach. Die Städte wollten einige Männer für einige Tage nach Durlach senden. Baumeister Christian Hengst ließ alle, die diese Einrichtung für richtig fanden, wissen, jede Spritzenmannschaft muß die Vorübungen gewissenhaft betreiben. Jede Löschmannschaft muß geistig und körperlich gewandt sein, Laufen, Klettern, Springen können. Er ließ für die Durlacher Pompiers notwendige Turngerüste errichten. Überall müssen Spritzen mit Saugschläuchen angeschafft werden, die keiner Pferdebespannung bedürfen, damit im Notfall die Mannschaft ihre Spritze selber ziehen könne, wie es die Durlacher Pompiers getan haben, als sie mit ihrer Spritze nach Karlsruhe zogen."

Die Regierung des mittleren Rheinkreises bestätigte aus Rastatt:

„Das Hauptverdienst bei der Aufstellung des Pompierskorps in Durlach gebührt dem Städtischen Baumeister Hengst. Er hat das Korps ins Leben gerufen und sehr tüchtig eingeübt.

Wir behalten uns baldige weitere Mitteilung über dieses Korps an die Königliche Regierung vor und bemerken nur noch, daß ähnliche Korps auch in den Städten Karlsruhe, Ettlingen und Rastatt bereits im Entstehen begriffen sind.

Das Großherzogliche Oberamt in Durlach wird gebeten und auch beauftragt, nach dem vorhandenen Reglement des Pompierskorps und seiner Exerzitien baldmöglichst einige Exemplare anhier vorzulegen."

Die Karlsruher Zeitung berichtete, daß nach dem Hengstschen Vorbild des Durlacher Pompierskorps in Karlsruhe eine freiwillige Lösch- und Rettungsmannschaft gebildet wurde. Fünfhundert Mann hatten sich freiwilig gemeldet, davon zweihundertfünfzig Mann Bürger, hundertfünfzig Mann Mitglieder des Turnvereins und hundert Mann Arbeiter aus der Keßlerschen Fabrik.

„Eine Stadt, in welcher der Mut und die Hingebung in der Gesinnung ihrer Bürger solche Hilfsquellen findet, kann jede Gefahr mit Vertrauen bestehen."

„Die Großherzogliche Kreisregierung hat in Zukunft die Feuerschau-Kommission in die Hände des Stadtbaumeisters Hengst und des Werkmeisters Renz, beide Bezirkstaxatoren der Feuerversicherungsanstalt, gelegt."

Die Buchhandlung Hoizmann in Karlsruhe brachte zur Anzeige, daß sie die Dienstvorschriften der Durlacher Pompiers zum Druck übernommen habe, und daß diese für zwölf Kreuzer das Stück bei ihnen zu erstehen sei.

Der Feuerwehrhauptmann Hengst war keiner von jenen Männern, die sich auf ihren Lorbeeren ausruhen. Er blieb an seinem Werk.

Am 6. September 1847 stand im Durlacher Wochenblatt zu lesen:

„Kommenden Montag wird die gewöhnliche monatliche Probe des Pompierskorps abgehalten, wozu sämtliche Mitglieder desselben an genanntem Tage abends halbfünf Uhr zum Ausmarsch in voller Rüstung zu erscheinen hiermit eingeladen werden.“

Die geachteten und ehrsamen Eltern von Christian Hengst, Mutter, Vater und die Geschwister bekamen ihren Sohn Christian wenig zu sehen. Der Gattin des Stadtbaumeisters, der liebenswerten Frau Marie, erging es auch nicht viel besser. Der Gatte war immer unterwegs. Vor allem war er immer mit den Sorgen der anderen belastet. Trotz der höchsten Auszeichnungen, die ihm zuteil wurden, blieb er bescheiden. Er sagte, ohne die Pompiers könnte er keine Leistungen vollbringen, diesen Männern gebühre Verdienst und Lob. Auf seine Hauptmannswürde legte er keinen großen Wert. Er war für jeden einzelnen Pompier Tag und Nacht zu sprechen, war jedem ein guter Kamerad.

Das Städtische Bauamt und nicht zu vergessen, die von ihm geführte Schule, nahmen Christian Hengsts Zeit in Anspruch.

Als guter Ehemann und Hausvater bekam er die Annehmlichkeiten eines Hausstandes kaum zu spüren. Die Pompiers verlangten nach ihm. Er durfte und wollte seine Männer nicht ohne Anleitung lassen. Zu jeder Zeit kamen die Schüler, um Ratschläge von Meister und Lehrer zu erbitten. Viele Eltern baten ihn, er möge ihnen bei der Berufswahl der Kinder beistehen. Alt und jung drängte sich in diese Hengstsche Privatschule. Mit der Bezahlung aber nahmen sie es nicht genau. Christian Hengst war alles eher als ein Geldscheffler. Alle, die ihn um Stundung oder Nachlaß des Schulgeldes baten, hatten Erfolg. Reichtümer würde er keine sammeln, der gute Baumeister Hengst, sagten die Nächststehenden.

Frau Marie, die Christian Hengst ihre große Liebe schenkte, die mit ihm vor den Altar trat, um ihm ein ganzes Leben in Treue zu dienen, war aus gutem Geschlecht. Sie brachte nicht viel Geld mit, aber sie wußte anzugreifen, war eine liebende Gattin, war die beste Mutter für die Kinder, war mit allem, was geschehen und geschah einverstanden, ertrug gottergeben Freude und Not, sie war eine glückliche Frau. Die Ehe war von allen als vorbildlich besprochen. Wenn Christian Hengst tagelang außer Haus weilen mußte, wartete Frau Marie voll Sehnsucht auf seine Rückkehr. Sie erzog die Kinder im christlichen Glauben, setzte sich mit ihnen an den Tisch, half bei den Schulaufgaben, schneiderte Kleider für die Buben und für die Mädchen, sechs an der Zahl. Der Vater wußte seine Kinder in guter Obhut. Frau Hengst hatte wenig Zeit, in andere Töpfe zu gucken, auf der Straße zu tratschen, neugierig zu sein. Sie ließ es auch nicht zu, wenn andere Frauen ihr die Zeit stehlen wollten. Für jeden der Neugierigen hatte sie die richtige Antwort: „Wo mein Mann ist fragen Sie? Ja, mein lieber Herr Nachbar, meine liebe Frau Nachbarin, mein Mann ist unterwegs und sorgt sich für Sie und für Euch, damit Ihr tagsüber ruhig arbeiten und nachts ruhig schlafen könnt. Die Zeit, die ihm das Städtische Amt und die Schule läßt, verbringt er bei den Pompiers. Er kennt keinen Feiertag, keinen Sonntag. Immer sind es die Pompiers, mit denen er zusammen ist. Er ist nicht bei ihnen, um mit ihnen zu festen, zu tafeln und zu trinken, nein — er übt mit ihnen — —“

Wenn Christian Hengst im Kreise seiner Familie war, mußte er erzählen von allem Geschauten, Gehörten, von seiner Arbeit, und seinen Begegnungen mit den vielen Männern, die von weit und breit, ja sogar aus Rußland und der Türkei zu ihm kamen, um bei ihm den Aufbau des freiwilligen Pompierskorps zu studieren. — Der älteste Sohn Hugo, studierte Maschinenbau, wurde in frühester Jugend von einem Mann, der aus Odessa kam, eingeladen, wenn er groß und das Studium beendet habe, zu ihm in seine Fabrik zu kommen. Er würde ihm eine leitende Stelle bereithalten. Der schmale, hochaufgeschossene Sprößling Hugo versprach es dem Fremden. Er wollte gerne zu ihm kommen, dort Arbeit und Brot nehmen. Die Hengstkinder galten in der Stadt als guterzogen und gelehrig.

Glück in der Familie, Erfolg im Beruf, Verehrung als Kommandant des Pompierskorps lösten Feinde und Neider aus. Die Häuserspekulanten vor allem waren Christian Hengst nicht gut gesinnt. Sie sprachen mißgünstig, sprachen Ehrenrühriges über ihn, über die Frau, über die Kinder. Der Stadtbaumeister war nicht zu überzeugen, daß man diesen Menschen aus dem Wege gehen müsse. Er hielt sich die Ohren und die Augen zu und sagte: „Es sind arme Menschen, vom Bösen verführte Menschen."

Umgeben von den Kindern forderte der Vater: „Tut alle, wo Ihr steht und geht, nur Gutes. Mit der guten Tat bekämpft man das Schlechte."

Es gab einige, die lachten über die Pompiers in Durlach. Die Säufer, die Nichtstuer, die Stänkerer, die Ruhestörer, die Besserwisser, die Faulenzer, die Arbeitsscheuen, alle jene, die sich keiner Manneszucht unterwerfen wollten, die gerne im Trüben fischten, die früher am Brandherd sich einfanden, um dort zu plündern, lachten über die Pompiers, über Christian Hengst.

Der Städtische Baumeister sah diese Leute nicht, er hörte sie nicht; er ging seinen Weg weiter.

Die Heidelberger hatten sich nicht an ihren Mechanikus und Fabrikanten Metz in Angelegenheit Feuerschutz gewandt, nein. Sie schrieben zweimal am 26. Januar 1848 an Christian Hengst:

> „Unsere hiesige Feuerwehr hat sich provisorisch organisiert und eingeübt, bedarf aber, um in einen definitiven Zustand übergehen zu können, zweckmäßiger Statuten. Hierzu diejenigen eines schon rühmlich erprobten Instituts benutzen zu können, ist jedenfalls sehr förderlich."

Am 8. November 1850 schrieben sie, und zwar war es ein führender Mann vom Heidelberger Feuerschutz, Karl Waßmannsdorff:

> „Es wird um Übersendung eines Exemplars der Statuten der Durlacher Feuerwehr gebeten."

Frhr. v. Stockhorn, der Geh. Reg.-Rat, hatte sich um die Entwicklung des Löschwesens im Mittelrheinkreis als Vertreter der Regierung sehr an Christian Hengst angeschlossen. In seinem Tagebuch stand eine Übung der Durlacher Pompiers verzeichnet.

> „Um halbein Uhr schlagen die Trommeln. Feueralarm. Die Pompiers treten am Feuerhaus an und rücken von dort an den Schloßplatz. Die Mannschaften und die Feuerlöschapparate werden von der Prüfungskommission nachgesehen. Das Pompierskorps nimmt vor der gesamten Bürgerschaft die Übungen mit der Spritze und mit dem Rettungssack vor, dann wird gezeigt, wie ein Waldbrand bekämpft wird. Durch Trommeln, Schießen und Sturmläuten wird das Zeichen zum Stadtbrand gegeben. Alles, was bei einem Stadtbrand vorkommen kann, wird zur Darstellung gebracht."

Sr. Königl. Hoheit, der Großherzog Leopold, verleiht Christian Hengst die Goldene Verdienstmedaille.

Die Durlacher waren ihrem Stadtbaumeister nicht die Treuesten. Vor allem die Kollegen vom Gemeinderat legten ihm manches in den Weg. Sie erblickten in der straff organisierten Pompiersübung Soldatenspielerei. Aus diesem Grund waren sie dem „Pompierscapitain" wie sie ihn spöttisch nannten, nicht gut gesinnt.

Hengst ließ sich nicht beirren.

Die Revolution 1848 schlug ihre Wellen bis nach Durlach. Viel Ordnung wurde zerschlagen. Ihm, dem Christian Hengst gelang es, durch seine Volkstümlichkeit, durch seine Art, wie er selber dem Nächsten vorlebte, das Pompierskorps durch die schwere Zeit hindurchzuführen. Nicht eine Stunde lang wurde er wankend in der Treue zu seinem Fürsten und zu seiner Regierung. Er war es, der so manchen unbedachten Schritt oder übereilte Handlung seiner Kameraden verhinderte.

Der Geheime Rat Freiherr von Stockhorn, bezeichnete Christian Hengst als den größten Organisator, der ihm in seiner Dienstzeit vorgekommen sei. Auf dem Gebiet der Verwaltung sei der Stadtbaumeister vorbildlich.

Viele Stimmen erhoben sich zu Gunsten Christian Hengst, als der Stuhl des Bürgermeisters der Stadt Durlach neu zu besetzen war. Der Baumeister und Feuerwehrhauptmann wurde Bürgermeister.

Zwei der höchsten Staatsbeamten äußerten sich über ihn wie folgt:

„Durch sein Benehmen trug er wesentlich dazu bei, daß während seiner Dienstführung die Ruhe und Ordnung der Stadt nicht im geringsten gestört wurde, indem er ohne Rücksicht auf die persönlichen Verhältnisse, mit aller Strenge und Energie sein Amt verwaltete, obschon er wußte, daß er sich deshalb viele Feinde, und in seinem Gewerbeverhältnisse empfindlichen Nachteil zuziehen werde. Er habe sich die Zufriedenheit der vorgesetzten Behörden erworben, vor allem durch seine Einsicht, Tätigkeit und Energie."

Im Jahre 1851 wurde die neue Bürgermeisterwahl ausgeschrieben. Die Durlacher, die ihm vorher noch zujubelten, verließen ihn. Der Kandidat für den Bürgermeisterposten, der Bürger namens Wahrer, konnte viel Goldstücke springen, viele Bierfässer anzapfen, Berge von Würsten verteilen lassen. Die Faulenzer, die Nichtstuer, Stänkerer, alle jene, die Christian Hengsts Ratschläge erbeten hatten verrieten ihn. Sie gaben ihre Stimme dem Bürger Wahrer. — — —

Christian Hengst trat von seiner Tätigkeit als Bürgermeister zurück. Enttäuscht ob der erlittenen Untreue legte er auch das Amt als Pompiershauptmann nieder. Für die Stadt und für die Pompiers bat er Gottes Segen herab, versprach mit Handschlag, den neuen Herren weiterhin mit Rat anhandgehen zu wollen.

Die Zahl der freiwilligen Pompiers betrug zur selbigen Zeit dreiundachtzig Mann. Die Stadt Durlach besaß zwei Stadtfahrspritzen, eine kleinere Spritze, die Metzsche Abprotzspritze aus dem Jahre 1846. Das gesamte Feuerlöschkorps, darin alle Bürger vereinigt, betrug achthundertfünfundsiebzig Mann.

Hengsts letzte Bekanntmachung in seiner Eigenschaft als Pompiershauptmann war:

„Kommenden Montag, den 31. März, wird vom Pompierskorps eine Übung abgehalten, wobei sämtliche Spritzen probiert werden."

Die beiden Frauen Rudolf Deimlings und Schwanenwirts-Witwe gaben dem Bürgermeister und Hauptmann des Pompierskorps Hengst als Dank, weil er mit seinen Männern so tüchtiges geleistet habe, zweihundert Gulden für den Pompiersfond.

Die Karlsruher Zeitung schrieb: „Undank ist der Welt Lohn".

Der Chefredakteur schrieb über den zurückgetretenen Bürgermeister und Hauptmann der Durlacher Pompiers:

„Ohne Christian Hengst gäbe es kein freiwilliges Pompierkorps in Deutschland."

Warum mußte Christian Hengst resignieren? Er war zu korrekt für die Vielen, die im Trüben fischen wollten. Seine aufrechte Tätigkeit als Bürgermeister wurde falsch ausgelegt. Die kleinen und großen Feinde kamen aus allen Winkeln, darin sie sich Jahre hindurch verkrochen hatten. Christian Hengst war aber nicht der Mann, der sich verteidigte. Frau Hengst, glücklich, sagte: „Jetzt weiß ich wenigstens, wo Du bist". Als Christian Hengst das Bürgermeisteramt verließ — als er den aktiven Wehrdienst bei den Pompiers aufgab — sollte es eine Zeit für die Gattin und für die Kinder werden. Er war im wahrsten Sinne von allen seinen Kindern geliebt und verehrt.

Die Durlacher Gemeinderäte versuchten Christian Hengsts Verdienste zu schmälern. Sie behaupteten, die Gründung festorganisierter Löschmannschaften habe in den Jahren 1846—47 in der Luft gelegen. Christian Hengst hätte rufen können: „Warum habt Ihr diese Möglichkeit nicht aufgegriffen? Warum wollt Ihr meinen Verdienst schmälern und Euer Licht leuchten lassen? Ich laß Euch gern die Ehre, daß Ihr es wart, die das Durlacher Pompierskorps gegründet haben, aber daß Ihr mir die Ehre abschneidet, fällt auf Euch zurück."

„Christian Hengst ist ein Ehrenmann. Es ist bedauerlich, daß er der Allgemeinheit den Rücken kehrt. „Er zog sich ganz vom öffentlichen Leben zurück. Er suchte nach Aufträgen. Die Menschen waren feige. Wie würde es die neue Obrigkeit auffassen, wenn sie der gefallenen Größe Bauaufträge gäben?

Der Baumeister Christian Hengst mußte nun fest dahinter sein, um das tägliche Brot für die Seinen aufzubringen. Seine Bauhandwerkschule brachte nicht viel ein. Die Begabtesten waren die Ärmsten, die Schlechtesten Kinder von Eltern mit goldenen und silbernen Batzen.

Der Verwaltungsrat der General-, Witwen- und Brandkasse stellte Christian Hengst am 1. Dezember 1852 wieder als Gebäudeschätzungskontrolleur mit einem festen Jahressalär ein. Die vorgesetzte Behörde war mit der Arbeit ihres Kontrolleurs sehr zufrieden.

Das Oberamt im Regierungsbezirk Durlach beauftragte Christian Hengst, in der Stadt und in der Umgebung die Feuerschau vorzunehmen. Sein Urteil über all das, was er vorfand, war sehr hart. Die maßgebenden verantwortlichen Herren von der Feuerpolizei erhielten manche Rüge vom Großherzoglichen Innenministerium. Sie versuchten Christian Hengst von der Feuerschau-Kommission auszuschließen. Es gelang ihnen nicht.

Im Jahre 1858 beauftragte das Großherzogliche Oberamt den Stadtbaumeister Christian Hengst, er möge eine neue Feuerlöschordnung entwerfen.

Zum ersten Male wurde dem Feuerwehrmann und allen Bürgern dargetan, wie sie sich bei Stadt-, Wald- und Landbränden zu verhalten hätten. Jede Kleinigkeit, die dem Stadtbaumeister wichtig erschien, wurde in diesem Buch niedergelegt. Er bemerkte u. a., er habe noch Häuser angetroffen, bei denen Küche und Scheuer in unabgeschiedener Verbindung ständen. Oft habe er, so schrieb er, selber den Schrecken und den Schauer gespürt, wenn er die Schornsteine, die Kamine kontrollierte, und sie in einem furchtbaren Zustand antraf. Die meisten dieser Schornsteine hätten noch nie eine Feuerschau über sich ergehen lassen müssen.

Das Kommando der Feuerwehren nach Hengsts Rücktritt unterstand dem Stadtrechner Hermann Friderich. Dieser verehrte Christian Hengst und war auch bemüht, den Löschverein durch ständige Übungen auf guten Stand zu halten. Friderich kam oft in die Wohnung des Baumeisters Christian Hengst und bat diesen um Rat und Hilfe.

Im Jahre 1859 legte Christian Hengst der Obrigkeit den Entwurf für die neue Feuerlöschordnung vor. Er verlangte energisch, die Bürger müßten das Feuerschutzwesen entschiedener unterstützen. Außer den Pompierskorps seien die anderen Mannschaften, die von Obmännern geführt würden, in einem moralisch schlechten Zustand. Die Brandbekämpfung sei ausgesprochen chaotisch. Wenn die Feuerwehrmänner sich von dem Pompierskorps beeinflussen ließen, würden sie eine schlagkräftige Mannschaft bilden. Er verlangte eine reibungslose Zusammenarbeit zwischen Pompierskorps und Einwohnerschaft. Sechs Jahre sei die Zeit, wo der Pompier freiwillig seiner Gemeinschaft angehören müsse. In den Monaten Dezember, Januar und Februar sollte die Mannschaft auf das Genaueste instruiert werden. Die Übungen des Pompierskorps müßten im März, Juni und September stattfinden. Einmal im Jahr, und zwar im Dezember, würde das gesamte Brandkorps nach Leistung gemustert. Die Generalprobe fände vor aller Öffentlichkeit statt. Christian Hengst schlug vor, eine Löschdirektion aufzustellen, bestehend aus Verwaltungsbeamten, Bürgermeister, Vorstand des Brandkorps, Hauptleuten der Feuer-, Rettungs-, Wach- und Löschmannschaften, einem Hornisten und einem Fahnenträger. Der Vorstand des Brandkorps trug die Uniform der Pompiers, der Helm war geschmückt mit einer roten Feder oder einem Roßhaarbuschen, auf den Schultern Epauletten, um die Brust eine Schärpe. Das Pompierskorps galt als Rettungsmannschaft, sie besorgte das Besteigen von Gebäuden, das Retten von Menschen, Tieren und Effekten.

Einige Jahre später wurde diese neue Christian Hengstsche Feuerlöschordnung trotz vieler Widersacher und feindseliger Einflüsterungen, vom Großherzoglichen Ministerium des Innern für die Stadt Durlach genehmigt.

Die maßgebendsten Männer vom Durlacher Gewerbeschulrat, die immer von Christian Hengsts Lauterkeit, seinem großen Wissen und Können überzeugt waren, ersuchten ihn, er möge im Obersten Gewerbeschulrat die Stellung eines technischen Beamten übernehmen. Christian Hengst nahm die Stelle an.

Am 24. September 1871 feierte die Durlacher Feuerwehr ihr fünfundzwanzigjähriges Bestehen. Die Stadt war geflaggt. Die Badische Landeszeitung schrieb:

> „Durlach hat die große Ehre, das erste Freiwillige Pompierskorps in Deutschland zu besitzen, das sich sowohl unter seinem früheren Hauptmann, Herrn Baukontrolleur Hengst, als unter dem jetzigen Kommandanten, Stadtrechner Friderich, stets bewährte.
>
> Die Stadtgemeinde Durlach hat zur Verherrlichung dieses Festes zweihundert Gulden bewilligt."

Die Badische Landeszeitung brachte eine Berichtigung in ihrer Zeitung Nummer 222:

> „ . . . unter der Rubrik ‚Verschiedenes' erschienenen Durlacher Artikels müssen wir nachtragen, daß der Baumeister und Kontrolleur Christian Hengst, der Gründer des ersten Pompierskorps war, und daß derselbe sicheren Vernehmens nach, von jener Zeit an bis heute noch immer mit Auskunftserteilungen über die Errichtung von Feuerwehren in verschiedenen Gemeinden des Landes und zwar auf die uneigennützigste Weise tätig ist, und diese Art Feuerlöschanstalten stets zu vervollkommnen sucht."

Das fünfundzwanzigjährige Bestehen der freiwilligen Feuerwehr der Stadt Durlach wurde am 24. September 1871 um 5 Uhr morgens mit einem Musikzug, voraus die Trommler und Pfeifer, eingeleitet. Aus allen Landen kamen Festgäste. Ein großer Gottesdienst vereinte die Feuerwehren Durlachs mit den auswärtigen. Eine Fahne wurde feierlich eingeweiht. Die vor dem Spritzenhaus aufgestellten Gerätschaften wurden besichtigt.

Bier und Wein in den Lokalitäten auf dem Thurmberg flossen tags vorher schon in Strömen. Die Durlacher waren froh und glücklich ob der Erkenntnis, daß sie die ersten waren, die ein freiwilliges Feuerwehrkorps aufgestellt hatten.

Ein Dichterling schrieb:

„Drum feiert heut' mit Freu- und Leidesbrüdern,
Das Fest der ersten Deutschen Feuerwehr,
Der Labe Quell springt hell zu deutschen Liedern,
Aufs Menschen Wohl, allein zu Gottes Ehr!"

Die Offiziere der Garnisonen Karlsruhe und Durlachs und die Veteranen der Pompiers mit dem Gründer des Korps an der Spitze, Christian Hengst, wurden mit lauten und freudigen Ovationen bedacht.

Mehr als zwölfhundert Feuerwehrleute waren mit ihren Musikkorps nach Durlach gekommen.

Bürgermeister Bleidorn begrüßte die vielen Festgäste und Besucher. Er dankte Carl Metz, Heidelberg, der in hervorragendster Weise sich um die Einführung eines geregelten Feuerlöschwesens mitverdient gemacht hatte.

Carl Metz sagte, der Gemeinderat sei aufgeschlossen gewesen, als der Stadtbaumeister Christian Hengst im Jahre 1846 seine Gedankengänge hervorbrachte.

Mit einem dreifachen Hoch auf den Gemeinderat der Stadt Durlach, Christian Hengst und den Pompiers schloß Carl Metz seine Rede.

Die Badische Landeszeitung meldete in ihrer Ausgabe Nr. 225, daß Carl Metz es gewesen sei, der ausführlich über die Hindernisse bei der Ausbreitung seiner Fabrik Musterlöschanstalt Zeugnis ablegte, daß es dem Entgegenkommen der Stadt Durlach, insbesondere des damaligen Stadtbaumeisters Hengst, dem Gründer des ersten Pompierskorps Deutschland, zu verdanken sei, daß diese Institution erstehen konnte.

Ein großer und ehrenvoller Tag für Christian Hengst. Er war allen gut' Freund', war niemandem böse gesinnt; hatte alles, was man ihm Böses angetan hatte, längst vergessen.

Die Hengstkinder waren schon lange in die Welt gegangen. Hugo als Ingenieur, Richard, Robert, alles aufrechte Männer, die von ihren Arbeitgebern geschätzt und belobigt wurden.

Hengsts Schwiegereltern, Vater und Mutter Sartorius, und seine Eltern deckte schon seit Jahren der grüne Hügel. Maria, seine Gattin, liebte ihn genau noch so wie am ersten Tage, als sie zum Altar ihm folgte. Eine Tochter Elise folgte dem Manne Rosenfeldt in die Ehe. Emilie war das Nesthäckchen, sie blieb bei den alten Eltern.

Noch im hohen Alter, von der General-, Witwen- und Brandkasse ehrenvoll in Pension geschickt, kümmerte sich Christian Hengst um das allgemeine Wohl Durlachs. Seine größte Liebe galt neben der Privat-Baugewerkschule, die er immer noch leitete, dem Feuerschutz. Es verging kein Tag, an dem er nicht das Feuerwehrhaus besuchte, und, obwohl er dort nichts anzuschaffen hatte, die Feuerspritzen begutachtete, oft liebevoll dieselben mit der Hand streichelte. Wenn der alte Herr Baumeister und Pompiershauptmann Christian Hengst kam, standen die Feuerwehrmännen kerzengrade. Sie verehrten ihn, sie liebten ihn. Er hatte für jeden ein lustiges Wort, für jeden ein helfendes Wort. Er war ihnen Kamerad.

Eines Tages ging er noch einmal unter die Gründer. Christian Hengst war es, der die erste Anregung zur Gründung des Durlacher Verschönerungsvereins gab.

Und dann — dann — —. Von einem Tag zum andern mußte Christian Hengst das Bett hüten. Seine Zeit war abgelaufen. Er ließ alle, die ihn liebten, zurück, Frau, Kinder, Enkelkinder und die vielen Männer aus dem Pompierskorps, Turner und Sänger.

In der Zeitung stand:

„Donnerstag, den 5. April 1883, verließ uns unser lieber Gatte, Vater und Großvater, Christian Hengst, nach kurzem Leiden sanft entschlafen. Die Beerdigung findet Samstag, nachmittag um 4 Uhr, statt, wozu alle Freunde hiermit eingeladen werden."

Die Badische Landeszeitung schrieb:

„Unter allgemeiner Teilnahme der Durlacher Einwohnerschaft und vieler Fremden wurde die Leiche des Baukontrolleurs a. D. Christian Hengst zur Erde bestattet. Der Verstorbene war der Begründer der Durlacher Feuerwehr. Seine Schüler und wir alle, welche den braven, in echt gemeinnütziger Weise für das Gemeinwohl wirkenden Mann gekannt haben, werden ihm ewiglich ein liebevolles Andenken bewahren."

Das Durlacher Wochenblatt vom 12. April 1883 berichtete:

Baukontrolleur Christian Hengst, der sich durch Talent, Fleiß und Strebsamkeit vom einfachen Zimmermann zum Meister und Baukontrolleur heraufgearbeitet hat, ist nicht mehr unter uns. Mit Hengst ist einer jener edlen Charaktere aus dem Leben geschieden, welche mit gutem Herzen auch das Schwerste ohne Furcht vollbringen können, wenn es der Allgemeinheit zum Nutzen dient. Wer mit dem Verstorbenen in nähere Berührung kam, wird im Verein mit seiner werten Familie trauern."

Frau Maria Hengst, geborene Sartorius, und ihre Kinder sprachen öffentlich den Dank aus für die zahlreichen Beweise der aufrichtigen Teilnahme, für die reichen Blumenspenden, für die ehrenvolle Leichenbegleitung beim Hinscheiden Christian Hengst's, Bauschätzungs-Kontrolleur a. D., Gründer der Freiwilligen Feuerwehren Deutschlands.

Viele Jahre später, am Dienstag, dem 23. April 1895, stand im Durlacher Wochenblatt:

„Christian Hengst ist als wackerer Vater der Freiwilligen Feuerwehr anzusehen."

Die Durlacher ehrten ihren großen und berühmten Sohn Christian Hengst mit einem Gedenkstein. Der Entwurf stammte von Professor Hermann Götz, die Bronzen von Bildhauer Heinrich Bauser in Karlsruhe und die Steinarbeiten von Bildhauer Ludwig Kleiber in Durlach.

Die Durlacher hatten ihren Mitbürger Christian Hengst für alle Zeiten verewigt. Sie gaben ihm die Ehre, die ihm zu Lebzeiten nicht immer zuteil wurde, für alle Zeiten — denn er war es, der die Freiwilligkeit in die Tat umsetzte —.

Feuerlöschgeräte einst . . .

Von Dipl.-Ing. O. Herterich, Ulm

Seit ein erstes Feuer den heimischen Herd überschreitend Balken und Felle in Flammen setzte, seit ein erster Blitz vom Himmel niederzuckend einen Baum in eine mächtig lodernde Fackel verwandelte, seit jenen Tagen kennt der Mensch neben der wohltätigen Macht des Feuers auch seine Urgewalt, wenn es unbewacht sich zu entfalten vermag und dem Menschen unsagbares Leid bringt.

Die großen Opfer, die die Menschheit dauernd bringen mußte, ließ sie in der Schaffung geeigneter Gegenmaßnahmen nicht erlahmen und seit urältesten Tagen wurde der Kampf gegen das Schadenfeuer geführt. Die Mittel und die Art der Brandbekämpfung haben sich gewandelt, der Wille zu helfen und zu lindern ist zu allen Zeiten als Gemeinsames geblieben.

Alljährlich vernichten Brände in Wohnsiedlungen, Industrieanlagen und Ländereien Millionenwerte, alljährlich fallen ihnen viele Menschenleben zum Opfer, obwohl heute für die Brandbekämpfung technisch hervorragend entwickelte Feuerlöschgeräte zur Verfügung stehen. Wieviel ohnmächtiger müssen die Menschen früher den Bränden gegenübergestanden haben, als es noch keine oder nur unvollkommene Löschgeräte und keine organisierten Feuerwehren gab, die wenige Minuten nach dem Brandausbruch den Kampf gegen das zerstörende Element aufnahmen.

Zwischen dem ersten Feuerwehrmann, der einen Kübel Wasser in die fressende Glut schleuderte und dabei entdeckte, daß Wasser ein hervorragendes Löschmittel darstellt, und dem heutigen Löschmeister, dem außerordentliche technische Mittel zur Brandbekämpfung zur Verfügung stehen, liegen Jahrtausende.

Niemand wird mit Sicherheit mehr feststellen können, wie die ersten Löschgeräte ausgesehen haben und wer sie erfunden hat. Eines aber ist sicher, daß schon vor unserer Zeitrechnung Löschmaschinen erfunden waren, die jedoch wieder in Vergessenheit geraten sind.

Unter allen Neuerungen aber sind es vier grundlegende Erfindungen gewesen, die den Grundstock für die heute so hoch entwickelte Feuerwehrgerätetechnik legten, und zwar:

die Feuerlöschpumpe,
der Feuerwehrschlauch,
die ausschiebbare, freistehende Leiter und
der Feuermelder.

Diese Erfindungen — im Verein mit den im vergangenen Jahrhundert gegründeten organisierten Feuerwehren und dem Idealismus sowie dem Wagemut der Feuerwehrmänner — haben den Fortschritt des Löschwesens begründet, der uns auf jeder Seite dieses Buches begegnet.

Die Feuerlöschpumpe

Ktesibius von Alexandrien (250 v. Chr.) wird meist als der Erfinder der Feuerspritze bezeichnet, da er erstmals ein zweizylindriges Pumpwerk geschaffen hat. Dieses dürfte jedoch mehr zum Heben von Wasser als für Feuerlöschzwecke verwendet worden sein. Sein Schüler Hero von Alexandrien erfand etwa 50 Jahre später für ein solches Pumpwerk den Windkessel und das Wenderohr, wodurch es möglich war, einen stoßfreien, geschlossenen Wasserstrahl zu erzeugen und diesen durch das Rohr auf den Brandherd zu schleudern. Ob diese Pumpen tatsächlich damals zu Feuerlöschzwecken angewandt wurden, ist nicht erwiesen. Jedenfalls werden sie in keinem der erhalten gebliebenen Brandberichte aus jener Zeit erwähnt. Auch die in der Technik der Wasserförderung sehr fortschrittlichen Römer kannten die Feuerlöschpumpe noch nicht, sondern behalfen sich bei Bränden mit Eimern und nassen Tüchern. Die Erfindungen von Ktesibius und Hero gerieten in Vergessenheit.

Älteste Berichte zeigen, daß gegerbte Tierhäute, ausgehöhlte Holzstämme und gebrannte Töpfe als Wasserspeicher dienten. Mit deren Inhalt übergoß man den Brandherd. Im Laufe der Zeit wurden diese Gefäße durch hölzerne Eimer ersetzt, die jedoch häufig undicht waren und sich deshalb nicht bewährten. An deren Stelle trat der lederne Eimer, der sich in verschiedenen Gegenden als einfaches Löschgerät noch bis zum heutigen Tage erhalten hat. Die „gute alte Zeit" fand noch Muße genug, diese Eimer kunstvoll auszustatten und mit Monogrammen und Wappen zu verzieren.

„Durch der Hände lange Kette um die Wette" flogen die gefüllten Eimer von der Wasserstelle zum Brandherd und die leeren in einer zweiten Kette zurück. Viele Menschen waren notwendig, um auf diese Weise genügend Wasser heranzuschaffen.

Neben dem Ledereimer und den Wasserfässern gab es noch Feuerhaken, Dachkrücken zum Abstoßen der Dachschindeln und daneben die üblichen Handwerkzeuge der Zünftigen. Durch diese ungenügenden Hilfsmittel, die einem größeren Brande keine Grenzen setzen konnten, gewann oft die Meinung der Hilflosigkeit jedem großen Feuer gegenüber die Oberhand. Die wenig wirkungsvolle Brandbekämpfung ließ auch dem Aberglauben freien Spielraum, der häufig der weiteren Verbesserung der Löscheinrichtungen hindernd im Wege stand. Es gibt genügend Aufzeichnungen über magische und abergläubische Mittel, die im richtigen Zeitpunkt angewendet imstande sein sollten „das Feuer rückgängig zu machen, auch wenn dasselbe wirklich das Haus schon an mehreren Orten gepackt hätte".

Erst im 14. und 15. Jahrhundert begegnen wir einfachen Handspritzen. Sie waren kunstvoll geschmückt eher eine Zierde des gepflegten Bürgerhauses als ein wirksames Instrument für die Brandbekämpfung. Wenn man heute liest, daß solche primitiven Geräte bei der Bekämpfung des großen Brandes der Kathedrale in Troyes (1618) oder beim großen Brand von London (1666) Verwendung fanden, so kann man sich vorstellen, wie hilflos der Mensch noch vor 300 Jahren dem Brande gegenüberstand.

Es ist uns heute unverständlich, daß man noch im 17. Jahrhundert mit derartigen Handspritzen arbeitete, nachdem bekannt ist, daß schon zu Beginn des 16. Jahrhunderts eine Feuerspritze von dem Goldschmied Anton Platner von Augsburg erfunden war. Der Beschreibung nach entsprach diese „Maschine" etwa der Spritze, die Hero von Alexandrien 2000 Jahre zuvor schon ersonnen hatte. Diese Spritze von Platner wird erstmals in einer Baurechnung der Stadt Augsburg vom Jahre 1518 erwähnt. Auch sie ging wieder verloren und fand keine weitere Verbreitung.

Als Vorläuferin der späteren großen Feuerspritzen darf eine Maschine angesehen werden, die im Jahre 1578 gebaut wurde und im „Theatrum instrumentarum et machinarum Jacobi Bessoni, Lyon 1628" gezeigt ist. Es handelte sich um eine Spritze, die bereits auf einem zweirädrigen Wagen angeordnet war. Sie bestand aus einem Zylinder, dessen Kolben durch eine Spindel und Kurbel angetrieben wurde. Das Wasser wurde durch einen hinter dem Spritzrohr angeordneten, mit Hahnen versehenen Trichter eingefüllt. Der Zylinder war kegelig zugezogen und mündete in eine Strahlrohrdüse aus.

Zu Anfang des 17. Jahrhunderts wurde die Herstellung von Feuerspritzen in Nürnberg aufgenommen. Erst diesen war eine größere Verbreitung beschieden. Im Jahre 1602 wird über eine „neu erfundene und wunderbare Sprütze" berichtet, mit der die Höhe eines jeden Hauses erreicht werden konnte, die nach allen Richtungen gewendet, von 2 Männern betrieben und von einem einzigen Pferde gezogen werden konnte. Als ihr Erfinder wird „Der von Aschhausen und seine compagnia" genannt. Die Spritze wurde dem Nürnberger Rat angeboten. Von diesem Zeitpunkt an kann von einer stetigen Weiterentwicklung der Handdruckspritze, die sich wirklich bei der Brandbekämpfung bewährte, gesprochen werden. Am bekanntesten wurde die Spritze von Hans Hautsch, die er im Jahre 1655 ausführlich beschrieb. Obwohl es sich noch um recht schwere Geräte handelte, die auf Schlittenkufen bewegt wurden und für die Bedienung eine große Mannschaft erforderten, fanden sie Anerkennung, da sie gegenüber den bis dahin bekannten Mitteln einen wirklichen Fortschritt bedeuteten. Nachdem der Vorteil dieser Schlagspritzen und Handdruckspritzen gegenüber den bis dahin bekannten Mitteln deutlich sichtbar war, haben sich allerorts Mechaniker und praktisch veranlagte Feuerwehrleute um die weitere Vervollkommnung bemüht. Während anfänglich diese Geräte nur stoßweise Wasserstrahlen abgaben, wurde durch die Einführung des Windkessels gegen Ende des 17. Jahrhunderts eine weitere nennenswerte Verbesserung erzielt. Alle Handdruckspritzen aus jener Zeit waren mit einem auf das Pumpwerk direkt aufgesetzten Wenderohr versehen. Dieses Rohr schleuderte in vollen Strahl das Wasser gegen den Brandherd.

Die Handdruckspritzen haben in abgewandelter Form und mit zahlreichen Verbesserungen versehen sich über die Jahrhunderte erhalten und waren so erfolgreich, daß viele dieser Geräte noch heute im praktischen Dienst von kleineren Feuerwehren stehen. Auch sie waren oftmals Kunstwerke aus der Blüte der handwerklichen Zeit, mit kostbarem Zierrat und Schmuck versehen. Sachlichere und zweckmäßigere Ausführungen, nach dem gleichen Grundprinzip gebaut, finden wir erst in der 2. Hälfte des vergangenen Jahrhunderts.

Die rasche Entwicklung der Handdruckspritzen wäre jedoch Stückwerk geblieben, wenn sich nicht die zweite bedeutende Erfindung, die der Feuerwehrschläuche, hinzugesellt hätte.

Der Feuerwehrschlauch

Der holländische Maler und spätere Brandmeister von Amsterdam Jan van der Heyden (1637—1712) hat sich um das Feuerlöschwesen sehr verdient gemacht. Neben der Weiterentwicklung der Feuerspritzen und deren Einführung in Holland wird ihm vielfach das Verdienst der Erfindung des Feuerwehrschlauches zugeschrieben. Dies dürfte jedoch nicht zutreffen, da schon zu einem früheren Zeitpunkt Schläuche erwähnt werden. Van der Heyden hatte jedoch richtig erkannt, daß es nur mit Schläuchen möglich ist, an die Nähe des Brandherdes heranzukommen, d. h. den Brand an der Wurzel zu fassen, während mit den bis dahin angewandten Wenderohren das Wasser nur durch die Fensteröffnungen oder über das schon durchgebrannte Dach „hoch im Bogen" dem Brand zugeführt wurde und meist ohne Wirkung blieb. In einem 1690 erschienenen Buch schildert van der Heyden ausführlich die vorteilhafte Anwendung seiner Schläuche und seiner Schlauchspritzen und stellt diese in ihrer Wirkungsweise in wunderbaren Holzschnitten sehr anschaulich den veralteten Löschmethoden gegenüber.

Seine ersten Schläuche waren aus Lederstreifen zusammengenäht und hielten auch größeren Drücken stand. Versuche, anstelle von Leder Segeltuch zu verwenden, sind scheinbar unbefriedigend geblieben.

Die älteste Überlieferung über Schläuche liegt aus Augsburg vor, es sollen dort in einer Rechnung aus dem Jahre 1558 lederne Schläuche erwähnt sein. Nachrichten aus Nürnberg besagen, daß der Röhrenmeister Martin Löhner (geb. 1636) die Verwendung von Feuerlöschschläuchen für Feuerlöschzwecke gezeigt haben soll. Ferner soll C. Schott in der Mitte des 17. Jahrhunderts für die Stadt Nürnberg Lederschläuche angefertigt haben. Dem Hofkupferschmied Klug aus Jena gelang es im Jahre 1809, die ersten genieteten Schläuche herzustellen, die wesentlich widerstandsfähiger und unempfindlicher waren als die genähten Lederschläuche. Sofern die Lederschläuche gut gepflegt und zur Erhaltung der Geschmeidigkeit und Dichte eingefettet wurden, waren sie recht brauchbar und den anderen Schläuchen der damaligen Zeit überlegen. Der Lederschlauch hat sich im Feuerlöschdienst sehr lange gehalten und wurde bei manchen Feuerwehren bis Ende des vergangenen Jahrhunderts verwendet.

Wer den Hanfschlauch ohne Naht erfunden hat, ist nicht bekannt. Wir wissen lediglich, daß solche Schläuche durch Webermeister Beck in Leipzig (1720), Sebalon in Dresden (1740) und Leineweber Erke in Weimar (1775) gefertigt wurden. Obwohl diese Schläuche anfänglich noch sehr mangelhaft waren, haben sie wegen ihrer Billigkeit, Handlichkeit und leichteren Instandhaltung den Lederschlauch nach und nach verdrängt. Eine große Förderung fand der gewebte nahtlose Schlauch durch Herzog Karl August von Weimar, der 1781 eine Schlauchmanufaktur errichtete. Er erblickte in der Schlauchweberei einen erträglichen Erwerbszweig und hatte wohl auch die Bedeutung des Hanfschlauches für das Feuerlöschwesen erkannt. Die Weber hatten die Verpflichtung, die Kunst des Schlauchwebens geheimzuhalten. Trotz strengster Überwachung konnte jedoch nicht verhindert werden, daß schon kurze Zeit danach weitere Schlauchwebereien in Annaberg in Sachsen, in Gnadenfrei in Schlesien, in Gotha und an anderen Orten entstanden.

Während anfänglich nur Handwebstühle Verwendung fanden, wurden in den 80er und 90er Jahren des vergangenen Jahrhunderts auch für die Schlauchweberei die mechanischen Webstühle eingeführt und dadurch nicht nur die Produktion erhöht, sondern auch die Qualität des gewebten Schlauches wesentlich verbessert.

Der Schlauch konnte gleichmäßiger und fester gewebt werden und erzielte dadurch neben einer größeren Dichte auch eine größere Festigkeit.

Die „rohen" Schläuche ließen so lange das Wasser durchperlen, bis das Gewebe angequollen war, was sich oft beim Gebrauch recht unangenehm bemerkbar machte. Man suchte deshalb schon frühzeitig nach Mitteln, die eine völlige Dichtheit des

Schlauches ermöglichten. Mit dem Aufkommen des Gummis war der geeignete Werkstoff hierfür gefunden. Es war allerdings ein weiter Weg von den ersten Versuchen bis zu den heutigen recht vollkommenen „gummierten" Schläuchen.

Die ersten Gummischläuche sollen in England etwa um das Jahr 1820 hergestellt und für Feuerlöschzwecke verwendet worden sein. Auch versuchte die Fa. Cocker & Son in Sheffield, einen Schlauch aus Guttapercha einzuführen, der aber den Anforderungen nicht standhielt. In Deutschland wird zum ersten Male ein Gummierungsverfahren für gewebte Schläuche im Jahre 1836 in den Mitteilungen des Gewerbevereins Hannover erwähnt. Es war als das Benzingersche Verfahren bekannt geworden. Nach diesem Verfahren wurden auf eine umständliche und zeitraubende Art kurze Schlauchstücke umgewendet, mit aufgelöstem Gummi bestrichen und nach der Trocknung wieder gewendet. Die kurzen Schlauchstücke wurden durch Hülsen miteinander verbunden. 1847 erfand Beuringer in Hannover die Präparierung von Hanfschläuchen mit einer Gummieinlage auf der Innenseite. In den 60er Jahren brachte die Hörselgauer Schlauchweberei innengummierte Feuerlöschschläuche auf den Markt, die durch Einreiben einer Gummilösung mittels Walzen innen gummiert wurden.

Auf dem Deutschen Feuerwehrtag in Leipzig im Jahre 1865 wurden der Öffentlichkeit gummierte Schläuche als Neuheit gezeigt. In der ersten Zeit waren diese Schläuche noch unvollkommen, und es kam häufig vor, daß die inneren Flächen zusammenklebten oder Risse bekamen. Erst zu Ende des letzten Jahrhunderts, mit der Entwicklung geeigneter Gummisorten, war es möglich gewesen, die Verbindung von Gewebe und Gummierung in einwandfreier Weise sicherzustellen.

Ebenso wichtig wie der Druckschlauch war für den wirksamen Einsatz der Feuerlöschpumpen die Erfindung des Saugschlauches, mittels dessen es möglich war, das Wasser aus offenen Wasserentnahmestellen anzusaugen. Es war van der Heyden, der erstmals eine Vorrichtung baute, um das Wasser von der Wasserstelle mittels eines Schlauches in die Spitze zu leiten. Diese Einrichtung wurde seiner Zeit als „Anbringer" bezeichnet. Sie bestand aus einem Sack von Segeltuch, der auf einem Gestell aus Holz ausgespannt wurde und durch einen Schlauch mit der Spritze verbunden war. Der Sack wurde an der Wasserstelle aufgestellt und mittels Eimer gefüllt. Das Wasser floß dann aus dem erhöht stehenden Wassersack durch den „Anbringerschlauch" dem Wasserkasten der Spritze zu.

Später wurde der „Anbringer" mit einer Saugpumpe versehen, so daß durch den von van der Heyden im Jahre 1672 erfundenen Saugschlauch das Wasser direkt aus der Wasserstelle in den Anbringer gepumpt werden konnte.

Diese ersten Saugschläuche waren aus Lederbahnen hergestellt und zusammengenäht. Im Innern waren sie durch Streifen aus Kupferblech versteift. Die ersten Darstellungen von biegsamen Saugschläuchen finden sich in einem Werk von Leupold „Theatrum machinarum hydraulicarum" aus dem Jahre 1724 und von van der Heyden.

Während anfänglich die biegsamen Saugschläuche aus genähtem Leder mit Metallringen gefertigt waren, trat später an die Stelle der Metallringe nach und nach verzinnter Eisendraht, der spiralartig in den Schlauch eingeführt wurde. Das Nähen des Leders wurde später durch das schon erwähnte viel dauerhaftere Vernieten ersetzt.

In der Mitte des letzten Jahrhunderts kamen Saugschläuche auf, die aus vulkanisiertem Gummi hergestellt waren. Sie waren aber anfänglich nicht zuverlässig und bekamen bei Frost erhebliche Risse. Alle diese Schwierigkeiten sind jedoch später durch Verbesserung der verwendeten Werkstoffe und der Fertigungsverfahren beseitigt worden.

Die Feuerwehrleiter

Eine weitere wesentliche Hilfe bei der Brandbekämpfung bilden die Leitern. Diese dienen in erster Linie dazu, Angriffs- und Rettungswege herzustellen, besonders dann, wenn die vorhandenen Treppen, Stiegen oder andere Ausgänge nicht mehr ausreichen oder nicht mehr benutzbar sind.

Obwohl die Leitern im Feuerlöschwesen immer eine bedeutende Rolle gespielt haben, findet man in den älteren Schriften nur an untergeordneten Stellen Hinweise auf ihre Anwendung und Ausführung. Sprossenleitern sind sicher seit 1605 v. Chr. bekannt. Sie haben sich Jahrhunderte hindurch ohne nennenswerte Änderung erhalten. Wann ihre Einführung in die Feuerlöschtechnik erfolgte, läßt sich mit Sicherheit nicht feststellen. Erwähnt wird sie schon in Feuerlöschordnungen des frühen Mittelalters. Es darf jedoch als sicher angesehen werden, daß solche Leitern bei den Römern schon benutzt wurden, da dort sich Ansätze für eine Feuerlöschordnung finden. Daß sie schon im frühen Mittelalter angewendet wurden, geht aus einer im Jahre 1189 in London getroffenen Bestimmung hervor, nach der

> „alle Bewohner, die in großen Häusern wohnen, eine oder zwei Leitern in Bereitschaft haben müssen, um ihren Nachbarn zu Hilfe zu eilen, im Falle sich ein Unglück durch Feuersbrunst ereignen würde".

Neben der zweiholmigen Anstelleiter sind bis in das 19. Jahrhundert hinein dreiholmige Anstelleitern verwendet worden, die beim Brand durch 2 Löschreihen besetzt wurden. Die eine Reihe gab die gefüllten Löscheimer zur Brandstelle, die zweite Reihe die leeren Eimer wieder zur Neufüllung zurück. Zum leichteren Aufrichten der oft sehr langen und schweren Leitern bediente man sich sogenannter Stützstangen, an deren Ende eine Gabel angebracht war.

Auch von der sogenannten Hakenleiter läßt sich recht schwer sagen, wann sie ihren Weg in die Feuerlöschtechnik gefunden hat. Sie wurde sicher im Mittelalter in der Kriegstechnik zum Erstürmen von Mauern verwendet. Ihre einfachste Form war die sogenannte Papagei- oder Kopenhagener Leiter, bei der die Sprossen durch den Holm so hindurchgesteckt waren, daß sie beiderseits hervorstanden. Sie finden noch heute in Amerika in der gleichen Form Verwendung. In Europa erlebte diese Art Leiter bis in die jüngste Zeit hinein manche Abänderung und war bei den Feuerwehren vor Erfindung der Schiebleiter das einzig brauchbare Steiggerät. In Deutschland wird zum erstenmal im Jahre 1783 eine solche Leiter von Westenrieder in einer Beschreibung der Stadt München erwähnt. Aber auch in dem Werk von van der Heyden aus dem Jahre 1690 sind bereits derartige Hakenleitern in ihrer Anwendung gezeigt.

Einen wesentlichen Fortschritt gegenüber der Anstelleiter und Hakenleiter stellte die Erfindung der Steckleiter im 15. Jahrhundert dar, aus der sich die ausschiebbare, freistehende Leiter im 18. Jahrhundert entwickelte. Die Steckleiter, die ebenso wie die Hakenleiter aus der Kriegstechnik übernommen wurde, hat sich aus der Anstelleiter heraus entwickelt. Die einzelnen Leitern wurden entweder durch Scharniere miteinander verbunden oder durch besonders an den Holmenden angebrachte Beschläge ineinandergesteckt.

Die weitere Verbesserung der Anstelleiter und der Steckleiter konnte die Gefährlichkeit in der Anwendung dieser Leitern bei größeren Steighöhen nicht vermeiden. Wie bedenklich der Gebrauch solcher Leitern war, erfahren wir aus einem umfangreichen Werk über „Die Polizeiwissenschaften" von Kugelstein aus dem Jahre 1798/99.

Er schreibt:

> „Bei allen diesen Verbesserungen haben dennoch die gewöhnlichen Leitern manches Bedenkliche gegen sich. Große, wären sie auch mit Rollen versehen, lassen sich nicht allezeit leicht und nie ohne Gabeln und Feuerhaken aufrichten. Wie oft ermattet nicht der stärkste Mann bei Haltung eines solchen Hakens, wie

leicht rutscht ein solcher Haken nicht ab und verwundet sowohl als die umschmeißende Leiter mehrere Menschen. Nicht zu gedenken, daß ohne diesen Unfall eine Leiter mit ihren Rollen oder Hervorragungen in einem Fenster oder Vorsprung hängen bleiben kann.

Am meisten geschieht dieses, wenn sie zu steil gerichtet sind. Sie ist aber auch ebenso gefährlich, wenn sie zu weit abgesetzt wird, weil sie alsdann desto leichter durchbrechen und immer 8 bis 10 Personen unglücklich machen."

Der Nachteil der Steckleiter, nämlich die Unmöglichkeit der sicheren Besteigung größerer Höhen sowie der Zeitverlust beim Zusammenstecken ließ den Wunsch nach Leitern entstehen, die bei schneller Betriebsbereitschaft das Ersteigen größerer Höhen erlaubten.

Bahnbrechend für die weitere Entwicklung der Leitern ist zweifellos die Erfindung der aufeinandergleitenden Holmen. Bekannt ist, daß der Münchner Stellmacher Bürner im Jahre 1761 eine solche Leiter gefertigt hat, die speziell dem Einsatz der Feuerwehr diente. Während bei diesen ersten Leitern durch ein Seil oder durch den besteigenden Feuerwehrmann die Leiter ausgeschoben wurde, wurden erst gegen Ende des 18. Jahrhunderts Winden zum Ausziehen angewandt. Die Leitern wurden auf einfachen Wagen aufgebaut und damit fahrbar gemacht. Die ersten sehr beachtlichen Leitern dieser Art wurden im Jahre 1806 mit einer Steighöhe von 15 Meter durch Haller & Hortin in Bern hergestellt und als Berner Leiter bekannt. Weniger bekannt ist, daß zur gleichen Zeit durch einen Wagnermeister Lange für die Gemeinde Baden bei Zürich eine auf einem zweirädrigen Fahrgestell drehbar aufgebaute zweiteilige Schiebeleiter gefertigt wurde, die sich von Hand aufrichten und mittels einer Winde ausziehen ließ. Es handelte sich hier um die erste bekanntgewordene Drehleiter. Unabhängig davon wurde eine ganz ähnliche Konstruktion von dem Wagnermeister Scheck für die Stadt Knittlingen bei Bretten im Jahre 1808 geliefert, die bereits eine Verspannung der Oberleiter aufwies, nach jeder beliebigen Seite gedreht, aufgerichtet und ausgezogen werden konnte. Die Leitern waren so gut gefertigt, daß sie als Prototypen bei den betreffenden Feuerwehren mehr als 100 Jahre treue Dienste leisteten.

Es ist erstaunlich, daß derart vorteilhafte Leitern damals nicht mehr Eingang bei den Feuerwehren gefunden haben und es nahezu 75 Jahre dauerte, bis erstmals wieder Drehleitern gebaut und allgemein zur Einführung kamen.

Es ist zweifellos ein großes Verdienst von Conrad Dietrich Magirus, der im Jahre 1864 als Kommandant der Feuerwehr Ulm daselbst eine Feuerlöschgerätefabrik gründete und sich insbesondere mit der Entwicklung leichter freistehender Feuerwehrleitern befaßte. Seine ersten Leitern bewährten sich hervorragend, fanden allgemein Anerkennung und wurden nicht nur in Deutschland, sondern weit über die Grenzen hinaus als „Ulmer Leitern" bekannt und eingeführt.

Die Forderung auf immer höhere Leitern stellte die leiterbauenden Firmen vor immer größere Aufgaben. Man verwendete vierrädrige Fahrgestelle, die von Pferden gezogen wurden, aber im Notfall auch von Hand bewegt werden konnten. Mannigfaltig waren die Ausführungen für die Leitersätze, die durch die großen Höhen erheblichen Beanspruchungen unterworfen waren, sowie die Gestaltung der Aufrichte- und Auszugsysteme. In zunehmendem Maße mußten auch Sicherheitseinrichtungen angewendet werden, die die Leitern bei fälschlicher Bedienung vor Schaden schützten. Der große Nachteil, den diese Leitern besaßen, war, daß sie nicht drehbar waren, sondern in aufgerichtetem Zustand mit dem ganzen Fahrgestell in die Stellung gedreht werden mußten, in der sie zum Einsatz kommen sollten.

Im Jahre 1875 baute Fischer und Stahl in Nürnberg ihre erste Drehleiter und führten sie dem Magistrat zu Nürnberg vor. Obwohl diese 22 Meter hohe Leiter einen erheblichen Fortschritt darstellte, entschloß sich die Stadt Nürnberg nicht, diese anzukaufen. Sie wurde später umgebaut und diente der Leipziger Berufsfeuerwehr viele Jahre. Die Art ihrer Konstruktion war vorbildlich und fortschrittlich für die damalige Zeit. Daß nur wenige Leitern dieser Art zur Lieferung kamen, lag nicht am System dieser Leiter, sondern an der Teilnahmslosigkeit, die damals derartigen Neuerungen entgegengebracht wurde. 1878 meldete die Firma Hönig in Köln eine Drehleiter zum Patent an, bei der die Leiter auf einem drehbaren Turm aufgebaut war.

Diesen ersten Leitern folgte im Jahre 1892 die erste von Magirus gebaute Drehleiter, die für alle späteren Konstruktionen richtungweisend wurde. Diese Leiter erregte auf dem 14. Deutschen Feuerwehrtag in München im Jahre 1893 erhebliches Aufsehen. Sämtliche Leiterbewegungen konnten durch Handgetriebe sehr leicht durchgeführt werden.

In diesem Zusammenhang verdient noch eine Leiterkonstruktion Erwähnung, die von Branddirektor Schapler entwickelt war. Bei ihr wurde für das Ausziehen ein Teleskoprohrsystem angewendet. Wegen ihrer einfachen Bedienung und Bauweise war sie von vielen Feuerwehren auch im Ausland eingeführt worden. Diese Leiterkonstruktion löste auch um die Jahrhundertwende eine Auseinandersetzung über die Vorteile von Stahl- oder Holzleitern aus.

Obwohl diese Leitern mit gut übersetzten Getrieben ausgestattet waren, waren die Zeitverluste insbesondere bei Rettungsmanövern erheblich und man versuchte durch Einbau von maschinellen Einrichtungen den Antrieb zu motorisieren. Bis zur allgemeinen Einführung der Dampfmaschine und des Verbrennungsmotors sind zu diesem Zweck vielfach Kohlensäuremotoren und auch Elektromotoren verwendet worden, die von mitgeführten Batterien gespeist wurden.

Feuermelder

In den ältesten Feuerordnungen finden sich immer wieder Hinweise darüber, in welcher Form der Ausbruch eines Feuers bekanntzumachen ist. Es wurde den Bewohnern zur Pflicht gemacht, bei Ausbruch eines Feuers ein Geschrei zu machen, das dann durch Trommeln (Lärmen) weiterzugeben war und durch Läuten (Stürmen) der Glocken die Bewohner zur Hilfeleistung herbeirief. Vielfach hatten die Türmer oder die Nachtwächter die Aufgabe, den Alarm auszulösen und dafür zu sorgen, daß die Meldung möglichst unverzüglich an die in der Feuerlöschordnung verantwortliche Stelle gegeben wurde. Ein solches Alarmsystem führte häufig zu Irrtümern und es vergingen oft wertvolle Minuten und Stunden, bis ein organisierter Löschangriff zustande kam.

Die Erfindung des Telegraphen wurde sehr schnell für das Feuermeldewesen ausgenutzt. Bereits im Jahre 1851 wurde durch die Firma Siemens bei der Feuerwehr Berlin der erste elektrisch arbeitende Feuermelder eingebaut. Die Turmmelder erhielten für ihre Feuermeldung Drucktasten, mit denen sie verabredete Signale auf einer über die Häuserdächer geführten Leitung mittels kleiner elektrischer Alarmglocken abgeben konnten. Mit dieser einfachen Einrichtung begann die Einführung des Feuermeldewesens auf telegraphischem Wege. Sie wurde im Laufe der nächsten Jahre zu größerer Vollkommenheit entwickelt. Die in Berlin erstellte Anlage, die in den folgenden Jahren ausgebaut wurde, bewährte sich so hervorragend, daß alle größeren Städte diesem Berliner Beispiel folgten. Der erste Schritt zur Gewinnung wertvoller Zeit, die zwischen der Feststellung des Brandes bis zu dessen Bekämpfung lag, war damit getan und die Feuermeldeanlagen wurden zu einer unumgänglich notwendigen Einrichtung jeder Feuerwehr.

DIE MOTORISIERUNG DER FEUERWEHREN

Die Dampfmaschine

Am 19. August 1819 entschlief James Watt. Die Nachwelt errichtete ihm, dem großen englischen Ingenieur, mitten unter den Königen und Kriegshelden, Staatsmännern und Dichtern in der weltberühmten Westminster-Abtei ein Denkmal, auf dem folgendes geschrieben steht:

JAMES WATT,

der die Kraft seines schöpferischen, frühzeitig in wissenschaftlicher Forschung geübten Geistes auf die Verbesserung der Dampfmaschine wandte, damit die Hilfsquellen seines Landes erweiterte, die Kraft des Menschen vermehrte und so emporstieg zu einer hervorragenden Stellung unter den berühmten Männern der Wissenschaft und den wahren Wohltätern der Welt.

Obwohl schon im Jahre 1698 Thomas Savery ein Patent auf ein Gerät erhielt, das dazu dienen sollte „durch die treibende Kraft des Feuers Wasser zu heben und Getriebe aller Art in Bewegung zu setzen“ dauerte es fast ein Jahrhundert, bis diese Idee durch James Watt unter Mithilfe von Newcomen, Smeaton und anderen mehr zu einer brauchbaren Antriebsmaschine führte. Man war sich schon damals bewußt, welche außerordentliche Hilfsquellen der Menschheit durch diese Erfindung erschlossen wurden.

Auch die Feuerwehr machte sich diese Erfindung bald zunutze. Im Jahre 1829 bauten John Braithwaite und John Ericsson in London die erste Dampfspritze für Feuerlöschzwecke. Sie erfüllte jedoch nicht die Anforderungen jener Tage und war als „Küchenofen“ vielfach verspottet worden. Ein Mann, der seiner Zeit auch weit vorauseilte, war Paul R. Hodge, der im Jahre 1840 eine selbst fahrbare Dampfspritze baute, die 1841 erstmals schnaubend und fauchend durch die Straßen von Manchester rollte. Auf dem Brandplatz angekommen, wurde das Gefährt hochgebockt und die beiden Laufräder dienten so als Schwungräder für die Dampfkolbenpumpe. Damit war der Weg für den Bau von selbstfahrenden Feuerwehrfahrzeugen gewiesen. Es mußten jedoch auch hier wiederum 60 lange Jahre vergehen, bevor wirklich brauchbare, schnellfahrende automobile Spritzen gebaut wurden.

Erste Dampfspritzen, die erfolgreich bei Bränden eingesetzt wurden, sind in Amerika entstanden. Latta baute im Jahre 1852 in Cincinnati auf Anregung von Mills Greenwood den „Onkel Joe Ross“, eine selbstfahrbare Dampfspritze, die sich hervorragend bewährte. Sie wurde leider schon am 6. Dezember 1855 das Opfer einer Kesselexplosion. Obgleich sich die Feuerwehren gegen die Einführung der Dampfspritze wehrten und sich für die Beibehaltung der Handdruckspritze einsetzten, wurden in den folgenden Jahren in zunehmendem Maße nach dem Vorbild des „Onkel Joe Ross“ Dampfspritzen gebaut und viele amerikanischen Städte benutzten diese mit großem Erfolg.

In Europa wurden ab 1855 durch die englische Firma Shand, Mason & Co's London sehr brauchbare Dampfspritzen hergestellt. Diese Firma erreichte in der Herstellung eine solche Vollkommenheit, daß es ihr möglich war, in der zweiten Hälfte des vergangenen Jahrhunderts von England aus die ganze Welt mit Spritzen zu beliefern. Im Vergleich zu den damals üblichen Handdruckspritzen waren diese mit Dampf angetriebenen Pumpen um ein Vielfaches überlegen und sie benötigten für ihre Bedienung nur 2—3 Mann. Die Anheizvorrichtungen wurden im Laufe der Zeit vervollkommnet, daß nach einer Heizzeit von 5 Minuten bereits die volle Leistung entnommen werden konnte, wobei Fördermengen bis zu 4000 l/min bei Förderhöhen bis zu 150 m erreicht worden sind. Anstelle der Kohlenbefeuerung trat später die noch wirksamere Ölfeuerung. Diese Dampfspritzen besaßen eine außerordentliche Löschkraft und bildeten Ende des vergangenen Jahrhunderts das Rückgrat bei der Bekämpfung größerer Brände.

Die umfangreichen Lieferungen englischer Dampfspritzen nach den übrigen Ländern ließen die Hersteller von Löschfahrzeugen in Österreich und Deutschland nicht ruhen. Um 1875 wurden nach englischem Muster auch hier Dampfspritzen hergestellt, die den Vorbildern ebenbürtig waren.

Um die Zeit, die für das Anheizen erforderlich war, zu überbrücken, wurden auch Kombinationen von Handdruck- und Dampfspritzen erstellt, mit denen man zunächst nach Ankunft an der Brandstelle wie bei einer Handdruckspritze arbeitete und später auf Dampfbetrieb umschaltete. Es sind auch Spritzen bekanntgeworden, die bis zur Umschaltung auf Dampfbetrieb mit aufgespeicherter Kohlensäure arbeiteten.

Um die Jahrhundertwende wurde nach dem Vorbild von Hodge der Dampfantrieb auch zur Fortbewegung des Fahrzeuges benutzt. Im Jahre 1901 zeigte die Waggonfabrik W. C. F. Busch AG., Bautzen, eine automobile Dampffeuerspritze und 1904 ging Magirus dazu über, die ersten mit Dampfkraft angetriebenen Kraftfahrspritzen und Kraftfahrdrehleitern herzustellen. Die ersten Ausführungen besaßen noch eisenbereifte Räder, während einige Jahre später diese mit Vollgummireifen ausgestattet wurden. Mit dieser ersten fahrbaren Dampfkraftspritze und Dampfkraftfahrdrehleiter hatte Magirus den ersten automobilen Dampflöschzug der Welt gefertigt und an die Stadt Köln geliefert.

Fast zur gleichen Zeit wie die Dampfmaschine für den Antrieb der Fahrzeuge zur Einführung kam, wurde auch die elektromotorische Kraft in den Dienst der Feuerwehrfahrzeuge gestellt. Anfang dieses Jahrhunderts fiel nach langen Erörterungen die Entscheidung zugunsten der elektromobilen Löschfahrzeuge, die vielfach ihren Antrieb durch in die Radnaben eingebaute Elektromotoren erhielten. Jedoch kurze Zeit später — im Jahre 1911 — wurde der erbittert geführte Kampf um die geeignetste Antriebsart für Feuerwehrfahrzeuge zugunsten des immer mehr aufkommenden Verbrennungsmotors entschieden.

Der Verbrennungsmotor

Im Ehrensaal des Deutschen Museums in München hängt das Reliefbildnis von Nicolaus August Otto und Eugen Langen mit der Unterschrift:

> „Dem großen Erfinder und dem hervorragenden Ingenieur verdankt die Welt die ersten ausschlaggebenden Fortschritte auf dem Gebiet der Verbrennungskraftmaschinen. In gemeinsamer Arbeit wurden von ihnen die Grundlagen gelegt zu der gewaltigen industriellen Anwendung der Explosionskraftmaschinen, die uns zum Automobil und Flugzeug führten."

Im Jahre 1876 lief der erste von Otto gestaltete Verbrennungsmotor nach dem Viertaktverfahren als eine derjenigen Schöpfungen, durch die der Welt vollständig neue Wege erschlossen wurden. Daß diese nicht ohne Einfluß auf die Weiterentwicklung der Löschgerätetechnik blieb, war das Verdienst vieler nachfolgender Ingenieure und Techniker. Neben und mit Otto arbeiteten an der weiteren Vervollkommnung die Ingenieure Daimler und Maybach, deren Verdienst es ist, diese Motorenart für das Automobil brauchbar gemacht zu haben.

Mit der Einführung der Verbrennungskraftmaschine und der Einführung der Kreiselpumpe war der Weg für den Bau der Kraftfahrspritzen und moderner Löschgeräte vorgezeichnet. Bevor es jedoch so weit war, mußten verschiedene Zwischenstufen durchlaufen werden.

Heinrich Kurtz, Stuttgart, stellte im Jahre 1888 auf dem 13. Deutschen Feuerwehrtag zu Hannover die erste Benzinmotorspritze zur Schau. Als Antrieb für die

Kolbenpumpe diente ein Daimler-Motor, der innerhalb drei Minuten betriebsfertig gemacht werden konnte. Das Motorpumpenaggregat war auf einem vierrädrigen Fahrgestell aufgebaut, welches von Pferden gezogen werden konnte. Mit der Einführung der elektrischen Zündung durch die Erfindungen von Bosch konnten die Motoren rascher angelassen werden, was gerade für Feuerlöschfahrzeuge von besonderer Bedeutung war.

Auch Magirus hat sich schon frühzeitig für den Antrieb seiner Pumpen der Verbrennungskraftmaschine zugewandt und zeigte auf dem 14. Deutschen Feuerwehrtag in München im Jahre 1893 seine erste Kraftspritze, bei der ebenfalls eine Kolbenpumpe durch die Kraftmaschine angetrieben wurde. Die Kolbenpumpen hatten den Vorzug, daß sie selbstansaugend waren, während das Ansaugen bei den bis dahin bekannten Kreiselpumpen erhebliche Schwierigkeiten bereitete. Um diese zu beseitigen, versuchte man als nächsten Schritt die Verwendung schnell laufender Rundlauf- oder Kapselpumpen, die damit erzielten Ergebnisse waren jedoch nicht voll befriedigend. Durch die Anordnung besonderer Ansaugpumpen wurde die Kreiselpumpe auch für das Feuerlöschfahrzeug brauchbar gemacht und etwa im Jahre 1910 allgemein wegen ihrer großen Einfachheit und Betriebssicherheit eingeführt.

Wenn auch die ersten automobilen Fahrzeuge noch etwas schwerfällig waren und nicht die heute gewohnten Geschwindigkeiten aufwiesen, so bedeutete doch ihre Einführung einen wesentlichen Fortschritt in der Brandbekämpfung. Es ist unmöglich, im Rahmen dieser Abhandlung all der vielen Ingenieure und Hersteller zu gedenken, die ihren Teil zu der neuzeitlichen Entwicklung der Löschfahrzeuge und motorisierten Geräte beigetragen haben.

Mit der zunehmenden Verwendung des Automobils im Nutzfahrzeugbau nach dem ersten Weltkrieg wurden auch für die Feuerwehren viele Fahrzeugtypen entwikkelt, die den Löscheinsatz beschleunigten. Die meist offenen Aufbauten gestatteten außer der Unterbringung der Löschmannschaft auch die Mitführung von Armaturen und Schläuchen. Die Mehrzahl der Fahrzeuge war mit Kreiselpumpen ausgerüstet, die eine Leistung von 1000—2500 l/min besaßen; vielfach wurde auch Löschwasser für den ersten Einsatz mitgeführt.

Kennzeichnend für die Jahre nach 1930 war der Übergang auf geschlossene Bauformen bei den Löschfahrzeugen. Die Mannschaft sowie die Geräte wurden in vollständig geschlossenen Räumen untergebracht. Diese in Deutschland begonnene Entwicklung war vorbildlich für den Bau von Löschfahrzeugen in der ganzen Welt.

Die Einführung der Verbrennungskraftmaschine für den Antrieb von Feuerlöschpumpen ermöglichte auch die Motorisierung der kleineren Feuerwehren auf dem Lande. Bereits im Jahre 1910 zeigte die Firma Rosenbauer, Linz, eine kleine tragbare Kraftspritze, deren Pumpe durch einen Verbrennungsmotor angetrieben war. Mit der Erfindung des Zweitaktmotors und dessen Einbau in kleine Aggregate konnte eine leichte tragbare Motorspritze geschaffen werden, die eine ebensolche Leistung hatte, wie eine von 16 Mann betätigte Handdruckspritze. Auf kleinen Anhängen für Hand- und Kraftzug untergebracht, bedeuteten diese Kleinmotorgeräte dem ländlichen Brandschutz eine bedeutende Hilfe.

Conrad Dietrich Magirus, Ulm

Fabrikant

Feuerwehrkommandant und Organisator der Freiwilligen Feuerwehr

Von Hans G. Kernmayr

In den Briefschaften wurde nie von einem kleinen Conrad Dietrich, geboren am 26. September 1824 in Ulm, gesprochen, sondern immer von einem Sprößling, der, kaum zur Welt gekommen, eine beachtenswerte Größe aufgewiesen habe. Er war schon bei der Geburt ein schwerer Brocken. Seit vielen Generationen hatten die Magirus den ersten Sohn auf „Conrad Dietrich" taufen lassen. An Größe, Wendigkeit und Klugheit überragte Conrad Dietrich die Buben und Mädchen in der Schule.

Der Lehrer Schwäble, die Buben wußten, daß er gerne lachte und immer voll frohen Mutes war, hatte eine wahre Freude an Conrad Dietrich. Er ließ ihn gern zu Worte kommen. Kerzengerade stand dann der junge Magirus, den Blick geradeaus zum Schulmeister, wenn er aufgerufen wurde, um über die schöne Stadt Ulm etwas zu berichten, von der Donau, die Jahr um Jahr dem Schwarzen Meer zustrebt, zu erzählen. Conrad war ein echtes Ulmer Kind, das zweitälteste aus der Ehe Conrad Dietrich Magirus und Frau Susanne Christine, geb. Hocheisen. Auf das Büble Conrad schauten die ältere Pauline und die jüngere Schwester Johanna voll Stolzes. Conrad konnte traurige und schlechtgelaunte Menschen zum Lachen bringen. Mutter Susanne erzählte ihm:

„Jeden Morgen, wenn du das schöne Münster siehst, spürst, daß der liebe Herrgott dir und allen Menschen einen Tag geschenkt hat, mußt du glauben, du bist im Himmel. Denn: es hätte auch kein Tag kommen können. Es wäre schwarz um dich gewesen, schwarz wie in der Hölle."

Das Magirus-Büble war ob seiner Natürlichkeit, seiner Liebenswürdigkeit und seines Gerechtigkeitssinnes in der Schule sehr beliebt. Die Stadt, die ihn geboren, die Straßen, die Plätze und die kleinen Gäßchen durchwanderte er voll Liebe. Er wußte, daß Ulm einstens zur Königspfalz gehörte, seit 1155 bis 1802 eine deutsche Reichsstadt war, daß daraus Künstler und gewichtige Männer in die weite Welt gingen, daß im Jahre 1377 mit dem Bau des großen Münsters begonnen, daran hundertsechsundsechzig Jahre gebaut wurde. Dazu einen himmelnahen gotischen Turm. Gold und Silber, alte Skulpturen, Kostbarkeiten waren bei den Handelsherren, Kaufleuten und Handwerkern zu finden. Die Stadt war voll Reichtümer. Die Ulmer, aufgeschlossen, hatten den weltweiten Blick für Handel und Gewerbe. Auf dem Rücken der Donau kamen die Waren, wurden in Ulm gestapelt, umgeladen und weitergeleitet. Im Jahre 1810 kam die Stadt Ulm unter Württembergs König.

Dem Buben Conrad, ob Winter oder Sommer, galt sein erster Weg zur Donau. Er machte diesem Strom seine Aufwartung. Stolz standen die Schiffseigner bei ihren dickbauchigen Ulmer Schachteln. Vor aller Augen wurden die Lasten ausgebreitet. Von weit her kamen die Türken, Rumänen, Bulgaren, Slowaken, Österreicher. Fleißige Hände trugen Säcke um Säcke, Kisten um Kisten von den Schiffen an das Land und vom Land auf die Schiffe. Voll waren die Lastkähne, satt die Menschen.

Langeweile kannte Conrad nicht. Zur Überraschung des Schulmeisters Schwäble und der Schüler erzählte er, daß die Familie Magirus mit vielen berühmten Männern des Schwabenlandes wie Schiller, Hölderlin und Uhland verwandtschaftliche Beziehungen hätte. Schon früh hatte sich Conrad mit der Chronik der Familie Magirus befaßt. Da gab es vor einigen hundert Jahren in Backnang einen Zimmermann Johann Koch, der einen Sohn hatte. Dieser Sohn habe den ererbten Namen, es war die Zeit des Humanismus, in das Griechische übersetzen lassen und die Endung lateinisiert. Es galt als vornehm und gebildet, einen lateinisierten Namen zu tragen. Da gab es Stiftsdiakone, Superintendenten, Äbte und Magnifizenzen, die den Namen Magirus trugen und eifrige Streiter der christlichen Reformation waren. Das Magiruswappen wies zwei Sterne und zwei gekreuzte Löffel, darüber einen gelehrten Mann auf. Bei der Wahl ihrer Frauen waren die Magirus gut beraten. Mit Stolz bekannte Conrad, daß er den Spruch „Die Ulmer sind gute Mathematiker" kenne. Der Sohn eines Webers, namens Faulhaber, arm, hatte sich als Rechenmeister einen großen Namen geschaffen. Viele Ulmer spotteten: „Die Mathematik liegt bei den Kaufleuten, damit sie ihren Mitmenschen bei Lebzeiten die Haut abziehen können." Die Faulhaber stellten ihre Rechenkünste der Wissenschaft zur Verfügung. Es war eine natürliche Sache, daß Baumeister und Mathematiker bei den Ulmer Festungsbauten gebraucht wurden. Der tüchtige Rechenmeister Faulhaber, so steht es in der Städtischen Chronik zu lesen, habe manch Beachtliches auf dem Gebiet der Logarithmenlehre und technischen Erfindungen geleistet. Er wurde nicht reich, er starb, wie er lebte, arm. Die Faulhabers waren Festungsbaumeister, Artilleristen, Pioniere, Ärzte, Juristen, Gottesdiener in Ulm, Eßlingen und in ganz Württemberg. Der Sinn für Mathematik hatte sich auf die Verwandtschaft Magirus vererbt. Auch auf Conrad Dietrich.

Conrad brauchte keinen Hinweis auf eines der zehn Gebote Gottes: „man solle Vater und Mutter ehren". Die Eltern waren für ihn höhere Wesen. Er wurde weder von seiner Mutter noch von seinem Vater verzärtelt, hing nie an der Schürze seiner größeren Schwester, war kein Stubenhocker, war bei Schabernack Anführer. Wenn in der Nähe der Hirschenstraße, Ecke Ulmergasse, dort er wohnte, eine Fensterscheibe, wenn diese auch eine krummgebogene Butzenscheibe war, klirrte, war es der Conrad vom Kolonial- und Manufakturwarenhändler Magirus, der sie eingeworfen hatte. Sein aufgeschlossenes Wesen verschaffte ihm viele Freunde. Um Rede und Antwort war er nie verlegen. Mutter Susanne drückte ihren Buben Conrad eng an sich, streichelte sein Haar, schaute ihm lang in die Augen.

Die besorgte Frau riet: er möge sich nicht hervortun, nicht in der Schule, nicht auf der Straße, damit der Neid ihn nicht verfolge.

Der Vater war der Meinung, was Conrad sage und täte, sei richtig.

„Laß die Leute reden! Allen Menschen recht getan ist eine Kunst, die niemand kann. Der Bub soll so sein, wie er ist und auch so bleiben."

Dem Vater war es lieber, der Conrad wirkte als aufgeweckter Bursche, als daß man sage, er wäre ein Dummkopf, wäre verlogen, faul und träge.

„Der Bub wird sich schon durchsetzen. Auch gegen die Neider. Wo liegt das Land, wo es keine Feinde gibt. ‚Viel Feind — viel Ehr'!"

Vater und Mutter Magirus und der unbeweibt gebliebene Onkel Heinrich führten in dem mit dicken Mauern aufgebauten Doppelhause in der Hirschengasse, Ecke Ulmergasse, ein gutgehendes Kolonial- und Manufakturwarengeschäft. Sie standen sich gut. Keiner war dem andern im Wege. Es hieß, Bruder Heinrich sei weiberscheu. So war es nicht. Er hatte eine große Liebe hinter sich. Das Mädchen, das er liebte, war eine hochgeschätzte und ehrsame Jungfer, die ihm mit großer Liebe als Gattin folgen wollte. Von einem Tage zum andern wurde sie von einer bösen Seuche überfallen. Ob es die Pest oder Cholera war, die Ärzte wußten es nicht. Sie ließen zur Ader, purgierten, versuchten es mit heißen und kalten Umschlägen. Dem lieblichen Mädchen war nicht zu helfen. Sie magerte ab und starb mit geistlichem Zuspruch versehen.

Onkel Heinrich blieb seinem Bruder ein treuer Kompagnon und seiner Schwägerin und den Kindern ein helfender Freund. Als Mutter Susanne ihr erstes Kind bekam, es war kein Stammhalter, sagte er tröstend: „Der erste Bub ist immer ein Mädchen."

Dieser Trost tat der Frau im Wochenbett gut. Das zweite Kind, das Mutter Susanne zur Welt brachte, war ein Bub. Er wurde auf den Namen Conrad Dietrich getauft. Mit allen Sorgen und Nöten kamen die Kinder zu Onkel Heinrich. Er hatte immer ein gutes Wort auf den Lippen. Konnte mit Säge, Hammer, Meißel und Hobel umgehen, wußte viel zu erzählen. Der Onkel mußte die Geschichte vom Ulmer Spatz erzählen: „Da waren dumme Männer an der Arbeit, die wollten einen langen Holzbalken, der Breite nach, durch das Münstertor tragen. Es gelang ihnen nicht. Das Tor war zu klein. Was anfangen? Der Holzbalken mußte durch das Tor. So dachten sie hin und her. Der Tag verging. Sie wußten sich keinen Rat. Ein kleiner Spatz kam angeflogen. Es war die Zeit zum Nisten. Einen langen Strohhalm hielt er im Schnabel. Was tat der Spatz? Er flog mit dem Strohhalm, diesen der Länge nach im Schnabel haltend, durch das Münstertor. Da riefen sie alle: „So muß man es machen!"

Das Schwörhaus war eines der schönsten Häuser in Ulm. An den Gemäuern außen und innen Figuren und Ornamente. In dieses Haus kamen Ulmer und Fremde, um Wichtiges zu besprechen. Unter Anrufung Gottes bekräftigten sie, was ihnen am Herzen lag. Ein arges Schadenfeuer fiel über die Stadt. Der Turm- und Feuerwächter hatte das Horn noch nicht an den Mund gebracht, um den Ulmern zu kündigen, daß sich der Rote Hahn auf die Dächer gesetzt habe, standen ganze Straßenzüge schon in Flammen. Mit den Menschen verbrannten Hunde, Katzen, Pferde, Kühe, Ochsen, Schweine, Lämmer, Hühner, Enten, Gänse.

Es gab einige Ulmer, die dieses Schadenfeuer als eine Strafe Gottes auffaßten. Die guten Sitten seien gelockert. Frauenzimmer seien aus Venedig mit glitzerndem Zeug gekommen, hätten mit ihren Tänzen und Gesängen einen lockeren Lebenswandel in die Stadt gebracht. Auch von Hexen, die das Feuer herbeigezaubert hätten, wurde gesprochen. Wer waren die Brandstifter? Waren es die Muselmänner, die Levantiner, Männer unter den Schiffern, herumtreibende Vagabunden, die sitzengelassenen Frauenzimmer?

Onkel Heinrichs Tod traf Conrad schwer. Er hing sehr an diesem guten Onkel.

In der Hirschengasse im Hause Magirus hatte sich Pauline, die älteste der drei Geschwister, entschlossen, den Kaufmann Karl Langensee, der schon seit Jahren in Neapel ein Exportgeschäft sein eigen nannte, als Frau zu folgen. Hochzeit! Welch Aussicht auf Ulmer Zuckerbrote, auf Backwerk aller Art, auf Braten vom Rind, Schwein und Kalb in großen Pfannen, auf Honigkuchen und süßen Met, Wein aus dem Süden, stark gebrautes Bier. Karl Langensee war ein braver, war ein vermögender Mann, kannte viel von der großen Welt, wußte von Handel und Wandel in vielen Ländern. Er kannte Kapitäne, Reeder, Handelsherren. Sein Wort war bares Geld. Er war elegant, ein Weltmann. Die Geschichte vom Schneider von Ulm erfuhr Conrad von seinem Schwager.

Ein armseliges Schneiderlein tat den Ulmern und allen, die es im Lande hören wollten, kund und wissen, daß er am soundsovielten um eine bestimmte Glocke über die Donau fliegen wolle. Öffentlich wurde vermerkt, dieser Schneider sei verrückt, ein Betrüger oder vom Teufel besessen.

Neugierige und Schaulustige kamen in Scharen. Was gehen und krauchen konnte, auch die aus dem Siechenhaus, war unterwegs. Sogar die Mütter mit ihren Säuglingen. Sie hatten zum Essen und Trinken mitgenommen. Ohne Scheu gab eine Mutter dem Säugling die Brust. Ein alter Mann wimmerte:

„Ich tät' mich der Sünden fürchten! Ich tät' mich der Sünden fürchten!"

Der Schneider von Ulm war kein Narr, auch nicht vom Teufel besessen. Er war ein gläubiger Christ. Seine Gedanken reichten weiter als Nadel und Zwirn. Winters und sommers hatte er den Vögeln das Fliegen abgeschaut. Er wollte, daß sich die Menschen von der Erde erheben wie der Vogel in der Luft.

„Wer fällt, fällt tief, wer fliegt, fliegt hoch!"

Das Schneiderlein hob die geflügelten Arme und stürzte in die Tiefe.

Es war ein ehrenwertes Gewerbe, in welches Conrad Dietrich Magirus auf Wunsch seiner Eltern eintrat.

Die Leinen- und Barchentweberei Schwabens hatte lange Tradition aufzuweisen. Die Weberzünfte gehörten zu den reichsten und angesehensten Genossenschaften. Die Tuchherstellung ging trotz ihrer großen Bedeutung und wegen ihrer guten Qualität im allgemeinen über die Deckung des einheimischen Bedarfes nicht hinaus. Für den Handel viel wichtiger war die Leinenweberei und die Herstellung von Barchent. Die Hauptplätze für den Leinenhandel waren Augsburg und Ulm. Der Barchent war kein reines Baumwollgewebe. Die dünne Faser war noch nicht zu verspinnen, sie wurde nur als Einschuß benutzt. Als Kettengarn nahm man Leinenfaden. Die erste Baumwolle wurde durch die Araber von Unteritalien und Spanien nach Deutschland eingeführt. Den Transport übernahm Venedig. Die Barchentweber bildeten in Ulm eine feste Organisation, die nicht nur die Herstellung der Waren scharf überwachte, sondern auch den guten Ruf, den die Ulmer Erzeugnisse sich erworben hatten. Die Zunft nahm nicht viele Mitglieder auf. Es galt als eine große Ehre, in der Tuchmacher- und Barchentweberzunft aufgenommen zu werden. Man brauchte einen Bürgen, um in die Zunft der Leinen- und Tuchweber aufgenommen zu werden. Das Ulmer Bürgerrecht mußte man erwerben. Nach fünf Jahren Stadtzugehörigkeit konnte man das Zunftrecht erhalten.

Die Schwester Pauline sah es nicht ungern, daß ihr Bruder Conrad nach Neapel kommen sollte. So schön der Süden, so sehr sie dem Karl in Liebe zugetan, so sehr würde sie nach der Heimat Sehnsucht haben. Sehnsucht nach Vater und Mutter, nach der schönen Stadt Ulm, nach ihren Geschwistern, nach allen Menschen, denen sie von Herzen gut war. Der jungvermählte Ehemann erzählte:

„In Italien wachsen Zitronen, blühen Oleander, der Himmel immer blau, die Sonne jahraus, jahrein zu spüren."

Conrad schrieb auf einen Bogen hellblauen Zuckerhutpapier:

„Schwager Karl hat gesagt: ‚Wer etwas werden will, muß Herz, Aug' und Ohr offenhalten; muß viel sehen, viel hören, damit das Herz reich wird'."

Vater und Mutter, Schwester und Schwager glaubten, daß aus dem Buben Conrad etwas Besonderes werden würde.

Als Pauline mit ihrem Gatten Karl Ulm verließ, gab es im Hause Magirus lautes Geheule. Die Frauen und Mädchen in der Nachbarschaft konnten es nicht verstehen, warum Mutter Susanne weinte. Sie solle froh sein, daß sie eine Tochter unter die Haube gebracht habe.

In der Kolonial- und Manufakturwarenhandlung Magirus konnte jedermann, was er zum täglichen Leben brauchte, ob es Eßbares oder zum Anziehen war, auch alles Handwerkszeug, preiswert kaufen. Wolle, Seide und feinstes Tuch lagen in den Gewölben.

Conrad brachte gute Schulzeugnisse nach Hause. Der Vater überlegte lange mit seiner Frau, ob man dem Conrad ein geistliches oder ein juristisches Studium zukommen lassen solle. Conrad wollte vom Studium nichts wissen. Die Welt wollte er sehen. Wäre es nach ihm gegangen, hätte er sein Ränzel gepackt.

„Mein Sohn", sprach der Vater zu Conrad, „so geht es nicht. Du mußt ein Handwerk lernen."

Mutter Susanne war auch Vaters Ansicht.

„Der Bub ist viel zu jung, um in die Welt zu gehen. Und — das Tuchmachergewerbe hat einen goldenen Boden."

Die Lehrzeit war für Conrad hart. Zu verdienen gab es dabei kaum. Dafür war der Tag lang. Er mußte frühmorgens gleich nach dem ersten Hahnenschrei aus dem Bett, die Fenster vor den steinernen Gewölben öffnen, mit Reisigbesen den Boden blitzblank kehren, Dochte in Lampen und Kerzen schneuzen, Gänsekiele zurechtschneiden, mußte dem Gesellen zur Hand gehen.

„Alles soll er von Grund auf lernen", sprachen Vater und Mutter, „eines Tages wird er unser Geschäft übernehmen. Mit großen Buchstaben wird zu lesen sein: ‚Conrad Dietrich Magirus, Kolonialwaren, Manufakturen, Tuche, Seiden, Robes und Modes'."

Conrads Eltern hielten sich an den bürgerlichen Aufschlag, legten Silberlinge zurück, um in Notzeiten niemandem zur Last zu fallen.

Es kam der Tag, an dem der erfolgreiche Exportkaufmann Karl Langensee aus Neapel das Reisegeld schickte, für Conrad war die Stunde des Abschieds gekommen. Ein schwerer Abschied. Manches Tränlein rann über Conrads Wangen. Mit guten Wünschen und Gottes Segen verließ er Eltern, Verwandte und Ulm. Er versprach, wenn er die Welt geschaut, zurückzukommen.

Das Meer! Welch ein Anblick! Die vielen Schiffe. Die Menschen voll Lebensfreude. Menschen aus aller Welt.

Goldglänzende Pomeranzen, Zitronen, Blumen! Alles neu für Conrad.

Schwager und Schwester nahmen Conrad per Schiff mit nach Pompeji. Säuberlich schrieb Conrad in sein Tagebuch:

„Im Jahre 79 nach Christi war es. Die aufblühende Stadt Pompeji mit fünfzehntausend Einwohnern wurde vom feuerspeienden Vesuv zerstört. Erst im Jahre 1748 wurde die Stadt unter der Lava wieder entdeckt. Die Straßen, die ich durchwandert habe, sind schmal. Viele nur zweieinhalb Meter breit. Die Häuser waren einstöckig und von Stein, mit Platt- und Hohlziegel gedeckt. Bei den höheren Häusern waren die oberen Stockwerke aus Holz."

Der Besuch Roms war auch im Tagebuch vermerkt:

„Kaiser Nero hatte die Stadt in Brand stecken lassen. Stadt und Menschen verbrannten. Feuerlöschrequisiten waren Eimer, Leitern, Stangen, Decken, Körbe, Schwengel, Besen und Lappendecken. Das Wasser wurde in Kanälen nach Rom geleitet. Nero schob alle Schuld den Christen zu. Diese wurden angezündet, liefen brennend durch die Trümmerstadt, wurden wilden Tieren zum Fraß vorgeworfen."

Karl Langensee führte ein großes und gepflegtes Haus. Er war Gastgeber im großen Stil. Kaufleute, Schiffseigner kamen mit ihren Frauen. Er war ein Freund von guter Musik, guten Büchern und Gemälden. Conrad hörte zu, gab wohlüberdachte Antworten. Er war sehr beliebt und machte eine gute Figur. Der dunkle Flaum um Lippe und Kinn stand ihm gut. Er beherrschte bald die Landessprache.

Die Mädchen und Frauen von Neapel staunten, wenn Conrad seine Kraft spielen ließ. Er war stark und gewandt. „Bello tedesco — schöner Deutscher" wurde er gerufen. Schwester Pauline bekam rote Wangen, lachte, gestand ihrem Gatten, sie liebe ihn noch viel mehr, weil Conrad ein Stückchen Heimat gebracht habe. Karl Langensee nahm seine Frau in die Arme:

„Was schön auf dieser Welt ist, soll Dir gehören."

Die Schwester neckte ihren Bruder:

„Gefällt Dir keine von den schönen Mädchen in Italien?"

„Nein."

„Weißt Du ein Mädchen, das Dir besser gefällt?"

„Ja."

„Wer ist die Glückliche?"

„Ein Mädchen aus Ulm."

„Wie heißt sie?"

„Pauline."

Der Schwager lachte:

„Meine Frau?"

„Nicht Deine Pauline. Eine andere Pauline."

Schwester und Schwager ließen nicht locker. Conrad mußte erzählen, wer diese Pauline sei.

„Pauline Egelhaaf."

„Egelhaaf, Egelhaaf?"

Sie kannte Egelhaaf. Es waren Ulmer Kaufleute. An ein Mädchen Pauline konnte sie sich nicht erinnern.

„Das kannst Du auch nicht. Als Du mit Karl Ulm verlassen hattest, war Pauline ein kleines Mädchen."

„Weiß Deine Pauline, daß Du sie liebst?"

„Vielleicht — —?"

Da mußten die Langensee herzlich lachen. Die Schwester legte ihren Arm um den Bruder.

„Du lieber, guter Conrad, wann wirst Du Pauline Deine Liebe gestehen — —?"

„Wenn ich etwas geworden bin."

„Das wird aber noch lange dauern."

„Ich glaube nicht."

Dann sprach Conrad aus, was ihn schon lange drückte. Er wolle heim zu den Eltern, heim nach Ulm. Was er geschaut und was er gelernt, wolle er zu Hause verwerten.

Die Schwester war erschrocken. Karl tröstete seine Frau:

„Verliebte darf man nie aufhalten. Du mußt Conrad ziehen lassen."

Der Abschied von Neapel fiel Conrad nicht leicht. Die Stadt am Meer hatte ihr schönstes Kleid an. Tag und Nacht. Ishian, Sorrent, Capri. Die heiße Erde! Die blaue Grotte! Conrad nahm Abschied, kaufte für Vater, Mutter und Johanna Geschenke. Auch für Pauline Egelhaaf. —

Der Schwager fragte:

„Haben Deine Augen viel gesehen?"

„Ja."

„Haben Deine Ohren viel gehört?"

„Ja."

„Ist Dein Herz reich?"

„Ja!"

Conrad fuhr nach Hause.

Im Süden Tirols hörte er wieder deutsche Worte, sah er Berge und Almen; die Dolomiten, den Rosengarten. In Madonna di Campiglio machte er kurze Rast. Es ließ sich dort gut ruhen. Heiter waren die Menschen. Lange stand er vor einem Bild: „Die Madonna geht über eine blühende Wiese". Er fuhr weiter nach Innsbruck, München, Augsburg, Ulm. Er grüßte die Donau, das schöne Münster, die Häuser. Mutter Susanne erwartete den Sohn. —

„Mutter! Liebe Mutter!"

Der Vater hatte, wie es in der Geschichte des verlorenen Sohnes steht, ein Kalb schlachten lassen, den besten Wein auf den Tisch gestellt, knusprige Laugenbrezeln backen lassen und alle, die dem Sohne gut waren, eingeladen. Auch Paulines Eltern, den hochgeachteten Kaufmann Karl Egelhaaf mit Frau und Tochter.

Pauline war schön. Die Augen gütig, die Haare in der Mitte gescheitelt.

Für Pauline hatte Conrad eine große Muschel mitgebracht.

„Du hörst das Meer darin rauschen."

Pauline legte die Muschel an das Ohr. Sie hörte das Meer rauschen, sie hörte Conrad:

„Schön bist Du geworden."

Sie schmiegte sich an die Mutter:

„Er kann wunderschön erzählen."

Conrad erzählte die ganze Nacht. Die Sonne stand über Ulm. Der Vater war nicht aus den Kleidern gekommen.

Der Tag kam. Conrad mußte beweisen, daß er gelernt habe, auf dieser Welt bestehen zu können.

Der Vater merkte bald, daß dem heimgekehrten Sohn die Gewölbe in der Hirschenstraße zu klein geworden seien.

Conrad überragte alle Erwachsenen an Größe. Er trat den Turnern bei. Ein Mann namens Pfänder betreute die Turner geistig und körperlich. Dieser Mann nahm Conrads Handschlag entgegen.

Der junge Magirus fühlte sich im elterlichen Geschäft nicht wohl. Wie anders war es in Neapel bei Karl Langensee. Da ging es um Schiffsladungen. Um Hunderte von Tonnen. Hohe Summen standen auf dem Spiel. Die Banken stellten Akkreditive. Zugegeben: Vaters Geschäft nährte die Familie. Ein Hausknecht und eine Magd wurden entlohnt. Es lag auch Geld auf der hohen Kante. Einmal in der Woche gab es Fleisch, freitags Fisch, sonntags Huhn oder Wildbret. Auch Wein wurde bei festlichem Anlaß getrunken, Kuchen gebacken. Alles recht und schön! War es falsch, daß Conrad die große Welt schauen durfte, daß er wußte, wie es in Rom, Genua, Neapel, Venedig und München zuging! Es machte ihm keine Freude, hinter dem Verkaufstisch zu stehen, mit der Elle das Tuch zu messen, schneeweißes Mutschelmehl in die Tüte zu schaufeln, Wachskerzen mit Honiggeruch anzubieten.

„Er will höher hinaus."

Der Vater war anderer Meinung.

„Der Conrad wird gleich uns sich sein tägliches Brot in der Kolonial- und Manufakturwarenhandlung verdienen."

Mutter Susanne braute sich eine große Tasse Kaffee, ließ Zucker darin vergehen, goß Milch dazu. Sie weinte. Sie litt, daß Conrad nicht glücklich war. Der einzige Bub in der Familie hatte keine Freude am väterlichen Geschäft. Nie würde er die Enge der Hirschengasse ertragen. Auch Frau Susanne wollte einstens aus der Enge ihres Elternhauses heraus. Vor Jahren, als der Gatte sie freite, als sie die Jungfer Hocheisen war, glaubte sie, wenn sie das väterliche Gewölbe verließe, käme sie in eine andere Welt. Sie kam wieder in ein Gewölbe. Die Pauline hatte es gut getroffen! Warum schrieb die Tochter, das Herz breche ihr vor Heimweh?

Ein höherer Magistratsherr warnte Vater und Mutter Magirus. Er hatte ihnen vertraulich und freundschaftlich erzählt, daß weder der König noch die Minister noch die Herren Räte es gerne sähen, daß Conrad sich mit den Turnern verbunden habe. Diese Männer forderten Freiheit. Auch den Kirchen wollten sie ihren Gehorsam verweigern. Wollten die Eltern, daß der Sohn Unglück über das Haus in der Hirschenstraße bringen würde? Laut und vernehmlich riefen die Turner in allen Straßen, man müsse Schluß mit dem verzopften Beamtentum machen.

Der Vater schmauchte an seiner langen Weichselholzpfeife:

„Was sein muß, muß sein. Die Jugend muß sich austoben."

Wenn die Turner angetreten waren, um zu zeigen, was sie körperlich leisteten, wenn sie zeigten, daß sie Lob und Tadel ertragen konnten, dann war es nicht das Schlechteste, daß sich Conrad diesen Menschen angeschlossen hatte. Conrad war mit Leib und Seele Turner. Er lernte viele Leute kennen. Er erfuhr, daß im badischen Lande, im schönen markgräflichen Städtchen Durlach der Stadtbaumeister Christian Hengst mit den Turnern ein freiwilliges Feuerwehrkorps gebildet habe. Die Idee zu dieser Gründung habe ein Heidelberger gehabt, der Mechanikus Carl Metz, der Feuerspritzen und alles, was mit der Feuerbekämpfung zusammenhänge, herstelle. Ohne viel Geld in der Tasche zu haben, habe dieser eine neue Feuerspritze auf zwei Rädern hergestellt. Conrad war ein eifriger Zuhörer. Die Bekämpfung des Feuers lag ihm am Herzen.

1893
Erste Kraftspritze

1904
Kraftdrehleiter

Große Feuerwehrleiter
(Magirus)

Wappen der Familie Magirus

Magirus-Werk G. m. b. H.
Berlin-Tempelhof, Bessemer-Straße 2

Montageband – Motorenbau
Klöckner-Humboldt-Deutz AG.
Werk Ulm (Magirus)

Klöckner-Humboldt-Deutz AG.
Werk I, Ulm (Magirus)

Klöckner-Humboldt-Deutz AG.
Werk II, Ulm (Magirus)

Montageband Motorenbau
Klöckner-Humboldt-Deutz AG.
Werk Ulm (Magirus)

Fahrgestellmontag
Klöckner-Humbold
Deutz AG.
Werk Ulm (Magir

Werner von Siemens

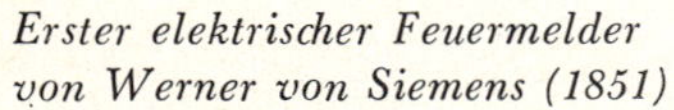

Erster elektrischer Feuermelder von Werner von Siemens (1851)

Aus den Anfängen der Motorspritze

Daimler-Feuerspritze mit 6-HP-Benzinmotor im Jahre 1892

Die Daimler-Feuerspritze mit 6 HP Motor erzeugt einen Wasserdruck von 7 Atmosphären, liefert pro Minute ca. 300 l Wasser und wirft mit einem Mundstück von 15 mm einen Wasserstrahl von ca. 30 m Höhe. Das Gewicht beträgt ca. 1425 kg. (Aus dem Originalangebot der Daimler Motorengesellschaft Canstatt im Jahre 1892)

Durfte Conrad es wagen, seine Gedanken anderen Männern zu künden. Bis zur Stunde war es so, daß nur Ältere und Erfahrene Ratschläge erteilen durften. Wie war es in Ulm um den Feuerschutz bestellt? Gab es Feuerlöschgeräte, die das Feuer meistern konnten? Er fand in den Magistratsmagazinen Feuerlöschgeräte von anno dazumal. Viel Rost war auf der Feuerspritze. Lederschläuche und Eimer hielten kein Wasser. Die Bottiche ausgetrocknet. Das Feuerlöschgerät taugte nicht viel. Die Männer, die zur Brandstätte eilten, waren guten Willens. Pioniersoldaten waren immer zur Stelle. Es wurde viel und laut kommandiert. Die Obrigkeit stellte strafend fest, was falsch gemacht wurde. Wer Geld und Ansehen hatte, war berechtigt, das große Wort zu führen. Im Kampf gegen das Feuer fehlten gute Löschgeräte.

Conrad sprach zu seinen Turnern, daß dem Nächsten, wenn er sich in Not befände, geholfen werden müßte. Was die Durlacher zustande gebracht, mußten auch die Ulmer fertigbringen. Es fanden sich viele, die sich Conrad anschlossen. Mit dem Feuer der Jugend ging Conrad an die Arbeit. Dem Vater versprach Conrad:

„Ich laufe nicht fort! Ich bleibe in Ulm."

Der Tuchmacher, Handschuhmacher und Kaufmann Conrad blieb tagsüber im Geschäft seines Vaters, verdiente das tägliche Brot, doch wenn die Nacht hereinbrach, eilte er zu den Turnern.

Lange besprach sich Conrad mit seinem Freunde Pfänder. Dieser gab ihm sein Jawort. Auch mit den Männern von der Bürgerwehr setzte sich Conrad in Verbindung, mit der Obrigkeit der Stadt, mit den Räten, mit den Bevollmächtigten für die Baulichkeiten und besprach mit diesen die Möglichkeit der Wasserbeschaffung. Die Besten waren gewonnen. Die Stadtväter freuten sich, daß sich die Turner ohne Besoldung in den Dienst der guten Sache stellen wollten.

Conrad stellte eine Steigerkompagnie aus den Reihen der Turner zusammen. Sie wählten ihn zu ihrem Hauptmann.

Der Tag kam, an dem Pfänder nach Amerika auswandern mußte. Die Turner gaben ihm ein schönes Geleite. Mit bewegten Worten übergab Pfänder sein Amt Conrad. Lange schlossen sich die Hände Conrads um die seines Freundes Pfänder.

Die Freundschaft sollte weiter dauern. Auch wenn ein Meer sie trennte.

Im Jahre 1847 konnten die Turner sich rühmen, bei einem großen Schadenfeuer Beachtliches geleistet zu haben. Die Bürger Ulms spendeten laut Beifall, sparten nicht mit Lob und Dank, sammelten Geld, damit die Feuerlösch- und Rettungsgeräte erneuert werden konnten.

Im Schuppen, hinter dem väterlichen Hause in der Hirschenstraße, wo Kisten und altes Gerümpel abgestellt waren, hatte Conrad eine kleine Werkstätte eingerichtet. Er führte den Turnern die von ihm entworfene Feuerleiter vor. Monatelang hatte er sich abgemüht, bis es so weit war, daß er die Leiter seinen Turnern übergeben konnte. Das beste Holz war gut genug. Die Menschen mußten sich auf der Leiter sicher fühlen. Jeder Turner mußte die Leiter tragen können.

Die Bewohner der Hirschen- und Ulmerstraße hatten sonntags nach dem Gottesdienst das Vergnügen, den jungen Magirus mit seinen Turnern die Häuser besteigen zu sehen. Mit kundigen Händen wurden die Leitern höhergeschoben, mit einer zweiten verbunden, die dritte am Dachgesims eingehakt. Die Zuschauer staunten über den Eifer, den die Turner an den Tag legten. Es gab auch manchen Griesgram und manche böswillige Vettel, die sich's verbaten, daß ihre Häuser mit der Leiter bestiegen würden. Conrad wollte, daß von allen Häusern eine Skizze angefertigt würde, damit man im Ernstfalle, wenn das Haus von Flammen gefährdet sei, gleich wisse, wo man die Leiter ansetzen müsse.

Conrad war, wenn er mit dem Vater die Frachtscheine, die Fakturen, Aus- und Eingänge durchgesehen hatte, auf dem Wege nach seinem Schuppen. Die Eltern und die Verwandtschaft konnten es nicht begreifen, daß ein junger Mann, der ein Stück von der großen Welt gesehen habe, Lust und Freude an hölzernen Leitern finden könne. Conrad tat so, als hänge ein Menschenleben von einer Leiter ab.

Ein Jahr nach der Gründung des ersten freiwilligen Pompierkorps in Durlach, im Jahre 1847, gelang es Conrad, die gänzlich unwirksame Pflichtfeuerwehr in Ulm neu zu gestalten. Er blieb nicht auf halbem Wege stehen. Den maßgebenden Männern, denen das Wohl und Wehe der Stadt Ulm in die Hände gelegt worden war, unterbreitete er die Forderung, schnellste Anschaffung einer neuen Feuerspritze maschineller Art und weitere Gerätschaften zur Rettung von Menschen zu beschaffen.

Für die Ulmer wurden Magirus Turner ein Segen. Sie galten nicht mehr als Vereinsbrüder, nein, sie wurden Schützer von Menschen und Gütern. Es galt als eine der größten Ehren, in Magirus Steigerkompagnie Dienst zu tun. Jeder teilte mit allen Gefahr und Not. Auch der Philologe Professor Georg Kaufmann. Er hing mit wahrer Verehrung an Conrad.

Vater und Mutter Magirus nahmen den jungen Professor, der aus einer guten Ulmer Familie stammte, in der Hirschenstraße herzlichst auf. Es geschah, daß sich der Professor und die Jungfer Johanna vieles zu sagen hatten. Schönes und Liebes. Sie gefiel ihm und er gefiel ihr. Der Professor kam jeden Tag. Die Eltern merkten, daß dem Professor ernste Absichten zuzumuten waren.

Georg und Johanna gestanden sich, daß sie sich von ganzem Herzen liebten.

Sitte und Brauch schrieben es vor, daß die Eltern des Herrn Professors bei den Eltern Johannas Besuch machten. Man mußte sich von Angesicht zu Angesicht beschnüffeln. Über die Familie Magirus in der Hirschenstraße war nichts Schlechtes zu erfahren, nur Gutes.

Herr und Frau Kaufmann, Vater und Mutter Magirus tranken ein Gläschen spanischen Wein, aßen vom Ulmer Zuckerbrot, sprachen vom Wetter, über die Dienstboten. Frau Kaufmann lobte ihren Sohn:

„Gottseidank ist mein Georg anders wie die Söhne, denen man nachsagt, sie seien Christen, die aber gleich den Heiden leben. Er schnupft keinen Tabak, raucht keinen dieser ausländischen Tabakstengel, ist kein Kartenspieler, trinkt mäßig Wein, Spirituosen überhaupt nicht."

Das Mädchen, das den Sohn zum Mann bekäme, wäre zu beneiden. Außerdem, und das müsse gesagt werden, Georg habe noch mit keinem Mädchen über Liebe gesprochen. Er kannte nur Studium und Turnerei.

„Ich wundere mich, daß ein Mensch so viele Vorzüge haben könne, wie es bei meinem Sohne, dem Herrn Professor, ist."

Frau Kaufmann sprach von ihrem Sohn als von dem „Herrn Professor".

„Und sparsam ist er! Ein Haus in der Vorstadt hat er von seinem Großvater geerbt, einen Obstgarten von einer alten Tante und eine Erbschaft von einem sehr vermögenden Weinhändler steht noch aus."

Zugegeben, das Gehalt, welches er als Professor in der Schule bezog, war nicht groß. Aber sicher. Maßgebende Männer seien auf den Herrn Professor schon aufmerksam geworden. Die Mutter bot alles auf, um ihren „Herrn Professor" vor den Augen der Eltern Magirus in das rechte Licht zu setzen.

Vater Magirus hatte mit einem Akademiker für seine Tochter Johanna nicht gerechnet. Er habe einen Kaufmann als Schwiegersohn erhofft. Außerdem, Bargeld könne er seiner Tochter Johanna nicht mitgeben, Kaufleute hätten Außenstände, müßten immer bares Geld zur Hand haben, um Gelegenheitskäufe durchführen zu können. Mutter Susanne konnte mit Schränken und Truhen voll feingebündelter schneeweißer Damastwäsche aufwarten. Man könne eine gute Stube, ein Studierzimmer, ein Schlafzimmer und, wenn es einmal soweit wäre, auch ein Kinderzimmer möblieren. Johanna habe von Tanten, Großmüttern und Basen Schmuckstücke bekommen, schönes gediegenes Gold.

Johanna gab zu, daß sie gerne die Frau des Professors werde.

Frau Susanne nahm das Gehörte zur Kenntnis.

„Gut, mein Kind, Du nimmst den Antrag des hochgeschätzten Herrn Professor an?"

Die Jungfer Johanna hauchte leise: „Ja."

Ihr Kopf ruhte an der Brust der Mutter. Sie weinte. Sie weinte, weil sie glücklich war. Vater Magirus konnte seinen Segen der Tochter und dem Schwiegersohn erteilen.

Eines baten sich die Eltern aus: mit der Heirat müsse noch gewartet werden. Die Jungfer Johanna wäre viel zu jung, um einem Haushalt vorzustehen. „Zu jung gefreit, hält kurze Zeit."

Die freiwilligen Feuerwehren sprossen in den Städten, in den Dörfern aus dem Boden. Vorbildlich waren die Länder Baden, Württemberg. In Carl Metz fand Magirus den Fanatiker, immer auf Reisen, immer ein Trommler.

Carl Metz wußte, der junge Magirus würde ihm eines Tages als Konkurrent die Stirne bieten.

In Carl Metzs Werkstätten wurden viele Feuerspritzen hergestellt. Magirus lobte die Spritzen, lobte Carl Metzs Arbeit. Der Heidelberger stellte fest, daß die von Magirus entworfene und nach seinen Angaben gebaute „Ulmer Leiter" raschest bekannt geworden sei. Conrad gab die „Ulmer Leiter" an Schreiner und Schlosser in Auftrag. Der Schuppen hinter dem Hause in der Hirschenstraße war viel zu klein, um dort die Leitern selber herzustellen.

Jede freie Minute verwendete Conrad für seine Pläne.

Conrad verfügte über eine gute Feder. Über die Pompierkorps, die er besuchte, schrieb er kleine Abhandlungen. Er wollte die Pompierkorps in einem Landesverband vereinigen. Wenn die verantwortungsbewußten Feuerwehrmänner ihre Wünsche geschlossen den Vertretern der Städte und Gemeinden vortrugen, würden diese erfüllt werden. Württembergs Feuerwehr sollte sich in einem Verband zusammenschließen, sollte Mißhelligkeiten und Eifersüchteleien hintenan stellen. Das erste Gebot dieser Männer hieß: „Einer für alle, alle für einen."

Nächtelang schrieb der junge Magirus mit seinem zukünftigen Schwager, Professor Kaufmann, an die Kommandanten und Hauptleute der Feuerwehrkorps in den Städten und auf dem Lande. Er forderte diese auf, sich Männer aus den Reihen der Turner zu holen.

Der zukünftige Professor-Schwager ließ keinen Tag verstreichen, an dem er nicht seinen hochgeschätzten Schwiegereltern in der Hirschenstraße seine Aufwartung machte. Vater Magirus schmunzelte, er wußte, die Besuche galten Johanna. Johanna spielte am Abend auf dem Cembalo Lieder von den Kompositeuren Mozart, Beethoven, Gluck. Georg hatte eine schöne Stimme. Conrad störte das traute Zusammensein. Er hatte eine dringende Sache mit Georg zu besprechen. Was blieb dem Professor übrig, er mußte einen Brief nach dem andern schreiben. Conrad beruhigte die Schwester:

„Zum Scharmuzieren wird noch viel Zeit sein. Mit einem verliebten Turner und Steiger kann ich leider nicht viel anfangen."

Zwanzig Jahre wurde Pauline. Dieser Tag wurde im Hause Egelhaaf gefeiert. Mutter und Vater Magirus, Herr und Frau Kaufmann, Johanna, Georg und Conrad waren geladen. Die Magirus und die Kaufmanns hatten sich mit Geschenken nicht lumpen lassen. Auch manch' Wertvolles aus Gold und Silber war dabei. Conrad hatte aus Italien sechs Stück Pomeranzenbäumchen und ein Dutzend Oleandersträucher schicken lassen. Conrads Art, wie er sprach, gefiel. Pauline liebte ihn. Sie hatte die Schule hinter sich gebracht, war in allen Fächern belobigt worden, vor allem im Rechnen. Bei Verwandten außerhalb Ulms hatte sie Nähen, Sticken, Häkeln, einer Küche vorzustehen gelernt. Für gesellschaftliches Treiben zeigte Pauline kein großes Interesse.

Daß sie Conrad von Herzen gut war, wußte jeder. Sie würde, konnte kommen was wollte, ihm immer von ganzem Herzen gut sein.

Vater und Mutter Magirus konnten den Tag, der ihnen Pauline ins Haus führen würde, kaum erwarten. Es war höchste Zeit, daß junge Menschen ihnen die Arbeit aus der Hand nahmen.

Sie waren auch fest überzeugt, die Pauline Egelhaaf würde dem Conrad die großen Flausen austreiben. Wenn Kinder herumlaufen, würde Conrad nicht mehr zu den Turnern und zu den Feuerwehrleuten gehen. Ein Ehemann gehörte zu seiner Frau und seinen Kindern.

Wo war der Anfang und wo war das Ende aller Sehnsüchte, die Conrad fühlte? Was wollte er? Wegen einer Leiter glaubte er, das väterliche Geschäft aufgeben zu müssen? Hatte er an seinen Leitern Geld verdient? Nein! Die Handwerker hatten es verdient. Die Meister und Gesellen hatten profitiert. Er hatte den Leitern Räder gegeben. Er konnte sie an alle brandgefährdeten Gemäuer heranrollen, zeigte, wie man Menschen aus brennenden Häusern rettete. Seine Verbesserungen auf dem Gebiet der Feuerlöschgeräte hatten ihm Achtung, Ehre, Lob, doch kein Goldstück gebracht.

Am 22. November war Paulines Geburtstag. Ein kalter Herbsttag. Conrad zeigte Pauline die Pomeranzenbäumchen, die Oleandersträucher. Sie sprachen von den Nöten, die die Menschen befallen konnten. Er erzählte, was ihn in den letzten Jahren bewegte. Keine Lüge war dabei. Zu keiner Stunde war er einem anderen Mädchen in Liebe zugetan. Er gestand, daß er glücklich sei, wenn sie ihm ein ganzes Leben in Liebe angehören würde. Es war der erste Kuß, den sie tauschten. Pauline gestand, es sei kein Tag vergangen, daß sie nicht an Conrad gedacht.

Conrad drückte Pauline fest an sich, Pauline spürte es, er liebte sie mit all der Kraft, die ihm eigen war.

„Ich will Dir ein guter Gatte sein."

Wer sagt, daß ein Novembertag, auch wenn es regnet und schneit, nicht schön sei? Pauline und Conrad fanden, daß es keinen schöneren Tag als diesen gegeben habe. Conrad legte dar, er würde nie ein guter Kolonial- und Manufakturwarenhändler werden. Seine Arbeit läge auf einem anderen Gebiet. Pauline müsse Verständnis haben, müsse als Herrin in der Hirschenstraße, nicht nur der Küche, nicht nur dem Hause, sondern auch den Geschäften vorstehen. Pauline lächelte:

„Du guter Conrad! Das weiß ich schon seit vielen Jahren! Nein! Du bist kein Kolonialwarenhändler, Du kannst nicht mit Kattun und Seide umgehen. Ich wußte, daß ich Dir alle Arbeiten abnehmen müßte, damit Du bei Deinen Zeichnungen bleiben kannst. Ich liebe Dich wie Du bist. Halte mich immer fest!"

Die Liebe war bei ihnen.

Die Eltern Magirus — Egelhaaf — das junge Ehepaar, Johanna und Georg Kaufmann und deren Eltern, saßen in der gut geheizten Stube. Alles, was zu sehen war, war kostbar. An den Wänden schöne Bilder, in der Vitrine Gläser, rot, blau, grün aus Böhmen und Venedig. Die heiße Schokolade tat allen gut. Sie waren guter Laune.

Pauline und Conrad. Ein Bild des Glückes. Conrad erbat von Vater Egelhaaf dessen Tochter Pauline zur Frau. Pauline fand in Mutter Magirus alle Herzlichkeit. Für die Verlobungsfeier war alles hergerichtet. Das feinste Tischzeug mit Spitzen darüber, Messer und Gabel und alles, was dazu gehört, aus getriebenem Silber. Das Porzellan aus dem sächsischen Meißen. Die Köchin hatte gekocht und gebraten. Der Wein war an den Hängen des Neckars, des Rheins und der Donau gewachsen. In den silbernen und messingnen Leuchtern steckten wachs- und honigduftende Kerzen. Verwandte kamen, Angestellte und Lehrlinge kamen. Vater Egelhaaf ließ sich nicht lumpen. Was gut und teuer war, kam auf den Tisch. Das Gesinde bekam das Gleiche wie die Herrenleute. Conrad überreichte Pauline den Verlobungsring. Seit einem Jahr trug er diesen schon bei sich. Ein goldener Reif mit Brillanten. Er hatte dieses Schmuckstück bei einem Ulmer Goldschmied und Ziseleur nach eigenen Angaben herstellen lassen. In der Innenseite des Ringes standen die Worte:

„Halt' fest unser Glück."

Als der Wein aus Frankreich in hohen, schöngeschliffenen Kristallgläsern schäumte, als dem jungen verlobten Paar alles Glück auf Erden gewünscht wurde, als die Turner das Lied sangen „Nun nimm denn meine Hände ..." flüsterte Conrad seiner Braut zu:

„Halt' fest unser Glück."

Vater Egelhaaf hatte für seinen zukünftigen Schwiegersohn den Verlobungsring besorgt. Das Gold war aus Venedig, der Ring gehämmert, breit und schwer. Darauf ein Feuerwehrhelm, eine Feuerwehrleiter und die Worte: „Gott zur Ehr — dem Nächsten zur Wehr."

Mit diesem Ringgeschenk hatte Pauline ihrem Conrad zum Ausdruck gebracht, daß sie wußte, mit wem sie ihr Glück zu teilen habe — mit der Feuerwehr.

Die Feuerwehrleute und Turner überreichten ihrem Hauptmann einen polierten Messinghelm. Ein Lied auf den Lippen kamen die Steiger, die Turner. Sie kamen, um Conrad und Pauline hochleben zu lassen.

Mutter Magirus hielt ihre Hände über Braut und Sohn.

In einem Jahre sollte die Hochzeit sein.

Conrad wurde überall mit Achtung empfangen. Nicht, weil er der Sohn des alten Magirus in der Hirschenstraße war, nicht, weil er bemittelt war. Seine Leistungen waren es, die ihm Achtung einbrachten. Besonnen und umsichtig hatte er zur Zufriedenheit des löblichen Magistrats auf dem Gebiet des Feuerwehrwesens beachtliches geleistet.

Conrad Dietrich Magirus verschaffte der deutschen Handwerksarbeit im Auslande großes Ansehen. Bei den Handwerkern in Ulm war er sehr beliebt. Er gab ihnen auch das nötige Geld, daß sie sich die besten und ausgetrocknetsten Hölzer auf Lager legen konnten, er mußte sein Augenmerk auf abgelagertes Holz richten.

An die maßgebendsten Männer des Landes trug Conrad seine Beobachtungen in Schrift und Bild heran:

„Die Frage, wie es zur Zeit — kurz nach Christi Geburt — im deutschen Vaterlande mit dem Feuerlöschwesen bestellt gewesen sei, beantwortet die Tatsache, daß es auf deutschem Boden keine Stadt und kein zusammenhängendes Dorf gegeben hat.

Große Sorgfalt verwandten unsere Vorfahren damals auf ihre Wohnungen noch nicht. Sie kannten weder Mauersteine noch Dachziegeln, begnügten sich mit ungefügten Blockhütten.

Die Völkerwanderung hatte einen Umschwung in den Anschauungen der Germanen zu Folge. Im langen Lagerleben hatten sie gelernt, auch in der Beschränkung und dicht nebeneinander zu existieren.

In Deutschland wurden die Dörfer zusammenhängender; durch die Gründung von Bischofssitzen und Klöstern entstanden Mittelpunkte, an die sich schutzsuchende Ansiedler anlehnen konnten.

Bei der schlechten Bauart dieser jungen Städte ist nicht auffällig, daß sich alsbald das Feuer als ein furchtbarer Feind ihrer Existenz einstellte. Das Abbrennen ganzer Städte war schon damals häufig. Die Raubzüge der Ungarn, Slaven und sarazenischen Seeräuber, welche in allen Richtungen das Land von der Nordsee bis zu den Alpen mit Mord und Brand durchzogen, ließen auf ihrer Bahn nur Aschenhaufen und geschwärzte Mauerreste zurück. Hamburg wurde im Jahre 845 von Seeräubern, 880 von den Normanen, 915 von den Ungarn verbrannt. Bremen wurde 913 von den Ungarn vernichtet.

Niemand sorgte für eine regelmäßige Straßenanlage oder kümmerte sich um die innere Einrichtung des Hauses.

Die Feuerungsanlagen waren unvollkommen, Schornsteine scheinen im 12. und 13. Jahrhundert unbekannt gewesen zu sein. Das Feuer hatte man mitten im Hause in einer Grube unter einer im Dache angebrachten Öffnung.

Die Feuergefährlichkeit dieser Einrichtung führte zu sehr drückenden Verordnungen; es mußten fast überall die Feuer abends zu einer bestimmten Zeit ausgetan werden.

Wie leicht bei solcher Bauart und bei so primitiven Feuerungs-Einrichtungen ein Feuer ausbrechen konnte, liegt auf der Hand. In unglaublich kurzer Zeit stand ein Stadtteil oder auch die ganze Stadt in lichten Flammen — ans Löschen dachte niemand, es galt das eigene Leben, Kinder, Kranke und Gebrechliche zu retten.

Lösch- und Rettungsanstalten gab es nicht.

Die Zeit vom 12. bis 15. Jahrhundert ist die Periode der großen Brände.

Lübeck brannte im 12. Jahrhundert mehrmals ab. Einmal bis auf fünf Häuser. Straßburg hatte im 14. Jahrhundert acht große Brände.

In Deutschland ist ein wirklicher Fortschritt ersichtlich aus den Feuerlöschordnungen von Frankfurt 1458, Lübeck 1461, Erfurt 1429 und Nürnberg 1449.

Letztere Stadt hatte sechs Schaffhütten, in welchen Ledereimer und Feuerschaffen aufbewahrt wurden; an Stelle der letzteren traten 1475 Wasserfäßchen auf Karren, zu denen je zwei Kärrner bestellt waren.

Leitern und Hacken waren in der Stadt verteilt und an den Eckhäusern waren zum Gebrauch bei Brandfällen große Laternen angebracht.

Während des ganzen Mittelalters ertönte von den Kanzeln die Warnung, man solle nicht in die Strafgerichte Gottes eingreifen. Fromme Einfalt glaubte allem genügt zu haben, wenn das Haus eingesegnet und mit Weihwasser besprengt war.

Noch im Jahre 1747 erließ der Herzog Ernst August von Sachsen-Weimar folgende Verordnung:

> ‚Wir u. s. w. fügen hiermit allen Unseren nachgesetzten fürstl. Beamten u. s. w. zu wissen, und ist denselben vorher schon bekannt, was maassen Wir aus tragender Väterlicher Vorsorge alles was nur zur Conservation Unserer Lande und getreuen Unterthanen gereichen kann, sorgfältig vorkehren und verordnen wir nun: Durch Brandschaden viele in grosse Armuth gerathen können, dahero dergleichen Unglück zeitig zu steuern, Wir in Gnaden befehlen, daß in einer jeden Stadt und Dorf verschiedene hölzerne Teller, worauf schon gegessen gewesen und mit der Figur und Buchstaben, wie der beigefügte Abriss besagt, des Feiertags bei abnehmenden Monde, Mittags zwischen 11—12 Uhr mit frischer Tinte und neuen Federn beschrieben, vorräthig sein, sodann aber wenn eine Feuersbrunst, wovor der grosse Gott hiesige Lande in Gnaden bewahren wollte, entstehen sollte, ein solcher nun bemeldetermaassen beschriebener Teller mit den Worten „Im Namen Gottes" in's Feuer geworfen, und wofern das Feuer dennoch weiter um sich greifen wollte, dreimal solches wiederholet werden soll, dadurch denn die Gluth unfehlbar getilgt wird.'

Ein württemb. Geistlicher veranlaßte mehrere Ortsbewohner, ihre Häuser mit Blitzableitern versehen zu lassen; ein pietistisches Mitglied seiner Gemeinde äußerte u. a. „wie kann denn Gott noch die Menschen strafen?" „Mit Dummheit" lautete die Antwort des wackern Herrn Pfarrers."

König Karl von Württemberg ließ den Verfasser Conrad Dietrich Magirus in Ulm über all das, was er über die Feuerbekämpfung geschrieben hatte, Dank übermitteln. Der König ließ bestellen, der junge Ulmer Konstrukteur möge nach vorheriger Anmeldung nach Stuttgart kommen.

„Seine Majestät, der König von Württemberg, mein Allergnädigster Herr" stand in der Einladung, „habe großes Interesse an den Ausführungen — gefunden."

Conrad ließ sich bei dem besten Schneider aus feinstem schwarzen Tuch einen Anzug herstellen. Dem Schneider war es klar, daß er ein Meisterstück liefern mußte. Vielleicht würde der König fragen, wer den Anzug geschneidert hätte? Die Hose mußte über die Stiefeletten fallen, mußte Falten werfen, mußte wie eine Röhre aussehen; die Weste vom Bauch bis zum Hals hinauf geknöpft, um den Hals eine schwarzseidene Schleife, der Rock doppelreihig und vom Hals bis zu den Kniekehlen.

Wer hätte gedacht, daß der König den jungen Magirus rufen würde?

Pauline wünschte ihrem Verlobten viel Glück. Er solle sie nicht vergessen; auch dann nicht, wenn in der Residenz hübsche Hofdamen ihn zur Tasse Schokolade einladen würden. Conrad lächelte:

„Frauen sind für mich keine Gefahr!"

„Halt fest unser Glück“, waren die Abschiedsworte.

Der König war voll Gnädigkeit. Es sprachen nicht König und Untertan; es sprachen Männer, die das Beste für ihre Mitmenschen wollten. Dem König tat es wohl, als er erfuhr, daß die Turner Menschen und Gut im Land Württemberg mit dem Einsatz ihres Lebens schützten. Conrad erzählte von dem Durlacher Christian Hengst, von dem Heidelberger Carl Metz, von den Eßlingern, von den Rastättern, die seit Jahren die freiwillige Feuerwehr eingeführt, erzählte, daß schon viele Pflichtfeuerwehren in freiwillige umgewandelt wurden.

Kammerherren, Adjutanten, Minister, Generäle und Bittsteller wunderten sich, daß sich die württembergische Majestät mit dem Bürger aus Ulm unterhielt. Als Conrad mit einem Flügeladjutanten aus dem königlichen Kabinett kam, staunten sie. Ein Mann im schwarzen Salonrock. Ohne Orden und Auszeichnungen. Sie murrten. Wohin soll diese königliche Laune führen? Wenn dieser Ulmer von Adel wäre, würden sie es verstehen. Aber — ein Bürgerlicher! Als sie erfuhren, Seine Majestät habe in seine Privatschatulle gegriffen, habe veranlaßt, daß dieser Ulmer das Feuerwehrwesen in Frankreich und in England studiere, er möge sich auf die Reise machen, um bei der ersten Weltausstellung in London anwesend zu sein, kamen sie aus dem Staunen nicht heraus. König und Bürger hatten nicht über Politik gesprochen. Kein Wort. Es galt den Verbesserungen der Feuerwehren in Württemberg. Der König versprach, seine Vetter, die Könige, Großherzöge und Fürsten auf Conrad Dietrich Magirus aufmerksam zu machen.

Die Turner und Feuerwehrleute zu Ulm, die Obrigkeiten vom Rathaus, von den Zünften, kamen Conrad überaus freundlich entgegen. Sie versicherten dem Hauptmann der Steigerkompagnie, daß sie seine Wünsche in bezug auf Verbesserungen von Feuerlöschgeräten erfüllen würden.

In der Hirschenstraße war große Freude eingekehrt. Einer aus der Familie Magirus wurde vom König ausgezeichnet! Es kamen Fremde und Einheimische, Leute hohen Standes, um den jungen Magirus zu sprechen, um ihn um Rat zu fragen, um ihm zu danken. Viele Ulmer hatten ihre Meinungen geändert. Sie kamen und stellten fest, es sei höchste Zeit, daß sie sich um den jungen Mann kümmern mußten. Hatten sie Angst, daß es zu spät sei, daß Magirus die Hände, die sie ihm reichen wollten, nicht nähme? Sie legten Projekte vor, an denen er sich beteiligen sollte. Conrad dankte: „Nein!“

„Sind Sie ein Wohltäter der Menschheit, Herr Magirus?“

„Nein! Wenn ich etwas Gutes tue, wird man es mir, so Gott will, gut anschreiben.“

„Sind Sie ein Idealist?“

„Nein. Alle Arbeit macht sich bezahlt.“

Conrad Dietrich Magirus schrieb ein Buch ‚Alle Teile des Feuerlöschwesens‘. Hundert lithographische Abbildungen lagen diesem Werk bei.

Das Königlich Württembergische Ministerium des Innern hatte nach einer sachkundigen Prüfung allen Stadt- und Landbehörden die Anschaffung dieses Buches empfohlen. Das Königlich-Bayrische Staatsministerium des Innern lobte die Schrift. Die Regierung gab der Kammer des Innern die Ermächtigung, eine große Anzahl dieses Werkes auf Kosten des Staates anzuschaffen.

Das Großherzogliche Staatsministerium von Sachsen-Weimar dankte dem Hauptmann Magirus zu Ulm und bat um eine größere Anzahl von Exemplaren, an die hiesige Hofbuchhandlung W. Hoffmann gegen Beilegung der Rechnung zu senden.

Das Großherzoglich Oldenburgische Staatsministerium des Innern beglückwünschte Magirus zu diesem gutgelungenen Werk.

Sachsen-Meiningen bestimmte, daß alle Behörden dieses Werk zur Kenntnis nehmen sollten.

Der Herzog von Nassau, der Kurfürst von Hessen, der Großherzog von Mecklenburg, alle waren von Conrad Dietrich Magirus' Schrift über das Feuerlöschwesen stark beeindruckt.

Deutschlands größte und weitverbreiteste Illustrierte Zeitung aus Leipzig lobte Magirus' Schrift:

„Dieselbe wird außerordentlich zur Verbesserung des Löschwesens beitragen, wenn alle Gemeindebehörden Sorge tragen, daß nicht nur die Kommandanten, sondern alle, die der Feuerwehr dienen, in deren Besitz kommen. Es ist ein unentbehrliches Handbuch aller Feuerwehrmänner."

Die erste Auflage war in wenigen Monaten verkauft. Die zweite Auflage nicht minder. In allen Buchhandlungen Deutschlands, Österreichs, Ungarns, der Schweiz und des übrigen Auslandes konnte die Broschüre bezogen werden.

Interessant war Magirus' Darstellung über seine Eindrücke, die er aus Paris gewann.

„Die Löschanstalten von Paris sind die vorzüglichsten, und haben den meisten großen Städten, die ihre Löschanstalten rühmen, als Muster gedient. Es möchten aus diesem Grunde einige Notizen hierüber nicht ohne Interesse seyn.

Die Feuerspritzen wurden im Jahre 1669 durch Dumourier Duperrier eingeführt, welcher deren in Deutschland und Holland gesehen hatte und für Frankreich ein Verkaufs-Patent auf 30 Jahre erhielt. Der König schenkte der Stadt 12 Stück.

Im Jahre 1705 besaß Paris 20 Spritzen; Herr Duperrier verpflichtet sich, gegen eine Entschädigung von 40 000 Liv., die Spritzen und die nöthige Mannschaft 3 Jahre zu unterhalten.

Gegenwärtig besteht das Corps der Sappeur-Pompiers von Paris aus 800 Mann, welche ein Bataillon von 5 Compagnien bilden. Der Stab besteht aus dem

Chef des Bataillons	mit Fr.	6000	Gehalt
1 Ingenieur	„ „	3000	„
1 Adjutant	„ „	2000	„
1 Bataillonsarzt	„ „	1800	„
1 Quartiermeister	„ „	1500	„
1 Magazin-Aufseher	„ „	1500	„

Jede Compagnie hat:

1 Hauptmann	„ „	3000	„
1 Lieutenant	„ „	1800	„

Die Sappeurs erhalten täglich 95 Ctms. und eine besondere Bezahlung für den Dienst im Theater."

Über die Menschenrettung schrieb Magirus:

„Zur Menschenrettung muß die Steigermannschaft jeden Augenblick gerüstet seyn, denn in einem solchen Falle wächst die Gefahr mit der Secunde, sowohl für den, der gerettet werden soll, als auch für den, der die ohnehin oft schon schwierige Rettung zu übernehmen hat.

Die Geräthe, unter denen derselbe zu wählen hat, sind:

1) Die Leiter.
2) Der Rettungssack.
3) Der Rettungsschlauch.
4) Das Rettungstuch.

In den meisten Fällen ist durch das Anlegen einer Leiter, auf der der Bedrängte herabsteigen kann, geholfen.

Der Rettungsschlauch wird angewendet, wenn mehrere Personen zu retten sind. In diesem Falle steigen 4 Mann hinauf; der erste, der oben ankömmt, wirft ein Seil herab mit dem der Rettungsschlauch hinaufgezogen wird; sobald derselbe oben befestigt ist, wird er unten von 10 Mann hinausgezogen und die zu Rettenden werden in Zwischenräumen von circa 1/4 Minute in dem Schlauch herabgelassen.

Rettungstuch. Wenn das Feuer im ersten Stock schon zu allen Fenstern herausschlägt. während sich noch Jemand im zweiten Stock befindet, so kann natürlich Niemand mehr hinaufsteigen und es muß dann das Rettungstuch angewendet werden.

Der *mechanische Zug.* Mein zweiter Vorschlag ist der mechanische Zug. Dieser wurde von mehreren Sachverständigen, die ich zu einer Uebung einlud, auf folgende Art beurtheilt:

Die Unterzeichneten haben heute von der durch Hrn. Magirus constuirten Maschine zur Rettung von Mobilien bei Feuersbrünsten Einsicht genommen und dieselbe nach den damit angestellten Versuchen als sinnreich construirt, ihrem Zwecke vollkommen entsprechend, und nicht blos zur Rettung von Mobilien, sondern auch zur Rettung von Menschen geeignet gefunden.

Ulm, 4. Februar 1849.

Rektor *Dr. Nagel.*
P. J. Wieland, Spitzenfabrikant.
Heinr. Nübling, Hauptm. der Retter Abthlg.
O.-Pol.Comm. *Killenberger.*
Reinöhl, senior.
Dr. C. Vischer.
Theodor Nübling.

Anleitung zur Anschaffung der Geräthschaften

Zu Leitern darf nur Nadelholz, am besten Fichtenholz benützt werden, indem dasselbe, seiner Elasticität wegen, nicht so leicht bricht, und sich auch weniger verzieht, als viele andere Holzarten.

Für eine Stadt von 20 000 Einwohnern sind wenigstens nöthig:

2 Requisiten-wägen mit
je 2 Hakenleitern à 12',
„ 2 „ „ 16',
„ 1 Gurtenleiter von 35',
„ 1 mechanischer Zug,
„ 1 kleinen Zug,
„ 4 Leiterstützen
„ 4' Körben,
„ 2 Laternen;

auf dem einen Wagen befinden sich außerdem:
1 große Leiter 36',
1 Rettungstuch,
1 Luftapparat;

auf dem andern Wagen:
1 große Leiter, 45',
1 Rettungsschlauch,
1 Rettungstuch.

Mai. In den Gärten standen die Blumen in Blüte. Laue Winde wehten der Donau südwärts. Conrad Dietrich Magirus versprach seiner Braut Pauline:

„Ich will Dir ein guter Mann sein."

Mutter Susanne hielt die Hand ihres Sohnes:

„Bist Du glücklich, Büble?"

Der Sohn beugte sich tief über die Hand der Mutter:

„Ich will Pauline glücklich machen, Mutter!"

„Die Pauline verdient es. Sie wird es nicht leicht haben mit Dir."

Die Jungverheirateten wohnten im elterlichen Hause in der Hirschenstraße. Nach Jahr und Tag hörte man schon Kindergeschrei. Mutter Susanne war Großmutter geworden. Der erste Bub war ein Mädchen: eine Marie. Ein Jahr später kam der erwünschte Sohn. Was ging vor im Kopf des jungen Magirus? Er ließ seinen Erstgeborenen nicht auf den Namen Conrad Dietrich taufen? Conrad unterbrach die Kette der Conrad Dietriche. Er ließ seinen Sohn auf den Namen Heinrich taufen.

Pauline vertrat ihren Gatten. Sie nahm die Zügel energisch in ihre Hände. Hausknecht und Magd nahmen sich zusammen, hatten Respekt vor der jungen Prinzipalin.

Pauline sagte: „Wer nicht arbeitet, rostet".

Die Obrigkeit der Stadt Ulm legte das Kommando der Feuerwehren in Conrads Hände. Er stellte einen zweiten Löschzug für Stadt und Vorstadt zusammen. Die Ulmer konnten ruhig schlafen. Magirus und seine Männer waren Tag und Nacht auf der Hut.

Unter Conrads Führung standen viele Männer, die ihn an Alter, Stellung und Vermögen überragten. Sie unterstellten sich dem entschlossenen Mann. Er war ein Vorbild der Pflichterfüllung.

In London und Paris hatte Conrad die Feuerwehrkompagnien aufgesucht. Alles Nützliche brachte er nach Deutschland. Er ließ sich Modelle und Zeichnungen anfertigen.

Zeitungsleute aus München, Berlin, ja auch aus dem Auslande, kamen zu Conrad nach Ulm. Sie ließen sich seine Leitern und kleinen Handdruckspritzen zeigen — forderten ihn auf, er möge für ihre Zeitungen schreiben. Conrad schrieb mit der Kopiertinte Seite für Seite, preßte die Abzüge.

Nicht immer strahlte die Sonne. Nicht immer war Lachen um ihn. Er gab aber nie auf, seine Pläne zu verwirklichen. Er hielt durch. Er entschloß sich, die Feuerwehren länderweise zu vereinigen. Viel Arbeit wartete auf ihn, um dieses Vorhaben durchzuführen. Gemeinde um Gemeinde, Stadt um Stadt mußten gewonnen werden.

Eines der interessantesten Dokumente, die unter der Mitarbeit von Conrad Dietrich Magirus entstanden, sind die Statuten und Compagnie-Reglements der Ulmer Feuerwehr.

I. Steiger-Compagnie, bestehend aus:
3 Zügen Steiger,
1 Zug Maurer,
1 Zug Zimmerleute.

II. Rettungs-Compagnie, bestehend aus:
3 Zügen Retter,
1 Zug zu den Rettungswägen,
1 Zug zur Bewachung.

III. Spritzen-Compagnie, bestehend aus:
10 Zügen mit je 1 Fahrspritze,
1 Zug für 7 Handspritzen.

IV. Zubringer-Compagnie, bestehend aus:
4 Zügen mit je 1 Zubringer,
1 Zug Buttenträger und Einschöpfer,
1 Zug Fuhrwesen.

Die Feuerwehr steht unter specieller Leitung des Commandanten, dem ein Adjutant beigegeben ist.

Jede Compagnie steht unter Leitung eines Hauptmanns und eines Oberlieutenants.

Jeder Zug unter Leitung eines Lieutenants und eines Rottenmeisters resp. Obersteigers, Spritzenmeisters.

Bei Abwesenheit wird jeder Chargirte durch seinen Nächstuntergebenen vertreten.

Die Chargirten sind ausgezeichnet wie folgt:
Der Commandant, durch einen weißen Roßhaarbusch,
der Adjutant, durch einen rothen Roßhaarbusch,
die Offiziere durch eine rothe Raupe auf dem Helme,

und außerdem:
der Hauptmann durch 3 Sterne am Kragen,
der Oberlieutenant durch 2 Sterne,
der Lieutenant durch 1 Stern,
die Spritzenmeister, Obersteiger und Rottenmeister durch einen
rothen Streifen am Kragen.

Feuerwehrmänner, welche ohne eigene Verschuldung, im Dienste verunglücken, oder sich beschädigen, werden aus der Gemeinde-Casse für Kurkosten und Erwerbsunfähigkeit nach Ansicht des Stadtraths, entsprechend entschädigt.

Das Feuerzeichen für Brandfälle in der Stadt wird gegeben:

1. Durch 36maliges langsames Anschlagen der Sturmglocke und gleichzeitiges Läuten der 10 Uhr Glocke auf dem Münster.
2. Durch Läuten auf der Spital- und Wengenkirche.
3. Durch Pfeifensignale der Nachtwächter, Polizeisoldaten und einiger in entlegenen Stadttheilen damit beauftragten Personen.
4. Durch Signalbläser der Feuerwehr.
5. Durch Tambours des königlichen Militärs.

Pferdebesitzer, welche das Führen der Spritze und des Personenwagens übernehmen, erhalten für je 2 Pferde 3 fl. — Außerdem werden folgende Prämien vertheilt:

für die 1te	ankommenden	2	Pferde	fl.	5.—
„ „ 2.	„	2	„	„	4.—
„ „ 3.	„	2	„	„	3.—
„ „ 4.	„	2	„	„	2.—

Die Steiger Compagnie besteht auf 67 Mann nämlich:

1 Hauptmann,
1 Oberlieutenant und
5 Zügen bestehend je aus
1 Lieutenant,
1 Obersteiger und
11 Steigern.

Jeder Steiger erhält bei seinem Eintritt in die Compagnie:

1 Helm,
1 Gurte,
1 Seil,
1 Schlinge,
1 Laterne und
1 Beil oder 1 Sack.

Conrad Dietrich Magirus ging auch unter die Erfinder. Er hatte eine brennbare Mischung auf die Dauer von zehn Jahren patentieren lassen. In der Schnellpost war zu lesen:

„Eine Erfindung von großer Wichtigkeit sind die Desinfections-Schwärmer von C. D. Magirus jun. Es ist eine ausgemachte Sache, daß alle Seuchen, namentlich Cholera und Typhus, der mit unreinen Dünsten verpesteten Luft nachziehen und dort am unersättlichsten wüthen, wo die Luft am unreinsten. Ja, es ist eben so sehr ausgemachte Thatsache, daß solche Luft auch bei den gewöhnlichsten Krankheiten die Genesung erschwert.

Diese Schwärmer entwickeln, wenn sie angezündet sind, die zur Desinfection geeigneten Gase rasch und massenhaft und reinigen die Luft in wenigen Minuten von allen schädlichen und übelriechenden Dünsten."

In der gleichen Zeitung stand auch, daß der Militärverwaltungsrat in der Kaserne des Königlich Württembergischen dritten Jägerbataillons gegen bares Geld eine größere Partie Waffenröcke, Beinkleider und Mützen, Blei, Zinn, Messing, Kupfer, goldene und silberne Borten, altes Eisen, mehrere tausend Ellen Tuchenden zur Versteigerung bringe.

Die berühmte Geburtshelferin und promovirte Doctorin Frau Professor Dr. Heidenreich geb. von Siebold in Darmstadt, ließ verkünden, daß der Friedrich Röhrichs Arrowroot-Kinderzwieback ein vollständiger Ersatz der Ammen- und Muttermilch sei.

Amerikanische Handnähmaschinen wurden angeboten. Das Stück kostete dreißig Gulden, loco Nürnberg.

Es tat sich viel in Ulm. Sehr viel.

Die Broschüren „Bildung von freiwilligen Feuerwehren" und „Neue Übungs- und Feuerlöschregeln" von C. D. Magirus, Ulm, erschienen in vielen Auflagen und wurden in allen Teilen Deutschlands eifrigst gelesen.

Aus Berlin wurde dem Conrad Dietrich Magirus, Hauptmann der Steigerkompagnie, Kommandant der Feuerwehren, von höchster Stelle bestätigt, daß der

König von Preußen und alle höheren Dienststellen im Innenministerium mit dem Aufruf, daß die Feuerwehrkorps sich in Verbände konstituieren sollten, sich einverstanden erklärt haben. Aus allen Teilen Deutschlands kamen Botschaften an den Konstrukteur und Kaufmann Magirus, die ihn ermutigten, seine Pläne zur Durchführung zu bringen.

Am 26. Februar 1853 schrieb der Kommandant der Feuerwehr in Tübingen, Julius Haller:

„Hochzuverehrender Herr Kommandant,

ich beehre mich, ein Zirkular an verschiedene Feuerwehren des Landes gerichtet, beizulegen, um über den Ort und Zeit einer Zusammenkunft der Vorstände sich zu verständigen. Es bestehen aber noch Feuerwehren, deren Existenz mir nicht bekannt sind, die aber nicht übergangen werden dürfen. Ich mache daher Ihnen den Vorschlag, in öffentlichen Zeitungen eine Bekanntmachung zu erlassen . . .

Ihre Verdienste um die Sache der Feuerwehr haben Ihnen Ansehen erworben, weshalb es auch zweckdienlicher ist, wenn Sie die Sache in die Hand nehmen."

Am 19. Juni 1853 hatte Conrad Dietrich Magirus im Schwäbischen „Merkur", herausgegeben in Stuttgart, die Vorstände sämtlicher Feuerwehren Württembergs zu einer Zusammenkunft aufgefordert. Die Tagung fand am 10. Juli, vorm. 10 Uhr, in Plochingen, Gasthof „Zum Waldhorn" statt.

„Es war ein heißer Tag", schrieb die Zeitung, als die Feuerwehrmänner aus Ellwangen, Eßlingen, Göppingen, Heilbronn, Kirchheim a. T., Reutlingen, Schorndorf, Stuttgart, Tübingen, Ulm und vielen anderen Gemeinden in Plochingen eintrafen. Vertreter von Gemeindebehörden und Turnvereinen waren auch erschienen. In öffentlicher Versammlung forderte Magirus an Stelle der lokalen Bestrebungen einzelner möge ein planmäßiges Zusammenwirken vieler treten. Die als veraltet bezeichnete Württembergische Landesfeuerlöschordnung von 1808 wurde revidiert. Magirus berichtete über seine Reisen nach Frankreich und England. Er hatte von allen als praktisch erwiesenen Feuerwehrrequisiten Modelle anfertigen lassen. Es waren auch Originalausrüstungsstücke darunter; eine englische Steckleiter, eine Pariser zusammenklappbare Hakenleiter und ein Londoner Lederhelm.

Dem Kommandanten Magirus wurde das allgemeine Vertrauen ausgesprochen. Er wurde beauftragt, die Feuerwehrversammlung für das Jahr 1854 in Ulm vorzubereiten.

In der Hirschengasse bei dem jungen Ehepaar Conrad und Pauline Magirus kamen nach Maria und Heinrich, Karl, Otto, Adolf, Hermann, zuletzt Eugen.

C. D. Magirus und Frau Pauline gaben dem p. t. Publikum in Ulm und Umgebung ergebenst bekannt, daß sie mit Heutigem die Kolonialwaren- und Manufakturen-Handlung vom elterlichen Vorbesitzer übernommen, die die Lokalitäten vergrößert und die Warenlager auf den neuesten Stand gebracht hatten. Sie baten das Vertrauen, das die Vorgänger genossen, auch ihnen zuteil werden zu lassen.

Die kleinen Magirusse gediehen großartig. Wie die Orgelpfeifen wuchsen sie. Wenn der Vater in der Hirschengasse war, behauptete Frau Pauline, habe sie ein großes Kind mehr im Hause: den Conrad.

Frau Pauline sah man die vielen Kinder nicht an. Sie war hübsch, ihr Gang aufrecht, ihr Auge klar. Für jeden hatte sie ein gutes Wort.

„Wie machen Sie das", fragten die Ulmer Frau Pauline, „daß Sie immer so jung und frisch sind?"

„Das müssen Sie meinen Conrad fragen. Er ist es, die Kinder sind es — und die Arbeit. Auf Wiedersehen!"

Conrad war über vierzig Jahre alt. Man sah ihm diese Jahre nicht an. Bei den Turnern fand er den Jungborn. Zu Hause wartete eine liebende Frau: seine Pauline.

Die Aufgabe, dem Nächsten zu dienen und seine Pflicht zu tun, befriedigte ihn.

Sr. Majestät, der König von Württemberg, ehrte Magirus durch die Verleihung der Verdienstmedaille des Kronenordens.

Zweimal im Jahre ließ sich der König von Magirus über das Feuerlöschwesen in Württemberg Bericht erstatten. Persönlich griff der König ein, wenn untergeordnete Regierungsorgane Magirus' Mahnungen nicht Gehör schenkten. Die Versicherungsanstalten erhoben öffentlich ihre Stimme zugunsten C. D. Magirus.

Bei Magirus konnte man von einer außerordentlichen Begabung auf technischem und organisatorischem Gebiet sprechen.

Die Württembergische Zentralstelle für Handel und Gewerbe in Stuttgart übernahm alle Modelle von Feuerlösch- und Rettungsgeräten, welche Magirus von seinen Auslandsreisen mitgebracht hatte.

Die bekannten Ulmer Großfirmen Wieland und Gebrüder Eberhardt hatten sich an der Herstellung der Magirus Feuerlöschgeräte beteiligt. Magirus wurde durch die vielen Aufträge, die an ihn herangetragen, in die Lage versetzt, sich an einer Maschinenfabrik zu beteiligen.

Zurück lag die Zeit, daß man in Ulm, wenn es zur Brandbekämpfung kam, zwanzig Wasserfässer und Kessel mit dreitausend ledernen Schöpfeimern zur Brandstelle schleppen mußte, zurück lag die Zeit, daß die Trommler die Leute von fünfzehn Jahre aufwärts ohne Rücksicht auf Beruf und Geschlecht bei Androhung von Strafe zur Brandstelle treiben mußten.

Magirus' Auffassung war: „Leben und Lebenlassen."

Den württembergischen Konkurrenten, denen mehr Geld als ihm zur Verfügung stand, bot er seine Konstruktionen an. Dem Mechanikus Carl Metz in Heidelberg sagte er: „Herr Mechanikus, Sie sind mir um viele Nasenlängen voraus. Ich habe auch feststellen können, daß Ihre Gerätschaften erstklassig sind."

C. D. Magirus holte auf Grund seiner Zeichnungen, seiner Patente, seiner Verbesserungen auf dem Gebiet der Feuerlöschgerätschaften Großaufträge im In- und Auslande. Er lief zu den Handwerkern, besuchte die Arbeiter in ihren Wohnungen. Magirus war Schwabe. Ein echter Sohn des schönen Schwabenlandes. Wenn ihn Männer aufsuchten, war er für alle Belange aufgeschlossen. Was ihm nicht in den Kopf ging, lehnte er ab. Wenn ihn etwas interessierte, erbat er sich Bedenkzeit. Bei Angelegenheiten ausschlaggebender Art verließ er sich nicht auf Briefe, nicht auf Vermittlungen Dritter. Er zog sich einen seiner Salonröcke an, von dieser Gattung hatte er ein halbes Dutzend, ließ sich von seiner Frau den Haarzylinder glänzen, ein paar helle Lederhandschuhe reichen, ging oder fuhr dorthin, wo er den maßgebenden Mann zu finden wußte. Keine Jahreszeit konnte zu schlecht sein. Er achtete nicht auf die Tages-, nicht auf die Nachtzeit. Auf die Einwände seiner Mitarbeiter und Freunde, warum er sich so großer Mühen unterziehe, gab er diesen zu wissen: „Beim Reden kommen die Leute zusammen, beim Schreiben auseinander".

3. September 1854 in Ulm. Es ist der erste deutsche Feuerwehrtag. In der Turnhalle wurden verschiedene Steig- und Löschgeräte sowie Personalausrüstungsgegenstände begutachtet. Die Ulmer Feuerwehr unter der Leitung von Magirus demonstrierte Löschung von Kaminbränden usw.

Ein Jahr später. Am 2. September 1855 trafen sich die Abgeordneten der Feuerwehren Württembergs in Stuttgart. Über alle Erwartungen war der Besuch von nah und fern überaus groß. Sonderzüge mußten eingesetzt werden. Mit großem Jubel wurde die Abordnung der Karlsruher Feuerwehr begrüßt.

Frühmorgens 6 Uhr rückte die Stuttgarter Feuerwehr in voller Ausrüstung mit allen Gerätschaften zu einer großen Übung aus. Als besondere Leistung wurde festgestellt, daß das dritte Stockwerk mit der Hakenleiter in einer Minute. mit der Schiebeleiter in zwei Minuten, mit dem Wasserschlauch in drei Minuten, das Dach mit dem Steigbock in vier Minuten erstiegen wurde.

Zum ersten Male waren Feuerwehren und Abordnungen von solchen aus Baden, Bayern und anderen deutschen Ländern nach Stuttgart gekommen. C. D. Magirus sprach sich über die Leistungen, die er gesehen hatte, sehr anerkennend aus. Er bemängelte nur, daß ein Steiger auf der Leiter mit dem Gesicht vorwärts von der Höhe in die Tiefe stieg.

Der nächste Gegenstand der Tagesordnung bildete die Frage der Reorganisation der ländlichen Feuerlöschanstalten. Fabrikant Aikelin aus Reutlingen wünschte, daß diese Anstalten einer größeren Kontrolle unterworfen werden sollten.

Magirus zeigte ein Modell einer Londoner Spritze, welche dadurch, daß sie einen getrennten Handkessel, mithin Platz für die Rettungsrequisiten und für acht Mann Bedienung habe, sich als empfehlenswert für Landspritzen erweise.

Der Endbeschluß dieser Tagung war, die Regierungen zu ersuchen, eine vollständige Verbesserung der Feuerlöschanstalten herbeizuführen, sich sachverständiger Männer zu bedienen usw....

Die Wertschätzung, die man C. D. Magirus zukommen ließ, war der Lohn seiner emsigen Arbeit.

Magirus konstruierte nicht nur Leitern, er war auch maßgebend als Hersteller von Handfeuerspritzen. Es gab überhaupt nichts auf dem Gebiet der Feuerwehrrequisiten, welche Magirus nicht verbesserte oder neu entwarf. Für die einen war er Konstrukteur, für die anderen Kaufmann. Er war beides: Konstrukteur und Verkäufer. Auf der Geschäftskarte stand: C. D. Magirus, Feuerwehrrequisiten und Desinfektions-Schwärmer-Hersteller.

In Augsburg veranlaßte C. D. Magirus die dort anwesenden Württemberger zum Zusammenschluß in den Württembergischen Feuerwehrverband. Magirus wurde zum Vorsitzenden gewählt.

Die Gemeinde Altenstadt bei Geislingen erhielt eine schöne und solid gebaute Saugfeuerspritze, entworfen von Kaufmann Conrad Dietrich Magirus in Ulm, hergestellt von der Maschinenfabrik Eberhardt. Die Maschine lieferte in der Minute zwei württembergische Eimer, das sind 600 Liter Wasser.

Magirus war einer der wenigen Ulmer, die ihre Erzeugnisse auf der Pariser Weltausstellung zur Schau stellten. Neben ihm hatte Johann Jakob Köpf das berühmte Ulmer Zuckerbrot ausgestellt.

Zur selbigen Zeit hatten die Gebrüder Eberhardt eine Mitrailleuse konstruiert, die als Kanone 120 und als Gewehr 200 Schüsse in der Minute abgeben konnte.

Seine Apostolische Majestät, Kaiser und König von Österreich und Ungarn, Fürst vieler Ländereien, Franz Josef I., zweiunddreißig Jahre alt, Nachkomme einer Dynastie, die einstens ein Reich regierte, in dem die Sonne nicht unterging, war auf seiner Reise von Wien nach Frankfurt, wo sich viele deutsche Fürsten zusammenfanden, nach Ulm gekommen. Das Gefolge wohnte in drei Hotels. Der Kaiser stieg im Hotel „Russischer Hof" ab, gegenüber dem Bahnhof. Der junge Monarch, seit vierzehn Jahren hielt er die Zügel der Monarchie in seinen Händen, gab gleich nach seiner Ankunft dem Bürgermeister zu wissen, daß ihm die Stadt Ulm ausnehmend gut gefalle. Der Monarch war fromm und nahm an einer heiligen Messe teil. Er ließ sich das Münster zeigen, sprach die Arbeiter an, die ihm von ihrem Leben erzählen mußten.

Aus Berlin kam ein Kurier und meldete, daß der preußische König auf Betreiben von Herrn von Bismarck an dem Fürstenkongreß von Frankfurt nicht teilnehmen würde. Der Preußische König wolle nicht, daß er in Frankfurt Erklärungen abgeben würde, die er später bereuen müßte. Franz Josef ließ mit keiner Miene merken, daß diese Absage eine Beleidigung ihm gegenüber war.

In der Haupt- und Residenzstadt Wien hatte man den jungen Kaiser bei einer großen Feuerwehrübung auf den Hersteller der Ulmer Leiter, C. D. Magirus aufmerksam gemacht. Der Monarch ließ sich den Erfinder, so wie er sich ausdrückte, vorstellen. Er habe ihm ein Geschenk mitgebracht. Direkt aus Wien. Kein Verlegenheitsgeschenk. Von Anbeginn der Reise hatte der Kaiser das Geschenk für den Feuerwehrkommandanten C. D. Magirus bereitgehalten. In einer mit schwarzgelber Seide ausgeschlagenen Schatulle blitzte der mit Edelsteinen besetzte Ring.

Magirus hatte vor einem König gestanden — vor einem Kaiser noch nicht. Sollte er im schwarzen Frack, im schwarzen Salonrock oder in der Uniform des Feuerwehrmannes vor den Kaiser hintreten? Er entschloß sich für die Uniform.

Der Kaiser von Österreich lobte den Feuerwehrkommandanten von Ulm.

„Man muß immer das Kleid tragen, das man am meisten achtet."

Einige Ulmer wurden mit Auszeichnungen und Geschenken von der österreichischen Majestät bedacht: Stadtvorstand Heim, Reg.-Dir. Schott, Professor Heßler —.

Franz Josef I. erbat sich bei Magirus für Wien eine Leiter nach den neuesten Errungenschaften.

Magirus lobte seinen Konkurrenten, den großen Konstrukteur Technikus Rosenbauer in Linz a. d. Donau. Carl Metz hatte diesen Namen auch öfters ehrenvoll genannt. Magirus empfahl dem Kaiser Herrn Rosenbauer.

„Der ist mehr als tüchtig. Er glaubt und lebt für seine Arbeit."

Der Österreicher sei schon einigemal bei ihm in Ulm gewesen, habe hier, in Paris, London und Heidelberg die Feuerlöschgeräte sich angesehen. — Der Kaiser freute sich, daß er aus Magirus' Munde von der Tüchtigkeit eines seiner Untertanen erfahren durfte.

Der Kaiser stellte lächelnd fest:

„Es wundert mich, Herr Kommandant, daß Sie Ihren Konkurrenten loben."

Kerzengrade stand Magirus vor dem Kaiser:

„Wer das Schadenfeuer bekämpft, ist nie ein Konkurrent."

Der Kaiser reichte Magirus die Hand: „Bei uns in Wien sagt man: ‚Wenn man nicht neidig ist, haben wir alle genug.' Stimmt's, Herr Magirus? Ich wünsche Ihnen und der Familie Gottes Segen. Es hat mich sehr gefreut, Herr Magirus!"

Aus München kam König Maximilian. Mit ihm Offiziere vom Königl. Bayerischen Leibregiment. Gemeinsam setzten die Monarchen die Reise nach Frankfurt fort. Alle Ulmer, die gehen konnten, waren auf den Füßen. Sie dankten dem Kaiser von Österreich für die Huld und für die Gnade, daß er einen aus ihrer Stadt öffentlich belobigt hatte.

Conrads Vater, er hatte sich von allen Geschäften und Ehrenämtern zurückgezogen, so auch von dem hohen Amt, das ihm der württembergische König im Jahre 1811 aufgetragen hatte, dem Kollegienrat im Ulmer Magistrat vorzustehen. Er freute sich, daß seinem Sohn aus der großen Welt Auszeichnungen zukamen. Es war für den Vater und für die Mutter Magirus schön zu wissen, daß der einzige Sohn mit Erfolg seinen Weg gehen durfte. C. D. Magirus war ein echter Sohn des Schwabenlandes. Nach außen kantig, hart, nach innen herzlich. Er zeigte nie, wie es ihm wirklich ums Herz war. Immer war er in den doppelreihigen, bis an die Knie reichenden Tuchrock eingeknöpft. Dieses Kleidungsstück blieb Magirus treu. So kannten ihn die Arbeiter, so kannten ihn die obrigkeitlichen Herren. Sein Festkleid war die Uniform des Kommandanten der Ulmer Feuerwehr. Die Zeiten, daß man ihn seiner Pläne wegen, Feuerwehrgeräte, Leitern, Spritzen usw. herzustellen, ausgelacht hatte, waren vorbei. Ein König, ein Kaiser, Fürsten und hochgestellte Herren hatten dem Ulmer Conrad Magirus öffentliches Lob ausgesprochen.

In der Hirschengasse war für den Hausknecht, für den neu aufgenommenen Faktoristen und Commis, für den Lehrling, für die Magd und für die Köchin Conrad der Kommandant. Der Prinzipal war Frau Pauline.

Die Nachbaren, die Verwandten, die Kunden lästerten: „Ich möchte mit der Egelhaaf nicht tauschen; zugegeben, der Conrad ist ja ein Mann, mit dem man sich gerne zeigt — sicher ist er ein gescheiter Mann, aber er hat ja nie Zeit für Frau und Kinder und um das schöne Geschäft kümmert er sich überhaupt nicht. Das muß die Pauline tun — die arme Pauline!“

Viele wollten wissen, wie es Frau Pauline fertigbrachte, um ihren vielen Pflichten nachzukommen. Den Kindern war sie eine gute Mutter, dem Mann eine liebende Frau. Haus und Küche waren immer blitzblank, die Geschäfte wurden erweitert. Aus zwei Gewölben hatte sie drei gemacht, eines diente den Kolonialwaren, das zweite den Manufakturen und im dritten gab es Lederwaren aus Offenbach, aus Nürnberg. Mit allen Nöten und Sorgen kamen die Kinder zur Mutter, so auch die Magd, der Commis und der Lehrling. Von den Reisenden, die ihre Waren anboten, ganz zu schweigen. Sie waren mit allen Wassern gewaschen und Salben geschmiert, glaubten, mit einer Frau würden sie leichter verhandeln können. Da täuschten sie sich. Pauline verstand das Kaufmännische. Sie war keine Spekulantin, zahlte bar, verlangte Preisnachlässe. Die Kunden kamen aus allen Stadtteilen, denn sie waren bei Frau Pauline gut bedient und aufgehoben. Niemandem wurde Ware aufgeschwatzt. Niemand stand bei Frau Pauline in Kreide. Sie machte keine Schulden — ließ aber auch durch ihre Kunden keine Schulden aufkommen.

Wenn Herr Conrad von seinen Reisen nach Ulm zurück kam, fand er in der Hirschenstraße immer eine gutgelaunte Gattin. Nie fragte er: „Was gibt es Neues im Geschäft? Brauchst Du Haushaltsgeld, brauchst Du Kleider, Schuhe für die Kinder?“ Die Bestreitung des Haushaltes lag in Frau Paulines Händen. Der Herr Kommandant wußte nicht, ob das Geschäft in der Hirschenstraße gut oder schlecht ging. Pauline widmete sich vollständig dem Geschäft. Sie hatte keine freie Zeit für sich, hatte aber auch kein Verlangen danach. Niemandem, weder ihrer Mutter noch Conrads Mutter, erzählte Pauline, daß sie sich auf die Geschäfte ihres Mannes nie verlasse. Sie kam mit Conrads Wirken und Wollen nicht mit. Das tägliche Brot stand ihr näher als das Morgen. Oft saß sie bis Mitternacht über den Geschäftsbüchern, rechnete und rechnete, hatte immer Angst, die Pläne ihres Mannes könnten in ein Nichts aufgehen. Sie hielt sich an die Tatsache, drei Ellen Tuch, zwei Dutzend Kerzen, ein Paar Handschuhe machen so und soviel in guten Silbermünzen aus. Von dieser Summe gab es Profit. Wie konnte Conrad daran glauben, eines Tages eine eigene Werkstätte zu besitzen, zwanzig bis fünfzig Arbeiter zu beschäftigen oder gar eine Fabrik mit Hunderten von Menschen, die nach seinen Angaben Arbeit dort fanden? Pauline würde immer in ihren drei Gewölben bleiben. Diese Gewölbe waren ihr gleich Festungen. Wenn eines Tages Conrads Geschäfte in ein Nichts aufgingen, würde sie ihre Ersparnisse hinlegen, dem Gatten keine Vorwürfe machen. Sie liebte ihren Mann, liebte ihre Kinder, liebte die Gewölbe. Zeit zum Nachdenken, ob das große Glück bei ihr eingekehrt sei, hatte sie nicht. Sie war glücklich. Die Liebe und die Treue ihres Mannes besaß sie, mehr brauchte sie nicht. Es war nicht Schwabenart, die Gefühle in den Vordergrund zu stellen. Arbeit, Arbeit, immer Arbeit. So lernt es jeder Schwabe von frühester Jugend an: vom Vater, von der Mutter. Erst wird geschafft, damit ein Dach über dem Kopf ist, dann wird geschafft, daß keiner vom andern abhängig ist. Mit Geld kaufen sie sich von jedem äußeren Zwang frei. Die Schwaben katzebuckeln nicht. Die Obrigkeiten müssen zu ihren Diensten sein, nicht umgekehrt. Sie dienen Gott, halten auch dessen Gebote; doch wehe, wenn einer der Mittler zwischen Gott und Mensch anmaßend wird. Den Drang, frei in ihrer Auffassung zu sein, spüren sie in ihrem Blut. Sie wollen mit Maß und Ziel frei sein, wollen dem Nächsten nie zur Last fallen. Conrad und Pauline waren aus der großen Familie der Schwaben. Conrad empfand Paulines Mitarbeit als eine Selbstverständlichkeit. Sie gehörten alle zusammen. Conrad verließ sich nie auf das Glück. Vor dem Erfolg stand die Arbeit. Vor dem Preis der Schweiß. Keiner leichtfertigen Anregung leistete er Folge. Er wußte, eines Tages würde die Arbeit, die allen Menschen Nutzen bringen würde, ihre Früchte

Vollständiger Löschzug,
bestehend aus:
Funkwagen,
Tanklöschfahrzeug,
Löschfahrzeug
und Drehleitern

derfahrzeuge, wie Pionierwagen,
sserrettungs- und Gasschutzwagen
Schlauchwagen

rschiedene Anhänger,
Waldbrand-Geräteanhänger,
neratoranhänger, Großunfallanhänger
Kohlensäureschnee-Anhänger

Lastwagen und Beiwagen
der Nachrichtenabteilung

Mannschaftstransportwagen,
Kommandowagen mit Anhänger
und Krafträder

Unfallrettungswagen
und Krankenwagen

Links: Nachrichtenzentrale 1. Rohrpostzentrale. Rechts oben: Nachrichtenzentrale 1. Schalttafelanlage, Fernschreiber, Bedienungsplatz 5 und 6 • Rechts unten: Nachrichtenzentrale 1. Bedienungsplatz 1: Fernsprechhauptstelle. Bedienungsplatz 2: Alarmierungsanlage. Bedienungsplatz 3: Feuermeldeempfangseinrichtung für den Wachbezirk 1. Bedienungsplatz 4: Frei für Meldeüberbringungsanlage zu den Nebenwachen 2—5

Unter Verwendung von Atemschutzgeräten gehen die Männer vor

Tanklöschfahrzeug

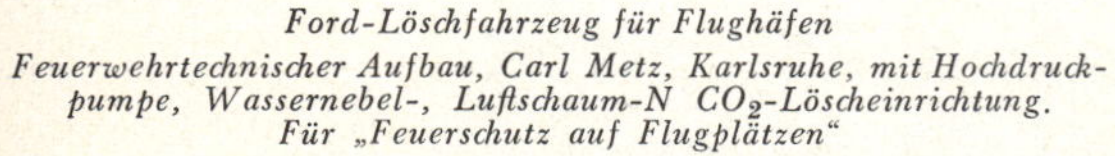

Ford-Löschfahrzeug für Flughäfen
Feuerwehrtechnischer Aufbau, Carl Metz, Karlsruhe, mit Hochdruckpumpe, Wassernebel-, Luftschaum-N CO_2-Löscheinrichtung.
Für „Feuerschutz auf Flugplätzen"

Bedienungsstand eines Tanklöschfahrzeuges

Brandangriff mit „Wasserstaub“

Löschfahrzeug LF 8

Löschfahrzeug LF 25

Löschfahrzeug LF 15

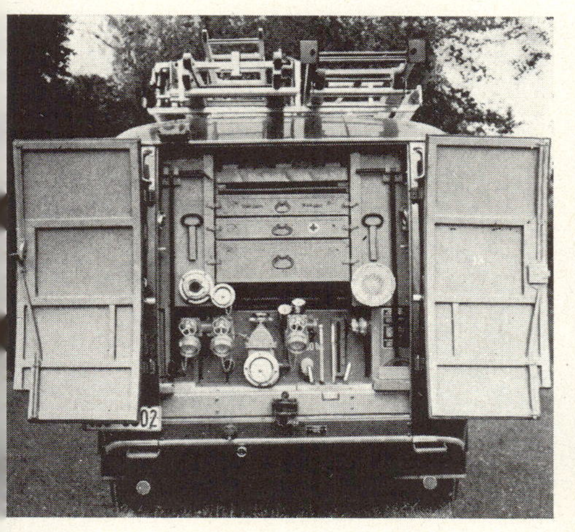

Bedienungsstand eines Löschfahrzeuges

Löschfahrzeug mit Tragkraftspritze

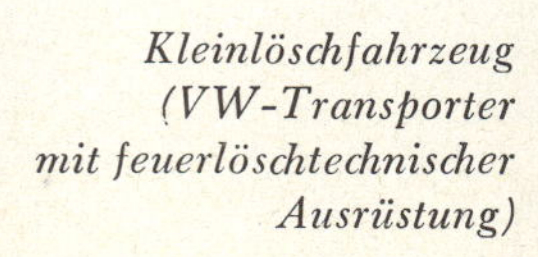

Kleinlöschfahrzeug (VW-Transporter mit feuerlöschtechnischer Ausrüstung)

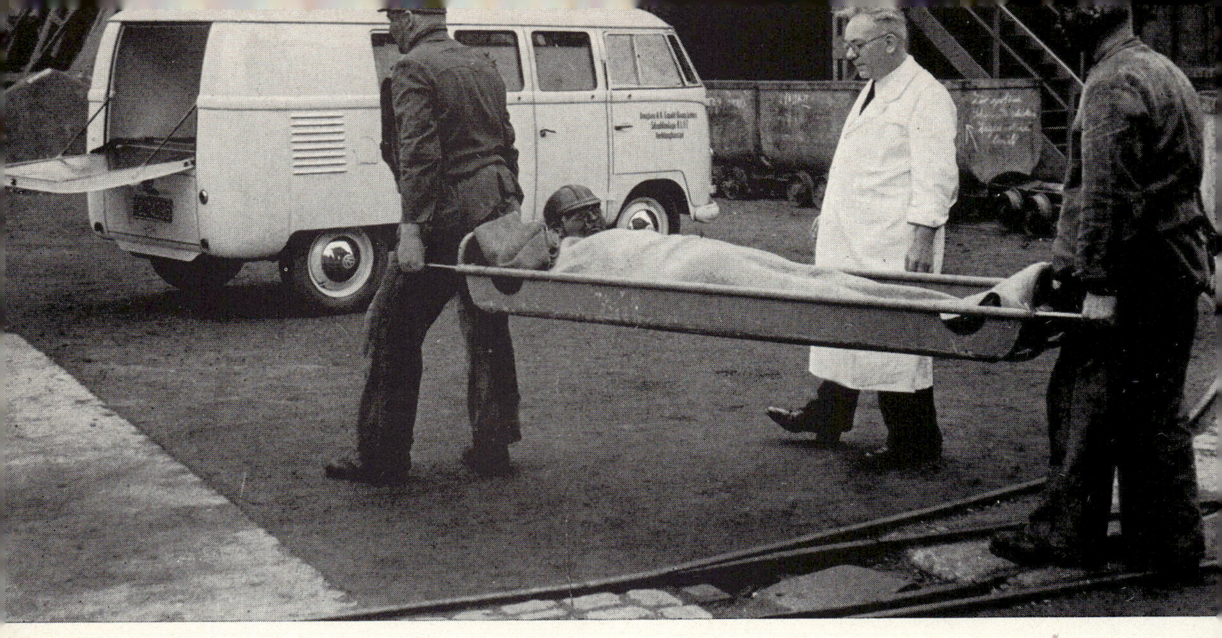

Grubenfeuerwehr beim Bergen von Verletzten

Vortragen eines Löschangriffs

Einsatz eines Löschzuges

Drehleitern im Einsatz. Drehleitern stellen eine Verbindung mit den hochgelegenen Stockwerken und Dächern her

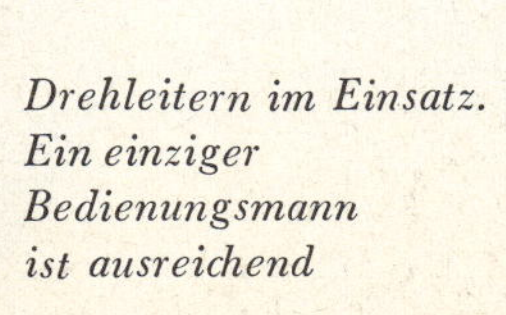

Drehleitern im Einsatz. Ein einziger Bedienungsmann ist ausreichend

tragen. Er besaß bares Geld. Nun ging er daran, eine eigene Firma zu gründen, ein Grundstück zu kaufen, ein Haus zu bauen. Zu Lebzeiten seiner Eltern wollte er seine großen Planungen nicht ausführen, vor allem die Grundstücke in der Hirschenstraße nicht verkaufen. Er wußte, alte Menschen darf man gleich alten Bäumen nicht verpflanzen.

Vater Magirus war sehr kränklich. Er ging einmal des Tages durch die drei Gewölbe. Mit Stolz wies er auf Pauline, die aus zwei Geschäften drei gemacht hatte. Was wollte der Sohn Conrad? Ein großes Haus wollte er bauen? Nach italienischem Stil sollte das Haus gebaut werden? Ohne Giebeldach? Kein Fachwerkbau? Warum wollte der Sohn nicht in der Stadtmitte bauen? Warum wollte er in der Nähe der Eisenbahn bauen?

Im Allgemeinen Anzeigeblatt von und für Ulm mit seiner Umgebung war vermerkt, daß im Königlichen Handelsgericht Ulm am 10. März 1864 Conrad Dietrich Magirus eine eigene Firma unter seinem Namen anmeldete. Feuerlöschgeräte, Handdruckspritzen, Leitern und alles, was mit der Feuerbekämpfung zusammenhängt, wolle er herstellen.

Eine Jugendwehr wurde in Ulm gegründet. Conrad wurde in den Männerausschuß gewählt. Man wollte, daß Magirus die Jugend dem Feuerschutz zuführte. Die Handels- und Gewerbekammer wählte ihn zu ihrem Mitglied. Er berichtete von seinem Erfolg auf der Pariser Weltausstellung. Der Bürgerausschuß wählte den Erfolgreichen zu seinem Obmann.

Conrad Dietrich Magirus kaufte im Bereich der Ulmer Promenade die Parzelle Nr. 517/518, ein Gras- und Baumgarten mit Gartenhaus. In diesem Holzhaus, das er sehr vergrößerte, begann er selbständig die bekannten Feuerwehr- und Rettungsgeräte herzustellen. Nach dem Ankauf dieses Grundstückes wurde dem Kaufmann und Konstrukteur C. D. Magirus mitgeteilt, daß er keine Genehmigung für den Bau eines Fabrikationsgebäudes bekommen würde. Zwischen Klöcklertor und Wilhelmshöhe durften nur Landhäuser, genannt Villen, aufgeführt werden. Der Bauherr mußte seinen vorgefaßten Plan, eine große Werkstätte zu bauen, fallen lassen.

1870. Deutsche und Franzosen standen im Krieg. Straßburg mußte kapitulieren. Ulm schickte seiner Schwesterstadt Straßburg eine Deputation, darunter auch Magirus, um Hilfeleistung anzubieten.

Die Russen luden Magirus nach Moskau ein. Auf einer Ausstellung erhielt er für die Buttenspritzen als erster deutscher Feuerwehrgerätehersteller ein Dekret des Lobes und eine Medaille.

Auf der Wiener Weltausstellung im August 1873 erinnerte sich Kaiser Franz-Josef an den Mann aus Ulm. Er bat Conrad Dietrich Magirus in die Burg. Die Ulmer Leiter wurde ausgezeichnet.

Am 25. bis 27. Juni 1873 auf der Feuerwehrtagung Gmünd erregte eine achtzehn Meter lange, freistehende Leiter der Firma Magirus aus Ulm großes Aufsehen. Man staunte. Keiner glaubte, daß es Conrad Dietrich Magirus ernst sei, als er von einer fünfundzwanzig Meter hohen Leiter sprach.

Die Erzeugnisse des Kaufmanns Conrad Dietrich Magirus nahmen immer größeren Umfang an. Die Königliche Bahndirektion machte sich erbötig, für den Versand von Feuerlösch- und Rettungsgeräten einen verbilligten Frachttarif auszuarbeiten.

Wer von Ulm sprach, nannte auch den Namen Magirus.

Leisen Schrittes kam Gevatter Tod in das Haus Magirus in der Hirschengasse. Zaghaft klopfte er an; Vater Magirus möge sich für die große Reise vorbereiten. Conrads Vater war würdig und in Ehren alt geworden. Er hatte die Hände nie in den Schoß gelegt, wollte und wollte sich nicht ins Bett legen, den Arzt rufen, daran denken, daß es ans Sterben gehe. Seine Lebensuhr war abgelaufen. Die Arbeit, die er mit seinem Bruder Heinrich begonnen, lag in den Händen seiner Schwiegertochter,

Frau Pauline. Sie war dort gut aufgehoben. Die Töchter Johanna und Pauline hatten ihm viel Liebe geschenkt — und Conrad, auf den Sohn war er stolz. Sehr stolz! Dieser hatte es weiter als zum Krämer gebracht. Dem Conrad-Dietrich hatten Kaiser, Könige und Fürsten im deutschen Lande und im Auslande die Hand gereicht. Zur Mutter Susanne beugte sich der Schwerkranke: „Wer hätte gedacht, daß unser Büble aus der Hirschengasse hinauswachsen würde?" Der Hirschengasse galt Vater Magirus' Denken. Er hatte schöne und traurige Stunden in der Enge dieser Gasse, in der Nachbarschaft verbringen dürfen. Es gab kein Haus, darinnen er nicht gewesen, es gab keinen Bewohner, den er nicht kannte, von dem er nicht alles, was diesen berührte, wußte. Die Schicksale der Nachbaren waren die seinen. Er hielt die Hand der Frau Susanne, das hatte er ein Leben lang nie getan. Nie hatte er gezeigt, wie es ihm ums Herz war. Was würden die anderen gesagt haben, wenn er sich wie ein verliebter Tauber benommen hätte. Heute konnte er es sagen: „Ich dank' Dir schön! Ich dank' Dir schön, Susanne! Du warst eine gute Frau. Ich habe Dich immer gern' g'habt. Versprich mir, weine nicht. Wir sind ja bald wieder beisammen. Der Platz neben mir gehört Dir." Frau Susanne war gewohnt, ihre Empfindungen zurückzuhalten. Sie war eine tapfere Frau. Keine Träne bekam Vater Magirus zu sehen.

Der Pfarrer hatte nicht viel Mühe mit dem Sterbenden. Einer dankte dem andern; denn sie waren Freunde. Gute Freunde, seit vielen Jahren.

Die Jugend im Hause Hirschengasse war lustig und fröhlich. Sie konnte es nicht fassen, daß sich im Obergeschoß der Großvater zum Sterben hingelegt hatte. Großvater Magirus war glücklich zu wissen, daß das Haus voll Jugend war und daß sie alle Magirus hießen. Er ließ sich den mit Glasperlen bestickten Dukatenbeutel geben. Goldstücke waren darin. Jedes der Enkelkinder bekam gleich viel von den goldenen Münzen. Diese waren vor bald zweihundert Jahren geprägt. Der Großvater sagte: „Sparet in der Zeit, dann habt ihr in der Not." Diese Goldstücke wurden bei den Magirus von dem Ältesten an die Jungen gegeben. Keiner hatte die Münzen unter die Leute gebracht, gewechselt, ausgegeben. Auf ein Goldstück folgten andere. Vater Magirus dankte seinem Sohn: „Du bist ein guter Sohn gewesen. Ich weiß, wo es Dich drückt. — Die Hirschengasse ist Dir zu eng." Leise, niemand außer Conrad durfte es hören, gab der Vater dem Sohn die Hirschengasse frei. „Verkaufe das Haus, wenn Du es für richtig hältst. Die Mutter laß aber hier wohnen. Und Pauline — ich glaube mich nicht zu täuschen. Pauline braucht das Geschäft. Laß ihr die Gewölbe. Baue Dir ein anderes Dach über dem Kopf." Vater und Sohn hatten sich noch viel zu sagen. Manchmal lachten sie.

Die Sonne war im Untergehen. Alle, die den Namen Magirus trugen, beteten im Zimmer des Sterbenden. Der Großvater, mit dem Gebet auf den Lippen, kehrte in die Arme seines Schöpfers zurück. Über seinem Gesicht lag Frieden.

Wie es der Verstorbene gewünscht, trauerte ohne Tränen Frau Susanne. Frau Susanne geb. Hocheisen ließ jedermann wissen, daß der Verstorbene ein guter Gatte gewesen.

Die Enkelkinder hatten den Großvater sterben gesehen. Sie wußten von dieser Stunde, daß es eine Abberufung in die Ewigkeit gab. Mit dem Tod des Großvaters Magirus war ein Stück von der Hirschengasse hingegangen. Die Kaufleute, die Handwerker, die Lieferanten, die Schiffseigner, die Frächter und die vielen Kunden hatten sich Schwarz in Schwarz zum Begräbnis eingefunden.

Jeder lobte und sprach von den vielen Tugenden des Verstorbenen.

Frau Susanne spürte, als man ihr das Beileid aussprach, daß ihr Leben nach außen ein Ende gefunden hatte. Die Achtung galt dem Manne. Der Verstorbene hatte ihr die Stellung nach außen gegeben. Was war sie ohne diesen Mann? Die Witwe nach Conrad Dietrich Magirus, Kolonial- und Manufakturwarenhändler. — Der Sohn würde seiner Mutter neues Ansehen verschaffen.

Conrad mit seinen empfangenen Ehrungen, mit seinem selbstsicheren Auftreten, führte seine Mutter an das Grab des Verstorbenen. Alle Augen waren auf Mutter und Sohn gerichtet. Seit Jahren war Conrads Name in vieler Mund. Conrad dankte, alle hörten es, er dankte öffentlich seinem Vater für die Liebe, die er ihm und allen, die um ihn leben durften, zu Lebzeiten geschenkt hatte. Es war Conrads Art, öffentlich zu loben, öffentlich zu kritisieren und zu danken.

Behutsam legte Frau Susanne drei Handvoll Erde auf den Sarg. Der Sohn sah die Hand seiner Mutter, die Hand, die ihn gestreichelt, die ihn gezüchtigt hatte. — Es waren gute Hände, seine Frau, Pauline, hatte auch gute Hände. — Gute, liebende Hände.

Werden seine Kinder auch gute Hände haben? Werden sie auch am Grabe des Vaters, der Mutter stehen und laut danken?

Die Kinder, die Pauline ihm schenkte, waren in der Schule die Ersten. Sie wollten im Leben etwas vorstehen; waren, die Kleinen und die Großen, mit Aug' und Ohr bei Vaters Arbeit. Heinrich kümmerte sich um alles, was den Vater betraf. Sie verehrten die Mutter, bestaunten den Vater, wenn er, der Feuerwehrkommandant, jedem Feurio-Ruf Folge leistete. — Bei Dreien der Buben lag die Liebe zur Feuerwehr im Blute.

In Magirus Tagebuch stand vermerkt:

„Oberstudienrat Dr. F. G. Kapf gibt im Verlag W. Kitzinger in Stuttgart eine deutsche Feuerwehrzeitung heraus. Es sind technische Anleitungen für Feuerwehrleute."

Zum Feuerwehrtag in Mainz waren vom 1. bis 3. September 1860 mehr als vierzig Feuerwehren erschienen.

In Augsburg vom 1. bis 11. August 1862 hundertfünfunddreißig Feuerwehren.

In Leipzig trafen sich die Feuerwehren drei Tage lang, vom 19. bis 22. August 1865. Zweihundertelf Feuerwehren hatten der Einladung Folge geleistet.

Vom 6. bis 9. September 1866 kamen nach Braunschweig hundertzweiundfünfzig Feuerwehren. Auf dieser Tagung wurde zum erstenmal die Gründung einer allgemeinen Unterstützungskasse für Feuerwehrmänner beschlossen.

Von Staats wegen wurde im Königreich die Württembergische Zentralkasse zur Förderung des Feuerlöschwesens geschaffen.

Die Mitglieder der Freiwilligen Feuerwehr Reutlingen hatten seit dem Jahre 1862 auf eine Fürsorge gedrungen.

1870 — ein Krieg, der Deutschland einen großen Sieg und viele Milliarden Franken in Gold brachte sowie den Haß der Franzosen. Die Feuerwehrmänner Deutschlands ließen sich nicht abhalten, in diesem Jahr am 17. und 18. Juli ihren achten Deutschen Feuerwehrtag nach dem österreichischen Linz an der Donau einzuberufen.

Hundertachtzig Feuerwehren kamen in diese schöne österreichische Donaustadt.

Die Feuerwehrmänner wählten zwölf Männer in den Feuerwehrausschuß. Diese mußten die Forderungen der Feuerwehrmänner vertreten; die weiteren Feuerwehrtagungen vorbereiten. In Linz wurde festgestellt: Deutsche und österreichische Feuerwehrmänner werden allen, die in Not sind, hilfreich beistehen.

Württembergs Großindustrie hatte über Conrad Dietrich Magirus, wohnhaft in Ulm, folgende Mitteilung herausgegeben: „Wer ein ausgesprochen übersichtliches Bild von der hohen Stufe des derzeitigen Feuerlöschwesens empfangen will, möge, wenn er in der alten, schönen württembergischen Donaustadt Ulm weilt, Conrad Dietrich Magirus aufsuchen. Man hat diesem Mann mit vollem Recht das Lob, der Wegbereiter der deutschen Feuerwehren zu sein, zuerteilt. Er war es, der den ersten Feuerwehrverband ins Leben rief. In großem Ausmaße hat Conrad Dietrich Magirus seine Konstruktionen auf dem Gebiet des Feuerlösch- und Rettungswesens in den Dienst der Nächstenhilfe gestellt. Die Fabrikation der Ulmer Feuerspritzen, Leitern,

Rettungsgeräte, Ausrüstungsstücke hat heute Weltruf. Von Jahr zu Jahr vervollkommnet Magirus seine Erzeugnisse. Die Auszeichnungen, die er bei Ausstellungen im In- und Auslande bekommen hat, sprechen für die Qualität seiner Erzeugnisse. Über Länder und Meere ist der Name des Meisters, Conrad Dietrich Magirus, durch seine Arbeit bekannt worden."

Der Turnerbund Ulm schrieb: „Die Liebe und Anhänglichkeit, die Conrad Dietrich Magirus unserem Turnerbund immer wieder zeigte, trotz vielseitiger Inanspruchnahme seiner Arbeiten, sind unvergeßlich. Ein ergreifendes Bild, als beim Stiftungsfest der Turner Conrad Dietrich Magirus' Altersgenosse, der ehemalige Turnwart Pfänder, aus Amerika zum Besuch kam und die beiden Recken sich umarmten."

Magirus' Konkurrenten — und die Neider — mußten feststellen, wo immer sie hinkamen, wenn der Name Conrad Dietrich aufklang, wurde über diesen Riesen aus Ulm Erfreuliches berichtet. Viele sahen in ihm den mütterlichen Nachfahren des schöpferischen Geistes — des weiland Fortifikationsbaumeisters Johannes Mathäus Faulhaber. Magirus war erfolgreich. Er beherrschte die Fähigkeit, sich in Wort und Schrift für die Leser aus allen Ständen leicht faßlich auszudrücken. Kein Zweiter auf dem Gebiet des Feuerwehrwesens konnte sich rühmen, gleich Magirus organisatorische Fähigkeiten aufzuweisen. Er war ein Meister darin. Seine Größe, seine Persönlichkeit, seine gewichtigen Worte, sein vertraueneinflößendes Äußere halfen ihm auf allen seinen Wegen und Vorhaben. Nur seine Gattin konnte er nicht überzeugen, daß er auf den Wegen des Erfolges wandere. Frau Pauline war und blieb ängstlich. Auch der Neubau auf der Promenade Nummer 24 machte sie nicht glücklich. Mit der Schwiegermutter, Großmutter Susanne, trauerten beide Frauen dem Doppelhause in der Hirschenstraße nach. Das Haus, das Conrad Dietrich im italienischen Stil erstehen ließ, war in Ulm eine Seltenheit. Vor allem, noch nie wurden in eine Villa Werkstätten eingebaut. Die Nachbaren, diese waren Rentiers, Männer und Frauen, die sich zur Ruhe gesetzt hatten, protestierten. C. D. Magirus wolle einen maschinellen Betrieb in seinem Hause einrichten? Der Einspruch war geschlossen. Nie und nimmer auf der Promenade eine Fabrik! Magirus gab nicht nach. Er setzte eine Erwiderung nach der anderen auf; erklärte dem Städtischen Bauamt den Krieg. In seinem Tun und Lassen ließ sich Magirus weder von seiner Mutter noch von seiner Frau beraten. Die beiden Frauen führten, abseits allen Getriebes, abseits allen offiziellen Hervortretens ein zurückgezogenes Leben.

Die Ehe zwischen Conrad Dietrich und seiner Pauline war vorbildlich. Streit und Zank waren unbekannt. Die Kinder, gesund und wohlgeraten, verehrten in Liebe die Eltern. — Der Großmutter Susanne galt die Liebe ihres Sohnes, der Schwiegertochter und der Enkelkinder.

Magirus arbeitete oft nächtelang. Frau Pauline ging auf Zehenspitzen in das Arbeitszimmer ihres Mannes. Er hörte sie nicht, spürte aber die sorgende Hand. Seine Gedanken galten neuen Plänen. Eine Fabrik wollte er erstehen lassen. Die Geräte, die er zum Kampf gegen die Schadenfeuer entwickelte, mußten verbessert werden. Zwischen Erzeuger und Abnehmer waren Wettläufe entstanden. Die Erzeuger sagten, das Neueste wäre gut genug. — Magirus gab zur Antwort: „Das beste und praktischste Gerät ist gut genug, um Menschen zu retten und das Feuer zu bekämpfen."

Die freistehenden Leitern erfuhren Verbesserungen. Magirus hatte vier Leiterkonstruktionen auf den Markt gebracht. Alle ähnelten der ersten zweiteiligen Leiter. Die Leitern hatten freie Gelenkstützen. Diese, mit den Wagenachsen verbunden, bildeten ein starres Dreieck.

Nach dem Deutsch-Französischen Krieg 1870 erstand die freistehende Leiter für Handzug. Die freiwilligen Feuerwehren sowie die in größeren Städten bestehenden Berufsfeuerwehren bedienten sich dieser Leiter. Zur selbigen Zeit wurden auch in verschiedenen Städten und Dörfern auf Anregung von Magirus und Carl Metz Druckwasserleitungen gebaut. Die Feuerwehrmänner konnten bei Feuersbrünsten aus Schachthydranten Löschwasser entnehmen.

Magirus bemühte sich sehr, daß in Ulm in Abständen von 80 m in der Nähe von Wohnhäusern Schachthydranten gebaut wurden.

Was half die beste Feuerspritze, wenn kein Wasser vorhanden. Das Tempo der Vorwärtsentwicklung veranlaßte Magirus, freistehende Leitern zu bauen. Er hatte mit seiner schon vor Jahren erbauten Schiebeleiter den andern Leiterfabrikanten gegenüber einen großen Vorsprung. Der Auszug der Leiter erfolgte freihändig durch Leitzug oder durch Kurbelgetriebe. Drahtseile dienten als Leiterverspannung.

Bei der Type A, die als „Ulmer Leiter“ im In- und Ausland bekannt wurde, geschah das Aufrichten der Leitern freihändig. Die Vorwärtsneigung war noch gering.

Die verantwortlichen Männer in der österreichischen Haupt- und Residenzstadt Wien waren es, die die Ulmer Leiter bei einer großen Veranstaltung der Öffentlichkeit bekannt machten. Feuerwehrmänner aus Hermannstadt in Siebenbürgen kauften gleich drei Stück von diesen Leitern.

Einige Jahre später brachte Magirus die Type B auf den Markt. Die Leiter war zwei- und vierrädrig. Das Aufrichten der Leiter konnte durch Kurbelgetriebe erfolgen. Das Feststecken der Stützen erfolgte, wenn die Leiter aufgerichtet war.

Die dritte Type, zweirädrig und fahrbar, besaß Verbesserungen an Kurbelgetriebe und Elevator. Die Neigemöglichkeit der Leiter war durch Verlängerung am Fuß erhöht.

Die vierrädrige Type D erregte unter allen Feuerwehrleuten Aufsehen. Sie erreichte eine Steighöhe bis zu zweiundzwanzig Meter und hatte eine große, durch Getriebe regulierte Neigevorrichtung. Mehr als zweihundert Stück von diesen Leitern wurden im In- und Auslande verkauft.

Magirus verbesserte zur selbigen Zeit alle schon bestehenden Feuerwehrutensilien. In vielen Nächten entwarf Magirus die Pferdezugleiter. Die Leitern wurden drei- und vierteilig. Beim Fahren konnte eine kurze Leiterlänge erreicht werden. Die Stützen waren nicht mehr lose, sondern mit einem festen Dreieck mit den Unterleitern verbunden. Jedes Leiterteil besaß eine durchgehende Stahldrahtverspannung. Die Terrainregulierung diente zugleich als Vorrichtung für die seitliche Neigung. Das Aufrichtgetriebe ermöglichte ein ungehemmtes Vorwärtsneigen der Leiter. Für die Feuerwehrleute waren Sitzplätze auf dem Leiterwagen eingebaut. Erstmalig waren Wagenfederung und Radbremsen.

Diese großen Leitern und die Wagen dazu konnte Magirus im Hause Promenade Nr. 24 nicht bauen. Er mußte sich nach einem großen Areal umsehen.

Um das Allerneueste auf dem Gebiet der Feuerwehrgerätschaften in aller Welt zu erfahren, mußte Magirus viel auf Reisen sein. Heimgekommen saß er dann an seinem Schreibtisch, um alles, was er gesehen, in Wort und Schrift niederzulegen. Viel Zeit verwendete Magirus, um allen Käufern seine Geräte persönlich vorzuführen. Es waren nicht alleine die Leitern, die er baute, die Handdruckspritzen mit dem Magiruszeichen waren sehr bekannt.

Es gab zweirädrige Karrenspritzen mit verschiebbarer Achse, dann Abprotz-, Landfahr-, Stadt- und Löschtrainspritzen. Magirus wußte genau, daß die erste Feuerspritze im Jahre 1518 von einem Herrn Anton Blatner für die Stadt Augsburg hergestellt wurde, daß Georg Rieger und Georg Hantsch, beide in Nürnberg, im Jahre 1608 und 1655 auch Spritzen herstellten. Diesen Spritzen fehlte das bewegliche Strahlrohr. Am Spritzenwerk war nur der sogenannte „Schwanenhals“ angebracht. Das Jahr 1700 brachte das Wenderohr. Im Jahre 1720 erfand der Mechaniker Jakob Luipold in Leipzig den Windkessel.

Van der Heyde benutzte im Jahre 1673 in Amsterdam statt des Wenderohres zum ersten Male einen aus Stoff genähten Schlauch.

1810 schrieb man, als die Schläuche aus Leder hergestellt wurden. Sie wurden seitwärts genietet.

Ein Mann namens Benzinger aus Hannover brachte 1847 Hanfschläuche mit Gummieinlagen auf den Markt.

Die ledernen Saugschläuche mußten mit Metallringeinlagen gefestigt werden.

In Ulm hatten die Wieland-Werke auch Druckspritzen hergestellt, sich auch längere Zeit mit dem Bau von Feuerspritzen befaßt.

Im Mai 1875 erfolgte die Gründung des „Reichsverein Deutscher Feuerwehringenieure". Von dem Gremium dieses Vereines wurden allgemeine Richtlinien für die Brandbekämpfung ausgegeben:

> Der Brand müsse möglichst im Entstehen bekämpft werden.
> Jede Minute Zeitgewinnes war kostbar.
> Öffentliche Feuerwehrmelder wurden aufgestellt.
> Im Stalle hingen die Geschirre zugfertig über den Deichseln und waren mit einem Griff den Pferden angehängt.
> Die Pferdeboxen und die Tore zum Gerätehaus wurden mit einem Handgriff geöffnet u.a.m.

Das Streben nach Zeitgewinn wurde auch bei den Konstruktionen, die Magirus durchführte, berücksichtigt. Seit Jahren trug er sich mit dem Gedanken, eine große Turmdrehleiter zu bauen. Die Leiterspritze sollte von einem Fenster zum andern geleitet werden. Das zeitraubende Umstellen des Wagens sollte wegfallen.

Die Ausführung solcher Geräte verlangte nach einem Herstellungsgelände größten Ausmaßes. Die Stadtväter gaben Magirus zu verstehen, daß sie nie eine Fabrikanlage auf der Promenade gestatten würden. Großmutter Susanne und Frau Pauline beruhigten den aufgebrachten Sohn und Gatten. Sie hielten ihn zurück, kostspielige Prozesse zu führen.

Eine große Fabrik zu erstellen, kostete viel Geld. Und Geld war rar. Bei Magirus wurde nie Geld gehortet. Er ließ es immer arbeiten. Jeder Verdienst wurde in Bauten und neue Konstruktionen gesteckt.

Die Studienreisen verschlangen auch große Summen. Nicht weniger als achtmal fuhr Magirus nach London und Paris. Ein Konkurrent gestand, daß es in Europa kaum eine Stadt oder einen größeren Ort gäbe, dort die deutschen Feuerwehrkönige Magirus und Carl Metz nicht gewesen. Der Turnwart und Freund Pfänder schrieb aus Amerika, lud Magirus ein, über das große Wasser zu kommen, eine Kollektion Leitern und Spritzen mitzubringen. Pfänder verkaufte manche Ulmer Leiter, Handdruckspritze aus Magirus Werkstätte. Groß war die Freundschaft dieser Männer. Sie wußten, die Treue ist kein leerer Wahn.

Russische Feuerwehrleute waren im Hause Promenade Nummer 24 oft Gäste. Vor allem Moskauer, Petersburger, Tifliser. Aus Persien und der Türkei kamen die Einkäufer persönlich. Sie waren mit den Magirus'schen Erzeugnissen zufrieden. Die alten und jungen Ulmer beiderlei Geschlechts staunten, wenn der großgewachsene bärtige Conrad Dietrich Magirus seine exotischen Gäste, diese trugen meistens die Kleidung oder die Uniform ihres Landes, durch die Stadt führte, mit ihnen manchen Humpen Bier und manchen Pokal Wein leerte, das Münster besuchte, den Turm bestieg.

Die Kinder Magirus lauschten ihrem Vater, wenn er von den vielen Reisen nach Hause kam. Er konnte gut erzählen, war ein scharfer Beobachter. Die Buben Heinrich, Otto, Herrmann waren, wenn sie von der Schule kamen, wenn sie ihre Hausarbeiten hinter sich gebracht hatten, immer um den Vater herum. Sie legten freudig in den Werkstätten Hand an, scheuten keine Arbeit. Viele Stunden saßen sie mäuschenstill im Arbeitszimmer ihres Vaters, sahen zu, wenn eine neue Leiterkonstruktion erstand. — Dem Feuerwehrhauptmann Magirus und seinen Männern folgten sie auf Schritt und Tritt. Das Trompetensignal der Feuerwehrmännern war den Magiruskindern nicht fremd. Oft stöhnte und schimpfte Frau Pauline, und zwar mit Recht, wenn der Gatte und die Buben beim Feuerruf vom gedeckten Tisch aufsprangen. Sie eilten zur Brandstätte. Mutter Pauline wurde geliebt, der Vater bewundert. Magirus imponierte. Sieben Männer hatte Mutter Pauline im Hause, den Vater mit seinen sechs Buben.

Nie verließ Frau Pauline die Sorge und Angst, daß eines Tages die Pläne ihres Gatten in ein Nichts zusammenfallen könnten. Sie wollte oder sie konnte es nicht glauben, daß der Erfolg bei ihrem Gatten bleibe. Magirus verschwieg seiner Gattin alle großen Sorgen, alle Hindernisse, auch die Verluste, die ihm nicht erspart geblieben waren. — Die Erfolge erzählte er. Pauline war jeden Tag bereit, den Zusammenbruch des Feuerwehrgeschäftes zu erfahren. Sie verließ sich nicht auf die Leitern, nicht auf die Handdruckspritzen, nicht auf die vielen Gegenstände, die unter der Rubrik „Feuerwehrrequisiten" in einem C. D. Magirus Preis-Courant aufgezeigt wurden.

Ihre Welt war nicht die Promenade Nummer 24, ihre Welt war die Hirschenstraße. Für jedes der Kinder hatte Frau Pauline einen Spargroschen angelegt.

In den Taufbüchern standen die Geburten der Magiruskinder vermerkt, ein Mädchen und sechs Buben. Der erstgeborene Bub war Heinrich, geboren am 29. Mai 1853, dann kam Karl zur Welt am 22. November 1856, dann Otto am 5. Februar 1858, dann Adolf am 12. März 1861, dann Herrmann am 14. Juli 1863 und zuletzt Eugen am 16. November 1864.

Das Schwesterchen wurde von den Eltern und von den Brüdern mit großer Liebe behandelt. Drei Frauen beherrschten die Magirusbuben, damit war auch der Vater eingeschlossen: die Großmutter Susanne, geb. Hocheisen, die Frau Pauline, geb. Egelhaaf und das Töchterchen, das als Schönste in Ulm galt.

Vater Magirus war im Kreise seiner Familie immer guter Laune. Er war zu jedem Schabernack, zu jedem Scherz bereit. Die Buben führte er zu den Turnern, zu den Feuerwehrmännern. Er erkannte klaren Blickes die Fähigkeiten seiner Söhne. Heinrich war ihm an Person und Wesen ähnlich. Schon in der Schule war er ob seines organisatorischen Talents aufgefallen. Herrmann war ein Rechenkünstler. Er verwaltete das Taschengeld seiner Brüder, machte in ihrem Namen kleinere Geschäfte und legte den Gewinn zurück. Einstimmig wurde er zum Zahl- und Sparmeister ernannt. Otto galt als Erfinder. Er bastelte in seiner Freizeit. Er wollte Ingenieur werden und gleich dem Vater Feuerwehrleitern und Druckspritzen bauen. Frühzeitig stellte er sich in die Reihen der Feuerwehrleute.

Die anderen Buben zeigten schon früh ihre Begabungen. Adolf verbrachte seine Freizeit an den Festungswerken bei den Artilleristen und Pionieren. Er wollte „unter die Soldaten". Er wollte General werden.

Eugen schnitt zum Ärger der Schwester den Puppen die Sägespänebäuche auf, legte Verbände an. Er wollte Arzt werden.

Einer unter den sechs Buben wollte unbedingt Schulmeister werden, Karl war es. Er war der gelehrigste Schüler.

Großmutter Susanne trank Tag für Tag ihren Kaffee; er war wie immer stark gesüßt. Kaffeetrinken war ihre einzige Leidenschaft. Krankheit kannte sie nicht. Sie konnte es nie verstehen, daß andere Leute sich eines Fiebers oder Brustübels wegen in das Bett legen mußten. So war es in der Hirschenstraße und auch in der Promenade. Die Großmutter war immer gesund, war immer auf den Füßen, immer bereit, Krankenpflege zu übernehmen.

Doch — jede Uhr bleibt einmal stehen. Auch Großmutters Lebensuhr tickte langsamer, immer schwächer. In der Nacht wachte Frau Susanne auf. Beide Hände hielt sie auf die Brust. Sie wußte: es war Zeit, sich zum Sterben vorzubereiten. Sollte sie die Schwiegertochter oder eine der Mägde rufen? Nein. Barfuß ging sie treppab, öffnete die Türen zu den Zimmern, darinnen die Enkelkinder schliefen. Sie nahm von ihnen Abschied. Wieder in ihrem Zimmer nahm sie aus der breitbauchigen Schiebelade — es war ein Schrank von ihren Eltern — ein grobleinenes Hemd, ein paar weiße lange Strümpfe und eine mit Spitzen versehene Haube. Auch die Sterbekerze legte sie in Handnähe. Unter Glas lag der weiße Myrthenkranz, den sie getragen,als sie dem Gatten Magirus in die Ehe folgte. An der Wand hing im Rahmen das Bild des Gatten. Frau Susanne lächelte: „Hoffentlich hast Du für mich ein schönes Plätzchen ausgesucht."

Eine doppelspännige Kalesche hielt vor dem Hause. Conrad Dietrich hatte sich vom Bahnhof nach Hause fahren lassen. In Berlin war er gewesen. Er sah Licht in Mutters Zimmer. Und —? Er wußte, die Stunde war gekommen, daß die Mutter ihn verlassen — ihn, Pauline und die Kinder — verlassen würde.

Er hatte nie daran denken wollen, daß diese eine Stunde anbrechen würde. Nun war sie gekommen. Er hieß den Kutscher zum Arzt fahren: „Bring den Doktor". Magirus nahm sich nicht Zeit, Mantel und Hut abzulegen. Er nahm drei Stufen auf einmal. Angst und Sorge überfiel ihn. Nie kannte er die Gefühle. Die Mutter wollte fort? Die Mutter, — die zu ihm immer sagte „Bist unser bestes Büble", wollte ihn verlassen? Der starke große, erfolgreiche Conrad Dietrich Magirus erinnerte sich, daß er lange schon kein Gebet auf den Lippen hatte. Er suchte Gott: „Laß' mir die Mutter!" Die Sterbende wußte die Gedanken ihres Sohnes. „Sollst nicht bitten, daß ich bei Euch bleiben soll. Es ist an der Zeit. Und mir tut eine lange Rast gut. Ich bin sehr müde. Sollst nicht weinen, Büble. Wie's beim Vater zum Sterben war, hat er's auch nicht erlaubt." Der Sohn hielt Mutter Susannes Kopf. Sie hatte es so verlangt. „Schau mich an, Büble! Schau mich fest an, — damit ich es nicht vergeß', wenn der Vater fragt, wie Du ausschaust. Bist immer noch ein schönes Büble. Ein großes Büble. Wenn's dort, wo ich hin muß, auch so schön ist, wie's bei Euch schön war, dann ist's wirklich der Himmel." Die Großmutter erzählte aus ihrer Mädchenzeit. Wie sie im Hause Hocheisen Spezereien und Manufakturwaren verkaufte. Die Tochter wurde erwähnt, die Pauline, die Karl Langesse nach Neapel geholt, von der Bertha, die Frau Professor Kaufmann wurde. „Die Mädchen haben es mit ihren Männern gut getroffen. Hörst Du? Es läutet — jawohl! — Es läutet immer. — Wenn die Türglocke läutet, kommt Kundschaft."

Die Großmutter war mit ihren Gedanken in der Hirschenstraße, — in ihren Verkaufsgewölben — vor ihr lagen ausgebreitet Kolonial- und Manufakturwaren —.

„Dein Vater hat gesagt: ‚Wenn die Türglocke läutet, kann Gutes und Schlechtes hereinkommen'. So war es auch; viel Gutes und viel Schlechtes ist gekommen. Es läutet schon wieder. Büble, jetzt mußt Du öffnen. Der Zuckerhut steht hinten — das Mutschelmehl ist in der großen Holzlade. Sei freundlich zu den Leuten. Wenn die Leute arm sind, sei recht gut zu ihnen. Vor Gott sind wir alle arm. Nie stolz sein, Büble! Nicht glauben, daß Du mehr bist als die andern. Alles gehört allen Menschen. Die einen sind halt beim Nehmen schneller."

Conrad Dietrich weinte. Er weinte gleich einem Kinde. Die gute Mutter, die ihm die erste Liebe geschenkt, die ihn das erste Wort gelehrt, die mit ihm betete, die zu ihm sagte „Büble" ging fort von ihm. Für immer fort.

Sollte er Pauline wecken? Die Kinder?

„Laß die Pauline schlafen. Die Kinder auch. Beim Sterben muß man alleine sein. Wenn man auf die Welt kommt, da müssen alle kommen — das ist eine große Freude! Wenn es aber zum Sterben geht, muß man sich leise, ohne Aufsehen aus der Welt drücken.

Ob es der Vater gewußt hatte, daß ich gerne süßen Kaffee getrunken habe? Weißt? Dein Vater war sehr sparsam, sehr sogar. Sein Bruder, der Heinrich, auch. Die zwei werden sich freuen, wenn ich komme. Sie werden mich fragen: ‚Hat die alte Scherer bezahlt?' Ich habe die ganze Buchführung im Kopf gehabt. Dein Vater hat immer geglaubt, er sei es, der sich alles merkte. Ich habe immer so getan, als verstünde ich vom Geschäft nicht viel. Ich habe immer lachen müssen, wenn Dein Vater gesagt hat ‚Die Männer sind die Krone der Schöpfung!'

Großmutter Susanne verlangte nach dem Sparbuch. „Es gehört Dir, für Deine Fabrik. Die alte Martha soll mich waschen. Da liegen meine Sterbesachen. Gibst ihr zwanzig Taler. Ich habs ihr zu Lebzeiten versprochen."

Der Arzt zog an der Glocke, weckte Frau Pauline, die Kinder und die Mägde. Er kam zu spät.

Der Friede lag auf Großmutters Gesicht. Sie war bei ihrem Gatten, bei ihren Eltern, war bei all den vielen, die sie gekannt. Frau Susanne Magirus, geb. Hocheisen, war eingegangen in die Ewigkeit.

Frau Pauline hatte die alte Martha gerufen, mit ihr den Leichnam gewaschen, mit einem goldenen Dukaten die Augen geschlossen, die Hände über die Brust gefaltet, das weißgestärkte, an der Brust feinst gefältelte Hemd angezogen, die spitzenbesetzte Haube auf das schüttere weiße Haar gesetzt.

Die Verwandten kamen von weither. Viele davon waren alt, ihre Schritte müde, die Haare grau und weiß.

Die Magiruskinder konnten es nicht fassen, daß die Großmutter, die nie krank gewesen, immer hilfsbereit, für immer fortgegangen war.

Die Turner, die Feuerwehrmänner schickten Abordnungen mit Blumen und Kränzen. Sie ehrten in der Verstorbenen die Mutter ihres Kommandanten.

Aus der Hirschenstraße kamen die Frauen, Männer und Kinder — von überall kamen Männer, Frauen und Kinder. Sie sprachen kurze und lange Gebete, zeichneten mit der Hand ein Kreuz über die Tote.

Conrad Dietrich Magirus größter Wunsch war in Erfüllung gegangen. Er kaufte auf dem oberen Donaubastion in der Schillerstraße Nummer 2 ein großes Grundstück. Die Fabrik konnte nach und nach ausgedehnt werden. Ein großer Holzlagerplatz war dabei. Nun konnte er seine Planungen in die Tat umsetzen.

Ein Zeitgenosse, der Vorsitzende des Bayerischen Landesfeuerwehrausschusses, Ludwig Jung, berichtete in einem Aufsatz von Conrad Dietrich Magirus' neuen Fabrikanlagen in Ulm:

„Bei einer Wanderung durch den weitverzweigten Fabriksbereich fällt die einheitliche Bauart der verschiedenen Gebäude mit ihren großen Fenstern äußerst vorteilhaft auf.

Nachdem wir das Empfangszimmer betreten haben, kommen wir in die kaufmännischen Büros, dort Briefe in allen Sprachen geschrieben werden.

In den technischen Büros befinden sich bequeme Vorkehrungen zur Herstellung der erforderlichen Zeichnungen.

In der Sattlerei werden die Rettungsschläuche, Sprungtücher, Gurte in unverwüstlicher Dauerhaftigkeit angefertigt.

Die Helmfabrikation befindet sich in der Spenglerei. Eine Unzahl Helme sind in Arbeit. Viele fallen wegen ihrer Eleganz und viele wegen ihrer Stärke und Festigkeit auf. Die Geschmacksanforderungen aller Besteller werden berücksichtigt.

Eine reiche Auswahl von Steiger- und Handlaternen sowie alle Arten von Beleuchtungsartikeln, vor allem der bekannten Magirusschen Fackellampen, treten besonders hervor.

In der Wagnerei stehen moderne Maschinen zum Sägen, Hobeln, Stemmen, Fräsen und Bohren.

Auf viele Jahre hinaus hat sich Magirus mit besten Hölzern eingedeckt. — Jede Leitersprosse wird genauest geprüft.

Fünfzehn Meter lang und gleich hoch ist die Montagehalle. Dort werden die großen Leitern montiert. Eine Anzahl großer Leitern können in dieser Halle gleichzeitig hergestellt werden.

Auf dem Gebiet der Feuerleiter kann der Fabrik Magirus eine internationale Bedeutung zuerkannt werden. Sie hat die ausländische Konkurrenz überholt.

Groß und luftig sind die Räume der Dreherei, Schmiede und Gießerei. Dampfmotoren betreiben die Maschinen. In einem staubfreien Raum werden alle feinen Lackierarbeiten ausgeführt. Im großen Montiersaal bietet sich eine reiche Fülle von Feuerspritzen aller Art; von der einfachen Stockspritze, Hydronette und Krückenspritze bis zur Omnibusspritze und Hydrophor. Auf dem Gebiet der Feuerspritzenfabrikation wird die Firma Magirus allen Anforderungen gerecht ..."

Der Chef des Hauses, Conrad Dietrich Magirus, machte kein Hehl daraus, daß er nicht der Billigste unter den Feuerrequisitenherstellern war. So schrieb er in seiner Gesamtpreisliste, die er mit vielen Hunderten von Bildern versehen in alle Welt schickte:

„Meine sehr geschätzten Abnehmer! Ich gestatte mir ganz besonders darauf aufmerksam zu machen, daß ich bei allen meinen Fabrikaten den Hauptwert auf gediegenste Ausführung lege, sowohl in bezug auf die Verwendung nur bester Materialien und deren sorgfältigste Bearbeitung, als auch in bezug auf Konstruktion. Wenn ich trotz dieser Grundsätze meine Preise sehr billig stelle, so kann ich nicht immer d e r B i l l i g s t e sein, und bitte ich, diese bei Beurteilung meiner Offerte gütigst zu berücksichtigen.

Ich gestatte mir meine durch wertvolle Neuheiten vermehrte illustrierte Hauptpreisliste über sämtliche Bedarfsartikel für Feuerwehren zu geneigter Beachtung zu übergeben. Meine Fabrikate haben sich seit Bestehen meines Geschäftes bei tausenden von Feuerwehren des In- und Auslandes einen Weltruf verschafft. Den sprechendsten Beweis für die Güte meiner Fabrikate liefert die Tatsache, daß sich deren Absatz von Jahr zu Jahr steigert, daß meine Firma durch die zahlreichen und höchsten Prämiierungen aus allen Ländern ausgezeichnet wurde.

Meine Fabrik grenzt an vier Straßen und besteht aus einem Komplex von zwölf Gebäuden. Die maschinelle Einrichtung für Metall- und Holzbearbeitung steht auf der Höhe der Zeit. Ich verfüge über einen Stamm guter, seit vielen Jahren in allen einschlägigen Branchen eingeschulter Arbeiter. Meine wichtigsten Fabrikationsgegenstände sind: Feuerleitern aller Art, entsprechend den Bedürfnissen sowohl kleiner Gemeinden als großer und größter Städte, Wagen für Mannschafts- und Gerätetransport, Wassertransport-, Straßenbespreng-, Schlauch- und Hydrantenwagen, Feuerspritzen und Pumpen; von den kleinen Haus- und Garten- bis zu den größten Fahrspritzen, Rettungsgeräte aller Art, Helme in Leder, Filz, Metall, Gurten, Gurthaken, Seile, Beile, Laternen, Signalinstrumente und vieles mehr —."

Conrad Dietrich Magirus größter Wunsch war in Erfüllung gegangen. Er besaß die Fabrik, die er seit vielen Jahren bauen wollte. Viele Konkurrenten, die sich ihm und seinem Wollen entgegenstellten, waren auf der Strecke geblieben. Der Schwabe C. D. Magirus blieb mit seinem Wollen und Schaffen Sieger. Er kannte keine himmelstürmenden Stimmungen; war nie zu Tode betrübt. Seine Erfolge gaben ihm das Bewußtsein, auf dem richtigen Wege zu sein. Er kannte nur eines: Schaffen, Schaffen und wieder Schaffen. Die Arbeiter in seiner Fabrik waren die gleichen, denen er viele Jahre lang Arbeit und Brot gegeben hatte. Die Fabrikanten in Ulm und Umgebung waren nicht wenig erstaunt, ja, sogar erbost, als sie erfuhren, daß Magirus — er wurde inzwischen Kommerzienrat — in seine eigene Tasche griff, um alt und krank gewordenen Arbeitern in seinem Betriebe monatlich Unterstützungen zukommen zu lassen. Dieses Wohltun brachte Magirus Zinsen. Es sprach sich nicht nur in Schwaben, nicht nur im Badischen, nicht nur in Bayern herum; in ganz Deutschland war es bekannt geworden, daß die Arbeiter bei Magirus in Ulm ohne Sorge ihr Alter erreichen konnten. Die besten Schlosser, Tischler, Seiler, Sattler wanderten zu Magirus nach Ulm. Meister und Gesellen hielten Magirus die Treue. Er hielt zu ihnen, Tag für Tag war er der erste im Betrieb.

Die Ulmer wußten, der Mann im schwarzen Salonrock, schwarzen Hut, Handschuhe und Stock in den Händen, der gemessenen Schrittes seiner Fabrik zustrebte, war der Kommerzienrat C. D. Magirus. Ihm zur Seite seine Frau, die ihn begleitete. Lehrlinge, Gesellen und Meister zogen tief ihre Mützen, wenn sie den Chef gewahrten, der jedem die Hand reichte. Magirus ältester Mitarbeiter stand der Pforte vor. Er schmauchte sein Pfeifchen, das er nie kalt werden ließ. Magirus legte jeden Tag seine Hand an den Rand seines Hutes und grüßte:

„Guten Morgen, Wilhelm!"

Er grüßte seine Mitarbeiter zuerst und ließ es auch alle wissen, hätte er seine Arbeiter nicht gehabt, seine Turner, seine Feuerwehrleute, hätte er nie etwas Großes schaffen können.

„Meine Mitarbeiter waren es", so betonte er, „die meinen Erzeugnissen Weltruf verschafften."

Der Pförtner nahm die Pfeife aus dem Mund, lachte über das ganze Gesicht:

„Guten Morgen, Herr Kommerzienrat!"

Magirus blieb vor dem Pförtner stehen:

„Wilhelm, wenn Du noch einmal Kommerzienrat zu mir sagst, setz ich Dich auf Dein Altenteil. Verstehst Du?"

Wilhelm kratzte seine unrasierte Backe:

„Der Herr Kommerzienrat sind doch Kommerzienrat. Oder?"

„Für Dich bin ich Dein alter Schulfreund Conrad! Verstanden?"

„Aber der Herr Kommerzienrat haben doch den Titel angenommen?"

„Ja, das habe ich getan. Fürs Geschäft! Verstanden Wilhelm? Für Dich bin ich der Conrad, und für die andern bin ich der Herr Magirus. Warum willst Du mich kränken, Wilhelm, wir sind doch alte Freunde?"

„Herr Kommerzienrat! Wenn ich schon einen alten Freund habe, der Kommerzienrat ist, dann möchte ich zu ihm auch ‚Kommerzienrat' sagen; noch dazu, wo Du den Titel hast!"

„Wilhelm, Wilhelm! Du bist schon ein sturer Schwab'. Wenn Du mir schon einen Titel geben mußt, dann sag' zu mir ‚Herr Kommandant'."

„Mir gefällt aber ‚Kommerzienrat' besser, Herr Kommerzienrat!"

„Den Titel ‚Kommandant' hab' ich gehabt, weil ich kommandiert habe."

„Stimmt, stimmt, Conrad! Aber den ‚Kommerzienrat' hast Du bekommen, weil Du im Geschäft so tüchtig warst."

„Tüchtig bist Du auch, Wilhelm."

„Schon! Aber zum ‚Kommerzienrat' reichts bei mir nicht."

Dann sprachen sie vom Vergangenen, vom Gegenwärtigen, vom Wetter, ob in der Familie alles gesund, ob die Arbeiter Wünsche äußerten, ob sich einer krank gemeldet habe. Jeden Arbeiter, der krank zu Hause lag, besuchte Magirus. Er schickte auch seinen Hausarzt. Die Medikamente bezahlte die Firma. Jeden Sonntag brachte Frau Pauline den Kranken Fleisch, Butter, Zucker und eine Flasche Württembergischen Weines.

Am Anfang waren es vierzig Arbeiter, dann wurden es hundert und dann mehrere Hundert. Große Liebe ließ Magirus seinen Lehrlingen angedeihen. Die Schulzeugnisse mußten gut sein. Er ließ sich alles erzählen, was sie getan hatten, auch die Lausbübereien. Jeden Tag kümmerte er sich um die Fortschritte der Lehrlinge. Die Meister hatten zehn bis fünfzehn Gesellen und drei bis fünf Lehrlinge unter sich. Die Arbeitszeit begann um sechs Uhr früh; von Montag bis zum Samstag und endete um sechs Uhr abends. Um 12 Uhr mittags gab es eineinhalb Stunden Essenszeit.

Es war eine große Ehre, bei der Firma Magirus als Lehrling unterzukommen. Zur selbigen Zeit war es Sitte, daß die Meister und Fabrikherren von den Lehrlingen zweihundert bis dreihundert Mark Lehrgeld verlangten. Die Eltern der Lehrlinge taten sich schwer, dieses Geld aufzutreiben. Die Firma Magirus handelte anders. Die Lehrlinge bekamen dort bezahlt. Im ersten Jahr pro Stunde drei, im zweiten Jahr fünf und im dritten Jahr sieben Pfennig. Magirus' Ansicht war, ob der Mensch alt oder ob der Mensch jung, wenn er für einen andern arbeitet, hat er eine Leistung vollbracht, für die er entlohnt werden muß. Die Freude der Lehrlinge, als diese mit vierzehn Jahren ihren Lohn kassieren und ihren Eltern in die Hand legen konnten, war groß.

Den Titel „Kommerzienrat" nahm Magirus, ohne große Freude zu zeigen, an. Er sagte zu seiner Frau und zu seinen Kindern:

„Den Titel habe ich nur bekommen, weil ich Fabrikant geworden bin, weil ich Geld und Brot unter die Leute bringe —."

Es gab aber auch viele, die sagten:

„Zuerst war er Villenbesitzer auf der Promenade, jetzt Fabriksbesitzer in der Schillerstraße, zusammengezählt gibt es einen Kommerzienrat."

Magirus hielt nicht viel von den Titeln. Hauptmann bei der Feuerwehr, das war er, Kommandant war er auch. Er wußte, der Kommerzienrat-Titel verschaffte ihm geschäftliche Vorteile. Für seine Arbeiter blieb er der „Conrad" und „Herr Magirus" oder der „Chef". Mit vielen Arbeitern duzte sich Magirus, vor allem mit den gleichaltrigen, mit denen er viele Wege gemeinsam gegangen war. Chef und Arbeiter waren eine große Familie. Jahr um Jahr feierten sie am 24. Dezember den Heiligen Abend in der großen Montagehalle. Frau Pauline mit ihren Kindern und die Frauen der Arbeiter kamen schon am frühen Morgen, um die große Halle festlich zu schmücken. Arbeiter und Lehrlinge, Angestellte und Fakturisten wurden von Frau Pauline bewirtet. Gute Sachen wurden verteilt, Rauchwaren, Würste, Speck, Fleisch von Kalb und Schwein. Die Kinder bekamen einen Karton voll Backwaren, süßes Hutzelbrot, Leibwäsche, Schuhe. Alle Angehörigen der Arbeiter und Angestellten waren vollzählig erschienen. Vater Magirus las ein Kapitel aus der Heiligen Schrift. Gemeinsam beteten sie. Die Turner und Feuerwehrmänner stimmten ein Lied an. Heißer Punsch wurde gereicht. Die Lehrlinge verneigten sich tief vor den Meistern und vor Magirus. Aus allen Augen leuchtete die Freude, leuchtete die Dankbarkeit. Frau Pauline war stolz auf ihren Gatten. Sie gestand auch, daß sie den besten Mann bekommen habe. Er sah prächtig aus: groß, aufrecht, der Blick frei, der Bart majestätisch. Sie schickte ein stilles Gebet zum Himmel: „Lieber Gott, laß mir meinen Conrad noch lange".

Am Neujahrsmorgen flüsterten sich die Ulmer ins Ohr, ob sie schon wüßten, Magirus habe seinen Leuten versprochen, sie dürften im Jahr einige Tage von der Arbeit aussetzen, sie sollten sich ausrasten, Urlaub nehmen, er würde ihnen diese Freizeit bezahlen. Magirus wußte, daß jede Maschine nach einer Zeit geölt werden mußte, er wußte auch, daß der Mensch, wenn er viel gearbeitet, Zeit braucht, um sich wieder zu erholen und zu erfrischen. Die Arbeiter glaubten, als sie Magirus Ausführungen hörten, er wolle sie von ihrem Arbeitsplatz fortschicken. Sie brachten den Mund nicht zu, als sie sahen, daß der Chef ohne viel Umstände in die Hosentasche griff und die Silber- und Goldstücke auf den Tisch legte und sagte:

„Hier ist Ihr Lohn. Spannen Sie ein paar Tage aus, legen Sie sich in die Sonne. Wehe aber, wenn ich erfahre, daß Sie in dieser Zeit einen Kaninchenstall gebaut haben. Ihr müßt Euch erholen, dann geht die Arbeit doppelt so schnell von der Hand."

Sie verehrten und liebten Magirus, waren stolz, daß sie unter seinen Augen arbeiten durften. Für jeden hatte er ein gutes Wort. Es war keine Seltenheit, daß er seine Arbeiter und die Lehrlinge sonntags in sein Haus auf der Promenade einlud. Da standen sie dann im Garten oder im großen Wohnraum herum, tranken Bier, Wein, aßen große Stücke Brot mit Butter und Braten belegt. Es gab viel zu erzählen, Vergangenes und Gegenwärtiges. Manch ein guter Einfall wurde an solchen Sonntagen geboren. Um ein großes Zeichenbrett herum standen der Chef, die Meister und die Söhne, Otto, Heinrich und Herrmann. Heinrich war von den Söhnen der Älteste.

Er war dem Wesen und der Person nach dem Vater am ähnlichsten. Sehr früh schon begleitete er seinen Vater auf den In- und Auslandsreisen, in die Werkstätten und in die Fabrik. Vaters Gedankengänge waren beim Sohn Heinrich am besten aufgehoben. Beide hatten nur ein Ziel: Die Fabrik zu vergrößern, immer die richtigen Leute an der Hand zu haben. Dem Sohne Heinrich wurden die Personalangelegenheiten übertragen.

Das Areal war etwa zweihunderttausend Quadratfuß groß, ausgedehnte Holzlagerplätze schlossen sich an. Für viele Arbeiter ließ Magirus Wohnhäuser aufbauen.

Ein weiter Weg von der Hirschenstraße über die Promenade in die Schillerstraße. Ein erfolgreicher Weg. Eine stolze Bilanz. Drei Weltausstellungen, bald achtzig Landes- und Feuerwehrausstellungen wurden mit Erzeugnissen aus dem Hause C. D. Magirus beschickt. Fünfundachtzigmal wurden die Erzeugnisse mit Medaillen aus Bronze, Silber und Gold bedacht.

Es war ein schwerer Entschluß, als Conrad Dietrich Magirus im Jahre 1881 seine Kommandantenstelle bei der Ulmer Feuerwehr in jüngere Hände legte. Er sagte:

„Ein Kommandant muß jung sein. Er muß laufen können, er muß alles sehen."

Magirus war nicht mehr so fest auf den Füßen, man sah es ihm nicht an, aber er selber wußte es, daß er sich beim Gehen und Laufen schwer tat. Das Besteigen der hohen Leitern machte ihm große Schwierigkeiten.

Die Feuerwehrmänner, die Steiger und auch die Turner waren festlich adjustiert. In Reih' und Glied waren sie aufmarschiert, um dem Hauptmann, dem Kommandanten für die lange Treue, die er ihnen gehalten hatte, zu danken. Magirus, gefolgt von seinem Sohn Heinrich, schritt die Reihen der Getreuen ab. Er schämte sich der Tränen nicht, die über seine Wangen rollten. Auch die Männer, denen der Kommandant die Hand drückte, schämten sich nicht ihrer Tränen.

Dreimal zehn Jahre und noch vier dazu stand C. D. Magirus an der Spitze der Ulmer Feuerwehr. Bei jedem Wetter, Tag und Nacht, allen Gefahren trotzend, war er immer zur Stelle. Mit den Seinen hatte er oft dem Tod ins Auge gesehen. Vielen Ulmern hatte Magirus geholfen, Hab und Gut und auch das Leben zu retten. Einer der Feuerwehrleute sollte den Dank sprechen. Er konnte es nicht. Kein einziges Wort brachte er über die Lippen. Die Hornisten bliesen die Signale, die die Feuerwehr kennt. Zum letzten Male kommandierte Magirus seine Mannen. Er führte sie an die Leitern, an die Spritzen. Feuerwehrmann wollte er weiter sein, einer der vielen, die für Gottes Ehr — dem Nächsten zur Wehr ihre Pflicht erfüllten. Die Kameraden legten ein Gelöbnis ab, daß sie immer den Weg, den ihnen Magirus gezeigt hatte, gehen würden, daß sie immer bereit sein würden, dem Nächsten in Not und Gefahr beizustehen. Der neue Kommandant, er war kaum dreißig Jahre, nahm aus Magirus Hand die Befehlsgewalt. Er legte den Eid ab: „Einer für alle, alle für einen". Aus dem ganzen Land waren sie gekommen, die Abordnungen der Feuerwehren. Sie wollten dabei sein, um dem scheidenden Feuerwehrkommandanten C. D. Magirus den Dank abzustatten, ihm die Hand zu drücken und ihn zu loben ob seiner vorbildlichen Haltung.

Die Häuser in der Stadt waren mit Fahnen und Reisig geschmückt. Ein Festtag war es für die Ulmer. Die Obrigkeit hatte die Beflaggung der Häuser nicht angeordnet, die Ulmer taten es von sich heraus. Bei Anbruch der Dunkelheit ehrten die Turner und die Feuerwehrleute ihren Ehrenkommandanten mit einem Fackelzug. Die Musikanten, die Trommler und die Pfeifer marschierten zur Promenade vor das Haus C. D. Magirus.

Magirus nahm Abschied von seinen Getreuen und Getreuesten.

Die Politik des Landes forderte markante Persönlichkeiten. Nur solche Männer wurden aufgefordert, das Volk zu vertreten, die Geltung und Achtung besaßen. Die Vorstände der deutschen Partei setzten sich in Positur, stellten eine Deputation zusammen. Sie waren in schwarzen Salonröcken, glänzende Zylinder in den Händen, als sie ihr Anliegen C. D. Magirus vorbrachten. Er, dem der hohe Besuch galt, stand in der Hauswerkstätte, die er immer noch in seiner Villa, Promenade 24, betrieb. Sein Augenmerk galt einer Maschine, die ihm schon zweimal gegen die Decke geflogen war und ein Stück Mauerwerk abgerissen hatte. Es war eine mit Wasserdampf betriebene Feuerspritze. Der Sohn Otto, er studierte Maschinenbau, wollte Ingenieur werden, assistierte seinem Vater bei diesem Experiment. Ängstlich rang Frau Pauline die Hände, sie bangte um das Leben ihres Mannes und ihres Sohnes.

Magirus — Erfinder, Organisator, Fabrikant und Kaufmann — sollte Politiker werden. Er hatte keine Lust. Die Herren von der Deutschen Partei legten dar, Bismarck und seine Politik seien in Gefahr. Die Volksparteiler wollten Bismarck verdrängen. Die Turner, die Feuerwehrleute und auch Magirus standen dem Eisernen Kanzler in Verehrung nahe. Die Deutsche Partei brauchte einen Mann, einen aufrechten Mann, den sie als ihren Kandidaten aufstellen konnte. Knapp und schlicht waren die Worte, die Magirus der Deputation mit auf den Weg gab. Er werde der Deutschen Partei als Kandidat vorstehen, aber nur, wenn keine Ehrabschneidung dabei erfolgt. Er kenne viele aus den Reihen der Volkspartei, die ehrenhaft seien, er wollte keinen dieser Leute auffordern, ihm seine Stimme zu geben.

Der Sozialdemokrat Bebel kam nach Ulm. Dieser Mann, aufrecht in seiner Gesinnung, galt viel in den Reihen der Arbeiter. Sein erster Weg führte ihn zu C. D. Magirus. Er wollte den Unternehmer kennenlernen, ihn von Angesicht zu Angesicht sehen, der die Verehrung und Liebe seiner Arbeiter und Angestellten besaß, Auf die Frage Bebels, ob Magirus ihn alleine durch die Betriebe gehen lassen würde, ob er die Arbeiter dort Aug' um Aug' alleine sprechen dürfte, antwortete Magirus:

„Herr Bebel, sprechen Sie mit meinen Arbeitern, wo Sie sie treffen. Gehen Sie durch meine Fabrik, wann Sie wollen. Es ist mir eine große Ehre, wenn gerade Sie mit meinen Arbeitern sprechen. Stellen Sie meinen Leuten jede Frage, die Sie auf dem Herzen haben. Meine Arbeiter und ich haben nichts anderes getan als gearbeitet; immer gearbeitet. Die Fabrik ist unser aller Lohn. Es wird Ihnen auch nicht unbekannt geblieben sein, Herr Bebel, daß wir, die Magirus heißen, von unseren Mitarbeitern nicht mehr verlangen, als wir von uns selber verlangen."

Der Sozialist Bebel, auch seine politische Gegner sprachen von ihm als von einem Ehrenmann, war einer von jenen Männern, die vom Wasser sprachen und auch Wasser tranken. Er sprach in der Montierungshalle der Magiruswerke mit den Arbeitern. Frage um Frage ließ er aufklingen. Er versprach, wenn sie unzufrieden, würde er sich dafür einsetzen, daß sie mehr Löhne ausbezahlt bekämen. Die Arbeiter antworteten:

„Höhere Löhne? Wenn Magirus uns mehr bezahlt, muß er seine Geräte teurer verkaufen. Dann ist er nicht mehr konkurrenzfähig. Konkurrenzunfähigkeit heißt Arbeiter entlassen. Wenn unsere Löhne erhöht — steigen die Preise."

Nicht einer von den Arbeitern und Angestellten folgte Bebels Fahne. Sie hielten ihrem Brotherren die Treue, sagten dem Manne, der den Sozialismus auf seine Fahne geschrieben hatte:

„Unser Chef scheut nicht Zeit, nicht Unbilden, keine Reise, um uns Arbeit und Brot aus allen Ländern der Welt zu holen — — —".

Der Kandidat C. D. Magirus unterlag dem Gegenkandidaten der Volkspartei Hänle mit zweitausend Stimmen. Nicht einen Atemzug lang kränkte sich der Unterlegene. Er lachte und zitierte die Worte seines Vaters, der immer, wenn etwas schief ging, sagte: „Wer weiß, wozu es gut ist". Der Sozialist Bebel meldete sich abschiednehmend bei Magirus. Sie sprachen sich gut, die beiden Männer; denn beide dachten daran, das Los der Arbeiter zu heben. Magirus hatte eine große Achtung vor Bebel.

„Es war mir eine große Ehre, Sie kennenzulernen, Herr Bebel. Gestatten Sie mir, daß ich Ihnen einen Ausspruch des österreichischen Schauspielers und Komödienschreibers Johann Nestroy übermittle: ‚Das Volk ist mit einem schlafenden Riesen zu vergleichen. Hundert Jahre schläft er in einem Bett, läßt um sich herum machen, was die andern wollen. Eines Morgens steht es auf, nimmt einen Knüppel und schlägt nach links, nach rechts, nach allen Seiten. Vom Herumschlagen und Schreien müdegeworden, legt sich das Volk wieder in das Bett — und schläft wieder viele Jahre lang. Und jedesmal — ist das Bett, in das sich das Volk zur Ruhe legt, schlechter, viel schlechter — geworden'."

Der Arbeiterführer Bebel hatte Nestroys Worte gut verstanden. Er, der Gott immer leugnete, sagte:

„Wehe, wenn es wirklich einen Gott gibt, wehe, wenn er uns Menschen zur Verantwortung zieht, weil wir das Volk immer geweckt, weil wir vergessen haben, das Bett in Ordnung zu bringen."

Die beiden Männer, Magirus und Bebel, reichten sich die Hände. Bebel gestand:

„Wenn alle Unternehmer ihre Arbeiter und Lohnempfänger so behandeln würden wie Sie, würde es keine soziale Not geben. Würde meine Aufgabe ein Ende gefunden haben. Die Unternehmer haben es in der Hand, ob sie gute oder aufsässige Mitarbeiter haben."

Magirus Parole hieß: „Leben und Lebenlassen".

Der Feuerwehrunterstützungskasse, die Magirus ins Leben gerufen, blieb er als Vorstand erhalten. Er gestand, dieses junge Pflänzchen braucht mich noch als Gärtner.

Viele verantwortungsvolle Stellungen legte er in jüngere Hände, so auch die Stellung eines Vorsitzenden im Württembergischen Feuerwehrverband. Die Mitgliedschaft in der Kommission der Zentralkasse für das Württembergische Feuerlöschwesen behielt er.

Der König von Württemberg stiftete das Feuerwehrdienstehrenzeichen für fünfundzwanzigjährige Dienstzeit. C. D. Magirus war einer der Ersten, denen dieses Ehrenzeichen aus der Hand des Königs verliehen wurde. Kerzengerade stand er vor dem König. Die Ulmer stellten fest: „Der Herr Kommandant bleibt ewig jung".

Eines Tages, es war spät am Abend, gestand Magirus seiner Frau, sie saß am Wäschekorb und besserte Hemden aus, daß er sich nicht mehr so frisch und beschwingt fühle wie früher. Erschrocken hörte Frau Pauline ihren Gatten an. Sie glaubte, ihren Ohren nicht trauen zu können. Er, der Dreiundsechzigjährige, wollte sich von der Fabrik zurückziehen? Wollte den Preis seines Lebens, die große Fabrik, seinen drei Söhnen, Heinrich, Otto und Herrmann übergeben?

Magirus sagte:

„Pauline, was würdest Du sagen, wenn wir uns in den Ruhestand versetzen ließen?"

„Du und im Ruhestand?! Das hältst Du doch nicht aus. Willst Du im Hause herumsitzen? In die Töpfe gucken? Conrad, Conrad, das ist nichts für Dich — und auch nichts für mich. Ich muß bis zu meinem letzten Atemzug arbeiten. Wer rastet, der rostet."

Der Gatte nahm die Hand seiner Frau.

„Ich will, daß meine Söhne schon frühzeitig mit dem Ernst des Lebens vertraut werden."

Ängstlich stellte Frau Pauline die Frage:

„Conrad, bist Du krank?"

Magirus verneinte. „Krank? Nein! — Schau' ich so aus? Die Müdigkeit würde ich überstehen, aber, unsere Söhne sind alt genug, um verantwortlich zu arbeiten. Man soll die Kronprinzen nie zu lange auf die Thronbesteigung warten lassen."

„Unsere Kinder lieben Dich, Conrad!"

„Ich weiß! Noch lieben sie mich. Ich gestehe, wenn ich nicht meinen eigenen Gedanken nachgegangen wäre, wäre es mir sehr sehr schwer gefallen, zu warten, bis der gute Vater, Gott laß ihn selig ruhen, mir seine Geschäfte übergeben hätte. Unsere

Söhne sollen nicht warten. Sie sollen so früh wie möglich lernen, selbständig zu handeln."

C. D. Magirus hatte gute Söhne; brave und fleißige Söhne. Die Erstgeborene, die Tochter, war verheiratet mit einem aufrechten Mann, der im Jahre der Revolution 1848 in Paris als Deutscher geboren und in Stuttgart Professor geworden war. Frau Maria hatte es gut getroffen mit dem Professor Brettschneider.

Conrad und Pauline waren schon Großeltern. Der Sohn Heinrich hatte sich auch eine Frau gesucht, eine Frau aus gutem Hause, eine geborene Knoderer.

Die verheirateten Kinder holten sich manchen Rat von Frau Pauline, brachten ihre Kinder in das Haus Promenade 24. Frau Pauline ließ es sich nie nehmen, ihrem Schwiegersohn und ihren Schwiegertöchtern mit Rat und Tat zur Seite zu stehen. Wohin auch Frau Pauline kam, überall wurde sie mit großer Freude empfangen. Pauline hatte aus eigener Tasche der Tochter Marie die Aussteuer, Wäsche und kostbares Porzellan besorgt. Vater Magirus steuerte einen schönen Batzen Geld bei.

Vater Magirus war fest überzeugt, die „Jungen Herren" müßten ein wichtiges Wort in der Firma zu sprechen haben. Heinrich war schon seit einigen Jahren in der Offenen Handelsgesellschaft Conrad Dietrich Magirus als Teilhaber eingetragen. Gegenstand des Unternehmens war: Feuerrequisitenfabrik. Otto und Herrmann waren auch selbständige Arbeiter im besten Sinne. Keiner der Söhne hatte sich gegen die väterlichen Anordnungen erhoben. Im Gegenteil, Vaters Worte waren ungeschriebene Gesetze.

Der Vater wollte den Söhnen die Fabrik übergeben.

„Weißt, Pauline", so sagte er, „man muß der Jugend die Möglichkeit geben, den Kranz des Sieges zu erringen."

Pauline und Conrad, sie saßen Hand in Hand, ließen alte Erinnerungen auferstehen.

Sie tranken eine Flasche vom alten Wein. Er trug die Würze und die Härte des Landes in sich.

Sie wußten alles, was gewesen, wußten von jedem Schritt, den sie alleine und den sie gemeinsam gegangen waren. Viele, viele Freunde, Bekannte und Verwandte deckte der Rasen. Was waren das zu Lebzeiten für Giganten, für Riesen? Nun lebten sie nur noch in der Erinnerung. Aus Armen wurden Reiche und aus Reichen wurden Bettler.

Wenn Vater Magirus ein Bekenntnis hätte ablegen müssen, hätte er gestehen müssen, die wahre Not war nie bei ihnen zu Gaste. Sie hatten immer ein Dach über dem Kopf, genügend Essen auf dem Tisch, waren gesund an Seele und Körper, durften arbeiten, fest arbeiten, hatten Freunde, hatten Kinder und die Liebe war auch bei ihnen, nicht zu vergessen die Ehrungen und die Erfolge.

Pauline stellte fest: „Wer hätte gedacht, daß unsere Kinder schon so groß sind? Nun sollen die Söhne den Vater vertreten. Ersetzen werden sie ihn nie", das wußte sie.

Sie sagte: „Du warst mir ein guter Gatte."

Magirus wußte nicht, was er antworten sollte. Er war kein Mann von Zärtlichkeiten. Waren es nicht immer die Maschinen, die Leitern, die Turner, die Feuerwehrleute, die ihn von seiner Frau weggeholt hatten? Es ist nicht die Art der Schwaben, von der Liebe zu sprechen, ein großes Getue daraus zu machen. Er gestand seiner Frau:

„Pauline, wenn ich Dich nicht gehabt hätte, wäre es mit meiner Tüchtigkeit nicht arg gewesen. Du hast mir die Sorgen des täglichen Lebens, es waren damals die wichtigsten Sorgen, abgenommen. Du bist im Gewölbe gestanden, damit ich bei meinen Leitern und Feuerspritzen habe sein können."

Pauline nickte mit dem Kopf. So war es gewesen. Sie verkaufte im Kolonialwarengeschäft Zucker, Kerzen, Mehl und alles, was gewünscht wurde, sie stellte das Essen auf den Tisch, sie bestritt alles, was der Haushalt verlangte, sie kleidete die Kinder von der Wiege bis in die Studentenjahre hinauf. Nie kam sie um einen Groschen oder eine Mark zu Conrad. Er wußte nichts von den Sorgen eines Hausvaters. Alles fand er selbstverständlich. Er wunderte sich nicht, daß seine Tochter eine Aussteuer bekam.

Die Söhne wurden den besten Schulen zugeführt. Sie waren gute Schüler, folgsam Vater und Mutter gegenüber, zeigten Ausdauer beim Studium. Frau Pauline fragte nochmals ihren Mann:

„Willst Du wirklich aus der Firma austreten? Bleib wenigstens Teilhaber!"

Die Eheleute hatten die zweite Flasche Wein geöffnet. Es gab noch viel zu besprechen. Pauline stellte die Frage:

„Werden die Buben es schaffen?"

Die Antwort des Vaters war: „Ich werfe die Buben ins Wasser, schwimmen müssen sie selber. Damit Du aber ruhig schlafen kannst, ich bleib in der Fabrik. Hast Du geglaubt, ich könnte hier mit einem langen Schlafrock, ein gesticktes Käppi auf dem Kopf und eine Weichselholzpfeife mit Porzellankopf am Ende im Munde sitzen? Nein! Ich brauche meine Arbeit, sonst werde ich ungemütlich. Prost, Pauline! Auf ein langes Leben. Du sollst hundert Jahre alt werden."

Pauline wehrte ab: „Ich? Nein! Du sollst hundert Jahre alt werden. Glaubst Du, daß es schön wäre, wenn ich alleine bliebe? Lehre mich die Leute kennen. Sie würden sagen: ‚Die Egelhaaf-Pauline, die hat den ‚schönen Conrad' überlebt. — Er ist ihr ausgekniffen'."

Der nächste Tag war ein Sonntag. Die Söhne kamen zum Mittagessen. Frau Pauline hatte selber das Mittagessen gekocht. Die Spätzle konnte niemand so fein und zart vom kleinen Brett schaben, wie es Frau Pauline konnte. Der Kalbsbraten? Die ganze Niere war daran, wurde von der Mutter gerollt und mit kleinen Stückchen vom Rind und Schwein gefüllt. Die Rindsuppe war eine Spezialität von Frau Pauline. Der Metzger wußte, Frau Pauline verlangte als Suppenfleisch immer erste Qualität. Ein großes Stück vom zweijährigen Ochsen mußte es sein; ein Stück von der Brustspitze — das Kernfett durfte aber nicht schwabbeln — mußte glasig und hart sein. Sie sagte:

„Gekocht ist schnell, aber gut gekocht braucht seine vier Stunden."

Immer ließ sie ein kleines Kringl Safran mitkochen und einige braune Zwiebelschalen. Das Lob, das Frau Pauline einsteckte, wenn die Männer beim Essen waren, tat ihr gut. Am Sonntag gab es immer Schwarzwälder Kirschtorte mit Schlagsahne und ein Täßchen kohlschwarzen Kaffee. Geraucht wurde im Hause Magirus nicht Vater Magirus sagte immer:

„Ich soll zu Hause rauchen, wo ich auf der Brandstelle den Rauch vernichte? Nein, nie und nimmer!"

Als der Vater eröffnete, er wolle die Fabrik zur Übergabe bringen, er wolle aus der Firma aussteigen, fanden die Söhne lange keine Antwort.

Heinrich stellte die Frage:

„Was ist geschehen, Vater?"

„Geschehen? Nichts ist geschehen. Du, Heinrich, wirst mich vertreten, wirst Chef der Firma. Deine Aufgabe wird sein, das Werk zu vermehren. Es soll nie weniger werden.

Und Du, Otto, Du bist ein tüchtiger Ingenieur, Du wirst Dich um alles Technische kümmern. Vergiß nicht, daß die Konstruktionsarbeit das Herzstück des Betriebes ist.

Herrmann wird die Kasse, die Buchhaltung anvertraut."

Lachend stellte Vater Magirus fest:

„Heinrich ist Innen- und Außenminister, Otto Arbeitsminister und Herrmann Finanzminister. Und ich, ich bleibe Euer Mitarbeiter, Pensionist erster Klasse. Was kann da schiefgehen?"

Mit wenigen Worten erklärte der Vater seinen Söhnen, warum er ihnen die Verantwortung überließ.

„Es ist falsch, wenn die Väter bis an ihr Sterbebett die Macht in ihren Händen halten. Wenn die Erben die Sache in die Hände bekommen, stehen sie dem Betrieb ratlos gegenüber. Ihr habt heute und morgen und solange ich lebe Gelegenheit, Euch von mir beraten zu lassen. Ein kleiner Raum in der Fabrik genügt mir. Ich verspreche Euch, ich halte es mit dem schönen Spruch: ‚Was ich nicht weiß, macht mich nicht heiß.' Wirtschaften müßt Ihr alleine."

Mit Heinrich, Otto und Herrmann waren auch die anderen Söhne, der Offizier Adolf, der Mediziner Eugen und der Philologe Karl um Vater und Mutter.

Heinrich, Otto und Herrmann verpflichteten sich, den Lebensabend ihres Vaters und ihrer Mutter in jeder Weise zu verschönen; das Erbe, das man ihnen übergeben, gut zu verwalten.

Conrad Dietrich Magirus, der Mann, der von seinem zwanzigsten Geburtstag an auf eigenen Füßen stand, Aufträge vergab, Verkäufe durchführte, im vollen Besitz seiner Gesundheit war, legte die Zügel seines großen Unternehmens in die Hände seiner Söhne.

Die Kinder umarmten ihren Vater, ihren schönen Vater. Jeder drückte die Hand dieses aufrechten Mannes. Sie versprachen, in den Fußstapfen ihres Vaters zu wandeln.

Am 16. August 1887 wurde zwischen C. D. Magirus und seinen drei Söhnen Heinrich, Otto und Herrmann Magirus, betreffend den Verkauf des Anwesens Schillerstraße Nr. 2 in Ulm folgender Vertrag abgeschlossen:

> „Ersterer verkauft an Letztere sein Grundstück, Schillerstraße Nummer zwei, Parzelle fünfhundertvierunddreißig samt den darauf errichteten Gebäuden und den im Gebäude — Brandversicherungsanschlag aufgenommenen Maschinen um die Summe von Mark einundachtzigtausend. Für diese Summe sind die genannten Käufer mit ihrem gesamten Vermögen solidarisch haftbar. Das Kapital darf, pünktliche Vertragserfüllung vorausgesetzt, in den nächsten zwölf Jahren nicht gekündigt werden, dagegen haben die Käufer mit dem 1. Januar 1889 beginnend, an den Verkäufer oder seinen Rechtsnachfolger auf Verlangen jährlich je Abschlagszahlungen von Mark dreitausend zu leisten.
>
> Der Verkäufer, und nach seinem Tod seine Ehefrau haben das unbeschränkte Recht, den Betrieb durch Einsicht der Geschäftsbücher und Korrespondenzen zu kontrollieren. Das Recht der Kontrollierung erlischt, sobald die Hälfte der Kaufsumme abgezahlt ist.
>
> Nachdem Ersterer vom heutigen Tage an Letzteren sein Anwesen Schillerstraße Nummer zwei um die Summe von Mark einundachtzigtausend verkauft hat, übergibt er denselben sein Feuerwehrrequisitengeschäft mit allen Maschinen, Werkzeug, Vorräten, Aktiva und Passiva, um die Summe von neunundsiebzigtausendfünfhundert Mark.
>
> Das als Gießerei noch benützte Parterre des im Besitze von C. D. Magirus sen. verbleibende Fabriksgebäude, Promenade Nummer vierundzwanzig, kann jederzeit gegenseitig vierteljährlich gekündigt werden. Solange dasselbe von den Käufern des Feuerwehrrequisitengeschäfts benützt wird, ist hierfür eine Miete von Mark vierhundert jährlich zu bezahlen.
>
> C. D. Magirus hat bei der Reichsbanknebenstelle Ulm neun Stück Obligationen der Bayerischen Eisenbahn à Mark zweitausend, zusammen Mark achtzehntausend deponiert, um dem Geschäfte Gelegenheit zu geben, bei Bedarf größere Beträge hierauf zu erheben. Die Käufer des Geschäftes verpflichten sich, die auf diese Staatspapiere erhobenen Beträge in möglicher Bälde, längstens in einem Jahr zurückzubezahlen.
>
> Der Geschäftsgewinn wird in der Weise verteilt, daß Heinrich Magirus in den nächstfolgenden fünf Jahren als Salär Mark zweitausendvierhundert, Otto und Herrmann je eintausendachthundert pro Jahr erhalten.
>
> Zur Bestreitung der laufenden Ausgaben kann Heinrich Magirus im Laufe des Jahres Mark zweihundert, Otto und Herrmann, je Mark hundertfünfzig pro Monat aus der Geschäftskasse beziehen. Der Überschuß über diese Mark sechstausend wird zu gleichen Teilen verteilt. Ein sich ergebender Verlust wäre zu gleichen Teilen zu tragen.
>
> Die Unterzeichneten verpflichten sich, zu gegenseitiger gewissenhafter Erfüllung des vorstehenden Vertrages.

Die Geschäftsordnung sieht vor:

Jeder der drei Teilhaber hat sich mit dem gesamten Geschäftsgang vertraut zu halten und auf alles aufmerksam zu machen, was er glaubt, daß im gemeinsamen Interesse zu tun sei.

Wenn bei Besprechungen irgendwelcher Maßregeln eine Verständigung nicht zu erzielen ist, so hat derjenige Teilhaber, welcher mit seiner Ansicht alleinsteht, sich der Ansicht der beiden Teilhaber vorbehältlich der Berufung eines Schiedsgerichtes zu fügen.

Heinrich Magirus hat als der ältere Bruder, bei gemeinschaftlichen Beratungen den Vorsitz zu führen. Er hat die persönliche Vertretung der Gesellschaft nach außen sowohl beim Verkehr mit Behörden, als durch das Empfangen von Kunden und Geschäftsreisenden und bei den Verhandlungen mit den Konkurrenten. Es steht ihm zu, sowohl Engagements als auch Entlassungen der Angestellten im Comptoir als derjenigen Angestellten in der Fabrik, welche auf Grund eines Vertrages eingestellt wurde, vorzunehmen.

Er öffnet die einlaufenden Briefe und gibt dieselben nach Durchsicht an Herrmann Magirus weiter.

Otto Magirus hat die gesamte Fabrikation zu leiten. Er hat sich durch das Lesen der technischen Blätter bezüglich der Fortschritte im Feuerlöschwesen auf dem Laufenden zu halten und die Vervollkommnung der eigenen Fabrikate unausgesetzt anzustreben.

Herrmann Magirus hat die Leitung aller Comptoire, Arbeiten, Buchführung, Kalkulation, Korrespondenz, Kassaführung.

Die Chefs sollen zu der Stunde, in welcher die Geschäftszeit des ihnen unterstellten Personals beginnt, im Geschäft anwesend sein."

Kommerzienrat C. D. Magirus, obwohl Pensionist Erster Klasse, war jeden Morgen um sieben Uhr an der Pforte der Fabrik, die seinen Söhnen gehörte.

Er grüßte wie immer den Pförtner zuerst: „Guten Morgen, Wilhelm! Wie wird das Wetter?"

Der Pförtner zog die Mütze: „Guten Morgen, Herr Kommerzienrat."

„Wilhelm! Wie heiße ich?"

„Mensch, Conrad, jetzt weiß ich nicht mehr, wie ich Dich ansprechen soll. Chef bist Du nicht, Kommandant bist Du nicht und Kommerzienrat willst Du auch nicht sein. Wenn das so weitergeht, laß ich mich pensionieren."

Vater Magirus legte die Hand auf Wilhelms Schulter: „Sag' Conrad zu mir! Dabei lassen wir es. Und wenn Du in Ruhe gehen willst, geh!"

Wer in der Fabrik Sorgen hatte, kam zum „Herrn Kommerzienrat". Es half auch nichts, wenn C. D. Magirus seinen Arbeitern sagte:

„Ich bin nicht mehr Euer Chef. Geht zum Heinrich."

„Zum Heinrich? Aber Conrad! Unser Chef bist doch Du!"

„Also, was willst . . .?"

Für Vater Magirus gab es genügend Arbeit. Es verging kein Tag, an dem die Söhne nicht sein Büro betraten, um ihn um Rat zu fragen.

Frau Pauline kam, abends ihren Conrad abzuholen.

So verging Jahr um Jahr. Die Welt blieb gleich, die Menschen änderten sich. Die Feuerwehrrequisiten, die Löschgeräte mußten verbessert, mußten auf den neuesten Stand der Technik gebracht werden. Die Technik nahm überhand. Es war gut, daß die jungen Herren, die den Namen Magirus trugen, in das väterliche Geschäft gestiegen waren, die Anforderungen, die gestellt, wurden immer größer. Mit den Arbeitern und Angestellten verband Heinrich, Otto und Herrmann eine gute Freundschaft. Die meisten waren mit den Magirussöhnen aufgewachsen, hatten sich in der Schule und auf der Straße geduzt, hatten mit ihnen gespielt. Viele waren gleichaltrig, fühlten sich zur Familie Magirus gehörig. Keiner nahm sich eine Freiheit heraus, im Gegenteil, sie waren treue Diener am Werk. Und das Werk wuchs von Tag zu Tag und von Jahr zu Jahr.

Punkt sieben Uhr früh trafen sich Vater Magirus und seine Söhne beim Pförtner.

Wilhelm sagte: „Ich kann meine Uhr nach den Chefs richten."

Frau Pauline kam auch nachmittags in die Fabrik. Sie wechselte Handtücher, brachte neue Seife, ging zu den Arbeitern, fragte, wie es den Frauen und den Kindern zu Hause ergehe, lud sie auch zu sich in die Wohnung.

Die Söhne hatten große Erfolge zu verzeichnen. Gewissenhaft nahm Vater Magirus die neuen Konstruktionen zur Hand. Er rechnete, kalkulierte.

Die Saug- und Druckspritzen waren eingeführt. Als die Konkurrenten davon erfuhren, daß Magirus diese Produktion in sein Programm aufgenommen hatte, stellten sie ihre Erzeugnisse ein.

Die erste Kraftfeuerspritze auf dem Kontinent baute die Firma C. D. Magirus, Ulm. Sie wurde mit Petroleum geheizt.

Kein Tag verging, an dem C. D. Magirus nicht in die Leitermontagehalle ging. Seine große Liebe galt der Leiter. Er legte großen Wert darauf, daß diese Leitern freistehend benutzbar waren. Durch die freistehende Leiter war es möglich, das Wasserstrahlrohr direkt auf den Brandherd zu leiten.

Im Jahre 1892 konnten die Magiruswerke die erste drehbare Leiter der Öffentlichkeit übergeben. Die Feuerwehrleute waren von dieser Leiter begeistert. Auch die Konkurrenten machten Magirus ihre Aufwartung, zollten ihr Lob.

Das Jahr 1895 fing gut an. Russen, Türken, Italiener, Österreicher, Serben und Perser kamen und gaben große Bestellungen auf. Sie zahlten in barem Gold, konnten auch mit noch härterer Währung aufwarten, mit Edelsteinen. Die Einkäufer waren alles trinkfeste Männer. C. D. Magirus und seine Söhne nutzten die guten Stimmungen der Einkäufer nie aus. Sie tranken mit ihnen, scherzten mit ihnen, ließen Musikanten kommen und Sänger, die Turner zeigten, was sie konnten, die Feuerwehrleute demonstrierten die Leitern und die Spritzen.

Die alten Ulmer stellten neidlos fest: die Magirussöhne geraten ihrem Vater nach.

Eines Tages kam an der Hand des Maurermeisters Mayer aus Mundingen im Kreise Ehingen ein vierzehnjähriger Bub, namens Conrad, an die Pforte der Fabrik. Der Sprößling hatte vor kurzem die Schule verlassen, wollte Maschinenbauer werden. Der Pförtner Wilhelm sagte die Wahrheit, es habe keinen Zweck auf einen der Chefs zu warten, zur Zeit würden keine Lehrlinge eingestellt. Der kleine Conrad und sein Vater ließen nicht locker. Zwischen den Dreien entstand ein Streit. Aus einem Fenster rief Vater Magirus:

„Was ist denn passiert, Wilhelm?"

Der Maurermeister aus Mundingen schaute zum Fenster hinauf und rief:

„Noch ist nichts passiert. Aber es passiert bald etwas, wenn ich meinen Buben nicht dem Herrn Kommerzienrat zeigen kann."

„Dann komm rauf."

Der Lehrling Conrad wurde einer der Tüchtigsten im Hause Magirus. In seinem Merkbüchlein hatte er aufgeschrieben:

> „Der Herr Kommerzienrat ist eine ruhige und eine sachliche Persönlichkeit. Sein ganzes Schaffen und Streben gilt neben der Familie nur dem Feuerlösch- und Rettungswesen. Er ist für alle Arbeiter und Angestellten ein guter und sorgender Arbeitgeber."

Am 26. Juni 1896, die Sonne hing wie ein Feuerball am Himmel, wachten die Ulmer auf und waren, als sie hörten, C. D. Magirus sei verstorben, erschrocken. Sie konnten es nicht fassen. Sie wollten es nicht glauben.

Die Söhne wußten, daß sich der Vater seit einiger Zeit nicht mehr wohlfühlte. Die Ärzte wußten, daß es für den Kommerzienrat C. D. Magirus nur noch wenige Tage gab.

Die Söhne und auch die Tochter Maria mit ihrem Gatten, Professor Brettschneider, staunten über Vaters neue Pläne.

„Ihr könnt sagen, was Ihr wollt", so begann er, „wir werden es nicht hindern können. Wir müssen die Ersten sein, die unsere Feuerspritzen und die Leitern auf diese fahrenden Stinkkästen montieren. Wir dürfen nicht die Letzten sein. Eher die Ersten —".

Es fielen die Namen der Mechaniker Daimler, Benz, Otto und Metz. Der Explosionsmotor war im Anmarsch. Der Explosionsmotor auf vier Rädern aufmontiert, erregte die Menschen in allen Teilen Deutschlands — in aller Welt.

Vater Magirus verabschiedete die Kinder, den Schwiegersohn, die Enkel mit einer Herzlichkeit, die man von ihm nicht kannte.

Mutter Pauline war erstaunt, als ihr Gatte bat, sie möge ihr „Seidenes" anziehen. Er wolle mit ihr einen Spaziergang machen.

Sie tat es, weil sie alle Wünsche ihres Gatten erfüllte. Sie zog das schwarze „Seidene" an. Er im Salonrock, den Zylinder, Handschuhe und Stock.

Arm in Arm gingen sie durch die Straßen, über die Plätze, durch die Gassen. Sie wurden gegrüßt. Sie dankten. Sie grüßten.

In der Hirschenstraße vor Conrad Dietrichs Geburtshaus blieben sie lange stehen. Er bat Pauline, sie möge eine Kutsche bestellen. Schwindel überkam ihn. Die Füße versagten.

Keine Minute verließ Frau Pauline ihren schwerkranken Gatten. Sie saß neben ihm. Der Arzt schüttelte bedenklich den Kopf. Der gute Doktor wollte Frau Pauline beruhigen. Sie glaubte ihm kein Wort. Frau Pauline wußte, Conrad nahm von ihr Abschied. Für immer Abschied. Er sprach von den Turnern, von den Feuerwehrmännern, von der Steigerkompagnie, von der neuen Drehleiter, von der Preisliste der Feuerwehrgerätefabrik Magirus, von der Motorspritze. Bilder von Neapel stiegen auf; das blaue Meer. Er setzte sich im Bett auf. Großmächtig wurde er. Seine Hände griffen nach Pauline:

„Weißt Du noch —? Weißt Du noch —? Halt fest unser Glück — Pauline! Ich muß Dich allein lassen."

Das waren C. D. Magirus letzte Worte.

Er starb wie er gelebt, in Frieden.

Frau Pauline wollte den Tod ihres Mannes nicht zur Kenntnis nehmen. Sie blieb bei ihm, erzählte ihm, wie sehr sie ihn geliebt, sprach, als würde er sich nur hingelegt haben, um auszuruhen, um zu schlafen. Sie las laut aus der Zeitung: die Arbeiter hatten es veröffentlicht:

> „In bald fünfzig Jahren, in denen dieser aufrechte Mann mit seinen starken sittlichen und geistigen Kräften dem Gemeinwohl unter Einsatz seiner ganzen Persönlichkeit gedient hat, wirkte er nicht nur als Bahnbrecher für das neuzeitliche Feuerlöschwesen. In seiner Vaterstadt, in der engeren Heimat, in ganz Deutschland und weit darüber hinaus in aller Welt, hat er durch die Erfindung, die Konstruktionen und den Bau brauchbarer Geräte vor allem auch praktisch auf sämtlichen Gebieten des Feuerschutzes frische Impulse verliehen. Conrad Dietrich Magirus Werk und damit sein Name wurde zu einem Begriff für höchstwertige Feuerwehrgeräte, die sein irdisches Leben überdauert und seinen Nachfolgern die Pflicht zu nie ermüdender Nacheiferung hinterlassen hat."

Die Stadt Ulm erließ folgenden Aufruf:

„Nach kurzer schwerer Krankheit hat die Stadt Ulm einen hochangesehenen und hochverdienten Bürger verloren, Kommerzienrat C. D. Magirus, ein ausnehmend tüchtiger, schaffensfreudiger seit fünfzig Jahren im öffentlichen Leben vielseitigst tätiger Mann ist mit ihm dahingegangen. Sein Hauptberuf war das Feuerlöschwesen; praktisch und theoretisch hat er darin Hervorragendes geleistet. Sein an Streben und Schaffen wie auch an Erfolgen reiches Leben, ist nun abgeschlossen und weit über den Kreis der Seinen hinaus, denen er ein treubesorgter Familienvater war, herrscht schmerzliche Trauer über den Hingang des den allgemeinen Interessen so unermüdlich dienstbaren Mitbürgers und des wackern deutschen Mannes Conrad Dietrich Magirus."

Die Städte Berlin, Stuttgart und Ulm ehrten den Mann Conrad Dietrich Magirus durch Benennung von Straßen.

Auf dem alten Friedhof in Ulm nahm die Städtische Obrigkeit Conrad Dietrich Magirus' Grab in ihre sorgende Obhut.

Im Hause Promenade Nr. 24 saß Frau Pauline. In ihren Händen hielt sie den Ring, den sie, als sie seine Braut wurde, ihm schenkte. Ein kleiner goldener Helm war auf dem Ring. Frau Pauline hörte Conrads Worte: „Halt fest unser Glück". — Sie versprach es: „Ich halte fest unser Glück — ganz fest —".

Aus den Anfängen der Motorspritze

Im Archiv der Daimler-Benz AG, Werk Gaggenau, befindet sich ein vergilbter historischer Prospekt mit folgendem Wortlaut:

„Daimler-Motoren-Gesellschaft, Canstatt

Die Daimler-Feuerspritze ist vermöge ihres geringen Gewichtes und der schnellen Betriebsfertigkeit vorzüglich geeignet, zur ersten raschen Bekämpfung eines Schadenfeuers eine bisher nicht gekannte und oft sehr vermißte Hilfe zu bieten. Die Betriebskraft liefert ein Daimler-Benzin-Motor, dessen für locomobile Zwecke besonders zweckmäßige Construction unerreicht ist; in gleicher Weise ist die Spritze selbst ein Fabrikat ersten Ranges.

Die Daimler-Feuerspritze ist in 3 Minuten betriebsfertig und in Gang zu setzen; sie liefert vom ersten Moment des Anlaufens einen ausgiebigen gleichmässigen Wasserstrahl, wie dies von einer Handspritze nie erreicht werden kann, während die bei einer Dampfspritze bezügl. des Kessels etc. vorkommenden Störungen vollständig ausgeschlossen sind.

Der Material-Verbrauch ist sehr gering, ca. 0,36—0,45 kg. Benzin pro Stunde und Pferdekraft; die Bedienung ist leicht zu erlernen und zu handhaben, da während des Ganges keinerlei Wartung nötig ist, als zeitweiliges Schmieren bezw. Füllen der Oelgläser.

Die Daimler-Feuerspritze kommt in 2 Grössen zur Ausführung: mit 6pferd. und mit 10pferd. Motor.

Erstere ersetzt die Leistung einer Handspritze mit 32 Mann Bedienung, letztere eine solche mit 48 Mann.

Es sollten deshalb auch namentlich die Berufsfeuerwehren nicht säumen, ihre Gerätschaften mit einer solchen Spritze zu vervollständigen, weil sie dadurch im Stande sind, ihre ganze Mannschaft zu Rettungsarbeiten verwenden zu können und dabei doch einen ausgiebigen Wasserstrahl sofort zur Verfügung zu haben.

Einen ersten praktischen Versuch und einen entschiedenen Erfolg erzielte unsere Spritze bei dem am 4. Mai 1892 in der Strauss'schen Bettfedernfabrik hier ausgebrochenen Brande, wo sie wesentlich zur Bekämpfung des Feuers mit beigetragen hat. Wir erlauben uns, hierüber auf den beiliegenden Abdruck des Berichtes in den hiesigen Zeitungen, auf die Zeugnisse der Beschädigten sowie der vorgesetzten Behörde und des Feuerwehr-Kommandos zu verweisen.

Eine Spritze mit 6 HP Daimler-Motor erzeugt einen Wasserdruck von 7 Atmosphären, liefert per Minute ca. 300 Liter Wasser und wirft mit einem Mundstück von 15 mm einen Wasserstrahl von ca. 30 m Höhe, mit zwei Schläuchen und 11 mm Mundstücken einen solchen von ca. 25 m Höhe.

Das Gewicht beträgt ca. 1.425 Kilo; die Spritze kann also mit einem Pferde noch im Trab gefahren werden.

Zur Bedienung von Motor und Spritze sind 2 Mann erforderlich. Der Verbrauch an Benzin von 0,60—0,70 spezifischem Gewicht beträgt bei voller Leistung pro Stunde 2³/₄ Ko., nach heutigem Werte ca. Mark —,75.

Der Preis beträgt komplett mit allen Ausrüstungsteilen netto Mark 5.610,— ab Cannstatt.

Eine stärkere Spritze mit 10 HP Daimler-Motor liefert per Minute ca. 500 Liter Wasser . . . und kostet komplett netto 8.160,— Mark."

Soweit der Wortlaut dieses alten Original-Prospektes, dem kurz folgende Vorgeschichte zugrunde liegt:

1888 überraschte Gottlieb Daimler in dem Bestreben, den Benzinmotor so vielen Verwendungsgebieten wie nur irgend möglich nutzbar zu machen, die Welt mit der ersten Motor-Feuerspritze. Auf dem Deutschen Feuerwehrtag in Hannover zeigte er erstmalig seine sensationelle Konstruktion.

Werner von Siemens und die erste Feuermeldeanlage

Werner von Siemens, der Erfinder der Dynamomaschine und Pionier auf dem Gebiet der gesamten Elektrotechnik, darf auch als Begründer der neuzeitlichen Feuermeldetechnik gelten. Die erste öffentliche Feuermeldeanlage, aufgestellt im Jahre 1851 in Berlin, war sein Werk.

Werner Siemens, am 13. Dezember 1816 geboren, zeigte schon in früher Jugend eine ausgeprägte Begabung für naturwissenschaftliche und technische Dinge. Sein größter Wunsch, ein Studium, konnte aber aus finanziellen Gründen zunächst nicht erfüllt werden. Im Jahre 1835 wurde er jedoch als junger Offizier an die Artillerie- und Ingenieurschule Berlin kommandiert und nutzte nun in Dienst und Freizeit jede Möglichkeit, sich wissenschaftlich fortzubilden. Entscheidend für sein Leben war wohl der Tag im Jahre 1846, an dem er als Leutnant in der Artilleriewerkstatt Berlin erstmals mit der Telegrafie in Berührung kam. Er erkannte rasch die umwälzende Bedeutung der neuen Nachrichtentechnik und verlegte sein Interesse weitgehend auf dieses Gebiet.

Zusammen mit dem Mechaniker J. C. Halske gründete er am 1. Oktober 1847 eine „Telegraphenbauanstalt", die sich in wenigen Jahren zum führenden Unternehmen der Fernmeldetechnik entwickeln konnte.

Erst für militärische Zwecke bestimmt, wurde die Telegrafie bald auch für den Nachrichtendienst der Behörden und der Bahn eingeführt, und im Jahre 1851 erhielt die Firma Siemens den Auftrag, eine „Feuertelegraphenanlage" für die Stadt Berlin zu errichten.

Die im Vertrag gestellten Bedingungen waren

„. . . einmal: sämmtliche Bureaus der Polizei-Lieutenants, der Feuerwehr, mehrere Ministerial-Gebäude und Militair-Kasernen . . . untereinander in Verbindung zu bringen,

ferner das Sprechen*) der Centralstation mit jeder einzelnen Station und umgekehrt unter der Garantie zu ermöglichen, daß sich während des Arbeitens kein Unbefugter eindränge,

dann das Circular-Sprechen*) mehrerer Stationen, die zu einer Gruppe gehören, einzurichten und

endlich einen Tast-Apparat mit Buchstaben zu liefern, der sich durch seine Einfachheit auszeichne, um dessen Handhabung für Nicht-Techniker brauchbar zu machen."

*) Gemeint war der Telegrafierverkehr.

Alle diese Bedingungen wurden erfüllt und die Anlage bewährte sich in solchem Maße, daß innerhalb weniger Jahre viele andere Städte, u. a. auch in England und Rußland, damit ausgerüstet wurden.

Die ersten Feuermelder oder „automatischen Feuersignalgeber“, wie sie genannt wurden, wiesen damals zum Teil bereits die gleichen Konstruktionsmerkmale auf wie die heute noch gefertigten Meldungsgeber. Die Typenscheibe, damals Zeichenrad genannt, und die mechanische Auslösung sind noch heute Bestandteil jedes Feuermelders. Das Laufwerk, damals noch durch Gewichte angetrieben, enthält heute ein Federwerk.

Da die verwendeten Holzgehäuse der ersten Feuermelder im Freien nicht genügend Schutz vor den Einflüssen der Witterung boten, empfahl man, „sie in öffentlichen Gebäuden, Polizeiwachen, Gasthöfen, Bäckerhäusern, Apotheken usw. aufzustellen, wo durch einen Schellenzug die Bewohner leicht zu wecken“ waren.

Über ein Jahrhundert werden Feuermeldeanlagen gebaut, vieles hat sich geändert an der äußeren Form der Geräte und an der Größe der Anlagen; aber noch heute folgen die Ingenieure der Feuermeldetechnik dem Entwicklungsweg, den ihnen Werner von Siemens wies.

Albert Ziegler gründete 1891 eine Schlauchweberei

Albert Ziegler war es, der 1891 in Giengen/Brenz eine Hanfspinnerei mit Schlauchweberei betrieb. Das Wasser der Brenz stand ihm zur Verfügung. Nach Albert Zieglers Tod, 1910, führte die Witwe das Geschäft für ihre Söhne Otto und Kurt weiter. Nach dem ersten Weltkrieg 1914/18 übernahm Kurt Ziegler die Leitung.

Mit Ausnahme von Löschfahrzeugen wurde seit 1919 auch der Bau von Feuerlöschgeräten aufgenommen. Besonders befaßte sich die Firma mit der Einrichtung von Kreisschlauchpflegereien.

Ziegler baute die erste elektrisch betriebene Schlauchwaschmaschine, ferner neuartige Schlauchreparaturartikel wie zum Beispiel die Reparatur von innen, das Stopfen der Schläuche mittels Stopfapparat, elektrisch betriebene Schlauchprüfpumpen, neuartige Aufhängevorrichtungen für Schläuche, Schlauchtrockenschränke. Aufsehen erregte 1932 der Ziegler-Seilbeutel zur Aufnahme der Fangleinen. 1952 wurde dieser Beutel zur Norm erhoben.

Im Jahre 1925 wurde auf dem Württembergischen Landesfeuerwehrtag in Heidenheim zum ersten Mal eine tragbare Klein-Motorspritze gezeigt. Diese Fabrikation wurde rege betrieben, so daß Ziegler-Tragkraftspritzen eine größere Verbreitung im In- und Ausland gefunden haben.

Im zweiten Weltkrieg wurde infolge Mangel an Gummi die Herstellung von Saugrohren aufgenommen. Ziegler brachte das Überdruckventil (Druckbegrenzungsventil) nach eigenem Patent auf den Markt. Nach Ende des zweiten Weltkrieges kam im Bundesgebiet der Rundwebstuhl zur Einführung. Ziegler machte sich diese Neuerung zu Nutzen und fertigt heute Feuerwehrschläuche in Flach- wie auch in Rundwebung — je nach Wunsch — an. Dem großangelegten und mit modernsten Maschinen ausgerüsteten Werk wurde eine Gummierungsanstalt angegliedert. Spezialität: Transparent-Streich-Gummierung aus Gummimilch.

Welch' ein langer — doch erfolgreicher Weg — 1891 gründete Albert Ziegler eine Schlauchweberei — heute ist es eine weit über die Grenzen bekannte große Schlauch- und Feuerlöschgerätefabrik.

II. TEIL

AUSBILDUNG UND PRAXIS

Die Feuerwehr und ihre zwischenstaatlichen Beziehungen

Von Albert Bürger
Präsident des Deutschen Feuerwehrverbandes, Rottweil a. N.-Zimmern

In der Mitte des vorigen Jahrhunderts vollzog sich die große politische Wende vom Absolutismus der Feudalherrschaften zur Demokratie, d. h. zur Mitwirkung des Volkes bei der Gesetzgebung, der Regierungs- und Verwaltungsarbeit. Es ist interessant zu beobachten, wie gerade diese politische Umwälzung, die seinerzeit tief in das Gefüge der menschlichen Gesellschaft eingriff, auch die Entwicklung des Feuerlöschwesens entscheidend beeinflußte.

Der Feuerlöschdienst wurde bis zum Jahre 1850 allgemein von den Zünften getragen. Mit der Festigung des freien Bürgertums bildeten sich überall in den deutschen Städten Freiwillige Feuerwehren, die die bisherigen Aufgaben der Zünfte übernahmen und den Feuerschutz der Gemeinwesen auf freiwilliger Basis ausübten. In diese Gründerzeit der deutschen Feuerwehren fällt auch schon der Beginn der internationalen Beziehungen auf dem Gebiete des Feuerlöschwesens, waren doch die damaligen deutschen Staaten selbständig und nicht in einem Bund oder im Reich vereint.

Der als Initiator der Freiwilligen Feuerwehren bekannte Carl Metz in Heidelberg wirkte schon um das Jahr 1850 auf internationaler Ebene dadurch, daß er sich darum bemühte, im Zuge der Entwicklung moderner Löschgeräte gleichzeitig zu deren Bedienung freiwillige Löschvereine zu bilden. Angeregt durch das Beispiel der Kompagnien der Sapeur-Pompiers der französischen Nationalgarde, die er in seinen Lehr- und Wanderjahren in Frankreich kennenlernte, faßte er den Entschluß, freiwillige Vereine für den Feuerschutz zu bilden. Metz' Beispiel wurde in vielen deutschen Staaten rasch aufgenommen, er selbst überall zur Organisation dieser freiwilligen Hilfsgemeinschaft herangezogen. Sein Weg führte ihn auch in nichtdeutsche Staaten, insbesondere in die nordischen Länder des Ostseeraumes.

Der erste internationale Zusammenschluß von Feuerwehren erfolgte am 17./18. Juli 1870 in Linz an der Donau. Dort wurde ein Feuerwehrausschuß gebildet, dem die Vertreter der Feuerwehren der deutschen Staaten und Österreichs angehörten.

Am 12. August 1900 wurde in Paris das Internationale Komitee der Feuerwehrleute gebildet, das bis heute ohne Unterbrechung besteht. Im Wandel der Jahrzehnte formte sich dieses Komitee der Feuerwehrleute zum heutigen Internationalen Technischen Komitee für vorbeugenden Brandschutz und Feuerlöschwesen um. Dieses Internationale Komitee, abgekürzt CTIF genannt, umfaßt heute Mitglieder aus mehr als 30 Staaten aller Erdteile. Diese ständige Vereinigung hat zum Ziel:

1. Theoretisch und praktisch den vorbeugenden Feuerschutz und das Feuerlöschwesen zu entwickeln,
2. die Forschungen über die Organisation der Hilfeleistungen bei Feuersgefahr und das Löschmaterial zu fördern,
3. mit den Erfindungen auf diesem Gebiet alle Mitglieder bekanntzumachen und

4. freundschaftliche Beziehungen zwischen den Feuerwehrmännern und den Feuerschutztechnikern aller Länder zu begründen und zu unterhalten.

Der Permanente Rat des CTIF, dem je ein Vertreter aus den Mitgliedernationen angehört, tritt alljährlich zu einer Beratung in einem der Mitgliederstaaten zusammen. Gegenstand seiner Beratung sind Fragen auf dem Gebiete der Brandschutztechnik und -forschung. Die Ergebnisse der Beratungen und die Arbeit, die während eines Jahres die Geschäftsstelle des CTIF, die ihren ständigen Sitz in Paris hat, leistet, wird in der jährlich einmal erscheinenden „Revue" des CTIF veröffentlicht. Alle drei Jahre findet ein Kongreß statt, eine Generalversammlung der Mitglieder, anläßlich dessen die Neuwahlen zu den Organen stattfinden. Mit diesem Kongreß ist üblicherweise ein Treffen aller namhafter Brandschutzfachleute und eine Schau des Feuerlöschwesens des den Kongreß durchführenden Staates verbunden. Gerade die Kongresse des CTIF waren es, die einen Gedankenaustausch und eine internationale Verbindung unter den Feuerwehrmännern und Brandschutzsachverständigen bisher ermöglichten.

Die Umwandlung vom Internationalen Komitee der Feuerwehrmänner zum CTIF brachte neben den Feuerwehrverbänden die neue Mitgliedschaft von technischen und wissenschaftlichen Vereinigungen, von Regierungsdienststellen, Versicherungsgesellschaften, d. h. von allen Einrichtungen, die sich für den vorbeugenden und aktiven Brandschutz interessieren. Wenn auch der hohe Wert der Mitarbeit dieser Einrichtungen auf internationaler Ebene zugunsten des Brandschutzes im CTIF nicht bezweifelt werden soll, brachte das Anwachsen der Mitglieder auf dem Sektor des vorbeugenden Brandschutzes unverkennbar die Erscheinung mit sich, daß der ursprüngliche Zweck der Vereinigung der Feuerwehrmänner sich zu einer großen unpersönlichen Organisation von Mitgliedern auswuchs, die den aktiven Dienst der Feuerwehr gar nicht kennen, und in der das Element der Feuerwehrmänner und insbesondere das der freiwillig Dienenden zurückgedrängt wurde.

Auf Grund dieser Entwicklung bahnen sich z. Z. Erwägungen über neue internationale Beziehungen zwischen den Feuerwehrmännern an. Die Feuerwehrmänner des freien westlichen Europas, vertreten durch die Feuerwehrverbände, sind sich einig in dem Wunsche, den Frieden zwischen ihren Völkern zu festigen durch das Erwecken und Halten einer offenen und ehrlichen Freundschaft. Diese Freundschaft kann jedoch nicht getragen werden von technischen und wissenschaftlichen Organisationen oder Regierungsdienststellen, sondern sie ruht ausschließlich in den Herzen der Männer, die sich in allen Staaten gefunden haben, im Geiste der Nächstenliebe und die alle das gemeinsame Ziel, unabhängig von Sprache und Rasse, Stand und Konfession, kennen, nämlich dem Nächsten zu dienen und ihm in der Not zu helfen.

Durch die Entwicklung des Luftkrieges und seiner für die Bevölkerung so furchtbaren Auswirkungen wurde der Brandschutz in Kriegszeiten zu einem der bedeutendsten Faktoren auf dem Gebiete des Schutzes der Zivilbevölkerung. Die Hilfe des Feuerwehrmannes für die Bevölkerung in den vom Luftkrieg betroffenen Städten kommt heute der Aufgabe gleich, die sich das Rote Kreuz einstens bei Schaffung seiner Konvention gestellt hat. Der Dienst des Feuerwehrmannes erfordert daher in der Zukunft ebenfalls einen konventionellen Schutz. Hier liegt für die Zukunft ein bedeutendes Feld internationaler Arbeit für die Führer der Feuerwehrorganisationen aller Völker.

Die internationalen Beziehungen zwischen den Feuerwehrmännern werden laufend verbessert und angebahnt. Entscheidend ist, daß das Menschliche in den Mittelpunkt gestellt wird, daß der zwischenstaatliche Gedanken- und Erfahrungsaustausch nicht um der Staaten und deren Machtwünsche, sondern um der Idee des freiwilligen Dienens willen geführt wird. Dieser Forderung kommen alle Freiwilligen Feuerwehren in der ganzen Welt nach. In der Führung der Freiwilligen Feuerwehren liegt der Schlüssel zu einer Türe, die einen weiteren Weg zur Befriedung der leidgeprüften Menschheit zu öffnen vermag.

Normung als Ausdruck des Gemeinschaftswillens

Von Dipl.-Ing. Lothar Garski, Düsseldorf

Der organisierte Feuerschutz aller Länder wurde aus der Not geboren. Er begann als Notgemeinschaft auf freiwilliger oder Pflichtbasis in besonders feuergefährdeten Lebensgemeinschaften. Dieser Feuerschutz möge, so bescheiden nach heutigen Begriffen seine Erfolgsmöglichkeiten waren, ein hohes Maß an Sicherheitsgefühl vermittelt haben. Der bisher auf sich allein gestellte Bürger, der das Element Feuer, zu einem Brand entfacht, als unbezwingbares Schreckgespenst fürchtete, hatte nunmehr die Gewähr, daß nicht nur sein Nachbar, sondern jedes Mitglied der Hilfsgemeinschaft helfend ihm zur Seite stand.

In einer noch recht bescheidenen Feuerordnung für London aus dem Jahre 1189 heißt es:

1. Alle Personen, welche in großen Häusern innerhalb des Bezirks wohnen, müssen eine oder zwei Leitern in Bereitschaft haben, um ihren Nachbarn zu Hilfe zu eilen, im Falle sich ein Unglück durch Feuersbrunst ereignen würde.
2. Alle Personen, welche solche Häuser besitzen, müssen zur Sommerzeit und hauptsächlich zwischen Pfingsten und Bartholomäi, ein Faß mit Wasser gefüllt vor ihren Türen haben, um solche Feuersbrünste zu löschen, wenn es nicht gerade ein Haus ist, welches schon an und für sich einen Brunnen besitzt.
3. Zehn achtbare Männer des Bezirks mit ihren Ratsherren müssen für einen starken eisernen Schürhaken, mit hölzernem Handgriff, außerdem für zwei Ketten und zwei starke Stricke sorgen, und der Büttel muß ein gutes Horn von lautem Klang haben. Personen, welche bei Nacht ausgehen, ist es verboten, nachdem die Abendglocke auf dem Kirchturm von St. Martin le Grand und St. Lorenz ausgeläutet hat, in den Straßen der Stadt umherzugehen, bei Strafe eingesteckt zu werden.

Es ist hier keinesfalls zu erkennen, daß in der Bürgerschaft selbst der Wille zur Hilfsgemeinschaft wach war. Feuerordnungen aus dem 17. und 18. Jahrhundert geben hiervon schon ein deutliches Zeichen.

Im 19. Jahrhundert hatte der organisierte Feuerschutz bereits eine beachtliche Stufe erreicht, die Auswahl und Ausgestaltung des Gerätes blieb jedoch der örtlichen Initiative überlassen. Es mag damals ein edler Wettstreit zwischen Feuerwehren benachbarter Gemeinden in der Erlangung des besseren Gerätes entbrannt sein, an eine Abstimmung auf den Nachbarn dachte freilich noch niemand, denn jede Gemeinschaft hatte ihr abgeschlossenes Eigenleben.

Aus den freiwilligen Feuerwehren entwickelten sich in größeren Gemeinwesen Berufsfeuerwehren. Diese schlossen sich zu Berufs-Organisationen zusammen, ebenso wie die freiwilligen Feuerwehren zu Verbänden.

Der hieraus erkennbare Wille zur Gemeinschaft machte jedoch bei der Ausrüstung Halt. Nach wie vor hatte jede Feuerwehr ihr eigenes, stark traditionsgebundenes Gerät. Versuche in den zwanziger Jahren dieses Jahrhunderts zur Vereinheitlichung der Feuerwehrausrüstung kamen nicht voran und letzten Endes blieb trotz aller Vereinigungen und Verbände beim Einsatz jede Feuerwehr auf sich selbst gestellt.

Ein beredtes Zeugnis hierfür ist der Brand von Oeschelbronn, einer blühenden, reichen Gemeinde, im Jahre 1933, der das ganze Dorf vernichtete. Zur wirksamen Bekämpfung des Feuers mußte Löschwasser aus größeren Entfernungen herangeführt werden, was nicht möglich war, weil die verschiedenartigen Schlauchgrößen und Schlauchverbindungen der zur Hilfe geeilten zahlreichen Feuerwehren ein Zusammenwirken unmöglich machte.

Diese Brandkatastrophe hatte zur Folge, daß man sich nun ernstlich mit der Vereinheitlichung der Schlauchverbindungen befaßte.

Zur praktischen Auswirkung kamen diese Bestrebungen im deutschen Reichsgebiet jedoch erst im Jahre 1935, als, bedingt durch den Aufbau des Luftschutzes, eine Vereinheitlichung des gesamten Gerätes zwingend wurde.

Es kann nicht behauptet werden, daß die Arbeiten der damaligen, vom RLM, vom RMdI und von der Industrie getragenen, auf ehrenamtlicher Basis aufgebauten „Feuerwehrtechnischen Normenstelle" sich besonderer Beliebtheit bei Feuerwehren und Industrie erfreuten. Wohl arbeitete die Feuerwehrtechnische Normenstelle als Organ des Deutschen Normenausschusses nach dem Prinzip freier Meinungsbildung und beteiligte hieran alle Sparten des Feuerlöschwesens. Viele empfanden jedoch einen Zwang zur Gefolgschaft und waren hierüber verstimmt.

Bis zum Jahre 1938 waren die wichtigsten Ausrüstungsstücke der Feuerwehr nicht nur in Normblättern erfaßt, sondern auch die Vielzahl von Schlauchverbindungen und Schlauchgrößen auf vier Schlauchtypen und auf Normkupplungen umgestellt.

Wie wäre es uns wohl ergangen, wenn uns ein Luftkrieg auf dem Ausrüstungsstand zur Zeit des Brandes von Oeschelbronn überrascht hätte?

Die Erkenntnisse, die uns der zweite Weltkrieg mit seinen Luftangriffen und Feuerstürmen brachte, hat die Feuerwehren vergessen lassen, daß sie einst eine eigenwillige Ausrüstung zum Gegenstand wetteifernder Rivalität machten.

Der im Jahre 1947 im Bundesgebiet ins Leben gerufene Fachnormenausschuß Feuerlöschwesen fand daher das allgemeine Interesse aller am Feuerlöschwesen beteiligten Fachkreise. Er wird von den Innenministerien der deutschen Länder und von der Fachindustrie getragen. Seine gewählten Mitglieder, die ehrenamtlich wirken, kommen aus allen Fachsparten.

Normen sind gemeinhin freiwillige Vereinbarungen zur vereinfachten Herstellung hochwertigen Gerätes und zur Sicherstellung seiner Güte. Feuerwehrnormen sind darüberhinaus die Grundlage und die Vorbedingung für die Zusammenarbeit einer großen, weitreichenden Hilfsgemeinschaft.

Mannigfaltig wie die Landschaft, die Wohngemeinschaften und die Wirtschaftsräume mit ihren vielgestaltigen Industrien sind auch die Möglichkeiten für den Umfang und die Art des Feuerwehrrüstzeuges. Aufgabe der Feuerwehrnormung ist es, hier einen Gemeinschaftsweg zu finden, der für alle gangbar ist. Zwangsläufig verbunden hiermit ist oftmals die Beschränkung eigener Wünsche zum Nutzen des Ganzen.

Wie weit dieser Gedanke in allen Kreisen des Feuerlöschwesens Platz gegriffen hat, mag eine Umfrage des Fachnormenausschusses Feuerlöschwesen aus dem Jahre 1951 erhellen. Auf die Frage an eine große Zahl von Fachstellen aller Sparten des Feuerlöschwesens, bei der mehrere hundert Fachleute angesprochen wurden, über den gewünschten Umfang der Normung von Feuerwehrfahrzeugen entschied sich die weit überwiegende Mehrheit in allen Sparten für weitestgehende Festlegung von Fahrzeugaufbau und -ausrüstung. Bedarf es eines besseren Beweises für den bei Industrie, freiwilliger und Berufsfeuerwehr vorhandenen Gemeinschaftswillen?

Zweck und Ziel der Arbeitsgemeinschaft Feuerschutz (AGF)

Diese Organisation ist die Arbeitsgemeinschaft der Landesdienststellen für Feuerschutz in den Bundesländern.

Die Arbeitsgemeinschaft Feuerschutz dient dem Meinungs- und Erfahrungsaustausch zwischen den Bundesländern in Fragen des Feuerschutzes.

Das Arbeitsziel ist dabei die Schaffung einheitlicher Grundsätze in Fragen, die aus feuerschutztechnischen Gründen einer einheitlichen Regelung in allen Bundesländern bedürfen.

Die Arbeitsgemeinschaft Feuerschutz besteht aus den bei den Landesregierung bestellten feuerschutztechnischen Sachverständigen (Landesdienststellen für Feuerschutz).

Die Arbeitsgemeinschaft kann Fachausschüsse für besondere Fragen bilden.

Der Beitritt zur Arbeitsgemeinschaft bleibt dem freien Entschluß der Länder überlassen.

Die Arbeitsgemeinschaft oder die Fachausschüsse können zu einzelnen Beratungsgegenständen Vertreter der Feuerwehren oder andere Fachleute oder deren Berufsorganisationen sowie Behörden gutachtlich hören oder zuziehen.

Jedes Land hat eine Stimme.

Die Arbeitsgebiete der AGF sind im einzelnen:

Förderung der technischen Vereinheitlichung des Feuerschutzwesens im Bundesgebiet innerhalb der sachlich begründeten Grenzen. Förderung der Normungsarbeit auf dem Gebiete des Feuerschutzwesens.

Vorschläge für die Fassung gesetzlicher Bestimmungen über den Feuerschutz mit Ausnahme der die Organisation des Feuerschutzes der einzelnen Bundesländer betreffenden Fragen.

Vorschläge für die laufende Anpassung der unter Ziff. 3 genannten gesetzlichen Bestimmungen über den Feuerschutz an den jeweiligen Stand der Technik.

Auswertung der Erfahrungen aller sonstigen behördlichen und privaten Stellen, die auf dem Gebiet des Feuerschutzes tätig sind. Förderung der technisch-wissenschaftlichen Weiterentwicklung auf dem Gebiete des Feuerschutzes unter Einschaltung vorhandener Einrichtungen in den Ländern.

Im Regelfalle führt die Dienststelle, die der Vorsitzende der AGF als Mitglied vertritt, auf die Dauer seiner Amtszeit die Geschäfte der Arbeitsgemeinschaft Feuer schutz.

Arbeitsgemeinschaft der Leiter der Berufsfeuerwehren

Von Dipl.-Ing. Schilbach, Essen

Bis zum Kriegsende waren die Leiter der kommunalen Berufsfeuerwehren zusammen mit den Feuerwehringenieuren in der Mehrzahl Mitglieder des Reichsvereins Deutscher Feuerwehringenieure (RDF), während die Leiter von Werkfeuerwehren sich in der Auskunft- und Zentralstelle (A.- u. Z.-Stelle) vereinigt hatten. Beide Vereinigungen wurden beim Zusammenbruch im Jahre 1945 zerschlagen.

In den ersten Jahren nach dem Kriege standen die Feuerwehren unter der scharfen Aufsicht der Alliierten; jede Stadt war auf sich selbst gestellt; an organisatorische Zusammenschlüsse konnte nicht gedacht werden. Da bei der Auflösung im Jahre 1945 auch auf dem Gebiete des Feuerschutzes vieles zerschlagen war und selbst die Geräte und Ausrüstungsbestände der Feuerwehren stark in Mitleidenschaft gezogen waren, die in jahrelanger planvoller und mühevoller Arbeit der tüchtigsten Kräfte des ganzen Reiches aufgebaut waren, machte sich ein Rückschritt bemerkbar, der sich nachteilig auch auf Einsatz und Ausbildung auswirkte. Es dauerte daher nicht lange, bis sich die Erkenntnis Bahn brach, daß das Zerschlagen dieser in planvoller Arbeit aufgebauten Einrichtungen und des Feuerschutzdienstes sinnlos war und daß auf diese Einrichtungen gar nicht mehr verzichtet werden konnte. Man mußte an einen Neuaufbau denken. Aus dieser Erkenntnis und auf dem Fundament, daß die Feuerwehren als unpolitische Organisation unberechtigt in den Strudel von 1945 gezogen waren und nur deshalb Substanz hatten lassen müssen, kam es im Jahre 1950 zur Gründung der „Vereinigung zur Förderung des Deutschen Brandschutzes" (VFDB). Sie hatte sich vor allem Arbeiten auf dem technisch-wissenschaftlichen Gebiete des Feuerschutzes zum Ziele gesetzt. In ihr hatten sich alle am Brandschutz interessierten Kreise zusammengeschlossen, d. h. sowohl Organisationen der Brandbekämpfung als auch der Brandverhütung einschließlich solcher Dienststellen, die nur am Rande mit Feuerschutzfragen im Zusammenhang stehen. Bei der Gründung dieser Organisation war auch die Bildung von Fachausschüssen für einzelne abgegrenzte Arbeitsbereiche vorgesehen, u. a. auch die Gründung eines Fachausschusses für Berufsfeuerwehren und eines solchen für Werkfeuerwehren. Es ergab sich aber, daß in der technisch-wissenschaftlichen „Vereinigung zur Förderung des Deutschen Brandschutzes" eine Vertretung besonderer Berufsinteressen nicht am Platze war, so daß der ursprüngliche Plan eines Zusammenschlusses der Berufsfeuerwehren in diesem Gremium wieder fallengelassen wurde. Da es aber das besondere Anliegen der VFDB war, in ihrer Organisation Brandschutzfachleute aller Sparten und Behörden zu vereinigen, viele Fragen der Berufsfeuerwehren aber im Rahmen dieser Organisation kein allgemeines Interesse beanspruchen konnten, ergab sich der Wunsch nach einem neuen Zusammenschluß der Berufsfeuerwehren. Ein großer Teil der Angehörigen dieser städtischen Einrichtungen war damals in der Gewerkschaft „Öffentliche Dienste, Transport und Verkehr" (ÖTV) organisiert. Aber auch dieser Zusammenschluß bot noch nicht die richtige Plattform für die Diskussion der Probleme, die den Leitern der Berufsfeuerwehren am Herzen lagen. Es bestand und besteht z. B. ein dringendes Bedürfnis zum gegenseitigen Erfahrungsaustausch und zur Aussprache über Fragen bezüglich Ausrüstung und Ausbildung, die in allen Städten ähnlich liegen; das führte zunächst zu einer lockeren Fühlungnahme mit den Kameraden der Nachbarstädte, später auch auf Landesebene, im Lande Nordrhein-Westfalen schon früh auch zu gemeinsamen Besprechungen.

Da die Feuerschutzaufgaben nach dem Krieg den Ländern übertragen wurden, die ihre eigenen Feuerschutzgesetze erließen, war es unausbleiblich, daß zwischen den einzelnen Ländern wesentliche Unterschiede in der Auffassung über Feuerschutzfragen auftraten. Das Nebeneinander aller dieser Besprechungen soll vermieden werden, und dadurch erhält die Arbeitsgemeinschaft ihre Berechtigung. Es lag aber auch im Sinne der großen Aufgabe des Feuerschutzdienstes, wenn diese Aufgaben in allen Ländern möglichst einheitlich ausgerichtet wurden und deshalb Richtlinien für die gemeinsame Arbeit aufgestellt wurden. Das galt insbesondere für die bis 1945 errungenen Erfolge auf dem Gebiete der Normung und der Vereinheitlichung von Typen.

Die Bearbeitung rein technisch-wissenschaftlicher Aufgaben ist danach Angelegenheit der Ausschüsse der VFDB; soweit es sich jedoch um Organisationsfragen und um solche der beruflichen Aus- und Fortbildung des Nachwuchses, der Zusammenarbeit mit den Freiwilligen und Werk-Feuerwehren, der Interessenvertretung bei dem Städtetag und anderen Verbänden und um vorbereitende Mitarbeit an gesetzlichen Bestimmungen handelt, soweit sie den Beruf betreffen, insbesondere um Fragen auf dem Gebiete der Feuerpolizei, sind weder Ausschüsse noch Vereinigung zur Förderung des Deutschen Brandschutzes unmittelbar interessiert. Dieser Aufgaben haben sich deshalb die Leiter der Berufsfeuerwehren in ihrer „Arbeitsgemeinschaft" angenommen. Besonders auf dem Gebiet des Vorbeugenden Brandschutzes (Brandverhütung) bedeutet die Abstimmung der gegenseitigen Forderungen bei bestimmten Objekten einen wesentlichen Fortschritt. Auch der Katastrophenschutz, der über die Landesgrenzen hinausgreifen kann, und weitere Zukunftsaufgaben erfordern eine sinn- und planvolle Bearbeitung und Auswertung der vorhandenen Erfahrungen.

Die Arbeitsgemeinschaft pflegt eine Zusammenarbeit mit den Landesdienststellen des Feuerschutzes und den Feuerschutzreferenten der Regierungen.

Die Arbeitsgemeinschaft der Leiter der Berufsfeuerwehren ist durch den Städtetag zwar noch nicht offiziell anerkannt. Ihre Arbeit wird jedoch gemäß Mitteilung des Deutschen Städtetages vom 20. Dezember 1952 (Nr. 558/52) weitgehend gefördert und von diesem mit regem Interesse verfolgt. Im Jahre 1955 wurde beim Deutschen Städtetag ein ständiger Beirat für das Brandschutzwesen ins Leben gerufen, der noch im gleichen Jahr seine Tätigkeit aufnahm.

Auf den mindestens einmal im Jahr stattfindenden Vollsitzungen der Arbeitsgemeinschaft, die aus Kostenersparnisgründen in der Regel mit den Jahrestagungen der VFDB zusammengelegt werden, sowie auf den nach Bedarf stattfindenden Arbeitstagungen der Landesobmänner ist bisher recht ersprießliche Arbeit geleistet worden und von den in Betracht kommenden Stellen die Notwendigkeit dieser gemeinsamen Arbeit anerkannt. Die Arbeitsgemeinschaft hat bisher auf einen förmlichen Zusammenschluß mit Satzungen usw. verzichten können, trotzdem wird eine Festigung dieses kameradschaftlichen Verhältnisses angestrebt, um die vielen noch offen stehenden Fragen des Feuerschutzes in noch präziserer Form erledigen zu können.

Feuerlöschgeräte - jetzt

Von Dipl.-Ing. O. Herterich, Ulm

Könnte man sich heute noch ein Dorf oder eine Stadt ohne eine gut organisierte und neuzeitlich ausgerüstete Feuerwehr vorstellen? Wohl kaum!

Sie ist der Helfer in allen Notlagen; „das Mädchen für alles“, wie sie so oft und treffend im Volksmund genannt wird. Ob sich ein Kanarienvogel verflogen hat und eingefangen werden muß, an einer schwer zugänglichen Stelle ein gefährliches Hornissennest zu beseitigen ist, ein schwerer Verkehrsunfall eine wichtige Verkehrsstraße blockiert, eine Überschwemmung die Vernichtung einer Siedlung bedroht o. a. mehr, immer steht die hilfsbereite Feuerwehr zur Verfügung. Sie ist längst über die ihr ursprünglich zugedachte Aufgabe hinausgewachsen und es ist bezeichnend für ihre vielseitige Tätigkeit, daß in den Städten die Brandeinsätze nur noch etwa ein Viertel der gesamten Hilfeleistung ausmachen.

Um diesen vielseitigen Aufgaben gerecht zu werden, bedarf sie modernster Gerätschaften und Fahrzeuge, die mit den neuesten Errungenschaften der Technik ausgerüstet sind. Ihr Fahrzeugpark umfaßt deshalb nicht nur Lösch- und Rettungsgeräte für Brandfälle, sondern Spezialfahrzeuge und Einrichtungen mannigfacher Art, wie Funkwagen, Pionierwagen, Kranfahrzeuge, Rüstwagen, Bergungs- und Rettungsfahrzeuge für Wassernotfälle, Krankenwagen u. a. m.

Die Unterhaltungs- und Erneuerungskosten für derart umfangreiche Einrichtungen sowie der Gebäude und des erforderlichen Personals verursachen vielen Stadtvätern große Sorgen und es nehmen diese Posten in den Haushaltsplänen der Gemeinden oft ansehnliche Beträge an. Wohl der Gemeinde, die diese Kosten nicht scheut und ihre Feuerwehr stets auf dem neuesten Stand hält. Sie beugt vor und verhindert vermeidbare Schäden am Volksvermögen. Leider wird dies nicht in allen Fällen in genügendem Maße erkannt, was darauf zurückzuführen ist, daß man im allgemeinen nur die Höhe der jährlich verursachten Brandschäden registriert, anstatt die Schadenssummen festzustellen, die durch den rechtzeitigen Einsatz der Feuerwehren verhütet wurden. Bei einer derartigen Betrachtung würde sich die Rentabilität einer gut ausgerüsteten Feuerwehr sehr rasch erkennen lassen.

Außer dem umfangreichen Fahrzeugpark und den Ausrüstungen ist eine günstig gelegene und gut eingerichtete Feuerwache und in dieser wiederum eine mit modernsten Mitteln ausgestattete Alarmzentrale notwendig. Sie ist das Herz und die Kommandostelle, von der aus alle Fäden zu den Melde- und Einsatzstellen laufen und auch die Verbindung zu allen Nebenwachen aufrechterhalten wird. Trifft in der Alarmzentrale ein Hilferuf entweder über die im Stadtgebiet verteilten Feuermelder oder über das Telefon ein, so drückt der wachhabende Beamte in der Alarmzentrale einen kleinen Hebel nieder, wodurch in allen Räumen der Wache ein Alarm ausgelöst wird. Die diensthabenden Männer eilen auf dem schnellsten Wege zu den bereitstehenden Alarmfahrzeugen, wobei häufig zur Abkürzung des Weges Rutschstangen, die von den oberen Räumen zur Fahrzeughalle führen, benutzt werden. Der Beamte in der Zentrale läßt durch einen weiteren Hebelgriff von der Zentrale aus die Motoren der Alarmfahrzeuge anlaufen und gibt durch die Lautsprecher der Kommandoanlage die Art der Hilfeanforderung und den Ort des Einsatzes bekannt. Der Löschzugführer erhält das für den Einsatz benötigte Kartenmaterial der Einsatzstelle. Die Ausfahrtstore werden von der Zentrale aus geöffnet und der Löschzug verläßt spätestens 30 Sekunden nach Eingang der Meldung die Feuerwache. Die Zeit des Eingangs der Meldung und der Ausfahrt wird durch Zeitdrucker in der Zentrale aufgezeichnet, wobei in den Erdboden eingebaute Kontakt- oder Lichtschranken die Ausfahrt anzeigen. In neuerer Zeit werden die eingehenden Meldungen vielfach auch auf einem Tonband aufgenommen, so daß sie jederzeit zu Kontrollzwecken beliebig oft wiederholt werden können und Irrtümer ausgeschlossen sind.

Alle Alarmzentralen sind mit Sprechfunkeinrichtungen versehen, die es ermöglichen, mit den gleichfalls mit Sprechfunk ausgerüsteten Fahrzeugen auch während des Einsatzes in Verbindung zu bleiben. Auf diese Weise ist es möglich, im Bedarfsfalle weitere Fahrzeuge anzufordern oder Anordnungen durchzugeben.

In den Wachen arbeiten und wohnen die Feuerwehrleute, die neben dem praktischen Einsatz auch die Aufgaben des vorbeugenden Brandschutzes, die baupolizeilichen Überwachungen und Instandhaltung aller für den Einsatz notwendigen Einrichtungen durchführen. Da sind die verschiedenartigsten Werkstätten, wie Schlossereien, Schmieden, Elektrowerkstätten, Schustereien u. a. m. Hier arbeiten die Männer während der alarmfreien Zeiten. Hier werden die Gasschutzgeräte, welche dem Atemschutz der Männer dienen und von deren zuverlässigem Arbeiten oft das Leben beim Einsatz abhängt, gepflegt, Filter ausgewechselt, Sauerstoffflaschen auf ihren Inhalt überprüft. Für alle diese Arbeiten sind beste, zuverlässige Fachkräfte erforderlich und es werden deshalb an den Feuerwehrmann, der diesen Beruf hauptamtlich ausführt, hohe Anforderungen gestellt. Er muß einen handwerklichen Beruf erlernt haben, höchsten Belastungen körperlich gewachsen sein und sich auf dem Brandschutzgebiet laufend schulen.

Die Feuerwachen der Berufsfeuerwehren sind alles andere als Wachstuben, in denen die Beamten herumsitzen, sich die Zeit durch Skatspielen vertreiben und untätig warten, bis der nächste Alarm eintrifft. Jede zwischen den Einsätzen liegende Zeit ist ausgefüllt durch Schulung und Instandhaltung der wertvollen Gerätschaften. Da unsere Feuerwehren „das Mädchen für alles“ sind, müssen sie in den meisten Städten auch die Krankentransporte durchführen. Die Alarme haben sich durch die Vielseitigkeit sehr vermehrt. Sie überschneiden sich oft, so daß zu gleicher Zeit mehrere Gruppen auf verschiedenen Einsatzstellen tätig sind. Auch heute noch kommt es vor, daß bei Großeinsätzen die hauptberuflichen Kräfte in den Städten nicht ausreichen, so daß die Freiwilligen Feuerwehren noch zur Mithilfe aufgerufen werden müssen. So stehen die Berufs- und die Freiwilligen Feuerwehren nebeneinander in der selbsterwählten Pflicht, das Hab und Gut ihrer Mitbürger zu schützen und in allen Notlagen und Gefahren hilfreich einzugreifen. Daß diese übernommene Pflicht nicht immer leicht, die Kenntnisse der leitenden Männer sehr vielseitig und die Zahl der Gerätschaften umfangreich sein müssen, mögen die folgenden Abschnitte erkennen lassen.

Auf der Zentrale der Hauptfeuerwache X war ein Alarm eingelaufen. Ein Löschzug, bestehend aus 1 Tanklöschfahrzeug, 1 Löschgruppenfahrzeug und 1 Drehleiter hat, obwohl Schlafenszeit, 26 Sekunden nach der Meldung die Tore der Wache verlassen. Die

Schiebe- und Sicherungseinrichtungen einer Magirus-Drehleiter

Benutzungsfeldanzeiger und Bedienungspult der Magirus-Drehleiter

Ausziehbare Stützspindeln erhöhen die Standsicherheit

Strahlrohr an der Spitze einer Drehleiter

Fahrstühle erleichtern bei sehr hohen Leitern die Rettungsarbeit

Melder mit Sprechfunkgerät

Verlegen und Schlauchlösung während der Fahrt

Rohrwagen

Teilansicht aus den Schlauchwebesälen A. Ziegler, Giengen/Brenz

Tragkraftspritze B 4/4

Gasschutz- und Wasserrettungswagen

Tragkraftspritze B 6/6

Kraftfahrdrehleiter 17 m Steighöhe

Tragkraftspritze B 8/8

Kleinlöschfahrzeug

Straßen sind noch menschenleer und die Fahrzeuge können ohne besondere Schwierigkeiten durch die sonst stark belebten Straßen mit hoher Geschwindigkeit fahren. Schon während der Fahrt machen sich die Männer zum Einsatz fertig. Noch kennen sie nicht Art und Ausdehnung des Brandes. Die Meldung lautete nur „Feuer in der . . . . . Straße Nr. 12“. Es ist dies eine Straße inmitten der Altstadt und bei derartigen Bränden kann die Sekunde entscheiden. Schon beim Einbiegen in die betreffende Straße sieht der Löschzugführer, ein Brandmeister, aus den Kellerfenstern Rauch emporsteigen. Die Fahrzeugbremsen kreischen auf, die Fahrzeuge stehen. Eine kurze Erkundung und der Brandmeister gibt die notwendigen Anordnungen. Unter Verwendung von Atemschutzgeräten gehen die Männer vor. Das Tanklöschfahrzeug (TLF) tritt in Tätigkeit und nach dem Kommando „Wasser marsch“ gibt der Maschinist des TLF Vollgas und Wasser auf eine von der Haspel abgezogene Schlauchleitung. Der Brandmeister erstattet in der Zwischenzeit eine Meldung vom Fahrzeug aus über Funk zur Zentrale „Achtung, Meldung an Zentrale, Kellerbrand in der . . . . . Straße Nr. 12 wird mit einem C-Strahlrohr des TLF bekämpft. Feuer unter Kontrolle. Es besteht keine weitere Gefahr einer Brandausbreitung. LF 15 und Leiter nicht erforderlich. Ende.“ Aus dem Lautsprecher des Funkgerätes wiederholt eine Stimme der Zentrale die Meldung unter Beifügung der Uhrzeit. Wenige Minuten später kann bereits die Meldung „Feuer aus“ durchgegeben werden. Wie war es möglich, ohne Anschluß an einen Hydranten mit dem Tanklöschfahrzeug in so kurzer Zeit einen gefährlichen Kellerbrand von erheblicher Ausdehnung zu löschen?

Das Tanklöschfahrzeug,

das in der Feuerwehrsprache die Kurzbezeichnung TLF trägt, ist aus der alten Gasspritze entwickelt worden. Es unterscheidet sich von den übrigen Fahrzeugen im wesentlichen dadurch, daß es neben der notwendigen feuerwehrtechnischen Ausrüstung und einer Besetzung von 1 + 5 Mann je nach Größe einen Wasservorrat von 2500 bis 4000 Liter mit sich führt. Dieser große Wasservorrat gestattet sofort nach Ankunft auf der Brandstelle den Einsatz des Fahrzeuges, ohne daß zunächst von Hydranten oder andersartigen Wasserstellen Wasser herangeschafft wird. Der Löschangriff kann somit unverzüglich aufgenommen werden, auch dann, wenn keine Wasserentnahmestellen in der Nähe des Brandobjektes liegen, oder das Heranholen des Wassers längere Zeit dauern würde, wie dies meist in Vororten, Dörfern oder bei Waldbränden notwendig ist. Ist der Wasservorrat des TLF aufgebraucht, so kann die Pumpe des TLF, wenn in der Zwischenzeit die Verbindungsleitung mit dem Hydranten oder einem anderen Wasserzubringer hergestellt ist, ohne Unterbrechung weiterarbeiten. Das Tanklöschfahrzeug ist darüber hinaus noch mit Einrichtungen ausgestattet, die das schnelle Angreifen des Brandobjektes erleichtern. Eine über eine Hochdruckhaspel mit der Pumpe dauernd in Verbindung stehende Schlauchleitung kann einschließlich dem Strahlrohr auf beliebige Länge abgezogen werden, ohne daß zeitraubende Kupplungsvorgänge durchgeführt werden müssen. Alle erforderlichen Bedienungselemente für den Maschinisten sind an einer Stelle zusammengefaßt und erleichtern ihm die Durchführung seiner Aufgaben. Die Gerätschaften — insbesondere die wertvollen Schläuche — sind in gut zugänglichen, völlig geschlossenen Räumen untergebracht, so daß sie vor Witterungsunbilden geschützt sind. Die sehr leistungsfähigen entweder in der Fahrzeugmitte oder am Fahrzeugende eingebauten Kreiselpumpen, die ihren Antrieb vom Fahrzeugmotor aus erhalten, haben eine Leistung von etwa 1500—2500 Liter/Min. bei einer Förderhöhe von 80 Meter.

Sondereinrichtungen an diesem Fahrzeug ermöglichen auch den Einsatz mit Schaummitteln oder anderen Löschmitteln bei Spezialbränden.

Das TLF wird als erstes Hilfefahrzeug durch seine rasche Einsatzbereitschaft bevorzugt eingesetzt und es werden mit ihm ohne Zuhilfenahme einer anderen Wasserversorgung die Mehrzahl der Brände gelöscht, soweit diese, wie im vorliegenden Falle geschildert, noch im Entstehen angetroffen werden.

Aber auch schon ausgedehntere Brände, soweit es sich um Innenbrände handelt, können durch die Anwendung des Wasserstaubverfahrens erfolgreich bekämpft werden. Bei diesem in den letzten Jahren in zunehmendem Maße zur Anwendung kommenden Verfahren, wird das Wasser nicht mehr in einem vollen Strahl auf den Brandherd geschleudert, sondern in feinst verteilter, zerstäubter Form dem Brandherd zugeführt. Dies hat zur Folge, daß eine große Wasseroberfläche mit dem Brandgut in Berührung kommt und in kürzester Zeit erhebliche Wärmemengen durch das Wasser gebunden werden. Die Abkühlung des Brandherdes geht schnell vor sich, da die Verdampfung des staubförmig aufgebrachten Wassers fast schlagartig erfolgt. Durch die Dampfentwicklung wird der weitere Zutritt von Sauerstoff zum Brandherd erschwert. Zu der raschen Abkühlung kommt zusätzlich eine erstickende Wirkung.

Um die Zerstäubung des Wassers zu bewirken, bedient man sich besonderer Strahlrohre, die mit einem einzigen Hebeldruck den Übergang von Vollstrahl auf Staubstrahl gestatten und außerdem zusätzlich auch die Erzeugung einer Brause zum Schutze des vorgehenden Feuerwehrmannes ermöglichen. Der zerstäubte Strahl schlägt die vom Brandherd kommende Hitzewelle nieder und gestattet dadurch dem Feuerwehrmann, möglichst nahe an den Brandherd heranzugehen.

Dieses moderne Löschverfahren kommt bei intensivster Löschwirkung mit geringen Wassermengen aus und verhütet den bei Gebäudebränden so sehr gefürchteten Wasserschaden, der bei der früher gebräuchlichen Bekämpfungsart oft den ursächlichen Brandschaden bei weitem übertraf. Es ist durch die Anwendung des Wasserstaubverfahrens möglich, mit dem Wasservorrat des TLF mehr als 90% aller vorkommenden Brandfälle ohne zusätzliche Inanspruchnahme einer anderen Wasserquelle zu bekämpfen. Oft sind die Brände gelöscht, bevor die Nachbarn darauf aufmerksam geworden sind, und es zeigen sich hier besonders deutlich die Fortschritte der neuzeitlichen Brandbekämpfung im Vergleich zu den früher angewandten Methoden.

Im Dreifahrzeugzug der Feuerwehr läuft neben dem Tanklöschfahrzeug

das Löschgruppenfahrzeug.

Es unterscheidet sich vom TLF im wesentlichen dadurch, daß es die Besetzung einer Löschgruppe (1 und 8 Mann) und eine umfangreiche feuerwehrtechnische Ausrüstung, dafür jedoch kein oder nur wenig Löschwasser mit sich führt. Dieses Fahrzeug ist im allgemeinen deshalb auf eine fremde Wasserentnahmestelle angewiesen. Nach den in Deutschland gültigen Normen wird es in 3 Größen hergestellt, und zwar als LF 8, LF 16 und LF 32. Die 3 Größen unterscheiden sich untereinander durch die Leistungsfähigkeit der eingebauten Feuerlöschpumpen (800 bis 2 500 Liter pro Minute) und den Umfang der feuerlöschtechnischen Ausrüstung. Die Besetzung ist in allen Fällen gleich groß. Mit dem Tanklöschfahrzeug zusammen beträgt die für den Löscheinsatz zur Verfügung stehende Zahl der Mannschaften 1 und 5 und 1 und 8, also 15 Mann. Das kleinste Löschgruppenfahrzeug LF 8 führt neben der eingebauten Löschpumpe häufig noch eine Tragkraftspritze mit sich und es ist deshalb für Landfeuerwehren besonders geeignet, da die Tragkraftspritze auch an schlecht zugänglichen Wasserentnahmestellen eingesetzt werden kann.

In neuerer Zeit wird neben den LF 8 für kleinere freiwillige Feuerwehren auch ein

Kleinlöschfahrzeug (KLF)

verwendet, das ebenfalls eine Tragkraftspritze mit sich führt, dafür jedoch auf eine fest eingebaute Pumpe verzichtet. Dieses KLF soll die weitergehende Motorisierung der freiwilligen Feuerwehren ermöglichen. Es kommt in großem Maße dem Wunsche der jugendlichen Feuerwehrmänner entgegen, die Wert darauf legen, ein Gerät zu besitzen, das selbstfahrbar ist, in kürzester Zeit am Brandplatz eingesetzt werden kann und nicht durch Handzug erst unter großen Anstrengungen dorthin gebracht werden muß.

Um 16.45 Uhr erschütterte eine heftige Explosionswelle die ganze Stadt. Sofort wurde auf der Hauptfeuerwache auch für alle Nebenwachen Großalarm gegeben, obwohl noch keine Meldungen eingelaufen und mithin Ort und Umfang der Explosion noch nicht bekannt waren. Während ein Erkundungsfahrzeug sich in Marsch gesetzt hat, läuft die erste Meldung ein: „Explosionsunglück in der am Stadtrand gelegenen Düngemittelfabrik. Großfeuer!" Die Meldung wird auf dem Fernschreiber registriert, die Löschzugführer erhalten die notwendigen Anweisungen, die Ausfahrtstore öffnen sich und bis auf einen Löschzug verlassen alle Fahrzeuge bereits 16 Sekunden nach Eingang der Meldung die Feuerwache, voran der Brandchef in seinem mit Funk ausgerüsteten Wagen. Auch von den Nebenwachen wird je ein Löschzug sofort zur Brandstelle befohlen. Noch übersieht niemand die Lage, aber alle Männer wissen, daß es dieses Mal ernst ist und auch das Letzte gefordert werden wird.

Noch während sich die roten Fahrzeuge mit ihren blauen Kennscheinwerfern, die ihre Bevorrechtigung im Straßenverkehr ausweisen, durch den dichten Verkehr unter dauernder Signalabgabe hindurchschlängeln, ist in der Zentrale der Hauptfeuerwache Hochbetrieb. Es überstürzen sich dort die zahlreich einlaufenden Meldungen, die kurz zusammengefaßt sofort drahtlos an das Fahrzeug des Brandchefs durchgegeben werden. Je mehr sich die Fahrzeuge der Einsatzstelle nähern, umso schwieriger wird es, sich durch die sich teils undiszipliniert benehmenden Verkehrsteilnehmer durchzusetzen, die fluchtartig das Unglücksgebiet verlassen. Immer dichter werden die dunklen Rauchschwaden und der Himmel beginnt sich zu verfinstern.

Schon um 16.52 Uhr erreicht der Brandchef die Einfahrt zum Fabrikhof. Er stellt fest, daß die Fabrikfeuerwehr bereits im Begriff ist, die ersten Lösch- und Rettungsarbeiten aufzunehmen. Eine kurze Unterrichtung über die Lage durch den Leiter der Werkfeuerwehr vermittelt dem Brandchef den ersten Überblick. Er errichtet sofort eine Befehlsstelle und übernimmt die verantwortliche Gesamtleitung für alle erforderlichen Maßnahmen. Die eintreffenden Fahrzeuge erhalten ihre Einsatzbefehle, alles klappt „wie am Schnürchen". Um 17 Uhr werden über die Zentrale durch Funkalarm vor allen Dingen Rettungswagen und weitere freiwillige Kräfte aus der Umgebung angefordert; das Rote Kreuz wird zum Einsatz alarmiert und die inzwischen eingetroffenen Polizeikräfte übernehmen die erforderlichen Absperrmaßnahmen. Noch vermag niemand zu übersehen, ob nicht weitere Explosionen den Einsatz gefährden werden!

Bei jedem Brand stehen an erster Stelle die Rettungsmaßnahmen für gefährdete Menschen sowie die Bergung der Verletzten. Alle vorhandenen Kräfte werden zunächst hierfür eingesetzt. Ein Angehöriger der Werksleitung überwacht den Abtransport der Verletzten durch die inzwischen eingetroffenen Krankenwagen und Behelfsfahrzeuge. Ein weiterer Betriebsmann, der die Werksanlagen genauestens kennt, steht dem Brandchef für Auskünfte laufend zur Verfügung.

Da durch die Explosion das vorhandene Rohrleitungsnetz der allgemeinen Wasserversorgung zerstört wurde, werden einige Löschgruppenfahrzeuge zur Sicherstellung der Löschwasserversorgung sofort an dem neben dem Werk gelegenen Fluß zur Aufstellung gebracht. Während die Tanklöschfahrzeuge an den verschiedenen Schwerpunkten zum Einsatz kommen, stellen Feuerwehrleute die notwendigen Schlauch- und Rohrleitungen zwischen den am Flußlauf stehenden Löschgruppenfahrzeugen und den Tanklöschfahrzeugen her. Daneben läuft die Rettungsaktion der vom Brand eingeschlossenen Personen. Alle zur Verfügung stehenden Leitern werden am Verwaltungsbau angesetzt, da sämtliche Treppenhäuser nicht mehr begehbar und dadurch die Menschen in den oberen Stockwerken eingeschlossen sind. In Sekundenschnelle schießen die stählernen Leiterteile der Drehleitern in die Höhe und stellen eine Verbindung zwischen den hochgelegenen Stockwerken und der Erde her. Feuerwehrmänner steigen nach oben und geben die notwendigen Weisungen für den Abstieg der zu rettenden Menschen. Einige Leitern sind dabei, bei denen die Menschen mit einem Fahrstuhl nach unten gebracht werden. Diese Einrichtung ist besonders geeignet für Verletzte oder ängstliche Personen, die sich nicht getrauen, über eine Leiter abzusteigen.

Neuzeitliche Drehleitern

sind Meisterwerke der Leiterbaukunst und unterscheiden sich wesentlich von ihren früheren recht schwerfälligen Vorgängern, wie sie noch vor 50 Jahren allgemein üblich waren. Sie sind für vollmaschinellen Betrieb eingerichtet, d. h. alle Leiterbewegungen werden durch Getriebe bewerkstelligt, die vom Fahrzeugmotor aus angetrieben werden. Ein einziger Bedienungsmann ist ausreichend, um die höchste Drehleiter der Welt mit einer Steighöhe von 52 und 2 Meter mittels weniger Handgriffe innerhalb von 50 Sekunden an die gewünschte Stelle auszufahren. Dabei sorgen entsprechende selbsttätig wirkende Sicherheitseinrichtungen dafür, daß auch bei einem Versehen des Maschinisten sich kein Unfall ereignen kann. Diese Drehleitern sind Wunderwerke der modernen Feuerlöschgerätetechnik.

Durch Öldruck betätigte Reibungskupplungen besorgen den Antrieb für das Aufrichten, Ausziehen, Drehen, Einlassen und Neigen der Leiter, wobei sich die Bewegungsgeschwindigkeiten feinfühlig regeln lassen. Die ausgeschobenen Leiterteile sichern sich selbsttätig nach Beendigung der Bewegung durch Fallhaken in ihrer jeweiligen Stellung. Während früher die Leiterteile in ihren Hauptbestandteilen aus Holz gefertigt waren, ist man seit 1930 generell zur Ganzstahl-Bauweise übergegangen. Hierdurch war es möglich, die Leitern widerstandsfähiger und bei größeren Leiterlängen auch leichter zu bauen, was sich vorteilhaft für deren Benutzungsbereich auswirkt.

Eingebaute Wiegeeinrichtungen oder ähnliche Vorrichtungen verhindern ein Kippen der Leiter bei Überschreiten der Benutzungsgrenzen oder bei Überbelastung bzw. Einwirkung von äußeren Kräften. Eine selbsttätige Steuerung sorgt dafür, daß sich die Leiter jeweils senkrecht einstellt, auch dann, wenn das Fahrzeug auf geneigtem Boden aufgestellt wird. Weitere sinnvoll ausgedachte automatische Sicherheitsvorrichtungen vermeiden eine Beschädigung der Leiter, falls diese während ihren Bewegungen irgendwo anstößt. In solchen Fällen wird die Leiter ohne Zutun des Bedienungsmannes selbsttätig abgestellt.

An einem kleinen Benutzungsfeldanzeiger kann der Bedienungsmann mit einem einzigen Blick die jeweilige Stellung der Leiterspitze innerhalb des Benutzungsfeldes erkennen. Entsprechende weitere Anzeigegeräte zeigen ihm, ob die Leiter noch weitere zusätzliche Belastungen ohne Gefährdung aufnehmen kann. Um der Leiter während der Benutzung die notwendige Standsicherheit zu geben, wird durch entsprechende Vorkehrung das Feder- und Reifenspiel des Fahrzeuges ausgeschaltet, das Fahrgetriebe blockiert, so daß auch ein Verfahren des Fahrzeuges bei ausgefahrener Leiter nicht möglich ist.

Moderne Drehleitern besitzen Gegensprechanlagen, die eine Sprechverbindung zwischen dem Bedienungsmann und den auf der Leiterspitze befindlichen oder in das Gebäude eingestiegenen Feuerwehrmann gestatten.

Bei größeren Leitern werden vielfach Fahrstühle vorgesehen, die sich auf der Leiter bewegen. Hierdurch ist ein rasches und sicheres Retten von jeweils 2 Personen in einem Förderkorb möglich.

Die Fahrstühle der Leitern arbeiten zuverlässig und schnell. Immer wieder wird die Leiterspitze an eine andere Stelle bewegt, um Menschen aufzunehmen und sicher nach unten zu bringen. Bald kann der Melder diese Rettungsaktion als abgeschlossen an die Befehlsstelle melden. Es war auch höchste Zeit, denn das Innere des Gebäudes ist an keiner Stelle mehr zugänglich. Schon werden die Leitern für die Herstellung von Zugangswegen zu den oberen Brandstellen benötigt. Schläuche werden über die ausgefahrenen Leitern verlegt. Die Feuerwehrleute steigen über die Leiter in die oberen Stockwerke ein und versuchen, durch einen Innenangriff den Brand zu bekämpfen.

Am anderen Gebäude ist das Feuer schon derart weit vorangeschritten, daß eine Innenbekämpfung keine Aussicht auf Erfolg bietet und das Einsatzpersonal unnötig einer ungeheuren Gefahr ausgesetzt würde. Hier kommen Leitern als Wassertürme zum Einsatz.

An der Leiterspitze der Drehleiter können sogenannte Wenderohre mit großkalibrigen Mundstücken befestigt werden. Sie werden an ein oder zwei Schlauchleitungen, die über die Leiter verlegt sind, angekuppelt und mit Wasser versorgt. Die Wenderohre lassen sich entweder von der Leiterspitze aus oder von unten bedienen und wirken in dieser Art wie die im Auslande vielfach gebräuchlichen Wassertürme.

Große Wassermengen lassen sich auf diese Weise in kürzester Zeit auf ausgedehnte Brandobjekte aufbringen und ermöglichen so die Niederkämpfung großer Brände. Bei derart weit vorangeschrittenen Bränden läßt sich eine derartige Methode verantworten, da in den meisten Fällen diese Gebäude doch als verloren anzusehen sind und der evtl. auftretende große Wasserschaden nicht mehr ins Gewicht fällt.

In dem Bestreben, die Drehleiter auch als Hilfskran zu verwenden, wurden an der Spitze der Unterleiter Ösen angeordnet, in welche ein Flaschenzug eingehängt werden kann. Es lassen sich damit Lasten bis zu 1 500 kg anheben und bewegen. Diese Einrichtung hat sich schon häufig bei der Beseitigung kleiner Hindernisse als recht vorteilhaft erwiesen.

Ebenso vorteilhaft kann der zusätzliche Einbau eines Generators überall da sein, wo der Feuerwehr keine besonderen Fahrzeuge mit Generatoren für die Stromerzeugung zur Verfügung stehen.

Viele Einsatzkräfte sind damit beschäftigt, das Weitergreifen auf andere Gebäude zu verhindern. Dank der einheitlichen Befehlsausgabe und der rechtzeitig durchgeführten Behelfswasserversorgung über viele, viele Schlauchleitungen und Schnellkupplungsrohre kann das Feuer verhältnismäßig rasch unter Kontrolle gebracht werden. An den weit auseinanderliegenden Einsatzstellen sind Melder mit tragbaren Sprechfunkgeräten eingesetzt, die mit der Befehlsstelle dauernd in Verbindung stehen, ihre Beobachtungen durchgeben und entsprechende Weisungen für die Löschmeister entgegennehmen. Erhebliche Schwierigkeiten bereitet die Wasserversorgung der weitab von den Wasserentnahmestellen gelegenen Brandstellen. Sie wurde jedoch durch den Einsatz neuzeitlicher Schlauchwagen gemeistert.

Die Schlauchwagen sind die fahrenden Schlauchmagazine der Feuerwehr. Sie gestatten, in einzelnen Schlauchfächern und auf Schiebladen erhebliche Schlauchmengen der verschiedensten Dimensionen sowie andere wichtige feuerwehrtechnische Ausrüstungsgegenstände mitzuführen. Sie sind so eingerichtet, daß sich entweder die Schläuche in Rollen einzeln dem Fahrzeug entnehmen oder auch während des Fahrens direkt verlegen lassen. Zu diesem Zweck sind die Schläuche im Mittelteil des Aufbaues auf herausnehmbaren Schubfächern buchtenförmig zusammengekuppelt gelagert. Durch die am Fahrzeugende vorgesehene Öffnung werden während des Fahrens bei Fahrgeschwindigkeiten bis 30 km/Stunde die Schläuche abgezogen. Sollen Schläuche durch enge Gassen, über Treppen oder dergleichen verlegt werden, so können die Schubladen dem Fahrzeug einzeln entnommen werden und die Schläuche von der Schublade aus zur Verlegung kommen. Diese neue Art der Schlauchverlegung ist zeitsparend, da das Kuppeln der Schläuche auf der Brandstelle auf ein Mindestmaß herabgesetzt wird. Lange Schlauchleitungen können in kürzester Frist verlegt werden.

Um das Querfeldeinfahren zu ermöglichen, werden die Schlauchwagen häufig auf geländegängige, allradangetriebene Fahrgestelle aufgebaut.

Vielfach werden diese Schlauchwagen auch mit einem Generator ausgestattet, der vom Fahrzeugmotor aus angetrieben wird. Die Kraft- und Lichtstromabnahme erfolgt von einer Schalttafel aus, die neben dem selbsttätigen Spannungsregler auch die zur Überwachung notwendigen Instrumente enthält. Die Einrichtung erlaubt nicht nur den Anschluß von großen Lichtflutern, wie sie zur Beleuchtung größerer Katastrophen bei Nacht erforderlich werden, sondern auch den Anschluß der verschiedenartigsten Elektrowerkzeuge wie Hämmer, Scheren, Meißel, Bohrer und dergl. mehr. Ein eingebautes Spill zum Beseitigen von Hindernissen ergänzt die Ausrüstung.

Neben den Schlauchwagen gibt es noch Rohrwagen, die Schnellkupplungsrohre zur Verlegung fester Rohrleitungsstränge in großer Zahl mit sich führen. Diese Rohre lassen sich rasch verlegen, besitzen eine große Durchflußweite, wodurch bei großen Fördermengen auf große Entfernungen die Reibungsverluste kleingehalten werden können.

Bei größeren Brandkatastrophen hat die Feuerwehr auch für die Trinkwasserversorgung Fahrzeuge bereitzustellen oder entsprechende Rohrleitungen zu verlegen. Hierfür sind die im vorigen Abschnitt behandelten Schnellkupplungsrohre in besonders hohem Maße geeignet, da sie unbedenklich längere Zeit für diesen Zweck benutzt werden können.

Stundenlang hat der Kampf mit dem Feuer alle zur Verfügung stehenden Kräfte in Anspruch genommen. Da und dort mußten Löschgruppen wegen Erschöpfung gegen neue Einsatzkräfte ausgetauscht werden. Viele Wehrmänner mußten wegen Rauchvergiftung in Behandlung kommen, trotzdem in hohem Maße von den Gasschutzgeräten Gebrauch gemacht wurde.

Der besonders bereitgestellte Gasschutzwagen, der für den Atemschutz der Männer die notwendigen Geräte und Einrichtungen mit sich führt und nach Verbrauch die notwendigen Filter ersetzt, ist bei großen Einsätzen eine außerordentliche Hilfe. Die Geräte können durch die auf dem Fahrzeug vorhandenen Einrichtungen wieder voll betriebsfähig gemacht sowie laufend überprüft und erneuert werden. Fülleinrichtungen füllen die leergewordenen Sauerstoff-Flaschen auf und ergänzen den Verbrauch. Von der einwandfreien Arbeit der Leute im Gasschutzdienst hängt das Leben der im Einsatz mit Gasschutz arbeitenden Feuerwehrleute ab. Neben den Gasschutzgeräten führt der Gasschutzwagen auch Wiederbelebungsgeräte der verschiedensten Art mit sich, die für eine künstliche Beatmung des Verunglückten sorgen.

Vielfach werden die Gasschutzwagen auch mit zusätzlichen Einrichtungen versehen, die sie für den Wasserrettungsdienst geeignet machen. Sie sind bei allen Feuerwehren erforderlich, die an Seen und Flußläufen ihren Standort haben oder in Gebieten liegen, die häufiger mit Überschwemmungskatastrophen rechnen müssen. Die zusätzlichen Ausrüstungen erstrecken sich auf Tauchergeräte, Schlauchboote und kleinere schnellere Rettungsboote, Rettungsringe, Schwimmwesten und anderes mehr. Vorteilhafterweise werden diese Fahrzeuge mit Allradantrieb ausgerüstet, da sie häufig auf unwegsamem, aufgeweichtem Gelände zum Einsatz kommen müssen.

Die ganze Nacht hindurch dauerte der Kampf mit dem Feuer. Erst in den frühen Morgenstunden waren die Großbrandstellen gelöscht und es war möglich, eine größere Zahl Löschgruppen abrücken zu lassen. Die noch verbliebenen Gruppen bekämpften die kleineren Brandherde und stellten die notwendigen Brandwachen.

Für die erforderlichen Aufräumungsarbeiten wurden neue Mannschaften mit besonders ausgerüsteten Fahrzeugen und Gerätschaften eingesetzt, wobei sich Rüstkraftwagen mit Pionier- und Räumgeräten als besonders vorteilhaft zeigten. Schwere Hindernisse beseitigten die Kranen und mittels der eingebauten Seilwinden konnten hinderliche Mauereste und Gerüste fast mühelos niedergelegt werden.

Rauch und Staub belästigten die eingesetzten Mannschaften in erheblichem Maße und erschwerten die Arbeiten sehr.

Hohe Anforderungen werden seitens der Feuerwehren an die sogenannten Rüstkraftwagen gestellt. Einerseits soll dieses Fahrzeug im Feuerwehrhilfsdienst universell anwendbar sein und den sich von Jahr zu Jahr steigenden Anforderungen in vollem Umfang gerecht werden. Andererseits soll es in seinen äußeren Abmessungen nicht zu groß sein, daneben aber vielseitig anwendbare Geräte in großer Zahl aufnehmen und eine Krananlage höchster Leistungsfähigkeit besitzen. Die gesamte maschinelle Anlage soll möglichst einfach und „narrensicher“ zu handhaben sein, wenig Raum und Gewicht besitzen, um den Aufbauraum für das unbedingt notwendige Rüstgerät sowie die Werkzeuge und Beleuchtungsgeräte frei zu halten.

Die modernen Rüstkraftwagen entsprechen diesen Anforderungen. Sie besitzen neben einem drehbaren Kran auch noch eine leistungsfähige Seilwinde. Kran und Winde werden entweder elektromotorisch, mechanisch oder hydraulisch angetrieben. Die für den Antrieb erforderliche Energie liefert der Fahrzeugmotor. Soweit elektromotorischer Antrieb vorgesehen ist, wird der erforderliche Strom von einem in das Fahrzeug eingebauten Generator geliefert.

Der Aufbau gestattet in seinen über die ganze Fahrzeugbreite durchgehenden Laderäumen die geschützte Unterbringung der Ausrüstung, so daß alle Geräte gegen Witterungseinflüsse geschützt gelagert sind. Die Kabine faßt auf 2 Sitzbänken eine Besatzung von 6 Mann, die im allgemeinen ausreichen, um bei Verkehrsunfällen die notwendige Hilfe zu leisten.

Die für Rüstkraftwagen verwendeten Fahrgestelle besitzen eine hohe Tragfähigkeit und sind sehr robust. Die Leistung der Motoren beträgt 150—180 PS. Vielfach sind die Fahrgestelle allradgetrieben und geländegängig, damit das Fahrzeug auch außerhalb der Straße zum Einsaz kommen kann.

Die Kranen weisen eine Tragfähigkeit von 7—10 Tonnen auf, so daß auch schwerste Lasten gehoben und beseitigt werden können. Zusätzliche, am Fahrzeug angebrachte Ausleger erhöhen die Kippsicherheit und gestatten das Verfahren größter Lasten. Neuere Ausführungen besitzen Drehkräne, so daß die Lasten auch nach der Seite abgesetzt werden können.

Der eingebaute Generator mit einer Leistung bis zu 16 KVA erlaubt den Antrieb schwerster elektrischer Werkzeuge wie Sägen, Bohrer, Meißel, Hämmer und dergl.; ebenso die Versorgung größter Lichtfluter, so daß auch größere Hilfeleistungen bei Nacht durchgeführt werden können.

Diese Fahrzeuge sind ein universelles Hilfsmittel der Feuerwehr und bei den heutigen an den Hilfsdienst der Feuerwehr gestellten Anforderungen eine unumgängliche Notwendigkeit.

Neben den in den vorigen Abschnitten erläuterten Fahrzeugen und Gerätschaften besitzen die Feuerwehren noch für Sonderfälle mancherlei Spezialgeräte, die aus der Praxis heraus für den praktischen Einsatz entwickelt wurden.

Wo früher die menschliche Arbeitskraft eingesetzt werden mußte, leistet heute der Verbrennungsmotor unsagbar große Hilfe. Dies ist besonders deutlich bei den kleineren Gerätschaften festzustellen, die auch bevorzugt bei den ländlichen Feuerwehren Verwendung finden. Beispielsweise Tragkraftspritzen, tragbare Generatoren u. a. m.

Die Tragkraftspritzen werden nach den deutschen Richtlinien in drei Leistungsgrößen hergestellt. Die kleinste Type hat eine Leistung von 400 l/min. bei 40 m Förderhöhe. Sie kann bequem von 2 Mann getragen werden. Ihre Abmessungen sind so klein, daß sie sich leicht in den Geräteräumen für Löschfahrzeuge oder auf kleinen Anhängern unterbringen läßt.

Die nächstgrößere Tragkraftspritze der Normenreihe hat eine Leistung von 600 l/min. bei 60 m Förderhöhe und ein Gewicht von 125 kg. Auch diese Größe läßt sich noch leicht von 2 Mann tragen und damit an schwer zugängliche Wasserstellen bringen. Die größte Spritze dieser Art mit einer Leistung von 800 l/min. bei 80 m Förderhöhe läßt sich ebenfalls von 2 oder 4 Mann tragen. Sie ist mit Schlittenkufen versehen, so daß sie notfalls auch geschleppt werden kann. In Anbetracht ihrer großen Leistung findet sie auch bei größeren Bränden Einsatz und dient vielfach als Zubringerpumpe für die Löschfahrzeuge.

Die Mehrzahl der neueren Tragkraftspritzen werden durch luftgekühlte 2- oder 4-Takt-Otto-Motoren angetrieben, die sich auch unter den schwierigsten äußeren Bedingungen als zuverlässige Antriebsmaschinen erwiesen.

Besondere Anhänger gestatten neben der Mitführung der Tragkraftspritze auch alle für einen Löschangriff notwendigen zusätzlichen Geräte wie Schläuche, Armaturen, Strahlrohre und dergl. mehr. Die Anhänger können auch von Hand gezogen oder an Kraftfahrzeuge angehängt werden.

Um der Vollmotorisierung der ländlichen Wehren zu dienen, sind in den letzten Jahren auch Kleinlöschfahrzeuge hergestellt worden. Sie erlauben neben einer Besatzung von 6 Mann die Mitführung der Tragkraftspritze einschließlich der notwendigen feuerwehrtechnischen Ausrüstung. Diese kleinen Fahrzeuge sind sehr schnell und wendig, so daß sie auch für die nachbarliche Löschhilfe gute Dienste leisten können.

Immer mehr finden auf dem Lande neben den Anhängeleitern auch kleinere Autoleitern mit Steighöhen bis zu 17 m Anwendung. Diese motorisierten Leitern bilden zu dem erwähnten Kleinlöschfahrzeug eine wertvolle Ergänzung.

Die Industrie hat den Feuerwehren im Zuge der allgemeinen technischen Entwicklung technisch hochentwickelte Lösch- und Hilfsgeräte zur Verfügung gestellt. Was nützen aber noch so vollendete Geräte, wenn sie nicht von gut ausgebildeten Mannschaften bedient werden, die von dem Willen beseelt sind, das bestmögliche aus ihnen herauszuholen. Gerät und Mensch müssen im Kampfe gegen die Naturgewalten eine Einheit bilden und der Mensch muß in diesem Einsatz sich jederzeit auf die Zuverlässigkeit der ihm dienenden technischen Mittel verlassen könnnen.

Mittel und Art der Brandbekämpfung werden sich im Verlauf der weiteren Entwicklung weiter wandeln. Eines aber wird bleiben, nämlich der Wille des Menschen, die Gefahren und die Not zu lindern, wobei er sich alle technischen Mittel weiterhin verfügbar machen wird.

Feuermeldetechnik

Von G. Schwierz

Das Bestreben der Menschen, Nachrichten an einen entfernten Ort zu übermitteln, ist so alt wie die Menschheit selbst. Die Technik hat nur die Methoden und Arten der Nachrichtenübermittlung gewandelt und vervollkommnet.

Auch die Feuermelde- und Alarmtechnik ist diesem Wandel unterworfen. In der Stadt des Mittelalters stand auf dem Turm der Wächter, der in sein Horn blies, wenn er das Entstehen eines Feuers beobachtete. Auch das Läuten der Kirchenglocken war lange Zeit ein Mittel zur Alarmierung bei Feuer und Gefahr. Jede Feuerwehr muß, wenn sie einen Brand erfolgreich bekämpfen soll, auf dem schnellsten Wege davon in Kenntnis gesetzt werden.

Mit der Nutzbarmachung der Elektrizität entstanden auch die ersten elektrischen Alarmsysteme, die heute allerdings primitiv anmuten und als unzulänglich gelten müssen.

So wurden zuerst einfache Weckeranlagen errichtet, bei denen mehrere Alarmwecker parallel oder in Reihe angeschlossen waren. Zur Speisung diente ein großes Element. Da man bei parallel geschalteten Weckern den Ausfall eines Weckers nicht sofort erkennen konnte, zog man später die Reihenschaltung vor, bei der man an einem Kontrollwecker feststellen konnte, ob der Ruf über alle Wecker gegangen war. Doch das selten benutzte Element verbrauchte sich mit der Zeit von selbst, so daß durch das Versagen der Stromquelle keine ständige Betriebsbereitschaft sichergestellt war.

Als dann die induktive Wechselstromerzeugung durch Induktoren nutzbar gemacht werden konnte, hatte man eine Stromquelle, die ständig betriebsbereit war. Für die Wecker selbst verwendete man dann eine Schaltung, die eine Kombination der Reihen- und Parallelschaltung darstellt, so daß auch bei Drahtbruch eine Alarmierung möglich wurde. Nach dieser Sicherheits-Verbundschaltung arbeiten die heutigen Weckerlinienanlagen.

Zu einer den heutigen Vorschriften entsprechenden Weckerlinienanlage gehört noch eine Überwachung der Anlage durch Ruhestrom. Auf einer entsprechenden Zentrale werden automatisch alle Störungsfälle, wie Drahtbruch, Erdschluß, Ausfall der Stromversorgung usw. optisch und akustisch angezeigt.

Derartige Weckerlinienanlagen dienen vornehmlich zur Alarmierung der Löschmannschaften freiwilliger Feuerwehren. Die Meldung über die Entstehung eines Feuers muß auf einem anderen Wege zur Alarmzentrale gebracht werden.

Die Entwicklung der verschiedenen Meldesysteme war ebenfalls von dem Entwicklungsstand der Technik und von dem Bemühen nach Sicherheit und Vollkommenheit beeinflußt.

Als erstes darf das Zeiger-Impulssystem genannt werden. Durch die von einem Feuermelder abgegebenen Stromunterbrechungs-Impulse wurde auf der Zentrale ein Zeiger vor einem Zifferblatt schrittweise bewegt. Das Zifferblatt hatte 28 bis 30 Stellungsmarken. Die Bewegung des Zeigers um einen Schritt galt dabei als Drahtbruchmeldung, die um 2 Schritte als Telefonanruf und ab 3 Schritten zählten die Meldernummern.

Eine Weiterentwicklung brachte das Morsesystem. Wie schon der Name sagt, wurden die eingehenden Meldungen in Morseschrift aufgenommen und mit Tinte auf einem ablaufenden Papierstreifen aufgezeichnet. Da bei einer Zahl von etwa 30 Meldern auch die Möglichkeit bestand, daß zwei Meldungen zu gleicher Zeit abgegeben wurden, wurde das Doppel-Morsesystem entwickelt, welches die Aufnahme von zwei gleichzeitig abgegebenen Meldungen gestattete. Die mit Tinte geschriebene Morseschrift besaß jedoch den Nachteil, daß sie bei Eintrocknen der Tinte nicht lesbar war.

So entstand das Locher- bzw. Doppellocher-System. Die Morsezeichen wurden jetzt in Form von kleinen Löchern in einen Papierstreifen gestanzt. Um Verwechslungen beim Ablesen von dem abgeschnittenen Papierstreifen zu vermeiden, wurden an Stelle der anfangs runden Löcher später kleine Dreiecke gestanzt, deren Spitzen in die Richtung des Papierablaufes weisen mußten, wenn die Zahl richtig gelesen werden sollte.

Mit dem Fortschritt der Fernsprechtechnik wuchs auch der Einfluß auf die Feuermeldetechnik und auf die Gestaltung und Verbesserung des Systems. Wenn das Sicherheitssystem der Übertragung von zwei gleichzeitig abgegebenen Meldungen — auch bei Drahtbruch — beibehalten wurde, so fanden doch die in der Fernsprechtechnik üblich gewordenen Bauteile, wie Wähler, Relais und Glühlampen, auch in der Feuermeldetechnik Eingang.

Die Steuerung von Schrittschaltwerken, wie Wählern und Relais, durch Stromunterbrechungsimpulse bot gerade in der Feuermeldetechnik günstige Möglichkeiten zur Meldungsübertragung.

Die heutigen, genormten Laufwerk-Feuermelder besitzen mechanische Laufwerke mit Typenrad und aufgesetztem Kontaktsatz in präziser und bewährter Ausführung. Die Auslösung erfolgt durch Druck auf den unter der Glasscheibe befindlichen Knopf. Die bei dem Ablauf entstehenden Stromunterbrechungsimpulse, die je nach Meldernummer verschieden sind, steuern in der Zentrale die Schleifenrelais und Wähler. Der auf diese Weise in eine bestimmte Stellung gesteuerte Wähler bewirkt die Einschaltung der zu dem Melder gehörigen Lampe auf einem 30- bzw. 40teiligen Meldetablo. Anschließend wird außerdem die Meldung auf einem Typendrucker schriftlich registriert und zwar unter Angabe von Meldungsart, Meldenummer, Uhrzeit, Kalendertag.

Außerdem enthält die Zentrale selbstverständlich alle Überwachungsorgane und Instrumente für Ruhestrom-Kontrolle und Anzeige aller Störungen.

Zur Betriebssicherheit gehört ferner eine netzunabhängige Stromquelle mit vorgeschriebener Kapazitätsreserve. Auch Netzstromversorgung über Gleichrichter ist möglich und zulässig, wenn Umformer oder Wechselrichter mit Batteriespeisung für den Netzausfall automatisch umschaltbar bereitstehen.

Diese, unter dem Sammelbegriff „Schleifenanlagen“ bekannten Systeme sind in erster Linie für öffentliche Feuermeldeanlagen oder auch für größere Industrie- und sonstige Betriebe bestimmt.

Die umfangreichen Zerstörungen der öffentlichen Feuermeldeanlagen und deren Leitungsnetze durch den Krieg blieben jedoch nicht ohne Einfluß auf die Weiterentwicklung des öffentlichen Anlagesystems. Um bei dem Wiederaufbau das kostspielige Leitungsnetz einzusparen, gab es nur zwei Wege: die Funkverbindung oder die Mitbenutzung des weitverzweigten Leitungsnetzes der Post. Da die Funverbindung teils aus Sicherheitsgründen und teils wegen der Unterhaltungskosten zunächst noch ausschied, blieb nur der zweite Weg, die Mitbenutzung der Postleitungen, offen.

In Zusammenarbeit mit der Deutschen Bundespost und der Industrie ist es gelungen, ein System zu entwickeln, welches sowohl den VDEmäßigen Forderungen nach Sicherheit und Überwachung von Feuermeldeanlagen als auch den besonderen Verhältnissen und Bestimmungen der Deutschen Bundespost entspricht. Bei diesem neuen System werden die Melder in Teilnehmerleitungen, welche für Fernsprechzwecke benutzt werden, eingeschleift. Sämtliche Aufnahme- und Überwachungsorgane für diese mitbenutzten Leitungen finden ihre Unterbringung und Aufstellung in besonderen Gestellrahmen auf dem Fernsprechamt. Von hier erfolgt die Übertragung der Meldungen zur Feuerwache über ebenfalls überwachte Leitungen.

Da es sich bei öffentlichen Anlagen zumeist um solche mit einigen hundert Meldern handelt, ist man in letzter Zeit dazu übergegangen, die Bedienungs- und Anzeigeeinrichtungen von den Funktionsorganen räumlich zu trennen. Alle Bedienungs- und Anzeigeeinrichtungen, wie Lampenfelder, Instrumente, Bedienungsschalter und Typendrucker, werden in einen Tisch eingebaut, während Relais, Wähler usw. in einem separaten Relaisgestell untergebracht sind. Der Bedienungstisch kann zusätzliche Einrichtungen, wie sie bei größeren Berufsfeuerwehren oft notwendig sind, aufnehmen, z. B. Notruf-Fernsprechanschluß, Tonbandgerät zur Aufnahme fernmündlicher Meldungen, Lampen für Fahrzeugbestimmung und Ausfahrtkontrolle, zusätzliche Alarmeinrichtungen, Kartenfächer mit Einzellampen für die Melderkarten usw.

Es wird auch in Zukunft so sein, daß alle in der Fernmeldetechnik erprobten und bewährten Bauelemente weiterhin Eingang und Anwendung in der Feuermeldetechnik finden, deren Geräte und Zentralen, ihrem besonderen Charakter entsprechend, die höchsten Forderungen an Sicherheit und Zuverlässigkeit erfüllen müssen.

Nicht unerwähnt bleiben dürfen auch die sogenannten Nebenmelderanlagen, d. h. private Feuermeldeanlagen. Im Gegensatz zu den Schleifenanlagen arbeiten die Nebenmelderanlagen nach dem Sternsystem. Als Melder finden Druckknopf- oder automatische Melder Verwendung. Jeder Melder ist durch eine Doppelleitung mit der Zentrale verbunden, auf welcher Feuermeldungen und Drahtbruchstörungen unterschiedlich für jeden Melderanschluß optisch und akustisch angezeigt werden. Die Meldeleitungen stehen auch hier unter Ruhestromkontrolle. Erdschluß- und Stromversorgungsstörungen werden ebenfalls angezeigt.

Je nach Zahl der notwendigen Melder ist die Größe der Zentrale unterschiedlich. Es gibt Grundzentralen im Ausbau für 1, 5 und 10 Melderanschlüsse und Zusatzzentralen zur Erweiterung einer 5- oder 10teiligen Grundzentrale.

Über eine Hauptmelder-Auslöseeinrichtung, die als Ergänzungsausstattung gilt, kann die Feuermeldung automatisch auf einen öffentlichen Melder übertragen werden.

Ob es sich jedoch um private oder öffentliche Feuermeldeanlagen handelt, maßgeblich sind für die Technik die Bestimmungen nach VDE 0800 über Fernmeldeanlagen zum Schutz von Leben und Sachwerten. Die Erfüllung dieser Vorschriften einerseits und die fortschreitende Entwicklung der Technik andererseits werden dafür sorgen, daß auch bei den Systemen, Zentralen und Geräten für Feuermelde- und Alarmanlagen alle bewährten und auch modernen Erkenntnisse Verwertung finden.

Junges Blut für den Kampf gegen den roten Hahn!

Von Dipl.-Ing. Theodor Isnenghi, Stuttgart

Welch erhebendes, beseligendes Gefühl, fähig, gerüstet und gewürdigt zu sein, Gefahren zu trotzen und dem Nächsten in Not und Gefahr beizustehen!

Welch beglückende Gewißheit, geborgen in einer echten und starken Männerkameradschaft, höheren Zielen dienen zu dürfen!

Welche Ehre, Freude und innere Befriedigung, Feuerwehrmann zu sein!

Was das Wesen der Feuerwehr ausmacht, ist im Grunde genommen nichts anderes als Sinn und Inbegriff des Soldatischen, das seit jeher die Jungmannschaft aller Völker dieser Erde in seinen Bann schlägt. Es kann daher keinen Zweifel geben, daß die Feuerwehr gleich einem Magnet die jungen, unverbildeten Geister an sich zieht. Allein aus den Spielen und Unterhaltungen unserer Hosenmätze sind Schlüsse zu ziehen, wie sehr ihnen die Männer im schwarzen Stahlhelm und im blauen Rock imponieren und wie gerne sie es ihnen gleichtun möchten, wenn jene in ihren roten Fahrzeugen die Straßen entlang brausen. Wer — groß und klein — bringt es über sich, nicht wenigstens an's Fenster oder die nächste Straßenecke zu springen, wenn die Signale der Feuerwehr ertönen, und wer kann sich beherrschen, nicht alles liegen und stehen zu lassen und der Feuerwehr nachzulaufen, um sie bei ihrer Arbeit zu sehen, wenn Feuerschein über den Dächern zuckt, Qualm die Sonne verfinstert und Brandgeruch von drohendem Unheil kündet?

Und trotz dieser Verwurzelung der Feuerwehr in der Vorstellungswelt unserer Zeitgenossen und vor allem in der der Kinder ist es nicht immer und überall ein Leichtes gewesen, dieser Institution das junge Blut zuzuführen, dessen sie bedarf, um die Zeiten mit gleichbleibendem, innerem Schwung und äußerer Aktivität zu überdauern. Eben erst haben wir diesbezüglich eine schwere Krise überwinden müssen, in die uns die Begriffsverwirrung ausgangs des unseligen Völkerringens geschleudert hat. Zudem darf es uns nicht nur darauf ankommen, die Altersabgänge in unseren Wehren wettzumachen und junge Menschen für unseren Dienst zu begeistern, wenn hier und da neue Löscheinheiten aufgestellt oder vorhandene weiter ausgebaut werden müssen; wir müssen vielmehr gesteigerten Wert darauf legen, nur gesunde, charakterlich völlig einwandfreie und geistig regsame Nachwuchskräfte zu bekommen, wie wir sie für unsere körperliche Gewandtheit, Überlegung, Entschlußkraft und Verantwortungsbewußtsein voraussetzende Tätigkeit brauchen. Wenn die Aufgeschlossenheit für die Ziele der Feuerwehr auch bei den meisten der Jungmänner als vorhanden anzunehmen ist, darf nicht übersehen werden, daß mit eintretender Reife eine Fülle neuer Eindrücke und Gemütsbewegungen auf sie einstürmt. In diesem verstandesmäßig ungewissen und vorwiegend gefühlsbetonten, dem Gären des jungen Weines vergleichbaren Alter haben sie Entscheidungen für's Leben zu treffen. Verschiedene Einflüsse — gute und böse — ringen miteinander um ihre Seelen und andere Organisationen, auch solche, die gleich der Feuerwehr im staatlichen und völkischen Interesse tätig sind, versuchen, sie in ihr Lager zu ziehen. So sind denn die Jahre der Reife entscheidend dafür, ob der junge Mann zum Mitmachen in der Feuerwehr zu bewegen ist oder ihr für immer verloren geht. Deswegen müssen die Feuerwehren danach trachten, die ihnen geeignet erscheinenden Menschen schon im kindlichen Alter in ihren Kreis aufzunehmen und an sich zu fesseln, indem sie sie in Jugendfeuerwehren auf den Feuerlöschdienst vorbereiten, zu dem sie aber erst von einem gewissen, gesetzlich festgelegten Alter ab fähig sind und herangezogen werden dürfen.

Wer sich einmal zur Feuerwehr bekennt, bleibt ihr dann auch das ganze Leben lang treu. Dies mag als Beweis dafür gewertet werden, daß das Dienen in der Feuerwehr ihren Gliedern so viel Befriedigung bietet und an inneren Werten schenkt, daß sie sich bereit finden, nicht unerhebliche Opfer an Zeit, Geld und Unbequemlichkeit auf sich zu nehmen und — wenn es nottut — die Gesundheit hinzugeben oder sogar das eigene Leben für andere in die Schanze zu schlagen. Es können keinesfalls nur der Hang nach der Uniform, persönliches Geltungsbedürfnis, Gefallsucht der holden Weiblichkeit gegenüber und ähnliche auf äußerliche Effekte abzielende menschliche Schwächen oder gar krankhafte Anlagen, etwa die Feuersucht, sein, die die Feuerwehrleute bei der Stange halten; es müssen außer den gottgewollten Regungen des Selbsterhaltungstriebes des Individiums und der Verteidigung der Lebensgrundlagen der Gemeinschaft noch andere Beweggründe für die Festigkeit und Beständigkeit der Feuerwehrzusammenschlüsse vorliegen! Wir gehen wohl nicht fehl, wenn wir annehmen, daß es der dem Manne vom Schöpfer in die Brust gesenkte, aus grauer Vorzeit auf uns überkommene Drang ist, Kraft und Geschicklichkeit im Kampfe ständig zu erproben. Hier haben wir eine Parallele zum Soldatenberuf und zum Sport, die beide ohne hohes persönliches Risiko ebenfalls nicht denkbar sind. Den anderen auf Kampf eingestellten Männerbünden gegenüber hat die Feuerwehr aber den unschätzbaren Vorzug, daß sie dem Feuer zu wehren, also einen unpersönlichen Gegner vor sich hat. Diese Situation ist bei uns wie in allen zivilisierten Ländern der Erde die gleiche. Hier wie dort bedroht der rote Hahn die Lebensgrundlagen der Menschheit, hier und dort fordert er zur Gegenwehr heraus. Menschen aber, die Seite an Seite einem gemeinsamen Gegner die Stirn bieten, im Kampfe Not und Gefahr teilen und für einander eintreten müssen, sind Kameraden im besten Sinne des Wortes! Auf diese Weise erklärt sich das starke und schöne Band der Kameradschaft, das alle Feuerwehrmänner. nicht nur bei uns, sondern auch in den anderen Ländern und sogar über Staatengrenzen und Ozeane hinweg, umschließt. Unsere Kinder, die die Schrecken des Krieges mitgemacht haben und unter seinen verheerenden Folgen noch heute leiden, erkennen die Sinnlosigkeit der in Kriegen gebrachten Opfer und schaudern zurück vor der Vorstellung, in welches Elend und in welche Ausweglosigkeit jede weitere bewaffnete Auseinandersetzung die Menschheit stürzen müßte. Sie finden in der Feuerwehr eine auf die Erhaltung der sittlichen und materiellen Güter der Menschheit gerichtete, sie völlig ausfüllende Betätigung und werden im Rahmen der Feuerwehrkameradschaft mit uns Älteren für eine friedliche und glückliche Zukunft wirken!

Die Jugend unseres technischen Zeitalters ist sehr fortschrittlich eingestellt; sie bringt für veraltete Formen nur wenig Verständnis auf. Der Entschluß zum Eintritt in die Feuerwehr wird ihr um vieles leichter gemacht, wenn die Träger des Brandschutzes, besonders die Gemeinden, ihren Wehren neuzeitliche Geräte und Ausrüstungsstücke an die Hand geben und für eine zweckmäßige und anständige Dienstkleidung der Feuerwehrmänner sorgen.

Wenn nun junge Menschen für den Feuerwehrgedanken gewonnen wurden — vielfach sind es Söhne aus Familien, in denen es Tradition ist, daß der Sohn neben dem Vater in der Wehr seinen Mann steht —, kommt es vornehmlich darauf an, sie in einer ihrem Alter gemäßen Art und Weise an die bevorstehenden Aufgaben heranzuführen, ihr Pflichtbewußtsein zu stärken und gleichzeitig den Übermut zu zügeln, der nun einmal in gesunden Jungen steckt, im Feuerwehrdienst aber zu leicht zu Unfällen führen kann. Es empfiehlt sich nicht, die Neulinge schon für die erste Ausbildung in eine Reihe mit den altgedienten Feuerwehrmännern zu stellen. Weitaus bessere Erfolge werden erzielt, wenn die Jungmannschaft zunächst unter besonders zum Umgang mit der Jugend befähigten Dienstgraden der Feuerwehr — gegebenenfalls im Wege eines überörtlichen Ausgleiches — für sich übt und unterrichtet wird. Neben einem bestimmten Auftreten, gutem Wissen, möglichst großer Erfahrung im praktischen Feuerwehrdienst und gründlicher Vorbereitung des jeweiligen Unterweisungsgegenstandes muß von den Betreuern der Jungmannschaft verlangt werden, daß sie sich in die Gedankengänge und Gefühlsregungen ihrer Schutzbefohlenen hineinzudenken vermögen, das heißt, daß sie mit der Jugend selbst wieder jung sein können!

Ein wertvolles Mittel zur Förderung der Ausbildung der Jungmannschaft sind die Feuerwehr-Leistungswettkämpfe, die in der Art sportlicher Wettbewerbe ausgetragen werden, deren Wert für die Feuerwehrsache aber weniger im Wettstreit der verschiedenen Löscheinheiten selbst, als vielmehr in der Vorbereitung auf den Kampf liegt. Die jungen Leute lernen dabei — gleichsam spielend — mit ihrem Handwerkzeug umzugehen, den Löschangriff schnell und sicher vorzutragen und sich ein- und unterzuordnen. Die Vorbereitung auf die Wettkämpfe ist für die Feuerwehrnachwuchskräfte auch ein ausgezeichnetes körperliches und willensmäßiges Training, bei dem Kraft, Schnelligkeit und Ausdauer gleichermaßen gefördert werden. Vom fertigen Feuerwehrmann muß man verlangen können, daß er jede beim Ernstfalleinsatz möglicherweise notwendig werdende Arbeit zu verrichten in der Lage ist. Die Erziehung zum Einheitsfeuerwehrmann — so nennt man den Feuerwehrmann, der für alle Funktionen beim Löschangriff und bei Rettungsmanövern gedrillt ist — muß schon bei der Grundausbildung der Neulinge — auch bei den Leistungswettkämpfen — erster Grundsatz sein.

Wenn die jungen Kameraden die Kenntnisse und Fertigkeiten erworben haben, die sie für den Ernstfalleinsatz brauchen, und von den älteren Feuerwehrmännern durch Schilderung ihrer Erlebnisse gedanklich darauf vorbereitet worden sind, wie es auf Brand- und Unfallstellen zugeht und wie man löschen, helfen und retten kann, ohne sich selbst unnötig Gefahren auszusetzen, sind sie reif, die Feuertaufe zu empfangen. Wenn man Brände rasch und gründlich mit sparsamen Mitteln und bei geringen Folgeschäden löschen will, muß man — um Löschgerät und Löschmittel zu optimaler Wirkung zu bringen — bis an den Brandherd vordringen. Man nennt das den Innenangriff, im Gegensatz zum Außenangriff, der nur in Ausnahmefällen gerechtfertigt und im übrigen grundsätzlich abzulehnen ist. Beim Eindringen in das Brandobjekt erweist sich nun der Brandrauch, der sich schwer auf die Brust legt und die Orientierung fast unmöglich macht, als Feind Nr. 1 für den Feuerwehrmann. Wenn durch ihn selbst alte Feuerwehrhasen nicht selten in Bedrängnis kommen und froh sind, die Tür wiederzufinden, durch den sie den Brandraum betreten haben, können sich Neulinge in begreiflicher Angst zu unbedachten Handlungen mit schwerwiegenden Folgen hinreißen lassen. Deswegen sollte der junge Feuerwehrmann die Feuertaufe in Gesellschaft bewährter Feuerfresser erhalten, die auf ihn aufpassen und von denen er absehen kann, wie man es macht und was man sich zutrauen darf. Nach mehreren Einsätzen — es ist nicht einer wie der andere und jeder bleibt für den Feuerwehrmann zeitlebens ein Novum — kann sich unser junger Kamerad nun als vollwertiges Glied unserer verschworenen Gemeinschaft betrachten.

Stillstand bedeutet Rückschritt, wenn irgendwo, dann im Brandschutz. So wird sich denn der junge Feuerwehrmann bemühen, sein Wissen zu erweitern, die Erfahrungen der anderen durch das Studium der Fachpresse für sein Weiterkommen auswerten, sich vielleicht auch für den Dienst als Maschinist an der Kraftspritze melden und dafür ausbilden lassen und schließlich danach trachten, von seiner Wehr zu einem Lehrgang an die Landesfeuerwehrschule entsandt zu werden. Die mit Lust und Liebe zur Sache in ehrlichem Bemühen und ohne Hang zu Streberei errungene Überlegenheit anderen, weniger wendigen Kameraden gegenüber wird in ihm allmählich den Wunsch keimen lassen, aus der Masse der Feuerwehrmänner hervorzutreten und von dem unselbständigen, dem fremden Befehl gehorchenden Organ zum Befehlenden zu werden und mit der Befehlsgewalt höhere Verantwortung zu übernehmen. Derartige junge Führerpersönlichkeiten sind für den Fortbestand der Feuerwehren sowie für die Hebung ihrer Leistungsfähigkeit und ihres Ansehens von unschätzbarem Wert! Ihnen muß der Weg freigemacht werden zu sinnvoller Betätigung, ihnen muß jede Förderung zuteil werden, sich zu vervollkommnen und sich qualifizierteren Führungsaufgaben zuwenden zu können. Nachdem sich unser Freund als Gruppenführer bewährt hat, wird man ihm die Leitung eines Löschzuges anvertrauen. Gelingt es ihm neben der sachlichen Befähigung, durch Eifer für die gute Sache und durch seine menschlichen Qualitäten das Vertrauen seiner Kameraden zu gewinnen, mag er in verhältnismäßig jungen Jahren die Ehre und die Freude haben, von ihnen zum Wehrführer gewählt und von der Behörde als solcher bestätigt zu werden. Als Wehrführer wird er nun im Rat der Gemeinde gehört werden, sich neben den Fragen der Brandbekämpfung auch mit solchen der Brandverhütung beschäftigen, mit den Wehrführern aus der Umgebung in Gedankenaustausch treten und Wege für eine überörtliche Zusammenarbeit der Feuerwehren suchen. Auf diese Weise lernt er Menschen und die höheren Zusammenhänge des Brandschutzwesens und verwandte Sachgebiete kennen, wächst er in leitende Stellen der staatlichen Feuerwehr-Dienstaufsicht oder des Feuerwehr-Verbandswesens hinein, wird er Kreisfeuerwehrführer, Bezirksfeuerwehrführer und vielleicht sogar Landesfeuerwehrführer oder Präsident! Während seiner ganzen Dienstzeit wird er sich aber vor Augen halten, daß sich die Feuerwehr gleich dem Phönix, der aus der Asche steigt, ständig verjüngen muß, um leben zu können. Er wird für den Feuerwehrgedanken in der nächsten Generation werben, diese für den Feuerwehrdienst begeistern, sein Wissen und seine Erfahrungen mit ihr teilen und den tüchtigsten Nachwuchskräften zum Aufstieg, zu Einfluß und Verantwortung verhelfen. Und wenn er sehr weise ist und seine Aufgabe mehr als sich selbst liebt, wird er auf dem Gipfel seiner Leistungsfähigkeit von der Führung zurücktreten, damit die Früchte seines Schaffens und Wirkens in ihrer Ganzheit der Allgemeinheit erhalten bleiben und ein Unverbrauchter sein Werk fortführen kann. Geachtet in der Öffentlichkeit und verehrt von einer großen Feuerwehrfamilie wird er sich nun nicht aus dem Feuerlöschwesen zurückziehen, sondern die Weiterentwicklung seines Lebenswerkes mit Interesse verfolgen und denen, die nach ihm die Verantwortung tragen, ein väterlicher Freund und treuer Berater sein.

Das bisher Gesagte bezieht sich in erster Linie auf die 22 000 freiwilligen Feuerwehren, die in einer Stärke von rund 700 000 Mann im Bundesgebiet Wache halten und die Hauptlast des Brandschutzes zu tragen haben. Es gilt aber auch für die Berufsfeuerwehren in den Großstädten und für die Werkfeuerwehren der Großbetriebe.

Während der Feuerwehrmann auf dem Dorf verhältnismäßig selten Gelegenheit hat, sich im Ernstfalleinsatz zu bewähren, steckt der Berufsfeuerwehrmann mitten in einer Praxis, die an ihn zwar hohe Anforderungen stellt, ihm aber dafür eine Fülle interessanter Erlebnisse und ein hohes Maß beruflicher Befriedigung schenkt. Als Beamter ist der Berufsfeuerwehrmann der Sorge um das tägliche Brot enthoben und kann sich somit ganz dem Dienst an der Allgemeinheit widmen. Auf freundlichen Feuerwachen verbringt er die Dienststunden, soweit sie nicht durch Ausrückungen und durch den Ausbildungsdienst in Anspruch genommen werden, mit der Instandhaltung der Geräte und der Ausrüstung der Wehr und mit handwerklichen Arbeiten zur Verbesserung der Feuersicherheit der Gemeinde. Bei guter Veranlagung und Fleiß kann der Berufsfeuerwehrmann in Unterführer- und Führerstellen aufrücken und im Rahmen eigener Verantwortlichkeit die Betreuung der einen oder anderen interessanten Sonderaufgabe aus dem umfangreichen und vielseitigen Arbeitspensum einer städtischen Brandschutzdienststelle übernehmen. Die jungen Freunde aber, die die gehobene Laufbahn des Feuerwehrdienstes einschlagen wollen, tun gut daran, sich beizeiten auf ein technisches oder naturwissenschaftliches Hochschulstudium vorzubereiten, um im Anschluß an dieses Studium und Ausbildung bei verschiedenen Berufsfeuerwehren zur Feuerwehringenieur-Prüfung zugelassen zu werden.

Werkfeuerwehren sind teils freiwillige Feuerwehren, teils Berufsfeuerwehren. Sie sind in der Regel zwar nur für die Feuersicherheit kleinerer Areale zuständig, ihr Wert und ihr Nutzen sind deswegen aber keineswegs geringer zu veranschlagen, da sie im Zusammenhang mit den Betriebsvorgängen der Werke Probleme besonderer Art zu meistern haben.

Mögen diese Zeilen aufklärend wirken und helfen, daß immer wieder frische, junge Männer zu uns stoßen und uns helfen, die Front gegen den roten Hahn zu halten und weiter auszubauen. Mögen sie aber auch bewirken, daß die Alten unter uns dem Nachwuchs die Bahn frei machen, wenn es an der Zeit ist. Möge jung und alt in unseren Wehren zusammenstehen in Kameradschaft und sich gegenseitig ergänzen. Möge die Jugend ihre ganze Kraft für die gute Sache einsetzen, aber doch auf den Rat der Alten hören. Denn nur dann, wenn das Wissen und die Abgeklärtheit des Alters dem Tatendrang der Jugend den Weg weisen darf, werden wir an unserem Feuerwehrdienst alle unsere helle Freude haben und unser Werk gut vollbringen!

Jugendfeuerwehr Nürtingen a. N.

Der Nachwuchsmangel, der sich heute vielerorts bei den freiwilligen Selbsthilfeorganisationen bemerkbar zu machen beginnt, stellt auch die für die Schlagkraft und Einsatzbereitschaft der Freiwilligen Feuerwehr Verantwortlichen vor die Frage, wie dieses brennende Problem zu lösen ist. Gerade bei einer Formation wie der Feuerwehr müssen sich die Begeisterungsfähigkeit und der Schwung der Jugend und die Erfahrung der älteren Jahrgänge gegenseitig ausgleichen und ergänzen. Um aber die Jugend zu gewinnen, gilt es, sie rechtzeitig und in der richtigen Art und Weise anzusprechen und den jugendlichen Tatendrang mit den Idealen und Aufgaben der Feuerwehr in Verbindung zu bringen.

Daß auch die junge Generation für diesen Ehrendienst an der Allgemeinheit aufgeschlossen ist, zeigt das Beispiel Nürtingen. Von etwa 100 Jugendlichen im Alter von 15 bis 17 Jahren, die im Frühjahr 1955 zur Gründung einer Jugendfeuerwehr aufgerufen wurden, haben sich 32 zum Beitritt bereit erklärt.

Zunächst glaubte man, damit rechnen zu müssen, daß ein Teil der Jungmänner nach den ersten Übungen, die bereits am 25. April 1955 beginnen konnten, der Jugendfeuerwehr wieder den Rücken kehren würden. Nachdem jedoch die Stadtverwaltung in richtiger Erkenntnis der Lage die Mittel für die Anschaffung von 40 Uniformen und Ausrüstungen genehmigte, war das Gegenteil festzustellen. Es kamen noch weitere Beitritte und gegenwärtig hat die junge Wehr eine Stärke von 38 Mann, die ihren Dienst mit Hingabe und Begeisterung versehen.

Geübt wird in vier Gruppen zu je neun Mann. Die Gruppenführer sind von den Jungmännern aus den eigenen Reihen gewählt und führen die Ausbildung unter der Anleitung und mit Unterstützung erfahrener älterer Kameraden selbst durch. Nach 14 Übungen konnte sich das Stadtoberhaupt anläßlich einer Besichtigung über die gezeigten Leistungen nur lobend aussprechen.

Wir hoffen und wünschen, daß die Jugendfeuerwehr in unserer Stadt zu einer bleibenden Einrichtung wird, daß es ihr zu allen Zeiten gelingen möge, die Jugend anzusprechen und so einen wirklich tüchtigen Nachwuchs heranzuziehen und heranzubilden.

Die Arbeit an den Feuerwehrschulen

Von Dr. Fritz Kluge, Kirchheimbolanden/Pfalz

Allein das Wort „Schule“ läßt manchen frösteln; gemeint ist der Gedanke an vergangene Tage, da Lernen eine Zwangsjacke bedeutete. Nun aber gar „Feuerwehrschule“! Heißt das etwa waghalsig klettern, todesverachtend Rauch schlucken, heißt das militärähnlich strammstehen oder sonstwie exerzieren wider Willen?

Dem ist nicht so. Vielmehr gilt es, die an einen ethischen Zweck gebundenen Einzelziele zu erreichen und im Endeffekt die Brandsituation sinnvoll zu beherrschen; d. h. sie zu überwinden durch Niederringen des Gegners Feuer mit angemessenen Waffen. Diese Waffen ordnungsgerecht führen können, besser gesagt, ihre zweckmäßige Bedienung lehren, das ist die Aufgabe der Feuerwehrschulen. Dazu bedarf es einer umspannenden Aufgliederung des gesamten Lehrstoffes in die Stundenpläne der jeweiligen Lehrgangstypen. Neben einer den Grundstock setzenden Elementarausbildung für den Feuerwehrmann schlechthin, neben einer gestaffelten Unterweisung für Unterführer, Brandmeister und höhere Dienstgrade laufen Sonderlehrgänge für Maschinisten, Schlauchpfleger, Gerätewarte, Atemschutzobmänner, Brandschauer, Ermittlungsbeamte u. a.

In der fundamentalen Grundschulung wird gelehrt, was für jeden Feuerwehrmann erfahrungsgemäß unentbehrlich ist: Zum theoretischen Unterricht über das Feuer und seine verwandten Begriffe, über die verschiedenen Löschmittel und ihre Anwendungsbereiche, über Schläuche, Wasserarmaturen, Pumpen, Leitern und die Vielzahl der Hilfsgeräte tritt unerläßlich der praktische Übungsdienst. In ihm vollenden sich Zielsetzung und Organisation aller Feuerwehrfachschulung. Dazu gehört u. a. die Fertigkeit, Schläuche zu rollen, sie auszuwerfen und zu verlegen, überhaupt das vorschriftgemäße Umgehen mit ihnen vor dem Einsatz, beim Löschangriff und danach; dazu gehört die Bedienung der wasserführenden Armaturen wie Standrohr, Verteilungsstück, Druckbegrenzungsventil und Strahlrohr; dazu gehört die Kenntnis von Feuerlöschpumpen und -fahrzeugen, die Kenntnis im Umgang mit Atemschutzgeräten, die Kenntnis im Knüpfen von Feuerwehrknoten und -leinenverbindungen; dazu gehört endlich das persönliche, taktisch richtige Sichverhalten im Einsatz.

Für die Feuerwehrmannschaft, deren kleinste Grundeinheit die Gruppe mit ihren Abwandlungen zur Staffel und zum Trupp ist, liegt genau fest, welche Funktion jeder einzelne Mann in einem bestimmten Augenblick zu verrichten hat. Dabei ist z. B. wesentlich, ob der Mann zum Angriffs-, Wasser- oder Schlauchtrupp gehört, ob er nur Truppmann oder schon -führer ist, ob ihm als Maschinist die Bedienung der Motorspritze obliegt, ob er als Melder den Gruppenführer begleitet oder ob er gar die Gruppe selber führt.

Weiter ist für das löschtaktische Verhalten grundlegend, ob sich der Feuerwehrmann einem Kellerbrand, einem Geschoßbrand oder einem Dachstuhlbrand gegenüber befindet, ob eine Scheune, ein Kraftwagen oder eine elektrische Leitung brennt, ob er einen Schornsteinbrand oder einen Waldbrand bekämpfen muß. In diesem Zusammenhang wird an Hand von Bildmaterial und gedruckten Leitsätzen sowie mit Hilfe von naturgetreuen Nachbildungen gelehrt, daß z. B. ein Innenangriff stets und ein Außenangriff nur bedingt richtig ist, daß eine Feuerwand von unten nach oben bekämpft, daß grundsätzlich der Angriff gegen den Wind angesetzt werden muß usw.

Beim Besteigen von Leitern bedarf es ganz besonderer Geschicklichkeit und Körperbeherrschung. Proben auf Mut und Gewandtheit abzulegen, muß billigerweise von jedem Feuerwehrschüler im Rahmen des Zumutbaren verlangt werden. Das Gleiche gilt vom Retten brandbedrohter Personen sowie vom Selbstretten mittels Leiter, Seil und Sprungtuch.

Metz-Löschfahrzeug auf Opel-Fahrgestell

Mercedes-Benz-Metz-Tanklöschfahrzeug im unwegsamen Gelände

Mercedes-Benz-Metz-Rüstkraftwagen mit 10-t-Drehkran im Katastropheneinsatz

Mercedes-Benz-Metz-Tanklöschfahrzeug TLF 16
für Staffelbesetzung (6 Mann) mit 2400 l Wasserbehälter

Metz-Spezial-Tanklöschfahrzeug für Südamerika auf Ford-Fahrgestell

Mercedes-Benz-Metz-
Rüstkraftwagen R 10
mit 10-t-Kran
auf Daimler-Benz-Fahrgestell L 315
(7-t-Klasse)

Metz-Kraftfahrdrehleiter für 30 m Steighöhe auf Ford-Fahrgestell

Vollautomatische Metz-Kraftfahrdrehleiter für 54 m Steighöhe

Metz-Löschfahrzeug LF 8 auf Hanomag-Fahrgestell

Magirus-Feuerwehrleiter mit einer Steighöhe von 52,2 m. Ausgerüstet wird das Fahrzeug mit dem luftgekühlten 8-Zylinder-Deutz-Dieselmotor in V-Form und einer Leistung von 175 PS

Leistungswettkämpfe des Landes Rheinland-Pfalz 1953

Feuerwehrschule

Sogar eine oder mehrere Nachtübungen stehen auf dem Stundenplan; denn erstens ist es statistisch erwiesen, daß die meisten Brände nachts ausbrechen, zweitens erfordert ein Hantieren im schläfrigen Zustand erfahrungsgemäß eine besondere Konzentration zur Ausschaltung von begreiflichen Fehlleistungen während der ersten Alarmminuten. So dienen die Nachtübungen dem Zweck, die Griffsicherheit am Fahrzeug und am Gerät im Dunkeln zu heben.

Am Ende eines jeden Lehrganges werden die Feuerwehrschüler einer Prüfung unterzogen. An Hand von modern-pädagogischen Vorlagen, wie Suchbildern, Suchtexten, Planspielen u. a. werden testähnliche Wiederholungsfragen gestellt. Hierbei wie beim praktischen Außendienst haben die Lehrgangsteilnehmer ihren erfolgreichen Schulbesuch nachzuweisen.

In den Maschinisten-Lehrgängen werden Feuerwehrmänner herangebildet, denen die Bedienung einer Motorspritze obliegt. Die Erfahrung lehrt, daß fast immer die ersten Minuten über den Erfolg eines vorgetragenen Löschangriffs entscheiden. Wenn also der Pumpenmann versagt, d. h. wenn dieser seine Motorspritze nicht sachkundig zu handhaben versteht, ist der Munitionsnachschub, lies Wassertransport, in Frage gestellt. Es kommt zu verspäteter oder gar keiner Löschwasserförderung, das Brandobjekt wird ein Raub der Flammen und das Ansehen der Feuerwehr gerät in Mißkredit. Dem vorzubeugen, ist die Aufgabe der besonders vordringlichen Maschinisten-Lehrgänge. In ihnen werden die Männer so geschult, daß sie im Einsatz auftretende Störungen sofort und fachmännisch beheben können. Neben theoretischem Unterricht über den technischen Aufbau von Motor und Pumpe sowie über die zumutbaren Leistungen der Kraftspritzen, d. h. die Kenntnis von Förderhöhe und Wasserlieferung bei gegebener Saughöhe, Drehzahl, Schlauchlänge und Strahlrohrmundstückweite, tritt im praktischen Teil vorherrschend die Störungssuche nebst Fehlerbeseitigung. Noch immer ist ein griffsicherer Maschinist die gute Visitenkarte der Löschmannschaft.

Wenn bei einem Löschangriff die ausgelegten Schläuche platzen, löst das blamable und belastende Zusatzfunktionen mit Zeitverlust aus und stellt in jedem Falle einen raschen Löscherfolg in Frage. Der Grund für solch unerwünschte Begleiterscheinungen ist in mangelhafter Schlauchpflege zu suchen. In besonderen Lehrgängen werden die hierfür verantwortlichen Feuerwehrmänner im sachgemäßen Einbinden von Kupplungen, im fachmännischen Reinigen, Trocknen, Prüfen und Lagern der Schläuche geschult sowie mit den verschiedenen Repariermethoden für defektes Schlauchmaterial vertraut gemacht.

Da im kostbaren Schlauchbestand sich das meiste Kapital einer Feuerwehr spiegelt, muß auf die Heranbildung von fähigen Schlauchpflegern besonderer Wert gelegt werden.

In häufigen Fällen ist der Beruf des Feuerwehrschlauchpflegers mit dem des Gerätewartes gekoppelt. Die Vielzahl der Armaturen und Geräte erfordert in jeder Feuerwehr einen Mann, der mit einem gerüttelten Maß an Umsicht, Ordnungssinn und Fachwissen behaftet, das Feuerwehrgerätehaus mit seinem Inhalt jederzeit alarmbereit zu halten imstande ist. Der gern zitierte Satz „Zeigt mir euer Gerätehaus, und ich will euch sagen, welche Feuerwehr ihr seid“ ist wahr und hat Gewicht. Deshalb also laufen an allen Feuerwehrschulen periodisch auch besondere Gerätewart-Kurse, die durch die Hände dieser für das Feuerwehrhaus Verantwortlichen vordringlich die gerätemäßige Alarmbereitschaft einer Feuerwehr sicherstellen sollen. Im Mittelpunkt solcher Lehrgänge steht die Geräteprüfung. Hierbei werden die Prüfvorschriften für Fangleine, Hakengurt, Leitern u. a. eingehend gehandelt.

Eine wichtige Sonderstellung nehmen die Lehrgänge für Atemschutz ein. Es liegt in der Natur des Feuerwehrberufs, daß Rauch und vergiftete Luft auftreten und die Arbeit der Löschmannschaft stark beeinträchtigen. Deshalb müssen die Männer der Angriffstrupps mit Spezialgeräten ausgerüstet sein, die ihnen den Aufenthalt in verqualmten oder sauerstoffarmen Räumen ermöglichen. Die hierfür verfügbaren Geräte machen eine Schulung erforderlich, für die der Schwerpunkt auf dem Begriff Sorgfalt liegt, denn es gilt, damit Menschenleben zu schützen. Umfassende theoretische Belehrung über die Wirkungsweise von Filter-, Schlauch- und Sauerstoffgeräten und Unterweisung in ihrer praktischen Handhabung im Ernstfall werden gegeneinander wohl abgewogen. Um die innere Beklemmung beim Beatmen von aufgenommenen Geräten überwinden zu lernen, stehen Reizgasraum und Kriechübungsstrecke zur Verfügung. Schließlich erfordert das Prüfen der Atemschutzgeräte auf ihr einwandfreies Funktionieren eine besonders sorgfältige Ausbildung.

Wenn Feuerwehrführer auf der Schulbank sitzen, dann darf der Lehrstoff anspruchsvoller d. h. umfassender, tiefschürfender und spezifischer sein; denn für Brandmeister (Sammelbegriff), die im wahren Sinne des Wortes Meister des Brandfaches sein wollen, muß das Unterrichtsniveau höher geschraubt werden. Hierbei gilt es, das Fach „Führungsaufgaben“ in den Vordergrund zu rücken und mit ihm die notwendige Persönlichkeitsschulung zu verbinden. Lagebeurteilungen im Rahmen von Planspielen, praktische Einsatzübungen auf angenommenen Großbrandstellen, die Problematik der Wasserförderung auf lange Schlauchstrecken und bei Höhenunterschieden, Kommandosprache mit und ohne Lautsprechergerät, Lehrmethoden bei fachlichen Kurzvorträgen, kurz: die Führungsprinzipien innerhalb der gesamten Brandtaktik und die konstruktive Persönlichkeitsschulung gehören zu den wesentlichsten Unterrichtsthemen und Übungen solcher Lehrgänge für Feuerwehrführer.

Die vorstehend geschilderten Lehrgangstypen, die teilweise auch gern von Feuerwehrsachbearbeitern der kommunalen Verwaltungen in Vertretung der Bürgermeister nach Hospitantenart zu Orientierungszwecken besucht werden, dienen zur Heranbildung von Führern und Männern des aktiven Feuerlöschdienstes. Die Schulung von Männern, die in der Brandverhütung und der Brandursachenfahndung tätig sind, bedeutet den abrundenden Schluß des Lehrprogramms der Feuerwehrschulen. Bezirksmeister des Schornsteinfegerhandwerks, Beamte der Gewerbe- und Bauaufsicht, Gendarmerie- und Polizeiorgane sowie Forstfachleute besuchen gleichermaßen und periodisch die entsprechenden Lehrgänge, die als Seminare in der Form eines Gedankenaustausches meistens auf Anregung der zuständigen Aufsichtsbehörden durchgeführt werden. Hier kommen die Fragen des vorbeugenden Brandschutzes mit seinen baulichen und betrieblichen Forderungen gemäß Bauordnung und allen einschlägigen Bestimmungen zur Sprache und hier werden verwaltungs-, zivil- und strafrechtliche Probleme der Kriminalistik erörtert.

Zusammenfassung: Die Feuerwehrschulen dienen erstens der Grundschulung von Feuerwehrmännern und -führern, zweitens der Fortbildung von langjährigen Feuerwehrangehörigen im Zuge der stetigen organischen Entwicklung der Sparte „Feuerwehr“ innerhalb der Technik, drittens der Spezialausbildung von Männern, die unmittelbar oder mittelbar einen Feuerwehrdienst verrichten. Allen diesen Schülern sind Lehrer vorgesetzt, die einen reichen feuerwehrtechnischen Erfahrungsschatz aufzuweisen haben und zugleich fähig sind, den gesamten Feuerwehrlehrstoff mit pädagogischem Geschick aus der Praxis für die Praxis weiterzureichen.

Verbrennen und Löschen

Von Dr. Friedrich Kaufhold,
Leiter der Landesfeuerwehrschule Nordrhein-Westfalen, Warendorf

Die Feuerwehr hat die Aufgabe, Schadenfeuer zu bekämpfen. Einen Feind kann man nur dann wirksam bekämpfen, wenn man ihn genau kennt. Daher muß der Feuerwehrmann, der Feuer löschen soll, zunächst einmal über das Wesen und die Natur des Feuers Bescheid wissen. Was ist eigentlich Feuer? Wenn man über diese Frage nachdenkt, so wird man finden, daß das Feuer gar nicht das Wesentliche ist, was es zu bekämpfen gilt. Das Feuer ist nur etwas Äußerliches, es zeigt nur an, daß ein bestimmter Vorgang stattfindet, nämlich eine Verbrennung. Die Verbrennung ist es also, gegen die sich die Bekämpfungsmaßnahmen der Feuerwehr richten müssen, und nicht das Feuer, das nur die äußerlich wahrnehmbare Begleiterscheinung der Verbrennung darstellt.

Wir stellen hier eine begriffliche Ungenauigkeit fest, die sich in unserer Umgangssprache eingebürgert hat. Es ist verständlich, daß sich einem Laien zunächst die auffallende und unheimliche Erscheinung des Feuers aufdrängt und seine Sinne gefangen nimmt. In unserer Umgangssprache wird daher der Begriff „Feuer" viel häufiger angewandt als der Begriff „Verbrennung" oder der damit zusammenhängende Begriff „Brand", der eine schädliche Verbrennung bezeichnet. So ist auch der Begriff „Feuerwehr" entstanden, obwohl es eigentlich — fachtechnisch gesehen — richtig „Brandwehr" heißen müßte, wie es im übrigen auch in manchen ausländischen, z. B. in den nordischen Staaten der Fall ist. Bei Neufassung von Gesetzen und anderen amtlichen Texten sollte man, wie es zum Teil auch schon geschieht, immer von „Brandschutz, Brandbekämpfung, Brandverhütung, Brandschaden" usw. sprechen und Wortverbindungen wie „Feuerschutz, Feuerbekämpfung" usw. vermeiden.

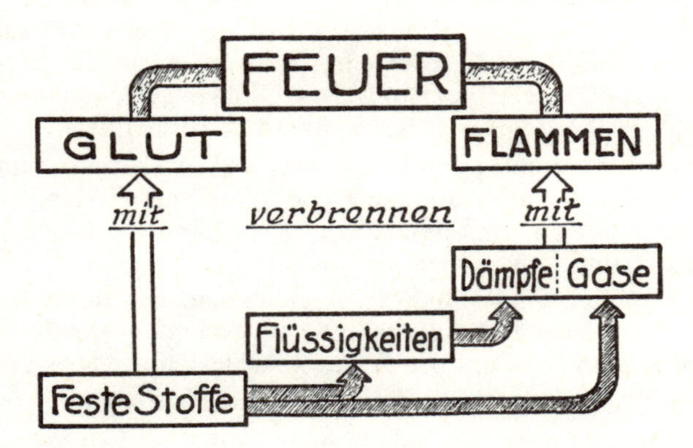

Das Löschen eines Brandes bedeutet, den Vorgang der Verbrennung zu unterbrechen. Wenn die Verbrennung aufhört, verschwindet auch die begleitende Erscheinung des Feuers. Was versteht man nun unter Verbrennung, Die Verbrennung ist ein chemischer Vorgang, eine chemische Reaktion, und zwar verbindet sich ein brennbarer Stoff mit Sauerstoff — normalerweise mit dem Sauerstoff der Luft — unter Licht- und Wärmeentwicklung. Der Chemiker bezeichnet diesen Vorgang auch als Oxydation nach dem lateinischen Wort Oxygenium für Sauerstoff. Jede Verbindung mit Sauerstoff ist eine Oxydation —, auch das Rosten des Eisens ist z. B. eine solche —, doch ist nicht jede Oxydation eine Verbrennung, sondern nur die Oxydation, die unter Feuererscheinung vor sich geht.

Die als charakteristische Begleiterscheinung der Verbrennung auftretende Lichtausstrahlung nennt man Feuer. Feuer kommt in zwei verschiedenen Erscheinungsformen vor, nämlich als „Flamme“ und als „Glut“. Beide Formen können gleichzeitig oder auch für sich allein auftreten. Dies richtet sich nach der Natur der brennbaren Stoffe

Es verbrennen

a) gasförmige Stoffe (Gase und Dämpfe): nur mit Flammen
b) flüssige Stoffe: erst nach Übergang in Dampfform, daher nur mit Flammen
c) feste Stoffe:

entweder mit Flammen und Glut; — dies ist der Fall bei Stoffen, die sich in der Hitze in gasförmige Bestandteile und festen Kohlenstoff zersetzen. Die gasförmigen Stoffe bilden Flammen, der feste Kohlenstoff bildet Glut (z. B. Holz, Papier, Kohlen, Stroh, Textilien u. a.); —

oder nur mit Flammen; — dies ist der Fall bei Stoffen, die in der Hitze flüssig werden oder sich zersetzen und brennbare Dämpfe oder Gase bilden (z. B. Wachs, Harz, Paraffin, Naphthalin usw.); —

oder nur mit Glut; — dies ist der Fall bei Metallen und allen künstlich entgasten festen Stoffen, wie z. B. Koks und Holzkohle.

Mit Flammen können nur gasförmige und flüssige, mit Glut nur feste Stoffe verbrennen. Das Auftreten von Flammen an festen oder flüssigen Stoffen ist stets ein Zeichen, daß eine Vergasung oder Verdampfung stattfindet.

Die Flamme ist ein verbrennender und dabei Licht ausstrahlender Gas- (oder Dampf-)Strom. Die Vorgänge in der Flamme lassen sich an einer Kerzenflamme gut beobachten. Man erkennt drei verschiedene Zonen:

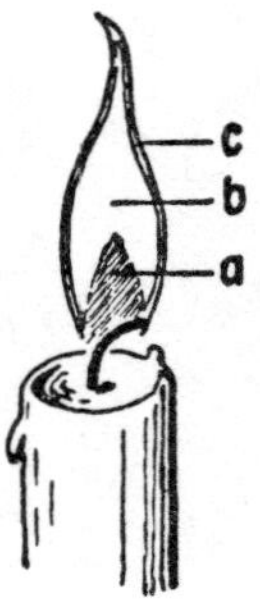

c
b
a

a = Gaszone. Hier findet die Verdampfung des flüssig gewordenen Brennstoffes statt.

b = Glühzone. Hier zersetzen sich die Brennstoffdämpfe unter dem Einfluß der Verbrennungstemperatur (aus der Zone c) in Kohlenstoff und Wasserstoff. Das Glühen geht von dem abgespaltenen festen, feinverteilten Kohlenstoff (Ruß!) aus.

c = Verbrennungszone. Nur hier, wo der Luftsauerstoff zutreten kann, findet die Verbrennung und Wärmeentwicklung statt. Diese Zone ist daher die heißeste. Sie ist als dünner, schwach blau leuchtender Saum ganz außen erkennbar.

Unter Glut (Glühen) versteht man die durch hohe Temperatur bewirkte Lichtausstrahlung fester oder wärmeflüssiger Stoffe. Die Glutfarbe erlaubt Rückschlüsse auf die Temperatur des glühenden Stoffes.

Mit zunehmender Temperatur treten folgende Glutfarben auf:

bei 400° C erstes, farbig noch unbestimmtes schwaches Leuchten, sogen. Grauglut
bei 525° C erste wahrnehmbare Dunkelrotglut
bei 700° C dunkle Rotglut
bei 900° C helle Rotglut
bei 1100° C Gelbglut
bei 1300° C beginnende Weißglut
ab 1500° C volle, blendende Weißglut

Wenn das Feuer gegenüber dem Verbrennungsvorgang auch nur eine untergeordnete Bedeutung besitzt, so lassen sich doch aus seinen verschiedenen Erscheinungsformen in Verbindung mit sonstigen Wahrnehmungen (z. B. Beschaffenheit, Farbe und Geruch des Brandrauches) wichtige Rückschlüsse ziehen, so daß ein erfahrener Feuerwehrmann rasch erkennen kann, mit welchen Stoffen er es zu tun hat und welche Löschmethode er anwenden muß.

Da die Verbrennung eine chemische Reaktion zwischen dem brennenden Stoff und Sauerstoff ist, kommt es beim Löschen darauf an, diesen chemischen Vorgang zu unterbrechen. Die Unterbrechung — und damit das Löschen — kann dadurch erreicht werden, daß man wenigstens eine der Vorbedingungen entfernt, die für das Entstehen und den Ablauf der Verbrennung erforderlich sind. Eine Verbrennung kann nur stattfinden, wenn die folgenden vier Bedingungen gleichzeitig erfüllt sind:

1. Es muß ein brennbarer Stoff vorhanden sein.
2. Sauerstoff muß ungehinderten Zutritt zum brennbaren Stoff haben.
3. Das richtige Mengenverhältnis (Konzentration) von brennbarem Stoff und Sauerstoff muß gegeben sein.
4. Die Zündtemperatur des brennbaren Stoffes muß erreicht sein.

Von den vier genannten Bedingungen*) sind die beiden ersten stofflicher Art, die beiden anderen dagegen Zustands-Bedingungen. Es liegt in der Natur der Sache, daß sich ein Zustand leichter verändern läßt als ein Stoff. Daher sind auch die beiden Zustandsbedingungen am leichtesten und bequemsten einer Änderung durch Anwendung entsprechender Löschverfahren zugänglich. Aus der Änderung der Zustands-Bedingungen ergeben sich zwei grundsätzliche Löschverfahren, nämlich

1. die Störung des richtigen Mengenverhältnisses zwischen brennbarem Stoff und Sauerstoff,
2. die Abkühlung des brennenden Stoffes unter seine Zündtemperatur.

Das erste Verfahren wird allgemein als „Ersticken“, das zweite als „Abkühlen“ bezeichnet. Man unterscheidet demgemäß Löschmittel mit erstickender und mit abkühlender Wirkung.

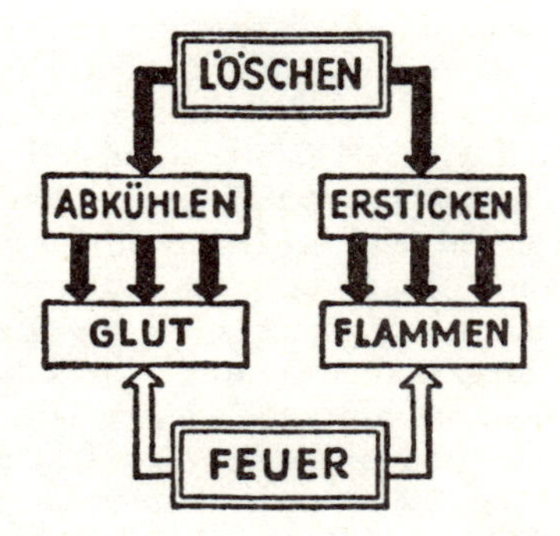

Das Löschen durch „Ersticken“ beruht auf der Tatsache, daß jede chemische Reaktion nur unter bestimmten mengenmäßigen Voraussetzungen abläuft. Der Chemiker bezeichnet diese Tatsache als „Gesetz der konstanten Proportionen“. Dieses Gesetz besagt, daß die chemische Vereinigung zweier Stoffe sich stets nur nach bestimmten Mengenverhältnissen vollzieht. Es gilt, da der Verbrennungsvorgang nichts anderes als eine chemische Reaktion ist, selbstverständlich auch für diesen. So kann z. B. die Verbrennung von Wasserstoffgas (H_2) mit Sauerstoff (O_2) nur in dem Mengenverhältnis erfolgen, welches durch die bekannte chemische Formel H_2O des als Verbrennungsprodukt entstehenden Wassers gekennzeichnet ist, nämlich im Verhältnis

*) Streng genommen gehört noch eine 5. Bedingung dazu, nämlich, daß keine reaktionshemmenden Stoffe (sog. „Anti-Katalysatoren“) anwesend sein dürfen. Im Interesse der Verständlichkeit soll jedoch hierauf im Rahmen dieser kurzen allgemeinen Betrachtung nicht eingegangen werden.

von 2 Teilen Wasserstoff und 1 Teil Sauerstoff. Kohlenstoff verbrennt mit Sauerstoff bekanntlich zu Kohlensäure, deren chemische Formel CO_2 erkennen läßt, daß sich jeweils 1 Atom Kohlenstoff mit 2 Atomen Sauerstoff verbindet.

Es ergibt sich nun schon durch einfache Überlegung, daß eine Verminderung oder Vermehrung des brennbaren Stoffes oder des Sauerstoffs gegenüber dem richtigen Verhältnis eine entsprechende reaktionshemmende Wirkung haben muß, da der überschüssige Stoff die Rolle eines fremden an der Reaktion nicht teilnehmenden Stoffes spielt. Hierauf beruht die „erstickende" Wirkung bestimmter Löschmittel. Diese Löschmittel ändern durch ihren Zutritt die Mengenanteile von brennbarem Stoff und Sauerstoff soweit, daß die Verbrennung verlangsamt wird und schließlich nicht mehr weiterläuft.

Am wirksamsten erweist sich eine Verminderung des Sauerstoff-Anteiles. In der Luft ist Sauerstoff bekanntlich zu rund 21 Vol.% enthalten. Schon eine Verringerung seiner Konzentration auf etwa 15% macht bei den meisten brennbaren Stoffen eine weitere Verbrennung unmöglich. Nur verhältnismäßig wenige Stoffe brennen auch bei sehr viel geringerem Sauerstoff-Gehalt noch weiter, z. B. Wasserstoff und weißer Phosphor.

Es ist also praktisch nicht erforderlich, den Sauerstoff restlos zu entfernen oder den weiteren Zutritt des Sauerstoffes zum Brandherd völlig zu versperren. Wenn man einen Raum zu 30% mit einem Löschgas, z. B. mit Kohlensäure, füllt, so wird die Sauerstoff-Konzentration darin bereits so weit vermindert, daß die meisten brennbaren Stoffe nicht mehr brennen können. Bei Stoffen, die nur mit Flammen brennen, tritt damit ein sofortiger und nachhaltiger Löscherfolg ein, vorausgesetzt, daß keine Zündquelle vorhanden ist, die ein erneutes Aufflammen bei Luftzutritt bewirken könnte. Bei festen Stoffen, die außer mit Flammen auch mit Glut brennen, erlöschen zwar die Flammen, aber die Glut bleibt bestehen, was durch die in einem geschlossenen Raume bewirkte Wärmestauung noch begünstigt wird.

Das „Ersticken" ist daher grundsätzlich keine geeignete Löschmethode bei Stoffen, die unter Glutbildung verbrennen (z. B. Holz, Kohlen, Papier, Faserstoffe, Stroh, Heu usw.). Hier führt dagegen das andere Löschverfahren, das „Abkühlen", sicher zum Ziel. Es läßt sich daher eine grundsätzliche Löschregel aufstellen:

Stoffe, die nur mit Flammen brennen (Flüssigkeiten und Gase), sind am besten durch „Ersticken" zu löschen, während bei festen Stoffen, die unter Glutbildung verbrennen, das „Abkühlen" am wirksamsten ist. Kurz ausgedrückt: G l u t m u ß a b g e k ü h l t , F l a m m e n m ü s s e n e r s t i c k t w e r d e n.

Das Abkühlen unter die Zündtemperatur gelingt bei festen Stoffen schon aus rein mechanischen Gründen besser als bei Dämpfen oder Gasen. Die Flammen, die letztere bei ihrer Verbrennung bilden, weichen dem kühlenden Löschmittelstrahl aus. Es ist daher nur sehr schwer möglich, die Abkühlung von Flammen so vollständig und gleichzeitig zu erreichen, daß das gefürchtete Zurückschlagen vermieden wird.

Der geschlossene Wasserstrahl (Vollstrahl) ist daher gegen reine Flammenbrände nicht geeignet. Wenn Wasser bei diesen überhaupt eine Wirkung haben soll, dann muß es in Form eines fein zerstäubten Strahles angewandt werden. Ein Erfolg kann aber auch nur dann erwartet werden, wenn die Flammenfront nicht breiter als die wirksame Querschnittsfläche des Staubstrahles ist, da sonst ein Zurückschlagen der Flammen an den Seiten erfolgt. Das Löschen von reinen Flammenbränden — also von Flüssigkeiten und von Gasen — mittels zersprühten oder zerstäubten Wassers ist daher ein Verfahren, das nicht generell anwendbar ist, sondern auf Brände bestimmter Art und begrenzten Umfanges beschränkt bleibt. Im übrigen verlangt es eine taktisch sehr geschickte Strahlführung, da die Flammen dem Strahl kein festes Ziel bieten.

Bei festen Stoffen ist dagegen das Abkühlen unter die Zündtemperatur das wirksamste und bevorzugte Löschverfahren. Da die weitaus meisten Brände solche von festen Stoffen sind, ist dieses Löschverfahren das am meisten angewandte. Diese Vorrangstellung ist nicht zuletzt auch darauf zurückzuführen, daß dieses Löschverfahren in dem praktisch kostenlosen und überall leicht zu beschaffenden Löschmittel Wasser seinen Hauptrepräsentanten gefunden hat.

Wasser hat im Vergleich zu allen anderen als Löschmittel in Betracht kommenden Stoffen bei weitem das stärkste Abkühlungsvermögen. Daneben besitzt es so zahlreiche Vorteile, daß es auch in Zukunft trotz aller Fortschritte der Technik nie seine Spitzenstellung als Löschmittel verlieren wird. Wenn die Feuerwehr heute wie vor tausend Jahren mit Wasser löscht, so ist sie deshalb nicht rückständig. Das Wasser wird auch in weiteren tausend Jahren seinen Platz als Löschmittel behaupten.

Vermöge seiner besonderen physikalischen Eigenschaften ist Wasser ein unübertroffenes Kühlmittel. Wasser hat sowohl eine höhere spezifische Wärme als auch eine höhere Verdampfungswärme als alle anderen Stoffe, die überhaupt als Löschmittel in Betracht kommen. Ein Liter Wasser von + 10° C vermag bis zu seiner restlosen Verdampfung die Wärmemenge von 629 kcal zu binden. Die abkühlende Wirkung des Wasserstrahles wird weiterhin unterstützt durch

1. seine Auftreffwucht, wodurch lockeres Brandgut auseinandergerissen und Wärmestauungen beseitigt werden,
2. seine Tiefenwirkung, worunter sein Eindringvermögen in tiefe Glutschichten und sperriges Material zu verstehen ist,
3. seine Netzfähigkeit, wodurch das Wasser selbsttätig in poröses Material eindringt.

Diese drei unterstützenden Wirkungen sind im wesentlichen durch den flüssigen Zustand des Wassers bedingt und ermöglichen eigentlich erst seine hervorragende Löschwirkung. Wäre das Wasser z. B. nicht flüssig, sondern fest (Schnee, Eis), so könnte man damit nicht im entferntesten mehr so gut löschen wie mit Wasser im flüssigen Zustand.

So wirkt beispielsweise der ebenfalls als Löschmittel verwendete Kohlensäure-Schnee trotz seiner außerordentlich tiefen Temperatur von —79° C nicht nennenswert abkühlend auf Holz und andere feste Stoffe, die unter Glutbildung verbrennen. Der Kohlensäure-Schnee besitzt im Gegensatz zu Wasser keine Tiefenwirkung und auch keine Netzfähigkeit. Er kann daher nicht in tiefere Glutschichten eindringen. Er bleibt an der Oberfläche liegen und verdunstet, ohne daß sein Kühlvermögen zur Geltung kommt. Es ist daher auch nicht möglich, Brände von Holz, Kohlen, Stroh, Textilien und anderen festen Stoffen mit Kohlensäure-Schnee-Geräten wirksam zu bekämpfen, sobald erst Glutbildung eingesetzt hat. Die Flammen werden zwar durch die gasförmige Kohlensäure für die Dauer des Löschens niedergehalten, erstickt, aber die Glut bleibt und bewirkt, daß sich sofort wieder neue Flammengase bilden, wodurch der Brand wieder bald den gleichen Umfang wie vorher annimmt. Die Hauptlöschwirkung der Kohlensäure besteht also nicht im „Abkühlen“, wie man vielleicht auf Grund der außerordentlich tiefen Temperatur des Kohlensäure-Schnees vermuten könnte, sondern im „Ersticken“.

Auch andere Löschmittel könnten bei weitem nicht die intensive Kühlwirkung des Wassers erreichen. Das ebenfalls flüssige und rein äußerlich dem Wasser gleichende Löschmittel „Tetrachlorkohlenstoff“ besitzt, wie sich aus seiner niedrigen spezifischen Wärme von 0,207 und seiner sehr geringen Verdampfungswärme von rund 46 kcal/kg ergibt, nur etwa 1/10 des Kühlvermögens von Wasser. Bis zur restlosen Verdampfung (Siedepunkt: +76,7° C) nimmt Tetra nur rund 60 kcal/kg auf. Seine Hauptlöschwirkung beruht auf „Ersticken“. Da die Tetradämpfe über fünfmal so schwer sind wie Luft und daher nicht so leicht durch den Auftrieb des Brandes fortgeführt werden, kommt die erstickende Löschwirkung gut zur Geltung. Gegen Glutbrände bleibt Tetra dagegen praktisch wirkungslos.

Ähnlich wie Tetrachlorkohlenstoff wirken auch die Bromide (Methylbromid, Äthylenbromid, Monochlorbrommethan). Ihre erstickende Löschwirkung ist jedoch wesentlich stärker als die des Tetrachlorkohlenstoffs. Offenbar tritt hier neben der eigentlichen erstickenden Wirkung eine starke Reaktionsstörung durch antikatalytische Vorgänge auf. Diese Vorgänge sind jedoch noch nicht genau geklärt und bedürfen noch eingehender Erforschung.

Dem Wasser steht das Löschmittel „Schaum" hinsichtlich seiner kühlenden Löschwirkung noch am nächsten, da Schaum aus Wasser hergestellt wird. Die Kühlwirkung beruht demgemäß auch ausschließlich auf dem Anteil des im Schaum enthaltenen Wassers. Da dieser nur etwa 1/5 bis 1/10 beträgt, ist die Kühlwirkung des Schaumes gegenüber einer gleichen Raummenge Wasser entsprechend geringer. Nur bei gleichen Gewichtsmengen besteht praktisch kein Unterschied in der Kühlwirkung. Schaum ist demnach auch wirksam bei Glutbränden. Seine Hauptlöschwirkung ist jedoch erstickend, und das Hauptanwendungsgebiet sind Brände von Flüssigkeiten.

Außer den vorgenannten Löschmitteln — Wasser, Schaum, Kohlensäure, Tetra und Bromid — hat nur noch das „Trockenpulver" größere Bedeutung erlangt. Staubfeine Chemikalien, deren Hauptbestandteil normalerweise Natriumbikarbonat ist und die mit wasserabstoßenden Zusätzen zum Verhindern des Zusammenbackens und Verklumpens versehen sind, werden durch ein Druckgas — üblicherweise Kohlensäure — aus einem Vorratsbehälter durch eine entsprechend gestaltete Düse ausgestoßen. Die erzeugte dichte Staubwolke hat eine überraschend gute Löschwirkung, vor allem bei reinen Flammenbränden. Die Wirkung des feinverteilten Pulvers ist nicht nur erstikkend, sondern zugleich auch in hohem Maße abkühlend, was durch die große Oberfläche der Pulverpartikel ermöglicht wird. Insofern ähnelt die Wirkung derjenigen von fein zerstäubtem Wasser.

Da Trockenpulver auf Natriumbikarbonat-Basis aus ähnlichen Gründen wie beim Kohlensäure-Schnee nicht in tiefere Glutschichten einzudringen vermag, ist es auch nicht für Brände fester, glutbildender Stoffe geeignet. Neuerdings sind jedoch Pulversorten entwickelt worden, welche an der Glutoberfläche schmelzen und so auch in das Innere der Glut dringen. Sie entfalten vermöge ihrer chemischen Beschaffenheit eine „imprägnierende" Wirkung ähnlich derjenigen der bekannten Feuerschutzmittel zum Schwerentflammbarmachen von Holz, Papier und Textilien. Die imprägnierende Wirkung dürfte im wesentlichen auch auf antikatalytischen Vorgängen beruhen.

Wenn im Vorstehenden gezeigt wurde, daß das „Löschen" auf zwei grundsätzliche Verfahren „Ersticken" und „Abkühlen" zurückgeführt werden kann, so soll dabei nicht übersehen sein, daß die Wirkung der verschiedenen Löschmittel im einzelnen recht kompliziert ist. Man kann nicht sagen, daß ein bestimmtes Löschmittel etwa n u r abkühlend oder n u r erstickend wirkt. Stets wirken mehrere Vorgänge zusammen und bei einigen Löschmitteln sind, wie hier nur kurz angedeutet werden konnte, auch noch ungeklärte antikatalytische Wirkungen in Betracht zu ziehen. Auch andere Faktoren, wie z. B. bei Wasser die Netzfähigkeit, wirken beim Löschvorgang als unterstützend und begünstigend mit.

Wenn auch unser altbewährtes Löschmittel Wasser schon wegen seiner Billigkeit und seiner leichten Beschaffungsmöglichkeit stets das Hauptlöschmittel der Feuerwehr bleiben wird, so wäre es doch falsch, anzunehmen, daß die Löschmittel-Technik heute bereits zu einem Abschluß gelangt wäre. Das letzte Jahrzehnt hat zahlreiche neue Erkenntnisse gezeitigt und einige ganz neuartige Ausblicke eröffnet. Wenn die Forschung planmäßig auf diese neuen Ansatzpunkte gelenkt wird, werden wir hoffen dürfen, daß in dem ewigen Kampf zwischen „Verbrennen" und „Löschen" noch einige starke Waffen gegen das schadenstiftende „Verbrennen" gefunden werden.

Handfeuerlöscher und Feuerwehr

Von M. Tögel, Berlin

Die Bekämpfung des „roten Hahnes" ist und bleibt in erster Linie Aufgabe der Feuerwehr. Sie ist auch ständig bemüht, durch vorbeugende Maßnahmen Brände entweder zu verhindern oder den Brandschaden möglichst niedrig zu halten. Hierbei kommt es vorzugsweise auf die wirksame Bekämpfung der Entstehungsbrände an. In dieser Phase ist es auch dem Laien möglich, mit geeigneten Löschgeräten der Feuerwehr recht wertvolle Dienste zu leisten.

Die Feuerlöschindustrie liefert hochentwickelte Handfeuerlöscher für alle Verwendungszwecke. Außerdem transportable Großgeräte sowie ortsfeste Löschanlagen. Obwohl im Brandfalle die Feuerwehr schnellstens zur Stelle ist, vergeht doch eine gewisse Zeit zwischen Alarm und Beginn des Löschangriffes. Diese Zeitspanne gilt es, für die Bekämpfung von Entstehungsbränden zu nutzen. Diese oft nur wenigen Minuten können für die Entwicklung des Brandes und damit für die Höhe des Schadens entscheidend sein. Werden bereits in diesem kritischen Zeitabschnitt zweckmäßige und leistungsfähige Selbstschutzgeräte eingesetzt, so muß das als eine wesentliche Unterstützung der Feuerwehr angesehen werden.

Die ausreichende und richtige Ausrüstung eines Betriebes oder sonstiger Baulichkeiten mit Handfeuerlöschern oder Großgeräten wird sich für die Feuerwehr immer günstig auswirken; sie macht den Einsatz der Wehr jedoch keineswegs überflüssig. In dieser Erkenntnis fordern die für den Brandschutz Verantwortlichen heute in zunehmendem Maße, daß überall dort, wo Brände möglich sind, neben anderen vorbeugenden Maßnahmen vor allem Handfeuerlöscher verfügbar gehalten werden.

Es kommt allerdings sehr darauf an, richtige Geräte zu wählen und zweckmäßig aufzustellen. Alle Handfeuerlöscher unterliegen der amtlichen Zulassungsprüfung, die zugleich Eignung und Verwendungsbereich ausweist.

Grundsätzlich sind die beiden großen Brandartgruppen: Glut- oder Flammenbrände zu unterscheiden. Bestimmend für die Auswahl der Handfeuerlöscher ist einerseits der brennende Stoff bzw. das Brandmaterial und andererseits die Hauptlöschwirkung des Löschmittels. Es kommt sehr darauf an, ob das Ersticken der Flammen allein ausreicht oder ob die abkühlende Wirkung entscheidend ist.

Aus den Brandstatistiken ergibt sich, daß rund 75% aller Brände auf die Brandklasse A (organisch feste Stoffe, die mit Glutbildung brennen) entfallen. Dies deckt sich auch mit den allgemeinen Erfahrungen der Feuerwehr.

Die Tatsache, daß ein Löschmittel für diese oder jene Brandklasse zugelassen ist, genügt allein nicht für die Auswahl. So sind z. B. für elektrische Anlagen zugelassen und grundsätzlich geeignet: CO_2-, Tetra- (Bromid) und Trockenlöscher. Für den jeweiligen Fall gilt es aber zu überlegen, welchem dieser an sich geeigneten Löschmittel im gegebenen Verwendungsfall der Vorzug zu geben ist. In dem einen Fall stören die Dämpfe halogenierter Kohlenwasserstoffe (Tetra und Bromid). Im anderen Falle ist es möglicherweise nicht angenehm, daß durch das Trockenlöschpulver elektrische oder maschinelle Anlagen beeinträchtigt werden. Gilt es, einen Holzschuppen zu schützen, bei dem Wasserlöscher in frostsicherer Ausführung mit ihrem weitreichenden Strahl und langer Spritzdauer zweckmäßig sein würden, eignen sich Schaumlöscher besser, wenn in diesem Schuppen gleichzeitig feuergefährliche Flüssigkeiten, Chemikalien usw. aufbewahrt werden, für die Wasser ungeeignet ist.

In jedem Falle ist also sorgfältig zu prüfen:

was für ein Objekt geschützt werden soll,
was brennen kann,

ob das Gerät wegen möglicher Verqualmung und Hitzeausstrahlung oder aus anderen Gründen über eine große Reichweite und Spritzhöhe verfügen muß,
ob es darauf ankommt, daß die Spritzdauer möglichst lang ist,
ob elektrische Anlagen zu schützen sind (Motore, Schalttafeln, Trafos usw.),
ob keine Nebenschäden des Löschmittels auftreten dürfen.

Wie schon diese Fragen, die längst nicht vollständig sind, zu erkennen geben, ist es mit dem Prospekt allein nicht getan.

In erster Linie kommt es darauf an, ob die zur Wahl stehenden Löscher für die in Betracht zu ziehenden Brandmöglichkeiten amtlich zugelassen sind. Vorführungen der Löschgeräte sind zwar stets interessant und geben ein allgemeines Bild, sie entsprechen aber nicht immer den wirklichen Verhältnissen in der Praxis, vor allem dann nicht, wenn durch den Einsatz geübter Vorführer glänzende Löscherfolge gezeigt werden.

Wenn zur Löschung gleicher Objekte unter betrieblichen Bedingungen Betriebsmitglieder herangezogen werden, zeigen sich meist völlig andere Ergebnisse, besonders dann, wenn diese Betriebsmitglieder nicht als geschulte Betriebs-Feuerwehrmänner gelten können, die mit Handfeuerlöschern umzugehen verstehen.

Ohne den Wert von Vorführungen zu stark einzuschränken, ist es aber doch so, daß im Freien „mit dem Wind“ angegriffen werden kann, daß Rauch, Löschgase usw. ungehindert und ohne den Löschenden oder die Zuschauer zu stören, abziehen können. Jedenfalls ist es etwas ganz anderes, ein Objekt, bei dem z. B. eine große Hitzeausstrahlung auftritt, in einem Betriebsraum zu bekämpfen, statt im Freien. Zu diesen Erkenntnissen wird jeder kommen, der an betriebsnahen Objekten Löschversuche mit seinen Betriebsangehörigen durchführt.

Eine sorgfältige Beratung muß deshalb fachliche und betriebliche Gesichtspunkte in den Vordergrund stellen und von wirklich zuverlässigen Beratern durchgeführt werden. Auch die Mitarbeiter der Feuerwehr, vor allem der Brandschauer und die Aufsichtsorgane dürfen sich hierbei nur so entscheiden, wie es der jeweilige Fall verlangt. Das ist nicht besonders schwierig, weil heute die meisten Herstellerfirmen Geräte aller Löschverfahren fertigen und praktisch jeder Forderung zu entsprechen vermögen.

Es ist ein Irrtum, zu glauben, daß der Feuerschutz eines Betriebes dann rationell wäre, wenn ein und dieselbe Type für alle in diesem Betrieb möglichen Brandfälle vorgesehen wird. Es mag Betriebe geben, wo dies im Hinblick auf die Art des Betriebes vertretbar ist. In fast allen Betrieben befinden sich aber schon meist Geräte verschiedener Bauarten und Systeme, die einerseits nicht weggeworfen werden können und andererseits durchaus im Sinne eines rationellen Feuerschutzes zu dienen vermögen.

Im allgemeinen kann der Feuerschutz nur dann als rationell gelten, wenn Geräte bereitgehalten werden, die den betrieblichen Verhältnissen entsprechen, bestens geeignet sind und in der Hand der Betriebsmitglieder einen wirksamen Einsatz und Löscherfolg erwarten lassen.

Weiter ist wichtig, daß die Geräte laufend überwacht werden, ständig betriebsbereit sind, und Personalbelehrungen mit praktischen Einsätzen von Zeit zu Zeit durchgeführt werden. Vor allem ist auch darauf zu achten, daß die Standorte zweckmäßig ausgewählt werden, die Geräte nicht verstellt, sondern leicht und schnell greifbar sind und ihr Standort gut und weit sichtbar gekennzeichnet ist.

Forschungsstelle für Feuerlöschtechnik an der Technischen Hochschule Karlsruhe

Von Dr.-Ing. G. Magnus, Mannheim

Der Zusammenbruch des Jahres 1945 traf in gleicher Weise das deutsche Feuerlöschwesen wie die deutsche Feuerwehrgeräteindustrie.

Die Betriebsführer und Konstrukteure standen vor den Trümmern ihrer Betriebsstätten und Versuchsanlagen.

Die Feuerwehringenieure hatten mit dem Wiederaufbau und der Neuorganisation des ihnen anvertrauten ausübenden Feuerschutzes alle Hände voll zu tun.

Aber schon im Jahre 1946 wurde die Notwendigkeit erkannt, die Normungsarbeit im Feuerlöschwesen weiterzuführen und die feuerwehrtechnische Normenstelle unter dem Namen „Fachnormenausschuß Feuerlöschwesen" wieder ins Leben zu rufen.

Im Verlauf dieser Bemühungen wurde der Gedanke ausgesprochen, eine Forschungsstätte zu gründen, welche von den öffentlichen Stellen und der Industrie gemeinsam unterhalten, der deutschen Feuerlöschgerätetechnik den Anschluß an die internationale Entwicklung erleichtern sollte.

In den damals sehr undurchsichtigen Verhältnissen erschien eine Wiederbelebung und Weiterentwicklung der deutschen Feuerlöschtechnik nur in gemeinsamer Arbeit aller beteiligten Stellen möglich.

Die zeitraubende und kostspielige Grundlagenforschung auf dem Gebiet der Feuerlöschtechnik, welche allseitig für notwendig erachtet wurde, sollte einer Zentralstelle übertragen werden, damit sich die Industrie und die öffentlichen Dienststellen dem ungestörten Wiederaufbau ihrer Einrichtungen widmen könnten.

Diese Gedanken nahmen in den folgenden Jahren immer mehr Form und Gestalt an.

Ferner festigte sich die Erkenntnis, daß eine gemeinsam geförderte Grundlagenforschung den freien Wettbewerb nicht unterbinden würde, sondern der Weiterentwicklung aller Beteiligten nur nützlich sein könnte.

Im Jahre 1949 konnten dann die ersten Maßnahmen eingeleitet werden, die Forschungsstelle für Feuerlöschtechnik ins Leben zu rufen.

Dem Verfasser dieses Aufsatzes gelang es, die Zustimmung des Senates der Technischen Hochschule Karlsruhe zu erwirken, eine solche Forschungsstelle unter die Obhut der Hochschulverwaltung zu nehmen und der Abteilung für Maschinenwesen anzugliedern. Diese Zustimmung wurde um so leichter gegeben, als bereits im Jahre 1946 ein Lehrauftrag für Feuerwehrgerätetechnik an der Technischen Hochschule Karlsruhe erteilt worden war.

Die zu einer Förderergemeinschaft eingeladenen Industriefirmen begrüßten den Vorschlag, die Forschungsstelle der Technischen Hochschule anzugliedern, und fanden sich zu finanzieller Unterstützung bereit.

Die Hochschule stellte Arbeitsräume und ihren allgemeinen Verwaltungsapparat zur Verfügung.

Die staatliche Bauverwaltung übernahm den Ausbau der bereitgestellten Räume.

Der damalige Präsident des Landesbezirks Baden unterstützte die Einrichtung und am 23. März 1950 erging der Erlaß über die Errichtung der Forschungsstelle für Feuerlöschtechnik an der Technischen Hochschule Karlsruhe durch die Kultusverwaltung. Sieben Firmen der Feuerwehrgeräteindustrie und chemischen Technik zeichneten als Gründer des Gemeinschaftsunternehmens. Im April 1950 nahm die Forschungsstelle ihre Arbeit auf.

Durch Bemühungen der Landesbezirksdirektion für Innere Verwaltung und Arbeit wurden der Forschungsstelle im Jahre 1951 Marshall-Plan-Gelder zur Verfügung gestellt, mit deren Hilfe die Geräteausstattung weiter gefördert werden konnte.

Mit ausländischen Instituten konnten Beziehungen angeknüpft werden. Ein Erfahrungsaustausch bahnt sich seitdem an.

Die Forschungsstelle befaßt sich mit der Bearbeitung solcher Fragen, die von grundlegender Bedeutung für die Löschtechnik und damit für die Gerätetechnik sein können.

Auf dieser Grundlagenforschung kann die Entwicklungsarbeit in den einzelnen Betrieben aufgebaut werden und den leitenden Feuerwehringenieuren ist die Möglichkeit gegeben, schon frühzeitig grundlegende Erkenntnisse in den praktischen Feuerlöschdienst einzuführen.

Die Vielfalt der in der Feuerlöschtechnik zusammenwirkenden Wissenschaften macht über die Forschungsarbeit hinaus die Einrichtung einer Sammelstelle für bereits gewonnene Erfahrungen notwendig.

Die Forschungsstelle beobachtet deshalb die Literatur (auch ausländische) auf die das Feuerlöschwesen interessierenden Probleme und wertet sie aus.

Es ist gelungen, gewisse Forschungsarbeiten auf dem Gebiet der Strömungslehre und der Chemie zu koordinieren, um daraus Erkenntnisse für die Feuerlöschtechnik zu gewinnen.

Im Jahre 1951 wurde die Erforschung von Gefahren, die sich aus der Entzündung von Stauben ergeben, als weiteres Arbeitsgebiet hinzugenommen.

In England und den USA wird auf diesem Gebiet zur Zeit intensiv gearbeitet und es schien notwendig, auch hier Anschluß an die internationale Forschung zu gewinnen.

Als erste wichtige Aufgabe wurde von der Forschungsstelle für Feuerlöschtechnik die Problematik der Anwendung von Netzmitteln in der Feuerlöschtechnik in Angriff genommen.

Nach Beendigung des letzten Krieges waren die Nachrichten von der Verwendung „nassen Wassers" als besondere Neuerung auf dem Gebiet der Löschverfahren aus den USA zu uns gekommen.

Diesen Mitteilungen wurde in Deutschland große Bedeutung beigemessen, um so mehr, als bereits im Jahre 1924 in Deutschland Versuche gemacht worden waren, Wasser durch Veränderung seiner Oberflächenspannung für die Bekämpfung von Kohlenstaubbränden geeigneter zu machen.

Die Versuche waren erfolgreich verlaufen, aber die Frage war nicht weiter bearbeitet worden.

Die in Amerika gemachten Erfahrungen lehrten, daß die Brandbekämpfung durch Einsatz von Netzmitteln in besonderen Einsatzfällen erheblich erleichtert wird.

Diese Beobachtungen haben sich auch bei uns in Deutschland bei Versuchseinsätzen bestätigt.

Bevor jedoch die Anwendung bestimmter, in der chemischen Technik bereits zu anderen Zwecken verwendeter Netzmittel für die Brandbekämpfung allgemein empfohlen werden kann, waren noch umfangreiche Versuchsarbeiten erforderlich.

Ein wichtiges Problem bietet zunächst die Beurteilung der Netzwirkung. Wir wissen, daß die Netzmittel die Oberflächenspannung herabsetzen, und zwar sinkt bei fast allen von uns untersuchten Netzmitteln diese Oberflächenspannung von 72,5 auf etwa 30 dyn/cm.

In ihrem Verhalten gegenüber den zu benetzenden Stoffen zeigen aber die Netzmittel bei annähernd gleichen Werten unterschiedliches Verhalten.

Man ist also gezwungen, andere Faktoren außer der Oberflächenspannung noch mit zu untersuchen. Die Oberflächenspannung tritt ja an der Grenzfläche zwischen Flüssigkeit und Luft auf.

Beim Netzvorgang bzw. Löschvorgang tritt aber noch ein dritter Stoff hinzu, nämlich der feste Stoff, der zu benetzen ist. Es müssen also nun die Grenzflächen eines dreiphasischen Systems untersucht werden.

Diese Untersuchungen bieten besondere Schwierigkeiten. In der Schmiertechnik werden zur Zeit Grenzflächenspannungen von Ölen gegen polierte Metalloberflächen in komplizierten Apparaturen gemessen.

Von verschiedenen Forschern ist die Erkenntnis erarbeitet worden, daß sich die Oberflächen- und Grenzflächenspannungen mit der Zeit ändern.

Zur Beurteilung eines Netzmittels müssen also auch die zeitlichen Veränderungen der Oberflächenspanung bis zur Erreichung des Endwertes untersucht werden.

Diese Veränderungen hängen aber außerdem noch mit den Konzentrationsgraden des Wasser-Netzmittel-Gemisches zusammen.

Es müssen also hier noch grundlegende, physikalische Erkenntnisse gesucht werden, um den Netzvorgang auf Grund von Laboratoriumsmessungen auch wirklich voraus bestimmen zu können.

Die Forschungsstelle hat sich nun bemüht, bis zur Erreichung dieser wissenschaftlichen Erkenntnisse eine Behelfslösung für die Beurteilung der Netzwirkung zu finden.

Im Verlaufe dieser Überlegungen hat sich jedoch gezeigt, daß sich die Bewertungsmaßstäbe der einzelnen Netzmittel nicht nur mit den einzelnen zu benetzenden Stoffen ändern, sondern auch die einzelnen Bewertungsmethoden unterschiedliche Beurteilungsgrundlagen ergaben, d. h. ein Netzmittel, das nach einer Untersuchungsmethode einem bestimmten Stoff gegenüber ein gewisses Verhalten zeigt, zeigt nach einer anderen Meßmethode dem gleichen Stoff gegenüber wieder ein unterschiedliches Verhalten. Es hat sich deshalb auch noch keine Zwischenlösung für die Beurteilung des Netzverhaltens finden lassen.

Als vordringlichstes Problem bleibt deshalb die meßtechnische Erfassung der grenzflächenphysikalischen Erscheinungen bestehen. Außer der Physik des Netzvorganges wurden die physiologischen Wirkungen von Netzmitteln untersucht, denn es gilt sicherzustellen, daß weder die Löschmannschaften noch diejenigen Personen, die mit dem abgelöschten Gut in Berührung kommen, gesundheitliche Schäden erleiden; anderenfalls würde sich der Einsatz von Netzmitteln von selbst verbieten.

Im Anschluß daran sind von Interesse auch die Untersuchungen, inwieweit die abgelöschten Güter in ihrer Verwendungsfähigkeit durch die Netzmittel beeinträchtigt werden, z. B. Nahrungsmittel. Bisher wurden von der Forschungsstelle zwölf im Handel erhältliche Netzmittel diesbezüglichen Untersuchungen unterzogen, wobei ein medizinischer Sachverständiger mitwirkte.

Netzmittel üben auf fast alle Metalle eine starke Korrosionswirkung aus.

Es ist notwendig, diese Einwirkung weitgehend zu untersuchen, um die in der Gerätetechnik vorkommenden Baustoffe gegen die nachteiligen Einflüsse der Netzmittel schützen zu können.

Die durchgeführten Versuchsreihen haben ergeben, daß die Korrosionswirkungen bei dem zunächst beschränkten Einsatz von Netzmitteln im Feuerlöschdienst keine besorgniserregenden Schäden hervorrufen.

Dieser kurze Überblick über die Problematik der Netzmittel erhebt keinen Anspruch darauf, erschöpfend zu sein; er soll nur darstellen, welche Probleme bearbeitet werden. Die Arbeit der Forschungsstelle konnte aber nicht nur auf die Untersuchungen von Netzmitteln beschränkt bleiben, sondern mußte sich auch anderen Gebieten zuwenden.

Die Anwendung fein zerstäubten Wassers in der Löschtechnik gewinnt immer mehr an Bedeutung.

Die vorliegenden Erfahrungsberichte beweisen, daß mit gutem Erfolg Brände von flüssigen und festen Stoffen durch zerstäubtes Wasser gelöscht wurden.

Die nähere Betrachtung des Löschvorganges hat ergeben, daß die bisher gewonnenen Erkenntnisse keine befriedigenden Erklärungen für die Löschwirkung des Wasserstaubes ergeben konnten. Die Forschungsstelle mußte sich daher die Aufgabe stellen, nicht nur das Löschmittel Wasser, sondern auch den Löschvorgang in ihre Untersuchungen mit einzubeziehen.

Die Beschäftigung mit dem Löschvorgang erschien uns um so bedeutsamer, als die Beurteilung des Löschverfahrens die theoretische Beherrschung des Löschvorganges voraussetzt. Es ist den Mitarbeitern der Forschungsstelle klar, daß die sich hier bietenden Probleme noch jahrelanger Arbeit bedürfen und daß es zur Zeit den Anschein hat, als ob mit den bisher bekannten Methoden die Durchdringung des Löschvorganges gar nicht zu Ende geführt werden kann.

Eine Arbeit muß aber einmal in Angriff genommen werden, bevor man darüber entscheiden kann, ob sie sich zu Ende führen läßt oder nicht.

Es wird ferner daran gearbeitet, die bei der Verbrennung freiwerdende Wärme in ein Verhältnis zu der aufgewendeten Löschwassermenge zu setzen und weiterhin den Wärmeübergang vom Brandobjekt an das aufgebrachte Löschwasser zu erforschen. Dabei werden die Verhältnisse im einzelnen Wassertröpfchen zu untersuchen sein und diese Verhältnisse wieder im Hinblick auf den günstigsten Zerstäubungsgrad.

Dieser günstigste Zerstäubungsgrad wird aber andererseits von der Wurfweite des Löschstrahles und der für die Durchdringung der Flammenzone erforderlichen kinetischen Energie des einzelnen Tröpfchens beeinflußt.

Die Forschungsstelle beobachtet sorgfältig die Entwicklung von Sonderlöschmitteln.

Es sind gerade in der letzten Zeit Sonderlöschmittel in der Entwicklung, welche eines eingehenden Studiums wert sind. Die der Forschungsstelle angegliederte Prüfstelle für Sonderlöschmittel und Sonderlöschverfahren wird noch wichtige Arbeit zu leisten haben.

Die Schaummittel werden dabei einen großen Raum einnehmen. Zur Zeit wird daran gearbeitet, ein Verfahren zu finden, welches gestattet, das Schaummittel und den aus ihm erzeugten Schaum objektiv beurteilen zu können, ohne dabei auf den Schaumerzeuger mit seinem unterschiedlichen Verhalten angewiesen zu sein. Es muß dabei sichergestellt werden, daß die Bedingungen, unter welchen der Schaum erzeugt wird, stets einwandfrei reproduziert werden können.

Die Forschungsstelle für Feuerlöschtechnik an der Technischen Hochschule Karlsruhe steht vor einer ganzen Reihe von Problemen, deren Bewältigung eine harte und zeitraubende Arbeit voraussetzt.

Der Spiegel des Brandschutzes

Von Dr. W. Zilius, Stuttgart

Jedes Fach hat s e i n Schrifttum. Unser Fachschrifttum ist der Spiegel des Feuerlöschwesens. An seiner Geschichte läßt sich die Geschichte der Feuerwehren ablesen, ihre Leistung, ihre technische Entwicklung und ihre menschliche Bewährung.

Der Idealismus echten Bürgersinnes einer nach Hunderttausenden zählenden Gemeinschaft Freiwilliger und die unermüdliche Hingabe eines verhältnismäßig kleinen Kreises von hauptberuflich tätigen Fachleuten sind die beiden Säulen, auf denen die Organisation der Feuerwehren ruht. Es liegt in der Natur der Sache, daß sich jegliches Fachschrifttum mehr mit den technischen Voraussetzungen für einen wirkungsvollen Einsatz der materiellen Hilfsmittel zur Brandbekämpfung befaßt, als mit den Menschen, die das Feuer abwehren und löschen. Und wie in jedem Fach neigen die Berufsspezialisten zur Überschätzung der Technik und die Kameradschaftsverbände zu ihrer Unterbewertung, weil sie mit Recht ihre Aufgabe darin sehen, die „Techniker" an die menschlichen Voraussetzungen zu gemahnen. Aber nur, wenn beide, die Techniker und die für die menschliche Führung Verantwortlichen, auch das Verständnis für die andere Seite aufbringen und sich vor der gemeinsamen Aufgabe — Brand zu verhüten oder ihn zu löschen — verbünden, kann der höchste Leistungseffekt entstehen.

Schließlich gibt es als Teilhaber am Brandschutz neben den Menschen und der Technik eine dritte Kraft: die Gemeinde. Die Mannschaften der Feuerwehren sind Bürger der Gemeinde. Für die löschtechnische Ausrüstung, für ihre Beschaffung und Ergänzung ist die Gemeinde verantwortlich. Die Gemeinde ist der Gefahr des Brandes ausgesetzt. Sie schafft sich aus eigener Kraft den Schutz gegen den Roten Hahn: durch i h r e Bürger und mit i h r e n technischen Hilfsmitteln.

Der Mensch, die Technik und die sie tragende Organisation ziehen sich als bestimmende Kräfte auch thematisch durch das gesamte Fachschrifttum der Feuerwehren — naturgemäß mit dem Übergewicht der Technik, die gegenüber den beiden anderen gleichbleibenden Komponnenten einer ständigen und schnellen Entwicklung unterworfen ist.

Dieses Buch bezeugt auf vielen Seiten die gewaltige Wandlung aller technischen Hilfsmittel der Brandbekämpfung und macht auch dem Laien glaubhaft: Der Feuerwehrmann hat immer viel und gründlich zu lernen, wenn er Schritt halten will mit der Aufgabe, aber auch mit den Möglichkeiten, die ihm die Technik bietet. Dieses notwendige Wissen vermitteln dem Feuerwehrmann seine Schulen, aber auch diese nicht ohne das Fachschrifttum auf allen Sondergebieten. Die 12 Schulen der Bundesrepublik vermögen nur einen kleinen Teil der 800 000 Feuerwehrmänner aufzunehmen. Diesen geschulten Führungskräften obliegt die gesamte Ausbildung ihrer Kameraden und dabei leistet ihnen das Fachschrifttum die wertvollste Hilfe.

Der Laie macht sich kaum einen Begriff von der Vielseitigkeit der Anforderungen, die an das Wissen und Können eines Feuerwehrmannes gestellt werden. In den Fachbüchern werden behandelt, um nur die wichtigsten Themen zu nennen: Die Geräte der Feuerwehr — das Schlauchwesen — die Löschwasserversorgung — die Löschmittel — Atemschutz — die Brandbekämpfung und ihre Taktik — der vorbeugende Brandschutz — Brandverhütungsschau — Baustoffe und Baukunde — der Waldbrand — Brandursachen und ihre Ermittlung — das Krankentransportwesen — das Nachrichten- und Meldewesen — Unfallverhütung und Unfallversicherung — innere Verwaltung und Organisation.

Acht Zeitschriften befassen sich mit ihren insgesamt 200 Druckseiten Monat für Monat mit den Fachproblemen des Feuerwehrmannes. Ihnen obliegt der Erfahrungsaustausch, die Untersuchung der Brandursachen, die Erörterung der neuesten technischen Löschmittel, Geräte und Fahrzeuge, der zweckmäßigen Taktik ihres Einsatzes gegen das Feuer. Sie behandeln die Fragen der Menschenführung und der Geldmittel zur Beschaffung der Geräte, Schläuche und Fahrzeuge. Sie spiegeln in ihren Anzeigen das Zusammenwirken von Industrie und Feuerwehr wider. Im Abdruck von Gesetzen und Verordnungen lassen sie das Interesse und die ordnende Hand des Staates erkennen. Großbrände finden in nüchternen Untersuchungen eine Darstellung, aus denen nur die Leidenschaft des Fachmannes spricht, aus ihnen die Lehren für die Zukunft zu ziehen. Wenn hier schließlich auch wieder die Rolle des Brandschutzes im Luftschutz behandelt wird, dann zeichnet sich, lange bevor der Bürger dieses Schreckgespenst aus dem letzten Kriege nur angedeutet wissen will, eine neue große und belastende Aufgabe für den Feuerwehrmann ab, der er sich nicht entziehen darf und auf die er darum technisch und organisatorisch vorbereitet sein muß.

Das Fachschrifttum registriert in den Zahlen der Einsätze, der Klein-, Mittel- und Großbrände, in den Zahlen der Schadensummen und in den Zahlen der Geldwerte, die vor dem Feuer gerettet wurden, die Notwendigkeit der Existenz der Feuerwehren und des unermüdlichen Einsatzes ihrer Männer. Es legt Zeugnis ab von der Treue im Dienst am Nächsten, wenn die Fachzeitschriften Monat für Monat 50-, 75- und 100jähriges Bestehen einer Wehr melden und den Veteranen, die sich ein Leben lang dieser großen Sache verschrieben haben, einige Zeilen des Dankes widmen.

Damit schließt sich der Kreis: die Feuerwehren sind eine Einrichtung, die, von Menschen getragen, den Menschen dienen. So groß der Anteil der Technik am Gelingen ihrer Aufgabe, so groß auch ihr Anteil innerhalb des Fachschrifttums. Wenn dort aber einer kleinen Notiz, eingestreut zwischen wissenschaftlichen Abhandlungen, zu entnehmen ist, daß ein Feuerwehrmann auf viele Jahre seines Lebens als „Mann an der Spritze" zurückblicken kann, oder daß wieder einmal einer dieser Wackeren seinen Einsatz für Gut und Leben der Mitbürger mit dem eigenen Leben bezahlt hat — dann wissen wir: Erst durch diese Hinweise auf die lebendige menschliche Hand, die jegliche Technik lenkt und führt, wird das Fachschrifttum ganz das, als was wir es angesprochen haben — als Spiegel der Feuerwehren.

Die Aufgabe des Feuerwehrhauses

(aus: Bürger, Das Feuerwehrhaus. Bd. 7 der Brandschutz-Fachbuchreihe. W. Kohlhammer Verlag, Stuttgart)

Die Freiwilligen Feuerwehren haben sich während der 100 Jahre ihres Bestehens von einer anfänglichen Massenorganisation bürgerlicher Helfer zu einer technischen Spezialtruppe für Brandbekämpfung entwickelt. Diese durch das Fortschreiten der Technik bedingte Entwicklung hat sowohl die im Feuerwehrdienst stehenden Menschen als auch die Löschgeräte wesentlich beeinflußt. Während noch vor wenigen Jahrzehnten die Freiwillige Feuerwehr einer mittleren Gemeinde oft über mehrere hundert Mannschaften verfügte, die an technisch einfachen Geräten eine ebenso einfache Ausbildung erfuhren, zählt die Feuerwehr einer solchen Gemeinde heute nur wenige Löschgruppen, deren Mannschaften ein technisch hochentwickeltes Löschgerät zu bedienen haben. Diese Mannschaften bedürfen deshalb einer intensiven und sehr umfangreichen Ausbildung nicht allein deshalb, weil die modernen Geräte meist empfindliche Löschmaschinen sind, sondern weil durch die fortgeschrittene Industrialisierung auch die Art der Brände und ihre Bekämpfung eine Vielfalt von Möglichkeiten aufweist.

Früher diente der Aufbewahrung der Feuerlöschgeräte „Das Spritzenhaus". Dieses entstand oft dadurch, daß um die vorhandenen Löschgeräte Wände gezogen wurden und ein Dach das Ganze zum Spritzenhaus verband. Diese Art der Spritzenhäuser ist heute noch Land auf Land ab in Betrieb, obwohl zwischenzeitlich Löschgeräte und Löschmannschaften sich grundsätzlich gewandelt haben. Bedauerlicherweise begegnet man oft auch bei Neubauten, die heute erstellt werden, dieser veralteten Auffassung.

Die vorstehend geschilderte Entwicklung des Feuerlöschwesens läßt bereits erkennen, daß die bisherige Bezeichnung „Spritzenhaus" oder „Feuerwehrmagazin" nicht mehr zeitgemäß ist. Es kann sich bei der Neuerstellung eines Hauses für die Feuerwehr nicht mehr allein darum handeln, einen Geräteschuppen zu schaffen. Nein, die Funktion des neuzeitlichen Feuerwehrhauses ist eine andere.

Das moderne Feuerwehrhaus hat zwei Aufgaben zu dienen. Sich mit ihnen vertraut zu machen vor Beginn der Planung, muß sich sowohl der verantwortliche Architekt als auch die Bauherrschaft zur Pflicht machen. Die Bauherrschaft wird wohl immer vertreten sein durch die Gemeindeverwaltung als der gesetzlichen Trägerin des Feuerschutzes und durch die Feuerwehr als der den aktiven Feuerschutz bildenden Gemeinschaft der Bürger.

Das Feuerwehrhaus soll zugleich Mensch und Gerät dienen. Genau so wie Löschgruppe und Löschfahrzeug eine für die Brandbekämpfung unteilbare Einheit bilden, genau so soll das Feuerwehrhaus für beide eine gemeinsame Heimstätte sein. Aus dieser Erkenntnis folgen die beiden Funktionen des Feuerwehrhauses:

1. Das Feuerwehrhaus soll die Lösch- und Rettungsgeräte aufnehmen, die sich im Betrieb der örtlichen Feuerwehr befinden. Es soll außerdem entsprechend der Größe der Gemeinde und ihrer Feuerwehr die für die Wartung und den Betrieb der Lösch- und Rettungsgeräte erforderlichen Nebenräume, wie Werkstätte, Kraftstofflager, Schlauchmacherei mit Trockenanlage und Steigturm und dergl. enthalten. Es soll jedoch nicht ein Museum für nicht mehr benötigte Geräte sein. Gleichermaßen ist es auch abzulehnen, daß feuerwehrfremde Geräte, wie Spreng- und Müllwagen, Leichenwagen, Obstbaumspritzen und dergl. in Feuerwehrhäusern Einstellung finden.
2. Das Feuerwehrhaus soll zum andern ein Heim der Feuerwehrmänner sein. Es muß deshalb in allen Fällen der Neuerbauung von Feuerwehrhäusern verlangt werden, daß die für Unterrichts- und Betreuungszwecke der Mannschaften erforderlichen Räume, wie Unterrichtsraum, Geschäftszimmer, Wasch- und Toilettenräume genau so bei der Planung Berücksichtigung finden wie diese bei den Geräteabstellräumen selbstverständlich der Fall ist.

Es muß an dieser Stelle darauf hingewiesen werden, daß die freiwilligen Männer der Feuerwehr einer ebenso guten Pflege bedürfen, wie dies den Geräten zukommt. Nur durch die Schaffung von Voraussetzungen, die sich den veränderten Lebensverhältnissen der heutigen Zeit anpassen, wird es künftig möglich sein, auch weiterhin Freiwillige für den Dienst in der Feuerwehr zu finden.

Ernstfallübungen im Atemschutz

(aus dem Taschenbuch „Die Deutsche Feuerwehr" Jahrgang 1951; herausgegeben von Reg.-Baurat Dipl.-Ing. K. Raue in der Schriftenreihe „Die Deutsche Feuerwehr", erschienen im Thebal-Verlag)

Wer Ernstfallübungen in Rauch- und in Reizgasen durchführen will, der kann diese Übungen nicht im Freien anordnen. Er braucht dazu eine Gaszelle, einen Übungsraum oder eine Übungsstrecke, alles stets gut verschließbar und mit guten Sichtmöglichkeiten von außen (Beobachtungsfenster). Es ist zu unterscheiden zwischen Gaszellen, die nur einer Prüfung des Dichtsitzens der Maske dienen sollen, und Übungsräumen oder Übungsstrecken, die außerdem Bewegungsübungen und Arbeitsübungen gestatten. Mit einfachen Mitteln sind Gaszellen überall bereitstellbar. Übungsräume und Übungsstrecken verlangen sorgsame Überlegungen und einen sinnvollen Ausbau. Er kann in vielen Fällen mit einfachen Mitteln geschehen, jedenfalls mit manchem Altmaterial, das auf Werkplätzen und in Abstellräumen lagert.

Jede Ernstfallübung soll ein bestimmtes Ziel haben, das eine Arbeits- oder Rettungsaufgabe einschließt. Der Ausbildende darf niemals den Versuch dulden, Praktikanten wie eine Hammelherde durch eine vergaste Strecke zu schicken. Das bedeutet eine verhängnisvolle Spielerei. Übungsräume oder Übungsstrecken sollen mit Einrichtungen ausgerüstet sein — sie lassen sich auch improvisieren —, die Hindernisse darbieten, zu Aufräum- und Durchbrucharbeiten zwingen oder Transportarbeiten verlangen. Es ist nicht nötig, diese Einrichtungen mit Raffinements auszustatten. Es kommt darauf an, die Übenden zu Geh-, Gebücktgeh- und Kriechübungen zu veranlassen. Die Übungsanlage soll verdunkelt werden können, ohne die Leitlichter der Notausgänge mitauszuschalten. Sie soll den Praktikanten Alarmeinrichtungen an die Hand geben, um Hilfe von außen heranrufen zu können; sie soll auch sonst Verständigungsmöglichkeiten mit dem Außenkommando schaffen. Wer eine größere Übungsstrecke einzurichten beabsichtigt, soll nicht versäumen, die heute an zahlreichen Orten Deutschlands vorhandenen Musteranlagen zu studieren.

Jede Ernstfallübung in Gas verlangt eine gute Organisation. Sie soll den Übenden ein Stück Praxis vermitteln, kein Theater. Ich habe diese Organisationen nach den Vorbildern aus Bergbau und Feuerwehr ausgebaut und einen großen Übungsnutzen für Zehntausende Gasdienstführer erarbeiten geholfen. Festgehalten wurde an der Truppeinteilung zu 4 Mann und 1 Führer. Es wird nie mehr als ein Trupp in die Strecke geschickt, sie sei lang oder kurz. Das Ausbildungsziel war, jeden Trupp vom Außenkommando zu lösen und ihn unter die eigene Führung zu bringen. Voraussetzung hierfür ist die richtige Führerauslese. Ich habe nie geruht, bis dieses Ziel erreicht war.

Es ist Brauch geworden, Übungsräume und Übungsstrecken mit Tränengas (Brommethyläthylketon = Bn-Stoff) zu beschicken. Für Übungen mit Nebenfiltereinsätzen darf dieses unsichtbare Gas mit Salmiakrauch „gemischt" werden, um den Begriff „dicke Luft" zu schaffen. Rauchzusatz soll unterbleiben, wenn einfache Industriefilter verwendet werden. Für Übungen mit Sauerstoff-Gasschutzgeräten darf der Rauchzusatz beliebig stark sein. Bn-Stoff ist ein Gas mit Reizwirkung namentlich auf die Augen; Salmiakrauch ist unschädlich. Das Verwenden giftiger Gase für Übungszwecke habe ich nie geduldet. Bei hohem Zusatz von Salmiakrauch und gleichzeitigem Abdunkeln der Übungsstrecke sollen den Praktikanten Handlampen mitgegeben werden.

Der Übergang von der atemgymnastischen Übung zur Übung im Gas bringt jedem Anfängertrupp seelische Beunruhigung. Die Mannschaft ist still und in sich gekehrt. Noch einmal tauchen unsichere Kantonisten auf. Sie verlangen wiederholt ein Nachprüfen der Dichtigkeit ihres Gerätes; für den aufsichtsführenden Arzt haben sie noch manche vertrauliche Frage. Die verantwortliche Führung stellt still die Trupps fest, in denen sich bedenklich gewordene Mitglieder zeigten. Sie werden während der Übung unter Sonderaufsicht genommen, denn in der Regel liegt in diesen Trupps der Herd zu irgendeiner Psychose, die sich, wenn die Selbstführung des Trupps versagt und das Außenkommando keine Verbindung zum Innern der Übungsstrecke hat, der ganzen übenden Mannschaft bemächtigen kann, Mit der strenger gewordenen Menschenauslese und mit dem sorgsamen Ausbau der atemgymnastischen Übungen ist das Auftreten solcher Störungen seltener geworden. Niemals aber dürfen sie bei der Führung einer Ernstfallübung in Gas außer Rechnung gestellt werden. Psychosen kommen wie der bekannte Blitz aus heiterem Himmel. Bei Anwesenheit eines Arztes können sie in der Regel schnell behoben werden und als aufklärende Beispiele Verwertung finden. Trupps, die ihre erste Arbeit in Gas übungstreu verrichtet haben, kommen immer mit gehobenem Selbstbewußtsein heraus. Sie gewannen das nötige Vertrauen zum Schutzgerät und zur Leistungsfähigkeit ihres eigenen Körpers.

Nun dürfen die Einrichtungen der Übungsstrecke in Gang gebracht werden, die gewissermaßen Nervenzerreißproben herbeiführen sollen: Donnernde Zusammenbruchgeräusche, Sirenengeheul, Einschlaggeräusche. Auch hier kann der findige Übungsleiter seine Absicht durch einfache Mittel erreichen. Er hüte sich vor Übersteigerungen, wenn dieser Teil der Übungen ernst genommen werden soll. Als Schlußübung lasse er improvisierte Rettungsarbeit an Lederpuppen oder an Menschen durchführen. Diese Übung bedeutet, wenn sie hilfegerecht geleistet wird, höchste körperliche Beanspruchung der Übenden.

Das Anfertigen von Zeichnungen für Brandberichte

(aus: Jaenke, Der kleine Bauzeichner. Bd. 2 der Brandschutz-Fachbuchreihe. W. Kohlhammer Verlag, Stuttgart)

Das Fertigen von Zeichnungen für Brandberichte erfordert im allgemeinen keine große zeichnerische Fähigkeit oder eine besondere technische Begabung, sondern kann jedem zugetraut werden, wenn er sich etwas mit zeichnerischen Darstellungen beschäftigt hat. Es ist nicht die Aufgabe eines Brandermittlers, seine Zeichnungen so zu fertigen, daß sie in allen Teilen dem geschulten Auge eines Baufachmannes standhalten. Zeichnungen für Brandberichte haben auch nichts zu tun mit den berufsmäßig durchgearbeiteten Bauzeichnungen eines Architekten. Sie sollen nur das geschriebene Wort ersetzen oder erläutern und den Brandbericht dadurch klarer und verständlicher machen.

Die heute den Brandberichten beigefügten Bauskizzen und zeichnerischen Darstellungen sind an ihrem Wert gemessen recht unterschiedlich. Es gibt gute Darstellungen, die sich an die im Baufach übliche Zeichenart anlehnen und ihren Zweck vorzüglich erfüllen. Durchweg ist es jedoch noch üblich, daß jeder Brandermittler sich eine eigene Zeichenart zulegt und damit versucht, zu einem zeichnerischen Ergebnis zu kommen. Diese Methode führt jedoch zu keiner befriedigenden Lösung, da die individuell gefertigten Zeichnungen oft schwer lesbar und zu verstehen sind, so daß viele Rückfragen notwendig werden, um Klarheit über die Brandobjekte zu schaffen.

Es ist zu begrüßen, wenn die Fototechnik mehr noch als bisher in den Aufklärungsdienst für die Ermittlung von Brandursachen gestellt wird. Es ist aber nicht möglich, völlig auf zeichnerische Unterlagen zu verzichten.

Besonders deutlich wird dies bei Totalbrandschäden. Hier kann die Lichtbildkamera nur das Aussehen der Brandstätte wiedergeben, während die Wiedergabe des Gebäudes vor dem Brande nur durch zeichnerische Hilfsmittel möglich ist.

Die für Brandberichte notwendigen Zeichnungen müssen jedoch, wenn sie ihren Zweck mehr als bisher erfüllen sollen, nach einem einheitlichen Schema ausgerichtet werden. Hierzu ist erforderlich, daß eine Zeichentechnik für den Brandermittlungsdienst eingeführt wird, die einfach und zweckmäßig ist, von allen Beteiligten ohne Schwierigkeit ausgeübt werden kann und allgemein sofort verstanden wird.

Die sichere Bedienung von Tragkraftspritzen

Von Dipl.-Ing. O. Herterich, Ulm

Die häufigsten Fehlerquellen bei der Bedienung von Tragkraftspritzen

Störungen, die einem erfahrenen Maschinisten rätselhaft sind, treten sehr selten auf. Meist ist die Ursache rasch zu ermitteln und der Fehler leicht abzustellen. Die nachfolgenden Hinweise auf Fehler, die erfahrungsgemäß immer wieder beobachtet werden, sollen dem Lernenden helfen, den Blick für mögliche Fehlerquellen zu schulen, um im entscheidenden Augenblick richtig handeln zu können.

a) Angst vor dem Anwerfen ist sehr häufig anzutreffen. Ursache: Mangelnde Übung und falsche Bedienung beim Starten des Motors.

Wird der Verstellhebel für die Zündung nicht auf Stellung „Anwerfen“ (Spätzündung) gebracht, so schlägt der Anwerfhebel oder die Andrehkurbel zurück und der Maschinist erhält die Wucht des Rückschlages auf den Arm. Die Folge hiervon ist, daß er das zweite

Mal den Anwerfhebel langsamer durchzieht, wodurch jedoch die Gefahr des Rückschlages nur größer wird. Man beachte deshalb: Richtige Stellung des Verstellhebels der Zündung auf Stellung „Anwerfen“, kräftiges, rasches und vollständiges Durchziehen des Anwerfhebels.

Schlägt der Motor auch dann noch zurück, so ist der Zündzeitpunkt falsch eingestellt.

b) Zündkerzen mit falschem Wärmewert oder nicht richtigem Elektrodenabstand sind immer wieder die Ursache für schlechtes Anspringen oder nicht einwandfreien Lauf des Motors.

Man verwende nur die in den technischen Daten oder von den Motorenherstellern angegebenen Zündkerzen. Der Elektrodenabstand soll dabei 0,4 mm betragen. Neue Kerzen, die 0,7 mm E-Abstand aufweisen, sind auf 0,4 mm nachzubiegen. Alte verbrauchte Kerzen werden weggeworfen!

c) Schlechtes Anspringen des warmen Motors hat schon vielen Maschinisten Kummer bereitet und sie zu falschen Maßnahmen verleitet.

Ursache: Nichtbeachtung der Vorschriften für das kurzzeitige Abstellen des Motors und der Anlaßvorschriften für den warmen Motor. Motor häufig ersoffen. In keinem Falle darf bei warmem Motor die Starthilfe eingeschaltet oder der Tupfer des Vergasers benutzt werden.

d) Falsches Mischungsverhältnis wurde schon öfters zum Verhängnis. Zu viel und zu wenig Ölzusatz ist von Übel. Man beachte das von den Herstellern vorgeschriebene Verhältnis Kraftstoff zu Öl. Muß man aber in Unkenntnis der Vorschrift einmal eine Mischung ansetzen, so wähle man 1:20 bis 1:25!

e) Zu hohe Drehzahl des unbelasteten Motors, besonders im kalten Zustand, ist Gift für jeden Motor.

Der Fehler wird häufig auch beim Ansaugen begangen. Man beachte besonders, daß Kapselschieberpumpen bei einer mittleren Drehzahl am besten entlüften, aber auch Gasstrahler verlangen nicht die Höchstdrehzahl des Motors!

f) Ungenügende Schmierung während des Betriebes führt nicht nur zu hohem Verschleiß, sondern auch zu erheblichen Betriebsstörungen.

Man beachte besonders alle Schmierstellen und versorge diese nach den Vorschriften mit den entprechenden Schmiermitteln. Man verwechsle dabei nicht Fett mit Öl und umgekehrt! Beachte, daß die Kapselschieberpumpe einer ausreichenden Schmierung bedarf, wenn der erforderliche Unterdruck erreicht werden soll.

g) Unrichtige Stellung des Zündverstellhebels sowohl beim Start als auch beim Betrieb ist sehr häufig der Fall.

Bei Start befindet sich der Verstellhebel in Stellung „Anwerfen“ (Spätzündung) und wird sofort nach dem Anspringen auf Stellung „Betrieb“ (Frühzündung) gebracht. Letzteres wird meist vergessen, wodurch die Leistung ungenügend ist und der Motor auch sehr heiß wird.

h) Als kleine Ursachen mit großer Wirkung sind wiederholt festgestellt worden:

Das Öffnen der Belüftungsschraube am Kraftstoffbehälter wird vergessen (bei älteren TS-Bauarten).
Der Behälterinhalt wird beim Einsatz nicht laufend kontrolliert, Ersatzfüllung ist nicht bereitgestellt.
Der Kraftstoffhahn wird bei Start auf „Reserve“ statt auf Stellung „Auf“ gestellt.
Die Kühlwassertemperatur wird nicht überwacht.
Der Motor wird bei Vollgasstellung des Gashebels durch Kurzschließer abgestellt.
Motor und Pumpe werden bei Frostgefahr nicht vollständig entwässert.

Behandlung der Schläuche bei Einsatz und Übung

(aus: Ritter-Düning, Das Schlauchmaterial der Feuerwehr und seine Behandlung. Bd. 11 der Brandschutz-Fachbuchreihe. W. Kohlhammer Verlag, Stuttgart)

Die sorgfältige Behandlung der Schläuche muß in der Ausbildung der Feuerwehren so gelehrt werden, daß die Grundsätze dem Feuerwehrmann in Fleisch und Blut übergehen. Dann wird er bemüht sein, auch an der Brandstelle die Schläuche möglichst zu schonen. Einige wesentliche Punkte sollen hier herausgestellt werden.

Scheuern und Schleifen der Schläuche bringt Gewebeschäden. Werden Schläuche von tragbaren oder fahrbaren Haspeln abgerollt, so müssen sie immer von unten abrollen. So kommen sie schneller zum ruhigen Aufliegen. Beim Auskegeln doppelt gerollter Schläuche ist auf glattes Ausziehen zu achten. Es darf stets erst ausgekegelt werden, wenn der vorherige Schlauch glatt ausgezogen ist. Steht der nächst auswerfende Mann zu weit vor, so muß sein Schlauch zurückgezogen werden, um die Kupplung zu schließen. Steht er zu weit zurück, so muß der von ihm voreilig ausgekegelte Schlauch vorgezogen werden. Ist eine Leitung nicht glatt ausgezogen, so treten auch bei langsamem Füllen Knickungen auf, die Ursache für Druckstöße werden. In Treppenhäusern legt man den Schlauch, wenn freie Hochführung unmöglich ist, an die Außenseite. Enge Bogen sind zu vermeiden, denn in ihnen wird das Gewebe des Schlauches an der Innenseite zusammengedrückt, an der Außenseite gezerrt, so daß sich sehr ungleichmäßige Belastungen ergeben. In sehr engen Bogen bilden sich oft Knickungen, besonders bei rohen Schläuchen. Da sie durch das Quellen eine gewisse Steifigkeit erhalten haben, kommt es an den Knickstellen meist zu bleibenden, zunächst unsichtbaren Schäden durch Anbrechen der Kettfäden. Knickungen treten leicht auf, wenn Schlauchleitungen über Leitern in Gebäude geführt werden. Durch rechtzeitiges seitliches Abgehen können die Bogen größer gebildet und Knickungen vermieden werden.

Schläuche, die hochgeführt werden, müssen mit Schlauchhaltern entlastet werden; denn das Gewicht des Schlauches und des Wassers belastet die Einbände stark. Beim Anlegen des Schlauchhalters muß darauf geachtet werden, daß er den Schlauch wirklich entlastet. Man hebt ihn beim Einhängen des Halters etwas an.

Werden trockene Schläuche auf der Erde doppelt gerollt, so müssen stets zwei Mann zusammenarbeiten, um Scheuern zu vermeiden und eine glatte Schlauchrolle zu erhalten.

Schläuche dürfen nicht über scharfe Kanten, Scherben, Stacheldraht, durch glühenden Brandschutt, Öl, Benzin, Chemikalien usw. gezogen oder gelegt werden. Schläuche sollen möglichst nicht nachgezogen werden, besonders nicht, wenn sie unter Druck stehen. da dann der schwere Schlauch stark auf dem Boden scheuert. Ist ein Nachziehen erforderlich, so soll die Leitung getragen werden. Sind Stellen durch Trümmer gefährdet, so legt man die Schläuche möglichst weit um sie herum. Man kann die Schläuche auch abdecken oder hochbinden, besonders dann, wenn die Aufräumungsarbeit beginnt.

Eine meist wenig beachtete Gefährdung entsteht für Druckschläuche aus den Erschütterungen der Kraftspritzen, vor allem bei Tragkraftspritzen. Dieses tritt besonders bei langsamem Lauf des Motors in Erscheinung. Aus der Bewegung der Schlauchleitung ergibt sich vornehmlich an der Stelle, wo sie sich auf die Erde legt, eine dauernde Reibung, was zu Gewebeschäden führen muß. Wenigstens an dieser Stelle ist eine glatte Unterlage erforderlich. Liegt eine Schlauchleitung auf rauher, kantiger Unterlage, z. B. auf Schotter, Mauerkanten oder ähnlichem, so ist ein Schutz zu schaffen. Bei der Schlauchaufsicht ist dazu wohl immer Zeit. Es ist aber Sache der Ausbilder, darauf hinzuweisen.

Gebrauchte Schläuche müssen mindestens so sorgfältig behandelt werden wie saubere Schläuche. Bei rohen Schläuchen ist sogar noch eine größere Sorgfalt erforderlich, da das Gewebe steifer und empfindlicher geworden ist. Meist ist jedoch zu beobachten, daß der gebrauchte Schlauch wenig pfleglich behandelt wird. Nicht mehr benötigte Schläuche werden oft achtlos an die Seite geworfen oder in Buchten zusammengeschlagen. Hierdurch entstehen bei rohen Schläuchen gerade die Knickungen, die beim Schlauchauslegen verhindert werden sollen.

Nasse Schläuche dürfen grundsätzlich nur einfach gerollt werden, ausgenommen gefrorene Schläuche. Legt sich ein flachgewebter roher Schlauch nach dem Entleeren nicht zusammen, weil er verdreht liegt, so ist es nicht richtig, dann auf ihm entlang zu laufen, um ihn platt zu drücken. Man muß beim Rollen dann den Kennstreifen folgen, unter Umständen die Schlauchrolle drehen. Gerade im nassen Gewebe roher, flachgewebter Kombinationsschläuche kommt der größeren Elastizität der Flachskanten besondere Bedeutung zu. Rohe, rundgewebte Schläuche lassen sich ohne Schwierigkeiten in jeder Lage rollen. Grundsätzlich sind Schläuche möglichst bald wieder aufzunehmen und zusammenzulagern. Gebrauchte Schläuche sind unverzüglich der Schlauchwerkstatt zuzuführen. Von besonderer Bedeutung ist dieses, wenn sie mit Öl, Benzin, Teer, Chemikalien, Jauche oder ähnlichen zersetzenden Materialien in Berührung gekommen sind. Solche Schläuche müssen besonders gekennzeichnet werden, da sie sofort gründlich gesäubert werden müssen.

Das Prüfen der Schläuche

(aus „Das Schlauchwesen" von Ing. Finckh — Dr.-Ing. Closterhalfen — Branding. Schlosser; erschienen in der Schriftenreihe „Die Deutsche Feuerwehr" im Thebal-Verlag)

Nach jedem Waschen, und mindestens halbjährlich einmal, sind die Schläuche einer Druckprüfung zu unterziehen, um Spritzlöcher und andere Schadenstellen festzustellen. Man bezeichnet diese Prüfung als Gebrauchsprüfung im Gegensatz zur Abnahmeprüfung bei neubeschafften Schläuchen.

Ob das Prüfen vor oder nach dem Reinigen vorgenommen werden soll, ist umstritten. Gummierte Schläuche kommen auch vor dem Reinigen zum Prüfen. Sie werden meist beim Gebrauch außen nicht naß und Schwitzstellen (geringes Durchtreten von Wasser ohne zu spritzen) sind leichter zu erkennen. Bei rohen Schläuchen wird man das Prüfen zweckmäßig immer nach dem Reinigen ausführen, da das Gewebe dann schon genügend verquollen ist.

Der Prüfdruck der Schläuche bei wiederkehrenden Prüfungen beträgt durchschnittlich 10 kg/cm². Zum Prüfen verwendet man Handdruckpumpen, elektrisch betriebene Pumpen oder Kraftspritzen in Verbindung mit Druckbegrenzungsventilen (Druckregelventile). Das Abdrücken der Schläuche erfolgt gelegentlich auch unter Verwendung von Luftkompressoren aller Art (Reifenluftpumpen, Farbspritzanlagen usw.), wobei Preßluft in einer einfachen Zusatzeinrichtung (Windkessel) zur Erhöhung des Wasserleitungsdruckes ausgenutzt wird. Größere Feuerwehren besitzen meist besondere Schlauchprüfpumpen, die sich auf einen bestimmten Druck einstellen lassen.

Die Verwendung eines Druckbegrenzungsventils (DIN 14 380) verhindert ein zu hohes Ansteigen des bei der Prüfung angewendeten Druckes. Das Druckbegrenzungsventil wird am Ende des zu prüfenden Schlauches angesetzt und der freie Ausgang durch eine B-Blindkupplung verschlossen. Sobald der am Druckbegrenzungsventil eingestellte Prüfdruck erreicht ist, spricht dieses an und läßt das Wasser abfließen. Man erkennt daher an dem Ansprechen des Druckbegrenzungsventils auf einfachste Weise, daß der Prüfdruck erreicht ist.

Die Schlauchprüfpumpe hat zwei ineinandergehende Kolben für verschiedene Drücke. Der größere Kolben wird bis etwa 8 kg/cm² benutzt. Wird auf den kleinen Kolben umgeschaltet, so lassen sich Drücke bis zu 50 kg/cm² erreichen. Dieser hohe Druck wird hauptsächlich zu Zerplatzproben benötigt.

Die Schlauchprüfvorrichtungen mit elektrischem Antrieb bestehen im wesentlichen aus einer mehrstufigen Kreiselpumpe, die mit einem Elektromotor gekuppelt ist. Saug- und Druckanschluß sind an der oberen Seite der Pumpe angeordnet. Darüber liegt ein kleiner Druckbehälter, der durch ein Rohr mit dem Druckstutzen der Pumpe verbunden ist. Zum Anschluß der zu prüfenden Schläuche sind an dem Druckbehälter mehrere absperrbare Abgänge mit C-Kupplungen vorgesehen.

Der Druckbehälter ist durch eine zweite Rohrleitung mit dem Saugstutzen der Pumpe verbunden, in die ein Druckbegrenzungsventil (Druckregelventil) eingebaut ist. An dieses Rohr ist auch der Anschluß für die Zuleitung des Wassers angesetzt. Sobald der Druck im Behälter den am Druckbegrenzungsventil eingestellten Druck überschreitet. öffnet dieses und läßt einen Teil des Druckwassers nach der Unterdruckseite der Pumpe zurückfließen.

Mit diesen Pumpen läßt sich ein Druck bis zu 20 kg/cm² erzielen und die gleichzeitige Prüfung mehrerer Schläuche durchführen. Das Regelventil gestattet es, jeden gewünschten Druck, auf den ein Schlauch geprüft werden soll, einzustellen.

Zum Prüfen legt man den Schlauch der Länge nach aus. Das eine Ende wird an die Wasserleitung oder an die Schlauchprüfpumpe angeschlossen und das andere durch eine Blindkupplung mit Ablaßhahn, Verteiler oder durch ein absperrbares Strahlrohr verschlossen. Der Hahn bleibt solange geöffnet, bis Wasser austritt, der Schlauch also mit Wasser gefüllt ist. Dann wird er geschlossen und der Druck l a n g s a m erhöht.

Schläuche, an denen die Kupplung ausgerissen ist oder die eine größere Platzstelle aufweisen, werden durch eine S c h l a u c h k l e m m e verschlossen. Die Schadenstellen sind zu kennzeichnen. Die Spritzstellen werden mit Tintenstift angezeichnet oder kleine Häkchen aus verzinktem Draht eingedrückt. Am freien Ende sind diese Häkchen mit einer Öse versehen, durch die eine Schnur zum Festbinden gezogen ist.

Je nach den bei der Prüfung gemachten Feststellungen werden die Schläuche in folgende Gruppen eingeteilt:

Brauchbar ohne Ausbesserung,
brauchbar mit Ausbesserung,
nicht mehr brauchbar, ausmustern.

Das Prüfungsergebnis ist unter Anführung der Nummer des Schlauches schriftlich festzuhalten. Die Ausscheidung nach den einzelnen Gruppen erfolgt erst nach dem Trocknen.

Nicht zu vergessen ist das Prüfen der Kupplungen auf Beschädigungen und der Dichtringe auf einwandfreien Zustand und Sitz.

Löschwasser aus offenen Gewässern

(aus: Febrans, Feuerlöschwasser aus offenen Gewässern. Bd. 3b der Brandschutz-Fachbuchreihe. W. Kohlhammer Verlag, Stuttgart)

Offene Gewässer werden immer ein wichtiges Hilfsmittel für die Feuerwehren bei der Brandbekämpfung sein und bleiben. Einmal als Reserven für Wasserleitungen, insbesondere in kleineren Orten, deren Wasserwerke und Rohrnetze oft — schon wegen der Höhe der Anlagekosten — nicht so ausgebaut werden können, daß sie allen Anforderungen bei Großbränden genügen würden. Zum anderen besteht in Orten mit tiefliegenden Wasserspiegeln — die nicht über Wasserwerke verfügen — oft keine andere Möglichkeit, Feuerlöschwasser in genügender Menge bereitzustellen.

Den Hauptanteil der Löschwasseranlagen an offenen Gewässern bilden die künstlichen oder natürlichen Feuerlöschteiche. Während des Krieges sind unzählige Feuerlöschteiche ohne Rücksicht auf Bauschwierigkeiten und die Kosten angelegt worden. Die meisten dieser Feuerlöschteiche sind inzwischen entweder durch Luftangriffe oder sonstwie zerstört worden oder verfallen. Sie bieten einen traurigen Anblick. Mögen die oft unverhältnismäßig hohen Kosten während des Krieges noch zu verantworten gewesen sein — nicht immer —, so ist das heute im verarmten Deutschland nicht mehr zu billigen. Neue Feuerlöschteiche erfordern immer erhebliche Aufwendungen, es muß deshalb angestrebt werden, so zu bauen, daß über Jahrzehnte hinweg keine größeren Instandsetzungskosten zu erwarten, dabei aber die Anlagen jederzeit betriebsbereit sind. Nur dann ist ein Feuerlöschteich wirklich rationell und wirtschaftlich zu verantworten.

Wasserflächen, also auch Feuerlöschteiche beleben eine Landschaft oder eine Dorflage, sie sind gewissermaßen die Augen der Landschaft. Sie sollen deshalb in die Landschaft hineinkomponiert werden und dem Beschauer auch ein freundliches Aussehen bieten. Das läßt sich alles bei gutem Willen ohne besondere Aufwendungen erreichen. Die Bevölkerung wird erfreut und mit Befriedigung ihren Teich betrachten, der Teich wird dann nicht mehr als ein notwendiges Übel empfunden werden.

Die Feuerlöschteiche haben Wasserleitungen und Brunnen gegenüber manche Vorteile:

Bei gefahrdrohenden Bränden kann im Anfangsstadium sofort mit größten Mitteln eingegriffen werden.

Wegen der meistens nur geringen Saughöhe an Feuerlöschteichen ist die volle Ausnutzung des Löschgerätes noch möglich, wenn auch die Pumpe mal nicht ganz in Ordnung ist.

Teiche sind leicht zu erkennende Wasserstellen.

Demgegenüber sind auch gewisse Nachteile nicht zu übersehen:

Im Winter bei starker Kälte die Vereisung und damit in Verbindung die Gefahr des Einfrierens von Pumpe und Schläuchen.

Für solche Fälle müssen eben im voraus schon die geeigneten Maßnahmen bedacht werden.

Es wird nicht immer möglich sein, einen Feuerlöschteich genau nach den festgelegten Normen zu bauen, vielleicht mit Rücksicht auf das zur Verfügung stehende Gelände. Aber auch in solchen Fällen muß das Grundsätzliche gewahrt bleiben, sonst bleiben Enttäuschungen nicht aus.

Die Sicherstellung der unabhängigen Löschwasserversorgung im Winter

(aus: Dutschke, Die Löschwasserversorgung. Bd. 4 der Brandschutz-Fachbuchreihe. W. Kohlhammer Verlag, Stuttgart)

Von den im Winter auftretenden Erschwernissen bei der Benutzung von Wasserstellen, die von der Sammelwasserleitung unabhängig sind, wirkt sich vor allen Dingen der Frost störend aus. Während die Entnahme aus unterirdischen Löschwasserbehältern und die von Grundwasser aus Brunnen auch bei starkem Frost möglich ist und bei fließenden Gewässern die Gefahr des völligen Zufrierens erst bei lang anhaltenden Temperaturen unter 0° C gegeben ist, stellen sich bei Feuerlöschteichen und offenen Löschwasserbehältern sehr rasch nach dem Frosteintritt Störungen ein. Abgesehen davon, daß infolge von Eisbildung die Benutzung dieser Entnahmestellen erschwert oder überhaupt unmöglich gemacht wird, können schwere Beschädigungen an den Böschungsflächen durch den Eisdruck entstehen, die das Auslaufen des Wasserinhaltes zur Folge haben. Feuerlöschteiche und offene Löschwasserbehälter müssen daher bei Frost dauernd überwacht werden. Von dem jeweiligen Ergebnis der laufend durchgeführten Kontrollen hängen die zu ergreifenden Maßnahmen ab. Erfahrungsgemäß hat eine Eisdecke bis zu 0,25 m Dicke noch keine schädigenden Wirkungen auf die Wandungen zur Folge. Zur Entnahme genügt das Offenhalten einer Fläche von etwa 1 qm. Ist Schnee gefallen, dann empfiehlt sich das Aufbringen einer Schneeschicht von mindestens 0,5 m auf die Eisdecke. Um das wiederholte Aufhacken des Sauglodies zu vermeiden, kann man ein Holzfaß derart einfrieren lassen, daß es etwa 0,5 m tief im Wasser steht. Der Boden des mit Stroh, Reisig, Holzwolle oder Dung angefüllten Fasses wird ausgeschlagen, sobald Wasser entnommen werden soll. Auch können in das Eis geschlagene Löcher mit Strohbündeln ausgefüllt werden, die man vor Inbetriebnahme der Saugstelle abbrennt.

Beträgt die Dicke der Eisdecke über 0,25 m, dann ist die Enteisung des Teiches vorzunehmen, die eine äußerst beschwerliche Arbeit darstellt. Durch Absaugen einer genügenden Wassermenge werden dann Hohlräume erzeugt, in die von der Mitte aus die Eisdecke abstürzt, so daß die Eisschollen herausgefischt werden können. Ist bei Inangriffnahme der Arbeiten der Wasserstand bereits gesunken, so kann die in der Mitte durchhängende Decke auch durch Auffüllen des Teiches gesprengt werden. Bei Bitumenteichen empfiehlt sich das Absaugen von Wasser nicht, da die Teichränder beschädigt werden können, sobald Schollen abbrechen.

Da — abgesehen von Gebirgsgegenden — im Bundesgebiet sehr oft Frost eintritt, bevor Schnee gefallen ist, wird das Aufbringen einer schützenden Schneeschicht nur selten, dafür aber um so häufiger das Aufhacken der Teiche erforderlich sein. Um völliges Einfrieren zu vermeiden, empfiehlt es sich, bereits vor Eintritt der Frostperiode an den Rändern der Teiche entlang Rundbalken zu legen. Kleine Teiche kann man auch mit Balken und Brettern abdecken, über die alte Decken, Säcke u. dgl. gebreitet werden, auf die eine genügend hohe Schicht von Stroh, Laub, Holzwolle u. dgl. geschichtet wird.

Ist ein Schutzgebiet lediglich auf Feuerlöschteiche oder offene Löschwasserbehälter angewiesen, so sind bei Frost die notwendigen Maßnahmen täglich mit besonderer Sorgfalt zu treffen.

Grundsätzliches zur Feuerlöschtaktik

(aus: Wolff-Hentschel, Der Löschangriff, Bd. 6 der Brandschutz-Fachbuchreihe. W. Kohlhammer Verlag, Stuttgart)

Die fachlichen Kenntnisse des Feuerwehrführers gipfeln in der „Feuerlöschtaktik". Zur vollendeten Beherrschung der Feuerlöschtaktik gehört nicht nur eine erhebliche Summe von Einzelwissen auf zahlreichen Gebieten, sondern auch ein beträchtliches Maß an Erfahrung und Routine.

Während die Aneignung des reinen Wissensstoffes bei entsprechender Veranlagung, Tatkraft und Fleiß keine Schwierigkeiten bereitet, ist das Sammeln von praktischen Erfahrungen — das liegt in der Natur des Feuerwehrdienstes — dem Zufall unterworfen.

Der Feuerwehrführer, der sich die notwendige Sicherheit für den Einsatzfall aneignen will, kann nicht auf den Zufall warten, der ihm Erfahrung und Gewandtheit vermittelt, sondern muß sich und seine Unterführer durch planmäßige Übungen ständig und eingehend schulen, um im Ernstfall in der Lage zu sein, das Bestmögliche zu leisten und der schweren Verantwortung gerecht zu werden, die mit der Obhut für

Menschenleben und Sachwerte verbunden ist. Erfolgreiche Maßnahmen auf Brand- und Unfallstellen hängen wesentlich von der richtigen Beurteilung der Lage und dem Entschluß des Leitenden ab. Der Gruppen- oder Zugführer findet bei seinem Eintreffen auf der Brand- oder Unfallstelle eine bestimmte Lage vor. Um eine sichere Beurteilung der Lage geben zu können, muß er über folgende Einzelheiten der Lage genau informiert sein:

1. Befinden sich noch Menschen oder Tiere in der Brandstelle, die unter Umständen in Sicherheit gebracht werden müssen?
2. Wo brennt es (Brandobjekt, Brandherd)?
3. Was brennt und welche brennbaren Stoffe sind sonst noch vorhanden?
4. Wie sind die baulichen Verhältnisse des Brandobjektes und der Nachbarschaft (Zugangswege, Brandmauern, Baustoffe, Baukonstruktionen usw.)?
5. Wo kann Löschwasser entnommen werden?

Soweit diese Einzelheiten der Lage nicht sofort erkennbar sind, müssen sie schnellstens erkundet werden. Eigene Erkundung des Leitenden — mindestens der vorgenannten Punkte 1. bis 3. — ist, wenn es die Umstände irgendwie erlauben, derjenigen durch besonders beauftragte Männer oder Trupps vorzuziehen.

Bei der Beurteilung der Lage führt folgender Gedankengang*) in logischer Folge zum Ziel:

A) Die Gefahren

1. Welche Gefahren bestehen für
   a) Menschen
   b) Tiere
   c) Sachwerte?
2. Welche Gefahr muß zuerst bekämpft werden?
3. Wo ist der Gefahren-Schwerpunkt?

B) Die eigenen Kräfte

1. Welche Möglichkeiten bestehen, die drohenden Gefahren abzuwehren?
2. Welche Vor- und Nachteile haben die verschiedenen Möglichkeiten?
3. Welche Möglichkeit ist demnach die beste?

Aus der folgerichtigen Beantwortung dieser Fragen ergibt sich zwangsläufig der Entschluß. Der Entschluß wird durch den entsprechenden Befehl in die Tat umgesetzt. Da jede Brand- und Unfallstelle anders geartet ist, sind Beurteilung und Entschluß stets verschieden. Eine bestimmte Vorschrift hierfür gibt es daher nicht, wohl aber kann man sich durch Übungen und Studien der Brandbekämpfung in geeigneter Weise schulen.

*) Vgl. Kaufhold, Grundsätzliche Hinweise zur Lösung taktischer Aufgaben, Brandschutz 4 (1950) Nr. 6, Seite 105.

20 Leitsätze zur Waldbrandbekämpfung

(aus: Weck, Waldbrand, seine Vorbeugung und Bekämpfung. Bd. 19 der Brandschutz-Fachbuchreihe. W. Kohlhammer Verlag, Stuttgart)

1. Für die kommenden Jahrzehnte ist ohne Auswirkung energischer Gegenmaßnahmen in Westdeutschland durchschnittlich jährlich mit rund 4000 ha von Vollfeuer heimgesuchter Waldfläche und einem Holzverlust von etwa 350 000 fm zu rechnen.
2. Zündursache für Waldbrand ist beim ganz überwiegenden Teil der Fälle Fahrlässigkeit, deshalb sind Aufklärung und Überwachung sehr aussichtsreiche Maßnahmen der Vorbeugung.
3. Flächenhaftes Wipfelfeuer ist nur in solchen Waldbeständen möglich, wo auch Lauffeuer (Bodenfeuer) Nahrung findet; deshalb macht Beseitigung des brennbaren Bodenbelags und der unteren bodennahen Äste jeden Bestand zum Waldbrandriegel, sofern diese Maßnahme in mindestens 50, möglichst 300 m breiter Zone durchgeführt wird.
4. Entfaltung von Waldfeuer ist an bestimmte Bestandtypen gebunden: deshalb muß auf allen Brandschutzkarten eine Kennzeichnung des Waldbestandes nach den drei Gruppen erfolgen:
   fähig zum Vollfeuer,
   fähig zum Bodenfeuer,
   nicht brennbar.
5. Waldfeuer kann sich aus beliebiger Zündung nur bei Vorliegen bestimmter Witterung zum Flächenfeuer entwickeln; deshalb ist Bekanntgabe von durch Fachmeteorologen erkundeter bevorstehender Waldbrandwetterlage von großer Wichtigkeit für Gestaltung der Überwachungsorganisation: am bedrohlichsten sind Wetterlagen, an denen eine länger andauernde Hochdruckwitterung ihrem Abbau entgegengeht.
6. Im Frühjahr kommt in der Regel die größte Zahl von Brandfällen vor, im Hochsommer entwickeln sich in der Regel die größten Einzelbrandflächen.
7. 93 % aller Waldbrände entstehen zwischen 9 Uhr und 19 Uhr; Großbrandfälle mit über 1000 ha Schadfläche können sich nur aus Zündung vor 12 Uhr entwickeln, weil sonst die mittlere Laufgeschwindigkeit des Feuers von 1,2 km je Stunde nicht mehr ausreicht, um bis zum Abend eine Fläche von 1000 ha zu überlaufen.
8. Mit Hereinbrechen der Abendkühle kommt jeder Waldbrand mindestens so weit zum Erliegen, daß er löschbar wird.
9. Waldbrandwachen und Alarmvermittler müssen bei Waldbrandwitterung ab 9 Uhr ihre Posten beziehen, alle zum Einsatz im Brandfall vorgesehenen Personen müssen von 9 Uhr bis 18 Uhr erreichbar sein.
10. Etwa drei Viertel aller Waldbrände laufen von Osten nach Westen oder Westen nach Osten; deshalb müssen im Zuge der Forsteinrichtung in durch Waldbrand bedrohten Revieren vor allem von Norden nach Süden verlaufende Waldbrandriegel aufgebaut werden.
11. Großbrandriegel müssen mindestens 30 m breit sein; erst ab 300 m Breite sind sie sicher wirksam.
12. Bodenfeuerriegel mit funkenfangendem Baumbewuchs sind entlang von Dampfbahnen und sonstigen Zündquellen zu führen.

13. Von entscheidender Bedeutung für Erfolg im Kampf gegen den Waldbrand ist eine Organisation, die sichert
    a) frühe Entdeckung jeder Zündung,
    b) schnellste Zuführung bekämpfender Mannschaften mit Gerät.

    Deshalb ist ein wirksames Alarmsystem und eine schlagkräftige Einsatzorganisation in engster Zusammenarbeit zwischen Feuerwehr-, Polizei- und Forstdienststellen in allen Waldbrandgebieten aufzubauen und durch Alarmübungen stetig schlagfertig zu halten und laufend zu verbessern.
14. Kleinstfeuer ist bei Entdeckung durch jedermann sofort löschend, d. h. erstickend, also übererdend oder zerkehrend, anzugreifen.
15. Gegen entwickeltes Waldfeuer ist der einzelne machtlos; deshalb auf rascheste Weise Forst-, Polizei- oder Feuerwehrdienststellen alarmieren.
16. Entwickeltes Waldfeuer wird in Front nicht mehr direkt löschend angegriffen, sondern durch Schaffung von hinreichend breiten Riegeln zum Halten und Zusammenbruch gebracht.
17. Entwickeltes Waldfeuer benötigt sehr zahlreiche Mannschaft mit Spaten, Schaufeln, Axt, Sägen zur erfolgversprechenden Bekämpfung; deshalb kann im Brandfall hiervon nicht leicht zuviel nach der Brandstelle zugeführt werden.
18. Entscheidend wichtig für den Erfolg der Bekämpfung ist einheitliche Einsatzlenkung durch einen speziell geschulten Forst- oder Feuerwehrführer; deshalb ist über die Befehlsgewalt schon bei Errichtung der Schutzorganisation zweifelsfreie Entscheidung notwendig.
19. Vorfeuer und Gegenfeuer dürfen nur auf ausdrücklichen Befehl des Einsatzleiters angelegt werden.
20. Jede Waldbrandfläche muß nach Erlöschen des Brandes unter Bewachung bleiben, bis der Einsatzleiter durch ausdrücklichen Befehl die Wache einzieht; es ist besonders darauf zu achten, daß am Morgen nach dem Brand die Glut durch den auffrischenden Wind nicht wieder zur fressenden Flamme angeblasen werden kann.

Es ist mit Sicherheit zu erwarten, daß bei sinnvoller Verwertung dieser Erfahrungen in jedem Waldgebiet die Gefahr des Großflächenbrandes gebannt werden kann. Für Erfolg auf diesem Gebiet ist kein zusätzliche Kosten verschlingender Apparat notwendig, sondern lediglich wohlorganisierte Zusammenarbeit vorhandener Organisationen und wohlvorbereiteter Einsatz vorhandener Kräfte und Geräte.

Waldbrandbekämpfung

Von Dipl.-Ing. Egid Fleck, Stuttgart

Noch immer werden alljährlich große Werte deutschen Volksguts durch Waldbrände vernichtet. Unsere Waldbestände, die im alten deutschen Reich etwa ein Viertel der Fläche bedeckten, stellen einen wichtigen Teil des deutschen Volksvermögens dar, der — auf Boden und Holz bezogen — gut ein Achtel desselben ausmachen wird.

Der größte in Deutschland vorgekommene Waldbrand hat bei Primkenau (Niederlausitz) am 15. August 1904 stattgefunden. Der Brand war am Bahnkörper durch Funkenflug aus einer Lokomotive entstanden und hatte sich rasend von West nach Ost ausgebreitet, so daß bis zum Abend des Brandtages 4 560 ha Kiefernbestand vernichtet waren. In unserm 20. Jahrhundert waren in Deutschland die Jahre 1900,

1901, 1911 und 1928 waldbrandreich. Besonders schlimme Waldbrände waren bei uns auch im Sommer des Jahres 1934 zu verzeichnen. Der Waldbrand bei Waren (in Mecklenburg), am 7. Juli 1934 durch Fahrlässigkeit eines Schäfers entstanden, hatte Kornfelder, Waldboden, Schonungen, Nieder- und Hochwald erfaßt und die gewaltige Feuerfront von etwa 20 Kilometer ergeben. Eine Fläche von über 2 500 ha Wald ist damals auf einen Schlag der Vernichtung anheimgefallen.

Wenn man bedenkt, daß der Ertrag unserer Wälder, der in Deutschland kurz vor Beginn des zweiten Weltkrieges fast zwei Milliarden Reichsmark ausmachte, einen der wichtigsten Teile der deutschen Volkswirtschaft bildet, muß die unbedingte Notwendigkeit der Sicherung unserer Wälder vor Brandgefahr erkannt werden. Auch daß der deutsche Wald für alle Müden und Abgespannten einen nie versagenden Kraftquell darstellt, mag bei dieser Betrachtung noch erwähnt werden.

Waldbrände kommen fast immer nur in der trockenen Jahreszeit, zwischen Ende März und Ende August, vor, wenn in den in Mittel- und Norddeutschland vorherrschenden Kieferwäldern, die wegen des armen Bodens fast jeder Beimischung von Laubhölzern entbehren, die Bodendecke beinahe nur aus altem, trockenem Gras und trockenen Nadeln besteht.

Die große Mehrzahl aller Waldbrände wurde durch Fahrlässigkeit verursacht, durch leichtsinnig weggeworfene Zigarren- und Zigarettenstummel, durch Unvorsichtigkeit beim Abkochen, ungenügende Löschung eines Koch- oder Wärmefeuers und dergleichen. Daß Waldbrände auch durch Funkenflug aus einer Dampflokomotive entstanden und noch entstehen können, läßt sich nicht ableugnen. Die Deutsche Bundesbahn hat aber solche Vorkehrungen getroffen, daß die Ausdehnung eines an Bahnböschungen entstandenen Brandes auf die etwa angrenzenden Waldungen verhindert wird. So dürften von dieser Seite her Waldbrände eigentlich nur noch beim Zusammentreffen mehrerer widriger Umstände entstehen. Als weitere Ursachen von Waldbränden sind schließlich noch Zündvorgänge zu erwähnen, die über achtlos weggeworfene Gläser, Flaschen oder Glasscherben durch Sonnenstrahlen unter Brennglaswirkung hervorgerufen wurden. Auch eine Entzündung von Waldbeständen durch Blitzschlag ist bei ein bis zwei Prozent der hier berichteten Fälle vorgekommen.

Es sind verschiedene Arten von Feuern, die sich bei Waldbränden zeigen, nämlich Bodenfeuer, Stammfeuer, Wipfelfeuer und Erdfeuer.

Am gefährlichsten, wegen seiner raschen Ausbreitung, ist ein Bodenfeuer, das in Waldstellen entstehen kann, deren Bodenwuchs aus dürrem Gras und trockenem Gestrüpp, vermischt mit dürrem Reisig und Astwerk, besteht. Ein Bodenfeuer kann unter Umständen mit hoher Geschwindigkeit vorwärts eilen, weshalb man auch von einem Lauffeuer spricht. Bei stärkerem Wind vermag der Mensch selbst bei schnellstem Laufen dem Weiterschreiten des Bodenfeuers kaum zu folgen. Bodenfeuer sind in der Regel auch die Ursache für die andern Waldbrandarten. So kann ein Bodenfeuer, das die am Waldboden liegenden dürren Äste, kleinere Stämme und deren Geäst ergriffen und eine große Hitze erzeugt hat, auf ältere Baumbestände stark austrocknend wirken und ein Stammfeuer hervorrufen.

Am unbedenklichsten mag ein Wipfelfeuer erscheinen. In älteren Waldbeständen kommt es nur selten vor, dagegen in den Baumkronen geschlossener Tannenkulturen, mit dicht stehenden Stangenhölzern, deren trockenes Geäst nicht entfernt war.

Erdfeuer, auch Torfbrände genannt, treten meist nur bei moorigem, torfhaltigem Boden oder bei Braunkohlenvorkommen auf. Ihre Ausdehnung ist dann oft schwer festzustellen; manchmal wird ihr Vorhandensein erst sehr spät bemerkt. Wenn sie in der Regel auch keine produktiven Waldflächen treffen, können sie recht langwierig und schwer löschbar werden.

Bei der Bekämpfung von Waldbränden kommt es vor allem auf die Schnelligkeit der zu treffenden Maßnahmen an, dann auf die Aufbietung möglichst zahlreicher

Hilfskräfte. Diese wird meist durch die gewaltige Rauchentwicklung erleichtert, die der Umgegend rasch Kenntnis von dem entstandenen Brand geben kann. Auch konnten neuerdings mit Hilfe des Rundfunks solche Kräfte rasch alarmiert werden.

Erdfeuer, die zeitig erkannt wurden und noch keine große Ausdehnung annehmen konnten, werden mit als Feuerpatschen gehandhabten grünen Ästen und Zweigen oder durch Aufwerfen von Sand und Erde bekämpft. Daneben sind gegebenenfalls in einigem Abstand mit Hacken, Spaten und Schaufeln, vielleicht auch durch Umpflügen, noch Begrenzungsgräben zu ziehen.

Die Bekämpfung von Boden- oder Lauffeuern muß möglichst umfassend und „gegen den Wind" angesetzt werden. Auch hier dienen dem ersten Angriff die vorgenannten, rasch greifbaren Mittel zum Ausschlagen des Feuers. Sobald Hilfskräfte mit Waldbrandbekämpfungsgerät eingetroffen sind und auch die nötigen Äxte und Sägen mitgebracht haben, wird mit dem Abholzen zur Schaffung freier, ein Überspringen des Feuers verhindernder Geländestreifen begonnen. Oft sind die Feuerwehren der in der Umgebung von größeren Wäldern liegenden Orte auch mit chemischen Handfeuerlöschern („Waldbrandlöschern") ausgestattet, die an Gurten tornisterartig getragen werden und sich schon gut bewährt haben.

Wenn in nicht allzu weiter Entfernung von dem in Brand geratenen Waldstück etwa Wasserstellen zu finden sind, lassen sich die in den letzten Jahrzehnten zahlreich auch für ländliche Feuerwehren angeschafften, auf Zweiradanhängern an Kraftfahrzeugen mitzuführenden und abprotzbaren Kraftspritzen — unter Umständen unter Einschaltung des Schaumlöschverfahrens — erfolgversprechend verwenden. Diese durch einen Verbrennungsmotor angetriebenen, verhältnismäßig kleinen Feuerlöschpumpen können in weglosen Waldteilen auf ihrem schlittenartigen Traggestell auch von zwei bis vier Mann zur Wasserentnahmestelle geschleppt werden.

Bei Feuerwehren in Städten, die in der Nähe besonders gefährdeter Waldgebiete liegen, werden auch öfters ausgesprochene Waldbrandlöschgeräte als einachsige Anhängefahrzeuge bereitgehalten. Ein Druckbehälter für etwa 300 Liter Löschwasser, mit einer angebauten kleinen, motorbetriebenen Feuerlöschpumpe, die nötigen Schläuche mit Strahlrohren und etwa sechs Waldbrandlöscher der schon erwähnten Art sind ihre Hauptbestandteile. Wichtig ist natürlich, daß für raschen Nachschub des nötigen Löschwassers mittels Eimern oder Butten gesorgt wird. Man wird zur Herbeischaffung des Löschwassers zur Bekämpfung von Waldbränden, wenn halbwegs ordentliche Zufahrten bestehen, oft auch auf die neuerdings in größerer Zahl in Dienst gestellten Tanklöschfahrzeuge (TLF 15) zurückgreifen, die mehrere tausend Liter Löschwasser mitbringen können.

Schon im Jahr 1938 sind in USA, dem Land der zahlreichsten und größten Waldbrände, da und dort sogar „fliegende Feuerwehren" für den Einsatz zur Waldbrandbekämpfung geschaffen worden. Man hat Flugzeuge so ausgerüstet, daß sie bestimmte Arten von Bomben mit sich führen, aber auch Chemikalien und gefüllte Wassergefäße abwerfen können. Man glaubt, daß schon ein einziges solches Flugzeug einen kleineren Waldbrand ersticken kann. Darüber hinaus hat man solche Flugzeuge mit starken Lautsprechern ausgerüstet, mit denen auf mehrere Kilometer dann Anweisungen an die Hilfs- und Löschmannschaften auf dem Boden erteilt werden können. Ob die Absicht, mit solch neuartigen, aber kostspieligen Lösch- bzw. Hilfsgeräten die Waldbrände überhaupt aus der Welt zu schaffen, sich durchsetzen läßt, ist aber bei uns bis jetzt noch nicht bekannt geworden. — Auch mag hier ein erst neulich aus dem amerikanischen Staate Louisiana bekannt gewordenes Verfahren zur frühzeitigen Entdeckung von Waldbränden erwähnt werden. Hierfür wurde eine besondere Fernsehkamera konstruiert, die auf einem hohen Turm im Waldgebiet montiert wird und sich automatisch um sich selbst dreht. Die Aufnahmen erscheinen auf einem

Bildschirm der zentralen Überwachungsstation und ermöglichen eine Kontrolle des ganzen Waldgebiets.

Da bei einem Waldbrand oft jeder Löschversuch vergeblich sein kann, wenn die brausende Feuerwalze durch Unterholz und Wipfel jagt, so ergab sich schon länger als zwingende Notwendigkeit der äußerste Einsatz aller Kräfte im Dienste der Waldbrand v e r h ü t u n g. Deshalb sind schon vor längeren Jahren bei uns von den maßgebenden Amtsstellen mehrere Verordnungen erlassen und veröffentlicht worden, die in verschärftem Maß dem Schutz der Wälder, Moore und Heiden gegen Brände dienen wollen und sollen.

Brandschutz auf Seeschiffen

Von Dr.-Ing. Schubert, Hamburg

Das Problem des Brandschutzes auf Seeschiffen wird seit Jahrzehnten von allen schiffahrttreibenden Nationen erörtert. Die mit überraschender Regelmäßigkeit auftretenden Großbrände gaben diesen Diskussionen immer wieder Anregung und Auftrieb; ein wirklicher Erfolg war diesen Bestrebungen aber bis vor wenigen Jahren nicht beschieden, obwohl das vorgegebene Ziel und der dahin führende Weg eindeutig angestrebt waren. Die Schwierigkeiten lagen überwiegend in der Tatsache, daß alle den Bau und die ständige Betriebsführung des Schiffes steigernden Unkosten — und dies war bei der Verbesserung des Brandschutzes leider unvermeidlich — nicht von einer Nation allein getragen werden können, ohne daß die Gefahr besteht, daß Passagiere und Frachtgüter auf preisgünstigere Schiffe, d. h. auf Seeschiffe konkurrierender Länder, abwandern. Im Gegensatz zu den vom Lande her allgemein bekannten Verhältnissen ist es im Bereich der Seeschiffahrt nur dann möglich, durchgreifende bauliche und betriebliche Feuerschutzvorkehrungen einzuführen, wenn dies auf breitester, alle schiffahrttreibenden Nationen der Welt erfassender Grundlage erfolgt. Welche Schwierigkeiten sich dieser Bedingung aber entgegenstellen, mag aus der Feststellung hervorgehen, daß heute etwa 35 verschiedene nationale Handelsflotten die Weltmeere befahren. Die von allen Seiten als vordringlich anerkannte Erhöhung des Brandschutzes setzt also voraus, daß sich die Vertreter von 35 Nationen an einem Tisch zusammenfinden und in wahrscheinlich zeitraubenden Verhandlungen eine alle Länder zufriedenstellende Lösung des Brandschutzproblems erarbeiten.

Bisher hat sich die Weltschiffahrt zu drei internationalen Konferenzen „für die Sicherheit von Leben auf See" jeweils in London zusammengefunden.

Die erste fand statt 1914 nach dem Untergang der „Titanic", wobei über 1500 Menschen umkamen. Sie behandelte zur Hauptsache die Frage der Aufteilung des Schiffskörpers in eine Reihe wasserdichter Abteilungen zur Erhöhung seiner Schwimmfähigkeit bei Kollisionen. Auf der folgenden 2. Konferenz 1929, also 15 Jahre später, wurde die Aufgliederung von Fahrgastschiffen in Brandabschnitte beschlossen und zwar durch den Einbau von Brandschottwänden in Abständen von höchstens 40 Meter. Damit wurde erstmalig der Einbau von „Brandwänden" für die Seeschiffahrt verbindlich vorgeschrieben. Ihre Widerstandskraft der Brandeinwirkung gegenüber wurde auf eine Stunde festgelegt; man ging von dem Gedanken aus, daß es der Schiffsbesatzung möglich sein würde, den Brand innerhalb dieser Frist zu bekämpfen. In den folgenden Jahren wurden aber so viele hochwertige Fahrgastschiffe aller Nationen durch Brände vernichtet, daß man sehr bald die Unzulänglichkeit der Beschlüsse von 1929 erkannte.

Die Verluste an Menschenleben und an Sachwerten waren derart alarmierend, daß sich die See-Berufsgenossenschaft Hamburg als verantwortliche deutsche Institution „für die Sicherheit von Leben auf See" im Jahre 1938 entschloß, durch Erweiterung der baulichen und betrieblichen Brandschutzmaßnahmen weit über die Beschlüsse der Londoner Konferenz von 1929 hinaus neue Richtlinien für den erhöhten Feuerschutz auf deutschen Fahrgastschiffen zu schaffen.

Wenngleich die Schwere der inzwischen gemeldeten Brandverluste die Einberufung einer 3. internationalen Konferenz in nicht zu ferner Zeit als wahrscheinlich anzunehmen erlaubte, hielten sich die verantwortlichen deutschen Stellen für verpflichtet, die bis dahin noch verstreichende und bei der Schwerfälligkeit internationaler Gremien auf Jahre zu bemessende Frist nicht untätig hinzunehmen.

Die deutschen Reeder haben seinerzeit diesen neuen, wirtschaftlich einschneidenden Bestimmungen zugestimmt, obwohl sich daraus eine erhöhte und einseitige wirtschaftliche Vorbelastung für die deutsche Seeschiffahrt ergab. Die Reeder haben aber diese Erschwerung im Konkurrenzkampf mit der gesamten übrigen schiffahrttreibenden Welt in Kauf genommen aus der Erkenntnis heraus, daß die bestehende augenfällige Lücke im Schiffsbrandschutz unbedingt einer einschneidenden und unverzüglich sich auswirkenden Korrektur bedurfte.

Durch den 2. Weltkrieg konnte die 3. internationale Konferenz erst 1948 in London zusammentreten. Nach Aufgliederung in zahlreiche Arbeitsausschüsse hat sie in mehrmonatiger Arbeit ein Vertragswerk ausgearbeitet, das bedeutsame Verbesserungen des Schiffsbrandschutzes ergibt, und zwar für Fahrgast- und erstmalig auch für Frachtschiffe.

Obwohl Deutschland auf dieser bisher letzten Konferenz nicht vertreten war, darf mit Genugtuung darauf hingewiesen werden, daß sich die Grundgedanken der 1937 vorausgegangenen deutschen Richtlinien für den erhöhten Brandschutz in dem internationalen Vertrag wiederfinden. Sie sind nach dieser oder jener Seite hin weiterentwickelt. Im ganzen gesehen, wird die Durchführung dieses internationalen Vertrags zu einer erfreulichen Verbesserung der Feuersicherheit auf Seeschiffen führen.

Die Bundesregierung hat den Vertrag von 1948 inzwischen ratifiziert. Er wird in Kürze rechtsgültig sein und damit den Neubau von Fracht- und Fahrgastschiffen in wesentlichen Punkten des Brandschutzes günstig beeinflussen, in naturgemäß geringerem Umfang wird er sich auch auf die vorhandenen Schiffe auswirken.

Mit den folgenden Ausführungen ist beabsichtigt, die wichtigsten neuen Brandschutzbestimmungen des Schiffssicherheitsvertrages von 1948 und ihre Bedeutung für die Schiffahrt herauszustellen. Zuvor wird es für zweckmäßig erachtet, an Hand weniger Beispiele die wichtigsten Schiffsbrände — nach Hauptgruppen unterteilt — zu erläutern, die unter den heutigen Verhältnissen damit verbundenen Gefahren für das Schiff, seine Besatzung, für die Fahrgäste und die Ladung anzudeuten und zugleich die jetzt noch bestehenden Schwierigkeiten gegenüber der erfolgreichen Bekämpfung solcher Brände zu schildern.

Unter Berücksichtigung des Orts der Brandentstehung heben sich aus der großen Zahl der Schiffsbrände folgende vier Hauptgruppen eindeutig hervor:

Brände:
1. auf Tankschiffen,
2. in den Unterkunftsräumen,
3. in Maschinen- und Kesselräumen,
4. in Laderäumen.

Die allgemein aus solchen Bränden erwachsende Gefährdung des Schiffes ergibt sich aus der Feststellung, daß der Anteil der Totalschäden (nach Lloyd's Liste 1951/52) bei ersteren

1. Tankschiffsbränden	etwa 15 %
2. Unterkunftsraumbränden	etwa 8 %
3. Maschinen- und Kesselraumbränden	etwa 6 %
4. Ladungsbränden	etwa 1,8%

Prüfung eines Feuerlöschmittels an einem brennenden Holzstoß. Der Holzstoß ist auf einer Wiegeeinrichtung aufgebaut und wird mit einer bestimmten Geschwindigkeit gedreht

Forschungsstelle für Feuerlöschtechnik, Karlsruhe

Teilansicht des chemischen Laboratoriums. Prüfanlage für die Messung der Löschwirkung von Gasen

Messung der Wasserlieferung eines Strahlrohres in einer besonderen Meßeinrichtung

Forschungsstelle für Feuerlöschtechnik, Karlsruhe

Prüfung von Feuerlöschern im Hochspannungsinstitut der Hochschule

Prüfung von Löschschaum in der sog. „Brandwanne“

Bekämpfung von Wald- und Feldfeuer

1.) Erdfeuer (Gras, Heide, Moor), (Grundwasser) bekämpft durch Ausschlagen mit Zweigen Umgraben, Umpflügen

2.) Bodenfeuer oder Lauffeuer, bekämpft durch Ausschlagen, Umgraben, Abholzen

3.) Wipfelfeuer (Baumkronen) Bekämpfung wie bei 2 in Pfeilrichtung

Die „Atlantique" in äußerst bedrohter Lage auf See. 17 Menschen verloren ihr Leben durch diesen Brand

Brand eines Tankdampfers. Die strahlende Hitze vernichtete alles Leben an Bord

Ein Brandmeister der Feuerwehr steigt unter schwerem Rauchschutzgerät in den Schiffsladeraum, um den Ort des Brandherdes zu erkunden

Vollentwickelter Baumwollbrand im vordersten Laderaum eines Frachters im Hafen

Nach dem Fluten eines Laderaumes zur Brandbekämpfung liegt der Frachter mit erheblicher Schlagseite auf der Sohle des Hafenbeckens

Bei einem vollentwickelten Laderaumbrand dringen dichte Rauchmassen, durch Stichflammen aufgerissen, aus der Luke heraus, unterbinden jede Sicht und verbieten den Löschkräften, in diesem Stadium in den Laderaum einzudringen

betrug, jeweils bezogen auf die Gesamtzahl der in einer der vier Hauptgruppen entstandenen Brände. Die Durchschnittsquote der Totalschäden aller dieser größeren Brände lag demgegenüber bei etwa 4,7%.

Dies Zahlenbild ändert sich naturgemäß sehr wesentlich, wenn sich die Untersuchung nicht nur auf die größeren Brände beschränkt, sondern grundsätzlich alle während eines längeren Zeitraums auf einer entsprechend großen Zahl von Seeschiffen entstandenen Brände in den Vergleich einbezieht. Die Zahl der Totalschäden sinkt dann auf etwa 3% aller Schiffsbrände ab. Aber auch dieser Wert dürfte bei einer Gegenüberstellung mit den Brandschäden an Landbauwerken alarmierend genug sein, um alle beteiligten Kreise mit ernstem Nachdruck aufzufordern, das Problem des Brandschutzes in der Seeschiffahrt aufzugreifen und einer tragbaren Regelung zuzuführen.

Im einzelnen ist zu den vorgenannten vier Hauptgruppen von Schiffsbränden folgendes zu bemerken:

1. Brände auf Tankern

Deutschland bezieht das für seine Raffinerien notwendige Rohöl durchweg aus dem mittleren Orient. Die Größe der dafür benötigten Tankschiffe liegt z. Z. bei rund 20 000 t und hat steigende Tendenz. Die Wirtschaftlichkeit des Transports steigt mit der Schiffsgröße. Die Größe des Schiffes und vor allem der Tiefgang finden naturgemäß eine Grenze in der Wassertiefe der Wasserstraßen, Häfen und Umschlagplätze. Die für Hamburg bestimmten Tankschiffe werden in Kürze eine Tragfähigkeit von rund 28 000 bis 30 000 t Rohöl haben. Das sind gewaltige Mengen leicht brennbarer Flüssigkeiten der Gefahrenklasse A I, die auf 100 km und mehr landeinwärts in die Häfen gefahren werden. Bei einer Kollision können die Schiffe selbst in Brand geraten. Die Strahlungshitze führt in solchem Fall fast stets zur Vernichtung des ganzen Schiffskörpers. Übrig bleibt dann ein bis auf die Schwimmlinie ausgebranntes, deformiertes Eisengewirr.

Vor einigen Jahren erfolgte eine solche Kollision im dichten Nebel auf der Elbe, wobei etwa 1 200 t Rohöl sich über die Wasserfläche ergossen. Glücklicherweise kam es nicht zur Entzündung der Ölmassen, zur Hauptsache deswegen, weil der Verkehr im Fahrwasser bei dem Nebel völlig ruhte und dadurch die Grundgefahr wesentlich eingeschränkt war.

Viel ernster aber sind die Gefahren während des Ladens und Löschens zu beurteilen, dann wird das Öl bewegt und Öldämpfe werden in großer Menge frei. Beim Löschen strömt Frischluft in die Tanks ein, oberhalb des Ölspiegels bildet sich dadurch das explosionsgefährliche Öldampf-Luftgemisch. Beim Laden werden dagegen die in den Tanks vorhandenen Öldämpfe in großen Massen ins Freie gedrängt. Die Mengen dieser Öldämpfe und die dadurch erwachsenden Gefahren werden in ganzem Umfang erst erkennbar, wenn man berücksichtigt, daß die Pumpenleistung neuzeitlicher Tankschiffe bei etwa 1 500 bis 3 000 t/st liegt. Diese Gefahren sind betrieblich bedingt. Eine grundlegende Änderung, etwa durch Einführung des sogenannten Gaspendelverfahrens, dürfte im Augenblick praktisch nicht zu verwirklichen sein. Wichtig ist aber, daß die Luken und Deckel der Tanks während des Ladens und Löschens ständig dicht geschlossen bleiben; nur auf diese Art kann der Abfluß der Öldämpfe durch die mit Explosionssicherungen ausgestatteten Entgasungsleitungen hoch über Deck ins Freie gesichert werden. Die Ansammlung der Dämpfe unter Decksaufbauten oder in irgendwelchen Ecken und Winkeln wird dadurch vermieden. Als selbstverständlich sei nur am Rande erwähnt, daß während dieses gefährlichen Stadiums jede Möglichkeit der Entstehung von Funken und jedes offene Feuer und Licht in allen Teilen des Schiffes und seiner unmittelbaren Umgebung vermieden werden müssen.

Darüber hinaus ist durch besondere Sorgfalt beim Laden des Schiffes das Überfluten der Tanks zu vermeiden. Bei den ständig zunehmenden Pumpenleistungen darf diese Gefahr nicht unterschätzt werden. Eine ähnliche Situation entsteht beim Löschen des Tankinhalts durch Bruch in der Saugeschlauchleitung. Fehlt in solchem Augenblick die dauernde Überwachung, so ergießen sich in wenigen Minuten 100 oder 200 t des Mineralöls über das freie Deck und die Ladebrücke ins Wasser. Die geringste Zündquelle genügt dann zur Einleitung einer Brandkatastrophe. Neben ständiger Überwachung des Lösch-Ladevorganges ist deshalb die Anordnung besonderer Schaltorgane zu empfehlen, die bei Druckabfall oder bei unzulässigem Druckanstieg innerhalb der Ölleitungen den Pumpenbetrieb selbsttätig unterbrechen.

Die Gefahr auf Tankern besteht unverändert auch dann, wenn alle Tanks entleert sind. Die in die Tanks einströmende Luft bildet mit den darin befindlichen Öldampfresten ein entzündbares oder explosionsgefährliches Gemisch. Wird jetzt Ballastwasser in die Tanks gefördert, so dringt das gefährliche Dampfluftgemisch heraus. Auch in diesem Fall ist es also unbedingt erforderlich, die Luken der Tanks dauernd dicht geschlossen zu halten.

Selbst nach dem Reinigen der Tankwände — dabei dürfen nur explosionsgeschützte Lampen in die Tanks eingeführt werden — ist die Gefahr keinesfalls endgültig beseitigt. Die hinter den Nietköpfen, unter Rostschichten usw. befindlichen Mineralölreste führen zu einer Nachverdampfung, die wiederum Anlaß zur Bildung explosionsgefährlicher Dampf-Luftgemische in den Tanks sein kann. Daß Kohlensäure-, Schaum- und Dampflöschsysteme für die Ablöschung von Bränden in Maschinen- und Pumpenräumen und Ladungstanks bereitstehen, darf abschließend als selbstverständlich erwähnt werden.

2. Brände in Unterkunftsräumen

Während bei Tankerbränden rund 15% aller größeren Brände zu Totalschäden führen, fällt dieser Betrag bei Unterkunftsräumen auf 8%, d. h., daß von 100 größeren Bränden auf Fahrgastschiffen in 8 Fällen Totalschäden entstehen. Wo liegt die Ursache dieser für Landverhältnisse unvorstellbaren Schadensquote? Ein solches Fahrgastschiff ist seiner Zweckbestimmung nach ein Hotel, das sich mit eigener Kraft im Wasser bewegen kann. Der größte zusammenhängende Hotelbau im Bundesgebiet hat rund 600 Betten und rund 500 Köpfe Personal. Große Fahrgastschiffe bieten demgegenüber 2 000 und mehr Menschen Unterkunft. Bei solchen Objekten handelt es sich also durchweg um außergewöhnliche Objekte von 200 bis 300 m Länge, ohne einwandfreie Aufteilung in Brandabschnitte, ohne auch beim Brand sicher begehbare Treppenhäuser. Entscheidend aber für das große Brandrisiko solcher Objekte ist die bislang übliche Bekleidung der Eisenwände und Decks mit hohl liegenden Sperrholzplatten. Diese Hohlräume durchlaufen besonders bei Fahrgastschiffen große Teile des Schiffes; sie haben Verbindung mit Fahrstuhl- und Treppenhausschächten, mit Speiseaufzügen und Klimaanlagen; sie bilden also ein feinstverteiltes Netz von Holzkanälen, das zusätzlich noch der Verlegung elektrischer Leitungen dient. Entsteht an irgendeiner Stelle dieses Kanalnetzes in seinem Innern ein Brand, so steht seine Ausweitung unter denkbar günstigen Vorbedingungen. Das Feuer durchläuft große Teile des Schiffes, ohne sich nach außen bemerkbar zu machen oder durch irgendwelche baulichen Einrichtungen eine natürliche Begrenzung zu finden. Brennt schließlich die Sperrholzbekleidung an dieser oder jener Stelle durch, so ist es für ein wirksames Eingreifen der Abwehrkräfte meist zu spät. Jetzt wird plötzlich festgestellt, daß das Schiff vorn, mittschiffs und hinten und darüber hinaus in allen Decks zu gleicher Zeit brennt. Aus diesen Feststellungen wird dann in den ersten Meldungen immer wieder auf Sabotage und auf Brandstiftung als Brandursache geschlossen. Die anschließende Untersuchung ergibt aber fast ebenso regelmäßig, daß die Brandentwicklung unter der schornsteinähnlichen Zugwirkung des Hohlraumnetzes durchaus „normal“ verlaufen ist.

Als Beispiel solcher Brandschäden größten Ausmaßes seien nur wenige Schiffsnamen ins Gedächtnis zurückgerufen:

„Europa“,
„l'Atlantique“,
„Normandie“,
„Morro Castle“,
„Noronic“,
„Empress of Canada“.

Diese Zusammenstellung von Totalschäden könnte noch um 10 oder 20 Namen großer Fahrgastschiffe erweitert werden, die in den letzten Jahren das gleiche Schicksal erlitten haben. Neben dem Verlust für die nationalen Volkswirtschaften — jedes dieser Objekte mag mit 40—60 Millionen bewertet werden — kommen — von den Menschenverlusten ganz abgesehen —, soweit sich der Brand im Hafen ereignet, vielfach noch die Bergungskosten hinzu, wenn das Schiff im Lauf der Brandbekämpfung kentert. Beispiel „Empress of Canada“.

3. Brände in Maschinen- und Kesselräumen

Der Flammpunkt von Heiz- und Motorenöl liegt bei etwa 70—120° C. Diese Öle sind also verhältnismäßig ungefährlich, solange sie nicht betriebsmäßig stark erhitzt werden oder bei irgendwelchen Störungen auf hocherhitzte Maschinen treffen. Undichte Leitungen, Rohrbrüche, Überfluten der Tagestanks, fehlerhafte Bedienung von Ventilen sind vielfach ursächlich für die gefahrbringende Öldampfentwicklung. Obwohl die Entzündung dieser Öldämpfe erst bei etwa 480—560° C, also bei hohen Temperaturen, erfolgt, sind immer wieder Brände in Maschinen- und Kesselräumen als Folge der Entzündung oder Explosion von Öldämpfen zu verzeichnen. Die Flammen schlagen in den Schächten hoch, Rauch- und Hitzeentwicklung nehmen ständig zu, dadurch werden weitere ölführende Leitungen und Tanks in Mitleidenschaft gezogen, dem Brand wird laufend neue Nahrung zugeführt, die mit Öl verschmutzten Bilgen und Flurdecken werden ebenfalls entzündet, so daß die Besatzung sehr oft den Kampf gegen das Feuer als aussichtslos abbrechen muß. Gerade bei solchen Bränden hängt die weitere Entwicklung meist von den Abwehrmaßnahmen während der ersten Minuten nach dem Brandausbruch ab. Gelingt es, die ölführenden Leitungen sofort abzusperren — solche Absperrventile müssen auch außerhalb der gefährdeten Räume angeordnet werden —, die Lüfter und Oberlichte vom Freien aus einwandfrei abzudichten, steht sofort Sprühwasser unter hohem Druck oder eine Schaumlöschvorrichtung bereit oder kann notfalls eine stationäre Kohlensäure-Überflutungsanlage zum Einsatz gebracht werden, so wird es vielfach gelingen, des Brandes Herr zu werden.

4. Brände in Laderäumen

Das übliche Frachtschiff von rund 7000 BRT hat eine Ladekapazität, die einem siebengeschossigen und 70 m langen Speicher entspricht. Während der Speicher in drei oder mehr Brandabschnitte aufgeteilt ist, fehlt eine solche Unterteilung beim Frachtschiff vollkommen. Dabei hat solch Schiff eine Länge von rund 150 m. Die zur Erhöhung der Schwimmfähigkeit vorgesehenen wasserdichten Stahlschotte sind naturgemäß kein Ersatz für Brandwände. Neben solchen „allgemeinen“ Frachtschiffen gibt es auch

Spezialfrachter, z. B. für den Fruchtimport, die Laderäume sind mit starker Isolierung vielfach noch aus brennbarem Material versehen.

Die neueste Entwicklung scheint dahin zu gehen, schnell laufende Frachtschiffe gleichzeitig auch für die Unterbringung von 60, 80 oder mehr Fahrgästen einzurichten.

Die zur Verladung kommenden Güter haben trotz ihrer außerordentlichen Mannigfaltigkeit eine übereinstimmende Eigenschaft: sie sind fast ausnahmslos mehr oder weniger leicht brennbar. Selbst in den Ausnahmefällen, wo es sich um nicht brennbares Material handelt, liegt doch in der Verpackung aus Holz, Papier, Jute und ähnlichem bereits eine erhebliche Gefahr. Hinzu kommt, daß zahlreiche Güter, die, einzeln betrachtet, nicht brandgefährlich sind, heftige Reaktionen einleiten können, wenn ihnen durch äußere Ursachen, z. B. starken Seegang, Beschädigung beim Löschen und Laden, unzulängliche Verpackung usw. Gelegenheit gegeben wird, chemisch wirksame Verbindungen mit anderen Gütern einzugehen.

Der Gefahr der Fremdzündung sind also fast alle Güter ausgesetzt. Neben den an anderer Stelle bereits erwähnten leicht brennbaren Mineralölen (Rohöl, Benzin und ähnliches) gehören die pflanzlichen Faserstoffe (Baumwolle, Jute, Flachs, Hanf, Sisal, aber auch Zellwolle usw.) zu einer Gütergruppe, die in ihrer Zündempfindlichkeit dem Benzin und Rohöl in keiner Weise nachstehen. Kaum sichtbarer Funkenflug aus dem Schornstein, der noch glimmende Rest einer Zigarette usw. sind als sicher wirkende Zündursache anzusehen.

Neben der starken Anfälligkeit solchen äußeren Zündquellen gegenüber darf die Neigung der Faserstoffe zur Selbstentzündung nicht übersehen werden. Diese Neigung liegt immer dann vor, wenn vor allem trocknende Öle mit Faserstoffen in Berührung gekommen sind. Ebenso gefährlich ist auch die Gruppe der „Sauerstoffträger". Diese Stoffe — Hauptvertreter sind Kali-, Natron-, Ammonsalpeter — geben den nur locker gebundenen Sauerstoff mehr oder weniger leicht ab. Auf diese Art kann eine außerordentliche Beschleunigung im Ablauf der Verbrennung eintreten.

Die Bekämpfung von Ladungsbränden richtet sich nach der Art des Brandgutes, der vermutlichen Lage des Brandherdes, der Bauart des Schiffes usw. Der Einsatz von Löschwasser ist zweckmäßig, wenn der Brandherd freiliegt und von allen Seiten der Wirkung des Löschstrahles ausgesetzt werden kann. Derart günstige Verhältnisse sind aber nur selten zu erwarten. Meist wird der Brandherd im Innern des Raumes und der Ladung verborgen liegen und sich nach außen lediglich durch eine meist sehr starke Rauchentwicklung kenntlich machen. Die erste Frage, wo es im Laderaum brennt, ist bei dieser Sachlage schwer zu beantworten. Dicker Qualm und starke Hitze quellen aus der Luke hoch und machen das Eindringen von oben unmöglich; von der Seite und von unten her gibt es keine Zugänge.

Der Versuch, durch Aufschneiden von Decks, Schottwänden oder der Außenhaut mit Brenngeräten an den eigentlichen Brandherd heranzukommen, führt nur in besonderen Fällen zum Erfolg. Bei leicht brennbaren Gütern besteht die Gefahr, dadurch weitere Brandherde zu erzeugen, deren Entwicklung den Abwehrkräften davonläuft. Bei Bränden in Kühlräumen mit leicht brennbarer Isolierung (Kork, Torf und ähnlichem) führt dies Verfahren fast stets zu einer Anfachung des Brandes.

Der Einsatz von Löschwasser ist unter diesen Verhältnissen nur gerechtfertigt und zu verantworten, wenn die unmittelbare Gefahr der Ausweitung des Brandes auf die Nachbarräume besteht. Dabei ist in Rechnung zu stellen, daß die wasserdichten Schottwände kein nennenswertes Hindernis für die Brandausweitung bilden. Wenn in solchen Notfällen Wasser zur Rettung von Schiff und der übrigen Ladung eingesetzt, der Raum also geflutet werden muß und die Stabilitätseigenschaften des Schiffes dies Verfahren zulassen, so sind bei quellenden Gütern (gepreßte Faserstoffe aller Art, Bohnen, Erbsen, Sojabohnen usw.) schwere Ladungsschäden unvermeidlich. Zweckmäßiger wird es in vielen Fällen sein, bei den ersten Anzeichen eines Ladungsbrandes

— schwache Rauchentwicklung, geringfügige Erwärmung der Decks und Schottwände — die Luken sorgfältigst abzudichten, die Abdeckung zu durchfeuchten und zu beschweren, stählerne Deckel haben sich besonders bewährt, ebenso sind auch alle Lüfter des Brandraumes einwandfrei abzudichten, anschließend ist der Raum mit Kohlensäure zu beschicken, die heute als Auswirkung des Schiffsicherheitsvertrages auf fast allen Schiffen zur Verfügung stehen muß. Das Quantum der CO_2 ergibt sich aus der Größe des Raumes, die etwa zwischen 1 500 und 2 500 cbm schwankt, und der Art und Menge der darin befindlichen Ladung. Ein sofortiger und endgültiger Löscherfolg ist unter den gegebenen Umständen aber nicht zu erwarten. Die weiteren Maßnahmen haben sich allgemein auf die Beobachtung der Temperaturen an den Raumbegrenzungen zu beschränken. Durchweg werden die Temperaturen verhältnismäßig schnell absinken und die Rauchbildung nachlassen. Trotzdem darf die weitere langsame Nachführung von Kohlensäure gerade in diesem Stadium der Abkühlung der Ladung keinesfalls unterbrochen werden. Andernfalls wäre das Ansaugen von Frischluft zu befürchten. Bis zum Erreichen des Hafens sollte in der — wenn auch geringfügigen — Kohlensäureeinführung fortgefahren werden; keinesfalls darf in der Zwischenzeit die Luke zur Erkundung der Lage geöffnet werden. Das erneute Aufflammen des Brandes und der Verlust wertvoller und vielleicht unersetzbarer Kohlensäure wäre die Folge. Da mit dem völligen Ablöschen des Ladungsbrandes durch die Kohlensäure auch nach tage- und wochenlanger Einwirkung durchweg nicht gerechnet werden darf, muß nach Eintreffen des Schiffes im Hafen versucht werden, den Brandherd so schnell wie möglich freizulegen. Die Luke wird nur geringfügig geöffnet und die Feuerwehr steigt unter Rauchschutzgerät in den Brandraum ein. Dann wird versucht, mit Hilfe des Ladegeschirrs des Schiffes und der Landkräne die Ladung herauszuschaffen. Anfangs ist die Sicht noch gut, die Feuerlöschkräfte können beobachtet werden, sie selber können arbeiten. Durchweg werden dann 100 t Tabak oder 100 oder 200 Ballen Baumwolle gelöscht — mehr oder weniger angebrannt — und vorsorglich am Kai gestapelt. Durch das Herausspülen der CO_2 wird aber die Rauchentwicklung und die Hitze — je näher man an den Brandherd herankommt — sehr bald — nach ein bis zwei Stunden so stark, daß der Raum verlassen und die Luken erneut geschlossen werden müssen.

Dann beginnt erneut das Einführen von CO_2 und am nächsten Morgen — nach genügender Einwirkung des Löschgases, setzt erneut das Vordringen in den Laderaum ein. Der Erfolg dieser Aktion hängt von der Art der Ladung und der Lage des Brandherdes ab. Liegt dieser tief unten im Schiff, so ergibt sich eine 10- bis 15fache Wiederholung dieses Löschangriffs. Bei leicht brennbaren Gütern schwinden die Erfolgsaussichten aber mit jedem Male weiteren Vordringens, weil der Frischluftzutritt zum Brandherd ständig günstiger, die den Feuerlöschkräften für ihre Arbeit im Laderaum zur Verfügung stehende Zeit aber immer kürzer wird. Ganz abgesehen davon besteht die Gefahr, daß der Brand plötzlich die gesamte Ladung in Brand setzt, die Löschkräfte und ihren Rückzugsweg gefährdet und das anschließende erneute Abdichten der Luken unmöglich macht.

In der letzten Zeit wurde ein neues Löschverfahren mit Erfolg erprobt. Dabei wird wie bisher der Raum unter CO_2 gesetzt. Nach 10- bis 12stündiger Einwirkung dringt die Feuerwehr bei fast völlig geschlossenen Luken in den Raum und deckt die ganze Ladung mit Schaum ab. Erst dann darf die Luke geöffnet und mit dem Löschen der Güter begonnen werden. Anfangs wird man den Raum nur mit Rauchschutzgeräten betreten können. Wird die Schaumdecke durch den Löschvorgang aufgerissen, so ist die Lücke durch erneute Schaumzuführung zu schließen.

Dies Verfahren hat in der letzten Zeit auch bei besonders schwer zu bekämpfenden Baumwollbränden zum Erfolg geführt. Sein Vorteil liegt u. a. darin, daß nur geringfügige Schäden an der Ladung und der Schiffskonstruktion auftreten. Voraussetzung ist jedoch, daß Kohlensäure (notfalls genügt auch eine ausreichend bemessene Dampfzufuhr) zur Verfügung steht und der brennende Laderaum selbst dicht geschlossen werden kann. Bei Schutzdeckschiffen wird dieser Abschluß nicht immer vorhanden sein, wenn die Schottwände über dem Hauptdeck durchbrochen und nur unvollkommen abgedichtet sind. Nicht selten sind sogar Kabelbündel ohne Abdeckung durch diese Wände geführt. Unter solchen Umständen ist naturgemäß mit einem wirksamen Einsatz der Kohlensäure nicht zu rechnen. Sie würde auch die Nachbarräume anfüllen und dadurch in der für die erfolgreiche Brandbekämpfung erforderlichen Gaskonzentration unzulässig geschwächt.

Verwendung von Leichtmetall

Die in den Nachkriegsjahren zu beobachtende Verwendung von Leichtmetall besonders in den Aufbauten hat die Brandempfindlichkeit der Seeschiffe — soweit bisher erkennbar — nicht nennenswert verändert. Die im Schiffbau zur Anwendung kommenden Legierungen sind nicht brennbar, sie brennen zum mindesten nicht mit eigener Flamme. Ihr Schmelzpunkt liegt bei etwa 450° C; bei 500 bis 550° C verbrennen sie und werden dabei in Metalloxyd umgewandelt. Wesentlich für das Verhalten im Brandfall ist die gegenüber Stahl wesentlich höhere Wärmeleitfähigkeit. Diese Eigenschaft berechtigt trotz des niedrigeren Schmelzpunktes von Leichtmetall gegenüber Stahl zu der Feststellung, daß das Verhalten ungeschützter Leichtmetall- und Stahlkonstruktionen bei einem Brand als angenähert gleichwertig anzusehen ist.

Ungewöhnlich bizarre Bilder entstehen nach dem Brand in einem Leichtmetallaufbau dadurch, daß die Metallkonstruktion bei etwa 550° C zu Aluminiumoxyd verbrennt, das als Pulver in Wind oder durch den Auftrieb der Brandgase fortgetrieben wird.

An dieser Stelle muß die Temperatur bei etwa 400 bis 450° C gelegen haben, weil das Leichtmetall in der Raumecke geschmolzen und zusammengelaufen ist.

Aus dieser Betrachtung der 4 Haupttypen -- ich darf sie nochmals gegenüberstellen: Brände auf Tankern, auf Fahrgast- und auf Frachtschiffen und für alle drei Arten gemeinsam die Brände in Maschinenräumen — dürften die für das Schiff und die Löschkräfte bestehenden Gefahren und Schwierigkeiten eindeutig hervorgehen; sie liegen einmal in der Eigenart des Schiffsbetriebs und weiter in der Verwendung brennbarer Baustoffe. Schiffe können nicht ohne weiteres mit Hotels, Speichern oder mit Mineralöltanks auf dem Lande verglichen werden, obwohl ein solcher Vergleich hinsichtlich ihrer Zweckbestimmung nahe liegt. Das Schiff ist den Anforderungen des Wetters und der See ausgesetzt, es muß allen sein Dasein bedrohenden Elementen mit eigener Kraft entgegentreten. Bricht beispielsweise ein Brand auf See aus, so ist fremde Hilfe, wenn überhaupt, bestenfalls nach Stunden zu erwarten. Das aber bedeutet, daß das Schicksal eines Schiffes mit unzulänglicher eigener Abwehrkraft in solchem Fall besiegelt ist. Reeder und Werften und die für Sicherheit der Seeschiffahrt verantwortliche See-Berufsgenossenschaft Hamburg haben sich seit Jahrzehnten bemüht, den Brandschutz auf deutschen Schiffen zu einem Höchststand zu bringen, ohne aber — und das war bislang ja der bedauerliche Bremsklotz bei diesem Bemühen — die deutsche Seeschiffahrt dadurch einseitig ihrer ausländischen Konkurrenz gegenüber untragbar zu belasten und den Betrieb unwirtschaftlich zu gestalten. Durch das Verständnis aller beteiligten deutschen Kreise konnten — wie bereits angedeutet — 1937 entscheidende Fortschritte erzielt werden. Daß sich diese Entwicklung auf das Zustandekommen der internationalen Konferenz für die Sicherheit von Leben auf See, 1948 London, und auf die dabei gefaßten Beschlüsse ausgewirkt hat, wissen wir, obwohl Deutschland nicht selber vertreten war und wir die Protokolle nicht einsehen konnten. Aber das Ergebnis liegt uns in Form eines gewichtigen und inhaltsschweren Gesetzes vor, das bisher von 29 Nationen übernommen ist. Rechtskräftig sind diese Bestimmungen noch nicht in den südamerikanischen und sowjetischen Ländern. Deutschland wird voraussichtlich bald die Ausführungsbestimmungen annehmen, nachdem das Rahmengesetz bereits ratifiziert worden ist.

Für den Brandschutz auf Seeschiffen ergeben sich in Zukunft einschneidende Veränderungen und Verbesserungen. Bei dem Umfang allein dieses Teils der Ausführungsbestimmungen bitte ich, als Abschluß meiner Ausführungen mich nur auf die wichtigsten Kernpunkte beschränken zu dürfen.

Für Fahrgastschiffe gilt in Zukunft folgendes:

1. Der Schiffskörper ist einschl. der Aufbauten und Deckshäuser durch Feuerschotte vom Typ „A" in Brandabschnitte aufzuteilen. Die Länge dieser Abschnitte darf 40 m nicht überschreiten. Die betrieblich notwendigen Durchbrechungen der Feuerschotte zur Verlegung von Rohrleitungen, elektrischen Kabeln, die Be- und Entlüftungskanäle und schließlich die Türöffnungen sind so zu gestalten, daß sich daraus keine Beeinträchtigungen der Brandschutzwirkung ergibt. Für die Türen ist u. a. eine ferngesteuerte automatische Schließvorrichtung vorzusehen.
2. Innerhalb der Brandabschnitte müssen alle Umschließungsschotte der Unterkunftsräume, soweit sie nicht dem Typ „A" entsprechen, den Bedingungen der Type „B" genügen (Methode I). Bei größeren Fahrgastschiffen, die mehr als 100 Fahrgäste befördern, müsen diese Schotte darüber hinaus aus nicht brennbarem Material bestehen.
3. In Abweichung der unter 2. genannten Bauweise wird auf die Bedingung, grundsätzlich alle Umschließungsschotte nach Typ „B" zu erstellen, verzichtet und eine Umschließung größerer Blocks bis zur Höchstfläche von 150 m² mit Typ „B"-Wänden für ausreichend erachtet (Methode III), wenn als Ausgleich dafür eine selbsttätige Feuermeldeanlage in allen Unterkunftsräumen zusätzlich eingebaut wird.
4. Die Wände und Decks, soweit sie die Unterkunftsräume von Maschinen-, Lade- und Wirtschaftsräumen umschließen, müssen grundsätzlich in ihrer Bauweise dem Typ „A" entsprechen.
5. Treppenhäuser müssen mit Wänden nach Typ „A" umgeben sein. Für Türverschlüsse in diesen Wänden gilt die gleiche Bestimmung. Abweichungen sind nur zulässig bei Treppen, die nicht mehr als zwei Decks miteinander verbinden.
6. Die Umwandungen von Fahrstuhlschächten müssen ebenfalls vom Typ „A" sein.
7. Schiffe, deren Umschließungswände durchweg aus Holz bestehen (Methode II), sind mit selbsttätigen Feuermelde- und automatischen Berieselungsanlagen (Sprinkler-) als Schutz für alle Unterkunftsräume auszustatten.

Diese wichtigsten Bestimmungen befassen sich ausschließlich mit dem baulichen Brandschutz.

Während die Aufteilung des Schiffskörpers in Brandabschnitte und ebenso die Isolierung der Treppenhaus-, Fahrstuhl-, Maschinen- usw. Schächte für alle drei Methoden gleich ist und nach Typ „A" zu erfolgen hat, stehen dem Reeder für die Ausgestaltung der Aufenthaltsräume drei sehr verschiedenartige Wege (Methode I bis III) offen.

Welche Bedingungen gelten nun für Feuerschotte, Wände und Decken der Typen „A" und „B"? In den Begriffsbestimmungen des Schiffssicherheitsvertrages von 1948 wird darüber etwa folgendes ausgeführt:

Feuerschottwände und -decks vom Typ „A" müssen während der einstündigen Normbrandprobe den Durchgang von Rauch und Flammen verhindern. Einseitig dem Feuer ausgesetzte Bauteile dürfen während der Brandprobe auf der dem Feuer abgekehrten Seite nicht wärmer als 139° C (zuzüglich der Anfangstemperatur) werden.

Wände und Decks vom Typ „B“ müssen während der 1/2 stündigen Normbrandprobe den Durchgang der Flammen verhindern. Dabei darf die Temperatur auf der dem Feuer abgekehrten Seite während der Versuchszeit die Anfangstemperatur um höchstens 139° C übersteigen. Bei nicht brennbarem Material genügt es, wenn diese Bedingung während 1/4 Stunde der Normbrandprobe erfüllt wird.

Die Normbrandprobe besteht aus einer Prüfung, bei der in der Brandkammer etwa folgende Verhältnisse zwischen Prüfzeit und Temperatur entstehen:

nach Ablauf der ersten 5 Minuten 538° C
nach Ablauf der ersten 10 Minuten 704° C
nach Ablauf der ersten 30 Minuten 843° C
nach Ablauf der ersten 60 Minuten 927° C.

Diese für den zukünftigen Bau von Fahrgastschiffen bedeutsamen Bedingungen gehen von der Zielsetzung aus, die Wände und Decks innerhalb der Kammern bzw. Kammerblocks im Material und der Konstruktion so zu gestalten, daß ein darin entstehendes Schadenfeuer, z. B. also ein Kammerbrand, während der ersten 30 Minuten auf den durch Wände (einschl. Türen) und Decks gebildeten Raum der jeweiligen Kammer begrenzt bleibt, und zwar allein durch bauliche Maßnahmen. Dabei wird erwartet, daß die Abwehrkräfte spätestens nach Ablauf dieser Frist ihre Stellungen soweit bezogen haben, daß ein erfolgreicher Löschangriff durchgeführt werden kann.

Unterstützt wird diese Annahme durch sparsamste Verwendung von Holz, bei größeren Fahrgastschiffen ist der Einbau von Holz für Wände und Decken in Zukunft praktisch unzulässig, wenn nicht das gesamte Schiff gesprinklert wird. Diese Verurteilung des Holzes, insbesondere soweit es sich um Wand- und Deckenverkleidungen handelt, wurde von sämtlichen Nationen der Welt anerkannt. Maßgeblichen Einfluß hatten darauf die Versuchsergebnisse im englischen Brandforschungsinstitut, die eindeutig die Bedeutung der Holz- und Deckenverkleidung auf die Brandentwicklung herausstellten, und zwar auch dann, wenn diese Verkleidung einer ordnungsgemäß ausgeführten Schwerentflammbarmachung unterzogen war.

Sollte der Brand in Ausnahmefällen über die ihm entgegenstehende Wand- oder Deckenbegrenzung hinausgehen, so tritt ihm als entscheidende bauliche Abwehr die Brandmauer in Gestalt des Feuerschotts entgegen, die einem stark entwickelten Feuer für mindestens 60 Minuten Widerstand bietet.

Die Prüfung der Konstruktion vom Typ „A“ und „B“ auf ihre Widerstandskraft dem Feuer gegenüber ist ausschließlich Sache amtlicher Materialprüfanstalten, z. B. in Dahlem, Braunschweig, Hamburg und anderen Städten; für die Zulassung der geprüften Baustoffe und Bauteile ist die See-Berufsgenossenschaft zuständig.

In den letzten Jahren wurden in teilweise umfangreichen Entwicklungsreihen zahlreiche Feuerschott-Konstruktionen vom Typ „A“ den vorgeschriebenen Brandproben unterzogen. Das Ergebnis war in vielen Fällen durchaus zufriedenstellend, so daß keine Bedenken gegen die Erteilung der Zulassung bestanden. Ähnliches gilt auch für die Türkonstruktionen in derartigen Wänden. Die konstruktive Durchbildung der Umschließungswände und -decks vom Typ „B“ erfordert demgegenüber noch einige Vorarbeiten. Der Initiative einer Bremer Großwerft ist es zu danken, daß sich die Schließung dieser Lücke abzuzeichnen beginnt.

Es wurden in den vergangenen Monaten mehr als 90 verschiedene Konstruktionen nach den Prüfbedingungen für Typ „B“ untersucht. Das Ergebnis berechtigt zu der Annahme, daß es neben dem bereits als Typ „B“ zugelassenen Material englischer und amerikanischer Herkunft in Kürze möglich sein wird, auch deutsche Produkte für den gleichen Verwendungsbereich einzusetzen.

Aus der Fülle der für neue Frachtschiffe geltenden Bestimmungen des internationalen Schiffssicherheitsvertrages von 1948 sollen an dieser Stelle nur zwei besonders bedeutsame Punkte herausgestellt werden. Danach ist es in Zukunft notwendig, Frachtschiffe mit 2 000 BRT und mehr mit einer ausreichend bemessenen Kohlensäure-Feuerlöschanlage auszustatten. Gefordert wird diese Anlage für den Schutz der Laderäume. Es darf aber angenommen werden, daß ihre Wirksamkeit gleichzeitig auf den Schutz von Motor- und Ölfeuerungskesselräumen ausgeweitet wird. In diesem Zusammenhang muß als zweite wichtige Bedingung hervorgehoben werden, daß für Frachtschiffe mit 1 000 BRT oder mehr mit ölgefeuerten Kesseln oder mit Antrieb durch Verbrennungsmotoren eine besondere, ausreichend wirksame Feuerlöschvorrichtung vorzusehen ist, wenn bei einem Brand in irgendeiner Abteilung mit dem Ausfall aller Feuerlöschpumpen gerechnet werden muß.

Diese letzte Bedingung geht von der Erfahrung aus, daß es bisher bei vielen Ölbränden im Maschinen- und Kesselraum nicht möglich war, die schiffseigenen Feuerlöscheinrichtungen zur Brandbekämpfung einzusetzen, weil sie selbst oder ihr Antrieb im Bereich des Brandes lagen und durch Hitze und Rauch nicht mehr zugänglich waren.

Ich möchte meine Ausführungen über den Schiffssicherheitsvertrag damit abschließen und feststellen, daß dieser Vertrag zwar nur einen Teil der erhofften und auch als dringlich anzusehenden Bedingungen erfüllen wird, es darf dabei aber nicht übersehen werden, daß die jetzt vorliegende Fassung uns einen gewaltigen Schritt vorwärts bringt auf dem Wege zu einem erhöhten Brandschutz in der Seeschiffahrt. Es soll übrigens nicht unerwähnt bleiben, daß ein Schiff mit 10- oder 20 000 t Baumwolle oder mit 40 Millionen kg Rohöl oder mit einem Heizöl als Brennstoff, das betriebsmäßig weit über seinen Flammpunkt erwärmt werden muß, stets unbeschadet aller Bestimmungen ein überaus gefährliches Brandobjekt bleiben wird.

Mineralölbrände

Kriegs- und Nachkriegserfahrungen über die Begrenzung und Bekämpfung von Flüssigkeitsbränden

Von Dipl.-Ing. H. Brunswig, Hamburg

Als am 31. Mai 1895 bei dem ersten großen deutschen Mineralölbrand in Harburg 7,5 Millionen Liter Petroleum in Flammen aufgingen, stellten die Fachleute jener Zeit resigniert fest:

„... ein derartiger Ölbrand ist nicht zu löschen. Man hat sich vielmehr auf die Beschützung der Nachbarschaft zu beschränken, die insofern nicht schwerfällt, als weder beim Brand des Petroleums noch bei dem leerer Fässer Flugfeuer irgendwelcher Art vorkommt ..."

50 Jahre später — am Ende des 2. Weltkrieges — stand die deutsche Mineralölindustrie vor den Resten ihrer ausgebrannten Raffinerien und Tanklager und sprach ebenso enttäuscht oft genug den sinngleichen Satz: „Derartige Ölbrände waren nicht zu löschen. Man mußte sich auf den Schutz der Nachbarschaft beschränken!"

Mit den in Deutschland vorhandenen Schaumlöschgeräten als hervorragendsten Waffen zur Bekämpfung von Flüssigkeitsbränden konnten zur Zeit des Höhepunktes der Ausstattungen Anfang 1944 rund 125 000 Kubikmeter Schaum in der Minute erzeugt werden. Die Gesamtkapazität nach den vorhandenen Vorräten an Schaummitteln ist mit 3/4 Millionen Kubikmeter nicht zu hoch geschätzt. Trotzdem sind während des Krieges sicher 7 bis 10 Millionen Tonnen Kraft- und Schmierstoffe aller Art aufgebrannt und von dem, was erst einmal brannte, konnten wohl nur wenige 1000 Tonnen tatsächlich gelöscht und somit gerettet werden.

Es ist auch sicher nicht zu hoch gegriffen, wenn man annimmt, daß die heute mit ortsfesten und beweglichen Schaumerzeugern in der Welt herstellbare Schaummenge 1 Million Kubikmeter in der Minute bereits übersteigt. Der Anteil Deutschlands hieran liegt nach zuverlässiger Schätzung bei 125 000 m³/min. Allein nach dem zweiten Weltkrieg sind bei uns zum Schutze von über 500 000 m² Tank- und Tankgrubenflächen ortsfeste Schaumlöschanlagen mit einer Kapazität von mehr als 6000 m³/min. gebaut, darunter die ihrer Liefermenge nach wohl größte Luftschaumanlage der Welt für die 56-m-⌀-Rohöltanks der Gelsenberg-Benzin AG.

Vorbeugen ist besser, als heilen!

Was kann man tun, um Mineralölbrände überhaupt zu verhüten? Wie kann man solche Brände wenigstens auf ihren Herd begrenzen? Diese Fragen drängen sich Fachmann und Laien unwillkürlich auf, wenn er etwa Berichte über die Tankexplosion in Bitburg am 23. September 1954 liest und von 29 Todesopfern hört. Überlegen wir hierzu folgendes:

75 % aller Brände in unseren Häusern und Fabriken entstehen, weil ein sehr kleiner Prozentsatz immer gleichgültiger — gedankenloser und uninteressierter Menschen nicht aufpaßt! Diese Wenigen widerstehen hartnäckig allen Aufklärungsversuchen und bringen mit ihrem Unverstand — das beweist die tägliche Erfahrung einer großen Berufsfeuerwehr — auch noch so ausgeklügelte Verhütungsmaßnahmen zu Fall. Man kann sich vor ihnen nur schützen durch Androhung harter Strafen und durch geeignete Maßnahmen der Feuerbegrenzung und Feuerbekämpfung.

Folgende Zahlen mögen zu denken geben:

In Hamburg werden von der Feuerwehr seit 1913 alle bekämpften Garagenbrände und seit 1925 auch die gemeldeten Kraftfahrzeugbrände statistisch erfaßt. Seit über 40 Jahren ereignen sich danach jährlich annähernd gleichbleibend 10 Garagenbrände, seit über 25 Jahren brennen im großen Durchschnitt etwa 80 Kraftfahrzeuge, 1925 waren es über 10 000, 1938 stieg ihre Zahl auf über 82 000 und heute sind es über 100 000! Zwischen der Gesamtzahl der Kraftfahrzeuge und den an ihnen oder durch sie vorkommenden Bränden besteht also bestimmt keine direkte Abhängigkeit.

Die vor 40 Jahren zeitgemäßen Sorgen, daß mit dem Siegeszug des „Explosionsmotors" das Feuerrisiko unkontrollierbare Ausmaße annehmen würde, haben sich also nicht bewahrheitet, obwohl nach der letzten Vorkriegsstatistik rund 86 % des Mineralölverbrauchs auf den Kraftfahrzeugverkehr entfielen und auch heute der Mengenanteil in dieser Größenordnung liegt. Es hat somit jener prominente Vertreter des Feuerschutzwesens nicht Recht behalten, der da einst schrieb:

> „Für Feuerwehr-Benzinwagen wird die Brandgefahr noch ganz erheblich erhöht durch das Mitführen brennender Fackeln sowie durch den Umstand, daß die Wagen auf Brandstellen nicht selten der Einwirkung strahlender Hitze und starkem Funkenfluge ausgesetzt sind. Aus allen diesen Gründen erscheint die Verwendung von Explosions-Motoren für den Feuerwehrbetrieb nicht empfehlenswert."

Wir wissen heute durch Forschungsarbeiten über die Entzündungsmöglichkeiten von Mineralölen, daß die Grenzen doch recht eng gezogen sind und schon eine Reihe von Voraussetzungen erfüllt sein müssen, um überhaupt eine Entflammung zu verursachen.

Am eindrucksvollsten waren wohl die Versuche, mit den Funken einer Schleifscheibe Benzin, Dieselkraftstoff oder Schmieröl zu entzünden, und die Feststellung, daß Eisenfunken erst bei Temperaturen über 700° zündend wirken, Kupferfunken entsprechend der rund siebenmal höheren Wärmeleitzahl dieses Metalls Zündungen bei etwa 500° veranlassen und erst Cereisenfunken zu regelmäßigen Zündungen führen. Ja, man kann den drastischen Versuch ausführen und einen glimmenden Zigarettenstummel in Benzin werfen, ohne daß in der Regel etwas geschieht (trotzdem Vorsicht!). Es sind auch Beschußversuche ausgeführt und dabei wurde festgestellt, daß für die Zündfähigkeit eines Schlagfunkens der Energieumsatz und die Eigenschaften der aufeinanderfallenden Werkstoffe maßgebend sind. Bei diesen Versuchen war z. B. der Schuß mit einer Pistole auf einen Behälter mit zündfähigem Gas/Luft/Gemisch erfolglos und erst die etwa 20fache Energie eines Gewehrschusses konnte zur Zündung führen.

Die Feuerverhütung in der Mineralölwirtschaft ist also — das haben wohl die Beispiele und Zahlen gezeigt — entgegen vielen früheren Annahmen nur zu einem sehr geringen Teil stoffbedingt. Es ist in erster Linie ein Menschenproblem, dessen Grenze durch jenen Grad menschlicher Unzulänglichkeit gezogen wird, der allen Gebieten unseres Lebens seinen Stempel aufdrückt.

Gedanken zur Begrenzung von Mineralölbränden

Die Begrenzung und — wie später zu erörtern — die Bekämpfung von Mineralölbränden ist dagegen durch den Flüssigkeitscharakter an typische technische Voraussetzungen gebunden. Das Problem liegt hier nicht in der Brennbarkeit — viele Stoffe brennen genau so gut oder noch besser — sondern vornehmlich darin, daß eine Flüssigkeit stets an Behälter gebunden ist und sich ohne geeignete Aufbewahrung ungehemmt ausbreiten kann. Erst in zweiter Linie folgt die Möglichkeit der Bildung explosionsfähiger Gas/Luft-Gemische, die, allerlei Strömungen unterworfen, selbst entlegenste Zündquellen erreichen können. Die tägliche Praxis beweist hierzu mit hartnäckiger Regelmäßigkeit immer wieder, daß die Brandschutzbedeutung dieser Eigenschaften brennbarer Flüssigkeiten nicht erkannt oder sehr verkannt wird.

Die brandschutztechnische Forderung lautet deshalb:

1. Sicherung gegen ungewolltes Auslaufen,
2. Sicherung gegen ungewollte Gasbildung und Gasausbreitung.

Die Notwendigkeit ihrer Erfüllung beginnt schon bei der Erdölförderung, ist zwingend bei der Großtanklagerung und endet wohl kurz vor der letzten Verbrauchsstufe beim „explosionssicheren“ Kleinbehälter oder dem Tank des Kraftfahrzeugs.

Man mag annehmen, dies sei alles längst gelöst, aber eine ganze Reihe von Kraftfahrzeugbränden in jüngster Zeit zeigten doch recht kostspielig, daß Lage und Art des Tankverschlusses und sein Dichtungsmaterial auch heute noch eine beachtenswerte Konstruktionsaufgabe darstellen — von gleicher Wichtigkeit, wie etwa der „brandsichere“ Vergaser, dessen Gestaltung kein Geringerer als Wilhelm Maybach entscheidend gefördert hat.

Für die Bedeutung der Behälterfrage dienten Versuche an einem mit nur 5 Litern Vergaserkraftstoff gefüllten „Einheitskanister“, der durch etwas Dieselkraftstoff aufgeheizt wurde. In der ersten Brandphase blies der Behälter an einer Nahtstelle gleich einem Flammenwerfer ab, in zweiter Phase war der aufplatzende Kanister in eine gewaltige Feuerwolke gehüllt, die Fachmann und Laien ein fesselndes Bild der gewaltigen Energien vermittelte, die in so geringen und harmlos scheinenden Kraftstoffmengen verborgen sind.

Folgende Vergleiche mögen weiter die Möglichkeiten der Feuerbegrenzung umreißen:

Man kann ein hoch und eng gestapeltes Holzlager inmitten von Wohnblocks errichten, man kann aber auch ein Holzlager aufgelockert und durch Brandmauern unterteilt erstellen — und wird dieser Lösung stets den Vorzug geben müssen. Und man kann ein Mineralöltanklager eng ineinander geschachtelt bauen — man kann es aber auch weit auseinandergezogen anlegen. Es bedarf keiner Sonderkenntnis, um im voraus zu sagen, daß bei einem Brand sowohl des engen Tanklagers als auch des hochgestapelten Holzlagers die Folgen verheerend sein werden — andererseits aber bei aufgelockerter Bauweise ein vielleicht unvermeidbarer Brand auf seinen Herd beschränkt bleibt, selbst, wenn die Mittel der Brandbekämpfung nicht sofort wirksam werden sollten. Leider wird aber der mit Millionenverlusten erkaufte Erfahrungswert, daß Mineralöltanks mindestens mit Durchmesserabstand voneinander stehen sollen, auch bei neuen Anlagen allzuoft mißachtet.

Es ist bei Tank- und Behälterbauten nach den deutschen Sicherheits- und Konstruktionsvorschriften wenig wahrscheinlich, daß etwa ein Tank bei einer Explosion oder durch Materialspannungen s e i t l i c h aufreißt und sein Inhalt plötzlich frei wird. Die wenigen bekannt gewordenen Fälle dieser Art, wie z. B. 1940 bei Hamburg oder 1950 bei Sundsvall in Schweden, können als Ausnahmen nur die Regel bestätigen.

Dagegen sind Undichtigkeiten oder Brüche an Rohrleitungen und Ventilen recht häufig, und es sollte Grundsatz sein, durch Einbau von Schwellen und Auffanggruben eine ungehemmte Ausbreitung der Flüssigkeiten zu verhindern. Wo aber Auffanggruben notwendig werden — und zwar nicht nur bei Großtanklagerung — sollte man ein Fassungsvermögen von 100 % — gleichgültig, für welche Art von brennbaren Flüssigkeiten — nicht unterschreiten, es sei denn, daß einwandfrei arbeitende Abflußmöglichkeiten besonders für die meist weit unterschätzten und nicht eingerechneten Löschwassermengen vorgesehen sind. Gerade die letzten Mineralölbrände haben diese Forderung unabweisbar bestätigt.

Brandbeispiele aus der Praxis

„Grau, Freund, ist alle Theorie", pflegt auch der Feuerwehrmann zu sagen, wenn von Möglichkeiten der Brandverhütung und Brandbegrenzung die Rede ist! Einige Brandfälle aus den Gebieten der Gewinnung und Aufbereitung, der Lagerung und der Verwendung von Mineralölen mögen deshalb die „Theorie" bestätigen.

Im G e w i n n u n g s b e t r i e b bilden unerwartete Gas- und Ölausbrüche das Gefahrenrisiko. Es sei erinnert an den Ausbruch der Bohrung „Nienhagen 20" bei Hannover im September 1934 und an eine ganze Reihe ähnlicher Vorkommnisse auf rumänischen und amerikanischen Feldern oder an die Gasflammen von Neuengamme und Moreni.

Alle Versuche, derartige Ausbrüche abzustoppen und so mit dem Aufhören des Brennstoffnachflusses auch das Feuer zu löschen, sind mit ganz seltenen Ausnahmen an der ungeheuren Wucht der Naturgewalten gescheitert.

Am aussichtsreichsten ist das Verfahren, mit einer Sprengladung einen Doppelerfolg durch Ausblasen des Feuers und Verstopfen der Bohrung zu erzielen. Es hat mehrfach in Amerika und auf Erdölfeldern des Nahen Ostens zum Erfolg geführt. Meist ist es ein Gebot der Vernunft und Geduld, das in der Regel nach wenigen Tagen durch Zusammenbrüche im Innern eintretende Verstopfen der Bohrung abzuwarten und in der Zwischenzeit die Fluten einzudämmen sowie alle Vorbereitungen zu treffen, die für einen umfassenden Löschangriff erforderlich sind.

Das Feuerrisiko in der A u f b e r e i t u n g unterscheidet sich kaum von dem eines anderen Industriebetriebes, denn die Durchsatzmengen an Mineralölen sind relativ gering und die Voraussetzungen für einen Löschangriff in vielfacher Hinsicht günstig. Diese hin und wieder vorkommenden Brandfälle können in der Regel schnell mit betriebseigenen Löschkräften und Löschmitteln erledigt werden.

Daß es auch andere Fälle gibt, zeigt folgendes Beispiel:

In einer neu aufgebauten Mineralölraffinerie war vor Fertigstellung der Anlage mit dem Füllen größerer Vorratstanks mit vorgewärmten Spindelöl begonnen zu einem Zeitpunkt, in dem noch eine Schweißkolonne Rohrleitungsarbeiten durchführte. Aus Versehen wurde Öl in eine Leitung gefördert, die offen endete — und ein dicker Ölstrahl ergoß sich vom oberen Stockwerk durch das Gebäude hindurch ausgerechnet auf die Schweißstelle. Von den daran beschäftigten beiden Arbeitern konnte sich einer noch gerade retten, der zweite Arbeiter fand jedoch den Tod und die übrigen im Bau beschäftigten Betriebsangehörigen brachten teilweise ihr Leben nur durch einen Sprung aus dem Fenster in Sicherheit. Die Feuerwehr Hamburg setzte zunächst 6, später sogar 8 Züge an, um des sich in Sekundenschnelle entwickelnden gewaltigen Brandes Herr zu werden und vor allem ein Übergreifen auf dicht benachbarte Tankgruppen zu verhindern.

Das mit weitem Abstand kritischste Feuerrisiko der Mineralölindustrie liegt in der Großlagerung. Die statistische Feststellung, daß Tankbrände relativ selten sind, darf nicht darüber hinwegtäuschen, daß die Brandschutztechnik hierbei unter meist recht ungünstigen räumlichen Voraussetzungen Energiemengen beherrschen soll, wie sie bei keinem anderen Feuerrisiko auftreten. Der Ablauf eines Tankbrandes birgt zudem unberechenbare Zufälligkeiten in sich, wie sie in ähnlichem Umfange vielleicht nur bei Schiffsbränden vorkommen.

Bis zum Beginn der alliierten Luftangriffe auf die deutsche Mineralölindustrie im Jahre 1940 glaubte man, das Tankbrandproblem mit einer guten Umwallung, einer Berieselungsvorrichtung und einer ortsfesten Schaumlöschanlage mehr oder minder gelöst zu haben, denn mit diesen Einrichtungen waren vorher fraglos eindeutige Löscherfolge erzielt.

Als deutsche Lehrbeispiele dienten die fast 30 Jahre zurückliegenden Tankbrände in Blexen (1909) und Rummelsburg (1910), denn inzwischen hatten sich in Deutschland keine größeren Mineralölbrände ereignet, und die bestimmt umfangreichen amerikanischen Erfahrungen drangen nur unvollständig und kaum beachtet über den Ozean. Die Hamburger Tankbrandversuche von 1938 bis 1939 hatten dem kritischen Beobachter aber deutlich gezeigt, daß Güte und Art der Aufbringung des Löschmittels geradezu entscheidend für den Erfolg alles Bemühens ist.

Alle diese Erfahrungen verblaßten jedoch vor der Wirklichkeit, als die britische Luftwaffe im Juni 1940 ihre ersten systematischen Angriffe auf die Mineralölindustrie flog und in Misburg, Dollbergen, Salzbergen, Hamburg und anderen Orten erfahrenste Feuerwehrmänner aus einem Inferno von kochendem und schäumendem Öl und plötzlich aufbrennenden Benzinschwaden oft nur mit knapper Not das nackte Leben retten konnten, mancher von ihnen aber auch den Tod fand.

Auch nach dem Kriege fehlte es nicht an Tankbränden! So war im Mai 1949 in Norddeutschland eine neuzeitliche Tankanlage in Betrieb genommen, noch ehe die eingebauten Schaumlösch- und Berieselungsleitungen an das Versorgungsnetz angeschlossen werden konnten. Als es aus nicht einwandfrei geklärter Ursache zur Explosion und Brand eines mit Rohöl gefüllten 6000-m^3-Tanks kam, war weder ein sofortiger Schaumlöschangriff möglich, noch überhaupt die notwendige Menge Wasser vorhanden. Bis zur Schaffung der Voraussetzungen für einen aussichtsreichen Löschangriff gingen unter ungünstigen örtlichen Verhältnissen Stunden hin, Da war es dann schon zu spät, diesen Tank mit seinem bereits hocherhitzten Rohölinhalt noch zu retten! Es bot sich das wenig erfreuliche Bild, das fast fünf Jahre nach Beendigung des zweiten Weltkrieges mit seinen ungeheueren Mineralölbränden nun wieder ein Tank im Werte von einigen 100 000 DM ausbrannte, ohne daß die technischen Mittel zum Ablöschen rechtzeitig und ausreichend angewandt werden konnten.

Fast 6 Millionen DM Schaden verursachte im September 1951 der größte europäische Tankfeldbrand der Nachkriegszeit in Avonmouth bei Bristol. In zweitägiger Löscharbeit wurden über 270 000 Liter Schaummittel verbraucht, bis 300 Feuerwehrmännern und einigen Hundert anderen Hilfskräften das Löschen des Brandes gelang! Die Kosten der Löscharbeiten allein sollen annähernd 1 Million DM betragen haben.

... Und wenige Wochen vor Niederschrift dieses Berichtes explodierte in der Nähe von Bitburg/Eifel ein unterirdischer 5000-m^3-Tank! 29 Menschen, die im Augenblick der Explosion auf dem Tankdach standen und das Arbeiten einer Löschanlage beobachten wollten, fielen der Katastrophe zum Opfer, viele andere wurden schwer verletzt!

In seinen Folgen nicht so schwer, aber kaum minder tragisch, war folgendes Erlebnis des Verfassers in einem Betrieb, der Mineralöle und ihre Nebenprodukte bearbeitete:

Im März 1949 wurde die Feuerwehr Hamburg nach einer kleinen chemischen Fabrik gerufen, wo in einem unübersichtlich verqualmten Raum ein Rührwerk-Behälter mit Bohnerwachs brannte. Der Löschzug konnte dieses in einer Millionenstadt fast alltägliche Feuer innerhalb weniger Minuten löschen und begann dann mit den Aufräumungs- und Säuberungsarbeiten.

Der offenbar mit größeren Mengen brennbarer Flüssigkeiten arbeitende Betrieb schien beim ersten Überblick eine Reihe von feuersicherheitlichen Mängeln aufzuweisen. Die elektrischen Anlagen waren nicht alle explosionsgeschützt, und vom Betriebsraum führte eine offene Treppe in einen Kellerraum, der bis an die Decke mit leeren Blechkanistern vollgestapelt war. Der anwesende Kriminalbeamte erhielt deshalb die Weisung, den Betrieb nach Abrücken der Feuerwehr zu schließen, um eine spätere gründliche Überprüfung zu ermöglichen. Gerade als der Betriebsmeister gegen diese Anordnung Einspruch erhob mit der Behauptung, er verwende in seinem Betrieb doch nur „Testbenzin" und dieses sei nicht gefährlich, stand plötzlich der ganze Fußboden in Flammen. Unmittelbar danach folgte eine gewaltige Explosion, die das ganze Gebäude über den Löschmannschaften zusammenbrechen ließ und es augenblicklich in Brand setzte. Sieben Feuerwehrbeamte erlitten durch Verbrennungen zweiten und dritten Grades, Prellungen, Knochenbrüche, Wirbelsäulenquetschungen und Verluste von Fingergliedern mehr oder minder schwere Verletzungen, ein achter konnte nach Ablöschen der Brandstelle durch drei nachgeforderte Löschzüge nur tot aus den Trümmern geborgen werden. Unverletzt war nur der Kriminalbeamte und der Betriebsmeister davongekommen.

Der im Jahre 1926 für die kalte Verarbeitung von Ölen der Gefahrenklasse III zugelassene Betrieb lagerte zum Zeitpunkt der Explosion etwa 2000 Liter angebliches „Testbenzin" in Fässern und zahlreichen anderen Behältern, und es war gerade eine Fabrikation von Bohnerwachs angelaufen. Man schmolz hierzu Wachs mittels einer elektrischen Heizvorrichtung in einem Kessel, pumpte dann mit einer Flügelpumpe Benzin hinzu und rührte das Ganze mit einem über dem Kessel angebrachten elektrischen Rührwerk um.

Durch einen Kurzschlußfunken an der mangelhaft isolierten Kabeleinführung des Rührwerkmotors gerieten die Benzindämpfe in Brand. Die Explosion selbst entstand aber mit Sicherheit dadurch, daß sich in dem Kellerraum unter dem Betrieb Benzingase angesammelt hatten, die dann durch einen bei Nachlöscharbeiten herabfallenden Funken entzündet wurden.

Fügen wir abschließend noch ein kleines, typisches Beispiel über die Verwendung von Mineralölen an:

Im engen, niedrigen Kellerraum einer Hamburger Bügelanstalt wuschen zwei Personen in einer mit Benzin gefüllten Waschbalje Kleidungsstücke und steckten sie dann in eine elektrisch angetriebene Haushalts-Wäscheschleuder! — Die Feuerwehr hatte darauf zwei Schwerverletzte zu bergen und — nachdem der entstandene Brand gelöscht war — einige Mauern abzustützen sowie die Glasscherben der Umgebung zusammenzufegen!

Löschaufgaben bei Mineralölbrand

„... Der Schaum schneidet den Sauerstoff der Luft an ...“. Diese jahrzehntealte Annahme über die Wirkung des Löschmittels „Schaum“ als hervorragendsten Mittel zur Bekämpfung von Mineralölbränden ist zweifellos falsch! Man kann schon beim Modellversuch deutlich erkennen, daß beim Flüssigkeitsbrand drei Zonen auftreten:

1. die Oberflächenzone — das ist die Flüssigkeits-Oberflächenschicht in einer Stärke von meist nur wenigen Millimetern. Sie ist je nach der Art der brennenden Flüssigkeit unter Umständen lebhaft sprudelnd und wirbelnd bewegt,
2. die Gaszone in einer Schichtstärke von wenigen Millimetern bis zu mehreren Metern je nach der Art des Behälters. Sie ist erfüllt von den aus der Oberflächenzone aufsteigenden Gasen. die aber wegen ungenügender Mischung mit Luft noch nicht brennbar sind,
3. die Feuerzone, die einen Bereich bis zu etwa 100 m umfassen kann. In ihr findet die Verbrennung des genügend mit Luft angereicherten Gasgemischs statt. Die Wärmestrahlung der Feuerzone hält schließlich auch den Prozeß in Gang, d. h. verursacht eine so starke Erwärmung der Oberflächenzone, daß eine „Verdampfung“ der Flüssigkeit und damit die Bildung der „Gaszone“ eintritt. Innerhalb der „Gaszone“ erfolgt schließlich durch die Strahlungswärme der Feuerzone die Aufheizung bis zum Flammpunkt.

Die aus dieser Erkenntnis abgeleitete grundsätzliche Löschaufgabe hat — wie eine Gleichung mit drei Unbekannten — drei primitiv einfach erscheinende Lösungen:

1. Man entfernt die Flüssigkeit, d. h. den „Brennstoff“ als Träger der „Gase“.
2. Man unterkühlt die Oberflächen- und Gaszone so stark und rasch, daß sich trotz Strahlung von der Feuerzone keine bis zum Flammpunkt erhitzte Gaszone bilden kann — oder unterbindet durch Abschirmung die Wirkung der Feuerzonenstrahlung auf die Oberflächenzone.
3. Man unterbindet die Zufuhr von Sauerstoff.

In der Entscheidung, welche von diesen drei Lösungen einzeln oder kombiniert anzuwenden ist, liegt auch die Kunst des Löschens von Mineralölbränden! Sie ist weitgehend an Erfahrungen aus der Praxis gebunden und verlangt außerdem neben einem gesunden „Instinkt für das Richtige“ ein hohes Maß betriebs- und löschtechnischer Kenntnisse.

Einige Erfahrungen bei Mineralölbränden

Aus der Fülle der Erfahrungen bei Mineralölbränden, vor allem Tankbränden, seien folgende Punkte erster Ordnung herausgegriffen:

1. Die Beurteilung der Mineralöl-Gefahrenklassen vom Standpunkt der Löschtechnik.
2. Einflüsse von Füllhöhe und Brenndauer bei Tankbränden.
3. Eigenschaften, Güte und Menge des Löschmittels Schaum.
4. Anwendungsgrenzen des Löschmittels Wasser.
5. Möglichkeiten des Aufbringens von Schaum und Wasser.

Die „Mineralölverkehrsordnung“ unterscheidet in der Gruppe A drei Klassen, die nach dem Temperaturgrad der Flammpunkte abgestuft sind. Diese nach der Zünd- und Explosionsfähigkeit vorgenommene Einteilung gibt uns zugleich einen guten Anhaltspunkt für die Wahl des Löschmittels, denn wir müssen uns freimachen von der überholten, aber noch weit verbreiteten Anschauung, daß Mineralölbrände n u r mit Schaum gelöscht werden können. Bei Flüssigkeiten mit Flammpunkten unter + 21° C bietet das Löschen mit Schaum allerdings ganz eindeutig die sichersten Erfolgsaussichten. Die entscheidende Löschwirkung ist dabei in der Unterbindung der Gasbildung durch Überziehen einer wenigstens eine gewisse Zeit gasundurchlässigen „Dämmschicht" gegen die Strahlung der Feuerzone zu sehen. Auch für eine Reihe anderer Löschmittel, die nicht auf Kühlwirkung eingestellt sind, wie z. B. Kohlensäure, bieten sich hier günstige Anwendungsmöglichkeiten.

Mit steigenden Flammpunktstemperaturen verschieben sich die Verhältnisse immer mehr zu Gunsten des billigsten, besten und fast überall zu habenden Löschmittels Wasser, um durch Abkühlung unter den F l a m m p u n k t den sichersten Löscherfolg zu erzielen. Es ist dabei bekannt, daß erhitzte Öle beim Auftreffen von Wasser einen „Ölschaum" bilden, der zwar nicht sehr beständig ist, aber in seiner „Dämmwirkung" dem Löschschaum fast gleichgesetzt werden kann.

Die Gefahrenklasseneinteilung müßte vom Standpunkt der Löschtechnik noch durch eine Staffelung nach „Reinheitsgraden" ergänzt werden. Ein Brand von Benzin oder Schmieröl verläuft heftig, doch üblicherweise ohne Überraschungen — ein Brand von Rohöl oder sogen. „Rückstand" gleicht aber einem Vulkan, der eben noch friedlich qualmend — plötzlich einer Eruption aufgerissen wird, um danach wieder in Ruhe zu verharren und das Spiel des Ausbruchs unberechenbar zu wiederholen.

Die Gründe für dieses willkürliche Verhalten unreiner Öle sind noch nicht restlos erkannt. Entscheidend dürfte der Wassergehalt beteiligt sein, besonders, wenn der 100°-Temperaturspiegel im Verlauf des Tankbrandes langsam absinkt und beim Erreichen stark wasserhaltiger Schichten eine plötzliche Verdampfung einleitet. Wir lernten daraus, daß vom Standpunkt der Löschtechnik nicht nur die Einteilung in Gefahrenklassen nach steigenden Flammpunkten — wie in der Mineralöl-Verkehrsordnung — zu beachten ist, sondern mehr noch eine Einteilung nach Reinheitsgraden, wobei alle Rohöle als „unreinste" Ausgangsstoffe und alle „Rückstände" als „unreinste" Verarbeitungsreste in die höchste Gefahrenstufe einzureihen sind.

Einflüsse von Füllhöhe und Brenndauer

Wir können nach allen Kriegserfahrungen sagen: Die Schwierigkeiten einer Tankbrandbekämpfung stehen in umgekehrtem Verhältnis zur Füllhöhe und steigen in der dritten Potenz mit der Brenndauer.

Je geringer die Füllhöhe eines Behälters, desto schwieriger ist es, ein Löschmittel überhaupt auf die Flüssigkeitsoberfläche zu bringen, denn desto zerstörender wirken sich Auftrieb und Hitze aus. Wir haben besonders bei qualitativ ungeeigneten Schäumen Verluste von 80 bis 90 % und mehr in der Feuerzone festgestellt, ja in manchen Fällen dürfte der hineingepumpte Schaum überhaupt nicht unten angekommen sein. Wiederholt wurde beobachtet, daß bei Tankbränden während des Schaumangriffs in etwa 300 bis 400 m Entfernung von der Brandstelle ein dichtes Schaumflockengestöber niederging — es war das in der Feuerzone „getrocknete" und vom Auftrieb hochgerissene „Löschmittel"!

Während die Füllhöhe aber eine gegebene und praktisch nicht beeinflußbare Größe ist, mit der sich die Löschkräfte abzufinden haben, ist dagegen die Brenndauer abhängig von den Löschmaßnahmen. Je länger ein Tank ungehindert brennt, desto mehr wird seine Gestalt verändert. Das Dach bildet in der Flüssigkeit Inseln weißglühenden Eisens, die Seitenwände krempeln sich mehr und mehr nach innen und bilden Hohlräume, in die kein Löschmittel abkühlend dringen kann. Im Kriege blieb deshalb oft nichts anderes übrig, als solche Hohlräume mit dem Schneidbrenner aufzuschneiden, um an den Herd immer neuer Feuerausbrüche heranzukommen. Die Flüssigkeit selbst erhitzt sich durch Wärmeleitung mehr und mehr, und zwar — wie die

Feuerschlängel im Einsatz bei einem Dampferbrand

Blick auf das Vorderschiff der brennenden „Europa". Das Schiff hat bereits starke Schlagseite und liegt noch nicht auf Grund. Wegen der Kentergefahr mußte das Brandobjekt in diesem Augenblick von den Löschkräften geräumt werden

Brand eines großen Fahrgastschiffes im Hafen von Otronto, bei dem 119 Menschen ums Leben kamen

Die Feuerlöschkräfte arbeiten im Schiffsladeraum unter schwerem Gasschutzgerät und holen die brennenden Zellwolleballen mit Unterstützung der Schiffsbesatzung heraus

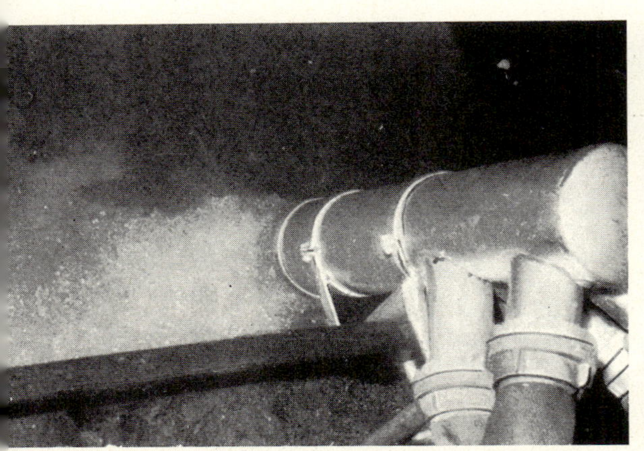

Beim Fluten eines brennenden Laderaumes – eine nur im äußersten Notfall durchgeführte Löschaktion – werden „Fluter" mit einer Leistung von 10–12 cbm/min eingesetzt

Sämtliche Frachtschiffe über 2000 BRT müssen in Zukunft mit einer ausreichend bemessenen Kohlensäure-Feuerlöschanlage zur Bekämpfung von Laderaumbränden ausgestattet sein

Schiffsbrände

Die verschiedenen Ladungsgüter in einem Schiffsraum wurden mit einer Schaumdecke überzogen, um die weitere Entwicklung des Brandes in ungefährlichen Grenzen halten zu können. Feuerlöschkräfte sind jetzt damit beschäftigt, die Ladung aus dem Raum herauszuschaffen

Ein schwerer Ladungsbrand (Baumwollballen) zwang die Feuerwehr zum Fluten des Laderaumes. Um die Ladungsbeschädigung möglichst gering zu halten, wird das Löschwasser (in diesem Falle 6000 t) unmittelbar nach der Brandbekämpfung aus dem Raum entfernt.

Die brennenden Raffinerien der Shell und Ebano in Hamburg-Harburg nach dem Tages-Luftangriff vom 20. Juni 1944

Mineralölbrände

Schaumrohrtrupps gehen unter Wasserschutz über Tankfeldtrümmer vor

20-Liter-Benzinkanister, gefüllt mit 5-Liter-Vergaserkraftstoff im Augenblick der Explosion

Der gleiche Kanister unmittelbar nach der Explosion mit den aufbrennenden Benzinmengen

Brennendes Benzintanklager. Die vom Feuer noch nicht erfaßten Tanks sind durch die enge Bauweise stark gefährdet und blasen teilweise schon ab (Tank links)

Tanklager der Raffinerie Abadan – weit auseinandergezogen und durch Umwallungen mit 100% Fassungsvermögen getrennt

Mineralölbrände

Brennende Erdgasquelle in Rumänien

Löschangriff auf eine brennende Schmierölraffinerie. Der Löschtrupp rechts im Bild mußte kurze Zeit später durch Notsignal zurückgerufen werden, weil das Dach im Vordergrund im Feuer zusammenbrach

Wärmeleitzahlen erkennen lassen — um so schneller, je komplizierter ihre Zusammensetzung ist.

Wir halten deshalb — und das ist vielleicht die wichtigste Kriegserfahrung — die Abkürzung der Brenndauer eines Tankbrandes für den entscheidensten Anteil am Gesamtproblem und das bedeutet zugleich die ganz klare Entscheidung für eine ortsfest eingebaute, sofort betriebsbereite Löschanlage ausreichender Abmessungen.

Man kommt bei der Errichtung von Tanklagern nach friedensmäßigen Gesichtspunkten nicht um die Beantwortung der Frage herum, ob das an sich nur geringe Risiko des Totalverlustes einzelner Tanks im Brandfalle getragen werden kann. Es wäre wirtschaftlich nicht vertretbar, wenn Kapitaldienst und Unterhaltungskosten von Löschanlagen den möglichen Brandschaden weit übersteigen würden und es ist dann Sache der Vernunft, sich bei der „Abschätzung der Gefahr" nicht in theoretischen Spekulationen über die bedrohte öffentliche Sicherheit zu verlieren.

Ergibt sich aber die echte Notwendigkeit einer Löschanlage, dann sollte kein Zweifel darüber bestehen, daß die ersten 15 Minuten nach Brandausbruch entscheidend sind und nur eine weitgehend selbsttätige, unabhängige Löschanlage überhaupt den Kapitalaufwand rechtfertigt. Alle Zwischenlösungen mit dem meist unausgesprochenen Gedanken an eine Verminderung der Baukosten täuschen nur eine theoretische Sicherheit vor.

Einige Worte zum Schluß!

Mineralöle gehören zu unseren wertvollsten und wichtigsten Rohstoffen, Mineralölbrände aber sind das radikalste Mittel zu ihrer Vernichtung — an diesen Tatsachen besteht kein Zweifel.

Die Welt-Erdölproduktion betrug 1953 über 654 Millionen Tonnen. Etwa 70 Millionen Kraftfahrzeuge in der Welt wollen versorgt sein — diese Zahlen allein sprechen eindrucksvoll für die Bedeutung des Brandschutzwesens in der Mineralölindustrie.

Die Tanklager in Deutschland und in der Welt wachsen von Jahr zu Jahr. Vor 20 Jahren war ein 40-m-Tank eine seltene Ausnahme — heute ist diese Größe für Rohöllagerung schon beinahe die Regel. Der in dieser Zeitspanne liegende zweite Weltkrieg zwang uns Erfahrungen in der Bekämpfung von Tankbränden auf, die sonst nie gemacht wären. Die wenigen Jahre nach Kriegsende haben vielfach bestätigt, daß auch im Frieden gerade bei Tankbränden die Grundregeln der Brandschutztechnik Gültigkeit haben.

Über allen Maßnahmen zur Bekämpfung von Mineralölbränden sollten aber als Leitsatz die Hamlet-Worte stehen:

The readings is all! Bereitsein ist alles!

Der eiserne Vorhang und andere Sicherheitseinrichtungen der Theater

Von Zilius, Stuttgart-Weil im Dorf

Die verhängnisvollen Theaterbrände, die sich in früherer Zeit und noch um die Jahrhundertwende ereignet haben und den Tod vieler Menschen zur Folge hatten, waren ihrem Ursprung nach fast in allen Fällen Bühnenbrände, die während einer Vorstellung zum Ausbruch kamen. Alle anderen Theaterbrände, die im Zuschauerraum oder Nebenräumen des Theaters entstanden sind oder sich außerhalb einer Vorstellung ereignet haben, sind nur in Ausnahmefällen und im geringen Umfange mit Verlusten an Menschenleben verbunden gewesen. Das ist leicht erklärlich, denn die Hauptgefahr besteht ja darin, daß der Zuschauerraum bei einer Vorstellung von Menschen erfüllt ist, die im Gefahrsfalle selbst bei besten Ausgangsverhältnissen und bei vernünftigem Verhalten längere Zeit benötigen, um den Zuschauerraum zu verlassen und über die noch in der Gefahrenzone liegenden Flure und Vorräume das Freie zu gewinnen. Die geordnete Entleerung des Zuschauerraumes wird aber häufig durch eine Panik verhindert, die oft schon aus nichtigen Ursachen, stets aber bei ernster Gefahr eintritt.

Andererseits steht der Zuschauerraum mit der Bühne in Verbindung, einem Raum von ungewöhnlicher Größe und Höhe, der bei Volltheatern mit brennbaren Stoffen angefüllt ist und zahlreiche Möglichkeiten für die Entstehung eines Brandes enthält.*) Wegen der unvermeidlichen Verteilung der Dekorationen über die ganze Bühne und Ausdehnung in große Höhe kann ein Bühnenbrand, der nicht sofort gelöscht wird, sich mit außerordentlicher Geschwindigkeit entwickeln. Damit ist aber nach einem physikalischen Gesetz (Expansion der erwärmten Luft) ein schnelles Eindringen von Flammen und Rauch in den Zuschauerraum verbunden. Es kommt also im Gefahrsfalle darauf an, den Zuschauerraum möglichst schnell gegen den Bühnenraum abzuschließen. Das ist die Aufgabe des eisernen Vorhangs. Bei modernen eisernen Vorhängen erreicht man eine Schließgeschwindigkeit von etwa 20 Sekunden.

Der eiserne Vorhang wurde von den Aufsichtsbehörden in Deutschland und anderen europäischen Ländern um die Jahrhundertwende für Volltheater vorgeschrieben, nachdem die vorausgegangenen Jahrzehnte zahlreiche Brandkatastrophen in Theatern gebracht hatten. Eine der bekanntesten und folgenschwersten war der Brand des Ringtheaters in Wien am 8. Dezember 1881, bei dem etwa 620 Menschen den Tod fanden. Dieses Theater besaß statt eines eisernen Vorhanges eine „Drahtkurtine", d. i. ein Vorhang aus Drahtgewebe. Dieser wurde beim Brande nicht herabgelassen, weil die Vorrichtung dazu unzweckmäßigerweise auf dem Schnürboden angebracht war, der ja kurz nach Ausbruch eines Bühnenbrandes nicht mehr zugänglich ist. Solche Drahtkurtinen fanden damals Verwendung, weil man bei früheren Bränden beobachtet hatte, daß brennende Dekorationsfetzen von der Bühne in den Zuschauerraum flogen. Man hatte damals noch nicht erkannt, daß das nur eine Nebenerscheinung war, während die Hauptgefahr darin besteht, daß das erwähnte physikalische Gesetz auf der Bühne einen Überdruck verursacht, der Rauch und heiße, giftige Gase in den Zuschauerraum treibt. Die Drahtkurtine hätte also auch im herabgelassenen Zustande keinen wesentlichen Einfluß auf den Verlauf des Brandes haben können. Die Verbrennungsprodukte drangen so schnell in den Zuschauerraum ein, daß zahlreiche Personen auf ihren Plätzen gestorben sind.

Besonders diese Katastrophe gab den Anlaß für eingehende Untersuchungen der bei Bühnenbränden vorliegenden Bedingungen. In Wien baute man das in Fachkreisen bekannte Modelltheater, in dem eine Reihe von Brandversuchen durchgeführt wurde. Dabei ergaben sich bestimmte Anhaltspunkte für eine zweckmäßige Gestaltung aller Sicherheitseinrichtungen, insbesondere auch des eisernen Vorhanges bezüglich seiner Widerstandsfähigkeit gegen Feuer und Überdruck sowie rauchdichten Abschlusses der Bühnenöffnung. Da es kaum möglich ist, den Höchstdruck zu ermitteln, der bei einem Bühnenbrande auftreten kann, und andererseits der eiserne Vorhang nicht so schwer werden darf, daß dadurch seine Beweglichkeit zu sehr beeinträchtigt wird, wurde schon bei den Wiener Versuchen auf die Notwendigkeit von Sicherheitsventilen für den eisernen Vorhang hingewiesen. Für diesen Zweck wurden Vorrichtungen gefordert, durch welche die Entlüftungsorgane der Bühne bei einem bestimmten Überdruck automatisch geöffnet werden. Diese Forderung ist aber in der Praxis lange Zeit nicht durchgeführt worden, weil sich die Ansicht durchsetzte, daß durch das automatische Öffnen

*) „Volltheater" sind u. a. dadurch gekennzeichnet, daß sie mindestens 800 Sitzplätze und eine feste Bühneneinrichtung mit elektrischer Licht- und Kraftanlage besitzen.

der Bühnenrauchklappen, das im allgemeinen im Anfangsstadium eines Bühnenbrandes erfolgen wird, das Feuer stark angefacht werden könne.

Erst im Jahre 1921 wurde die Sachlage durch Untersuchungen der Berliner Feuerwehr endgültig geklärt. Hier wurde überzeugend dargelegt, daß die größte Katastrophe, die bei einem Bühnenbrande während der Vorstellung eintreten kann, die Zerstörung des eisernen Vorhanges durch Überdruck ist und daß mit der Anfachung eines Bühnenbrandes bei geschlossenem eisernem Vorhang wesentlich geringere Gefahren verbunden sind. Gleichzeitig wurden Brandversuche in großem Maßstabe durchgeführt, die den Beweis erbrachten, daß eine Auslösung der Rauchabzugsvorrichtungen der Bühne bei dem ursprünglich in Rechnung gestellten Überdruck von 35 km/m² nicht genügt, um die Überschreitung dieses Druckes zu verhindern. Wegen der Expansion der durch Brand erwärmten Luft des Bühnenhauses sind so große Luftmengen abzuführen, daß mit diesem Prozeß schon lange vor Erreichung des kritischen Druckes begonnen werden muß. Es wurde bestimmt, daß die automatische Auslösung der Rauchklappen schon bei einem Überdruck von 10 kg/m² erfolgen soll. Diese Bestimmung wurde in die damalige preußische Theaterbauordnung aufgenommen und ist auch heute noch in Deutschland bei allen Fachleuten als zweckmäßig und notwendig anerkannt. Die Rauchabzugsvorrichtungen des Bühnenhauses haben also dadurch neben ihrem ursprünglichen Zweck der Rauchabführung noch die im Prinzip gleiche Aufgabe erhalten, wie die Sicherheitsventile der Dampfkessel.

Im Hinblick auf die unzweckmäßige Anordnung der Auslösungsorgane der Drahtkurtine im Wiener Ringtheater ist zu erwähnen, daß die modernen eisernen Vorhänge ebenso wie die übrigen wichtigen Sicherheitseinrichtungen des Bühnenhauses stets von zwei verschiedenen Stellen aus zu betätigen sind. Eine dieser Stellen muß auf der Bühne in der Nähe eines Theatersicherheitspostens, die andere an gesicherter Stelle außerhalb des Bühnenhauses liegen. Außerdem werden eiserne Vorhänge in neuerer Zeit mit einer Berieselungseinrichtung versehen, da es schon vorgekommen ist, daß ein eiserner Vorhang bei einem Bühnenbrande weißglühend wurde, dadurch seine Form veränderte und Rauch in den Zuschauerraum durchgelassen hat.

Nach der obligatorischen Einführung der eisernen Vorhänge für Volltheater sowie Verbesserung der sonstigen Sicherheitseinrichtungen bei gleichzeitiger Ausschaltung schwerwiegender Gefahrenquellen, wie offenes Licht und Feuer auf der Bühne (der Brand des Ringtheaters ist durch Verwendung von Gasflammen in den Soffitten entstanden) sind in Deutschland Brandkatastrophen in Theatern kaum noch eingetreten. Eine unerwünschte Folge dieses erfreulichen Zustandes ist die Tatsache, daß in neuerer Zeit Stimmen laut werden, die den eisernen Vorhang als überflüssig bezeichnen und auf seine Beseitigung hinarbeiten. Besonders die Architekten und Theaterdirektoren betrachten den eisernen Vorhang vielfach als einen störenden technischen Fremdkörper im Tempel der Kunst und möchten ihn bei Neubauten vermeiden. Die Aufsichtsbehörden stehen aber auf dem Standpunkt, daß der eiserne Vorhang so lange bleiben muß, bis ein vollwertiger Ersatz gefunden sein wird. Für Volltheater ist der eiserne Vorhang vorgeschrieben, weil diese brennbare Dekorationen in unbeschränkter Menge verwenden dürfen. Damit wären aber auch unbegrenzte Gefahren verbunden, wenn nicht die modernen Sicherheitseinrichtungen vorhanden wären, zu denen in erster Linie der eiserne Vorhang gehört.

Eine Sicherheitsvorrichtung der Theater, die in ihrer Bedeutung von Laien im allgemeinen überschätzt wird, ist die Regenvorrichtung. Diese besteht aus einem an die Wasserleitung angeschlossenen System von Metallrohren, die im obersten Teil der Bühne angeordnet sind. Die Rohre sind in bestimmten Abständen mit Streudüsen versehen, die nach Öffnen des Zuflußventiles das Löschwasser über die ganze Bühne gleichmäßig verteilen. Damit ist in jedem Fall ein erheblicher Wasserschaden verbunden, der sich besonders auf die Dekorationen und die elektrische Anlage auswirkt. Deshalb soll die Regenvorrichtung im Ernstfall erst dann benutzt werden, wenn es nicht gelingt, einen Brand schon im Entstehen mit dem kleinen Löschgerät oder mit Schlauchleitung von den Hydranten abzulöschen. Andererseits darf die Regenvorrichtung auch nicht zu spät ausgelöst werden, weil damit die Gefahr verbunden ist, daß aus den inzwischen zu heiß gewordenen Rohren statt Wasser Dampf austritt.

Als „kleines Löschgerät" wird im allgemeinen die aus der Zeit des Luftschutzes bekannte Eimerspritze verwendet, die eine ganz besondere Bedeutung erlangen kann, wenn mit diesem Gerät ein Brand schon im Entstehen gelöscht wird, so daß sich die Anwendung der anderen Sicherheitseinrichtungen erübrigt und eine Beunruhigung des Publikums ganz vermieden wird.

Zu erwähnen wäre noch die für alle Theater und Versammlungsräume vorgeschriebene „Notbeleuchtung", die nicht nur im Brandfalle, sondern auch bei jedem Versagen der Hauptbeleuchtung in Tätigkeit tritt und geeignet ist, eine geordnete Entleerung der gefährdeten Räume zu ermöglichen und einer Panikgefahr vorzubeugen, die durch Dunkelheit verursacht werden könnte.

Wenn nun in Deutschland schon seit Jahrhunderten Brandkatastrophen in Theatern mit größeren Verlusten an Menschenleben nicht mehr vorgekommen sind, so dürfen sich dadurch die für die Sicherheit des Publikums verantwortlichen Behörden und Personen nicht verleiten lassen, von den bewährten Sicherheitseinrichtungen abzugehen, denn nur diesen ist der jetzige befriedigende Zustand zu verdanken.

Wasserrettungsdienst bei den Feuerwehren

Von Otto Schäfer, Dörningheim

Helfen wollen und nicht können ist häßlich. Dies trifft ganz besonders in den Fällen zu, wo es sich um die Rettung oder Bergung von Menschen und Tieren handelt. Dieser Umstand hat manche Berufsfeuerwehr dazu veranlaßt, einen Wasserrettungsdienst aufzuziehen und diesen Dienstzweig mit den nötigen Hilfsgeräten auszurüsten. So geschah es auch bei der Frankfurter Berufsfeuerwehr, und zwar erstmalig im Jahre 1928. Damals wurde ein „Dräger-Rettungstaucher" (sog. Badetauchretter) beschafft und mit diesem Gerät während der warmen Jahreszeit geübt. Bei kühlerem Wetter mußte der Einsatz des Gerätes aber unterbleiben. Eine 100%ige Ausbildung kam nicht zustande und im Ernstfalle konnte das Gerät nur einigemal eingesetzt werden. 1938 war es nicht einsatzklar. Es wurde außer Dienst gestellt und der offizielle Wasserrettungsdienst in Frankfurt a. M. war damit zu Grabe getragen worden.

In der Nachkriegszeit nahmen die Hilferufe der Bevölkerung bei Wassernöten in erschreckendem Maße zu. Dies veranlaßte den verstorbenen Branddirektor Franz Lomb, einen schlagkräftigen Wasserrettungsdienst aufzuziehen. Es wurden

2 Dräger-Tauchgeräte Modell DM 40 (mögliche Tauchtiefe 40 m),
1 Dräger-Tauchgerät Modell 138 (Badetauchretter),
1 Motor-Sturmboot und
1 Schlauchboot

beschafft. Ferner wurden in den eigenen Werkstätten Hilfsgeräte angefertigt wie Suchketten, Suchrechen, Suchring, Suchwolf, Taucherstuhl, Leichtmetall-Leiter zum Wassern des Tauchers bei Vorhandensein von Kaimauern, Leiter zum Anhängen an das Sturmboot, damit der Taucher auf dieser stehend an den Platz gebracht werden kann, wo sein Einsatz erfolgen soll und dergleichen mehr.

Die Besetzung des Tauchtrupps wird auf freiwilliger Basis durchgeführt. Die sich meldenden Angehörigen der Wehr werden in der Universitätsklinik genauestens auf Tauch-Tauglichkeit untersucht, wobei es natürlich Ausfälle gibt.

Das Tauchpersonal erhält eine Spezial-Ausbildung und im Anschluß hieran werden terminmäßig Tauchübungen vorgenommen. Dies erfolgt unter fachlicher Leitung des Tauch- und Bootsmeisters Schreiber, der als ehemaliger Angehöriger der Kriegsmarine die nötigen Erfahrungen mit zur Feuerwehr gebracht hat. Während seiner über 18jährigen Marine-Dienstzeit hat er Tauchtiefen von 53 m erreicht.

Das Transportfahrzeug für den Wasserrettungsdienst ist ein von der Feuerwehr selbst entwickeltes Spezial-Fahrzeug. Es wird mit „Bootswagen" bezeichnet. Auf ihm sind das Sturmboot, Such- und Hilfsgeräte, das Tauchgerät Modell 138 und der Tauchtrupp untergebracht. An Hilfsgeräten werden zum Beispiel außer den bereits genannten noch 1 Wiederbelebungswippe, 1 Pulmotor (Wiederbelebungsmaschine), 1 Sanitätskasten, 1 Beleuchtungsanlage, Warnflaggen für die Schiffahrt, Wasserbojen, Bootshaken, lange Gummistiefel, Wolldecken, Leinen, Taue usw. mitgeführt.

Die beiden Tauchgeräte Modell M 40 sind auf einem Vierrad-Hänger untergebracht, auf dessen abnehmbarem Deckel das Schlauchboot untergebracht ist. Dieser Hänger wird an den Bootswagen angehängt.

Der Bootswagen ist ständig mit einem Führer und 4 Mann besetzt. Während der einsatzruhigen Zeit kann im Bedarfsfalle auf 2 Mann dieses Trupps zurückgegriffen werden. Dies ist zu verantworten, da in jedem Falle mit dem Bootswagen ein mit 1/8 besetztes Löschfahrzeug mit ausrückt. Auf diesem mit ausrückenden Löschfahrzeug sind im Dienst befindliche, nicht auf dem Bootswagen eingesetzte Taucher eingeteilt, so daß es im Ernstfalle nicht an ausgebildetem Personal fehlt.

Das Personal des Wasserrettungsdienstes hat genau wie das im Feuerlöschdienst stehende Personal bei jedem Alarm den Bootswagen alarmmäßig zu besetzen. Der Fahrzeugmotor ist anzuwerfen. Bei Tag darf die Zeitspanne zwischen Alarm und dem Ausrücken höchstens 30 Sekunden betragen. Während der Nachtzeit darf es einige Sekunden länger dauern, muß aber immer noch unter einer Minute liegen.

Während der warmen Jahreszeit (Badezeit) entkleidet sich bereits auf der Fahrt zur Unfallstelle der für den Einsatz mit dem Kleintauchgerät Modell 138 bestimmte Angehörige des Tauchtrupps und rüstet sich mit dem Gerät aus. Er kann bei Ankunft an der Unfallstelle im Bedarfsfalle sofort wassern. Mit dem Tauchgerät Modell 138 kann der Taucher 40 Minuten unter Wasser arbeiten. Die Ausstattung des Gerätes mit neuer Atemmunition (Sauerstoff und Atemkalk) nimmt aber nur 2 bis 3 Minuten in Anspruch. Durch die vorhandenen Schwimmflossen wird diesem Taucher das Arbeiten unter Wasser erleichtert.

Das Einsatzklarmachen eines Tauchers mit dem Tauchgerät Modell DM 40 nimmt eine gewisse Zeit in Anspruch, da dies sehr gewissenhaft erfolgen muß, hängt doch das Leben des Tauchers unter Umständen davon ab. Zur Ausrüstung dieses Tauchers sind 3 bis 4 Mann erforderlich. Dieses Personal muß das Gerät genau kennen.

Die Verständigung des gewasserten Tauchers mit dem ihn vom Ufer oder einem Boote aus leitenden Tauchtruppführer erfolgt durch Fernsprecher. Das hierfür verwendete Kabel verträgt eine Zugbeanspruchung von 175 kg. Man kann mit ihm den Taucher führen und im Bedarfsfalle aus dem Wasser ziehen.

Sobald ein Taucher mit dem Tauchgerät Modell DM 40 gewassert hat, wird sofort ein zweiter Taucher mit dem gleichen Gerät ausgerüstet und nimmt auf dem Taucherstuhl Platz, um im Bedarfsfalle sofort einsatzklar zu sein. Das vordere Fenster seines Taucherhelmes bleibt offen und die Druckgasflaschen des Gerätes bleiben geschlossen.

Das Tauchgerät DM 40 besitzt ein Gesamtgewicht von 125 kg. Allein die Taucherschuhe wiegen 18 kg und das Sitzgewicht 12,5 kg. Sobald sich der Taucher unter Wasser befindet, ist ein Großteil dieses Gewichtes aufgehoben. Bei Bewegungen über Wasser muß man ihm aber in jeder möglichen Weise behilflich sein. Mit diesem Gerät ist der Taucher in der Lage 4 Stunden ununterbrochen unter Wasser zu arbeiten, ohne die Atemmunition auszuwechseln.

Besitzt die Einsatzstelle eine gewisse Entfernung vom Ufer, so wird gleichzeitig mit dem Einsatzklarmachen des Tauchers das Sturmboot gewassert. Zu diesem Zwecke wird der Hänger von dem Bootswagen abgehängt und der Bootswagen fährt rückwärts so an die Wasserstelle, daß sein hinteres Ende rechtwinklig zu ihr steht. Das Ausfahren und Ablassen des Bootes erfolgt mit einer Seilwinde. Sie kann notfalls von einem Manne bedient werden. Das Wassern des Bootes nimmt nur ganz kurze Zeit in Anspruch. Sobald das Sturmboot gewassert ist, wird eine kurze Einhängeleiter an eine Bordwand gehängt. Der vollausgerüstete Taucher stellt sich auf diese Leiter und das Fernsprechkabel mit Fernsprechkasten werden im Innern des Sturmbootes untergebracht. Der Taucher wird dann mit dem Sturmboot nach der Einsatzstelle geschleppt und geht erst dort auf Grund. In diesem Zusammenhange möchte ich noch bemerken, daß alle Taucher in der Bedienung des Sturmbootes ausgebildet sind.

Bei der Durchführung von Hilfeleistungen werden aber nicht nur Taucher eingesetzt. Es wird auch mit anderen Hilfsgeräten gearbeitet. Ihr Einsatz erfolgt je nach Sachlage vom Ufer aus oder unter Verwendung eines Bootes. Dies kann so gut das Sturmboot als auch das Schlauchboot oder beide sein. Besonders bewährt hat sich das Arbeiten mit den Suchketten, dem Suchwolf und dem Suchrechen.

Die Suchketten sind 20 m lang. In Abständen von etwa 15 cm sind an ihnen kleine Spezialhaken angehängt. Damit sie sicher auf Grund gehen und ihren Zweck erfüllen, werden die Suchketten mit Metallgewichten beschwert. Mit diesen Suchketten wird das Bett des Gewässers durchkämmt. Ist das Gewässer nicht sehr breit, so werden die Ketten vom Ufer aus gezogen. Bei breiteren Gewässern erfolgt das Ziehen der Ketten nur von einer Seite von Land aus, während dies auf der anderen Seite von einem Boot aus erfolgt. Bei mit Weiden und Gestrüpp bewachsenen Ufern muß diese Arbeit unter Verwendung von 2 Booten durchgeführt werden. In diesem Falle muß der Teil des Gewässers, der nicht durchkämmt werden kann, mit dem Suchring oder den Suchstangen abgesucht werden.

Auch mit dem Suchwolf können Wasserläufe, Weiher und dergl. durchkämmt werden. Er wird an eine Rettungsleine angehakt und vom Ufer oder Boot aus in verschiedenen Richtungen in das Wasser geworfen und dann an der Leine wieder nach dem Ufer bzw. Boot gezogen.

Die Suchrechen und Suchringe kann man nur bei nicht allzu großen Wassertiefen anwenden. Ihr Einsatz muß von einem Boote aus erfolgen. Mit dem Suchrechen wurden schon beachtliche Erfolge erzielt.

Der Wasserrettungsdienst wird vor allem während der Badesaison und der Zeit der Eisbildung auf den Gewässern sehr oft in Anspruch genommen. Aber auch in der dazwischenliegenden Zeit fehlt es nicht an Einsätzen. Vor allem zur Bergung Ertrunkener und Selbstmörder. Sobald feststeht, daß es sich um die Bergung von Personen handelt, wird sofort der Polizeiarzt und die Rettungswache alarmiert, damit der Arzt sofort die notwendigen Maßnahmen durchführen und die Rettungswache die geborgenen Personen in ein Krankenhaus schaffen kann. In jedem Falle werden aber durch den Wasserrettungsdienst Wiederbelebungsversuche mit der Wippe bzw. dem Pulmotor vorgenommen.

Der Wasserrettungsdienst wird aber nicht nur zur Bergung Ertrunkener und Selbstmörder alarmiert, sondern auch zu allen möglichen anderen Hilfeleistungen, wie Bergung wertvoller Gegenstände, Bergung von Geldkassetten (von Dieben ins

Wasser geworfen), Bergung von Beweisstücken für Gerichte (z. B. Waffen), Bergung von Autos, Motorrädern, Wagen usw., Beseitigung von die Schiffahrt bedrohenden Hindernissen in Flußläufen und Hafenanlagen, Befreiung von auf Weihern oder Teichen festgefrorenen Schwänen usw.

In den meisten Fällen waren die Einsätze des Wasserrettungsdienstes von Erfolg gekrönt. Besonders dann, wenn von dem anwesenden Publikum genaue Angaben über die Unfallstelle gemacht werden konnten. Sehr oft sind diese Angaben aber so verschieden, daß die Bergungsarbeiten oft stundenlang dauern. Ich erinnere mich an einen Fall, wo uns ein Anwesender hoch und heilig versicherte, daß die Person an einem bestimmten Boller (zum Vertauen von Schiffen) untergegangen sei. Von diesen Boller aus wurde der Main in einer Breite von 50 m und einer Länge von 100 m flußabwärts 3 Stunden ohne Erfolg abgesucht und zwar sowohl durch einen Taucher mit Tauchgerät Modell DM 40 als auch mit Hilfsgeräten unter Einsatz von 2 Booten. Da nach unserer Ansicht die Angaben des Mannes nicht stimmten, wurde der Taucher etwa 100 m oberhalb der angegebenen Stelle, an dem nächsten Boller, eingesetzt und bereits nach 2 Minuten konnte die Leiche geborgen werden.

In sehr vielen Fällen lautete bis jetzt die Tätigkeitsdepesche, die der Wasserrettungsdienst von Unfallstelle aus gibt „Person oder Gegenstand geborgen" und einmal sogar „Frau geborgen, durch Einsatz der Wiederbelebungswippe zum Leben zurückgerufen".

Die Katastrophenabwehr

Von Alexander Koss, Krefeld

Im letzten Jahrzehnt haben Katastrophen, ausgelöst durch Naturereignisse, technische Mängel oder menschliche Unzulänglichkeit, unersetzliche Menschenverluste und erhebliche Sachschäden verursacht. In einigen Ländern hat sich der Katastrophenschaden zum Nationalschaden ausgewirkt und das Weltinteresse wachgerüttelt (Italien, Holland, Griechenland, Japan). Zahlreiche Hilfsaktionen vom Ausland konnten den Notleidenden und den Obdachlosen das Los einigermaßen mildern und zur Begrenzung des Schadens beitragen. Ein erfreuliches Zeichen der Nächstenliebe ohne Rücksicht auf Rasse und nationalpolitische Unterschiede im heutigen Dasein, wo der materialistische Standpunkt im Vordergrund aller Überlegungen steht.

Aber es scheint so, als würde die Kette der Ereignisse nicht abreißen wollen, denn jeder Monat bringt neue Hiobsbotschaften. Die Katastrophengefahr hat sich zur ständigen Gefahr für die Menschheit entwickelt. Alle europäischen Staaten bemühen sich daher, den Katastrophenschutz für Leben, Wirtschaft und Verkehr sowie Versorgung durch geeignete Maßnahmen zu erhöhen. Sowohl bei plötzlich auftretenden Katastrophen, wie z. B. Erdbeben-, Industrie- und Verkehrskatastrophen als auch bei Katastrophen mit längerer Anlaufzeit, wie z. B. Brandkatastrophen, Überschwemmungs- und Unwetterkatastrophen, drohen den Menschen, Tieren und Sachwerten große Gefahren durch Explosionen, Einsturz, Brandausdehnung, Atemgifte, Überschwemmung, Einwirkungen von Chemikalien, Elektrizität u. a. m. Eine Gefahr löst u. U. die andere aus.

So kann z. B. allein der Absturz eines viermotorigen Verkehrsflugzeuges, das außer der Besatzung und Fracht etwa 17 t Kraftstoff mitführt (Abfluggewicht etwa 60 t), beim Aufschlag im brandempfindlichen Ortsteil einer Stadt bei Nacht einen nicht abzuschätzenden Personen- und Sachschaden anrichten, viele sekundäre Gefahren und eine große Panik unter der Zivilbevölkerung auslösen. Wenn in diesem Fall eine organisierte Katastrophenabwehr örtlich und überörtlich nicht einsetzen kann, dann nimmt das Unglück seinen Lauf und wird sich binnen kurzer Zeit zur Katastrophe am Ort auswachsen.

In der Bundesrepublik ist es Aufgabe der Innenminister der Länder, in den Ländern den Aufbau der Katastrophenabwehr vorzubereiten, zu lenken und zu überwachen. Die Katastrophenabwehr umfaßt alle vorbeugenden und abwehrenden Maßnahmen, die verhindern sollen, daß sich öffentliche Notstände zu Katastrophen auswachsen, oder die bei eingetretenen Katastrophen die Gefahren abwehren, die Schäden beseitigen und den ordnungsmäßigen Zustand wiederherstellen sollen. Im Lande Nordrhein-Westfalen z. B., wo durch Zusammenballung von Industrie, Siedlungsdichte und Verkehr öffentliche Notstände unter den obwaltenden dauernd oder zeitlich herrschenden Verhältnissen leicht eintreten können, ist die örtliche Katastrophenabwehr von den Verwaltungsbehörden kreisfreier Städte und Landkreise organisiert worden. Hierzu sind öffentliche Dienste und Einrichtungen sowie die einschlägigen Organisationen, wie Freiwillige Feuerwehr, Deutsches Rotes Kreuz, Arbeiter-Samariterbund, Deichverbände, Technisches Hilfswerk, private Einrichtungen und Dienste zu einem Katastropheneinsatzdienst zusammengefaßt worden. Dieser ist wiederum in den Sicherheitsdienst, Feuerlösch- und Bergungsdienst, Sanitätsdienst, Versorgungs- und Wirtschaftsdienst untergliedert worden. Da die Einsatzkräfte der örtlichen Katastrophenabwehr für die in der Katastrophenabwehr zu lösenden Aufgaben in der Regel nicht ausreichen, ist zu ihrer Verstärkung auf der Ebene der Regierungsbezirke ein überlagernder Katastropheneinsatzdienst gebildet worden. Auf der Kreis-, Bezirks- und Landesebene bestehen Katastropheneinsatzleitungen, die zugleich Nachrichtenzentralen für Katastrophenmeldungen darstellen.

Objekte, aus denen Katastrophen drohen könnten, werden genau erkundet und entsprechende Gegenmaßnahmen in ruhigen Zeiten gründlich vorbereitet (Alarm- und Einsatzpläne). Katastrophenkalender bestehen, nach denen nach Eintritt einer Katastrophe die erforderlichen Abwehrmaßnahmen in kürzester Zeit wirksam werden können. Öffentliche Beobachtungsstellen und Rundfunk haben den Warndienst übernommen (Wetterdienst, Wasser- und Eisbeobachtungsdienst, Sturmwarnungen, Hochwasserberichte, Waldbrandwarnungen).

Die eingetretene Katastrophengefahr muß sofort der örtlich zuständigen Katastropheneinsatzleitung gemeldet werden, auf daß sie die rechtzeitige Katastrophenabwehr veranlassen kann. Die vom Regierungspräsidenten oder vom Innenminister in Marsch gesetzten überörtlichen Kräfte werden über bestehende oder rasch eingerichtete Lotsenstellen am Katastrophenort in den Einsatzraum eingewiesen und dort von Einsatzstäben eingesetzt.

Die Feuerwehr (Berufsfeuerwehr und freiwillige Feuerwehr) ist der stärkste Pfeiler der Katastrophenabwehr-Organisation. In der Regel treffen im Katastrophenfalle die örtlichen Feuerlöschkräfte und die Feuerwehreinheiten der Nahhilfe (nachbarliche Hilfe innerhalb der 15-km-Zone) an der Schadenstelle zuerst ein, um Hilfe zu leisten. Darüber hinaus können stärkere Feuerwehrverbände der Fernhilfe (nachbarliche Hilfe außerhalb der 15-km-Zone) alarmiert und eingesetzt werden. In Nordrhein-Westfalen z. B. besteht eine Fernhilfe in Stärke von 11 Feuerwehreinsatzstäben, 34 Feuerlöschbereitschaften und rund 30 Sonderfahrzeugen mit insgesamt 600 Kraftfahrzeugen und etwa 3 000 Feuerwehrmännern. Diese Fernhilfe kann in kurzer Zeit mobil gemacht werden. Die Einsatzstäbe sind mit Kommandofahrzeugen (mobilen Befehlsstellen), Funktrupps und mit Kradmeldern ausgerüstet. Sie eilen den Feuerwehrverbänden voraus, um nach Erkundung der Lage die nachrückenden Feuerlöschkräfte zweckmäßig und richtig einsetzen zu können. Die Feuerwehreinheiten der Fernhilfe sind im Rahmen ihrer technischen Ausrüstung befähigt, folgende Aufgaben zu erfüllen: Im Katastrophengebiet: Rettung von Menschen und Tieren aus Feuer-, Gas- und Wassergefahr, Bergung und Transport von Verletzten, Bekämpfung von

Bränden, Löschwasserförderung über lange Strecken, Mitwirkung an der Beseitigung von Gefahren; hier: Einsatz von Sondertrupps mit Sondergerät, z. B. Atemschutzgerät, Drehleitern, Rüstkraftwagen, Hebefahrzeugen, Gasschutzkraftwagen, Schneidgerät, Beleuchtungsgerät, Feuerlöschpumpen usw., Mitwirkung an der Verteidigung von Schutzanlagen; z. B. Deichverteidigung mit den örtlichen Deichverteidigungskräften und dergl., Mitwirkung an der Räumung des Katastrophengebietes von Menschen, Tieren und gfs. Sachwerten. Im Auffanggebiet oder im rückwärtigen Gebiet: Hilfsdienst bei den Rettungs-, Räumungs- und Versorgungsmaßnahmen. Das Katastrophengebiet deckt sich mit der von der Katastrophe tatsächlich erfaßten Fläche. Praktisch handelt es sich hier um die Schadenfläche, zu der u. U. die noch unmittelbar gefährdete Fläche hinzugerechnet wird. Hierunter kann sowohl ein Teil des Gemeindegebietes (z. B. Wohnblock, Werkgelände, Wasserstraße mit Ufergelände, Abschnitt des Waldbestandes und dergl.) als auch das gesamte Gebiet der Gemeinde fallen. Das Auffanggebiet grenzt eng an das Katastrophengebiet. Hier werden fliehende bzw. gerettete oder verletzte Personen, geborgenes Vieh und Gut aufgefangen bzw. übernommen und in das rückwärtige Gebiet weiterbefördert. Das Auffanggebiet wird naturgemäß zum Schwerpunktgebiet für den Sanitäts-, Versorgungs- und Wirtschaftsdienst. Bergungs-, Feststellungs- und Versorgungsmaßnahmen werden hier nebeneinander getroffen werden müssen. Das rückwärtige Gebiet ist die nähere oder weitere Umgebung des Auffanggebietes. Die Ausdehnung des rückwärtigen Gebietes richtet sich nach der Aufnahmefähigkeit für die Unterbringung von Menschen, Tieren und Sachwerten. In Frage kommen hier Krankenhäuser, behelfsmäßig eingerichtete Sanitätsstellen, Notunterkünfte für Personen, Sammelplätze für Tiere und Lagerräume bzw. -plätze für Sachwerte. Das rückwärtige Gebiet kann sich auf mehrere Orte ausdehnen. Die Gemeindeverwaltungen dieser Orte können angewiesen werden, die Verkehrsregelung zu treffen und die Feststellungs- und Versorgungsmaßnahmen im Auftrage der örtlichen bzw. überörtlichen Katastropheneinsatzleitung vorzusetzen. Entscheidend hierfür wird immer das Ausmaß der Katastrophe sein.

Feuerwehr im Kriege

Bekämpfung von Schwerölbränden

Von Dipl.-Ing. Ernst Kirchner, Lübeck

Am 1. Juni 1941 war ein Jahr vergangen, seit Teile des Feuerschutzpolizeiregimentes „Sachsen“ die französische Grenze überschritten hatten.

Damals ahnte noch niemand, welche Einsätze dieser Marsch nach Frankreich mit sich bringen würde.

Neben ihren vielseitigen Aufgaben haben die Einheiten des Regiments in den besetzten Westgebieten besonders den Schutz der vorhandenen Mineralöl-Großtankstellen übernommen.

Eine Zeitlang ist die Bekämpfung von Großbränden in solchen Lagern eine der Hauptaufgaben des Regiments gewesen.

In den Häfen am Kanal und an der atlantischen Küste haben die Abteilungen oft in tagelanger anstrengender Arbeit und bisweilen mit geringen Kräften umfangreiche Tankbrände gelöscht.

Ob es sich bei den Bränden um Tanklager für Benzin oder Schweröl, um unterirdische oder oberirdische Betriebsstofftanks handelte, ob diese durch Ummauerung geschützt waren oder nicht — sie wurden mit Erfolg angegriffen und bekämpft.

Große Werte wurden hierdurch gerettet und für die weitere Kriegführung äußerst wichtige Betriebsstoffe erhalten.

Hierbei konnten reiche Erfahrungen gesammelt werden, wie sie in Friedenszeiten während einer ganzen Berufspraxis nicht erworben werden können.

Einer der größten Brände dieser Art, die in der Regimentsgeschichte verzeichnet sind, ist der Tankbrand in einer französischen Raffinerie am Atlantik, wo durch Feindeinwirkung ausschließlich Schweröltanks in Brand geraten waren.

Es war im Spätsommer 1940, als eine Kompanie des Regiments zu einem Einsatz an die Atlantikküste befohlen wurde.

Die Kompanie hatte nach Erledigung ihres Auftrages ihr Sommerquartier wieder verlassen und befand sich auf dem Rückmarsch von der Atlantik- zur Kanalküste.

Kurz nach dem Abmarsch wurde in einiger Entfernung eine gewaltige Rauchsäule bemerkt, die nach ihrem Aussehen nur von einer brennenden Tankanlage herrühren konnte.

Der Qualm, über dem Brandobjekt selbst mit roten Flammen durchmischt, zog sich in einer großen Wolke am Horizont über den Atlantik hin. Die Kompanie wurde sofort auf ihrem Marsch abgestoppt und vom Abteilungskommandeur durch Erkundung festgestellt, daß tatsächlich eine der großen Tankanlagen am Atlantik brannte.

Der Kompanie, die sofort an die Brandstelle befohlen wurde, bot sich bei ihrem Eintreffen auf der Brandstelle ein schaurig schönes Bild. Acht große Schweröltanks mit je 5 000 bis 6 000 Kubikmeter Rauminhalt standen in einem einzigen Flammenmeer.

Die Flammen wirbelten aus den brennenden Tanks und das ganze Gelände war von undurchdringlichem schwarzem Qualm überdeckt. Dazu herrschte ein starker Wind, der den durch die aufströmenden heißen Luftmassen entstandenen Sog noch verstärkte.

Von den acht Tanks, welche die Brandstelle umfaßten, brannte ein einziger noch nicht.

Er drohte jedoch infolge der ungeheueren Strahlhitze ebenfalls in Flammen aufzugehen, zumal der Wind gerade für diesen Tank besonders ungünstig stand.

Außerdem schlossen sich an die Brandstelle beiderseits weitere Tankgruppen mit recht beachtlichem Inhalt an. (Gruppe B und C.)

Während die Tanks der Gruppe B ebenfalls Schweröl enthielten, waren die der Gruppe C, wie sich später herausstellte, mit Benzin gefüllt. Bevor an ein Ablöschen der brennenden Tanks gedacht werden konnte, mußte durch das Ansetzen starker Kräfte an beiden Seiten der brennenden Gruppe A ein Weitergreifen auf die beiden benachbarten Gruppen B und C verhindert werden.

Gelang dies, so war für das gesamte Werk die bestehende Gefahr beseitigt.

Hierzu war schon viel beigetragen, wenn der Tank a vor dem Inbrandgeraten geschützt und der bereits brennende Tank b abgelöscht wurde. Zu diesem Zweck wurde beiden Tanks mit starken Wasserstrahlen zu Leibe gegangen.

Gleichzeitig wurde die gesamte Brandstelle durch Wasserschleier aus möglichst vielen B-Rohren beiderseits abgeriegelt.

Wasser stand genügend zur Verfügung.

So schien es wenigstens auf den ersten Blick, denn die Raffinerie lag am Zusammenfluß von zwei großen Flüssen.

Wir wußten jedoch, daß bei einsetzender Ebbe und dem damit verbundenen Absinken des Wasserstandes bis zu 7 m mit den schweren Löschgeräten eine Wasserentnahme nicht mehr möglich war.

Hier haben sich unsere 800-l-Tragkraftspritzen glänzend bewährt. Ohne sie wäre eine ausreichende und ständige Wasserversorgung nicht durchführbar gewesen.

Sie wurden bei Ebbe auf halber Höhe der steilen Ufer eingebaut. So haben sie rastlos gearbeitet und fast allein die gesamte Löschwasserversorgung übernommen.

Bis zum Abend desselben Tages war das erste Ziel des Einsatzes erreicht:

Tank a war gehalten, Tank b abgelöscht worden und somit jede weitere Gefahr von den benachbarten Tankgruppen abgewandt. Die eingesetzten Männer waren bis dahin, verstärkt durch Hilfskräfte der Luftwaffe und des Heeres, ohne Unterbrechung am Arbeiten.

Verrußt von dem starken Qualm und ausgedörrt durch die gewaltige Hitze haben sie nicht nachgelassen, solange sie das Feuer nicht in ihrer Gewalt wußten.

Besonders beim Ablöschen des Tanks b mußte, da der Wind gelegentlich plötzlich umschlug, fluchtartig in Sicherheit gegangen werden, um dann unter Anwendung von Asbestschutzkleidung erneut anzugreifen.

Der Erfolg blieb auch nicht aus.

Der Tank wurde durch unentwegtes Abkühlen abgelöscht und dadurch verhindert, daß die drei angrenzenden Benzintanks mit insgesamt 13 000 Kubikmeter Inhalt dem Feuer zum Opfer fielen. So konnte beruhigt der Nacht entgegengesehen werden.

Aus besonderen Sicherheitsgründen für die Mannschaften wurden die Strahlrohre, die zum Kühlen der Tanks und zum Bilden der Wasserschleier eingesetzt waren, auf Böcken festgebunden. So führten sie unter Aufsicht weniger Männer während der Nacht ihre Aufgabe selbsttätig durch, um den erzielten Erfolg zu erhalten.

Am frühen Morgen des nächsten Tages war von einer wachthabenden Gruppe an einem brennenden und noch Erfolg auf Löschung versprechenden Tank ein Löschversuch unternommen worden.

Dieser Tank (c) stand inmitten der brennenden Tankgruppe und am vorhergehenden Tage schien ein Ablöschen vollkommen aussichtslos. Aus verschiedenen Löchern floß das brennende Schweröl und bildete einen Flammenteich rund um den Tank herum. Über dem Deckel stand eine Flammensäule, da der dort befindliche kleine Sicherheitsdeckel durch den inneren Überdruck abgehoben worden war.

Das ausfließende brennende Schweröl und der Flammensee um den Tank herum wurden durch kräftige Wasserstrahlen abgelöscht und die Löcher in der Tankwandung mit Holzkeilen abgedichtet. Mit der über die Reste der Eisenleiter vorgenommenen B-Leitung gelang dann endlich die restlose Bekämpfung des Tankbrandes. Während die Tankwände weiter gekühlt wurden, löschte man den zum Teil glühenden Tankdeckel ab und verhinderte durch Zerstäuben des Wasserstrahls über der Öffnung im Deckel den Luftzutritt. Durch eine entnommene Probe wurde festgestellt, daß der 6 000 Kubikmeter fassende Tank noch annähernd voll war.

Der greifbare Erfolg des ersten vierundzwanzigstündigen Einsatzes lag nunmehr fest:

Das Feuer war von den benachbarten Tankanlagen abgehalten und zudem waren drei Tanks mit rund 15 000 Kubikmeter abgelöscht bzw. aus dem Flammenmeer herausgeschnitten worden.

Nun galt es vor allem zu verhindern, daß das Feuer etwa durch Platzen oder Auslaufen der noch brennenden Tanks wieder auf die mit viel Anstrengung abgelöschten Behälter übergriff.

Deshalb wurden noch ständig Wasserschleier gelegt und Schutzgräben gezogen.

Die übrigen noch brennenden Tanks waren zum Teil so beschädigt, daß der größte Teil des Inhalts schon ausgelaufen war.

Ein Tank brannte aus allen Löchern und war durch die ungeheuere Hitzeentwicklung so aufgebläht, daß mit seinem Platzen jederzeit gerechnet werden mußte.

In diesem Falle hätte ein Angriff eine Gefährdung der Mannschaft bedeutet, die in keinem Verhältnis zu dem erreichbaren Ziel stand. Zwei Tanks hatten zu Beginn des Brandes nur noch geringen Inhalt, so daß die brennenden und zusammengestürzten Tankreste mit geringem Kräfteaufwand im Laufe des zweiten Tages abgelöscht werden konnten. An einem brennenden Tank, der durch eine einseitige Beschädigung fast vollkommen ausgelaufen war, wurde noch ein Löschversuch unternommen.

Ein zeitweises Ablöschen gelang, jedoch entzündete sich das auslaufende Schweröl immer wieder an den glühenden Tankwänden. Außerdem waren die Löcher in diesem Tank so groß, daß eine wirksame Abdichtung nicht möglich war.

Gerade bei diesem Versuch wurden wichtige Erfahrungen gesammelt.

Noch zwei Tage mußte die Kompanie, die in einem alten Marquisschloß in der Nähe des Werkes ein notdürftiges Sommerquartier bezogen hatte, zur Sicherung der Raffinerie auf der Brandstelle bleiben.

Das Bild war jetzt durchaus erfreulich, denn es waren im wesentlichen die Tanks dem Feuer zum Opfer gefallen, welche nur geringen Inhalt hatten.

Dagegen hatten es die geretteten Tanks im wahrsten Sinne des Wortes „in sich".

Nach drei Tagen erfolgreichen Einsatzes rückte die Kompanie aus ihrem baufälligen Schloß wieder ab und trat den langen, durch Zwischenfall unterbrochenen Rückmarsch nach Nordfrankreich wieder an.

Zu erwähnen ist noch, daß die einfache Marschlänge 750 km betrug, die von der Kompanie, abgesehen von einer kurzen Nachtrast, in einem Zuge zurückgelegt wurde.

Durch diesen unvorhergesehenen Einsatz waren wertvolle Erfahrungen gesammelt worden, die in folgendem noch festgelegt werden sollen:

Brennende Schweröltanks können, falls das Feuer noch kein allzu großes Ausmaß angenommen hat, durch dauerndes heftiges Abkühlen auch ohne Anwendung von Schaum zum Erlöschen gebracht werden. Es kommt darauf an, das brennende Schweröl unter seine Entzündungstemperatur zu bringen und außerdem sämtliche glühende Teile des Tanks vorsichtig abzulöschen und abzukühlen.

Selbstverständlich kann die Abkühlung glühend heißer Tankteile nur durch allmähliche Steigerung des Kühlgrades erfolgen, da andernfalls die Tanks reißen und dann das brennende Schweröl ausfließt.

Zur Kühlung sind in erster Linie B-Strahlrohre zu benutzen, da das brennende Schweröl derartig große Strahlhitze entwickelt, daß das aus C-Strahlrohren abgegebene Wasser sofort verdunstet. Das Wasser ist beim Kühlen im allgemeinen auf den Tankdeckel zu geben, so daß es an dem Tankmantel gleichmäßig herunter rieselt. Dies ist natürlich nur möglich, solange der Deckel des Tanks noch nicht zerstört ist, da andernfalls das Kühlwasser in den brennenden Behälter fließt.

Dort kann es bei geringen Mengen infolge Zersetzung Knallgasexplosionen hervorrufen oder bei großen Wassermengen ein Überlaufen des brennenden Schweröls bewirken.

Das aus kleinen Löchern ausfließende brennende Schweröl kann durch kräftige Strahlen aus B-Rohren abgelöscht (abgeschnitten) werden.

Der Strahl ist hierbei möglichst tangential auf den Tankmantel an die Stelle des ausströmenden brennenden Schweröls zu halten.

Wenn keine Gefahr besteht, daß durch zuviel Wasser das brennende Schweröl abgetrieben wird, können auch zum Ablöschen brennender Flächen (z. B. um den Tank herum) flache, kräftige Strahlen aus B-Rohren benutzt werden.

Hierfür ist aber besser Schaum geeignet.

Die in den Tanks vorhandenen größeren Löcher können nach Ablöschen des brennenden Schwerölstrahles mittels Hartholzkegeln, die auf lange Eisenstangen aufgesetzt sind, oder kleinere Löcher mittels angespitzter Holzstangen (Besenstiele) abgedichtet werden.

Soll zur Beschleunigung des Löschvorganges Schaum zur Anwendung kommen, so sind die Tanks vor und während der Löscharbeit intensiv zu kühlen.

Starke Abkühlung der brennenden Tanks ist überhaupt die erste Grundbedingung für einen erfolgreichen Löschversuch.

Erst nach ausreichender Abkühlung kann die brennende Oberfläche mit Schaum abgedeckt werden und zwar führen nur große Mengen Schaum unter Anwendung von Gießrohren zum Erfolg.

Kometrohre sind für diesen Einsatz wirkungslos; es sei denn, sie werden direkt vom Tankrand aus angesetzt, was jedoch wegen der großen Hitze meist unmöglich ist.

Der „zerstäubende“ Schaum aus den Kometrohren wird durch die große Hitze zersetzt, so daß heftige, zum Teil sogar explosionsartige Verpuffungen auftreten.

Bei einseitiger beständiger Windrichtung brennen die Tanks auch einseitig aus und werden also allmählich auf der dem Wind abgekehrten Seite zusammenknicken.

Bei Windstille und ummauerten Tanks wird die Hauptwärme auf den Deckel einwirken, dieser wird einknicken und eventuell durch Herabfallen das brennende oder kochende Öl in einer Fontäne aus dem Tank herausschleudern.

Da, wo während des Tankbrandes der Wind seine Richtung bisweilen ändert, empfiehlt es sich, um eine Gefährdung der Mannschaft zu vermeiden, ein Festbinden der B-Strahlrohre so, daß der Strahl auf den Tank eingerichtet wird.

Die B-Strahlrohre können beim Umschlagen des Windes durch bereitgelegte C-Rohre gekühlt und so vor dem Verbrennen geschützt werden. Eine besondere Gefahr bildet das sich in großen Mengen ansammelnde Kühlwasser, weil es auslaufendes und brennendes Öl weiter trägt und dadurch etwa noch nicht brennende Tanks gefährdet.

Aus diesem Grunde ist für das Weiterlaufen des Wassers durch rechtzeitiges Aufwerfen von Schutzwällen zwischen brennenden und unversehrten Tanks Sorge zu tragen.

Oft ist dies, besonders bei günstigem Wind, noch möglich, solange der brennende Tank noch nicht geplatzt ist, weil dann die Haupthitzestrahlung nach oben erfolgt.

Bei dem vorliegenden Einsatz wurde außerdem das sich ansammelnde Löschwasser mittels schweren Löschgerätes und unter Anwendung von B-Leitungen im Kreislauf immer wieder auf die Tanks gepumpt. Zu dieser Notlösung wurde gegriffen, weil dies die einzige Möglichkeit war, während der Ebbe wegen des mächtig absinkenden Wasserstandes der Flüsse die schweren Löschgeräte zum Einsatz zu bringen. Natürlich wurde das schwere Löschgerät auf der dem Wind zugekehrten Seite hinter einer Mauer aufgestellt und zwar fahrbereit, so daß es beim Umschlagen des Windes sofort in Sicherheit hätte gebracht werden können.

Zusammenfassend ergeben sich bei der Bekämpfung von brennenden Schweröltanks folgende wichtigen Maßnahmen:

a) Kräftiges und gleichmäßiges Abkühlen der brennenden Tanks.
b) Ablöschen der ausfließenden brennenden Schwerölstrahlen durch kräftige Wasserstrahlen aus B-Rohren.
c) Ablöschen des ausgeflossenen Schweröls mit kräftigen Wasserstrahlen oder mit Schaum.
d) Abdichten von Löchern und Ausflußöffnungen durch Holzkeile und Lehm.
e) Ablöschen der brennenden Schweröloberfläche im Tank mit Schaum aus Gießrohren mit gleichzeitigem Abkühlen.

Da die angeführten Maßnahmen nur bei schlagartigem und pausenlosem Einsatz zum Erfolg führen, müssen sie vor dem Löschversuch gut vorbereitet und die erforderlichen Löschgeräte und Dichtungsmaterial bereitgestellt werden.

Insbesondere muß das Abdichten der Tanks Hand in Hand mit dem Ablöschen des ausfließenden Schweröls gehen.

Auf die Anwendung von gekühlten Zeltplanen und Asbestdecken zum Abdecken von Öffnungen und Löchern auf der Oberfläche der brennenden Tanks soll hier nicht weiter eingegangen werden, da diese Methode des Luftabschlusses bekannt ist.

Überdies kann das Verfahren auch nur angewendet werden, wenn der Deckel des Tankes noch nicht zusammengefallen und die mit der Außenluft in Verbindung stehende brennende Oberfläche nicht zu groß ist.

Außer dem sichtbaren Erfolg, den die eingesetzte Kompanie durch die Erhaltung großer Mengen Betriebsstoff bei diesem Einsatz zu verbuchen hatte, sind also die gemachten Erfahrungen hervorzuheben. Ihre Beachtung war für die kommenden Fälle während der weiteren Kriegsführung von besonderer Wichtigkeit.

Aber auch bei ähnlichen Brandfällen in Friedenszeiten lassen sich die gemachten Beobachtungen und Erfahrungen nutzbringend verwerten.

Die Grubenwehr

Von B. Peill, Ladenburg/Neckar

> *„Horch, Mutter, horch, die Glocke läutet —*
> *Der Bergmann kehret nimmer heim . . .“*

Im Morgengrauen auf der Zeche.

Mit der Werksbahn, zu Fuß und zu Rad kommt die Frühschicht zur Arbeit.

Die in der Zechenkolonie wohnen, haben keinen so weiten Weg zur Schicht, aber dafür müssen sie auch als erste zur Hand sein, wenn etwas passieren sollte.

Im großen Saal der „Waschkaue“ werden die Bügel mit der Straßenkleidung an Drahtseilen zur Decke hochgezogen.

Unten im „Pütt“ kann man nur leichteste Arbeitskleidung brauchen und nur das Halstuch darf niemals fehlen — wenigstens auf dem zugigen Weg bis „vor Ort“.

Von der Waschkaue geht es zur Lampenstube.

Jeder Bergmann kennt die Nummer seiner Lampe.

Hat er diese nach der Schicht nicht zurückgegeben, so gilt er automatisch als vermißt.

Die Davysche Grubensicherheitslampe verhindert, daß durch einen Funken Grubengase zur Explosion gebracht werden.

Von der Lampenstube aus muß jeder um sein Leben laufen, um zwischen den druckluftgesteuerten Wagenreihen der Grubenbahn unversehrt zur „Hängebank“ zu gelangen.

Hier muß alles warten, bis die Förderschale zur „Seilfahrt“ frei ist.

Durch „Anreißen“ auf der Hängebank oder am Füllort werden Glockensignale und Skalen betätigt, die dem Maschinisten drüben im großen Maschinenhaus den jeweiligen Stand der Förderschalen anzeigen.

Wehe ihm, wenn er die Signale nicht genauestens beachtet — dann können auf der Hängebank oder am Füllort Arbeiter und Förderwagen eingequetscht werden.

Oder aber die untere Förderschale rast in den „Sumpf“ am Boden des Schachtes, während die andere oben an der Seiltrommel des Fördergerüstes zerschellt (was alles schon passiert ist!).

Nun geht es in sausender Fahrt in die Tiefe — 1. Sohle — 2. Sohle — 3. Sohle und so weiter — 800 bis 1 000 m tief . . .

Unten am Füllort vermag man gegen den starken Zug kaum die schweren eisernen Stollentore zu öffnen.

Sie bildeten aber den einzigen Schutz und die letzte Rettung bei Schlagwetterkatastrophen und Grubenbränden.

Im matten Schein der Grubenlampe wird durch den Hauptstollen die lange Wanderung bis „vor Ort“ angetreten.

Der Oberleitungsdraht der Grubenbahn hängt so niedrig, daß man unwillkürlich an das alte Kilometerlied aus „Preußisch-Berlin“ erinnert wird:

„Stoß dir ja nich den Kopp an die Hochbahn,
Sonst jehn dir die Haare in Brand —
Denn kriechst ne elektrische Jlatze,
Vaalierste dein bisken Verstand ...“

Im Dunkeln muß man rasch zur Seite springen, wenn die elektrische Grubenlokomotive mit der langen Reihe der Förderwagen an einem vorbeidonnert.

Über allen Stollenkreuzungen und eisernen Zwischentoren schweben Bretter mit Gesteinsstaub.

Denn dieser ist das wirksamste Hilfsmittel gegen Grubenbrände — sofern gegen diese überhaupt noch etwas zu helfen vermag.

Über den Bremsberg gelangen wir zu einem der Querschläge am eigentlichen Kohlenflöz.

Zwischen der Schüttelrutsche, auf der die gewonnene Kohle transportiert wird, auf der einen und der Holzverstrebung auf der anderen Seite kriechen wir auf allen Vieren mühselig in rabenschwarzer Finsternis bergauf und bergab.

Hier und da rutscht man über ein Rohr der Druckluftleitung oder man muß die stampfende und stoßende Schüttelrutsche überqueren. Dort, wo der trübe Schein einer Grubenlampe die Finsternis notdürftig erhellt, sieht man schattenhafte Gestalten hantieren, in deren geschwärzten Gesichtern nur das Weiße der Augen leuchtet.

Hier wird stehend und liegend — oft in den unmöglichsten Verzerrungen des Körpers — mit Schrämmaschine und Preßluftgesteinsbohrer dem Kohlenflöz zu Leibe gegangen, gehackt und gekratzt, das „Hangende“ erneut wieder abgesteift und mit Gestein ausgefüllt. Nicht weniger schwitzen als die Häuer selbst müssen die Schlepper, welche die gewonnene Kohle über Rutsche und Bremsberg bis zum Füllort zu fördern haben.

Vom Schacht aus geht die Kohle mit den kleinen Förderwagen zur Kohlenwäsche und Separation, zur Brikettfabrik und zur Kokerei. Neben der Fördermaschine befindet sich die Kompressoranlage für die unter Tage benötigte Druckluft und für die Wetterführung. Ihre Riesenventilatoren saugen unter Tage die verbrauchte Luft ab und drücken Frischluft nach unten.

Nicht weniger umfangreich ist die elektrische Pumpenanlage, ohne die Schächte und Stollen augenblicklich rettungslos im Grundwasser ersäufen müßten.

Unter Tage begegnet man hier und da ernsten Männern mit schwarzer Lederkappe und in hellem Grubenanzug, auf denen die ganze Verantwortung dieses ungeheuren Gebietes und Betriebes lastet:

Dem Betriebsführer unter Tage stehen Reviersteiger, Fahrsteiger, Maschinensteiger und Wettersteiger zur Verfügung.

Letztere sind Tag und Nacht unterwegs, um die Gefahr schlagender Wetter rechtzeitig bannen zu helfen.

Ihnen zur Seite steht ein kleines Heer von Reparaturhauern, Schachtelektrikern, Schachtzimmerleuten sowie von Rohrlegern für die Wasser- und Druckluftleitungen.

Aber kehren wir rasch zum Haupteingang der Zeche zurück!

Neben der Betriebsfeuerwache und dem Sanitätsraum finden wir die Grubenrettungsstelle, die der Hauptstelle für das Grubenrettungswesen untersteht.

Der hauptamtliche Gerätewart — auf großen Zechen ein Beamter der Werkfeuerwehr — betreut die auf pultartigen Tischen übersichtlich und griffbereit liegenden Sauerstoffschutzgeräte.

Reinigungs- und Desinfektionsraum, Prüfgerät und Füllanlage gehören zum unentbehrlichen Zubehör der Grubenrettungsstelle.

Auch ein Übungs- und ein Schulungsraum sind vorhanden, denn die Steiger und Rettungsmänner der Grubenwehr halten in kurzen Abständen ihre regelmäßigen Übungen dort ab.

Die Werkfeuerwehr selbst betreut auch den Krankenwagen, denn auf einer großen Zeche passiert pro Schicht durchschnittlich ein schwerer Unglücksfall — die fast stündlich kleineren Unfälle gar nicht gerechnet!

Soeben läuft in der Telefonzentrale der Schachtanlage von unten die Meldung ein, daß auf Strecke soundso Feuer ausgebrochen ist. Einem Teil der Belegschaft vor Ort sei der Fluchtweg abgeschnitten. Die ersten, die sich in der Rettungsstelle die Sauerstoffgeräte umnehmen, sind der Betriebsleiter und die hauptamtlichen Werkfeuerwehrmänner.

Auch sie sind altgediente „Kumpel", die unter Tage jeden Weg und Steg genau kennen müssen.

Auf weitere alarmierende Meldungen von unten her läßt man die Werksirene ertönen.

Aus der nahen Kolonie kommen die schichtfreien Grubenrettungsmänner gestürzt, um sich auf der Rettungsstelle ebenfalls mit den schweren Zweistunden-Sauerstoffgeräten oder mit dem neuen Draeger-Langstreckengerät auszurüsten.

Auf dem schon bekannten Weg geht es über die Lampenstube eiligst zur Hängebank, wo bereits alle Kohlenförderung eingestellt und die Seilfahrt für den Rettungstrupp freigegeben ist.

Unten angekommen, finden die Rettungsmänner auf jeder Sohle am Eingang zum Hauptstollen eine kleine Wagenremise der Grubenbahn. In dieser befinden sich verschiedene Förderwagen mit „Gezähekisten" (Werkzeugkästen), mit geeigneten Handfeuerlöschern und mit Sanitätsmaterial.

Falls die Grubenbahn noch verkehrt, wird aus diesen Sonderfahrzeugen ein kleiner Hilfszug zusammengestellt.

Ist der Betrieb wegen der Gefahr bereits unterbrochen, so müssen die Rettungstrupps die schweren Förderwagen von Hand „verstoßen", d. h. auf den Schienen selbst vor sich herschieben.

Unterwegs kommen ihnen schon Hauer, Schlepper und Handwerker entgegen, denen die Flucht noch rechtzeitig gelungen ist.

Am letzten Füllort vor der Brandzone erwartet ein Steiger den Betriebsleiter und seine Rettungsmänner, um sie vom Umfang der Katastrophe zu unterrichten.

Der Wettersteiger unterhält über das Schachttelefon ständige Verbindung mit dem Maschinenhaus, um die Ent- und Belüftung dem Brandverlauf entsprechend umstellen zu lassen.

Der Maschinensteiger entsendet die Schachtelektriker zum Abschalten gefährdeter Starkstromleitungen und die Rohrleger zum Anzapfen der Wasserhaltungsrohre.

Währenddessen dringen die Rettungsmänner unaufhaltsam gegen den Brandherd vor, um diesem noch so viele Opfer wie möglich lebend zu entreißen.

Die halbverbrannten und halberstickten Bergleute werden auf Tragen verpackt und auf Förderwagen geladen.

Ist im Hauptstollen die Grubenbahn zweigleisig, so kann der Abtransport der Verunglückten sich mit dem Heranbringen von Material zur Brandbekämpfung kreuzen.

Gegen Grubenbrände unter Tage hilft Wassergeben nur in beschränktem Umfang, die Anwendung von Schaumlöschern noch im Anfangsstadium des Feuers.

Ein Teil dieser Geräte ist erheblich größer als normale Handfeuerlöscher und kann, vom Förderwagen abgenommen, bis zum Einsatzort geschleift werden.

Ihre Füllung besteht aus Luftschaum, der sich bis jetzt unter Tage mit am besten bewährt hat.

Aber in unserem Falle handelt es sich um ein schon fortgeschrittenes Großfeuer, das mit anderen Mitteln lokalisiert werden muß: Sobald endgültig feststeht, daß sich niemand mehr lebend im Brandbereich befindet, wird dieser von allen Stollenzufahrten aus hermetisch abgemauert.

Unterlassen der leitende Bergbeamte und der Betriebleiter diese Maßnahme, so besteht Gefahr, daß der Brand die hölzerne Verstrebung und Auszimmerung auch in den Hauptstollen ergreift. Gegen die ungeheuren Stichflammen, die — angefacht durch den Kohlenstaub und den überall herrschenden Zug — durch Querschlag und Förderstrecke bis zu den Hauptstollen rasen, gibt es keine wirksamere Hilfsmittel als Gesteinsstaub, eiserne Feuerschutztüren, Abdämmen und Abmauern!

Über die Schreckensszenen, die sich bei größeren Grubenbränden und vor allem bei den gefürchteten Schlagwetterkatastrophen abspielen, ist von mehr oder weniger berufener Seite schon allzu viel berichtet worden.

Der Bergmann selbst und der Grubenrettungsmann kennen die ihnen drohenden Gefahren, ohne sich gern näher darüber auszulassen. Die größte Schlagwetterkatastrophe aller Zeiten war bekanntlich die von Courrières im nordfranzösischen Steinkohlengebiet vom Jahre 1906 mit insgesamt über 1600 Todesopfern.

An der Suche nach den Verschütteten und der Bergung der Opfer waren außer dem Pariser Feuerwehrregiment vor allem die kurz vorher begründete Berufsfeuerwehr der Gewerkschaft „Rheinelbe" aus Gelsenkirchen unter ihrem unvergeßlichen Brandinspektor Otto Koch maßgebend beteiligt.

Ihrem Rettungstrupp hatten sich weitere Grubenwehren aus Westfalen angeschlossen — alle bereits mit den Draegergeräten 1904. Unsere Wehrmänner wurden am Bestimmungsort in ihren deutschen Uniformen zunächst unfreundlich empfangen, aber bei ihrer Abfahrt nahm die französische Bevölkerung um so gerührteren Abschied von den Deutschen, die sie während ihres Einsatzes bewundern und achten gelernt hatte.

1930 folgte die größte Grubenkatastrophe auf deutschem Gebiet in Alsdorf am Rande des Aachener Wurmkohlengebietes.

Sie forderte über dreihundert Todesopfer, wobei die Explosion über Tage sogar das Fördergerüst zum Einsturz brachte und sämtliche Zechengebäude zerstörte.

Der Unglücksschacht fiel hierdurch für die Rettungsversuche gänzlich aus, so daß die aus dem gesamten Kohlenpott herbeigerufenen Grubenwehren nur durch Nachbarschächte zur Unfallstelle gelangen konnten.

Der Vers „Hoch klingt das Lied vom braven Mann . . ." gilt täglich und stündlich auch für unsere Zechenfeuerwehren und Grubenrettungswehren.

Erste Hilfe bei Verbrennungen

Von Dr. med. Kurt Hartmann, Bochum

Die sachgemäße Erste Hilfe bei Verbrennungen setzt das Wissen um Entstehung und Folgen dieser Verletzung voraus.

Verbrennungen entstehen durch Einwirkung strahlender Hitze, durch Berührung mit Flammen, heißen Gegenständen, heißen Flüssigkeiten und Dämpfen, wobei die Schwere der Verbrennung abhängig ist vom Hitzegrad und von der Dauer der Einwirkung auf die Körperoberfläche.

Man unterscheidet die Verbrennung I. Grades, die nur zu einer Rötung der Haut und zu einem brennenden Schmerz führt, von der Verbrennung II. Grades mit Blasenbildung der Haut und der Verbrennung III. Grades, bei der die betroffene Körperoberfläche und unter Umständen auch die darunter liegenden Gewebsschichten verkocht oder verkohlt, also abgestorben sind.

Kaum eine Verletzung ist in der Lage, eine so umfassende Störung im Gleichgewicht des Gesamtorganismus hervorzurufen, wie die Verbrennung. Im Vordergrunde steht die krankhafte Durchlässigkeit der feinen Bluthaargefäße, die zur Aufquellung des Körpergewebes mit eiweißhaltiger Blutflüssigkeit führt. Das Blut wird dadurch eingedickt. Darum sind der rasche Blutumlauf und die genügende Sauerstoffversorgung der Körperzellen nicht mehr ausreichend gewährleistet. An den Organen, besonders an Leber, Herz und Nieren lassen sich schon bald, infolge der Wirkung der durch die Verbrennung entstehenden Giftstoffe, krankhafte Veränderungen feststellen. Diese Giftstoffe, die durch den Zerfall des Körpereiweißes entstehen, führen zu den schwersten Allgemeinerscheinungen, die man als Schock bezeichnet. Die Leber, deren entgiftende Aufgabe gerade jetzt wichtig wäre, ist in ihrer Arbeit erheblich gestört. Die Nieren können infolge der mangelhaften Durchblutung und der Verstopfung ihrer feinsten Kanälchen nicht genügend Urin ausscheiden; die dadurch zurückgehaltenen harnpflichtigen Stoffe führen ebenfalls zur Vergiftung. So entsteht ein stetig wachsender Kreis von Organstörungen, der zum Tode führt, falls es nicht gelingt, ihn zu durchbrechen.

Die Lebensgefahr steigt mit der Ausdehnung der verbrannten Körperoberfläche. Im allgemeinen nimmt man an, daß bei Verbrennungen III. Grades, die ein Drittel der Körperoberfläche und mehr einnehmen, Lebensgefahr besteht. Aber nicht nur bei diesen schweren Verbrennungen, sondern auch schon bei entsprechend größeren Verbrennungsflächen II. Grades, ja auch I. Grades kommen Todesfälle vor. Kinder, besonders Kleinkinder und Säuglinge sind sehr gefährdet. Bei ihnen kann schon eine verhältnismäßig kleine Verbrennungsfläche zum Tode führen.

Von der sachgemäßen Ersten Hilfe hängt in vielen Fällen das Leben dieser Verletzten ab, sie ist richtunggebend für den ganzen Krankheitsverlauf.

Krankheitserreger können nur durch die geschädigte Haut oder Schleimhaut, also nur durch eine Wunde in den Körper eindringen und zur Entzündung oder Wundkrankheit führen. Bei der Verbrennung, wenigstens der II. oder III. Grades, ist die betroffene Haut erheblich geschädigt. Die Brandwunde ist in ganz besonderem Maße für jede Art von Wundinfektion durch Eitererreger und auch durch Wundstarrkrampfbazillen empfänglich.

Bei der Ersten Hilfe von Verletzungen ist der Helfer bestrebt, weiteren Schaden zu verhüten. Er muß deshalb die Brandwunde mit einem keimfreien Verband abdecken, damit keine weiteren Krankheitskeime eindringen können. Zu diesem Zweck werden keimfreie Brandwundenverbandpäckchen und -tücher hergestellt, die steril und wasserdicht verpackt, lange haltbar sind. Im Behelfsfalle genügt aber auch die Innenseite eines reinen Taschen- oder Bettuches, das durch Bügeln möglichst keimarm gemacht worden ist. Bei ausgedehnten Verbrennungen wird der Verbrannte in mehrere keimfreie Tücher oder in ein frisches Bettuch eingehüllt. Das Aufbringen von Salben, Ölen, Linimenten und Puder auf die frische Brandwunde ist dem Ersthelfer untersagt. Er würde sonst dem Arzt die Möglichkeit nehmen, die Behandlung durchzuführen, die er für die richtige hält.

Die Flammen in Brand geratener Kleidungsstücke sind durch Ausschlagen, Einhüllen in Decken, notfalls durch Wälzen des Verletzten am Boden zu ersticken. Sie sollen möglichst nicht durch Wasser gelöscht werden, weil die Haut des Verletzten dadurch aufquillt und feine Risse entstehen, die Krankheitserregern als Eintrittspforte dienen können. Angebrannte Kleider werden entfernt, angeklebte umschnitten aber nicht abgerissen.

Der Verbrannte, der sich oft im Schock befindet, friert. Er muß vor Wärmeverlust durch Decken geschützt werden, die über Drahtgestelle oder Schemel über den Verletzten zu legen sind, um ihm Schmerzen durch die direkt aufliegenden Decken zu ersparen.

Ist der Verletzte bei Besinnung, gibt man ihm reichlich zu trinken und zwar Wasser, Fruchtsaft, Malzkaffee usw. Die Giftstoffe, von denen oben gesprochen wurde, werden dadurch aus dem Körper ausgeschwemmt. Die schweren Schäden der Organe, besonders der Nieren lassen sich durch baldige Flüssigkeitszufuhr mindern. Bohnenkaffee und Alkohol sind schädlich.

Der Verletzte ist dann möglichst schnell in das nächste Krankenhaus zu bringen.

Das Rote Kreuz und die Feuerwehr

Von Hermann Ritgen, Referent im Generalsekretariat des DRK

„Bereitschaft zur Hilfe in außergewöhnlichen Zeiten, bei unvoraussehbaren Ereignissen und für Nöte von besonderer Größe“ so umriß der langjährige Präsident des Internationalen Komitees vom Roten Kreuz, Prof. Max Huber, bei einer im Jahre 1941 im Schweizer Rundfunk gehaltenen Ansprache das Wesen des Roten Kreuzes, um dann auf die großen Schwierigkeiten hinzuweisen, die für eine Organisation in einer solchen Bereitschaft zu plötzlich gewaltig gesteigerter Leistung liegt. — Vor diesen Schwierigkeiten steht die Arbeit an der Spitze ebenso wie in der kleinsten Zelle. Die wichtigste Aufgabe beispielsweise des „Internationalen Komitees vom Roten Kreuz“ in Genf ist die Rolle des neutralen Mittlers zwischen kriegführenden Parteien und zwischen Menschen, die durch die Folgen eines kriegerischen Konfliktes von einander abgeschnitten sind. In seiner Friedensarbeit muß dieses Komitee daher neben mannigfachen anderen laufenden Aufgaben stets darum bemüht sein, seine Organisation so einzurichten, daß sie im Falle des Ausbruches eines Konfliktes der Erfüllung dieser so unendlich wichtigen Mittlerrolle gewachsen ist. Im Grundsatz gilt Gleiches für jeden kleinen Ortsverein des DRK, der über seiner Alltagsarbeit nie vergessen darf, daß zu jeder Stunde eine Hilfeleistung von ihm gefordert werden kann, wie „außergewöhnliche Zeiten, unvoraussehbare Ereignisse und Nöte von besonderer Größe“ sie bedingen. Im kleinen wie im großen muß also das Planen und Vorausschauen im Roten Kreuz solchen Notwendigkeiten ständig Rechnung tragen — im materiellen Bereich wie in der menschlichen Bereitschaft für den Dienst an der Sache.

Was hier von dem Samariterwerk des Roten Kreuzes gesagt ist, gilt im gleichen Maße von der Freiwilligen Feuerwehr. Auch sie steht vor der Aufgabe, zu jeder Stunde bereit zu sein für einen Einsatz auch größten Ausmaßes. Auch die Männer der Freiwilligen Feuerwehr müssen darum bei der Planung ihrer Organisation wie in der Arbeit des Alltages gleiche Maßstäbe anlegen wie die Kameraden vom Roten Kreuz. Diese Parallele allein sollte aber nicht ausreichen, von Kameraden zu sprechen, wenn wir dieses Wort im Bewußtsein seines vollen Gewichtes gebrauchen. Es ist mehr als die Übereinstimmung organisatorischer Probleme, was Freiwillige Feuerwehr und Rotes Kreuz miteinander verbindet: sie finden sich in der Bereitschaft zum Dienst am Nächsten!

Ursprünglich einmal allein dazu geschaffen, den Opfern eines Krieges zu helfen, verkörpert das Rote Kreuz heute in der ganzen Welt den Gedanken der brüderlichen Hilfe im Kampf gegen das Leiden der Menschheit. Alles was im und vom Roten Kreuz an organisatorischer Arbeit geleistet und was an technischen Maßnahmen von ihm durchgeführt werden muß, dient immer und ausschließlich seiner humanitären Arbeit.

Aus ihr schöpft das Rote Kreuz in allen seinen Gliedern Kraft, Ansehen und Vertrauen. Der „Humanitas" zu dienen, ist aber nicht das alleinige Vorrecht des Roten Kreuzes; es teilt sich in diese Aufgabe mit vielen anderen. In unmittelbarem Einsatz für die Rettung des an Leib und Leben bedrohten Nächsten findet es sich dabei Schulter an Schulter mit den Männern der freiwilligen Feuerwehr. Hier wie dort hat der „Ohne-mich-Geist" keinen Platz — hier wie dort stehen Menschen, die aus freiem Willen für andere da sind. Erlebte das Rote Kreuz im Jahre 1954 die neunzigste Wiederkehr des Tages, an dem das Werk Henri Dunants durch die Unterzeichnung der ersten Genfer Konventionen gekrönt wurde, so konnte der Deutsche Feuerwehrverband bereits ein Jahr vorher die hundertjährige Erinnerung an den ersten Deutschen Feuerwehrtag feiern. Wenn an diesem Gedenktage Abordnungen aus zwölf verschiedenen europäischen Ländern die Grüße ihrer Feuerwehr-Organisationen überbrachten, so beweist diese lebhafte Anteilnahme des Auslandes den völkerverbindenden Charakter dieser Arbeit, und auch darin finden wir einmal mehr einen verwandtschaftlichen Zug zwischen Feuerwehr und Rotem Kreuz. Um schließlich noch eine weitere Parallele aufzuzeigen: die politische Katastrophe des Jahres 1945 zerschlug im Deutschen Feuerwehrverband wie im Deutschen Roten Kreuz den Rahmen der äußeren Organisation, und in beiden Verbänden bedurfte es mancher Anstrengungen, bis der Aufbau über die schwierigen Verhältnisse der Nachkriegsjahre zu Ende geführt werden konnte. Was aber Bestand hatte und immer Bestand haben wird, war — hier wie dort — der Geist der Freiwilligkeit und der Nächstenliebe! Unbeschadet aller Schwierigkeiten beim Wiederaufbau der Organisationen: wo ein Mensch in Not war und wo Hilfe gebraucht wurde — immer und zu jeder Stunde wurde geholfen. Dieser Gleichklang im grundsätzlichen findet seine Bestätigung im Ernst des Einsatzes. Tausendfach hatte sich im Lauf der Jahrzehnte bereits die Zusammenarbeit zwischen Feuerwehrmännern und den Helfern des Roten Kreuzes bewährt, als sie im Bombenhagel des letzten Krieges auf die härteste Probe gestellt wurde. Wo der Feuerwehrmann Hand anlegt, findet oft auch der Helfer des Roten Kreuzes Arbeit. Je größer die Brandkatastrophe, je härter der Einsatz der Feuerwehr, desto größer die Wahrscheinlichkeit, daß auch der Rotkreuzhelfer gebraucht wird, sei es, daß durch den Brand Hausbewohner oder Feuerwehrmänner verletzt werden.

Voraussetzung für eine erfolgreiche Hilfeleistung ist stets ein hoher Stand der Ausbildung. Während in den ersten Nachkriegsjahren das DRK alle Kräfte in der Fürsorgearbeit einsetzen mußte im Kampf gegen Not und Elend, steht bei ihm seit geraumer Zeit die Ausbildung wieder stark im Vordergrund aller Arbeit. Als Mittelpunkt dieser Arbeit entstand im Jahre 1952 in Mehlem am Rhein die Bundesschule des DRK. In zahlreichen Lehrgängen werden hier vor allen Dingen Ausbilder geschult, die im Lande draußen nicht nur die Helfer sondern auch weite Kreise der Bevölkerung nach modernen Gesichtspunkten in der „Ersten Hilfe" auszubilden haben. Eine der wichtigsten Aufgaben der Bundesschule ist die Ausarbeitung bzw. die Modernisierung der Lehrpläne, sowie die Auswahl und Entwicklung des Lehrmaterials. Auch die Ausrüstung der Helfer und Bereitschaften wird ständig modernisiert und den neuzeitlichen Ansprüchen angepaßt. Hier arbeitet das Rote Kreuz sehr eng zusammen mit einzelnen Ausschüssen des Deutschen Normenausschusses, und trifft auch bei dieser Arbeit wieder auf die Kameraden der Feuerwehr, mit denen gemeinsam zweckmäßige und moderne Sanitätskästen auch für die Fahrzeuge der Feuerwehr entwickelt worden sind.

Daß das DRK bei seinen Bemühungen, neben seinen eigenen, in Bereitschaften und Kolonnen zusammengefaßten aktiven Helfern auch möglichst weite Kreise der Bevölkerung auszubilden, ganz besonderen Wert darauf legt, auch einzelne Mitglieder der Freiwilligen Feuerwehren in der „Ersten Hilfe" auszubilden, versteht sich von selbst. Nicht immer kann der Helfer des Roten Kreuzes gleichzeitig mit der Feuerwehr an einer Brandstelle eintreffen; um so wichtiger ist es, daß auch unter den Kameraden der Feuerwehr einige in der Lage sind, notfalls Erste Hilfe zu leisten, bis Helfer des Roten Kreuzes eintreffen, um ihnen diese Arbeit abzunehmen. Im übrigen fordert eine klare Abgrenzung der Aufgaben, die in jedem Falle Voraussetzung für einen erfolgreichen gemeinsamen Einsatz verschiedener Verbände ist, daß der Krankentransport, in den nach dem Kriege verschiedentlich die Feuerwehr eingeschaltet wurde, allgemein wieder in die Hand des DRK zurückgeführt wird.

„Zum Gerät der Feuerwehr zählt der Verbandskasten für Erste Hilfe, aber nicht der Krankenwagen", — mit diesen Worten unterstrich der Präsident des Deutschen Feuerwehrverbandes im Oktober 1953 auch von seiner Seite die Notwendigkeit einer klaren Aufgabenverteilung.

Wenn das DRK im Rahmen seines Katastrophenschutzprogramms sich die Aufgabe stellt, das Netz seiner Unfallhilfsstellen laufend zu verstärken, so wird sein Ziel, dieses Unfallhilfsstellennetz mit der Zeit so zu verdichten, daß auf je 1000 Einwohner eine solche Stelle fällt, sicherlich die Unterstützung der Feuerwehr finden. Wenn eines Tages jede Gemeinde nicht nur ihre freiwillige Feuerwehr sondern auch eine um eine solche Unfallhilfsstelle gruppierte Rotkreuzgemeinschaft besitzt, dann sind wir einen kräftigen Schritt vorangekommen auf dem Weg eines vorausschauenden Schutzes unserer Bevölkerung.

Neben den Hunderttausenden freiwilliger Feuerwehrmänner stehen heute etwa 150 000 aktive Helfer des Deutschen Roten Kreuzes — mit ihnen verbunden in der Bereitschaft für den Dienst am Nächsten. Jeder einzelne von ihnen bringt der Gemeinschaft ständige Opfer an Zeit, Arbeitskraft und Gesundheit, die ihm den Anspruch auf Anerkennung des Staates und seiner Bürger sichert. Gemeinsam wie der Wunsch, daß der Gemeinschaft Not und Sorgen erspart bleiben und ihre Hilfe nur selten benötigt wird, ist ihnen die Gewißheit, daß in der Stunde des Einsatzes Kameraden an ihrer Seite stehen, bereit wie sie selbst, dem Nächsten zu dienen.

Hamburger Krankenbeförderung

Von Dipl.-Ing. Wilhelm Schwarzenberger, Hamburg

Sobald der Hausarzt die Einweisung eines liegenden Patienten in ein Krankenhaus für erforderlich hält, tritt die Einrichtung des Krankenbeförderungswesens in das Blickfeld des Kranken oder seiner Familienangehörigen. Es wird dann häufig darauf ankommen, in kurzer Zeit ein freies Krankenbett in einer geeigneten Abteilung eines Krankenhauses sicherzustellen und den unvermeidlich gewordenen Weg rasch und im Krankenwagen möglichst gut gebettet anzutreten.

Eine Darstellung der Organisation und Durchführung der Krankenbeförderung in der Großstadt Hamburg dürfte daher von allgemeinerem Interesse sein, um auch Vergleiche anstellen zu können mit ähnlichen Einrichtungen in anderen Städten und in den Landkreisen Deutschlands.

In den letzten Jahrzehnten wurde der Krankentransport in Hamburg nacheinander durchgeführt von der Polizei, der Gesundheitsbehörde (unter teilweiser Heranziehung einer Privatfirma: Wagen und Fahrer) und vom Deutschen Roten Kreuz bis zum März 1946. Auf Anordnung der Militärregierung mußte die Feuerwehr Hamburg am 1. April 1946 — wie fast überall in der britischen Zone Deutschlands die Feuerwehren — die Durchführung der Krankenbeförderung übernehmen.

Bis 1943 bestand in der Hansestadt Hamburg ein dichtes Netz von Krankenhäusern im inneren Stadtgebiet. Die Krankenwagen konnten auf tadellosen Straßen fahren und benötigten auch nur durchschnittlich etwa 8 km für jeden Transport. Wesentlich schlechter und viel schwieriger waren aber die Verhältnisse nach den ungeheuren Zerstörungen durch den Luftkrieg geworden. Viele öffentliche und private Krankenanstalten konnten nicht mehr oder nurmehr teilweise benutzt werden und weite Fahrstrecken mußten von nun an auch zu den Ausweich-Krankenhäusern in der näheren und weiteren Umgebung zurückgelegt werden.

Der Fahrzeugpark, den die Feuerwehr Hamburg 1946 vom Deutschen Roten Kreuz übernahm, war durch die Beanspruchung während des Krieges außerordentlich stark verbraucht und zu 70 Prozent für den Einsatz nicht mehr zu gebrauchen. Mit sehr wenigen fahrbereiten Krankenwagen, die immer besonders reparaturanfällig blieben, wurde der Betrieb mehr schlecht als recht aufrechterhalten. Dazu kamen die großen Schwierigkeiten bei der Ersatzteilbeschaffung bis zum Jahre 1949. Die Krankenbeförderung konnte überhaupt nur aufrechterhalten werden durch häufigen, zusätzlichen Einsatz von Feuerlöschfahrzeugen. Mit diesen Fahrzeugen wurden dann die Kranken, auf Tragen gebettet, ebenfalls in die Krankenhäuser gefahren. Während des besonders strengen Winters 1946/47 drohte das Krankenbeförderungswesen fast zum Erliegen zu kommen. Nur durch die Einsatzfreudigkeit der Feuerwehrbeamten und mit dem Einsatz aller irgendwie noch verfügbaren Feuerlöschfahrzeuge war es möglich, auch diesen Tiefpunkt der Nachkriegszeit zu überstehen.

Der Krankentransport wird seit 1946 bei der Feuerwehr nur von Feuerwehrbeamten durchgeführt, die nach allseitiger Ausbildung im Feuerlösch-, Unfall-, Rettungs- und Krankentransportdienst in der Lage sind, je nach Bedarf in dem einen oder anderen Dienstzweig verwendet zu werden. Vom Deutschen Roten Kreuz konnte nur das wenige Personal übernommen werden, das den Einstellungsbedingungen für den Feuerwehrdienst entsprach. Es war von Anfang an nicht geplant, das Krankenbeförderungswesen personalmäßig als Sonderdienst einzurichten.

Ab 1947 wurden die völlig verbrauchten Krankenwagen nach und nach durch neue Ein- und Zwei-Tragen-Wagen ersetzt, und im Jahre 1951 konnte ein neuer Großkrankenwagen (Omnibus) in Dienst gestellt werden, der für die Aufnahme von 16 liegenden und acht sitzenden Kranken eingerichtet ist. Zur Zeit stehen 34 Ein- und 6 Zwei-Tragen-Wagen, ferner 4 Großkrankenwagen und zwei Leichenwagen zur Verfügung. Wegen der großen Beanspruchung (Kilometerleistung) muß täglich ein wesentlicher Teil der Fahrzeuge einer besonderen Pflege und Wartung unterzogen werden. Die Fahrzeuge werden daher umschichtig mit Mannschaft besetzt und zum Einsatz gebracht. Die Großkrankenwagen werden für Verlegungstransporte zwischen Krankenhäusern in Hamburg und nach und von auswärtigen hamburgischen Krankenhäusern — vor allem Wintermoor und Bevensen — benötigt. Die gleichzeitige Verlegung von mehreren Kranken von Krankenhaus zu Krankenhaus wird im Auftrage der Gesundheitsbehörde Hamburg ausgeführt.

Die Durchführung der Krankenbeförderung ist einer eigenen Abteilung der Feuerwehr bzw. des Feuerwehramtes übertragen. Rund 160 Feuerwehrbeamte sind diesem Dienstzweig zugeteilt. Das Personal und die Fahrzeuge sind über das Gebiet der Freien und Hansestadt Hamburg verteilt.

Der Schwerpunkt liegt in der Krankentransportwache Glacischaussee (St. Pauli), die künftig als Zentrale der Krankentransportabteilung gilt. Das Grundstück diente bis 1945 einer Berufsfeuerwache als Unterkunft und wurde in der letzten Zeit entsprechend umgebaut und ergänzt. In Harburg und Bergedorf sind Teilkräfte der Krankenbeförderung an Berufsfeuerwachen stationiert. Alle Transporte werden von der Krankentransportwache Glacischaussee zentral gesteuert.

Wie wird nun in Hamburg ein Krankentransport angemeldet und ausgeführt?

Die Anforderung von Krankenwagen erfolgt in der Regel über Fernsprecher. Die Hauptnachrichtenstelle der Feuerwehr (Berliner Tor) schaltet bezügliche Gespräche sofort zum Krankenbetten-Nachweis. Für den ankommenden Fernsprechverkehr stehen im ganzen 15 Amtsleitungen zur Verfügung (Großsammelnummer: 24 81 31). Der Bettennachweis ist eine Einrichtung der Gesundheitsbehörde. Er befindet sich im Gebäude der Krankentransportwache Glacischaussee. Im Bettennachweis arbeiten hauptsächlich weibliche Angestellte. Während der Tagesstunden sind bis zu acht und ausnahmsweise noch mehr Angestellte beschäftigt; abends und nachts wird die Zahl der im Dienst befindlichen Angestellten entsprechend verringert. Aufgabe des Bettennachweises ist es, für die Kranken mit Einweisungsschein eines Arztes die Aufnahme in einem der Wohnung möglichst nahe gelegenen staatlichen (städtischen) oder privaten Krankenhaus sicherzustellen und dann einen ausgefertigten Auftrag für den Krankentransport unverzüglich an die räumlich neben dem Bettennachweis liegende *Krankentransport-Verteilungsstelle* weiterzuleiten.

Der Bettennachweis führt je einen laufend richtiggestellten Bettenbogen für alle städtischen und privaten Krankenanstalten. Außer anderen Einzelheiten wird im Bettenbogen die Gesamtzahl der zur Zeit verfügbaren, die Zahl der belegten und der belegbaren Krankenbetten geführt. In vielen Einzelfällen müssen zuerst aber auch noch Ferngespräche mit den Aufnahmestellen der Krankenhäuser geführt werden. Jede Angestellte des Bettennachweises trägt die von ihr angenommenen Bestellungen fortlaufend in eine Einweisungs-Übersicht ein.

Nach Sicherstellung der Aufnahme des Patienten in einem bestimmten Krankenhaus erreicht der schriftliche Auftrag die Krankentransport-Verteilungsstelle zur unmittelbaren Veranlassung der Durchführung des Transportes. Die Verteilungsstelle ist ständig mit zwei bis drei für diesen Dienst besonders geeigneten Feuerwehrbeamten des Krankenbeförderungswesens besetzt.

Die Besatzung jedes Krankenwagens besteht in der Regel aus zwei Beamten: ein Fahrer und ein Begleiter. Diese zwei Feuerwehrbeamten holen den Kranken ab und bringen ihn — im allgemeinen auf der Krankentrage liegend und entsprechend gesichert — nach dem Ort (Krankenhaus), der im Auftrag genannt ist. Die Krankenwagen-Besatzungen sind gehalten, unverzüglich nach jedem erledigten Transport von dem Orte aus, wo sie sich gerade befinden, die Krankentransport-Verteilungsstelle wieder anzurufen. Die Besatzung erhält dann sofort einen neuen Auftrag oder — beim Schichtwechsel und in anderen seltenen Fällen — die Weisung, in die Unterkunft zurückzukehren. Dieser Ablauf stellt die bereits erwähnte *zentrale Steuerung* der Krankenbeförderung dar.

Die Verteilungsstelle führt eine gute Übersicht über alle einsatzbereiten und mit Mannschaft besetzten Krankenwagen und die zugeordneten Aufträge, die gerade in Ausführung begriffen sind. Neue Aufträge, die noch nicht bestimmten Wagen übermittelt werden konnten, werden — geordnet nach der Dringlichkeit der Transporte und dem Abholeort — für die zum nächsten Einsatz sich fernmündlich meldenden Krankenwagen griffbereit gehalten. Jeder Transport wird fortlaufend numeriert mit bestimmten Angaben im Eingangsbuch festgehalten. Auf den schriftlichen Aufträgen für den Krankentransport ist vom Bettennachweis auch die von den einweisenden Ärzten angegebene *Dringlichkeit* des einzelnen Transportes vermerkt. Vorgesehen sind die Dringlichkeitsstufen I bis III. Dringlichkeit I bedeutet die Notwendigkeit der raschesten Durchführung des Transportes. Leider werden fast alle von Publikum und Hausärzten angemeldeten Fahrten als „dringlich I" bezeichnet.

Während und unmittelbar nach den üblichen Visiten der Ärzte im Hause der Kranken tritt täglich in den späten Vormittags- und frühen Abendstunden eine besonders starke Belastung der Abteilung Krankenbeförderung ein. Viele Kranke werden dann zur Überführung in ein Krankenhaus angemeldet.

Bei dem mehr oder weniger gleichzeitigen Einlaufen von vielen Aufträgen ist es nicht möglich, alle Fälle sofort und gleichzeitig durchzuführen. Sofort und innerhalb einer Stunde werden aber 80 % und mehr aller angeforderten Transporte ausgeführt. Manche eingehenden Aufträge sind auch Vorbestellungen für spätere Tagesstunden. Es wird verständlich sein, daß das Krankenbeförderungswesen nicht so viele Krankenwagen betriebsbereit und mit Mannschaft besetzt halten kann, daß jede stoßartige und beliebige Spitzenbelastung sofort zu bewältigen ist. Eine bestimmte, aber auch sehr gewissenhaft abgewogene Reihenfolge der Einzeltransporte muß dann eingehalten werden. Bettennachweis und Verteilungsstelle haben in solchen Stunden einen besonders verantwortungsvollen Dienst, weil ihnen die angegebenen Dringlichkeitsstufen, von denen vorstehend die Rede war, dabei die Arbeit nicht gerade erleichtern.

In Fällen, in denen Transporte wegen Lebensgefahr oder aus anderen Gründen besonders vordringlich sind, empfiehlt es sich, daß der behandelnde Arzt selbst den Bettennachweis anruft und besonders eilige Durchführung fordert und begründet. Es ist diesfalls nicht zweckmäßig, etwa die Angehörigen des Kranken, die nur den Krankenhaus-Einweisungsschein des Arztes in Händen haben, den Transport anmelden zu lassen. Die Feuerwehr Hamburg als Ganzes hat in kritischen Minuten, in denen es um das Leben eines Patienten geht und ein Krankenwagen nicht sofort verfügbar sein sollte, immer die Möglichkeit, einen ihrer Unfallwagen und im äußersten Notfalle ein Löschfahrzeug zum behelfsmäßigen Transport einzusetzen. An jeder Berufsfeuerwache ist ein Unfallwagen stationiert. Die Unfallwagen rücken alarmmäßig wie Feuerlöschfahrzeuge aus, um bei Unfällen verletzte oder plötzlich erkrankte Personen zu bergen, samaritermäßig zu versorgen und schnellstens in das nächstgelegene Krankenhaus zu bringen. Dies ist die Hauptaufgabe der Unfallwagen. Es ist ein großer Vorteil für das an die Feuerwehr angegliederte Krankenbeförderungswesen, daß in Notfällen alle Einrichtungen des Feuerlösch-, Unfall- und Krankentransportdienstes mit dem in allen Dienstzweigen geschulten Feuerwehrpersonal zur gegenseitigen Unterstützung verwendet werden.

Nach Beendigung jedes Krankentransportes stellt der Krankenwagen-Begleiter einen Krankentransport-Bericht mit zwei Durchschriften aus. Dieser Bericht stellt den Beleg über den ausgeführten Transport und die Unterlage zur Verrechnung und Einziehung der Gebühren dar, soweit nicht Barzahlung des Transportes erfolgte. Bis März 1953 wurden alle Krankentransport-Gebühren (Einnahmen) von der Verwaltungsabteilung des Feuerwehramtes verrechnet und erhoben. Seit 1. April 1953 ist diesbezüglich eine Verwaltungsvereinfachung eingetreten. Da in den weitaus meisten Fällen die Zahlungspflichtigen (Kranke oder Versicherungsträger) auch Krankenhauskosten zu bezahlen haben, wurde die Erhebung der Krankentransportgebühren den staatlichen Krankenhäusern übertragen, in denen beförderte Kranke Aufnahme gefunden haben. Die Gebühren werden jetzt auf Grund des ausgefertigten Krankentransport-Berichtes in die Rechnung des betr. Krankenhauses mit aufgenommen. Im Laufe und am Ende des Rechnungsjahres werden die Beträge auf den richtigen Haushaltsstellen gebucht und die erforderliche Trennung vorgenommen. Bei der Verwaltung des Feuerwehramtes werden nurmehr die Krankentransport-Gebühren laufend verrechnet, bei denen es sich um Transporte nach anderen Stellen als den staatlichen Krankenhäusern handelt.

Während die Gebührenordnung des Feuerwehramtes vom Februar 1950 die Länge der Fahrstrecke innerhalb der Hansestadt für die Beförderung von Kranken und Leichen noch unberücksichtigt ließ, sieht die neue Gebührenordnung vom 30. Mai 1952 eine Staffelung der Gebühr für die Beförderung eines Kranken, eines Unfallverletzten oder einer Leiche vor und zwar bei einer Fahrstrecke bis zu 10 km 15,- DM und bei einer Fahrstrecke über 10 km 18,- DM. Die laufenden und einmaligen Ausgaben der letzten Jahre übersteigen — vor allem wegen der notwendigen großen Beschaffungen — die Einnahmen.

Die Leistungen des Hamburger Krankenbeförderungswesens in den Verwaltungsjahren 1951 bis 1953 zeigt die Tabelle:

1 Verw.-jahr	2 Transporte	3 Personen	4 Infektionskranke	5 Leichen	6 Fehltransporte	7 Fahrkilometer (einschließlich Betriebs- u. Wirtschaftsfahrten)
			4—6 enthalten in 3			
1951	62 290	68 009	4 020	1 283	522	1 288 717
1952	60 409	64 844	3 448	1 101	469	1 241 269
1953	62 472	66 597	3 943	816	485	1 344 213

Im allgemeinen erreichen die Monate Januar bis April die höchsten Monats-Transportzahlen. Die durchschnittliche Fahrstrecke je Transport senkte sich von 25,3 km im Jahre 1947 langsam aber stetig auf rund 17,5 km im Jahre 1952 (1953 allerdings wieder leicht angestiegen auf 18,1 km).

Um Tag und Nacht die nötige Einsatzstärke zu halten und den Feuerwehrbeamten auch die Durchführung einer größeren Zahl von Transporten hintereinander zumuten zu können, wurde schon ab Winter 1946/47 für den größten Teil des fahrenden Personals ein 3-Schichten-Dienst eingeführt und vor einiger Zeit eine Aufgliederung in fünf Dienstgruppen vorgenommen. Tagsüber sind zwei Gruppen und nachts eine Gruppe im Dienst. Die in den Außenbezirken der Hansestadt in räumlicher Angliederung an Berufsfeuerwachen stationierten Kräfte (Harburg und Bergedorf) versehen 24-Stunden-Wechseldienst.

Die Krankentransportwache Glacischaussee, die seit 1952 zur Zentrale des Krankenbeförderungswesens ausgebaut und eingerichtet wurde und im Jahre 1954 ihren vollen Betrieb aufnahm, verwendet — wie bereits erwähnt — die alten, aber entsprechend hergerichteten Gebäude einer früheren Berufsfeuerwache. Um den Hof herum sind nun neue Garagen und Gebäudeteile entstanden, die etwa 40 Krankenwagen aller Art aufnehmen können und die nötigen Lagerräume und neuzeitigen Kraftwagen-Pflege- und Wartungsanlagen sowie die Anlagen einer neuen, leistungsfähigen Zentralheizung enthalten. Die Abbildungen 12 und 13 zeigen einen Teil der neuen Kraftfahrzeug-Unterstellräume und eine Wagenparade vor der Zentrale des Krankentransportes.

Die nötige Desinfektion nach der Beförderung von Infektionskranken wird z. T. in Krankenhäusern sowie in der Zentrale des Krankentransportes und — in schwerwiegenden Fällen — in der Desinfektionsanstalt der Gesundheitsbehörde vorgenommen.

Nach all den großen Schwierigkeiten der ersten Jahre nach dem Kriege, besonders nach Überwindung des großen Material- und Ersatzteilmangels vor 1949 ist es gelungen, durch Auswechselung des gesamten Fahrzeugparks und Schaffung von besseren Unterkünften und technischen Einrichtungen aller Art das Krankenbeförderungswesen in Hamburg so leistungsfähig zu gestalten, daß berechtigte Beschwerden und Klagen aus dem Kreise der Bevölkerung und der Ärzte zu den sehr seltenen Ausnahmen gehören.

Gesetzlicher Unfallschutz für jeden Feuerwehrmann

Von Dr. Richard Schwinger, München

I. Früher und heute

Die Feuerwehren sind auf freiwilliger Grundlage zum gegenseitigen Schutz bei Feuer und anderen öffentlichen Notständen entstanden. Die freiwilligen Feuerwehren, und diese sind die Hauptgruppe, bilden Musterbeispiele rühmlichen Gemeinschaftsgeistes.

So lose und bescheiden die Organisation der Feuerwehren im Laufe der Entwicklung war, so schwach waren auch ihre Hilfsquellen, ihr Rechtsschutz.

Der Dienst der Feuerwehren ist, von den Berufsfeuerwehren und Pflichtfeuerwehren abgesehen, f r e i w i l l i g. Er bringt auch nicht selten erhebliche Gefahren mit sich. In erster Linie U n f a l l g e f a h r e n. Diese Unfallgefahren, denen sich die Feuerwehrmänner aufopferungsfreudig freiwillig aussetzen, v e r l a n g e n auch nach einem entsprechenden U n f a l l s c h u t z.

In Deutschland wurde — als erstem Lande und vorbildlich für viele andere Staaten — im Jahre 1884 die g e s e t z l i c h e (soziale) U n f a l l v e r s i c h e r u n g eingeführt. Die F e u e r w e h r e n zählte man damals, und noch mehr als vier Jahrzehnte lang, n i c h t dazu.

Auch unter die Versorgungsgesetze fielen verunglückte Feuerwehrmänner nicht. Sie waren bei Unfällen vielmehr auf die Unterstützung irgendwelcher Stellen, o h n e R e c h t s a n s p r u c h, angewiesen.

So entschloß sich denn der Reichstag im 3. Gesetz über Änderungen in der Unfallversicherung vom 20. Dezember 1928 u. a. auch „die Betriebe der Feuerwehren" als versicherte Betriebe neu in den Schutz der gesetzlichen Unfallversicherung einzubeziehen.

Zunächst hat der Feuerwehrmann seither einen vor den Sozialgerichten unentgeltlich verfolgbaren R e c h t s a n s p r u c h auf die gesetzliche Entschädigung. Das E n t s c h ä d i g u n g s v e r f a h r e n wird auf die vorgeschriebene U n f a l l a n z e i g e des Unternehmers (der Feuerwehr) hin v o n A m t s wegen durchgeführt. Es entstehen dem Feuerwehrmann keine Kosten. Er hat keine Beweislast. Er muß nicht etwa einen langen Prozeß vor Gericht führen und den Beweis für ein Verschulden der Gemeinde, der Feuerwehr oder sonst jemandes führen. Die Unfallversicherung wirkt k r a f t G e s e t z e s. Es bedarf keines Antrages, keiner Vereinbarung, keiner Versicherungsbedingungen. Es gibt keine Ausschlüsse oder Einschränkungen für gewisse Gefahren. Der Feuerwehrmann und die Feuerwehr selbst hat für die gesetzliche Unfallversicherung k e i n e n B e i t r a g zu leisten. Die Entschädigung wird auch b e i S e l b s t v e r s c h u l d e n gezahlt (ausgenommen Vorsatz, und Versagungsmöglichkeit bei Unfällen, die sich beim Begehen von Verbrechen oder vorsätzlichen Vergehen ereignen).

II. Die Aufgaben und Leistungen der gesetzlichen Unfallversicherung

Die Einfügung der Feuerwehren in die gesetzliche Unfallversicherung hat aber noch wichtige weitere Vorteile für die Feuerwehrmänner.

a) Die Unfallverhütung.

Den Trägern der gesetzlichen Unfallversicherung obliegt die gesetzliche Pflichtaufgabe, für die Verhütung von Unfällen und für eine wirksame erste Hilfe bei Verletzungen zu sorgen.

Sie haben die erforderlichen Vorschriften zu erlassen über:

1. Die Einrichtungen und Anordnungen, welche die Mitglieder zur Verhütung von Unfällen in ihren Betrieben zu treffen haben, und

2. das Verhalten, das die Versicherten zur Verhütung von Unfällen in den Betrieben zu beobachten haben.

Durch die Einbeziehung der Feuerwehren in die gesetzliche Unfallversicherung kommt den Feuerwehren der große Schatz der Erfahrungen in der Unfallverhütung, über welchen die gesetzlichen Unfallversicherungsträger seit Jahrzehnten zunehmend verfügen, unmittelbar voll zugute, ohne daß den Besonderheiten der Feuerwehren und ihres Dienstes dabei Abbruch getan würde.

b) Unfallheilfürsorge, Frühheilverfahren.

Da sich nun einmal der Idealzustand, Unfälle überhaupt zu verhüten, nicht erreichen läßt, so obliegt den Trägern der gesetzlichen Unfallversicherung bei eingetretenen Unfällen die weitere Aufgabe, den verletzten Feuerwehrmann so gut und so schnell wie möglich von den Verletzungsfolgen zu heilen. Die Heilbehandlung soll daher nach dem gesetzlichen Auftrag mit allen geeigneten Mitteln die durch den Unfall hervorgerufenen Gesundheitsstörungen oder Körperbeschädigungen und die durch den Unfall verursachte Erwerbsunfähigkeit beseitigen und eine Verschlimmerung verhüten.

Die Heilbehandlung umfaßt:

1. freie ärztliche Behandlung,

2. Versorgung mit Arznei und anderen Heilmitteln, Ausstattung mit Körperersatzstücken, orthopädischen und anderen Hilfsmitteln, die erforderlich sind, um den Erfolg der Heilbehandlung zu sichern oder die Folgen der Verletzung zu erleichtern.

3. die Gewährung von Pflege. Die Pflege wird bei Pflegebedürftigkeit durch Hauspflege (Krankenschwester usw.) oder durch ein Pflegegeld gewährt.

Die Heilbehandlung wird im Bedarfsfalle in Krankenhäusern durchgeführt. Die Heilbehandlung der gesetzlichen Unfallversicherung zeichnet sich vor der Krankenhilfe der gesetzlichen Krankenversicherung dadurch aus, daß sie sachlich viel weiter geht und zeitlich unbegrenzt ist. Sie unterscheidet sich dadurch natürlich auch wesentlich von den vertraglich begrenzten Leistungen der privaten Unfallversicherung. Und schließlich kommt dabei der verletzte Feuerwehrmann in den nicht zu unterschätzenden Vorteil der besonders *ausgeprägten und durchgebildeten Unfallheilbehandlung*, die er, auf sich selbst gestellt und seiner eigenen Wahl folgend, vielfach nicht erlangen könnte. Die Träger der gesetzlichen Unfallversicherung sind in der Unfallkrankenbehandlung großzügig und scheuen keine Aufwendungen, wenn sie Erfolg versprechen.

c) Berufsfürsorge.

Die Träger der gesetzlichen Unfallversicherung haben neben der Unfallheilbehandlung mit allen geeigneten Mitteln ferner den Verletzten zur Wiederaufnahme des früheren Berufs oder, wenn das nicht möglich ist, zur Aufnahme eines neuen Berufes zu befähigen und ihm zur Erlangung einer Arbeitsstelle zu verhelfen. Während der Ausbildung (Umschulung) gewährt der Versicherungsträger dem Verletzten die Kosten des notwendigen Unterhalts für ihn und seine Angehörigen.

d) Geldentschädigung.

1. Unfallkrankengeld.

Ein Verletzter, dessen Erwerbsunfähigkeit (von in der Regel mindestens 20 v. H.) die 13. Woche nicht überdauert, erhält für die Dauer der Arbeitsunfähigkeit Krankengeld aus der Unfallversicherung, wenn und solange er Krankengeld aus der gesetzlichen Krankenversicherung nicht beanspruchen kann und Arbeitsentgelt nicht erhält.

Das Unfallkrankengeld bemißt sich nach den Vorschriften der Krankenversicherung.

Das Unfallkrankengeld fällt, wie die Renten, während der Heilanstalts- (Krankenhaus-) oder Anstaltspflege weg. Hierfür werden während dieser Zeit andere Leistungen gewährt (Tagegeld, Familiengeld).

Bei Verletzten, die zugleich der gesetzlichen Krankenversicherung (einschließlich der Ersatzkassen) unterliegen (was bei Feuerwehrmännern aber oft nicht der Fall ist), hat im gesetzlichen Rahmen auch die Krankenkasse zu leisten. Zwischen der Krankenversicherung und der Unfallversicherung wird intern nach bestimmten Vorschriften abgerechnet. Verletzte, die nicht auch gesetzlich krankenversichert sind, erhalten die Leistungen (auch das Krankengeld) nur und unmittelbar von der Unfallversicherung. Die gesetzlichen Krankenkassen haben im übrigen bei Durchführung des Unfallverfahrens mitzuwirken.

2. Verletztenrente.

Verletztenrente wird gewährt, wenn die zu entschädigende Erwerbsminderung (von in der Regel mindestens 20 v. H.) über die 13. Woche nach dem Unfall andauert. Die Erwerbsminderung muß ursächlich auf den Unfall zurückzuführen sein. Die Höhe der Rente hängt vom Grad der Erwerbsminderung und von dem Jahresarbeitsverdienst (JAV) vor dem Unfall ab. Bei völliger Erwerbsunfähigkeit wird die Vollrente gewährt.

3. Sterbegeld.

Stirbt der Verletzte in ursächlichem Zusammenhang mit dem Unfall sofort oder später, dann wird ein Sterbegeld gewährt. Es beträgt den 15. Teil des Jahresarbeitsverdienstes. Mit dem Sterbegeld werden die Kosten der Bestattung bestritten.

4. Witwenrente.

Die Witwe erhält eine Witwenrente von $^1/_5$ des Jahresarbeitsverdienstes bis zu ihrem Tode oder ihrer Wiederverheiratung. Die Witwenrente wird auf $^2/_5$ erhöht (erhöhte Witwenrente), solange die Witwe länger als drei Monate wenigstens die Hälfte ihrer Erwerbsfähigkeit verloren oder wenn sie das 60. Lebensjahr vollendet hat. Bei Wiederverheiratung erhält die Witwe eine Abfindung von $^3/_5$ des Jahresarbeitsverdienstes.

5. Kinderrente.

Jedes Kind des Getöteten erhält bis zum vollendeten 18. Lebensjahr eine Kinder- (Waisen-) Rente.

6. Eltern- (Großeltern-) Rente.

Hinterläßt der Verstorbene Verwandte der aufsteigenden Linie (Eltern, Großeltern), die er wesentlich aus seinem Arbeitsverdienst unterhalten hat, so ist ihnen für die Dauer der Bedürftigkeit (das ist neben der Witwenrente der einzige Fall der Bedürftigkeit in der gesetzlichen Unfallversicherung) eine Rente von zusammen $^1/_5$ des Jahresarbeitsverdienstes zu gewähren.

7. Witwenbeihilfe.

Stirbt der Verletzte aus einer anderen Krankheit als an Unfallfolgen, dann erhält die Witwe eines Schwerverletzten eine einmalige Witwenbeihilfe von $^2/_5$ des Jahresarbeitsverdienstes.

8. Erneuerung und Wiederherstellung beschädigter Körperersatzstücke.

Der Träger der gesetzlichen Unfallversicherung hat ein durch den Unfall beschädigtes Körperersatzstück wieder herstellen oder erneuern zu lassen.

III. Die Träger der gesetzlichen Unfallversicherung

Träger der gesetzlichen Unfallversicherung, das sind die Stellen, welche sie durchzuführen haben, sind die Länder (vertreten insoweit durch die staatlichen Ausführungsbehörden für Unfallversicherung der Länder). Doch haben die meisten Länder von der Möglichkeit Gebrauch gemacht, die Unfallversicherung für die Feuerwehren den gemeindlichen Unfallversicherungsträgern (Gemeindeunfallversicherungsverbänden und Städten mit über 500 000 Einwohnern) zu übertragen, zumal ja die Feuerwehren nach Herkommen und Gesetz engstens mit den Gemeinden verbunden sind und die Gemeinden auch nach Gesetz die Aufwendungen für die Feuerwehren sachlich sowohl wie in der Unfallversicherung zu tragen haben. In einzelnen Ländern gibt es besondere Feuerunfallversicherungskassen.

IV. Der versicherte Personenkreis. Die versicherte Tätigkeit

Gegen Arbeits- (Dienst-) Unfall sind gesetzlich versichert die Angehörigen der Feuerwehren sowie die feuerwehrtechnischen Aufsichtsorgane, ferner Personen, die wie solche Versicherten tätig werden, auch wenn dies nur vorübergehend geschieht; sodann auch Lernende während der Berufsausbildung und ehrenamtlich Lehrende in Betriebsstätten, Lehrwerkstätten, Fachschulen, Schulungskursen und ähnlichen Einrichtungen, soweit es sich um die Ausbildung u. a. für die Feuerwehr handelt.

Versichert ist jede dienstliche Tätigkeit, einschließlich des Hin- und Rückweges, gleich mit welchem Verkehrsmittel dieser Weg zurückgelegt wird. Es gibt natürlich Grenzen der dienstlichen Tätigkeit. Längerer Wirtshausbesuch kann den Versicherungsschutz unterbrechen oder aufheben. Wieweit Feiern als dienstlich zu gelten haben, ist Tatfrage des Einzelfalles.

Die Werkfeuerwehren unterliegen der gesetzlichen Unfallversicherung gleichfalls. Doch ist für diese diejenige Berufsgenossenschaft zuständig, bei welcher ihr Betrieb versichert ist. Für die Pflichtfeuerwehren gilt das für die freiwilligen Feuerwehr Gesagte.

V. Haftpflicht

Die gesetzliche Unfallversicherung ist hervorgegangen aus der Unternehmerhaftpflicht, welche durch sie abgelöst worden ist. Vor der Einbeziehung der Feuerwehren in die gesetzliche Unfallversicherung bestand die allgemeine Unternehmerhaftpflicht nach dem bürgerlichen Recht auch bei den Feuerwehren. Die Feuerwehren, ihre Fahrer und die Feuerwehrmänner können von Verletzten und Hinterbliebenen nicht haftpflichtig gemacht werden. Auch darin liegt ein Vorteil für die Feuerwehren.

Es wäre abwegig, von einer finanziellen Schlechterstellung der Feuerwehren durch die Einfügung in die gesetzliche Unfallversicherung zu sprechen. Man muß sich die gesamten Entschädigungsleistungen aus der gesetzlichen Unfallversicherung und die überall gewährten Mehrleistungen vor Augen halten und demgegenüber die gesamten möglichen Entschädigungsleistungen nach bürgerlichem Recht betrachten, und noch dazu die sehr ungleichen prozessualen Bedingungen, um zu erkennen, daß die gegenwärtige Regelung für die Feuerwehren gut und gegenüber früher ein großer Fortschritt ist.

Unfallverhütung im Feuerwehrdienst

Von Dr.-Ing. Georg Dederböck, München

Feuerbekämpfung ist eine gefährliche Tätigkeit. Trotzdem können aber bei entsprechender Schulung der Feuerwehrmänner Unfälle vermieden werden. Je sicherer der einzelne im Einsatz seiner Person und in der Bedienung der Geräte ist, um so größer wird der zu erwartende Löscherfolg sein, und um so besser kann auch den bei Bränden unerwartet auftretenden Gefahren entgegengetreten werden.

Falsche und damit gefahrbringende Bedienung von Geräten ergibt sich aus der menschlichen Unzulänglichkeit. Erstes Ziel in der Ausbildung der Feuerwehrmänner muß darum die sichere Handhabung der Geräte sein. Gute Gerätekenntnis ist ja auch die Voraussetzung für den richtigen Einsatz der Geräte und damit für den Löscherfolg. Die Forderungen der Unfallverhütung und die Voraussetzung für einen erfolgversprechenden Löschangriff sind alle eng miteinander verbunden. Die geringen Unfallzahlen der Berufsfeuerwehren beweisen dies.

Welche Möglichkeiten zur Unfallverhütung im Feuerwehrdienst gibt es?

Die technische Unfallverhütung beginnt am Reißbrett des Geräteerzeugers. Bei der Konstruktion muß neben der optimalen Wirkungsweise der Geräte ihre ungefährliche Handhabung berücksichtigt werden. Bei kleinen Motorspritzen z. B. wiederholen sich Unfälle durch Kurbelrückschlag oder Rückschlag der Anwerfhebel. Erst in jüngster Zeit sind sichere Andrehvorrichtungen entwickelt worden, die es ermöglichen, Kraftspritzen ohne Gefährdung der anwerfenden Personen in Gang zu bringen. Unfälle durch Rückschlag entstehen, wenn ein Motor bei „Frühzündung" angeworfen wird. Es ist darum zunächst die Aufgabe der Hersteller von Tragkraftspritzen, die Zündverstellung augenfällig zu kennzeichnen. Statt der Bezeichnung „Spätzündung" und „Frühzündung" sind zweckmäßig die für jedermann sofort begreiflichen Bezeichnungen „Anwerfen" und „Betrieb" zu wählen. Soweit dies noch nicht eingeführt ist, wird es Aufgabe der Feuerwehren sein, die Bezeichnungen selbst so anzubringen, daß der Anwerfende im Augenblick des Anwerfens auf den Stand der Zündstellung zuverlässig hingewiesen wird.

Leitern sind neben den Spritzen unentbehrliche Geräte der Feuerwehren Sie dienen in erster Linie zur Rettung von Personen aus Feuersnot. Tragbare Ausziehleitern müssen nach dem Aufstellen so eingerichtet werden können, daß die Leitersprossen waagrecht stehen. Dazu dienen die an vielen Leitern bereits angebrachten und erprobten Geländeausgleichsvorrichtungen, z. B. Spindeln.

Neben den einfachen Leitern sind mechanische Leitern in Verwendung. Es werden heute Stahlleitern mit großen Steighöhen gebaut, die mit vollautomatischem Auszug und Neigungs- und Verdrehungssicherungen ausgestattet sind. Selbstverständlich müssen die Gerätehersteller hier konstruktiv so gut arbeiten, daß die gewünschten Sicherungselemente auch wirklich dann ansprechen, wenn ihr Eingriff erforderlich wird. Diese Einrichtungen müssen auch bei ungünstiger Witterung noch wirksam sein. Es ist selbstverständlich, daß solche komplizierte technische Geräte eine besondere Bedienungsanleitung benötigen. Diese muß von den Geräteherstellern so ausführlich und so exakt verfaßt werden, daß die Feuerwehrmänner auch wirklich jede Frage, die bei Betätigung der Leitern auftaucht, in der Anleitung beantwortet finden. Sofern sich solche Bedienungsanleitungen auf die Sicherheit beziehen, bekommen sie den Charakter von Unfallverhütungsvorschriften.

Für Fahrzeuge muß in der dazugehörigen Typenbeschreibung, um Überlastungen durch Zuladen zu vermeiden, die Tragfähigkeit des Fahrgestells angegeben sein. Sobald Zuladungen irgendwelcher Art vorgenommen werden, ist zum Schutz gegen Überlastungen das Auswiegen der Fahrzeuge erforderlich. Die Beleuchtungseinrichtungen müssen zuverlässig arbeiten und weitreichendes Licht bei reichlicher Seitenstrahlung erzielen.

Für die Herstellung von Ausrüstungsgegenständen, wie Gurten, Sicherheitsleinen und dergleichen gelten Normvorschriften. Die Voraussetzung bleibt aber auch hier die Verwendung von einwandfreiem Material.

Die Unfallverhütung erstreckt sich im weiteren auch auf die Pflege und Unterhaltung der Geräte. Gerätehäuser sollen so geplant werden, daß in den Toreinfahrten neben dem breitesten Gerät auf beiden Seiten 50 cm freier Raum verbleibt. Außerdem muß innerhalb des Gerätehauses rings um jedes Gerät ein freier Raum von 50 cm vorhanden sein. Damit soll das Einklemmen von Personen verhindert und die Beweglichkeit der Bedienungsmannschaften gesichert werden.

In den Schlauchtrocknungsanlagen können gegebenenfalls Unfallgefahren durch folgende Maßnahmen beseitigt werden: Zum Aufziehen der Schläuche sollen statt der einfachen Zahnradwinden grundsätzlich nur Winden mit selbsthemmender Schnecke verwendet werden. Damit wird das Durchgehen der Last und das Zurückschlagen der Windenkurbel verhindert. Als Tragmittel für den Schlauchkranz dienen zweckmäßig verzinkte Stahlseile, die nicht unter 8 mm Durchmesser haben dürfen. Der Schlauchkranz muß in das Tragseil absturzsicher eingebunden sein. Es gibt hier nur zwei Möglichkeiten. Die einfachste ist das Einbinden mit Kausche und zwei Backenzahnklemmen. Diese Verbindung kostet nur Pfennige und kann von jedem Laien so ausgeführt werden, daß ein Lösen des Schlauchkranzes unmöglich ist. Die zweite Methode besteht in dem sachgemäßen Einspleißen des Seiles, wobei selbstverständlich auch eine Kausche eingesetzt werden muß. Das kann aber nur ein sachkundiger Facharbeiter durchführen, denn richtiges Einspleißen ist eine handwerkliche Kunst. Alle anderen Einbindungen sind abzulehnen, da es zur Zeit keine besseren Vorrichtungen als die erwähnten gibt. Schlauchtrockenmasten oder Schlauchtrockentürme, an oder in denen die Schlauchkränze oder Schlauchträger hochgezogen werden, sind so zu gestalten, daß die Seile über Aufhänge- und Umlenkrollen geführt werden müssen. Um ein Ausspringen des Seiles zu vermeiden, sollen diese Rollen nicht unter 160 mm inneren Rillendurchmesser haben. Dadurch ist auch die Gewähr gegeben, daß das Aufhängegeschirr entsprechend stark dimensioniert ist. Die Schlauchwinden dürfen nicht im Fallbereich der Schläuche angebracht werden.

Sichere Maschinen und Geräte dienen der Unfallverhütung und der erfolgreichen Brandbekämpfung in gleicher Weise. Es wird daher den Feuerwehren immer wieder empfohlen, bei Bestellungen von jedwelchen Einrichtungen sich vom Hersteller bestätigen zu lassen, daß diese den zur Zeit geltenden Unfallverhütungsvorschriften entsprechen.

Die psychologische Unfallverhütung beginnt mit der Ausbildung der Feuerwehrmänner. Zunächst erhalten die Feuerwehrkommandanten eine gründliche Unterweisung in den Feuerwehrschulen, die das Gebiet „Unfallverhütung" als wichtiges Unterrichtselement in den Lehrplan aufgenommen haben. Die Feuerwehrschulen werden von der Gemeindeunfallversicherung mit der Lieferung von Unfallverhütungsmaterial unterstützt.

Die Feuerwehrkommandanten müssen das in der Feuerwehrschule erworbene Gedankengut ihren Kameraden weitergeben. Denn es ist ihnen nicht nur die Feuersicherheit ihrer Gemeinden, sondern auch der Unfallschutz ihrer Mannschaften als Aufgabe übertragen. Im Bewußtsein einer großen Verantwortung wird der Kommandant auf Grund eigener Erfahrung und persönlichen Könnens den Einsatz seiner Männer im Brandfall leiten. Den Erfordernissen des Ernstfalles kann aber diejenige Wehr am besten gerecht werden, die ihre Männer in regelmäßigen Übungen in allen technischen Vorkommnissen geschult hat. Die Beachtung der Unfallverhütung bei den Übungen wird im Ernstfall durch einen guten Löscherfolg und geringen Ausfall an Menschen belohnt.

Die Unfallverhütungsvorschriften stellen ein umfangreiches Unterrichtsmaterial dar und können dem Kommandanten eine wertvolle Hilfe im Dienst der Ausbildung sein. Es ist gar nicht erforderlich, daß Unfallverhütungsvorschriften für die Tätigkeit an Brandstellen besonders eingehend gefaßt werden, weil jede Brandbekämpfung sich anders darstellt. Bei gut durchgeführtem Übungsdienst werden sich die Feuerwehrmänner an der Brandstelle genau so sicher verhalten, wie sie das bei Übungen gelernt haben. Üben kann man mindestens in jedem Monat einmal, während es in einer Gemeinde zu einem Feuer unter Umständen während vieler Jahre nicht kommt. Hieraus geht schon hervor, wie töricht oft der Hinweis von übungsunwilligen Feuerwehrmännern ist, „wenn es brennt, stellen wir uns schon zur Verfügung". Denn es genügt ja nicht allein, daß sich jemand zur Brandbekämpfung persönlich zur Verfügung stellt, sondern es ist erforderlich, daß er bei dieser Brandbekämpfung etwas leistet. Und etwas leisten kann er nur, wenn er etwas kann. So wird eine Feuerwehr bei gut durchgeführtem Übungsdienst an einer Brandstelle genau so sicher arbeiten, als wenn sie an einem Übungsobjekt eingesetzt wäre.

Weitere Tätigkeiten der Feuerwehren

Die Feuerwehren werden aber nicht nur eng begrenzt ihrem Namen nach eingesetzt, sondern sie dienen als Helfer bei jedem Notstand. Immer wenn es gilt, Menschen und Güter zu retten, wird man in erster Linie die Hilfe der Feuerwehr in Anspruch nehmen, und es bilden sich im Augenblick der Not aus den Feuerwehren die Wasserwehren, die Rettungszüge bei Bergkatastrophen, Eisenbahnunglücken und anderen Notständen. Größere Feuerwehren haben deshalb neben ihrem Gerätepark für Brandbekämpfung eine vollkommene Katastrophenausrüstung mit Rüstkraftwagen, Hebezeugen, Winden, Schlauchbooten, Schneidegeräten usw. Es versteht sich von selbst, daß hier die Ausbildung weitergreifen muß, denn die Handhabung der vorgenannten Arbeitsgeräte bedingt handwerkliche Fertigkeiten. Daß bei diesen Feuerwehren die Unfallverhütung weitergehende Voraussetzungen hat, ist selbstverständlich. Es müssen deshalb die Führer von solchen Wehren die einschlägigen Unfallverhütungsvorschriften für Holz- und Metallbearbeitung und — sofern den Feuerwehren eigene Werkstätten angegliedert sind — die Unfallverhütungsvorschriften der einschlägigen Berufsgruppen bekannt sein.

Stiftung: „Feuerwehrdank"

Von Hans G. Kernmayr

Eine mustergültige Gemeinschaftsleistung gilt der Erhaltung der Gesundheit für alle Feuerwehrmänner. Mitten im Schwarzwald, von schier unendlichen Wäldern umgeben, nicht weit vom Titisee, fern der großen Verkehrsstraße, durch alten Baumbestand ausgezeichnet, steht das von Architekt Albert Bürger, Rottweil-Zimmern, entworfene Feuerwehrheim Baden-Württemberg.

Sorgender Bürgersinn schuf einstens die Feuerwehren, eine Gemeinschaftsleistung, der die Erhaltung vieler Menschenleben und Millionen Werten von Sachgütern zu danken ist. Leben und Besitz jedes einzelnen kann von der Einsatzfähigkeit der Feuerwehr abhängig sein. Die Stiftung „Feuerwehrdank" ist ein Dank gegenüber

Mineralölbrände

*Schaumrohr vor!
Ablöscharbeiten
an Schmierölbehältern
einer großen Raffinerie
Hamburg 1942*

*Brennende
Hamburger Schmierölraffinerie
nach einem Luftangriff
im Juni 1941*

*Ein „boil over"
Überkochender 500 m³-Rohöltank
im Erdölgebiet
Nienhagen-Hänigsen 1945*

*Brennender Rohöltank
in einer nieder-
sächsischen Raffinerie,
Frühjahr 1949.
Die Leitungen der bei
Brandausbruch noch
nicht betriebsbereiten
Schaumlöschanlage
sind durch Pfeil
gekennzeichnet*

Wasserrettungsdienst bei der Frankfurter Berufsfeuerwehr

Taucher mit Dräger-Tauchgerät 138 (Badetaucher)

Vorderansicht

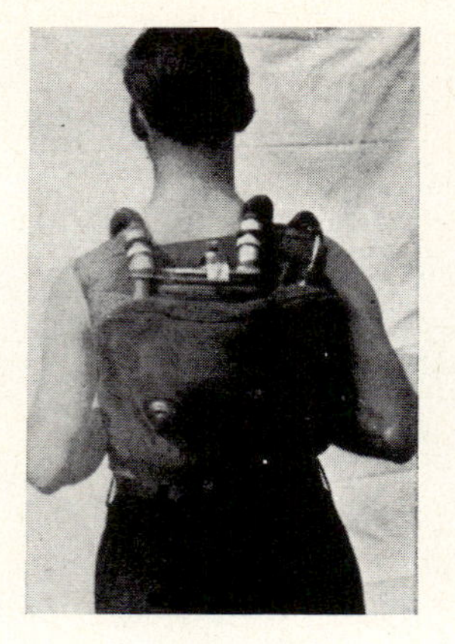

Rückansicht

Taucher wassert

Rückansicht

Vorderansicht

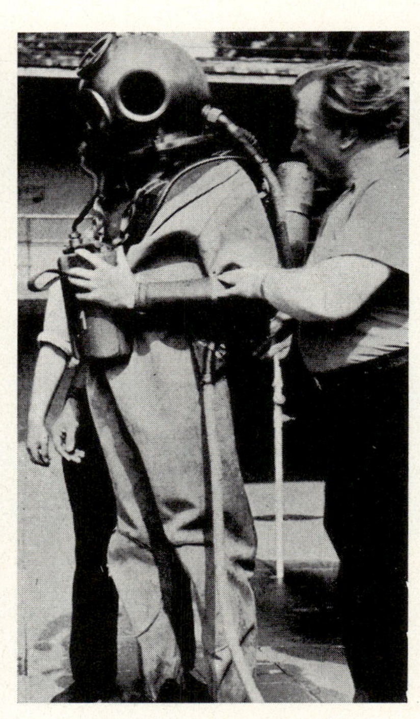

Der Tauchmeister überprüft den Taucher vor dem Wassern genauestens

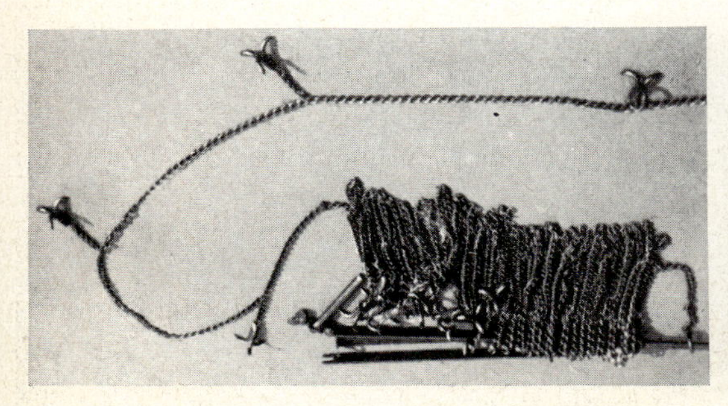

Suchkette mit Spezialhaken

Sturmboot ausgefahren und gedreht

Erste Hilfe bei Verbrennungen

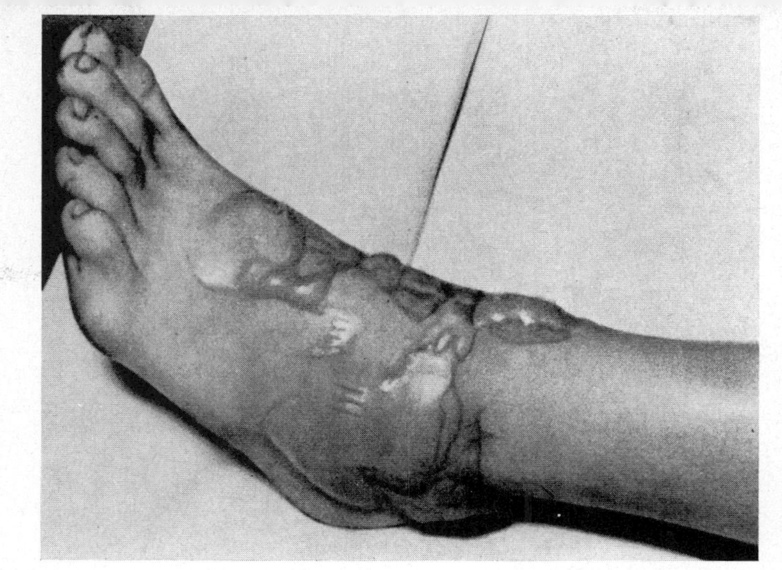

Verbrennung zweiten Grades

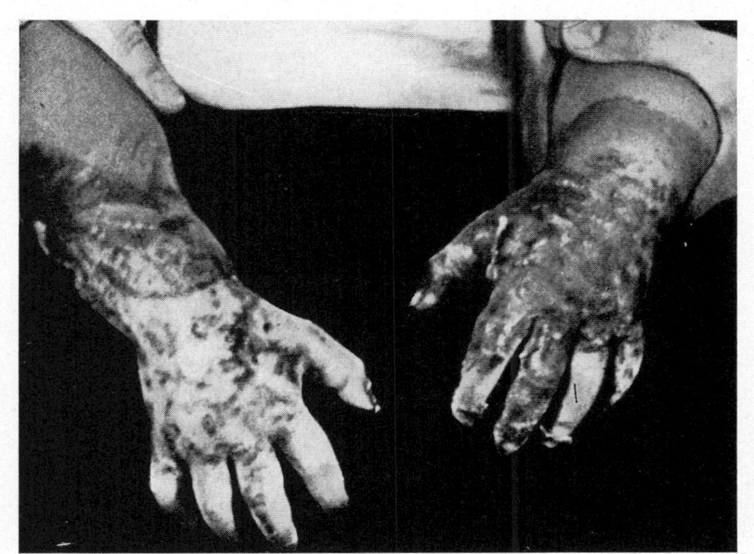

Verbrennung dritten Grades

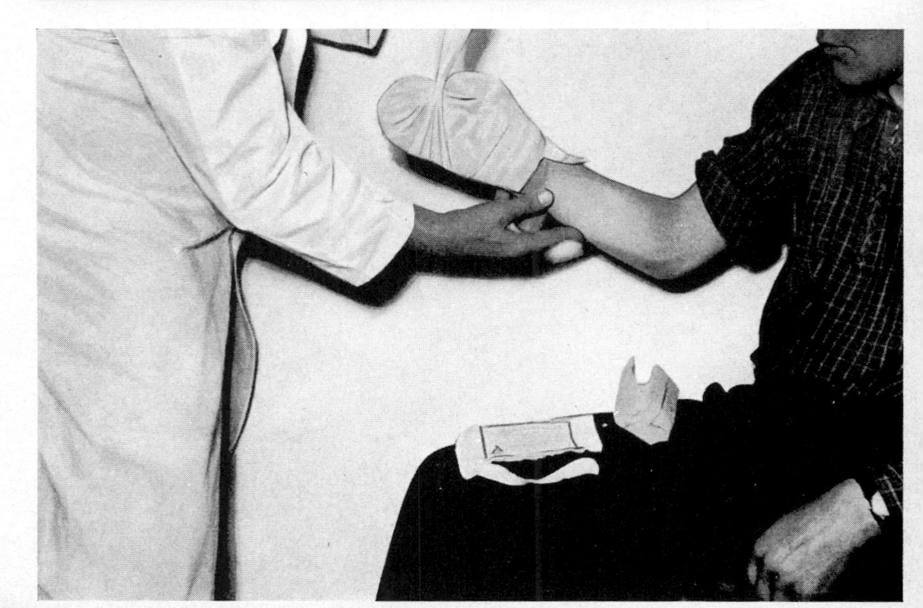

Verband mit einem Brandwunden-verbandpäckchen

Einsatz des Roten Kreuzes
und der Werkfeuerwehr

den Männern, die Jahr um Jahr, bei jeder Witterung, Tag und Nacht einen großen Teil ihrer freien Stunden opfern, oft sogar Gesundheit und Leben. Ein alter Wunsch ist in Erfüllung gegangen.

Der badisch-württembergische Innenminister Fritz Ulrich legte am 27. August 1954 den Grundstein zu diesem Feuerwehrerholungsheim. Zwei Baukörper umfaßt die künstlerisch und praktisch entworfene Gesamtanlage. Im Hauptgebäude sind die Gemeinschaftsräume untergebracht, Küche und alle zur Versorgung der Gäste und des Personals nötigen Einrichtungen. Vierzehn Zimmer mit je zwei Betten und zwölf Zimmer mit je einem Bett stehen den Feuerwehrkameraden zur Verfügung. Modern und neuzeitlich, ein Hotel im besten Sinne des Wortes, ist das neue Feuerwehrheim. Gediegen ist die Ausstattung, alles wohlgefällig. Jedermann kann sich wohlfühlen. Geräumig ist die Hotelhalle, sie ladet zum gemütlichen Verweilen ein.

Mehr als einhundertfünfzig Personen können im Speisesaal Platz nehmen. Das Frühstückszimmer ist auch zugleich als Gesellschaftsraum zu verwenden. Bibliothek und Leseraum stehen allen Erholungssuchenden zur Verfügung. Die Heimgäste und auch die Erholungssuchenden können sich in der altdeutschen Trinkstube dem Frohsinn und der Heiterkeit hingeben. Auch für eine schöne Kegelbahn und eine Halle für Tischtennis wurde Rechnung getragen.

Feuerwehrmänner, die an Erkältungskrankheiten leiden, finden ärztliche Betreuungsräume vor.

Das Nebengebäude verfügt über Gästeräume mit insgesamt vierzig Betten und allem Zubehör. Die Voraussetzung für ein neuzeitliches, behagliches Wohnen ist bei diesem Erholungsheim gegeben. Nicht nur für die Feuerwehrmänner aus Baden-Württemberg ist dieses Erholungsheim geschaffen worden, nein, allen Feuerwehrkameraden steht dieses Haus zur Verfügung.

Weithin singen die Wälder „O Schwarzwald, o Heimat, wie bist du so schön!" Diese Schönheit soll als kleiner Dank allen Feuerwehrmännern zukommen.

Dem Kuratorium „Feuerwehrdank" gehören die ersten Männer Baden-Württembergs an.

Ulrich
Innenminister

Dr. Gebhard Müller
Ministerpräsident

Landtagspräsident

Regierungs-Präsident Stuttgart

Regierungs-Präsident Tübingen

Regierungs-Präsident Karlsruhe

Regierungs-Präsident Freiburg

Fraktionsvorsitzender der CDU

Fraktionsvorsitzender der SPD

Fraktionsvorsitzender der FDP

Fraktionsvorsitzender des BHE

Vorsitzender der Baden-württ. Gemeindekammer

Sport bei der Feuerwehr

Von Dipl.-Ing. Richard Bange, Hannover

Der Sport bei der Feuerwehr ist vermutlich so alt wie die Feuerwehr selbst. Viele der ersten Freiwilligen Feuerwehren gingen um die Mitte des vorigen Jahrhunderts aus der deutschen Turnerei hervor, und es ist verständlich, daß die Männer dieser Turnerfeuerwehren, die neben einem frischen, gesunden Geist ein erhebliches Maß körperlicher Gewandtheit, Kraft und Ausdauer mitbrachten, die edle Turnkunst weiter pflegten.

Und da die Berufsfeuerwehren z. T. aus den Freiwilligen Feuerwehren entstanden sind, z. T. aber auch in ihrer Organisation und in ihrem Dienstbetrieb mangels anderer Vorbilder Ähnlichkeit mit den Truppenteilen der Armee hatten (Kompanien, Züge, Uniformen, Dienstgradabzeichen, Dienstgradbezeichnungen wie Feldwebel und Wachtmeister), ist es nicht verwunderlich, daß sie vor und nach der Jahrhundertwende auch das im Heer übliche Geräteturnen im Rahmen der dienstlichen Ausbildung betrieben.

Zwischen den beiden Weltkriegen fand sodann der moderne Sport vielfältig Eingang in die Feuerwehren, vor allem naturgemäß in die Berufsfeuerwehren; denn der Berufsfeuerwehrmann mit seinem 24stündigen Dienst verbringt sein halbes Leben auf der Feuerwache, er kann sich bei der Eigenart seines Dienstes nicht regelmäßig sportlich in Vereinen betätigen, und er hat ein moralisches Anrecht darauf, im Rahmen seiner dienstlichen Ausbildung Gelegenheit zu erhalten, einen hohen Stand vielseitiger körperlicher Leistungsfähigkeit zu erreichen und bis in ein weit vorgeschrittenes Alter hinein zu bewahren.

Die dabei eingeschlagenen Wege waren zwar verschieden, aber sie führten doch dazu, daß die Schlagkraft der Feuerwehren allgemein gefördert wurde.

Bei einigen Feuerwehren wurden eigene, teilweise den allgemeinen Sportverbänden angeschlossene Vereine gegründet; in anderen Städten erfolgte Angliederung an bereits bestehende Vereine.

Darüber hinaus wurden neben dem traditionellen Turnen Leibesübungen verschiedener Art in den dienstlichen Ausbildungsplan aufgenommen, für deren Leitung ausgebildete Turn- und Sportlehrer oder geeignete Kräfte aus den Reihen der Feuerwehr selbst eingesetzt wurden.

Der Einsatz eigener Ausbildungskräfte hatte natürlich den Vorteil, daß sie genau beurteilen konnten, welche Leibesübungen besonders geeignet für den Feuerwehrmann sind, und welche körperlichen Anforderungen bei der jeweiligen Lage der Einsatz- und Ausbildungstätigkeit zumutbar waren.

Wo nach diesen Grundsätzen systematisch Leibesübungen betrieben wurden, die unter dem Gesichtspunkt der Erzielung hoher Einsatzleistungen ausgewählt waren, zeigte sich der Erfolg in einem allgemein guten Gesundheitszustand, in der Erhöhung der durchschnittlichen Pensionierungsgrenze, im zähen Durchhalten bei schweren und langdauernden Einsätzen sowie im besonderen auch durch die Vertiefung der Kameradschaft.

Neben dem noch häufig beibehaltenen Turnen in seiner mannigfachen Form waren es besonders das Schwimmen und die Leichtathletik sowie die verschiedenen Ballspiele, wie Faustball, Handball und Fußball, die in den Feuerwehren eifrig gepflegt wurden.

Daneben wurden teilweise auch noch andere Leibesübungen, z. B. Rudern, Schießen, Skilaufen, Motorsport u. a., berücksichtigt, die jedoch mitunter nur einige Kräfte aus den Reihen der Feuerwehr erfassen konnten.

In Ergänzung dieser Tätigkeit fanden schon vor einem Vierteljahrhundert auch sportliche Wettkämpfe zwischen den einzelnen Feuerwehren statt, die großen Anklang fanden und z. T. sogar internationalen Charakter hatten, wie etwa die von der Berufsfeuerwehr Magdeburg ausgetragenen Fußballspiele gegen die Berufsfeuerwehren in Amsterdam und London.

Im Rahmen der dienstlichen Ausbildung wurden auch schon vor der Eingliederung der Berufsfeuerwehren als Feuerschutzpolizei in die Ordnungspolizei Leistungsprüfungen auf dem Gebiet der Leibesübungen in Form von Mehrkämpfen ausgetragen, um die Freude am Sport als Wettkampf zu fördern und Vergleichsmaßstäbe zu schaffen.

Da eine allgemeine sportliche Wettkampftätigkeit im Rahmen der Sportverbände wegen der besonderen dienstlichen Verhältnisse und dem ziemlich hohen Durchschnittsalter der Gesamtheit der Berufsfeuerwehren immer wieder auf Schwierigkeiten stieß und die Breitenarbeit im Vordergrund stehen mußte, bestand die dienstliche Förderung der Leibesübungen zum großen Teil darin, möglichst viele Angehörige der Feuerwehren zu Rettungsschwimmern auszubilden und sie so zu fördern, daß sie das Sportabzeichen erwarben.

So war es vor dem zweiten Weltkrieg nicht ungewöhnlich, wenn in einer Berufsfeuerwehr mindestens jeder dritte das Sportabzeichen, und zwar oft in Silber und häufig in Gold, besaß und etwa ebensoviele Rettungsschwimmer vorhanden waren.

Es war ferner teilweise üblich, daß die Angehörigen einer Berufsfeuerwehr geschlossen als Einzelmitglieder dem Polizei-Sportverein ihrer Stadt beitraten.

Wo der hohe ethische und körperbildende Wert der Leibesübungen richtig erkannt worden war, ging der Sportbetrieb bei den Feuerwehren auch während des zweiten Weltkrieges, wenn auch eingeschränkt, weiter. Noch im Sommer 1944 war es möglich, den häufigen Fliegeralarmen und den bereits durch Luftangriffe eingetretenen Zerstörungen zum Trotz, allen Männern der auf die vier- bis fünffache Stärke angewachsenen Kriegsfeuerwehren regelmäßig Gelegenheit zu planvoll betriebenen Leibesübungen (Leichtathletik mit Gymnastik und Ballspielen sowie Schwimmen) im Rahmen der dienstlichen Ausbildung zu geben.

Wenn die Männer der Feuerwehren so eisern bis zum Kriegsende durchgehalten und in ihren schweren Einsätzen immer wieder bewundernswerte Leistungen vollbracht haben, dann darf auch diese planvoll betriebene Leibeserziehung für sich in Anspruch nehmen, mit zu den Erfolgen beigetragen zu haben.

Nach dem zweiten Weltkriege gab es jedoch auch auf diesem Gebiet zunächst einen allgemeinen Zusammenbruch. Es sei daran erinnert, daß im Sommer 1945 alle Sportvereine und -verbände nicht mehr bestanden, jede Ertüchtigung in Leibesübungen ruhte und sogar die Bäder geschlossen waren. Die Berufsfeuerwehren hatten reichlich mit dem Aufräumen und Wiederaufbau ihrer zerstörten Feuerwachen zu tun, die personelle Zusammensetzung und die Führung der Feuerwehren unterlagen vielfach erheblichem Wandel, die körperliche Leistungsminderung durch die schlechte Ernährungslage und die seelische Erschütterung nach dem Zusammenbruch taten ein übriges; da auch die neu in die Feuerwehren eingestellten Kräfte meist jüngerer Jahrgänge durch den harten Kriegseinsatz im Wehrdienst in ihren besten Jugendjahren weit über das zuträgliche Maß hinaus körperlich, geistig und seelisch beansprucht worden waren, zeigten sie wenig Sympathie gegenüber dem Gedanken der Leibesübungen.

Erst nach und nach fand die Pflege des Sports wieder hier und da Eingang bei den Feuerwehren, zumeist auf freiwilliger Basis außerhalb des Dienstbereichs und daher auch im allgemeinen nur unzugänglich von oben her unterstützt.

Trotzdem haben sich schon wieder Ansätze zu Erfolgen gezeigt.

Bei einem Ausblick in die Zukunft muß die Frage, ob Sport und Feuerwehr zusammengehören, unbedingt bejaht werden. Jeder Feuerwehrmann darf erwarten und soll verlangen, daß die für seinen Einsatz zuständigen Organe verantwortungsbewußt für seine ständige, gründliche, vielseitige Ausbildung sorgen; das in der Öffentlichkeit viel zu wenig bekannte wirklich umfangreiche Können und Wissen des Feuerwehrmanns kann nur durch planvoll durchdachte, systematisch aufgebaute, ständigen Ausgleich zwischen Beanspruchung der geistigen und körperlichen Kräfte erzielende Ausbildung erreicht werden. Und dabei dürfen regelmäßig betriebene Leibesübungen als Grundlage für manchen anderen Ausbildungszweig nicht fehlen.

Sie sollten daher bei allen Berufsfeuerwehren und in gewissem Umfange auch bei den Freiwilligen und den Werkfeuerwehren Bestandteil der dienstlichen Ausbildung sein. Voraussetzung dabei ist natürlich die Leitung durch vollwertig ausgebildete Kräfte, die das Ausbildungsziel genau kennen müssen.

Wenn daneben auf freiwilliger Basis außerhalb der dienstlichen Ausbildung Leibesübung in losen Zusammenschlüssen oder in Vereinsform betrieben werden, ist das zu begrüßen, wenn ausreichende dienstliche Unterstützung gewährt wird und vor allem die Fragen der Unfallversorgung sowie der Haftpflicht vorher geklärt sind.

Die Betätigung auf diesem Gebiet ausschließlich der freiwilligen Initiative zu überlassen, ist dagegen nicht zu empfehlen, da — ungeachtet der ohne Zweifel auch zu erwartenden Erfolge — die Gefahr zu groß ist, daß gerade diejenigen, denen eine solche Leibeserziehung besonders förderlich ist, wegen des begreiflichen menschlichen Beharrungsvermögens zu kurz kommen oder praktisch gar nicht erfaßt werden.

Für die durchschnittlichen Verhältnisse einer Berufsfeuerwehr ist es durchaus möglich, innerhalb der Grundstücke der Feuerwachen folgende Leibesübungen dienstlich oder außerdienstlich zu betreiben:

Gymnastik, Geräteturnen, Faustball, Tischtennis, teilweise Leichtathletik, Kegeln, Schießen, Schwerathletik.

Soweit die Betätigung dienstlich erfolgt, kann sie auch bei Verwendung sportgerechter Bekleidung unter voller Aufrechterhaltung der Alarmbereitschaft vor sich gehen; ein Löschzug, der in der im 4. Obergeschoß einer Feuerwache gelegenen Turnhalle in Sportkleidung turnte, konnte bei Alarm in 37 Sekunden voll ausgerüstet die Fahrzeughalle verlassen!

Es ist aber bei entsprechender Beherrschung der Organisationskunst auch ebenso möglich, in Feuerwehren, die über mehrere ausrückbereite Löschzüge verfügen, Leibesübungen wie Leichtathletik jeder Art, Schwimmen, Rudern, Handball, Fußball u. a. außerhalb der Wachgrundstücke regelmäßig nach Ausbildungsplan dienstlich vorzusehen, ohne die Einsatzbereitschaft aufs Spiel zu setzen.

Ist der Wert der zielbewußten körperlichen Ausbildung in einer Feuerwehr erst einmal erkannt, lassen sich immer Mittel und Wege zur Durchführung finden. Und dann werden die Feuerwehrmänner gewandte, kraftvolle, ausdauernde, gesunde, leistungsstarke, entschlußfreudige und einsatzbereite Männer, die in Verbindung mit dem hohen Ethos ihrer schönen Aufgabe immer wieder Zeugnis ablegen werden von der Schlagkraft und dem Opfermut der Feuerwehr.

Tradition und Leistung

Von Benno Ladwig, Hannover

Das freiwillige Feuerwehrwesen in Deutschland kann auf ein volles Jahrhundert bewährter Tradition zurückblicken.

Tradition heißt Überlieferung. Sie ist der Wille zur Weiterführung eines einmal begonnenen Werkes durch die Geschlechterfolgen hindurch und umschließt als einigendes Band eine Vielzahl von Menschen zur Verwirklichung in die Welt geschleuderter, wirklich großer Ideen in Geist und Tat. In ihrem Schoß wird wertvollstes Gedankengut gepflegt und der Schatz der Erfahrungen der Generationen sorgsam gehütet und unaufhörlich weitergegeben, so daß es im Laufe der Zeit zum Instinkt, das heißt unbewußt zur Richtschnur für das Denken und Handeln der Träger wird. Auf diese Weise formt die Tradition eine geistige, sich praktisch auswirkende Haltung der von ihr ergriffenen Menschen und schafft eine wahre und echte Gemeinschaft, die immerfort neue begeisterungsfähige Menschen in ihren Bann zieht. Mitgerissen von dem Schwung der Gemeinschaftsidee tritt der Mensch aus dem engen Kreis seiner Eigeninteressen heraus und wird zu außergewöhnlichen Leistungen befähigt. In der durch die Tradition zusammengeschmiedeten und von ihr als Motor ständig bewegten Kameradschaft summieren sich die an sich schon hohen Leistungen ihrer Glieder zu einer gewaltigen Gemeinschaftsleistung für höhere Ziele, der ein Erfolg nicht versagt bleiben kann.

Und wie sieht es in der Gegenwart aus? Wohl sind sich die Feuerwehren ihrer Tradition wieder bewußt. Andernfalls wäre es unmöglich gewesen, das Feuerwehrwesen nach dem totalen Zusammenbruch im Jahre 1945 so rasch wieder auf die derzeitige Höhe zu führen. Jedoch mit dem Verständnis der Öffentlichkeit für die Ziele und die Anstrengungen der Feuerwehr und mit dem Elan in unseren eigenen Reihen will es noch nicht überall so richtig stimmen. Wo bleibt vor allem die Anziehungskraft der freiwilligen Feuerwehr auf die Jugend? Wie steht es allein schon um die Dienstfreudigkeit und die Beteiligung am Dienst in den einzelnen Wehren? Läßt es uns kalt, daß uns die andern belächeln, wenn wir sonntags zum Übungsdienst gehen? Warum treten wir dem Unverständnis der Bevölkerung für unser Wollen und Tun, ja einer manchmal ablehnenden Haltung Außenstehender für unsere Ziele nicht energisch entgegen, wenn wir von der Notwendigkeit und Richtigkeit des uns vorgezeichneten Weges überzeugt sind? Warum wehren wir uns nicht gegen eine unsachliche, ja manchmal gehässige Kritik und warum tun wir so wenig, das Odium der Lächerlichkeit von uns und unserer Gemeinschaft abzuwenden, das, im Grunde wohl einer wohlwollenden Beurteilung der Feuerwehr entspringend, der Erreichung unserer Ziele keineswegs förderlich ist? Es gibt sicherlich viele Gründe für die nicht immer erfreuliche Einstellung der Umwelt zur Feuerwehr, für die wir selbst nicht verantwortlich sind. Vieles, vielleicht das meiste liegt in den Zeitumständen, insbesondere in der Hinwendung der Menschheit zum Materialismus begründet. Um so wichtiger ist es, daß wir die Tradition des Feuerlöschwesens in den Vordergrund stellen und versuchen, die Zeichen der Zeit richtig zu deuten, dabei aber nicht versäumen, nach den Ursachen für Unzulänglichkeiten in der eigenen Brust und innerhalb unserer Feuerwehrgemeinschaft zu forschen.

Positive Wirkungen gehen von einer Tradition nur dann aus, wenn sie lebendig ist und, in langen Jahren gereift, von ihren Jüngern bewacht und verteidigt wird. Tradition darf aber nicht Selbstzweck werden; sie muß den Zeitumständen Rechnung tragen und sich ihnen anpassen. Sie hat in dem Auf und Ab des Geschehens einen Ausgleich in der Richtung zu schaffen, daß das Gute und Wertvolle der Entwicklung nicht untergeht und weiterhin wirksam bleibt. Wollte man die Dinge anders sehen, müßte die Tradition zum Hemmschuh jeder Vorwärtsentwicklung werden. Überliefert und bewahrt werden wollen die Idee an sich und die Grundgedanken, die zu ihrer Verwirklichung führen sollen, während die äußere Form, in unserem Falle die Organisation des Feuerwehrwesens, den Forderungen der Gegenwart anzupassen ist. Nur so bleibt Tradition lebendig, anziehend und begeisternd und fähig, ganze Geschlechterfolgen in jugendlicher Frische zu überdauern.

In der Feuerwehr müssen alt und jung, in Kameradschaft verbunden, nebeneinander stehen. Weder Lebensalter noch Dienstzeit in der Feuerwehr dürfen zu einer Differenzierung innerhalb der Organistaoin führen. Jedes Lebensalter hat seine Vorzüge Dem Alter eignet größere Erfahrung, der Jugend größere Beweglichkeit. Die Tradition, die Talente aller Art und jede gute Begabung anzieht, fesselt und weiterentwickelt, ist sehr wohl geeignet, die Altersunterschiede innerhalb der Feuerwehr zu überbrücken. Die Eignung zur Führung ist keine Frage des Alters, sondern allein eine Frage der Persönlichkeiten! In Verkennung des Sinnes der Tradition herrscht, im großen gesehen, bei uns die Meinung vor, daß nur alte, langdienende Feuerwehrmänner zur Ausfüllung eines Amtes befähigt wären. Viele alte Feuerwehrführer meinen, Feuerwehr-Tradition bedeute, daß alles ewig so bleiben müsse, wie es immer gewesen sei. Damit hemmen sie nur den Fortschritt und halten sie den Nachwuchs von der Feuerwehr fern. Bei aller Achtung vor den Verdiensten dieser Kameraden muß ihnen nahegelegt werden, ihren Platz in der Feuerwehr jüngeren Männern zu überlassen. Das soll nicht heißen, daß sich die Jugend grundsätzlich dem Alter nicht mehr fügen will, gibt es in deutschen Landen doch viele, viele Feuerwehrführer, die sich trotz grauer Haare ein junges Herz bewahrt haben und als wahre Feuerwehrväter das volle Vertrauen ihrer Männer ohne Unterschied des Alters, des Namens und Standes genießen. Jedenfalls sollte bei der Besetzung der Führerstellen in der Feuerwehr allein die Leistung entscheidend sein! Erst bei gleicher Leistung mögen Alter und Dienstzeit den Ausschlag geben. Ein Vorrecht dürfen sie aber nicht begründen.

Die Zusammensetzung der freiwilligen Feuerwehren ist auch hinsichtlich der Berufe, der die Feuerwehrmänner entstammen, bunt und landschaftlich uneinheitlich. Die Feuerwehr verdankt ihre Erfolge nicht zuletzt der Vielzahl der Begabungen ihrer Glieder. Trotzdem zeigt sich in der Führung der Feuerwehren die Tendenz zur Bevorzugung gewisser Berufe. Es ist ohne weiteres zuzugeben, daß eine Reihe von Berufen besonders günstige Voraussetzungen für die Bekleidung leitender Stellen in der Feuerwehr schaffen, doch ist es vor allem eine gewisse wirtschaftliche Unabhängigkeit, die Voraussetzung für die Übernahme von Ehrenämtern im öffentlichen Dienst ist und verhindert, daß nicht immer die Tüchtigsten und Wertvollsten den ihnen zukommenden Einfluß erlangen. In einem Entwicklungsstadium der menschlichen Gesellschaft, in dem der Einzelne nicht mehr nach Vermögen, Beruf und Arbeitsplatz gewertet werden sollte, sondern allein nach Pflichtbewußtsein, Können und Einsatzfreudigkeit, müßten Mittel und Wege gesucht und gefunden werden, damit die Führung auf allen Ebenen das Berufsbild der Feuerwehr in ihrer Gesamtheit widerspiegeln kann. Auch in dieser Richtung darf Tradition nicht zum Hemmschuh für unsere Feuerwehrsache werden.

Eng verbunden mit den Fragen, welchen Alters und Berufes die Männer sein sollen, die die Geschicke ihrer Wehren zu lenken haben, ist die Frage nach der besten Organisationsform für das freiwillige Feuerlöschwesen. Durch Gesetz ist in den Ländern der Bundesrepublik die demokratisch-parlamentarische vorgezeichnet. Es geht aber darum, daß man sich dem Zug der Zeit entsprechend bemüht, die Grundsätze der Demokratie bei uns in die Tat umzusetzen. Sofern dies geschieht, werden sich Schwierigkeiten und Hemmungen für die Weiterentwicklung des Feuerwehrwesens, wie sie vorstehend angedeutet wurden, von selbst beheben. Den neu ins Leben tretenden Feuerwehrverbänden ist die Möglichkeit geboten, sich auf echt demokratischer Grundlage zu organisieren. Ob diese Chance überall voll genutzt wurde, ist füglich zu bezweifeln. Man hat Feuerwehrzusammenkünfte erlebt, die lediglich eine parlamentarische Bemäntelung vollzogener Tatsachen waren, unbeschadet dessen, ob es sich um die Besetzung der leitenden Posten, oder um sachliche Entschließungen handelte.

Die Aufgaben der Feuerwehren sind im Laufe der Jahrzehnte gewachsen und werden an Umfang und Gewicht weiterhin zunehmen. Um allen Anforderungen gerecht werden zu können, muß die Feuerwehr von ihren Männern höchste Leistungen verlangen. Die Pflege der Tradition ist ein vorzügliches Mittel, damit dieses Ziel erreicht wird. Die Anerkennung, welche die Freiwillige Feuerwehr ihrem Wesen und ihrem Wollen nach als eine der bedeutendsten Organisationen verdient, die unentgeltlich eine wichtige Aufgabe im Staate erfüllt, wird immer nur von uns selbst aus der erfolgreichen Tat, aus der Leistung gespeist werden müssen. Zur Leistung aber verpflichtet uns Männer der Feuerwehr allein schon unsere Tradition.

Die Feuerwehr auf dem Lande

Gedanken zum Stande des Bayerischen Feuerlöschwesens

Von Hermann Ade, Kempten (Allgäu)

Vom Beginn dieses Jahrhunderts bis in die letzten Jahre vor dem zweiten Weltkrieg hat der Staat die Pflege des Feuerlöschwesens ausschließlich den Gemeinden überlassen. In den großen Städten wurde es dabei stets dem Fortschritt der Technik angepaßt. Anders war es auf dem Lande und in den übrigen Städten, also in den Tätigkeitsgebieten der Freiwilligen Feuerwehr. Dort mußten damals sich die Landes- und Bezirksverbände dieser Aufgabe annehmen. Der Kreisbrandinspektor und der dörfliche Kommandant haben sich schwer getan, wenn sie die Ausbildung und Modernisierung ihrer Feuerwehren vorantreiben wollten. Es wurden wohl Verbandstage und Bayerische Feuerwehrtage gehalten. Dabei konnte zwangsläufig jedoch über das rein Repräsentative und Werbende hinaus nur wenig geboten werden.

Mit Ausnahme der schönen Pfalz ist Bayern als gewachsenes Land erhalten geblieben. Diesem Vorzug wird es wohl zu danken sein, daß Bayern schon 1946 das Gesetz über das Feuerlöschwesen erhielt. Damit wurde auch die Landesdienststelle, das Bayer. Landesamt für Feuerschutz mit seinen sechs Außenstellen geschaffen. Es entstand die Organisation der Sprecher, welche sich seit ihrem Bestehen bewährt hat. Dadurch, daß der Sprecher Kreisbrandinspektor oder Kommandant bleiben muß, hält er die Hand am Pulsschlag der Feuerwehr und kennt die Sorgen und Nöte des Feuerwehrmannes. Daher kommt es z. B., daß wir auf dem Gebiet der Unfallfürsorge als erstes deutsches Land befriedigende Verhältnisse geschaffen haben. Jeder Feuerwehrmann ist in Bayern in der Zusatzversicherung. Der Mindestjahreslohn ist dadurch auf 4800 DM festgesetzt. Gerade mit dieser Bestimmung ist den Belangen der Bauernsöhne und der landwirtschaftlichen Arbeiter Rechnung getragen. Großzügige Umbauten und Neubauten von Feuerwehrschulen, Schaffung der beweglichen Feuerwehrgrundschulen, Durchführung dreistufiger Lehrgänge, Herausgabe von Ausbildungsvorschriften, eigene Produktion von Unterrichtsfilmen, eine ausgezeichnete Fachzeitschrift die „Brandwacht", Herstellung von Fließmodellen in eigenen Werkstätten, kostenlose Revision aller Kraftspritzen in zweijährigem Abstand durch den Technischen Überwachungsverein, erhebliche Zuschüsse für die Beschaffung von Geräten und Schläuchen, für die Erstellung von Feuerwehrgerätehäusern und Löschteichen, all dieser Aufgaben hat sich der Staat angenommen und dafür das Bayer. Landesamt für Feuerschutz eingesetzt.

Im Bayerischen Feuerwehrbeirat vereinigen sich Ministerium, Landesdienststelle, Berufs-, Werk- und Freiwillige Feuerwehr zu einem kleinen Gremium, in welchem alle Fragen des Feuerlöschwesens beraten werden, bevor sie in eine Ordnungsform gekleidet werden. Landesamt und Sprecher arbeiten einträchtig und von gegenseitigem Vertrauen getragen zusammen. Mit unseren Berufs- und Werkfeuerwehren unterhalten wir ein ausgezeichnetes Verhältnis.

Wir stellen mit Freude fest, daß sich im Landesdurchschnitt bemerkenswerte Fortschritte in der Brandbekämpfung, vor allen Dingen auch auf dem flachen Lande abzeichnen. In unseren bayerischen Feuerwehren herrscht Ruhe und Zufriedenheit. Das sind wesentliche Voraussetzungen, wenn unsere Arbeit Früchte tragen soll. Auf diesem Wege wollen wir weiter fahren zum Segen unserer bayerischen Heimat.

Das Feuerlöschwesen in Bayern von eh bis heute

Von Hans Vogl, Rosenheim, Oberbayern

Der unentbehrlichste Helfer des Menschen ist seit je das Feuer. Bevor der Mensch mit dem Feuer umzugehen verstand, war es für ihn die furchtbare Naturkraft, die vom Himmel prasselte, göttlich und geheimnisvoll im Wirken und Auftreten.

Als verzehrende Gottheit, die in ihrem Zorn den kleinen Menschen und seine mühevolle Arbeit vernichtete, ward das Feuer gefürchtet, bis ihm die Natur einen mächtigen Gegner verriet im strömenden Gewitterregen, der den Brand des vom Blitz getroffenen Baumes wieder löschte.

Der sich im Kampf mit der unerbittlichen Natur schärfende Verstand lehrte ihn dann wohl, das aus dem stürzenden Bach fließende Naß zu schöpfen und das unheimliche Feuer damit zu löschen. Tausende von Jahren mag es gedauert haben, bis sich der damalige Mensch das Feuer zur dienenden Naturkraft machte. Trotzdem blieb es der heimtückische und gefährliche Feind des Menschen. Es zerstört heute noch sein Hab und Gut, seine Werke, Leib und Leben. Jahrhunderte verflossen, in denen ein Schicksalsglaube die Strafen des Himmels tatenlos entgegennehmen ließ, bis man langsam durch Not und Elend nach Brandunglücken überlegte, bis man Versuche machte, die Feuerschutzfrage zu lösen.

Die Städte des Mittelalters mit ihren engen Gäßchen und zusammengeschachtelten Häusern, die Stroh- und Schindeldächer, lassen heute noch erkennen, daß man bis in die neue Zeit herein gebraucht hat, ernsthaft und planmäßig an die Lösung dieser Aufgaben heranzugehen.

Die Stammeseigenschaften der Bayern, Schwaben und Franken, die deutlich heute noch an ihren Städten und Dörfern, Schlössern und Burgen zu unterscheiden sind, waren aber nicht ungleich im Beharren am Althergebrachten, im Väterglauben, der den Hagelschlag und die verheerende Feuersbrunst als Schicksalsschlag und Strafe des Himmels hinnahm.

Die ältesten Nachrichten über Feuerlöschmittel reichen zwar weit in das Altertum zurück. Wir wissen, daß der Mechaniker Ctesibus von Alexandrien 250 v. Chr. schon eine Feuerspritze konstruierte. Vitruvius zur Zeit des Kaisers Augustus beschreibt die Maschine als Wasserhebemaschine. Die Spritze Heros von Alexandrien scheint eine Verbesserung der Konstruktion seines Meisters gewesen zu sein. Wir bestaunen heute noch die Ruinen der Wasserwerke des alten Rom, die aus Entfernungen bis zu 24 Wegstunden ganze Bäche in mannshohen Kanälen nach Rom leiteten, wo sie zahllose Fontänen speisten, aus denen man mit Eimern das Löschwasser entnahm. Jede der sieben Kohorten des Sicherheitsdienstes hatte einen Siphonarius und ihre Wasserträger und Hornisten. Die Frage, wie es damals wohl in deutschen Landen mit dem Feuerschutz aussah, beantwortet sich sehr einfach durch die Tatsache, daß es damals auf deutschem Boden noch keine Stadt, kaum ein zusammenhängendes Dorf gab.

Erst im ausgehenden Mittelalter (um 1340 bis 1580) gingen zuerst die Gemeinden daran, auf dem Gebiet der Feuerbekämpfung und später auch der Feuerverhütung Vorschriften zu erlassen. 1276 wurden in Augsburg die Weinträger verpflichtet, bei Feuersgefahr Wasser zu tragen, sie waren dafür steuerfrei.

Die erste vollständige Feuerlöschverordnung erließ 1370 die Hauptstadt München, eine fortschrittliche Verordnung entstand 1449 in Nürnberg. Diese Stadt hatte damals schon — wohl als erste — Feuerhäuser in ihren sechs Schaffhütten, in welchen Ledereimer und Feuerschaffen aufbewahrt wurden. An Stelle der letzteren traten 1475 Wasserfäßchen auf Karren, zu denen je zwei Kärner bestellt waren. Leitern und Haken waren in der Stadt verteilt und an den Eckhäusern waren zum Gebrauch große Laternen angebracht. Die Einführung von Handspritzen waren ein wirklicher Fortschritt, wenn diese auch so einfach waren, daß heute keine arme Landgemeinde davon Gebrauch machen würde. Einen Fortschritt bedeutet es auch, daß ein Schaffer angestellt wurde, der die Löschgeräte instand zu halten hatte und bei der Feuerbekämpfung die Leitung übernahm. Zum Feuerlöschdienst wurden Bürger, Bauhandwerker und andere Gewerbetreibende verpflichtet. 1518 ist der „Feuersprütze" erstmals Erwähnung in einer Baurechnung der Stadt Augsburg getan. Als Erfinder ist der Goldschmidt Anton Platner in Augsburg genannt.

Ob diese Spritze der des Hero von Alexandrien ähnlich sah, ist nicht mehr bekannt, sie muß aber größere Maße aufgewiesen haben, weil von einem Radmacher Räder hierzu gefertigt wurden. Erst im Jahre 1602 hören wir wieder von „einer neuerfundenen und wunderbaren Sprützen", mit der die Höhe eines jeden Hauses, so hoch es auch sein möge, erreicht, die nach allen Richtungen gewendet, von zwei Männern getrieben und von einem einzigen Pferde gezogen werden könne. Als der Erfinder wird „Der von Achhausen und seine compagnia" genannt. Ein Kauf wurde abgeschlossen und die Spritze den Fremden, die nach Nürnberg kamen, als eine besondere Merkwürdigkeit gezeigt. Diese neue Spritze fand allgemein Lob und baldige Verbreitung, von Fürsten und Herren liefen Bestellungen beim Rat zu Nürnberg ein und baten um Anfertigung „solchener" Spritzen. 1608 bot Georg Rieger in Nürnberg dem Magistrat zu Hagenau sein künstliches Wasserwerk an, das also beschaffen war, daß wo man sunst mit großer Gefahr Feuerleitern anleunen muß, kann solches durch dieses Werkh auf ebnen bodten geschehen und daß wasser in die Höhe kann gebracht werden, so hoch als ein gemein Wohnhaus sein mach und mann kann durch dieses werg mit 5 pershon mehr verrichten als do sunst 30 oder mehr vorhanden werden usw.".

1634 sind in der Peund in Nürnberg „etliche Spritzwerke" genannt. Den 1. Mai 1655 kündete eine illustrierte Preisliste an: „Eine Wasserkunst oder Wasser-Sprützen, welche in begebender Fewersnoth zu gebrauchen. Solches Werck kann man mit drei Pferden fortbringen wohin man wil / die Schlaiffen darauff es szeht / ist 10 Schuh lang / 4 brait / der Kasten darein man Wasser gießet / 8 Schuh lang / 4 Schuh hoch / 2 Schuh brait / die 2 Stangen werden von 28 Mannen gezogen / und es gibt im ziehen und schieben so ein starcken Guß Wasser / ein Zoll dick / wie dessen Zirkel und Rundung im Kupferstich verzeichnet zu sehen ist / daß wan man etlich mal auf die Dächer damit spritzen thut / es scheinet / als wan man mit Schäffern gießet / also daß kein Feuer in einem Hauss so groß sein kann / so durch diese Wasserkunst nit alsobalden köndte gelöscht werden / wie diejenige bezeugen können / so es gesehen / vnd vorhin mehr bey Fewersbrunsten gewesen. Es steigt dieses Wasser 80 Schuh hoch / 1 Zoll dick / noch so dick aber / 2 Zoll / 40 Schuh hoch / anderthalb Zoll 60 Schuh hoch / vnd ist nit zu zweiffeln / wann dergleichen Wasserkunst / bey manchen bisshero entstandenen Fewersbrunsten gewesen und gebraucht worden were / daß damit große rettung geschehen seyn würde. Da man nun deren an ein oder andern Ort bedürfftig / vnd dieselbe begern wird / bin ich endunterzeichneter vrbietig / vmb die gebühr solches zuzrichten / vnd dabei anzeig zu thun / wie solches Werck im Sommer vnd Winter / bei Tag oder Nacht / mit nutz zu gebrauchen / da sich dann in dem end befinden wird / daß mit dieser meiner Wasserkunst / dem entstehenden Fewer weit besser zu begegnen / vnd selbiges zu dempfen / als bisshero niemals gesehen oder gehört worden. Solche Wasserkunst oder Fewer-Spritzen findet man bey mir Hans Hautsch Zircklschmid vnd Burger in der alten Ledergassen in Nürnberg."

Überaus vorteilhaft für die Entwicklung des gesamten Feuerlöschwesens war die Erfindung der Spritzenschläuche durch van der Heyde in Amsterdam, obwohl es noch bis etwa 1860 gedauert hat, bis der Schlauch das Wenderohr langsam verdrängte.

1862 erfand der Fürther Jordan Saugschläuche von gewickeltem Leder. 1869 ersetzte Christof Werner in Memmingen die abgedrehten Lederkolben, die Filzkolben oder Messingkolben mit Hanf umwickelt durch eingeschliffene Kolben

Einen wesentlichen Erfolg im Bau „bis ins detail correkt durchgeführter Werke“ hatte der Churfürstliche Maschinendirektor Dr. Joseph Bader in München.

Zur Verhütung von Bränden wurden zuerst von den Gemeinden Vorschriften über „feuersichere“ Bauart, bessere Feuerungsanlagen, über Aufbewahrung leicht brennbarer Gegenstände, Behandlung von Feuer und Licht, Beaufsichtigung verdächtiger Personen erlassen. In Südbayern trug wesentlich zur Verbesserung des Bauwesens und damit zur Verminderung der Feuersgefahren bei, daß Kaufleute, die bei ihren Geschäftsreisen in Italien die Steinbauten und breiten Straßen Venedigs, Genuas, Mailands usw. kennen lernten, gerne das gesehene Gute in die Heimat übertrugen und ihre Wohn- und Lagerhäuser nach der Art der Südländer bauten. Oberbayern und Schwaben, deren Bürger mit den italienischen Handelsplätzen in Verbindung waren, tragen vielfach heute noch das Gesicht südländischer Orte.

Nach und nach befaßten sich auch die Länder mit dem Erlaß staatlicher Bauordnungen und allgemein bindender Vorschriften, wie sie auch die Durchführung dieser Gesetze überwachten. Das Versicherungswesen wurde aufgenommen, um die Abgebrannten vor dem Bettelstab zu schützen. Um 1700 wurden die Verordnungen nach der Seite erweitert, daß Abstände zwischen den Häusern zu schaffen sind, damit entstandene Brände sich nicht so schnell auf andere Baulichkeiten ausbreiten sollten.

Die Handwerker-Innungen wurden durch Löschordnungen verpflichtet, nicht nur selbst, sondern auch ihre Gesellen und Lehrlinge bei Feuersnot mit Werkzeugen und Gerätschaften zur Hilfe zu schicken. Schäffler und Binder mußten ihre Wasserfässer und Schäffel, Bäcker und Gärtner ihre Bottiche zum Wassertransport mitbringen. Strenge Strafen sorgten für Einhaltung dieser Verordnungen.

Aber alle diese Feuerlöschrotten hatten erhebliche Mängel und Schwächen. Eine Wendung trat in der ersten Hälfte des vorigen Jahrhunderts durch die Bildung von freiwilligen Feuerwehren ein. Nachdem am 26. Juli 1846 die erste richtige Feuerwehr Süddeutschlands, das militärisch organisierte Pompier-Corps „Durlach“, entstanden war und dieses sich beim gefährlichen Brand des Hoftheaters Karlsruhe am 28. Februar 1847 bestens bewährt hatte, fielen auch in Bayern die Anfänge des freiwilligen Feuerwehrwesens in das Jahr 1847, in welchem am 30. April ein Augsburger Bürger Carl Lettenbauer im „Augsburger Anzeigenblatt“ einen Aufruf zur Bildung eines freiwilligen „Pompier-Corps“ erließ, der aber, wie auch ein später unterm 6. März 1848 vom Turnlehrer Heiss in Augsburg erlassener Aufruf zur Bildung eines Turner-Frei- und Pompier-Corps keinen Erfolg hatte.

Es kam aber im Juli 1848 ein Turnverein zustande, welcher die Schaffung geordneter Hilfeleistung bei Feuersgefahr dadurch wieder aufgriff, daß sich dessen Mitglieder gegenseitig verpflichteten, bei vorkommenden Schadenfeuern sich möglichst zahlreich auf dem Brandplatz einzufinden und dann hierbei stets zusammenzuarbeiten. Die Schar der Turner war jedoch damals nicht groß und es würde aus derselben wohl kaum die Bildung einer wirklichen Feuerwehr durchgesetzt worden sein, wäre sie nicht durch angesehene Bürger in diesem Bestreben tatkräftig unterstützt worden. Einer der letzteren, der Buchhändler P. Himmer, hatte schon im März 1847, also kurz nach dem Theaterbrand in Karlsruhe, im Gemeindekollegium, allerdings damals vergeblich, Antrag auf Gründung eines „Pompier-Corps“ gestellt und veranlaßte am 3. September 1848 eine Versammlung von Bürgern, in welcher ein provisorisches Komitee zur Bildung eines „Rettungsvereins bei Feuersgefahr“ gewählt wurde. Erleichtert und beschleunigt wurden diese Arbeiten dieses Komitees durch einen am 27. Oktober 1848 in der Kirchgasse ausgebrochenen Brand, bei welchem sich das Unzureichende der damaligen Löscheinrichtungen klar vor Auge stellte.

Am 9. Januar 1849 fand eine Generalversammlung statt, bei welcher ein Ausschuß für diesen Rettungsverein gewählt wurde. Es darf also der 9. Januar 1849 als

Geburtstag der ersten ununterbrochen bestehenden Feuerwehr und damit des gesamten freiwilligen Feuerwehrwesens in Bayern rechts des Rheins angesehen werden.

In Speyer war 1848 eine freiwillige Feuerwehr entstanden. Die nächste Feuerwehr war jene in der Stadt Nürnberg, in welcher am 9. April 1853 eine solche unter dem Namen „Turn- und Feuerwehr" gebildet wurde.

Hierauf folgten mit Gründungen freiwilliger Feuerwehren die Städte Lindau (25. August 1854), Rothenburg o. d. T. (12. September 1854), Schweinfurt (15. Dezember 1854), Nördlingen (16. Januar 1855), dann die Feuerwehr der Kattunfabrik in Augsburg (12. Mai 1856), Stadt Hof (13. Mai 1856), Günzburg (30. Mai 1856), Kempten (5. Juli 1856), Kammgarnspinnerei Augsburg (1. August 1856), Erlangen (23. August 1856), Baumwollspinnerei und Weberei Kempten (1. Januar 1857), Ansbach (7. April 1857), Selb, Kulmbach (18. Juli 1857), Regensburg (20. Januar 1858), Kaufbeuren (7. August 1858), Würzburg (14. August 1858), Lauingen (31. August 1858), Landshut (1. September 1859), Passau (15. Oktober 1859), Wunsiedel (15. Oktober 1859), Traunstein (1. November 1859), so daß im Laufe der ersten 10 Jahre des Bestehens des bayerischen Feuerwehrwesens in 20 Städten 23 freiwillige Feuerwehren, darunter 3 Fabrikfeuerwehren, gegründet wurden und zwar in Oberbayern 1, in Niederbayern 2, in der Oberpfalz 1, in Oberfranken 4, in Mittelfranken 3, in Unterfranken 2 und in Schwaben 10.

Im Jahre 1860 folgten 13 Gründungen: Oberbayern: Laufen, Rosenheim, Niederbayern: Ortenburg, Straubing, Oberpfalz: Roding, Oberfranken: Bamberg, Wonsees, Mittefranken: Fürth, TF, Schwabach FF, Schwaben: Augsburg — Feinspinnerei, Immenstadt, Memmingen, Öttingen, darunter die beiden ersten Marktfeuerwehren Ortenburg NB und Wonsees Ofr.

Im Jahre 1861 wurden 3, 1862 24 (darunter die erste Dorffeuerwehr in Zirndorf bei Fürth am 20. Juni), 1863 25, 1864 23, 1865 44 und 1866 18 freiwillige Feuerwehren gegründet.

Die Haupt- und Residenzstadt München hatte schon wiederholte Male den Versuch gemacht, eine freiwillige Feuerwehr zu bilden, im Jahre 1849 hatte sogar schon ein aus Mitgliedern des Turnvereins zusammengesetztes Corps bestanden, das aber dem 1850 allen Turn- und derartigen Vereinen beschiedene Schicksal verfiel, für „politisch" erklärt und aufgelöst zu werden. Versuche zu neuerlichen Gründungen in den Jahren 1860 und 1863 scheiterten an der Teilnahmslosigkeit der Einwohner Münchens, erst im Jahre 1866 kam die Gründung einer freiwilligen Feuerwehr zustande.

War sonach München im Vergleich zu anderen weit kleineren Orten Bayerns erst ziemlich spät in die Lage gekommen, über eine freiwillige Feuerwehr zu verfügen, so sollte von hier aus ein reger Anstoß zu weiterer gedeihlicher Entwicklung dieser segensreichen Einrichtung ausgehen. Als die Zahl der freiwilligen Feuerwehren sich allmählich erhöhte, begannen auch diese, gleich den Turn-, Sänger-, Schützen- und anderen Vereinen, einen engeren Anschluß unter sich zu suchen und sie hatten zu dieser Bestrebung noch weitaus mehr Grund als andere Körperschaften. Die Feuerwehren als fest organisierte Vereine mußten es sich angelegen sein lassen, sich möglichst einheitlich auszurichten. Die kleineren Wehren waren für den Brandfall stets auf nachbarliche Hilfe angewiesen, man bedurfte daher einheitlicher Übungsvorschriften, Signale, einheitlicher Schlauchgewinde und Geräte. Der gefahrenvolle Beruf der Feuerwehrmänner brachte es mit sich, daß Verletzungen und Erkrankungen durch den Dienst veranlaßt und die Mitglieder in ihrem Erwerb geschädigt oder gar Familien ihres Ernährers beraubt wurden. Die Feuerwehren mußten also auf Gründung von Unterstützungskassen bedacht sein, welche aber nur von Bestand sein konnten und wirklich ausgiebig helfen konnten, wenn sie sich über möglichst weite Kreise ausdehnten — kurzum, es war Anlaß genug vorhanden, an die Gründung von Feuerwehrverbänden heranzutreten. — Der erste unter den bayerischen Verbänden wurde in Würzburg gegründet, woselbst sich am 18. August 1867 die Vertreter von 20 Feuerwehren aus allen drei fränkischen Kreisen zusammenfanden und den „Fränkischen Feuerwehr-Bund“ mit dem Vorort Würzburg bildeten. Fast zur gleichen Zeit trat die Feuerwehr Passau mit einem ähnlichen Vorschlag auf und lud die niederbayerischen Feuerwehren, aber auch jene der österreichischen Grenzorte zu einer Versammlung in Passau auf den 19. September 1867 ein, zu welcher 19 niederbayerische und 3 österreichische Wehren Abordnungen sandten und den „Niederbayerischen Feuerwehr-Verband“ bildeten.

Während dem regte es sich auch in Oberbayern. Die freiwillige Feuerwehr Freising beschloß in ihrer Hauptversammlung vom 28. September 1867 ebenfalls eine Vereinigung, und zwar eine solche der Feuerwehren Oberbayerns, herbeizuführen, in dem sie in einem Aufruf, der an alle oberbayerischen Feuerwehren zur Versendung kam und mit der Einladung zu einer auf den 26. Dezember 1867 in Freising anberaumten Versammlung zur Bildung eines oberbayerischen Feuerwehrverbandes schloß. Als dieser Aufruf in einer am 12. November 1867 zu München abgehaltenen Generalversammlung zur Verlesung kam, gelang es den beiden Vorständen der Feuerwehr, Inspektor Ludwig Jung und Ingenieur Arnold Zenetti, die gegen diese Beschickung und die Bildung solcher Verbände erhobenen Bedenken zu zerstreuen, worauf einstimmig beschlossen wurde, der Freisinger Einladung nachzukommen.

Zugleich hatte Inspektor Jung nachzuweisen versucht, daß von einer über das ganze Bayernland ausgedehnten Vereinigung noch größerer Nutzen zu gewärtigen sein würde, indem dadurch eine Übereinstimmung der Verschiedenheit in den Maschinen, in den Schlauchgewinden, in den Übungsvorschriften usw., wie sich diese Verschiedenheit und Verwirrung mit der Vermehrung der Feuerwehren sicher ergeben werde, hergestellt werden könnte. Seine Darstellungen schlossen mit dem Antrag: „Es möge die Generalversammlung den nach Freising zu sendenden Abgeordneten zur Pflicht machen, der Gründung eines oberbayerischen Feuerwehrverbandes nur unter der Bedingung zuzustimmen, wenn zugleich die Bestrebung eines Allgemeinen Bayerischen Landes-Feuerwehrverbandes beschlossen werde.“ Auch dieser Antrag erfuhr einstimmige Annahme der Münchner Generalversammlung. Als Abgeordnete zur Freisinger Versammlung wählte der Verwaltungsrat die Mitglieder Ludwig Jung (II. Vorstand), Dominikus Kirchmair (Oberspritzenmeister) und Ludwig Ostermaier (Obmann der Ordnungsmannschaft). Am zweiten Weihnachtsfeiertag reisten die drei Abgeordneten, welchen sich auch H. G. Weber, Mitbegründer der Münchner Feuerwehr und vordem deren II. Vorstand, angeschlossen hatte, nach Freising.

Zum Vorsitzenden der Versammlung wurde H. G. Weber gewählt. Das Schriftführeramt wurde Ludwig Jung übertragen. Das Ergebnis dieser Versammlung, in welcher Inspektor Jung abermals in überzeugender Weise die Notwendigkeit einer gleichzeitigen Vereinigung der sämtlichen bayerischen Kreisverbände hervorhob und beantragte, daß hierwegen einer der vertretenen Feuerwehren der Auftrag erteilt werde, mit den übrigen Vereinen Bayerns die desfallsigen Satzungen zu entwerfen, war der Beschluß:

1. Gründung eines oberbayerischen Gauverbandes,
2. Gründung eines bayerischen Landesverbandes.

Beide Anträge fanden einstimmige Annahme. Die Satzungen für den oberbayerischen Verband fanden Zustimmung. Zum Vorort für den oberbayerischen Verband wurde Freising gewählt, ebenso aber auch beschlossen, daß die Feuerwehr München mit der Aufgabe betraut werde, die einleitenden Schritte zu tun, welche den allgemeinen bayerischen Verband ins Leben rufen könnten.

In diese Zeit fällt auch die Gründung einer Zeitung für das Feuerlöschwesen durch den auf diesem Gebiet unermüdlichen Inspektor Ludwig Jung, die hinfort wesentlich zur gedeihlichen Entwicklung beigetragen hat.

Unter den Vorbereitungen und Arbeiten für den ersten bayerischen Feuerwehrtag regte es sich auch in der Oberpfalz. In einer am 25. März 1868 in Regensburg abgehaltenen Feuerwehrversammlung, zu welcher 12 oberpfälzische Feuerwehren Angeordnete gesendet hatten, wurde die Bildung eines oberpfälzischen Verbandes beschlossen.

Wegen der weiteren Maßnahmen für den Vollzug der von der Freisinger Versammlung gefaßten Beschlüsse wurde von dem Verwaltungsrat der Münchner Feuerwehr das Referat dem bewährten Vorkämpfer in der Sache, Herrn Inspektor Ludwig Jung, übertragen. Nachdem dieser mit vieler Mühe durch schriftliche Aufforderungen der bekannten freiwilligen Feuerwehren und, wirksam unterstützt durch die kgl. Behörden, eine Liste mit einer Anzahl von 190 Vereinen aus Oberbayern, Niederbayern und der Rheinpfalz, Oberpfalz, Ober-, Mittel- und Unterfranken und Aschaffenburg sowie Schwaben zustande gebracht hatte, handelte es sich nunmehr vor allem um den Ort, nach welchem die Einberufung des beabsichtigten Feuerwehrtages am füglichsten erfolgen sollte.

Nachdem man in Erfahrung gebracht, daß in Gunzenhausen eine tüchtige Feuerwehr bestehe und da diese Stadt wegen ihrer Lage so ziemlich im Mittelpunkt des Landes für den einzuberufenden Feuerwehrtag am geeignetsten schien, setzte sich Ludwig Jung mit der Feuerwehr und den städtischen Behörden dortselbst wegen Übernahme der Landesversammlung in Verbindung und als von den beiden Stellen zusagende Antworten eintrafen und auch von größeren Feuerwehren aus den verschiedenen Gegenden des Landes einwilligende und ermunterndc Bescheide einliefen, legte Jung dem Verwaltungsrat der Münchner Feuerwehr den Antrag vor, auf die Osterfeiertage 1868 nach Gunzenhausen den ersten bayerischen Feuerwehrtag einzuberufen Dieser Antrag fand einstimmig Annahme und es erschien in Nummer 6 der „Zeitung für Feuerlöschwesen" die Einladung des Verwaltungsrates der freiwilligen Feuerwehr München entsprechend dem ihr von der Versammlung oberbayerischer Feuerwehren erteilten Auftrag zu diesem Feuerwehrtag, mit welchem eine Ausstellung von Feuerlösch- und Rettungsgeräten wie eine Übung der Gunzenhausener Feuerwehr verbunden sein sollte.

Am zweiten Osterfeiertag, dem 13. April 1868, wurde nun der erste bayerische Feuerwehrtag abgehalten, zu dem zahlreiche Teilnehmer erschienen waren.. Nach einer Empfangsfeierlichkeit am 12. April 1868 abends berief Inspektor Jung 14 Vertreter größerer Feuerwehren zu einer Vorbesprechung am Montag früh zusammen, in der kleinere Änderungen des Satzungsentwurfes vorgenommen wurden. In der Versammlung selbst waren vertreten von Oberbayern 23, Niederbayern 18, Oberpfalz 11, Oberfranken 9, Mittelfranken 23, Unterfranken 16, Schwaben 13, Pfalz 2 Feuerwehren. Zum I. Vorsitzenden wurde Ludwig Jung, München, zum II. Vorsitzenden Lucas, Passau, zum Schriftführer Faulstich, Gunzenhausen, gewählt. Nachdem der Vorsitzende die Notwendigkeit und Nützlichkeit einer Vereinigung mit Bezug auf die Gleichförmigkeit in den Geräten und Übungsvorschriften, hauptsächlich aber in Bezug auf das Unterstützungswesen begründet hatte, wurde die Frage: „Soll ein bayerischer Landesverein der Feuerwehren gegründet werden?", einstimmig bejaht. Die von Datterer, Freising, vorgetragene Satzung wurde mit allen gegen 2 Stimmen angenommen. Der bayerische Landesverband war gegründet. Die Wahl des Landesausschusses ergab:

1. Vorsitzender: Ludwig Jung, II. Vorstand der freiw. Feuerwehr München,

2. Vertreter der Kreise:

a) Oberbayern: Franz Paul Datterer, Buchdruckereibesitzer, Zugführer in Freising,

b) Niederbayern: A. Lucas, kgl. Baubeamter, Kommandant in Passau,

c) Oberpfalz: Frhr. von Reitzenstein, kgl. Forstmeister, Vorstand und Kommandant in Cham,

d) Oberfranken: D. Schmidt, städt. Baurat, Kommandant in Bayreuth,

e) Mittelfranken: Christian Kästner, Flaschnermeister, Oberkommandant in Nürnberg,

f) Unterfranken: Michael Scheuring, Posamentier, Kommandant in Würzburg,

g) Schwaben: C. Lettenbauer, Prokurist, Zugführer in Augsburg.

Aus der Rheinpfalz waren nur 2 Feuerwehren vertreten, nämlich Blieskastel und St. Ingbert. Es wurde deshalb die Wahl offen gelassen und den pfälzischen Vertretern anheim gegeben, nachträglich einen Vertreter aus ihrer Mitte zu wählen, was jedoch niemals geschah. Die Rheinpfalz gründete ein Jahr später einen eigenen selbständigen Kreisfeuerwehr-Verband. Anstelle des schwäbischen Vertreters Lettenbauer wurde am 3. Oktober Karl Bandel, Stadtbaumeister, Kommandant in Memmingen, gewählt.

Unterm 28. April 1868 reichte der Vorsitzende des Landesfeuerwehrausschusses dem kgl. Staatsministerium die Anzeige über die vollzogene Gründung des Landesvereins ein und erhielt unterm 8. Mai 1868 von der kgl. Polizeidirektion München als der zuständigen Behörde die Bestätigung und damit die Anerkennung des gegründeten Landesverbandes. Neben wertvollen Verbesserungen technischer, organisatorischer und dienstlicher Art wurde eine Sterbekasse für den Bayer. Landesfeuerwehrverband gegründet, deren Satzungen am 30. Dezember 1887 die staatliche Genehmigung erhielten. Als der Landesausschuß bei Ausbruch des französischen Krieges an sämtliche Feuerwehren einen feierlichen Aufruf ergehen ließ, vermöge ihrer guten Organisation und vortrefflichen Disziplin dem Vaterlande durch Übernahme des inneren Sicherheitsdienstes und bei Transport und Pflege der Verwundeten Dienste zu leisten, fand dieser Aufruf freudigen Widerhall. In großen wie kleinen Städten, ja auch in Landorten, bereiteten sich die Wehren vor, um den kommenden Ereignissen gerüstet entgegentreten zu können. Ins Feindesland gehende und zurückkehrende Spital- und Verpflegungszüge wurden begleitet und andere Dienste übernommen. Die höchste Militärbehörde sprach in einem Erlaß vollste Anerkennung und wärmsten Dank aus. 25 Jahre nach Gründung des Verbandes umfaßte dieser 5890 Feuerwehren mit über 300 000 Mitglieder. Die Entwicklung der Geräte hatte inzwischen merkbare Fortschritte gemacht, so daß die Feuerwehren mehr und mehr Erfolge in der Brandbekämpfung erzielen konnten.

Wie in der Satzung des Landesverbandes festgelegt war, wurde die Errichtung einer Landesunterstützungskasse eifrig gefördert. In verschiedenen Audienzen bei dem Herrn Staatsminister des Innern wurden die Grundlagen vereinbart. Darnach sollte der Beitritt jedem Corps freigestellt sein, die beigetretenen Feuerwehren aber sollten für jedes ihrer aktiven Mitglieder jährlich 12 kr. (34 Pfennige) zu entrichten haben. Als Gegenleistungen waren in Todesfällen 70 fl. (119,70 Mark) an die berechtigten Erben, in vorübergehenden Verletzungs- und Krankheitsfällen bei Verpflegung im Krankenhaus täglich 24 kr. (69 Pfennige), bei Verpflegung zu Hause 48 kr. (1,38 Mark) zugesichert. Die Kassenverwaltung hat ab 3. November 1868 die Münchner Feuerwehr übernommen, von welcher A. Zenetti als Vorstand, Ludwig Payr als Schriftführer und Georg Seliger als Kassier gewählt wurde. Im Budget des bayerischen Staates wurde bereits für das Verwaltungsjahr 1870/71 zur Unterstützung der im Feuerwehrdienst Verunglückten oder deren Relikten 5 000 fl., für 1872 und 1873, zusammen 10 000 fl., pro 1874 allein sogar 10 000 fl. eingesetzt, so daß die erfreuliche Tatsache bekannt gemacht werden konnte, daß nunmehr jede Feuerwehr berechtigt sei, an den Wohltaten teilzunehmen, ohne Beiträge zu leisten. Mit dem Brandversicherungsgesetz vom 3. April 1875 wurde es endlich möglich, die Feuerwehren aus Staatsmitteln zu unterstützen, die Landes-Unterstützungskasse endgültig beitragsfrei zu gestalten und dadurch das bayerische Feuerwehrwesen auf eine beachtliche Höhe zu heben.

Nach mehrfachen Vorschlägen wurde ein bayerisches Normal-Schlauchgewinde vereinbart und dasselbe zufolge Entschließung des Staatsministeriums für neubeschaffte Löschmaschinen zur Einführung vorgeschrieben. Bestimmungen über Spritzenprüfung, Errichtung eines staatlichen Wasser-Versorgungsbüros sowie Errichtung von Wasserreserven in den Gemeinden waren die nächsten Fortschritte. Von besonderer Wichtigkeit aber war die Errichtung und Dotierung eines Landesfeuerwehrbureaus. Das Jungsche Übungsbuch für Landfeuerwehren wurde als Grundregel aufgestellt. Die eingeführten Inspektionen haben bewirkt, daß das bayerische Feuerwehrwesen zur großen Blüte kam. Die vom Kreisfeuerwehrausschuß für Oberfranken beantragte Gründung einer Sterbekasse für den bayerischen Landesfeuerwehrverband verdient rühmliche Erwähnung. Die Satzungen waren im Landesfeuerwehrbureau ausgearbeitet worden und hatten unterm 30. Dezember 1887 die staatliche Genehmigung erhalten. 1886 wurde mit dem „Katechismus für Sanitätswesen“ das Sanitätswesen geregelt, 1887 die Genehmigung zur Führung eines Siegels erteilt, 1892 eine neue Satzung für den bayerischen Landesfeuerwehrverband mit Vollzugsbestimmungen herausgegeben.

Die hohe Bedeutung der Feuerwehren wurde dargetan durch die wohlwollende Anerkennung der bayerischen Landesfürsten, dokumentiert durch den Umstand, daß Se. Majestät König Ludwig II. und nach dessen Tod Se. Kgl. Hoheit Prinzregent Luitpold das Protektorat übernommen haben. Die Verdienste der Mitglieder der freiwilligen Feuerwehren wurden durch besondere Gnadenakte belohnt, indem für 25jährige Dienstzeit ein staatliches Ehrenzeichen und schon für eine 15jährige ein Ehrendiplom verliehen wird. Landtag, Kreis- und Gemeindeverwaltungen unterstützten die Feuerwehren in ihrer selbstlosen Arbeit für das Gemeinwohl.

Aus bezahlten städtischen Feuerwehren, die meist aus städtischen Regiearbeitern bestanden, wuchsen in größeren Städten die Berufsfeuerwehren heraus. So hatte die Haupt- und Residenzstadt München 1876 eine freiwillige Feuerwehr, bestehend aus 104 Steigern, 259 Spritzmännern, 153 Ordnungsmännern mit 24 Führern und Signalisten, in Summa 540 Mann. Die bezahlte städtische Feuerwehr bestand aus 13 Steigern, 109 Spritzmännern, 6 Führern und Signalisten. Die Oberleitung hatte Stadtbaurat Zenetti, der auch von der freiwilligen Feuerwehr als deren Kommandant gewählt war. An Geräten waren vorhanden:

1 Dampfspritze von Shand Mason & Co. in London,

13 Saug- und Druckspritzen, davon 12 abprotzbar,

4 Wasserwagen,

4 Mannschaftstransportwagen, jeder für 14 Personen, versehen mit einer Augsburger Schubleiter à 18 m Höhe,

8 Dachleitern,

6 doppelholmigen Hakenleitern,
Rettungsschlauch,
Sanitätskasten x. x.,

1 große Schubleiter, gefertigt von Schlosser Huber in München, 20 m Höhe, mit Steckleiter 23 m.

9 große Schubleitern (sogen. Kufsteiner-Leitern) 17 m, mit Steckleiter 19 m.

Das Hauptfeuerwehrhaus war am Heumarkt Nr. 13. Dort standen:

1 Dampfspritze mit Rüstwagen,

4 Saug- und Druckspritzen,

5 Druckspritzen,

1 Mannschaftswagen,

2 Wasserwagen,

3 Requisitenwagen,

2 Kufsteiner Schubleitern.

In drei Feuerhäusern der Freiwilligen Feuerwehr befanden sich 1 Mannschaftswagen, 2 Saug- und Druckspritzen abprotzbar, 1 große (Kufsteiner) Leiter, Schlauchhaspeln usw. Außerdem bestanden noch 4 Feuerhäuser in verschiedenen Teilen der Stadt.

Turmwachen bestanden 3 auf dem Frauen-, Peters- und Auerturm. Die Nachtwache im Hauptfeuerhaus wurde bezogen von 12 Mann der städtischen (bezahlten) Feuerwehr und jene im Landwehrzeughaus (vis a vis dem Hauptfeuerhaus) von 6 Mann der freiwilligen Feuerwehr. Tagwache bestand nur an Sonn- und Feiertagen im Hauptfeuerhaus und wurde besorgt von 12 Mann der städtischen Feuerwehr. Ganz in der Nähe des Feuerhauses hatten 8 Mann der städtischen Feuerwehr freie Wohnung. Sie wurden bei Nachtbränden telegraphisch alarmiert, ebenso auch der Dampfspritzenmaschinist und Heizer. In der Stallung beim Hauptfeuerhaus standen fortwährend 4 Paar Pferde angeschirrt bereit, während der Nacht außerdem noch 7 Paar Pferde zur Verfügung. Im Feuerhaus Hofmarstall standen 4 Paar Pferde, im Feuerhaus in der Au 2 Paar Pferde, im Feuerhaus an der Luisenstraße besorgte den Spanndienst der Stadt-Omnibus-Besitzer mit 2 Paar Pferden. Die Stallung war durch eine Telegraphenleitung mit dem Feuerhaus verbunden. Im Hauptfeuerhaus waren Tag und Nacht 2 Telegraphisten im Dienst. 3 Morsetelegraphen versahen den Verkehr zwischen der Zentrale und den 3 Turmwachen. Die Wasserleitung umfaßte 274 Hydranten. Die Kosten der Feuerwehr betrugen im Jahre 1876 80 147 Mark.

Eine kleinere Stadt (Rosenheim mit damals 7 000 Einwohnern) hatte an Mannschaften, Geräten und Ausrüstungen für den Feuerschutz bei der freiwilligen Feuerwehr

162 Mannschaften mit 18 Dienstgraden und 4 Signalisten,

5 Saug- und Druckspritzen (2 System Metz, 1 Braun Nürnberg, 2 Beilhack Rosenheim),

1 Mannschaftstransportwagen,

3 Schubleitern, davon 1 in Rosenheim selbst, 1 in Nürnberg, 1 in Kufstein gefertigte,

1 Anstell-Leiter mit Stützstangen,

1 Anstell-Leiter ohne Stützstangen,

7 Hakenleitern,

2 Schlauchhaspeln,

1 Rettungsschlauch,

165 (!) m Schläuche.

Bei der Pflichtfeuerwehr

324 Mann mit 19 Dienstgraden.

Die Salinenfeuerwehr hatte einen Mannschaftsbestand von 110 Mann. Drei weitere Fabrikfeuerwehren hatten einen Mannschaftsbestand von 96 Mann, so daß in dieser

Conrad Dietrich Magirus, Ulm
Fabrikant, Feuerwehrkommandant und Organisator der Freiwilligen Feuerwehr

Feuerwehr-Erholungsheim Titisee im Rohbau Herbst 1954

Die Turner-Feuerwehr
der Stadt Rosenheim 1875

Jugendfeuerwehr Nürtingen a. N.

Schlauchpflege

Schlauchwickelmaschine
Südtondern (Schleswig-Holstein)

Schlauchwagen
Soltan

Schlauchwaschmaschine mit elektrischem Antrieb
Norderdithmarschen (Schleswig-Holstein)

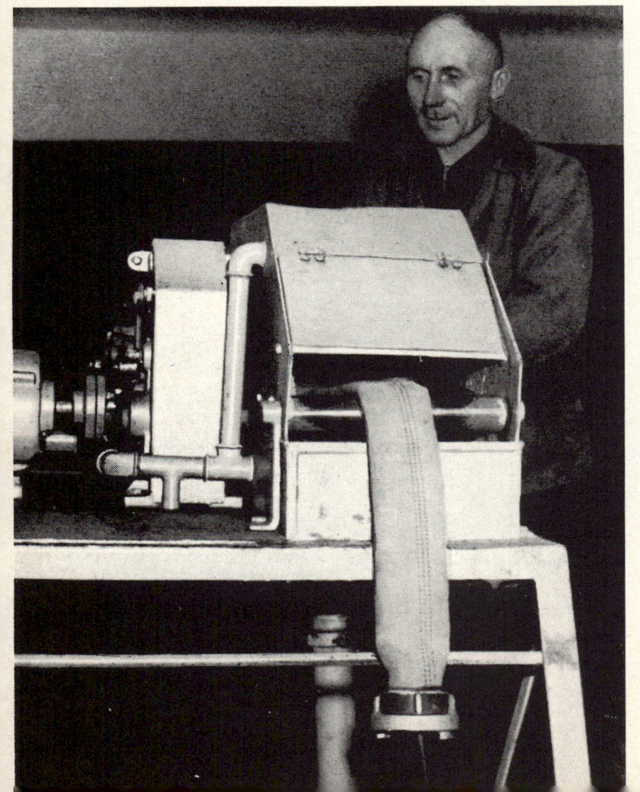

Elektrischer Schlauchvulkanisierapparat
Norderdithmarschen (Schleswig-Holstein)

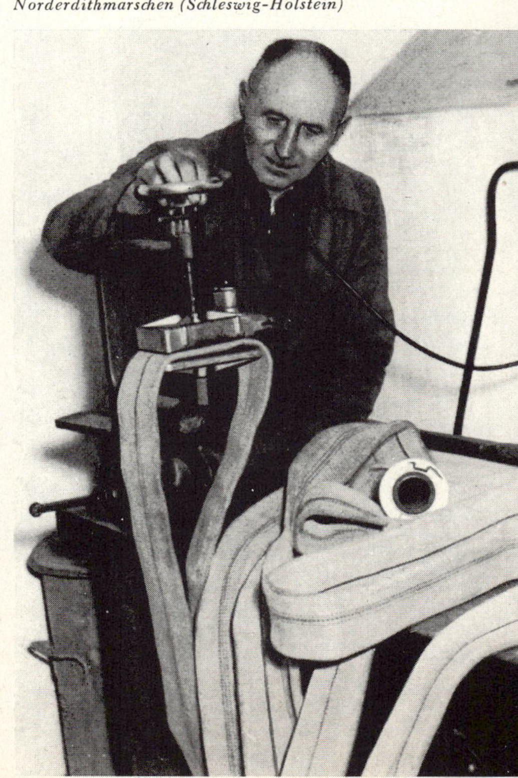

Stadt insgesamt 680 Mann mit 11 Löschmaschinen, 6 Schiebleitern, mit anderen Geräten für Rettung und Transport zur Verfügung standen. Auch diese Stadt hatte wie viele andere eine nachtbesetzte Turmwache.

Für den Feuerlöschdienst brauchbare Hochdruckwasserleitungen waren zu diesen Zeiten nur in wenigen Städten, auf dem Lande nirgends vorhanden.

So entwickelte sich das bayerische Feuerlöschwesen stetig und gesund. Treue und begeisterte Feuerwehrleute folgten Jahrzehnt um Jahrzehnt ihren Großvätern und Vätern, markante, lebenswahre Gestalten saßen als Vorsitzende in den Kreis-, Bezirks- und Landesverbänden. Der Rhythmus der alten Turnerfeuerwehr beherrschte den Übungsbetrieb, die Motorisierung der Feuerwehren beginnt, wird bald zum ausschließlichen Mittelpunkt der staatlichen Förderung des Feuerlöschwesens, aus den behelfsmäßigen Lehrgängen in Landshut wird 1937 die staatliche Feuerwehrschule in Regensburg als einzige Ausbildungsstätte für rund 300 000 Männern der freiwilligen Feuerwehren.

Es kommt der Krieg, der unsagbar opfervolle Kampf der Feuerwehren auf verlorenem Posten. Größer und größer wird die Kriegsnot, viel Gerät, viel willige Männer bei den freiwilligen Feuerwehren, jedoch zu wenig ausreichendes Fachwissen auf breiter Basis, Mangel an wirklich fachkundigen Feuerwehrführern, grundsätzliche Fehler in der Organisation des Feuerschutzes haben vieles, ja alles zerschlagen, das Ende kam — 1945.

Die edlen Grundsätze von Heimatliebe, selbstloser Hilfsbereitschaft, zukunftsfroher Tatkraft werden überwuchert von den Sumpfpflanzen des Elends, Selbstsucht und Trägheit. Die Brandschäden zehren an der letzten Substanz des Volkes. Die Militärregierung gibt Richtlinien für die Organisation des Feuerschutzes in Bayern. Das bayerische Gesetz über das Feuerlöschwesen vom 17. Mai 1946 wird als erstes Feuerlöschgesetz im Bundesgebiet erlassen. Das Bayer. Landesamt für Feuerschutz mit seinen Außenstellen bei den Regierungen wird errichtet. Der vorbeugende Brandschutz wird erstmals zu einer direkten Aufgabe der Feuerwehren erklärt. Das Landesamt beginnt aus den Ruinen wieder aufzubauen. Im August 1946 treten in München und in Rosenheim im Feuerwehrdienst erprobte Männer zusammen und fangen an, kümmerliche Reste treuer Mannen zu sammeln und versuchen mühsam, jungen Nachwuchs für die ideale Aufgabe zu gewinnen. Da und dort gelingt dieser Versuch. Nicht selten läutert die Not, gebärt ungewöhnlich Gutes. Heute dürfen wir stolz und dankbar sagen, daß sich aus dem totalen Niederbruch in Bayern eine ungewöhnlich gute Organisation des Feuerschutzes entwickelt hat. Unter Führung des Bayerischen Landesamtes hat sich die Erkenntnis ergeben, daß nicht der Maßstab von früher gelten kann, sondern ein Maß gefunden werden müsse, das der wirklichen Größe und volkswirtschaftlichen Bedeutung dieser Aufgabe gerecht wird. Schöpferische Kräfte haben neue Wege gebahnt, um das Gebilde Feuerschutz nicht nur zu verwalten, sondern zeitgemäß und immer wieder neu zu formen. Die Zeitschrift „Brandwacht“ entsteht aus nahrhaftem Boden, findet Anerkennung weit über die Grenzen des Landes, eine neue Übungsordnung bringt Ordnung und Straffheit im Dienstbetrieb, auch sie findet Nachahmung jenseits bayerischer Grenzen. Neue Normen für Tragkraftspritzen haben im Bayer. Landesamt ihre Keimstätte, Gedankenskizzen zum Bau neuer Gerätehäuser, eine neue Art von Lehrgängen an der Feuerwehrschule, die Arbeiten der Feuerschutztechnischen Prüf- und Versuchsstelle, nicht zuletzt die Tätigkeit der Arbeitsgemeinschaft Feuerschutz für das Bundesgebiet, ein Werk des Bayer. Landesamtes, dienen dem Ganzen.

Schöpferische Lust, praktische Nutzanwendung glücklich verbunden haben das Wachstum eingeleitet, dessen Früchte gesund heranreifen.

Die Brücke vom Amt zur Praxis bildet die Organisation der Sprecher der Regierungsbezirke, die über die Kreisbrandinspektoren hinausführt zum einzelnen

Feuerwehrmann in Stadt und Dorf, zu den Männern der Berufs- und Werkfeuerwehren, die von dort aus den feinsten Saugwurzeln im Boden des weiten Landes wieder die Lebenssäfte dem Stamm zuführen, die er braucht zu gedeihlicher Entwicklung.

So hat sich das bayerische Feuerlöschwesen aus den Trümmern wieder erhoben und ist auf dem besten Wege, die Ziele steter Vorwärtsentwicklung zu erreichen. Seine Vertreter sitzen heute wieder geachtet in den Organisationen des Feuerschutzes. Nicht zu vergessen ist auch, daß treue und opferbereite Kameradschaft aus dem zerbombten Kleinod der bayerischen Feuerwehren, dem herrlichen Erholungsheim in den Bergen des Rupertiwinkels, in kurzer Zeit wieder mit einer wahrhaft großzügigen Unterstützung des bayerischen Staates ein Werk von wirklich sozialer Bedeutung aufgebaut hat. Die Lust und Liebe, die die bayerischen Feuerwehren schnell wieder erstehen ließ, wird aber auch gepflegt und gehegt von den führenden Männern des bayerischen Staates, die sich alle Zeit für die Förderung der Interessen der bayerischen Feuerwehren persönlich eingesetzt haben.

Vielleicht war gerade in Bayern dieser gesamte Aufbau eher möglich als anderswo, weil sich hier drei Stämme an ihm erproben konnten. Der Dickkopf des Altbayern in Zusammenspiel mit dem kühnen, genialen Gedankenflug des Schwaben und der frohen, regsamen Art des Franken hat schon immer seine selbstbehauptende Kraft erwiesen. Und diese gesunde Kraft zeigt sich auch darin, daß heute noch in Bayern 250 000 Feuerwehrmänner freiwillig und selbstlos im Dienste des hilfsbedürftigen Nächsten stehen, Mühen und Opfer auf sich nehmen und auf manche Genüsse des Lebens verzichten, wenn sie sich ihrer Ausbildung unterziehen, an Sonn- und Feiertagen innerhalb der Mauern Hab und Gut ihrer Mitmenschen bewachen und vor Schäden schützen, wenn auch Sonne, Seen und Berge locken und das in einer Zeit, in der ein Großteil unseres Volkes den Geldbeutel als Herrgott verehrt und der als Held betrachtet wird, der es versteht, das Finanzamt zu betrügen, und der anständige Mensch als dumm angesehen wird.

Möge das glückliche Zusammenwirken dieser guten Kräfte durch pflegliche Behandlung weiter erhalten bleiben zum Wohle von bayerischem Land und Volk.

Abriß aus der Geschichte der Freiwilligen Feuerwehren (1933-1945)

Von C. A. W. Schnell, Celle

Die Freiwilligen Feuerwehren waren in der Mehrzahl bis 1934 nicht rechtsfähige Vereine, die in ihrer Stadt oder Gemeinde freiwillig den Feuerschutz übernommen hatten. Zur Erfüllung ihrer freiwilligen Pilichten, gab ihnen der Staat die Anerkennung als Schutzwehr im Sinne des § 218 des Strafgesetzes; d. h. nur im Augenblick des Einsatzes genossen die Freiwilligen Feuerwehrmänner den besonderen Schutz der Obrigkeit. Zudem war bereits ein gesetzlicher Unfallschutz vorhanden, auf den hier jedoch nicht eingegangen werden soll.

Die Feuerwehren bildeten in den Kreisen Verbände und diese waren wieder zu Provinzial- oder Landes-Feuerwehrverbänden zusammengeschlossen. Als Dachorganisation bestand der Deutsche Feuerwehrverband — ich möchte sagen unter Führung des Landes Bayern. Der letzte Vorsitzende war Landesbranddirektor Ecker, München, eine aus dem Handwerk hervorgegangene Persönlichkeit von abgeklärtem Charakter und hervorragenden menschlichen Eigenschaften.

Unter den Verbänden, deren Aufbau ich eben skizzierte, hatte der Preußische Feuerwehrverband wohl die geringste Bedeutung, weil innerhalb Preußens der Schwerpunkt bei den Provinzial-Feuerwehrverbänden lag.

Verschieden und bunt war die Uniformierung der Freiwilligen Feuerwehren im ganzen Reich. Noch uneinheitlicher waren die Geräte.

Der Freiwillige Feuerwehrmann war immer Idealist, er wollte seinen Mitmenschen in Feuersnot helfen. Vornehmlich stellte sich der deutsche Arbeiter und Handwerker in den Dienst der guten Sache. Bis 1933 hatte diese Millionenorganisation stets den erforderlichen Nachwuchs aus freiwilligen Meldungen.

Das änderte sich mit einem Schlage, als 1933 der Nationalsozialismus an die Macht kam, und nunmehr Parteiformationen SA, SS, NSKK, Fliegerkorps, Hitlerjugend und wie sie alle hießen, aufgestellt wurden, so daß jeder Deutsche nicht nur einmal, sondern mehrfach eingespannt war, um angeblich dem Staat wertvolle Dienste zu leisten. So machte sich schon kurz nach der sogenannten Machtergreifung des Nationalsozialismus nicht nur ein Nachwuchs-, sondern ein dauernder Mannschaftsmangel in den Feuerwehren bemerkbar. Hinzu kamen Geringschätzigkeit und Mißachtung, die den Feuerwehren von den Parteiformationen entgegengebracht wurde, kurz, es ging bergab, und sehr bald war eine offene Fehde zwischen den Freiwilligen Feuerwehren und der SA zu beobachten, die uns wie ein roter Faden durch die folgenden zwölf Jahre begleitet hat.

Da man den Feuerwehren trotz aller Pflichterfüllung unsoldatische Haltung vorwarf, gingen die Führer bzw. Kommandos der Freiwilligen Feuerwehren dazu über, ihren Dienstbetrieb strenger zu handhaben. Es wurde nicht mehr monatlich oder 14-tägig, sondern fast überall wöchentlich einmal geübt und sowohl dem Fußdienst, als auch dem Auftreten des Feuerwehrmannes in der Öffentlichkeit mehr Augenmerk als bisher geschenkt.

Hatten die Freiwilligen Feuerwehren bis dahin gerade darauf Wert gelegt, parteipolitisch neutral zu sein, so versuchten jetzt die Kreisleiter der Partei alle Vereine und Verbände, wie man sagte, „gleichzuschalten". Also trat man auch an die Führer der Feuerwehren heran und legte diesen nahe, entweder in die Partei einzutreten, oder die Führung der Wehren solchen Männern zu überlassen, die der Partei bereits angehörten oder einzutreten gewillt waren.

Zugegeben, es gab einige Feuerwehrführer, die zurücktraten, die Mehrzahl jedoch erklärte sich damals bereit, in die Partei einzutreten; denn jeder einzelne war ja guten Glaubens, daß es nun mit Deutschland bergan gehe und außerdem gebrauchte die Partei unseren idealen und hohen Grundsatz: „Einer für alle, alle für einen", neben vielen anderen Schlagworten auch für sich.

Als dann im Sommer 1933 durch den Rundfunk plötzlich die Nachricht ging, die preußische Regierung werde in Kürze sich des Feuerlöschwesens annehmen, und dies durch Gesetz auf eine neue Grundlage stellen, da war wohl kaum jemand unter uns, der nicht diese Absicht lebhaft begrüßt hätte. Man erwartete ja vom Staat nur Gutes und somit in erster Linie eine einheitliche, neuzeitliche Ausrüstung und vor allem eine Förderung des Ansehens der Freiwilligen Feuerwehren.

Es vergingen Monate, man hörte nichts mehr von dem, was der Rundfunk angekündigt hatte, bis eines Tages die Vorsitzenden der Preußischen Provinzial-Feuerwehrverbände und ihre Geschäftsführer eine Einladung zu einer Versammlung nach Hannover erhielten, in der ein höherer Ministerialbeamter erstmalig über die beabsichtigte Gesetzesregelung berichtete.

Begeistert kamen die Teilnehmer dieser Versammlung zu ihren Verbänden zurück und im Dezember 1933 erfolgte die Veröffentlichung des Preußischen Feuerlöschgesetzes.

Es ist nun nicht die Absicht des Verfassers, hier den Inhalt des Gesetzes wiederzugeben. Es soll nur das erwähnt werden, was wesentlich ist und was zum Verständnis der späteren Ereignisse gesagt werden muß.

Berufsfeuerwehren und Freiwillige Feuerwehren bezeichnete man im Gesetz als „Polizeiexekutive besonderer Art“ (auch als Sammelbegriff „Feuerlöschpolizei“ genannt) und unterstellte Berufs- und Freiwillige Feuerwehren dem Ortspolizeiverwalter. Die Freiwilligen Feuerwehren sollten als rechtsfähige Vereine in das Vereinsregister eingetragen werden.

Die Kreisfeuerwehrverbände wurden Körperschaften des Öffentlichen Rechts, wobei der Kreisfeuerwehrführer von nun ab nur im Auftrage des Landrats tätig wurde. Die Provinzialfeuerwehrverbände wurden ebenfalls Körperschaften des Öffentlichen Rechts und hatten unter anderem die Aufgabe, je eine Feuerwehrschule zu unterhalten. Die bisherigen Verbandsvorsitzenden erhielten die Bezeichnung „Provinzialfeuerwehrführer“, wurden aber vom Oberpräsidenten ernannt und eventuell abberufen.

Die Uniformierung der Berufsfeuerwehren und der Freiwilligen Feuerwehren wurde einheitlich geregelt und unterschied sich nur in der Farbe der Uniformspiegel. Die Grundfarbe der Uniform blieb blau.

Kurz, man hatte zunächst das Gefühl, nunmehr einer Organisation anzugehören, die, wenn sie auch unter staatlicher Aufsicht stehen sollte, eine klare Eigenführung besäße, deren Spitze über die Provinzialfeuerwehrführer in dem neugebildeten Preußischen Feuerwehrbeirat gipfelte. Dieser Preußische Feuerwehrbeirat sollte in erster Linie die Aufgabe haben, die Einheitlichkeit der Geräteausrüstung, Armaturen usw. zu fördern, die für eventuelle Luftschutzaufgaben, welche bereits seit 1932 an uns herangetragen waren, unbedingt gleichmäßig werden mußten.

Dementsprechend gehörten dem Feuerwehrbeirat auch Persönlichkeiten an, die von höherer Warte gesehen dem Feuerlöschwesen dienlich sein konnte, so Mitglieder des Gemeindetages, der Feuersozietäten und teilweise auch politische Persönlichkeiten, die die oben geschilderten Schwierigkeiten mit den Parteigliederungen beheben sollten.

Der Preußische Feuerwehrbeirat selbst gliederte sich in das Amt für Berufsfeuerwehren und in das Amt für Freiwillige Feuerwehren.

Vorsitzender des ersteren wurde Oberbranddirektor Wagner, Berlin, und im Amt für Freiwillige Feuerwehren erhielt der Provinzialfeuerwehrführer für Westfalen, Amtsbürgermeister Dr. Müller, Ibbenbühren den Vorsitz.

Beide Vorsitzende sollten sich im Gesamtvorsitz des Feuerwehrbeirates alljährlich ablösen.

Sehr bald erschien eine Mustersatzung für die Provinzial-Feuerwehrverbände, welche auch die Bildung eines Führerrats vorsah, der nebem dem Provinzialfeuerwehrführer aus einem „Technischen Leiter“, einem Adjutanten, einem Pressewart und zusätzlich auch aus sonstigen Personen bestehen sollte, die ebenfalls dem Feuerlöschwesen dienlich sein könnten.

Obgleich nun der Provinzialfeuerwehrführer satzungsmäßig das Recht hatte, die Gliederung der Freiwilligen Feuerwehren zu regeln, und auch bei der Ernennung der Führer mitzuwirken, war bald klar zu erkennen, daß dieser Provinzialfeuerwehrführer nicht als feuerwehrtechnisches Aufsichtsorgan anzusprechen oder vorgesehen war. Es sollte der „Technische Leiter“, der laut Satzung ein Berufsfeuerwehroffizier sein mußte, allein die staatliche Aufsicht bei den Regierungspräsidenten wahrnehmen. Besonders aus dieser Bestimmung erwuchsen dann im Laufe der Zeit Differenzen zwischen den einzelnen Provinzialfeuerwehrführern und ihren Technischen Leitern.

Trotzdem haben die Provinzialfeuerwehrführer in der damaligen Zeit dank der Gefolgschaftstreue ihrer nachgeordneten aber nicht unterstellten Kreisfeuerwehrführer sich eine Eigenführung innerhalb der Provinzialfeuerwehrverbände aufgebaut, die nicht unterschätzt werden darf und die den damaligen Provinzialfeuerwehrführern Ansehen und Freude an der Arbeit gab.

An dieser Stelle muß auch hervorgehoben werden, daß im Feuerlöschwesen (gleich ob Berufsfeuerwehr oder Freiwillige Feuerwehr) in dieser Zeit der Eingriff führender Persönlichkeiten der Polizei kaum beobachtet werden konnte. Die Zügel lagen noch in Händen der Verwaltung und nicht bei der Exekutive.

Die Verleihung des sogenannten Polizeihoheitsabzeichens an Uniformrock und Mütze wurden unter diesen Umständen nur als staatliche Anerkennung empfunden.

Sehr bald stellte sich nun heraus, daß das Preußische Feuerlöschgesetz einen Fehler hatte. Das sogenannte Führerprinzip des nationalsozialistischen Staates war zwar verankert worden, aber es vertrug sich nicht mit der angeordneten Rechtsstellung der Freiwilligen Feuerwehren als eingetragene Vereine. Denn wenn anfangs wohl geplant war, die Bestimmungen des Preußischen Feuerlöschgesetzes durch sogenannte Überleitungserlasse auch in den außerpreußischen Gebieten des Reiches einzuführen, so sah man jetzt, daß dies nicht ohne Schwierigkeiten möglich war, weil die Eintragung der Feuerwehren als Vereine in Anbetracht der fehlenden Wahl der Führer dem Vereinsrecht nicht entsprach.

Hieraus entstanden gerade aus den nichtpreußischen Ländern kommend — das muß hier klargestellt werden — Einsprüche gegen die Beibehaltung der Vereine und Verbände als Grundlage einer Organisation, der auch im Rahmen der Landesverteidigung eine Aufgabe zukam.

Man plante daher ein neues Reichsfeuerlöschgesetz. So sehr ich sonst bemüht sein möchte, die Nennung von Personen in dieser Abhandlung auf ein Mindestmaß zu beschränken, halte ich es hier doch für meine Pflicht, des schon erwähnten Kameraden Dr. Müller, der im Amt für Freiwillige Feuerwehren des Preußischen Feuerwehrbeirats den Vorsitz führte, besonders zu gedenken, weil er Ende 1937, wenn auch unter anderem Vorwand, abberufen wurde, da er für die Sache der Freiwilligen Feuerwehren zu energisch eingetreten war.

Die Preußischen Provinzialfeuerwehrführer standen getreu zu ihrem Vorsitzenden Dr. Müller, der nur die Rolle des „Ersten unter Seinesgleichen" spielte, aber getragen von Kameradschaft auch gewillt war, diejenigen nicht zu überhören, die vom Standpunkt langjähriger Parteizugehörigkeit ausgingen und eine Besserstellung der Freiwilligen Feuerwehren den Parteigliederungen gegenüber nur dadurch erhofften, daß eine starke politische Persönlichkeit das Geschick der Feuerwehren lenken würde.

Man spielte auch mit dem Gedanken, daß diese noch unbekannte Persönlichkeit den Feuerwehren den Weg ebnen könnte, eine Parteiorganisation, ähnlich dem nationalsozialistischen Kraftfahrkorps zu werden. Denn gerade im Kraftfahrkorps (NSKK) glaubte man eine Parallele sehen zu können, weil auch dieses Korps gewisse Hoheitsaufgaben in Zusammenarbeit mit der Polizei (z. B. in der Verkehrsüberwachung) zu leisten hatte.

Auf jeden Fall sind in jener Zeit, wenn auch sehr vorsichtig, Fühlungnahmen einzelner zu politischen Persönlichkeiten eingeleitet worden, was geschichtlich nicht ganz verschwiegen werden darf. Wenn man auf diesen Gedanken kam, so muß er damit entschuldigt werden, daß Ende 1937 die Freiwilligen Feuerwehren ein Drittel ihres Mannschaftsbestandes verloren hatten, so daß bereits die Feuersicherheit der Gemeinden teilweise gefährdet erschien.

Dr. Müller hielt damals bereits dauernd Fühlung zu den außerpreußischen Feuerwehrverbänden des Reiches, um deren Meinung zu hören. Insbesondere, als aus Berlin die ersten Absichten für die Neuorganisation bekannt wurden und uns eine Denkschrift — aus 7 Punkten bestehend — zuging.

Was sollte nun aus uns werden?

In wenigen Worten zusammengefaßt: Eine technische Hilfspolizeitruppe!

Der Eintritt in die Wehren blieb dem Wortlaut nach freiwillig. Straffste Führung durch ernannte, gut geschulte Führer aus den eigenen Reihen der Wehr war vorgesehen. In den Kreisen: Führung durch einen Kreisfeuerwehrführer, ebenfalls noch aus den Reihen der Freiwilligen Feuerwehr. Doch damit sollte die Organisation der Freiwilligen Feuerwehren aufhören. Bereits bei den Regierungspräsidenten waren hauptamtliche Offiziere der kommenden Feuerschutzpolizei als Feuerwehrtechnische Aufsichtsbeamte geplant und darüber hinaus sollten hauptberufliche Inspekteure oder Sachbearbeiter in den Stäben der Inspekteure der Ordnungspolizei (Befehlshaber wurden letztere erst während des Krieges), die Oberaufsicht ausüben.

Damit mußte die Organisation der Freiwilligen Feuerwehren als restlos zerschlagen angesehen werden, wenn das Gesetz so durchkam.

Und das in einer Zeit, in welcher jede Parteiorganisation bis herab zum jüngsten kaum schulpflichtigen Pimpf der HJ nach außen hin unter selbstherrlicher Eigenführung stand, die jede Einmischung des Staates ausschloß.

Das glaubten die Freiwilligen Feuerwehren nicht hinnehmen zu können.

Als dann bekannt wurde, daß ausschließlich Sachbearbeiter aus den Reihen der Berufsfeuerwehren ins Ministerium berufen werden sollten, um den neuen Apparat der staatlichen Aufsicht über das Feuerlöschwesen aufzubauen, da sah unser Dr. Müller sich gezwungen, den Jahresbericht über die Tätigkeit seines Amtes und der nachgeordneten Verbände für 1936/1937 so abzufassen, daß er dem von ihm anerkannten beruflichen Können der Offiziere der bisherigen Feuerlöschpolizei (Berufsfeuerwehren), die Persönlichkeitswerte der vom Idealismus getragenen ehrenamtlichen höheren Führer der Freiwilligen Feuerwehr gegenüber stellte und eine Gleichberechtigung in der Führung forderte.

Diese Entwicklung entsprang zum Teil den Differenzen, die, wie ich schon anführte, sich fast überall in den Führerräten der Provinzialfeuerwehrverbände zwischen Provinzialfeuerwehrführer und Technischem Leiter entwickelt hatten.

Aus diesem Rechenschaftsbericht, den Dr. Müller vortrug, entstand eine Spannung zu Oberbranddirektor Wagner als dem ablösenden Vorsitzenden im Preußischen Feuerwehrbeirat und leider ergab sich so auch eine gegnerische Einstellung des damaligen Chefs der Ordnungspolizei zu Dr. Müller.

Entscheidende Fühlungnahmen Dr. Müllers mit den außerpreußischen Landesführern (Sitzung Heidelberg Herbst 1937) führten dann zwar nochmals zur Einreichung einer Denkschrift an den Chef der Ordnungspolizei. Aber diese blieb ohne Erfolg, (sie hat ihn vielleicht überhaupt nicht erreicht) wenn auch eine Besprechung mit einem kleinen Kreis höherer Feuerwehrführer in Aussicht gestellt wurde. Diese hat aber niemals stattgefunden.

Es ist hier nicht der Platz, die Aussprache zwischen unserem verehrten Kameraden Dr. Müller und dem Verfasser dieser Zeilen zu schildern, die sich eines Tages im November 1937 in Berlin abspielte, als man Dr. Müller abberief, um nunmehr den Verfasser vor die Frage zu stellen, die Nachfolge anzunehmen.

Dies alles offen zu schreiben, ist dem Verfasser nur möglich, weil Dr. Müller ihm die Worte sagte: „Tun Sie es, gehen Sie nach Berlin. Einen müssen wir dort im Ministerium haben, der auf die Geschicke der Freiwilligen Feuerwehren einzuwirken versucht und ich selbst habe schon an Ihre Nachfolgerschaft gedacht, als ich erkannte, daß ich den Herren nicht mehr genehm wäre."

So wurde das Amt für Freiwillige Feuerwehren im Preußischen Feuerwehrbeirat am 2. Januar 1938 in das Reichsministerium des Innern verlegt, nicht aber etwa diesem ein-, sondern nur räumlich angegliedert. Im Ministerium war inzwischen neben dem Referenten für das Feuerlöschwesen im Rahmen der Verwaltung auch ein Referent für die Feuerschutzpolizei und Feuerwehren im Kommandoamt (also bei der

Exekutive) eingerichtet worden. Zudem war der spätere Generalinspekteur Dr. Meyer damals der Leiter der Reichsfeuerwehrschule Eberswalde. Er stand dem Ministerium beratend zur Seite. (Dr. Meyer war den Freiwilligen Feuerwehren stets wohlgesonnen.)

Sehr bald konnte man bei allen Verhandlungen, zu denen das Amt für Freiwillige Feuerwehren hinzugezogen wurde, merken, daß für die Organisation der Freiwilligen Feuerwehren bereits festumrissene Entwürfe vorlagen, von denen man nicht abzugehen bereit war und die nur dann noch zu unseren Gunsten geändert werden konnten, wenn der Chef der Ordnungspolizei sich umstimmen lassen würde. Hierzu brauchten wir Unterlagen und Beweise für den Rückgang der Wehren und so schien es dem Amt, welches damals nur aus vier Personen bestand, zunächst einmal ratsam, statistisches Material aus allen Ländern des Reiches über Stärke, Mannschaftsabgänge seit 1932 usw. einzuholen.

Da erfolgte unerwartet die Eingliederung Österreichs, die eine baldige kameradschaftliche Fühlungnahme zu den dortigen Freiwilligen Feuerwehren nach sich zog.

Ich möchte nicht verfehlen, hier des greisen, aber doch noch tatkräftigen Rechtsanwalts Lampl in Linz zu gedenken, der bis dahin die österreichischen Feuerwehren geführt hatte. Alte kameradschaftliche Verbundenheit der österreichischen Wehren zu uns machte die Angliederung zu einer freudigen Zusammenarbeit.

Das Reichsfeuerlöschgesetz aber wurde durch die Eingliederung Österreichs auf Monate zurückgeworfen.

Inzwischen — April 1938 — lagen die statistischen Erhebungen aus den Freiwilligen Feuerwehren des Reiches ohne Österreich in Berlin vor. Über ein Drittel an Führer- und Mannschaftsabgängen seit 1933 waren das Ergebnis.

Unter dem Druck dieses Materials gelang es dann, dem Chef der Ordnungspolizei in einer Unterredung darzulegen, daß ohne Erhaltung der Schaffensfreude und Einsatzbereitschaft unserer bisherigen Führer, die auf Freiwilligkeit beruhende Organisation der Feuerwehren gefährdet sein müßte.

So entschloß sich der Chef der Ordnungspolizei — in sachlichem Gegensatz zu seinen hauptamtlichen Referenten — den Freiwilligen Feuerwehren auch in der Ebene der Regierungspräsidenten in Preußen und Bayern, sowie bei den diesen gleichzustellenden Landesregierungen, Feuerwehrtechnische Aufsichtsbeamte aus unseren Reihen auf ehrenamtlicher Basis zu bestellen. Diese erhielten die Bezeichnung Bezirksführer. Ebenso sollten bei den obersten Landesbehörden bzw. Oberpräsidenten wiederum aus unseren Reihen sogenannte Abschnittsinspekteure eingesetzt werden. Man wird nicht umhin können, diese Zugeständnisse als beachtlicher Erfolg der Freiwilligen Feuerwehren ansehen zu müssen.

Aber eins erfuhr man bei der entscheidenden Rücksprache mit dem Chef der Ordnungspolizei ebenfalls: Nämlich, daß dieser 1937 vor der Planung des Reichsfeuerlöschgesetzes, die gesamte Organisation der Freiwilligen Feuerwehren dem damaligen Stabschef der SA zur Übernahme in die SA — als SA-Feuerwehrstürme — angeboten hatte. Zum Glück lehnte der Stabschef der SA uns damals ab.

Damit war aber auch unser Weg als Hilfspolizeitruppe neben den zur Feuerschutzpolizei gewordenen Berufsfeuerwehren unabwendbar.

In den weiteren Verhandlungen, die hier nicht einmal andeutungsweise aufgezeichnet werden können, gelang es dann für den Fall des gemeinsamen Einsatzes von Feuerschutzpolizei und Freiwilligen Feuerwehren auf einer Brandstelle den örtlich zuständigen Kreisfeuerwehrführern und auch den Bezirksfeuerwehrführern die sogenannte „Oberleitung auf der Brandstelle“ zu retten.

Später im Kriege stellte sich diese „Oberleitung auf der Brandstelle“ aber als Scheinsieg heraus, und hatte — wie wir noch sehen werden — recht unangenehme Folgen.

Nach Österreich kamen Sudetenland und Memel zum Reich, und am 23. November 1938 wurde das Reichsfeuerlöschgesetz veröffentlicht. Es bestätigte für die Berufsfeuerwehren den Begriff Feuerschutzpolizei und für uns den Begriff einer „Technischen Hilfspolizeitruppe"; alle Ausführungserlasse blieben der Zukunft vorbehalten.

Kurz vor diesem Zeitpunkt war es gelungen, erstmalig in Osnabrück und Celle Feuerwehrscharen aus der Hitlerjugend aufzustellen; denn es gab ja kaum noch eine Möglichkeit, Nachwuchs für die Freiwilligen Feuerwehren zu erhalten.

Der Einsatz dieser Scharen in einem sogenannten Ertüchtigungslager der HJ in Sperenberg bei Berlin lenkte dann auch immerhin das Interesse der HJ-Führung auf unsere Tätigkeit.

Man dachte zwar nicht daran, damit für uns eine Nachwuchsorganisation zu schaffen. Das aber hatten wir im Sinn. Die Reichsjugendführung sah in den Scharen nur eine Betätigung im Luftschutz.

Immerhin, der Anfang war gemacht. Nach dem Erlaß des Reichsfeuerlöschgesetzes ging zwar der Mannschaftsmangel in den Freiwilligen Feuerwehren etwas zurück. Vornehmlich dadurch, daß „Volksgenossen", die immer noch nicht den Weg zu einer Parteigliederung gefunden hatten, aber von den politischen Leitern dazu gedrängt wurden, auswegsuchend in die Feuerwehren eintraten.

Frühjahr und Sommer des Jahres 1939 vergingen ohne besondere Ereignisse. Unsere Verbände bestanden noch, wenn auch der Deutsche Feuerwehrverband auf Weisung des Reichsministerium des Innern seine Tätigkeit bereits 1938 eingestellt hatte.

In Berlin arbeitete das Amt in dieser Zeit mit den Referenten der Feuerschutzpolizei an einer einheitlichen Übungsordnung. Die Meinungen gingen hier oft weit auseinander, weil die Wasserheranführung zur Brandstelle in den Großstädten stets als kurzstreckig angenommen wurde, während wir mit überlangen Schlauchleitungen von der Wasserstelle bis zur Brandstelle rechneten. Ein Kompromiß, der Abweichungen von der Regel vorsah, war schließlich das Ergebnis.

Da brach plötzlich Ende August der Krieg aus.

Die Feuerschutzpolizei und die Freiwilligen Feuerwehren waren bestimmt nicht vorbereitet; denn die Regelung der Organisation der Feuerschutzpolizei erfolgte am 27. September 1939 und der diesbezügliche Erlaß für unsere Freiwilligen Feuerwehren erst am 24. Oktober 1939.

Damit verloren die einzelnen Feuerwehren die Form eines rechtsfähigen Vereins und unsere Provinzial- und Landesverbände verfielen der Auflösung.

Das Gesetz aber besagte: Die Feuerwehren sind eine Hilfspolizeitruppe unter „straffer, staatlicher Aufsicht!"

Jede Aufsicht kostet jedoch Geld!

Als man dann an den Reichsfinanzminister herantrat und etwa 3 Millionen Mark jährlich für diese Staatsaufsicht forderte, da erfolgte die Rückfrage: Wer hat denn die Organisation der Freiwilligen Feuerwehren bisher finanziert? Antwort: Die Organisation brachte eigene Mittel aus den Beiträgen der Mitglieder auf und außerdem sind bestimmte Gelder z. B. für die Kreisfeuerwehrführer von den Kreisen geleistet worden.

Nun, dann zieht nur die Gelder wie bisher aus diesen Quellen, war die Entscheidung des Reichsfinanzministers.

Allein diesem Umstand war es zu verdanken, daß man im Januar 1940 durch einen Erlaß den Freiwilligen Feuerwehren ein Innenleben zur Erhaltung der Freiwilligkeit beließ und eine Spitzenorganisation für die selbständige Regelung des inneren Dienstes „im Amt für Freiwillige Feuerwehren" (sehr bald auch „Reichsamt Freiwillige Feuerwehren" genannt) schuf. Dieses Amt wurde wieder eine Körperschaft des Öffentlichen Rechts.

Die Beiträge der Freiwilligen Feuerwehrmänner, die früher die Verbände erhoben hatten, flossen nun in die Kasse des Amtes Freiwillige Feuerwehren. Das Amt aber bildete bei jedem Kreisfeuerwehrführer und Bezirksführer, sowie bei jedem Abschnittsinspekteur der Freiwilligen Feuerwehren eine nachgeordnete Dienststelle des Reichsamtes und so erhielt jede dieser Dienststellen nach einem dort aufzustellenden Haushaltsplan die erforderlichen Mittel, um die Aufgaben unserer als Ehrenbeamte tätigen höheren Führer erfüllen zu können. Es muß hier anerkennend hervorgehoben werden, daß die Beitragspflicht der Freiwilligen Feuerwehrmänner zum Amt für Freiwillige Feuerwehren — bis auf ganz wenige Ausnahmen — von den Gemeinden und Kreisen übernommen wurde.

Sehr bald richtete dann das Reichsamt für Freiwillige Feuerwehren unter dem Referenten Dr. Salaw eine Beschaffungsstelle für Uniformausrüstung, Schläuche und andere Dinge ein. Die hierfür benötigten Gelder wurden aus der Feuerschutzsteuer und durch einen Überbrückungskredit des Reiches in Höhe mehrerer Millionen uns zur Verfügung gestellt.

Nun, wir dürfen wohl mit Genugtuung sagen, daß wir auf Grund des uns so eingeräumten „inneren Dienstweges" bis Anfang 1944 ein sehr annehmbares Eigenleben geführt haben, welches manche Härten, die durch die Auflösung der Verbände entstanden waren, ausgeglichen hat. Unsere höheren Führer behielten eine finanzielle und personelle Unabhängigkeit in ihrer Dienststelle; denn auch alle ehemaligen Verbandsangestellten hatten wir unter Belassung in ihren Aufgabengebieten auf das „Reichsamt Freiwillige Feuerwehren" übernommen.

Im Laufe des Krieges verloren die Freiwilligen Feuerwehren gut die Hälfte aller altgedienten Kameraden durch Einziehung zum aktiven Wehrdienst. Der Ausfall wurde nach Möglichkeit durch Neuwerbung und wo diese nicht mehr erfolgreich sein konnte, durch zusätzliche Verpflichtung von „Volksgenossen" zum sogenannten kurzfristigen Notdienst, ausgeglichen.

Auch von diesen damals Notdienstverpflichteten sind viele nach dem Kriege als freiwillige Kameraden in unseren Reihen verblieben.

Ebenso gelang es, aus der HJ im Laufe des Krieges bis zu 300 000 Jugendliche zum Feuerlöschdienst heranzuziehen. Wo diese sich als Feuerwehrscharen in die Freiwilligen Feuerwehren eingliedern ließen, oder die Jungen auf unsere Gruppen und Züge als Hilfskräfte verteilt wurden, haben sie vorzügliches geleistet.

Nicht aber dort, wo die örtliche HJ-Führung oder Parteileitung einen selbständigen Einsatz dieser Jugendlichen forderte oder gegen unseren Willen diese ihrerseits verwendete. In solchen Fällen traten Selbstherrlichkeit und Geltungsbedürfnis zu sehr in Erscheinung.

In Landgemeinden konnten wir auch auf weibliche Hilfskräfte in den Jahren 1943—1945 nicht verzichten. Die Heranziehung befahl uns der Chef der Ordnungspolizei. Glücklicherweise wurden diese weiblichen Kräfte nicht etwa durch die nationalsozialistischen Frauenschaften gestellt, sondern Ehefrauen und Töchter unserer Kameraden meldeten sich fast überall freiwillig, um unerschrocken ihre Heimat gegen Feuer zu schützen.

Anfänglich befürchtete man, daß durch den Einsatz der Frauen das Ansehen der Freiwilligen Feuerwehren leiden könnte. Aber das Gegenteil war der Fall; denn dort wo einmal über die Freiwilligen Feuerwehren gelästert wurde, nahmen nun die Frauen unsere Partei und brachten Spötter sehr bald zum Schweigen.

So sei die Betätigung unserer Frauen in unseren Reihen nicht vergessen, und wenn auch der Humor in diesen Zeilen einmal zum Ausdruck kommen darf, so möchte ich darauf verweisen, daß unsere Beschaffungsstelle im Reichsamt bei den eigentlich für Männer zugeschnittenen Schutzanzügen, die nun die Frauen tragen sollten, sich sehr bald auch mit dringenden Änderungen für die Notwendigkeiten des anderen Geschlechtes befassen mußte.

Die Freiwilligen Feuerwehren aber waren vom Anfang des Krieges an im Rahmen des behördlichen Luftschutzes (Sicherheits- und Hilfsdienst besonders in Luftschutzorten II. und III. Ordnung) in einem Umfange eingespannt, wie sie es noch nie erlebt hatten. Luftgefährdete Gebiete kannten bald kaum noch ruhige Tage und überall taten unsere Kameraden unentwegt ihre Pflicht.

Trotzdem blieb auch dieser Dienst noch tragbar, bis im Frühjahr 1941 die Gegner Deutschlands zu den Terrorangriffen übergingen. Einer der ersten größeren Angriffe galt der Stadt Rostock mit ihrem Hinterland einschließlich mehrerer Gebietsteile in Pommern, so daß außerordentlich viele Freiwillige Feuerwehren zum Einsatz kamen.

Der Zeitpunkt dieses Angriffes fiel mit einer Führerbesprechung der Abschnittsinspekteure und Bezirksführer in Berlin zusammen, bei der diese unter dem Eindruck der vornächtlichen Ereignisse dem Chef der Ordnungspolizei einmal persönlich darlegen konnten, mit welchen ungeheueren Schwierigkeiten die Freiwilligen Feuerwehren zu kämpfen hatten.

Unzureichende Zuteilung von Kraftstoff, dauernde Dienstüberschneidung mit dem Dienst der Parteiformationen, die trotz des Krieges ihre Belange wichtiger einschätzten als den Dienst der Feuerwehr und vor allem auch die mangelhafte Unterstützung der Wehren durch die Gemeinden und unteren Verwaltungsbehörden wurden für die Folge als untragbar hingestellt.

Diese Aussprache veranlaßte den Chef der Ordnungspolizei, sich mit Generalfeldmarschall Milch im Luftfahrtministerium in Verbindung zu setzen und da zu den bei uns auftretenden Mißständen, auch viele andere Mängel des Luftschutzes im Rahmen einer Zusammenkunft der Reichsverteidigungskommissare bereinigt werden sollten, wurde im Luftfahrtministerium eine Dienstbesprechung angesetzt, auf welcher Offiziere der Luftwaffe und der Polizei 15 festumrissene Kurzvorträge über alle Sorgen und Nöte im Luftschutz halten mußten.

Dem Verfasser dieser Zahlen fiel selbst die Aufgabe zu, drei Kurzvorträge zu übernehmen, die sich mit den oben von uns vorgebrachten Mißständen befaßten.

Gleich im ersten Vortrag, den ein Oberst der Luftwaffe hielt, wurde leider den Freiwilligen Feuerwehren nachgesagt, daß sie zwar guten Willen zeigten, aber in der Brandbekämpfung nur schwache Erfolge nachweisen könnten. So seien die Erwartungen, die man auf sie gesetzt habe, nicht erfüllt.

In richtiger Erkenntnis der Lage schob man jedoch die Schuld hieran weniger den Freiwilligen Feuerwehrmännern und ihrer Ausbildung, als ihrer mangelhaften Ausrüstung zu; denn noch immer waren auf dem Lande unzählige Handdruckspritzen im Einsatz und wo bereits in Friedenszeiten eine Motorisierung erfolgt war, hatte man oft leider nur Tragkraftspritzen von 600 Liter Minutenleistung angeschafft. Was aber bedeuteten drei von diesen gespeisten Strahlrohre bei den Großbränden des Krieges?

Ich habe diese Begebenheit hier herausgestellt, weil der Vortrag gedanklich die Geburtsstunde der Feuerwehrbereitschaften wurde, deren organisatorischer Aufbau und deren Ausrüstungsbeschaffung das Amt für Freiwillige Feuerwehren in der Folge für sich in Anspruch nehmen darf.

Nicht nur der hierfür erforderliche Ministerialerlaß konnte seinerzeit auf dem sogenannten hoheitlichen Sektor der Freiwilligen Feuerwehren innerhalb des Hauptamtes Ordnungspolizei herausgebracht werden, (Sachbearbeiter war der stellvertretende Chef des Amtes, unser Kamerad Oberstleutnant Keßler) sondern vor allem wurde es möglich, aus dem Aufkommen der Feuerschutzsteuer die Mittel bereitzustellen, die wir für die einheitliche Ausrüstung der Feuerwehrbereitschaften brauchten. Somit wurden die Gemeinden überhaupt nicht belastet. Auch die Kontingente an Fahrzeugen (die inzwischen genormten LF 8 und LF 15), deren Beschaffung über die Amtsgruppe der Feuerschutzpolizei lief, waren ausreichend, um in kurzer Zeit die Motorisierung so weit zu treiben, daß mit den bereits vorhandenen motorisierten Kraftspritzen in den rund 1000 Stadt- und Landkreisen des Reiches 872 Bereitschaften zu je drei Zügen, jeder Zug wieder aus zwei Kraftspritzen bestehend, aufgestellt werden konnten.

Die Landräte ernannten die Führer der Bereitschaften auf Vorschlag der Kreisfeuerwehrführer.

Nun erst wurde es möglich, weit über den Rahmen der nachbarlichen Löschhilfe hinaus, überörtliche Einsätze bei Luftangriffen in geschlossenen Formationen zu leisten.

Gleichzeitig bildeten wir an den verschiedensten Punkten Deutschlands, vornehmlich in den Angriffsgebieten, große Schlauchläger von 20 000 und mehr Metern, die meistens unseren Feuerwehrschulen angegliedert waren und von diesen verwaltet wurden. Hierauf griffen die eingesetzten Feuerlöschkräfte einschließlich der Feuerschutzpolizei während oder nach Großangriffen zurück, um Verluste an Schlauchmaterial auszugleichen. Vor allem aber, um möglichst rasch wieder verwendungsfähig zu sein.

Es folgten jetzt die Zeiten der höchsten Bewährung unserer Freiwilligen Feuerwehren in Tausenden von Einsätzen, bis zum bitteren Kriegsende.

Zur Ausübung ihres privaten Berufes kamen unsere Kameraden aber kaum noch und so mußte in vielen Fällen schon deshalb formell zu Notdienstverpflichtungen der „Freiwilligen" geschritten werden, um ihnen eine ausreichende Familienunterstützung zu sichern.

Mit diesen Großeinsätzen häuften sich jedoch auch die Verluste in unseren Reihen und mancher Kamerad fiel auf dem Schlachtfeld des „totalen Krieges".

Es soll an dieser Stelle aber auch erwähnt werden, daß die Mehrheit der Mannschaftsdienstgrade der im Laufe des Krieges aufgestellten Feuerschutzpolizeiregimenter aus unseren Reihen stammte. Im dritten Regiment waren sogar die meisten Unterführer und auch eine Anzahl der Offiziere einschließlich des Regimentskommandeurs Witt aus unseren Reihen hervorgegangen.

Es wäre erhebend, mit diesem Höhepunkt der Bewährung unserer Freiwilligen Feuerwehren diese Abhandlung schließen zu können.

Aber manches würde dann unerwähnt und unverstanden bleiben, was im weiteren Verlaufe des Krieges geschah und noch heute sogar kritisiert wird.

Hier ist vor allem die Unterstellung der Freiwilligen Feuerwehren unter die SS- und Polizeigerichtsbarkeit zu nennen. Diese Gerichtsbarkeit war gefürchtet und wurde von Himmler unerwartet für die Freiwilligen Feuerwehren einschließlich der Technischen Nothilfe befohlen. Eine Einspruchsmöglichkeit gab es gegen diesen Befehl nicht. Daher mußte er als Übel des „totalen Krieges" angesehen werden. Wahrheitsgemäß können wir aber behaupten, daß schwere Urteile in unseren Reihen überhaupt nicht vorgekommen sind. Dazu wurzelte in uns allen viel zu sehr der Gedanke der freiwilligen Pflichterfüllung. Und wenn einmal örtlich Verfehlungen (vor allem unentschuldbares Fernbleiben vom Dienst) geahndet werden mußten, so handelte es sich fast immer um Notdienstverpflichtete. Aber auch in solchen Fällen griffen unsere Abschnittsinspekteure mildernd ein. Im Reichsamt Freiwillige Feuerwehren saß zudem der aus unseren Reihen stammende Rechtsanwalt Dr. Pelz und versuchte zum Guten zu wenden, wenn einem Kameraden Gefahr drohte.

Ich glaube, mit diesem Hinweis kann man diese Angelegenheit auf sich beruhen lassen.

Die zweite Frage, die oft erörtert wird, lautet: Warum wurden unsere Abschnittsinspekteure und Bezirksführer während des Krieges in ein Reserveoffiziersverhältnis zur Feuerschutzpolizei überführt?

Im Verlauf des Krieges standen Einheiten der Feuerschutzpolizei Seite an Seite mit unseren Bereitschaften. Die Verordnung über das Verhalten in Brandfällen sah bei gemeinsamem Einsatz eine technische Führung seitens der Feuerschutzpolizei vor.

Die sogenannte „Technische Oberleitung", die für Friedenszeiten gedacht war, entfiel, da jetzt die Befehlshaber der Ordnungspolizei und ihre nachgeordneten Dienststellen die Einsätze regelten.

So ist es vorgekommen, daß z. B. Führer von Feuerwehrbereitschaften zur Inempfangnahme der Einsatzbefehle zur Luftschutzleitung geeilt waren und nach Rückkehr ihre Bereitschaften nicht mehr vorfanden, weil die von Feuerschutzpolizeioffizieren mittlerweile eingesetzt waren. Hinweise auf die Unhaltbarkeit dieser Zustände blieben ohne Erfolg.

Da gab es nur noch den Ausweg, unseren höheren Führer, beginnend bei den Abschnittsinspekteuren und Bezirksführern, einen Reserveoffiziersgrad der Feuerschutzpolizei zu geben, um das Ansehen und die Befehlsgewalt dieser Kameraden nicht zu gefährden.

Soweit nicht besondere Gründe für Ausnahmen vorlagen, übernahm man im Mai 1944 die Abschnittsinspekteure im allgemeinen mit dem Dienstgrad eines Obersten der Reserve und die Bezirksführer mit dem Dienstgrad eines Oberleutnants der Reserve der Feuerschutzpolizei.

Dieser Weg wäre bei noch längerer Fortdauer des Krieges auch für die Kreisfeuerwehrführer beschritten worden, (Anfänge waren bereits gemacht) doch verlangte man hier eine entsprechende Qualifikation des Einzelnen in der Reichsfeuerwehrschule Eberswalde.

Diese vom Reichsamt Freiwillige Feuerwehren angeregte Maßnahmen hatten zwar die tragische Auswirkung, daß kurz nachdem der Chef der Ordnungspolizei Daluege durch General der Polizei Wünnenberg ersetzt wurde, auf Befehl Himmlers dem Chef des Reichsamtes (also dem Verfasser) der hoheitliche Sektor seiner Stellung, der unter dem Aktenzeichen O-Fw. (Ordnungspolizei-Feuerwehren) gearbeitet hatte, angeblich aus Gründen der Vereinfachung des Dienstbetriebes genommen und der Feuerschutzpolizei angegliedert wurde.

Geht man diesen Dingen nach — und ich halte es für richtig, nichts zu verschleiern — so lag der Hauptgrund aber wohl darin, daß von unserer Seite angeregt worden war, die Abschnittsinspekteure bzw. Bezirksführer, die ja sowieso schon Tag und Nacht vollberuflich auf ihrem Posten stehen mußten, für die Zeit bis zum Kriegsschluß in die Stäbe der in den Wehrkreisen eingesetzten Befehlshaber der Ordnungspolizei abzuordnen, um sie dort neben den Sachbearbeitern der Feuerschutzpolizei gleichberechtigt arbeiten zu lassen.

Denn da unsere Abschnittsinspekteure ihren Sitz nicht bei der Exekutive, sondern bei den Oberpräsidenten bzw. Landesregierungen hatten, wurden sie vielfach völlig übergangen und ausgeschaltet, oder sie unterstanden in ihrem Verwaltungsbereich bis zu vier Befehlshabern der Ordnungspolizei, so daß von einer Einheitlichkeit der Bearbeitung etwaiger Anordnungen keine Rede sein konnte.

Diese Abordnung unserer Abschnittsinspekteure zu den Befehlshabern der Ordnungspolizei wäre der einzige Weg gewesen, um ihren Einfluß auch in der Schlußphase des Krieges zu sichern.

Nun aber sahen bestimmte Herren in einer solchen Abordnung unserer höheren Führer die Möglichkeit anderer Komplikationen (wirklich, wir hätten uns nicht isolieren lassen). Daher untergruben sie mit Erfolg unsere Absichten, während Generaloberst Daluege vor seinem „Krankwerden" im Prinzip der Abordnung zugestimmt hatte.

Längst war in der Zeit von 1942—1944 das Amt für Freiwillige Feuerwehren aus kleinsten Anfängen heraus zu einer Dienststelle mit etwa 10 Referenten und vielen Hilfskräften auf etwa 60 Personen angewachsen. Ein eigenes Haus war für die Freiwilligen Feuerwehren in der Jägerstraße in Berlin aus Mitteln der Feuerschutzsteuer gekauft und wenn auch einfach, so doch zweckdienlich ausgebaut worden. Das Haus stand bereit, in einer glücklicheren Zeit — an die wir damals doch noch zu glauben wagten — den Deutschen Freiwilligen Feuerwehren ein Symbol der Einheit zu bieten.

Die Säulen und Mauern dieses Gebäudes stürzten im Sommer 1944 — fast gleichzeitig mit der Änderung des dienstlichen Gefüges des Amtes — im Bombenangriff zusammen. Eine vorbereitete Ausweichstelle im alten Schloß Glieneke nahm die Reste unserer Dienststelle auf, die sich fast nur noch mit Nachschubaufgaben für die Freiwilligen Feuerwehren befaßte.

Der „totale Krieg" hatte damit auch den inneren Dienstweg der Freiwilligen Feuerwehren zerstört.

Dann nahte das Ende des Krieges!

Doch der kameradschaftliche Zusammenhalt aller Freiwilligen Feuerwehren war auch noch am Tage des Zusammenbruchs unseres Vaterlandes ungebrochen und der Idealismus unserer Kameraden siegte in sofortiger Wiederaufnahme des Feuerschutzes der Heimat.

Wieder erstanden aus den Grundzellen der einzelnen Wehren, die Kreis- und Landesfeuerwehrverbände, welche sich abermals in einem neuen Deutschen Feuerwehrverband zusammenfanden.

Die Entwicklung des Freiwilligen Feuerlöschwesens in Niedersachsen

Von Benno Ladwig, Hannover,
Geschäftsführer des Landesfeuerwehrverbandes Niedersachsen

Bis zur Mitte des 18. Jahrhunderts waren allgemein die Feuerlöschordnungen der Länder, Provinzen und Städte die Grundlage, auf der sich die Feuerlöschhilfe aufbaute. Sie suchten der Gefahr hauptsächlich durch feuer- und baupolizeiliche Vorschriften und durch die Verpflichtung der Bürger zu einer allgemeinen Löschhilfe zu begegnen. Auf die Maßnahmen zur Feuerverhütung haben sich diese Vorschriften recht fruchtbringend ausgewirkt, während sie sich für die Durchführung der praktischen Brandbekämpfung auf die Dauer als unzureichend erwiesen. Die Ursache dieses Versagens lag im System begründet: einem großen Aufgebot an verpflichteten, aber ungeübten Helfern unter mangelhafter Anleitung standen die damals technisch noch wenig entwickelten Löscheinrichtungen gegenüber. Erst mit der Gründung Freiwilliger Feuerwehren trat an die Stelle der unzulänglichen Gemeinde-Löschmannschaften eine für die Brandbekämpfung besonders geschulte, minder zahlreiche Feuerwehr, deren freiwillige Mitglieder ihren Dienst aus reiner Nächstenliebe und aus bürgerlichem Verantwortungsgefühl mit Lust und Liebe versahen und sich die Technik mehr und mehr zunutze machten.

1. Die ersten Freiwilligen Feuerwehren

Dieser Gedanke der Freiwilligen Feuerwehr, der Mitte der vierziger Jahre in Süddeutschland zuerst gefaßt und verwirklicht wurde, brach sich im nördlichen Deutschland allerdings sehr langsam Bahn. Zwar bildeten sich vereinzelt Freiwillige Feuerwehren, — so 1850 in Hannover die Rettungsschar des Männerturnvereins, 1855 in Goslar die Turner-Feuerwehr, 1856 in Göttingen die Feuerwehr der Turngemeinde und 1860 die Freiwilligen Feuerwehren von Stade und Harburg —, doch konnte sich die Idee noch nicht allgemein durchsetzen. Erst das Deutsche Turnfest in Leipzig im Jahre 1863, auf dem innerhalb von Vorführungen auch eine große Übung der Leipziger

Feuerwehr gezeigt wurde, gab den Anstoß zur Gründung zahlreicher Feuerwehren innerhalb der Turnvereine und aus den Reihen der Turner heraus. In Nordwestdeutschland ist die Gründung der ersten Freiwilligen Feuerwehren fast überall auf die Turnerschaft zurückzuführen.

Im Jahre 1863 entstanden Freiwillige Feuerwehren in Osterode und Winsen/Luhe, 1864 in Lüneburg, Hameln und Celle, wo Karl Ellecke, der geistige Stifter der meisten niedersächsischen Feuerwehren, wirkte, 1865 in Rinteln und Wittingen. Doch war ihre Zahl noch zu klein, und sie lagen räumlich zu weit voneinander entfernt und in verschiedenen Provinzen mit unterschiedlichen Feuerordnungen, als daß der von Karl Ellecke aus Celle ins Auge gefaßte Plan eine Zusammenfassung zu einem Verband schon hätte verwirklicht werden können.

2. Der Niedersächsische Feuerwehrverband

Und doch lag schon bald nach Gründung der ersten Freiwilligen Feuerwehren ein echtes Bedürfnis für einen Zusammenschluß zum Zwecke des gegenseitigen Gedankenaustausches und zur Wahrung der hohen Ideale und ethischen Werte des Freiwilligen Feuerwehrwesens vor. Sobald daher die Anzahl der Freiwilligen Feuerwehren entsprechend zugenommen hatte, fanden sich auch die Männer, dieses Werk zu verwirklichen.

Vorbereitet und ins Leben gerufen wurde der Zusammenschluß der Freiwilligen Feuerwehren von dem derzeitigen Hauptmann des Freiwilligen Feuerlösch- und Rettungsvereins zu Harburg, Eduard Neumeier, dem Hauptmann der Freiwilligen Turnerfeuerlösch- und Rettungsschar zu Lüneburg, Johannes Westphal, und seinen treuen Kameraden Hermann Schäfer (dem Älteren) und Johannes Busse aus Lüneburg. Dem alten Ellecke zu Celle schien das Vorgehen damals noch zu früh, doch arbeitete er tatkräftig mit, als die Sache einmal eingeleitet war.

Die Gründung des Verbandes erfolgte am 26. Juli 1868 auf dem ersten Niedersächsischen Feuerwehrverbandstag in Harburg, zu dem die Freiwilligen Feuerwehren von Harburg und Lüneburg am 5. Mai 1868 aufgerufen hatten. In Anlehnung an das Turnerwesen, das damals noch einen „Niedersächsischen Turngau" kannte, wurde dem Verband damals schon der Name „Niedersächsischer Feuerwehrverband" gegeben. Er umfaßte ursprünglich die Freiwilligen Feuerwehren Hannovers, Schleswig-Holsteins, Mecklenburgs, Braunschweigs, Oldenburgs, der beiden Lippe und der Hansestädte. Auf dem ersten Niedersächsischen Feuerwehrverbandstag waren Deputierte aus 32 Städten vertreten; 14 Wehren traten dem neu gegründeten Verband bei.

Der Gründung des Verbandes folgte ein Aufschwung ohnegleichen! Zahlreiche Neugründungen von Freiwilligen Feuerwehren waren der sichtbare Erfolg der Arbeit des Verbandes. Die Pflichtfeuerwehren wurden mehr und mehr verdrängt. Die Bemühungen des Verbandes um eine einheitliche Ausbildung, Ausrüstung und Uniformierung der Wehren, der anerkannte Fortschritt in Entwicklung und Leistung brachte den Freiwilligen Feuerwehren wachsende Anerkennung, Beachtung und Unterstützung auch von behördlichen Stellen. Vor allem erkannten die Brandkassen die Wahrung ihrer eigensten Interessen durch die Freiwilligen Feuerwehren und förderten durch Beihilfen die Beschaffung von Löschgeräten.

Die Marksteine der Entwicklung des jungen Verbandes waren die Feuerwehrtage, die alle zwei Jahre durchgeführt wurden. Sie fanden bis 1883 neunmal statt.

Während der Verband bei seiner Gründung im Jahre 1868 nur 14 Freiwillige Feuerwehren mit 320 Mitgliedern umfaßte, zählt er am 10. Feuerwehrtag im Jahre 1885 in Hildesheim bereits 148 Freiwillige Feuerwehren mit 9000 Mitgliedern!

Damit war die Aufgabe, die sich der „Niedersächsische Feuerwehrverband" gestellt hatte, nämlich anregend und fördernd auf die weitere Errichtung Freiwilliger

Feuerwehren zu wirken und mehr und mehr Anhänger für die Idee der Freiwilligen Feuerwehren zu gewinnen, durchaus erreicht worden. Darüber hinaus hatte der Verband nach allen Seiten hin wertvolle Anregungen gegeben, hatte insbesondere, — wenn auch noch ohne Ergebnis, — die Schaffung einheitlicher Statuten, Dienstordnungen, Übungsvorschriften, Signale usw. angeregt, durch den „Verband ländlicher Feuerwehren" unter Justus Gottlieb Kaltwasser aus Lüneburg die Einrichtung von Dorffeuerwehren gefördert und bereits eine gesetzliche Regelung des Feuerlöschwesens angestrebt. Auch die Schaffung einer Verbands-Unterstützungskasse für im Feuerwehrdienst verunglückte Feuerwehrkameraden wurde damals schon betrieben. Ebenso beschäftigte man sich auch mit den technischen Aufgaben des Feuerlöschwesens.

Von den Behörden erhielt der Feuerwehrverband noch keine nennenswerte Unterstützung. Man suchte sie aber auch nicht nach, da man es vorzog, auf eigenen Füßen zu stehen. Solange der Feuerwehrverband mehrere Länder umfaßte, war überdies mit einer Unterstützung seitens der Behörden auch kaum zu rechnen.

Anfangs hatte die Leitung des Feuerwehrverbandes jeweils in den Händen eines „Vorortes" gelegen, der auf den Feurwehrverbandstagen gewählt wurde. Diese Einrichtung bewährte sich jedoch auf die Dauer nicht. Es wurde daher auf dem Feuerwehrtag zu Osterode im Jahre 1879 ein ordnungsmäßiger Verbandsvorstand gewählt. Dabei wurde Johannes Westphal, Lüneburg, zum Vorsitzenden, und die Kameraden Beyer, Güstrow, Scheller, Wittingen, Körtling, Hannover, Delius, Harburg, Billep, Uelzen, und Wiegels, Soltau, zu weiteren Vorstandsmitgliedern gewählt. Auf der ersten Vorstandssitzung wurden die Kameraden Hermann Schäfer (der Ältere), Lüneburg, als Schriftführer und Johannes Busse, Lüneburg, als Rechnungsführer zugewählt.

3. Der Feuerwehrverband für die Provinz Hannover

Inzwischen hatten sich die im großen „Niedersächsischen Feuerwehrverband" vereinten Länder großenteils selbständig gemacht und eigene Verbände gebildet. Als Dachorganisation war der „Preußische Landesfeuerwehrverband" entstanden. Aus diesem Grunde beschlossen die Deputierten des 9. Niedersächsischen Feuerwehrtages 1883 in Verden, den Niedersächsischen Feuerwehrverband in einen „Feuerwehrverband für die Provinz Hannover" umzuändern und dem „Preußischen Landesfeuerwehrverband" beizutreten. Auf den Erfolgen der ersten Jahre aufbauend setzte sich der Provinzial-Feuerwehrverband die Aufgabe, insbesondere bessere und zeitgemäße Feuerlöscheinrichtungen herbeizuführen.

Bis zum Jahre 1933 hielt der Provinzial-Feuerwehrverband insgesamt 25 Feuerwehrtage ab.

Die Leitung des Verbandes lag bis zum Jahre 1904 in den Händen des ersten Vorsitzenden, Johannes Westphal, Lüneburg, der von seinem mit großem Idealismus und mit ebenso großem Wissen, Können und Führertalent verwalteten Amt am 15. Februar 1904 durch den Tod abberufen wurde. Ihm folgte nach einstimmiger Wahl Georg Wiese, Harburg, der das Amt des Vorsitzenden ebenfalls bis zu seinem Tode am 20. November 1914 ausübte. Nach ihm übernahm Adolf Westphal, Lüneburg, der Sohn des verstorbenen ersten Verbandsvorsitzenden, die Leitung des Verbandes. Er hat ausschlaggebenden Anteil am weiteren Ausbau des Freiwilligen Feuerlöschwesens und hat sich unauslöschliche Verdienste um den Feuerwehrverband erworben. Als er am 9. Juli 1929 starb, löste ihn Carl Freundel, Peine, ab, der dank seiner Stellung im öffentlichen Leben als Senator, Kreis- und Landtagsmitglied und als begeisterter Feuerwehrmann den Verband mit viel Geschick durch alle Schwierigkeiten der damaligen Zeit zu steuern vermochte. Unter diesen Vorsitzenden und mit der tatkräftigen Unterstützung der übrigen Vorstandsmitglieder und der zahlreichen Mitarbeiter in der ganzen Provinz Hannover konnte in all diesen Jahren überaus erfolgreiche Arbeit geleistet werden.

Der Vorstand führte Besichtigungen der Verbandswehren durch, um den Ausbildungs- und Leistungsstand zu beurteilen, Mängel und Fehler abzustellen, Aufklärung, Anregungen und Ratschläge zu geben. Später wurden für diese Aufgaben in allen Kreisen der Provinz Kreisbrandmeister eingesetzt. Der Verband regelte die Kommandoverhältnisse auf der Brandstelle, die nachbarliche Löschhilfe und den Einsatz der Wehren bei gemeiner Not und Gefahr. Vorbeugender Feuerschutz, Feuerschau, Gasschutz bei der Feuerwehr, Waldbrandbekämpfung, alle diese uns heute geläufigen Probleme wurden damals schon angepackt und in vielen Fällen zur Klärung geführt.

Der Verband schuf Musterkostenanschläge für den Bau von „Spritzenhäusern", wie die Gerätehäuser damals noch hießen. Er erreichte von der Oberpostdirektion Hannover besondere Anweisungen für den Feuermeldedienst über Telegraph und Fernsprecher. Gemeinsam mit der Landschaftlichen Brandkasse gab er 1911 die Schrift „Ratschläge für die Wasserversorgung zu Feuerlöschzwecken" heraus und verteilte sie an sämtliche Verbandswehren. Die Anschaffung von Motorspritzen wurde, nicht zuletzt durch Beihilfen der Landschaftlichen Brandkasse, tatkräftig gefördert. Zur Prüfung von Motorspritzen, Feuerlöschbrunnen usw. setzte die Landschaftliche Brandkasse im Jahre 1933 einen besonderen Revisionswagen ein.

Der Hannoversche Provinzial-Feuerwehrverband kann auch für sich in Anspruch nehmen, in seinem Bereich die erste „Kreisschlauchmacherei" besessen zu haben, eine Einrichtung, die heute als Kreisschlauchpflegerei zum festen Bestandteil der Feuerlöscheinrichtungen eines Kreises geworden ist. Sie wurde nach den Ideen des Oberbrandmeisters Weigel, Berlin, von dem damaligen Kreisbrandmeister Walter Schnell, der bei der Berufsfeuerwehr Berlin volontiert hatte, im Jahre 1929 in der Stadt Celle für den Landkreis Celle aufgebaut.

Ein schon vom „Niedersächsischen Feuerwehrverband" angestrebter Normal-Übungsplan zur Beseitigung der Verschiedenheiten in den Freiwilligen Feuerwehren und mit dem Ziel einer reibungslosen Zusammenarbeit aller Wehren konnte 1904 erstmalig eingeführt werden. 1926 erschien die „Übungsordnung für die Feuerwehren der Provinz Hannover" im Druck; sie berücksichtigt bereits die Motorspritzen und fordert die Einheitsausbildung aller Feuerwehrmänner. Zur Ausbildung der Führer wurden 1905 besondere Führerkurse eingerichtet und die erforderlichen Lehrpläne dafür erstellt. Seit 1911 wurden auch Unterrichtskurse bei den Berufsfeuerwehren in Hamburg und Hannover abgehalten, um die sich besonders die Branddirektoren Westphalen, Hamburg, und Effenberger, Hannover, verdient gemacht haben. 1929 begannen dreitägige Lehrgänge für die einzelnen Regierungsbezirke. Den Höhepunkt dieser Ausbildungs- und Schulungsarbeit erreichte der Provinzialfeuerwehrverband mit der Eröffnung der Provinzialfeuerwehrschule in Celle am 26. April 1931. Sie ist im heutigen Bundesgebiet die älteste Feuerwehrschule; vor ihr bestand lediglich die Schule des Provinzialfeuerwehrverbandes Brandenburg in Bahrensdorf. Um die Gründung der Schule in Celle haben sich vor allem der damalige Verbandsvorsitzende Carl Freundel, Peine, der Verbandsgeschäftsführer Hermann Schäfer, Lüneburg, und der Kreisbrandmeister Walter Schnell, Celle, der auch der erste Leiter der Schule wurde, verdient gemacht. Geldgeber waren die Landschaftliche Brandkasse Hannover, die später jedoch den aufgewandten Betrag aus der Feuerschutzsteuer erstattet bekam, und die Stadt Celle. Diese Schulungsstätte sollte bald zum Mittelpunkt der gesamten Arbeit des Verbandes werden, zumal auch die Verbandsgeschäftsstelle mit Friedrich Windhorst, Grohn, als erstem hauptamtlichen Geschäftsführer am 9. Dezember 1932 dorthin verlegt wurde.

Nachdem schon 1877 die „Illustrierte Zeitschrift für die Deutsche Feuerwehr" zum Verbandsorgan erklärt worden war, wurde 1905 die inzwischen gegründete

„Hannoversche Feuerwehrzeitung", herausgegeben von Johannes Dittmann, Jork, die Zeitschrift des Verbandes.

Besondere Beachtung verdienten schon im „Niedersächsischen Feuerwehrverband" die hervorragenden Verbandsstatistiken, die erstmals 1872 von dem Schriftführer Hermann Schäfer zusammengestellt und von seinem gleichnamigen Sohn als Schriftführer weitergeführt wurden. Sie gaben viel beachtete, inhaltsreiche und hochinteressante Übersichten über die Tätigkeit und den Einsatz der Freiwilligen Feuerwehren.

Die Satzungen des Verbandes wurden jeweils den veränderten Verhältnissen angepaßt. Als Zweck des Verbandes wird „die Förderung des freiwilligen Feuerwehrwesens in der Provinz Hannover sowie des Feuerlöschwesens im Allgemeinen" angegeben. Für die Kreisfeuerwehrverbände, die sich inzwischen innerhalb des Provinzialverbandes gebildet hatten, wurde vom Provinzialfeuerwehrverband ein entsprechender Satzungsentwurf ausgearbeitet.

Schon seit dem Jahre 1881 stellte die Landschaftliche Brandkasse Hannover „in Wahrnehmung des gegenseitigen Nutzens" dem Verband eine jährliche Beihilfe zur Bestreitung der Verwaltungskosten zur Verfügung. Eine Zeitlang gaben auch die Stadt- und Landkreise jährliche Zuschüsse an den Verband. Erst 1931 wurde die Erhebung von Beiträgen von den Mitgliedern beschlossen.

Im Jahre 1884 errichtete die Landschaftliche Brandkasse Hannover aus eigenem Antrieb eine Unterstützungskasse für beim Feuerwehrdienst verunglückte Feuerwehrmänner, damit diese bei eintretendem Unfall mit ihrer Familie nicht in Not gerieten. Damit war erreicht, was schon seit Jahren angestrebt worden war. Die Beiträge zu dieser Kasse wurden zum Teil von den Mitgliedern (den Feuerwehrmännern), zum Teil von der Landschaftlichen Brandkasse und zum Teil von den Gemeinden aufgebracht. Seit 1928 ist jeder Feuerwehrmann von Gesetz wegen in der Unfallpflichtversicherung versichert; mit der Durchführung dieser Versicherung wurde jedoch weiterhin die Brandkasse betraut. Diese hatte 1913 auch eine „Sterbekasse für die Hannoverschen Feuerwehren" ins Leben gerufen und 1916 die Versicherung der Gespannpferde übernommen. 1933 gab sie Unfallverhütungsvorschriften für die Feuerwehren heraus. In all diesen Fällen hatte die Landschaftliche Brandkasse stets das Beste für die Freiwilligen Feuerwehren im Auge.

Neben dem Provinzialfeuerwehrverband wurde am 19. März 1911 der „Kreisbrandmeister-Verband für die Provinz Hannover" ins Leben gerufen, der regelmäßige Kreisbrandmeister-Tage durchführte. Die Kreisbrandmeister jener Zeit sind, auch wenn sie noch keine Ehrenbeamte waren, in ihrem Aufgabenbereich den heutigen Feuerwehrtechnischen Aufsichtsorganen gleichzustellen. Ihrem gegenseitigen Erfahrungsaustausch diente der Zusammenschluß in einem eigenen Verband. Er sollte außerdem da eingreifen, wo der Provinzialfeuerwehrverband keinen unmittelbaren Einfluß hatte: bei den Pflichtfeuerwehren und bei den noch außerhalb des Verbandes stehenden Freiwilligen Feuerwehren. Vorsitzender des Kreisbrandmeister-Verbandes war zuerst Oskar Müller, Burgdorf, dann Paul Müller, Celle. 1937 verschmolz der Kreisbrandmeister-Verband mit dem Provinzialfeuerwehrverband.

Zur Hebung der Dienstfreudigkeit stiftete der Verband im Jahre 1889 eine Anerkennungsurkunde für 25jährige Tätigkeit in der Feuerwehr und 1901 ein sichtbar zu tragendes Ehrenzeichen.

Bei all dieser vielseitigen organisatorischen, schulischen, technischen und sozialen Arbeit des Verbandes wurde der Gedanke an eine einheitliche Regelung des Feuerlöschwesens nicht aufgegeben. Wiederholt wurden dieserhalb Eingaben gemacht und Verhandlungen geführt, da die Verschiedenheit der Feuerlöschordnungen die Entwicklung der Freiwilligen Feuerwehren hemmte. Ein Erfolg wurde schließlich mit der Polizeiverordnung des Oberpräsidenten für die Provinz Hannover vom Jahre 1908, die die „Regelung des Feuerlöschwesens in der Provinz Hannover" betrifft, erzielt.

Mit dieser Verordnung wurden die Freiwilligen Feuerwehren, die in sich nach Vereinsrecht organisiert waren, als Schutzwehren im Sinne des Strafgesetzbuches anerkannt. Wörtlich heißt es in der Verordnung: „§ 1: In jeder Stadt- und Landgemeinde ... ist eine Feuerwehr einzurichten... Die Feuerwehr ist durch Übungen für ihre Aufgabe, Schadenfeuer zu bekämpfen, auszubilden und fähig zu halten. ... § 12: ... Im übrigen bleibt den Freiwilligen Feuerwehren die selbständige Regelung ihrer Organisation überlassen..."

Der Krieg 1914/18 riß große Lücken in die Reihen der Freiwilligen Feuerwehren. Es ist ein Verdienst des Provinzialfeuerwehrverbandes und der Landschaftlichen Brandkasse, schon frühzeitig auf die drohenden Gefahren im Kriege hingewiesen und die besondere Bedeutung des Feuerlöschwesens gerade im Kriege herausgestellt zu haben. Bezüglich der Durchführung der Hilfsdienstpflicht, der Einstellung von Ersatzmannschaften in die Feuerwehr und der Bereitstellung des erforderlichen Materials konnten aber nur teilweise Erfolge erzielt werden. Schon damals hatten die Freiwilligen Feuerwehren in den Grenzgebieten die ersten Brände nach Luftangriffen zu bekämpfen. Der Verband sorgte durch eine Kriegspatenversicherung für die bedürftigen Kriegerwaisen seiner gefallenen Kameraden.

Nach dem Kriege standen die Freiwilligen Feuerwehren vor neuen großen Aufgaben: Auffüllung der Mannschaft, Nachwuchsfragen, Instandhaltung der vorhandenen Geräte, vorbeugende Maßnahmen, Versicherung der Feuerlöschgeräte und vieles andere mehr. Auch über die Schwierigkeiten der Kriegs- und Nachkriegsjahre aber setzten sich die Freiwilligen Feuerwehren mit ihrem unzerstörbaren Idealismus hinweg, wie sie auch die Gefahren der späteren Zeit überwanden.

4. Die Feuerwehren unter staatlicher Aufsicht

Das Gesetz über das Feuerlöschwesen im Lande Preußen vom 15. Dezember 1933 brachte den Freiwilligen Feuerwehren auf der einen Seite die seit langem angestrebte staatliche Anerkennung, jedoch zugleich auch eine Staatsaufsicht, die laut Mustersatzung für die Provinzialfeuerwehrverbände von einem Berufsfeuerwehrführer als „Technischen Leiter" wahrgenommen werden sollte. Die öffentlichen Aufgaben der Freiwilligen Feuerwehr und ihre Gemeinnützigkeit fanden zwar Anerkennung, doch wurde die Organisation als eine „Polizei-Exekutive besonderer Art" dem Ortspolizeiverwalter unterstellt. Die Freiwilligen Feuerwehren bewahrten als eingetragene Vereine, und die Kreis- und Provinzialfeuerwehrverbände sogar als Körperschaften des öffentlichen Rechts zwar noch weitgehend ihre Selbständigkeit, jedoch vertrug sich diese Rechtsstellung nicht mit dem gleichzeitig eingeführten „Führerprinzip".

Auf Grund des im Gesetz verankerten Höchstalters für Feuerwehrführer wurde der Verbandsvorsitzende Carl Freundel, Peine, in seinem Amt nicht bestätigt, sondern am 10. Februar 1934 Kreisbrandmeister Walter Schnell, Celle, vom Oberpräsidenten zum neuen Provinzialfeuerwehrführer ernannt. Die letzte Vorstandssitzung des alten Verbandsvorstandes eröffnete der Vorsitzende Carl Freundel mit den Worten: „Wenn wir uns heute hier versammelt haben, und wenn ich Sie, meine verehrten Kameraden, gebeten habe, nochmals hier zusammen zu kommen, so geschah dies aus dem einfachen Grunde, weil ich heute noch das Recht habe, den Vorstand einzuberufen. Ob ich übermorgen noch dazu in der Lage bin, kann ich nicht sagen. Ich habe es für meine Pflicht gehalten, den Vorstand noch einmal zusammen zu holen, da es voraussichtlich die letzte gemeinsame Sitzung ist. Die jahrzehntelange innige Verbundenheit in unserem Vorstand bedingte es m. E. unter allen Umständen, den Vorstand, bevor der neue Führer bestätigt ist und derselbe seine Mitarbeiter ernannt hat, noch einmal zusammenzurufen ... Aus dem Feuerlöschgesetz geht hervor, daß die Führer mit dem 60. Lebensjahr ihre Ämter niederzulegen haben und dazu gehört der größte Teil ...“ Senator Carl Freundel war der erste Verbandsvorsitzende, der seinen Platz zu Lebzeiten verlassen mußte, weil das Gesetz es so vorschrieb. Sein Abschied war ein großer Verlust für das Feuerlöschwesen der Provinz Hannover.

Unter den dergestalt veränderten Verhältnissen gelang es dem neuernannten Provinzial-Feuerwehrführer, dank seiner gleichzeitigen Stellung als Leiter der Provinzial-Feuerwehrschule Celle, dennoch, seine Stellung neben dem Amt des „Technischen Leiters“ zu behaupten und den Verband zu einem Höhepunkt seiner Entwicklung und Wirksamkeit zu führen. Die Polizei griff praktisch in die Arbeit der Freiwilligen Feuerwehr nicht ein. Und das bewährte kameradschaftliche Zusammenwirken aller Feuerwehrführer sicherte auch auf der neuen gesetzlichen Grundlage weitgehend die Eigenführung und Selbstverwaltung der Freiwilligen Feuerwehren. Ja, der Aufstieg der Freiwilligen Feuerwehren war unverkennbar. Im Jahre 1935 gab es in der Provinz Hannover 1 900 Freiwillige Feuerwehren, die in 60 Kreisverbänden zusammengefaßt waren und 96 000 Mann umfaßten. Damit stand die Provinz Hannover an der Spitze im ganzen Deutschen Reich. Durch die Einführung der Feuerschutzsteuer im Jahre 1936 wurde auch die Finanzierung des Feuerlöschwesens einheitlich geregelt.

Die 1931 geschaffene Provinzial-Feuerwehrschule in Celle war ständig weiter ausgebaut worden und hatte den Ausbildungsstand der Freiwilligen Feuerwehren beträchtlich gefördert. Im Jahre 1934 veröffentlichte Walter Schnell, Celle, sein Lehrbuch für die Feuerwehrschule „Die Dreiteilung des Löschangriffs“ und legte damit die Grundlage für die heute noch gültige Angriffsform der Löschgruppe. Außerdem forderte er darin die Ausbildung zum Einheitsfeuerwehrmann und zeigte einen klaren Ausbildungsweg dazu über die Schulübung auf. In der Angriffslehre trat er für den Innenangriff ein.

Höhepunkte dieser Jahre stärkster Aufbauarbeit waren der Provinzial-Feuerwehr-Aufmarsch in Celle am 20./21. Juni 1936, wo die Freiwillige Feuerwehr zum erstenmal zu Feuerwehr-Wettkämpfen antrat, die großen Anklang fanden. Beim Rheinisch-Westfälischen Feuerwehr-Aufmarsch am 20. Juni 1937 in Düsseldorf zeichneten sich die Hannoveraner unter den aufmarschierenden 20 000 Feuerwehrmännern in Haltung und Können besonders aus.

Am 1. Januar 1938 wurde Provinzialfeuerwehrführer Walter Schnell als Vorsitzender des Amtes für Freiwillige Feuerwehren im Preußischen Feuerwehrbeirat nach Berlin berufen. Sein Nachfolger in Hannover als Provinzialfeuerwehrführer wurde Ernst Buchholz, Garssen, bisher Kreisfeuerwehrführer im Landkreis Celle. Es war ihm nur kurze Zeit vergönnt, die Geschicke des Verbandes zu leiten. In dieser kurzen Zeit aber hatte er gewiß die schwierigste Situation zu meistern! Als er am 19. November 1944 als Oberstleutnant in Italien fiel, verloren die Freiwilligen Feuerwehren einen allseits beliebten und hochgeschätzten Kameraden. Die Leitung der Provinzialfeuerwehrschule in Celle wurde als erstem hauptamtlichen Feuerwehrschuldirektor dem damaligen Wehrführer Hermann von dem Bussche übertragen. Während des Kriegsdienstes und nach dem Heldentod des Kameraden Buchholz führte dieser die Aufgaben des Provinzialfeuerwehrführers bzw. später Abschnittsinspekteurs bis zum Zusammenbruch von 1945 weiter.

Das Reichs-Gesetz über das Feuerlöschwesen vom 23. November 1938 schaltete die bisherige Selbständigkeit der Freiwilligen Feuerwehren völlig aus. Die Feuerwehren verloren ihre Rechtsform als Verein, die Provinzial- und Landesfeuerwehrverbände wurden aufgelöst, die Freiwilligen Feuerwehren wurden zu einer Hilfspolizeitruppe unter „straffer, staatlicher Aufsicht“ umgeformt. Die Feuerwehr, einst eine freie Bürgervereinigung, dann gemeindliche Einrichtung, wurde zur Truppe! Von der „Freiwilligen“ Feuerwehr wäre nur noch das

Wort „Freiwillig" erhalten geblieben, wenn nicht die alten Feuerwehrkameraden im tiefsten Innern der Idee der Freiwilligen Feuerwehr treu geblieben wären!

Ohne Zweifel hat sich dieses Gesetz dennoch auch fördernd auf die Entwicklung des Feuerlöschwesens ausgewirkt. Die Schaffung verbindlicher Reichsnormen brachte eine Vereinheitlichung der Geräteausrüstung, die straffere Handhabung der Lehrgänge an den Feuerwehrschulen bewirkte eine bemerkenswerte Leistungssteigerung, die neue Organisationsform erhöhte die Schlagkraft der Wehren, die Verbesserung der technischen Ausrüstung förderte die Motorisierung beachtlich. 34 500 Wehren mit 1,7 Millionen Mitgliedern standen bei Ausbruch des Krieges im Reich bereit zur Abwehr von Feuersgefahr und Brandschäden!

5. *Freiwillige Feuerwehren im Kriege*

„Es gibt keinen persönlicheren Zeugen des größten Zerstörungswerkes der Weltgeschichte als den Feuerwehrmann dieses Krieges", schreibt Hans Rumpf in seinem Buch „Der Hochrote Hahn". „Dreiviertel aller Zerstörungen wurden durch Feuer verursacht. Nie vorher in der Geschichte ist soviel gebrandstiftet worden." Nur eine straff geregelte Brandabwehr konnte hiermit fertig werden. Und so hatten manche Maßnahmen des Reichsgesetzes von 1938 für die Dauer des Krieges wohl ihre Berechtigung.

Um einen überörtlichen Einsatz der Feuerwehren zum Schutz der Städte zu erleichtern, wurden die Feuerwehren im Kriege zu Feuerwehr-Bereitschaften zusammengefaßt, die nachts in erhöhter Alarmbereitschaft lagen. Die Freiwilligen Feuerwehrmänner nahmen diese großen Belastungen ohne Murren auf sich. Nach schwerer Tagesarbeit versammelten sie sich Jahr für Jahr in den Alarmunterkünften und in zahllosen Fällen rückten sie zum Schutz für die ihnen zugeteilte Stadt aus, um die Wunden des Krieges zu mildern.

Die durch Einberufungen zum Wehrdienst stark gelichteten Reihen der Freiwilligen Feuerwehren wurden durch Hilfskräfte verstärkt, denen erst selbst die notwendigste Ausbildung gegeben werden mußte. Anfang 1943 wurden sogar Frauen zum Brandschutzdienst bei der Freiwilligen Feuerwehr herangezogen und in Lehrgängen an der Provinzialfeuerwehrschule in Celle geschult. Es gab Feuerwehren auf dem Lande, die mehr Frauen als Männer zählten; ja, im letzten Kriegsjahr bestanden manche Feuerwehren nur noch aus Frauen! Frauen und Mädchen traten in die Lücken der Freiwilligen Feuerwehr und ersetzten die Männer, die an der Front standen.

War dieser Dienst schon für die Frauen zu schwer, so überstieg er vollends die Leistungsfähigkeit der Jugend, die in Jugendfeuerwehrscharen zum Feuerlöschdienst herangezogen wurden. Ihnen wurde im Inferno dieses Krieges eine Verantwortung aufgeladen, die für ihre Schultern offensichtlich zu schwer war. Aber auch sie haben sich in dem schweren Dienst zum Teil hervorragend bewährt.

Etwas gänzlich Neues war die Aufstellung der Feuerschutzpolizei-Regimenter, von denen das 2. Regiment im Raum Hannover-Westfalen stand. Diese Regimenter stellten überörtliche, schnellbewegliche Kräfte dar, eine mobile Feuerschutzpolizei für die Heimatverteidigung, wurden aber vorübergehend auch im besetzten Gebiet eingesetzt. Während die Offiziere und Unterführer vorwiegend aus dem aktiven Personal der Feuerschutzpolizei entnommen waren, rekrutierten sich die Mannschaften ausschließlich aus den Freiwilligen Feuerwehren. Die Verluste an Feuerwehrmännern waren in diesem furchtbaren Krieg, in dem das Feuer als Kriegsmittel wirkte, überaus groß; unverhältnismäßig hoch waren insbesondere die Verluste der höheren Führer der Freiwilligen Feuerwehren.

6. Die Feuerwehren als Gemeindeeinrichtungen

Der Zusammenbruch des Jahres 1945 wirkte sich auch auf die Freiwilligen Feuerwehren verheerend aus. Viele Feuerwehren verloren ihr Gerätehaus und ihre gesamte Ausrüstung durch Bomben, Artilleriebeschuß oder Brand. Zahllose Löschfahrzeuge gingen mit ihrem Zubehör noch in den letzten Kriegstagen während der verzweifelten Löscharbeiten in den von Bomben heimgesuchten Städten durch Feindeinwirkung in Trümmer. Was die Vernichtungsmaschine des Krieges den Feuerwehren noch gelassen hatte, wurde von den vordringenden Truppen für ihren Bedarf mitgenommen und verschleppt. Den Rest aber plünderten lichtscheue Elemente. Das wertvolle Schlauchmaterial verschwand aus den Trockentürmen der Feuerwehrgerätehäuser. Fangleinen, Leitern, elektrische Handlampen, Werkzeuge alle Art, Ausrüstungsgegenstände, wie Mäntel, Röcke, Hosen, Mützen, Hakengurte usw. wurden aus den Gerätehäusern der Freiwilligen Feuerwehren entwendet. Die Führer der Feuerwehren wurden zum Teil verhaftet, den Feuerwehrmännern die Uniform aus dem Schrank geholt. Die durch den Krieg ohnehin stark gelichteten Mannschaften waren machtlos gegen dieses Treiben. Das Feuerlöschwesen schien völlig zerschlagen.

Aber schon am 18. August 1945 verkündete der Oberpräsident von Hannover die Anordnung Nr. 7 der Militärregierung über die Organisation des Feuerlöschwesens. Das Reichsgesetz blieb vorerst unter Ausschaltung seiner typisch nationalsozialistischen Bestimmungen in Kraft. Jedoch schied die Feuerwehr wieder aus dem Verband der Polizei aus und wurde eine Einrichtung der Gemeinde. Die Freiwilligen Feuerwehren der Provinz Hannover wurden zur Landesfeuerwehr Hannover zusammengefaßt. Die ehemalige Dienststelle des Abschnittsinspekteurs in der Feuerwehrschule Celle wurde als Dienststelle des Landesbrandmeisters vorerst weitergeführt. Aber schon am 31. Juli 1945 wurde der heutige Landesbranddirektor im Niedersächsischen Ministerium des Innern, Fritz H e i m b e r g, zum Inspekteur des Feuerlöschwesens in der Provinz Hannover ernannt.

Nun begann ein Wiederaufbau des zerschlagenen Feuerlöschwesens, der größte Anforderungen an die alten bestätigten und an die neu eingesetzten Bezirks- und Kreisbrandmeister stellte. Aber es waren alte, von idealistischem Schwung getragene Feuerwehrmänner, die an ihre Aufgabe glaubten und sie mutig und entschlossen anpackten und auch lösten.

Die Grundlage für den Wiederaufbau wurde durch Einzelerlasse gelegt, bis schließlich, nach der inzwischen erfolgten Schaffung des Landes Niedersachsen, am 21. März 1949 das neue F e u e r s c h u t z g e s e t z verabschiedet werden konnte, das den Feuerschutz zu einer gesetzlichen Pflichtaufgabe der Gemeinden und Kreise machte und das Feuerlöschwesen nach bewährter deutscher Tradition in erster Linie auf den Freiwilligen Feuerwehren aufbaute. Unter der Einflußnahme der Besatzungstruppen entstanden, konnten zwar noch nicht alle Wünsche erfüllt werden, die die Freiwilligen Feuerwehren an ein solches grundlegendes Gesetz knüpften. Insbesondere fehlt es noch an der Verankerung einer klaren Rechtsstellung der Freiwilligen Feuerwehren, die ihnen ein Eigenleben als Freiwilligen-Organisation mit klarer Selbstverwaltung und Selbstführung sichert. Es sind jedoch weitere Verordnungen und Erlasse in Vorbereitung, die die vorhandenen Lücken schließen werden.

Zunächst ging es einmal darum, die Freiwilligen Feuerwehren wieder einsatzbereit zu machen. Dazu waren personelle, gerätemäßige und organisatorische Aufgaben in größtem Umfange zu lösen. Die finanziellen Mittel hierfür wurden und werden bis heute von den Gebietskörperschaften und vom Land Niedersachsen aufgebracht. Das Land stellt dabei neben den zweckgebundenen Mitteln der Feuerschutzsteuer e c h t e L a n d e s m i t t e l für die Förderung überörtlicher Aufgaben des Feuerschutzes bereit.

Nur so war es möglich, das Feuerlöschwesen in Niedersachsen in verhältnismäßig kurzer Zeit auf den heutigen guten Stand zu bringen.

In Auswertung der Grundsätze, Erkenntnisse und Erfahrungen der Vergangenheit und unter weitgehender Ausnutzung des allgemeinen technischen und wissenschaftlichen Fortschritts wurde die Motorisierung der Feuerwehren beinahe sprunghaft vervollständigt, die Entwicklung neuer Löschfahrzeuge maßgeblich beeinflußt, die Löschwasserversorgung systematisch verbessert, fast in allen Kreisen der Bau von Kreisschlauchpflegereien und Kreisschirrmeistereien durchgeführt oder wenigstens geplant, sowie auch in kleinsten Gemeinden die Errichtung neuzeitlicher Feuerwehrgerätehäuser gefördert. Vor allem aber wurde der Gedanke des überlagernden Feuerschutzes durch den Aufbau eines Systems von „Stützpunkten" und „Schwerpunkten" mit entsprechender Geräteausstattung fortschreitend verwirklicht.

Die erfolgreiche Durchführung all dieser Maßnahmen setzte eine systematische Schulung und Ausbildung der Freiwilligen Feuerwehren voraus. 1947 erschien eine Neuauflage des schon 1943 herausgekommenen Buches von Heimberg-Fuchs „Die Ausbildungsanleitung für den Feuerwehrdienst", der jetzigen „Ausbildungsanleitung für den Feuerwehrdienst". Es stellt die Grundlage für die einheitliche Ausbildung der Freiwilligen Feuerwehren nicht nur in Niedersachsen dar.

Entscheidend für die schnelle Durchsetzung der Ausbildungsgrundsätze waren die Leistungswettkämpfe, die im Jahre 1947 erstmals im Regierungsbezirk Hildesheim durchgeführt wurden. Diese Wettkämpfe unterscheiden sich von den 1936 in Celle veranstalteten darin, daß sie rein feuerwehrtechnische Wettkämpfe sind. Die Wettkampfbestimmungen wurden in gemeinschaftlicher Arbeit immer gründlicher ausgearbeitet und schließlich vom Innenministerium, Gruppe Feuerschutz, verbindlich herausgegeben. Der Ausbildungsstand hob sich mit der Durchführung dieser Wettkämpfe erfreulich schnell wieder auf den einstigen Stand und darüber hinaus.

Um den Feuerwehrmännern einen besseren Unfallversicherungsschutz über die Leistungen der gesetzlichen Unfallversicherung hinaus zu sichern, wurde am 1. Oktober 1949 die „Feuerwehr-Unfall-Zusatzkasse der Landschaftlichen Brandkasse" ins Leben gerufen, die sich in den Jahren ihres Bestehens als eine überaus segensreiche Einrichtung erwiesen hat.

Der selbstlose Dienst der Freiwilligen Feuerwehrmänner fand seine äußere Anerkennung durch die Verleihung von Ehrenurkunden des Ministers des Innern für 25-, 40- und 50jährige Dienstzeit in der Freiwilligen Feuerwehr. Die Schaffung eines Ehrenzeichens steht bevor.

Am 1. Juni 1954 gab es im Lande Niedersachsen 3 686 Freiwillige Feuerwehren und Werkfeuerwehren mit rund 90 000 Feuerwehrmännern; daneben 8 Berufsfeuerwehren.

7. Der Landesfeuerwehrverband Niedersachsen

Nachdem sich die alten Kameraden in der gemeinsamen Aufbauarbeit wieder gefunden hatten und manche neue Kameraden zu ihnen gestoßen waren, erkannten sie bald die Notwendigkeit eines erneuten verbandsmäßigen Zusammenschlusses. Zwar war das Feuerlöschwesen gesetzlich gesichert und die technische Entwicklung der Feuerlöscheinrichtungen fand stärkste Förderung, doch galt es nunmehr, ergänzend dazu den Freiwilligen Feuerwehren wieder ihre eigene Vertretung zu geben. Gerade der neubegonnene demokratische Aufbau des Staates und die Wiederverankerung der Selbstverwaltung und Selbstverantwortung im öffentlichen Leben ließen die alten freiheitlichen Feuerwehrideale wieder zu neuen Leben erwachen.

Schon im Jahre 1949 bildeten sich in den Kreisen Northeim und Alfeld die ersten Kreisfeuerwehrverbände, die sich nach und nach auf mehr als die Hälfte aller Kreise

Niedersachsens ausdehnten. Am 18. Mai 1951 wurde daraufhin auf einer Kreisbrandmeistertagung in Celle ein Ausschuß für die Vorbereitung der Gründung eines Landesfeuerwehrverbandes gewählt, der unter dem Vorsitz des Bezirksbrandmeisters Heinrich Ahrberg, Grasdorf, stand. Die weiteren Vorbesprechungen führten am 16. Juli 1951 in Rotenburg zu dem Entschluß, am 29. September 1951 in Celle den „Landesfeuerwehrverband Niedersachsen" wiederzugründen. In der Delegierten-Versammlung an jenem Tage wurde die Verbandsgründung offiziell beschlossen, die Satzungen angenommen und zum Verbandsvorsitzenden einstimmig Bezirksbrandmeister Heinrich Ahrberg, Grasdorf, der verdienstvolle Förderer und Wegbereiter dieser Verbandsgründung, gewählt. An der Gründung beteiligten sich 35 Kreisfeuerwehrverbände mit insgesamt rund 32 000 Mitgliedern.

Zum Verbandsorgan wurde die in Schleswig-Holstein erscheinende Norddeutsche Brandschutzzeitschrift „Die Feuerwehr", herausgegeben von Hauptschriftleiter Heinrich Ernst, Kiel, bestimmt.

Der Verband beschloß am Tage seiner Gründung den Anschluß an die „Arbeitsgemeinschaft der Landesfeuerwehrverbände" (AGL).

Mehrere Vorstandsmitglieder nahmen an den Vorbesprechungen und an der Wiedergründung des „Deutschen Feuerwehrverbandes" am 12. und 13. Januar 1952 in Fulda teil. Verbandsvorsitzender Heinrich Ahrberg wurde zum Vizepräsidenten des Deutschen Feuerwehrverbandes gewählt.

Der am 15. Mai 1952 gegründete Feuerwehrverband Oldenburg und der am 6./7. September wiedergegründete Braunschweigische Feuerwehrverband traten beide dem Landesfeuerwehrverband Niedersachsen bei. Der Feuerwehrverband Oldenburg führt die Tradition des am 25. September 1881 mit acht Feuerwehren des damaligen Herzogtums Oldenburg in Varel gegründeten „Oldenburgischen Landesfeuerwehrverbandes" fort, der 43 Jahre hindurch von dem Hauptmann der Freiwilligen Turnerwehr Oldenburg, Gustav Gruben, und danach von dem verdienstvollen Landesbrandmeister Ibo Koch, geführt wurde, und zuletzt 101 Wehren umfaßte. Einen bleibenden Wert hinterließ dieser Verband mit der von ihm gegründeten Landesfeuerwehrschule Loy. Der Braunschweigische Verband wurde am 31. März 1870 gegründet und bestand bis 1937. Der Name des Branddirektors Fritz Lehmann, Braunschweig, der dem Verband bis zu seinem Tode im Jahre 1937 vorstand, ist unlösbar mit ihm verbunden. Das Feuerwehrerholungsheim in Bad Harzburg ist ein Werk dieses Verbandes.

Nach Erfüllung der ersten organisatorischen und gedanklichen Aufbauarbeit hat Bezirksbrandmeister Heinrich Ahrberg, Grasdorf, am 30. Juni 1953 das Amt des Verbandsvorsitzenden in die Hände des einstimmig zu seinem Nachfolger gewählten Bezirksbrandmeisters Hans Helmers, Brinkum, gelegt. Ihm stehen die Bezirksbrandmeister August Herbst, Hildesheim, und Hermann Wilkens, Werlte, als stellvertretende Vorsitzende zur Seite. Am 1. Juni 1954 umfaßte der Landesfeuerwehrverband Niedersachsen 72 Kreisfeuerwehrverbände mit insgesamt 78 172 Mitgliedern. Landesfeuerwehrtage fanden 1952 in Lüneburg und 1954 auf Norderney statt.

Wie in früheren Zeiten sieht der Landesfeuerwehrverband Niedersachsen, der eine stolze Tradition fortführt, seine Aufgabe in der Förderung des freiwilligen Feuerlöschwesens. Er sucht diese Aufgabe zu erfüllen in der Unterstützung der Landesregierung auf dem Gebiete des Feuerschutzes, in der Erfassung des Menschen in der Feuerwehr und der Vertretung seiner Interessen, sowie in der Mitarbeit im Deutschen Feuerwehrverband mit dem Ziele der Einheit und Freiheit des deutschen freiwilligen Feuerlöschwesens.

Kreisschlauchpflegereien in Niedersachsen

Von Hans Helmers, Brinkum,
Vorsitzender des Landesfeuerwehrverbandes Niedersachsen

Die Idee der Schlauchpflegerei kommt von dem Berliner Oberbrandmeister Weigel; verwirklicht wurde sie jedoch zum ersten Male in Deutschland in der niedersächsischen Feuerwehr-Stadt Celle. Hier schuf der damalige Branddirektor und spätere Provinzialfeuerwehrführer Schnell im Jahre 1929 die erste „Kreisschlauchmacherei", wie sie damals noch genannt wurde. Schnell hatte die Ideen Weigels kennengelernt, als er bei der Berliner Berufsfeuerwehr volontierte. Er erkannte die große Bedeutung dieser Gedanken und setzte sich in Wort und Tat für ihre Verwirklichung ein. Dabei fand er die volle Unterstützung des damaligen „Feuerwehrverbandes für die Provinz Hannover".

Heute verfügt das Land Niedersachsen in seinen 60 Landkreisen insgesamt über 44 Kreisschlauchpflegereien. Etwa rund 30 davon wurden bereits in den Jahren von 1929 bis 1945 eingerichtet. Neben einer kleinen Anzahl behelfsmäßig erstellter Anlagen befinden sich bereits 15 modernste Neubauten aus der Zeit nach 1945. Weitere 13 Kreisschlauchpflegereien sind bereits im Bau oder wenigstens fest geplant. Man kann also feststellen, daß der Gedanke der Kreisschlauchpflegerei nicht nur in Niedersachsen zuerst Fuß gefaßt, sondern sich hier auch inzwischen allgemein durchgesetzt hat. Auch in neuester Zeit ist die Einrichtung von Kreisschlauchpflegereien vor allem vom Land Niedersachsen gefördert worden.

Der Zweck einer Kreisschlauchpflegerei ist die zentrale Überwachung und laufende Überprüfung des gesamten Schlauchmaterials der Feuerwehren eines Kreises, die Haltung einer Schlauchreserve und der dadurch ermöglichte unverzügliche Austausch gebrauchter Schläuche, ihre sachgemäße Reinigung und Instandsetzung, die Zuführung zusätzlicher Schläuche bei Mehrbedarf an der Brandstelle und die Beratung der Feuerwehren in allen Angelegenheiten der Schlauchpflege.

Wie wichtig die Bereitstellung guter Schläuche bei der zunehmenden Verbreitung der Kraftspritzen ist, braucht kaum erwähnt zu werden. Was nützt die beste Kraftspritze, wenn die Schlauchleitungen den Druck des zu fördernden Wassers nicht aushalten! So wichtig das Schlauchmaterial für die Feuerwehr ist, so empfindlich ist aber gerade dieser Teil der Feuerwehrausrüstung. Es bedarf daher einer gewissenhaften Pflege und Wartung, um die Feuerwehrschläuche betriebssicher zu erhalten. Der Zustand der Schläuche ist von entscheidender Bedeutung für den Einsatzerfolg der Feuerwehr. Dazu fordert der hohe Anschaffungswert der Schläuche gebieterisch eine sorgsame Werterhaltung durch beste Pflege des wertvollen Gutes. Gute Pflege ist die beste Sparmaßnahme, da sie allein die Lebensdauer der Schläuche zu verlängern vermag.

Eine vollwertige Schlauchpflege erfordert personelle, technische und wirtschaftliche Voraussetzungen, die sich größere Freiwillige Feuerwehren, die Berufsfeuerwehren und die Feuerwehrschulen allenfalls leisten können, nicht aber die große Zahl unserer kleineren ländlichen Feuerwehren. Ein Schlauchpfleger braucht handwerkliches Können, praktische Erfahrung und dauernde Schulung, wenn er eine solche Aufgabe erfolgreich bewältigen will. Für die Durchführung der Schlauchpflege sind technische Einrichtungen erforderlich, die für kleine Gemeinden viel zu kostspielig sind. Schließlich würden derartige Einrichtungen in kleinen Gemeinden niemals voll ausgenutzt werden und daher unwirtschaftlich sein. Diese Überlegungen führen zwangsläufig zur Einrichtung einer zentralen Schlauchpflegerei für ein ganzes Kreisgebiet.

Eine derartige Kreisschlauchpflegerei benötigt zur Erfüllung ihrer Aufgaben die folgenden Einrichtungen, die baulich dem Arbeitsvorgang entsprechend angeordnet und in ihrer technischen Ausrüstung unbedingt auf Maschinenbetrieb abgestellt sein müssen: Waschraum, Trockenanlage, Schlauchwerkstatt, Schlauchlager, Büro, Garage für den Schlauchtransportwagen, Heizungskeller mit Koksbunker und Wohnung für den Schlauchpfleger; wünschenswert ist die Angliederung einer Kreisschirrmeisterei und der Einbau eines Unterrichtssaales.

Die Organisation des Betriebes der Kreisschlauchpflegerei beginnt mit der karteimäßigen Erfassung des gesamten Schlauchmaterials des Kreises, untergliedert nach Art und Größe der Schläuche. Hierzu ist eine einheitliche Numerierung der Schläuche erforderlich; die Nummern werden zweckmäßig in die Kupplungen eingeschlagen. Die zwei Möglichkeiten, die Schläuche im Besitz der einzelnen Gemeinden zu belassen und nur ihre Pflege zu übernehmen oder alle vorhandenen Schläuche in das Eigentum des Kreise zu überführen, haben beide ihre Vor- und Nachteile. Der verwaltungsmäßigen und organisatorischen Vereinfachung und Verbilligung bei kreiseigenen Schläuchen steht die pfleglichere Behandlung der Schläuche in den Gemeinden gegenüber, wenn diese ihr Eigentum sind. Auf jeden Fall muß die Kreisschlauchpflegerei eine Schlauchreserve im Kreise schaffen, damit sie ihre Aufgaben laufend erfüllen kann.

Im normalen Betrieb sollen systematisch alle Schläuche zweimal im Jahr, ohne Rücksicht darauf, ob sie gebraucht wurden oder nicht, zur Kreisschlauchpflegerei geholt werden, um dort geprüft und gepflegt zu werden. Dazu empfiehlt es sich, daß die Naßübungen der Feuerwehren in einem gemeinsamen Übungskalender festgelegt werden. Grundsätzlich sollen die Schläuche durch den Schlauchtransportwagen der Kreisschlauchpflegerei abgeholt werden. Im Brandfall sollte schon während des Brandes die Kreisschlauchpflegerei benachrichtigt werden. Der Schlauchtransportwagen rückt dann in die Brandgemeinde aus, kann notfalls den Mehrbedarf an Schläuchen abgeben und die eingesetzten Wehren nach dem Brand sofort mit neuem Schlauchmaterial ausrüsten, so daß sie sofort wieder einsatzbereit sind. Gebrauchte Schläuche, die in die Kreisschlauchpflegerei kommen, müssen sofort registriert werden. Die Karteikarte des Feuerwehrschlauches muß dessen ganzen Lebenslauf ausweisen, alle Vorfälle müssen hier eingetragen werden, nur so behält man eine Übersicht über den tatsächlichen Schlauchbestand und die Notwendigkeit von Ersatzbeschaffungen.

Dann wandert der Schlauch in den Waschraum, wo er zunächst in dem mindestens 15 m langen Waschtrog eingeweicht wird. Mit Hilfe der Schlauchmaschine wird er gereinigt und anschließend durch die Prüfpumpe einer Druckprobe unterzogen. Dabei werden etwaige Schäden am Schlauch festgestellt und gekennzeichnet.

Das Trocknen der Schläuche erfolgt meistens in Trockentürmen, die eine Mindesthöhe von 15 m haben müssen, um die Schläuche in ihrer ganzen Länge aufhängen zu können. Die Grundfläche des Turms richtet sich nach den örtlichen Verhältnissen. Verschiedene Arten von Schlauchaufhängevorrichtungen und eine meist elektrische Winde zum Hochziehen der Schläuche erleichtern das Aufhängen der Schläuche im Trockenturm. Teilweise wird heute auch die Trocknung im elektrischen Trockenofen angewandt, manchmal mit einer besonderen Vortrocknungsanlage. Über derartige Anlagen liegen aber ausreichende Erfahrungen noch nicht vor, so daß man vorerst auf den Trockenturm nicht verzichten kann. Die schadhaften Schläuche kommen nach dem Trocknen in die Schlauchwerkstatt. Eine Werkbank mit mehreren Schraubstöcken, Schlauchreparatur-Geräte der verschiedensten Arten, Geräte zum Einbinden von Kupplungen, elektrische Vulkanisierapparate, Ersatzteile und ein kleines Schlauchregal bilden die übliche Einrichtung. Daß ein solcher Arbeitsraum hell und geräumig sein muß, leuchtet ein. Jeder Schlauch muß nach der Instandsetzung noch einmal geprüft werden.

Die gereinigten und geprüften Schläuche werden nunmehr wieder aufgerollt oder aufgewickelt. Hierfür gibt es besondere Schlauchwickelmaschinen, die die Arbeit erleichtern und beschleunigen. Die gerollten Schläuche werden entweder in praktischen Schlauchregalen im Schlauchlager aufbewahrt oder sogleich zu den einzelnen Feuerwehren gebracht. Der eigene Transportbetrieb mit Schlauchtransportwagen und Garage gehört also unbedingt zur Kreisschlauchpflegerei dazu.

Eine Kreisschlauchpflegerei soll möglichst zentral im Kreisgebiet liegen. Sie muß ein Schwerpunkt für den Feuerschutz des Kreises sein. Aus diesem Grunde ist sie auch häufig mit dem Feuerwehrgerätehaus der betreffenden Gemeinde verbunden. Dadurch ergibt sich zumeist auch eine gute raummäßige Ausnutzung und ein personeller Kräfteaustausch. Bei der Angliederung einer Kreisschirrmeisterei und dem Ausbau eines Unterrichtsraumes erhöht sich die Bedeutung als Schwerpunkt noch beträchtlich. Die gesamte Anlage muß, schon mit Rücksicht auf die Trocknung der Schläuche und ihre sachgemäße Lagerung, zentral geheizt sein. Ein Heizungs- und Kokskeller muß daher unbedingt vorgesehen sein. Sehr zu empfehlen ist der Einbau einer Warmwasserbereitungsanlage, um im Winter das Arbeiten mit warmem Wasser zu ermöglichen. Am günstigsten wird die Kreisschlauchpflegerei in einem kreiseigenen Gebäude auf kreiseigenem Grundstück errichtet.

Die Trägerschaft für eine Kreisschlauchpflegerei wird zur Zeit noch unterschiedlich gehandhabt. Wir finden als Kostenträger sowohl die Städte und Landkreise als auch Zweckverbände. Finanzierung und Betrieb einer Kreisschlauchpflegerei sollte jedenfalls Aufgabe der Stadt oder des Landkreises sein. Möglich ist auch die Gründung eines Zweckverbandes der beteiligten Gemeinden.

Der Betrieb einer Kreisschlauchpflegerei steht und fällt mit der Person des Schlauchpflegers. Dieser braucht zur Erfüllung seiner verantwortungsvollen Aufgabe eine gute handwerkliche Vorbildung als Sattler, Polsterer, Schlosser und dergl. und sollte mindestens seine Gesellenprüfung abgelegt haben. Außerdem soll er Feuerwehrmann sein und den Dienstbetrieb innerhalb der Feuerwehr kennen. Seine speziellen Kenntnisse für die Schlauchpflege muß er durch den Besuch von Lehrgängen an der Landesfeuerwehrschule ergänzen.

Von dem Kreisschlauchpfleger muß aber auch eine bestimmte organisatorische Eignung gefordert werden. Er muß zu den notwendigen schriftlichen Arbeiten fähig sein, die die Führung der Schlauchkartei, die Erledigung des anfallenden Schriftverkehrs, die Führung des Dienstbuches und die Berechnung etwaiger Gebühren erfordern. Gut ist es, wenn er auch über eine gewisse Lehrbefähigung verfügt, um im Kreisgebiet über Schlauchpflege unterrichten zu können. Er muß das Geschick haben, mit allen Gemeinden und Feuerwehren zu einer guten und fruchtbaren Zusammenarbeit zu kommen.

Der Kreisschlauchpfleger sollte grundsätzlich vom Kreis hauptamtlich angestellt werden. Personell untersteht er der Kreisverwaltung, in technischer und organisatorischer Hinsicht dem Kreisbrandmeister, der sein Dienstvorgesetzter ist. Seine Wohnung sollte er unbedingt in der Kreisschlauchpflegerei haben. Das ist allein schon für die dauernde Alarmbereitschaft der Kreisschlauchpflegerei erforderlich. Telefon muß sich im Büro und in der Wohnung befinden. Auch die Versorgung der Zentralheizungsanlage erfordert, daß der Kleisschlauchpfleger in der Schlauchpflegerei wohnt.

Weitere Hilfskräfte müssen nach Bedarf im Stundenlohn beschäftigt werden. Man wird dabei vornehmlich auf Kameraden der Freiwilligen Feuerwehr zurückgreifen, die vorübergehend arbeitslos sind. Bei Angliederung einer Kreisschirrmeisterei wird auch ein hauptamtlicher Kreisschirrmeister vorhanden sein. Wenn auch er seine Wohnung in der Kreisschlauchpflegerei hat, ist eine vorzügliche Alarmbereitschaft gesichert.

Die Durchschnittsbaukosten für die Errichtung einer Kreisschlauchpflegerei sind sehr unterschiedlich. Die mit der Einrichtung verbundenen Kosten lohnen sich jedoch immer angesichts der großen Werte, die zu schützen und zu erhalten sind. Ein vorschriftsmäßig gepflegter Schlauch erreicht eine Lebensdauer von 10 Jahren und mehr, während ein ungepflegter Schlauch mindestens in 5 Jahren unbrauchbar geworden ist. Die durch die gewissenhafte Schlauchpflege erzielten Ersparnisse bringen schon in wenigen Jahren die Baukosten ein.

Aus dieser Erkenntnis heraus wird der Bau von Kreisschlauchpflegereien auch vom Land Niedersachsen durch namhafte Zuschüsse aus der Feuerschutzsteuer erheblich gefördert. Außerdem werden gerade diese Einrichtungen, die im weitestgehenden Maße dem überlagernden Feuerschutz dienen, aus einem „Zentralfonds" gespeist, der durch echte Landesmittel beträchtlich verstärkt worden ist. Ich habe als Abgeordneter des Niedersächsischen Landtages wiederholt diese Gelder im Finanzausschuß und im Landtag begründen dürfen und habe bisher immer Verständnis für die Notwendigkeit dieser Mittel erwecken können. Damit ist die Errichtung dieser Anlagen wesentlich erleichtert worden. Wenn die Einrichtung aber einmal angelaufen ist, trägt sie sich auf die Dauer selbst.

Die Benutzung der Kreisschlauchpflegerei ist meistens gebührenpflichtig. Sofern ein Zweckverband der Gemeinden besteht und die Mittel für die Kreisschlauchpflegerei gemeinschaftlich aufgebracht werden, wird von einer Gebührenerhebung im allgemeinen abgesehen. Lediglich kreisfremde Feuerwehren, Werkfeuerwehren u. ä. müssen auch dann für die Pflege ihrer Schläuche Gebühren entrichten. Hierfür muß eine klare Gebührenordnung aufgestellt werden, jedoch müssen die Gebühren im Interesse der Sache möglichst niedrig gehalten werden. Es ist selbstverständlich, daß auch der Kreis selbst einen angemessenen Zuschuß für die Kreisschlauchpflegerei leisten wird. An laufenden Kosten entstehen einmal die persönlichen Ausgaben für die Angestellten, sodann die sachlichen Ausgaben für Ersatzbeschaffungen, Reparaturmaterial, Unterhaltung der Geräte, Unterhaltung und Betrieb der Fahrzeuge, Werkstatt- und Betriebskosten, bauliche Unterhaltung, Strom, Wasser, Heizung, Miete oder Pacht oder sonstige Grundstücksabgaben.

Die Notwendigkeit der Kreisschlauchpflegereien wird von den Feuerwehren und von der Verwaltung voll anerkannt. Die Pflege und Instandhaltung der Schläuche findet von allen Seiten größte Beachtung. Die wirtschaftlichen und technischen Vorteile dieser Einrichtung werden allgemein begrüßt. Die bestehenden Einrichtungen haben sich hundertprozentig bewährt und sich überaus segensreich auf den Zustand der Schlauchbestände ausgewirkt. Sie haben damit die Einsatzbereitschaft der Freiwilligen Feuerwehren entscheidend verbessert.

Feuergefahren in der Landwirtschaft

Von E. Emrich, Stuttgart

Erschreckend groß ist die Zahl der Brandfälle in der Landwirtschaft und Millionenwerte werden dabei jährlich vernichtet. Die Statistik zeigt, daß seit dem Jahre 1945 eine bedrohliche Steigerung zu verzeichnen ist. Allein in Baden-Württemberg stieg die Zahl der Selbstentzündungsbrände von 5 im Jahre 1945 auf 30 im Jahre 1953 und die Schadenssummen von 94 986,— DM im Jahre 1945 auf 1 126 532,— DM im Jahre 1953. In Bayern entstanden durch Selbstentzündung von Heu und Grummet 1945 ebenfalls 5 und 1953 sogar 58 Brände, wobei im Jahre 1953 allein die Gebäudeschäden den Wert von 1,9 Millionen DM hatten, dazu kamen dann noch die Verluste an Vieh, an Erntegut sowie an landwirtschaftlichen Maschinen und Geräten.

Die weitaus größte Zahl der Brände in der Landwirtschaft ist auf Selbstentzündung von Heu oder auf Blitzeinschläge zurückzuführen. Nur ein kleiner Teil der Brandfälle entsteht durch unvorsichtiges Umgehen mit Feuer oder durch schadhafte elektrische Leitungen.

Die Gefahr der Selbstentzündung von Heu bei unsachgemäßer Lagerung und mangelhafter Überwachung ist bekannt, weniger bekannt ist dagegen, daß auch Getreide und dabei in erster Linie der Hafer durch Selbsterhitzung bis zur Selbstentzündung kommen kann. Der nach der Einlagerung von Heu und Getreide eintretende Schwitzprozeß ist eine Funktion der Atmung der Pflanzen und der auf ihnen lebenden Bakterien und Pilze und kann nicht verhindert werden. Für die aktive Lebenstätigkeit der Bakterien und Pilze ist aber das Vorhandensein von Wasser Voraussetzung. Trocknet man nun das Erntegut auf einen Wassergehalt von 20%, so erreicht man, daß die Erwärmung rasch wieder abklingt und das Erntegut dann bei trockener Lagerung unbeschränkt lagerfähig bleibt. Wenn in einem Sommer 90% der Selbstentzündungsbrände bei solchem Heu entstanden, das auf dem Boden getrocknet wurde, während nur 10% der Brände bei gereutertem Heu ausbrachen, sollte dies in der Praxis beachtet werden. Die Heutrocknung auf Reutern hilft demnach nicht nur, Nährstoffverluste zu vermeiden, sondern auch die Selbstentzündungsgefahr weitestgehend zu vermindern. Vielfach wird ein zu frühes Einfahren des Heus durch die Witterung erzwungen, und man muß daher durch besondere Vorkehrungen die durch die Feuchtigkeit begünstigte Selbsterhitzung eindämmen.

Zu diesem Zweck hat sich Viehsalz nicht bewährt, das außerdem auch aus fütterungstechnischen Gründen nur sehr beschränkt anwendbar wäre. Die Einrichtung von Entlüftungskanälen zur Ableitung warmer Luft ist bei Stapeln über 5 m Höhe wegen der dichten Lagerung unmöglich. In großen Stapeln können solche Entlüftungskanäle daher nicht genügend Schutz bieten. Deshalb wird als zuverlässigstes Hilfsmittel die laufende Überwachung und Überprüfung der Heustapel mit Heusonden angesehen. Die Heusonde ist anwendbar bis zu 6 m Eintauchtiefe. Mit rechtzeitiger Warnung durch Auftreten von brenzligem oder Röstgeruch ist bei dichter Lagerung des Heus nicht zu rechnen. Dagegen kann die regelmäßige Beobachtung der Stapel zur Feststellung von plötzlichen Einsenkungen an der Oberfläche führen und damit zur Feststellung gefährdeter Stellen. Solche trichterförmigen Einsenkungen bilden sich dort, wo durch Erhitzung organische Substanz abgebaut und Wasser gebildet wird. Heubrände treten am häufigsten schon nach 4 Wochen Lagerzeit ein. Allerdings kann es auch noch nach einem Zeitraum bis zu 23 Wochen zu Selbstentzündungen kommen. Am meisten gefährdet ist gerade das wertvollste, durch intensive Düngung und frühen Schnitt besonders nährstoffreiche Futter. Die fortschreitend verbesserte Wiesenpflege hat deshalb auch zur Folge, daß die größte Zahl der Heubrände nicht mehr wie früher im August, sondern schon im Juli zu verzeichnen ist. Die Selbstentzündungsgefahr ist besonders groß bei Häckselheu und wird auch durch energisches Festtreten durchaus nicht vermindert. Gerade in den untersten dichtesten Schichten können sich dabei Glutkessel bilden und dann zu schweren Bränden führen, wenn sie irgendwie eine Verbindung zur Außenluft finden. Bleibt ein solcher Glutkessel unter Luftabschluß, so kann er unter Umständen auch wieder erkalten, und man findet dann im Frühjahr bei Abbau des Stapels größere Mengen Heu, das zwar verkohlt aber kalt ist. Zumeist nicht beachtet wird die zusätzliche Gefahr, wenn beim Ausblasen von Häckselheu beim ortsfesten Rohr eine weitgehende Entmischung der Einzelteilchen auftritt. Während dann die trockeneren und leichteren kleinen Teilchen weit abgeblasen werden, fallen die feuchteren und deshalb schwereren Teilchen schon in der Nähe des Ausblasrohres nieder und dort besteht infolge des höheren Feuchtigkeitsgehaltes verstärkte Erhitzungsgefahr.

Es hat sich gezeigt, daß zu hoher Wassergehalt allein noch nicht zur Selbstentzündung führt. Die eigentliche Gefahr entsteht erst durch das Zusammentreffen einer ganzen Anzahl von Faktoren: nährstoffreiches Futter, dichte Lagerung, ausreichender Sauerstoffvorrat u. a. Die lebhafte Bakterienentwicklung, die zur Selbsterhitzung führt, wird besonders beeinflußt von der Beschaffenheit des Untergrundes.

Dies erklärt auch, daß es bisher nicht gelungen ist, nach Belieben experimentell Heuselbstentzündungen zu produzieren. Nur auf dem Kreuzungspunkt charakteristischer Reizzonen erreicht die Bakterientätigkeit den zur Selbstentzündung notwendigen Umfang. Nicht nur Selbstentzündungen, sondern auch Staubexplosionen (Metallstaub, Mehlstaub u. a.) werden gerade an solchen Stellen ausgelöst. Außerdem kann nur aus solchen charakteristischen Punkten der Erdoberfläche die dem Blitz entgegenwachsende Fangentladung sich entwickeln, also auch ein Blitzeinschlag ausschließlich an solchen Stellen erfolgen. Tiere reagieren je nach Art mehr oder weniger auf diese Zusammenhänge. Es ist kein Volksaberglaube, wenn man auf dem Lande sagt, der Blitz schlage nie in ein Haus ein, auf dem der Storch nistet. Während der Storch blitzgefährdete Kreuzungspunkte grundsätzlich meidet, liebt z. B. die Katze zwar nicht nur die Kreuzungen wohl aber die Reizzonen als solche und sucht auf ihnen ihren Lagerplatz. Der Nachweis solcher durch bestimmte Untergrundverhältnisse gefährdeter Punkte und Bereiche erfolgt heute noch mit der Rute, aber an deutschen und ausländischen Hochschulen wird daran gearbeitet, physikalische Geräte zu entwickeln, die hier den Menschen ersetzen können.

Wenn vielfach mehr als die Hälfte sämtlicher Brände allein in landwirtschaftlichen Gebäuden entstehen, so hängt dies nicht nur damit zusammen, daß hier besonders viele leicht brennbare Stoffe auf engem Raum untergebracht und besonders reichlich brennbare Baustoffe für Wohn- und Stallgebäude und evtl. sogar für die Dacheindeckung verwendet sind. Es kommt dazu, daß in den letzten Jahrzehnten immer mehr Kraftmaschinen und Zugfahrzeuge in feuergefährdeten Räumen, d. h. also in ungeeigneten Räumen untergebracht werden. Ein weiterer Grund ist die oft nicht fachgerechte Herstellung zusätzlicher Feuerstellen für Räucherkammern, Futterküchen usw. In vielen Fällen gefährdet auch die Verwendung von offenem Licht oder das unbeaufsichtigte Spielen von Kindern Haus und Hof.

Dabei ist die Bekämpfung ausbrechender Brände in der Landwirtschaft sehr oft wesentlich erschwert durch verhältnismäßig lange Wartezeiten bis zum möglichen Eintreffen der Löschhilfe, denn die freiwillige Feuerwehr in Landgemeinden kann sich keinen Bereitschaftsdienst leisten. Auch ihre technische Ausstattung ist hie und da ungenügend oder veraltet. Als weitere Gefahr für eine zweckmäßige Brandbekämpfung kommt oft der Mangel an Löschwasser dazu. Die alten aber heute noch gültigen Sicherheitsvorschriften für das landwirtschaftliche Bauwesen sind sehr überholungsbedürftig und — leider — ist auch die Überwachung der Durchführung dieser Bestimmungen in der Praxis noch unzureichend. Bei Neubauten in der Landwirtschaft sollte man mehr als bisher die neuen nicht brennbaren oder wenigstens schwer entflammbaren Baustoffe verwenden.

Die umwälzenden Umstellungen in vielen landwirtschaftlichen Betrieben wie z. B. Übergang zur Häckselwirtschaft, Einbau von Maschinen, von Transportanlagen usw. sollten unbedingt auch vom Standpunkt vermehrter Brandgefahr bedacht werden. Vor allem wäre den Durchbrüchen durch Stallwände und Stalldecken besondere Beachtung zu schenken. Denn jede an sich ordnungsgemäß angelegte Brandwand, die in zweckmäßiger Weise über Dach geführt ist (mindestens 30 cm über die Dachhaut) verliert ihre Schutzwirkung, wenn sie im Innern des Gebäudes in unsachgemäßer Weise durchbrochen wird. Hier sind zum mindesten rauchdichte und feuerhemmende Abschlüsse notwendig, die nur zur Durchführung bestimmter Arbeiten kurzfristig geöffnet werden dürfen. Wie wichtig für den vorbeugenden Brandschutz feuerbeständige Massivdecken sind, zeigen zahlreiche Brandfälle, in denen durch solche Decken das Übergreifen des Feuers auf Stallungen und andere Erdgeschoßräume verhindert worden ist. In solchen Fällen kann nicht nur das Vieh aus den Stallungen gerettet, sondern nach Ablöschen des Brandes auch wieder im eigenen Stall eingestellt werden.

Wesentlich für die Ausschaltung von Brandgefahren in der Landwirtschaft wäre es auch, elektrische Leitungen und Anschlüsse grundsätzlich nur von Fachleuten verlegen und vor allem auch reparieren zu lassen, um Kurzschlüsse zu verhindern.

Mit besonderer Sorgfalt sollten im landwirtschaftlichen Betrieb auch die verschiedenen Kunstdüngemittel getrennt gelagert und behandelt werden. Jeder Fehler führt zunächst zu oft sehr erheblichen Nährstoffverlusten und kann — unter ungünstigen Umständen — auch zu starker Erwärmung und zur Selbstentzündung führen. Die von Handel und Genossenschaften ausgegebenen Vorschriften über die Behandlung von Kunstdüngemitteln sind deshalb genauestens einzuhalten, denn bei richtiger Behandlung sind Kunstdünger ungefährlich und deshalb sind auch erst verhältnismäßig wenig Brandfälle durch Selbstentzündung von Kunstdünger ausgelöst worden.

Die steigende Zahl der Brandfälle auf dem Lande, und die aus vielen Gründen weiter zunehmende Brandgefährdung der Landwirtschaft ist Veranlassung dazu, die freiwillige ländliche Feuerwehr mehr als bisher theoretisch und praktisch nicht nur mit der Brandbekämpfung, sondern auch mit dem vorbeugenden Feuerschutz vertraut zu machen. Dies geschieht sowohl in stationären Feuerwehrschulen, wie in den neu geschaffenen bzw. noch zu schaffenden motorisierten Schulen. Dabei wird den Feuerwehrleuten auch gezeigt, daß selbst in alten ungünstig gebauten und besonders gefährdeten landwirtschaftlichen Anwesen mancher Fehler verhältnismäßig leicht ausgemerzt werden kann.

„Alarm in der Kleinstadt"

Von Michael Reusch, Sigmaringen

Am 25. Oktober 1947, 20.08 Uhr, Alarm durch Weckerlinie. In 5 Minuten steht LF (= Löschfahrzeug) 15 einsatzbereit. 15 Männer stehen in Bereitschaft. Meldung von der Alarmstelle: In der 5 km entfernten Gemeinde Inzigkofen Großbrand! Das LF 15 fährt sofort zur Brandstelle. Die Bereitschaft wird mit Lkw nachgeführt. Bei dem Eintreffen an der Brandstelle war die Wehr Inzigkofen bereits mit einem B- und zwei C-Rohren aus den Hydranten zur Brandbekämpfung eingesetzt. Der Wehr Sigmaringen oblag die Aufgabe, mit dem LF 15 aus dem etwa 300 m entfernten Löschteich Wasser an die Brandstelle zu bringen und mit 6 C-Rohren die Bekämpfung des Feuers und den Schutz der zum Teil sehr nahe liegenden Nachbargebäude, die durch den starken Ostwind in Gefahr waren, auf schnellstem Wege durchzuführen. Es gelang in kürzester Zeit. Die verschachtelte Bauweise des Anwesens, bestehend aus ehemaliger Brauerei, Scheuer mit Stallung sowie Schuppen, war als Brandherd für das ganze Dorf eine große Gefahr.

Brandursache: Fahrlässigkeit beim Abfüllen von Benzin aus einem Faß mit 200 Liter Inhalt.

Um 24.00 Uhr konnten die Wehrmänner von Sigmaringen durchnäßt und frierend einrücken. Ohne Rücksicht auf das körperliche Wohl mußten die nassen Schläuche abgeladen und aufgehängt, das LF 15 neu aufgeschlaucht und wieder einsatzbereit gemacht werden.

Am 26. Oktober 1.15 Uhr konnten alle Männer entlassen werden.

In derselben Nacht, am 26. Oktober 1947 2.15 Uhr, eine Stunde nach Beendigung des letzten Einsatzes, erneuter Alarm! Brand einer Wohnbaracke am Bahnhof Sigmaringen! Beim Eintreffen der Wehr war die etwa 60 m lange und 12 m breite

Baracke bis zu einem Drittel vom Feuer erfaßt, welches sich durch die Holzbauweise und den sehr starken Ostwind begünstigt, schnell entwickelte. Es wurde Großalarm gegeben. Die Baracke konnte nicht gerettet werden. Die Wehr hatte alle Hände voll zu tun, um den Bahnhof sowie die sehr gefährdete Baumanlage des Hofgartens mit 6 C-Rohren zu sichern. Nach hartem Einsatz gegen die Elemente konnten die Wehrmänner um 9.30 Uhr unter Zurücklassung einer Brandwache entlassen werden.

Brückenbrand in Laiz.

4. November 1949. Alarm 7.00 Uhr.

Brandursache: Abbrennen von Schraubenbolzen mit Schweißapparat. Beim Eintreffen des mot. Löschzuges Sigmaringen um 7.05 Uhr war die im Jahre 1945 erstellte Notbrücke (Holzkonstruktion mit Teerbelag) bereits in der ganzen Länge (50 m) vom Feuer erfaßt. Die Löscharbeiten waren durch die außerordentliche Rauchentwicklung sehr erschwert. Der Angriff erfolgte von Ponton und der neuen Notbrücke mit einem B- und 6 C-Rohren. Bei wechselseitiger Windrichtung war es Aufgabe, das naheliegende Sägewerk und die neuerstellte Notbrücke zu sichern. Gegen 13.00 Uhr war die neue Notbrücke durch brennendes Treibholz sehr gefährdet und forderte die größte Aufmerksamkeit, um ein Überspringen des Feuers abzuhalten. Um 15.30 Uhr war die größte Gefahr behoben. Die in Brand geratene Brücke konnte trotz größter Anstrengungen nicht gerettet werden, da das Feuer, vom Wind begünstigt, in dem zwischen den Balken und Bohlen der Brücke lagernden Teermassen reichlich Nahrung fand. Die Notbrücke sowie das Sägewerk konnte gerettet werden. Die Brandwache wurde durch die Ortswehr Laiz gestellt.

Von der Klosterfeuerwehr zur Ortsfeuerwehr

Von H. G. K.

‚Gott zur Ehr' haben sich im Jahre 1884 junge und alte Ordensbrüder des hl. Benedikt im Kampf gegen das Schadenfeuer zusammengetan. Wann immer der rote Hahn aufloderte, verließen die Brüder die Mauern des schönen Klosters und ihre Arbeit, ein ‚Gottvater hilf' auf den Lippen, um mit den Ortsansässigen die unheilbringenden Flammen zu bekämpfen.

Im Jahre 1097 wird das Kloster Beuron in einem Brief von Papst Urban II. erwähnt. Zuerst war es eine Probstei, dann eine Abtei und später eine Erzabtei. Im Jahre 1803 fiel das Kloster im schönen Donautal der Säkularisation zum Opfer; es wurde dem fürstlichen Haus Hohenzollern-Sigmaringen einverleibt.

Neunundfünfzig Jahre später übergab weiland Fürstin Katharina von Hohenzollern das Kloster Beuron den Patres und Brüdern vom Orden des hl. Benedikt. Die verantwortlichen Äbte sahen es als eine große Aufgabe an, sich schützend gegen das Feuer in und außerhalb des Klosters zu stellen. Wo Feuer aufloderte, waren die Brüder mannhaft zur Stelle. Unter der umsichtigen Leitung des Feuerwehrkommandanten Architekt Martin wurde im Jahre 1934 die Klosterfeuerwehr in eine öffentliche freiwillige Ortsfeuerwehr umgewandelt. Der Ordensbruder Julius Sauter, in seinem Fach als Buchdruckermeister weit bekannt, übernahm später das Kommando über alle Beuroner Feuerwehrmänner — ein umsichtiger und energischer Feuerschützer.

Die Beuroner freiwillige Feuerwehr — heute genau wie seinerzeit Klosterbrüder und Ortsansässige — ist weit und breit für ihre Hilfsbereitschaft bekannt.

Die Schülerfeuerwehr in Salem

Von Georg-Wilhelm Prinz von Hannover, Salem

Jungen und Mädchen haben heute mehr denn je das Recht, ernst genommen zu werden. Ihnen muß daher so bald als möglich Gelegenheit gegeben werden, sich ihr eigenes Urteil zu bilden, um selbständige Entscheidungen oder Stellungnahmen treffen zu können. Das gilt nicht nur auf geistigem Gebiet, sondern genau so für unvorhergesehene Situationen, die das tägliche Leben in vielfältiger Weise jedem vorsetzen kann.

Damit aber die freie Meinungsäußerung eines jungen, im Leben noch unerfahrenen Menschen nicht in Überheblichkeit und Arroganz ausartet, sollte er seine Erkenntnisse nur im ständigen Vergleich mit Werten hohen Maßstabes gewinnen. Achtung und Ehrfurcht vor ernsten Erkenntnissen und Ansichten anderer weichen sonst leicht der „Besserwisserei".

Ebenso kann man den Sinn für edles Handeln nur dann von den Jungen und Mädchen verlangen, wenn sie vor Aufgaben gestellt werden, die ihrer Tatkraft würdig sind und hohe Forderungen an Ausdauer, Mut und körperlichem Einsatz stellen.

Die Feuerwehr in Salem bietet für diese Aufgabe hervorragende Möglichkeiten. Der Ernst und die absolute Notwendigkeit für diese Einrichtung steht für jeden außer Zweifel, der in den Mauern des ehrwürdigen Klosters lebt und die ungeheuren Speicher und Dächer aus Holz kennt. Wer weiterhin die Verantwortung für fast 200 Kinder in einem Brandfall verspürt und weiß, wie lange es dauern kann, bis die nächsten Feuerwehren wirksam in die Bekämpfung eines ausgebrochenen Feuers eingreifen können, muß zu dem klaren Schluß kommen, daß eine Verpflichtung zum Selbstschutz höchstes Gebot ist. So wurde die Feuerwehr der Jungen gegründet. Die Jungen haben sofort erkannt, daß dieses eine ganz außergewöhnliche Aufgabe ist. Sie erfordert Mut, Entschlossenheit, Kraft und Ausdauer, sowie Unterordnung und Gehorsam im Dienst und nicht zuletzt Präzision in der Arbeit und unaufhörliches Üben, bis alle Griffe im Dunkeln unter schwierigen Verhältnissen durchgeführt werden können. Es werden nur Männer gebraucht, die nicht im Ernstfall den Kopf verlieren. Sie müssen sich darüber im klaren sein, daß von ihrem Verhalten das Leben ihrer Kameraden und die Sicherheit des Hauses abhängen kann.

Die Schule, die mehrere Flügel eines Klostergebäudes, die teilweise nicht miteinander zusammenhängen, bewohnt, ist damit für ein ziemlich großes Gebiet verantwortlich, das insgesamt wegen seines historischen Wertes unter Denkmalschutz steht. Es leben in Salem etwa 200 Jungen und Mädchen und eine Anzahl Familien von Lehrern und Angestellten.

Die Feuerwehr besteht aus zwei Mannschaften von je neun Mann, die jeweils freiwillig ihren Dienst versehen. Ein bewährter Junge wird vom Schulleiter zum Kapitän ernannt; dazu tritt zur Unterstützung ein Assistent. Beide zusammen leiten die Übungen und verwalten das Gerät unter allgemeiner Kontrolle eines Erwachsenen.

Bei Gründung der Feuerwehr wurde mit sehr primitiver Ausrüstung angefangen. Jetzt hat jeder Angehörige der Feuerwehr einen Feuerwehranzug mit Helm, Handschuhe, Gummistiefel und Gurt und Zubehör.

Das Haus ist im Besitz von genügend Schläuchen und Wasseranschlüssen, mit deren Hilfe die Feuerwehr bis hinauf in das Gebälk des hohen Daches ein beginnendes Feuer mit einem Wasserstrahl bekämpfen kann. Angriffe jeder Art gehören zu den ständigen Übungen, die ein- bis zweimal wöchentlich durchgeführt werden. Besonders sorgfältig und vorsichtig wird das Abseilen der Mannschaft geprobt. Die Dachluken sind 30 bis 35 m hoch. Jeder Griff muß ganz genau bekannt sein, und das Gerät bedarf der ständigen Überwachung und Pflege. Bei diesem Dienst hängt das Leben des einzel-

Schirrmeisterei Stade

Schlauchwäsche Stade

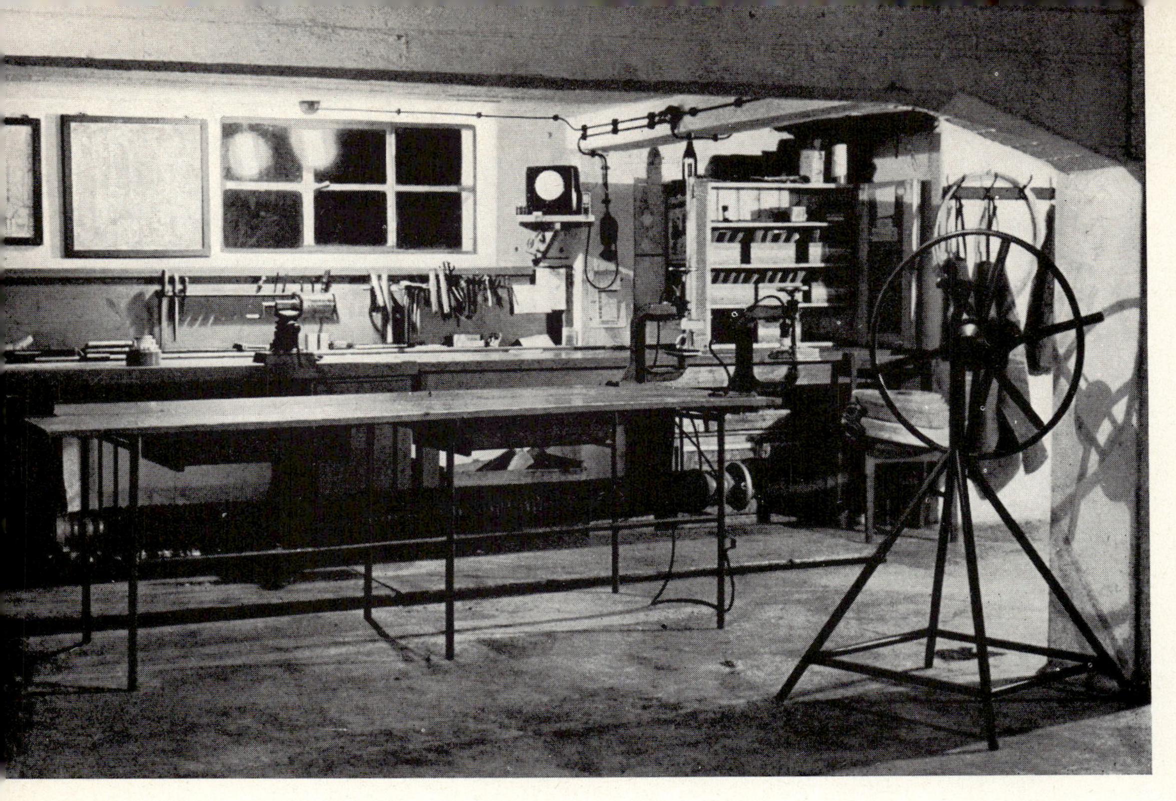

Schlauchwerkstatt Dissen (Osnabrück-Land)

Schlauchlager Dissen (Osnabrück-Land)

Sigmaringen
Schloß

23. Juli 1950
Kreisfeuerwehrtag
Sigmaringen

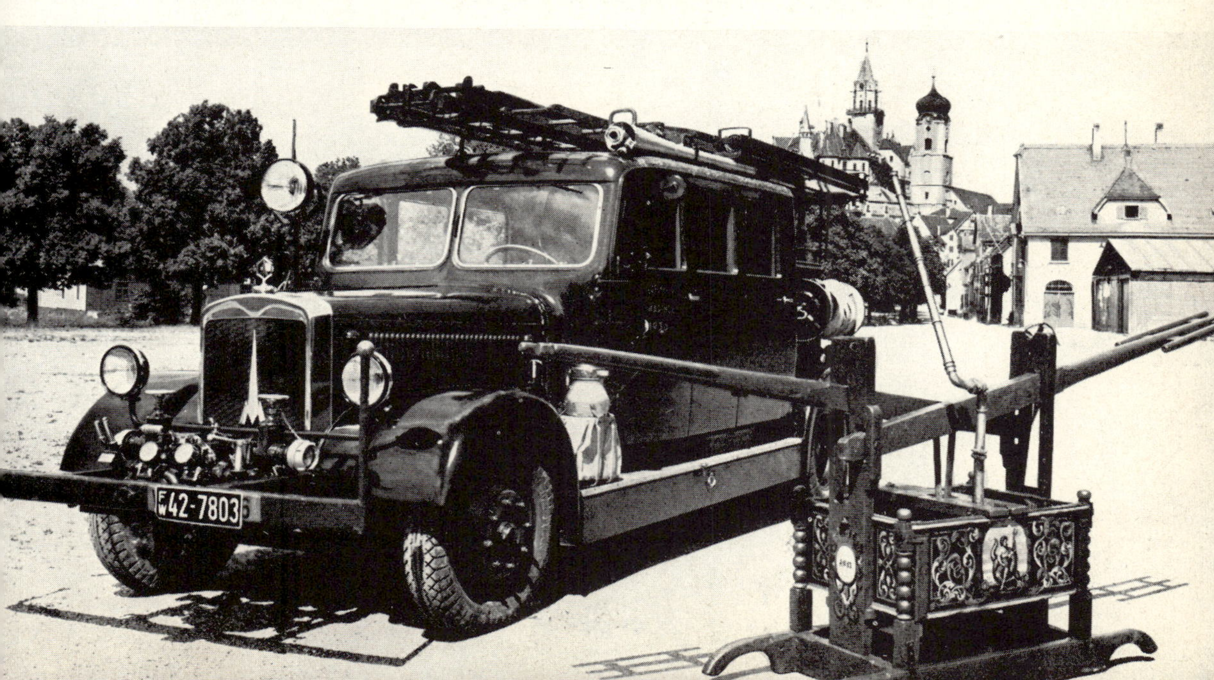

Klosterfeuerwehr Beuron/Hohenzollern

Bruder Julius Sauter,
Erzabtei Beuron
Feuerwehrkommandant
der Freiwilligen Feuerwehr
Beuron/Hohenzollern

nen von der Sorgfalt und der Zusammenarbeit seiner Kameraden ab. So muß das Denken und gefühlsmäßige Handeln ganz auf den Erfolg der gemeinsamen Arbeit gerichtet sein. Jeder soll den Unterschied zwischen Mut und Leichtsinn kennenlernen. Mutig ist nur der, der zur Erreichung des anzustrebenden Zieles die Gefahr nicht scheut, aber die Möglichkeit eines Unfalles auf ein Mindestmaß beschränkt, indem er alle nur denkbaren Sicherheitsmaßnahmen trifft.

Der sehnliche Wunsch der Feuerwehr war es, bewegungsfähiger zu werden und nicht nur von den Leitungsanschlüssen des Hauses abhängig zu sein. Dazu war eine tragbare Spritze notwendig. Hier half die Initiative eines zähen Feuerwehrkapitäns. Er war inspiriert von seinen Erfahrungen bei einem Austausch mit der Schwesterschule Salems in Schottland (Gordonstoun School). Dort gibt es eine Schulfeuerwehr, die als öffentliche Feuerwehr für den ganzen Bezirk anerkannt ist und zu jedem Brand gerufen wird. Er scheute keine Mühe, um Schulleiter und Geschäftsführer für den Plan zu gewinnen, eine Betriebsfeuerspritze anzuschaffen. Als die Finanzen diesem Plan Grenzen setzten, machte er eine Sammlung bei Bekannten und Schülereltern und konnte nach geraumer Zeit eine Summe zur Verfügung stellen, die es der Schule ermöglichte, eine ehemalige Werksspritze anzuschaffen. Nicht genug damit, die von der Passion ergriffene Feuerwehr ruhte nicht, bis sie ihre Spritze motorisiert hatte. Denn es galt auch, bereit zu sein, den Zweigschulen, insbesondere den Juniorenschulen, die im Umkreis von 10 bis 15 km liegen, im Brandfall zu Hilfe kommen zu können. Wieder war es die Zähigkeit des gleichen Kapitäns, die einem ausrangierten Opel Blitz auf die Spuren kam, der in dem Werkgelände eines ihm bekannten Schülervaters ruhte. Begeistert telegraphierte der Junge dem Schulleiter, und die Beschaffung konnte verabredet werden. Allerdings mußte der Lkw zunächst fahrbereit gemacht werden. Dazu arbeitete der Feuerwehrkapitän mit seinen zwei Kameraden mehrere Wochen während der Ferien in einer Werkstatt. Die Überführung von Hamburg nach Salem konnte dann erfolgen. Der Wagen war aber noch keineswegs als Zug- und Transportfahrzeug zu gebrauchen. Die Jungen mußten ihn vollkommen umbauen. Der Aufbau wurde abgenommen, die Federn verstärkt, die elektrischen Anlagen neu angelegt, ein stärkerer Unterbau für die Sitze der Mannschaft und ein Gerüst für die Plane angefertigt. Als der Wagen auch noch frisch gespritzt war, sah er wie neu aus. Ihm wurde auch die Anerkennung der Sicherheitsbehörde zuteil, so daß im Ernstfall Mannschaft und Spritze auf schnellstem Wege die Brandstelle erreichen können. Das Regierungspräsidium hat die Schulfeuerwehr als reguläre Feuerwehr (Betriebsfeuerwehr) anerkannt, so daß unsere Mannschaft nicht nur die eigenen Gebäude zu schützen hat, sondern auch bei Bränden der Umgebung gerufen wird.

Es bedeutet eine besondere Ehre, der Feuerwehr anzugehören, weil jeder in der Schule weiß, daß es hier um ernste Dinge geht und daß in der Auswahl eine Anerkennung für Merkmale männlicher Bewährung im Dienst an dem Nächsten in Not liegt.

Hundert Jahre Berliner Feuerwehr

Von B. Peill, Ladenburg/Neckar

Anfang der fünfziger Jahre des vorigen Jahrhunderts veröffentlichte eine Berliner Zeitung nebeneinander zwei verschiedene Bilder: Auf dem einen sah man einen Berliner Bürger vor einem völlig niedergebrannten Hause, wie er den hinzukommenden Spritzenmann aus der Zeit vor 1851 anredet:

„Allet schon verbrennt, aber keene Angst, Menneken, denn ihr seid die e r s t e Spritze un kriejt uf jeden Fall die Prämie!"

Das andere Bild dagegen zeigte das Schlafzimmer eines Berliner Bürgers aus der Zeit nach 1851, der ganz verstört auf seinem noch leicht rauchenden Bett sitzt, während ihm der über die Hakenleiter aus dem Fenster steigende Kgl. Feuerwehrmann die Worte zuruft:

„Allet wieda in Ordnung, Herr Jeheimrat — Ihr Bett hat man nur jebrennt ..."

Deutlicher als durch diese drastische Gegenüberstellung läßt sich der krasse Unterschied zwischen dem Berliner Feuerlöschwesen vor und nach 1851 nicht zum Ausdruck bringen!

Für die „Residenzien Berlin und Cölln" war die Landesherrlich organisierte Pflichtfeuerwehr bei Einführung der ersten „öffentlichen Fewersprützen" 1661 begründet worden.

Sie bestand 1850 also schon fast zweihundert Jahre und der größte Teil ihrer Ausrüstung stammte noch aus der Zeit Friedrichs des Großen!

Wer bei Tage ein Feuer entdeckte, mußte zur nächsten „Militairwache" laufen, deren Tambour Feueralarm trommelte.

Bei Nacht besorgte die Feuermeldung meist der Nachtwächter.

Nach der Kgl. Feuerordnung von 1727 sollte bei jedem Brandausbruch auch mit den Kirchenglocken „gestürmt" werden.

Aber bis man den Küster oder Kirchendiener dazu vermocht hätte, wäre inzwischen schon halb Berlin abgebrannt.

Bei Nacht schallten die Feuerhörner der Nachtwächter schaurig durch die schmalen Gassen.

Der zum Löschen verpflichtete „friedliche Bürger" öffnete verschlafen das Fenster und fragte: „Wächter, wo is denn det Feuer?" „Wees nich!" antwortete der und tutete weiter.

Während die Hausfrau Stullen zurechtmachte, zog sich der Löschbürger gemächlich an, nahm die Kaffeepulle in die eine und den numerierten Feuereimer in die andere Hand und trollte sich.

Langte er endlich beim Spritzenhaus seines Viertels an, so war die Spritze meist schon zum Brand fortgefahren.

Denn der „Rohrmeister" der Spritze und der Gespannhalter hatten es eilig, für rechtzeitiges Erscheinen am Brandplatz den Thaler Feuerprämien zu erlangen.

Die zahllosen Spritzen-, Gespann- und sonstigen Prämien für die Pflichtfeuerwehr wurden von der „Kgl. Feuersozietät" bezahlt, die seit 1719 als öffentlich-rechtliche Gebäude-Brandschadenversicherung für die Residenzen Berlin und Cölln wie auch für die Kurmark (Provinz Brandenburg) bestand.

Einen Thaler Prämie erhielt auch, wer die erste „Feuertiene" gefüllt zur Brandstelle heranschaffte.

Dieser offene Holzbottich stand auf einem hölzernen Schlitten und auf dem Kopfsteinpflaster wurde meist die Hälfte des kostbaren Nasses vorzeitig verschüttet.

Nach und nach erschienen auch die Brunnenmeister, um den Pumpenschwengel zu rühren und aus dem Röhrbrunnen das Wasser in die Ledereimer oder Schleiftienen laufen zu lassen.

An der Spritze führte der Rohrmeister den kurzen Schlauch, während die „Druckmeister" nach Leibeskräften pumpten.

Bald aber war der Spritzenkasten wieder leer, worauf der unheilvolle Ruf nach Wasser verzweifelt über den Brandplatz erscholl.

Auf den zahlreichen Spritzen, für die überhaupt kein Wasser da war, saßen inzwischen angesichts der Zerstörung die verpflichteten „Eimermänner" friedlich beim Frühstück und Kartenspiel.

Die Schnapsbuddel ging fleißig im Kreise herum und noch vor Ankunft der „Kgl. Spritzenkommissarien" war der ganze Haufen bereits sternhagelbesoffen!

Inzwischen war auch der „Utensilienwagen" angelangt, mit dessen Ausrüstung der Rathszimmermeister seine Gesellen, Maurer und Dachdecker das Brandobjekt soweit abreißen ließ, als es nicht bereits runtergebrannt war.

Lag die Brandstelle in der Nähe der Spree, so treckten und ruderten Fischer und Schiffer die „Prahmsprütze" auf dem Wasser heran, um mit ihrer Hilfe die Spritzen an Land zu speisen.

Die „große Maschinenleiter" erreichte überhaupt niemals die Brandstelle, denn sie brach schon unterwegs zusammen und nicht erst beim Aufrichten.

Und dabei herrschten schon im damaligen Berlin die drei- und vierstöckigen Häuser — vielfach Spekulations- und Schwindelbauten — vor!

Diejenigen Spritzen und sonstigen Fahrzeuge, deren Besatzung nicht gerade Rauch und Feuerschein den Weg zur Brandstelle wiesen, irrten inzwischen stundenlang plan- und nutzlos im Stadtgebiet nördlich oder südlich der Spree umher.

Drohte das Feuer endgültig überhand zu nehmen, so konnte in höchster Not die „Kgl. Dampffeuerspritze" aus dem Schloßmarstall angefordert werden.

Dieses von vier keuchenden Pferden gezogene vorsintflutliche Ungetüm war 1829 in London erbaut worden.

Sein Erfinder bot es dem Feuerspritzeninstitut der englischen Versicherungsgesellschaften zum Kauf an.

Dort fand er jedoch für seine Neukonstruktion weder Anklang noch Verständnis, so daß er aus Gram hierüber im Irrenhaus landete . . .

Die Berliner Kgl. Schloßverwaltung erwarb diese erste Dampfspritze der Welt 1832 und ließ sie von London nach Berlin schaffen.

Dort hatte man es immerhin diesem Ungetüm allein zu verdanken, daß der furchtbare Mühlenbrand von 1838 nicht den gleichen verhängnisvollen Ausgang nahm wie bald darauf der große Brand von Hamburg 1842!

Auch beim Brand des Kgl. Opernhauses 1843, als die angrenzende Bibliothek schon zu brennen anfing, die Kath. Hedwigskirche und die Berliner Universität in höchster Gefahr schwebten, rettete die fürchterliche Dampfspritze wieder einzig und allein die Situation. Obwohl seit einigen Jahren acht zur Nachtzeit besetzte und bespannte „Wachspritzen" existierten, die sogar mit angehängter fahrbarer Wassertiene, mit Hakenleiter und Rettungssack versehen waren, versagten Ende der vierziger Jahre auch diese Hilfsmittel kläglich bei einem Großfeuer am Hausvogteiplatz, das mehrere Todesopfer forderte. Angesichts der brennend aus den Fenstern springenden Menschen mußte die hohe Obrigkeit endlich einsehen, daß es in der Millionenstadt so keinesfalls mehr weiterging.

Polizeipräsident von Hinkeldey beauftragte daher den Kgl. Oberspritzenkommissarius, Geh. Regierungs- und Baurat Scabell mit der Bildung eines Institutes, das ähnlich der nach 1848 aufgestellten Kgl. Schutzmannschaft dem Berliner Polizeipräsidium direkt unterstellt und von Anfang an militärisch organisiert wurde.

Nachdem die geeigneten Offiziere und Mannschaften ausgewählt und die notdürftigsten Unterkünfte beschafft worden waren, trat am 1. April 1851 die „Berliner Kgl. Berufsfeuerwehr" ihren Dienst an. Bei ihrer Aufstellung prägte Branddirektor Scabell folgende Leitsätze, die noch heute nach über hundert Jahren allgemeine Gültigkeit haben:

„Schnelles Bekanntwerden der Brandstelle,
gute und ausreichende Löschwasserversorgung,
bestens ausgebildete und ständig alarmbereite Löschmannschaften,
rasche und ungehinderte Beförderung der Löschkräfte zur Brandstelle
sowie einheitliche und fachmännische Leitung der Lösch- und Rettungsarbeiten."

Die junge Berliner Firma Siemens & Halske, die sich vorher schon um die Entwicklung der Eisenbahntelegraphen verdient gemacht hatte, lieferte dem Kgl. Polizeipräsidium die erste Feuertelegraphenanlage der Welt.

Ihre Zentrale befand sich bei der „Stadtvogtei", dem Präsidium, und verband dieses mit sämtlichen Berliner Polizeirevieren.

Die Telegraphenleitungen waren von Anfang an in unterirdischen Kabeln verlegt und gegen atmosphärische Störungen gesichert.

In der Zentrale und bei den „Sprechstellen" der Revierwachen waren sinnreich erdachte Magnetzeigerapparate aufgestellt. Diese zeigten auf einem runden Zifferblatt Buchstaben und Zahlen, auf welche die Nadel des Apparates eingestellt wurde.

Lief eine Feuermeldung ein oder sollte eine Polizeidepesche übermittelt werden, so weckte der Telegraphist die angeschlossenen Stationen.

Diese setzten den Zeigerapparat in Tätigkeit, auf dem sie an Hand der Buchstaben und Zahlen die entsprechende Meldung ablesen, bestätigen und beantworten konnten.

Branddirektor Scabell hatte Berlin in fünf Brandinspektionen eingeteilt; die Hauptfeuerwache befand sich an der Breiten Straße im Hinterhaus der Textilfirma Rudolf Herzog.

Jede Inspektion verfügte über ein „Depot" mit ständig besetzten Personenwagen, Wasserwagen und Utensilienwagen.

Der Personenwagen oder „Feuerwehr-Omnibus" war aus dem volkstümlichen Kremsern oder Torwagen entstanden, die den Verkehr nach den Berliner Außenbezirken vermittelten.

Der anderthalb Kubikmeter fassende Wasserwagen war als Ersatz für die unmöglichen offenen Wassertienen bestimmt.

Bei Alarm begleitete den Personenwagen der diensthabende Kgl. Brandmeister, während dem Branddirektor der Kgl. Brandinspektor Noël zur Seite stand.

Bei zwei Dutzend Berliner Polizeiwachen nördlich und südlich der Spree, die an die Telegraphenanlage angeschlossen waren, stand je eine Handdruckspritze mit Leitergerüst und angehängter Rädertiene bereit.

Jede Spritze war mit 45 m genietetem Lederschlauch versehen und ständig mit zwei Pferden bespannt, die vom Sattel aus gelenkt wurden.

Die Spritzenbesatzung bestand aus dem Oberfeuermann, vier Feuermännern und dem vom Fuhrunternehmer beigestellten Kutscher.

Im Feuerdienst trugen die Mannschaften dunkle Drillichanzüge, der Oberfeuermann dazu Berliner Schutzmannshelm mit Spitze und königlichem Wappen, die Feuer- und Spritzmänner die Berliner „Feuerkappe" mit langem Nackenleder.

Der Oberfeuermann war mit Signalpfeife, Koppel und Seitengewehr, der Feuermann mit ledernem Hakengurt, Schiebehaken und Beil ausgerüstet.

Erhielt das Revier, bei dem die betreffende Spritze stationiert war, mündlich oder telegraphisch eine Feuermeldung, so rückte die Spritze mit ihrer Besatzung unverzüglich unter Glockengeläute und nachts mit Fackelbeleuchtung zur Brandstelle aus.

Vor dieser eingetroffen, wurde der Wasserkasten aus der mitgeführten Rädertiene gefüllt, der Lederschlauch in die Brandstelle verlegt und unter das zusammengelaufene Publikum Nummernschilder verteilt.

Wer pumpen helfen wollte, hängte sich das Schild um den Hals, um es nach gelöschtem Feuer beim nächsten Polizeirevier abzuliefern.

Dort wurde der Name des freiwilligen Helfers notiert, damit dieser demnächst seinen von der Sozietät gespendeten Thaler in Empfang nehmen konnte.

Riefen Menschen aus den oberen Stockwerken um Hilfe und war die Holztreppe durch Rauch und Flammen versperrt, so eskaladierte die Spritzenbesatzung unverzüglich mit der Hakenleiter nach oben, um notfalls die Geretteten mittels Seilbremse und Rettungssack herunter zu lassen.

Bange Minuten vergingen jedesmal, bis anhaltendes Glockenläuten und Pferdegetrappel endlich das Anlangen des „Depots“ mit Personen-, Wasser- und Utensilienwagen ankündigte.

Nun übernahm der wie die Polizeileutenants bekleidete, jedoch mit Pickelhaube versehene Kgl. Brandmeister das Kommando.

Der Inhalt des Wasserwagens speiste die Spritze und die Spritzenmänner des Personenwagens übernahmen die Pumparbeit.

Während des ersten Vierteljahrhunderts der Berliner Feuerwehr hatte der Hauptteil der Spritzenmänner tagsüber die Straßen zu reinigen; sie brauchten kein Handwerk erlernt zu haben, während Oberfeuer- und Feuermänner ausnahmslos beim Militär gediente Bauhandwerker waren.

Scabell ließ dieselben am Klettergerüst der Hauptfeuerwache üben, bis ihnen Hören und Sehen verging.

Tauklettern, Balancieren mit Last auf schmalen Brettern, sowie Schwingen mit der Hakenleiter von einer Fensterreihe zur anderen gehörten noch zu den harmlosesten „Belustigungen“ dieser Art!

Scabell hatte von Anfang an den Innenangriff gegen das Feuer gelehrt und da Atemschutzgeräte damals noch kaum bekannt waren, so lautete viele Jahre lang die Parole der norddeutschen Berufsfeuerwehren bei starker Rauchentwicklung:

„Nimm den Bart zwischen die Zähne und dann drauf und dran und hinein in den Qualm!“

Daß die dichten Vollbarthaare als natürliches Rauchfilter dienten, hatten die alten Feuerwehrgründer von 1851 auch schon frühzeitig und richtig erkannt.

Auf den Feuerwachen, wo die Mannschaft hintereinander 72 Stunden Dienst bei nur 24stündiger anschl. Freizeit versah, ging es zu wie in einer alten Kasernenstube.

In ein und demselben Raum mußte geschlafen und gewaschen, gekocht und gegessen, geputzt und geflikt werden.

War der Übungs- und Arbeitsdienst zu Ende, so durften im Wachraum Stühle geflochten und sonstige kleine Privatarbeiten gegen bescheidenes Entgelt verrichtet werden.

Schlug endlich die Stunde der Ablösung, so zog der Wehrmann seine gute Ausgehuniform an, hängte den „Mantelsack“ über und schulterte die große Paradeaxt.

Mit dem Helm auf dem Kopf umgeschnallt durfte er nunmehr die Wache verlassen, um sich meist nicht nach Hause, sondern — auf Theaterwache zu begeben.

Denn Branddirektor Scabell hatte als Regierungs- und Baurat gleichzeitig auch die technische Aufsicht über die Kgl. Theater.

Es war daher selbstverständlich, daß von Anfang an der Theaterwachtdienst zu den wichtigsten Aufgaben der Berliner Feuerwehr gehörte.

Dort inspizierte der diensthabende Oberfeuermann vor und nach der Vorstellung das gesamte Bühnen- und Zuschauerhaus, prüfte die Löscheinrichtungen und später auch den Theaterfeuermelder.

Während des Spieles standen die Wachtposten auf und hinter der Bühne bereit, um mit Löschpinsel, Eimer und Handspritze etwa aufgehendes Feuer im Keime zu ersticken.

Von den offenen Gasflammen, Öllampen und Kerzen fingen Soffiten und Kulissen nur allzu leicht Feuer, während die leichten und hauchdünnen Gewänder der Tänzerinnen und Balletteusen unversehens in Flammen aufzugehen pflegten.

Dann bildete die unverbrennliche „Löschdecke“ des hinzuspringenden Feuerwehrmannes die einzige und sichere Rettungsmöglichkeit.

Während seiner knappbemessenen Freizeit mußte der Berliner Feuerwehrmann bei seinem kargen Lohn auf Nebenerwerb ausgehen.

Hatten Berliner Bürgersfamilien Möbel zu transportieren oder sonstige schwere Gelegenheitstarbeit zu vergeben, so holten sie sich mit Vorliebe ein paar dienstfreie „Feuermänner“.

Ihre Frauen aber mußten aufwarten und waschen gehen, um die zahlreiche Familie mit ernähren zu helfen.

Kam der Wehrmann bei seinem todesmutigen Einsatz schwer zu Schaden oder wurde er sogar ein Opfer seiner Pflicht, so stand ihm in den ersten Jahrzehnten der Berliner Feuerwehr keinerlei Alters- und Invalidenversorgung zur Verfügung.

In Fällen besonderer Notlage erbarmte sich die „Munifizenz der Stadt Berlin“ der Verunglückten und ihrer Familien oder aber nach 1861 öffnete in solchen Fällen die Königin Augusta ihre Privatschatulle.

Denn die Feuerwehr war ja ein königliches Institut unter direkter Aufsicht des Polizeipräsidiums, während die Stadt Berlin lediglich die Kosten für das Feuerlöschwesen zu tragen hatte.

Um hierbei wenigstens auch etwas mitbestimmen zu können, bildete sich bald nach Gründung der Wehr die „Städtische Feuerlöschdeputation“, in der angesehene Bürger ehrenamtlich den öffentlichen Brandschutz mit betreuen halfen.

An drei kleinen Beispielen sei kurz die ungeheuere Volkstümlichkeit und Bewunderung gezeigt, deren sich das Institut schon bald nach seiner Gründung allgemein erfreute:

Berliner Feuerwehrlied

(Melodie: „Was blasen die Trompeten, Husaren heraus“)

„Was eilt in dichten Massen die Straßen entlang,
Was rasselt durch die Gassen mit hellem Glockenklang,
Wer springt vom hohen Sitze des Omnibus schnell —
Wir Männer bei der Spritze, wir sind an Ort und Stell'!
Mag auch die Flamme prasseln und lecken mit Gier,
Wenn wir die Stadt durchrasseln, ist es zu End' mit ihr.
Wir fliegen wie die Blitze, es führet Scabell
Die Männer bei der Spritze, drum sind wir auch so schnell.
Wir reinigen und sprengen, wir legen Dämme vor,
Wo sich die Wasser drängen durchs platzende Rohr.
Nicht nur mit Feur und Hitze, es wissen auch schön
Die Männer von der Spritze mit Wasser umzugehen.
Ihr Bürger stets bewahret das Feuer und das Licht
Und mit det Jas verfahret, daß Unglück nich jeschicht.
Doch kommt ihr je in Hitze, bewahrt eure Ruh —
Wir Männer bei der Spritze, wir rufen euch zu:
Juchheirassassa, die Feuerwehr ist da,
Wo Not am Mann, da sind wir mit Hilfe stets da!“

Zu dem Text sei bemerkt, daß 1856 die „Englische Wassergesellschafft" ihr dampfbetriebenes Wasserwerk vor dem Stralauer Tor in Betrieb genommen hatte, während die „Englischen Gaswerke" in Berlin schon seit 1828 bestanden.

Die Anlage von 1 520 Unterflurhydranten veranlaßte den Branddirektor zur „Pensionierung" der altehrwürdigen Kgl. Dampfspritze, nachdem diese die preußische Hauptstadt vor so manchem schweren Brandunglück hatte bewahren können.

Kurz vor Gründung der Berliner Feuerwehr war das berühmte Krollsche Etablissement vor dem Brandenburger Tor abgebrannt. Bei seiner späteren Wiedereröffnung wurde die Vorstellung von einer Schar reizender Balletteusen eingeleitet, die mit Feuerwehrhelm, Mantelsack und geschulterter Paradeaxt in strammer Haltung auf der Bühne defilierten unter den Klängen des Marsches:

„Kommt die Feuerwehr — anmarschiert daher,
So ein schmuckes Korps kommt in der Welt nur einmal vor.
Fidirui, fidira, sind ja tapfre Jungen,
Fidiri, fidira, unsre Feuerwehr!"

Und drittens! Zur Zeit des ersten Weltkrieges erzählte die uralte Exzellenz Aristarki Pascha in seiner Villa im Konstantinopler Vorort Therapia am Bosporus folgendes Erlebnis:

Anfang der sechziger Jahre wurde er als junger Diplomat der türkischen Botschaft in Berlin zugeteilt.

In einem der ersten Hotels Unter den Linden abgestiegen, weckte ihn bereits in einer der ersten Nächte der Ruf „Feuer" aus dem Schlaf.

Nur an die furchtbaren Schreckensszenen gewöhnt, die sich bei fast jedem Brand in seiner Stambuler Heimat abzuspielen pflegten, raffte der junge Attaché eiligst seine notwendigsten Kleider und Wertsachen zusammen.

Als er atemlos die Treppe in das leicht angeräucherte Vestibül herabstürzte, empfing ihn dort ein Berliner Oberfeuerwehrmann mit den beruhigenden Worten:

„Excellenz können ruhig wieder schlafen gehen, das Feuer ist bereits gelöscht!"

Und noch zum Schluß: Angesichts eines wie immer rasch gelöschten Brandes unterhalten sich auf der Straße Ede und Lude, zwei der bekannten „Berliner Eckensteher" der guten alten Zeit.

Ede: „Weeste, womit sich die Feuerwehr bedeckt?"
Lude: „Na, mit die Lederkappen."
Ede: „Nee, mit R u h m bedeckt se sich!"
Beide: „Jebrochen ist det Feuers Macht, seit Scabell darüber wacht — hoch, die Feuerwehr!"

1870 brach in dem märkischen Städtchen Havelberg Feuer aus, dessen die örtliche Pflichtfeuerwehr mit ihren drei hölzernen Druckspritzen nicht Herr zu werden vermochte.

Havelberg lag damals drei Bahnstunden von Berlin entfernt und der geängstigte Bürgermeister erbat vom Kgl. Polizeipräsidium telegraphisch Löschhilfe.

Branddirektor Scabell und Brandinspektor Noël forderten sofort einen Extrazug bei der Hamburger Bahn an, bestiegen diesen mit einer Kompanie Feuer- und Spritzenmänner nebst den notwendigen Fahrzeugen und Gespannen, worauf es per Bahn bis Glöwen ging.

Dort wurde in Eile auswaggonniert, angespannt und in rasender Fahrt ging es über die märkischen Landwege nach Havelberg.

Bei furchtbarem Sturm und schneidender Kälte rangen dort Scabell und seine Leute Tag und Nacht mit dem entfesselten Element, bis die Gefahr für den historischen Dom und den Rest der Stadt endgültig beseitigt war.

Diese erste Überlandhilfeleistung auf weite Strecke erregte damals im In- und Ausland ungeheueres Aufsehen und steigerte noch das Ansehen der Berliner Feuerwehr.

Nach dem großen Brand im Hotel Kaiserhof im Jahre 1875, bei dem die neubeschaffte englische Dampfspritze Nr. 1 ihre Feuertaufe erhielt, trat der Gründer der Wehr, Branddirektor Scabell, in den Ruhestand. Sein Nachfolger, Major Witte vom Berliner Eisenbahnregiment, ersetzte sofort den veralteten Zeigertelegraphen durch Morseapparate sowie die unrentablen kleinen Spritzenstationen bei den Polizeirevieren durch geschlossene Zugeinheiten.

Jede derselben wurde auf einer ausreichend großen Feuerwache untergebracht, einem Kgl. Brandmeister unterstellt und mit Spritze, Wasserwagen und Personenwagen ausgerüstet.

Die bisherigen Brandinspektionen wurden in fünf Kompanien umgewandelt, wobei jede Kompaniewache einen Dampfspritzenzug ·erhielt. Auch wurden auf Straßen und Plätzen die ersten öffentlichen Feuermelder aufgestellt und die Pferdegespanne in eigene Regie übernommen. Was übrigens das Nachrichtenwesen betraf, so hatten nach dem großen Brande der Pariser Oper im Jahre 1873 die französischen Zeitungen folgenden bitteren Vergleich ziehen müssen:

> „Während es in der französischen Hauptstadt überhaupt nicht möglich ist, die weit verteilten und verstreuten Löscheinheiten rechtzeitig zu einer Großbrandstelle zu dirigieren, genügt in Berlin ein Signal und eine kurze Depesche, um binnen nur einer halben Stunde alle Feuerspritzen nach einem bestimmten Punkt zu leiten!“

Zwischen 1875 und 1901 wurden alle die Feuerwachen erbaut, welche bis zur Zerstörung der Berliner Innenstadt im letzten Krieg dort Jahrzehnte lang fast unverändert bestanden haben.

Im ersten halben Jahrhundert ihres Bestehens verlor die Berliner Feuerwehr auf Brandstellen insgesamt 1 Brandmeister, 4 Oberfeuermänner, 7 Feuermänner und 3 Spritzenmänner.

Das Feuerwehrdenkmal am Mariannenplatz erinnert an ihren heldenmütigen Einsatz, während seit Einführung des Pensionsreglements im Jahre 1882 bis zur Jahrhundertwende nicht weniger als 85 auf Brandstellen verunglückte Feuerwehrangehörige vorzeitig in den Ruhestand versetzt werden mußten.

Zur Zeit ihres 50jährigen Jubiläums, das im Rahmen der Internationalen Feuerwehrausstellung 1901 am Kurfürstendamm würdig gefeiert wurde, zählte die Berliner Feuerwehr unter ·ihrem rühmlichst bekannten Branddirektor Giersberg 20 Offiziere, 3 Ärzte, 1 Telegrapheningenieur, 1 Tierarzt und 1 Turnlehrer nebst 826 Chargierten und Mannschaften, 67 Verwaltungs- und Werkstattangehörigen und 138 Pferde.

Die 5 Kompanie- und 11 Zugwachen verfügten über 12 Dampf- und 18 Handdruckspritzen, 9 mechanische Leitern (Hönigsche Drehturmleiter) und 74 sonstige Fahrzeuge.

Die Zahl der Feuermelder betrug über 500, die der Hydranten mehr als 5 000, wozu noch über 500 Rohrbrunnen kamen.

Im Jahre 1900 wurde die Berliner Feuerwehr 2 683mal alarmiert und leistete auf den Wachen 159mal Samariterhilfe.

Für das Etatjahr 1900/1901 beliefen sich die Gesamtkosten für das Feuerlöschwesen auf nicht weniger als 1,7 Millionen Mark!

Feuerpolizeiverordnungen bestanden damals u. a. bereits für Stein- und Braunkohlen, Spiritus, Gasometer, Wollspinnereien, Beförderung leichtentzündlicher Postgüter, Bahnfeuerschutz, Petroleum und Mineralöle, Theater und Zirkusse, Äther und sonstige leichtentzündliche Flüssigkeiten, elektrische Straßenbahn-, Beleuchtungs- und Kraftanlagen, Acetylen, Ausstellungen und Basare, Krankenanstalten, Säuren und Gasglühlicht.

Der Kgl. Branddirektor führte den Titel „Kaiserlicher Rat IV. Klasse", Kaiserin Auguste Viktoria übte das persönliche Patronat über die Feuerwehr aus und Studienkommissionen aus Rußland, China, Japan, Siam und Nordamerika besuchten laufend die Berliner Feuerwehreinrichtungen.

Die Berliner Feuerwehrausstellung 1901 hatte den ersten deutschen Automobil-Löschzug für Hannover gezeigt. Mannschaftswagen und Tender waren Akkumulatorenfahrzeuge mit Drehschemel-Vorderachse von Justus Christian Braun, Nürnberg.

Die Dampfspritze hatte dampfautomobilen Fahrantrieb und stammte aus der Waggon- und Maschinenfabrik Busch-Bautzen. Zur selben Zeit stellte Magirus in Ulm bereits eine dampfautomobile Drehleiter für die Kölner Feuerwehr her.

Auch die Berliner Feuerwehr unternahm eingehende Versuche sowohl mit Dampfautomobilen wie mit Elektrofahrzeugen und schließlich mit Benzinmotoren.

1906 wurde der Dipl.-Ing. Walter Gempp, der in Karlsruhe Elektrotechnik studiert hatte, als Kgl. Brandmeister in die Berliner Feuerwehr übernommen.

1908 führte er auf der neuerbauten Zugwache 20, Schönlankerstraße, den ersten Berliner Automobillöschzug ein.

Bei diesem lagen die Batterien unter der Motorhauben-Attrappe, während der Vorderradantrieb durch elektrische Radnabenmotoren erfolgte.

Die Zugeinteilung war die gleiche wie bei den bisherigen bespannten Löschzügen, d. h. Gasspritze, Gerätewagen, mechanische Leiter und Dampfspritze.

Letztere wurde später bei einigen Elektrozügen durch eine Benzinmotorspritze ersetzt, die mit einem Generator versehen war und im Notfall für die Akkumulatorenfahrzeuge gleich Reservestrom erzeugen konnte.

Diese ersten Motorspritzen waren mit Rundlaufpumpe versehen.

Elektromobile Löschzüge wurden zur selben Zeit auch bei den selbständigen Berufswehren der Nachbarstädte Rixdorf (später Neukölln), Schöneberg, Wilmersdorf und Charlottenburg eingeführt.

Die Jahre 1908—1910 brachten ferner drei Katastrophen von allgemeinem technischen Interesse:

Am Berliner „Gleisdreieck" fuhren zwei Hochbahnzüge einander in die Flanke, wobei einer der Schnellbahnwagen von der drei Stock hohen Brücke in den Hof der Gesellschaft für Markt- und Kühlhallen abstürzte.

Seine zwei Dutzend Insassen konnte der Löschzug von der benachbarten Kompaniewache 3 leider nicht mehr lebend bergen.

Ein weiterer entgleister Hochbahnwagen schwebte zur Hälfte absturzdrohend in der Luft.

Über die mechanische Leiter zum Bahnviadukt aufgestiegene Feuerwehrmannschaften sicherten den Waggon mit Hilfe von Winden, Tauen und Flaschenzügen.

Diesem Unglück folgte der Riesenbrand des Viktoriaspeichers der Berliner Omnibusgesellschaft an der Köpenicker Straße. Bei diesem Großbrand, der ein Todesopfer forderte, rettete erstmalig die neue Schutzgasanlage von Martini & Hünecke die unterirdischen Benzinbehälter.

Die dritte Katastrophe war der Brand des oberirdischen Mineralöl-Tanklagers im Vorort Rummelsburg-Nobelshof, den zahlreiche Berliner Löschzüge — damals noch ohne Großschaumgeräte — tagelang bekämpfen mußten.

Bald darauf ging die Alte Garnisonkirche an der Neuen Friedrichstraße in Flammen auf.

Fast zur selben Zeit erfolgte der Spreetunneleinbruch zwischen den Untergrundbahnhöfen Spittelmarkt und Inselbrücke.

Beim Auspumpen der überschwemmten Bahnhöfe gelangten außer den Dampfspritzen erstmalig auch die neuen Überlandmotorspritzen der Berliner Feuerwehr zum Einsatz.

Mit diesen Großfahrzeugen, die bereits über reinen Benzinantrieb verfügten, hatten Branddirektor Reichel und Brandmeister Gempp umfangreiche Erprobungsfahrten ausgeführt.

Diese führten von Berlin bis zum Feldberg im Schwarzwald und fielen so günstig aus, daß Branddirektor Reichel empfahl, das gesamte Reichsgebiet mit zentralen Stützpunkten für Überlandmotorspritzen zu überziehen.

In den Jahren 1908—1914 wurden benzinautomobile Löschfahrzeuge bei folgenden Berliner Vorortfeuerwehren eingeführt: Pankow, Lichtenberg, Britz, Mariendorf, Zehlendorf, Nikolassee, Kolonie Grunewald und Spandau.

Bedeutende Fabrikfeuerwehren entstanden u. a. bei Borsig/Tegel, Kunheim/Niederschöneweide, AEG-Kabelwerk Oberspree, Spindler/Cöpenick, Daimler/Marienfelde sowie in Siemensstadt.

Im Vorort Oberschöneweide stellte die „Neue Automobilgesellschaft" Kraftfahrspritzen her, die bis nach Rußland und Brasilien geliefert wurden.

Das Kaufhaus A. Wertheim am Leipziger Platz stellte eine eigene Berufsfeuerwache mit modernster Ausrüstung auf.

Die wundervolle Feuerwehrparade 1913 vor Kaiser Wilhelm II. am Berliner Dom bildete den würdigen Abschluß der goldenen Friedensjahre am Vorabend der großen Kriegsereignisse.

Im ersten Weltkrieg blieb die Reichshauptstadt von unmittelbarer Kampfeinwirkung und schwereren Kriegsschäden verschont.

Aber die Leiden der langen Kriegsjahre wirkten sich mit der Zeit auch unheilvoll auf Leitung und Personal, Ausrüstung und Schlagfertigkeit der Kgl. Berufsfeuerwehr und der Vorortwehren aus. 1919 mußte man daher in vielem wieder ganz von vorne anfangen, besonders als ein Jahr später das „Gesetz Groß-Berlin" über siebzig Nachbarstädte, Landgemeinden und Gutsbezirke in die Reichshauptstadt eingemeindete.

Beim denkwürdigen Brand der „Sarotti"-Schokoladenfabrik in Tempelhof zeigte sich die fehlende Einheitsorganisation des Groß-Berliner Feuerlöschwesens nur allzu deutlich.

Dipl.-Ing. Gempp wurde daher 1923 zum ersten Oberbranddirektor ernannt und ging nach Überwindung der Inflationsschwierigkeiten mit Feuereifer an seine neue gewaltige Aufgabe.

1925 führte ihn eine monatelange Studienreise nach Paris, London und Nordamerika.

Die dort gewonnenen vielseitigen Anregungen und Erkenntnisse setzte der Oberbranddirektor nach seiner Rückkehr unverzüglich in die Tat um:

Im Telegraphenzimmer der Hauptfeuerwache Lindenstraße wurde eine Feuermelde- und Alarmzentrale zum Anschluß von insgesamt 60 Feuerwachen geschaffen.

Betätigte man in den Außenbezirken einen Feuermelder, so lief dieser gleichzeitig auf der zuständigen Feuerwache wie auch auf der Hauptwache ein.

Aus dem Lautsprecher des Melders scholl dem Meldenden die Stimme des Telegraphisten auf der Wache entgegen:

„Hier Feuerwehr, wo ist die Brandstelle?"

Durch das Mikrophon des Melders erhielt daraufhin die Feuerwache vom Meldenden genaue Angaben über die Art der geforderten Hilfeleistung und den Ort der Einsatzstelle.

Schon 1901 hatte die Nachbarstadt Schöneberg zur gleichen Zeit mit Hannover die erste mit Ruhestrom und Sicherheitsschaltung arbeitende Feuermeldeanlage in Dienst gestellt.

Diese Anlagen mußten damals noch von der amerikanischen Firma Gamewell geliefert werden.

Die neue Groß-Berliner Feuermeldeanlage wurde nunmehr von Siemens & Halske mit diesen von ihr noch verbesserten Sicherungsmerkmalen versehen.

Störungen im Alarmnetz und verstümmelt anlangende Meldungen wurden hierdurch von vornherein unmöglich gemacht.

Das 75jährige Jubiläum der Berliner Feuerwehr wurde durch die „Große Polizei-Ausstellung Berlin 1926“ in den neuen Messehallen am Funkturm festlich begangen.

Die Ausstellungsbesucher konnten hierbei folgende neue Errungenschaften der Groß-Berliner Feuerwehr kennenlernen:

Den Rettungswagen mit umfangreicher Gasschutzausrüstung und Spezialgeräten für den zugehörigen „Feuertaucher“-Trupp. Jede der fünf neugebildeten Branddirektionen Mitte, Nord, Süd, West und Spandau erhielt ein derartiges Sonderfahrzeug.

Den Rüstwagen mit Kran für schwerste Verkehrs- und Bauunfälle.

Das Feuerlöschboot mit eingebauter Kreiselpumpe, Wendestrahlrohr, kompletter Löschausrüstung und Wasserrettungsgerät. Derartige Löschboote wurden in der Folgezeit im West- und Osthafen sowie in Spandau und Köpenick in Dienst gestellt.

Den motorisierten Gerätewagen mit Anhängekraftspritze für die freiwilligen Feuerwehren der Berliner Vororte.

Den chemischen Schaumgenerator, mit dem seither alle Berliner Löschzüge einheitlich ausgerüstet wurden.

Sauerstoff-Kreislaufgeräte und Rauchfiltermasken von Draeger und Auer; erstere erhielt jedes Löschfahrzeug, letztere jeder Wehrmann.

Den schweren Taucherhelm mit Luftschlauch und die unabhängigen „Badetauchretter“ für Hilfeleistungen auf Spree, Havel und Teltowkanal.

Als neue Warnungssignale für die Feuerwehrfahrzeuge das Martinshorn und die Rasselglocke mit elektrischem oder Druckluftantrieb.

Den motorisierten Schlauchwagen mit großem Vorrat an Reservedruckschläuchen und Schaumpulver für jede der fünf Branddirektionen.

Oberbranddirektor Gempp hatte den neuen Verwaltungsbezirken von Groß-Berlin entsprechend das Stadtgebiet in 21 Brandschutzbezirke aufgeteilt.

Jedes Brandschutzamt unterstand einem leitenden Feuerwehringenieur, während das Zentralamt der Berliner Feuerwehr in der Lindenstraße folgende Abteilungen umfaßte:

Organisation und Branddienst; Vorbeugender Feuerschutz; Fahrzeug- und Gerätewesen Nachrichtendienst; Büro und Verwaltung.

In dem Jahrzehnt zwischen 1923 und 1933 brachte es die Groß-Berliner Feuerwehr auf insgesamt 45 Berufsfeuerwachen und 75 freiwillige Vorortfeuerwehren einschließlich der anerkannten Werkfeuerwehren.

Die Berliner Hauptfeuerwache war auch der Sitz des „Preußischen Feuerwehrbeirates“, dessen wissenschaftliche Forschungsarbeit und brandschutztechnische Erkenntnisse Jahrzehnte lang das gesamte Feuerschutzwesen im In- und Ausland maßgebend beeinflußt haben. Aufs engste mit ihr zusammen arbeitete das Staatliche Materialprüfungsamt Berlin-Lichterfelde, dessen unermüdlicher Versuchstätigkeit die noch heute gültigen Bau- und Sicherheitsvorschriften mit zu verdanken sind.

1933 übernahm Oberbranddirektor Wagner die Leitung der Groß-Berliner Feuerwehr, die nach dem Brand des Kulissenhauses der Staatstheater im Sommer 1936 mit den modernsten Einheitslöschfahrzeugen völlig neu ausgerüstet wurde. Ein Jahr vorher hatte die Wehr anläßlich des unheilvollen Brandes der Berliner Funkhalle wie auch beim S-Bahntunneleinsturz am Brandenburger Tor ihre angestammte Opferwilligkeit in schönster Form erneut unter Beweis stellen können.

Es folgte nun das Zeitalter der „Feuerschutzpolizei“ und des zivilen Luftschutzes.

Auch die Berliner Feuerwehr, die seit 1919 ein Kommunalinstitut gewesen war, stand nunmehr unter reichseinheitlicher Leitung. Für fast ein Jahrzehnt wurde die Reichshauptstadt zum feuerwehrlichen Mittelpunkt für die angeschlossenen und späterhin auch für die besetzten Gebiete.

Als 1939 der zivile Luftschutz aufgerufen wurde, traten wie schon vor 1851 Tausende und aber Tausende Berliner Bürger in den aktiven Dienst der Brandbekämpfung.

Wieder wie vor Gründung der Berufsfeuerwehr waren die Löschgeräte und ihre Besatzungen über das gesamte Stadtgebiet verteilt und restlos dezentralisiert.

Wie schon vor Scabells Zeit, so unterstanden auch jetzt wieder die technischen Leiter des Löschwesens übergeordneten staatlichen und Polizeidienststellen.

Von neuem, wie hundert Jahre vorher, gelangten Handspritze, Wassereimer und Einreißhaken zu Ehren.

Und neuerlich erscholl der verzweifelte Ruf nach „Wasser" fast bei jedem Brand nach den Luftangriffen.

Feuerschutzpolizei und freiwillige Wehren, motorisierte Luftschutzeinheiten, Werkluftschutz, erweiterter Selbstschutz, Block- und Hausfeuerwehren kämpften verzweifelt gegen die um sich greifende Zerstörung.

Die Zahl der haupt- und ehrenamtlichen Löschkräfte, die ihren todesmutigen Einsatz mit dem Leben bezahlten, stieg bis 1945 ins Ungemessene!

Was die Berliner tun konnten, um den völligen Untergang ihrer Heimatstadt abzuwenden, haben sie in jahrelangen Bombennächten und im rasenden Feuersturm still und unverdrossen geleistet!

Nach Kriegsende gab es in Groß-Berlin weder Feuermelder noch feuerwehrliche Nachrichtenmittel, weder Löschfahrzeuge noch benutzbare Löschwasserentnahmestellen.

Aber die 1945 „noch einmal davongekommen" waren dachten nicht daran, angesichts der allgemeinen Not und Verwüstung zu resignieren.

Bei der großen Absetzbewegung aller Feuerlöschkräfte gegen Kriegsende nach dem Westen waren die meisten Fahrzeuge und ihre Besatzungen „vom Winde verweht".

Was zufällig daheim geblieben war, holte sich der Eroberer. Den trotz allem bald darauf einsetzenden planmäßigen Wiederaufbau des Feuerlöschwesens hemmte die unglückselige Trennung zwischen Ost- und Westberlin.

Verschossene Luftschutzgarnituren mußten in der ersten Nachkriegszeit die persönliche Feuerwehrausrüstung, handgezogene Schlauchkarren und Tragkraftspritzen die Löschfahrzeuge ersetzen helfen.

Heute, nach einem weiteren Jahrzehnt, befindet sich das Zentralamt der Ostberliner Feuerwehr, die der Volkspolizei unterstellt ist, in der vom Kriege verschont gebliebenen Feuerwache Weißensee. Die leitenden Beamten der Wehr haben als „Volksoffiziere" Aufgaben zu erfüllen, um die sie im Westen niemand beneidet.

Um so erfreulicher hat sich dagegen der inzwischen erfolgte Neuaufbau der Westberliner Feuerwehr unter ihrem unermüdlichen Oberbranddirektor Wissel gestaltet.

Großzügig wieder instandgesetzte Wachen der Berufs- und Gerätehäuser der freiwilligen Feuerwehr, wieder hergestellte Feuermelde- und Alarmanlagen, die prachtvolle neue Feuerwache an der Pankstraße im Norden Berlins und die aus der Bundesrepublik neubeschafften modernsten Löschfahrzeuge kennzeichnen den heutigen Berliner Feuerwehrgeist.

Hamburger Feuerwehr in alter und neuer Zeit

Von Dipl.-Ing. Wilh. Schwarzenberger, Hamburg

Die menschlichen Ansiedlungen und vor allem die Städte wurden in früheren Jahrhunderten — auch in Friedenszeiten — ab und zu von Brandkatastrophen heimgesucht, die als Fügung des Schicksals fast unabwendbar erschienen. Die Bauweise der alten Städte und das Fehlen der ordnenden Hand einer Stadtplanung im heutigen Sinne leisteten den Zerstörungen durch des Feuers Macht Vorschub. Die Brandbekämpfung selbst mußte so lange unzulänglich bleiben, bis die moderne Technik elektrische Nachrichtenmittel, Fahrzeuge und Maschinen schuf, die rasche Meldung, schnelle Bewegung der Löschkräfte und wirksamen Angriff am Brandort bei guter Löschwasserversorgung ermöglichten.

Um den Feuerschutz großer Städte recht wirksam zu gestalten, mußte eines Tages auch der Entschluß gefaßt und in die Tat umgesetzt werden, ständige Löschmannschaften bei Tag und Nacht einsatzbereit zu halten. Gemessen an vielen früheren Jahrhunderten, können daher schlagkräftige Berufs-, Freiwillige und Werkfeuerwehren heute erst auf einen kurzen Zeitraum ihres Bestehens — nämlich meistens nur auf Jahrzehnte — zurückblicken.

Die Geschichte der Stadt Hamburg weiß besonders von den großen Feuersbrünsten in den Jahren 1284 und 1684 zu berichten, bei denen das eine Mal nur ein Haus verschont geblieben sein soll, das andere Mal 240 Häuser in Schutt und Asche sanken, und der große Brand vom 5. bis 8. Mai 1842 haftet noch heute irgendwie in der Erinnerung der Bevölkerung. Erlebten ihn damals doch die Groß- und Urgroßeltern der heutigen Menschen. Fast ein Drittel der bebauten Fläche Hamburgs wurde zerstört und 20 000 Menschen verloren ihr Heim.

In ganz alter Zeit mußte ein entdecktes Feuer durch Läuten der Sturmglocken, Trommeln und Ausrufen angezeigt werden. In den zuständigen Kirchspielen hatten sich daraufhin die Bürger, „alle Offizianten und Diener des Rates und der Stadt" und „alle Zimmer- und Mauerleute sowie Kornträger der Stadt" an die Brandstelle zu begeben und bei den Lösch- und Rettungsarbeiten mitzuhelfen. An Löschgeräten standen nur Wassereimer, Feuerhaken und einfachste Leitern zur Verfügung.

Erst in der zweiten Hälfte des 17. Jahrhunderts gab es drei fahrbare Handdruckspritzen mit Druckschläuchen, genannt „Schlangenspritzen" (wegen der Schläuche). Zu der Zeit schloß sich bereits eine Anzahl Bürger zu einer Interessengemeinschaft, der sog. „Spezialfeuerordnung" zusammen. Ihre Mitglieder verpflichteten sich, gegenseitig Zulagen zur Deckung von Brandschäden zu gewähren. 1676 beschlossen Rat und Bürgerschaft die Vereinigung bestehender Feuerordnungen zu einer unter der Oberhoheit des Stadtstaates stehenden „Generalfeuerordnungscassa". Dieses ist der Beginn der öffentlichen Feuerversicherung in Hamburg.

Im 18. Jahrhundert richtete man für die „Feuerlöschanstalten" eine besoldete Mannschaft unter der Bezeichnung „Artiglerie" ein. Die allgemeine Dienstaufsicht führten die Deputation der „Artiglerie" und die „Feuercassa". Es gab bereits 25 Land- und zwei Schiffsspritzen. Zwei Bürger hatten den Rang eines „Spritzenmeisters". 1750 wurden durch die „neu revidierte Feuerordnung der Stadt Hamburg" neben Feuerverhütungsmaßnahmen erstmalig „Brandwachen" eingeführt, die während der Nachtstunden durch die Straßen gingen, um entdeckte kleine Feuer selbst zu löschen und bei Großfeuer für Alarmierung zu sorgen.

Nach dem großen Brand von 1842 mußten die Stadtväter erkennen, daß die vorhandenen Feuerlöscheinrichtungen trotz der großen Pflichttreue und Hilfsbereitschaft der Löschmannschaften nicht ausreichten. Die Verhandlungen über die nötigen Reformen zogen sich aber lange hin. Und als man endlich 1859 mit einer neuen Feuerlöschordnung wieder einmal einige Änderungen vornahm, behielt man doch im großen und ganzen die bisherigen Einrichtungen bei. Die Stadt wurde in zwölf Löschbezirke eingeteilt und jeder Bezirk mit einer vier Mann starken Nachtwache besetzt. Drei Mann mußten sich im jeweiligen Spritzenhaus alarmbereit halten, ein Mann hatte Postendienst vor dem Hause. Außerdem waren zwei Hafenwachen mit je drei Mann bei Tag und Nacht besetzt. Bereitgehalten wurden 33 normale und zwei große Landspritzen sowie zwölf Schiffsspritzen. Den Ausbruch eines Brandes meldeten die Kirchturmwächter durch Ausstecken von Fahnen oder Laternen und durch Blasen.

1862 wurde das Feuerlöschwesen vom Feuerversicherungswesen getrennt. Zwei Jahre später erhielt Hamburg die erste Dampfspritze, erbaut von Repsold und Moltrecht. Es beginnt das Maschinenzeitalter im Feuerlöschwesen Hamburgs.

Einen entsprechenden Wandel der Organisation schlug die 1868 ins Leben gerufene eigene Behörde Deputation für das Feuerlöschwesen vor: Nämlich die Bildung einer ständigen Berufsfeuerwehr mit zunächst 3 Feuerwachen mit zusammen 48 Mann und mietweiser Pferdegestellung für die vorhandenen Fahrzeuge. Außerdem hatte man damals 1 146 Mann „temporäre Feuerwehr" als bestehendes Löschkorps (eine Art Pflichtfeuerwehr). Die Männer der temporären Feuerwehr wurden wegen ihrer Kleidung die „Weißkittel" genannt. Wesentlich war auch die zu jener Zeit vorgenommene Aufteilung des gesamten Hamburger Staatsgebietes in den ersten und zweiten Löschdistrikt. Der erste Löschdistrikt umfaßte die dichter bebauten Stadtteile und den Hafen, der zweite im wesentlichen das Landgebiet.

Nachdem 1871 der Oberspritzenmeister Repsold in den Ruhestand getreten war, wurde der Danziger Branddirektor Kipping nach Hamburg berufen, um eine Berufsfeuerwehr aufzubauen und das Feuerlöschwesen zu leiten. Der Tag der gleichzeitigen Indienststellung der ersten 3 Berufsfeuerwachen — der 12. November 1872 — wurde zum Geburtstag der Hamburger Berufsfeuerwehr.

Auf den neuen Feuerwachen waren Mannschaftswagen, Handdruckspritze mit Schlauchkarren, Wasserwagen und Dampfspritze untergebracht. Diese Alarmfahrzeuge rückten mit 4-Pferde-Bespannung aus. Später traten an die Stelle der Wasserwagen fahrbare mechanische Leitern von 18 bis 22 m Steighöhe.

In den nächsten 20 Jahren erfolgte der weitere tatkräftige Auf- und Ausbau der jungen Berufsfeuerwehr, die zum Zeitpunkt der tödlichen Verletzung ihres Branddirektors Kipping beim Großfeuer im Oktober 1892 bereits 8 Feuerwachen mit entsprechend vermehrtem Personal aufwies. Als 1898 die 10. Berufsfeuerwache in Dienst gestellt wurde, zählte die Hamburger Feuerwehr 503 Feuerwehrbeamte. Auf der Feuerwache 10 wurden erstmalig in Hamburg „Rutschstangen" angebracht, um beim Alarm das Laufen über Treppen zu vermeiden und damit die Alarmzeit zu verkürzen.

Zu Beginn des ersten Weltkrieges gab es 11 Berufsfeuerwachen (2 davon inmitten des Hafengebietes bzw. im Neuen Petroleumhafen). Kurz vorher waren 2 mit Benzinmotoren angetriebene Feuerlöschboote in Dienst gestellt worden. In jener Zeit hörte das Bestehen der „temporären Feuerwehren" so ziemlich auf. Die letzten in einigen Vororten stellten ihre Tätigkeit im Jahre 1921 endgültig ein. Inzwischen — und zwar schon seit Jahrzehnten — blühte, vornehmlich im zweiten Löschdistrikt, im Landgebiet Hamburg, das einem edlen Selbsthilfegedanken entspringende freiwillige Feuerwehrwesen auf.

Im Januar 1916 starb an den Folgen einer Kriegsverwundung Branddirektor Westphalen, der nach Branddirektor Kipping lange Zeit die Geschicke der Feuerwehr in Händen hatte. Nach langer Verzögerung durch die Kriegszeit konnte endlich am 19. Juni 1922 die neue Hauptfeuerwache mit Feuerwache 1 am Berliner Tor bezogen werden. Damals waren von insgesamt 11 Löschzügen der Berufsfeuerwehr bereits 8 mit Kraftfahrzeugen ausgestattet und nach einer letzten Paradefahrt vor der Bevölkerung im Dezember 1925 schieden die Pferde völlig aus dem Dienstbetrieb der Feuerwehr.

Für die Feuerwehrbeamten bedeutete es sehr viel, daß nach dem ersten Weltkrieg endlich vom 48-Stunden-Dienst auf den 24stündigen Wechseldienst übergegangen werden konnte.

Nach Auflösung der „Deputation für das Feuerlöschwesen" im Jahre 1928 wurde das gesamte Feuerwehrwesen der Polizeibehörde, dem Polizeiherrn, als Feuerwehramt unterstellt. Die Trennung von der Polizeibehörde und Eingliederung als selbständiges Amt in die Bauverwaltung erfolgte 9 Jahre später am 1. Juli 1937. In den Jahren 1928 und 1931 konnten 2 weitere Berufsfeuerwachen in Betrieb genommen werden.

Auf Grund des Groß-Hamburg-Gesetzes von 1937 wurden die bisher preußischen Städte Altona, Wandsbeck, Harburg-Wilhelmsburg und mehrere kleinere Gemeinden mit Hamburg zur Einheitsgemeinde Groß-Hamburg vereinigt und am 1. April 1938 auch die Berufsfeuerwehren Altona, Hamburg und Harburg zusammengeschlossen unter der Führung des Branddirektors der Hamburger Feuerwehr. In Altona und Harburg-Wilhelmsburg waren je 2 Berufsfeuerwachen vorhanden. Nach der Vereinigung betrug die Gesamtstärke der Hamburger Feuerwehr 880 Feuerwehrbeamte (ohne Verwaltung) mit 17 Feuerwachen.

Im Oktober 1939 ist die Berufsfeuerwehr nach den Vorschriften des Reichsfeuerlöschgesetzes von 1938 zur Feuerschutzpolizei umgegliedert worden. Diese Organisationsform fand wieder ihr Ende mit dem Ende des zweiten Weltkrieges. Während des Krieges waren die Beamten der Feuerschutzpolizei zusammen mit vielen Angehörigen der Freiwilligen Feuerwehren und sonstigen Ergänzungskräften im Feuerlösch- und Entgiftungsdienst der Luftschutzpolizei Hamburg in schwersten Einsätzen an tausenden Einzelbrandstellen, in Flächenbrandgebieten und im Feuersturm bei und nach Luftangriffen eingesetzt. Bei diesen Einsätzen mußten viele Männer des Feuerlöschdienstes ihr Leben und ihre Gesundheit opfern.

Nach dem zweiten Weltkrieg und seinen ungeheuren Zerstörungen auf allen Gebieten unseres Lebens beginnt ein neuer Abschnitt in der Geschichte der Hamburger Feuerwehr. Sie führt seit 1945 die Bezeichnung „Feuerwehr Hamburg".

Die Feuerwehr sah ihre Einrichtungen, besonders die Feuerwachgebäude, stark angeschlagen bzw. zerstört. Der Feuerschutz durfte jedoch keine Unterbrechung erleiden. Der kriegsmäßige Dienstbetrieb wurde sofort auf friedensmäßige Belange umgestellt. Mit Rücksicht auf die allgemein großen Zerstörungen in der Stadt und die 1945 bedeutend geringere Bevölkerungszahl wurde die Personalstärke für den Feuerlöschdienst um 24% gegenüber 1939 verringert.

Trotz unzulänglicher Unterbringung von Personal, Fahrzeugen und Geräten, Ausfall von erfahrenen Beamten und Einstellung einer großen Anzahl jüngerer Kräfte, die erst im Laufe der Zeit die nötigen Erfahrungen sammeln konnten, mußte die Feuerwehr den von Jahr zu Jahr erhöhten Anforderungen möglichst gerecht werden. Dabei war ständig gegen große Schwierigkeiten anzukämpfen. Wie so viele unserer Mitbürger mit vielfachen persönlichen Sorgen und Nöten belastet, hatten die Feuerwehrbeamten — damals nur sehr mangelhaft ernährt und völlig ungenügend mit Dienstkleidung versehen — auch in den ersten Jahren nach dem Kriege den nötigen Einsatzwillen und die erforderliche Einsatzbereitschaft nicht verloren.

Die ständige Einsatzbereitschaft der Fahrzeuge und Geräte konnte dagegen nur mit großen Schwierigkeiten sichergestellt und aufrechterhalten werden. Es war damals fast unmöglich, dringend nötige Ersatzteile und Geräte überhaupt zu beschaffen. Dabei stieg nach dem Kriege die Gesamtzahl der Einsätze von Jahr zu Jahr. Neben den Bränden in der jährlichen Größenordnung von 1600 bis 1800 Fällen stieg die Zahl der Hilfeleistungen und Unfalltransporte (früher nicht Aufgabe der Feuerwehr!) ständig an und erreichte im Jahre 1953 das 5½fache des Jahres 1939, nämlich über 22 000. Am häufigsten rücken die an Feuerwachen stationierten Unfallwagen aus, um Verletzte zu bergen und der ärztlichen Betreuung im nächstgelegenen Krankenhaus zuzuführen. Von der Krankentransportabteilung werden im Jahresdurchschnitt 65 000 bis 70 000 Personen befördert.

Die Währungsreform 1948 brachte dann den ersehnten Wandel. Im Rahmen der zur Verfügung stehenden Haushaltsmittel konnten nach und nach alle vorher bestehenden Engpässe überwunden werden. Es gab wieder Material! Bald waren auch überall an den Dienststellen der Feuerwehr die Ergebnisse der Selbsthilfearbeiten der Feuerwehrbeamten sichtbar, der Arbeiten, die neben der Ausrücke- und Übungstätigkeit zur Verbesserung der Unterkünfte, Wachgrundstücke, Fahrzeuge und Geräte laufend durchgeführt wurden.

Von den vor dem Kriege vorhandenen 17 Berufsfeuerwachen wurden durch Luftangriffe 5 vollständig zerstört und die übrigen bis auf 3 schwer beschädigt. Nach 1945 hielt die britische Armeefeuerwehr 2 Hamburger Feuerwachgebäude besetzt. Seit 1948 benutzt aber die Berufsfeuerwehr wieder ihre eigenen, wenn auch teilbeschädigten Dienstgebäude bis auf eine Feuerwache, die noch bis 1953 in einer Schule untergebracht war.

Der notwendige Wiederaufbau von Wachgebäuden begann 1949 und 1950 mit der Hauptfeuerwache Berliner Tor und der Feuerwache Harburg. In mehreren Bauabschnitten wurde die sehr zerstörte Hauptwache — bis auf einen kleinen Teil eines Wohnflügels — wiederhergestellt. Am 17. November 1953 ist die Feuerwache, die noch in einer Schule untergebracht war, in die Hauptfeuerwache übergesiedelt. Der Wiederaufbau der teilzerstörten Feuerwache Veddel konnte 1953 ebenfalls zum Abschluß gebracht werden. Eine im Kriege völlig zerstörte Feuerwache in Altona — Ottensen — ist nach modernen Gesichtspunkten neu aufgebaut und am 1. Juni 1954 besetzt worden. Die Wiederherstellung und Erweiterung (besonders der Fahrzeughallen) der Feuerwache Wilhelmsburg und die Wiederherstellung der Feuerwache Barmbek werden im Spätherbst 1954 beendet sein. Der Neubau je einer großen Berufsfeuerwache in Wandsbek und Billbrook ist im Sommer 1954 in Angriff genommen worden. Im gleichen Jahr ist die seit drei Jahren im Umbau befindliche ehemalige Feuerwache am Millerntor als Krankentransport-Zentrale fertiggestellt worden. Kleinere Neu-, Um- und Erweiterungsbauten an verschiedenen Feuerwachen und Gerätehäusern der Freiwilligen Feuerwehren sind durchgeführt. In den letzten Jahren sind bereits 7 neue Gerätehäuser entstanden. Manche geplanten Bauten und Herstellungen warten noch auf ihre Durchführung. Ein Feuerwachgebäude in Finkenwerder ist dringend erforderlich. Dort steht der Feuerwehr seit Jahren nur eine Baracke zur Verfügung.

Über 80% des gesamten Druckschlauchbestandes sind in den Nachkriegsjahren erneuert worden. Die Unterhaltung der Löschfahrzeuge und Feuerlöschboote verursacht nicht unerhebliche Kosten. Die Fahrzeuge waren zum größten Teil den starken Beanspruchungen während des Krieges ausgesetzt. Besonders ihre Aufbauten mußten nach und nach grundüberholt bzw. erneuert werden. Eine Reihe von neuen Löschfahrzeugen und ein 10-t-Rüstkranwagen sind beschafft und in Dienst gestellt. Der gesamte Fahrzeugpark für das von der Feuerwehr durchgeführte Krankenbeförderungswesen wurde erneuert. Zwei neue Großkrankenwagen (Busse) wurden angeschafft.

Ein außerordentlich wichtiges technisches Nachrichtenmittel zwischen den ausgerückten und im Einsatz befindlichen Feuerlöschbooten und Löschzügen untereinander sowie mit der Leitung und den rückwärtigen Hilfs- und Nachschubdiensten stellt der Ultrakurzwellen-Sprechfunk dar. Nach gründlicher praktischer Erprobung sind bei der Feuerwehr Hamburg eine eigene ortsfeste Sende- und Empfangsanlage und mehrere Wagen-Funkstationen in Benutzung genommen worden. Das diesbezügliche Ausbauprogramm wird fortgesetzt.

Die in der Feuerwehr tätigen Menschen, die Feuerwehrbeamten und die Angehörigen der Freiwilligen Feuerwehren, bleiben nach wie vor die wichtigsten Glieder

Schülerfeuerwehr Schloß Salem

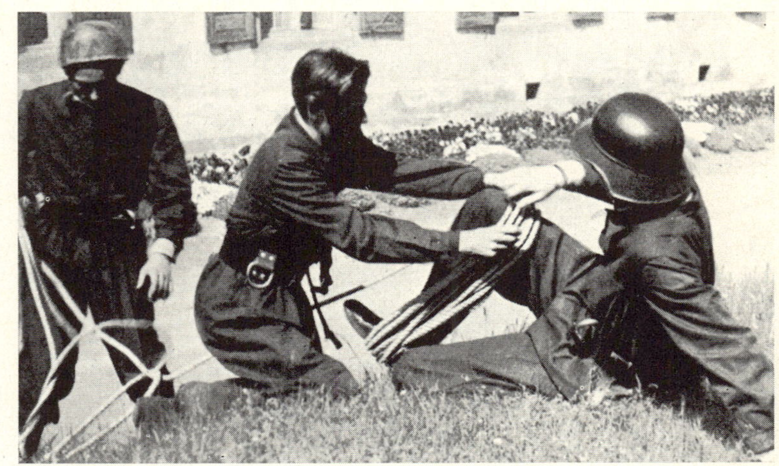

Gedenktafel am Feuerwehrgerätehaus zu Lüneburg, 1907

Verbandsvorstand 1929 auf Norderney

Barth Rathing Kadow von Busch Helmhold

Schäfer Freundel Westphal Reichenbach

Provinzial-Feuerwehrschule Celle, 1931

Feuerwehrschule Loy i. Oldbg.

Feuerwehrgerätehaus Harpstedt

Feuerwehrschule Loy i. Oldbg.

Feuerwehr-Erholungsheim Bad Harzburg

Kreisschlauchpflegerei Stade

Gründung des Landesfeuerwehrverbandes Niedersachsen in Celle 1951

Der Vorstand des Landesfeuerwehrverbandes Niedersachsen bei seiner Gründung 1951

Feuerwehrschuldirektor v. d. Bussche, Celle

Präsidium des Deutschen Feuerwehrverbandes bei der Wiedergründung am 12. Januar 1952 in Fulda

Gutberlet Hülser Hehn Bürger Pfaff Ahrberg Matthiesen

im Gesamtbetrieb. Von ihrer Einsatzfreudigkeit und Einsatzbereitschaft, von ihrem Wissen und Können, ihrer Entschlossenheit, Umsicht und Tatkraft hängt zum größten Teil der Erfolg ab in dem Bestreben, den Mitbürgern und deren Hab und Gut möglichst rasche und zweckmäßige Hilfe bei allen Notständen zu leisten.

Die Feuerwehr Hamburg umfaßt heute die Berufsfeuerwehr und die Freiwilligen Feuerwehren. 945 Feuerwehrbeamte sind auf 16 Berufsfeuerwachen und 3 Krankentransportwachen verteilt. Von den jetzt vorhandenen Berufsfeuerwachen liegt auch je eine in Blankenese, Wandsbek, Bergedorf und Finkenwerder, wo vor dem Kriege nur Freiwillige Feuerwehren waren. In den Randgebieten der Freien und Hansestadt Hamburg bestehen 66 einzelne Freiwillige Feuerwehren mit insgesamt über 1300 Mitgliedern. Die Gesamtleitung und Betriebsführung der Feuerwehr Hamburg liegt beim Feuerwehramt mit 6 Abteilungen und 3 Gebietsleitungen.

Aus langen Erfahrungen und dem Anschauungsunterricht an zahlreichen Brandstellen schöpft die Feuerwehr die Erkenntnisse, die für die Mitwirkung und Beratung bei der Brandverhütung ausschlaggebend sind. Gerade die Feuerwehr, deren Bestehen in der Notwendigkeit einer offensiven Bekämpfung von ausgebrochenen Schadenfeuern begründet ist, kennt auch die überragende Bedeutung des vorbeugenden Brandschutzes. Dieser ist besonders wichtig beim allgemeinen Wiederaufbau unserer Städte.

So sieht die Feuerwehr Hamburg ihre Hauptaufgaben in der Brandbekämpfung und in weitgehender Mitwirkung bei der Brandverhütung. Der Welthafen Hamburg, Freihafenindustrie, Schiffswerften, Mineralöl-Raffinerien und große Tankläger ergeben besondere Brandschutz-Probleme und Aufgaben. Die Feuerwehr ist aber auch die öffentliche Einrichtung der Großstadt, die bei Unfällen aller erdenklichen Art eingesetzt wird, um Menschen und Tieren zu helfen, Sachen und Güter zu bergen und vor weiterem Schaden zu bewahren. Seit April 1946 ist der Feuerwehr Hamburg auch das Krankenbeförderungswesen übertragen, das z. Z. von 160 Feuerwehrbeamten mit einer entsprechenden Anzahl von 1- und 2-Tragen-Krankenwagen und mehreren Kranken-Omnibussen durchgeführt wird.

Die Tätigkeiten und Einrichtungen in Industrie, Handel und Gewerbe, im Haushalt und modernen Verkehr und die Einwirkungen der Naturelemente ergeben eine Unzahl von Fällen, die ein helfendes Eingreifen der Feuerwehr, dem „Mädchen für alles", erforderlich machen.

Die Berufsfeuerwehr München

Von Dipl.-Ing. Otto Mehltreter, München

Wie in anderen Städten war auch in München längere Zeit hindurch die Brandbekämpfung Aufgabe der damals sehr gut organisierten Handwerkerzünfte und des Militärs, die seit dem Jahre 1849 durch eine freiwillige Turnerfeuerwehr, die aber aus politischen Gründen bald wieder aufgelöst werden mußte, unterstützt wurden. An ihre Stelle traten später die sogenannten „Stadthauser"; es waren das städtische Arbeiter, die nach ihrer täglichen Arbeitszeit und an Sonn- und Feiertagen gegen Bezahlung im ehemaligen Feuerwehrhaus am Jakobsplatz Bereitschaftswache hielten. Zur Unterstützung dieser kleinen Feuerwehr, die aus zwölf Mann bestand und erst 1869 einheitlich uniformiert und ausgerüstet worden war, wurde im Jahre 1866 die Freiwillige Feuerwehr München gegründet, die damals sechs Kompanien umfaßte und jeweils zur Nachtzeit die „Stadthauser" um fünf Mann verstärkte.

Von einem ausreichenden Feuerschutz für die zu jener Zeit schon über 200 000 Einwohner zählende Stadt konnte aber trotzdem nicht die Rede sein. Der Magistrat entsandte daher eine Kommission zum Studium der Einrichtungen deutscher und ausländischer Berufsfeuerwehren und beschloß auf deren Vorschlag die Gründung einer Berufsfeuerwehr in München. Die aus 1 Oberfeuerwehrmann, 1 Telegraphisten und 12 Feuerwehrmännern bestehende Berufsfeuerwehr bezog am 1. Juli 1879 die umgestaltete Feuerwache. Sie wurde während der Nachtzeit durch 1 Rottenführer und sechs Mann der städtischen Feuerwehrkompanie verstärkt und stand unter dem Kommando des Stadtbaurats oder dessen Stellvertreter. Die Verwaltung erfolgte durch das Stadtbauamt.

Die Uniformierung der ständigen Feuerwache bestand aus schwarzen Hosen und grauen Tuchjoppen, Messinghelmen, Steigergurten aus Hanf, Steigerbeilen, Schlauchhaltern und Signalpfeifen, die Ausrüstung aus pferdebespannten Löschfahrzeugen. Es standen damals zur Verfügung: 1 Dampfspritze von Shand Mason & Co. mit Rüstwagen und fahrbarer Schlauchhaspel, 1 Mannschaftstransportwagen, 3 Saug- und Druckspritzen, 2 Wasserwagen mit je 1000 Liter Wasser, eine Druckspritze, 1 Requisitenwagen und 1 Kufsteiner Schiebeleiter, ferner zehn 400 Meter teils gummierte, teils rohe Hanfschläuche von 48 und 68 mm Durchmesser.

Das Feuermeldewesen wies zu jener Zeit bereits einen bemerkenswert hohen Stand auf. Nachdem 25 Jahre nach der Einführung des ersten elektrischen Feuertelegraphen im Jahre 1848 die Turmwachen und die Feuermeldestellen in den Feuerwehrgerätehäusern und in der Polizeidirektion mit Morseschreibapparaten der Firma Siemens & Halske ausgerüstet worden waren, konnte die Berufsfeuerwehr an ihrem Gründungstag ein Telegraphennetz von 60 km Gesamtlänge mit 1 Zentralstation, 15 Sprechmeldestationen mit Morseschreibern, 96 Feuermeldestationen und 42 Alarmstationen in ihre Obhut übernehmen.

In der Zeit bis zur Jahrhundertwende wurden, bedingt durch die wachsende Ausdehnung der Stadt, nicht nur das Personal und die Ausrüstung laufend vermehrt, sondern auch vier Nebenfeuerwachen errichtet. Jede dieser Wachen wurde mit dem sogenannten „Universallöschfahrzeug, System Gregor-Weinhart", das aus einem vierräderigen Vorderwagen mit den erforderlichen Lösch- und Rettungsgeräten und einer angehängten zweirädrigen Balanceleiter von 18 Meter Höhe bestand, ausgerüstet. Die Feuerwachen standen in telefonischer Verbindung mit der Hauptfeuerwache, an dessen im Jahre 1892 eingerichteten Telefonumschalter außerdem die zwölf Gerätehäuser der Freiwilligen Feuerwehr und die Büros und Dienstwohnungen angeschlossen waren.

Einschneidende organisatorische Änderungen brachten die am 6. Juli 1893 erfolgte Auflösung der „städtischen Kompanien", die Unterstellung der Berufsfeuerwehr als selbständige Dienststelle unter ein städtisches Referat und die 1901 durchgeführte Übernahme der bisher als Arbeiter angestellten Mannschaften als städtische Bedienstete mit sich.

Nachdem 1897 eine Kohlensäuredruckspritze mit einem 500-l-Tank in Dienst gestellt werden konnte, erhielt die Berufsfeuerwehr 1902 das erste Rettungsfahrzeug, das für Hilfeleistungen aller Art mit den verschiedensten Werkzeugen, u. a. auch mit Hebegeräten, Beleuchtungs- und Atmungsapparaten ausgerüstet war.

Anläßlich ihres 25jährigen Bestehens im Jahre 1904 konnte die inzwischen auf 210 Köpfe angewachsene Berufsfeuerwehr die heute noch bestehende Hauptfeuerwache in der Blumenstraße beziehen. Sie bot ausreichend Platz für zwei Löschzüge und sämtliche Sonderfahrzeuge und nahm außerdem eine Reihe von Werkstätten und die Branddirektion auf, die nicht nur die Leitung der Feuerwehr inne hatte, sondern auch den sich immer mehr in den Vordergrund schiebenden vorbeugenden Feuerschutz im Stadtgebiet wahrnahm.

Die Zeit bis zum ersten Weltkrieg ist gekennzeichnet durch die Auflassung zweier veralterter, den Bau von drei neuen Feuerwachen, eines Dienstwohngebäudes im Anschluß an die Hauptfeuerwache und die in den Jahren 1911 bis 1913 durchgeführte Motorisierung der Feuerwehr. Die 1904 beschaffte, durch Dampfkraft angetriebene

Dampfspritze, Fabrikat Magirus, und die 1906 in Dienst gestellten Elektromobile wurden nunmehr durch Benzinkraftfahrzeuge „System Saurer" ersetzt. Sie waren vollgummibereift und wiesen beiderseits der Fahrzeuge angeordnete Sitze auf. Außerdem waren sie wenig reparaturanfällig und von so robuster Bauart, daß sie vereinzelt sogar noch während des zweiten Weltkrieges eingesetzt werden konnten. Infolge der mit ihnen gemachten Erfahrungen wurden nach und nach auch die sechs Abteilungen der Freiwilligen Feuerwehr mit diesen Fahrzeugen ausgerüstet.

Im Jahre 1913 wurde für die Dienstgrade und Mannschaften, die 1910 die Beamteneigenschaft erhalten haben, der 24stündige Wachdienst mit anschließender 24stündiger Freizeit allgemein eingeführt.

In dieses Jahr fielen auch weitere Eingemeindungen von Vororten, deren freiwillige Feuerwehren später als Löschgruppen in die Freiwillige Feuerwehr München übernommen wurden.

Der erste Weltkrieg und die folgenden Inflationsjahre beeinträchtigten den weiteren Ausbau des Feuerlöschwesens in allen seinen Sparten erheblich. Nur allmählich konnten die kriegsbedingten Versäumnisse aufgeholt, die eingetretenen Schäden beseitigt und weitere Verbesserungen vorgenommen werden.

Eine nicht unwesentliche Erweiterung ihres Tätigkeitsbereichs erfuhr die Berufsfeuerwehr durch die Übernahme des bisher von einer freiwilligen Rettungsgesellschaft ausgeübten Rettungsdienstes (Kranken- und Unfalltransportdienst) im Jahre 1920. Der Fahrzeugpark erfuhr dadurch eine Vermehrung um 8 Krankenkraftwagen und einen Leichenwagen, so daß es notwendig wurde, eine zweite Kraftfahrzeug-Instandsetzungswerkstätte einzurichten.

Nachdem bereits nach dem Kriege die veralteten Kaiser-Automobildrehleitern durch Magirus-Kraftfahrdrehleitern ausgetauscht worden waren, wurde der gesamte Fahrzeugpark der Berufsfeuerwehr und des Rettungsdienstes bis zum Ausbruch des zweiten Weltkrieges vollständig erneuert. Während bis zum Jahre 1936 nur offene Magirus-Kraftfahrspritzen mit Benzinantrieb beschafft wurden, waren die später in Dienst gestellten Kraftfahrspritzen vollständig überdacht und mit abgeschlossenen Quersitzen versehen sowie mit Dieselmotoren ausgerüstet. Darüber hinaus wurden ein weiterer Rüstkraftwagen, ein Telegraphenbauwagen und eine Kraftfahrdrehleiter von 45 m Steighöhe beschafft.

Das inzwischen auf 460 km angewachsene Feuermelde- und Alarmleitungsnetz mit 500 Feuermeldern und 350 Wechselstromweckern wurde in dieser Zeit von blanken auf isolierte Leitungen umgestellt. In der Hauptfeuerwache wurde eine moderne Feuermeldeanlage nach dem Siemens-System I und zusätzlich eine Empfangseinrichtung für den Anschluß von in besprochene Fernsprechleitungen eingeschalteten Feuermeldern nach dem B-System der Firma Siemens & Halske eingerichtet.

An Baumaßnahmen verdienen Erwähnung die bauliche Umgestaltung der Gerätehäuser der Freiwilligen Feuerwehr, der Ausbau der Werkstätten und die Einrichtung einer neuzeitlich ausgestatteten Fahrschule sowie die 1929 von der „Alpinen Vereinigung der Berufsfeuerwehr" auf dem Brauneck bei Lenggries errichtete „Florianshütte".

Auf Grund des Gesetzes über das Feuerlöschwesen vom 23. November 1938 wurde auch die Berufsfeuerwehr München „Feuerschutzpolizei", die Uniform und die Ausbildung wurden den übrigen Polizeisparten angeglichen. Die Freiwillige Feuerwehr, die zu diesem Zeitpunkt 1 222 Mann umfaßte, wurde zur Hilfspolizeitruppe erklärt. Von nun an erfolgte auch die Ausbildung nach reichseinheitlichen Polizeidienstvorschriften.

Mit dem Aufruf des Luftschutzes am 1. September 1939 wurden im Luftschutzort München innerhalb des „Sicherheits- und Hilfsdienstes", der späteren „Luftschutzpolizei", 11 Feuerlösch- und Entgiftungsbereitschaften in der Stärke von insgesamt

1225 Mann aufgestellt. Die Dienstgrade und die Stamm-Mannschaft stellte hierzu die Feuerlöschpolizei, die Ergänzungskräfte setzten sich aus freiwilligen Feuerwehrmännern und sonstigen Dienstverpflichteten zusammen. Die Befehlsgewalt übte in der luftangriffsfreien Zeit der Kommandeur der Feuerschutzpolizei, in der übrigen Zeit der Polizeipräsident als örtlicher Luftschutzleiter aus. Es erübrigt sich auf die Schwierigkeiten einzugehen, die infolge dieses Unterstellungsverhältnisses heraufbeschworen wurden.

In München fielen die ersten Bomben zwar schon am 4. Juni 1940, doch setzten die Großangriffe erst am 20. September 1942 ein. Bis zum Kriegsende wurden in 71 Luftangriffen 500 Minenbomben, 61 000 Sprengbomben, 145 000 Phosphor- und Flüssigkeitsbomben und 3 350 000 Stabbrandbomben abgeworfen sowie mehr als 22 000 Brände entfacht. Es versteht sich von selbst, daß sich die örtlichen Feuerlöschkräfte trotz Verstärkung durch auswärtige Feuerlöscheinheiten in den meisten Fällen nur darauf beschränken konnten, die Großbrände zu lokalisieren.

Außer im Einsatz trat die Feuerschutzpolizei in dieser Zeit noch besonders hervor durch ihre Betätigung in der Ausbildung, in den Werkstätten, im Nachschubwesen, auf dem Gebiet der Löschwasserversorgung, im vorbeugenden Feuerschutz usw. Die Abteilung Rettungsdienst tat bis zur zwangsweisen Übernahme des Kranken- und Unfalltransportdienstes durch das Rote Kreuz am 13. Oktober 1943 unbeschadet der Luftangriffe ihren schweren Dienst.

Die Schäden durch die Kriegsereignisse im gesamten Bereich der Berufs- und Freiwilligen Feuerwehr München waren beträchtlich. Sämtliche Feuerwachen und Gerätehäuser wiesen, zum Teil erhebliche, Beschädigungen auf, die noch geretteten Fahrzeuge waren in der Mehrzahl reparaturbedürftig, das Feuermeldenetz vollkommen zerstört. Nur durch Zusammenfassung aller Kräfte war es möglich, den Feuerschutz nach dem Einzug der amerikanischen Besatzungstruppen notdürftig aufrecht zu erhalten. Personalmangel infolge der aus politischen Gründen erfolgten Entlassung von gut geschulten Kräften erhöhte die Schwierigkeiten.

Aus der Feuerschutzpolizei wurde unter Auflösung ihrer Verbindung zur Polizei wieder Berufsfeuerwehr, deren Angehörige unter persönlichen Opfern daran gingen, die entstandenen Schäden nach und nach zu beseitigen. Außer der Brandbekämpfung und der Wahrnehmung des vorbeugenden Feuerschutzes erhielt die Berufsfeuerwehr noch die zusätzlichen Aufgaben der Beseitigung von Sprengmunition, Blindgängern usw. und von Einsturzgefahren, denen sie in den neugeschaffenen Abteilungen „Sprengdienst“ und „Bauwacht“ nachkam, was nur durch allmähliche Auffüllung der Personallücken möglich war.

Die Freiwillige Feuerwehr wurde zum großen Teil personell und materiell neu aufgebaut; sie verfügt heute über 19 Löschgruppen in den Stadtrandgebieten. Das städtische Dienstgebäude im Stadtteil Pasing, das bisher eine Löschgruppe der Freiwilligen Feuerwehr beherbergte, wurde bereits 1945 zu einer neuen Feuerwache der Berufsfeuerwehr ausgebaut, die wie die übrigen Feuerwachen besetzt wurde. Eine vollkommen moderne Feuerwache konnte am 17. Dezember 1951 im Osten der Stadt an Stelle der veralteten, unzulänglichen Feuerwache 5 an der Kellerstraße in Betrieb genommen werden. Sie verfügt wie die übrigen vier Nebenfeuerwachen über ein Tanklöschfahrzeug und eine Drehleiter sowie darüber hinaus über einige Reservefahrzeuge. Bereits ein Jahr später wurde im Anschluß an die Feuerwache ein Werkstättenbau mit neuzeitlich eingerichteten Werkstätten für das Kraftfahrwesen und ausgedehnten Magazinen und Lagerräumen errichtet. Auf dem gleichen Gelände wurde außer einem Sportplatz noch ein Übungstauchbecken mit gestaffelter Tiefe bis zu 8 m geschaffen, da die Berufsfeuerwehr u. a. auch mit schweren Tauchgeräten ausgerüstet ist. Fahrzeugmäßig gesehen ergab sich in der Nachkriegszeit die Möglichkeit der Modernisierung des Fahrzeugparks durch Umbauten und Neuanschaffungen, wobei besonders erwähnenswert die Ausrüstung der Feuerwachen mit geschlossenen Tanklöschfahrzeugen (eines davon mit Hochdruckpumpe), die Neueinstellung eines amerikanischen Kranwagens mit 8 t Belastungsfähigkeit, eines weiteren Rüstkraftwagens, eines Wasserrettungsfahrzeuges, eines Sonderlöschfahrzeuges für Schaum- und CO_2-Schnee und einer Reihe von Last- und Personenkraftwagen ist, so daß die Berufsfeuerwehr nunmehr über 90 Kraftfahrzeuge und 24 Anhänger verfügt.

Auch auf dem Gebiet des Nachrichtenwesens ergaben sich außer der Umgestaltung der Fernsprechanlagen und dem bereits zu 50% durchgeführten Wiederaufbau des Feuermeldenetzes beachtliche Neuerungen. Die neuerbaute Feuerwache 5 erhielt eine neuzeitliche Feuermeldeanlage nach dem Siemens-Einheits-Feuermelde-System, sämtliche Feuerwachen wurden mit Lautsprecheranlagen ausgerüstet, außerdem besitzt die Berufsfeuerwehr bereits seit 1948 Sprechfunkgeräte, die in der Nachrichtenzentrale, einem Funkkommandowagen, in Personenkraftwagen, einem Rüstkraftwagen sowie auf den Tanklöschfahrzeugen der Nebenwachen untergebracht sind. Die Unterhaltung dieser Anlage erfolgt durch eine kleine Nachrichtenabteilung, der eigene Werkstätten sowie ein Telegraphenbauwagen zur Verfügung stehen.

Der Sollstand der Berufsfeuerwehr beträgt heute 306 Feuerwehrbeamte, d. h. auf rund 3 000 der insgesamt 930 000 Einwohner Münchens kommt ein Feuerwehrbeamter. Darüber hinaus zählen zum Personal der Branddirektion 1 Angestellter im geh. Verwaltungsdienst, 2 weibliche Kanzleiangestellte, 1 Beamter im Werkdienst sowie 15 Dienstkräfte im Arbeiterverhältnis für Werkstättendienst, Heizung und Reinigung.

Die Abteilung vorbeugender Feuerschutz, der die Begutachtung der Baupläne, die Feuerbeschau sowie die Blitzableiterbeschau obliegt, umfaßt — soweit diese Tätigkeit nicht von Beamten des höheren und gehobenen technischen Dienstes und von Hauptbrandmeistern des Löschdienstes ausgeübt wird — 10 Feuerwehrbeamte, 2 Beamte und 1 Angestellten im Werkdienst, 1 Prüfgehilfen im Arbeitsverhältnis und 1 Kanzleiangestellte. Ihre Tätigkeit hat nach dem Kriege infolge des Wiederaufbaues der Stadt gewaltig an Umfang zugenommen, so daß eine weitere Personalvermehrung geplant ist. Die relative Abnahme der Brände, insbesondere der Großbrände, und die Verringerung der durch Brände verursachten Schadensummen im Stadtgebiet München ist nicht zuletzt de erfolgreichen Arbeit dieser Abteilung zuzuschreiben.

Die Stärke der Freiwilligen Feuerwehr München, der treuen Wegbegleiterin der Berufsfeuerwehr, die sich aus dem Kommando und 19 Löschgruppen zusammensetzt, beträgt derzeit 425 Mann.

Zwischen zwei Alarmen!

Ein Blick in den Innendienst einer Berufsfeuerwehr

Von Dr. Fritz Kluge, Kirchheimbolanden

Hauptfeuerwache — welch ein erhabenes, für groß und klein mit Begriffen wie Alarmglocken, Lichtzeichen, Rutschstangen, Steigerturm, Stahlleitern, Blitzesschnelle u. a. umwobenes Wort! Wer versucht nicht im Vorübergehen an den meist burgartigen Gebäuden von Hauptfeuerwachen oder an den schmucken Nebenwachen bei zufällig geöffneten Toren der weiten Fahrzeughallen einen Blick zu erhaschen von den schnurgerade ausgerichteten, für jede Sekunde startbereiten, wuchtigen Kraftwagenparks! Und wem es vergönnt ist, Augenzeuge zu sein bei dem uhrwerkartigen Ablauf eines Alarms vom ersten Glockenschlag an bis zum Verlassen des letzten ausrückenden Fahrzeuges, den umfängt eingestandenermaßen fröstelnde Ehrfurcht und stille Bewunderung.

Und eben diesem ehrfürchtigen Bewunderer drängt sich im Weitergehen sinnend die verständliche Frage auf: Was tun diese flinken und robusten Feuerwehrmänner nach der Rückkehr von der Brand- und Unfallstelle bis zum nächsten Ausrücken — was tun sie wohl zwischen zwei Alarmen?

Es sei vorweggenommen, was sie nicht tun entgegen der erbärmlichen Auffassung, die in kleinen Gehirnen wohl hier und da noch sitzen mag: Sie warten nicht, etwa bei Skatspiel und Bierflasche, bis die Rasselglocken wieder einmal schlagen und sie von einem, ach so fröhlichen und gemütlichen Treiben verärgert weggerufen werden! Solch ebenso irrige wie verbotene Ansicht gehört vergangenen Jahrhunderten an; sie hat allenfalls noch Museumswert!

Hier nun die Wirklichkeit: Von der Brand- und Unfallstelle zurückgekehrt — oft genug durchnäßt, schmutzig und kräfteverbraucht —, gelten gleichwohl die ersten Minuten ohne Rücksicht auf die eigene Person der Instandsetzung und Pflege von Fahrzeug und benötigtem Gerät. Da heißt es, den Kraftstoff und das ständig mitgeführte Reservelöschwasser im Tank und in den Kübelspritzen nachfüllen, denn erneute volle Einsatzbereitschaft ist oberster Grundsatz. Da müssen Schläuche ausgewechselt werden und die Schlauchhaspeln wieder vollständig gebrauchsfertig bestückt werden, denn die gebrauchten Schläuche treten vor ihrer nächsten Verwendung vorerst einen Regalschlaf an und müssen deshalb gereinigt, auf Druck geprüft, ausgebessert, getrocknet und gewickelt werden. Hatte Regen und Straßenschmutz das schmucke Aussehen der Fahrzeuge beeinträchtigt, ist auch eine gründliche Wagenwäsche erforderlich; denn Sauberkeit gehört auch bei der Feuerwehr zu den selbstverständlichen Forderungen.

Nachdem so die Alarmbereitschaft erneut sichergestellt ist, kann der Feuerwehrmann nun auch an sich denken. Das Trocknen, Säubern und Aufbügeln der Uniform, das Putzen der Stiefel, die eigene körperliche Wäsche treten jetzt in die Reihe seiner nächsten Obliegenheiten. Um seine Lebensgeister aufzufrischen, gönnt er sich eine Tasse heißen Kaffee und ein dickes Brot.

Indessen schon der Baurat vom 1. Dienst oder der Oberbrandmeister den Brandbericht in die Schreibmaschine diktiert und zur Brandberichterstattung an die Tageszeitungen durchgibt, schreitet der Feuerwehrmann in blauer Bluse und grüner Schürze an seinen Arbeitsplatz im Werkstattsaal. Ein Druck auf den Schalthebel und die beim Alarm vorher gestoppten Maschinen laufen und surren, und Arbeitshände bilden und formen wieder. Jede Reparatur an Fahrzeug und Gerät, jede technische Verbesserung, jede Prüfung wird in den eigenen Werkstätten fachmännisch ausgeführt. Jawohl fachmännisch, denn die Feuerwehrmänner sind sämtlich gelernte Facharbeiter!

Da fallen nun wieder Metallspäne von der Drehbank und es glühen und sprühen weißgelbe Funken vom Schneidapparat. In der Schmiede lodert Kohlenglut und es dröhnt der Amboß vom Hammerschlag. In der Mechanikerwerkstatt wird ein defekter Feuermelder repariert, am elektrischen Prüfstand kontrolliert ein geschultes Auge die Betriebsfähigkeit einer Lichtmaschine und in der Tischlerei wissen geschickte Hände den Hobel zu führen. Bisweilen ist eine eigene Druckerei vorhanden. Hier gilt es eine neue Dienstvorschrift zu setzen und zu drucken, und dort wird ein Jahrgang „Brandschutz“ für das Archiv gebunden. Lecke Stiefel wandern in die Schusterwerkstatt, zerrissene Uniformen in die Schneiderstube. Überall das gleiche Bild: lenkende Köpfe und emsig schaffende Hände.

In der Gasschutzwerkstätte erhalten die gebrauchten Gasmasken neue Filtereinsätze und die schweren Gasschutzgeräte werden mit neuen Sauerstoffflaschen bestückt; außerdem wird mit Hilfe von Präzisionsinstrumenten auf Dosierung und Arbeitsdruck geprüft. Diese Arbeiten sind besonders verantwortungsvoll; von ihrer Güte hängen im Kampf gegen Feuer und Rauch ja Menschenleben ab! Gasschutzgeräteprüfung ist Vertrauenssache!

Es klingelt an der Pforte der Hauptfeuerwache. Ein Mann ist am Marktplatz vom Motorrad gestürzt und hat sich den rechten Unterarm verletzt: er bittet um erste

Hilfe. Bereitwilligst werden ihm im Sanitätsraum von kundiger Hand ein vorschriftsmäßiger Verband angelegt und Beruhigungstabletten gereicht. — Diese helfenden Hände stehen allen Hilfesuchenden zu jeder Tages- und Nachtzeit zur Verfügung.

Und hier wieder, in den Dienstzimmern des Kommandos, werden eingereichte Baupläne auf feuerpolizeiliche Vorschriften hin geprüft, werden Berechnungen angestellt und Sicherheitsmaßnahmen aufgegeben. Wie wenige Menschen wissen wohl um die schützende Hand, die in Theatern, Zirkussen, Warenhäusern, Versammlungsräumen, Vergnügungsstätten und auf Rummelplätzen die Feuerwehr über sie ahnungslose Vergnügte und andächtige Zuschauer ständig ausgebreitet hält. Schon beim Bau geforderte Sicherheitsmaßnahmen beugen eintretenden Katastrophen und ausbrechenden Paniken vor. Hier z. B. soll ein neues Lichtspieltheater gebaut werden. Doch im Bauplan ist eine unzulässige Öffnung zwischen Bildwerfer- und Zuschauerraum vorhanden; auch ist eine Nottreppe zu steil gewählt. Unnachsichtig reicht das Kommando den Bauplan mit den entsprechenden Beanstandungen zurück; unnachsichtig zum Schutz der Allgemeinheit!

So schlägt in allen Werkstätten und Diensträumen der Puls fruchtbarer und segenvoller Arbeit. Und selbst nach Arbeitsschluß sieht man in der Freizeit noch schaffende Hände. Hier solche, die eine Holzplastik gestalten, dort andere an einer Staffelei, und wieder andere wissen durch flotte Weisen auf dem Akkordeon und am Klavier oder mit einer Plauderei im selbstangelegten Hofgarten für sich und ihre Arbeitskameraden den Tag froh ausklingen zu lassen.

— da, in der Zentrale leuchten rote Lampen auf, der Morse locht, alle Glocken sind ausgelöst und schlagen im Rhythmus zwei — sechs — eins — vier . . . zwei — sechs — eins — vier . . . zwei — sechs — eins — vier: der Feuermelder 2614 aus der zwölften Schleife läuft ein! Sekunden angespanntester Aufmerksamkeit und höchster Verantwortung! Blitzschnell steht der Telegraphist vor den Schalttafeln, prüft mit erfahrungsgeschultem Blick die selbständig einlaufende Feuermeldung, zieht die zugehörigen Pappstreifen mit Meldernummer und Straßenangabe und reicht sie durchs Alarmfenster den Fahrern der Alarmfahrzeuge. Die ganze Wache ist plötzlich in einen scheinbar planlos kribbelnden Ameisenhaufen verwandelt. Doch s c h e i n b a r planlos! Jeder Griff sitzt, kein Schritt zuviel! Die Motoren laufen bereits, die weiten Tore geben schon die Ausfahrt frei.

— Der Vorfahrwagen mit dem Baurat vom 1. Dienst biegt bereits in die Bahnhofstraße ein, der Löschzug folgt unmittelbar. Wir schauen auf die Uhr. — ? — Unmöglich! — ? — Jawohl: 30 Sekunden vom ersten Glockenschlag bis zum Verlassen des letzten Fahrzeuges! — Die Mannschaft des zweiten Abmarsches rückt unverzüglich in die Alarmbereitschaft. Schon nach 3½ Minuten Fahrzeit funkt der Kommandowagen von der Brandstelle in Westend, daß Verstärkung erforderlich ist. Also rückt bereits vier Minuten später eine Löschstaffel mit dem wuchtigen Tanklöschfahrzeug nach . . .

Ein neuer Alarm kurz vor der Nachtruhe! Und es kann vorkommen, daß am anderen Morgen alle Betten noch unberührt sind. Indessen pulst zeitlos und ohne Unterbrechung das Tag und Nacht wache Herz der Hauptfeuerwache: die Feuermeldezentrale und ihr Telegraphist!

Das also tun diese forschen Feuerwehrmänner zwischen zwei Alarmen! Und wenn man jenen stillen Bewunderer noch darauf aufmerksam macht, daß es nicht Feuerwehrleute schlechthin, sondern richtiger gesagt Feuerwehrbeamte sind, dann dürfte ihm die heilige, gegenüber Volk und Staat freudig übernommene Pflicht zum Bewußtsein kommen, mit der diese Männer als technische Truppe sich unablässig und mit Hingabe vorbeugend einsetzen, wo immer es gilt, der Allgemeinheit drohende Gefahren abzuwenden und zu mildern.

Vorbeugende Tatkraft zwischen den Alarmen!

Die Bedeutung von Stadtanalysen für Brandschutzmaßnahmen im Luftschutz

Von Dipl.-Ing. E. Schmitt, Bundesministerium des Innern, Bonn

Es liegt in der Natur der Sache begründet, daß die Stadtanalyse in erster Linie Aufschluß über die Faktoren, die den Verlauf von Bränden maßgeblich beeinflussen, ergeben soll, um daraus den Wert baulicher Vorbeugungsmaßnahmen beurteilen zu können. Zwangsläufig lassen sich dann Maßstäbe für den abwehrenden Brandschutz ableiten.

Die in der letzten Zeit angestellten Überlegungen führten zu einer systematischen Unterteilung der Betrachtungsweise, die den Vorteil bietet, vom Einzelgebäude ausgehend, die Auswirkung von Bränden in größeren Gebieten mit besserer Genauigkeit erfassen zu können.

Geht man vom Einzelgebäude aus, so naturgemäß auch für den Einsatzfall stets unter der Annahme, daß das Gebäude noch in seinem Gefüge erhalten ist. Die Betrachtung wird sich einerseits auf die Empfindlichkeit des Bauwerks gegen Flammeneinwirkung, strahlende Hitze und Funkenflug, sowie andererseits auf die Auswirkung für die Nachbarschaft zu erstrecken haben. Entscheidend für die Beurteilung des Wertes eines Gebäudes im Brandfall ist zweifellos die Menge an brennbarem Material, die in Konstruktionsteilen und im Inhalt vorhanden ist.

Im Laufe der letzten Jahre ist dieser Frage von namhaften Fachexperten, vor allem des Auslandes, ein erhöhtes Augenmerk zugewendet worden.

Nach Geilinger, Winterthur, haben die Engländer, die auf diesem Gebiet bahnbrechende Arbeit geleistet haben, als Maß der Feuergefährlichkeit den Begriff der „Feuerbelastung" mit folgender Definition eingeführt:

> „Die Feuerbelastung eines Gebäudes bedeutet den Heizwert aller im Bau befindlichen brennbaren Materialien, bezogen auf die Einheit der im Bau befindlichen Bodenflächen."

Professor Henn, Braunschweig, hat einen Vorschlag für Gefahrenklassen und bauliche Brandschutzmaßnahmen im Industriebau zur Diskussion gestellt. Danach werden drei Gefahrenklassen — schwach, mittel und stark gefährdet — vorgesehen.

In der amerikanischen Fachliteratur wird der Feuerbelastung große Bedeutung beigemessen. Dabei wird die bereits erwähnte Definition benutzt und vor allem die Menge des brennbaren Inhalts als Kriterium für die Branddauer angesehen. Für die praktische Anwendung werden obere Grenzwerte in kcal pro Flächeneinheit für Gebäude mit verschiedener Widerstandsfähigkeit gegen die Einwirkung von Feuer und Wärme angegeben.

In besonders eingehender Weise hat sich Prof. Virtals, Helsinki, dieses Problems angenommen. Er stützt seine Untersuchungen auf Forschungsarbeiten des Amerikaners Ingberg und kommt zu der Definition:

> „Unter der Brandbelastung ist die in bestimmten Einheiten ausgedrückte Wärmemenge je Bodenflächeneinheit zu verstehen, die sich beim völligen Abbrennen des im Gebäude enthaltenen brennbaren Gutes entwickelt. Hierbei wird angenommen, daß dieser brennbare Inhalt des Gebäudes gleichmäßig über die gesamte Fußbodenfläche ausgebreitet ist."

Bei uns im Bundesgebiet hat man zwar den Wert der Feuerbelastung bisher erörtert, doch ist zunächst eine deutliche Skepsis wahrnehmbar. Es scheint sicher, daß sich mit der Übernahme dieses Begriffes nicht alle Definitionsschwierigkeiten plötzlich beheben lassen und Bauvorschriften nicht etwa auf einfachste Formeln gebracht werden können, da eine Reihe von anderen Faktoren, — wie evtl. sich ändernde Nutzung oder Zahl und Höhe der Geschosse, Grundfläche der Räume, Art der Dachhaut und manche andere —, sich maßgeblich auswirken.

Die Beschäftigung mit den Erfahrungen aus dem Brandgeschehen des letzten Weltkrieges gab akuten Anlaß zu der Überlegung, wie derartigen Katastrophen wirksam begegnet werden kann. Die Grenze der Leistungsfähigkeit von Abwehrkräften ist leider allzu deutlich in Erscheinung getreten. Das offensichtliche Ergebnis führt zu dem Schluß, daß den vorbeugenden, baulichen Brandschutzmaßnahmen entscheidende Bedeutung zukommt. Und hier ergab sich auch für uns, völlig unwillkürlich, die Gedankenverbindung mit dem Begriff der Feuerbelastung. Da nun einmal die Größenordnung der Intensität von Flächenbränden, und damit die Ausdehnung der Katastrophen, in einer bestimmten Proportionalität zur Menge des in dem erfaßten Gebiet vorhandenen brennbaren Materials steht, ergibt sich zwingend, daß neben anderen auch solche Maßnahmen Erfolg versprechen, die zur Verminderung des brennbaren Gutes in einem Gebäude beitragen, also den Wert der Feuerbelastung herabsetzen.

Aus dieser Erwägung heraus hat Oberbrandrat Dr. Schubert, Hamburg, Untersuchungen an Wohnhäusern in Hamburg angestellt mit dem Ziel, zu ermitteln, wie sich der Wert der Feuerbelastung verändert, wenn durch heute bereits im modernen Wohnungsbau übliche Bauarten Konstruktionsteile, die früher aus Holz hergestellt wurden, durch solche aus unbrennbaren Baustoffen ersetzt werden.

Ähnliche Untersuchungen hat Oberbrandrat Dr. Gelbert, Köln, im Rahmen eines Forschungsauftrags des BMI über die Löschwasserversorgung angestellt. Die Ergebnisse, die an Wohngebäuden in Köln gewonnen wurden, stimmten mit den Hamburger Werten gut überein und können daher, da es sich um zwei völlig voneinander getrennte Untersuchungsvorhaben handelt, als erwünschte Bestätigung angesehen werden.

Bei einem zweigeschossigen Wohnhaus mit ausgebautem Dachgeschoß, d. h. drei Vierzimmerwohnungen mit normaler Einrichtung, ergibt sich eine spezifische Feuerbelastung.

bezogen auf die Baugrundfläche von etwa

0,55 m^3/m^2 oder 330 kg/m^2

bezogen auf sämtliche Geschoßgrundflächen von etwa

0,18 m^3/m^2 oder 110 kg/m^2

Tritt eine Verminderung der Verwendung von Holz durch Einbau unbrennbarer Decken, Treppen usw. und durch Vermeidung von Holzverschlägen ein, dann ergibt sich eine herabgesetzte Feuerbelastung:

bezogen auf die Baugrundfläche von etwa 130 kg/m^2,

bezogen auf die Geschoßgrundfläche von etwa 44 kg/m^2.

Bei Verzicht auf eine Holzdachkonstruktion vermindern sich die Werte auf 98 und 33 kg/m^2.

Das innere Verhältnis zwischen brennbarem Konstruktionsanteil zum brennbaren Inhalt betrug früher etwa 3—4 zu 1, heute etwa 1 zu 1.

Es bedarf keiner besonderen Betonung, daß mit dieser ausführlichen Darstellung des Wertes und der Bedeutung des Begriffes Feuerbelastung bisher in keiner Weise der Anwendungsbereich fixiert wurde.

Bei der Überlegung, wie sich ein Intensivangriff mit brandstiftenden Waffen auf ein beliebiges Wohngebiet auswirken würde, maß man bislang allgemein der Bebauungsdichte allein entscheidenden Einfluß bei.

Es ist ohne Zweifel, daß die Bebauungsdichte vielleicht als der maßgeblichste Faktor in der Reihe der Voraussetzungen für die Entstehung eines Feuersturms anzusprechen ist. Aber sie ist nicht das einzige und auch kein ausreichendes Kriterium. Die Bauart, die Bauweise und die Feuerbelastung sind, zusammen mit anderen Faktoren, mit entscheidend. Darüber hinaus verändern die Unterteilung durch Brandmauern, sowie vor allem die Abstände der Gebäude, das Bild ganz erheblich. In welchem Maße dadurch eine Beeinflussung auftreten kann, zeigt ein Vergleich von Stadtgebietsplänen alter und neuer Anlage, der beweisen dürfte, daß bei gleicher Bebauungsdichte die Möglichkeiten der Brandentwicklung doch mit verschiedenen Maßstäben gemessen werden müssen.

Die Gefahr für die Entstehung von großen Flächenbränden, gegebenenfalls mit Feuerstürmen als Folgeerscheinung, ist in erhalten gebliebenen Altstadtgebieten mit jahrhundertealten Bauten und hohen Bebauungsdichten sowie in Teilzerstörungsgebieten von Stadtkernen, in denen bereits der Wiederaufbau nach althergebrachten Baumethoden vollzogen ist, auch heute noch gegeben. Für diese Gebiete ist baulich keine Verbesserung zu erzielen, da sich Maßnahmen diesen Umfanges einfach nicht verwirklichen lassen. Es bleibt nur die Vorbereitung besonderer Maßnahmen, die dem Schutz von Menschenleben zum Hauptziel haben.

In dem Bestreben, die besonders gefährdeten Gebiete für Sondermaßnahmen möglichst genau erfassen zu können, wird eines Tages an die Brandschutz-Fachkreise die Forderung herantreten, diese Bereiche zu bezeichnen. Es wäre daher zu wünschen, wenn sich das fachliche Interesse bereits heute schon auf genauere Analysen von offensichtlich als besonders gefährdet anzusehenden Stadtgebieten erstrecken würde. Das Ergebnis dieser Überprüfung wäre in Karten niederzulegen, die in Planquadraten geeigneter Größenausdehnung die Bebauungsdichte, mit Angaben über die Feuerbelastung der Gebäude, zeigen.

Für die Beurteilung der Gefahren müssen außer den angegebenen meßbaren Werten auch physikalische Zusammenhänge herangezogen werden, da diese für das Maß der Nachbarschaftsgefährdung wichtig sind.

Da bekannt ist, daß die Wirkung der strahlenden Hitze nicht nur von der Temperatur der Strahlungsquelle, sondern auch von der Zeitdauer der Einwirkung abhängt, wird z. B. die brandstiftende Wirkung des Hitzeblitzes von Atomwaffen auf grobes Holzwerk doch bis zu einem gewissen Grade eingeschränkt.

Es bedarf keiner besonderen Betonung, daß die Vorbereitungen auf diesem Gebiet auf die völlige Unabhängigkeit der Löschwasserversorgung von der Sammelwasserversorgung abzielen müssen.

Amerikanische Fachleute messen der Sammelwasserversorgung und dem Schutz dieser Anlagen — die im übrigen gegenüber unseren Verhältnissen um ein Mehrfaches höher dimensioniert sind —, einen nicht unerheblichen Wert bei.

Um Richtwerte für die Größenordnung der wahrscheinlich erforderlich werdenden Löschwassermengen zu gewinnen, wurden verschiedene Untersuchungsverfahren angewandt.

Bei der Gegenüberstellung zur möglichen Wärmebindung durch Löschwasser findet der Versuch einer solchen Lösung jedoch sein Ende, da niemand wohl mit einer wenigstens annähernden Sicherheit den Gleichzeitigkeitsfaktor anzugeben vermag, der aussagt, wieviel Kalorien zu einem ganz bestimmten Zeitpunkt entwickelt werden.

Die Wohngebiete wurden nach bestimmten Gesichtspunkten — Bebauungsdichte, Feuerbelastung, Bauarten, Straßenbreite, verschiedene Nutzungsarten usw. — in fünf verschiedene Klassen gestaffelt, für die Richtwerte von 1 bis 5 zugeteilt wurden. Eingehende Stadtanalysen ergaben dann, umgerechnet auf Geschoßeinheitsflächen von 100 m^2, für die als Richtwert eine Wassermenge von 1 m^3 angenommen wurde, vergleichsfähige Ergebnisse. Die Gegenüberstellung zeigt aber, daß für gleiche Gebietsgrößen Löschwassermengen von 400 bis 12 000 m^3 benötigt würden. Die Streuung zwischen diesen beiden Grenzwerten ist erheblich und beweist, daß einfache Richtzahlen, ohne genauere Differenzierung, für die praktische Auswertung nicht ohne weiteres geeignet sind.

In ähnlicher Weise wurden weitere Verfahren angewandt, bei denen der Dekkungsbereich von Strahlrohren, der Zeitfaktor für die Heranschaffung des Löschwassers und andere Einzelheiten überprüft wurden.

Allgemein hat die Überprüfung erbracht, daß der Löschwasserbedarf für Altstadtgebiete mit hoher Bebauungsdichte und hoher Feuerbelastung mehr als das zehnfache des Bedarfs für Stadtrandgebiete in offener Bauweise beträgt, während für Innenstadtgebiete in moderner, holzsparender Bauweise dafür der zwei- bis vierfache Betrag einzusetzen sein dürfte.

In dichtest besiedelten Altstadtkernen wurden in vielen Fällen vorhandene Löschwasserstellen durch Trümmerwirkung unzugänglich und fielen damit für den Einsatz praktisch aus.

Die Frage der Löschwasserversorgung wird ernsthaft für jeden Bereich geprüft werden müssen, da sie das Fundament für jede Überlegung der Brandabwehr darstellt. Erst dann hat die Beschaffung von Geräten und die Aufstellung von Kräften einen Sinn, wenn deren Einsatz durch eine ausreichende Zahl von Wasserstellen überhaupt möglich wird.

Daß die Stadtanalyse in erster Linie Erkenntnisse für den vorbeugenden Brandschutz erbringt, liegt in der engen Verknüpfung und Bindung dieser Fragestellung begründet.

Die Auswirkung beginnt bereits bei der Planung für Selbstschutzkräfte und findet ihre Fortsetzung bis zu den Brandschutzkräften des Luftschutzhilfsdienstes.

Bei der Gesamtorganisation der Brandschutzkräfte und deren Stärke spielen die überörtlichen Hilfskräfte unstreitig eine entscheidende Rolle. Aus taktischen Überlegungen erweist es sich als notwendig, ein Gerüst der überörtlichen Löschhilfe aufzubauen, dessen Funktionieren allerdings nur dann gewährleistet erscheint, wenn dem Gesamtplan eine klare Überlegung vorangeht.

Der einfache und unkomplizierte Fall ist da gegeben, wo Luftschutzorte ganz oder teilweise isoliert liegen. In den angrenzenden Landkreisen läßt sich, je nach der Größe der zu betreuenden Stadt, die Anzahl von Bereitschaften aus den Freiwilligen Feuerwehren gewinnen, die bei verhältnismäßig kurzen Anfahrtzeiten einen Kreis wirksamer Nahhilfe darstellen. Weitere Reservekräfte sind als Fernhilfe auf der Basis des Regierungsbezirkes zu bilden. Bei Stadtstaaten werden Vereinbarungen mit den nächstgelegenen Ländern nötig, um die Kräfte der Nah- und Fernhilfe zu bestimmen. Die Brandkatastrophen des zweiten Weltkrieges haben gelehrt, daß die Leitung des Einsatzes an Großschadensstellen eine andere Gedankenarbeit erfordert, als die Einsatzführung an friedensmäßigen Brandstellen, da die Bedingungen ungleich härter sind und die Verantwortung sicherlich schwerer ist. Daher muß jedes Hilfsmittel, das zur Erleichterung der Aufgabe und zur Sicherung der Durchführung beizutragen in der Lage ist, geschaffen werden.

Die Stadtanalyse bietet an, aus ihr Karten und Planunterlagen zu entwickeln. die als Führungshilfsmittel benötigt werden.

Zusammen mit einem Plan für die Löschwasserversorgung werden daraus wichtige Anhaltspunkte für den taktischen Einsatz der Kräfte abgeleitet werden können.

Planunterlagen erfüllen aber nur dann ihren Zweck, wenn sie stets auf dem laufenden gehalten werden und wenn die klare Übersichtlichkeit nicht durch zu viele Angaben und Einzeichnungen beeinträchtigt oder gar gestört wird.

Wenn zunächst vielleicht der Begriff der Stadtanalyse etwas fremdartig erschienen sein mochte, so dürfte die einfache Übersetzung schon bald den Zusammenhang mit gewohnten Gedankengängen hergestellt haben. Jedem Ingenieur und jedem Brandschutzfachmann und Praktiker ist der Begriff einer klaren und sicheren Grundlage eine unabdingbare Notwendigkeit. Wenn irgendein Aufbau zur sinnvollen Wirkung kommen soll, dann kann er diese Grundlage nicht entbehren. Von den Ergebnissen für den vorbeugenden Brandschutz über die an eine leistungsfähige und auf das Objekt abgestimmte, unabhängige Löschwasserversorgung, über die Grundlagen für die Bemessung der Brandschutzkräfte im Luftschutz bis zu den auf Grundwerten der Stadtanalyse basierenden Ausgangspunkten für die Erarbeitung von taktischen Führungshilfsmitteln führt eine deutlich erkennbare Verbindung, die den eigentlichen Wert derartiger Untersuchungen erkennen läßt.

Brandschutz - Luftschutz

Von Dipl.-Ing. Bruno Elfreich, Köln

Die Luftangriffe im letzten Weltkrieg, die gegen Städte und Dörfer, gegen Industriebetriebe, Häfen und Lagerplätze geführt wurden, haben nicht nur unerhörte Sachschäden verursacht, Vermögenswerte vernichtet und unersetzliche Kunstschätze zerstört, sondern auch grauenvolle und unvorstellbar hohe Opfer an Menschenleben gefordert. Die in diesen Angriffen verwendete Munition bestand aus Sprengbomben und aus Bomben mit brandstiftenden Mitteln. Alle diese Munitionsarten, mit denen man schon so furchtbare Wirkungen erzielte, erscheinen aber heute harmlos gegenüber den neuesten „Errungenschaften" auf diesem Gebiete, von denen wir bei uns vom „Hörensagen" wissen. Zwar sind wir über die Auswirkungen der Atombomben auf Hiroshima und Nagasaki schon recht genau unterrichtet; über die Fortentwicklung dieser Bombe zur Wasserstoffbombe und Kobaltbombe besitzen wir jedoch nur recht geringe Kenntnisse. Es steht lediglich fest, daß sie die Atombomben auf Japan um ein Vielfaches übertreffen. Ist es da verwunderlich, daß die Furcht der breiten Masse des Volkes vor der Anwendung der neuen Waffen auch um ein Vielfaches gestiegen ist?! Daß sich eine fatalistische Einstellung zu diesen Gegebenheiten bemerkbar macht, die alle Maßnahmen ablehnt, selbst die für den eigenen Schutz?!

Es gibt sowohl einen Schutz gegen die Wirkung der Sprengbombe als auch der Brandbombe. Selbstverständlich werden alle Bomben — die bisher verwendeten wie auch die noch kommenden — je nach ihrer Größe und Sprengkraft in einem bestimmten Umkreis alles vernichten, was sich ihnen in den Weg stellt: seien es Menschen, sei es lebendes oder totes Inventar; in dieses Gebiet werden auch noch so gut ausgerüstete und ausgebildete Hilfskräfte nicht eindringen können, um mit Aussicht auf Erfolg zu retten und zu helfen. Wie groß aber auch die betroffene Fläche sein mag, sie hat in jedem Falle ein Randgebiet, in dem die Kraft der Bombe abebbt, in dem es möglich sein wird, den Kampf mit den entfesselten Gewalten erfolgreich aufzunehmen.

Die Erhebungen über das Verhältnis der durch Sprengbomben oder Brandbomben verursachten Schäden haben ergeben, daß die Zerstörungen durch die Brandbomben bei weitem überwiegen; sie betragen etwa 75% aller Schäden.

Es ist dies verständlich: während der Schaden, den eine Sprengbombe verursacht hat, von Anbeginn fest abgegrenzt ist, kann sich aus jedem kleinen Brand ein Großbrand entwickeln; mehrere Großbrände können zu einem Flächenbrand zusammenwachsen und schließlich einen Feuersturm erzeugen, gegen den alle zur Verfügung stehenden Mittel versagen. Wir wissen nicht, welche brandstiftende Munition in einem künftigen Kriege verwendet werden wird. Es ist aber anzunehmen, daß auch weiterhin Thermit, Phosphor und Benzin mit gelösten leicht brennbaren Stoffen eine große Rolle spielen werden. Hiernach ist es ein Irrtum, zu glauben, alle vorsorglichen Maßnahmen, wie sie vor und während des letzten Krieges getroffen worden sind, seien im Zeitalter der Atom- und Wasserstoffbombe sinnlos. Im Gegenteil, wenn wir schon unterstellen, daß die Anfangsschäden bei jedem Luftangriff noch größer sein werden, als sie gegen Ende des Krieges waren, so müssen wir umsomehr bemüht sein, das, was nicht getroffen wurde, vor der Vernichtung zu schützen. Wie fast alle westlichen Staaten müssen deshalb auch wir daran gehen, den in unserem Lande aus irgendwelchen Gründen zerschlagenen Luftschutz wieder aufzubauen. Dabei ist es notwendig, die Kriegserfahrungen auf diesem Gebiete zu nutzen und zweckmäßigerweise die Vorbereitungen des Auslandes zu studieren, auszuwerten und davon zu übernehmen, was für uns brauchbar ist. Dies gilt insbesondere für alle Fragen des Brandschutzes, der auch im Luftschutz in die beiden Gruppen vorbeugender Brandschutz (Brandverhütung) und abwehrender Brandschutz (Brandbekämpfung) zerfällt. Im baulichen Luftschutz muß künftig der vorbeugende Brandschutz einen erheblich größeren Raum einnehmen, als es bisher der Fall war. Der bauliche Luftschutz soll nicht nur Schutzräume für Menschen und Vieh schaffen, sondern er soll den Menschen durch Brandabschnitte im Kampf um die Erhaltung ihrer Wohn- und Arbeitsstätten unterstützen sowie dazu beitragen, daß nicht jeder kleine Einzelbrand sich zu einem Großbrand auswächst. Wenn es auch nicht möglich sein wird, in Altbauten durch gesetzliche Anordnungen alle Unzulänglichkeiten zu beseitigen, so wird man doch bei allen Bauplanungen an der Frage: „Was ist luftschutzmäßig zu fordern?“ nicht vorübergehen dürfen. Dies gilt nicht nur für den Architekten bei der Bauplanung von Gebäuden jeder Art, sondern auch für den Stadtplaner, der die Gelegenheit nutzen sollte, ehemals engbebaute, zerstörte Gebiete aufzulockern und für Luftangriffe unempfindlicher zu machen. Breite Straßen und weite Abstände zwischen den Gebäuden sei das Gebot. Da, wo die geschlossene Bauweise nicht zu umgehen ist, schaffe man Brandabschnitte durch vorschriftsmäßige Brandwände. Man ziehe im übrigen bei der Entscheidung über solche Fragen einen Brandschutzfachmann zu Rate. Es muß sichergestellt werden, daß der vorbeugende Brandschutz eng mit dem abwehrenden Brandschutz zusammenarbeitet.

Der Brandabwehrdienst im Luftschutz ist ein besonders wichtiger Teil des Luftschutzhilfsdienstes. Er zerfällt in den Behörden-Brandabwehrdienst und in den von Selbstschutzkräften gebildeten Abwehrdienst. Die friedensmäßig vorhandenen Berufsfeuerwehren, die freiwilligen Feuerwehren, die Werk- und Betriebsfeuerwehren werden wieder das Gerippe des behördlichen Teils bilden. Diese sollen durch Ergänzungskräfte so aufgefüllt werden, wie es die jeweilige Lage erfordert. Neben den durch die Behörde aufgestellten Kräften wird das große Heer der Brandhelfer des Selbstschutzes treten, die in jedem Haus erste Löschhilfe zu leisten haben.

Mit allem Nachdruck muß der Meinung entgegengetreten werden, die Feuerwehren hätten im letzten Krieg versagt. Es wäre ein leichtes, in jeder angegriffenen Stadt die Gebäude festzustellen, die durch die Tätigkeit der Feuerwehr erhalten geblieben sind (s. Abbildungen). Gewiß waren die Gewalten oft so groß, daß die Feuerwehren sie nicht brechen konnten. Das lag aber nicht an den Feuerwehren, sondern an den unvorstellbaren Kräften, die hinter den entfesselten Bränden steckten. Gewiß sind auch Fehler und Unzulänglichkeiten festgestellt worden: soweit sie erkannt sind, wird man aus ihnen lernen und sie bei Bildung des neuen Brandabwehrdienstes abzustellen versuchen.

Grundsatz für das Arbeiten der Brandabwehrkräfte ist — wie auch in Friedenszeiten — zum Schutze bedrohter Menschen tätig zu werden. Erst in zweiter Stelle steht die Erhaltung von Sachwerten.

Wenn auch die Arbeiten für die Festlegung der zweckmäßigen Ausstattung der Brandabwehrkräfte noch in Fluß sind, so zeichnet sich doch schon die Tendenz ab, die Lücke zwischen der Geräteausrüstung der Löschgruppe als der kleinsten Einheit der Behördenkräfte und der der Hausfeuerwehr zu schließen. Der Abstand zwischen der Feuerlöschpumpe der Feuerwehren mit einer Wasserlieferung von 800 oder sogar

1500 l/min und der kleinen Handspritze (Eimerspritze oder Einstellspritze) der Selbstschutzkräfte von etwa 10 l/min ist zu groß. Sehr schnell war ein Entstehungsbrand zu ausgedehnt, um noch mit der Einstellspritze erfolgreich bekämpft werden zu können. Die gegenüber der Vielzahl der Brände zu geringen Kräfte des Behördenluftschutzes konnten aber nur zur Bekämpfung von Großbränden eingesetzt werden. Es ist deshalb beabsichtigt, die behördlichen Brandschutzkräfte durch Aufstellung kleiner, sehr beweglicher Einheiten zu vervollständigen, die mit einem Gerät von 400—600 l/min Leistung ausgestattet werden sollen. Gegen Ende des Krieges hatten einige Städte aus ihren Brandabwehrkräften solche fliegenden Trupps gebildet, die sich ohne besonderen Befehl der örtlichen Luftschutzleiter selbst einsetzen konnten. Diese Maßnahme soll sich gut bewährt haben. Unabhängig von den Hausfeuerwehren sollen dann noch, mit Selbstschutzkräften besetzt, als Nachbarhilfe je nach der Lage Löschstaffeln aufgestellt werden, die mit tragbaren Kraftspritzen von 100 bis 200 l/min Leistung ausgestattet wären.

Für die Brandabwehrkräfte des Selbstschutzes in den Häusern wird weiterhin die kleine Einstellspritze eingesetzt werden, die sich tausendfach bewährt hat. Für die bessere Ausrüstung des erweiterten Selbstschutzes in der Landwirtschaft und in den Betrieben ist vorgeschlagen worden, die vielen Trecker, besonders auf dem Lande, mit Pumpen auszustatten, um sie örtlich als Feuerlöschfahrzeuge verwenden zu können. Es bestehen hierfür keine technischen Schwierigkeiten; auch die wirtschaftliche Frage würde in den meisten Fällen leicht zu lösen sein. Jedenfalls würde die Durchführung dieser Maßnahme eine beachtliche Steigerung der Brandabwehr bedeuten.

Außer den örtlich gebundenen Kräften denkt man auch daran, wieder überörtliche Brandabwehreinheiten zu bilden. Dabei wird man zu vermeiden suchen, diese beweglichen Kräfte wiederum von verschiedenen Verwaltungen aufstellen zu lassen — von Wehrmacht, Polizei, Partei und schließlich auch von einer oberen Feuerwehrverwaltung. Bei der damaligen Regelung gab es naturgemäß Überschneidungen im Einsatz und Kompetenzstreitigkeiten in der Führung; auch hier muß eine Einheitlichkeit erreicht werden, genau so wie bei der Ausstattung aller Fahrzeuge mit genormten Geräten.

Der Fachnormenausschuß Feuerwehr ist mit seinen 8 Arbeitsausschüssen schon seit sechs Jahren wieder an der Arbeit und bemüht sich, durch Normung der in Frage kommenden Feuerlöschgeräte die Zusammenarbeit aller deutschen Feuerwehren im Einsatz absolut sicherzustellen. Daß hierbei auch auf die Verwendung der Feuerwehrkräfte im Luftschutz Rücksicht genommen wird, ist selbstverständlich.

Über die Angriffsweise der LS-Feuerlöschtrupps beim Löschen eines Brandes ist im Rahmen dieses Aufsatzes nichts Besonderes zu vermerken. Sie unterscheidet sich im einzelnen nur unwesentlich von dem friedensmäßigen Arbeiten der Feuerwehr auf Brandstellen. Das Feuer ist im Frieden genau so gefräßig wie im Kriege, es hat auch in beiden Fällen die gleichen Schwächen.

Die Ausbildung des einzelnen Mannes in der Brandbekämpfung unterscheidet sich deshalb kaum von der friedensmäßigen. Da bei der Gewalt der Luftangriffe nicht mehr damit zu rechnen ist, daß die Löschkräfte ihre Tätigkeit vor der Entwarnung aufnehmen können, werden in der Hauptsache Entstehungsbrände zu bekämpfen, nicht aber Brandbomben abzulöschen sein. Trotzdem wird man aber die Ausbildung der Brandabwehrkräfte auch auf die Ablöschung der Brandmunition erstrecken müssen.

Besondere Beachtung verdienen im Rahmen der Brandschutzvorbereitungen die Löschwasserversorgung und das Nachrichtenwesen, weil in diesen Gebieten durch den Brandschutz im Luftschutz besondere Aufgaben erwachsen, die unbedingt gelöst werden müssen.

Es ist eine Erfahrungstatsache, daß nach Luftangriffen die zentralen Löschwasserversorgungsanlagen in den Städten oft sofort, zumindest aber bald nach Beginn der Löscharbeiten versagt haben. Tausende von Menschen haben ihr Leben verloren, die Brandschäden wurden um viele Millionen vermehrt, weil zur rechten Zeit kein Löschwasser vorhanden war. Wenn Luftschutzvorbereitungen getroffen werden sollen, dann muß deshalb die Sorge um ausreichende und sichere Mengen Löschwasser mit an erster Stelle stehen. Deshalb zunächst einmal Schluß mit dem unverständigen Einebnen der vorhandenen Löschwasserteiche, weil vielleicht einmal ein Kind darin ertrunken ist. Man schüttet doch auch keine Dorfteiche und Seen zu, weil sich ein Unfall ereignet hat. Man folge dem Beispiel einiger Länder, die mit Toto-Geldern Badeteiche bauen und durch Zuschüsse aus der Feuerschutzsteuer sicherstellen, daß diese Teiche auch als Feuerlöschteiche benutzt werden können. Man schließe keine „Zahnlücken" des letzten Krieges in Straßenzügen durch Neubauten, sondern lege in ihnen, in Grünanlagen gebettet, Feuerlöschteiche an; kurzum, man vergesse bei Städteplanungen und beim Bau neuer Siedlungen und Ausbauten auf dem Lande nicht, an die unabhängige Löschwasserversorgung zu denken. Darüber hinaus ist es zu überlegen, ob Einzelhäuser neben gefüllten Badewannen und Waschgefässen noch mit Behältern ausgerüstet werden können, die mindestens 3 cbm Wasser fassen. Von der Erkenntnis über die Notwendigkeit einer Maßnahme bis zu ihrer Durchführung sind oft viele Hindernisse vorhanden, die unüberwindlich zu sein scheinen. Trotzdem müssen sie genommen werden. Jeder einzelne Hausbesitzer soll sich wenigstens darüber klar sein, was er im Ernstfall zu tun gedenkt.

Nicht weniger wichtig ist der Aufbau eines leistungsfähigen Nachrichtenwesens für den Brandschutz im Luftschutz. Die Nachrichtenübermittlung war im vergangenen Krieg das Schmerzenskind aller Brandschutzdienststellen: des für den Brandschutz Verantwortlichen sowie seiner oberen Führer und Unterführer. Mangelhafte Erkundung, verspätete Meldungen, verzögerte Einsätze waren an der Tagesordnung. Wegen ungenügender Kenntnis der Lage und aus Mangel an Übersicht verzögerten sich die Brandangriffe oft verhängnisvoll oder unterblieben ganz; eine straffe Führung war nicht mehr möglich. Es wird deshalb eine der dringendsten Aufgaben sein, Führungsstäbe und Einsatzkräfte mit den besten und dabei einfachsten Funkgeräten auszustatten und die Nachrichtenübermittlung so auszubauen, daß alle die oben genannten Mängel verschwinden. Wenn eine Maßnahme für den Erfolg der Brandabwehr im Luftschutz ausschlaggebend ist, dann ist es eine großzügige Regelung des Nachrichtenwesens der Brandabwehrtruppe in allen ihren Gliederungen.

Die kurzen Ausführungen zeigen deutlich, welche umfangreichen Arbeiten zu leisten sind, um den Brandschutz im Luftschutz wieder auf die Beine zu stellen; sie zeigen aber auch, wie viele ungeklärte Fragen noch bestehen, für die bisher noch keine befriedigende Lösung gefunden ist. Die im Entstehen begriffene Bundesanstalt für Luftschutz, die als Nachfolgerin der Reichsanstalt der Luftwaffe für Luftschutz anzusehen ist, wird daher auch auf dem Gebiete des Brandschutzes wichtige Aufgaben zu lösen haben. Zahlreiche Forschungsaufträge sind bereits erteilt worden. Von der Schnelligkeit, mit der diese Aufträge erledigt werden können, wird in vielen Fällen der Fortgang der Aufbauarbeiten für den Brandschutz im Luftschutz abhängig sein.

Zweck, Aufgabe und Organisation der Werkfeuerwehren

Von Bürgermeister i. R. Dr. jur. Hürter, Krefeld,
Geschäftsführer des Werkfeuerwehrverbandes E. V.

Zweckbestimmung und Aufgaben der Werkfeuerwehr werden schon durch ihren Namen angedeutet; sie hat die Feuerschutzaufgaben in ihrem Werk und seinen Anlagen wahrzunehmen und läßt sich charakterisieren als eine betriebliche Einrichtung, die Gefahren abzuwehren hat, die ihrem Betrieb und seiner Belegschaft durch Schadenfeuer, Unglücksfälle oder sonstige Notstände drohen.

Der öffentliche Feuerschutz reicht nicht immer aus, um den erhöhten Gefahren eines industriellen Betriebes erfolgreich begegnen zu können. Die industrielle Entwicklung hat es mit sich gebracht, daß zahlreiche Großbetriebe nicht im Weichbild der Großstädte liegen, denen eine jederzeit eingriffsbereite Berufsfeuerwehr zur Verfügung steht. Bei besonders feuergefährlichen Betrieben, z. B. chemischen Fabriken und Treibstoffwerken, können wenige Augenblicke für die Entstehung eines Großbrandes entscheidend sein. In allen Werken, in denen nur ein sofortiger Löschangriff Erfolg verspricht, und dort, wo mit häufigen Entstehungsbränden und mit erhöhten Betriebsgefahren gerechnet werden muß, ist die Unterhaltung einer eigenen, schlagkräftigen Werkfeuerwehr ein Gebot der Erhaltung des Werkes und der Sicherung der Arbeitsplätze für die Belegschaft.

Die Werkfeuerwehren sind als private Selbstschutzorganisationen der industriellen Betriebe gegründet, mit der Ausdehnung der Werke gewachsen und in ihrer Organisation, ihrer Ausrüstung und ihrem Aufbau den Bedürfnissen ihres Werkes angepaßt. Die Betriebsgebundenheit der Werkfeuerwehren ließ sie in mancherlei Organisationsformen entstehen. In manchen Betrieben, bei deren Lage ein schnelles Eintreffen der öffentlichen Feuerwehr zu erwarten ist, genügt eine nebenberufliche Werkfeuerwehr, die in der Lage ist, den ersten Löschangriff zu führen. In anderen Betrieben hat sich die Form der gemischt haupt- und nebenberuflichen Werkfeuerwehr bewährt. In den größten und feuergefährlichsten Betrieben bestehen hauptberufliche Werkfeuerwehren, die wie die städtischen Berufsfeuerwehren organisiert und von Berufsfeuerwehr-Ingenieuren geleitet, Tag und Nacht für jeden Einsatz in beachtlicher Stärke bereitstehen.

Die Ausrüstung der Werkfeuerwehr ist ebenso wie ihre personelle Organisation auf die Notwendigkeiten des Betriebes abgestellt, d. h. auf seine Lage, Größe, Art der Bebauung, seine besonderen Anlagen und insbesondere auf die Gefährlichkeit und Eigenart der Produktion hinsichtlich einer Feuers- und Explosionsgefahr. Neben den allgemein bekannten und modernen Löschfahrzeugen, Tanklöschfahrzeugen und größten Drehleitern verfügen die größeren Werkfeuerwehren über zahlreiche Spezialfahrzeuge, die eine Brandbekämpfung unter Berücksichtigung der Produktionsvorgänge erleichtern.

Selbst der modernste Löschfahrzeugpark und die auch personell bestens besetzte Werkfeuerwehr reicht bei vielen Werken nicht aus, um einen ausreichenden Feuerschutz zu gewährleisten. Hier sind für besonders feuergefährliche Betriebe, Lagerstätten und Spritzkabinen stationäre Feuerlöschanlagen errichtet, die aus bereits fertig verlegten Leitungen die Löschmittel auf den Brandherd spritzen und die so eingerichtet sein können, daß sie sich im Falle eines Brandes automatisch selbst in Tätigkeit setzen.

Die Wartung und Pflege solcher komplizierten Anlagen ist auch eine wichtige Aufgabe der Werkfeuerwehr.

Die größeren Werke, die oft eine beachtliche Ausdehnung haben, unterhalten moderne Feuermeldeanlagen, die es ermöglichen, die Werkfeuerwehr von jeder Betriebsstelle aus über das Ausbrechen eines Brandes sofort zu unterrichten. Dem gleichen Zweck dienen die modernsten selbsttätig wirkenden Rauchmeldeanlagen.

Ein besonders wichtiges Aufgabengebiet der Werkfeuerwehr ist das des vorbeugenden Brandschutzes. Mehr als in Wohn- und Geschäftshäusern gilt für die feuergefährliche Industrie der Grundsatz, daß Vorbeugen und Verhindern von Bränden besser als Löschen ist. Schon bei der Planung eines Werkes, der baulichen Erweiterung oder Änderung von Betriebsräumen hat der Wehrführer alle nur möglichen, durch die Produktion bedingten Brandursachen theoretisch zu erfassen und Sicherungsmaßnahmen vorzuschlagen. Dabei wird stets zu prüfen sein, ob die Unterteilung eines Gebäudes in mehrere Brandabschnitte, die ein Übergreifen des Brandes auf andere Gebäudeteile verhindern oder zumindest erschweren, möglich ist. Den betriebsnotwendigen Unterbrechungen von Decken und Brandmauern durch Fahrstühle, Aufzüge, Transportbänder, Leitungen, Be- und Entlüftungsanlagen ist hierbei besonderes Augenmerk zu schenken.

Die Verteilung der jeweils geeigneten Handfeuerlöscher und Kleinlöschgeräte über das ganze Werk, ihre dauernde Pflege und ihre Aufstellung an den taktisch richtigen Stellen besonders gefährdeter Produktionsstätten, sind ebenso wichtig, wie eine gute Ausbildung und Ausrüstung der Werkfeuerwehr selbst. Nur bei einer guten und dauernden Schulung der Belegschaft in der Anwendung und Handhabung der verschiedensten Arten der Handfeuerlöscher und Kleinlöschgeräte ist die Gewähr gegeben, daß Entstehungsbrände unverzüglich fachkundig angegriffen und gelöscht werden. Auch muß die Belegschaft über alle anderen, der Ausbreitung eines Brandes entgegenwirkenden Maßnahmen unterrichtet sein und ihre Handhabung kennen, z. B. das Abschalten von Be- und Entlüftungsanlagen und Stromabschaltung.

Ein weiteres, oft sehr umfangreiches Arbeitsgebiet der Werkfeuerwehr ist das des Atemschutzes, der nicht nur in der chemischen Industrie, sondern auch an Hochöfen, bei Arbeiten an Kesseln und Gasleitungen unentbehrlich ist. Manche Arbeiten in der Industrie können nur unter Atemschutz ausgeführt werden. Die Ausbildung der Belegschaft im Gebrauch der verschiedensten Atemschutzgeräte, ihre dauernde Pflege und Prüfung auf Betriebssicherheit erfordern Spezialkenntnisse der Werkfeuerwehr. Bei besonders gefährlichen Arbeiten hat die Werkfeuerwehr Sicherheitsposten zu stellen, die unter Atemschutz arbeitenden Belegschaftsmitglieder dauernd zu beobachten, um notfalls rechtzeitig eingreifen zu können.

Daß Schweißarbeiten nur unter eingriffsbereiter Aufsicht der Werkfeuerwehr durchgeführt werden, ist in feuerempfindlichen Betrieben eine Selbstverständlichkeit.

Betriebsbedingte Explosionsgefahren müssen von der Werkfeuerwehr ebenso in den Bereich ihrer vorbeugenden Maßnahmen einkalkuliert werden wie die Brandgefahren.

Die Werkfeuerwehr muß Gasausbrüche bekämpfen können und in der Arbeit unter ausströmenden giftigen Gasen geschult sein. Sie muß die jeweils richtigen Löschmittel kennen und bei ausströmenden Gasen die chemischen Reaktionen hinsichtlich der Bildung von Explosionsgemischen kennen und bei ihren Maßnahmen berücksichtigen.

Daß die Werkfeuerwehr zum Krankentransport und bei der Bergung von Verunglückten und Verletzten im Betrieb herangezogen wird, ist allgemein üblich.

Je größer und schlagkräftiger eine Werkfeuerwehr ist, desto günstiger wirken sich die Nachlässe auf die Versicherungsprämie für das Werk aus. Die hierdurch ersparten Versicherungsprämien dienen mit zur Finanzierung der Werkfeuerwehr.

Die Gleichstellung der Werkfeuerwehren mit den öffentlichen Feuerwehren, die die meisten Landesgesetze vornehmen, widerspricht der historischen Entwicklung und trägt der betriebsgebundenen Vielgestaltigkeit der Werkfeuerwehren keine Rechnung.

Im Jahre 1949 haben sich in Nordrhein-Westfalen industrielle Unternehmen, die eine eigene Werkfeuerwehr unterhalten, zum „Werkfeuerwehrverband e. V." zusammengeschlossen, der sich seit 1954 auf das Bundesgebiet erstreckt. Die Aufgaben des Verbandes sind neben ständigem Erfahrungsaustausch und der Erörterung von Fachfragen darauf gerichtet, den Werkfeuerwehren die Anerkennung zu verschaffen, die ihnen nach Größe und Bedeutung zukommt, nämlich die Anerkennung als selbständige dritte Sparte neben den Berufs- und Freiwilligen Feuerwehren.

Ebenso wichtig ist der ständige Erfahrungsaustausch unter den Werkfeuerwehren. Die stets fortschreitende Technik, die Vervollkommnung und Einführung neuer Produktionsmethoden, die häufige Verwendung sehr hoher Drücke in Leitungen und Apparaten und die Verarbeitung feuer- und explosionsgefährlicher Flüssigkeiten und Gase stellen die Werksfeuerwehren oft vor schwierige Aufgaben. Hier können Erfahrungen, die ein Werk gesammelt hat, einem anderen Werk besonders wertvolle Fingerzeige geben und es vor Schaden bewahren.

Werden, Wirken und Wachsen der Werkfeuerwehren in Deutschland

Von Otto Lucke, Berlin-Siemensstadt

Eine Anzahl von Großbränden, die zur Zeit um 1840 in verschiedenen Städten Deutschlands wüteten, z. B. auch das Großfeuer an den Pfingsttagen 1842 in Hamburg, dem 50 Menschenleben und 1 749 Häuser zum Opfer fielen, wirkten erheblich als Warnruf und Menetekel und führten bekanntlich zur Gründung der ersten deutschen Feuerwehren. So wurden gegründet 1841 das erste „Freiwillige Feuerlösch- und Rettungscorps" in Meißen in einer Stärke von 136 Mann, die regelmäßig nach militärischen Grundsätzen übten, 1846 die „Freiwillige Feuerwehr" in Durlach, die sich bereits am 28. Februar 1847 bei der Bekämpfung des Hoftheaterbrandes in Karlsruhe bestens bewähren konnte, und bis zum Jahre 1851 waren in Deutschland besonders in den Städten in Süddeutschland insgesamt 29 Freiwillige Feuerwehren entstanden. Aber 1851 wurde auch in Berlin die von Scabell geschaffene erste deutsche Berufsfeuerwehr in einer Stärke von 997 Köpfen gegründet. So haben denn in den letzten Jahren eine ganze Anzahl deutscher Feuerwehren ihr 100jähriges Bestehen feiern können.

Wie steht es nun aber mit der Industrie, mit der Industrialisierung, mit dem Bau und dem notwendigen Schutz industrieller Betriebe zu dieser Zeit? Hierbei muß man bedenken, daß ja z. B. 1826 erst die erste Gasbeleuchtung entstand, 1835 erst die erste Eisenbahn (Nürnberg—Fürth) und 1838 erst die erste Eisenbahnstrecke in Berlin nach Potsdam sowie in den Jahren 1883 bis 1885 erst die ersten Automobile von Daimler und Benz gebaut wurden, deren Geschwindigkeiten von etwa 12 km/Stunde damals als Frevel an der Menschheit angesehen wurden. Aber die Industrialisierung wuchs im ganzen Lande auch in diesen Jahren trotzdem schon rapide heran, es entstanden, oft weit von den Städten entfernt oder an der Peripherie derselben liegend, größere Werke der Chemischen und Hüttenindustrie, größere Betriebe der Maschinen bauenden, Elektro-, Textil- oder Holz verarbeitenden Industrie usw., die man auch im Interesse des Volksvermögens schützen mußte. Alles drängte auf Reformen, denn mit der Entwicklung der gewerblichen und industriellen Betriebe sowie der Bautätigkeit, für die auch größere Läger leicht brennbarer sowie feuergefährlicher Materialien erforderlich und eingerichtet wurden, ergab sich automatisch die Verpflichtung der bereits bestehenden städtischen Feuerwehren, sich mehr als bisher um diese Betriebe zu kümmern. Die Feuerwehr mußte sich einschalten und insbesondere auch auf dem Gebiete des vorbeugenden Feuerschutzes tätig sein, d. h. bei den Planungen der Betriebe gemeinschaftlich mit der Gewerbepolizei mitwirken und später auch feuerpolizeiliche Anordnungen, z. B. über den Verkehr, die Lagerung und den Betrieb feuergefährlicher Materialien, Gase und Flüssigkeiten aller Art festlegen sowie deren Durchführung kontrollieren. Dieses geschah und war erforderlich mit dem Ziel, die Belegschaft der Betriebe und die Nachbarschaft nach Möglichkeit vor unangenehmen Vorkommnissen, wie Explosionen, Großbränden usw. zu schützen und Brandkatastrophen, die in früheren Zeiten in vielen deutschen Städten ganze Stadtteile vernichteten, zu verhindern. In diesem Zusammenhang war es natürlich auch erforderlich, mit der Entwicklung der Technik mitzugehen und durch Beschaffung moderner Feuerwehrfahrzeuge und Geräte sowie durch den Ausbau der Nachrichtenmittel, der Löschwasserversorgung usw. die Schlagfertigkeit der städtischen Feuerwehren zu erhöhen, um bei allen auftretenden Brandfällen und Vorkommnissen schnellstens mit Erfolg eingreifen zu können.

Aber die eigenartigen und Sonderverhältnisse in den Betrieben erforderten auch noch besondere Kenntnisse und Maßnahmen für den Feuerschutz in den Werken, z. B. die Rücksicht auf schwere, schwerste und wertvolle Maschinen und Einrichtungen, auf die Überbelastung von Geschoßdecken, die Explosionsgefahren bei staubförmigen Produkten (Mehl, Mühlen usw.) und in chemischen Betrieben, besondere Gasentwicklungen, giftige Gase, die Ansammlung größter Mengen leicht brennbarer Stoffe, der Einbau von Lackierereien, von Bandbetrieben, Aufzügen usw. Dieses erfordert wieder genaue Kenntnisse der örtlichen Verhältnisse in den Werken sowie der betrieblichen Zusammenhänge bezüglich der technischen Einrichtungen und der Produktion, die man bei den örtlichen Feuerwehren nicht erwarten konnte, und schließlich mußte bei dem Ausbruch eines Brandes an diesen Gefahrenobjekten auch schnellstens eingegriffen werden, wenn man einen Erfolg erzielen wollte, was wieder bei der oft größeren Entfernung der städtischen Feuerwehren von den Werken nicht möglich war. Diese Überlegungen ergaben, daß man zum Schutze der Werke eigene Belegschaftsmitglieder zu Werkfeuerwehrmännern ausbildete und schließlich auch eigene Betriebs-, Fabrik- bzw. Werkfeuerwehren einrichtete. Hierbei konnte man, ähnlich wie bei den städtischen Feuerwehren wieder unterscheiden:

a) N e b e n b e r u f l i c h e (f r e i w i l l i g e) W e r k f e u e r w e h r e n b z w. B e t r i e b s- o d e r F a b r i k f e u e r w e h r e n. Kopfzahl 10 bis 100, je nach Art und Größe des Betriebes. Hierfür wurden geeignete Mitglieder der Belegschaft, möglichst aus den Betriebs- oder ähnlichen Werkstätten (Rohrleger, Elektriker usw.) ausgewählt, da diese mit den Betriebseinrichtungen am besten vertraut sind.

b) H a u p t a m t l i c h e W e r k f e u e r w e h r e n b z w. i n d u s t r i e l l e B e r u f s f e u e r w e h r e n. Diese werden in größeren Werken aufgestellt, besonders wenn die Betriebe in größerer Entfernung von den Ortsfeuerwehren liegen oder wenn in der Nähe keine genügend starke und schlagfertige Ortsfeuerwehr zur Verfügung steht. Vielfach entwickelten sich die Werk-Berufsfeuerwehren auch aus vorher in den Werken bestehenden freiwilligen Werkfeuerwehren.

Unter Berücksichtigung dieser Gesichtspunkte wurde gegründet als erste freiwillige Werkfeuerwehr bereits im Jahre 1831 die Fabrikfeuerwehr der K.K. Tabakfabrik in Schwaz in Tirol.

Als erste industrielle Berufsfeuerwehren in Deutschland entstanden bereits am 1. Januar 1866 die Berufsfeuerwehr der Firma Krupp in Essen und im Jahre 1888 die Berufsfeuerwehren der I.G. in den Werken Leverkusen und Elberfeld sowie der Bremer Wollkämmerei in Blumenthal (Unterweser), während z. B. die Werk-Berufsfeuerwehren der Chr. Dierig AG. in Langenbielau im Jahre 1897, der Deutschen Werke AG. in Kiel 1898 und der Vereinigten Oberschlesischen Hüttenwerke AG. in Hindenburg O.S. Abtlg. Donnersmarckhütte im Jahre 1899 gegründet wurden.

Die Entwicklung des industriellen Feuerschutzes in den letzten 100 Jahren ist besonders verständlich, wenn man diese Verhältnisse und die Entwicklung der Industrie z. B. in Berlin betrachtet: Während bei der Gründung und dem Aufbau der Berliner städtischen Feuerwehr im Jahre 1851 zwar seinerzeit einige technische Einrichtungen, wie z. B. die von Werner von Siemens erfundenen und von der Telegraphenbauanstalt Siemens in Berlin gebauten Feuermelder bereits in den Dienst der Berliner Feuerwehr gestellt werden konnten, hatte sich doch andererseits diese nach der Gründungszeit zunächst noch nicht viel mit größeren gewerblichen Betrieben zu beschäftigen. Der Bereich Berlins, etwa die jetzige Innenstadt, umfaßte seinerzeit 12 sogenannte Stadtviertel, hatte nur etwa 420 000 Einwohner und es bestanden hier nur einige kleinere Seidenfabriken, Webereien, Kattundruckereien, Maschinenbauwerkstätten usw. Man muß bedenken, daß ja infolge der Auswirkungen der Ereignisse im März 1848 die Entwicklung Berlins um nahezu ein Jahrzehnt stark gehemmt worden war. Erst in späteren Jahren, parallel zu dem weiteren Aufstieg Berlins, siedelten sich auch weitere gewerbliche Betriebe in der Altstadt, in noch größerem Umfange jedoch in den damaligen Nachbar- bzw. Vorortgemeinden Berlins, z. B. in Charlottenburg, Schöneberg, Mariendorf, Schöneweide, Lichtenberg, Pankow, Reinickendorf, Spandau, Tegel, Treptow usw. an. Eine Anzahl von Betrieben, die in der Altstadt Berlins entstanden waren, wie z. B. Borsig am Oranienburger Tor, Siemens in der Schöneberger- und Markgrafenstraße usw. verlegten, da die Entwicklung Berlins eine Erweiterung ihrer Werkstätten an diesen Stellen nicht mehr zuließ, diese etwa zur Jahrhundertwende in die Nachbarorte bzw. an die Peripherie Berlins, wo danach z. B. die Borsigwerke in Tegel, die Siemenswerke zunächst in Charlottenburg und dann in Siemensstadt, also im Gebiet Spandaus, sowie in Lichtenberg und Marienfelde, AEG-Betriebe in Moabit, Treptow, Schöneweide und Hennigsdorf, Telefunkenbetriebe in Zehlendorf, das Schwartzkopffwerk in Wildau usw. entstanden.

Im Zuge der Entwicklung Berlins erkannte man aber nicht nur hier, sondern unabhängig davon auch in vielen anderen Städten Deutschlands, ebenfalls um die Jahrhundertwende herum, daß durch die wachsende Zahl der gewerblichen Betriebe infolge der zunehmenden Industrialisierung, durch die Anhäufung leicht brennbarer Materialien und durch die teilweise erhebliche Erweiterung der Werke die Gefahr bestand, daß die städtischen Feuerwehren vielleicht doch nicht überall schnell genug eingreifen könnten, wenn ein Brand in diesen Betrieben entstand, und daß es für die ortsfremden Feuerwehrkräfte sehr schwierig war, sich in den großen, teilweise recht feuergefährlichen Werken schnell genug zurechtzufinden. Außerdem fehlte es vielfach an Speziallöschgeräten bei den örtlichen Feuerwehren und schließlich lagen die nun teilweise an der Peripherie der Orte entstandenen Werke so weit von den städtischen Feuerwachen entfernt, daß auch deswegen Bedenken wegen eines ausreichend schnellen Einsatzes der Wehren bestanden. Deshalb entschlossen sich zu dieser Zeit eine große Anzahl von Betrieben Deutschlands, eigene Fabrikfeuerwehren einzurichten, um bei dem Entstehen von Bränden vor dem Eintreffen der städtischen Wehren bereits selbst sachgemäß und schnell eingreifen sowie der betreffenden Wehr hilfreich zur Seite stehen zu können. Seitens der städtischen Feuerwehren wurde dieses Bestreben meistens auch durchaus unterstützt, teilweise wurde sogar die Einrichtung von Fabrikfeuerwehren und das Bereithalten von geeigneten Löschgeräten in den Betrieben behördlich gefordert. Zuerst wurden fast überall erst freiwillige Fabrikfeuerwehren eingerichtet, bei denen in den Betrieben eine Anzahl von Belegschaftsmitgliedern meistens von geeigneten Brandmeistern oder Feldwebeln benachbarter städtischer Feuerwehren im Feuerwehrdienst an werkseigenen Löschgeräten ausgebildet wurden, die aber zunächst nur während der Arbeitszeit bei auftretenden Bränden alarmiert werden konnten und zum Einsatz zur Verfügung standen. Später, insbesondere als der Schichtenbetrieb in den Werken eingeführt wurde, ging man mehrfach dazu über, in den Betrieben eine ständige Wache einzurichten und diese auch nach der Arbeitszeit bzw. an Sonn- und Feiertagen mit einigen Fabrikfeuerwehrleuten besetzt zu halten.

Einen weiteren erheblichen Auftrieb auf dem Gebiet des Werkfeuerwehrwesens brachte dann der erste Weltkrieg, denn als nun in einer Anzahl von Betrieben auch Rüstungsarbeiten ausgeführt, dem Feuerschutz daher besondere Beachtung geschenkt und auch Garnisonfeuerwehren eingerichtet wurden, entstanden eine weitere Anzahl von Fabrikfeuerwehren, in denen nun teilweise auch die für den Feuerwehrdienst ausgebildeten Belegschaftsmitglieder oder Soldaten bereits hauptamtlich in den Werken tätig waren und die Feuerwachen in den Betrieben, in ähnlicher Ablösung wie bei den städtischen Feuerwehren, durchgehend besetzt gehalten wurden. Diese Fabrikfeuerwehren entwickelten sich dann also auch zu industriellen Berufsfeuerwehren; jedenfalls hatte man in Deutschland im Jahre 1930 bereits 46 Werk-Berufsfeuerwehren, von denen einige bezüglich ihrer Stärke, Ausrüstung und Schlagfertigkeit es durchaus mit mancher städtischen Berufsfeuerwehr aufnehmen konnte.

Als Beispiele für die Entwicklung der Werkfeuerwehren in dieser Zeitenwende seien nachstehend wieder einige Beispiele aus Berlin angeführt:

Es entstand z. B. im Jahre 1900 die Fabrikfeuerwehr der Firma Borsig in Berlin-Tegel. 25 Mann der Belegschaft wurden nach Beschaffung der notwendigen Ausrüstungsgegenstände, eines Mannschafts- und Gerätewagens mit Pferdebespannung, einer Abprotz-Spritze, eines Schlauchwagens usw. durch einen Brandmeister der Berliner Feuerwehr ausgebildet und am 2. Dezember 1900 wurde diese neugeschaffene, bestens brauchbare freiwillige Fabrikfeuerwehr der Werksleitung übergeben. Während des ersten Weltkrieges war die Zahl der Feuerwehrmänner auf 54 Köpfe erhöht worden und im Jahre 1922 wurden eine automobile Motorspritze von 2 000 ltr./Min. Leistung sowie eine automobile mechanische Drehleiter für 30 m Höhe in Dienst gestellt. Auch in der Wohnkolonie und im städtischen Bezirk wurde die schlagfertige Borsigwehr miteingesetzt bzw. zur Hilfe herangezogen. So konnte anläßlich des 25jährigen Bestehens der Wehr im Jahre 1925 bereits berichtet werden, daß sie in ihrem Werk 6 Großbrände gelöscht und an dem Ablöschen von 34 Großbränden in Tegel, Borsigwalde und Reinickendorf mitgewirkt hat, daß sie durchschnittlich aber in jedem Jahre etwa 25- bis 28mal zur Bekämpfung von Mittelfeuern und Waldbränden in ihrem Nachbarbezirk selbständig eingesetzt worden ist.

Nach der Verlegung des Siemens-Kabelwerkes nach den Nonnenwiesen, an der Spree gegenüber der bekannten alten Quelle „Fürstenbrunn“, wurde es wegen der feuergefährlichen Fabrikation und wegen der großen Entfernung bis zur nächsten städtischen Feuerwache ebenfalls auch erforderlich, dort eine eigene Feuerwehr einzurichten. Es wurde daher im Jahre 1901 in diesem Kabelwerk zunächst eine freiwillige Fabrikfeuerwehr in einer Stärke von 32 Köpfen aufgestellt, von einem Feldwebel der Charlottenburger Feuerwehr ausgebildet und am 1. Juli 1901 der Werksleitung vorgestellt. Als dann im Jahre 1905 die Siemens & Halske AG. das Wernerwerk am alten Nonnendamm erbaute, wurde auch für dieses benachbarte Siemenswerk eine Fabrikfeuerwehr aufgestellt und von Brandmeister Sand der Charlottenburger Feuerwehr ausgebildet, der dann auch danach die Führung beider Wehren bzw. der daraus gebildeten kombinierten Wache übernahm. Hieraus entwickelte sich dann nach dem Bau noch mehrerer großer Werke in Siemensstadt und nach vorübergehender Eingliederung während des ersten Weltkrieges in die Garnisonfeuerwehr weiterhin die

Berufsfeuerwehr der Siemenswerke, die auch amtlich bestätigt und anerkannt wurde. Der technischen Entwicklung der Feuerlöschgeräte den einzelnen Zeitperioden entsprechend wurde die Wehr sowie die Werke mit den jeweils modernsten Geräten ausgerüstet. Wie bei der Berliner und den anderen städtischen Feuerwehren führte auch hier die Entwicklung von handgezogenen Feuerlöschkarren und der Pferdebespannung über das Elektromobil und die Dampfspritze zu automobilen Motorspritzen und zur modernen mechanischen Drehleiter. Die normalen Hydranten und Hydrantensteigestränge wurden ergänzt in den Hochhäusern durch Hydrophoranlagen, außerdem standen, soweit erforderlich, Sprinkler- und Schaumlöschanlagen sowie sonstige chemische Löscheinrichtungen verschiedenster Art zur Verfügung.

Nach der erfolgten amtlichen Anerkennung der Wehr im Jahre 1921 als „Berufsfeuerwehr" wurde die Berufsfeuerwehr der Siemenswerke 1923 auch in die Ausrückeordnung der Berliner Feuerwehr eingegliedert und ihr als erster Abmarsch die Stadtbezirke Siemensstadt, Haselhorst und Gartenfeld zugeteilt, von denen auch die öffentlichen Feuermelder auf der Hauptwache der Wehr in Siemensstadt, Rohrdamm, einlaufen. Für den zweiten und dritten Abmarsch war sie für die Bezirke Charlottenburg und Spandau eingeteilt.

Der Leitung der Berufsfeuerwehr der Siemenswerke in Berlin-Siemensstadt waren zur Aufsicht, Betreuung und teilweisen Ausrüstung noch 33 weitere Werk- bzw. Fabrikfeuerwehren der Siemenswerke und Tochtergesellschaften unterstellt, von denen 4 im Groß-Berliner Bezirk, 27 in verschiedenen Gegenden Deutschlands und Österreichs sowie 2 im Ausland (Krainburg und Budapest) bestanden. Es ist selbstverständlich, daß auch der Feuerschutz und die sich für den Luftschutz ergebenden Forderungen daher in allen Siemensbetrieben nach einheitlichen Gesichtspunkten ausgerichtet waren und daß alle für den Werkfeuerschutz und die Werkfeuerwehren erarbeiteten und vorliegenden Erfahrungen mit allen Betrieben Deutschlands ausgetauscht wurden; dieses geschah insbesondere auf den Tagungen und durch die Rundschreiben der bis 1945 bestehenden A- und Z-Stelle (Auskunfts- und Zentralstelle für Leiter und Dezernenten des Feuerschutz- und Sicherheitsdienstes industrieller Unternehmen), der über 300 Konzerne, Firmen, Behörden usw. als Mitglieder angeschlossen waren. In jedem Jahr wurde ein ausführlicher Bericht von der A- und Z-Stelle über die gehaltenen Vorträge, Diskussionen, über besondere Vorkommnisse und Erfahrungen herausgegeben, die auch heute noch als Richtlinien für alle einschlägigen Fragen angesehen werden können.

Nach den Gründungen der oben erwähnten Fabrikfeuerwehren von Borsig in Tegel und der Siemenswerke in Siemensstadt entstanden vor dem bzw. im ersten Weltkrieg auch noch weiterhin eine Anzahl von Werkfeuerwehren in den verschiedensten Berliner Betrieben, z. B. bei der AEG in der Brunnen- und Huttenstraße, in Niederschöneweide im Transformatorenwerk, in Treptow und Hennigsdorf, bei den Firmen Loewe, Bamag, Orenstein & Koppel, Daimler, Knorrbremse, in mehreren Osrambetrieben, Schwartzkopff in Wildau, in den Siemensbetrieben in Lichtenberg und Marienfelde, Lorenz in Tempelhof, Telefunken in Zehlendorf, bei der Bewag, bei den Deutschen Industriewerken in Spandau usw. Größtenteils wurden auch die Mitglieder dieser Wehren zuerst von Brandmeistern der Berliner Feuerwehr ausgebildet und später wurden die Wehren teilweise auch vorübergehend in die Garnisonfeuerwehr eingegliedert. Einige Wehren, u. a. die Fabrikfeuerwehr der AEG in Hennigsdorf sowie die der Deutschen Industriewerke in Spandau, entwickelten sich ebenfalls zu Berufsfeuerwehren, wurden als solche anerkannt und bei Bedarf auch in ihren benachbarten Stadtbezirken eingesetzt.

Gewisse Schwankungen machten sich in der Zahl sowie in den Kopfstärken aller Werkfeuerwehren Deutschlands bei dem Absinken der Konjunktur und der Belegschaftsstärken der Betriebe in den Jahren 1930 bis etwa 1935 bemerkbar. Dann aber ging es nach dem Aufleben der Beschäftigung in allen industriellen Betrieben und insbesondere infolge der im Rahmen des sich entwickelnden „Luftschutzes" gestellten Forderungen auch bei den Fabrikfeuerwehren wieder aufwärts. Auch von einer größeren Zahl weiterer mittlerer und kleinerer Betriebe wurde in Verfolgung des von der Reichsgruppe Industrie sowie vom Innen- und Luftfahrtministerium aufgestellten Programms die Einrichtung von kleineren Werkfeuerwehren, mindestens aber die Aufstellung und Ausbildung von Feuerlöschtrupps bzw. die Erweiterung bereits bestehender Fabrikfeuerwehren gefordert. In den Jahren vor bzw. nach 1939 wurden daher von den Werken und Betrieben für ihre Wehren auch eine größere Zahl weiterer automobiler Motorspritzen sowie sehr viele Tragkraftspritzen, Feuerlösch-, Gasschutz- und Hilfsgeräte aller Art beschafft. Die Ausbildung der neu eingerichteten Werkfeuerwehren und Löschtrupps fand jetzt fast ausschließlich von eigenen Kräften der Industrie statt und bei dem Ablöschen der während des zweiten Weltkrieges durch die Luftangriffe in den Werken und Stadtbezirken entstandenen Brände arbeiteten die städtischen Feuerwehren mit den Feuerlöschkräften der industriellen Betriebe überall bestens und stets kameradschaftlich Hand in Hand; sehr viele Brände in den Wohnhäusern der Stadtbezirke wurden nach Luftangriffen auch ausschließlich durch benachbarte Werkfeuerlösch- bzw. Werkluftschutzkräfte abgelöscht.

Der Höchststand der Kopfstärke der Berufsfeuerwehr der Siemenswerke in Berlin-Siemensstadt betrug z. B. ab 1939 nach Beginn des zweiten Weltkrieges 447 Mann, davon 87 Berufsfeuerwehr- und 360 Hilfsfeuerwehrleute, die teils nach 24stündigem, teils nach 36stündigem Dienst abgelöst wurden.

An Geräten und Ausrüstungen standen u. a. für diese Siemenswehr und in den Berliner Siemenswerken 1943 zur Verfügung:

8 automobile Motorspritzen von 1 200 bis 2 000 ltr./Min. (KS 12 bis KS 20),

6 Anhänge-Motorspritzen von 800 ltr./Min. (TSA 8),

20 weitere Motorspritzen von 400 bis 800 ltr./Min. (TS 4 bis TS 8),

1 automobile Drehleiter von 26 m Höhe (KL 26),

mehrere mechanische Leitern von 20 und 17 m Höhe,

verschiedene weitere automobile Fahrzeuge für Geräte und Mannschaften, für chemische Sonderlöschgeräte und 5 Krankenwagen.

Für die Löschwasserversorgung waren im Werkbereich verfügbar: Ein ausgedehntes Netz von Ringrohrleitungen mit durchschnittlich 200 bis 450 mm ∅, Zubringerleitungen von 1000 mm ∅, 4 eigene Pumpstationen, 14 Feuerlöschbrunnen, 14 Zisternen, einige Hydrophor- und 2 Sprinkleranlagen, 4 Feuerlöschteiche von 300 bis 600 cbm, offene Wasserläufe mit festen Sauganschlüssen sowie 1728 Hydranten.

Der Schlauchbestand betrug: 288 B- und 2327 C-Schläuche von insgesamt 52 300 m und bei Kriegsende sogar Schläuche von etwa 90 000 m Gesamtlänge.

In den Werken waren untergebracht insgesamt 10 323 Speziallöscher aller Art, sonstige Handfeuerlöscher sowie Löschdecken und für den Gasschutz und die Wiederbelebung standen bereit: 47 Sauerstoffschutzgeräte, 6379 S-Gasmasken, 7 Pulmotore usw.

Eine große Zahl von Feuermeldern (17 Zentralen mit 420 Druckknopfmeldern) sowie 28 Melderschleifen mit 6500 automatischen Feuermeldern von Morse-, Funk- und sonstigen Nachrichtenmitteln ergänzten die Einrichtungen für die Feuersicherheit der Werke und während der Zeit der Luftangriffe im letzten Kriege waren auch die vier Feuerwachen sowie alle Luftschutzbefehlsstellen der Werke mit der Hauptbefehlsstelle im Verwaltungsgebäude durch ein zuverlässiges Nachrichtennetz miteinander verbunden! Dieses hat sich bei den vielen Großangriffen bestens bewährt, so daß alle erforderlichen Einsätze der Wehr, auch der verschiedensten Sparten aller zusätzlichen

Hilfskräfte, in allen Werken sowie im Stadtbezirk immer einwand- und störungsfrei durchgeführt werden konnten.

In den ersten 50 Jahren ihres Bestehens (1901 bis 1951) ist die Berufsfeuerwehr der Siemenswerke in 8617 Fällen eingesetzt worden: sie war dabei tätig 7202mal in den Werken und 1 415mal im Stadtbezirk.

Auf die Einsätze entfallen: 215 Groß-, 644 Mittel- und 3394 Kleinfeuer sowie 2549 sonstige Tätigkeiten, 369 Hilfeleistungen bei Unfällen, 1270 blinde und 177 böswillige Alarme.

Mit den Krankenwagen der Wehr wurden in dieser Zeit befördert 42 747 Personen und dabei mit den Wagen zurückgelegt 805 200 km; sie hätten also damit 20mal um die Erde fahren können.

Das bedeutendste Großfeuer in Siemensstadt seit dem Bestehen der Wehr wurde am 3. September 1943 nach einem Fliegergroßangriff von der Siemenswehr mit Unterstützung Berliner Feuerwehr- und Luftwaffenkräfte gelöscht. Hierbei wurden an den Brandstellen eingesetzt: 55 Kraft- und Tragkraftspritzen, 1 Feuerlöschboot, 3 Kraftfahrleitern und hierbei vorgenommen: 71 B-, 231 C- und 3 Wenderohre, wobei etwa 20 000 cbm Wasser verspritzt wurden.

Dieses ist schließlich ein Zeichen dafür, daß in den Siemenswerken wie auch in sehr vielen anderen industriellen Werken Deutschlands die erforderlichen Einrichtungen sowie die Löschwasserversorgung, Nachrichtenmittel usw. für Brände größten Umfanges, aber auch überall bestens geschulte Werkfeuerwehrmänner zur Verfügung standen, die sich bis zum Äußersten für die Erhaltung ihrer Werke und Betriebe einsetzten.

Ganz besonders stark wurden aber auch während des zweiten Weltkrieges die Werkfeuerwehren damit belastet, daß sie fast überall die Kräfte für die Ausbildung der übrigen Belegschaftsmitglieder in den verschiedensten Sparten des Werkluftschutzes stellten und neben ihrem aufreibenden Dienst unzählige Kurse für die Ausbildung der Belegschaften als Brandwachen, Werkfeuerlöschtrupps, im Gasschutz und Entgiften, im Werksanitätsdienst usw. durchführten. Oft in der Werkfeuerwehr bei den Tag und Nacht sich überstürzenden Luftangriffen in ihren Werken und Bezirken mit der Bekämpfung der entstandenen Brände und Beseitigung der eingetretenen Schäden, selbst unter den schwierigsten Gefahrenmomenten (Explosions- und Einsturzgefahr, Flakbeschuß, Wirkungen von Langzeitzündern und Blindgängern), und körperlichen Überanstrengungen, bei oft mangelhafter Verpflegung und fehlender Schlafmöglichkeit eingesetzt, trugen die Werkfeuerwehrmänner noch dazu bei, daß auch die übrige Belegschaft infolge gründlicher Ausbildung ihren Mann stehen konnte. So haben viele Werke und Betriebe in Deutschland der Einsatzfreudigkeit und der unermüdlichen Aufopferung ihrer Werkfeuerwehrmänner zu verdanken, wenn sie noch einen großen Teil ihrer Substanz und der Arbeitsplätze aus dem zweiten Weltkrieg 1945 hinüberretten konnten.

Unabhängig davon sind nun aber im Verlauf des letzten Teils des Krieges infolge der Großangriffe trotz heldenhaften Einsatzes der Feuerlöschkräfte in allen Gegenden Deutschlands doch auch eine Anzahl kleinerer und mittlerer Betriebe vernichtet und ein Teil der Motorspritzen und Feuerlöschgeräte zerschlagen worden oder verbrannt. Ein weiterer Teil der Geräte ging 1945 während des „Kampfes um Berlin" und durch die Besetzung der Betriebe oder in anderen Teilen Deutschlands durch Demontagen verloren.

Nachdem nun jedoch viele demontierte Betriebe wieder anliefen, viele teilweise verlagerte Betriebe wieder neu aufgebaut wurden und auch nach der Kapitulation eingetretenen Lähmung der Berliner Wirtschaft in den westlichen Sektoren Berlins im Laufe der danach folgenden und letzten Jahre eine größere Anzahl von Fabriken, Brauereien, Mühlen, Kraftwerke, Krankenhäuser, Kaufhäuser und sonstiger gewerblicher Betriebe und Dienststellen im größeren Umfang angelaufen sind, hat man auch dem Feuerschutz überall wieder größte Beachtung entgegengebracht. Die noch durch den Krieg und die Besetzung hindurchgeretteten Feuerwehrfahrzeuge und -geräte wurden wieder instandgesetzt bzw. auch viele neue Geräte beschafft und in Betrieb genommen. Feuerwehrleute wurden wieder eingestellt, vorhandene Werkfeuerwehren wieder ausgebaut sowie neue Wehren gegründet und ausgerüstet.

Jedenfalls setzt sich die Industrie in allen Teilen Deutschlands auch in ihrem ureigensten Interesse liegend, nachdem sie außerdem den Wert in beiden Weltkriegen in der Praxis zur Genüge erkannt hat, für einen guten Stand des Feuerschutzes in ihren Werken, Fabriken, Betrieben und Dienststellen ein. Hierzu gehören die Einrichtung, Unterhaltung und Ausrüstung schlagkräftiger Betriebs-, Fabrik- oder Werkfeuerwehren mit guten Geräten, die ja von vielen Betrieben der deutschen Feuerlöschgeräte bauenden Industrie erzeugt, in großer Zahl in das Ausland exportiert werden und sich das beste Ansehen in der Welt erworben haben.

Von dem Leiter einer Werkfeuerwehr muß stets die Erfüllung folgender Punkte für seine Wehr sichergestellt sein:

1. Die Mannschaft muß bestens ausgebildet und pflichteifrig sein.
2. Es müssen für die Wehr und im Werk gute und eine ausreichende Zahl von Feuerlöschgeräten und Ausrüstungen, auch ein ausreichender Vorrat an Löschwasser und Löschmitteln sowie geeignete Beleuchtungsgeräte für die Brandstelle zur Verfügung stehen.
3. Es müssen sichergestellt sein eine schnelle und sichere Bekanntgabe der Brandstelle im Werk und zur nächsten für die Hilfeleistung zur Verfügung stehenden Ortsfeuerwehr möglichst durch Feuermelder oder durch sonstige geeignete und zuverlässige Nachrichtenmittel.
4. Ausschlaggebend für das schnellste Sammeln und Eingreifen ist aber auch die schnellste und zuverlässigste Benachrichtigung (Alarmierung) und Heranschaffung der Werkfeuerwehrmänner und Löschmannschaften zum Brandort bei Tag und Nacht.
5. Äußerst wichtig ist ferner ein klares und einheitliches Kommando durch den Führer der Wehr oder seinen Vertreter an der Brandstelle bzw. am Unfallort.

Andererseits gilt aber auch als ein äußerst wichtiger Teil des industriellen Feuerschutzes die schärfste Beobachtung aller für den vorbeugenden Feuerschutz geltenden Forderungen, sei es bei der Planung als auch bei der Durchführung des Betriebes und hierfür sollten, auch als Kontrollorgane weitgehend die Mitglieder der Werkfeuerwehren eingesetzt werden. Bei der Werkfeuerwehr soll also ihr Wert nicht nur daran gemessen werden, daß sie ausgebrochene Brände bekämpft, sondern daß sie dazu beiträgt, die Entstehung von Bränden in ihrem Betrieb möglichst überhaupt zu verhüten. Es sollte für die Werkfeuerwehren immer wieder als Motto gelten: „Nicht die Feuerwehr ist die beste, bei der im Jahr das meiste Wasser verspritzt wird, sondern diejenige, bei der es am wenigsten brennt.“

Jedenfalls ist der volkswirtschaftliche Wert der Werkfeuerwehren seit ihrem Bestehen im höchsten Maße erwiesen; er besteht nicht nur darin, daß sie die in ihren Werken investierten ungeheuren Summen des Volksvermögens zu schützen haben, daß sie also nur dem eigenen Betrieb zugute kommen, sondern daß sie auch in weitgehendem Maße der Öffentlichkeit zur Verfügung stehen.

Kleiner Gang durch die Entwicklung der Werkfeuerwehr Henkel

Jeder Feuerwehr sind bestimmte Aufgaben gestellt. Das gilt auch für eine Werkfeuerwehr, nur daß bei einer solchen, die einer bestimmten Firma angehört, der Aufgabenkreis in eben der Weise modifiziert ist, wie es die besonderen Verhältnisse in Lage und Produktion erfordern. Somit nimmt die Brandbekämpfung seit langem nicht mehr den größten Raum ein, sondern — gerade bei der Werkfeuerwehr — der vorbeugende Feuerschutz. Die wesentlichen Sachgebiete sind:

1. Vorbeugender Feuerschutz,
2. Brandbekämpfung,
3. Atemschutz,
4. Samariterdienst,
5. Hilfeleistung,
6. Verkehrsregelung.

Die Werkfeuerwehren haben sich in gleicher Weise wie die kommunalen Feuerwehren, d. h. von der freiwilligen zur Berufsfeuerwehr entwickelt. In der Firma Henkel & Cie. GmbH. wurde der Gedanke einer Werkfeuerwehr schon sehr früh aufgegriffen. Am 15. April 1911 gründete man die „Freiwillige Feuerwehr der Firma Henkel & Cie. GmbH.“, die aus einem Brandmeister und 15 Feuerwehrleuten bestand. Den Vorsitz übernahm der älteste Sohn des Seniorchefs, Dr. Fritz Henkel jr., wodurch die Wichtigkeit dieser Einrichtung deutlich hervorgehoben wurde. Diese Wehr trat damals dem Rheinischen Provinzial-Feuerwehr-Verband bei.

Interessant ist es zu erfahren, womit man begann. Als notwendigste Ausrüstungsgegenstände wurden vermerkt: 3 Schlauchwagen mit etwa 1 000 m Schlauch, 4 Hakenleitern, 1 Schiebeleiter (19 m) sowie 30 Handfeuerlöscher und 5 Überflurhydranten. Letztere wurden bald stark vermehrt. Dazu wurde später eine eigene Pumpstation mit einem 35 m hohen Wasserturm erstellt.

Der Dienst in der Wehr lag damals noch außerhalb der Arbeitszeit. Alle 14 Tage fanden Übungen für die Wehr statt, und zwar sonntags von 7 bis 9 Uhr. Um allen Anforderungen im Ernstfalle Genüge leisten zu können, waren neben den Übungen an den Geräten auch Übungen an einem Steigerturm erforderlich, der zu dieser Zeit errichtet wurde.

Daneben wurde die Wehr in der „Ersten Hilfe“ bei Unglücksfällen besonders ausgebildet. In diesem Zusammenhang wurden Rauchschutzmasken sowie ein Dräger-Sauerstoff-Atmungsgerät und ein Wiederbelebungsapparat „Pullmotor“ angeschafft.

Schon in den ersten Jahren wurde die Wehr des öfteren außerhalb des Werkes eingesetzt. Hierbei wurden an die freiwilligen Helfer große Anforderungen gestellt, zumal die Ausrüstung — mit der heutigen verglichen — als primitiv bezeichnet werden muß.

Durch Erlaß des Regierungspräsidenten vom 31. Oktober 1913 wurde die Wehr als Gemeinde- oder Schutzwehr anerkannt.

Man hielt mit den Fortschritten auf dem Gebiete des Feuerschutzes und der Feuerbekämpfung immer Schritt. So wurde im Jahre 1920 eine Motorspritze mit 1 000 Liter Minutenleistung, 2 Jahre später eine neue fahrbare Leiter und danach eine Spritze mit 1 500 Liter Minutenleistung angeschafft.

Sehr wesentlich für die Sicherheit des Werkes war die im Jahre 1922 erfolgte Bildung eines Löschzuges mit hauptamtlichen Feuerwehrleuten. Daneben wurde ein Reservezug aus freiwilligen Männern geführt. Zwei Jahre später begann eine vollständige Umstellung des Dienstes innerhalb der Feuerwehr nach Muster der städtischen Berufsfeuerwehren. Der 24stündige Dienst löste den 3-Schichten-Wachtdienst ab. Damit bestand eine Wehr, deren Schlagkraft der Größe des Werkes entsprach und die in dieser Form bis heute besteht. Natürlich wurde die Ausrüstung weiterhin modernisiert. Heute sind alle technischen Ausrüstungsgegenstände vorhanden, die notwendig sind, einen Brand wirksam zu bekämpfen. Die Wehr erhielt als letzten Baustein im Jahre 1951 ein neues Tanklöschfahrzeug. Der heutige Stand ist: 40 Mann Berufsfeuerwehr und 35 Mann freiwillige Feuerwehr, so daß erforderlichenfalls 30 bis 40 Mann sofort einsatzbereit sind. Besonders erwähnenswert dürfte sein, daß sich die Werkfeuerwehr Henkel auch im Großeinsatz bei Bränden außerhalb des Werkes bewährt hat und weit über die Grenzen Düsseldorfs als sehr leistungsfähig bekannt ist. Davon legen unzählige Anerkennungsschreiben beredt Zeugnis ab.

*

Es gibt in den Henkelwerken Abteilungen, in denen brennbare Flüssigkeiten aller Gefahrenklassen lagern. Für sie, wie für alle brennbaren Stoffe — sei es in festem, flüssigem oder gasförmigem Zustand —, sind besondere Schutzmaßnahmen erforderlich. Die bloße Gegenwart einer Werkfeuerwehr bietet allein noch keinen ausreichenden Feuerschutz. Erforderlich ist, daß auch die einzelnen Betriebe — vom Betriebsleiter bis zum jüngsten Mitarbeiter — im vorbeugenden Feuerschutz tätig sind und zusammen mit der Werkfeuerwehr versuchen, alle Möglichkeiten auszuschöpfen, die das Werk vor Brand und Explosion bewahren, sowie die Unfallgefahr verringern. So ist ein ganzes Werk stets besorgt um die Erhaltung von Menschenleben und Betriebseinrichtungen. Der wichtigste Faktor auf diesem Gebiete aber ist die Werkfeuerwehr.

Gründung und Entwicklung der Werkfeuerwehr Laucherthal

Von Reinhold Gelle, Laucherthal/Hohenzollern

Bedingt durch die Entwicklung und Vergrößerung des Fürstlich Hohenzollernschen Hüttenwerks und des Ortsteils Laucherthal wurde auf Ansuchen und Anstreben von Herrn Ing. Hermann Maiter an die seinerzeitige Direktion, Herrn Bergrat Weishan und Herrn Inspektor Hebeisen, im Jahre 1919 und zwar am 14. Februar die Werkfeuerwehr gegründet. Gleichzeitig wurde Herr Ing. Maiter mit der Führung der Wehr beauftragt. Sein Stellvertreter war Hirlinger Benedikt, Elektromeister aus Laucherthal. Die Ausrüstung für die Wehr wurde aus der Feuerlöschgeräte-Fabrik Magirus, Ulm a. D., bezogen. Schon im Jahre 1920, ein Jahr nach ihrer Gründung, erhielt die Wehr von gleicher Firma eine Motorspritze (pferdebespannt) mit einer 800 ltr./min. Leistung. Die Soll-Stärke betrug damals 65 Mann, die alle in Laucherthal beheimatet waren. Der jüngste Feuerwehrmann war 18, der älteste 55 Jahre alt. Die Uniformierung der Wehr vollzog sich folgerdermaßen: Für Übungen und Einsätze wurden Feuerwehr-Drillich-Uniformen beschafft. Für Festlichkeiten und besondere Anlässe wurden dann im Jahre 1927 neue Paradeuniformen der Wehr zugeteilt, die in ihrer Machart als ausgesprochene „Bergmanns-Uniformen“ angesprochen werden konnten. Diese Uniformen wurden jedoch im Jahre 1943 durch die Aufsichtsbehörde (Polizei), welcher die Wehr damals unterstellt wurde, abgesprochen und durften zum Leid der Feuerwehrmänner nicht mehr getragen werden. Gleichzeitig wurden der Wehr die Einheitsuniformen der Freiwilligen Feuerwehren zugestanden, die auch beschafft werden mußten.

Vom Jahre 1919 bis ins Jahr 1933 hatte die Wehr eine normale Entwicklung und hatte während dieser Zeit verschiedene Brände und Einsätze zu verzeichnen. Auch hat die Wehr an sämtlichen im Kreise allgemein veranstalteten Feuerwehrtreffen und Festen teilgenommen.

Wie alle Wehren des Kreises, so wurde auch die Werkfeuerwehr Laucherthal als Sparte „Feuerwehr" im zweiten Weltkrieg zum Luftschutzdienst herangezogen. Durch diese Heranziehung mußte der Soll-Stand der Wehr auf 75 Mann erhöht werden. Da der Gründer der Wehr, Herr Ing. Hermann Maiter, zum Werkluftschutzleiter berufen wurde, so wurde an seine Stelle Herr Reinhold Gelle, der bereits seit 1937 aktiv in der Wehr stand und von Beruf Mechaniker ist, unter Ablegung einer Eignungsprüfung, abgenommen am 9. April 1943 durch Herrn Oberstleutnant Reutlinger aus Stuttgart, als Wehrführer eingesetzt. Seit dieser Zeit ist Herr Gelle Kommandant der Werkfeuerwehr Laucherthal und steht heute im Range eines Hauptbrandmeisters. Diese Beförderung wurde ihm erst vor kurzer Zeit auf Grund seiner Verdienste im Feuerlöschwesen und für die gut geleiteten Einsätze der letzten drei Großbrände (1952/1953/1954) vom Regierungspräsidium Tübingen am 4. Februar 1954 ausgesprochen. Bei gleicher Ehrung sprach auch S. K. H. Fürst Friedrich von Hohenzollern sowie die Direktion der Fürstlich Hohenzollernschen Hüttenverwaltung, Herr Dr. Gossmann, Herr Prokurist Beiter, den Dank der Wehr aus für diese Großeinsätze, sowie die Gratulation zur Beförderung des Kommandanten. Der Stellvertreter des heutigen Kommandanten ist Mussotter Karl, Vorarbeiter, und steht dieser im Range eines Brandmeisters.

Die Soll-Stärke der Wehr beträgt heute 40 Mann. Ihre Ausrüstung hat sich gleich der Entwicklung und Vergrößerung des Werkes geändert. Heute verfügt die Wehr über folgende Gerätschaften:

1 Löschfahrzeug LF-15, Fabrikat Mercedes-Benz,
2 Tragkraftspritzen TS-8, Fabrikat Magirus,
1 TS-8 (pferdebespannt), Fabrikat Magirus,
1 mechanische Leiter mit 12 m Steighöhe,
1 Leiter-Transportkarre mit Stock- und Dachleiter, ferner
3 komplette Angriffstrupp-Wagen.

Der Schlauchpark beträgt rund 1 500 m C- und 500 m B-Schläuche. Ferner verfügt die Wehr über Spezial-Löschgeräte und zwar über 2 Stück Kohlensäure-Schnee (CO_2) Zweiflaschen-Geräte, sowie über 1 Schaumlöschgerät Lu-100.

Ferner sind im Gesamtwerk rund 150 Stück chemische Handfeuerlöscher dezentralisiert untergebracht. Auch sind für den Schnelleinsatz der Wehr an sämtlichen stationären Pumpanlagen, die zur Wasserversorgung des Betriebes und der verschiedenen Betriebsabteilungen aufgestellt sind, Feuerlöschanschlüsse in der Größe B und C vorgesehen. Die Wasserentnahmestelle im Gesamtwerk ist als sehr günstig anzusprechen, da der Werkskanal, gespeist durch den Lauchertfluß, mit ausreichend Wasser mitten durchs Werk fließt.

Was den Feuerschutz des Werkes während der Betriebsruhe anlangt, so werden an allen Sonn- und Feiertagen von der Wehr Feuerwachen gestellt, die jeweils mit zwei Mann und somit im Turnus der 40 Feuerwehrmänner durchgeführt werden. Ihre Aufgabe ist es, sämtliche Betriebsabteilungen bezüglich Brandgefahr und sonstigen Vorkommnissen abzukontrollieren. Dieser Dienst beginnt um 6.00 Uhr früh und endet um 18.00 Uhr. Zu dieser Zeit werden die Feuerwachen durch die Nachtwächter abgelöst.

Um in jedem Falle die Wehr schnell einsetzen zu können, befindet sich die persönliche Ausrüstung der Feuerwehrmänner im Umkleideraum der Feuerwache I, wo dieselbe in Spinden untergebracht und im Alarmfalle schnell zu greifen ist. Dies ist um so wichtiger, zumal immer ein Teil der Feuerwehrmänner sich auf Schicht befindet und schnell eingesetzt werden kann.

Die Alarmierung der Wehr erfolgt mittels Weckerlinie, die jeder Feuerwehrmann in seiner Wohnung hat und auch im Werk in allen Betriebsabteilungen einmontiert ist. Bei Großeinsätzen wird Feueralarm durch Weckerlinie und Sirene gegeben und zwar: Sirene und Weckerlinie im Dauerton eingeschaltet. Da die Werkfeuerwehr auch zur Nachbar-Löschhilfe verpflichtet ist, erfolgt gleiche Alarmierung nur mit dem Unterschied, daß Weckerlinie sowie Sirene in Abständen, d. h. mit Unterbrechung eingeschaltet wird.

Die Übungen der Werkfeuerwehr werden nach vorgeschriebenem Übungsplan durchgeführt und zwar müssen mindestens 12 Allgemein-Übungen im Jahre stattfinden. Um die Schlagkraft der Wehr zu gewährleisten, werden die Spezialtrupps, wie Sanitäter (mit Sauerstoff-Schutzgeräten), Elektriker sowie Fahrzeugführer und Maschinisten des öfteren in Einzel-Ausbildungsübungen ausgebildet. Staatliches Aufsichtsorgan für die Gesamtwehr ist der Kreisbrandmeister des Kreises Sigmaringen, welcher gleichzeitig jedes Jahr die Besichtigung von Mannschaft und Ausrüstung sowie eine weit ausgedehnte Abschlußübung vornimmt.

Abschließend darf ich sagen, daß die Zugehörigkeit zur Wehr freiwillig ist. Die Kameradschaft innerhalb der Wehr ist eine gute. Unser Wahlspruch soll daher auch für die Zukunft heißen:

„Einer für alle — alle für einen."

Werkfeuerwehr Volkswagenwerk Wolfsburg

Von Karl Sondergeld, Wolfsburg

Mit Beginn der Errichtung des Volkswagenwerkes wurde Ende 1938 eine Werkfeuerwehr ins Leben gerufen. Sie übernahm den Feuerschutz des Werkes und den der großen Barackenläger (Wohn- und Materialläger), die für die deutschen und Fremdarbeiter für den Bau des Werkes und der neu erstehenden Stadt errichtet wurden.

Als Unterbringung der Mannschaften und Löschfahrzeuge dienten ebenfalls Holzbaracken, die sich am Bahnhof (damals Rothenfelde-Wolfsburg) befanden und zwar auf dem Gelände, wo sich heute die Fahrradwache Steg (Ecke Fallerslebener Straße/Schachtweg) befindet. Der Dienst vollzog sich so, daß eine Gruppe auf der Hauptwache, die eben erwähnt wurde (Schutz für Stadt und Baracken), Dienst tat, während eine zweite Gruppe (Schutz für das Werk) im Werk in der Halle IV, Nordseite, im Erdgeschoß in einem provisorisch eingerichteten Raum mit einem Löschfahrzeug stationiert war. Verwaltungsräume, Fahrzeughallen, Werkstätten, Mannschaftsunterkunft, Steigerturm und Lager befanden sich auf der Hauptwache an der Fallerslebener Straße. Mit Aufnahme des Feuerschutzes wurde gleichzeitig das Unfall- und Krankentransportwesen übernommen.

Nach Inbetriebnahme der Betriebshallen durch die Produktion wurde dann die Gruppe, die im Werk stationiert war, gegenüber der Halle IV, Werkgelände Nordseite, in eine Holzbaracke verlegt. Diese Baracke wurde im Juni 1944 durch einen Bombenangriff völlig vernichtet. Dabei ging auch die darin befindliche Siemens-Feuermeldeanlage (6 Schleifen) verloren, so daß seit dieser Zeit Feuermeldungen nur über den Telefonapparat eingehen.

Am 28. März 1943 fand eine Besichtigung und Prüfung der Werkfeuerwehr durch die damaligen obersten Dienststellen statt und wurde als hauptamtliche Werkfeuerwehr anerkannt.

Aufgetretene Klein- und Mittelfeuer wurden schnellstens bekämpft. Unter den 5. November 1943 ist besonders ein Großbrand im Werk erwähnenswert, wo noch zusätzliche Freiwillige Feuerwehren der Umgegend mit herangezogen wurden.

Mit der Erhöhung der Kriegsproduktion und durch die dauernden Luftangriffe bedingt, wurde die Werkfeuerwehr auf eine Mannschaftsstärke von 70 Mann erhöht. Gegen Kriegsende wurde sie noch durch eine Gruppe der Feuerschutzpolizei Bremerhaven verstärkt. Durch sieben Luftangriffe auf das Werk wurde die Wehr zu größten Einsätzen gezwungen. Die beiden schwersten Angriffe am 8. April und 20. Juni 1944 betrafen das Werk außerordentlich, so daß Produktions- und Materialverlagerungen in auswärtige Ausweichstellen unausbleiblich wurden. Auch zu großen Einsätzen bei Luftangriffen in Braunschweig und der Umgebung Wolfsburgs wurde die Werkfeuerwehr herangezogen und leistete überall tatkräftige Hilfe. Für das Rote Kreuz übernahm die Werkfeuerwehr noch zusätzlich das Unfall- und Krankentransportwesen für den gesamten Kreis Gifhorn.

Am 8. Mai 1945 rückten die Alliierten in Wolfsburg ein und besetzten auch die Hauptfeuerwache, um hier ein Nachschubdepot für Fahrzeuge usw. einzurichten. Die Werkfeuerwehr wurde zwangsläufig aufgelöst und von der Wache vertrieben. Doch schon am 17. Juli 1945 wurde mit dem Neuaufbau durch den jetzigen Leiter der Wehr, Hauptbrandmeister Sondergeld, wieder begonnen. Sondergeld, der der Wehr bereits seit 1940 in führender Stellung angehörte, berief einige Feuerwehrmänner zusammen und unter schwierigsten Verhältnissen wurde wieder von klein auf angefangen.

Löschfahrzeuge waren von den durchziehenden Truppen mitgenommen oder verbrannt worden. Die Hauptwache war stark demoliert, das Materiallager, Werkzeuge, Ausrüstungsgegenstände verbrannt worden. Die große Kraftfahrdrehleiter DL 27 konnte in einem Walde bei Lehrte entdeckt werden und nach Beseitigung starker Schäden wieder in Betrieb genommen werden. Zuerst wurde der Werkschutz und Feuerwehrdienst zusammen aufgenommen. Als dann die erste Produktion einsetzte, wurde die Werkfeuerwehr und der Werkschutz wieder in zwei selbständige Abteilungen aufgeteilt.

Am 1. Oktober 1945 wurde die Werkfeuerwehr VW durch die Dienstbehörden abgenommen und wieder zu einer hauptamtlichen Werkfeuerwehr bestätigt. Durch das Verständnis der Werksleitung, das mit dem enormen Produktionsanstieg auch der Feuerschutz in jeder Hinsicht gewährleistet sein muß, wurde die Werkfeuerwehr in ihren Ausrüstungen wie Löschfahrzeugen, Löschgeräten, Atemschutzgeräten, im Rettungs- und Sanitätswesen vorangetrieben, so daß sie heute, obwohl nur als unproduktive Abteilung geltend, aus dem Betrieb des großen Automobilwerkes nicht wegzudenken ist.

Die Werkfeuerwehr VW, die heute aus 1/33 Mann besteht, besitzt 4 Großlöschfahrzeuge, 1 Kraftfahrdrehleiter, 1 Anhängeleiter, 3 Unfall- und Krankentransportwagen und 1 VW-Transporter. Auf den vorbeugenden Feuerschutz in allen Betriebsteilen wird besonders Wert gelegt. Sämtliche stark feuergefährdeten Punkte in den Betriebshallen sind mit Kohlensäuregas-Großlöschanlagen gesichert, etwa 2 000 Handfeuerlöschgeräte aller Arten, je nach Anwendungsart für den betreffenden Brandfall, sind in allen Betriebshallen, Lägern und Büros stationiert. Die Löschwasserversorgung wird durch 77 Oberflurhydranten und 22 Unterflurhydranten gewährleistet. Bei einem evtl. Ausfall dieses Wassernetzes ist durch eine Wasserversorgung aus vier Wasserentnahmestellen am Mittellandkanal Vorsorge getroffen worden. Laufende Kontrollen zu Tag- und Nachtzeiten durch Sicherheitsstreifen der Feuerwehrmänner dienen ebenfalls dem vorbeugenden Feuerschutz. Zu gleichem Zweck werden bei Schneid- und Brennarbeiten an feuergefährdeten Stellen Sicherheitsposten gestellt. Sämtliche Männer sind in der „Ersten Hilfe" ausgebildet und wird außer den laufenden Unfall- und Krankentransporten in den Nachtstunden, an Sonn- und Feiertagen in einer auf der Feuerwache eingerichteten Verbandsstelle der Sanitätsdienst versehen. Fahrzeuge und Mannschaften sind in einer provisorischen Feuerwache in der Betriebshalle III, Nordseite, Sektor 10, untergebracht.

Der Dienst wird in einem 24stündigen Turnus versehen, so daß jeweils 16 Männer im Dienst sind. Ausnahme machen nur der Leiter der Werkfeuerwehr und der Verwaltungsführer, die Normaldienst am Tage versehen. Sämtliche Männer sind in Wolfsburg ansässig, so daß bei Großfeuer die Freiwache durch ein akustisches Zeichen herangezogen werden kann. Die Mannschaft wird laufend durch Unterricht auf allen Gebieten des Feuerlöschwesens sowie durch schulmäßige und ernstfallmäßige Übungen geschult. Ernstfallübungen an Objekten in allen Betriebsteilen durch Übungsalarme stärken die Schnelligkeit und Einsatztätigkeit für den tatsächlichen Ernstfall.

Außerdem wird auch der Feuerschutz und die Ausbildung der freiwilligen Löschkräfte im Vorwerk Braunschweig durch die Wehr des Hauptwerkes getätigt.

Werkfeuerwehr Aluminium - Walzwerke GmbH. Singen/Hohentwiel

Zwei kleine Brandfälle nahm am 16. August 1922 Direktor Dr. Hans Constantin Paulssen zum Anlaß zu einer Besprechung mit den Herren Hillmann, Finke, Köster, Dietrich und Grundl. Es wurde beschlossen, eine Fabrikfeuerwehr zu gründen. Die Gesamtleitung wurde in die Hände des Flaschnermeisters Bach gelegt. Meister Scheu übernahm die Abteilung Grobwalzerei und Meister Grundl die der Feinwalzerei. Beide Werkmeister suchten aus der Belegschaft je fünfzehn zuverlässige Männer. Sie legten großen Wert darauf, daß sich auch Meister als Feuerschutzleute beteiligten. Zehn Feuerwehrmänner kamen aus der Angestelltenschaft.

Die neu aufgestellte Werkfeuerwehr, die Löschfahrzeuge wurden mit den notwendigsten Löschgeräten und Ausrüstungsgegenständen versehen. Eine größere Sirene wurde für die Benachrichtigung der Städtischen Feuerwehr und der Feuerwehr der Fittingsfabrik angeschafft.

Die Löschgeräte wurden an drei verschiedenen Stellen untergebracht, die Wasserversorgung des Werkes ausgebaut. Die Übungszeiten wurden den Feuerschützern bezahlt. Anfangs wurde Flaschnermeister Waibel von der Städtischen Feuerwehr gebeten, seine Erfahrungen den neu aufgestellten Feuerschützern zukommen zu lassen.

Die Zusammenstellung der Mannschaft war schwierig, denn in der Nachkriegszeit 1918 war das Tragen jeglicher Uniform und das Sich-unterstellen unter ein Kommando mehr als unerwünscht.

Am 10. April 1924 war es soweit, daß die aufgestellte Werkfeuerwehr sich zeigen konnte. Um 5 Uhr nachmittags traten die Werkfeuerwehrleute an der Westseite des Werkes an, geführt vom Kommandanten, Flaschnermeister Franz Bach, zwei Offizieren, den Werkmeistern Scheu und Grundl, und fünfzig Wehrmännern. Die Uniform reichte damals nur für die drei Offiziere — — —

An Geräten waren vorhanden: eine Motorspritze, zwei Hydrantenwagen, ein Gerätewagen, eine Schiebeleiter, zwei Anstell-Leitern und etwa 400 m Schläuche.

Direktor Dr. Paulssen umriß in seiner Ansprache an die Feuerschützler ihre Aufgaben und verpflichtete mit dem Kommandanten die gesamte Wehr auf den Spruch „Gott zur Ehr', dem Nächsten zur Wehr". Treue Pflichterfüllung und disziplinierte Dienstauffassung sind unerläßliche Voraussetzungen für das erfolgreiche Wirken einer Wehr.

Seit dem 16. August 1922 — seit dem 10. April 1924 sind viele Jahre vergangen — schwere Kriegs- und Nachkriegsjahre waren darunter.

Die Kameradschaft der Werkfeuerwehr der Aluminium-Walzwerke Singen ist — allen Stürmen und Wirren zum Trotz — vorbildlich. Wohin der Werkfeuerwehrmann gestellt, versieht er seinen gefahrenbringenden Dienst.

Direktor Dr. Paulssens Liebe und Sorge gilt diesen Männern — war er es doch gewesen, der mit ihnen die Werkfeuerwehr der Aluminium-Walzwerke Singen G.m.b.H. mit einigen beherzten Männern sozusagen aus dem Boden stampfte. Direktor Dr. Paulssen — und die Wehrmänner sind dafür bekannt: „Einer für alle — alle für einen!"

H.G.K.

Es brennt . . .

Von Dipl.-Ing. Arno Löffler, Werkfeuerwehr Chemische Werke Hüls

Alarmglocken schrillen durch die Feuerwache. Von allen Seiten laufen Feuerwehrmänner in die Fahrzeughalle, die noch vor wenigen Sekunden ein Bild der Ruhe bot. Auch über die Rutschstangen gleiten die Männer von Hüls aus den oberen Stockwerken herab. Noch im Rutschen fällt ihr Blick auf das große Tableau, wo die Zahl 240 erscheint.

Einer der 225 Feuermelder der Chemische Werke Hüls AG. zeigt „Feuer". Es brennt im Bau 240. Schon brummen die Anlasser der Fahrzeuge. Die Tore springen auf — ein letztes Türenklappen — und mit Hornsignal und Rasselwecker braust ein Löschzug ab.

Noch ist keine volle Minute vergangen. Die Werkfeuerwehr eines der größten Chemiewerke Deutschlands muß mit Sekunden rechnen.

Deshalb sind auch die Kühler der Fahrzeuge ständig auf etwa 60° vorgeheizt. Die Maschinen laufen nach dem Start sofort auf vollen Touren.

Breite und übersichtliche Werkstraßen des nach modernsten Gesichtspunkten zu Beginn des zweiten Weltkrieges gestalteten Industrieunternehmens erlauben eine rasche Fahrt. Der Bau 240 ist schnell gefunden; er liegt an den Straßen 200 und 40. Sowohl die schachbrettartig angeordneten Straßen als auch die Gebäude dieses Werkes, das seinerzeit zur Herstellung von synthetischem Kautschuk (Buna) errichtet wurde, sind in ein Dezimalsystem eingeordnet.

Das erste Fahrzeug stoppt an der Brandstelle. Die Löschgruppe sitzt ab, nimmt ein Schaumrohr L8 vor, von denen das Fahrzeug drei mitführt. Im gleichen Augenblick ist die Wasserverbindung zu einem der 275 Hydranten hergestellt, die nach einem bewährten System über das 2 qkm große Werksgelände verteilt sind.

Die zweite Gruppe hat im gleichen Augenblick eine Kohlensäureleitung mit einem kombinierten Gas-Schneerohr vorgenommen, das an 16 CO^2-Flaschen angeschlossen ist. Das Schaumrohr speist ein Tank auf dem Fahrzeug, der 1 500 Liter Schaumbildner enthält.

So sind beide Gruppen auf das beste für die Bekämpfung des Brandes gerüstet. Gerade die Chemie erfordert besondere Löschmittel, unter denen sich Schaum und Kohlensäure stets gut bewährt haben.

Zugführer und Melder sind inzwischen in den gefährdeten Bau eingedrungen. Da kommt schon der Melder zurück mit dem Befehl des Zugführers: „Zum Abmarsch fertig!" Mit einem im Betrieb stationierten fahrbaren CO^2-Löschgerät hatten die Arbeiter den gemeldeten Brand bereits erfolgreich bekämpft. Wenn auch die Werkfeuerwehr nach jedem Alarm in Sekundenschnelle zur Stelle ist, sind doch innerhalb der Betriebe des Werkes 80 dieser Geräte verteilt. Darüber hinaus befinden sich 1 700 Handfeuerlöscher in ständiger Einsatzbereitschaft, denn gerade in einem chemi-

Die Frau als Feuerwehrmann

Hamburg

„Alarm“ auf der alten Hauptfeuerwache

Dampfspritze

Brand der Michaeliskirche 1906

Elektro-Fahrzeug 1909

F. W. Kipping
Hamburgs erster Branddirektor von 1872–1892

Der große Brand von 1842

Hauptfeuerwache mit Löschzug und Unfallwagen

Schaumangriff

München

Magirus-Dampfspritze mit Dampfkraftantrieb

Alarm in der Hauptfeuerwache vor der Motorisierung

Feuerwache 5 Kraftfahrzeugwerkstätte (Teilansicht)

schen Betrieb kommt es darauf an, ein Feuer zu löschen, bevor es um sich greift. Menschenleben und Materialwerte verlangen Schutz und deshalb ist es wichtig, daß die Werkfeuerwehr der Chemischen Werke Hüls bei jedem Alarm — und scheint das Feuer auch noch so harmlos — in voller Stärke ausrückt, mit der Präzision eines Uhrwerkes am Brandherd Stellung bezieht und zum Angriff auf das Feuer übergeht.

Schon ist der Löschzug wieder abgefahren. Der Leiter der Werkfeuerwehr, der Sicherheitsingenieur und der Betriebsführer bemühen sich noch, die Ursache des Brandes zu klären. Da gibt schon die Feuerwehrzentrale über Sammelruf die Rückmeldung „Feuer aus" an die Werksleitung und die Betriebe. Die Einsatzbereitschaft der Feuerwehr und die tadellos funktionierenden Geräte an dem Betriebspunkt haben den Wettlauf mit dem Feuer gewonnen.

Da aber schon im nächsten Augenblick wieder die Alarmglocke schrillen und das gleiche Manöver auslösen kann, machen die Wehrmänner auf der Wache sofort ihre Fahrzeuge wieder einsatzbereit. Dann geht die Tagesarbeit weiter. Besondere Sorgfalt muß bei der Pflege und Unterhaltung der zahlreichen Feuerschutz- und Gasschutzgeräte, die überall im Werk vorhanden sind, aufgewandt werden. Deshalb ist auch jeder der 60 Berufsfeuerwehrmänner der Wehr der Chemischen Werke Hüls in Marl, Kreis Recklinghausen, ein gelernter Handwerker.

In zwei Schichten zu je 24 Stunden versehen die Männer ihren Dienst zum Schutze ihrer 12 500 Arbeitskameraden und zur Erhaltung des Werkes, das all diesen Menschen als Arbeitsplatz dient. Ständig ist ein Teil der Feuerwehrleute im Werk unterwegs, um bei Schweißarbeiten oder beim Befahren von Behältern als Sicherheitsposten ihren Arbeitskameraden Hilfestellung zu leisten. Damit ist aber die tägliche Arbeit der Feuerwehrmänner noch nicht erschöpft. Eine sorgfältige, praktische und theoretische Ausbildung macht die Feuerwehr mit den neuen Erkenntnissen der Brandbekämpfung vertraut und gibt ihnen das Rüstzeug für ihren verantwortungsvollen Dienst.

Feuerverhütung und Feuerversicherung

Vom Werden der öffentlich-rechtlichen Feuerversicherung in deutschen Landen

Von Dipl.-Ing. Egid Fleck, Stuttgart

Die Feuerversicherung auf deutschem Boden ist in ihren ersten Anfängen schon eine gemeinnützige Veranstaltung gewesen. Anders die Erwerbsversicherung, die seit der Mitte des 14. Jahrhunderts ihren Ausgang in dem zuerst in Italien aufgekommenen Seeversicherungsgewerbe genommen hatte.

In Flandern, Island, auf Schonen und in Ostgotland bestanden zwar schon vom 11. bis 14. Jahrhundert gewisse Feuerversicherungseinrichtungen auf öffentlich-rechtlicher Grundlage. Diese hatten aber keine inneren Beziehungen zu der deutschen Entwicklung auf diesem Gebiet, können also hier außer Betracht bleiben.

In alten Zeiten bildete die Sippe diejenige Gesellschaftsform, die in Gemeinschaft gegen alle möglichen Gefahren auftrat und bei den Schicksalsschlägen des Lebens gegenseitig Hilfe leistete. Den in der Sippe gewährten Brandschutz haben später die Gilden übernommen. Die gegenseitige Unterstützung ist typisch germanische Art und sie war die Hüterin germanischen Empfindens gegen das eindringende fremde, eingangs erwähnte römische Gedankengut bei der Erwerbsversicherung. Über Gilden, die Vereinbarungen zur gegenseitigen Unterstützung bei Brand getroffen hatten, sind uns erste Nachrichten aus dem Jahr 779 überliefert. Die Gilden sind also vermutlich schon lange vor der Zeit des Frankenkönigs Karl der Große (768—814) entstanden.

Die Gilden der altfränkischen Zeit können ihrem Wesen nach zwar noch nicht unbedingt als „öffentlich-rechtliche" Einrichtungen bezeichnet werden. In der Geschichte der Entwicklung von diesen mittelalterlichen Gilden zu den ersten tatsächlichen Feuerversicherungsanstalten öffentlich-rechtlicher Art sind dann leider verschiedene Lücken. Mit Sicherheit ließ sich der Beginn der letzteren jedoch bis zum Anfang des 16. Jahrhunderts zurückverfolgen.

Als Ausgangspunkt im Werden der öffentlich-rechtlichen Feuerversicherungsanstalten sind hiernach die schleswig-holsteinischen Brandgenossenschaften anzusehen. Wie in den Gilden der Karolingerzeit war in ihnen der germanische Genossenschaftsgedanke noch lebendig. Bezeichnend ist es, daß die Volksstämme, bei denen die ersten Brandgilden öffentlich-rechtlicher Natur gegründet wurden, damals nicht durch Leibeigenschaft belastet, sondern schon im Besitz ihrer vollen bürgerlichen und leiblichen Freiheit waren. Sie hatten an der Verwaltung ihres Landes schon Anteil, und gerade der freie, selbstverantwortliche Bauer konnte in erster Linie an seinem Haus und Hof mit solcher Liebe und Sorge hängen, daß ihm der Gedanke der Feuerversicherung nahe lag. In den holsteinischen Marschen und in dem schleswigschen Eiderstedt waren dann in der ersten Hälfte des 16. Jahrhunderts zahlreiche Brandgilden geschaffen worden. Sie breiteten sich aus und bildeten in dem Wirtschaftsraum, der Hamburg nordwärts umgibt, ein fast geschlossenes Gebiet genossenschaftlicher Brandversicherung.

Die wohl älteste dieser Brandgenossenschaften ist im Jahr 1537 in den holsteinischen Elbmarschen, in der Dorfschaft Süderaudorf, unter dem Namen „Bauernbeliebung" entstanden. Auch in einigen holsteinischen Städten hatten sich damals Gilden gebildet, die z. T., wie die Liebfrauengilde zu Itzenhoe im Jahr 1543, auch noch die gegenseitige Brandversicherung ihrer Genossen unter ihre auf Werke christlicher Nächstenliebe abzielenden Zwecke aufgenommen haben. Die eigentlichen Brandgilden, deren sich noch 40 bis zum Jahr 1591 nachweisen ließen, traten unter verschiedenen, heute oft sonderbar anmutenden Bezeichnungen auf: Dorfschafts- oder Kirchspielgilden, Hardesbeliebungen und Landschaftseinrichtungen. Sie alle lehnten sich eng, nicht nur äußerlich, an die herrschenden Gemeindeverbände an. In den sogenannten „Gilderollen" waren jeweils ihre Aufgaben festgelegt, nämlich die Brandversicherung als ausdrückliche Gemeindeangelegenheit planmäßig zum Wohl der Gesamtheit zu betreiben. Die Gilderollen waren „obrigkeitlich confirmiert", hatten also die Anerkennung der Landesherrschaft erfahren. Mit der Verwaltung der Brandgilden waren von der Gildeversammlung eigens beauftragte Beamte oder andere Gemeindebeamte betraut. Diese alten schleswig-holsteinischen Brandgenossenschaften waren also kein Ergebnis kaufmännischer Berechnung, sondern gemeinnützige, ausgesprochen öffentlich-rechtliche Brandversicherungseinrichtungen.

Die älteste, heute (auch ihrem Namen nach) noch bestehende, staatliche Brandversicherungsanstalt in deutschen Landen ist die im November 1676 geschaffene „Hamburger Feuerkasse". In ihr waren die damals in Hamburg bestehenden 46 „Feuerkontrakte" zusammengeschlossen worden. Der erste dieser Feuerkontrakte, d. h. kleinerer Feuerversicherungsvereine auf Gegenseitigkeit als Genossenschaften von Gebäudeeigentümern, wurde 1591 in Hamburg nach dem Muster der schleswig-holsteinischen Brandgilden gegründet. Sie waren also eine Frucht ältester deutschrechtlicher Entwicklung, was um so mehr hervorgehoben werden muß, als ja in der Handels- und Kaufmannsstadt Hamburg schon seit 1588 die in Italien entstandene Seeversicherung als Erwerbszweig betrieben wurde. Schon im Jahr 1677 wurde die öffentlich-rechtliche Feuerversicherung auch in der Hamburg benachbarten Stadt Harburg, dann 1685 in Magdeburg eingeführt.

Aus der Zeit des Dreißigjährigen Krieges (1618—1648) ist festzustellen, daß in dieser der Gedanke der Versicherung vor allem in denjenigen Gebieten weiter um sich gegriffen hat, die von unmittelbaren Folgen des Krieges verschont geblieben waren. Die Zünfte der Kaufleute und der Mälzenbrauer der Haupt- und Residenzstadt Königsberg, die schon von zahlreichen verheerenden Bränden heimgesucht worden war, hatten im Jahr 1627 eine Brandkonvention geschlossen, ähnlich den Hamburger Feuerkontrakten (von 1591). — In den hamburgischen Feuerkontrakten waren fast ausnahmslos jeweils auch Vorschriften über Brandverhütung und Brandunterdrückung aufgenommen. Nun mag hier auf einigermaßen ähnliche Einrichtungen verwiesen werden, die im ersten Jahrzehnt des Dreißigjährigen Krieges in alten Deutschordenslanden, in den Niederungen und Mündungsgebieten von Weichsel und Nogat, wo man sich bisher schon in gemeinsamer Abwehr von Wassergefahren gewappnet hatte, entstanden sind. So ist eine „Großwerder Brand-Ordnung" vom Februar 1624 bekannt, die in der Hauptsache der Feuerverhütung und -bekämpfung gewidmet war, sich aber in ihren Schlußbestimmungen auch mit der sittlichen Verpflichtung zu einer Hilfe für den Brandgeschädigten, also mit der Brandvergütung, befaßte. Ähnliche Verpflichtungen wurden eingeführt mit der „Nehrung'schen Brand- und Feuerordnung" von 1637, der Brandordnung für den kleinen Marienburger Werder von 1640 und der Kohling'schen Brandordnung von 1642.

Man hatte fast überall in deutschen Landen die nach Brandunglücken meistmals üblichen Kirchenkollekten und das als schwere Belästigung empfundene Brandbettelunwesen als dringend ersatzbedürfend erkannt, zumal auch landesherrliche Brandunterstützungen, wie Steuernachlässe, Barbeihilfen oder Baustoffgewährungen, meist auch nur unzureichend gewährt werden konnten.

So ist es wohl verständlich, daß sich in gar manchen deutschen Landen die Erkenntnis durchrang, es sei Aufgabe des Staates oder der Gemeinde, sich mit dem Problem der planmäßigen Brandschadensversicherung zu befassen und statt einer Unterstützung einen Rechtsanspruch auf Entschädigung einzuführen. Unter seinem im Jahr 1640 zur Regierung gekommenen Herrscher, dem Kurfürsten Friedrich Wilhelm von Brandenburg (1620—1688), hatte sich Preußen wohl am schnellsten von den schweren Schäden des Dreißigjährigen Krieges erholt. Dort war als erste die schon erwähnte „General-Feuer-Cassa" vom Februar 1685 in der mit Hamburg in engen Handelsbeziehungen stehenden Stadt Magdeburg entstanden. Der mit Scharfblick und Verwaltungsklugheit begabte Kurfürst Friedrich Wilhelm von Brandenburg hatte auch sofort die Wohltaten einer solchen Feuerversicherung erkannt. Deshalb richtete er schon im Mai 1685 an die Bürgermeister und Ratmannen seiner Residenz (Alt-)Berlin sowie an die von (Alt-)Kölln a. d. Spree und Friedrichswerder das Ansinnen auf Einrichtung einer behördlichen Feuerversicherung nach dem „Exempel der Hamburger Feuercassenordnung". Der Zweck und Nutzen waren gleichzeitig ausführlich erläutert, aber der Vorschlag fand bei der Bürgerschaft keine Gegenliebe und der Kurfürst verzichtete auf eine Weiterverfolgung seiner Pläne.

Der Sohn Friedrich Wilhelms, der Kurfürst Friedrich III. von Brandenburg (1657—1713) — als Friedrich I. in Königsberg am 18. Januar 1701 zum König von Preußen gekrönt —, griff den Gedanken der Feuerversicherung wieder auf. Seine „Feuerordnung für die Mark Brandenburg" vom Januar 1701 brachte in ihrem zweiten Teil einige einschlägige Bestimmungen, doch hatten diese offenbar keinen Erfolg. Auch die in den Jahren 1705 und 1706 unternommenen Versuche, auf freiwilliger Grundlage ein „Feuerkassenreglement" einzuführen, kamen nie richtig zur Durchführung, sondern mußten wegen des hartnäckigen Widerstands im ganzen Lande Preußen durch Reskript vom Januar 1711 wieder aufgehoben werden. Erst der Enkel des Kurfürsten Friedrich Wilhelm von Brandenburg, der tatkräftige König Friedrich Wilhelm I. von Preußen (1688—1740), brachte es fertig, die öffentliche Brandversicherung, und zwar zunächst für die Städte, einzuführen. Er hat unter dem 29. Dezember 1718 das gleichzeitig als Muster für die späteren Gründungen dienende Reglement für die „Berliner Feuersocietät" erlassen, mit der Verpflichtung zum Beitritt, wiewohl dies im Reglement nicht ausdrücklich vermerkt war. Rasch folgten die Gründungen weiterer preußischer Societäten, so 1719 für die Kur- und Neumark, 1722 für die Städte des Herzogtums Cleve und der Grafschaft Mark, ebenfalls 1722 für die Stadt Stettin, 1723 für die Stadt Königsberg usw. Für das von Preußen neu erworbene Schlesien wurde im Juli 1742 eine Feuersocietät geschaffen und 1749 für die Stadt Breslau.

Inzwischen war im Kurfürstentum (nachmaligen Königreich) Sachsen schon unter dem 5. April 1729 ein Mandat ergangen, nach dem zwecks „Abschaffung alles Bettelns dererjenigen, so durch Brand, Wetter und Wasser beschädiget worden" eine allgemeine, sich auf Gebäude und Fahrnis erstreckende „Brand-Cassa" eingeführt wurde. Sie sollte den Brandgeschädigten ein „ergiebiges Almosen" verabreichen. Ihre technischen Betriebsgrundlagen waren aber sehr unvollkommen und die Wirksamkeit dieser Brandkasse ließ deshalb oft zu wünschen übrig. Die für ihre Leitung verordnete Kommission stellte im Jahr 1762 den Antrag auf Reorganisation. Aber erst im November 1784 ist ein neues Mandat ergangen, durch das eine auf Gegenseitigkeit gegründete „Brandversicherungs-Societät" (die spätere „Sächsische Landesbrandversicherungsanstalt") mit Versicherungszwang für Gebäude und Mobiliar („Fahrhabe") eingerichtet wurde. Die Versicherungspflicht ist vom Jahr 1818 ab nur noch für Gebäude beibehalten worden.

Von weiteren bedeutenderen, öffentlich-rechtlichen Feuerversicherungsanstalten ist einmal die unter Kurfürst Georg August von Hannover — auch „König Georg II. von Großbritannien" — (1683—1760) vor allem auf Betreiben des Abtes zu Loccum, Georg Ebel, am 16. März 1750 für die hannoverschen Fürstentümer Calenberg, Göttigen und Grubenhagen gegründete „Brand-Assecurations-Societät" — mit Beitrittszwang — zu nennen. Aus ihr ist die heutige „Landschaftliche Brandkasse Hannover" hervorgegangen. — Als nächste ist die herzoglich Braunschweigische „Brandversicherungs-Gesellschaft", die unter dem Herzog Karl I. von Braunschweig-Beverin (1713—1780) am 1. Juli 1754 in Kraft getreten ist, aufzuführen. Der Beitritt war in der Hauptsache ein freiwilliger, nur die Besitzer von Bauernhöfen „sollten" der Gesellschaft beitreten. Der Herzog Karl I. hatte bereits im Mai 1744 den Ausschüssen seiner Landstände den ersten Entwurf für ein Feuerkassen-Reglement zur Prüfung übergeben.

In Süddeutschland kamen öffentlich-rechtliche Feuerversicherungsanstalten erstmals zur Einführung mit der von dem Markgrafen Carl Wilhelm Friedrich zu Brandenburg-Onolzbach (1712—1757) für seine Markgrafschaft unter dem 10. Juli 1754 zu Ansbach errichteten „Brand-Assecurations-Societät", die gleichartig wie die beiden soeben aufgezählten Anstalten den Versicherungszwang für landwirtschaftlich benützte Gebäude hatte. — Nun folgt in der zeitlichen Reihenfolge die Markgräflich Baden-Durlachische „Brand-Assecurations-Societät", deren zugehörige Ordnung von dem Markgrafen (späteren Kurfürsten bzw. Großherzog) Carl Friedrich von Baden-Durlach (1728—1811) in seiner Residenzstadt Karlsruhe unter dem 25. September 1758 erlassen worden ist. Schon eine Weile vorher waren offenbar die Pläne für diese Anordnung vor allem nach dem Beispiel der Hamburger Feuerkasse (von 1676) erwogen und den „lieben Unterthanen" zu erkennen gegeben worden. „Der gröseste Theil derselben hat vernünftig anerkannt", so heißt es in der Einleitung zu dieser Brandversicherungsordnung, „daß durch dergleichen Anstalten nicht allein die Noth derer Abgebrannten ohngemein vermindert, und sie in dem Lande bei Brod und Nahrung erhalten, sondern auch andurch das an ein Gebäude verwendete Capital, gleichwie bei anderen liegenden Gütern, in hinreichende Sicherheit gesetzet, und der allgemeine Credit vermehret werde." Die Grundzüge dieser auf Gegenseitigkeit beruhenden öffentlich-rechtlichen Zwangsversicherung für fast alle Gebäude sind bis heute bei der nunmehrigen „Badischen Gebäudeversicherungsanstalt" (Sitz in Karlsruhe) im wesentlichen die gleichen geblieben. — Weiter ist hier unter den in Süddeutschland eingeführt gewesenen Brandversicherungen die „Feuer-Societäts-Cassa" aufzuzählen, die von der Kaiserin Maria Theresia (1717—1780) zu Freiburg i. Br. mit Verordnung vom 21. Juli 1764 für ihre vorderösterreichischen Staaten errichtet worden ist und auch nach dem allgemeinen Versicherungszwang aufgebaut war. Die Kaiserin Maria Theresia hatte auf Vorschlag ihres Beraters, des Professors der Staatswissenschaften und Hofrats Joseph von Sonnenfels (1732—1817), sich ernstlich bemüht, in den Ländern der böhmischen und österreichischen Monarchie auch große Feuersocietäten einzuführen. Aber durch den Einspruch der Stände kamen diese Pläne zum Scheitern. Es gelang ihr lediglich die Errichtung der vorgenannten, bis zum Jahr 1806 recht ersprießlich wirkenden Societät. Im eigentlichen Österreich sind als öffentlich-rechtliche Einrichtungen erst im Jahr 1816 die Oberösterreichische und die Salzburger Landes-Brandschadenversicherungsanstalten entstanden.

Schließlich sind noch vier mittlere und größere öffentlich-rechtliche Brandversicherungsanstalten zu erwähnen, die in der zweiten Hälfte des 18. Jahrhunderts gegründet worden sind und heute noch bestehen. Es ist dies einmal die unter dem 5. November 1764 errichtete „General-Brand-Versicherungs-Societät" für die damaligen Grafschaften Oldenburg und Delmenhorst, welch beide von 1667 bis 1773 zu Dänemark gehörten. Diese Brandkasse mit Versicherungszwang (seit der Gründung) blüht heute noch weiter in der „Oldenburgischen Landesbrandkasse" (Sitz in Oldenburg i. O.) — Zum anderen ist zu berichten, daß die heutige „Hessische Brandversicherungsanstalt" in Kassel ihre Entstehung auf eine Verordnung vom Jahr 1767 des Fürsten Wilhelm VIII. von Hessen-Kassel (1743—1785) zurückführt. — Eine Schwesteranstalt, die „Hessische Brandversicherungskammer" in Darmstadt, verdankt ihre Entstehung vor mehr als 175 Jahren dem Betreiben und den Vorschlägen des aus dem Schwabenland stammenden Staatskanzlers Karl Friedrich von Moser (1723—1798) sowie der zugehörigen Verordnung vom 1. August 1777 des Landgrafen Ludwig IX. zu Hessen (1719—1790). — Die gesetzlichen Grundlagen für die „Württembergische Gebäudebrandversicherungsanstalt" (Sitz in Stuttgart; für den alten Landesteil Württemberg) sind endlich im Jahr 1771 geschaffen worden und mit der „allgemeinen Brandschaden-Versicherungs-Ordnung" vom 16. Januar 1773 in Kraft getreten. Die ersten Bemühungen für die Errichtung dieser öffentlich-rechtlichen Anstalt (mit Beitrittszwang und Monopol) gingen schon auf das Jahr 1751 zurück.

Gegen Ende des 18. Jahrhunderts gab es schon mehr als hundert solcher öffentlich-rechtlicher Brandkassen in deutschen Landen, die auf dem Grundsatz der Gegenseitigkeit aufgebaut waren. Viele davon sind früher oder später wieder eingegangen, sei es im Zuge von politischen Veränderungen, wobei sich vielfach „Einverleibungen" in größere Anstalten ergaben, sei es, daß die auf freiwilligem Beitritt beruhenden, meist kleineren Societäten sich als nicht lebensfähig erwiesen hatten. Vorherrschend war bei den meisten der heute noch vielfach bestehende gesetzliche Versicherungszwang. Die Deckungsmittel wurden und werden durch Umlagen aufgebracht und die Entschädigungen durften nur zum Wiederaufbau der durch Brandschäden zerstörten Gebäude ausbezahlt werden. Bei einem kleineren Teil der im 18. Jahrhundert entstandenen Brandkassen wurde schon frühzeitig ein gewisser Betrag der erhobenen Umlage für Zwecke allgemeiner Brandverhütungsmaßnahmen verwendet, wie dies heute bei den öffentlich-rechtlichen Brandversicherungsanstalten noch geschieht nach dem Leitwort: Brandverhütung ist besser als Brandvergütung.

Die öffentlich-rechtlichen Feuerversicherungsanstalten in der Bundesrepublik Deutschland

1. Baden-Württemberg
   a) Badische Gebäudeversicherungsanstalt in Karlsruhe (gegr. 1758),
   b) Württembergische Gebäudebrandversicherungsanstalt in Stuttgart (gegr. 1773),
   c) Hohenzollernsche Feuerversicherungs-Anstalt in Sigmaringen (gegr. 1855).

2. Bayern
   a) Bayerische Landesbrandversicherungsanstalt in München (gegr. 1811),
   b) Bayerischer Versicherungsverband in München (gegr. 1920).

3. Hansestadt Bremen
   Feuerversicherungsanstalt der Hansestadt Bremen (gegr. 1920).

4. Hamburg
   a) Hamburger Feuerkasse in Hamburg (gegr. 1676),
   b) Hamburger Mobiliarfeuerkasse in Hamburg (gegr. 1940).

5. Hessen
   a) Hessische Brandversicherungsanstalt in Kassel (gegr. 1767),
   b) Hessische Brandversicherungskammer in Darmstadt (gegr. 1777),
   c) Hessen-Nassauische Versicherungsanstalt in Wiesbaden (gegr. 1924),
   d) Nassauische Brandversicherungsanstalt in Wiesbaden (gegr. 1806).

6. Niedersachsen
   a) Braunschweigische Landesbrandversicherungsanstalt in Braunschweig (gegr. 1754),
   b) Braunschweigische öffentliche Mobiliarversicherungsanstalt in Braunschweig (gegr. 1924),
   c) Landschaftliche Brandkasse Hannover in Hannover (gegr. 1750),
   d) Oldenburgische Landesbrandkasse in Oldenburg i. O. (gegr. 1764),
   e) Ostfriesische Landschaftliche Brandkassen in Aurich (gegr. 1754).

7. Nordrhein-Westfalen
   a) Lippische Landesbrandversicherungsanstalt in Detmold (gegr. 1752),
   b) Provinzial-Feuerversicherungsanstalt der Rheinprovinz in Düsseldorf (gegr. 1836),
   c) Westfälische Provinzial-Feuersozietät in Münster i. W. (gegr. 1722).

8. Rheinland-Pfalz
   a) Regierungsbezirke Koblenz und Trier: Provinzial-Feuerversicherungsanstalt der Rheinprovinz in Düsseldorf (gegr. 1836) — vorn Nr. 7, b.
   b) Regierungsbezirk Mainz: Hessische Brandversicherungskammer in Darmstadt (gegr. 1777) — vorn Nr. 5, d.
   c) Regierungsbezirk Montabaur: Nassauische Brandversicherungsanstalt in Wiesbaden (gegr. 1806) — vorn Nr. 5 d.
   d) Regierungsbezirk Neustadt: Bayerische Landesbrandversicherungsanstalt in München (gegr. 181) — vorn Nr. 2, a.

9. Schleswig-Holstein
   Schleswig-Holsteinische Landesbrandkasse in Kiel (gegr. 1759).

Dazu in Berlin:
   Feuersozietät Berlin in Berlin W 35 (gegr. 1718).

Brandschutz und Brandversicherung

Von Dipl.-Ing. C. D. Beenken, Kiel

Volkswirtschaftliche Überlegungen zeigen, daß es wichtiger ist, zunächst Brandschäden überhaupt zu verhüten. Gelingt dies nicht oder nicht vollständig, dann muß ein schlagkräftiger und jederzeit einsatzfähiger Brandschutz zur Bekämpfung des entstehenden Brandschadens bereit stehen. Da es erfahrungsgemäß diesen brandabwehrenden Einrichtungen meistens nur gelingt, den Schadenumfang einzudämmen, nicht aber den Schaden ganz zu verhüten, mußte man versuchen, im Wege der Brandversicherung, also einer wirtschaftlichen Einrichtung, die finanziellen Wirkungen eines solchen Total- oder Teil-Brandschadens auf möglichst viele Schultern einzelner Individuen zu verteilen. Beheben kann man zwar den Schaden, wenn die Brandversicherung die nötigen Geldmittel hierzu zur Verfügung stellt, aber der tatsächliche Verlust an wirtschaftlichen Gütern, ebenso an Menschenleben, ist jederzeit unersetzbar.

Wenn wir in alten Brandversicherungsgesetzen, Satzungen, Feuerkontrakten, Sozietätsgesetzen, Gildebestimmungen und sonstigen Vorläufern der heutigen öffentlich-rechtlichen Brandversicherungsbedingungen blättern, dann finden wir auch vielfach als wichtigen, oft ersten Teil in diesen alten Bestimmungen mehr oder weniger genaue Anweisungen darüber, was man zur Vermeidung von Feuergefahren zu tun und welche Feuerlöschgeräte jeder Hausbesitzer mindestens bereit zu halten hat. Wir sehen also Brandverhütung, Brandbekämpfung und Brandversicherung in einer Linie!

Kein Wunder also, wenn bei diesem Tatbestand seit jeher engste Beziehungen zwischen dem Feuerlöschwesen und den Brandversicherungsunternehmen alter und neuer Art bestanden haben und bis heute weiterbestehen. Ein kurzer Blick z. B. in einige wenige historische Dokumente der Brandversicherung[1]) in Norddeutschland zeigt uns das ganz deutlich. In der Satzung einer schleswig-holsteinischen Gilde vom Jahre 1781 wird für die Brandverhütung folgendes bestimmt:

„Articulus 9.

Ein jeder Interessent ist, zu Verhütung aller Gelegenheit, woraus eine Feuersbrunst entstehen kann, schuldig, sein Feuer und Licht vorsichtig in Acht zu nehmen, und sein Gesinde dahin anzuhalten, daß sie mit keinem bloßen Licht ohne Leuchter oder bloßer Lampe, bey Heu, Stroh und anderen leichtbrennenden Sachen, umgehen, sondern dazu eine Handleuchte gebrauchen. Würde sich jemand unterstehen, Flachs oder Hanf nicht in den Backöfen, oder an der Sonne, sondern in der Stube, auf der Darre, oder sonsten zu trocknen, und es entstünde erweislichermaaßen Feuer davon: so soll er durchaus kein Brandgeld zu genießen haben.

Damit auch ferner aus muthwilliger oder nachläßiger Verwahrlosung des Feuers, allen entstehenden Brandschäden bestmöglichst vorgebeugt werde; so ist nicht erlaubt, daß die Hauswirthe, Dienstknechte, Tagelöhner, Decker, oder sonsten jemand anders, in denen Scheunen, Ställen, aufm Boden, beym Dröschen und Viehfüttern, Toback rauchen, ohne die Pfeifen mit einem guten Deckel, oder Dopp stets wohl zu versehen: wonach sich auch die Frauens-Personen, so Toback rauchen, zu richten haben; vornähmlich aber müßen sie sich des Tobackrauchens, bey der vorerwehnten Flachs- und Hanf-Arbeit gänzlich enthalten."

Diese Bestimmungen lassen erkennen, daß man einem Versicherungsnehmer aus Gildemitteln, also Versicherungsgeldern, nur dann helfen wollte, wenn er wirklich etwas getan hatte, um einen Brandschaden zu verhüten. Daß das Tabakrauchen sogar bei „Frauenspersonen" besonders verboten werden mußte, zeigt, wieweit schon damals

---

1) Nach Dr. Helmer „Geschichte der privaten Feuerversicherung in den Herzogtümern Schleswig und Holstein", Berlin 1925, Band I S. 452/53.

das Rauchen verbreitet war und daß die dadurch bedingten Brandgefahren als besonders erheblich erkannt waren.

Neben den Brand v e r h ü t u n g s anweisungen wird weiter schon im Jahre 1731 für die Geräte zur Feuer b e k ä m p f u n g in den Brandversicherungsbedingungen einer anderen Gilde[1]) folgendes gesagt:

„Zum Vierten. Damit bey entstehender Feuersbrunst die Löschung und Dämpfung des Feuers unter göttlicher Hülfe um desto ehender und beßer beschaffet werden könne, so solle einjeder voller Baumann, imgleichen auch ein halber Baumann, einen Feuerhaken, zum wenigsten Zwantzig Fuß lang, eine Dachleiter Vierzehn Fuß lang mit einem eisernen Haken zwey Fuß lang, einen Dachstuhl und einen ledernen Eymer, eine gute Leuchte halten, welche Gerätschaft ingesamt bey der durch die Aeltersleute, Schaffern, und zweene Köthener a l l e J a h r e z w e y m a h l mit in die S c h a u u n g g e n o m m e n und von demjenigen, bey welchem solche Sachen, nicht in gehörigem u n s t r ä f l i c h e m S t a n d e befunden werden, der Gilde d r e y R e i c h s t h a l e r B r ü c h e erleget werden."

In dieser gleichen Gildenrolle befinden sich auch die Bestimmungen über das Brandlöschen; sie sagen folgendes:

„Zum Fünften. Wann eines von denen Gilde-Brüdern Hauß, oder anderen Gebäude in Feuersnoth käme (das doch Gott gnädiglich verhüten wolle), so soll einjeder, sobald er solches siehet und höret, sobald ihm möglich, mit seinem Feuerhaken und Eymer sich dahin verfügen, das angegangene Feuer helfen löschen, und ohne höchstdringender Noth, von dem Brande ehender nicht weggehen, b i s d a s F e u e r v o l l e n d s g e d ä m p f e t, und von denen anwesenden Aeltersleuten, solches öffentlich gesaget wird. Wer hin wieder handelt, soll a n d i e G i l d e e i n M a r k S t r a f e erlegen."

Waren auch die Löschmittel nur sehr primitiv, in der Regel eine Einreißstange und ein Löscheimer, so wurde doch schon genau verordnet, was zur Niederkämpfung und zur endgültigen Brandlöschung zu tun war. Auch der Begriff der Brandwache war damals schon in seinen Anfängen in den Bestimmungen dieser Gilderolle enthalten. Die Erfahrungen hatten längst gelehrt, daß es wichtig war, den Brandherd auch nach der Ablöschung noch längere Zeit unter Aufsicht nach Weisung der „Aelterleute" zu halten. Mit einer Strafbestimmung wurde dieser Anordnung in jenen Versicherungsbedingungen sogar besonderer Nachdruck verliehen.

Auch über die Art, wie man beim Löschen bzw. Retten vorzugehen hatte, sind in solchen alten Brandversicherungssatzungen manchmal besondere Anweisungen zu finden. Zum Beispiel wird folgendes bestimmet[2]):

„Vorzüglich haben die zur Rettung sich eingefundene, sich dahin zu bestreben, daß zuerst alle Fette u n d l e i c h t b r e n n e n d e W a a r e n, als Theer, Butter, Speck, Schwefel, Flachs, Hanf und dergleichen aus dem vom Feuer angegriffenen Gebäude z u e r s t w e g e g e s c h a f f e t werden.

Wenn das Feuer so weit gedämpfet ist, daß die Gefahr die Verbreitung desselben aufhöret, soll die Feuerstelle nicht sogleich verlaßen, sondern mit Wasser fleißig nachgegossen werden, und eine Wache so lange dabey verbleiben, bis alle Gefahr völlig gehoben ist."

Auch die Anfänge einer amtlichen Fürsorge für die beim Löschdienst Verunglückten sind in manchen der damaligen alten Satzungen bereits zu finden. Sie sind da und dort in die späteren Sozietätssatzungen übergegangen, und Reste davon finden sich noch heute in mancherlei Bestimmungen öffentlich-rechtlicher Feuerversicherungsanstalten[3]). In der neuen Satzung der Schleswig-Holsteinischen Landesbrandkasse vom Jahr 1952 wird z. B. bestimmt, daß letztere verpflichtet ist, „die Feuerwehr-Unfallversicherungskasse Schleswig-Holstein im Sinne der Satzung dieser Kasse zu verwalten".

---

[1]) a. a. O. S. 440/41.
[2]) a. a. O. S. 454.
[3]) Dr. Helmer a. a. O., Band II „Die Rechtsgeschichte der Brandgenossenschaften", Berlin 1926, S. 776.

Mit zunehmender Vervollkommnung der Feuerlöschgeräte haben auch die Feuerversicherungsanstalten später dann nicht mehr besonders betont, daß es Aufgabe des einzelnen sei, sich Löschgeräte zu beschaffen. Man erkannte die größere Gemeinschaftsaufgabe. Die Gemeinden mußten ausschließlich für solche Feuerlöschgeräte sorgen, wie dies ja in vielen Ländern durch Landes-Feuerordnungen vorgeschrieben war. Da aber auch die Gemeinden in ihren Mitteln oft nur einen verhältnismäßig kleinen Anteil an solchen Beschaffungen vorsehen konnten, wurde es zur Traditionsaufgabe der alten Feuerversicherungsunternehmungen, durch Beihilfen diese Aufgabe zu unterstützen. Man gab Beihilfen zur Beschaffung von Geräten, Schläuchen, zur Errichtung von Feuerwehrhäusern usw.

Das preußische Gesetz betreffend die öffentlichen Feuerversicherungsanstalten vom 25. Juli 1910 (GS, S. 241) verpflichtet im § 20 die Feuerversicherungsanstalten (Sozietäten und Brandkassen), in ihren Satzungen auch Bestimmungen vorzusehen, wonach sie „Beihilfen zu Einrichtungen und Maßnahmen, die der Erhöhung der Feuersicherheit dienen", gewähren. So entstanden bei manchen öffentlichen Feuerversicherungsanstalten — auch außerhalb Preußens waren in verschiedenen Brandversicherungsgesetzen ähnliche Bestimmungen verankert — besondere Abteilungen, welche die Brandschutzfragen zu bearbeiten hatten. Vielfach wurden im Wege des Großeinkaufs durch preußische Sozietäten dann Spritzen, Schläuche u. ä. besorgt. Dies hatte den Vorteil, daß man die Feuerwehren mit möglichst einheitlichem Material versorgen konnte.

Aber auch private Feuerversicherungs-Gesellschaften haben schon sehr frühzeitig den Feuerschutz mit Beihilfen aus ihren Überschüssen gefördert. Eines der ältesten privaten deutschen Versicherungsunternehmen, die im Jahr 1825 gegründete Aachener und Münchener Feuerversicherungsgesellschaft in Aachen, berichtete z. B. über die Verwendung ihrer Überschüsse aus den ersten Jahrzehnten ihres Bestehens[1]) folgendes:

> „Es sind hierbei nach bestimmten Normen den Guts- und Fabrikbesitzern sowie den Gemeinden, je nach Lage der Sache, Spritzen und Feuer-Lösch-Utensilien in natura oder Beträge zu solchen Anschaffungen, beziehentlich auch zur Unterhaltung der Mannschaften, zur Bewilligung von Prämien sowie zur Unterstützung verunglückter Feuerwehrmänner überwiesen worden. Heute werden zu diesen Zwecken von den Ländern Feuerlöschabgaben erhoben."

Eine andere wichtige Tätigkeit sei nicht vergessen: Es waren preußische Feuersozietäten unter Führung des Generaldirektors Dr. Vatke von der Brandenburgischen Feuersozietät in Berlin, die vom Jahr 1924 an versuchten, die Motorisierung der Feuerlöschpumpen auch für das ländliche Feuerwehrwesen in Preußen dienstbar zu machen. In Zusammenarbeit mit der Firma E. C. Flader in Jöhstadt i. Sa. ließ die Brandenburgische Feuersozietät die ersten größeren Serien von mit Benzinmotor angetriebenen Kleinmotorspritzen (Abbildung) für eine Wasserlieferung von 200 bis 300, später 400 bis 450 Liter/min. bauen[2]). Sie gründete auch den Ausschuß zur Prüfung und Begutachtung von Kleinmotorspritzen, der später an den Verband der öffentlichen Feuerversicherungsanstalten in Deutschland überging und jahrelang unter Leitung des Branddirektors a. D. G. Floeter (1868—1951) stand. Durch Großaufträge verstanden es die norddeutschen Sozietäten, im Zeitraum von knapp zehn Jahren, etwa ab 1926, in ihren Gebieten große Teile der Gemeinden, die über freiwillige Feuerwehren verfügten, mit Kleinmotorspritzen auszurüsten.

Als dann der Aufbau des deutschen Luftschutzes zu Beginn der 30er Jahre begann, wurde diese Arbeit reichseinheitlich weitergeführt. Eine genormte Kleinmotorspritze, die heute a. a. als „TS 8" den Feuerwehren zur Verfügung steht, war

---

1) Denkschrift zur Hundertjahrfeier der Aachener und Münchener Feuerversicherungs-Gesellschaft in Aachen, 1925, S. 146.

2) Dr. Vatke „Rationalisierung im Feuerversicherungsbetrieb", Berlin 1927, S. 28 ff. (Die Abbildung ist dieser Schrift entnommen).

das Ergebnis dieser amtlichen Anordnungen. Die Gemeindeverwaltungen und die Feuerwehrgerätefirmen sowie die öffentlich-rechtlichen Feuerversicherungsanstalten haben hierfür die Grundlage geschaffen. Das darf nicht vergessen werden.

Noch eine weitere Aufgabe des Feuerversicherungswesens, insbesondere der öffentlich-rechtlichen Versicherungsunternehmen, mag an dieser Stelle nicht unerwähnt bleiben. Sie bringen mit der von ihnen entrichteten Feuerschutzsteuer gewaltige Mittel zur Förderung des Feuerlöschwesens auf. Das am 1. Februar 1939 erlassene Feuerschutzsteuergesetz (RGBl. I, S. 113) hatte das Ziel, durch diese Reichs- (jetzt Bundes-) steuer alle vor 1939 von den öffentlichen und privaten Feuerversicherungsunternehmungen dem Feuerlöschwesen zugeflossenen Mittel in einer Hand zur zentralen Verfügung des Reiches zu vereinigen. Diese Steuer wird nicht etwa von den einzelnen Gebäudeeigentümern oder den einzelnen bei den Versicherungsunternehmen laufenden Versicherungen (etwa wie die Versicherungssteuer), sondern von den Gesamtbruttoeinnahmen an Brandschadenumlage bzw. an Versicherungsprämien (für Feuerversicherungen) der Brandversicherungsanstalten und der Feuerversicherungsgesellschaften erhoben. Die Feuerschutzsteuer (von 1939) hat weit auseinandergehende Abstufungen: es bezahlen nämlich die Gebäudezwangs- und Monopolanstalten 12 Prozent, die übrigen öffentlich-rechtlichen Feuerversicherungsanstalten („Wettbewerbsanstalten", wie sie im früheren Preußen vorherrschend waren) 6 Prozent und die privaten Feuerversicherungsunternehmungen 4 Prozent. Diese ungleichmäßige Belastung wurde z. T. damit begründet, daß die öffentlich-rechtlichen Brandversicherungsanstalten schon seit ihrer Entstehung immer sehr viel für die Förderung des Feuerlöschwesens getan hätten. Aber sie konnte ihren Grund wohl nur in der ziemlich irrigen Anschauung haben, daß die Zwangs- und Monopolanstalten, die ihre Versicherten doch nicht mehr belasten dürfen als andere Versicherungsunternehmen, infolge Fehlens von Werbekosten und infolge ihrer billigeren Verwaltung mit 88 Prozent ihrer Einnahmen noch ebensoviel leisten können als jene mit 94 oder 96 Prozent.

Die Feuerschutzsteuer ist den Feuerlöschabgaben nachgebildet, wie sie z. B. in Württemberg von amtswegen schon seit dem Jahr 1868 (dann 1885 gesetzlich verankert) und später in andern deutschen Ländern erhoben wurde. In Preußen gehörte vor dem Ergehen des preußischen Feuerlöschgesetzes vom 15. Dezember 1933 das Feuerlöschwesen zu den auf Gesetz oder Herkommen beruhenden kommunalen Veranstaltungen, zu deren Einrichtung und Unterhaltung im polizeilichen Interesse die Gemeinden verpflichtet waren. Neben den letzteren war in Preußen die Finanzierung des Feuerlöschwesens den öffentlichen Feuerversicherungsanstalten überlassen. Diese waren auf Grund der Bestimmungen des (preußischen) Gesetzes betreffend die öffentlichen Feuerversicherungsanstalten vom 25. Juli 1910 verpflichtet, in ihren Satzungen dafür Vorsorge zu treffen, daß nach Maßgabe der Leistungsfähigkeit der Anstalt und des in ihrem Gebiete vorhandenen Bedürfnisses die nötigen Mittel zur Förderung des Feuerlöschwesens ausgeworfen werden, aus denen dann die erforderlichen Beihilfen gewährt werden konnten. Darüber hinaus hatten sich in Preußen der Verband der öffentlich-rechtlichen Feuerversicherungsanstalten und der Reichsverband der Privatversicherungen im August 1935 bereit erklärt, als Stifter „Preußische Feuerlöschkasse" zur Verfügung zu stellen. Diese war für den Bau und die Einrichtung von Feuerwehrschulen und für die Finanzierung der in Preußen neu eingeführten hauptamtlichen Brandschau bestimmt.

Das Aufkommen der im Jahr 1939 im ganzen Reich eingeführten Feuerschutzsteuer sollte alsdann in Preußen nicht nur als Beihilfen zur Beschaffung von Feuerlöschgeräten, zur Einrichtung von Löschwasserversorgungsanlagen sowie zum Bau von Feuerwehrhäusern und dergleichen verwendet werden, sondern sollte gleichzeitig die ständige Durchführung der schon genannten, in andern deutschen Ländern zum Teil schon lange auf Kosten der Gemeinden eingeführten Brandverhütungss c h a u finanzieren und den F e u e r w e h r s c h u l e n die nötigen Mittel zur Durchführung ihrer Schulungsaufgaben geben. Diese dreifache Aufgabe: Unterstützung der Gemeinden bei der Ausstattung ihrer Feuerwehren, Finanzierung der Brand- und Feuerschau und Förderung der Feuerwehrschulen, ist in den früheren preußischen Ländern bis heute — trotz mancher zeitbedingter, heute bereits überholter Einschränkungen — unverändert geblieben und sollte auch in Zukunft in diesem dreifachen Sinne bestehen bleiben.

Wenn bis heute eine enge Zusammenarbeit der Feuerversicherer mit dem Feuerwehrwesen auf dem Gebiete des Brandschutzes besteht, so wird dieses auch noch durch eine rege Mitarbeit der Feuerversicherungsunternehmen auf dem Gebiete der B r a n d - v e r h ü t u n g angestrebt. Die Feuerversicherer arbeiten in allen maßgeblichen Ausschüssen und Verbänden des Feuerschutzes mit und beteiligen sich in erheblichem Maß am Erfahrungsaustausch. Ihre Tätigkeit bei der Schaffung von Sicherheitsvorschriften sowie technischen Bau- und Konstruktionsregeln, ihre Unterstütung bei der Anlegung von Blitzableitern und bei ähnlichen Aufgaben wird in hervorragendem Maße auch durch die Schaffung sogenannter B r a n d s c h u t z m u s e e n erweitert. Die erste große Lehr- und Modellschau dieser Art schuf Generaldirektor Dr. F r a n z k e seit dem Jahr 1926 bei der Schleswig-Holsteinischen Landesbrandkasse in Kiel. Im Jahre 1935 bildete sie ein wesentliches Kernstück der großen Feuerschutz-Ausstellung „Der Rote Hahn" in Dresden. Solche Einrichtungen entstanden bis zum Beginn des zweiten Weltkrieges in zahlreichen deutschen Städten, in der Regel am Sitz der öffentlichrechtlichen Feuerversicherungsanstalten. Nach dem Kriege hat man diese Einrichtungen teilweise wieder aufgebaut. Wir finden heute derartige Brandschutzmuseen in Kiel, Hannover, Berlin und Hamburg. Weitere werden in Kürze folgen.

Diese Brandschutzmuseen zeigen unter anderem die Reste derjenigen „Brandstifter", die zu Großfeuern geführt haben, und zwar aus den Gebieten der Elektrotechnik, des Heizungs- und Ofenbaus, der Schornsteinanlagen, der Gasversorgung und ähnliche. Zum andern haben sie die Aufgabe, an Modellen und Einzeldarstellungen zu zeigen, wie man Brandgefahren vermeiden kann. Dieses Lehrmaterial und die vielen Beweisstücke sind vorzüglich für Schulen, insbesondere die technischen, Ingenieur- und Bauschulen, sowie Feuerwehrschulen geeignet. Sie zeigen, auf was der Architekt und Ingenieur neben seinen täglichen Entwurfs- sowie technischen Berechnungs- und Konstruktionsaufgaben zu achten hat, damit das technische Werk allen Gefahren und Gefährdungen durch Brand gewachsen sei. Diese Ausbildungsstätten können somit eine außerordentlich wichtige volkswirtschaftliche Aufgabe erfüllen.

Wenn wir eingangs betonten, daß Brandverhütung, Brandbekämpfung und Brandversicherung in ihren Ursprüngen aus einer Wurzel erwachsen sind, so dürfen wir mit Befriedigung feststellen, daß dieser dreifache Zusammenklang sich auch bis heute erhalten hat, selbst wenn es gelegentlich scheinen möchte, als ob jede dieser drei Hauptaufgaben in einer gesonderten Organisation ein Eigenleben führe. Letzten Endes gehören diese drei Arbeitsgebiete zusammen, und es wird Aufgabe nicht nur des Versicherers und des Brandschutzingenieurs, sondern auch der Maßgebenden im Feuerwehrwesen sein, dafür zu sorgen, daß diese drei Aufgaben stets gemeinsam bearbeitet und gefördert werden.

Aus der Geschichte der privaten Feuerversicherungsunternehmungen

Von Dipl.-Ing. Egid Fleck, Stuttgart

Die richtigen Anfänge eines privaten Feuerversicherungswesens in deutschen Landen finden wir erst zu Beginn des 19. Jahrhunderts. Es bestehen zwar, wie aus der am Schluß dieser Abhandlung angeschlossenen Liste ersehen werden mag, heute in der Bundesrepublik Deutschland einige private Feuerversicherungsgesellschaften, die ihre Gründung auf die Jahre 1754 oder 1797, ja sogar bis 1691 zurückführen. Diese Gesellschaften in Norddeutschland sind aber aus ursprünglich öffentlich-rechtlichen Brandkassen hervorgegangen. Zunächst kann festgestellt werden, daß die deutschen privaten Feuerversicherungsunternehmen und mit ihnen auch die Erwerbsgesellschaften, — gleichwie die allermeisten öffentlich-rechtlichen Brandversicherungsinstitute — immer an den allgemeinen Maßnahmen zur Verhütung von Schadenfeuern und zur Unterdrückung der letzteren interessiert waren. Aus jenen Ländern, die einen öffentlichen Betrieb der Feuerversicherung gar nicht kennen, ist ja auch bekannt, daß die großen Feuerversicherungsgesellschaften besonders in der Feuerverhütung und -bekämpfung tätig sind. Da eine Feuerversicherung, sei sie nun eine staatliche Einrichtung oder ein privates, auf Gegenseitigkeit oder auf Erwerb eingestelltes Unternehmen, nur den durch Brand entstandenen privatwirtschaftlichen Schaden ausgleicht und ihn so für den einzelnen erträglich macht, aber den volkswirtschaftlichen Schaden nicht ersetzen kann, blieb und bleibt eine Verhütung des Brandschadens immer wichtiger als seine Vergütung. Soweit also die Feuerversicherungsgesellschaften in dieser Weise aus der privatwirtschaftlichen Sphäre heraustreten, haben sie zweifellos gemeinwirtschaftlichen Charakter.

Wie a. a. O. schon kurz erwähnt wurde, hat die Erwerbsversicherung ihren Ausgang schon seit Mitte des 14. Jahrhunderts in dem zuerst in Italien aufgekommenen Seeversicherungsgewerbe genommen. Die Errichtung von Feuerversicherungsgesellschaften auf privatwirtschaftlicher Grundlage und nach kaufmännischen Grundsätzen ging eigentlich von England aus. Den Anstoß zu solchen Gründungen hatte dort schon der große Brand von London im Jahr 1660 gegeben, durch den damals mehr als 13 000 Häuser zerstört wurden und über 20 000 Menschen obdachlos geworden waren. Während hernach in England allmählich zahlreiche Privatgesellschaften auf dem Gebiet der Feuerversicherung aufkamen, waren es in deutschen Landen fast durchweg die fürstlichen Herrscher und die Regierungen der Länder, Ländchen und auch von Reichsstädten, die den Brandversicherungsgedanken für sich in Anspruch nahmen. Die in England gebildeten, zum Teil recht großen Aktiengesellschaften in der Feuerversicherung fanden gegen Ende des 18. Jahrhunderts auch auf dem Kontinent ihre Nachahmer, so in Belgien, Holland und Frankreich. Solche ausländischen (Erwerbs-)Feuerversicherungsgesellschaften befaßten sich mindestens schon vom Beginn des 19. Jahrhunderts ab mit dem Abschluß von Versicherungsverträgen auch in deutschen Landen, so z. B. die Londoner Gesellschaft „Phönix" und die französische „Compagnie du Phenix". Diese und andere ausländische Feuerversicherer hatten in den ersten 20 bis 30 Jahren des 19. Jahrhunderts in deutschen Landen immerhin bedeutende Geschäfte in der Mobiliarversicherung machen können. Sie hatten aber ihre anfängliche Monopolstellung ausgenützt und außerordentlich hohe Prämiensätze erhoben. So flossen wesentliche Gelder alljährlich ins Ausland. Auch mußte einzelnen ausländischen Gesellschaften der Vorwurf gemacht werden, daß sie offensichtlich vielfach Überversicherungen abschlossen und aus Werbungsgründen in Schadensfällen dann viel zu hohe Entschädigungen gewährten. Der letztere Umstand mußte einen höchst unerwünschten Anreiz zur Brandstiftung geben.

Die älteste der heute noch bestehenden deutschen privaten Feuerversicherungsgesellschaften ist wohl die — trotz den hochgespannten politischen und kriegerischen Bewegungen jener Zeit — im Jahr 1812 von G. W. Averdieck zustande gebrachte *„Berlinische Feuer-Versicherungs-Anstalt“*. Sie hatte zwar schon eine Vorläuferin gehabt in der „Assecuranz-Compagnie zu Berlin“, die als Seeversicherungsgesellschaft bereits im Jahr 1765 gegründet, Anno 1770 auch die Erlaubnis zum Betrieb der Mobiliarversicherung erhalten hatte. Diese Compagnie war aber wegen schlechten Geschäftsgangs im Jahre 1791 der Auflösung verfallen. Die „Berlinische“ arbeitete in den ersten Jahren ihres Bestehens schon auch der Kriegszeiten wegen nur in der Hauptsache in der Residenzstadt Berlin, die damals erst 170 000 Einwohner zählte.

Im damals drittgrößten deutschen Staat, dem Königreich Sachsen, entstand im Jahre 1819 die zweite deutsche private Feuerversicherungsgesellschaft. Carl Weiße in Leipzig hat dort nach Vorbildern der entsprechenden Hamburger und Berliner Einrichtungen, teilweise auch nach dem Muster des Londoner Phönix die heute 135 Jahre bestehende *„Leipziger Feuer-Versicherungs-Anstalt“* gegründet. Nach dem Jahre 1945 hat sie ihren Anstaltssitz nach Bonn a. Rh. verlegt. Sehr bald erstreckte sich das Agentennetz dieser Gesellschaft (von 1819) über ganz Deutschland (ohne Österreich) und bezog auch einige Schweizer und holländische Grenzstädte in sich.

Im dritten und vierten Jahrzehnt des 19. Jahrhunderts brachte unter anderem die allmählich aufwärts strebende industrielle Entwicklung Deutschlands erhöhte Forderungen auch hinsichtlich der Mobiliarfeuerversicherung. In der allgemeinen Bewertung der deutschen Volkswirtschaft tauchte immer wieder der Gedanke und der Wunsch auf, möglichst wenig Geld ins Ausland fließen zu lassen. So entstanden im genannten Zeitraum insgesamt sieben weitere deutsche Versicherungsgesellschaften, und zwar fünf auf Gegenseitigkeit und zwei auf Aktien, von denen die heute noch bestehenden kurz genannt werden. Es wurden errichtet im Jahre 1820 die *„Gothaer Feuer-Versicherungsgesellschaft a. G.“* in Gotha (jetzt „Gothaer Feuer-Versicherungsbank a. G.“, Sitz in Köln). Ihr Gründer war der dadurch bekannt gewordene Kaufmann E. W. Arnoldi in Gotha. — Im Jahre 1825 wurde die *„Aachener und Münchener Feuer-Versicherungs-Gesellschaft“* in Aachen gegründet und im Jahre 1828 die *„Württembergische Privat-Feuerversicherungs-Gesellschaft a. G.“* in Stuttgart (jetzt Württembergische Feuerversicherung AG). Diese erste süddeutsche Gesellschaft war auf Betreiben des Ulmer Tabakfabrikanten Georg Wechßler allein auf Gegenseitigkeit ohne einen vorher zusammengeschossenen Fonds gegründet worden. Die königl. württembergische Regierung hatte die Gründung dieser neuen Privatgesellschaft für Mobiliarversicherung gegen Brandschaden als ein erfreuliches Ereignis erkannt und dieser ihr Wohlwollen durch einen Erlaß vom März 1828 an die Kreisregierungen zum Ausdruck gebracht. Darin war unter anderem ausgeführt: „Wenngleich keinem Württemberger verwehrt werden kann, nach freier Wahl sich zu entschließen, ob und welcher der zum Geschäftsbetrieb im Lande zugelassenen Feuerversicherungs-Anstalten er sich in Beziehung auf sein bewegliches Vermögen anschließen wolle, so ist es doch in staatswirtschaftlicher und polizeilicher Hinsicht wünschenswert, daß diejenigen, welche sich zu einer Versicherung entschlossen haben, der inländischen Anstalt den Vorzug geben, welche nicht nur den Überschuß der Versicherungsprämien dem württembergischen Volke erhalte, sondern auch der näheren Aufsicht der Staatsregierung unterliege“. Die „Württembergische“ hatte bis zum Jahre 1900, also 72 Jahre lang, ihren Geschäftsbetrieb nur auf Württemberg und Hohenzollern beschränkt. Wie schon bei der „Gothaer“ standen auch bei der „Württembergischen“ die Teilnehmer in einem doppelten Verhältnis; sie waren einmal Versicherte und zum anderen Versicherer.

Eine Anzahl deutscher Länder haben ums Jahr 1830 durch Landesgesetze ein Konzessionssystem eingeführt über die Zulassung zum Geschäftsbetrieb bezüglich der Fahrnisversicherung. Bis Mitte der 1830er Jahre konnten sich die meisten Feuerversicherungsgesellschaften nur mit der Mobiliarversicherung befassen, also mit der Versicherung der Wohnungseinrichtungen und -Ausstattungen, der zu verarbeitenden Rohstoffe, der Halb- und Fertigfabrikate und der verschiedenen Arten von Waren. Die Gebäudeversicherung (teilweise einschließlich Zubehör) war in den allermeisten deutschen Staaten den mit Beitrittszwang und Monopol ausgestatteten öffentlich-rechtlichen Brandversicherungsanstalten vorbehalten. Zwischen 1829 und 1837 wurde aber im Königreich Preußen und in den preußischen Provinzen das öffentliche Feuerversicherungswesen neu geordnet. Diese Neuordnung hob für die meisten preußischen Brandversicherungsanstalten deren Vorrechte hinsichtlich des Beitrittszwangs auf. Dadurch wurde das Betätigungsfeld für die Privatfeuerversicherung in Preußen nicht unerheblich erweitert, es wurde aber auch damit einem gewissen, auch heute leider manchmal noch festzustellenden Konkurrenzkampf beider Versicherungsträger das Tor geöffnet.

Schließlich sind aus dem vierten Jahrzehnt des 19. Jahrhunderts an Gründungen von privaten Feuerversicherungsgesellschaften noch kurz zu erwähnen die *„Versicherungsanstalten der Bayerischen Hypotheken- und Wechselbank“* in München vom Jahre 1835 (jetzt „Bayerische Versicherungsbank-Aktiengesellschaft“ in München) und die *„Cölnische Feuerversicherungs-Gesellschaft ‚Colonia‘“* in Köln (jetzt „Colonia Kölnische Versicherungs-Aktiengesellschaft“ in Köln).

Der große Hamburger Brand vom 5. bis 8. Mai 1842 brachte mit seinen Auswirkungen den plötzlichen Anstoß zu einer Neubildung des ganzen Versicherungsgeschäftes. Diese Feuersbrunst legte in vier Tagen in den Fluchten von 75 Straßen insgesamt 4219 Gebäude (darunter drei Kirchen und verschiedene öffentliche Gebäude) in Asche und soll einen Gesamtschaden von etwa 40,9 Millionen Mark (Kurant) ergeben haben. „Dieser fürchterliche Brand“, so schrieb der bekannte Versicherungswissenschaftler Dr. E. A. Masius in einer seiner scharfsinnigen Arbeiten, „welcher alle Gesellschaften, die dort Versicherungen laufen hatten, — und welche waren davon ausgeschlossen? —, erbeben machte, bildet gewissermaßen einen Abschnitt in der Geschichte der Feuerversicherung. Jede Gesellschaft revidierte ihre Risikos an den einzelnen Orten, und fand sie solche über das sich selbst gesetzte Maximum, so nahm sie dafür Rückversicherung“. Daß die öffentlich-rechtliche Hamburger Feuerkasse die ungeheuren Summen, die sie plötzlich im Jahre 1842 schuldig geworden war, nicht sofort aus dem eigenen Fonds, sondern nur mit Hilfe einer Anleihe beim Hamburger Staat bezahlen konnte, trug immerhin zur Hebung des Ansehens der privaten Feuerversicherungsgesellschaften in der Öffentlichkeit bei und brachte ihnen ein weiteres Betätigungsfeld. Dazu kamen außerdem noch Faktoren rein wirtschaftlicher Natur in den 1840er und 1850er Jahren und es entstanden dann eine ganze Reihe neuer deutscher Feuerversicherungsunternehmen als Aktiengesellschaften. Soweit solche heute noch bestehen, mag dies aus der nachfolgenden Übersicht ersehen werden. Nur fünf der darin aufgezählten deutschen Sachversicherungsunternehmen befassen sich heute noch ausschließlich mit Feuerversicherung. Alle übrigen, auch soweit sie in ihrem Firmennamen noch die „Feuerversicherung“ zum Ausdruck gebracht haben, betreiben außerdem nunmehr alle möglichen Sparten der Sachversicherung.

Private Sachversicherungsunternehmen mit Feuerversicherung als ursprünglich einzigem Versicherungszweig:

1. Aachener und Münchener Feuer-Versicherungs-Gesellschaft in Aachen (gegr. 1825)
2. „Adler" Feuerversicherung a. G., vorm. Deutsche Beamten-Feuerversicherung a. G. in Berlin-Charlottenburg (gegr. 1906)
3. Bäuerliche Brandversicherung V. a. G. in Wuppertal-Elberfeld (gegr. 1922) n u r Feuerversicherung
4. Berlinische Feuer-Versicherungs-Anstalt in Berlin W. 15 (gegr. 1812)
5. Brandkasse deutscher Lehrer V. V. a. G. in Bochum (gegr. 1911)
6. Brandversicherungsverein der Deutschen Werkmeister V. a. G. in Hamburg 1
7. Buchgewerbe Feuerversicherung a. G. in Karlsruhe i. B. (gegr. 1899)
8. Concordia Hannoversche Feuer-Versicherungs-Gesellschaft a. G. in Hannover (gegr. 1864)
9. Feuer-Versicherungs-Gesellschaft „Constantia" in Emden (Ostfr.) (gegr. 1820) n u r Feuerversicherung.
10. Feuerversicherungs-Gesellschaft Rheinland A.G. in Neuß (gegr. 1880)
11. Gladbacher Feuerversicherungs-Aktien-Gesellschaft in Mönchen-Gladbach (gegr. 1861)
12. Gothaer Feuer-Versicherungsbank a. G. in Köln (gegr. 1820)
13. Hamburg-Bremer Feuer-Versicherungs-Gesellschaft in Hamburg (gegr. 1854)
14. Leipziger Feuer-Versicherungs-Anstalt in Bonn a. Rh. (gegr. 1819)
15. Magdeburger Feuerversicherungs-Gesellschaft in Fulda (gegr. 1844)
16. Mecklenburgische Hagel- und Feuer-Versicherungs-Gesellschaft a. G. (vereinigt mit „Schwedter" und „Greifswalder") in Hannover (gegr. 1797)
17. Ostfriesische Landschaftliche Brandkasse für das platte Land in Aurich/Ostfriesl. (gegr. 1754) n u r Feuerversicherung
18. Ostfriesische Landschaftliche Brandkasse für Städte und Flecken in Aurich/Ostfriesl. (gegr. 1754) n u r Feuerversicherung
19. Schlesische Feuerversicherungs-Gesellschaft in Köln (gegr. 1848)
20. Schleswig-Holsteinische Brandgilde von 1691 in Kiel (gegr. 1691)
21. Schwarzwälder Feuerversicherungs-Verein auf Gegenseitigkeit in Villingen/Schwarzw. (gegr. 1923) n u r Feuerversicherung
22. Vaterländische Feuer-Versicherungs-Societät auf Gegenseitigkeit zu Rostock. in Köln (gegr. 1828)
23. Victoria am Rhein Feuer- und Transport-Versicherungs-Actien-Gesellschaft in Düsseldorf (gegr. 1923)
24. Victoria Feuer-Versicherungs-Actien-Gesellschaft in Berlin (gegr. 1904)
25. Württembergische Feuerversicherung A.G. in Stuttgart (gegr. 1828)

Weitere private (deutsche) Versicherungsgesellschaften, die neben allen möglichen Versicherungszweigen sich auch mit Feuerversicherung befassen

26. Aachen-Leipziger Versicherungs-Aktien-Gesellschaft in Aachen (gegr. 1876)
27. Agrippina Allgemeine Versicherungs-Aktiengesellschaft in Köln (gegr. 1921)
28. „Albingia" Versicherungs-Aktiengesellschaft in Hamburg (gegr. 1901)
29. Allianz Versicherungs-Aktiengesellschaft in Berlin-Charlottenburg (gegr. 1890)
30. Badischer Gemeinde-Versicherungs-Verband in Karlsruhe (gegr. 1923)
31. Bayerische Versicherungsbank-Aktiengesellschaft vormals Versicherungsanstalten der Bayerischen Hypotheken- und Wechselbank in München (gegr. 1835)
32. Colonia Kölnische Versicherungs-Aktiengesellschaft in Köln (gegr. 1839)
33. „Deutsche Allgemeine" Versicherungs-Aktiengesellschaft in Düsseldorf (gegr. 1923)

34. Deutscher Herold Allgemeine Versicherungs-A.G. in Bonn (gegr. 1918)
35. Deutscher Lloyd, Versicherungs-Actien-Gesellschaft in Berlin - Charlottenburg (gegr. 1870)
36. Eigenhilfe Sachversicherung Aktiengesellschaft in Hamburg (gegr. 1925 bzw. 1947)
37. Frankfurter Versicherungs-Aktiengesellschaft in Frankfurt a. M. (gegr. 1929)
38. GEGENSEITIGKEIT Sachversicherungs-Gesellschaft in Oldenburg, in Oldenburg i. O. (gegr. 1870)
39. Gerling-Konzern Allgemeine Versicherungs-Aktiengesellschaft in Köln (gegr. 1918)
40. „Globus" Versicherungs-Aktien-Gesellschaft in Hamburg 11 (gegr. 1885)
41. „Hamburger Phönix" früher Gaedesche Versicherungs-Aktien-Gesellschaft in Hamburg (gegr. 1921)
42. Hessen-Nassauische Versicherungsanstalt, Öffentliche Unfall-, Haftpflicht- und Sachschaden-Versicherung in Wiesbaden (gegr. 1924)
43. Iduna-Germania Allgemeine Versicherungs-Aktiengesellschaft in Berlin SW 68 (gegr. 1912)
44. Mannheimer Versicherungsgesellschaft in Mannheim (gegr. 1879)
45. Mühlen-Versicherungs-Gesellschaft auf Gegenseitigkeit zu Osnabrück, in Osnabrück (gegr. 1880) nur Feuerversicherung
46. „National" Allgemeine Versicherungs-Aktien-Gesellschaft in Lübeck (gegr. 1845)
47. Nord-Deutsche Versicherungs-Gesellschaft in Hamburg (gegr. 1857)
48. Nordstern Allgemeine Versicherungs-Aktiengesellschaft in Köln (gegr. 1866)
49. Oldenburger Versicherungs-Gesellschaft in Oldenburg i. O. (gegr. 1857)
50. PATRIA Versicherungs-Actiengesellschaft in Köln (gegr. 1921)
51. Raiffeisendienst Allgemeine Versicherungs-Aktiengesellschaft in Wiesbaden (gegr. 1923)
52. „Securitas" Bremer Allgemeine Versicherungs-Aktiengesellschaft in Bremen (gegr. 1895)
53. Thuringia Versicherungs-Aktiengesellschaft in München (gegr. 1853)
54. UNION und RHEIN Versicherungs-Aktien-Gesellschaft in Berlin (gegr. 1873)
55. „Unitas" Versicherungs-Aktiengesellschaft in Köln (gegr. 1952)
56. UNIVERSA-Sachversicherungsgesellschaft a. G. in Nürnberg (gegr. 1951)
57. Versicherungsverein Deutscher Eisenbahnbediensteten a. G. in Berlin, in Bielefeld (gegr. 1889)
58. Württembergischer Gemeinde-Versicherungsverein a. G. in Stuttgart (gegr. 1921)
59. Zentraleuropäische Versicherungs-A.G., Sitz Berlin in Stuttgart (gegr. 1924)

Feuerversicherung, eine alte und glückliche Ehe

Von Dr. Erich Hentschel, Köln

Feuerwehr und Feuerversicherung führen schon seit Jahrhunderten eine recht glückliche Ehe miteinander. Zwar kommt es wie bei jeder Ehe auch hier hin und wieder vor, daß der eine Teil mal am anderen etwas auszusetzen hat, aber es dauert meist nicht lange, bis beide Teile sich im Bewußtsein des gemeinsamen Zieles wiederfinden.

Die Ziele der Feuerversicherung werden zwar oft verkannt und als eigennützig verdächtigt, besonders dann, wenn ein Abgebrannter nicht die Entschädigung erhalten hat, mit der er glaubte rechnen zu können. Fast immer liegt die Schuld an solchen hin und wieder vorkommenden Enttäuschungen aber, wenn man den Dingen auf den Grund geht, nicht bei den Versicherungsunternehmen, sondern beim Versicherungsnehmer selbst. Entweder hat er aus falscher Sparsamkeit heraus Sachen überhaupt unversichert gelassen oder sie weit unter ihrem tatsächlichen Wert, wie er sich für den

Pioniere der Deutschen Feuerlösch- und Rettungsgeräte um 1905

Schacht, Firma C. B. König, Altona — Meyer jun., Firma Heinr. Meyer, Hagen

Bräunert, Firma H. Bräunert, Bitterfeld — Henkel, Firma Carl Henkel, Bielefeld — Müller, Firma H. Müller & Co., Offenbach — Schöne, Firma C. A. Schöne, Dresden — Möllnitz, Firma Möllnitz & Schiffter, Leipzig

Kieslich, Firma Gebr. Kieslich, Patschkau i. Sch. — Busse, Firma Maury & Co., Offenbach a. M. — Andreae, Firma August König G. m. b. H., Köln-Nippes — Rudolph, Firma Carl Rudolph, Altenburg (S.-A.) — Ewald, Firma Vereinigte Feuergerätefabriken, Berlin — Flader, Firma E. C. Flader, Jöhstadt i. S. — Dr. Maser, Schriftsteller, Berlin — Oppen, Firma Oppen & Prinzke, Spandau — Busch, Firma Waggon- u. Maschinenfabrik vorm. Busch, Bautzen — Beuttenmüller, Firma C. Beuttenmüller, Bretten — Sorge, Firma H. Sorge, Vieselbach — Müller, Firma Julius Müller, Döbeln i. S. — Vogel, Firma J. Vogel, Speyer a. Rh. — Goernandt, Firma B. Goernandt, Suhl

Volbehr, Firma G. A. Händel, Dresden-A. — Wielandt, Firma M. M. Wielandt & Co., Berlin — Roscher, Firma G. A. Fischer, Görlitz — Hoppe, Firma L. Tidow, Hannover-Badenstedt — Magirus, Firma Vereinigte Feuergerätefabriken G. m. b. H., Ulm a. D. — Lieb, Firma J. G. Lieb, Bieberach — Kurz, Firma H. Kurz, Stuttgart — Koebe, Firma Herm. Koebe, Luckenwalde

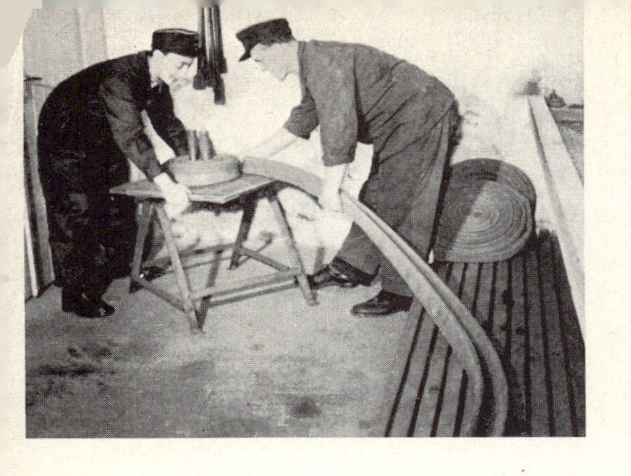

Zwischen zwei Alarmen in einer Berufsfeuerwehr

Hinter der Holztür in der Giebelwand verhinderten Angehörige des Selbstschutzes das Übergreifen des Brandes aus dem Nachbarhaus in vielstündiger aufopfernder Tätigkeit

Das mit dem Pfeil gekennzeichnete Eckhaus wurde durch Selbstschutzkräfte in zehnstündiger Arbeit vor der Zerstörung bewahrt. Alle benachbarten Häuser wurden Opfer des Flächenbrandes

Vierfahrzeugzug Berlin 1910

Berlin

„Wie die Berliner Feuerwehr arbeitet“ (13. Februar 1930)

Schadenstag ergibt, versichert oder er hat Sicherheitsvorschriften unbeachtet gelassen und den Schaden mehr oder minder leichtsinnig selbst herbeigeführt. Jedes Versicherungsunternehmen aber, gleichgültig ob Aktiengesellschaft oder Gegenseitigkeitsverein oder öffentlich-rechtliche Anstalt, verwaltet die Prämien für die Versicherungsgemeinschaft, also für fremde Rechnung, und muß daher dafür sorgen, daß der Versicherungsbetrieb nach festen Spielregeln, wie sie Gesetz und behördlich genehmigte Versicherungsbedingungen vorschreiben, abläuft. Abweichungen von diesen an sich oft schon recht weitgehenden und entgegenkommenden Spielregeln, wie beispielsweise Entschädigungszahlungen für unversicherte Schäden und Sachen oder Zahlungen über das vereinbarte Maß hinaus, würden zu Lasten der Gemeinschaft aller Versicherten gehen und eine Ungerechtigkeit gegenüber denjenigen Versicherungsnehmern darstellen, die die Spielregeln voll beachtet haben und mit ihren Prämien die Entschädigungen aufbringen müssen.

Erfreulicherweise sind aber die korrekten Versicherungsnehmer bei weitem in der Mehrzahl. Und so ist es zu erklären, daß die Entschädigungsleistungen der westdeutschen Feuerversicherer sich allein im Jahre 1953 auf rund 190 Millionen DM beliefen, ohne daß es zu nennenswerten Beanstandungen oder gar Prozessen zu kommen brauchte. Viel Not und Elend als Folge von Brandschäden konnten mit diesen erheblichen Summen verhindert werden.

Entschädigungsleistungen in Höhe von 190 Millionen DM jährlich bedeuten aber auch, daß trotz der aufopfernden Tätigkeit der Feuerwehren in unserem kleinen Westdeutschland immer noch Werte von erheblich über einer halben Million DM täglich vom Roten Hahn verschlungen werden! Fürwahr ein recht gefräßiges und unheimliches Tier!

Von den Entschädigungen entfielen rund 47% auf die Industrie, 34% auf die Landwirtschaft und der Rest von 19% auf städtischen Hausbesitz, Hausrat, Handels- und Handwerksbetriebe.

Die Schadensursache blieb in rund 9% der Brandfälle mit einem Entschädigungsanteil von 30% der Gesamtsumme ungeklärt. Also gerade bei den Großbränden konnte leider die Ursache in zahlreichen Fällen nicht einwandfrei festgestellt werden. Soweit die Ursache festgestellt werden konnte, entfielen 1952 die Hauptentschädigungsanteile

in der Industrie auf	mit	*in der Landwirtschaft* auf	mit	*in anderen Berufen* auf	mit
Explosionen	20%	Blitzschlag	22%	Unvorsichtigkeit	28%
Elektrizität	14%	Brandstiftung d. Dritte	18%	Elektrizität	21%
sonstige Feuer-, Licht- und Wärmequellen	13%	Elektrizität	18%	bauliche Mängel	17%
betriebliche und maschinelle Anlagen	12%	Selbstentzündung	11%	Blitzschlag	10%
		Fahrlässigkeit	11%		

So nützlich und unentbehrlich die Feuerversicherung für jeden, der etwas besitzt und damit der Brandgefahr ausgesetzt ist, als Sicherung auch sein mag, sie kann den Schaden nur auf die Gemeinschaft der Versicherten verteilen, nicht aber ungeschehen machen. Was einmal verbrannt ist, bleibt verbrannt! Das Geld für die fällig werdende Versicherungsentschädigung wird anderen, nützlicheren Zwecken und Aufgaben, wie beispielsweise dem Wohnungsbau oder der Schaffung neuer, zusätzlicher Arbeitsplätze oder auch dem Konsum, entzogen. In klarer Erkenntnis dieser Binsenweisheit und ihrer enormen Bedeutung für die Volkswirtschaft haben sich die Feuerversicherer daher schon seit Jahrhunderten dem Gedanken der Schadenverhütung und Schadenbekämpfung verschrieben.

Die umfangreichen und aufschlußreichen Erfahrungen, die bei den Feuerversicherungsunternehmen täglich aus den Brandschadenabschätzungen im ganzen Bundesgebiet zusammenlaufen, ermöglichen es ihnen, bei der Ausarbeitung von Bauordnungen,

Sicherheitsvorschriften, Bedienungsanweisungen für elektrische Geräte, beim Blitzableiterbau und dergl. sachverständig mitzuwirken. Sie verlangen regelmäßige Revisionen der elektrischen Anlagen, baldige Beseitigung der dabei festgestellten Mängel und sind auch an der regelmäßigen Brandschau interessiert.

Aber nicht nur das! Die Feuerversicherer sind sich auch bewußt, daß der dauernde Ausbau des Feuerschutzes durch allmähliche Beseitigung feuergefährlicher Bauweisen, durch Verbesserung und Modernisierung der Feuerlöscheinrichtungen, angefangen von der Wasserversorgung über das Meldewesen bis zur Ausrüstung der Wehren unerläßlich sind, um den volkswirtschaftlichen Luxus einer hohen Brandziffer einzudämmen. Sie wissen schließlich auch, daß dies mit materiellen Dingen allein nicht geht, sondern daß es dazu weitgehenden Idealismus der Feuerwehrmänner, ihrer Führer und der für sie verantwortlichen Körperschaften bedarf, und daß dieser Idealismus gerade in der heutigen, stark auf materielle Dinge gerichteten Zeit besonders hoch zu veranschlagen ist.

Früher, als es noch keine Feuerschutzsteuer gab und auch unsere Feuerversicherer noch reiche Leute waren — heute leiden sie noch stark unter den Verlusten durch die Währungsreform —, konnten sie dieser Verbundenheit mit den Feuerwehren dadurch sichtbaren Ausdruck verleihen, daß sie einen erheblichen Teil der Kosten für die Ausrüstung, für die Geräte, die Fahrzeuge, die Feuerlöschteiche, die Gerätehäuser, die Meldeanlagen und Feuerwehrschulen unmittelbar übernahmen. Heute tun sie dies zwar auch noch, es tritt aber nicht mehr offen nach außen in Erscheinung. Seit dem Erlaß des Feuerschutzsteuergesetzes im Jahre 1939 müssen sämtliche Feuerversicherungsunternehmen 4% ihrer Prämieneinnahmen (die öffentlich-rechtlichen Versicherungsanstalten sogar 6 bis 12%) zur Förderung des Feuerlöschwesens und des vorbeugenden Brandschutzes an die Länder abführen, die dann ihrerseits die Verteilung vornehmen. Im ganzen dürften jährlich auf diese Weise an die 20 Millionen DM in der Bundesrepublik zusammenkommen. Zwar ist damit heute die Aufbringung und Verteilung der Mittel fein säuberlich geregelt, verloren gegangen ist aber der früher recht enge persönliche Kontakt zwischen Feuerwehren und Feuerversicherern. Und das ist eigentlich etwas Bedauerliches, denn beide gehören zusammen im gemeinsamen Ziele, im Kampf gegen die Elemente zum Wohle des einzelnen und zum Wohle der Allgemeinheit.

Die Aufgabe des Schornsteinfegers im Sinne des vorbeugenden Feuerschutzes

Von Trappmann und Arteldt, Düsseldorf

Kann es in einem Staatswesen eine dankbarere Aufgabe geben, wenn sich hier Menschen zusammenfinden, die Lebensinhalt und Lebenszweck dafür einsetzen, im Dienst am Nächsten tätig zu sein?

Gerade wir Deutschen haben in den Jahren nach 1945 so viele Beweise dafür erhalten, daß es im Volke selbst, aber auch in der Umwelt eine große Anzahl von Mitfühlenden gibt, die das Wohl der Gesamtheit über das persönliche Wohl stellten, und damit den tieferen Sinn und Zweck einer wahren Gemeinschaft im Staat, in Europa und in der Welt erfüllten.

Nichts dient aber auch mehr dem Gedanken einer Befriedung der Menschheit, als wenn über politische Grenzen hinweg sich Mensch zu Mensch findet und Hilfe da anbietet, wo diese vonnöten ist.

Wird die Sorge und das Mitgefühl um den Mitmenschen aber noch verbunden mit der Tätigkeit der Erhaltung von Werten an Haus und Hof und Einrichtungsgegenständen jeglicher Art und dient sie ebenfalls dem Schutz vor Verbrennungstod und Tod durch Rauchgasvergiftung, so wird in Wahrheit der Dienst am Nächsten gepflegt durch einen vorbeugenden Feuerschutz, den wir mit dem Begriff „Brandverhütung" bezeichnen und der auf derselben Stufe im Dienst an der Allgemeinheit steht wie die Brandbekämpfung durch die Feuerwehr.

Wir im Schornsteinfegerhandwerk begrüßen es immer wieder auf das wärmste, daß der Feuerwehrmann einerseits mit dem Schornsteinfeger andererseits eng zusammenarbeitet und durch das Aufeinanderangewiesensein einen sichtbaren Beweis des Zusammenwirkens ihrer beiden Aufgaben gibt.

Wenn wir also Gelegenheit haben, die Kameraden von den Feuerwehren anzusprechen und sie über unsere Tätigkeit in den von dem Beruf durchgeführten vorbeugenden Maßnahmen zu unterrichten, glauben wir, daß wir zur gegenseitigen Verständigung einen wesentlichen Beitrag leisten und dieser zur Vertiefung des Zusammengehörigkeitsgefühls in der Vorbeugung und Brandbekämpfung beitragen wird.

Es kann bei Menschen, die gleiche Interessen, wie die Feuerwehr und das Schornsteinfegerhandwerk, verfolgen, nicht genügend an Aufklärung getan werden, um ein gegenseitiges Interesse für die Aufgaben zu wecken, denn letzten Endes wird der Dienst an der Allgemeinheit um so wirkungsvoller, je enger jeder auf seinem Sektor tätig ist und sich bemüht, den anderen dort zu unterstützen, wo dieses angebracht erscheint.

Wenn wir daher dem Wunsche nachkommen, einen Beitrag für das Buch von Hans Gustl Kernmayr „Der goldene Helm" zu leisten und damit zur Abrundung des Bildes „Werden, Wirken und Wachsen" der freiwilligen und beruflichen Feuerwehr beitragen, so sind wir gewiß, daß unsere Ausführungen keinen besseren Platz erhalten können als in dem Werk, das sich mit der lebendigen Arbeit in den Feuerwehren befaßt, und welches den Männern einen Ehrenplatz in den Betrachtungen einräumt, die sich Zeit ihres Lebens der Hilfe an dem Nächsten und der Erhaltung des Volksvermögens verschrieben haben.

Vorbeugen, in unserem Sinne „vorbeugender Feuerschutz", die Aufgabe des Schornsteinfegers also, bedeutet im allgemeinen Sprachgebrauch das Erkennen einer Situation und das Treffen von Vorkehrungen zum Schutze oder zur Abwehr einer Gefahr.

Wenn also der Schornsteinfeger nach den Umständen und nach der Beurteilung der Feuerungsanlagen und der Schornsteine schon die kleinsten Abweichungen von dem Alltäglichen feststellt, deren Auswirkungen Gefahren erkennen oder vermuten lassen, setzt die Tätigkeit ein. Sie wird leider nicht immer im richtigen Maße erkannt, und ist es daher ein nicht leichtes Unterfangen, daß sich der Schornsteinfeger durchsetzt.

Die Tätigkeit des Schornsteinfegers läßt sich präzise so umreißen, daß er zur Wahrung der Feuersicherheit im vorbeugenden Sinne bei seiner vielfältigen und verantwortlichen Arbeit in den Kellern, den Wohnungen und den Dachgeschossen erkennen muß, ob Gefahrenmomente an Feuerstätten und Schornsteinen vorhanden sind oder ob diese nach Lage der Sache entstehen können. Er muß aber auch gleichzeitig in der Lage sein, Vorkehrungen und Maßnahmen zu treffen, die dem Schutz des Nächsten — Hausbesitzer, Mieter und deren Habe — dienen. Sein rechtzeitiges Eingreifen verhindert Brände und somit auch den Einsatz der Feuerwehr im Rahmen der Brandbekämpfung.

Wenn das Kehren der Schornsteine als ein Teilgebiet des vorbeugenden Feuerschutzes sich als manuelle Tätigkeit des Schornsteinfegers auswirkt und heute so wie früher unerläßlich ist, so ist es als das ehemalige ursächlichste Arbeitsgebiet seit

Bestehen des Schornsteinfegerhandwerks nach wie vor von ausschlaggebender Bedeutung, obgleich es heute nicht mehr als vorbeugende Maßnahme allein ausreicht.

Schon in den dreißiger Jahren unseres Jahrhunderts wurde diese handwerkliche Funktion durch eine wirkungsvolle Maßnahme zum Schutze von Brandgefahren durch Schornsteine und Feuerstätten wesentlich erweitert. Das neue Aufgabengebiet — die Feuerstättenschau — wurde eingeführt mit dem Ziel, eine vermehrte Sicherheit zu gewährleisten.

Diese Feuerstättenschau, die nach der Verordnung über das Schornsteinfegerwesen — VOSch — vom 28. Juli 1937 erlassen ist, gibt in § 33 Abs. 2 dem Beruf eine neue Pflichtaufgabe.

In einem ganz bestimmten Turnus muß der Bezirksschornsteinfegermeister selbst die Arbeiten durchführen. Sie hat — ohne im Augenblick auf die technische Weiterentwicklung und die damit in Verbindung stehenden Folgerungen einzugehen — im gewissen Sinne nunmehr die all umfassende Tätigkeit des Schornsteinfegers im vorbeugenden Feuerschutz festgelegt.

Hier werden die höchsten Ansprüche an das fachliche Wissen und Können des Schornsteinfegers gestellt, hat er doch prüfend und äußerst kritisch — ohne sich von Sympathien oder Antipathien beeinflussen zu lassen — als Beauftragter der Polizei festzustellen, ob und welche Mängel an Schornsteinen und Feuerstätten vorhanden sind, die eine Feuersgefahr auslösen können.

Mit dieser Ermittlung allein ist es aber nun nicht getan, sondern er hat — gestützt auf seinen Auftrag — den Hausbesitzer auf die Mängel und die eventuellen Gefahren aufmerksam zu machen und diese mündliche Unterweisung durch eine schriftliche Mängelmeldung, in der auch eine Frist zur Abstellung vermerkt wird, zu erhärten.

Je nach Größe der Gefahr, dessen Beurteilung dem Bezirksschornsteinfegermeister obliegt, liegt es auch in seinem Ermessen, den Termin zur Abstellung zu bestimmen. Damit geht auf ihn die Verantwortung über. Stellt er fest, daß der Termin ungenutzt verstrichen ist, ist die Ortspolizeibehörde zu unterrichten. Aus dieser Handhabung mag man erkennen, wie wichtig es dem Gesetzgeber ist, daß die Feuerstättenschau ordnungsmäßig durchgeführt wird und Fehlerquellen beseitigt werden.

Der Wortlaut des § 33 Ziffer 2 der VOSch, der die Feuerstättenschau vorschreibt, kann vielleicht zu der irrigen Annahme führen, daß die Mängelmeldung an den Grundstückseigentümer und die Meldung an die Ortspolizei nur bei der Feuerstättenschau zu erstatten ist. Diese Bestimmung gilt aber gleichermaßen auch für Mängel, die bei den Kehrarbeiten ermittelt werden. Das geht aus den Ausführungsanweisungen 44 zu § 33 VOSch hervor.

Die Feuerstättenschau als eine außerordentlich wirksame Maßnahme zur Feuerverhütung — und das soll an dieser Stelle ganz besonders betont werden — hat gerade in den Jahren nach 1945 dem Bezirksschornsteinfegermeister eine Fülle neuer Arbeit und damit verbunden eine erhöhte Verantwortung gebracht, die der Gesetzgeber bei Erlaß der Reichsverordnung ebensowenig beurteilen konnte, wie der Beruf selbst dazu in der Lage war.

Der Krieg mit den Einwirkungen der Luft- und Brandminen, die Gebäude und Häuser vernichteten, hat aber auch nicht immer für jedermann sichtbare Schäden verursacht, die noch jahrelang in Erscheinung treten und als außerordentlich große Gefahrenquellen für Brände zu bezeichnen sind. Die provisorischen Bauweisen in der Zeit des Improvisierens und des Materialmangels, unzulängliche Planung in Bezug auf Schornsteinzahl, Überbelastung der Häuser durch den Flüchtlingsstrom und zurückgekehrte Evakuierte brachten eine Vermehrung der Feuerstätten mit sich, ohne daß an eine Vermehrung der Schornsteinzahl gedacht wurde.

Vorstehende Unzulänglichkeiten und vieles andere mehr macht den erhöhten Einsatz des Schornsteinfegers in der Feuerstättenschau erforderlich und die zögernde

Beseitigung der Gefahrenmomente stellt ihn vor ein Arbeitsvolumen, das ihn vollauf beschäftigt.

Berücksichtigt man, daß in jedem Jahr der zuständige Bezirksschornsteinfegermeister in dem vierten Teil seines Kehrbezirks die Feuerstättenschau durchführen muß, so bedingt die Inaugenscheinnahme sämtlicher Schornsteine und Feuerungsanlagen ein gerütteltes Maß an Arbeit.

Diese Außentätigkeit setzt sich nun weiter durch eine büromäßige Bearbeitung der Mängelmeldung, der Nachprüfungen, der Berichterstattung fort und wird dadurch der inganggesetzten Feuerstättenschau der Erfolg beschieden, der zur Beseitigung der Brandquellen führt.

Seitens der Berufsorganisation des Schornsteinfegerhandwerks werden jährlich Zusammenstellungen vorgenommen, um daraus Nutzanwendungen zu ziehen. Diese statistische Übersicht setzt uns in die Lage, auch für das Jahr 1953 festzustellen, inwieweit die Berufsangehörigen Mängel an Schornsteinen und Feuerungsanlagen festgestellt haben und wieviel davon abgestellt werden konnten, d. h. für die Zukunft als Brandursachen ausscheiden.

In der Bundesrepublik und West-Berlin sind durch die Feuerstättenschauen 666 003 Mängel an Altbauten festgestellt worden, also Brandursachen ermittelt.

In demselben Zeitraum sind 439 631 Mängel beseitigt worden. Wir nehmen berechtigt an, daß der Überhang von 226 372 Mängel in der Zeit vom 1. Januar 1954 bis heute zum größten Teil ebenfalls abgestellt werden konnte, aber damit nun nicht eine restlose Beseitigung der Gefahren angenommen werden kann, weil nämlich laufend neue Mängel auftreten.

Durchaus verständlich ist es, daß an Altbauten immer wieder aus diesen oder jenen Anlässen Mängel festzustellen sind; verständnislos steht der Beruf jedoch der Tatsache gegenüber, daß in sogenannten „Neubauten“ ebenfalls Mängel an Schornsteinen und Feuerungsanlagen festgestellt werden. Es soll hier nicht untersucht werden, wodurch diese Unzulänglichkeiten beim Bau von Schornsteinen entstehen. Hinweisen wollen wir nur darauf, daß im Jahre 1953 104 899 Neubaumängel bei der Tätigkeit des Schornsteinfegers ermittelt wurden und 85 967 auf Veranlassung der Bezirksschornsteinfegermeister beseitigt worden sind.

Es trüge wahrlich wesentlich zur Zusammenarbeit zwischen Schornsteinfeger und Feuerwehr bei, wenn man sich diese Zahlen einprägt, denn jeder einzelne Fall kann Veranlassung sein, daß der Einsatz der Feuerwehr erforderlich ist, weil Haus und Hof, Leben und Gesundheit unserer Mitmenschen in Gefahr ist.

Es ist nicht von der Hand zu weisen, daß beispielsweise der Schornsteinfeger, der jedes Haus in seinem Kehrbezirk kennt, bei der Brandbekämpfung eine wertvolle Unterstützung für die Feuerwehr sein kann. Vielleicht aus dieser Erkenntnis hat der Gesetzgeber dem Schornsteinfegerhandwerk zur Auflage gemacht, Mitglied der Pflicht- oder freiwilligen Feuerwehr zu werden, wenn eine solche für seinen Wohnsitz besteht. Dieser Nachweis der Zugehörigkeit zur Feuerwehr ist bei dem Antrag auf Eintragung in die Bewerberliste, über die der junge Meister zum Bezirksschornsteinfegermeister bestellt wird, zu erbringen.

Daß das Schornsteinfegerhandwerk eine sehr große Anzahl seiner Berufsangehörigen im praktischen Dienst in der Feuerwehr feststellen kann und diese ihre Aufgabe sehr ernst nehmen, mag beweisen, daß die verschiedensten Dienstgrade von Angehörigen des Schornsteinfegerhandwerks in der Feuerwehr bekleidet werden. Es wird auf den Artikel „Das Schornsteinfegerhandwerk in der Feuerwehr im Lande Nordrhein-Westfalen“ im Organ der freiwilligen Feuerwehren im Lande Nordrhein-Westfalen Nr. 3/54 verwiesen. Hier wurde festgestellt, daß in der Zeit von August 1948 bis zum 31. Dezember 1953 825 Schornsteinfeger durch die Feuerwehrausbildungslehrgänge der Landesfeuerwehrschule in Warendorf gegangen sind.

376 Schornsteinfeger nahmen an einer Grundausbildung teil,
242 an der Ausbildung zum Oberfeuerwehrmann,
19 zum Unterbrandmeister,
142 zum Brandmeister,
32 zum Maschinisten,
11 zu Kreisausbildern,
1 erhielt die Ausbildung im Atomschutz und
2 wurden für die Information geschult.

Wenn überall derselbe Eifer zur Mitarbeit in der Feuerwehr zu verzeichnen ist, bestände ein Idealzustand, der im Schornsteinfegerhandwerk und in der Feuerwehr den besten Garanten für den vorbeugenden Feuerschutz und einer wirkungsvollsten Brandbekämpfung abgibt.

Entstehungsursachen und Untersuchungsmethoden bei Bränden

Von Hugo Schneider, Stuttgart

Ein Brandfall kann nur dann mit Aussicht auf Erfolg aufgeklärt werden, wenn Anhaltspunkte dafür gegeben sind, w o , d. h. an welcher Stelle des Gebäudes, Raumes, Scheune usw. das Feuer ausgebrochen ist.

Dieser „Brandherd" enthält für den geschulten Ermittlungsbeamten — auch bei Totalfeuern — eine Fundgrube von Möglichkeiten, um bestimmte Schlüsse auf die Entstehungsursache des Feuers ziehen zu können. Man kann aus Brandherd und Brandverlauf, aus dem Grad der Verbrennungen an den einzelnen Gegenständen, aus Rußspuren, aus verdächtig angebrannten Möbelstücken, insbesondere aber an Hand gravierender Beweismittel, die nicht selten im Brandschutt gefunden werden, sowohl den zur Entstehungsursache des Feuers, als auch den zur Ermittlung eines evtl. Täters führenden Weg finden. In jedem Einzelfalle gilt es also zunächst einmal, sich über die Ursache des Brandes klar zu werden und sodann die Aufklärung dieser Ursachen zu betreiben. Der elementarste Leitsatz für den Brandermittler lautet: „Nur über den Weg der einwandfreien Klärung der Entstehungsursache können die dafür verantwortlich zu machenden Personen ermittelt werden." Man muß die meist nur spärlich vorhandenen Spuren erkennen und sie richtig auszuwerten verstehen.

Der wichtigste und wertvollste Gehilfe für den Ermittlungsbeamten ist hier derjenige Feuerwehrmann, der als erster an den eigentlichen Brandherd herankam, oder der Feuerwehrführer, der die Löscharbeiten leitete und sein Augenmerk dabei auch noch auf solche Erscheinungen richtete, die sich auf Anfang und Verlauf des Brandes beziehen.

Eine vorbehaltlose und uneingeschränkte Zusammenarbeit zwischen Polizei und Feuerwehr auf der Brandstelle zur Erforschung der Brandursachen ist eigentlich ein Gebot der Selbstverständlichkeit. Trotzdem muß gerade an dieser Stelle auf die zwingende Notwendigkeit einer solchen Zusammenarbeit hingewiesen werden, weil die Hauptaufgabe der Feuerwehr ja nicht in der Ermittlung der Brandursache, sondern in erster Linie in der Löschung des Brandes besteht. Es sei auch nicht verkannt, daß die Feuerwehr beim Eintreffen auf der Brandstelle manchmal Verhältnisse vorfindet, die sie nötigen, ihre ganze Aufmerksamkeit auf die Löscharbeiten oder darauf zu richten, daß Menschenleben oder Sachwerte gerettet werden oder der Weiterverbreitung des Feuers Einhalt geboten wird. Gut ausgebildete Wehren aber, deren Führer und Unterführer wissen, daß es außer dem Löschen auch noch auf Erkennen und möglichstes Erhalten von Spuren und Trümmern ankommt, werden, da solch' kritische

Fälle doch verhältnismäßig selten sind, schon beim ersten Angriff auch auf die kriminalpolizeilichen Belange gebührende Rücksicht nehmen und dafür sorgen, daß durch ihre Löschtätigkeit möglichst wenig von dem zerstört wird, was zur Ermittlung der Brandursache beitragen kann. Müssen zum Schutze von Menschen oder Sachen oder zur Verhinderung der Weiterverbreitung des Feuers Zerstörungen erfolgen, so kann dies nur auf ausdrückliche Anordnung des leitenden Feuerwehrführers geschehen. Mit jeder eingerissenen Decke oder Wand werden Spuren zerstört, die evtl. über die Entstehungsursache Aufschluß geben können. Insbesondere sollten Kamine und Feuerungsstätten, die ja häufig als Brandreste stehen bleiben, nicht ohne genügenden Grund umgelegt werden. Da es auch schon vorkam, daß Feuerwehren im Interesse der versicherten Brandgeschädigten Gebäudeteile unnötigerweise eingerissen haben, sei erwähnt, daß dadurch nicht nur wertvolle Spuren vernichtet oder zugeschüttet werden, sondern für die verantwortlichen Wehrmänner auch noch andere, unangenehme Folgen eintreten können. Einreißbefehle können nur vom leitenden Feuerwehrführer gegeben werden, auch darf mit Aufräumungsarbeiten erst begonnen werden, wenn Polizei bzw. Staatsanwaltschaft die Brandstelle freigegeben haben.

Diese an sich zur Aufklärung von Bränden in erster Linie zuständigen Organe kommen aber im Regelfalle nicht als erste an den Brandplatz. Hier muß es deshalb die Feuerwehr sein, die ihre schützende Hand solange über der Brandstelle hält, bis die Ermittlungen über die Entstehungsursache in gemeinschaftlicher Zusammenarbeit hinreichend geklärt erscheinen.

Genau wie bei einem Kapitalverbrechen (Mord, Totschlag, Raub usw.) es die Schutzpolizei ist, welche bis zum Eintreffen der Kriminalpolizei den Schauplatz des Verbrechens absperrt und etwa vorhandene Spuren vor Beschädigung oder Zerstörung schützt, so muß sich bei Bränden die Feuerwehr bewußt sein, daß sie neben dem Löschen auch noch die Aufgabe hat, ihr Augenmerk auf solche Vorgänge und Wahrnehmungen an der Brandstelle zu richten, welche für die nachfolgenden Brandermittler von Wichtigkeit sein können, und sie muß dabei bestrebt sein — soweit es sich mit den Löschmaßnahmen vereinbaren läßt —, diese Spuren oder Beweismittel zu erhalten. In Großstädten, mit ihren modern und schlagkräftig ausgerüsteten Berufs- bzw. Fabrikfeuerwehren, ist diese enge Zusammenarbeit zwischen Polizei und Feuerwehr längst gewährleistet und zur Selbstverständlichkeit geworden. Hier sind als Feuerwehrführer technisch vorgebildete Berufsbeamte tätig, denen die wichtigsten Entstehungsursachen von Bränden und die in Frage kommenden Untersuchungsmethoden hinlänglich bekannt sind und die auch wissen, daß jede aufgeklärte Brandursache einer Verhütung von Bränden gleichkommt. Abgesehen von Industriebränden sind indes schwere Feuerschadensfälle in den großen Städten doch verhältnismäßig selten, während es auf dem Lande weit häufiger brennt und dann leider Totalbrände die Regel bilden. Dies ist hauptsächlich darauf zurückzuführen, daß die Löschhilfe nicht so rasch zur Stelle sein kann wie bei einer Berufsfeuerwehr und daß auf dem Lande die Voraussetzungen „zum Brennen“ infolge des reichlich vorhandenen Brennstoffes, der überwiegenden Holzbauweise, wegen Wassermangel oder unmodern gewordenen Feuerlöschgeräten in besonderem Maße gegeben wird.

Es soll deshalb in erster Linie den ländlichen Feuerwehrführern gelten, wenn hier mit besonderem Nachdruck darauf hingewiesen wird, daß es Aufgabe einer modernen Wehr ist, nicht nur zu „löschen“, sondern auch „aufzuklären“. Um aber hierzu in der Lage zu sein, müssen sie die hauptsächlichsten Brandursachen kennen und über wichtige Spuren Bescheid wissen, ganz gleich, ob sie auf Besonderheiten des Anfangsbrandes — auffallende Rauch- oder Gasentwicklung, starke Rußniederschläge, große Hitze und Explosionen, eigentümliche Geräusche und Gerüche, erhebliche Funkenbildung, Rückstände von Brennmitteln u. a. m. —, oder auf die Wirkungen des Feuers selbst zurückzuführen sind.

Brandbeginn und Branddauer, Brandraum und Brandherd, Brandverlauf, Funktionieren der elektrischen Anlagen (Leitungen und Geräte), auffallende Veränderungen während des Brandes, stoßweises Nachlassen und Zunehmen der Feuererscheinungen, Wetter, Richtung und Stärke des Windes usw. sind Punkte, denen in allen Fällen große Bedeutung beizumessen ist.

Daß die Aufklärung von Brandfällen zum schwierigsten Kapitel der Kriminaluntersuchung gehört, ist längst bekannt. Deshalb sind auch die Landeskriminalämter und die Polizeiverwaltungen der großen Städte schon vor mehr als 30 Jahren (in Stuttgart im Jahre 1923!) dazu übergegangen, besondere Dienststellen für die Bearbeitung von Brandsachen einzurichten. Die auf diesem Spezialgebiet arbeitenden Ermittlungsbeamten sind selbstverständlich theoretisch und technisch besonders geschult, was aber allein nicht genügen würde, wenn nicht die große praktische Erfahrung hinzukäme, welche man sich eben doch nur in einer immerwährenden und längeren Dauer praktischer Arbeit erwerben kann. Diese Ermittlungsbeamten halten dann in gewissen Zeitabständen sogenannte „Brandermittlungslehrgänge" ab, so daß auch die mit dem ersten Angriff betrauten, auf dem flachen Lande stationierten Beamten sich Sonderkenntnisse aneignen oder diese von Zeit zu Zeit wieder auffrischen können. Ähnlich verhält es sich jetzt glücklicherweise auch bei den Berufsfeuerwehren und den Landesfeuerwehrschulen. Auch dort werden nun im Dienstunterricht die Grundzüge bei der Brandermittlung eingehend behandelt, wodurch die Erfolgsziffer der Polizei, soweit sie die Ermittlungen der Brandursachen und Brandstiftungen betrifft, wesentlich gestiegen ist. Es wäre jedoch ein großer Irrtum zu glauben, man könne sich deshalb mit dem bis jetzt Erreichten zufrieden geben. Die Statistik lehrt deutlich genug, daß — wie nach dem ersten Kriege — auch jetzt wieder seit Stabilisierung der Währung die Brände zunehmen. Die Schadenskurve geht rapid in die Höhe, sobald man mit den Entschädigungen, welche die Versicherungsgesellschaften zu bezahlen haben, wieder etwas anfangen kann. In Zeiten einer mehr oder weniger großen Geldentwertung rentiert sich das „Brennen" nicht, weshalb auch die Sorgfalt im Umgang mit Feuer und Licht oder elektrischen Apparaten und chemischen Substanzen sofort größer wird und die vorsätzlichen Brandstiftungen — soweit diese auf Erlangung der Versicherungssumme gerichtet sind — vorübergehend ganz aufhören. Erst kürzlich war in den Zeitungen zu lesen, daß im Bundesgebiet jeden Tag Werte in Höhe von durchschnittlich 600 000 DM durch Brände vernichtet werden, wobei wertmäßig die größten Schäden bei der Industrie und in der Landwirtschaft liegen. So sind beispielsweise die Feuerschäden in der Bundesrepublik im April 1954 wieder auf 19 Millionen DM angestiegen, nachdem sie im März des gleichen Jahres einen Tiefstand von knapp 12 Millionen erreicht hatten. Sie übertrafen damit den Stand vom Vorjahr (April 1953) um 40%. Diese wenigen Zahlen sind herausgegriffen, um aufzuzeigen, daß Brandschaden gleich Landschaden ist, weil das Volksvermögen dadurch geschmälert wird und jeder einzelne sozusagen „mitgeschädigt" ist. Gerade deshalb kann auf die Notwendigkeit einer guten Zusammenarbeit zwischen Polizei und Feuerwehr nicht eindringlich genug hingewiesen werden.

Das Sprichwort: „Leichter 10 Morde, als einen Brandfall aufklären", gilt heute nicht mehr. Die Wissenschaft hat uns zahlreiche Möglichkeiten gegeben, aus den wenigen zurückgebliebenen Resten gewisse Schlüsse zu ziehen. Es ist deshalb auch für eine erfolgreiche Mitarbeit der Feuerwehr bei der Untersuchung von Brandfällen Voraussetzung, daß ihre Männer die hauptsächlichsten Brandursachen kennen und einen gewissen Einblick bekommen, worauf es bei der polizeilichen Untersuchung besonders ankommt.

Wenn nun hier in Kürze hierüber einige Ausführungen folgen, so ist sich Verfasser bewußt, daß es sich für manchen Leser um Dinge handelt, die er schon einmal gehört hat. Aber gerade in unserer jetzigen, schnellebigen Zeit mit ihren vielfältigen

Neueindrücken des Tages ist es nötig, daß man seine Überlegungen immer wieder in einer bestimmten Richtung konzentriert und damit ganz oder teilweise in Vergessenheit Geratenes wieder auffrischt.

Das sehr umfangreiche Stoffgebiet über die hauptsächlichsten Brandursachen läßt sich im Rahmen dieser allgemeinen Darstellung in einfachster Weise folgendermaßen gliedern:

I. Natürliche Brandursachen, d. h. Ursachen, die von menschlichem Verhalten vollständig unabhängig sind.

II. Technische Brandursachen.

III. Durch Menschen verursachte Brände.

Natürliche Brandursachen sind:

1. Blitz. Zündung durch Blitzschlag ist kenntlich an den Einschlagwirkungen. Der Erdboden ist siebartig durchlöchert, von den Mauern ist der Kalk losgerissen, Bäume und Holzteile sind zersplittert, Metallteile oder Drähte geschmolzen, manchmal auch Steine verglast. Beim Einschlagen ist meist starker Schwefelgeruch vorhanden. Fährt der Blitz in einen Schornstein oder Ofen, so wird der Ruß aufgewirbelt und in der Umgebung verbreitet. Manchmal teilt sich der Blitz strahlenförmig und zündet an mehreren Stellen. Wenn vorhandene Blitzableiter schadhaft geworden sind oder ihre Erdung ungenügend war, ist trotz ihres Vorhandenseins Blitzschlag möglich. Alle Gebäudeteile sind deshalb sorgfältig auf Blitzwirkungen zu untersuchen. Im Erdreich, namentlich im Sandboden, entstehen häufig sogenannte Blitzröhren. Aber nicht immer brauchen die vom Blitz getroffenen Gegenstände Brandwirkungen aufzuweisen. Manchmal erfolgt, selbst bei leicht brennbaren Gegenständen, lediglich eine Deformierung des Materials. Bei behauptetem Blitzeinschlag sind eingehende Untersuchungen, nicht nur an Kaminen und Öfen, sondern auch an elektrischen Anlagen und etwaigen Antennen vorzunehmen. Auch hier fällt es wieder auf, daß nach der Statistik 9/10 aller Brände, die durch Blitzschlag verursacht wurden, auf das Land entfallen. Dies kommt sicher nicht allein von mangelhaften Blitzschutzanlagen, sondern häufig auch daher, daß Brandstifter gerade während eines Gewitters tätig werden, um Blitzschlag vorzutäuschen. Wenn nicht einwandfreie Blitzspuren festzustellen sind, ist in solchen Fällen eingehende Untersuchung durch Sachverständige erforderlich.

2. Sonnenstrahlen. Daß die Sonne in Verbindung mit Sammellinsen und Spiegeln leicht brennbare Gegenstände zur Entzündung bringen kann, ist bekannt. Wird dies behauptet, so muß die Lage des als Brennpunkt in Betracht kommenden Gegenstandes und der Stand der Sonne bei und vor Ausbruch des Feuers festgestellt werden.

3. Meteore. Daß sie einen Brand verursachen ist selten, doch immerhin möglich. Es soll schon vorgekommen sein, daß beim Niedergang eines Meteors behauptet wurde, der in seiner Einschlagnähe entstandene Brand sei darauf zurückzuführen. Hier müssen glaubhafte Zeugen ermittelt werden, die das Fallen des Meteors gesehen und sein starkes Geräusch gehört haben. Außerdem sind zur Untersuchung in diesem Falle Sachverständige (Geologe, Mineraloge, Chemiker) heranzuziehen.

4. Naturgewalten. Wind, Sturm, Regen, Hochwasser, Erdbeben, Korrosion, Frost usw. Wind (Sturm) kann Laternen oder brennende Lampen umwerfen, elektrische Leitungsdrähte abreißen, Flugfeuer verursachen, weggeworfene Zigarren- oder Zigarettenstummel und glühende Asche mit leicht brennbaren Gegenständen in Verbindung bringen, auf Schornsteine drücken, so daß etwa vorhandene Gase herabgedrückt werden und sich an der Feuerung entzünden. Feuchtigkeit, so merkwürdig

es klingt, kann ebenfalls Brandursache sein. Man denke nur an die Verbindung von ungelöschtem Kalk oder von Karbid mit Wasser. Im ersteren Falle entsteht ein gewaltiger Erwärmungsvorgang, der brennbare Stoffe, die als Unterlage oder Behälter des Kalks dienen, in Brand setzt, während sich im zweiten Falle das äußerst explosionsgefährliche Azetylengas bildet.

5. Selbstentzündungen. Hier handelt es sich um biologische oder chemische Vorgänge. Es entsteht eine Wärmeanhäufung, gesteigert durch mangelnde Wärmeableitung und schließlich Erhitzung bis zur Zündtemperatur. Die Wärmeanhäufung kann durch Hinzutritt von Feuchtigkeit (Futtermittel, Kalk usw.) oder durch Reibung, Stoß, Fall, Druck, Pressung, Schlagen usw. oder durch Luftsauerstoffaufnahme (ölige und fettige Faser- und Gewebestoffe, Putzlappen, Putzwolle) oder durch chemische Präparate (Phosphor, Magnesium usw.) entstehen.

Da es sich bei einer behaupteten Selbstentzündung von Futtermitteln um eine sogenannte „beliebte Brandursache" handelt, ist sofortige Heranziehung des Gerichtschemikers und Sicherstellung von Proben verbrannter und unverbrannter Futtermittel erforderlich. Bei nicht genügend ausgetrockneten Futtermitteln, die in großen, dichten Haufen gelagert werden, kommt es zu einer besonderen Art von Keimbildung. Diese Bakterien entwickeln Wärme bis zu 300° C, was bei Zutritt von Sauerstoff Anlaß zu Bränden gibt. Vor der eigentlichen Entzündung entsteht aber ein brenzlicher Geruch und an verschiedenen, meist am Rande des Heustocks gelegenen Stellen ist leichte Dampfentwicklung wahrzunehmen. Das Futter senkt sich in den mittleren Partien, so daß auf der Stockoberfläche leicht sichtbare Mulden entstehen. In allen Landkreisen sind aber heute die Weckerlinien mit der Heustocksonde ausgerüstet. Das Abtragen von gefährlich erhitzten Heustöcken darf nur unter Beobachtung bestimmter Vorsichtsmaßregeln geschehen. Zur Selbstentzündung können immer nur größere und dicht gelagerte Mengen von Futtermitteln kommen, also wenn die Luft nicht in das Innere eindringen kann.

Durch regelmäßige Aufklärung der Landbevölkerung über die Möglichkeiten einer Selbstentzündung von Futtermitteln im Rahmen von Feuerverhütungswochen. Vorträgen, Aufsätzen in landwirtschaftlichen Wochenblättern und in den Tageszeitungen ist ein merkbarer Rückgang dieser Brandursachen zu verzeichnen.

Gelegentlich kommt es auch bei Kohlen und Briketts, öligen und fettigen Metallspänen, Hobel- und Sägespänen, Faserstoffen, Lumpen usw. zu Selbstentzündungen. Während bei Kohlen Voraussetzung hierfür eine Lagerung in hohen Haufen ist, können sich ölige und fettige Faser- und Gewebestoffe, z. B. Putzlappen, Putzwolle usw., schon in kleineren Mengen selbst entzünden. So kam es einmal in einem Kunstmaleratelier zu einem Brand, weil Mallappen, die mit Terpentin- und Leinöl getränkt waren, zusammengeballt in den Papierkorb geworfen wurden. Auch in Autogaragen waren schon ähnliche Brandursachen festzustellen, weil versäumt wurde, ölige Putzwolle in feuersicheren, dicht abgeschlossenen Behältern aufzubewahren.

6. Tiere haben eine instinktive Abneigung gegen offenes Feuer. Doch können sie durch zufällige Umstände, Umwerfen von Lampen, Laternen, Kochgeräten usw., zum Brandstifter werden. Ferner ist es möglich, daß Mäuse, Ratten oder andere Nagetiere durch Beschädigung der Isolationen von elektrischen Leitungen einen Kurzschluß herbeiführen.

Technische Brandursachen sind:

1. Mangelhafte elektrische Anlagen und Geräte. Im Rahmen dieser Arbeit würde es zu weit führen, im einzelnen Ausführungen über Kurzschluß, Erdschluß, Körperschluß, Lichtbogen usw. zu machen. Weil aber der elektrische Strom allzu häufig dazu herhalten muß, der Brandstifter gewesen zu sein, ist es nötig, daß

sofort alle noch vorhandenen elektrischen Leitungen, Steckdosen, Sicherungen, Geräte usw. beschlagnahmt und Sachverständige zur Untersuchung hinzugezogen werden. Wurden vor dem Brand Schwankungen in der Stromzuführung beobachtet? Hat das Licht bei Brandausbruch noch gebrannt usw.? Über die große Zahl weiterer Fragen, die in einem solchen Falle aufzuwerfen sind, existieren zahlreiche Anweisungen der Aufsichtsbehörden sowie Merkblätter und Broschüren der Versicherungsgesellschaften über die Entstehung von Bränden durch elektrische Vorgänge. Erwähnt sei hier nur, daß die Sicherung nicht in allen Fällen anspricht, wenn der elektrische Strom von seinem vorgeschriebenen Wege abweicht. So kann beispielsweise ein sogenannter Lichtbogen zu Bränden führen, ohne daß die Sicherung durchschmilzt. Auch nicht alle an den Leitungen vorgefundenen Brandperlen oder Schmorstellen müssen auf einen brandverursachenden Defekt zurückzuführen sein. Manchmal sind sie auch die Folge der durch den Brand selbst entwickelten Hitze.

2. Mangelhafte Feuerungsanlagen. Hier kommen hauptsächlich Baufehler, bauliche Mängel an Feuerstätten, Rauchabzugsrohren und Schornsteinen, schadhaft gewordene Feuerungsanlagen, zu geringer Abstand von brennbaren Stoffen u. a. m. in Betracht. Schornsteine, welche auch bei Totalbränden häufig stehen bleiben, müssen in diesem Falle besonders peinlich untersucht werden. Ob die Beschädigungen an ihnen alt oder neu, d. h. erst durch die Feuerwehr verursacht sind, läßt sich an Rauch- und Rußspuren feststellen. Kamindefekte werden auch künstlich hergestellt und die zum Reinigen bestimmten Kamintürchen absichtlich geöffnet.

3. Explosionen. Diese entstehen durch Dämpfe oder Gase, die sich mit dem Sauerstoff der Luft vermischen und bei einem bestimmten Mengenverhältnis ein sogenanntes explosibles Gemisch geben, das der kleinste Funke, wie er manchmal beim Einschalten des elektrischen Lichtes an sogenannten Wackelkontakten entsteht, zur Entzündung bringen kann. Die bekanntesten Explosionen sind durch Leuchtgas, Benzindampf, Azetylen, Kohlenoxyd, Alkoholdampf usw. entstandenen. Aber auch Staub von Mehl, Zucker und Kohlen sowie die eigentlichen Sprengstoffe und sprengstoffähnlichen Erzeugnisse, wie Zelluloid, Filme usw., gehören hierher.

Unter die sogenannten mechanischen Explosionen fallen Turbinen-, Kessel-, Schwungrad- und Stahlflaschenexplosionen.

Durch Menschen verursachte Brände.

Hier unterscheidet man lediglich zwischen vorsätzlichen und fahrlässigen Brandstiftungen. Um die letzteren vorweg zu nehmen, sei gesagt, daß es unmöglich ist, eine vollständige Aufzählung aller auf menschliche Fahrlässigkeit zurückzuführende Brandfälle zu geben. Genannt sei hier nur die leichtsinnige Gebarung mit Licht, Feuer, Feuerstätten, leicht entzündbaren Gegenständen oder Flüssigkeiten, Nichtbeachtung von Vorsichtsmaßregeln in Betrieben, Theatern, Kinos, Werkstätten, öffentlichen Gebäuden, Verursachung von Waldbränden durch Feueranzünden oder Wegwerfen brennender oder glimmender Gegenstände. Ferner das Spielen von Kindern mit Streichhölzern, das Zündeln oder Rauchen halbwüchsiger Burschen, das achtlose Wegwerfen der Reste von Rauchmaterial, wodurch namentlich in den Städten nicht selten Untergeschoßbrände entstehen, das Trocknen von Wäsche in gefährlicher Nähe des Ofens, das Aufgießen von Petroleum, Benzin oder Spiritus auf Feuer, das Nachfüllen brennender Petroleumlampen, das Hantieren mit Benzin, Aether, Alkohol, Terpentin oder das Kochen von Wachs ohne Wasserbad, weiter das elektrische Bügeleisen und das Heizkissen, welches versehentlich nicht ausgeschaltet wurde, offengelassene Gashähne, undichte Muffen an den Gaszuleitungen, schadhafte Gasschläuche, übergelaufene Kochtöpfe (Milch!), wodurch die Gasflamme erlischt, das Gas aber unbeachtet weiter ausströmt usw. Aber auch auf das unvorsichtige Hantieren mit

Lötlampen oder Schweißbrennern und auf das Überbrücken von elektrischen Sicherungen und Flicken schadhafter Leitungen muß hier hingewiesen werden. Grobe Fahrlässigkeiten bewirken nach den geltenden Vorschriften den Verlust der Brandentschädigung.

Ehe nun der Vorsatz, also die rein verbrecherische Verursachung von Bränden erwähnt wird, sei zunächst einmal vorausgeschickt, daß alle bis jetzt abgehandelten Fälle, in denen Brände durch natürliche oder technische Ursachen oder durch Fahrlässigkeit herbeigeführt wurden, vom Brandstifter vorgetäuscht werden können. Hat der Ermittlungsbeamte systematisch alle in Betracht kommenden Brandverursachungsmöglichkeiten geprüft und ist er nach Ausmerzung aller anderen Punkte am Vorsatz haften geblieben, so erhebt sich sofort die Frage nach dem Motiv zur Tat, weil hiervon die Prüfung und Abgrenzung des als verdächtig oder schuldig in Betracht kommenden Personenkreises abhängt. An erster Stelle steht hier der Versicherungsbetrug, d. h. die Wirtschaftslage des Abgebrannten, wirtschaftliche Not, Erlangung von Arbeit oder Belohnungen, Ausschaltung der Konkurrenz usw. Seltener ist die Brandstiftung aus Anlaß anderer Verbrechen, zur Verdeckung eines Mordes oder Einbruchs oder einer Unterschlagung oder einer anderen, zuvor schon verübten Straftat oder eine Brandstiftung aus Gefälligkeit. Politische Gründe scheiden fast ganz aus; es bleibt jedoch die große Zahl der Psychopathen, Hemmungslosen oder Asozialen, die besonders gerne zu Brandstiftungen neigen. Um nur einige der hauptsächlichsten Beweggründe herauszugreifen, seien hier genannt der Nachahmungstrieb, Großmannssucht, Eitelkeit, Neid, Rache, Freude am Feuer (Pyromanie), das Heimweh Jugendlicher, Furcht vor Strafe, Schwachsinn, Pubertätsstörungen, Menstruation, Alkoholismus und die Fälle reiner Geisteskrankheit. Alle diese Beweggründe kennt der Kriminalist und weiß, wo er die in Frage kommenden Personen zu suchen hat. Besondere Aufmerksamkeit verdienen hierbei neben dem Besitzer und seinen Angehörigen auch Jugendliche oder Schwachsinnige, die im Hause verkehren oder im Dorfe wohnen.

Zu den wichtigsten Untersuchungsmethoden bei Bränden gehören:

1. die besonderen Ermittlungen bei Brandfällen,
2. Spurensicherung unter besonderer Berücksichtigung der sogenannten Brandstiftungstechnik,
3. die eigentliche Überführungsarbeit.

Dieses besonders umfangreiche Thema kann naturgemäß nur dann vollkommen erörtert werden, wenn es sich um einen internen Personenkreis handelt, wie dies bei Ermittlungsbeamten der Polizei, im Dienstunterricht der Feuerwehr oder bei Sonderlehrgängen an Polizei- und Feuerwehrschulen der Fall ist.

Erwähnt sei hier nur, daß sich in schwierig gelagerten Fällen eine sachgemäße Untersuchung des Brandschuttes nicht umgehen läßt. Auch bereits abgetragener Schutt muß, soweit er vom mutmaßlichen Brandherd stammt, durchsucht werden. Verdächtiger Brandschutt muß in luftdicht abgeschlossenen, geruchlosen Büchsen oder Einmachgläsern verwahrt und auf schleunigstem Wege zum Sachverständigen gebracht werden. Die sogenannte Brandstiftungstechnik spielt bei weitem nicht die Rolle, die ihr häufig zugeschrieben wird. Mechanische, chemische, elektrische oder optische Brandstiftungsapparaturen sind verhältnismäßig selten. Vorherrschend ist und bleibt entweder die Schnellzündung oder die Zeitzündung. Wenn es an leicht brennbaren Stoffen nicht mangelt, kommt der „Anzünder“ mit Streichhölzern aus. In allen anderen Fällen aber muß er erst einen „Brandherd“ schaffen und zu diesem Zwecke besondere Vorbereitungen treffen. Zur Zeitzündung bedient sich der Brandstifter meist der Kerze. Mitunter werden Kerzen auch mit Zünd- oder selbstgefertigten Wachsschnüren untereinander verbunden, so daß der Täter hierdurch doppelt viel Zeit gewinnt. In diesem Falle wird die zweite Kerze niederer gestellt als die erste. Ist diese heruntergebrannt, so entzündet sich mittels der verbindenden Wachsschnur die zweite usw. Aber nicht nur von leicht brennbaren Flüssigkeiten, sondern auch von Kerzen und Zünd- oder Wachsschnüren lassen sich Reste nachweisen. Sogar im Brandherd gefundene Streichhölzer wurden schon zum Verräter. Man soll nicht glauben, daß immer alles restlos verbrennt.

Bezüglich der Überführungsarbeit soll hier nur erwähnt sein, daß, wenn Versicherungsbetrug vermutet wird, die Prüfung der Vermögensverhältnisse des Verdächtigen an erster Stelle steht. Der Brandermittler muß in jedem Einzelfalle prüfen, welche der vielen Möglichkeiten von Entstehungsursachen in Betracht kommen können und welchen von ihnen ein gewisser oder höherer Grad von Wahrscheinlichkeit beizumessen ist.

Und nun noch einige Worte über „Brandverhütung". Vorbeugen ist bekanntlich besser als heilen und auch wesentlich billiger. Wer könnte aber hier besser und erfolgversprechender mitwirken als der Feuerwehrführer oder der sachkundige Handwerksmeister, der in der freiwilligen Feuerwehr Dienst leistet. Das Verhüten von Bränden ist nicht allein Aufgabe der Behörden und Beamten der Polizei, sondern auch der Feuerwehren. Durch ein sinn- und zweckvolles Zusammenarbeiten zwischen Polizei und Feuerwehr, durch gemeinsame Erörterungen aller wichtigen Fragen hinsichtlich der Entstehungsursachen, Durchsuchen des Brandschuttes usw. muß schließlich der Zweck erreicht werden und kann ein Erfolg nicht ausbleiben. Wenn auf diese Weise ein Brand aufgeklärt wird, so ist dies die allerbeste Vorbeugung, denn eine einzige aufgeklärte Brandstiftung kann in ihrer Wirkung durch keine andere, noch so intensive Vorbeugungsmaßnahme erreicht werden.

Aus jedem Brand kann man lernen und zwar nicht nur wie der Brand entstanden ist, sondern auch wie man Schadenfeuern für die Zukunft am besten vorbeugt.

Der Blitzableiter im Wandel der Zeiten

Von Wilhelm Harms, Hannover

Geschichtliches

Schon die ältesten Völker der Erde haben sich mit den Naturerscheinungen Blitz und Donner beschäftigt und eigenartige Ansichten über ihr Zustandekommen gehegt. Die Inder sollen nach alten Aufzeichnungen Eisenstangen, mit den zugespitzten Enden gegen den Himmel gewandt, in die Erde gesteckt haben, um Gewitterwolken, Blitz und Hagel abzuwehren. Man könnte geneigt sein, in diesem Brauch eine erste zweckentsprechende Blitzschutzvorrichtung zu erkennen; doch fehlte es in jener Zeit an jeglicher Kenntnis über die Natur des Blitzes und somit die Möglichkeit seiner Abwehr.

Durch einen Drachenversuch, der die elektrische Natur des Blitzes bestätigte, wurde Franklin 1747 angeregt, Blitzableiter zu bauen. Er errichtete im September 1752 auf seinem Hause eine Wetterstange, verbunden mit einem elektrischen Glockenspiel zur selbsttätigen Anzeige elektrischer Entladungen. 1786 wurde das Haus vom Blitz getroffen. Es nahm keinen Schaden, die Anlage hatte sich bewährt.

Um die gleiche Zeit hat der Böhme Divisch Versuche zum Nachweis der Luftelektrizität angestellt und der Kaiserin Maria Theresia vorgeführt. Er entwickelte daraus die Konstruktion einer „meteorologischen Maschine um das Gewitter abzuwenden", die 1754 aufgestellt wurde.

In Deutschland ist der erste Blitzableiter 1769 auf dem Jacobi-Kirchturm in Hamburg angelegt, weitere folgten bald darauf. Die Länge der Fangstangen betrug bis zu neun Meter. Ihre Spitzen wurden vergoldet und mit Platin versehen und um die „Anziehungskraft“ zu verstärken, waren dreigeteilte Spitzen nicht selten. Von den Stangen führte eine dicke Ableitung zur Erdungsplatte.

1782 befanden sich auf den 1300 Häusern von Philadelphia mehr als 400 Blitzableiter und auch in Deutschland war eine starke Zunahme zu verzeichnen.

Den mutigen Forschungstaten einzelner Männer stellte sich bald die Unterstützung durch Institutionen an die Seite, welche danach strebten, die durch Blitzschläge bedrohten Werte zu erhalten.

Ab 1870 haben deutsche Feuersozietäten Untersuchungen über Blitzschäden angestellt, die Prüfung der Anlagen durchgeführt und den Blitzableiterbau gefördert.

In den Brandschutzmuseen einiger größerer Städte und im Deutschen Museum werden die Wirkungen von Blitzentladungen und Schutzmaßnahmen dagegen vorgeführt.

Vorschriften und Normung

Um 1880 haben technisch wissenschaftliche Vereine, Feuerversicherer u. a. einheitliche Vorschriften verfaßt, nach denen die Blitzableiter hergestellt werden sollen.

1885 hat der Elektrotechnische Verein zu Berlin in einem Ausschuß die Arbeiten fortgeführt. Er wurde auf Anregung des hannoverschen Blitzableiterherstellers Siemsen gegründet. Bedeutende Männer ihrer Zeit, wie Siemsen, Helmholtz, Kirchhoff u. a. waren darin vertreten. Im Jahre 1886 erschien als erste Veröffentlichung ein kleines Heftchen: „Die Blitzgefahr Nr. 1“.

Am 28. Juni 1901 wurden die „Leitsätze über den Schutz der Gebäude gegen den Blitz“ bekanntgegeben und 1913 durch Erläuterungen und Ausführungsvorschläge erweitert. 1914 sind sie für die breitere Öffentlichkeit zusammengestellt worden.

Im Jahre 1917 wurde der „Ausschuß für Blitzableiterbau“ ABB gebildet. Dem neuen Ausschuß gehörten nicht mehr einzelne Sachverständige, sondern Interessenverbände an.

Der heutige ABB (West) setzt sich aus 17 Organisationen und Verbänden zusammen. Er hat die Aufgabe, wissenschaftliche Erkenntnisse zu gewinnen, praktische Erfahrungen zum Nutzen eines vereinfachten sicheren und billigen Schutzes zu verwerten und neben dem Schutz der Gebäude dem Personenschutz eine größere Aufmerksamkeit zuzuwenden. Die Leitsätze und technischen Grundsätze des ABB sind in dem Buche „Blitzschutz“ zusammengefaßt und als anerkannte Regeln der Technik zu werten.

Um Blitzableiterbaustoffe zu erhalten, die bezüglich ihrer mechanischen und elektrischen Festigkeit und ihrer Witterungsbeständigkeit ausreichend und nach Form, Abmessungen und Zusammensetzung einheitlich sind, wurde ihre Normung notwendig, an deren Vervollständigung fortlaufend gearbeitet wird.

Die Normblätter DIN 48800 bis 48860 regeln die Verwendung geeigneter gleichwertiger Baustoffe, bieten eine Grundlage für die Ausarbeitung von Planungen und Kostenangeboten und erleichtern die Beurteilung der Anlagen nach den ABB Bestimmungen.

Anordnung und Baustoffe

Das Grundprinzip der Blitzschutzanlage hat im Verlaufe von 200 Jahren kaum Veränderungen erfahren. Ihre Hauptbestandteile sind: Auffangvorrichtungen, Ableitungen und Erdungsanlage. Die Baustoffe, deren sinnvolle Anordnung erst einen wirksamen Blitzschutz ergibt, sind durch Normung den erhöhten Anforderungen an Sicherheit und Wirtschaftlichkeit angepaßt worden. Die lange Schutzstange ist fortgefallen. An die Stelle einer einzigen Ableitung mit großem Durchmesser ist das Leitungsnetz mit geringem Querschnitt getreten. Die Erdplatte hat ihre Funktion an die Wasserleitung, den Rohrerder oder Banderder abgegeben.

Ein festes Schema für die Anlagen kann nicht gegeben werden, weil Bauweise, Dachart, die Lage vorhandener Metalle und Bodenverhältnisse stets anders sind. Nur erfahrene Fachleute können alle Momente abwägen und von Fall zu Fall die richtige Anordnung treffen.

Blitzchutzanlagen, die sorgfältig geplant, unter Verwendung genormter Baustoffe und -teile unter Beachtung der ABB Bestimmungen handwerksgerecht hergestellt werden, bieten Gewähr für ein Höchstmaß an Sicherheit für das geschützte Gebäude, für seinen Inhalt und für die darin lebenden Menschen und Tiere.

Derzeitiger Stand des Blitzschutzes

Die Zahl der schädlichen Blitzentladungen hat immer mehr zugenommen. Heute betragen die Schäden verursachenden Blitzentladungen das Vier- bis Fünffache gegenüber den Jahren um 1875. Diese Tendenz nur mit zunehmender Gewitterhäufigkeit zu erklären, ist nicht überzeugend, denn auch in gewitterarmen Jahren der letzten Zeit wurden viele zündende und kalte Einschläge registriert. Es müssen weitere Gründe vorliegen, die zu der Erscheinung führen. Noch zu Beginn dieses Jahrhunderts wurden die Gebäude, besonders auf dem Lande. aus Holz und Stein gebaut. Von Blitzeinschlägen wurden nur solche Gebäude betroffen, die sich zufällig in der Blitzbahn befanden, denn die Entladungen suchen ihren Ausgleich in der Erde. In zunehmendem Maße wurden dann in neuerer Zeit eiserne Bauelemente, Stützen und Träger eingebaut, elektrische Anlagen mit ihrem weitverzweigten Leitungssystem fanden Verbreitung. Anstelle des abseits vom Hause liegenden Ziehbrunnens wurde die mit einem Saugrohr verbundene Handpumpe und später die automatische Hauswasserversorgungsanlage oder die Ortswasserleitung mit ihrem ausgedehnten Rohrnetz installiert. Ferner sind Zentralheizungsanlagen mit in den Dachräumen angeordneten Ausdehnungs- bzw. Füllgefäßen keine Seltenheit mehr. Dazu kommen die Metallbauteile von Förderanlagen jeder Art, welche sich bis unter die Firste von Scheunen und Stallgebäuden erstrecken.

Diese Fülle von metallenen, geerdeten Bauteilen und Installationen beeinflussen die Blitzeinschlagstelle und den Blitzweg. Der Erdausgleich für die Blitzspannung ist durch die Metalleinbauten in die Gebäude und zwar bis an ihre höchsten Stellen verlagert worden. Damit ist der Blitzeinschlag in solche Gebäude nicht mehr auf Zufälligkeiten beschränkt. Darin dürfte die Hauptursache für den Anstieg der Blitzschäden zu suchen sein.

Es kann demnach auch nicht verwundern, daß selbst die Gebäude Schäden erleiden, die mit alten Blitzableitern versehen sind. Früher konnten die Anlagen den Häusern einen gewissen Schutz bieten. Nach der Installation metallener Einbauten mußten sie jedoch versagen, wenn eine sinnvolle Verbindung zwischen dem Blitzableiter und diesen Einbauten versäumt war.

Das hat leider zu einer Einbuße in das Vertrauen zum Blitzableiter geführt. Eine den ABB Bestimmungen entsprechende Anlage bietet jedoch ein Höchstmaß an Schutz, wie er vollkommener in keiner anderen technischen Sicherheitseinrichtung zu finden ist. Die Überholung veralteter Blitzschutzanlagen und ihre Anpassung an neuzeitliche Bau- und Installationsmethoden ist eine Notwendigkeit. Die Erhaltung von Bauten und Gütern steht manchmal nur deshalb auf dem Spiele, weil eine einfache Drahtverbindung fehlt.

Außerordentliche Werte, insbesondere in der Landwirtschaft, sind aber völlig schutzlos dem Blitz preisgegeben. Offenbar dient der Blitzableiter in erster Linie dem Sicherheitsbedürfnis des Menschen, denn es ist vielfach zu beobachten, daß Wohnhäuser einen Blitzschutz aufweisen, während auf den Wirtschaftsgebäuden mit ihrem kostbaren Erntegut, Vieh und Maschinen die Anlagen fehlen. Gerade an und in diesen Gebäuden entstehen aber die hohen Millionen-Verluste, die dem Blitz jährlich zufallen.

Die Wirksamkeit des Gebäudeblitzableiters ist nicht unbegrenzt. Er vermag die Schäden nicht abzuwenden, die den Gebäuden und ihrem Inhalt durch Überspannungen drohen, welche bei jedem Gewitter auftreten und durch die elektrischen Ortsnetze — besonders Freileitungsnetze — über die Hausanschlußleitung eindringen. Es handelt sich dabei um hohe Spannungen, die auf Induktion oder Influenz zurückzuführen und in ihren Auswirkungen den direkten Blitzeinschlägen ähnlich sind.

Einen recht guten Schutz dagegen bieten Überspannungsschutzgeräte, die in die Freileitungen oder Hausanschlüsse eingebaut werden.

Möge sich die Erkenntnis verbreiten, daß vorschriftsmäßige Blitzschutzanlagen zu den unentbehrlichen Betriebseinrichtungen aller gefährdeten Gebäude gehören, um sie gegen Blitzeinwirkungen zu schützen.

Wie verhalte ich mich bei Brandausbruch?

Von B. Peill, Ladenburg/Neckar

Vor allem Ruhe und nochmas Ruhe bewahren.

Jede Aufregung ist schädlich und jede unbedachte Handlung unter Umständen sogar unheilvoll.

Immer daran denken — das Feuer ist keine unüberwindliche „Himmelsmacht", sondern auch nur ein naturgegebener Zustand.

Türen und Fenster des brennenden Raumes schließen, damit das Feuer keinen weiteren Zug erhält.

Familienangehörige, Hauspersonal und Nachbarn verständigen. Ist man selbst verhindert, eine zuverlässige Person mit der Feuermeldung beauftragen.

Kinder, alte Leute, Kranke und Körperbehinderte zuerst in Sicherheit bringen, danach etwaige Haustiere und das Vieh.

Letzteres ist gegen Rauch und Flammenschein besonders empfindlich — daher nach Möglichkeit den Kopf beim Hinausführen verhüllen. Kleintiere und Federvieh vor der Bergung möglichst in Säcke stecken. Zum Schutz gegen Raucheinwirkung sich selbst ein angefeuchtetes Taschentuch oder dergleichen vor Mund und Nase halten oder binden. Bei stärkerer Rauchentwicklung nur gebeugt gehen oder sich am Boden kriechend fortbewegen.

Der Rauch zieht stets nach oben ab und auch die Brandhitze steigt nach oben, so daß dicht am Boden immer noch atembare Luft bleibt. Tür des Brandraumes unter allen Umständen zuhalten; auch eine normale Holztür braucht längere Zeit zum Durchbrennen. Soweit erreichbar, zuerst nur wirkliche Wertgegenstände bergen. Wird hierfür ein Feuerrettungssack ständig bereitgehalten — um so besser!

Wohnung oder Betriebsraum nicht voreilig ausräumen, damit die Feuerlöschkräfte beim Vordringen nicht unnötig behindert werden. In mehrstöckigen Gebäuden kein unnützer Aufenthalt im Treppenhaus! Wohnungstüren oder Eingänge zu den Betriebsräumen geschlossen halten — Vorsicht vor Rauch und Bildung von Stichflammen.

Versperren Rauch und Flammen die Rückzugs- und Fluchtwege, trotzdem unbedingt Ruhe bewahren und das Fenster eines Raumes aufsuchen, der noch feuer- und rauchfrei ist.

Von dort sich nach außen der Rettungsmannschaft bemerkbar machen — bekanntlich sucht die Feuerwehr zu allererst nach gefährdeten Personen.

Auch aus geringerer Höhe keinesfalls vorzeitig abspringen.

In den meisten Fällen dringt die Feuerwehr von innen zu den gefährdeten Personen vor, im Notfall von außen über die Leiter.

Niemals Zurufe der Umstehenden zum Abspringen beachten.

Bleibt wirklich das Sprungtuch als letzter Ausweg — warten, bis der Leitende des Rettungsmanövers das Kommando „Springt" abgibt.

Muß man selbst Feuer melden, Feuermelder nach Vorschrift betätigen und dann beim Melder warten, bis die Feuerwehr anrückt.

„Berechtigt zum Melden ist nur, wer die Brandstelle angeben kann", steht als Vorschrift und Warnung auf den meisten Feuermeldern. Der anrückenden Feuerwehr daher kurz, aber genau Brandort und Art des Feuers angeben.

Bei Fernsprechanlagen ohne Selbstwähleinrichtung einfach der Vermittlungsstelle Brandstelle und seinen Namen angeben; die Vermittlung besorgt dann alles weitere.

Bei Selbstwählanlage richtige Notrufnummer wählen — dieselbe muß bei jedem Telefonapparat deutlich verzeichnet sein.

Sobald sich die Feuermeldestelle (Polizei oder Feuerwache) meldet, Brandstelle und eigene Adresse kurz, aber deutlich angeben.

Bei Nacht und im unübersichtlichen Gelände die Feuerwehr vor dem gefährdeten Grundstück bzw. dessen Zufahrt erwarten, um den Löschkräften den Zugang zur Brandstelle zu weisen.

Bleibt Zeit und Möglichkeit zu eigenen Löschversuchen, dann in jedem Falle noch mehr Ruhe bewahren und umsichtig handeln!

Wasser ist ein geeignetes Löschmittel, wenn es am richtigen Ort angewendet wird.

Andernfalls versuchen, den Brandherd mit Sand, Decken oder dergleichen zu ersticken.

Unter Strom stehende elektrische Anlagen weder mit Wasser noch mit Naß- oder Schaumlöschern anspritzen — Lebensgefahr!

Leichtmetall und Karbid ebensowenig mit Wasser anspritzen — Explosionsgefahr!

Überhaupt jeden unnötigen Wasserschaden zu vermeiden suchen.

Unberufene Personen und Neugierige von der Brandstelle fernhalten. Brennt es beim Nachbarn, das eigene Heim oder Arbeitsstätte nach Möglichkeit vor Funkenflug und strahlender Hitze, Raucheinwirkung und Löschwasserschaden schützen.

Den Älteren unter uns sind hierfür die seinerzeitigen „Richtlinien für die Brandbekämpfung im Luftschutz" ja wohl noch in Erinnerung! Anordnungen nur des Wehrführers und des Polizeibeamten befolgen. Diese aber aufmerksam und gutwillig, denn laut Polizeiverordnung ist jedermann zur Hilfeleistung bei öffentlichen Notständen — also auch bei Brandgefahr — verpflichtet.

Polizei und Feuerwehr können unter Umständen Hand- und Spanndienste, d. h. eigene Mitarbeit oder Beistellung von Vorspann und Fahrzeug, von Wassergefäßen und Arbeitsgerät verlangen.

Der örtliche Polizeiverwalter kann im äußersten Notfall auch Abbrucharbeiten auf Nachbargrundstücken der Brandstelle, wie Niederreißen von Gebäudeteilen, um dem Feuer die Nahrung zu entziehen, anordnen und durchsetzen.

Ebenso wenig darf die Aufnahme der Abgebrannten im eigenen Heim verweigert werden, obwohl sich diese Menschenpflicht eigentlich in jedem Falle ganz von selbst verstehen sollte.

Wer durch Polizei oder Feuerwehr zur aktiven Mitarbeit aufgefordert wird, unterliegt im Schadensfalle automatisch der gewerblichen Unfallversicherung genau so wie direkte Feuerwehrangehörige. Daher möglichst keine unbefohlenen Tollkühnheiten und Bravourstücke, denn gehen diese zufällig schief, so ergibt sich nachträglich die leidige Frage nach Schadenersatz, Haftpflicht usw. Wer sich zum Lösch- und

Rettungsdienst tauglich und berufen fühlt, hat wahrlich Gelegenheit genug, der Ortsfeuerwehr aktiv beizutreten, denn bei den meisten Wehren wird bekanntlich seit langem über fühlbaren Nachwuchsmangel geklagt.

In Großstädten, wo diese aktive Betätigungsmöglichkeit fehlt, bietet die Berufsfeuerwehr ohnehin Gewähr dafür, daß überall und zu jeder Zeit rasche und sachgemäße Hilfe geleistet wird.

Wird man vom Brandausbruch in öffentlichen Versammlungsräumen, wie z. B. Hotels, Krankenhäusern, Theatern und Kinos, bei Saalveranstaltungen und in Vergnügungsparks, in Kaufhäusern oder dergleichen überrascht, darf man sich niemals zu einer Panik verleiten lassen. Auch bei rascherer Brandausbreitung in solchen Gebäuden und Anlagen bestehen für den Ruhigen und Besonnenen noch immer ausreichende Rückzugs-, Flucht- und Rettungsmöglichkeiten.

Das Wichtigste hierbei ist stets, daß man dem Gedränge und der wilden Flucht der kopflos hinausstürmenden Menge fernbleibt. Stattdessen Anordnungen des örtlichen Aufsichts- und Ordnungspersonals beachten und Folge leisten.

Wer schon einmal einen Warenhausbrand während der Verkaufszeit oder eine Theaterpanik selbst miterlebt hat, weiß, was hierbei absolute Ruhe und Besonnenheit ausmachten und nützten.

Trotzdem kann man es niemand verübeln, wenn er beim Betreten und beim Besuch eines der aufgezählten Gebäude und öffentlichen Versammlungsräume sich über den nächsterreichbaren Notausgang oder Fluchtweg über eine Nottreppe und dergleichen beizeiten vergewissert. Denn bei plötzlichem Brandausbruch und besonders im Falle einer Panik ist immer derjenige im Vorteil, welcher sich schon vorher um alle erreichbaren Rettungsmöglichkeiten rechtzeitig gekümmert hat.

Vertrauen auf die baulichen und betrieblichen Schutzeinrichtungen der betreffenden Gebäude und falls diese doch einmal nicht ausreichen sollten, auf das rechtzeitige und wirksame Eingreifen der Rettungsmannschaften, bieten jedem die Möglichkeit, auch bei dringend erscheinender Gefahr kaltes Blut und klaren Kopf zu bewahren.

Die meisten Opfer von Massenkatastrophen rekrutieren sich fast immer aus der Masse der Flüchtenden und vorzeitig von Panik Befallenen — viel seltener aus den Reihen der Besonnenen.

Wer sich vor dem Feuer nicht fürchtet, hat auch in solchen Fällen ausgiebig Gelegenheit, Ratlose zu beruhigen, Hilflosen beizustehen und die Ordner tatkräftig zu unterstützen.

Dies alles gilt natürlich auch für den Brandausbruch auf der Arbeitsstätte und im Betrieb.

Den Arbeitskameraden, dessen Kleidung Feuer gefangen hat, nicht sinnlos mit Wasser anspritzen, sondern rasch zu Boden werfen und in ein Tuch, Decke oder Kleidungsstück einrollen, bis hierdurch die Flammen erstickt sind.

Nach Durchgabe der Feuermeldung nur diejenigen Löschgeräte anwenden, die ausdrücklich für den betreffenden Brandfall bestimmt und vorgesehen sind — siehe Karbid und Starkstromanlagen wie oben!

Interesse für den Betriebsfeuerschutz und aktive Mitarbeit an demselben hilft die Arbeitsstätte vor Brandschaden und damit sich selbst gegen vorzeitigen Verdienstausfall schützen.

Hierzu gehört letzten Endes auch strenges Einhalten des Rauchverbotes und der sonstigen feuerpolizeilichen Vorschriften.

Wer diese ständig beachtet, wird sich meist auch im Brandfalle überlegt und richtig verhalten.

III. TEIL

FEUER IN ALLER WELT

„Historische" Brände neuerer Zeit

Von B. Peill, Ladenburg a. Neckar

Unter „historischen Bränden" versteht man denkwürdige Brandkatastrophen, denen historische Baudenkmäler zum Opfer gefallen oder deren sonstige Begleitumstände für immer in die Geschichte der Städte und Kulturländer eingegangen sind.

Sinnlose Zerstörungen dieser Art ziehen sich wie ein roter Faden durch die Jahrtausende und durch die Geschichte der Menschheit. Naturereignisse, Kriege und Aufstände, blinder Zufall und bodenloser Leichtsinn haben seit grauer Vorzeit immer von neuem die Brandfackel in die friedlichen Behausungen der Menschen geschleudert.

Schon seit dem Altertum hatte die Menschheit ihre Baudenkmäler, Kunstschätze und vielfach auch ihre Siedlungen auf Jahrhunderte geplant und für sich selbst wie spätere Generationen errichtet.

Stattdessen zerstörten oft wenige Stunden oder eine einzige Brandnacht das Lebenswerk großer Künstler und ganzer Geschlechter. „Kultur und Technik müssen nicht unbedingt gleichzeitig auftreten", heißt es in einem neueren Geschichtswerk.

Das bedeutet in unserem Falle, daß die Menschheit herrliche Baudenkmäler aufführte und unermeßliche Kunstschätze aufhäufte, ohne Jahrhunderte und Jahrtausende lang auch nur einen Augenblick an wirksame Verhütung und Bekämpfung von Schadenfeuern zu denken. Die wenigen Jahrhunderte, in denen dies wirklich der Fall war — nämlich im späteren Altertum und in der Neuzeit — bilden nur verschwindend kurze Abschnitte in der Geschichte der Menschheit. Aber auch während dieser beiden Zeitalter eines wirklichen Brandschutzes waren und sind noch heute elementare Naturgewalten und kriegsbedingte Zerstörungsmittel der geplagten Menschheit über den Kopf gewachsen.

Milliarden- oder Billionenwerte in materieller, unersetzliche Kulturgüter in ideeller Hinsicht sind zu allen Zeiten dem entfesselten Element rettungslos zum Opfer gefallen.

Burgen und Schlösser, Kirchen und Dome, Museen und Sammlungen, Städte und Dörfer, antike Musentempel und ihre modernen Nachfolger, die Theater, Schulen und Universitäten, Klöster und Hospitäler, Ausstellungen und Bibliotheken sind seit Jahrtausenden alljährlich unrettbar in Schutt und Asche gesunken.

Leider durchaus nicht immer galt hierbei das billige Trostwort: „Und neues Leben blüht aus den Ruinen . . ."

Selbst wenn dies wirklich der Fall war, bedeutet dies noch lange keinen vollwertigen Ersatz für die meist unwiederbringlich verlorenen Kulturwerte!

Von Bränden im Altertum ist uns meist nur die Zerstörung der Königsresidenzen und Städte durch Krieg und Belagerung überliefert. Nähere Einzelheiten fehlen in den meisten Fällen, da Aufzeichnungen hierüber in der Regel bei späteren Katastrophen eben auch mit verbrannten!

Eine Ausnahme hiervon macht u. a. der Brand des Dianatempels in Ephesus, Kleinasien, vom Jahre 356 v. Chr.

Dieser zählte in jener Zeit zu den sieben Weltwundern und das gesamte Griechentum Vorderasiens war stolz auf diesen herrlichen Tempel.

Dem aus Milet stammenden Griechen Herostrat war es vorbehalten, durch Inbrandsetzen des Tempels traurigen Ruhm zu erlangen. Krankhaftes Geltungsbedürfnis trieb ihn zu der verwerflichen Tat. Frömmigkeit heuchelnd hielt er sich tagelang im Tempel auf, bis er eine Möglichkeit zur Brandstiftung erkundet hatte.

Hierzu wählte er den Dachboden aus, dessen ausgetrocknetes Zedernholz auch alsbald Feuer fing.

Schon am Tage nach dem Brand gefaßt, gestand Herostrat seine Tat ein und wurde zum Tode verurteilt; sein Name durfte nicht mehr genannt werden.

Zu einer traurigen Berühmtheit gleicher Art gelangte erst wieder der Brand Roms unter Kaiser Nero am 19. Juli 64 n. Chr.

Dieser Riesenbrand dauerte neun Tage und Nächte. Während dieser betrachtete der Überlieferung nach der Kaiser vom Turm des Mäcenas harfespielend die Fortschritte des Brandes. Unter den vom Brande heimgesuchten öffentlichen Gebäuden befanden sich die Tempel der Luna, des Herkules, der Vesta und des Jupiter Stator; letzterer stammte noch von der Stadtgründung unter Romulus. Auch der Königspalast des Numa Pomilius und der Circus Maximus, das heutige Colosseum, befanden sich unter den zerstörten Prachtbauten.

Da der Kaiser die Schuld am Brandausbruch auf die erste Christengemeinde abwälzte, erlitt diese grausame Verfolgungen.

Mit Teer bestrichen und angezündet sollen die Opfer den Festlichkeiten in den kaiserlichen Gärten als lebende Fackeln geleuchtet haben.

Kaiser Nero begann den sofortigen Wiederaufbau der Stadt mit Errichtung eines prächtigen Palastes für sich selbst und mit umfangreichen Steuereintreibungen zur Finanzierung des übrigen Wiederaufbauwerkes.

Nur wenige Jahre darauf wollte 70 n. Chr. Kaiser Titus bei der Eroberung und Zerstörung von Jerusalem wenigstens das größte Heiligtum der Stadt, den ehrwürdigen Jehovatempel, gern unversehrt erhalten. Aber schon am ersten Kampftage brannten die Außenbezirke des Tempels mit der gesamten Niederstadt von Jerusalem.

Am zweiten Tage des Kampfes setzte ein Legionär auch das Innere des Hauptgebäudes in Brand, welches der Kaiser trotzdem gern noch retten wollte.

Aber Jerusalem dürfte damals ebenso wenig eine Feuerspritze besessen haben wie noch in unserer Zeit bis 1913!

Alle Rettungsversuche der Römer und Juden blieben daher erfolglos, so daß außer den Baulichkeiten auch der gesamte Tempelschatz zugrunde ging.

Anstelle des früher zerstörten Tempel Salomonis war der letzte Tempel von Jerusalem nach der babylonischen Gefangenschaft der Juden neu errichtet und von Herodes umgebaut worden.

An seiner Stelle erhebt sich heute die bekannte Omar-Moschee.

Auch dieser Kalif und Nachfolger des Propheten ist in der Brandgeschichte zu trauriger Berühmtheit gelangt.

Denn er setzte den Schlußstrich unter die langsame, aber sichere Vernichtung der Bibliothek zu Alexandrien in Ägypten.

Diese war die größte des gesamten Altertums und enthielt in ihrer Glanzzeit nicht weniger als 700 000 Bände, von denen 200 000 im nahen Serapistempel untergebracht waren.

Dieses „Serapeion“ hat in der Geschichte des Löschwesens eine besondere Rolle gespielt.

Schon 390 n. Chr. ging während der Kämpfe zwischen Christen und Heidentum ein Großteil des Bibliothekinhaltes in Flammen auf.

Als dann 642 der arabische Feldherr Amru Alexandrien eroberte, machte ihn während der allgemeinen Plünderung ein Gelehrter auf den Wert der unersetzlichen Büchersammlungen aufmerksam. Von Amru deswegen befragt, erteilte der Kalif Omar die klassische Antwort:

> „Wenn die Bücher dasselbe enthalten wie der Koran, sind sie überflüssig; enthalten sie aber dem Koran entgegengesetzte Dogmen, so sind sie unheilig und schädlich. In beiden Fällen sind sie daher zu vernichten!"

Daraufhin heizte man sechs Wochen lang mit den wertvollen Buchrollen, Manuskripten und Kunstwerken die öffentlichen Bäder ...

Was die Brände von Rom und Alexandrien an antiken Kulturwerten zufällig noch verschont hatten, vernichtete der Stadtbrand von Konstantinopel während des furchtbaren Nika-Aufstandes unter dem byzantinischen Kaiser Justinian wie auch die zweite Zerstörung der oströmischen Hauptstadt während des Vierten Kreuzzuges im Jahre 1204.

Die bedeutenderen Orts- und Flächenbrände des eigentlichen Mittelalters zwischen 1100 und 1600 auch nur auszugsweise hier aufzuzählen, würde den Rahmen dieser Zeilen bei weitem überschreiten.

In der Regel sind während dieses halben Jahrtausends die älteren und neueren, bescheideneren und wichtigeren Stadtsiedlungen in jedem Menschenalter einmal ganz oder teilweise abgebrannt.

Fielen die Bretterbuden und Lehmhütten der mittelalterlichen Städte nicht der Brandfackel ihrer zahlreichen Belagerer zum Opfer, so sorgten innerer Aufruhr und mangelnde Vorsicht ständig für reiche Beute des Roten Hahnes.

Auch als die jahrhundertelangen Behelfsbauten aus Brettern und Lehm durch prächtige Bürgerhäuser aus Fachwerk ersetzt wurden, bildeten Holzschindel- und Strohdächer nebst unmöglichen Rauchabzugsvorrichtungen weiterhin die hauptsächliche Brandgefahr.

Selbst die romanischen Basiliken des frühen und die gotischen Dome des späteren Mittelalters entgingen bei den verheerenden Stadtbränden nur selten der Zerstörung.

Das gleiche Schicksal traf vielfach die massiven Rathäuser und Stadtschlösser, sofern letztere im Bereich der Brandzonen lagen.

Der Bürger des Mittelalters, von Mystik und Aberglauben umfangen wie auch in ständiger Sorge vor feindlichen Überfällen lebend, stand bei Ausbruch eines Brandes der „furchtbaren Himmelsmacht" von vornherein ohnmächtig und hilflos gegenüber.

Daß sich trotzdem in unseren ältesten Städten vielstöckige Holzfachwerkbauten bis zu den Luftangriffen unserer Zeit 400 bis 600 Jahre lang unversehrt erhalten haben, muß als ein wahres Wunder angesehen werden. Aber nach 1400 war langsam bei den Bürgern auch der Abwehrsinn gegen Brandgefahr erwacht.

Vorbeugende Brandschutzmaßnahmen der Feuerordnungen und weitgehende Verpflichtung der Handwerkszünfte zum Löschdienst halfen die allgemeine Feuersgefahr ebenso bannen wie die Erfindung der Stockspritze und das planmäßige Bereithalten von Feuereimern und Sturmfässern, von Feuerleitern und Einreißgerät.

Bis zu ihrer gewaltsamen Vernichtung der Jahre 1943 bis 1945 bildeten mittelalterliche Städte wie Braunschweig und Hildesheim sowie vor allem Nürnberg leuchtende Beispiele dafür, daß es bei gutem Willen und mit nur etwas Glück Jahrhunderte lang auch ohne verheerende Brandkatastrophen ging.

Erfreulicherweise hat auch der letzte Krieg an zahlreichen Stellen eine Anzahl dieser herrlichen Baudenkmäler doch noch verschont, ebenso wie seinerzeit der

Dreißigjährige Krieg mit seinen ungeheueren Verwüstungen. Von diesen im folgenden nur einige auszugsweise Beispiele:

1631 eroberten die Kaiserlichen unter Tilly und Pappenheim die Stadt Magdeburg — zu jener Zeit eine der blühendsten Gewerbe- und Handelsstädte zwischen Mittel- und Norddeutschland.

Die Stadt wurde geplündert, an mehreren Stellen zugleich angezündet und die meisten Bewohner umgebracht. Dem Feuer fielen im Laufe weniger Tage insgesamt sechs Kirchen, mehrere Kollegienstifte und Klosterkirchen, Klöster und Kapellen, Hospitäler sowie sämtliche Wohnhäuser der Innenstadt zum Opfer. Gerettet wurden außer dem Dom und den Wohnungen der Domherren rund 150 kleinere Häuser am Fischmarkt und auf der Stiftsfreiheit. Sogar die Stadttore, Türme der Stadtmauer und Brücken fielen den Flammen zum Opfer.

Wie während des Dreißigjährigen Krieges der Rote Hahn in unserm Vaterlande gehaust hat, möge nur ein kurzer Ausschnitt der damaligen Brandchronik von Württemberg zeigen:

Bereits 1622 hatten die Spanier Neckargartach — heute Vorort von Heilbronn, in Brand gesteckt.

1631 brach bei einem Bäcker der alten Reichsstadt Isny im Allgäu Feuer aus, dem fast die ganze Stadt mit 360 Häusern zum Opfer fiel.

1632 brannten zu Freudenstadt im Schwarzwald 141 Häuser; was die Flamme verschont hatte, haben zwei Jahre später plündernde Kroaten niedergebrannt.

1633 ging das Städtchen Trossingen in Flammen auf.

Am schlimmsten hauste der Feind in Württemberg 1634 nach der Schlacht bei Nördlingen. Durch Auffliegen einiger Pulverwagen brannte Aalen völlig nieder, Truppen des Generals von Werth setzen die Stadt Calw in Brand, wo beide Kirchen und 450 Häuser zerstört wurden. Nur ein „kleines Scheuerlein" blieb von den Flammen verschont.

Giengen a. d. B. brannten die Spanier bis auf fünf Gebäude nieder.

In Heimsheim bei Leonberg legten die Franzosen 214 Häuser in Schutt und Asche. Metzingen verlor bei den Stadtbränden von 1634 und 1644 das Rathaus und fast 300 Gebäude. Neuffen wurde 1634 zur Hälfte zerstört. Die Kaiserlichen verbrannten die ganze Stadt Schorndorf außer dem Schloß und zwei Häusern.

Untertürkheim, heute Vorort von Stuttgart, wurde mit 280 Häusern ein Raub der Flammen.

In Waiblingen steckten die Kaiserlichen Stadt und Schloß in Brand.

1635 wurde die Stadt Herrenberg, in der die Pest wütete, durch Soldaten fahrlässig in Brand gesteckt. 270 „Firste" wurden vernichtet.
Auch Backnang wurde damals fast völlig zerstört.

1644 gingen beim Abzug der Kaiserlichen aus der Bischofsstadt Rottenburg a. N. 556 Häuser mitsamt der Stadtkirche, dem Carmeliterkloster und dem Rathaus in Flammen auf.

1645 brannten die Franzosen das Städtchen Lauchheim bei Aalen nieder. Auch Wildbad im Schwarzwald erlitt damals schweren Brandschaden.

1647 war Schussenried bei Biberach an der Reihe.

Das letzte Kriegsjahr 1648 brachte noch die Zerstörung von Wiesensteig durch die Schweden. Nur Schloß, Stiftsherrenhaus, die Kirchtürme und acht Häuser blieben vom Brande verschont.

Und ganz gegen Kriegsende setzten die Franzosen noch den Roten Hahn auf die Dächer von Weil der Stadt.

In ähnlicher Weise hausten feindliche Kriegsvölker und Brandfackel im gesamten damaligen Deutschland, so daß sich diese Schreckenschronik bis ins unendliche fortsetzen ließe.

Genau 300 Jahre später sollten sich die Schrecken des Dreißigjährigen Krieges für den Schwarzwald in furchtbarer Weise wiederholen:

1945 am 16. und 17. April beschoß französische Artillerie aus 15 km Entfernung die Stadt Freudenstadt. Als erstes ging die Stadtkirche in Flammen auf und brannte bis auf die Grundmauern nieder. Ein Lesepult und ein Taufstein aus dem 12. sowie ein Kruzifixus aus dem 14. Jahrhundert war alles, was von den Kostbarkeiten der Kirche noch gerettet werden konnte.

Doch war die Beschießung der Stadt nur ein Teil des Zerstörungswerkes, da nach Einmarsch der feindlichen Truppen in der Stadt neue Brände entfacht wurden.

Als die zum Teil in die Wälder geflüchtete Bevölkerung zurückkehrte, fand sie in der Innenstadt einen einzigen Trümmerhaufen vor. 99% des Stadtkerns bildeten ein Ruinenfeld, 43% aller Häuser der Stadt waren zerstört.

Der obdachlos gewordenen Bevölkerung bemächtigte sich ein Massenelend, da die Stadt durch Sprengung der drei wichtigen Eisenbahnlinien von der Außenwelt völlig abgeschnitten war.

Bis zu seiner Zerstörung hatte Freudenstadt 2 000 Verwundete in seinen Hotels beherbergt, die in Lazarette umgewandelt worden waren. In den Jahren 1949 bis 1954 ist die Stadt dank beispielloser Energie aller ihrer Bewohner trotz größter wirtschaftlicher Schwierigkeiten moderner und schöner aus den Trümmern wieder erstanden — ein auch in unserer Zeit leuchtendes Beispiel von raschem und planmäßigem Wiederaufbau nach hoffnungs- und restloser Zerstörung!

1689 überfielen im Raubkrieg Ludwigs XIV. die französischen Truppen unter dem berüchtigten „Mordbrenner" General Mélac die schöne Kurpfalz.

Im Dom zu Speyer wurden die Kaisergräber erbrochen und geschändet. Auf ein gegebenes Zeichen wurden Dom und Stadt gleichzeitig in Brand gesteckt. Alle Kirchen, Klöster, öffentlichen Gebäude und 788 Bürgerhäuser wurden ein Raub der Flammen. Der geldlich erfaßbare Gesamtschaden wurde auf dreieinhalb Millionen Gulden beziffert.

Zur selben Zeit verkündete ein Kanonenschuß den Untergang von Worms. Nur vier Stunden dauerte die systematische Zerstörung der gesamten Stadt einschließlich zweier Dutzend Kirchen und Klöster. Löschversuche wurden gewaltsam verhindert, stehengebliebene Gebäude gesprengt und die gerettete Habe verschleudert.

Die damals noch junge Stadt Mannheim wurde durch Feuer und Schwert dem Erdboden gleich gemacht.

Das gleiche Schicksal traf die kurfürstliche Residenz Heidelberg. In der Stadt blieb kein Stein auf dem anderen, vom Schloß nur die historische Ruine, die nicht wieder aufgebaut wurde. Sogar die Heidelberger Schloßspritze verbrannte, während Paris zu jener Zeit überhaupt noch keine Feuerspritze besaß!

Von der Pfalz aus überschwemmten die Plünderer- und Brandstifterhorden auch ganz Württemberg, dessen äußerst genaue und eingehende Brandchronik folgende Ortsbrände verzeichnet:

1690 brannten die Franzosen in Schorndorf 75 Häuser nieder,

1691 die kleine Stadt Brackenheim.

1692 ließ Mélac Calw einschließlich der Pfarrkirche und aller Gebäude innerhalb und außerhalb der Stadtmauer niederbrennen, anschließend das Städtchen Zavelstein im gleichen Oberamt.

1693 fielen Backnang, Beilstein und Winnenden der französischen Brandfackel zum Opfer, letztere Stadt mit 240 Häusern. Marbach, der Geburtsort Schillers, verbrannte infolge französischer Unvorsichtigkeit.

Gegen Endes dieses Raubkrieges ging 1696 noch die Ortschaft Nellingen bei Ulm in Flammen auf.

Aber dies alles sind nur auszugsweise und lückenhafte Angaben aus der Fülle der damaligen Brandschatzungen und Zerstörungen.

Beiderseits des Rheines lagen Burgen und Schlösser, Stifte und Klöster, Städte und Dörfer inmitten verwüsteter Felder und verheerter Obst- und Weinkulturen in Schutt und Asche.

Die Bewohner, vom Kurfürsten bis zum letzten Tagelöhner, waren von Haus und Hof vertrieben oder erschlagen.

Die württembergische Brandchronik bildet auch außerhalb der Zeit des Dreißigjährigen Krieges und der Raubkriege Ludwig XIV. eine ebenso traurige wie furchtbare Bilanz.

Im Jahre 1506 brach im Gasthaus zur Krone der alten Reichsstadt Reutlingen ein Brand aus, dem 144 Häuser zum Opfer fielen. 1726 brannte das Rathaus der Stadt mit 900 Wohnungen nieder.

1525 während der Bauernkriege ging das Städtchen Neubulach bei Calw in Flammen auf; auch das dortige Bergwerk wurde mit zerstört. Im selben Jahr zerstörten die Aufständischen das Schloß des Grafen Helfenstein zu Weinsberg. Zur Vergeltung brannten bündische Truppen die Stadt bis auf den Grund nieder.

1539 zündete ein „Mordbrenner" die Stadt Wangen im Allgäu an, wobei 140 Häuser in Flammen aufgingen.

Im gleichen Jahre gingen in Weil im Schönbuch 100 Häuser in Flammen auf.

1540 wurde ein großer Teil der Stadt Leutkirch im Allgäu durch Feuer zerstört.

1581 vernichtete eine Feuersbrunst in Sulz am Neckar 112 Häuser. Nur die Kirche und das Amtshaus blieben vom Brande verschont. 1794 ist die Stadt von neuem fast völlig niedergebrannt!

1617 — ein Jahr vor Ausbruch des Dreißigjährigen Krieges — verbrannten in Vaihingen a. d. Enz bei einem „Friedensschießen" zur Feier des Reformationsfestes 116 Häuser...

1671 wurde die Stadt Münsingen zur Hälfte durch Feuer zerstört.

Die Brandchronik der Stadt Balingen berichtet von drei großen Stadtbränden, nämlich 1672 mit einem großen Teil der Stadt, 1724 mit 170 Häusern, wobei 272 Familien obdachlos wurden, und 1809, als von 410 Häusern der Stadt 335 niederbrannten.

1680 setzte ein Blitzschlag 100 Häuser der Stadt Schwäbisch Hall in Brand. 1728 brach im Gasthof zum Helm erneut Feuer aus, dem binnen 14 Stunden 500 Häuser zum Opfer fielen.

1690 brach in Kirchheim u. Teck durch Schmalzauslassen bei einem Metzger Feuer aus, das die ganze Stadt außer Schloß und Lateinschule in Asche legte.

1696 brach im Stadtteil Heiligkreuztal von Rottweil Feuer aus, das die Heiligkreuzkirche zerstörte, so daß selbst die Kirchenglocken schmolzen. 125 Haushaltungen wurden bei dieser Brandkatastrophe obdachlos.

Die Stadt Oberndorf am Neckar wurde 1699 fast völlig, 1780 restlos durch Feuer zerstört.

Am 25. Oktober 1701 brach in der Reichsstadt Eßlingen am Neckar im Gasthof zum Schwarzen Adler Feuer aus. In den dichtgedrängten vielstöckigen Fachwerkhäusern fanden die Flammen reiche Nahrung.

Die „feindliche" Residenz Stuttgart entstandte sogleich ihre erste Schlauchspritze zur nachbarlichen Löschhilfe.

Aber da die Eßlinger wegen des Fischfanges beide Feuerseen abgelassen hatten, trat alsbald drückender Löschwassermangel ein. Im Laufe von 36 Stunden fielen dem Brande 200 Häuser zum Opfer. Zuletzt entdeckten die Hunderte von Mannschaften, welche zwischen Neckar und Brandplatz Eimerketten bildeten, einen vom Feuer noch verschont gebliebenen Weinkeller. Einmütig fielen sie über seinen Inhalt her, um als „Weinleichen" dort fast noch ihr Massengrab zu finden — o du gute alte Zeit!

1721 brannte der größte Teil der Stadt Bietigheim nieder; 1726 der heutige Kurort Welzheim.

Die Bischofsstadt Rottenburg a. N., welche schon im Dreißigjährigen Kriege so schweren Brandschaden erlitten hatte, erlebte im 18. Jahrhundert zwei weitere Stadtbrände und zwar 1735 mit 464, 1786 mit 125 zerstörten Häusern.

Hundert Jahre nach den Verheerungen des Dreißigjährigen Krieges kam Wildbad im Schwarzwald erneut an die Reihe, als 1742 dort erneut 151 Häuser niederbrannten.

Das Gleiche galt für Schorndorf, wo 1743 wieder 109 Häuser durch Feuer zerstört wurden.

1749 brannten in Ehingen a. d. Donau infolge Brandstiftung Chor und Turm der Pfarrkirche mit 100 Häusern nieder,

1750 in Nürtingen das schöne Spitalgebäude nebst 112 Häusern.

Es folgt der denkwürdige Stuttgarter „Hirschgassenbrand" vom Jahre 1761, den ein betrunkener Metzger absichtlich legte und bei dem 123 Familien obdachlos wurden.

1765 brach im heutigen Kurort Murrhardt durch Unvorsichtigkeit kleiner Kinder ein Brand aus, dem 120 Häuser zum Opfer fielen.

Am 25. August 1782 schlug der Blitz in Göppingen ein. Das Feuer erfaßte sämtliche Häuser der Stadt, so daß 347 niederbrannten und 149 von ihnen beschädigt wurden. Bis auf den an einer anderen Stelle beschriebenen Brand von Gera 1780 war dies der bedeutendste Stadtbrand jener Zeit.

1798 brannten in Pfalzgrafenweiler 119 Häuser ab.

1803 wurden in Tuttlingen durch den Brand von 250 Häusern 500 Familien obdachlos.

1850 zerstörte in Schwenningen ein Großbrand außer Rathaus und Schule 92 Häuser.

1860 fielen in Tuningen bei Tuttlingen 130 Häuser einem Brande zum Opfer.

Und aus neuerer Zeit erwähnt die Chronik noch den Ortsbrand von Ilsfeld bei Heilbronn im Jahre 1904, der durch fahrlässiges Umgehen mit einem Spiritusbrenner entstand und 310 Gebäude in Asche legte.

Wenn es der Rahmen dieser Zeilen erlaubte, könnte man aus allen deutschen Gauen historische Brandchroniken gleicher oder noch viel schlimmerer Art veröffentlichen.

Und dabei brachten die vorstehenden Zeilen lediglich die Orts- und Flächenbrände mit hundert und mehr zerstörten Gebäuden, denn diese Mindestzahl bildete zwischen Mittelalter und Neuzeit meist den kleinstädtischen Ortskern und — wie wir uns heute ausdrücken würden — das Nervenzentrum der Gemeinde.

Wollte man noch alle diejenigen Brände hinzufügen, welchen im Laufe der letzten 400 Jahre weniger als hundert Gebäude zum Opfer fielen, so würde sich auch die württembergische Brandchronik noch entsprechend erweitern lassen.

Wer den hier geschilderten Umfang der Zerstörungen etwa für übertrieben halten sollte, möge sich die Altstadtbauten aller derjenigen Mittel- und Kleinstädte sowie Marktflecken aufmerksam betrachten, welche von Ortsbränden und Luftangriffen zufällig verschont geblieben sind.

Auch der heutige Zustand dieser uralten Holz- und Fachwerkbauten an schmalen Gassen und auf engen Hinterhöfen gibt ohne allzu große Phantasie einen Begriff davon, was sich bis vor fünfzig oder hundert Jahren bei fast jedem Brandausbruch dort abgespielt hat.

Hörte zur Nachtzeit der „friedliche Bürger" Feueralarm, so legte er sich rasch aufs andere Ohr, um ruhig weiterzuschlafen. Die wenigen Mitbürger, welche ihre Armut in der Hoffnung auf Erlangung einer Feuerprämie zu den Löschgeräten trieb, fanden diese meist in desolatestem Zustand oder überhaupt nicht an ihren Standorten vor. Hatte man endlich die verrosteten Spritzen, vermoderten Schläuche und durchlässigen Wassergefäße glücklich bis zur Brandstelle geschleift, so fehlte es dort meist am nötigsten Löschwasser. Die Feuerleitern waren morsch und brüchig oder so unhandlich, daß ein Haufen Leute zu ihrer Bedienung erforderlich war.

In das Kommando beim Brandplatz teilten sich alle erreichbaren Honorationen, so daß nicht selten mehr Leute kommandierten als löschten. Auch rettete die Löschmannschaft häufig erst ihre eigenen Habseligkeiten, so daß die Löschgeräte solange verwaist blieben. Und dies alles angesichts der über Stroh- und Schindeldächer, zwischen hölzernen Trennwänden und zwischen „Brandmauern" aus Lehm und Rohrgeflecht rücksichtslos um sich greifenden Flammen!

Man muß es daher sogar fast als Wunder bezeichnen, daß vor Gründung der Feuerwehren überhaupt noch Ortschaften vor der Zerstörung bewahrt geblieben sind...

Von historischen Bränden in Berlin — soweit sie nicht im Kapitel „100 Jahre Berliner Feuerwehr" erwähnt wurden — seien noch hervorgehoben:

1344 und 1380 zweimalige Zerstörung von Berlin und Cölln a. d. Spree einschließlich der Nikolai- und Marienkirche sowie des Grauen Klosters.

1659 Brand der Nikolaikirche, bei dem der Überlieferung nach General der Artillerie von Sparr die brennende Kirchturmspitze mit — Kettenkugeln herunterschießen ließ. Auf jeden Fall führte dieser Brand zur Beschaffung der ersten „öffentlichen Feuerspritzen" und zur Aufstellung der Pflichtfeuerwehr 1661.

1730 ein Jahr nach Erscheinen der bekannten „Feuerordnung für die Residenzien Berlin und Cölln 1729", Blitzschlag in den Turm der Petrikirche. Diese wurde mitsamt dreißig Bürgerhäusern eingeäschert, obwohl die Schwesterstädte damals bereits zwölf Feuerspritzen besaßen. Dem in Potsdam weilenden König Friedrich Wilhelm I. wagte man kaum, die Hiobsbotschaft von der Brandkatastrophe mitzuteilen.

1759 der erste der beiden denkwürdigen Mühlenbrände am Spreeufer; der zweite von 1838 ist in der Chronik der Berliner Feuerwehr enthalten.

1809 zweiter Brand der Petrikirche mit einem Dutzend Nachbarhäuser.

1813 Hinrichtung eines Mordbrenners mit seiner Spießgesellin auf dem Kreuzberg. Beide hatten zahllose Brandstiftungen, z. T. mit Todeserfolg, in der Mark Brandenburg auf dem Gewissen. Sie wurden auf dem Scheiterhaufen verbrannt — allerdings nachdem ihnen der Henker vorher unbemerkt den Hals umgedreht hatte...

1817 Brand des Kgl. Schauspielhauses am Gendarmenmarkt während einer Theaterprobe. Alle hieran Beteiligten vermochten sich zu retten bis auf einen jungen Schauspieler, der im Qualm den Ausgang nicht mehr fand.

1843 Brand des Kgl. Opernhauses Unter den Linden. Wieder, wie schon beim Mühlenbrand von 1838, rettete nur die Kgl. Dampfspritze von 1832, die älteste der Welt, die gesamte preußische Hauptstadt.

1848 Brand der Geschützgießerei vor dem Oranienburger Tor sowie weitere Feuersbrünste während der Barrikadenkämpfe anläßlich der Märzrevolution.

1853 Brand des Zirkus Renz, bei dem ein Spritzenmann das erste Todesopfer der zwei Jahre vorher begründeten Kgl. Feuerwehr wurde.

1875 Brand des Hotels „Kaiserhof", infolge Verkettung unseliger Umstände ein Totalschaden, jedoch ohne Menschenverluste.

1878 Brand der Berliner Brotfabrik in der Cöpenicker Straße, dem zwei Feuerwehrmänner zum Opfer fielen.

1883 Brand der Hygieneausstellung am Lehrter Bahnhof sowie der Berliner Velvetfabrik in der Cöpenicker Straße. Kgl. Brandmeister Otto Stahl, Oberfeuermann Wendelburg und Feuermann Müller fanden hierbei den Tod im Dienste.

1896 Brand der Borsigmühlen an der Berlin-Charlottenburger Grenze, der die Wehren beider Städte tagelang in Atem hielt.

1898 z. Z. des Deutschen Feuerwehrtages in Charlottenburg dortiger Fabrikbrand in der Gutenbergstraße, dem sechs Menschenleben zu Opfer fielen. Da Charlottenburg noch keine Dampfspritze besaß, mußte die Berliner Feuerwehr ebenso aushelfen wie

1899 beim Brande des Kaufhauses Aaron im Vorort Rixdorf (heute Neukölln), welcher den gesamten baulichen und Warenhausfeuerschutz grundlegend beeinflussen sollte.

1908 Brand der Alten Garnisonkirche an der Neuen Friedrichstraße.

1912 Brand im Theater des Westens in Charlottenburg, dessen Wehr ohne Berliner Löschhilfe die Hälfte des Theaters zu retten vermochte.

1914 Brand der Eisenbahnwerkstätten am Lehrter Bahnhof mit vorzeitigem Einsturz der eisernen Hallen- und Dachkonstruktion. Kaiserin Auguste Viktoria besuchte im Krankenhaus den Adjutanten des Branddirektors, Kgl. Brandmeister Martin Grabow, der bei diesem Brande tödlich verletzt worden war.

1928 noch glimpflich verlaufener Warenhausbrand während der Verkaufszeit bei Tietz-Dönhoffplatz.

1929 zu Beginn des „Sibirischen Winters" Totalbrand des Tietzschen Kaufhauses in der Chausseestraße und Tod eines halben Dutzend Feuerwehrbeamter beim Dachstuhlbrand am Kurfürstendamm durch vorzeitigen Einsturz einer „Schwindeldecke" ...

1933 Reichstagsbrand in Berlin

1935 Brand der Funkausstellung

1936 Brand des Kulissenhauses der Berliner Staatstheater.

1938 Brandstiftung in zwei Dutzend Berliner Synagogen. Die größte derselben war die an der Oranienburger Straße im Berliner Norden, die schönste und modernste von ihnen der Charlottenburger Tempel an der Fasanenstraße. Zu seinem Bau hatte 1913 Kaiser Wilhelm II. drei Millionen Goldmark gestiftet. Die Löscharbeiten der Feuerwehr wurden seitens der politischen Brandstifter immer wieder unterbrochen und hintertrieben, so daß nur die Umgebung der Tempel einigermaßen geschützt werden konnte.

Auch nicht regierungsfeindliche Kreise sahen damals als Vergeltung des Auslandes den kommenden Untergang der Reichshauptstadt deutlich vor Augen, bis dieser nur fünf Jahre später auch planmäßig seinen Anfang nahm!

In der Zeit vor dem ersten Weltkrieg war der größte deutsche Stadtbrand der von Donaueschingen im Jahre 1908. Hinter den hohen Giebelhäusern der alten Stadt wurde in den engen Höfen noch überall Landwirtschaft betrieben.

Durch einen starken Wind angefacht, ergriff das Feuer Scheunen, Stallungen und schließlich auch die historischen Fachwerkhäuser selbst.

Als der Druck der Wasserleitung nachließ, waren von nah und fern zwar genügend freiwillige Feuerwehren herbeigeeilt, aber sie alle verfügten zu jener Zeit nur über Handdruckspritzen.

Im Laufe eines Tages brannten daher nicht weniger als 350 Wohn- und Geschäftshäuser, Ökonomie- und Stallgebäude ab, darunter Baudenkmäler von unersetzlichem Kunstwert.

Donaueschingen war damals die Residenz des Fürsten von Fürstenberg, eines persönlichen Freundes von Kaiser Wilhelm II.. welcher der geprüften Stadt ebenso tatkräftig zur Seite stand wie ganz Süddeutschland.

Ähnlich wie seinerzeit in Donaueschingen ging es ein Vierteljahrhundert später beim Ortsbrand von Öschelbronn 1933 in Baden zu. Auch hier gingen, während die Ortswehr mit dünnen Hydrantenstrahlen die hohen Fachwerkgiebel der dichtgedrängten Reihenhäuser benetzte, die rückwärtigen Ökonomiegebäude rettungslos in Flammen auf. Im Gegensatz zu Donaueschingen, wo die technischen Hilfsmittel der auswärtigen Löschhilfe gleich Null waren, konnten nach Öschelbronn die motorisierten freiwilligen und Berufswehren von Nordbaden und Württemberg mit zahlreichen Kraftspritzen sofort entsandt werden. Da inzwischen in Öschelbronn völliger Wassermangel eingetreten war, verlegten die Wehren von Pforzheim und Karlsruhe, Mühlacker und Leonberg, Stuttgart und weiterer Städte von Achern nach Öschelbronn kilometerlange Zubringerschlauchleitungen.

Dies war das erste praktische Beispiel der Löschwasserversorgung über lange Wegstrecken, noch bevor dieselbe im Rahmen des Luftschutzes planmäßig erprobt und entwickelt wurde.

Dem Ortsbrand von Öschelbronn, der damals im In- und Ausland gewaltiges Aufsehen erregte, fielen mehr als 330 Wohn-, Ökonomie- und Nebengebäude zum Opfer.

Der Altstadt- und Kirchenbrand von Duderstadt am Harz 1918 ist dagegen infolge der damaligen Kriegszeit weniger bekannt geworden, obwohl er ein markantes Beispiel für die Ohnmacht der kleinstädtischen Löscheinrichtungen jener Zeit gegenüber Großbränden in Fachwerkbauten und dichtgedrängten Altstadtkernen bildete.

Auch litten die freiwilligen Feuerwehren damals unter drückendem Mannschaftsmangel, da ein Großteil der aktiven Feuerwehrmänner im Felde stand.

Wer wollte heute noch die Verluste an unermeßlichen Kulturschätzen ermessen, welche 1822 der Brand der Kathedrale von Rouen und 1836 der von Chartres, 1838 der Augustinerkirche zu Gent, 1864 der Jesuitenkirche von Santiago, Chile (mit 2 000 Todesopfern!), 1878 der Deutschen Kirche von Stockholm, 1890 des Domes von Siena, Italien, und 1896 der Klosterkirche St. Sauveur in Lille verursacht haben. Oder aber die beiden Brände der Kurfürstlichen Residenz zu München von 1674 und 1729, des Schlosses Amalienborg in Kopenhagen 1689, des Kgl. Schlosses zu Stockholm 1697, des Bonner Schlosses 1777 und vor allem des St. Petersburger Winterpalais 1837 verursachten.

Bei dem letztgenannten Brande wurden derart enorme Kunstschätze und Kulturwerte vernichtet, daß im alten Rußland und in ganz Europa dieser Verlust niemals mehr verwunden werden konnte.

Wer wollte sich heute noch die Schreckensszenen ausmalen, die sich 1689 beim Theaterbrand in dem schon erwähnten Schloß Amalienborg, 1772 beim Brand der „Schauburg“ in Amsterdam, 1794 beim Brand des Theaters von Capo d'Istria (mit 1 000 Todesopfern!), 1811 beim Theaterbrand in Richmond, 1845 beim Brand des Chinesischen Theaters zu Kanton (1 370 Tote, 2 000 Verletzte), 1847 beim Hoftheaterbrand in Karlsruhe, 1887 beim Brand der Komischen Oper in Paris oder 1897 beim dortigen Bazarbrand abspielten?

Letzterer diente einer Wohltätigkeitsveranstaltung und wurde von Angehörigen der höchsten Gesellschaftskreise besucht. Der leichte Behelfsbau bestand aus Brettern, Dekorationen und geteerter Leinwand. Das Feuer brach bei der Kinematographenvorstellung aus, die von 1 200 Personen besucht war.

Die meisten von ihnen wurden schwer verletzt, während 116 Besucher den erlittenen Brandwunden und Quetschungen erlagen — unter ihnen auch die Herzogin von Alençon, Schwester der Kaiserin Elisabeth von Österreich.

Welches ungeheure Maß von Not und Elend muß nach den furchtbaren Stadtbränden von Bilbao in Spanien 1571 und Aachen 1656, von Rostock 1677 und Elberfeld 1687, Frankfurt a. M. 1719, Kopenhagen 1728 und 1794 — nicht zu vergessen die Beschießung von 1807! — geherrscht haben?

Ebenso wie noch während der letzten hundert Jahre bei den zahllosen Orts- und Flächenbränden in Rußland, Finnland und Polen, in Schweden und Norwegen, in Mittelamerika und Australien, in China und Japan. Über alle diese Brandkatastrophen ließen sich riesige Abhandlungen verfassen, wenn man deren Daten und Einzelheiten auch nur kurz wiedergeben wollte. Der unheilvollen Spur des Roten Hahnes begegnet man eben in allen bewohnten Gebieten unseres Erdballes!

1948: Die Mannheimer Feuerwehr im Einsatz beim BASF-Unglück

Diese Katastrophe gehört zu den schwersten, die das jetzige Bundesgebiet in den ersten Jahren nach dem Krieg betroffen haben. Am 28. Juli 1948 um 15.43 Uhr erfolgte im Werk Ludwigshafen der Badischen Anilin- & Sodafabrik ein Explosionsschlag, dessen Härte und Kürze auf einen Ausgangspunkt mit höchster Brisanz schließen ließ.

Der Ausgangspunkt war zu dieser Zeit in Mannheim unbekannt, doch wurde in der Hauptfeuerwache vorsorglich Alarm ausgelöst und zur Erkundung der Funkwagen abgesandt.

Dr.-Ing. Magnus, der Mannheimer Branddirektor, führte den Wagen selbst. Kurz nach Überfahrt der Rheinbrücke wurde durch Sprechfunk der erste Löschzug zur Unfallstelle beordert.

Der Befehlswagen traf gleichzeitig mit dem Wagen des Leiters der Ludwigshafener Berufsfeuerwehr im menschenleeren Hof der BASF ein. Gemeinsam wurde eine Befehlsstelle errichtet.

Weitere Kräfte wurden durch Funkalarm nachgezogen, vor allem Rettungswagen.

Um 16.02 wurde Alarm für alle Löschkräfte einschließlich der Freiwilligen Feuerwehr befohlen.

Um 16.05 Uhr wurde das Rote Kreuz Mannheim zur Unfallstelle gerufen.

Der erste Löschzug war in der Zwischenzeit eingetroffen und hatte mit der Bergung von Verletzten begonnen.

Auf den ersten Blick war zu erkennen, daß es sich um eine größere Anzahl von Verletzten handelte, und man beschloß daher, daß der Abtransport in ferner gelegene Krankenhäuser (Mannheim, Heidelberg, Speyer) erfolgen solle, um das Ludwigshafener Krankenhaus nicht zu überlasten.

Die werkskundige Werkfeuerwehr übernahme die Bekämpfung der gefährlichsten Brandstellen und konnte sich Hilfskräfte von der Einsatzleitung anfordern.

Als Hilfskraft stand zunächst die Ludwigshafener Wehr zur Verfügung, während die Berufsfeuerwehr Mannheim aus Mangel an Löschwasser vorerst auf Brandbekämpfungseinsatz verzichtete und Menschenrettung vornahm.

Um 16.20 Uhr war zu erkennen, daß die Stromversorgung des ganzen Werkes ausgefallen war und damit die Wasserversorgung auf unabsehbare Zeit ausfallen würde.

Daraufhin wurde Befehl erteilt, das Feuerlöschboot zu entsenden, um die Wasserversorgung sicherzustellen.

In der Zwischenzeit rückten die Werkwehren von Daimler-Benz und der Rheinischen Gummi- und Zelluloidfabrik an.

Zu diesem Zeitpunkt herrschte noch Unkenntnis über den Umfang und die Lage des Schadensherdes, auch behinderte die Mitteilung den Einsatz, daß sich giftige Gase freigemacht hätten und mit einem weiteren Ausbruch von Phosgen zu rechnen sei.

Die vorhandenen Tragbahren reichten zum Abtransport der Verletzten nicht mehr aus.

Es erging daher durch Funkspruch die Weisung, sämtliche zur Verfügung stehende Tragbahren an die Unfallstelle zu schaffen. Auch darf an dieser Stelle vermerkt werden, daß alle von der Einsatzstelle ergehenden Weisungen durch Funkspruch vom Befehlswagen an die Zentrale der Berufsfeuerwehr Mannheim gingen und von dort aus auf dem Drahtwege an die betreffenden Dienststellen weitergereicht wurden.

Das Städtische Tiefbauamt hatte unaufgefordert Transportfahrzeuge zum Abtransport der inzwischen auf der Hauptfeuerwache eingetroffenen Mannschaften der Freiwilligen Feuerwehren zur Verfügung gestellt, so daß die Berufsfeuerwehrmannschaften durch sechzig Mann Freiwillige Feuerwehr ergänzt werden konnten.

Verschüttete Straßen behinderten den Einsatz der Löschfahrzeuge. Daraufhin wurde von der amerikanischen Militärverwaltung schweres Räumgerät angefordert.

Die Bitte wurde zusagend beantwortet.

Besonders notwendig wurde diese Hilfe durch schweres Räumgerät deshalb, weil in der Nähe der brennenden Benzolfabrik ein Zug von Kesselwagen in Brand geraten war und raschestens aus der Gefahrenzone entfernt werden sollte.

Die feuerwehreigenen Geräte, auch der schwere Rüstkraftwagen der Mannheimer Berufsfeuerwehr, waren nicht imstande, die brennenden Wagen auf den vollständig durch Schutt verstopften Wegen zu bewegen.

Der Einsatz der Löschmannschaften war so lange gefährlich und auch zwecklos, als es nicht gelang, die mit Handfeuerlöschern notdürftig abgelöschten Wagen aus dem Bereich der brennenden Gebäude zu entfernen.

Die angeforderte amerikanische Hilfe traf in unvorhergesehen großem Umfang ein. Es erschien eine amerikanische Einheit, nicht nur mit Räumpflügen, sondern auch mit schwersten Drehkränen und Baggern.

Mit Hilfe dieser Geräte gelang es bald, die brennenden Waggons aus dem Gefahrenbereich abzuschleppen und einzelne Straßen des Werks gangbar zu machen.

Um 18.00 Uhr bestand immer noch Explosionsgefahr im Werk und an einer Anzahl von Stellen war der Einsatz von Hilfs- und Bergungstrupps nicht möglich; erst eine knappe Stunde später konnte die Bergungsarbeit in verstärktem Maße einsetzen, da die Gefahr von Gasausbrüchen als beseitigt angesehen werden durfte. Zu diesem Zeitpunkt war die Feuerwehr Mannheim mit 150 Mann eingesetzt, die Feuerwehr Ludwigshafen mit 40 bis 50 Mann, die Werkfeuerwehr der BASF mit 40 bis 50 Mann, amerikanische Pioniertrupps in einer Stärke von etwa 100 Mann, ferner Rote Kreuz-Mannschaften und Werksangehörige.

Als Reserve standen die Feuerwehren Worms, Speyer, Neustadt und Frankenthal zur Verfügung.

Ein Einsatz dieser und anderer Kräfte, die den Feuerschutz Mannheims übernommen hatten (die dienstfreien Mannschaften der Mannheimer Berufsfeuerwehr, 30 bis 40 Mann der Freiwilligen Feuerwehr Mannheim, die Werkfeuerwehr Zellstoff-Fabrik, die Mannschaft der Feuerwache III Sandhofen, ferner eine Gruppe der Berufsfeuerwehr Heidelberg), der durchaus wünschenswert gewesen wäre, erfolgte deshalb nicht, weil die vorhandene Wasserversorgung für eine größere Anzahl von Kraftspritzen nicht ausgereicht hätte und außerdem die Werkfeuerwehrleitung auf dem Standpunkt stand, daß die vorhandenen Brände keine wesentliche Gefahr mehr bringen würden, sondern lediglich eine Belästigung darstellten. Ein größerer Schaden konnte auch unter den Ruinen durch Feuer tatsächlich nicht mehr entstehen.

Um 18.54 Uhr wurde der Bausicherungstrupp der Berufsfeuerwehr Mannheim alarmiert, um bei den Räumungsarbeiten zum Einsatz zu kommen.

Ab 20.00 Uhr wurden Vorbereitungen zum Nachteinsatz getroffen, da es sich erkennen ließ, daß auch mit Hilfe der amerikanischen Einheit der Einsatz sich noch über lange Zeit erstrecken würde. Der Stromerzeuger der Mannheimer Wehr wurde zum Einsatz gebracht, Schneidbrenner wurden nachgezogen und auch der schwere Raupenschlepper traf einsatzbereit an der Unfallstelle ein.

Während der Nacht wurden die Bergungsarbeiten eingeschränkt, da die Einsturzgefahr der noch stehenden Gebäudeteile und die vollständige Verfilzung der Eisenkonstruktionen in der Dunkelheit jedes erfolgreiche Arbeiten unmöglich machten.

Mit einfachen Mitteln zu bergende Personen waren zu diesem Zeitpunkt auch nicht mehr auffindbar.

Französische und amerikanische Hilfsmannschaften nützten die Nacht dazu, Straßen zu räumen und sperrige Eisenkonstruktionen zu beseitigen.

Das Feuerlöschboot versorgte, zusammen mit zwei ungefähr 300 Meter unterhalb der Liegestelle angefahrenen Kraftspritzen, die noch im Angriff liegenden Strahlrohre mit Wasser.

Gegen 23.00 Uhr konnten die ersten Mannschaften der Freiwilligen Feuerwehr entlassen werden.

Um 6.00 Uhr früh wurden die Feuerlöschkräfte nach Mannheim zurückgeschickt und an ihrer Stelle eine ausgeruhte Löschgruppe der Feuerwehr Mannheim mit schwerem Atemschutzgerät als Einsatzreserve im Werk behalten.

Das Feuerlöschboot konnte um 9.00 Uhr entlassen werden, da die Werkswasserversorgung notdürftig in Gang gesetzt worden war. Der Bausicherungstrupp begann mit dem Umlegen einsturzgefährdeter Gebäude, um den Rettungstrupp den Zugang zu den einzelnen Werksgebäuden zu ermöglichen.

Schon beim frühen Morgengrauen konnten wieder die ersten Toten und Verletzten geborgen werden.

Diese Arbeit wurde unter Beibehaltung einer Einsatzreservegruppe der Berufsfeuerwehr Mannheim bis Freitagmittag 15.30 Uhr fortgesetzt. Zu diesem ungefähren Zeitpunkt wurde der Berufsfeuerwehr Mannheim die Aufforderung übermittelt, das Werk sofort zu verlassen. (Anm.: Das Werk stand zu jener Zeit unter Leitung der französischen Besatzungsmacht!)

Am 30. Juli sprach die Werksleitung den Wunsch aus, den Bausicherungstrupp, dessen Abrücken durch ein Mißverständnis erfolgt sei, wieder in das Werk zurückzubeordern.

Die Bausicherungsmaßnahmen wurden daraufhin weitergeführt.

Französisches Militär war in der Zwischenzeit in größerem Umfang eingetroffen, um zu Aufräumungsarbeiten eingesetzt zu werden. Die Schutzpolizei war bereits am Abend des 28. Juli durch Gendarmerie des Landes Rhein-Pfalz und durch französische Gendarmerie ersetzt worden.

Am Schluß dieses Berichtes von Branddirektor Dr.-Ing. Magnus heißt es u. a.: „Zusammenfassend kann über den Einsatz der Hilfs-, Lösch- und Rettungsmannschaften gesagt werden, daß das Menschenmögliche getan wurde.

Die Organisation war bemüht, die geforderte und notwendige Hilfe rasch und ausreichend zu bringen.

Menschenrettung ging vor allem anderen.

Wenn auch in vielen, allzu vielen Fällen unsere Hilfe nicht mehr ausreichte, so muß doch andererseits die große Zahl der lebend Geborgenen und die Zeit, in der dies durchgeführt wurde, gewertet werden.“ — Das Ausmaß der Katastrophe war nach Aussagen von Sachverständigen zufolge schlimmer als die des Jahres 1921 im Nachbarwerk Oppau der BASF!

Drei Jahre nach dieser denkwürdigen nachbarlichen Katastrophenhilfe konnte Branddirektor Dr.-Ing. Magnus mit seiner Mannheimer Wehr deren Hundertjahrfeier festlich begehen.

Im Gründungsjahr der Berliner Feuerwehr 1851 entstand auch die damals noch freiwillige Feuerwehr Mannheim, so daß sie mit zu den ältesten des badischen Landes gehört.

Vierzig Jahre lang versah sie allein den gesamten Feuerschutz der mächtig aufstrebenden Handels- und Industriestadt zur vollsten Zufriedenheit ihrer Mitbürger.

Aber der technische Fortschritt war nicht aufzuhalten, so daß 1891 bei Eröffnung der kleinen städtischen Feuerwache der Bürgermeister die prophetischen Worte sprechen konnte:

„Wenn sich später einmal, was wohl unausbleiblich sein wird, Mannheim zur Großstadt entwickelt und unsere Stadt damit zugleich auch eine wohlorganisierte große Berufsfeuerwehr aufzuweisen haben wird, so wird der Chronist, der die Entwicklungsgeschichte dieser Feuerwehr beschreibt, auf den heutigen Tag und auf die jetzige Stunde zurückgreifen müssen.

Spätere Geschlechter werden dann vielleicht lächeln über die primitiven Zustände, in denen sich heute unsere Berufsfeuerwehr befindet, über die geringe Zahl der Mannschaft, über den kleinen Handkarren, auf welchem die Feuerlöschgeräte transportiert werden, über die bescheidenen Räume, in denen der ganze Apparat Platz gefunden. Aber — der Anfang ist gemacht!"

Zwanzig Jahre später, als mit einem Kostenaufwand von 600 000 Goldmark die heutige große Hauptfeuerwache errichtet wurde, verfügte die Berufsfeuerwehr anstelle des ursprünglichen Handkarrens schon über elektromobile Gasspritze und dampfautomobile Dampfspritze mit Ölheizung, über Krankenauto und Personenauto mit Benzinantrieb. Zu Beginn des letzten Krieges war die Mannheimer Berufswehr 112 und die ebenfalls erhalten gebliebene Freiwillige Feuerwehr etwa 200 Mann stark. Während des Krieges fielen auf Mannheim in 151 Luftangriffen über 500 Minenbomben, mehr als 43 000 Sprengbomben, etwa 1,8 Millionen Stabbrandbomben, 13 500 Flüssigkeitsbrandbomben und etwa 100 000 Phosphorbrandbomben.

1945 lag Mannheim in Trümmern und die Feuerwehr war auch hier „vom Winde verweht".

Aber noch im selben Jahr übernahm Branddirektor Dr.-Ing. Magnus den Neuaufbau der Wehr, der in noch rascherem Tempo als jener der Stadt selbst fortschreiten sollte und nach knapp drei Jahren schon den geschilderten Großeinsatz in der schwergeprüften Schwesterstadt Ludwigshafen ermöglichte. Und heute hat die Mannheimer Feuerwehr ihren Vorkriegsstand bereits längst überflügelt!

1842 - Hamburg brennt!

Die furchtbarste deutsche Brandkatastrophe im 19. Jahrhundert bildet der große Brand von Hamburg im Jahre 1842.

Er brach am Abend des 5. Mai in einem mehrstöckigen Tabakspeicher an der Deichstraße aus und wurde von einem hannoverschen Postbeamten entdeckt.

Sturmglocken und Trommeln der Militärwache alarmierten die „Weißkittel", wie das temporäre Löschkorps der Hamburger Feuerkasse nach seinen hellfarbigen Feuermänteln genannt wurde.

Hamburgs Bürgerschaft hatte bis dahin vollstes Vertrauen zu dieser Löschanstalt mit ihren für die damalige Zeit vorbildlichen „Repsold'schen Sprützen".

Ihr Erbauer und Reorganisator des Löschkorps war leider einige Jahre vorher bei einem Großbrand auf den Vorsetzen ums Leben gekommen.

Werkfeuerwehr Henkel aus den Tagen ihrer Gründung 1911

Die Werkfeuerwehr Henkel mit ihren Fahrzeugen im Jahre 1953

Das Volkswagenwerk in Wolfsburg am Mittellandkanal

Werkfeuerwehr Volkswagenwerk Wolfsburg

Werkfeuerwehr Volkswagenwerk Wolfsburg

Werkfeuerwehr des Fürstlich Hohenzollerischen Hüttenwerks Laucherthal/Hohenzollern

Die Werkfeuerwehr der Aluminium-Walzwerke Singen G.m.b.H., aufgenommen im September 1955, im 31. Jahre ihres Bestehens. In der Mitte der ersten Reihe Dr. h.c. Paulssen, der Leiter des Werkes und Gründer der Werkfeuerwehr

Werkfeuerwehr Aluminium G.m.b.H. Rheinfelden (Aluminium-Hütte)

Die Spritzen wurden von Hand gefahren oder auf den Fleeten in Booten zur Brandstelle gerudert.

Als mehrere von ihnen des Feuers nicht Herr zu werden vermochten, versammelten sich Senat und Bürgerschaft auf dem Rathaus. Von dort jagten die „Reitendiener" nach allen Richtungen, um alle verfügbaren Spritzenabteilungen und „Kopen" zum Brandplatz zu beordern.

Diese Kopen waren bespannte Sturmfässer, mit denen Wasser von den Fleeten und der „Englischen Wasserkunst" zum Brande gefahren wurde. Wasserwerk, Rohrleitungen und Hydranten befanden sich erst im Bau. Trotz der vielstöckigen Holzständer- und Fachwerkhäuser verfügten die „Weißkittel" weder über fahrbare noch geeignete tragbare Feuerwehrleitern.

Von seinem Ursprungsort griff das Feuer auf das Deichstraßenfleet und die Steintwiete bis zum Rödingsmarkt über.

Hier kam eine ganze Spritzenabteilung beim Innenangriff in den Flammen um, die sogleich auf die herrliche Nikolaikirche übersprangen.

Erst jetzt erkannten die Einwohner die ungeheuere Gefahr, worauf sie panikartig mit ihren Habseligkeiten die Häuser verließen.

Am Mittag des 6. Mai stand der Turm der Nikolaikirche in Flammen, die Kirchenglocken schmolzen in der Glut und die Trümmer stürzten brennend auf die umliegenden Häuserblocks herab.

Daraufhin mußte Sprützenmeister Repsold jr. mit seinen Gehilfen erklären, daß die Kunst des Löschkorps zu Ende sei.

Senat und Bürgerschaft machten nunmehr eigenes und hannoversches Militär mobil, aber bis zu dessen Ankunft hatte das Feuer über den Hopfenmarkt bereits auf das Speicherviertel der Neuenburg übergegriffen.

Über den Großen Burstah, Mönkedamm, Alte Wallstraße und Johannisstraße drangen die Flammen bis zum Rathaus vor, dessen Sprengung das Fortschreiten des Brandes nicht mehr aufzuhalten vermochte. Die Nachbarstadt Altona hatte sofort ihre Spritzen nach Hamburg entsandt, wo ein Teil der Altonaer „Weißkittel" ebenfalls bei den Löscharbeiten umkam.

Feuerreiter gingen nunmehr über Harburg ins Hannoversche, nach Bremen und dem damals noch dänischen Schleswig-Holstein ab. Die Berlin-Hamburger Eisenbahn verkehrte zu jener Zeit erst bis Bergedorf, so daß preußisches und mecklenburgisches Militär nur in Eilmärschen und per Achse nach Hamburg beordert werden konnte. Die ebenfalls zu Hilfe eilenden Kieler Spritzen waren mit der dortigen Studentenschaft besetzt.

Während einheimisches und auswärtiges Militär an geeigneten Auffangstellungen Sprengladungen vorbereitete und Verbindungsbauten niederriß, ergriff das Feuer die neue Börse, Große Bäcker und Johannisstraße, das Einbecksche Haus am Dornbusch, die Berg- und Zuchthausstraße nebst dem Moglerswall und Alten Jungfernstieg.

Aus ihren Elendsvierteln aufgescheucht, begannen dunkle Elemente der Großstadt inmitten der allgemeinen Flucht und Verwirrung zu rauben und zu plündern.

Ein Teil der Soldaten mußte daher der Brandbekämpfung entzogen und zum Niederhalten der Aufrührer und Plünderer eingesetzt werden. Vom Jungfernstieg aus erfaßte der rasende Feuersturm auch die Pelzerstraße und zuletzt die riesige Petrikirche, deren Turmglocken vor ihrem Absturz zum letztenmal über der untergehenden Stadt läuteten.

Zugleich mit der Kirche ergriff das Feuer die Wassermühlen am Oberdamm, den Holzdamm und die Vorstadt beim Alstertor.

Was sich am 6. und 7. Mai an Schreckensszenen inmitten der brennenden Stadt abspielte, läßt sich einzig und allein mit denen der Jahre 1943 bis 1945 vergleichen.

Nachdem schließlich auch noch Pferdemarkt und Rosenstraße, Raboisen und Neuerweg, Lilien- und Spitalstraße an die Reihe gekommen waren, erfaßte das Feuer noch die Gertrudenkapelle.

Aus dem Hamburger Zuchthaus hatten die Gefangenen unter starker Bedeckung frühzeitig entfernt und immer von neuem von einem zum anderen Ausweichort evakuiert werden müssen.

Noch trostloser war der Anblick der kranken und hilflosen Insassen von Spitälern und Altersheimen, für deren Abtransport und Notunterkunft die notwendigsten Hilfsmittel fehlten.

Denn ein Rotes Kreuz oder sonstige Katastrophenhilfe kannte man damals noch ebenso wenig wie planmäßige soziale Fürsorge!

Als dank der Sprengung Hunderter von Häusern im Laufe des 8. Mai das Feuer aus Mangel an Nahrung erlosch, lag flächenmäßig ein Drittel der Stadt in Trümmern — in Wirklichkeit aber der wichtigste und wertvollste Teil der Stadt.

Von der gesamten Altstadt war hauptsächlich das Gängeviertel und die Gegend um die alte Katharinenkirche verschont geblieben. Hier hatten die Bewohner frühzeitig Türen und Fenster verstopft, Dächer abgedeckt oder zum Schutz gegen Funkenflug und strahlende Hitze mit nassen Segeltüchern abgedeckt.

Vor allem war die Hamburger Neustadt mit der prächtigen St. Michaeliskirche erhalten geblieben, doch sollte diese ihre Brandnot später auch noch erleben!

Zwischen Alster und Elbe lagerten die abgebrannten oder geflüchteten Hamburger im Freien, während das Ruinenfeld selbst einem riesigen Friedhof oder einem militärischen Kriegslager glich.

Über hundert Menschen hatten ihren Tod in den Flammen gefunden, unter ihnen die verunglückten Löschmänner aus Hamburg und Altona wie auch Soldaten, deren Sprengladung vorzeitig losgegangen war. Hierzu kamen über tausend Verletzte oder an Rauchvergiftung und durch sonstige Strapazen Erkrankte. Im ganzen waren 20 000 Menschen durch den Brand obdachlos geworden.

Obwohl es anfangs schien, als ob in der heimgesuchten Hafen- und Handelsstadt jeglicher Handel und Wandel, überhaupt alles Leben und Treiben für lange oder auf immer zum Erliegen gekommen seien, war dies in Wirklichkeit zum Glück nicht der Fall.

Noch angesichts der schwelenden Brandfelder und der rauchenden Ruinen eilten unermüdlich „Feuerkassebürger" von Haus zu Haus, um die genaue und wirkliche Höhe des Brandschadens festzustellen. Das Institut der Hamburger Feuerkasse bestand in diesen Schreckenstagen seine große Bewährungsprobe.

„Bankobürger", die privaten Hamburger Bankiers, setzten Himmel und Hölle in Bewegung, um der ausgebrannten Stadt neuen Kredit zu verschaffen.

Seeschiffe und Elbkähne, Postkutschen und Frachtwagen brachten von allen Seiten hilfsbereite Menschen und Waren aller Art nach Hamburg, um die Not der Abgebrannten zu lindern und den Handel der größten Hafenstadt Deutschlands wieder in Gang zu bringen.

Der Wiederaufbau der Stadt vollzog sich bereits im Zeichen der fortschreitenden Technik mit Wasser- und Gaswerk, Eisenbahn und Dampfschiff, Fabriken und Kaufhäusern.

Nur das Feuerlöschwesen verblieb eigenartiger Weise noch dreißig Jahre lang in den Händen der braven Weißkittel unter ihrem schwergeprüften Sprützenmeister Repsold jun. und dem Maschinenfabrikanten Moltrecht, dem Konstrukteur der ersten deutschen Dampfspritze . . .

Mitte des 18. Jahrhunderts war die St.-Michaelis-Kirche durch Blitzschlag zerstört und von dem genialen Baumeister Sonnin in schönerer Form neu errichtet worden.

Zur Errichtung des über hundert Meter hohen Holzturmes hatte man die höchsten Baumstämme und die längsten Balken verwendet. Im ganzen waren 2400 Kubikmeter Holz in Turm und Kirche verbaut worden.

Seit Gründung der Hamburger Berufsfeuerwehr 1872 wurde der Turmwächterdienst von Telegraphisten der Wehr versehen.

An einem Vormittag des Jahres 1906 flüchtete plötzlich der Uhrmacher, der oberhalb der Wächterstube das Uhrwerk instandgesetzt hatte, atemlos nach unten:

Mit der Flamme seiner Lötlampe hatte er das ausgedörrte Gebälk des Glockenstuhles fahrlässig in Brand gesetzt.

Feuerwehrmann Bäuerle von Zugwache 3, Millerntor, der zu dieser Zeit den Wächterdienst versah, blieb trotz der Warnungsrufe des Uhrmachers oben zurück, um an die Hauptwache die historisch gewordene Depesche zu telegraphieren „Hier im Thurme großes Feuer". Nach restloser Erfüllung seiner Pflicht, fand er den Ausgang bereits durch Rauch und Flammen versperrt; sein Gedenkstein ziert den Hof der Wache Millerntor.

Als Branddirektor Westfalen auf der Hauptwache die Nachricht erhielt, war der Löschzug von Wache 2, Admiralitätsstraße, bereits auf dem Wege zur Kirche.

Brandmeister Fischer versuchte sofort, mit zwei Schlauchleitungen im Kirchturm aufwärts vorzudringen, aber seine wie auch die Angriffstrupps der Hauptfeuerwache wurden in Höhe des Kirchendaches durch Verqualmung und fürchterliche Hitze vorzeitig aufgehalten. Branddirektor Westfalen befahl angesichts der ungeheueren Gefahr unverzüglich die Löschzüge 1 bis 9 zur Brandstelle.

Zum Schutz des Stadtgebietes blieb Zug 10 auf der Wache Barmbeck allein zurück.

Brandmeister Schmidt, ein früherer Schiffsingenieur, umstellte mit seinen neuen Dampfspritzen die Kirche von allen Seiten. Nachdem einige Hauptstützen des hölzernen Kirchturmes durchgebrannt waren, mußten die letzten Angriffstrupps aus dem Boden des Kirchendaches zurückgezogen werden.

Um drei Uhr nachmittags drehte sich der Turm halb um seine Achse, knickte ein und stürzte brennend zusammen.

Hierbei durchschlugen einige Turmbalken das Kirchendach, wodurch das Schicksal des herrlichen Bauwerks besiegelt wurde.

Kupferteile der Turmbekleidung wurden bis zu fünf Kilometer weit fort geschleudert, während Glut und Funkenregen die enge Seitenstraße „Englische Planke" überschütteten.

Hier brannten alsbald insgesamt vierzig Fachwerk- und Massivbauten unter ihnen ein vierstöckiges Kaufhaus.

Ein Löschtrupp von Wache 2, der hier zum Innenangriff vorging, wurde durch vorzeitigen Treppeneinsturz halb verschüttet.

Im Keller des Warenhauses wurde der schwerhörige Heizer das zweite und zum Glück letzte Todesopfer dieses Brandes.

Da es von außen her den Anschein hatte, als ob der Hamburger Neustadt nunmehr das Schicksal der Altstadt vom Jahre 1842 drohte, bot die unmittelbar angrenzende Nachbarstadt Altona Löschhilfe an. Obwohl Branddirektor Westfalen die Auswirkung der amerikanischen Flächenbrände aus eigener Anschauung kannte, verzichtete er auf jede auswärtige Löschhilfe, da seine Dampfspritzen das Feuer bereits von allen Seiten eingekreist hatten.

Lediglich ein Hamburger Löschdampfer mußte zu ihrer Speisung an den Vorsetzen anlegen, um durch lange Zubringerschläuche die städtische Wasserleitung zu entlasten.

Als schließlich auch das Kirchendach selbst zusammenbrach, ließ endlich der starke Aufwind des Brandes und die Gefahr für die weitere Umgebung nach.

Nach dem Brande wurden Kirche und Turm in ihrer ursprünglichen Form und Umfang, jedoch in feuerbeständiger Bauweise wieder errichtet. Der Kirchturm erhielt einen Personenaufzug sowie Steigrohrleitungen stärksten Kalibers.

Der Brand der Michaelis-Kirche von 1906 und der Große Brand von 1842 bildeten bis zum letzten Kriege die beiden wichtigsten historischen Brandkatastrophen der neueren Zeit.

Vorher hatten in der zweiten Hälfte des 17. Jahrhunderts Flächenbrände mehrere hundert alte Giebelhäuser aus Ständerwerk zerstört.

Die Brandabwehr zeigte sich damals so unzureichend und das Elend der unversicherten Abgebrannten derart namenlos, daß Senat und Bürgerschaft zur Gründung der „Hamburger Feuerkasse“ schritten und die ersten holländischen Schlangenspritzen für das neuorganisierte Löschkorps beschafften.

Besonders denkwürdig war auch der große Speicherbrand 1892 auf dem Gelände der Hamburg-Amerikalinie am Grasbrook, bei dem durch plötzlichen Einsturz eines Lagerhausteiles Branddirektor Kipping tödlich verunglückte, der zwei Jahrzehnte vorher die Hamburger Berufsfeuerwehr begründet und aufgebaut hatte. Kipping und sein ruhmreicher Vorgänger, Sprützenmeister Repsold sen., erhielten ein gemeinsames Denkmal im Hofe der Hauptfeuerwache.

Wiener Ringtheaterbrand

Für den 8. Dezember 1881 war zur Wiedereröffnung des Ringtheaters, der früheren Wiener „Komischen Oper“, eine Festvorstellung angesetzt.

Auf dem Programm stand die Oper „Hoffmann's Erzählungen“ von Jacques Offenbach.

Bei der Aufführung dieses Werkes war bereits 1873 die „Grande Opéra“ in Paris durch Feuer zerstört worden.

Theaterdirektor Franz Jauner, neben den bekannten Komponisten der Schöpfer der Wiener Operette, hatte das Ringtheater neu gepachtet und mit beträchtlichen Mitteln verschönern lassen.

Nur hatte er dabei leider die feuerpolizeilichen Auflagen übersehen, welche ihm lange vor der Eröffnung des Theaters die Niederösterreichische Landesstatthalterschaft gemacht hatte.

Zu Beginn der Festvorstellung hatte Jauner im übrigen ein ebenso altes wie eisernes Gesetz des Theaterlebens außer acht gelassen: Bei jeder wichtigen Theateraufführung hat der Direktor vom ersten Augenblick an im Hause und auf der Bühne anwesend zu sein.

Einer seiner häufigen „Stimmungen“ folgend, hatte sich Jauner nicht entschließen können, rechtzeitig im Theater zu erscheinen. Die Vorstellung war für diesen Abend ausverkauft und sollte um acht Uhr beginnen.

Mitglieder des österreichischen Hochadels, der vornehmsten Gesellschaft und der Wiener Finanzkreise hatten ihr Erscheinen zugesagt. Auch die Gattin eines bekannten Wiener Finanzmannes hatte sich zu diesem Abend eine Karte für das Ringtheater besorgen lassen. Als sie vor der Theaterzeit in großer Abendtoilette ihre Wohnung verließ, glaubte ihr Gatte sie auf dem Weg zur Vorstellung.

Eine halbe Stunde vor deren Beginn war bereits über die Hälfte der zweitausend Plätze im Parkett, in den Logen und auf den Rängen mit festlich gekleideten und andächtig gestimmten Besuchern besetzt. Hinter dem geschlossenen Vorhang traf man gerade die letzten Vorbereitungen für den Beginn des Spieles.

Im Zuschauerraum brannte der große Gaskronleuchter, denn in den damaligen Theatern kannte man noch keine elektrische Beleuchtung. Auf der Bühne hatten Jauners technische Mitarbeiter ein neuartiges Verfahren zum Anzünden der Soffittenbeleuchtung eingeführt.

Aber als man an diesem Abend das Gas für die Seitenbeleuchtung ausströmen ließ, wollte der elektrische Zündfunke endlose Zeit nicht überspringen.

Als dies nach wiederholten Bemühungen endlich geschah, entstand eine hohe Stichflamme.

Blitzartig ergriff diese die Soffittendekoration, welche natürlich mit keinerlei Feuerschutzmitteln behandelt war.

Auf den Ruf „Feuer" suchte alles, was sich noch von der Bühne retten konnte, durch den Hinterausgang das Weite.

Der Theatermaschinist wollte die „Drahtkurtine", die Vorläuferin des eisernen Vorhangs, herunterlassen.

Dies gelang ihm nicht, da der Mechanismus verklemmt war.

Der Beleuchter vergaß indessen, die Gaszufuhr rechtzeitig abzusperren.

Der eigene Feuerwächter des Ringtheaters — Theaterwachen der Berufsfeuerwehr kannte man im alten Wien nicht — betätigte den Bühnenfeuermelder, der an diesem Abend auch nicht funktionierte.

Dann nahm er eine Schlauchleitung gegen die brennende Soffitte vor, aber natürlich gab der Bühnenhydrant kein Wasser.

Auf den Ruf „Rette sich, wer kann!" ergriffen zuletzt auch Inspizient und Beleuchter, Maschinist und Feuerwächter die Flucht, während hinter ihnen das Bühnenhaus in Flammen aufging.

Im Zuschauerraum hatte man das plötzliche Aufblitzen hinter dem Vorhang für Beleuchtungsproben auf der Bühne gehalten.

Im Orchester probten die Musiker, während die Zuschauer ahnungslos dem Beginn der Vorstellung entgegensahen und immer neue Besucher von den Garderoben in das festlich erleuchtete Haus strömten.

Doch der Lichtschein hinter dem Vorhang nahm immer weiter zu, bis zum Entsetzen des Publikums der Vorhang sich plötzlich bauschte und kurz danach brennend emporgeschleudert wurde!

Nun hatten die Menschen im Zuschauerraum die lichterloh brennende Bühne vor sich und fast im selben Augenblick erlosch im gesamten Zuschauerhaus die Gasbeleuchtung.

Nicht daß diese jemand voreilig ausgeschaltet hätte – im Gegenteil, der Überdruck der Brandgase nahm vom brennenden Bühnenhaus seinen Weg in alle Teile und Räume des riesigen Theaterbaues, um das Leuchtgas in den Rohrleitungen zurückzudrängen.

Im Schein der Flammen gewannen viele noch die Ausgänge des Zuschauerraumes, aber was dahinter lag, war in Dunkelheit gehüllt. Viele Besucher der obersten Ränge hatten durch Flammen und Brandgase bereits auf ihren Plätzen einen Lungenschlag oder tödliche Brandwunden erlitten.

Andere stürzten sich in ihrer Angst über die Rangbrüstung und zerschellten im Parkett.

An den Saaltüren, die statt nach außen nach innen aufgingen, stauten sich die Flüchtigen und kämpften verzweifelt um den Ausgang.

Während sich im Zuschauerraum selbst, in den Garderobenräumen und auf den Treppen die furchtbarsten Schreckensszenen abspielten, hatte zunächst vor dem Theater noch niemand die Gefahr erkannt.

Das Ringtheater lag am Schottenring zwischen Schottentor und Polizeidirektion, auf der einen Seite von der Brandmauer eines hohen Wohn- und Geschäftshauses, auf der anderen von der schmalen Heßgasse begrenzt.

Ein Sicherheitswachmann, der als erster zwischen dem Theater- und Nachbardach eine leichte Rauch- und Flammensäule aufsteigen sah, lief in den vierten Stock der Polizeidirektion.

Das dortige Telegraphenbureau sandte an die Feuerwehrzentrale Am Hof die Depesche „Dachfeuer Schottenring nahe Polizeidirektion".

Der Offiziersdienst in der Feuerwehrzentrale wurde zu jener Zeit von den Ingenieuren des Stadtbauamtes turnusweise versehen.

An diesem Abend hielt Ing. Wilhelm den Inspektionsdienst.

Auf die eingelaufene Meldung hin ließ er Fahrspritze und zwei Wasserwagen, Mannschafts- und Rüstwagen, Schiebleiter und Dampfspritze zur Brandstelle ausrücken.

Im Begriff, den Mannschaftswagen zu besteigen, wurde Ing. Wilhelm von einem Fiaker aufgehalten, der mit dem Ruf „Das Ringtheater brennt" in gestrecktem Galopp vor der Zentrale angelangt war.

Der Fiaker brachte den Permanenzingenieur sofort zur Brandstelle, um anschließend den Stadtbaudirektor dorthin zu holen.

Dieser saß friedlich und ahnungslos im Döblinger Kasino bei seinem Viertel Wein und nachdem ihn der Fiaker in rasender Fahrt zum Ringtheater gebracht hatte, holte er der Reihe nach die übrigen Ingenieure vom eigentlichen Kommandanten der Wehr bis zum jüngsten Adjunkten aus ihren Privatwohnungen ab.

Der Ruf „Das Ringtheater brennt" pflanzte sich inzwischen mit Windeseile durch ganz Wien fort, erreichte den säumigen Theaterdirektor Jauner beim Tarock im Kaffeehaus wie auch in der Hofburg den diensthabenden Erzherzog.

Letzterer ließ sofort die „k. k. Hofspritze" zum Ringtheater abordnen, um sich anschließend in höchsteigener Person auf den Schauplatz der Verheerung zu begeben.

Dort hatte die Sicherheitswache inzwischen einen undurchdringlichen Kordon um die Brandstelle gelegt und der Leiter der Absperrung, Polizeirat Landsteiner, empfing den Erzherzog mit der in die Geschichte eingegangene Meldung:

„Kaiserliche Hoheit, es ist alles gerettet!"

Mit der gleichen Meldung war der erste Löschtrain der Feuerwehr bei seiner Ankunft empfangen worden, aber kurz danach straften gellende Hilferufe von den Fenstern und dem Balkon des Vestibüls her die Angaben der Wachleute Lügen.

Aus der Panik und dem Kampf ums nackte Leben hatten sich tatsächlich einige hundert Glückliche dorthin zu retten vermocht.

Die nicht ins Sprungtuch springen konnten, wurden von der Feuerwehr über die große Schiebleiter herunter geholt.

Erst von diesen Geretteten erfuhr man, was wirklich im brennenden Theater vorgegangen war, worauf sich endlich die Rettungsmannschaften auf die Treppenhäuser zum Zuschauerraum stürzten.

Im dichten Rauch, den der trübe Fackelschein kaum zu durchdringen vermochte, fanden die Wehrmänner alsbald vom ersten Stock ab aufwärts bis zur Decke übereinander geschichtete Leichenhaufen. In diesen waren die zuoberst Liegenden bereits angekohlt. Die darunter Liegenden waren meist zertreten und fürchterlich verstümmelt — zum Teil völlig nackt und schaurig verkrampft.

Erzherzog und Stadtbaudirektor hatten inzwischen die gesamte Berufs- und die Freiwillige Feuerwehr der Vororte zur Brandstelle befohlen, deren Feuerschein in der trüben, nur von leichten Schneeflocken erhellten Winternacht die nahe Votivkirche strahlend, aber unheilverkündend erleuchtete.

Die beiden einzigen Dampfspritzen und drei Dutzend Handdruckspritzen suchten die Umgebung des Theaters ständig unter Wasser zu halten, das in Fässern von den Hydranten der Hochquellenleitung herangefahren werden mußte.

Auf die Schreckensbotschaft von der Katastrophe war der polizeiliche Absperrgürtel bald von Tausenden Angehöriger der im Theater Eingeschlossenen umlagert.

Als endlich die ersten Opfer herausgetragen wurden, suchte auch der Finanzmann, der seine Frau im Theater wähnte, verzweifelt nach ihr, jedoch ohne sie am Brandplatz noch im Hofe des Allgemeinen Krankenhauses auffinden und identifizieren zu können.

Dorthin hatte man auf Fiakern, Stellwagen und in der Eile requirierten Privatgefährten die kaum noch kenntlichen Leichen überführt und unter dem offenen Nachthimmel reihenweise niedergelegt.

Sämtliche Wiener Ärzte und Medizinstudenten bemühten sich um die Opfer, welche noch schwache Lebenszeichen von sich gaben.

Dort und beim Theater suchten Kinder ihre Eltern, Eltern ihre Kinder, wobei sich herzzerreißende Szenen der Verzweiflung — selten und vereinzelt auch des glücklichen Sichwiederfindens — abspielten.

Aber auch diese entsetzliche Brandnacht wurde schließlich von einem kalten und rauhen Wintermorgen abgelöst, in dessen trübem Schein die Reste des völlig ausgebrannten Theaters schwelten. Kaum irgendwo in der sonst so lebensfrohen Kaiserstadt war eine Familie, die nicht direkt oder indirekt einen Angehörigen oder nahen Freund unter den Opfern der Katastrophe zu beklagen hatte.

Von diesen hatte man sechshundert nur noch tot bergen können, während weitere zweihundert Rauchvergiftete und schwer Verstümmelte in den Spitälern mit dem Tode rangen.

Unter Vorsitz des Kaiserhauses, der Grafen Wilczek, Lamezan und weiterer hoher Persönlichkeiten traten am Morgen nach dem Brande die beim Rettungswerk tätig gewesenen Mediziner und freiwilligen Helfer zusammen.

Unter hohen finanziellen Opfern gründeten sie noch am selben Tage das Institut, dessen in aller Welt berühmte Ambulanzen noch heute die bekannte Aufschrift tragen:

„Wiener Freiwillige Rettungsgesellschaft — 9. Dezember 1881 — Zielbewußt und unerschrocken!"

Neben Tausenden verzweifelter Überlebender war auch der erwähnte Finanzmann schließlich von der erfolglosen nächtlichen Suche nach seiner Wohnung zurückgekehrt, wo ihn zu seinem Entsetzen — seine Frau nichtsahnend mit den Worten begrüßte: „Das war aber gestern abend nur eine recht mäßige Festvorstellung . . ."

Kein Wunder, daß sich an diesen Vorfall ein Ehescheidungsprozeß knüpfte, der die Wiener Gesellschaftskreise nicht minder in Atem hielt als die gesamte Öffentlichkeit der „Ringtheaterprozeß" im Frühjahr 1882.

Die öffentliche Volksmeinung über die Katastrophe wurde am deutlichsten in der Trauerrede zum Ausdruck gebracht, die der Großrabbiner der Wiener Kultusgemeinde auf dem Zentralfriedhof am offenen Massengrab für die Opfer des Ringtheaterbrandes hielt: „Ich und mein Volk, das ganze Haus Israel beweinen den Brand, den Gott angezündet hat . . . So ruht denn in Frieden, Ihr armen, unschuldigen Opfer sträflichsten Leichtsinns und furchtbarer Versäumnis . . ."

Diese beiden letzten Ausdrücke dienten dem anschließenden Strafprozeß gegen die Schuldigen an der Katastrophe als Leitworte.

Der Wiener Bürgermeister und der Polizeirat, der dem Erzherzog die klassische Meldung erstattet hatte, mußten ihren Abschied nehmen.

An der Spitze der schuldig befundenen Theaterleute wurde Direktor Franz Jauner zu Gefängnis verurteilt, später vom Kaiser begnadigt, jedoch trotz vorübergehender Rehabilitierung zuletzt geistig umnachtet. Denn wachend und im Traum sah er sich bis zu seinem Ende vor dem brennenden Ringtheater, wie er in der Unglücksnacht verspätet und schuldbelastet dort anlangte, und hörte die Todesschreie der über achthundert Opfer seines frevelhaften Leichtsinns . . .

London in Flammen!

Nach der Pestepidemie des Jahres 1666 brach am 11. September unweit der Londonbrücke in dem engen Laden- und Gassengewirr der Altstadt Feuer aus.

Obwohl fahrbare Feuerspritzen damals in London bereits vorhanden waren, vermochte die von der Pest mitgenommene Bevölkerung dem entfesselten Element nur geringen Widerstand zu leisten.

Die Londoner Innenstadt bestand zu jener Zeit aus dichtgedrängten hölzernen Giebelhäusern, an denen die Flammen allzu reiche Nahrung fanden.

Im Laufe von vier Tagen brannte die gesamte Stadt mit 13 200 Häusern und 90 Kirchen, darunter der berühmten St.-Pauls-Kathedrale, rettungslos nieder.

Wer nicht in den Flammen umkam, ertrank beim Fluchtversuch in der Themse und niemals hat die genaue Zahl der Opfer festgestellt werden können.

1834 brannte das britische Parlament bei Westminster. 1838 die Londoner Börse.

1841 war Londons Zitadelle, der Tower, an der Reihe, um ebenfalls größtenteils durch Feuer zerstört zu werden.

1856 wurde das berühmte Convent-Garden-Theater, 1865 das Surry-Theater durch Feuer zerstört; Menschenleben waren bei diesen Bränden glücklicherweise nicht zu beklagen.

Ihren größten Flächenbrand seit 1666 erlebte die englische Hauptstadt am 1. November 1897, als in einer Hutfederwerkstatt in der Aldersgate Street Feuer auskam.

Dieser Brand ist unter dem Namen „Das große Cripplegate-Feuer“ in die Londoner Stadtgeschichte eingegangen.

Er vernichtete zwischen Aldersgate und Nicholas Square insgesamt 60 fünfstöckige Geschäftshäuser auf einer Gesamtfläche von 100 000 qm. Zum Schutz der Umgebung der riesigen Brandstelle mußten über 300 Feuerwehrmänner mit 44 Dampfspritzen aufgeboten werden.

290 kleinere Fabrikanten und Geschäftsinhaber verloren durch den Brand ihre Betriebe, Tausende ihre Arbeitsstellen.

Im ersten Weltkrieg gab es in der englischen Hauptstadt bereits erhebliche Schäden durch Luftangriffe, aber im letzten Kriege wurde die Londoner Innenstadt jahrelang durch Luftbombardement und V-Waffenbeschuß immer von neuem in Brand gesetzt.

Umfassende Luftschutzmaßnahmen haben damals dazu beigetragen, daß auf die Dauer keine so restlosen Zerstörungen auftraten wie etwa in der Berliner Innenstadt.

Dagegen wurde die Industriestadt Coventry in Mittelengland durch Luftangriffe fast völlig dem Erdboden gleich gemacht.

Stambul brennt!

Kriegsjahr 1918, Konstantinopel am 31. Mai.

Für die morgige Ankunft deutscher Pressedelegationen hat die türkische Hauptstadt Fahnenschmuck angelegt. Beim Abenddämmern im Kütschük-Mustafa-Viertel zwischen Goldenem Horn und den sieben Hügeln von Alt-Stambul. Soeben tönt vom Minarett der Gül Djami — Rosenmoschee — der Ruf des Muezzin „Allah ekber = Gott ist groß!“ Die Männer des Viertels begeben sich in den Moscheenhof zum Abendgebet.

Bald darauf erlischt hinter den Fenstergittern der alten verwitterten Holzhäuser ein Licht nach dem anderen. Alt-Stambul schlummert friedlich unter dem Schutz des Islam und seiner tapferen Söhne, die an allen Fronten verzweifelt gegen den übermächtigen Feind kämpfen.

Nun hüllt völlige Dunkelheit die engen Gassen ein, aber auf dem Kopfsteinpflaster schallt im Takt die eiserne Stockspitze des Bekdschi, des türkischen Nachtwächters. Mit Vollbart, Turban und Kaftan gleicht er fast einem altorientalischen Scheich, aber aufmerksam beobachtet er das seinem Schutze anvertraute Viertel.

Doch plötzlich hörte er auf, den Takt zu schlagen, denn an der Berglehne hinter der Moschee verspürt er Brandgeruch. Bis er dem Rauch nachgehen kann, schlagen schon von einem alten, schwer erreichbaren Holzbau die Flammen zum Dach heraus.

Furchtbar zerreißt nun der langgezogene Schreckensruf des Wächters die Stille der Nacht:

„Yangia war Istanbulda Kütschük Mustafa mahallesinde Gül Djami arkasinda = Feuer in Stambul bei Kütschük Mustafa hinter der Rosenmoschee!"

Aus dem Nachbarviertel Dschibali Kapu tönt das Echo auf den Feuerruf; der dortige Wächter hat ihn aufgenommen und gibt ihn nach allen Richtungen weiter.

Nun ist die Hölle los, Straßenköter bellen, Dachkater miauen, Kinder schreien hinter Haremsgittern und im Stall brüllt ängstlich das Vieh.

Denn Alt-Stambul betreibt hinter seinen Mauern noch fleißig Landwirtschaft und zwischen den Holzhäusern hängt der Tabak zum Trocknen.

Zur selben Zeit auf dem 1807 erbauten Stambuler Feuerbeobachtungsturm von Bezazid, hundert Meter hoch über den Dächern der Riesenstadt zwischen Marmarameer, Goldenem Horn und Bosporus. Von der Spitze des Turmes hat in den Jahren 1834—39 der damalige preußische Generalstabshauptmann von Moltke den ersten und ältesten Stadtplan von Konstantinopel entworfen.

Soeben hat der diensthabende Itfaiye Tschausch (Sergeant der Militärfeuerwehr) den Feldstecher zur Hand genommen. Beim Absuchen des nächtlichen Horizonts in Richtung Rosenmoschee stutzt er plötzlich und ruft seinem Gehilfen ein paar rauhe Worte zu.

Dieser eilt schnellstens in die obere Turmlaterne, um in den farbigen Brandsignalballons die Lichter zu entzünden. Dann befestigt er die Ballons am Aufzugsseil, um sie über die Turmspitze hinaus am Fahnenmast aufzuhissen.

Inzwischen hat der Sergeant aus der unteren Turmstube die Köschklü (Feueransager) herbeigerufen, zeigt ihnen durch das große Bogenfenster die Brandrichtung und jagt sie die steile Turmtreppe hinunter.

Unten auf dem Exerzierplatz des Kriegsministeriums angekommen eilen die rotgekleideten Feuerboten mit Spieß und Papierlampion nach verschiedenen Richtungen auseinander.

An jeder Straßenecke lassen sie den Feuerruf „Yangin war = es gibt Feuer!" erschallen, worauf es im schlafenden Stambul langsam lebendig wird.

Der Türmer selbst hat inzwischen zur Kaserne des 2. Feuerwehrbattaillons am Beyazidplatz herunter telefoniert und schon hört man von dort das Alarmblasen.

Doch nun zum Schauplatz der Verheerung zurück, wo es nicht anders zugeht als bei der Brandschilderung in Schiller's „Lied von der Glocke!"

Schwarze Wasserbüffel und Maultiere der Ackerbürger, Last und Reitesel der Händler und Haremsfamilien verstopfen zusammen mit fliehenden Menschen die zum Brandplatz führenden Gassen.

Von der nahen Tabakfabrik Tschibali Kapu rücken mit der dort stationierten Tragspritze die wilden Haufen der „Tulumbadschi (Freiw. Feuerwehr Konstantinopel, gegründet 1680) barfuß und im Laufschritt heran.

Eine weitere Horde dieser halbnackten Spritzenmänner folgt kurz darauf mit der Tragspritze vom Unkapan Karakol, dem Polizeiposten an der Alten Hafenbrücke.

Drüben am Nordufer des Goldenen Hornes hat man auch bereits den Alarmruf vernommen, die Leuchtkugeln auf dem Stambuler Feuerturm und das Flammenmeer über der Rosenmoschee gesichtet.

Bei der alten Janitscharenmoschee Ahsap Kapu sammeln sich die dortigen Tulumbadschi, um die Spritze des Viertels zu schultern. Diese hat 1680 der albanesische Ingenieur Iskender aus dem Marinearsenal von Venedig nach Stambul gebracht, wo sie die Stürme und Elementarkatastrophen von mehr als zweihundert Jahren überdauert hat.

Sie ist bunt bemalt und mit Perlmutter eingelegt: über ihrem Windkessel schwebt eine große Sonne aus Goldblech mit Halbmond und Stern als Zeichen der mohammedanischen Spritzenabteilung. Auf der Goldblechsonne der Spritze von Galata, die mit der von Ahsapkapu an der Hafenbrücke zusammentrifft, prangt die Mutter Gottes, denn ihre Bedienungsmannschaften sind christliche Griechen und Armenier.

Vom Vorort Hasköy sind auf das Turmsignal und den Feuerschein auch bereits Tulumbadschi unterwegs.

Das Wahrzeichen ihrer Spritze trägt den Davidstern, denn in Hasköy hausen arme Sephardim und Aschkenazim spaniolischer Herkunft. Nun arbeiten schon drei Tragspritzen hinter der Rosenmoschee. Durch der Hände lange Kette fliegt der — Petroleumkanister. Enthält dieser Wasser aus der heiligen Fontäne im Moscheenhof, so verpufft der dünne Wasserstrahl der Spritze nutzlos, bevor er die brennenden Holzbauten überhaupt erreicht.

Hat man dagegen aus Versehen nach einem Kanister mit Petroleum gegriffen, so verwandtelt sich das meterlange kupferne Strahlrohr in einen Flammenwerfer nach Art des berühmten „Griechischen Feuers“ der alten Byzantiner!

Alles atmet daher befreit auf, als nach einer halben Stunde ein Trompetensignal und Glockengerassel die Ankunft der ersten Militärfeuerwehr-Kompanie vom Kriegsministerium ankündigten.

Ihre beiden benzinelektrischen Klapperkästen, System Braun/Nürnberg 1909, holpern mühselig über das Kopfsteinpflaster heran. Die rotbehelmten Feuerwehrsoldaten protzen eiligst Schlauchkarren und die zweirädrige Lafettenmotorspritze ab.

Diese, Fabrikat Magirus/Ulm 1908, springt — Allah sei Dank — auch sofort an, während Sergeant und Korporal mit Wiener Löschmeisterausrüstung den zerfetzten und porösen B-Schlauch gegen das Feuermeer vortragen.

Der Saugschlauch der Spritze wird in den aufgeklappten Segeltuchbehälter gelegt und dessen kleinkalibrige Füllschläuche an die armseligen Straßenspritzenhydranten der Terkoz-Wasserleitung angeschlossen. Diese bezieht ihr Wasser über den tausendjährigen Aquädukt des oströmischen Kaisers Valens, gefallen 378 n. Chr. in der Schlacht bei Adrianopel gegen die anstürmenden Ostgoten.

Aber, oh Allah, das Regenwasser, welches den Winter über in den Sammelbehältern des Belgrader Waldes am Schwarzen Meer mühsam aufgespeichert wurde, ist jetzt Ende Mai bereits zur Neige gegangen, so daß die Hydranten nur noch wenige Tropfen von sich geben. Fluchtartig muß sich der vorgegangene Löschtrupp daher wieder zurückziehen, während die um sich greifenden Flammen den ausgelegten B-Schlauch vorzeitig verzehren.

Aber — gelobt sei Allah und alle Propheten — jetzt hört man schon aus der Ferne die Kompanie von Fatih, der Moschee Sultan Mehmeds des Eroberers, blasen!

Auch sie bringt eiligst ihre Abprotzspritze in Stellung und der Angriffstrupp will mit der Schlauchleitung in ein dreistöckiges Holzhaus eindringen.

Doch wehe — den braven Feuerwehrsoldaten fliegt von oben eine schwere eisenbeschlagene Truhe auf den Kopf, die allzu eilfertige Tulumbadschi beim „Ausräumen“ im obersten Stockwerk durch das Fenster geschoben haben.

Motto: „Der Rest wurde am Boden zerstört ...“

Nun aber hinauf zum weit entfernten Boulevard Ayaspascha, zwischen Taksim-Kaserne und Deutscher Botschaft!

In einem massiven Europäerhaus klingelt das Telefon, der diensthabende türkische Matrose nimmt die Meldung ab und eilt ins Schlafgemach seines Herrn.

Graf Edmund Széchényi Pascha, 1839 in Preßburg geboren und jetzt schon 78 Jahre alt, Schüler des Wiener Theresianum und bis 1874 Branddirektor von Budapest, dient seit nun bereits vier Jahrzehnten Sr. Majestät dem Sultan als Flügeladjutant, Hofdolmetscher und Feuerwehrgeneral.

Seine Jahre nicht achtend, begibt sich der Graf im Nachtgewand schnellstens auf das flache Dach seines Hauses, erblickt den Feuerschein über Alt-Stambul und prüft die Windrichtung.

Scheußlich — vom Schwarzen Meer bläst der Seewind, vom Marmarameer eine leichte, aber für das Unheil ausreichende Brise. Dazwischen fegt der Landwind von Adrianopel her über die thrakische Steppe.

„Jesus Maria" murmelte der Graf, der auch als hoher türkischer Pascha nicht zum Islam übergetreten ist, und verläßt eiligst die Terrasse des Daches.

Nun aber rasch Kalpak, und Intrimsmontur angelegt, denn unten wartet schon die Felddroschke, um den Pascha im Zuckeltrab zur Brandstelle zu führen.

Vor seiner Abfahrt hat er dem Marineburschen noch den Befehl hinterlassen:

„1. Nachschub Marinefeuerwehr Kassimpascha, 2. Abmarsch Palastfeuerwehr Yildiz — alles zur Brandstelle!"

Kurz darauf ticken im Frankenviertel Pera die Apparate der „Osteuropäischen Telegraphengesellschaft", während drunten in der Marinekaserne am Hafen die Feuerhörner ertönen.

In den Höfen des Arsenals sammelt sich das Marinefeuerwehr-Battaillon, um seine Handzuggeräte „klar zum Gefecht" zu machen. Rotbehelmt und im weißen Matrosenanzug, von Hornisten und Fackelträgern geleitet, ziehen die Marinesoldaten im Laufschritt Schlauch- und Gerätekarren nebst zwei Magirus-Motorspritzen über die wackelige Holzbrücke des Goldenen Hornes zur Brandstelle. Eine weitere Marinekompanie besetzt die große englische Schiffsdampfspritze, deren Schlauchleitungen aber den Brandherd hinter der Rosenmoschee vom Hafen aus nicht erreichen können.

Immerhin speist der Löschdampfer die beiden Marinemotorspritzen, denen aber das Feuer inzwischen in entgegengesetzter Richtung schon davon gelaufen ist.

Auch drüben am Bosporusufer hat man die Brandröte über Alt-Stambul wahrgenommen, den Feuerruf der Nachtwächter gehört wie auch die Kanonenschüsse der Feueralarmbatterie auf dem Bulgurlu-Berg über der asiatischen Küste.

Der kaiserliche Harem mit seinen dreihundert Frauen, tausend Sklavinnen und ebensoviel Eunuchen hat sich in den großen Sultansschlössern bereits zur Ruhe begeben.

Jetzt aber hallen die schmalen Gassen zwischen den hohen Haremsmauern wider vom Pferdegetrappel und Wagenrasseln, von Hornsignalen und Glockengeläut.

Mit gezogenem Säbel und aluminiumbehelmt reiten Hauptmann und Leutnant der Palastfeuerwehr voraus.

Ihnen folgt im Laufschritt der Fahnenträger, zu beiden Seiten von Hornisten und Fackelträgern mit Petroleumfanalen auf hohen Stangen flankiert.

Hinter der von Schimmeln gezogenen Handdruckspritze, dem Geräte- und Schlauchwagen laufen schwitzend und atemlos die Soldaten der Palastfeuerwehr.

Aber sie haben noch eine Stunde Weges vor sich, bevor sie völlig abgekämpft und ausgepumpt die Brandstelle erreichen können.

Die kleine deutsche Motorspritze bleibt zum Schutz der Sultanspaläste zurück und an ihrer Stelle nimmt man die völlig asthmatische Dampffeuerspritze, System Walser/Budapest 1880, mit. Wenn Allah will, wird diese „Kaffeemühle" die Stambuler Altstadt vor Morgengrauen noch lebend erreichen — Insch'Allah!

Aber wo stecken die übrigen Feuerwehrkompanien, die der Feuerrufer und der Telegraph frühzeitig zur Brandstelle dirigiert haben? Auf Befehl des Sultans haben sie gegen Szechenyi Paschas Willen in weitestem Umkreis der Brandstelle geeignete „Auffangstellungen“ beziehen müssen.

Nicht etwa um das Stadtgebiet vor weiterer Zerstörung zu schützen, sondern zum Schutze der einzelnen Konaks, der luxuriösen Holzpaläste der Vezire, Paschas und sonstigen hoher Würdenträger. Was an Bürgerhäusern und Elendshütten dazwischen liegt, soll in Allahs Namen ruhig abbrennen — dann werden wenigstens die Millionen von Wanzen einmal endgültig vertilgt ...

Nun, die Bewohner dieser „Wanzenburgen“ selbst sind von dieser Radikalmethode meist weniger erbaut, denn die meisten sind nicht versichert und möchten auch nicht gern in den Flammen umkommen. Am 1. Juni, 8 Uhr morgens!

Die schon recht heiße Sonne beleuchtet die sieben Hügel von Stambul mit ihren glänzenden Moscheekuppeln und Minarettspitzen, ihren dunklen Friedhofszypressen und ihrem unabsehbaren Meer von Zehntausenden roter Ziegeldächer.

Dazwischen aber brennt die Stadt bereits an zwölf verschiedenen Stellen, während der rasende Feuersturm den Flammen immer neuen Auftrieb verleiht.

Zwölf Uhr mittags!

Die Tages- und Brandhitze ist bis zur Unerträglichkeit gestiegen. Die zwölf verschiedenen Brandherde vom Morgen haben sich inzwischen zu einem einzigen Feuermeer vereinigt, das um die großen Moscheen von Mehmed Fatih, Sultan Selim und Schahzade wogt.

Von der Hohen Pforte, dem türkischen Staatsministerium, aus dem Yanitscharenmuseum in der alten Irenenkirche und von der Kriegsschule Harbiye hat man inzwischen die letzten verfügbaren Feuerwehrspritzen herbeigeschafft.

Von der asiatischen Küste her bringt das „Araba Vaporu“, der uralte Bosporusfährdampfer, das letzte Aufgebot an Löschmannschaften, Spritzenwagen und ihren Pferden nach Europa hinüber. Im deutschen Soldatenheim in Pera sammeln sich die Landser unserer Kriegsbesatzung und die Pfadfinder der deutschen Schule. Der einarmige Major von Heydebreck mit Kalpak und Vollbart läßt Marschverpflegung verteilen, Schanzzeug, Einreißhaken und leere Petroleumkanister als Feuereimer austeilen.

Im Laufschritt geht es hinunter zum Hafen, zwischen Straßenbahnen und Militärautos über die moderne Stambuler Neue Brücke hinein ins Katastrophengebiet.

In seinen Straßen spielen sich unbeschreibliche Szenen ab: Kutscher der Feuerwehr schlagen mit ihren Peitschen unbarmherzig auf die Volksmenge ein.

Berittene Polizisten hauen mit der flachen Klinge dem Tulumbadschi-Reis, dem Kommandanten der Freiwilligen Feuerwehr, über den Schädel. Dieser, nicht faul, verprügelt seine halbnackten und bloßfüßigen Spritzenmänner mit dem spanischen Rohr.

Türkische Frauen, deren Säuglinge in den Flammen umgekommen sind, haben den Verstand verloren und schleppen an Kindesstatt ausgehängte Haremsgitter zärtlich auf ihren Armen.

Angorakatzen, die ihre brennende Häuslichkeit nicht verlassen wollten, hocken mit verbranntem Fell wehklagend zwischen den glimmenden Brandruinen.

Langbärtige muselmanische Geistliche im weißen Turban und Derwische, türkische Mönche, mit hohen Filzmützen und langem Kaftan hocken inmitten der Zerstörung gelassen und gottergeben auf ihren wenigen geretteten Habseligkeiten.

An die Stelle des ohnmächtigen Wasserstrahles ist längst der Einreißhaken und die Spitzhacke getreten.

Matrosen von den deutschen Stationsschiffen „General“ und „Kreuzer Goeben“ arbeiten unermüdlich mit Seilen und Tauen, Segeltuchplanen und kleinem Löschgerät.

Bei den älteren Reihenhäusern bestehen die Trennwände aus hölzernem Flechtwerk mit Lehmfüllung.

Dieses ist mit der Zeit herausgefallen, so daß aus den primitiven Brandmauern Feuerbrücken geworden sind.

Wohlhabendere Anwohner der Brandzone breiten über Hausdächer, Erker und hölzerne Balkone zum Schutz gegen Funkenflug und strahlende Hitze kostbare Orientteppiche.

Ein Strahlrohrführer der Tulumbadschi besprengt die Teppiche mit Wasser, aber alle diese Vorkehrungen sind wirklich nur ein „Tropfen auf den heißen Stein".

Endlich gegen Abend hört man ein schneidiges Marschsignal: Österreichungarische Pioniere rücken mit Sprengstoffen an, aber Dunkelheit und allgemeine Verwirrung verzögern für diese Nacht meist noch ihren Einsatz.

Am Morgen des 2. Juni hat das Feuer die Stambuler Hügelkette endgültig überschritten und nähert sich dem Marmarameer. Nunmehr brennen schon drei Dutzend Stadtviertel und noch immer ist kein Ende abzusehen.

Széchényi Pascha hat alle erreichbaren Reserven der Militär-, Marine- und Palastfeuerwehr aufbieten lassen.

Der größte Teil der Spritzen ist bereits vom tagelangen Arbeiten ausgefallen und der letzte Löschwasservorrat erschöpft.

Um von Hafen und vom Meer aus eine Wasserversorgung über lange Wegstrecken zu ermöglichen, fehlt jedes zusätzliche Schlauchmaterial. Nun gehen die österreichischen Pioniere daran, zwischen dem Tal des Lykos-Baches und der alten Zwingburg Yedikule, dem Schloß der Sieben Türme, insgesamt dreihundert Häuser mit Dynamit in die Luft zu sprengen, um dem Feuer die Nahrung zu entziehen.

Am 3. Juni hat das Feuer das Marmarameer und die Stadtmauer des Kaisers Theodosius erreicht, aber seine Macht ist durch die Sprengungen der braven K. K. Pioniere größtenteils gebrochen worden. Furchtbar ist der Anblick der meilenweiten Brandruinenfläche: In den Hauptstraßen sind die Oberleitungsmaste umgeknickt und die Straßenbahndrähte liegen auf dem Pflaster.

Von den einfacheren Holzhäusern ragen nur noch die Schornsteine einsam zum Himmel.

Von den Paschapalästen, die auch der Schutzbefehl des Sultans nicht vor der Zerstörung hat bewahren können, stehen nur noch die hohen massiven Brandmauern.

In schwindelnder Höhe befestigt ein „Fassadenkletterer" der Tulumbadschi ein Seil, ein Trompetensignal ertönt, und unten ziehen aus Leibeskräften zwei Reihen von Feuerwehrsoldaten, um die Mauer nieder zu reißen.

Aber weit gefehlt — das Seil reißt plötzlich, so daß die ganze Bagage zum Gaudium der Zuschauer auf den Hintern fällt ...

Wieder müssen auch hier Pioniere mit Dynamit in Funktion treten. Unter Friedhofszypressen und inmitten der Moscheenhöfe hocken die Abgebrannten mit Hab und Gut, Kind und Kegel, fatalistisch in ihr Schicksal ergeben, während die Kinder schon wieder zwischen den Trümmern herumspielen und abgebrannte Händler im Freien ihre Waren anbieten.

Der Rote Halbmond und das Deutsche Rote Kreuz stellen Zelte auf, verteilen Brot, Suppe und Medikamente.

15 000 Häuser hat dieser Brand in drei Tagen und vier Nächten vernichtet, über 100 000 Menschen sind obdachlos geworden und viele unter dem Trümmern vermißt. Niemals hat man die Ruinen wieder aufgebaut.

IV. TEIL

FEUERSCHUTZ IN ALLER WELT

Aus dem alten und neuen Österreich

Österreich ist uralter Kulturboden und je älter die Siedlungen, desto größer die angestammten Brandgefahren!

Schon zur Zeit Walters von der Vogelweide muß es in seiner südtiroler Heimat schwer gebrannt haben.

Wurden doch bereits im Jahre 1086 in Meran die Handwerkszünfte zur Löschhilfe bei Bränden verpflichtet.

Diese Verordnung bildet die älteste Brandschutzurkunde, welche uns aus dem mittelalterlichen Österreich überliefert ist.

Unter Kaiser Rudolf von Habsburg wurde Wien durch die „große Prunst" von 1276 fast völlig zerstört.

Wenige Jahre später traf Innsbruck das gleiche Schicksal. Zwischen 1298 und 1816 ist Friesach in Kärnten nicht weniger als einundzwanzig mal abgebrannt, Villach zwischen 1428 und 1791 zwölfmal und Klagenfurt fast im gleichen Zeitraum elfmal! Noch 1525, wenige Jahre vor der ersten Türkenbelagerung, brannten in Wien allein über 400 Häuser ab.

Dieses Unglück gab Anlaß zu erweiterten Feuerordnungen u. a. in Wien, Innsbruck, Klagenfurt und Villach.

Neben einem weiteren Stadtbrand während des Dreißigjährigen Krieges erhielt Innsbruck eine verbesserte Feuerordnung und vor allem schon am Ort selbst hergestellte Feuerspritzen. Trotz dauernder Kriegsnot und Türkeneinfällen fanden die neuen Löschmaschinen auch in den Alpenländern weitere Verbreitung. Schon 1686 finden wir diese Errungenschaft sogar im kleinen Feldkirch (Vorarlberg).

Unter Maria Theresia und Kaiser Josepl I. sorgten deren Feuerordnungen für die Ausbreitung des Brandschutzwesens über alle Erbländer, so daß der Begriff der „theresianischen Feuerspritze" sich über anderthalb Jahrhunderte allenthalben dort erhielt. Auch die ersten öffentlich-rechtlichen Feuerversicherungsanstalten der österreichischen Erbländer verdankten jener Zeit ihre Entstehung.

1782 wurde Bruck an der Mur durch Feuer völlig zerstört, was den Kaiser zu weiteren Brandschutzverordnungen veranlaßte. Das Zeitalter der Napoleonischen Kriege und ihrer Nachwehen ließ dagegen außer in Wien selbst kaum eine Verbesserung des allgemeinen Feuerschutzes aufkommen.

Erst die Mitte des vorigen Jahrhunderts sollte auch für Österreich eine grundlegende Wandlung auf diesem Gebiet bringen.

Die äußere Anregung hierzu kam von drei Seiten:

Aus der alten Kaiserstadt an der Donau, wo 1852 die Wiener Löschanstalt in eine moderne Berufsfeuerwehr umgewandelt wurde. Aus dem damals österreichischen Oberitalien, wo die seit 1837 aus städtischen Regiearbeitern bestehende Organisation der Triestiner „Pompieri" der steirischen Landeshauptstadt Graz 1853 zur Bildung einer städtischen Werkstättenfeuerwehr Veranlassung gab. Und drittens aus dem süddeutschen Raum, dessen neugebildete Pompierkorps auf freiwilliger Grundlage 1846 die kleine Stadt Böhmisch-Kaunitz zur Bildung des ersten Korps dieser Art anregten.

Im Gründungsjahr der Berliner Berufsfeuerwehr 1851 entstand die zweitälteste Freiwillige Feuerwehr Deutschösterreichs im böhmischen Reichsstadt.

Seit 1848 bemühte sich auch in der gesamten k. k. Monarchie die deutsche Turnerbewegung um aktive Förderung des freiwilligen Feuerwehrgedankens.

Aber erst die von Kaiser Franz Joseph 1861 erlassene Verfassung sollte diese Bestrebungen von der bisherigen politischen Bedrückung nach und nach befreien.

Hatten bis dahin erst fünf freiwillige Feuerwehren auf österreichischem Boden bestanden, so stieg deren Zahl bis 1870 auf fast vierhundert an!

Zu den ältesten freiwilligen Turnerfeuerwehren gehörten u. a. Innsbruck (1857), Krems und Bregenz (1861), Steyr und Klagenfurt (1864) sowie Graz und Salzburg (1865).

In der ungarischen Hälfte der Donaumonarchie hatte 1863 Graf Edmund Széchényi die Freiwillige Feuerwehr Budapest ins Leben gerufen.

1870 wurde der Graf Branddirektor der neugebildeten Budapester Berufsfeuerwehr und 1874 Feuerwehrgeneral in Konstantinopel. Ein weiterer Feuerwehrgründer von internationalem Format war zu jener Zeit der Kommandant der FF. Klagenfurt und langjährige Kärntner Landesfeuerwehrkommandant Ferdinand Jergitsch.

Er half die ältesten freiwilligen Feuerwehren Niederösterreichs und der Wiener Vororte, die Wehren Laibach, Pettau und Agram im heutigen Jugoslawien, Gran, Fünfkirchen und Esseg in Ungarn, Czernowitz in der Bukowina, Ampezzo in Südtirol und sogar von Banjaluka in Bosnien mitbegründen!

Auch die erste feuerwehrliche Rettungsabteilung der Monarchie in seiner Heimatstadt Klagenfurt war Jergitsch's Schöpfung. Für ihre segensreiche Tätigkeit im Kriege 1866 erntete sie höchste Anerkennung.

Die Mitte des vorigen Jahrhunderts brachte auch die Gründung weiterer Berufsfeuerwehren in den österreichischen Erblanden, vor allem 1853 in Prag, 1860 Pilsen, 1864 Brünn und Lemberg, 1865 Krakau, 1868 im k. k. Marinearsenal und zehn Jahre später in der Stadt Pola (Istrien).

Die ständig anwachsende Zahl freiwilliger Feuerwehren führte seit jener Zeit auch zur Bildung von Landes-Feuerwehrverbänden in Nieder- und Oberösterreich, Kärnten, Deutsch-Mähren, Steiermark, Tirol, der Bukowina, Salzburg, Deutsch-Böhmen, Tschechisch-Mähren, Krain, dem tschechischen Teil von Böhmen, Deutsch- und Tschechisch-Schlesien sowie in Vorarlberg und Galizien.

Der 8. Deutsche Feuerwehrtag in Linz 1870 gab dem freiwilligen Feuerwehrwesen beiderseits der Grenzen weiteren gewaltigen Auftrieb. Seit 1877 erschien im Verlage des Kommandanten der Brünner deutschen Turnerfeuerwehr, des Kameraden Rohrer, die „Österreichische Feuerwehrzeitung".

1889 wurde ein ständiger österreichischer Feuerwehrausschuß gebildet, aus dem 1900 der Österreichische Feuerwehrverband hervorging.

Zur selben Zeit entstanden ungarische Berufsfeuerwehren u. a. in Szeged, Szabadka (Maria-Theresiopel), Arad, Debrecen, Keskemet, Hodmezi-Vasarhely, Bekescaba und der Hafenstadt Fiume, letztere frühzeitig mit Dampfspritze.

Diese wichtigste Löschmaschine der guten alten Zeit hat sich an keiner Stelle des europäischen Festlandes so durchgesetzt wie seinerzeit im alten Österreich.

Hatte es doch z. B. bis zum ersten Weltkrieg Niederösterreich auf insgesamt 88, Steiermark auf 48 Dampffeuerspritzen gebracht — man vergleiche hiermit die zeitgenössischen Statistiken anderer europäischer Kulturländer und Industriegebiete!

Österreich-Ungarn war auch von jeher das klassische Land der Fabrikfeuerwehren auf freiwilliger Grundlage.

Zu ihren direkten Vorgängerinnen zählen die Wehren der Tabakfabriken Fürstenfeld in Steiermark und Schwaz in Tirol, die beide schon im Jahre 1831 bestanden.

Budapest hatte 1900 neben der Berufs- und Freiwilligen Feuerwehr nicht weniger als 39 Fabrikfeuerwehren mit einem Mitgliederstand von 1544 Mann, einer Dampfspritze, 57 Handdruckspritzen und 37 262 lfd. Metern Druckschlauch!

Und dabei verfügte gleichzeitig die Budapester Berufsfeuerwehr über 200 Offiziere und Mannschaften, 6 Dampf- und 49 Handdruckspritzen, 5 Magirusleitern, 62 Pferde, 149 Feuermelder und 22 000 m Schläuche.

Das Königreich Ungarn zählte damals 9 Berufswehren, 24 besoldete ständige Feuerwachen, 2600 freiwillige, 220 Privat- und fast 6000 Pflichtfeuerwehren mit insgesamt über einer halben Million aktiver Mitglieder.

In den orientalischen Städten des fernen Bosnien und der Herzegowina waren ebenfalls gut ausgerüstete freiwillige Feuerwehren entstanden, in denen Serben und Kroaten, Österreicher und Ungarn ohne Rücksicht auf ihren christlichen oder mohammedanischen Glauben einträchtig miteinander Dienst versahen.

Und in Galizien erinnerten neben zahlreichen freiwilligen Wehren über zwei Dutzend kleinstädtischer ständiger Feuerwachen mit polnischer Kommandosprache (Straž Pozarna) an die gleichartigen Berufswehren der Gouvernementsstädte (Požarni Komando) im benachbarten „Mütterchen Rußland".

Was nach 1866 vom italienischen Sprachgebiet noch bei Österreich-Ungarn verblieben war, zeigte fast die gleichen Pompieri-Organisationen wie im italienischen Mutterlande selbst, aber auch diese Italiener Südtirols und Dalmatiner des adriatischen Küstenlandes fühlten sich damals als österreichische Feuerwehrmänner! So bot das Feuerwehrwesen der alten Donaumonarchie zwischen der bayrischen Grenze und dem Rande des Balkans, zwischen Karpathen und Adria ein ebenso buntgemischtes und farbenfrohes Bild wie der ganze Vielvölkerstaat selbst:

Ob „Dobrovolni Hazici" im böhmisch-mährischen Raume, ob „Dobrovolyno Vatrogasno Drustvo" in Kroatien, Slawonien und Bosnien, ob Magyar Tüzoltosag in der Steppe Ungarns — alle diese stammesmäßig und sprachlich so verschiedenen Wehrmänner trugen stolz den Wiener Helm und die Wiener Löschmeisterausrüstung, bliesen die Wiener Feuerwehrsignale und übten an Wiener Rettungsgeräten. Ihre hochentwickelten Löschmaschinen und Fahrzeuge stammten außer aus den Fabriken der Kaiserstadt von Ccermak in Teplitz und Smekal in Prag, von Konrad Rosenbauer in Linz an der Donau, von Glatz und Walser in Budapest, ihre fahrbaren Rettungsleitern außer von Magirus in Ulm von Flir in Wien, Partl & Frolik usw. Um die Jahrhundertwende besaß die ungarische Feuerwehr in Kaschau bereits eine pferdebespannte Benzinmotorspritze, 1908 wurden die beiden ersten Feuerwehrautos in Steiermark eingeführt und 1912 die erste schwere Austro-Fiat-Automobilspritze bei der FF des Eisenwerkes Witkowitz in Mähr.-Ostrau.

Mit Ausnahme der Großstädte, die über ein Institut nach dem Vorbild der Wiener Rettungsgesellschaft verfügten, hatten die freiwilligen Stadtfeuerwehren des alten Österreich-Ungarn das Samariterwesen und den Krankentransport in eigenen Rettungsabteilungen größtenteils mit übernommen.

Diese Einrichtung bewährte sich überall aufs beste, wobei die Wehren keine Opfer scheuten, um frühzeitig in den Besitz pferdebespannter Sanitätswagen und später eigener Rettungsautos zu gelangen.

Überhaupt muß hierbei erwähnt werden, daß in der alten Monarchie und auch noch nach dem ersten Weltkrieg in Deutschösterreich die Wehren größtenteils selbst für ihre gesamte Ausrüstung aufzukommen hatten.

Private Stiftungen und Vermächtnisse, Lotterien und öffentliche Sammlungen, Wohltätigkeitsfeste und Bazare halfen den außerordentlichen Gerätereichtum der österreichischen Feuerwehren begründen und weiter ausbauen.

Kieler Brandschutzmuseum Ausstellung von alten Feuerwehrgeräten (Kieler Schloßspritze 1738, alte Handspritzen usw.)

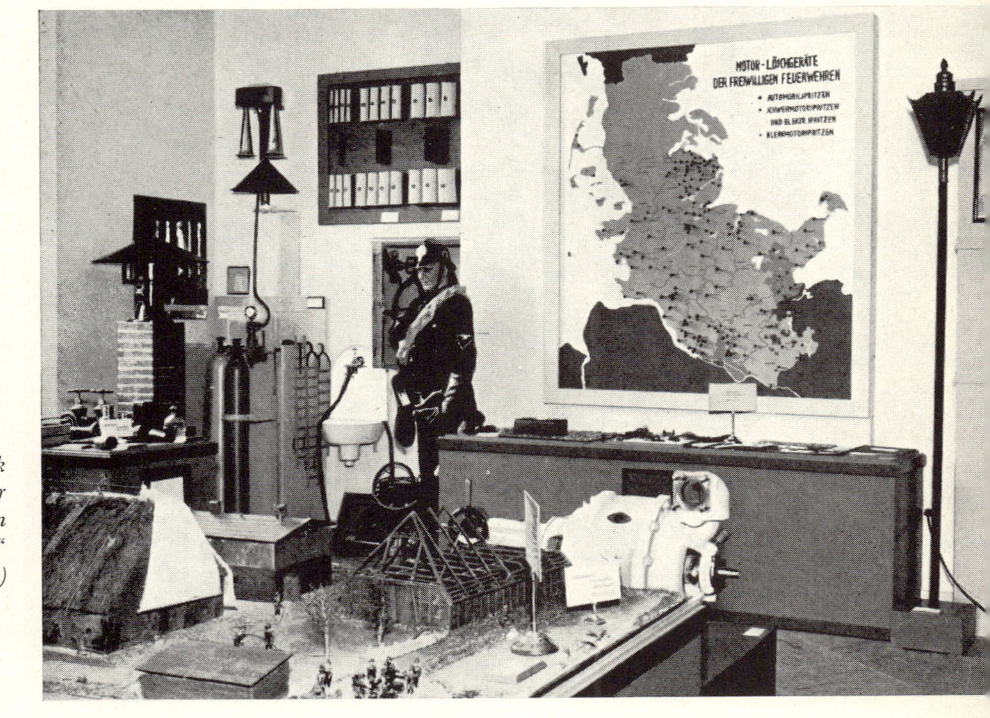

Blick in das Kieler Brandschutzmuseum Gruppe „Feuerwehr" (1939)

Blick in das Kieler Brandschutzmuseum Gruppe „Feuerwehr" (1939)

Feuerhemmend verkleidete Decke
Feuerhemmend verkleidete Decke
Aufstellung einer Feuerstätte
falsch
richtig
Herd zu dicht an Wand!
Herd vor gemauerter Wandblende

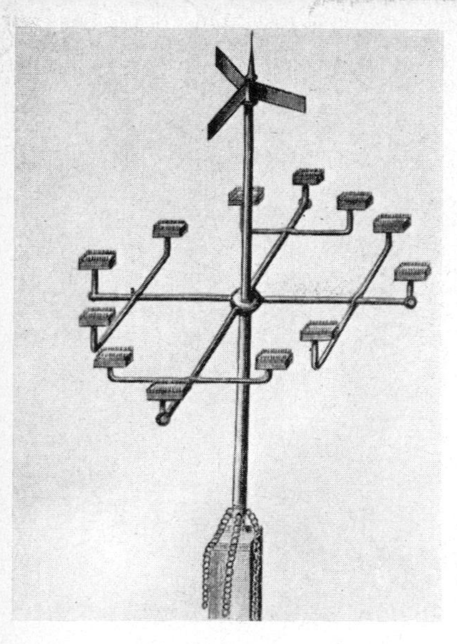

Meteorologische Maschine zur Abwendung von Gewittern. Konstruktion des Böhmen Prokop Divisch aus dem Jahre 1754

Neuzeitliche Blitzschutzanlage

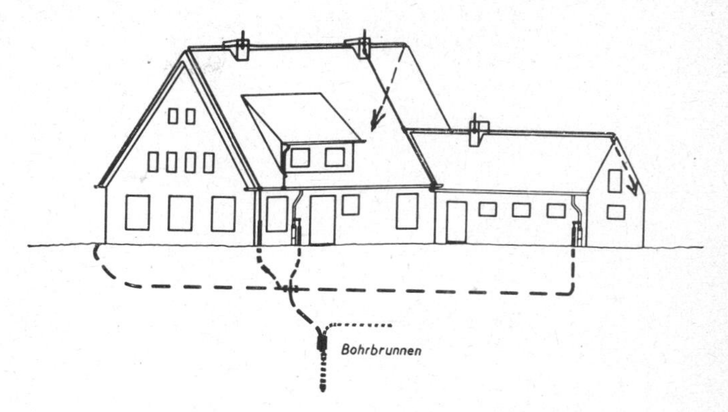

Siebzig Jahre im Dienste der Feuerwehr, Verleger Albin Klein, Gießen (Lahn)

Es brennt! Ein Betriebsangehöriger schlägt mit dem Ellenbogen die Scheibe eines der 200 Feuermelder ein. Durch Druck auf den Knopf löst er unmittelbar sämtliche Alarmglocken der Feuerwache aus

Der Telefonist der Feuerwache stellt sofort die betreffende Baunummer fest und gibt die Brandmeldung an die Werksleitung weiter

Innerhalb von 30 Sekunden verläßt die Feuerwehr mit 3 Löschfahrzeugen die Wache. Beim Großeinsatz rückt sie mit sämtlichen 5 Löschfahrzeugen und 3 Krankenwagen aus

Ein Schwerverletzter wird in der Marinekrankentrage behutsam abgeseilt

Die erste und wichtigste Tätigkeit der Feuerwehr an der Brandstelle ist die Rettung von Menschenleben. Hier springt ein Mann aus dem Fenster in das Sprungtuch, weil ihm der Rückzugsweg abgeschnitten ist

Die aus eigener Kraft beschafften Fahrzeuge, Geräte und Ausrüstungsstücke blieben fortan im Besitz der betreffenden Feuerwehrvereine meist ohne Zuschuß noch Verfügungsrecht von seiten der zuständigen Gemeinden.

Auch die Löschwasserversorgung war schon damals in den österreichischen Erblanden vorbildlich, während der Wassermangel der ungarischen Steppe keine so vorteilhafte Entwicklung ermöglichte. Wer die alte Monarchie durchwanderte, freute sich besonders auch über die blühenden freiwilligen Feuerwehren der deutschen Minderheitengebiete und Sprachinseln.

Kronstadt und Hermannstadt bildeten die Mittelpunkte des deutschen Feuerwehrwesens in Siebenbürgen ebenso wie Marburg an der Drau für Südsteiermark, die alte Festung Esseg für Südungarn, Gottschee für Krain und Bozen für Südtirol.

Die feuerwehrliche Verbundenheit beider Reichshälften zeigte sich besser als durch festliche Kundgebungen zwischen Deutschen und Ungarn 1912 anläßlich des Flächenbrandes in der Preßburger Altstadt.

Nachdem der im engen Ghetto entstandene Brand auf die Holzschindeldächer von hundert Häusern übergegriffen hatte, waren die kleine ungarische Brandwache und die deutsche Freiwillige Feuerwehr mit ihren beiden Dampfspritzen am Ende ihres Könnens angelangt. Aber schon eilte von der Grenze des Burgenlandes und Niederösterreichs die Dampfspritze der FF Kitsee zu Hilfe und als auch diese nicht ausreichte, bat man telegraphisch Wien um Löschhilfe. Das Wiener Feuerwehrkommando setzte unverzüglich, ohne nach Vergütung und Entschädigung zu fragen, zwei seiner besten Dampfspritzen-Löschtrains mittels Extrazuges der Ostbahn in Marsch. Als die Wiener in der alten ungarischen Krönungsstadt anlangten, fanden sie zum Glück das Feuer durch die örtlichen Wehren bereits eingekreist, so daß sie sich nur noch am Ablöschen und Aufräumen zu beteiligen brauchten.

Hierdurch entstand zwischen den Städten Preßburg und Wien mit ihren beiderseitigen Wehren eine enge Freundschaft, die auch den Zusammenbruch der alten Monarchie 1918 überdauerte und bis zum letzten Krieg bestehen blieb.

Ein Jahr vorher hatten sich die Wehren der Monarchie im „Österreichischen Reichsverband für Feuerwehr und Rettungswesen“ erneut und anscheinend noch fester zusammengeschlossen.

Um so schwerer traf auch sie die gewaltsame Auflösung des altbewährten Nationalitätenstaates, denn überall mußten neue Formen auch im Feuerwehrwesen gesucht und gefunden werden. In Deutschösterreich blieben die Landesverbände Nieder- und Oberösterreich, Steiermark, Kärnten, Salzburg, Tirol und Vorarlberg bestehen.

Neu hinzu kamen bisher ungarische Wehren deutscher Kommandosprache, die im Landesverband Burgenland vereinigt wurden, und ein weiterer Landesverband für die freiwilligen Wehren der Gemeinde Wien. Der österreichische Reichsverband trat dem Deutschen Feuerwehrverband bei und gehörte diesem bis zum Anschluß korporativ an. Die Fabrikfeuerwehren der Bundesländer schlossen sich im „Fachverband der österreichischen Werksfeuerwehren“ zusammen, welcher in der Folgezeit außerordentliche technische Forschungs- und Entwicklungsarbeit leisten sollte.

Die Feuerwehren mit technischer Kommandosprache waren nunmehr unter sich und neben ihnen bildete sich der Reichsverband deutscher Feuerwehren in der Tchechoslowakischen Republik. Diesem unterstanden die Landesverbände in Böhmen, Mähren und der Slowakei, letzterer für Preßburg und die Sprachinseln in der Zips, Tatra usw.

Im nunmehr selbständigen Ungarn wurden die Berufs- und freiwilligen Feuerwehren unter staatlicher Aufsicht planmäßig und straff organisiert.

Jede Komitatshaupt- und Kgl. Freistadt erhielt ihre eigene Berufsfeuerwache, während sich die staatliche Feuerwehrorganisation bis in die entfernteste Pußta und bis auf die kleinste Gemeinde erstreckte.

Die Wehren Galiziens kamen zu Polen, wo sich ihre technische Landesleitung bis 1939 in Lwow, dem alten Lemberg, befand. Vor den anrückenden Russen hatte sich die Krakauer Feuerwehr 1914 nach Wien zurückgezogen und dort in der Feuerwehrzentrale gastliche Aufnahme gefunden.

Auch nach der Abtrennung Krakaus erhielt sich jahrzehntelang dort noch der alte Brauch, den Stabstrompeter der Berufswehr jeden Mittag auf den Umgang des Rathausturmes zu entsenden. Dort hatte er nach dem Mittagsläuten hoch über den Dächern der Stadt einen feierlichen Choral zu blasen.

An einer bestimmten Stelle des Chorals brach das Trompetensolo jedesmal mit einem jähen Mißklang ab:

Als 1240 das Mongolenheer Dschingis-Khans Krakau überfallen wollte, hielt die ahnungslose Stadt gerade ihre Mittagsruhe. Als einziger gewahrte der aufmerksame Türmer im letzten Augenblick die anstürmenden Feinde.

Aber mitten im Alarmblasen traf ihn ein über die Mauer gesandter Pfeil tödlich in die Kehle.

Die durch den Alarm aufgeschreckten Bürger verjagten den Feind siegreich von ihren Mauern.

Zur bleibenden Erinnerung an die Rettung der Stadt durch ihren treuen Turmwächter erhielt sich durch die Jahrhunderte der traditionelle Brauch des allmittäglichen Choralblasens.

Leider warnte Anfang 1945 kein Turmbläser die Krakauer beizeiten vor dem neuerlichen Überfall aus der Steppe des Ostens...

Die Wehren der Bukowina, Siebenbürgens und der größeren Banathälfte fielen an Rumänien.

Die Bukarester Obrigkeit zwang ihnen zwar die rumänische Kommandosprache auf, aber die Feuerwehrabteilung des Bukarester Artillerie-Inspektorates verzichtete schließlich darauf, die deutschen und ungarischen Wehren in militärische Pompieri-Kompanien nach dem Muster Altrumäniens umzubilden.

„Pompieri" wurden auch die Wehren von Südtirol und der Küstenländer, während der Rest an Jugoslawien fiel.

Deutsche und ungarische Feuerwehren erhielten serbokroatische Kommandosprache, die Wehren der Südsteiermark wurden in „Prostovoljno Gasilno Drustvo" (slovenische freiwillige Feuerwehr) umgetauft.

In Kroatien und Slavonien wehrte sich gegen die feuerwehrlichen Machtansprüche Belgrads noch lange Zeit erfolgreich der Feuerwehrverbandspräsident Marijan von Herzic aus Djakovo.

Er fehlte auf keiner internationalen Feuerwehrtagung und hieß bei seinen österreichischen Kameraden nicht anders als der „Fleckerlteppich", weil er unter den Wehrführern des In- und Auslandes die meisten Orden und Ehrenzeichen besaß!

Noch manches ließe sich über die weiteren Schicksale der von Österreich und Ungarn abgetrennten Wehren zwischen den beiden Kriegen berichten.

Aber wenden wir uns wieder den Bundesländern Deutschösterreichs zu: Das kleine Burgenland zählte, als es zu Österreich kam, etwa 250 Wehren, deren Zahl bis 1938 auf 320 mit 290 Kraftspritzen angewachsen war.

Im letzten Kriegsjahr wurden die meisten Wehren „vom Winde verweht" und verloren den größten Teil ihrer Ausrüstung.

Aber das vom Krieg verheerte und verarmte Land verfügte 1950 bereits wieder über 10 000 Wehrmänner mit 365 Kraftspritzen! Kärnten hatte, als 1928 die Landesfeuerwehrschule Klagenfurt gegründet wurde, bereits 27 000 aktive Wehrmänner mit 280 Kraftspritzen.

Gegen Kriegsende hatten diese insgesamt 210 Großeinsätze zu fahren, davon allein 88 bei Luftangriffen auf Klagenfurt und Villach.

Die Landeshauptstadt erhielt 1945 eine Berufsfeuerwehr.

In Niederösterreich bildeten von jeher die Städte Baden b. Wien, Wiener Neustadt und St. Pölten besondere Mittelpunkte des freiwilligen Feuerwehrwesens.

In Wiener Neustadt entstand 1933 die großzügig ausgeführte Landesfeuerwehrschule.

Auch den Wehren Niederösterreichs fügte das Kriegsende schwerste Verluste zu, aber bis 1950 hatten die insgesamt 1761 freiwilligen Feuerwehren schon wieder 640 Löschfahrzeuge und weit über 2000 Tragkraftspritzen in Dienst gestellt.

In Oberösterreich leistete schon vor der Jahrhundertwende die Feuerlöschgeräte- und Spritzenfabrik Konrad Rosenbauer, Linz an der Donau, technische Aufbauarbeit ersten Ranges. Tragkraftspritzen, Hochdruckpumpen und Tanklöschfahrzeuge wurden schon frühzeitig in vollendeter Ausführung von ihr entwickelt. 1929 wurde in Linz die Landesfeuerwehrschule, 1933 die Berufsfeuerwehr gegründet.

1950 verfügten die 925 freiwilligen Feuerwehren des Landes über 545 Löschfahrzeuge und 1340 Tragkraftspritzen.

Das Land Salzburg hatte das Glück, 1919 in Oberst a. D. Hofrat Oswald Prack einen Landesfeuerwehrinspektor zu gewinnen, der über drei Jahrzehnte die Geschicke seiner Wehren in genialster Weise leitete.

1921 schuf dieser in der Landeshauptstadt die noch heute vorbildliche Überland-Feuermeldezentrale mit Dauerverbindungen für sämtliche Ortschaften und Feuerwehren.

1925 organisierte er in Salzburg eine der größten Feuerwehr- und Rettungstagungen mit internationaler Löschgeräteausstellung. 1945 entstand die Salzburger Berufsfeuerwehr mit einem umfangreichen Wasserrettungsdienst auf der Salzach.

1950 verfügten die 130 freiwilligen Feuerwehren des Landes über 160 Löschfahrzeuge. In Steiermark bildet seit hundert Jahren die Landeshauptstadt Graz einen Mittelpunkt für das Brandschutzwesen, der weit über die Landesgrenzen hinaus Beachtung gefunden hat.

Das Feuerwehrwesen in Graz von 1853-1953

Der Feuerschutz der Städte war im Mittelalter nur wenig zufriedenstellend und gab daher immer wieder zu außerordentlichen Stadtbränden Anlaß. Die Brandbekämpfung stützte sich damals ausschließlich auf das Eingreifen der Bevölkerung selbst und zwar vornehmlich der Handwerksinnungen, die sogenannte „Brandhilfsscharen“ bildeten. In Graz war es mit dem Feuerschutz um die Mitte des vergangenen Jahrhunderts nicht viel anders bestellt, doch erkannten schon frühzeitig die verantwortlichen Stadtväter, daß nur mit geschulten und straff organisierten Löschkorps eine erfolgreiche Brandbekämpfung möglich ist. Es wurde daher im Jahre 1849 der Universitätsturnlehrer August Augustin mit der Reorganisation des Feuerlöschwesens beauftragt. Mit Gemeinderatsbeschluß vom 18. Januar 1853 kam es dann zur Aufstellung einer 24 Mann starken Berufsfeuerwehr, die sich schon in den ersten Jahren ihres Bestehens hervorragend bewährte.

Alarmierung und Ausrüstung der damaligen Feuerwehr standen noch auf sehr primitiver Stufe. Eine Feuerwache auf dem Schloßberge signalisierte die Brände mittels Kanonenschüsse. Wegen der damals noch fehlenden Wasserleitung wurde das Löschwasser mittels Wasserwagen der Brandstelle zugeführt und zur Brandbekämpfung Handdruckspritzen eingesetzt. Man erkannte aber schon frühzeitig den technischen Charakter der Brandbekämpfung und übertrug mit 10. August 1863 die Leitung der Feuerwehr einem Ingenieur des Bauamtes, der neben seiner bauamtlichen Aufgaben die Feuerwehr zu betreuen hatte. Erst im Jahre 1882 erhielt die Feuerwehr mit Ingenieur-Assistent Alois Hueber ihren ersten eigenen Kommandanten.

Die Berufsfeuerwehr Graz stand seit je Neuerungen aufgeschlossen gegenüber. So wurde schon im Jahre 1877 eine Brandmeldeanlage mit vorerst 30 Brandmeldern eingerichtet, 1882 die erste Dampfspritze in Dienst gestellt, 1901 die Knaustsche Einheitsschlauchkupplung eingeführt und 1903 die erste Gasspritze in Betrieb genommen. Diese technischen Fortschritte sind zum großen Teil den weit über die Landesgrenzen bekannten Branddirektor Ing. Theophil Qurin zu verdanken. In seine Wirkungsperiode fällt auch die Motorisierung der Feuerwehr, der man anfangs wegen mancher Schwierigkeiten mit Vorsicht gegenüber stand. Mit der Motorisierung der Löschfahrzeuge ist die Einführung der Kreiselpumpe als Wasserförderer eng verbunden. Der rasch laufende Benzinmotor war für den Antrieb der Kreiselpumpe wie geschaffen.

Im steilen Aufstieg der technischen Entwicklung spiegelt sich auch das Feuerwehrwesen. So kamen 1923 die erste automatische Drehleiter und 1926 der erste Tanklöschwagen unter Branddirektor Ing. Peter Stanke zur Einführung. Aber auch das Ausbildungswesen und die Löschtaktik wurden auf neuzeitliche Grundlagen gestellt.

Einen tiefen Einschnitt in das Feuerlöschwesen der Stadt Graz brachte der zweite Weltkrieg. Mit der Eingliederung Österreichs in das Deutsche Reich wurden auch die Feuerwehren in die Ordnungspolizei und in den Luftschutz eingebaut. Die Anpassung der Löschorganisation an die Bedürfnisse des Krieges führte zu einer erheblichen Verstärkung der Schlagkraft. In diese Zeit fällt auch die Auflösung der etwa seit 1865 bestehenden Freiwilligen Feuerwehren von Graz und die Vergrößerung des Stadtgebietes durch Eingemeindungen auf etwa das sechsfache Flächenausmaß.

Wie fast alle größeren Städte Österreichs so wurde auch Graz gegen Ende des Krieges durch Luftangriffe schwer betroffen. 1 980 Menschenopfer waren zu beklagen und die Feuerwehr hatte infolge der Kriegseinwirkungen 2 158 Einsätze zu leisten.

Das Kriegsende führte zu einem völligen Zusammenbruch aller öffentlichen Einrichtungen. Es kam zu Plünderungen, bei welchen die Feuerwehr fast ihre gesamte technische Ausrüstung verlor. Erst mit der Bildung einer provisorischen Staatsregierung und ihrer Kundmachung vom 27. April 1945 begannen wieder ordnende Kräfte zu wirken. Die Feuerwehr wurde wieder eine Einrichtung der Gemeinde. Branddirektor Ing. Siegmund Ausobsky übernahm nunmehr die Leitung der Berufsfeuerwehr. Damals war aber infolge des völligen Zusammenbruches auch der Zeitpunkt gekommen, jede aus Kriegserfordernissen, aber auch aus mißverstandener Tradition sich anbahnende Fehlentwicklung zu unterbinden und die Löschorganisation auf gesunde und geordnete Grundlagen zu stellen. Im Zusammenhang mit dieser Reorganisation und der Wiederaufbauarbeit wurden zwei neue Feuerwachen der Berufsfeuerwehr eingerichtet. Zur Zeit verfügt die Berufsfeuerwehr Graz über zwei Zugwachen und zwei Gruppenwachen. Es kam damals zur Einführung der personalsparenden Löschgruppe mit einer Mannschaftsstärke von einem Gruppenkommandanten und sechs Männern. Die Alarmierung der Löschkräfte wurde durch Lautsprecheranlagen in den Feuerwachen verbessert, das Brandmeldenetz in erheblichem Umfang ausgebaut und der Fahrzeugpark vereinheitlicht. Neuzeitliche Tanklöschwagen mit Hochdrucklöschpumpen für einen Betriebsdruck von 40 Atü stellen nunmehr die Löschtechnik auf völlig neue Grundlagen. Damit ist das Löschen von Ölbränden mittels Wasserstaub möglich geworden.

Ein Zeitabschnitt von 100 Jahren umfaßt eine ungeheure Entwicklung. Diese Entwicklung führt vom Löscheimer über die Handdruckspritze und Dampfspritze zum neuzeitlichen Tanklöschwagen mit Hochdruckpumpe, von den Brandhilfsscharen über die Löschabteilungen zur straff zusammengefaßten Löschgruppe. Brände haben zum großen Teil ihre Schrecken verloren. Das ist das augenscheinlichste Zeichen, daß die Feuerwehr den Anforderungen gerecht wird.

In der Tiroler Landeshauptstadt Innsbruck bestand neben der 1857 begründeten Freiwilligen Feuerwehr schon vor der Jahrhundertwende eine ständige Rathausfeuerwache, die nach 1938 in eine reguläre Berufsfeuerwehr umgewandelt wurde.

Die Freiwillige Feuerwehr zeichnete sich fast ein Jahrhundert aus durch ihren besonders hohen Mannschaftsbestand und ihre starke Dezentralisierung.

Zwischen den beiden Kriegen war besonders die 1. Kompanie der Freiwilligen Feuerwehr Innsbruck durch ihre sinnreiche Universalausrüstung und ihren hervorragenden Unfallhilfsdienst weit über die Landesgrenzen hinaus bekannt geworden.

Der besonderen Rührigkeit des schon frühzeitig geschaffenen Tiroler Landesfeuerwehrinspektorates war es zu verdanken, daß bis 1930 bereits 300 Kraftspritzen hatten beschafft und über tausend Löschwasserbehälter mit einem Gesamtinhalt von dreieinhalb Millionen Kubikmeter angelegt werden konnten. Das kleine Vorarlberg verfügte 1950 über 136 Wehren mit 62 Kraftfahrzeugen und 154 Kraftspritzen.

Bei den Luftangriffen am Kriegsende wie auch anläßlich der schweren Lawinenkatastrophen der neuesten Zeit haben die Vorarlberger Wehren ihre Schlagfertigkeit und ihren Opfersinn wiederholt unter Beweis stellen können.

Seit 1948 vereinigt nunmehr der „Österreichische Bundes-Feuerwehrverband" unter seinem Vorsitzenden, dem Wiener Polizeipräsidenten Josef Holaubek, zum erstenmal in der Geschichte des Landes sämtliche Berufs- und freiwillige Wehren wie auch die Werkfeuerwehren in einer großen und einheitlichen Organisation. Diese ist seither auch beim Internationalen Technischen Feuerwehrkomité in Paris (C.T.I.F.) ständig vertreten.

Außer dem eigentlichen Feuerwehrwesen selbst steht im heutigen Österreich auch das kriminaltechnische Brandermittlungswesen auf besonders hoher Stufe.

Dasselbe gilt auch für die in Österreich besonders hochentwickelte Statistik über Brandschäden und Brandursachen, die dem gesamten Ausland ständig zum Vorbild dient.

Maria Theresia und die Wiener Feuerwehr

WIR Maria Theresia, von Gottes Gnaden Römische Kayserin, in Germanien, zu Hungarn, Böheim, Dalmatien, Croatien, Slavonien. Königin; Erzherzogin zu Österreich; Herzogin zu Burgund, Ober- und Niederschlesien, zu Braband, zu Mayland, zu Steyer, zu Kärnten, zu Crain, zu Mantua, zu Parma, und Piancenza, zu Limburg, zu Luzenburg, zu Seldern, zu Würtemberg; Markgräfin des Heil. Römischen Reichs, zu Mähren, zu Burgau, zu Ober- und Nieder-Lausitz; Fürstin zu Schwaben und Siebenbürgen, gefürstete Gräfin zu Habsburg, zu Flandern, in Tyrol, zu Payrt, zu Kyburg, zu Görz, zu Gradisca, und zu Artois; Landgräfin in Elsaß, Gräfin zu Namur, Frau auf der Windischen Mark, zu Portenau, zu Salius und zu Mecheln; Herzogin zu Lothringen und Barr; Großherzogin zu Toscana.

Entbieten all- und jeden Geist- und weltlichen Hauß-Eigenthümern und Inwohnern, wes Standes, Wesens oder Würde die seynd in allhiesiger Residenz-Stadt Wien Unser Gnad, und geben auch dabei gnädigst zu vernehmen, wie daß bereits Anno 1617, dann 1639 und 1666, letzlich aber im Jahre 1688 wegen derer in dieser Unser Stadt Wien etwa entstehenden Feuers-Brünsten (welche Gott gnädiglich verhüten wolle) eine gewisse Feuer-Lösch-Ordnung errichtet, und kund gemachet worden seye.

Da aber bishero solchen Feuer-Lösch-Ordnungen in viele Weege zuwidergehandelt und die allda vorgeschriebene Abwendung derer Feuers-Gefährlichkeiten nicht befolget, minder die wegen würklich entstehender Feuers-Brunst deutlich bemerkte Rettungs-Mittel werkthätig gehandhabet, sondern bei denen meisten, außer deren hierzu eigends bestellten Amts-Personen wegen Länge der Zeit in Vergessenheit gesezet worden seynd; Als haben Wir eine unumgängliche Notdurft zu seyn erachtet, sothane Satz- und Ordnungen theils zu erneuern, theils aber nach Maaß gegenwärtiger Zeiten in ein- und andern abzuändern, oder vielmehr zu verbessern, und denen bis anhero obwaltenden Gebrechen standhaft abzuhelfen.

Dannenhero haben Wir uns aus Landes-Mütterlicher Sorgfalt entschlossen über erstatteten Allerunterthänigsten Vertrag gegenwärtige Feuer-Lösch-Ordnung zu jedermanns Wissen, und gehorsamsten Vollzug kund machen zu lassen. Weilen dann weiteres erforderlich seyn will die zur Feuer-Löschung benötigte Arbeits-Leute vorläufig zu benennen, und zu bestimmen; solchennach ist Unser ernstlicher Befehl, daß

47mo Die in dem Unter-Cammer-Amt ohnehin der Zeit schon bestellte vier Feuerknechte und vier Zimmer-Gesellen fortan beständig beybehalten, und die erstere hauptsächlich in dem Amte, oder einige davon in der Stadt, jedoch niemalen in der Vorstadt zur Arbeit angestellet, von denen letzteren hingegen zu keiner Zeit mehr, denn Zwey zur Arbeit außer der Stadt gebrauchet werden sollen.

48vo Haben die allhiesige Rauchfangkehrer-Meister bey Tage zwey, bey der Nacht aber vier Rauchfangkehrer-Gesellen wechselweise in das Unter-Cammer-Amt ohnentgeltlich zu stellen, dann gleichfalls 49no Die Bürgerliche Zimmer-, Maurer- und Ziegeldeckermeister jede Gattung 4. von ihren Gesellen mit dem benötigten Werkzeug, wie auch gemeiner Stadt-Brunnenmeister einen Knecht allstäts daselbst übernachten zu lassen; ferners erheischet es die Nothdorft, daß

50mo Zu Bespannung deren von gemeiner Stadt zu haltenden gefüllten Wasser-Leit-Wägen über die ohnehin in dem Unter-Cammer-Amt stehende 3 Paar Pferde, noch andere 3. Paar zur Nachts-Zeit an dem von Unserer Regierung bestimmten Ort in Bereitschaft gehalten werden, welche drey Paar wohl brauchbare Pferde von dem Stadt-Säuberungs-Pacht-Inhaber das ganze Jahr hindurch über Nacht alldahin ohnentgeltlich zu stellen seynd;

Nebst deme sollen aus denen Taglöhnern des Stadt-Säuberungs-Pacht-Innhabers wenigstens dreyzehen Mann genommen solche in eine an der Hand gelegene Behaltnus untergebracht, und zur Dirigirung deren Feuer-Spritzen (um solche durch unerfahrene Leute nicht größten Theils unbrauchbar zu machen) wohl abgerichtet, so fort diese 13. Mann nicht allein bey Tag auf Anhörung eines jeglichen Feuer-Lärmes, sondern auch hauptsächlich bey Nacht-Zeit nach Anweisung des Unter-Cammer-Amts gebrauchet werden.

Wien, die Hochburg des Feuerlöschwesens im Südosten

Die österreichische Hauptstadt ist ältester historischer Boden, auch auf dem Gebiete des Feuerlöschwesens.

Schon vor fast zweitausend Jahren unterhielten die in Carnutum und Vindobona stationierten Römerlegionen ihre eigenen Lagerfeuerwehren.

Zu Beginn des mittelalterlichen Städtewesens im 13. Jahrhundert finden wir bereits die erste Wiener „Feuerverordnung“ der Babenberger Herzöge.

Und seit 1450 hält bis auf den heutigen Tag der Türmer von St. Stephan Tag und Nacht Ausschau nach den äußeren Feinden aus der Steppe Ungarns, nach Rauch und Feuerschein in Stadt und Umgebung.

Bald darauf entsteht über mehrstöckigen Kellergewölben aus der Römerzeit im Herzen der Stadt der mittelalterliche „Wasserstadel“ mit den damaligen Löschgeräten.

Fast ein halbes Jahrtausend befindet sich der Mittelpunkt des gesamten Wiener Brandschutzes an dieser Stelle!

Schon zur Zeit des Dreißigjährigen Krieges erhält die Stadt ihr erstes „truck- oder spritzwerkh“, aber ein halbes Jahrhundert später bestürmen die Horden Kara Mustaphas die Mauern und Wälle der alten Kaiserstadt.

Von der Feuerwarte auf dem Stephansturm leitet Ernst Rüdiger Fürst von Starhemberg die heldenhafte Verteidigung.

Die metallende Hohlkugel, welche der Türmer sonst zum Absenden der Feuerdepeschen durch die älteste bekannte „Rohrpost“ hinunter zum Mesner benutzt, befördert die Befehle des Verteidigers. Kurz nach Beginn der Belagerung geht das Schottenkloster in Flammen auf; nur mit knapper Not kann das Feuer von dem angrenzenden Pulvermagazin abgehalten werden.

Starhemberg ordnet daraufhin an, die Löschgeräte im Wasserstadel am Hof ständig zu besetzen.

Kara Mustapha beschießt die Schindeldächer der Stadt wochenlang mit Brandgranaten, aber die ständige Feuerwache löscht alle enstandenen Brände rechtzeitig.

Der des Türkischen mächtige Kundschafter Kolschitzki, von den Wienern „Bruder Herz“ genannt, wird im feindlichen Lager sicher auch erfahren haben, wie es bei den Belagerern zu jener Zeit daheim aussah:

Nämlich, daß der Sultan das bei Todesstrafe erlassene Verbot des „Tobakrauchens und Kaffeesiedens“ nunmehr aufgehoben habe.

Und weiter, daß man 1680 die Einführung der neuen „Schlangenspritzen“ am Goldenen Horn zum Anlaß genommen habe, die erste Freiwillige Feuerwehr (die später berüchtigten Stambuler Tulumbadschi) dort zu gründen!

Vor dem abendländischen Entsatzheer muß Kara Mustapha fliehen, läßt in seinem prunkvollen Zeltlager auch ungeheure Kaffeevorräte zurück, mit denen Bruder Herz das erste Wiener Kaffeehaus eröffnet. Die ständige Feuerwache aber hat den Wienern so gut gefallen, daß 1685 der Wasserstadel Am Hof zum „Unterkammeramt“ (Stadtbauamt) erweitert wird.

Der Stadtunterkämmerer nimmt dort Wohnung und im gleichen Jahr finden wir bereits vier Feuerknechte und zwölf Feuertaglöhner als ständige Einrichtung.

Also zu einer Zeit, wo andernorts die Schäden des Dreißigjährigen Krieges noch kaum verwunden waren und um Wien selbst noch der Türkenkrieg tobte, zum ersten Male in der Geschichte unserer Städte dieser enorme Fortschritt:

Wohnung des Leiters der Löschanstalten sowie alle Löschgeräte unter einem Dach, zusammen mit besoldetem Löschpersonal in ständiger Bereitschaft, nachts sogar mit bespannter Spritze und Wasserwagen! 1688 schafft die Leopoldinische Feuerordnung bereits die Voraussetzung für fast vollkommen feuerbeständige Bauweise im damaligen Wien. Da solche Verordnungen bekanntlich weder vom Kaiser noch seinen Räten selbst abgefaßt wurden, dürften die brandschutztechnischen Unterlagen auch bereits dem Bauamt mit seiner Löschanstalt Am Hof entstammt haben.

Durch den Opfersinn seiner Untertanen während der Türkenbelagerung und bei der Brandabwehr gerührt, ließ der Kaiser für die Wiener Hofburg auch „zwey große gerechte und guethe Feuerspritzen“ anschaffen.

Zwei Jahrhunderte lang sind sodann die Stadtunterkammeramtsspritze und die K. K. Hofspritze zu fast jedem Brand um die Wette gefahren. Wie fast überall, hatten auch in Wien das ganze Mittelalter hindurch die Handwerkszünfte eine Art von Pflichtfeuerwehr gebildet.

Maurer und Rauchfangkehrer mußte auch nach Einführung der ständigen Feuerwache diese zur Tages- und Nachtzeit verstärken.

Im Brandfall konnte sich das Löschpersonal vor allem der Spritzenbedienung widmen, während „Feuermaurer" und Kaminkehrer dem Brandherd fachgemäß zu Leibe gingen.

Unter Kaiserin Maria Theresia wurde die Wiener Löschanstalt weiter ausgebaut, durch Kaiser Joseph I ihrem Löschpersonal eine „Stadtlivrée" als zweitälteste Feuerwehruniform in ganz Europa verliehen (die älteste war die der Kgl. Spritzenwächter in Paris). Zur selben Zeit entstanden in den Wiener Vorstädten eigene „Feuerlösch-Requisitenstadel" mit nebenamtlichen „Feuerlöschern". Ein zeitgenössisches Bild zeigt anläßlich des Großbrandes der Schauersteinitzschen Hütte in der Rossau die Unterkammeramts- und Hofspritzen noch beim Außenangriff mit „messingnen Wandröhren". Aber nur wenige Jahre später zur Zeit der Napoleonischen Kriege büßen beim Kellerfeuer in einem Adelspalais am Alsergrund zwei der Löschanstalt zugeteilte Rauchfangkehrergehilfen den versuchten Innenangriff mit ihrem Leben.

Das Außerordentliche für die damalige Zeit ist nun, daß dieses Unglück von den Wiener Behörden keineswegs als unabwendbare Tatsache hingenommen wurde.

Vielmehr beschaffte das Bauamt 1812 für die Löschanstalt das erste und älteste „schwere Gasschutzgerät" in Gestalt der fahrbaren „Erstickungswehr" mit kurbelangetriebener Luftpumpe, Luftzuführungsschläuchen und Rauchhauben, die bereits ihre Träger völlig von der Außenluft abschlossen.

Zwischen der Biedermeierzeit und dem unheilvollen Ringtheaterbrand folgt nun eine Epoche von einem halben Jahrhundert, während der das Wiener Feuerlöschwesen von anderen Ländern vorübergehend in den Schatten gestellt wurde.

Immerhin diente die Wiener Löschanstalt, seit 1852 als städtische Feuerwehr bezeichnet, auch während dieser Zeit den meisten neubegründeten Wehren der alten K. K. Monarchie als Ausbildungsinstitut und zum Vorbild.

Selbst weit entfernte Großstädte wie Lodz in Russisch-Polen und Konstantinopel reorganisierten ihr Löschwesen nach Wiener Muster. Um nur bei den Weltstädten zu bleiben, so hatten Paris, Berlin, London und New York die österreichische Hauptstadt bis 1881 feuerwehrlich in mancher Beziehung überflügelt.

Erst die furchbare Ringtheaterkatastrophe war nötig, um die Lösch- und Rettungseinrichtungen der alten Kaiserstadt den in anderen Ländern erzielten Vorsprung binnen kurzer Zeit einholen zu lassen.

Unter anderem stammen aus Wien der Steigergurt mit birnenförmigen Karabinerhaken, in ganz Ost- und Südeuropa wie auch seit Jahrzehnten bei allen Wehren Nordamerikas eingeführt.

Rettungsschlauch, Sprungtuch und Rutschtuch erhielten vornehmlich bei der Wiener Feuerwehr ihre Feuertaufe und „Frontbewährung". Die aus Norddeutschland stammende Kohlensäuregasspritze wurde alsbald von der Wiener Feuerwehr weiterentwickelt und frühzeitig allgemein angewandt.

In dem bekannten „Pölzapparat" zum Absteifen einsturzdrohender Decken besaß Wien schon um die Jahrhundertwende ein ebenso wichtiges wie praktisches Spezialgerät.

Unter dem unvergeßlichen Branddirektor Müller erhielt die Wiener Berufsfeuerwehr auf der Internationalen Feuerwehrausstellung in Berlin 1901 den ersten Preis.

Die Erfahrungen des Ring- und Stadttheaterbrandes veranlaßten die Wiener Feuerwehr zu umfangreichen und jahrelangen Brandversuchen an dem international bekannt gewordenen Modelltheater. Auf Grund der hierbei gewonnenen Erkenntnisse wurde die Wiener Feuerwehr zu einer Art Hochschule für den Theaterfeuerschutz.

Gleich nach der Jahrhundertwende setzte bei der Wiener Feuerwehr die Erprobung des Automobilbetriebes ein, so daß schon 1906 der Löschzug der Zentrale Am Hof vollmotorisiert war.

Bis zum ersten Weltkrieg war die Automobilisierung der Berufsfeuerwehr erfolgreich abgeschlossen, nachdem sie zahlreichen bedeutenden Wehren auch im Altreich als Vorbild gedient hatte.

Zur selben Zeit schufen zwei Wiener Feuerwehroffiziere in Gestalt des „Stankö-Apparates“ das erste Großschaumlöschgerät der Welt. Seit hundert Jahren war damals auch bereits die Feuerlöschgeräteindustrie in Wien beheimatet:

Die 1822 begründete Firma Wilhelm Knaust lieferte 1855 die erste moderne Handdruckspritze nach der Türkei, erbaute 1867 die erste große Dampfspritze, die auf der Wiener Weltausstellung 1873 vorgeführt wurde, und 1883 die erste Dreizylinderdampfspritze für die Wiener Feuerwehr.

Die Firma Kernreuter im Wiener Vorort Hernals entwickelte frühzeitig die kombinierte Handdruck-Dampfspritze für ländliche Feuerwehren und sonstige Spezialgeräte.

Im Atemschutz war aus der „Erstickungswehr“ die Müllersche Rauchhaube mit großem Luftpumpenwagen entstanden, im Samariter- und Rettungswesen die nach dem Ringtheaterbrand begründete „Wiener Freiwillige Rettungsgesellschaft“ zu Weltruf gelangt. Seit der Weltausstellung besaß die Kaiserstadt in ihrer berühmten „Ersten und zweiten Wiener Hochquellwasserleitung“ auch die großzügigste und idealste Löschwasserversorgung auf europäischem Boden.

Wie in ganz Nordamerika, so waren auch auf Wiener Gebiet Unterflurhydranten unbekannt und nur moderne Überflurhydranten vorhanden.

Diese ermöglichten es der Wehr, nach dem ersten Weltkrieg auf leichte und wendige Löschfahrzeuge mit Pumpen von nur geringer Wasserlieferung überzugehen.

Diese Kraftspritzen erzeugten Drücke bis zu 22 atü, während die hierbei verwendeten Hanfschläuche Probedrücke von 50 atü aushalten mußten!

Am Manometer des Höchstleistungsstrahlrohres hatte der Löschmeister 5 bis 8 atü abzulesen, sofern der Pumpendruck nicht noch mehr gesteigert werden mußte.

Und dabei gaben die Vorbaupumpen und Tragkraftspritzen nur 500 bis 600 Liter Wasser pro Minute, die Schlauchleitungen waren kleinkalibrig (52 mm) und so konnte bei höchster Löschkraft jeder unnötige Wasserschaden grundsätzlich vermieden werden.

Im Verhältnis zur Größe der Stadt besaß Wien die meisten Berufsfeuerwachen auf dem europäischen Festland, nämlich 32 (heute 34!). Schon lange vor dem Anschluß hatte man in der Feuerwache Steinhof die erste wirklich „luftschutzmäßige“ Feuerwehrunterkunft geschaffen. Unter der Fahrzeughalle konnten in einer Kellergarage zahlreiche Reservefahrzeuge Platz finden.

Das gesamte große Wachgebäude konnte vollkommen gasdicht und splittersicher hermetisch von der Außenwelt abgesperrt werden.

Schon damals, vor fast 25 Jahren, war eine Schutzraumbelüftung für sämtliche Wachräume eingerichtet worden.

Wo die normalen Löschzüge nicht in den Wiener Wald vorzudringen vermochten, übernahmen schon zu jener Zeit geländegängige Löschfahrzeuge mit Dreiachs- bzw. Raupenantrieb diese Aufgabe. Im schwierigsten Berggelände wurden Kletter- und Fahrleistungen vollbracht, die kaum durch Spezialfahrzeuge des letzten Krieges übertroffen werden konnten.

Der Wasserrettungs- und Pionierdienst auf der reißenden Donau wurde durch ständig geübtes Zillenfahren besonders eifrig gepflegt. Überhaupt galt schon damals die Wiener Feuerwehr als eine Pioniertruppe ersten Ranges, die es mit der bekannten „Kanalbrigade“ der Wiener Polizeidirektion jederzeit erfolgreich aufnehmen konnte.

Tiefsaugpumpen wurden von der Wiener Feuerwehr für elektrischen und Benzinantrieb frühzeitig entwickelt und erfolgreich verwendet. Gemeinsam mit der Budapester Feuerwehr wandte man schon vor 1930 auch in Wien das Trockenlöschverfahren mittels Großfahrzeugen mit bestem Erfolg an, wenn diese Versuche an beiden Orten auch aus Mangel an Mitteln leider in der Entwicklung stecken blieben.

Fast ein halbes Jahrtausend nach ihrer Entstehung erhielt die Feuerwarte auf dem Stephansturm nun auch Funkverbindung, nachdem die direkte Telegraphenlinie zur Feuerwehrzentrale schon seit 1855 bestanden hatte.

Im Brandfalle konnte sich das Telegraphenzimmer der Zentrale über den Türmer von St. Stephan mit der Sende- und Empfangsanlage des ausgerückten Löschzuges in Verbindung setzen.

So hatten bis zum Anschluß die Wiener Polizei, Rettungsgesellschaft und Feuerwehr auf fast allen Gebieten Weltruf erlangt.

Die Brandschäden hielten sich in minimalen Grenzen, denn seit hundert Jahren hatte man alle Wiener Bauten nach rein brandschutzmäßigen Gesichtspunkten aufgeführt:

Sehr stark ausgeführte Zwischendecken zwischen den einzelnen Stockwerken, Massivdecke zwischen oberstem Vollgeschoß und dem Dachboden, ausschließlich gemauerte Treppen usw.

An jedem dienstfreien Tag durchsuchten die Ingenieure der Berufsfeuerwehr alle Bauten, Betriebe und öffentlichen Einrichtungen nach versteckten Gefahrenherden, so daß die meisten Brände schon im voraus „mit Tinte und Papier“ gelöscht werden konnten!

Eine der Hauptfeuerwachen enthielt schon frühzeitig ein chemisches Versuchslaboratorium und ein umfangreiches Planbüro zur Anfertigung von Stadt- und Lageplänen für die Löschzüge.

Ein leitender Feuerwehringenieur hatte die Rauchfangkehrer von ganz Wien zu beaufsichtigen, wofür ihm besondere Feuerwehrbeamte als „Inspektionsrauchfangkehrer“ zur Verfügung standen.

Auf den Betriebsbahnhöfen der Wiener Stadtverkehrsmittel wurden laufend Feuerwehrübungen zur Rettung Verunglückter sowie zum Heben und Eingleisen von Straßen- und Stadtbahnwagen abgehalten.

Für diese und andere Rettungszwecke enthielt die Feuerwehrzentrale allein über ein Dutzend verschiedener Spezial- und Hilfsfahrzeuge. Mehrere Filmbrandkatastrophen jener Zeit veranlaßten das Wiener Feuerwehrkommando zu umfangreichen Versuchen mit Sicherheitsschränken für Filmverleihanstalten, Krankenhäuser und dergl.

Auf diese Art hatte die Wiener Brandschutz- und Unfallrettungstechnik bis 1938 einen beispiellosen Hochstand erreicht. Mit Stolz konnte Wien damals auf seine älteste Berufsfeuerwehr der Welt blicken, die eine zweihundertfünfzigjährige Entwicklung auf eine unerhörte organisatorische und technische Höhe gebracht hatte. Wer jene Glanzzeit miterleben durfte, wird sich derselben stets mit Freude und in Dankbarkeit erinnern können.

Viele der damals gewonnenen technischen Erkenntnisse und Errungenschaften wirken sich segensreich bis auf den heutigen Tag aus. Die heutige Wiener Berufsfeuerwehr hat noch umfangreichere Aufgaben als vor dem Kriege.

Infolge der Rieseneingemeindungen von 1939 betreut sie nicht nur das frühere Stadt- und Vorortgebiet der Gemeinde Wien, sondern auch die ausgedehnten Siedlungen und Industrieorte des Wiener Beckens zwischen Klosterneuburg und Mödling, Korneuburg und Groß-Schwechat.

Von der neuerstandenen Feuerwache Liesing aus schützt die Berufsfeuerwehr das weitläufige Industriegebiet im Süden der Bundeshauptstadt.

Nach den Schäden und Verlusten des Kriegsendes hatte die Wiener Berufsfeuerwehr bis zum Jahre 1950 bereits wieder einen Stand von insgesamt 1 162 Beamten erreicht, die ihr unterstellte Freiwillige Feuerwehr der eingemeindeten Außenbezirke die stattliche Zahl von etwa 2 000 Mitgliedern und 78 Gerätehäusern. Fast 200 Kraftfahrzeuge aller Art hatten bis 1950 wieder in den Dienst der Gesamtfeuerwehr gestellt werden können. Ihren früheren technischen und organisatorischen Hochstand hat die Wiener Feuerwehr unter ihrem 1950 verstorbenen Branddirektor Ing. Seifert und seinem Nachfolger Dipl.-Ing. Prießnitz längst auch wieder erreicht.

Weit über das österreichische Bundesgebiet hinaus blickt die Fachwelt erneut auf die im Wiener Brandschutzwesen erzielten feuerwehrtechnischen Fortschritte und Verbesserungen.

Von der Turmwarte des aus den Trümmern von 1945 in altem Glanz wieder neuerstandenen St. Stephansdomes hält wieder der Feuerwächter ununterbrochen Ausschau zwar nicht mehr nach äußeren Feinden, aber um so mehr nach aufgehenden Feuersbrünsten im erweiterten Stadt- und Vorortgebiet.

Auch die Jahrhunderte alte Feuerwehrzentrale Am Hof, die gegen Kriegsende hoffnungslos verwüstet erschien, ist wie ein Phönix aus der Asche von ihrem Ruin wieder neu erstanden.

Die Wunden, die vierzig Luftangriffe und die Beschießung von 1945 den Wiener Innenbezirken zugefügt hatten, sind bereits größtenteils vernarbt.

Wo Römerlegionen die erste Löschorganisation auf germanischem Boden geschaffen hatten, wo vor 270 Jahren Türkennot zur Gründung der ersten und ältesten Berufsfeuerwehr der Welt geführt hatte, bildet auch in unseren Tagen die Wiener Feuerwehrzentrale wieder einen der bedeutendsten und interessantesten Mittelpunkte unseres gesamten Brandschutzwesens.

Saarland

Wie die Chronik berichtet, wurde bei dem Ausbruch der Pest im Jahre 1626 die Ritterschaft des hl. Sebastianus von den Herzögen von Lothringen in Wallerfangen gegründet. Im Jahre 1682 wurde durch eine Verordnung Ludwigs XIV. diese Ritterschaft von Wallerfangen nach der Stadt Saarlouis verlegt und erhielt im Jahre 1708 ihren Privilegienbrief. Nach den Statuten der Ritterschaft mußten sie den Gottesdienst verherrlichen helfen, ihre besondere Pflicht war es aber, bei Feuersbrünsten hilfreiche Hand zu leisten. Es wurde eine Kompanie von 50 Mann gebildet mit einem Kapitän, einem Lieutenant, einem Fähnrich, einem Sergeant-Major, zwei Sergeanten und einem Tambour. Bei feierlichen Anlässen trugen sie eine rote Uniform.

Nach der Baltzerschen Chronik bestand im Jahre 1717 in der Stadt Saarlouis eine Kompagnie für den Feuerlöschdienst (Compagnie pour le service d'incendie). Der Oberbürgermeister Renauld von Saarlouis hat im Jahre 1811 die Feuerlöscher-Kompanie mit Genehmigung des Präfekten von Vaublanc neu organisiert. Diese Maßnahme ergab sich auf Grund eines Großfeuers in Fraulautern. Als Uniform erhielt sie einen Rock von hellblauem Tuch, weiße Kaschmir-Hosen und -Weste. Die Bewaffnung bestand, wie bei dem Militär, aus einer Muskete nebst Seitengewehr und die Offiziere trugen goldene Epaulets. Nach einer im Besitze der freiwilligen Feuerwehr Saarlouis befindlichen Aufstellung (Controle d'appel) aus dem Jahre 1814 war das Corps wie folgt zusammengestellt:

capitaine, lieutenant, sous-lieutenant, sergeant-major, fourier, ferner: 3 sergeants, 4 caporaux, 2 chefs des petites pompes, 41 pompiers, also im ganzen 55 Mann.

Die jetzigen Kreise Saarbrücken-Stadt, Saarbrücken-Land, Merzig, Ottweiler, Saarlouis kamen 1815 an Preußen, St. Wendel 1834, die Kreise St. Ingbert und Homburg an Bayern. Die Gestaltung des Feuerschutzes erfolgte nunmehr nach den Bestimmungen dieser Länder.

Für den ehemals preußischen Teil des Landes waren die Bestimmungen der Rheinprovinz und für den ehemals bayerischen Teil die der Rheinpfalz maßgebend.

Dadurch, daß die militärisch organisierte Feuerlösch-Kompanie der Stadt Saarlouis auch zu den Bränden in der Umgebung der Stadt stets ausrückte, hatte sie wiederholt Gelegenheit, ihre Tüchtigkeit zu erproben und sich auszuzeichnen. So erfolgte unterm 30. August 1816 eine Belobigung seitens der Kgl. Regierung zu Trier für die ganze Kompanie. In diesen Jahren waren sehr große Brände zu verzeichnen, u. a. in Fraulautern, in Roden, woselbst in 2 Stunden 130 Häuser niederbrannten und 145 Familien mit 781 Personen obdachlos wurden. Auch in der Gemeinde Dillingen brannten durch ein Großfeuer die Häuser einer halben Straße ab.

Der Landrat des Kreises Saarlouis hat auch in dieser Zeit folgende Feuerlöschordnung für die Gemeinden des Kreises erlassen:

„Bei Feuerausbruch hat ein jeder, der einen Brunnen in seinem Hause hat, unter 3 Thaler Strafe das nötige Wasser dort holen zu lassen. Bei Widerspänstigkeit werden die verschlossenen Thüren aufgesprengt.
Wenn des Nachts Feuer ausbricht, so muß ein jeder Bürger, bei dem Sturmläuten unter 1 Thaler Strafe, eine Laterne vor das Fenster hängen, damit die Straße während dem Feuer hell erleuchtet ist.
Jeder Eigentümer und Miethsmann ist unter Strafe von 1 Thaler gehalten, bei dem Sturmläuten vor die Thür seiner Wohnung einen Eymer oder eine Bütte mit Wasser zu stellen.
Zur nehmlichen Zeit müssen alle Handwerker und besonders die Schornsteinfeger zum Löschen herbeieilen.
Die Böttcher nehmlich mit Bütten, die Maurer mit Brechhämmer, die Zimmer- und Tischlermeister mit Aexten pp, die Schmiede und Schlosser gleichfalls mit ihrem Handwerksgeschirr. Die übrigen Einwohner beiderlei Geschlechts sind gehalten, mit Eymern herbeizueilen, um die Kette zu bilden.
Nach der Feuerlöschung müssen von jedem, der einen Eymer oder sonstiges Geräthe gefunden, selbige innerhalb 24 Stunden unter Strafe von 3 Thaler, wovon die Hälfte für den Angeber, auf das Rathaus zurückgebracht werden."

In der allgemeinen Feuerlöschordnung für die Gemeinden waren unter § 24 folgende Belohnungen bestimmt:

a) Derjenige, welcher zuerst durch Feuerrufen den Brand bekannt macht, kann, insofern nicht der Brand in seinem eigenen Hause entstanden, eine Belohnung erhalten von — 12 Groschen
b) Wer den ersten mit Wasser angefüllten Feuer-Eymer aus einer benachbarten Gemeinde zur Brandstelle bringt — 4 Groschen
c) Wer den ersten Feuerhaken dahin schafft — 18 Groschen
d) Desgleichen die erste Feuerleiter — 1 Rth.
e) Demjenigen, der sich zuerst auf brennende Gebäude macht und dadurch vor anderen Dienste leistet — 1 Rth.
f) Denjenigen, welche die erste Feuerspritze von auswärts beiführen — 4 Rth.

Ebenso interessant ist folgende Bestimmung aus dem Jahre 1817 in Nr. 13 des „Intelligenz-Blatt" des Kreises Saarlouis:

Verfügung des Landraths, daß von einer jeden neuen Ehe ein lederner Feuer-Eimer gestellt werden muß.
Die zu stellenden Eimer müssen von gutem milden Leder und von einer so schwer als möglichen Haut seyn. Die Dimensionen sind:
13 Zoll preuß. hoch, 7$^1/_2$ Zoll Umfang oben, 7 Zoll Breite oben, 6 Zoll unten,

einwärts des Eimers genommen. Oben wird derselbe mit einem 1/2zölligen und unten mit einem 1zölligen starken ledernen Ring umgeben. Der Boden muß stark mit einer doppelten Naht versehen seyn. Die Handhabe muß von einem Strick mit Leder überzogen seyn.
Die Eimer müssen 2mal mit rother Oehl-Farbe überstrichen und der Anfangs-Buchstabe der einschlägigen Gemeinde in weiser Oehlfarbe aufgetragen werden.
Das Stück kosten 2 Rth. 2 Gr. 5 Pfg. bei Joh. Steimer und Nic. Johaentgen in Lebach.

Die 2. Feuerlösch-Kompanie wurde im Jahre 1818 in Dillingen aufgestellt. Auch in den größeren Gemeinden wurden in dieser Zeit weitere Feuerlöschkompanien gebildet.

Unterm 21. Dezember 1818 einigte man sich mit der Garnison in Saarlouis betreffs der gegenseitigen Hilfeleistung, wonach bei Ertönen der Bürgerglocke das Militär an den Spritzen der Fortification antritt und desgleichen bei militärischem Feuerlärm die Feuerlösch-Kompanie mit ihren Geräten erscheint.

Auf Grund der großen Brandkatastrophen erkannten die Behörden die Wichtigkeit eines organisierten Feuerschutzes. Die Folge davon war, daß es vereinzelt in größeren Gemeinden zu der Bildung von freiwilligen Feuerwehren kam, so ist nachweisbar in der Gemeinde Schmelz-Außen die erste freiwillige Feuerwehr um 1829 gegründet worden.

Die weitere Entwicklung des Feuerschutzes erfolgte aber erst mit der Industrialisierung des Landes. Die Röchlingschen Eisen- und Stahlwerke in Völklingen wurden 1875 gegründet. In dieser Zeit, d. h. in den achtziger und neunziger Jahren des vorigen Jahrhunderts, wurden auch die Mehrzahl der heute noch bestehenden freiwilligen Feuerwehren gegründet. Nur in den ehemals pfälzischen Kreisen St. Ingbert und Homburg gab es vereinzelt freiwillige Feuerwehren. Alle übrigen Gemeinden dieser Kreise hatten Pflichtfeuerwehren. Organisatorisch waren die Feuerwehren jeweils in einem Kreisgebiet zu einem Kreisverband zusammengeschlossen. Die Kreisverbände der ehemals preußischen Teile des Landes gehörten zu dem Rheinischen Provinzialfeuerwehrverband, die Feuerwehren der ehemals pfälzischen Kreise waren in Bezirksverbände zusammengefaßt und gehörten dem Pfälzischen Kreisfeuerwehrverband an. Die Ausbildung richtete sich jeweils nach den Richtlinien der vorgenannten Verbände. Die Feuerwehrmänner des Rheinischen Provinzialfeuerwehrverbandes wurden in der Feuerwehrschule in Koblenz ausbildungsmäßig geschult und die des Pfälzischen Kreisfeuerwehrverbandes in Landau (Wanderschule). Die Gesamtstärke der Feuerwehren betrug in dieser Zeit etwa 18 000 Mann.

Die Entwicklung des Feuerlöschwesens nach dem ersten Weltkrieg brachte zunächst nur vereinzelt in den Städten den Anfang der Motorisierung der Feuerwehren. Hierbei waren die Kreisverwaltungen bahnbrechend, da der Kreis die Beschaffungskosten übernahm. Bis dahin waren ausschließlich Geräte für den Handzug, in den Städten und größeren Gemeinden für Pferdezug, vorhanden. Bei der Berufsfeuerwehr der Stadt Saarbrücken, die einzige des Landes, waren schon zu diesem Zeitpunkt Kraftfahrzeuge in Dienst gestellt. Bei größeren Bränden haben auch die vorhandenen vollmotorisierten Feuerwehren Löschhilfe geleistet. Bis zum Jahre 1935 bestand eine lose Interessengemeinschaft zwischen den Feuerwehren der ehemaligen preußischen und pfälzischen Teile. Diese Interessengemeinschaft hatte die Aufgabe, die gegenseitigen Erfahrungen auszutauschen und, soweit es vereinbar war, die Organisation und die Ausbildung in irgend einer Weise gegeneinander abzustimmen.

Am 10. Februar 1933 war in der Stadt Neunkirchen eine große Gasometerexplosion des Eisenwerkes. Bei dieser Katastrophe gab es viele Tote und Verletzte. Die angrenzende Saarbrücker Straße wurde schwer verwüstet. Aus der näheren und weiteren Umgebung haben die Feuerwehren den Kameraden in Neunkirchen tatkräftige Hilfe gebracht.

Bis 1935 übten die Landräte die staatliche Aufsicht über das Feuerlöschwesen nach Weisung der Regierungskommission des Saargebietes aus. Den Landräten standen zur Ausübung dieser Aufsicht die Kreisbrandmeister, in dem pfälzischen Teil Bezirksbrandinspektore genannt, zur Seite.

Am 1. August 1935 wurde im Saarland das preußische Feuerlöschgesetz eingeführt und auch auf die ehemals bayerischen Kreise St. Ingbert und Homburg ausgedehnt. Damit war zum ersten Male eine einheitliche gesetzliche Regelung auf dem Gebiete des Feuerschutzes vorhanden. Der einheitliche Aufbau des Feuerlöschwesens vollzog sich in kürzester Zeit. Die Kreisfeuerwehrverbände als Körperschaften des öffentlichen Rechts bildeten zusammen den saarländischen Landesfeuerwehrverband. Die Kreisbrandmeister waren zugleich die feuerwehrtechnischen Aufsichtsbeamten der Landräte und der Landesfeuerwehrführer der feuerwehrtechnische Aufsichtsbeamte des Regierungspräsidenten. Der Landesfeuerwehrverband errichtete eine eigene Landesfeuerwehrschule bei der Berufsfeuerwehr in Saarbrücken. Der Lehrkörper bestand aus bewährten Kräften der Freiwilligen Feuerwehr und war ergänzt durch Kräfte der Berufsfeuerwehr.

Auch die Werkfeuerwehren, die sich inzwischen gebildet hatten, die Werkfeuerwehr der Röchlingschen Eisen- und Stahlwerke Völklingen wurde bereits im Jahre 1900 gegründet, waren auf Grund des Gesetzes anerkannte Feuerwehren geworden. Den großen Werkfeuerwehren war auch der industrielle Gasschutz angegliedert. Auf Grund ihrer Ausbildung und Ausrüstung, besonders die der hochfeuergefährlichen Betriebe, sind sie auch teilweise bei Großbränden in der Umgebung ihrer Standorte zum Einsatz gekommen. Hierbei hatten sie Gelegenheit, Proben ihrer guten Ausbildung und Zusammenarbeit abzulegen.

Der einheitliche Aufbau des Feuerlöschwesens brachte auch die vollzählige persönliche Ausrüstung der Feuerwehrmänner. Aus den bestandenen Pflichtfeuerwehren haben sich freiwilige Feuerwehren entwickelt, so daß in allen Gemeinden freiwillige Feuerwehren vorhanden waren. Besonders wurde aber die bereits im Anfangsstadium befindliche Motorisierung auf breiter Grundlage fortgesetzt. Der Stand der Ausrüstung der saarländischen Feuerwehren am 1. Januar 1939 bei einer Sollstärke von 12 656 Mann war: 79 Kraftspritzen, 21 Mannschaftswagen, 12 Löschgruppenfahrzeuge LF 8, 8 Löschgruppenfahrzeuge LF 15, 1 Löschgruppenfahrzeug LF 25 und 3 Drehleitern.

Der Ausbruch des zweiten Weltkrieges stellte an die Feuerwehren besondere Anforderungen. Zunächst mußte der Mannschaftsbestand auf Grund der Einberufungen zur Wehrmacht durch Notdienstverpflichtete ergänzt werden. Auch einzelne Feuerwehren des Grenzgebietes wurden bei den Evakuierungsmaßnahmen eingesetzt und hatten nachträglich die Aufgabe, bei der Bergung des Viehes tatkräftig mitzuhelfen. Die Feuerwehr Riegelsberg hatte nach der Räumung der Bevölkerung in der roten Zone an bestimmten Abschnitten die Trinkwasserversorgung für die Wehrmacht sicherzustellen. Zu Beginn des Krieges wurden auch Feuerwehrbereitschaften aus den Wehren der Kreise Saarbrücken-Land und Merzig als ständige Feuerwachen errichtet, um die Brände in der sogenannten roten Zone zu löschen. Die Feuerwehren des Polizeipräsidialbezirkes Saarbrücken wurden schon frühzeitig zu Feuerwehrbereitschaften aufgestellt und dem Kommandeur der Feuerschutzpolizei in Saarbrücken unterstellt. Im Jahre 1942 wurden alle vollmotorisierten Einheiten des Landes innerhalb der Kreise zu Bereitschaften aufgestellt und schwerpunktmäßig bei Luftangriffen eingesetzt. Auch während des Krieges wurde die Motorisierung der Feuerwehren in verstärktem Maße fortgesetzt. Die aufgestellten Bereitschaften als überörtliche Feuerlöschkräfte kamen auch innerhalb des Gebietes bei Luftangriffen zum Einsatz, besonders aber in den Städten Saarbrücken, Kaiserslautern, Ludwigshafen, Frankenthal, Pirmasens, Zweibrücken, Neunkirchen und St. Wendel. Mit dem Näherrücken der Front in den Jahren 1944/45 wurden die frontnahen Bereitschaften im Frontgebiet zur Brandbekämpfung eingesetzt.

Der Ausrüstungsstand der Feuerwehren zählte am 1. Januar 1945 folgende Geräte:

227 Kraftspritzen,
19 Mannschaftswagen,
44 Löschgruppenfahrzeuge LF 8,
47 Löschgruppenfahrzeuge LF 15,
2 Löschgruppenfahrzeuge LF 25,
3 Drehleitern,
4 Schlauchwagen S 3
und einen Schlauchbestand von insgesamt 160 000 Metern.

Die persönliche und feuerwehrtechnische Ausrüstung war vollkommen vorhanden. Der allgemeine Ausrüstungsstand konnte daher als sehr gut bezeichnet werden.

Der Zusammenbruch im Jahre 1945 gab dem saarländischen Feuerlöschwesen einen schweren Schlag. Durch die Kriegsereignisse selbst und die durchziehenden Truppen waren an den Feuerlöscheinrichtungen des Landes ungeheuere Schäden entstanden. 115 Gerätehäuser waren zerstört, 79 Kraftspritzen vernichtet oder verschleppt, ebenso 16 Löschgruppenfahrzeuge LF 8, 21 Löschgruppenfahrzeuge LF 15, 1 Löschgruppenfahrzeug LF 25, 7 Mannschaftwagen, 1 Drehleiter, 1 Schlauchwagen S 3 und insgesamt 112 000 B- und C-Schlauchmaterial sind in Verlust geraten sowie fast die gesamte persönliche Ausrüstung der Feuerwehrmänner. Was nicht durch die Kriegsereignisse oder Zerstörung und Verschleppung durch die Truppen verloren ging, haben unverantwortliche Elemente in ihrer Zerstörungswut vernichtet. Durch die Maßnahmen der Militärregierung wurde die bestehende Sollstärke auf 50% gleich 6 000 Mann zurückgesetzt. Das bedeutete, daß in den Gemeinden in keiner Weise die notwendigen Kräfte zur Verfügung gestanden haben. Um den Feuerschutz für das Land und auch für die Besatzungstruppen mit den noch vorhandenen Geräten sicherzustellen, wurden durch das Regierungspräsidium Saar, soweit es möglich war, Bereitschaften aufgestellt. Der allgemeine Wiederaufbau des Feuerlöschwesens konnte erst beginnen, als im Jahre 1947 die saarländische Regierung gebildet war. Die erste Aufgabe auf dem Gebiete des Feuerlöschwesens war, die von der Militärregierung reduzierte Sollstärke wieder auf den alten Stand zu bringen. Mit Hilfe der Regierung, durch Bereitstellung von besonderen Staatsmitteln war es möglich, den allgemeinen Ausrüstungsstand der Feuerwehren zu verbessern. In den Jahren 1948 bis 1952 wurden 185 neue Feuerwehrgerätehäuser erstellt. Weitere Gerätehäuser sind geplant und mit dem Abschluß des Jahres 1954/55 werden die Baumaßnahmen für die saarländischen Feuerwehren beendet sein.

Der Ausrüstungsstand ist heute:

185 Kraftspritzen,
64 Löschgruppenfahrzeuge LF 8,
26 Löschgruppenfahrzeuge LF 15,
1 Löschgruppenfahrzeug LF 25,
13 Mannschaftswagen,
7 Drehleitern,
1 Schlauchwagen,
6 Tanklöschfahrzeuge,
3 Rüstkraftwagen RKW 7,
2 Hilfsrüstkraftwagen HRKW.

Der Schlauchbestand in C und B kann heute mit etwa 120 000 Metern beziffert werden.

Die saarländischen Feuerwehren waren im Zeitraum von 1947 bis einschließlich 1952 mit 55 307 Mann zu Hilfeleistungen aller Art eingesetzt und haben 114 000 Arbeitsstunden im Dienste des Feuerlöschwesens abgeleistet. An besonderen Bränden und sonstigen Hilfeleistungen in dieser Zeit sind u. a. zu nennen die Hochwasserkatastrophe im Dezember 1947, der Kabelbrand in der Burbacher Hütte, das Großfeuer bei Villeroy & Boch in Mettlach und der Brand in der Benzolfabrik in der Halberger Hütte.

Der Feuerschutz des Landes wird heute von einer Berufsfeuerwehr, 342 freiwilligen Feuerwehren und 13 Werkfeuerwehren wahrgenommen, getreu ihrem Wahlspruch: „Gott zur Ehr', dem Nächsten zur Wehr!"

Schweiz

Für den schweizerischen Eidgenossen gehört der Brandschutz zu den selbstverständlichen Ehrenpflichten wie der Dienst beim Bundesheer oder die Teilnahme an der „Landsgemeinde".

Von altersher waren die Siedlungen in den Schweizer Bergen der Brandgefahr besonders stark ausgesetzt.

In den Städten Fachwerkhäuser, in den Landorten und Bergdörfern reine Holzbauten, fast stets eng aneinander gedrängt und an schmalen Gassen liegend.

Die Gebirgsorte zudem im Brandfalle für auswärtige Löschhilfe nur schwer erreichbar.

Schon im Mittelalter hielten in Stadt und Land auf Türmen und Bergspitzen besondere Feuerwächter Tag und Nacht Ausschau. Auch hatten sie den Anzug des Föhnes zu melden, dessen Stürme Funken aus den Hauskaminen auf Schindeldächer und Holzhäuser treiben konnten.

Von jeher schrieb daher die schweizerische Brandordnung das Löschen der Herdfeuer vor, sobald die Föhnwarnung eintraf. Wer diese Vorschrift nicht beachtete, hatte und hat in den Gebirgsorten noch heute Strafverfolgung zu erwarten.

Zugleich mit der Wehrpflicht jedes Eidgenossen wurde ebenfalls schon im Mittelalter die Verpflichtung zur Hilfe bei Bränden eingeführt, die praktisch noch heute für jeden Mitbürger besteht. Nach Einführung holländischer Schlangenspritzen in der zweiten Hälfte des 17. Jahrhunderts wurden die Löschpflichtigen in der gemeindlich organisierten Pflichtfeuerwehr zusammengefaßt. Jedes Züricher Spritzenhaus enthielt seither in übersichtlicher Aufstellung Schlauchspritze auf Kufen, Wenderohrspritze auf Rädern, Sturmfässer, Feuerleitern, Einreißhaken und Brechwerkzeug. Neben der Spritzen-, Wasser-, Einreiß- und Ordnungsmannschaft hatte jede Pflichtfeuerwehr ein mit „Flöchner" bezeichnetes Bergungskorps zur Rettung von Hausinventar und gegen Löschwasserschäden.

Durch Blasen des „Brandhörnli" und Läuten der Sturmglocken wurde die Pflichtfeuerwehr aufgeboten, wie es der große Schweizer Dichter Gottfried Keller vor hundert Jahren in einem schönen Gedicht über das Löschkorps seiner Heimatstadt anschaulich schilderte.

Im Gegensatz zu der „landesherrlich organisierten Pflichtfeuerwehr" im damaligen Berlin waren nach Kellers Schilderung die jungen Züricher Löschmannschaften von wirklichem Diensteifer und Opfermut erfüllt.

Schon zu Napoleons I. Zeit waren im französischen Teil der Schweiz uniformierte Pompierkompanien entstanden — allerdings vorerst nur in den Städten.

Die Dorfspritzen waren nach wie vor mit ziviler Pflichtfeuerwehrmannschaft besetzt, wie es das Bild eines zeitgenössischen Malers aus der französischen Schweiz

„Nach dem Gewitter“ deutlich zeigt. Aber die Feuerwehrgründungen der vierziger Jahre im benachbarten Baden veranlaßten auch die Schweizer Städte, seit jener Zeit ihre Pflichtfeuerwehren in uniformierte Pompierkorps umzuwandeln. Tambour und Hornist für die Alarmierung, verschiedenfarbige Helmbüsche und Kommandofahne für das Offizierskorps, Steigergurt und Rettungsleine, Abprotzspritze und fahrbare Schiebeleiter gehörten von da ab zum unentbehrlichen Zubehör einer jeden Schweizer Stadtfeuerwehr.

Zu wünschen ließ vielfach noch die Löschwasserversorgung, obwohl eigentlich Gebirgswasser in genügender Menge hätte zur Verfügung stehen müssen.

In Bächen, Kanälen und Holzröhren wurde dieses von weither in die Städte und Ortschaften geleitet, um dort aus den Brunnen eimerweise in die Spritzen gefüllt zu werden.

Beim Brande der kleinen Bergstadt Glarus im Jahre 1861 traten diese Mängel besonders deutlich hervor.

Ungehindert ergriff das Feuer massive und Holzbauten, während der Eisenbahntelegraph die Meldung „Brennt fürchterlich . . .“ bis nach Zürich weiter gab.

Von dort ließ der Rat die beiden Landspritzen mittels Extrazuges nach Glarus abgehen, doch konnten die Züricher Pompiers kaum noch etwas retten.

Diese Katastrophe führte im ganzen Lande zur Verschärfung der Brandordnungen und feuerpolizeilichen Vorschriften.

Vor allem aber wurde die Löschwasserversorgung durch Anlage eiserner Rohrleitungen sowie von Hochbehältern und durch Aufstellung von Hydranten durchgreifend verbessert.

Hierbei entstand die typisch-schweizerische Einrichtung des „Feuerpiketts“ mit dem Pikettwagen.

Dieser stand und steht zum Teil noch heute vor öffentlichen Gebäuden oder in der Toreinfahrt ständig alarm- und griffbereit.

Die zum Pikett gehörenden Wehrmänner — bei uns würde man hierzu Weckerlinie sagen — müssen in unmittelbarer Nähe ihres Fahrzeugs wohnen oder beschäftigt sein.

Der Schweizer Pikettwagen enthält Angriffsgerät, Schlauchmaterial und Hydrantenzubehör; er ist meist vierrädrig und für Handzug eingerichtet.

Die Feuerpiketts waren im Brandfalle so rasch bei der Hand, daß selbst Großstädte wie Zürich, Bern, Genf und Lausanne Jahrzehnte lang hiermit auszukommen glaubten.

Nur das frühzeitig zur Industriestadt herangewachsene Basel gründete schon nach 1870 eine ständige Feuerwache mit der aus England bezogenen Dampfspritze „Basilisk“.

Jahrzehnte hindurch war Oberstdivisionär Schiess Leiter des überaus rührigen Schweizerischen Feuerwehrverbandes, dessen Organ, die „Schweizerische Feuerwehrzeitung“ in Murten bei Bern, in deutscher und französischer Fassung erscheint.

Als in den 90er Jahren anläßlich eines gefährlichen Brandes im Züricher Hauptpost- und Telegraphenamt der Druck der Wasserleitung und die technischen Hilfsmittel der Freiwilligen Feuerwehr nicht ausreichten, beantragte Oberst Schiess die Bildung einer städtischen Feuerwache und die Beschaffung von Dampfspritzen.

Das viel kleinere Luzern hatte vor dem ersten Weltkrieg bereits Dampf- und Motorspritze beschafft, während in den beiden Großstädten Zürich und Genf wie auch in der Bundeshauptstadt Bern unbegreiflicherweise alles beim alten blieb.

Erst als Anfang der 20er Jahre ein Großbrand in der Züricher Innenstadt mehrere Todesopfer forderte, stellte die Stadt endlich ein kleines Polizeipikett als ständige Brandwache auf und bestellte bei Magirus die erste Kraftfahrspritze nebst Motordrehleiter. Aus diesen bescheidenen Anfängen entwickelte sich das heute vorbildliche Institut der Züricher Brandwache, deren Leiter den beiden städtischen Feuerwehrinspektoren untersteht.

Diese befehligen auch die sehr starke Züricher Gesamtfeuerwehr einschließlich der zahlreichen Vorortlöschzüge.

Dem Züricher Vorbild folgten bald auch Bern, Luzern, St. Gallen und Lausanne durch Bildung motorisierter ständiger Feuerwachen, während Basel inzwischen eine reguläre städtische Berufswehr aufgebaut hatte.

Im italienischen Teil der Schweiz bestanden schon vorher Pompieri-Organisationen auf freiwilliger oder halbkasernierter Grundlage. Jeder Schweizer Kanton erhielt einen hauptamtlichen und technisch vorgebildeten Feuerwehrinspekteur.

Nach dem ersten Weltkrieg entwickelte sich die Schweiz zu einem Industrieland ersten Ranges, dessen Textil-, Holz- und Papierverarbeitung, Uhrenfabrikation und Maschinenbau heute Weltruf genießen.

Durch die ausgedehnte „Fremdenindustrie“ mit ihren riesigen Berghotels und modernen Kurorten wurden die Brandschutzaufgaben noch wesentlich erweitert.

Feuerlöscharmaturen, Feuerwehrgeräte und Ausrüstungen und vor allem ausgezeichnete Tragkraftspritzen werden von der Schweizer Industrie schon seit langem hergestellt.

Für den feuerwehrtechnischen Aufbau einschließlich der Einbaupumpen und motorisierten Drehleitern wurden bisher meist deutsche Spezialfirmen herangezogen.

Die Fahrgestelle hierfür stellte jedoch in den meisten Fällen die hochentwickelte Schweizer Nutzfahrzeugindustrie (Saurer, Sulzer usw.) in ihren eigenen Werken her.

Für den Fachmann bildet eine der Hauptsehenswürdigkeiten von Zürich schon seit vor dem letzten Kriege die städtische Brandwache. Ihr Prachtbau gehört zu den umfangreichsten und modernsten Feuerwehrdienstgebäuden in ganz Mitteleuropa.

Feuermelde- und Alarmanlage, Fahrzeughalle und Bereitschaftsräume, Lehrsäle und Werkstätten zeigen die raffiniertesten technischen Einrichtungen nebst einer nur selten erreichten baulichen Vollkommenheit. Die hauptamtlichen „Züricher Brandwächter“ bilden eine technische Elitetruppe ersten Ranges.

Ihre Schulungs- und Entwicklungsarbeit auf dem Gebiete des Atemschutzwesens war mitbestimmend für den heutigen einzigartigen Hochstand des schweizerischen Luftschutzes.

Dieser untersteht zwar der allgemeinen Landesverteidigung, aber in ihm bilden die Feuerwehren die wichtigste technische Hilfstruppe.

Auch die Einrichtungen der Berufsfeuerwehr Basel sind in jeder Weise vorbildlich und bilden ständig das Ziel zahlreicher ausländischer Besucher.

Die Gesamtfeuerwehr Genf hat erst in den letzten Jahren anläßlich des dortigen Stadttheaterbrandes ihr technisches Können und ihre Opferwilligkeit erneut unter Beweis stellen können.

Die größeren Wehren der Schweiz unterhalten auch eigene Sanitäts- und Gasschutzabteilungen für Branddienst und Katastrophenhilfe. Letzterer kommt im gesamten Bundesgebiet besondere Bedeutung zu, denn im Hochgebirge und in den Flußtälern sind jederzeit umfangreiche Elementarkatastrophen möglich.

Bauliche und betriebliche Brandschutzmaßnahmen, Feuerschau und Versicherungswesen stehen in der Schweiz auf mindestens gleich hoher Stufe wie im benachbarten Österreich und Süddeutschland.

Und dies alles wird mit einem denkbar geringen Aufwand an Verwaltungsstellen und hauptamtlichen Aufsichtsorganen durchgeführt.

Bei den freiwilligen Feuerwehren der Schweiz herrscht auch heute eine straffe militärische Disziplin und eine sorgsame Pflege des Nachwuchses, so daß die bestehende Löschpflicht allgemein als Ehrenamt angesehen wird.

Frankreich - Feuerwehrregiment Paris

Mut — Aufopferung — Selbstentäußerung

Unter diesen Leitworten steht seit anderthalb Jahrhunderten das Denken und Handeln jedes französischen Feuerwehrmannes. Betritt man die Privatkanzlei des Kommandeurs vom Pariser Feuerwehrregiment, so fällt der Blick unwillkürlich auf das große Ölgemälde hinter dem Schreibtisch des Obersten:

„Tod des Oberstleutnants Froidevaux beim Fabrikbrand, Boulevard Charonne, 1883."

Versetzen wir uns in die „Stadt des Lichtes" an der Seine im vorigen Jahrhundert!

Im Erdgeschoß eines der hohen sechsstöckigen Häuser an den Außenboulevards ist das Erdgeschoß in Brand geraten. Rauch und Flammen versperren einer Familie in den oberen Stockwerken den Fluchtweg durch das Treppenhaus.

Die verzweifelten Hilfeschreie der vom Feuer Bedrängten aus den Fenstern vermischen sich mit dem Angstgebrüll der Volksmenge auf dem belebten Boulevard.

Kaum vermögen die beruhigenden Zurufe der Stadtsergeanten die vom Feuer Abgeschnittenen vom Sprung in die Tiefe abzuhalten.

Doch endlich ertönt der erlösende Ruf: „Les Pompiers, les Pompiers ..." und schon hört man auch den schneidenden Mißklang der primitiven Feuerwehrhupe.

Keuchend und in Schweiß gebadet, den vergoldeten Römerhelm auf dem Kopf, ziehen zwei junge Feuerwehrsoldaten im Laufschritt die schwere Abprotzspritze.

Von hinten schiebt der Korporal mit dem Spitzbart Napoleons III. als Wachthabender dieses einen unter über hundert kleiner Pariser Feuerwehrposten.

Ein Blick auf die aufgeregte Volksmenge und die verzweifelte Lage der Menschen, die aus schwindelnder Höhe um Hilfe schreien, genügt, und schon erteilt der Korporal ruhig wie auf dem Kasernenhof seine Befehle:

„Sapeur Nr. 1 mit mir — mit Hakenleiter in den fünften Stock!" Unbekümmert um Hitze, Rauch und Flammen schwingen sich Korporal und der erste Wehrmann über die leichte Klapphakenleiter von einem Stockwerk, von einem Fenster zum anderen.

An ihren Steigergurten befinden sich weder Karabiner- noch Schiebehaken, die ihr schweres Kletterwerk erleichtern könnten. Frei auf den Fensterbrettern stehend, müssen sie die Leiter zum oberen Stockwerk hinauf balancieren und wieder neu einhaken.

Glücklich bei den bedrängten Menschen angelangt, läßt sich der Korporal von seinem Gehilfen die erste Frau auf dem Rücken festbinden.

Ungeachtet des Zuschauergeschreies aus der grausigen Tiefe tritt er mit seiner schweren Last den Rückweg über die schwankende Hakenleiter nach unten an.

Im Fenster des vierten Stockwerks angelangt, muß er auf seinen Gehilfen warten, der mit einem schreienden Kind auf dem Arm die Leiter zu ihm herabsteigt.

Werden die beiden heldenmütigen Retter den weiteren Abstieg ohne Unfall überstehen?

Aber — wenn die Not am höchsten, ist die Hilfe am nächsten! Wieder ertönt die Blasebalgtrompete, und schon biegt die Spritze des benachbarten Feuerwehrpostens um die Straßenecke. Ohne sich weiter zu besinnen, dringt deren Korporal mit seinem Gehilfen in das brennende Treppenhaus vor. Einer der beiden draußen gebliebenen Wehrmänner leitet die Zuschauer beim Drücken der Spritze an.

Der andere Wehrmann organisiert mit dem Polizeisergeanten die Eimerkette zwischen Straßenbrunnen und Spritze.

Von innen wird das Treppenhaus mit dem genieteten Lederschlauch abgelöscht, aber die Rauchentwicklung wird immer stärker.

Nun trifft auch die Spritze der nächstgelegenen Feuerwehrkaserne ein, gefolgt von weiteren Mannschaften mit dem „Brandkarren“ und der zweirädrigen Wassertonne.

Ein Wink des Offiziers, ein Trompetensignal und schon wird an eine der beiden noch freien Spritzen der Luftschlauch für den Paulinschen Rauchschutzapparat angeschlossen.

Dieser — in den dreißiger Jahren vom damaligen Feuerwehrobersten Chevalier de Paulin erfunden — gleicht einem Küraß mit historischem Ritterhelm und Visier.

Während die Pumpmannschaften aus dem Publikum durch Feuerwehrsoldaten aus der Kaserne abgelöst werden, geht ein Korporal unter dem Schutz des Rauchhelmes mit dem Schlauch der dritten Spritze in die verqualmten Magazine und Gewölbe vor.

Von der Feuerwehrkaserne langt ein Fiaker an, dem zwei Sergeanten mit zwei Dutzend weiterer Feuereimer entsteigen, und wenn das Feuer nicht vor dieser „erdrückenden Übermacht“ kapilutiert, dann brennt es heute noch....

Die vorstehende Schilderung ist nicht etwa erfunden oder phantasievoll ausgeschmückt, sondern streng historisch. Denn bis zum Siebziger Krieg besaß das Pariser Feuerwehrregiment weder Feuertelegraphen noch direkten Hydrantenanschluß, weder bespannte Löschfahrzeuge noch Dampfspritze, mechanische Leiter oder dergleichen!

Um auf das eingangs erwähnte Gemälde im Büro des Kommandeurs zurückzukommen, so bringen auf diesem die anstürmenden Feuerwehrsoldaten ihre Spritze schreckerfüllt zum Halten.

Von seinem Adjutanten gestützt, liegt in der Toreinfahrt der brennenden Fabrik der Oberstleutnant leblos in seinem Blut. Ein herabstürzender Dachbalken hat ihn beim Eindringen in die Brandstelle zu Tode getroffen!

Im Pariser „Fahnenalmanach“, dem Jahrbuch der französischen Armee, heißt es um die Jahrhundertwende:

> „Pariser Feuerwehrregiment, Infanterieregiment ausschließlich für den Feuerschutz der Hauptstadt, dessen Bravour- und Rettungstaten sich nicht mehr zählen lassen.
>
> Organisiert als Bataillon 1812 unter Napoleon I., zum Regiment erklärt 1866 durch Kaiser Napoleon III.
>
> Das Regiment leistet Hilfe in die Umgebung von Paris und sogar bis in die Provinz.“

Für die Pariser des ersten und zweiten Kaiserreiches bedeutete die eingangs geschilderte Feuerwehrausrüstung schon einen ungeheueren Fortschritt gegenüber früheren Zeiten.

Als unter Ludwig XIV. die „Sorbonne“, die Pariser Universität, in Flammen aufging, besaß die französische Hauptstadt zwar in ihrer „Samaritaine“ bereits ein Wasserwerk, aber nicht eine einzige Feuerspritze!

An Stelle der ebenfalls nicht vorhandenen Bürgerfeuerwehr rückten die verschiedenen Mönchsorden an.

Barfuß und in härenen Kutten, ihre Kapuzen zum Schutz gegen Rauch und Hitze übergezogen, drangen die braven Mönche mit eisernen Wasserkübeln in die Brandstelle ein, bestiegen Feuerleitern und Dächer. Das war die „Feuerwehr der ersten Stadt der Welt“ bis 1699, wo endlich von Straßburg aus die erste „Schlangenspritze“ eintraf. Ein französischer Edelmann stellte deren weitere her und stellte sie nebst Bedienung der Hauptstadt und dem König zur Verfügung.

Diesem war aber auf die Dauer der Spaß zu teuer, so daß er schließlich den „Spritzenverleih“ in eigene Regie übernahm. Diese ältesten Pariser Feuerspritzen besaßen kein Fahrgestell, sondern wurden wie Rokoko-Sänften getragen.

Ihre Bedienungsmannschaft, die „Kgl. Spritzenwächter", war bereits uniformiert und deswegen galten sie zu Unrecht als älteste Berufsfeuerwehr der Welt (in Wirklichkeit bestand diese jedoch in Wien!). Die Spritzenwächter mußten im Kriege mit ihren Geräten den Kgl. Hof sogar ins Feld begleiten.

Aber als man Ludwig XVI. den Kopf abschlug, blieben die Spritzenwächter auch dann nicht nur bestehen, sondern der Revolutionsrat verstärkte sie sogar noch erheblich.

Zu jener Zeit kam auch die französische Bezeichnung für Feuerwehr, „Sapeurs-Pompiers", auf, deren jedes Regiment Nationalgarde eine Kompanie aufzustellen hatte.

Vorher hatten in der französischen Provinz die Gerichtsherren die Aufgabe gehabt, bei Bränden mit Stockhieben die Zivilbevölkerung zur Löschhilfe zu veranlassen.

Napoleon I. setzte das Pflichtfeuerwehrsystem der Nationalgarde endgültig durch.

Das Rieseninstitut der Pariser Spritzenwächter gefiel ihm dagegen gar nicht, besonders nachdem diese beim Brand der österreichischen Botschaft in Paris 1811 seiner Meinung nach völlig versagt hatten. So kam es zur Aufstellung des Pariser Feuerwehrbataillons und späteren Regimentes, für welches das technische Zeitalter allerdings erst nach 1871 beginnen sollte.

Die Pompierkorps in der Provinz waren inzwischen der Nationalgarde größtenteils entwachsen, behielten aber ihre militärische Organisation, Disziplin, Ausrüstung und Bewaffnung.

Für die Bataillone, Kompanien und ländlichen Subdivisionen der französischen Provinzfeuerwehren hat die Pariser Militärfeuerwehr anderthalb Jahrhunderte lang bis auf den heutigen Tag die ideale Pflanzschule gebildet.

Das Regiment der neunziger Jahre zeigt das im In- und Ausland bekanntgewordene Pariser Gemälde: „Die Opfer der Pflicht".

Zwischen brennenden Dächern, aufgerichteten fahrbaren Leitern und qualmenden Dampfspritzen sehen wir den Polizeipräfekten und „Monsieur le Maire", den Bürgermeister von Paris.

Den Zylinderhut in der Hand, haben sie soeben ihre Häupter ehrfürchtig vor den beiden beim Brande ums Leben gekommenen jungen Feuerwehrsoldaten entblößt, die ihnen der Regimentskommandeur in stolzer Trauer inmitten der Straße zeigt.

Der furchtbare Brand der Pariser Komischen Oper, dem 1887 über hundert Menschenleben zum Opfer fielen, hatte die technische Reorganisation des Regimentes endgültig herbeigeführt.

Frankreich, das klassische Land des Kraftwagens, half sein Pariser Feuerwehrregiment schon 1906 vollständig motorisieren und zwar gleich einheitlich mit Benzinautomobilen!

Im selben Jahre arbeiteten nach der schweren Grubenkatastrophe von Courrières in Nordfrankreich mit Druckluftgeräten versehene Pariser Pompiers und mit den neuen Draegerapparaten ausgerüstete Feuer- und Grubenwehrmänner aus Westfalen einmütig auf der Unglücksstelle zusammen.

Im ersten Weltkrieg hielt das Feuerwehrregiment bis zum letzten Augenblick in den brennenden Städten und Festungen des Frontgebietes aus.

Seit jener Zeit datiert auch der bedeutende technische Aufstieg der freiwilligen Feuerwehren in der französischen Provinz, deren Kommandanten und Chargen größtenteils aus dem Pariser Regiment hervorgingen.

Aus bescheidenen ständigen Feuerwachen der französischen Großstädte entstanden gleichzeitig tüchtige Berufswehren, u. a. in Lille, Reims, Calais, Nancy, Lyon,

Bordeaux und Marseille. Die letztere wurde allerdings nach dem unglückseligen Flächenbrand vom Herbst 1938 durch die Marinefeuerwehr des Kriegshafens Toulon ersetzt, welche noch heute Frankreichs größte Hafenstadt schützt. Im zweiten Weltkrieg stand die französische Hauptstadt nicht den fast unlösbaren Luftschutzproblemen gegenüber wie in fremden Großstädten:

Einmal fielen in Paris die Bomben erst gegen Kriegsende und vor allem hatte vom ersten Kriegstage an das Feuerwehrregiment den gesamten zivilen Luftschutz einschließlich Brand- und Gasschutz, Entgiftung, Sanitäts- und Instandsetzungsdienst in seine Hände unter planmäßige und einheitliche Leitung genommen. Die normale Friedensstärke des Regimentes war von 2 000 auf über 6 000 erhöht worden, womit allen Luftschutzanforderungen voll entsprochen werden konnte.

Und dabei hatten Jahrzehnte lang im Pariser Stadtparlament antimilitaristische Kreise gegen das Regiment Sturm gelaufen und seine Umwandlung in eine zivile Berufsfeuerwehr gefordert!

Heute besitzt nicht nur die französische Hauptstadt, sondern auch die gesamte Provinz eine einheitliche und festgefügte Katastrophenhilfs- und Luftschutzorganisation.

Ihr Schöpfer auf dem Gebiete des Brandschutzes war der verdiente General Pouderoux, früherer Kommandeur des Feuerwehrregimentes, während ihr jetziger feuerschutzmäßiger Betreuer der ebenfalls aus ihm hervorgegangene Oberst Maruelle ist.

Dieser leitet auch das ständige Büro des Internationalen Technischen Feuerwehr-Komitees (C.T.I.F.) in Paris und diese Organisation besteht seit der Pariser Feuerwehrausstellung 1929. Was sie seither für die Zusammenarbeit und Verständigung der Wehren im In- und Ausland geleistet hat, wäre einer besonderen Beschreibung würdig.

Die französische Feuerlöschgeräteindustrie kann denen anderer Kulturländer würdig zur Seite gestellt werden.

Die Kraftfahrzeug- und Feuerlöschgerätefirmen Renault, Citroen, Delahaye, Laffly, Bouillon Frères, Somua und viele andere genießen seit langen Jahren internationalen Ruf.

Seit hundert Jahren gibt es auch im Ausland und in Übersee französische Feuerwehren: Tunis, Algier und Marokko besitzen Pompierkorps von ältester Tradition, in denen Franzosen und eingeborene Mohammedaner einträchtig zusammenarbeiten.

In Port Said bestand Jahrzehnte lang eine gut ausgerüstete freiwillige Feuerwehr der französischen Suezkanalverwaltung.

In Französisch-Westafrika bildet seit langem die Hafenstadt Dakar den Mittelpunkt des dortigen Feuerlöschwesens.

Das so heiß umstrittene Französisch-Indochina hat wohlausgerüstete Eingeborenenfeuerwehren unter französischer Leitung, die angesichts der ständigen Unruhen und der verheerenden Flächenbrände in den leichtgebauten Tropensiedlungen keinen leichten Stand haben.

Jahrzehnte hindurch bestand auch in der französischen Konzession von Schanghai eine vorzügliche chinesische Berufsfeuerwehr unter französischer Leitung, ebenso wie in der Hafenstadt Tientsin eine gemischte französische freiwillige und Polizeifeuerwehr.

Auch die Hafenorte und Siedlungen des übrigen französischen Kolonialreiches weisen ein reichhaltiges und vielseitiges Feuerlöschwesen auf — fast stets nach dem Vorbild und unter Anleitung des Pariser Feuerwehrregimentes.

So wie bis 1870 und zwischen 1918 und 1940, sind auch die Berufs- und freiwilligen Feuerwehren Elsaß-Lothringens seit 1945 nun wieder französische Pompiers geworden.

Ihnen fällt die nicht immer leichte Aufgabe zu, zwischen den Wehren Inner-Frankreichs und des benachbarten Deutschland vermittelnd und ausgleichend zu wirken.

Der alte lateinische Wahlspruch „Fluctuat nec mergitur" ziert noch heute das Stadtwappen auf dem Helm jedes Pariser Feuerwehrmannes und die Bezeichnung „Pompierkorps" hat seit über hundert Jahren auch in deutschsprachigen Feuerwehrkreisen einen guten Klang.

Belgien

Als 1830 das Königreich Belgien begründet wurde, entstanden bald darauf freiwillige „Pompierkorps" nach französischem Vorbild, in den größeren Handels- und Industriestädten frühzeitig auch mit ständig besetzten „Permanenzposten". Aus diesen entwickelten sich nach und nach die heutigen Berufsfeuerwehren von Brüssel und Lüttich, Brügge und Antwerpen, Gent und Charleroi. Daneben entstanden kleinere ständige Feuerwachen in den Fabrikvororten der belgischen Hauptstadt sowie in bedeutenderen Industriegemeinden. In den übrigen Provinzstädten und auf dem Lande verblieb das Feuerlöschwesen bis heute auf freiwilliger Grundlage. Der Nationalverband belgischer Feuerwehren entwickelte alsbald eine ebenso rührige Tätigkeit wie der Fachverband, in dem sich späterhin die zahlreichen haupt- und nebenamtlichen Werkfeuerwehren des Landes zusammenschlossen. Außer dem amtlichen Fachorgan der öffentlichen Feuerwehren Belgiens entstand die im In- und Ausland vielbeachtete Zeitschrift der belgischen Werkfeuerwehren „Schützt unsere Fabriken!" In dem französischsprachigen Teil des Landes bildete von jeher Brüssel, in dem flämischen Teil dagegen die Hafenstadt Gent den technischen Mittelpunkt des belgischen Feuerwehrwesens. Die Doppelsprachigkeit des Landes führte unter anderem zu dem Kuriosum, daß in den flämischen Hafenstädten beim Betätigen eines öffentlichen Feuermelders auf dessen Transparent der Hinweis aufleuchtet:

„De Brandweer komt — les pompiers arrivent" (Feuerwehr auf dem Weg). Über den riesigen Flächenbrand, von dem 1910 die Brüsseler Weltausstellung heimgesucht wurde, sind seinerzeit auch bei uns sehr beachtliche fachtechnische Veröffentlichungen erschienen. Im ersten und zweiten Weltkrieg hatten unsere Besatzungstruppen jahrelang Gelegenheit, mit den belgischen Berufs-, freiwilligen und Werkfeuerwehren bei zahlreichen Katastrophen kameradschaftlich zusammenzuarbeiten.

Die technische Ausrüstung der belgischen Wehren berücksichtigt von jeher die Errungenschaften Frankreichs, Deutschlands, Englands und Italiens, deren Einrichtungen den örtlichen Verhältnissen in sinnreicher Weise angepaßt und durch eigene feuerwehrtechnische Erkenntnisse entsprechend ergänzt werden konnten.

Großbritannien

Seit hundert Jahren ist der englische Feuerwehrmann in fast allen Erdteilen zu Hause.

Der Brite ist nicht nur Kolonisator, sondern vor allem ein nüchterner Geschäftsmann.

Als ihm 1666 seine gesamte Hauptstadt zwischen Tower, Themse und St.-Pauls-Kathedrale rettungslos niederbrannte, begann für den Engländer die Neuzeit auch im Brandschutz. Früher als alle anderen Länder organisierte er damals private Feuerversicherungsgesellschaften, die aber für ihr Geld auch aktive Brandbekämpfung sehen wollten.

Da im damaligen England sich die Gemeinden ebenso wenig darüber einig waren wie auf dem europäischen Festland, ob sie nun endlich Löschmaschinen beschaffen sollten oder nicht, so schritten die englischen Feuerversicherer zur Tat. Sie ließen Feuerspritzen mit Wenderohr, seit 1672 auch mit Schlauch erbauen, und stationierten sie in Stadt und Land. Zu ihrer Bedienung stellten sie geeignete Leute gegen geringes Entgelt an, womit die „Feuerbrigade“ fertig war!

Bei wem im Brandfalle gelöscht werden sollte, der mußte sich erst bei der Gesellschaft versichern, welcher die Feuerspritze seines Wohnortes gehörte. Tat er dies nicht und brach bei ihm trotzdem Feuer aus, so hatte die Feuerbrigade nur diejenigen Häuser zu schützen, deren Eigentümer bei ihrer Gesellschaft versichert waren.

Daß dieses System teils zu untragbaren Härten, teils sogar zu unheilvollen Ortsbränden führte, liegt zwar klar auf der Hand, aber in der Mehrzahl der Fälle setzte es sich trotzdem durch. Größere Versicherungsnehmer wie Lordschaften und Fabrikbetriebe erhielten ohne weiteres von ihrer Anstalt eine Löschmaschine beigestellt, die sie durch ihr eigenes Personal bedienen ließen. So entstanden in England und Wales, Schottland und Irland die ersten Privatfeuerwehren auf herrschaftlicher oder industrieller Grundlage.

London selbst war bereits Anfang des 19. Jahrhunderts eine Millionenstadt mit Gasbeleuchtung und Wasserleitung, öffentlichen Verkehrsmitteln, Theatern und Industriebetrieben. Aber wenn Feuer ausbrach, war man auf die Gnade der nächsten Versicherungsbrigade oder die Spritze des zuständigen Kirchspielvogtes angewiesen.

Es bildete sich daher die „Kgl. Gesellschaft zur Rettung von Menschenleben aus Brandgefahr“, die in der Folgezeit auf den Straßen Londons über hundert Feuerleitern aufstellte. Wer sie im Brandfalle bediente, blieb allerdings zunächst noch eine weitere Frage...

Anfang der 30er Jahre holte man den Superintendenten der Edinburgher Versicherungsspritzen Braidwood nach London, um unter seiner Leitung die einzelnen Versicherungsbrigaden in einem einzigen „Londoner Feuerspritzen-Institut“ einheitlich zusammenzufassen. Diese Einrichtung bewährte sich u. a. beim Brand der Londoner Kgl. Börse 1838, obwohl die Löschmaschinen des Institutes noch von Hand gefahren werden mußten.

Nur die Spritzen der Kirchspielvögte erhielten privaten Vorspann, um jedoch erst mit stundenlanger Verspätung am Brandplatz einzutreffen.

Um 1840 baute die Firma Merryweather in Greenwich auch die erste fahrbare Feuerwehrleiter. Sie war eine zweirädrige Balanceleiter und hat den noch heute allgemein üblichen Aufprotzleitern für englische Löschfahrzeuge zum Vorbild gedient.

Wohin die britischen Kolonisatoren gelangten, nahmen sie außer Bibel, Kontobuch und Waffen stets von Anfang an auch den Versicherungsagenten und die Feuerspritze mit.

So standen zu jener Zeit bereits die Buren und Neger in Kapstadt wie auch die aus England importierten australischen Sträflinge in Melbourne an den Druckbäumen der englischen Versicherungsspritze. Im riesigen indischen Gebiet fanden die Briten trotz der dort herrschenden alten und hohen Kultur so gut wie keinerlei Löscheinrichtungen vor.

Umgekehrt kümmerten sich die Kanadier feuerwehrlich kaum um das englische Mutterland, sondern organisierten das Feuerlöschwesen nach dem Vorbild ihrer freien amerikanischen Landsleute jenseits der Niagarafälle.

1861 brannte es in der Londoner City trotz des Einsatzes der ersten Dampfspritze so fürchterlich, daß die Grafschaft einschritt und das Feuerspritzeninstitut in die „Metropolitan Fire-Brigade“ umwandelte.

Nunmehr erhielten die Spritzen Bespannung, die Wehrmänner ihre heutigen Römerhelme und die Rettungsleitern sachgemäße Bedienung. Im Gegensatz zu Nordamerika, wo sich Kaminkehrer niemals recht haben durchsetzen können, kannte England schon frühzeitig ein ziemlich ausgebreitetes Schornsteinfegerwesen („Chimneg Swepp“).

Allerdings litt dieses unter der Profitgier und Hartherzigkeit seiner Meister, die mit Vorliebe kleine Knaben als billigstes „Kehrgerät“ durch kaum besteigbare Schornsteine jagten. Erst durch eine Parlamentsakte der 70er Jahre ist diese Unsitte, die Leben und Gesundheit vieler armer Kinder auf dem Gewissen hatte, endgültig und gewaltsam abgeschafft worden!

1865 nahmen sich die englischen Feuerversicherer auch des darniederliegenden Brandschutzes in der Türkei an.

Private Feuerbrigaden entstanden zur selben Zeit in Smyrna, Alexandrien und Kairo. Sie erhielten später sogar Dampfspritzen und wurden schließlich in Ägypten vom Staat übernommen, in Smyrna 1924 von der Stadtverwaltung.

Inzwischen hatten die englischen Versicherungsgesellschaften auch eigene Bergungskorps ins Leben gerufen.

1842, als nach dem großen Brand von Hamburg auch das dortige „Retterkorps“ begründet wurde, entstand nach einem unheilvollen Flächenbrand das „Salvage Corps“ der Hafenstadt Liverpool. Ihm folgte bald auch in der britischen Hauptstadt eine ähnliche Einrichtung, und beide Korps haben sich seither stets aufs beste bewährt.

Seit 1870 entstanden in Großbritannien und Irland auch freiwillige Feuerwehren, die teilweise zu großer Blüte gelangten und bis zum zweiten Weltkrieg bestanden haben.

Zu der gleichen überragenden Bedeutung wie auf dem europäischen Festland sind die englischen FF. jedoch nicht gelangt. Bis zur Jahrhundertwende hatte man im mittelenglischen Industriegebiet bereits über 350 Dampfspritzen, davon allein über 80 für die Hauptstadt, beschafft.

Von letzteren mußten Ende der 90er Jahre über fünfzig ihre ganze Kraft anwenden, um anläßlich des großen Cripplegate-Brandes die Londoner City vor gänzlicher Zerstörung zu bewahren.

Über hundert fünfstöckige Geschäfts-, Büro- und Wohnhäuser gingen damals inmitten des Stadtzentrums in Flammen auf! Gegen Ende der Regierungszeit Königin Viktorias gab es englische Feuerbrigaden auf Berufs-, freiwilliger oder privater Versicherungsbasis in allen größeren Orten des britischen Imperiums mit Einschluß von Neuseeland und Hinterindien. Englische Dampfspritzen befanden sich sogar in Delhi, im burmesischen Madalay und im fernen Shanghai. London und Liverpool hatten damals bereits Automobildampfspritzen.

Im ersten Weltkrieg, als die nächtlichen Zeppelin-Einflüge nach England begannen, waren dessen größere Feuerwehren bereits einheitlich mit Benzinautomobilen ausgerüstet:

Autogasspritze mit aufgeprotzter Zweiradleiter für den ersten Angriff, schwere Kraftfahrspritze mit B-Schläuchen für den Hauptangriff und Drehleiter deutscher Herkunft für Rettungszwecke sowie für den Außenangriff bei Totalbränden.

Auch heute wird bei jedem Großbrand die Drehleiter mit der Spitze über das Dach des Brandobjektes gerichtet, um dieses gleichzeitig mit dem Innenangriff von oben her zu ersäufen. Der Kampf gegen Löschwasserschäden obliegt hierbei in London und Liverpool den privaten Bergungskorps der Feuerversicherer. Diese rücken mit ihren eigenen Berufsfeuerwehrmännern und ihren motorisierten Bergungsfahrzeugen zu jedem Brand mit aus, um die Brandstelle schnellstens auszuräumen und ihren unbeweglichen Inhalt mit wasserdichten Planen abzudecken.

Dieses provisorische Abdecken geschieht auch mit den bei Bränden beschädigten Dächern und sonstigen Gebäudeteilen.

Bei Fabrikbränden beschädigte Maschinen werden gereinigt und entrostet, Textilien und sonstige empfindliche Lagergüter sortiert, in Sicherheit gebracht und getrocknet.

Aus den Kellern der Brandstellen wird das Löschwasser gepumpt, einsturzdrohende Bauteile werden fachgemäß umgelegt, die Brandwache übernommen und schließlich die Brandstelle „besenrein“ dem Besitzer übergeben.

Das Bergungskorps veranstaltet auch nachts und sonntags Feuerstreifen in Fabriken, Speichern, Hafenlagerhäusern und öffentlichen Gebäuden. Sprinklereinrichtungen und selbsttätige Feuermelder werden vom Bergungskorps laufend überprüft und instandgehalten.

Den Prüfungsberichten des Bergungskorps entsprechend erhöhen oder senken die beteiligten Versicherungsgesellschaften ihre Prämien für die untersuchten Gebäude und Betriebe.

Die englischen Bergungskorps unterstehen Feuerwehroffizieren allerersten Ranges und genießen in der Öffentlichkeit höchstes Ansehen. Im Laufe der Zeit war die Londoner Feuerbrigade aus den Händen der Feuerversicherer in die des Grafschaftsrates übergegangen. Diese Entwicklung haben auch alle übrigen Wehren Großbritanniens inzwischen durchgemacht, nachdem sie während des letzten Krieges im Rahmen der zivilen Verteidigung verstaatlicht gewesen waren. England, Wales, Schottland und Nordirland kennen daher heute nur mehr das System der hauptamtlichen Grafschaftsfeuerwehr.

Sie wird zwar von den Gemeinden unterhalten, untersteht jedoch taktisch und verwaltungsmäßig dem Rat der betreffenden Grafschaft. Chefoffizier und Distriktsoffiziere haben zwar wie die einzelnen Stationsoffiziere meist von der Pike auf gedient, danach bzw. zwischendurch jedoch das staatliche „Fire College" absolviert. Dort erhalten sie das Prädikat „Feuerwehringenieur", so daß sie Praxis und Theorie sinnreich zu vereinigen vermögen.

Die englischen Feuerwehroffiziere erhalten laufend gutbezahlte leitende Stellungen bei den Berufswehren des gesamten heutigen „British Commonwealth" mit Ausnahme von Kanada und Australien, die ihren Bedarf aus eigenem Nachwuchs zu decken pflegen.

Mit Ausnahme der zahlreichen privaten Werkfeuerwehren besteht im englischen Mutterland heute so gut wie keine selbständige Berufs- oder freiwillige Wehr mehr.

Auch in den rein ländlichen Bezirken unterhalten die Grafschaftsfeuerwehren ständig besetzte Feuerwachen, denen allenfalls eine nebenamtliche Reserve aus früheren FF.- bzw. Luftschutzangehörigen zur Verfügung steht.

Das britische Innenministerium unterhält ein staatliches Feuerwehrinspektorat und ein Forschungsinstitut für wissenschaftliche Brandschutztechnik, das internationalen Ruf genießt.

Die endgültige Verstaatlichung der englischen Gesamtfeuerwehr, nach dem Vorbild Italiens, dürfte nur noch eine Frage der Zeit sein.

Um so reichhaltiger und vielseitiger erscheint die Feuerwehrorganisation in Übersee:

Rein staatliche Gesamtfeuerwehr in Pakistan, städtische Berufswehren in Indien, Süd- und Ostafrika, neben starken Berufs- zahllose freiwillige Wehren in Australien und Neuseeland.

Die britische Zivilluftfahrt unterhält private Flugplatzfeuerwachen in fast allen Teilen der Erde.

Auch kleine britische Stützpunkte wie Gibraltar, Malta, Cypern oder Aden besitzen ihre gut ausgerüstete städtische oder staatliche Feuerwache — von den großen Stützpunkten in Singapur, Malaya und Hongkong gar nicht zu reden!

In Großbritannien und dem früheren britischen Weltreich ist der Unfallrettungsdienst und Krankentransport den meisten Berufswehren von jeher angegliedert, so daß diese auch überall das „Mädchen für alles" spielen.

Darum ist auch nach diesem Kriege in der britischen Besatzungszone Deutschlands der Krankentransport den Feuerwehren erneut wieder angegliedert worden, nachdem die Besatzungsmacht dies von ihrer eigenen Heimat her nicht anders gewohnt war.

Italien

„I Vigili del Fuoco — die Wächter des Feuers“ nennt sich heute stolz die staatliche Berufsfeuerwehr ganz Italiens nach ihren antiken Vorläufern, der „Cohors Vigilum — Kohorte der Wächter“ im alten Rom.

Kaiser Augustus hatte diese sechstausend Mann starke Wachtruppe ins Leben gerufen.

Sie war auf die vierzehn Regionen des kaiserlichen Rom gleichmäßig verteilt und hatte in jedem Stadtviertel ihr „Excubitorium“ als ständig besetzte Feuerwache.

Sogar die Hafenstadt Ostia àn der Tibermündung hatte eine Kaserne der Vigiles und einen Teil dieser Wachen hat man in den letzten hundert Jahren ausgegraben.

Die hierbei wieder ans Tageslicht geförderten reichhaltigen Inschriften unterrichten uns über das Löschwesen im alten Rom. An der Spitze der Wachtruppe stand der „Präfectus Vigilum“ im Generalsrang.

Offiziere und Mannschaften bestanden aus Freigelassenen, was einen gewaltigen Fortschritt gegenüber den privaten Sklavenfeuerwehren der vorkaiserlichen Zeit bedeutete.

Die Kohorte war wie die römischen Legionen militärisch organisiert, uniformiert und bewaffnet.

Ihre Hauptaufgabe bestand im Aufrechterhalten der Ordnung innerhalb der Hauptstadt bei Tage wie bei Nacht.

Neben diesen polizeilichen Funktionen lag der Kohorte der gesamte Brandschutz der antiken Millionenstadt ob.

Diese bildete bis zum großen Brand unter Kaiser Nero im Jahre 64 n. Chr. ein unabsehbares Gewirr schmaler Gassen, an denen die berüchtigten „Insulae“, auf Spekulation errichtete Schwindelbauten bis zu sieben Stock Höhe, lagen. Auch die Paläste der Reichen waren baufällig und wenig feuersicher.

Täglich brach in den Massenquartieren Feuer aus und auch die vornehmen Römer lebten in ständiger Angst vor Erdbeben, Brandgefahr und Hauseinsturz.

Im „Gastmahl des Trimalchio“ von Petronius Arbiter, einem Zeitgenossen Kaiser Neros, wird ein blinder Feueralarm im alten Rom anschaulich geschildert.

Durch das Gebrüll und Getobe der vornehmen Zecher entsteht blinder Feuerlärm, so daß schließlich die „Vigiles“ das Tor des Palastes aufbrechen und Wasser hineinspritzen.

Aber womit spritzten die alten Römer eigentlich? Ihre Überlandwasserleitungen, die aus dem Albanergebirge Millionen von Kubikmetern unter natürlichem Druck dem Stadtgebiet zuführten, speisten nur die öffentlichen Bäder, Fontänen und Straßenbrunnen. Im Altertum war niemand darauf gekommen, den Druck dieser Leitungen, deren hohe Aquädukte noch heute zu sehen sind, zum direkten Wassergeben auf das Brandobjekt auszunutzen. Im Brandfalle mußten daher vom nächsten Rohrbrunnen aus mit Amphoren, den antiken Tonkrügen, eine Kette gebildet und von zweirädrigen Sturmfässern Wasser gefahren werden. Vor der Brandstelle selbst stand die primitive tragbare Feuerspritze, wie man sie zu unserer Zeit bei Ausgrabungen in Metz sowie an einer weiteren Stelle des früheren römischen Weltreiches noch zum Teil gut erhalten gefunden hat.

Diese antiken „Siphones“ stammten aus dem helenistischen Alexandrien in Ägypten, wo der Arzt und Physiker Ktesibios um 250 v. Chr. die Druckpumpe erfunden hatte.

Hundert Jahre später lehrte Heron von Alexandrien im dortigen Serapistempel, der zu einer Art „Technischer Hochschule“ des Altertums geworden war.

Dieser nicht nur wissenschaftlich, sondern auch sehr praktisch begabte Gelehrte setzte zwei der Druckpumpen seines Vorgängers Ktesibios in einen gemeinsamen Wasserkasten.

Dazu erfand er die Druckstange, den „Heronsball" als Windkessel und das Wendestrahlrohr, wodurch die Siphones das gleiche Aussehen erhielten wie etwa die Feuerspritze des Nürnberger Zirkelschmiedes Hans Hautsch ums Jahr 1650.

Vitruv, ein bekannter technischer Schriftsteller der römischen Kaiserzeit, hat nicht nur die Siphones sehr anschaulich beschrieben, sondern auch das kleine Löschgerät der Militärfeuerwehr in den Standlagern der römischen Legionen.

Dieses bestand aus zusammengenähten und gegerbten Tierhäuten und wurde beim Gebrauch zusammengepreßt, um das darin befindliche Wasser durch ein Mundstück zu verspritzen.

Daneben führten die römischen Legionen auch Siphones mit, was aus der Bezeichnung „Siphonarius = Spritzenmeister" für den Kommandanten der Lagerfeuerwehr wie auch aus den Metzer Ausgrabungen hervorgeht.

Die „durchschlagende Wirkung" dieser kleinen Wenderohrspritzen angesichts lichterloh brennender vielstöckiger Mietshäuser vermag man sich unschwer auszumalen.

Die Vigiles führten daher außer Einreißhaken und Brechwerkzeug auch riesige Lappendecken als „Brandsegel" mit, um diese mit Wasser getränkt zum Schutz gegen Funkenflug und strahlende Hitze über Hausdächer und hölzerne Bauteile zu breiten.

Wenn man schon nicht bis zum Dach der Paläste und hohen Zinshäuser zu spritzen vermochte, so konnten die Vigiles auch die höheren Gebäude wenigstens von außen besteigen.

Hierzu diente schon damals die „Scala Romana", aus der im modernen Italien die „Scala Italiana" und vor hundert Jahren unsere bekannte Steckleiter entstand.

Während die Siphones wenigstens im Abendland während der Stürme der Völkerwanderung wieder vorzeitig der Vergessenheit anheimfielen, blieb die römische Steckleiter das ganze Mittelalter hindurch als Belagerungsgerät erhalten.

Die Vigiles hielten auf Wache und Brandstelle stramme Disziplin, übten nach den Trompetensignalen ihrer Hornisten und sorgten bei Volksaufständen und Elementarkatastrophen für Notbeleuchtung auf Straßen und öffentlichen Plätzen.

Vom Stadtbrand 64 n. Chr., dem über zwei Drittel der Hauptstadt zum Opfer fielen, ist überliefert, daß er ohne Neros „aktive Mitwirkung" von den Vigiles ursprünglich hätte lokalisiert werden können.

Nachdem man die Feuerwehr jedoch daran gehindert hatte, den damals noch hölzernen Riesenbau des Circus Maximus zu retten, griff das Feuer nach allen Seiten weiter um sich.

Von einem der schwachsinnigen römischen Schattenkaiser heißt es in der antiken Chronik:

> „Er machte sein Pferd zum Konsul und einen Sklaven zum Präfekten der Vigiles".

Diese Maßnahme bedeutete bereits den Anfang vom Niedergang, denn die Angehörigen der Feuerwehr waren bis dahin stolz auf ihren Freigelassenenstand gewesen.

Von Zivilfeuerwehren im römischen Weltreich ist uns lediglich überliefert, daß nach dem großen Brande von Nicomedia am heutigen Golf von Izmit dort sämtliche Bauhandwerker zum Löschdienst verpflichtet wurden.

Bald darauf wurde Byzanz Hauptstadt des oströmischen Reiches unter der Bezeichnung „Constantinopolis".

Daß dort noch im späteren Mittelalter antike Feuerspritzen existiert haben müssen, geht aus dem tausend Jahre langen Gebrauch des „Griechischen Feuers" hervor.

Aus Baku am Kaspischen Meer herbeigeschafftes Naphta wurde durch Rohrleitungen den Feinden entgegen gepumpt und brennend mittels antiker „Flammenwerfer“ den anstürmenden Feinden entgegen geschleudert.

Überhaupt hatten sich im Fernen Orient die wissenschaftlichen und technischen Errungenschaften aus dem Alexandrinischen „Serapeion“ besser länger erhalten als im christlichen Abendland, dessen Religion alle Naturwissenschaft und Technik lange Zeit als „Teufelswerk“ verbannte.

Das ewige Rom selbst sank nach der Völkerwanderung vom Niveau der Weltstadt zu einem elenden und verwahrlosten Provinznest herab, während im Osten das byzantinische Konstantinopel um so prächtiger aufblühte.

1672 stießen die Brüder van der Heyde in Amsterdam, die Erfinder der Druckschläuche, beim Studium des römischen Schriftstellers Vitruv auch auf die Beschreibung des antiken „Heronsballes“, nach dem sie ihren neuen Windkessel konstruierten. Eines der ersten auswärtigen Institute, das sich die neuerfundene holländische „Schlagenspritze“ zunutze machte, war das Marinearsenal der Republik Venedig.

Die hohen Adelspaläste dieser Lagunenstadt waren zu jener Zeit noch recht feuergefährdet und wurden zudem noch durch häufige Schiffsbrände auf den hölzernen Galeeren der Republik ernstlich bedroht.

Von Venedig aus gelangten die neuen Spritzen alsbald auch nach der langsam wieder aufblühenden Hauptstadt des Kirchenstaates. Die Ursprünge der dort noch heute bestehenden „Vatikanischen Pompieri“ gehen daher schon auf jene Zeit zurück.

Bereits um 1800 wurde die päpstliche Feuerwache uniformiert und wie das Pariser Feuerwehrbattaillon mit vergoldeten antiken Römerhelmen versehen.

Zur selben Zeit gingen die aufstrebenden Handelsstädte Italiens daran, ihre städtischen Regiearbeiter zu kasernieren und als „Civici Pompieri“ der Aufsicht des Stadtbauingenieurs zu unterstellen.

So entstanden schon zu Anfang des 19. Jahrhunderts die späteren Berufsfeuerwehren Rom und Neapel, Florenz und Bologna, Genua und Turin, Mailand und Triest.

In Venedig ging bald darauf der Löschdienst an die Munizipalgarde über, deren Spritzen durch die Kanäle der Stadt auf Gondeln befördert wurden.

Als 1870 das Königreich Italien gegründet wurde, erhielt eine der venezianischen Feuerwehrgondeln auch die erste italienische Dampfspritze.

Dieser folgte später noch eine zweite „Gondeldampfspritze“, während die Hafenstadt Genua vor dem ersten Weltkrieg einen Riesenlöschdampfer in Dienst stellte.

Landdampfspritzen befanden sich damals u. a. bei den Wehren von Rom, Neapel, Florenz, Bologna, Mailand und Turin — in letzterer Stadt bereits auf einem motorisierten „Sattelschlepper“. Sonst bildeten Abprotzspritze, „Carro Attrezi“ mit den Steckleitern und die Mailänder Leiter von Porta die allgemeine Feuerwehrausrüstung.

Die vierrädrige Portasche Leiter mußte nach oben hin durch Zusammenstecken verlängert werden, und sogar die Berliner Feuerwehr hat sich in den 80er Jahren längere Zeit versuchsweise mit einem derartigen Ungetüm herumgeplagt!

1910 erhielt Mailand bereits die erste Benzinautomobilspritze aus den Turiner Fiat-Werken.

Zwischen den beiden Weltkriegen stand das städtische Feuerlöschwesen der italienischen Industriezentren wie auch der Hauptstadt selbst auf hoher Stufe.

In Norditalien gab es daneben ausgezeichnete freiwillige Feuerwehren, deren interessanteste im Mailänder Vorort Carate-Brianza sowie bei den bekannten Pirelli-Gummiwerken bestanden. Unter dem Einfluß italienischer Amerikarückkehrer hatten sich diese beiden Wehren nämlich vollkommen nach nordamerikanischem Vorbild organisiert, uniformiert und ausgerüstet.

Fiat-Turin und Tamini-Milano unterstützten diese Bestrebungen, so daß bis zum letzten Krieg ein erheblicher Teil der italienischen Löschfahrzeuge amerikanische Merkmale angenommen hatte. Ein paar freiwillige Wehren gab es dazu noch im Bergland Mittelitaliens, aber südlich davon wurde es mit Ausnahme der wenigen Großstädte feuerwehrlich — Nacht...

Dörfer und Landstädte Süditaliens und Siziliens entbehrten überhaupt jeden Brandschutz, während in größeren Orten die Minizipalgarde ein paar elende Handpumpen besaß.

Im Brandfalle verließ man sich dort hauptsächlich auf die Kraftspritzen von den Stützpunkten der italienischen Kriegsmarine. Dagegen haben in den 20er Jahren die Spezialfabriken Norditaliens fast die gesamte Feuerwehr der neuen Türkei mit modernen Fahrzeugen, Geräten und persönlicher Ausrüstung versehen.

Italienische „Pompieri“ bestanden auch im nordafrikanischen Tripolis und Bengasi wie auch in der Kolonie Eritrea.

Als 1936 der Krieg gegen Abessinien begann, verfügte dessen Hauptstadt Adis Abeba lediglich über eine deutsche Tragkraftspritze nebst ein paar Wasserfässern.

Die erobernden Italiener nahmen gleich ein Feuerwehrauto mit Vorbaupumpe nach Adis Abeba mit, welches nach Vertreibung der italienischen Truppen der Negus später in eigene Regie übernahm. Haile Selassie war mit dessen Leistungen so zufrieden, daß die Feuerwehr seiner Hauptstadt noch heute eine halb italienische Einrichtung ist.

Im italienischen Mutterlande erfolgte die Verstaatlichung des gesamten Feuerwehrbetriebes im Rahmen der zivilen Verteidigung. Seither hat jede Provinz ihre staatliche Feuerwehrkompanie unter zentraler Leitung durch den Generalinspekteur der „Vigili del Fuoco“ in Rom.

Dort befindet sich auch die staatliche Feuerwehrschule, die eine ganze kleine Stadt für sich bildet und wohl die umfangreichste der Welt sein dürfte.

Alles, was eine jahrhundertelange Entwicklung in Europa und der rasche technische Aufschwung der Neuen Welt dem internationalen Brandschutz beschert haben, wird auf der italienischen Feuerwehrschule gelehrt.

Von jeher sind die Feuerwehren Italiens, wo infolge der massiven Bauweise die Brandgefahren meist nicht allzu ausgedehnt sind, auch Meister in allen technischen Hilfsdiensten und Pionierarbeiten.

Inmitten der einsturzdrohenden antiken Ruinen und der baufälligen mittelalterlichen Palazzi haben sie das Absteifen und Niederreißen von Gebäuden frühzeitig erlernen müssen. Die Erdbeben der letzten Jahrzehnte haben ihre Erfahrungen in der Katastrophenhilfe noch wesentlich vermehrt.

Auch ist das italienische Verkehrswesen seit langem stark ausgebaut und äußerst lebhaft, so daß die Wehren frühzeitig Unfallhilfe und Beseitigung von Verkehrshindernissen mit übernehmen mußten.

Außer im letzten Kriege hat die staatliche Feuerwehr Italiens eine ihrer schwersten Bewährungsproben anläßlich des furchtbaren Hochwassers in der norditalienischen Po-Ebene ablegen müssen. Besonders hierbei hat sich die staatliche Zusammenfassung und Vereinheitlichung des gesamten Lösch- und Rettungsdienstes in jeder Weise bestens bewährt und das Korps der „Vigili“ allgemeine Anerkennung gefunden.

Spanien - Portugal

„Cuerpo Bomberos“ (Pompierkorps) nennen sich die spanischen Feuerwehren, deren größte und älteste schon bald nach 1840 in der Hauptstadt Madrid als Berufswehr begründet wurde.

Während der darauf folgenden hundert Jahre entstanden reguläre Berufsfeuerwehren und kleinere städtische Feuerwachen in sage und schreibe nur vierzig Städten des Landes.

Aber Spanien war arm und bei der vorherrschenden Stein- oder Lehmbauweise konnte ebenso wenig brennen wie etwa in Mittel- und Süditalien.

Unter den bekannteren spanischen Wehren befanden sich die von Barcelona und Santander, Bilbao und Sevilla.

Diese wie die Feuerwehr von Madrid verfügten frühzeitig auch über Dampfspritzen, während die erste deutsche Kraftfahrspritze von Bilbao beschafft wurde und zwar von Daimler-Benz.

Während Madrid Tanklöschfahrzeuge französischer Herkunft bevorzugte, erhielt die Feuerwehr Barcelona schon vor über zwei Jahrzehnten eine Anzahl hochmoderner Magirus-Motorlöschzüge.

Außer Tanklöschfahrzeugen, Kraftfahrspritzen mit zweirädriger Aufprotzleiter und Mannschaftsautos führten die deutschen Löschzüge für Barcelona auch Drehleitern und einholmige Hakenleitern mit. Um 1930 fanden bei den spanischen Wehren auch deutsche Atemschutzgeräte Eingang und erfolgreiche Verbreitung.

Kurz vorher hatte der denkwürdige Brand des „Teatro de Novedadas“ in Madrid vom Jahre 1928 auch zu einem Besuch des Berliner Oberbranddirektors in der spanischen Hauptstadt geführt.

Diese Brandkatastrophe ereignete sich während der Vorstellung und führte zu einer Panik, der über hundert Menschenleben zum Opfer fielen.

Bei diesem Brande wie auch bei denen des Spanischen Bürgerkrieges mußte die Madrider Feuerwehr ihre schweren Kraftspritzen aus zusammenlegbaren Segeltuchbehältern speisen.

Diese erhielten ihren Zufluß durch eine Anzahl kleinkalibriger Zubringerschläuche von den äußerst schwachen Straßenhydranten. Der Bürgerkrieg von 1936 stellte überhaupt an die Wehren im ganzen Lande enorme Anforderungen, deren Erfahrungen dann im zweiten Weltkrieg teilweise für den internationalen Luftschutz verwertet werden konnten.

Auch der unheilvolle Flächenbrand, von dem kurz vor Kriegsausbruch die Hafenstadt Santander heimgesucht wurde, fand entsprechende Beachtung und fachliche Auswertung auch außerhalb Spaniens.

„Corpo Bombeiros“ heißen die Feuerwehren im benachbarten Portugal. Dort hatte man infolge stärkerer internationaler Wirtschaftsbeziehungen und eigener kolonialer Einkünfte von Anfang an etwas reichlichere Mittel auch für Brandschutzzwecke zur Verfügung. Die Berufsfeuerwehren der beiden Großstädte Lissabon und Oporto konnten daher schon frühzeitig zu Musterinstituten ausgebaut werden. Die Feuerwehr der Hauptstadt trat schon nach 1930 in unseren Gesichtskreis, als sie zu jener Zeit einheitlich und in großzügigster Weise mit motorisierten Löschfahrzeugen deutscher Herkunft ausgerüstet wurde.

Und dies, obwohl auch Lissabon sonst vorwiegend das Pariser Vorbild nachzuahmen trachtete.

Dies galt für die lederne Schutzkleidung der portugiesischen Wehrmänner ebenso wie für die kleinen und leichten Tanklöschfahrzeuge nach Art der Pariser „Erste-Hilfe-Wagen“.

Schon vor der Jahrhundertwende entsand der Nationalverband portugiesischer Feuerwehren, denn im Gegensatz zu Spanien gelangte in Portugal das freiwillige Feuerwehrwesen beizeiten zu hohem Ansehen und bemerkenswerter Blüte.

Diese feuerwehrliche Betätigung dehnte sich vom Mutterland auch auf die portugiesischen Besitzungen in Übersee aus.

Auch dort bevorzugten die Wehren alsbald Löschfahrzeuge und Kraftspritzen aus deutschen Fabriken.

In Uniform und Ausrüstung, Dienstreglement und Ausbildung haben die Wehren des portugiesischen Mutterlandes auch nach der endgültigen Abtrennung von Brasilien dessen Feuerlöschwesen bis heute aufs stärkste beeinflußt.

Nur in organisatorischer Hinsicht ging letzteres vielfach seinen eigenen Weg — nicht zuletzt auf Grund nordamerikanischer Einflüsse. Trotz ähnlicher klimatischer Bedingungen und kultureller Voraussetzungen wie im benachbarten Spanien ist Portugal im Gegensatz zu diesem ein Land ausgesprochen feuerwehrlicher Rührigkeit. Spanien hat eben zu lange Not leiden und zu schwere Schicksale über sich ergehen lassen müssen, als daß seine Bevölkerung dem Feuerwehrgedanken besonderes Interesse hätte entgegen bringen können.

In dieser Hinsicht lassen sich seine feuerwehrlichen Verhältnisse und die Entstehung seines Brandschutzes unschwer mit dem ebenso armen und stets geplagten Griechenland vergleichen.

Das Nachbarland Portugal dagegen weist gewissen Wohlstand und eine allgemeine Beschwingtheit auf, die letzten Endes auch dem Feuerwehrgedanken direkt oder indirekt zugute kommt.

Tschechoslowakei - Ungarn

Die früheren Feuerwehrverbände dieses Gebietes mit deutschen, tschechischer und slowakischer Amtssprache sind bereits im Kapitel „Aus dem alten und neuen Österreich" erwähnt und behandelt worden. Auch die tschechische Nation war von jeher im Feuerwehrwesen rührig und bestrebt, früher im Rahmen der alten Donaumonarchie und später unter der eigenen Republik den Brandschutz in jeder Weise zu pflegen.

Langjähriger Präsident des Tschechoslowakischen Feuerwehrverbandes war der Oberlehrer Seidl in Nachod.

Er hielt auch mit den deutschen Feuerwehrverbänden der Republik ständige Verbindung, deren führende Persönlichkeiten wie Feuerwehrinspektor Staudt und Ingenieur Schlechta in Prag sowie vor allem die Kommerzialräte Czermak in Teplitz und Mattoni in Karlsbad für immer in die Geschichte des Feuerwehrwesens eingegangen sind. Reorganisator der Prager Gesamtfeuerwehr war nach dem ersten Weltkrieg der städtische Oberbaurat und Branddirektor Uher.

Seiner und der Initiative des Präsidenten Seidl war auch die Abhaltung der Allslawischen Feuerwehrkongresse zu verdanken, die vor dem letzten Kriege in Prag abgehalten wurden.

Beide Männer waren seit 1929 auch an der Gründung des Internationalen Feuerwehrkomitees in Paris eifrig und maßgebend beteiligt. Neben der deutschen Turnerfeuerwehr in Brünn mit ihrem unvergeßlichen Kommandanten Rohrer entwickelte sich auch die dortige Berufsfeuerwehr zu einem beachtlichen Institut, dessen neue Hauptfeuerwache neben der von Zürich vor dem letzten Kriege zu den größten und modernsten Feuerwehrdienstgebäuden der Welt zählte.

Brünn war auch der Sitz des Professor Pobuda, dessen langjährigem Wirken das deutsche Feuerwehrschulwesen der Republik besonders viel zu verdanken hatte.

In Nordmähren war bis zu diesem Zeitpunkt die Bergbau- und Industriestadt Mährisch-Ostrau außer Rotterdam die einzige europäische Großstadt mit rein freiwilliger Feuerwehr.

An dreißig deutsche und tschechische Feuerwehrvereine sowie Werkfeuerwehren versahen dort den Feuerlöschdienst gemeinsam; in städtischen Händen befand sich nur die Feuermelde- und Alarmzentrale. Als bedeutendste Werkfeuerwehren der Republik galten die deutsche freiwillige Feuerwehr des Witkowitzer Eisenwerkes in Mährisch-Ostrau und die tschechische freiwillige Feuerwehr der Bata-Schuhwerke im mährischen Zlin.

Über ihre Einrichtungen könnte ein eigenes Buch verfaßt werden! In der Slowakei entstand neben der deutschen freiwilligen Feuerwehr Preßburg die dortige äußerst rührige Berufsfeuerwehr Bratislava.

Weitere Berufswehren waren nur in Pilsen und Budweis vorhanden, dazu bei der deutschen freiwilligen Feuerwehr Reichenberg eine ständige Feuerwache. In Böhmen und Mähren, der Slowakei und in Karpatho-Rußland entfalteten die freiwilligen Feuerwehren aller Nationalitäten jahrzehntelang eine besondere Rührigkeit, wobei sie eifrige Beziehungen zu den Wehren der westlichen Nachbarländer pflegten.

Der bis zum letzten Krieg erreichte Hochstand des Feuerwehrwesens in diesen Gebieten bildet die Grundlage für den heutigen Aufbau des gesamten Brandschutzwesens in der Tschechoslowakischen Republik.

Das Nachbarland Ungarn hat schon vor dem letzten Kriege sein gesamtes Feuerwehrwesen restlos vereinheitlicht.

Beim Innenministerium in Budapest wurde ein staatliches Feuerwehrinspektorat geschaffen, dem die Feuerwehrinspektoren der einzelnen Komitate unterstehen.

Die früheren Kgl. Freistädte, die Hauptorte der Komitate und die wichtigsten Industriegemeinden hatten eigene Berufsfeuerwehren aufzustellen, deren Ausbildung und Ausrüstung nach einheitlichen Richtlinien erfolgte.

Den Berufswehren der Komitatshauptorte wurde auch der Krankentransport und der Unfallrettungsdienst unter Aufsicht der Budapester Rettungsgesellschaft einheitlich angegliedert.

Löschfahrzeuge, besonders die berühmten „Niagaraspritzen“ und die ersten Versuchsfahrzeuge für das Trockenlöschverfahren, wurden schon frühzeitig in der ungarischen Hauptstadt selbst hergestellt. Für die Provinz und das flache Land erließ die Regierung einheitliche Feuerpolizei- und Feuerlöschordnungen, deren Anweisungen im ganzen Lande streng beachtet werden müssen.

Die freiwilligen und Pflichtfeuerwehren sind ebenso einheitlich organisiert, militärisch diszipliniert und bestens ausgerüstet. Weibliche und Jugendfeuerwehrabteilungen sorgen ständig für ausreichenden Nachwuchs bei den Wehren in Stadt und Land, in Anstalten und Industriewerken.

Ungarn war in Europa das erste Land, das den Feuerlöschdienst frühzeitig restlos vereinheitlichte und unter unmittelbare staatliche Aufsicht stellte.

Diese Entwicklung wurde auch im Ausland lebhaft beachtet und in der Folgezeit in verschiedenen Ländern nachgeahmt.

Nach dem ersten und zweiten Weltkrieg sind Tausende ungarischer Wehrmänner Angehörige fremder Staaten geworden und seither auch dort bestrebt, im Interesse der Allgemeinheit ihr bestes zu leisten.

Griechenland

Bis zum Ende des vorigen Jahrhunderts galt das arme Griechenland als das „Land ohne Eisenbahnen“ und bis nach dem ersten Weltkrieg auch als das ohne Feuerwehr!

Zwar bestand seit den 80er Jahren eine militärische Feuerwehrkompanie mit Kaserne beim Kgl. Schloß in Athen und Nebenwachen im Hafen Piräus wie auch in Patras, dem Hauptort des Peloponnes.

Athen und Piräus verfügten über je eine englische, Patras über eine kleine deutsche Dampfspritze.

Trotzdem mußte 1908 beim Brand des Athener Königsschlosses das meiste Löschwasser noch in Eimern und Bottichen an Stangen getragen werden. Denn die griechische Hauptstadt galt noch bis 1930 auch als die einzige europäische Großstadt ohne Wasserversorgung.

Aber die Zustände im Brandschutz waren in Athen noch golden gegenüber denen in der griechischen Provinz.

Dort waren auch in den Städten Löschgeräte so gut wie unbekannt — ganz zu schweigen von irgendwelcher Feuerwehrorganisation , . .

Nur die Städte Lamia und Volos im Norden des Landes wie auch Chania und Heraklion auf Kreta — sämtlich früher zur Türkei gehörig — hatten landesübliche „Tulumbadschi“ mit Karren- und Tragspritzen.

Die gleichen Einrichtungen fanden die Griechen in den bis dahin türkischen Städten und Gemeinden vor, welche nach den Balkankriegen an ihr Land fielen.

Hierzu gehörte die private „Versicherungs-Feuerbrigade“ der Hafenstadt Saloniki, die mit ihren Handpumpen und Hydrantenkarren schon 1917 beim Totalbrand der Saloniker Innenstadt restlos versagte.

Die Tabakstädte Mazedoniens und die Hafenorte der Ägäischen Inseln hatten die üblichen türkischen Löscheinrichtungen.

Daß sich die deutschen Fürsten auf dem griechischen Königsthron nicht intensiver um den Brandschutz ihres Landes kümmerten, erscheint heute noch verwunderlich.

Bei dem großen Waldbrand von Tatoi nördlich von Athen während des ersten Weltkrieges geriet auch das dortige Sommerschloß des Königs in ernsteste Gefahr und der Kommandeur der Militärfeuerwehr erlitt den Flammentod.

Während der Kriegsjahre von den Alliierten restlos verbrauchte Kraftfahrzeuge wurden später der unglückseligen Athener Feuerwehrkompanie als „neu“ angedreht und mit feuerwehrtechnischen Aufbauten versehen.

Mit diesen Marterkästen mußten sich die Athener Löschzüge nebst ihren Unterabteilungen in Piräus, Patras und Saloniki dann noch viele Jahre lang abquälen.

Griechenland hing eben finanziell restlos von der Gnade der Großmächte ab!

Ministerpräsident Venizelos holte daher schließlich den letzten zaristischen Branddirektor von St. Petersburg, den Odessaer Griechen Alkibiades Kokinaki, nach Athen, wo die Militärfeuerwehr aufgelöst wurde.

An ihre Stelle trat die staatliche „Pyrosvestiki Iperissia“ — zu deutsch Feuerwehrverwaltung — des griechischen Innenministeriums. Dieses polizeiartige Korps war straff organisiert und aus ihm ist die heutige staatliche Feuerwehr mit ihren Außenstellen auch im Tabakhafen Kavalla sowie im Hauptort der Insel Kreta, Heraklion, hervorgegangen.

Mit den von der alten Militärfeuerwehr übernommenen Hauptgruppen in Athen und Piräus, Patras und Saloniki leistet die griechische Staatsfeuerwehr Hilfe außer in diesen Städten selbst auch in der gesamten Provinz.

Dort haben sich inzwischen die Brandschutzverhältnisse wenigstens etwas und zum Teil gebessert.

Fast jede griechische Landstadt oder Hafenort verfügt nunmehr über einen oder mehrere Motorsprengwagen mit Löschvorrichtung. Der Sprengwagenfahrer dient zugleich als Wehrführer, dem im Brandfall einige zusammengelaufene Freiwillige ohne Uniform und Ausrüstung zur Verfügung stehen.

Ausnahmen hiervon machten schon frühzeitig die Hafenstädte Pyrgos, Ausgangspunkt für Olympia, Hermupolis auf der Insel Syra und vor allem Mytilene auf Lesbos.

Pyrgos beschaffte ebenso wie Korfu neben Straßensprengautos auch eine deutsche Lafettenkraftspritze, Hermupolis verschrieb sich einen Offizier der Athener Feuerwehr als Ausbilder für seine Löschmannschaft und Mythilene wandelte sein früheres „Tulumbadschi-Korps“ in eine regelrechte freiwillige Feuerwehr mit vollkommen deutscher Ausrüstung um. Auch deutsche Unterflurhydranten erhielt die Stadt, doch sind diese während der warmen Jahreszeit meist ohne Wasser ...

Dagegen hat die griechische Hauptstadt 1930 eine amerikanische Hochdruckwasserleitung erhalten, die in Europa fast einzig dasteht.

Ihre Pumpwerke befinden sich im Seebad Phaleron, wo sie außer elektrisch auch durch Diesel-Notstromaggregate angetrieben werden können.

Von dort führen meilenweite Überlandleitungen nach der Stadt, wo sie die Überflurhydranten speisen. Außer dieser Seewasserleitung wurde gleichzeitig eine moderne Hochquellen-Trinkwasserleitung vom historisch berühmten Marathon her in die Stadt geführt.

Auch der Fahrzeug- und Gerätepark der griechischen Staatsfeuerwehr ist inzwischen durch Löschfahrzeuge aus Deutschland und Österreich und moderne Rettungsgeräte zeitgemäß ergänzt und technisch vervollkommnet worden. Dem Feuerwehrinspektorat in Athen unterstehen übrigens auch die Löscheinrichtungen der kleineren Provinzorte auf dem Festland und den griechischen Inseln.

Jugoslawien

Das heutige Jugoslawien hat nach dem ersten Weltkrieg den Vorteil gehabt, in den neu angegliederten Gebieten gut ausgebildete und ausgerüstete freiwillige Feuerwehren der früher zu Ungarn und Österreich gehörenden Landesteile vorzufinden.

Aus diesen sind später u. a. die Berufswehren von Novisad und Subotica, von Zagreb (Agram) und Sarajevo, von Ljubjana (Laibach) und Split hervorgegangen.

Bis zum letzten Kriege waren die freiwilligen Feuerwehren der kroatischen und slovenischen Landesteile in gut organisierten und fachlich geleiteten Landesfeuerwehrverbänden straff zusammengefaßt.

Das ursprünglich nur kleine Altserbien hatte früher lediglich die Berufsfeuerwehr von Belgrad nebst wenigen freiwilligen Feuerwehren in Nisch, Kragujevac und Smederevo aufzuweisen.

Zu diesen kamen seit 1913 noch die türkischen „Tulumbadschi“ der neuerworbenen südserbischen Gebieten in Mazedonien.

Von diesen entwickelte sich das Löschkorps der Stadt Skoplje alsbald zu einer regulären Berufsfeuerwehr.

Deutsche Reparationslieferungen nach dem ersten Weltkriege verhalfen den Wehren Alt- und Südserbiens frühzeitig zu motorisierten Löschzügen.

Aber auch nach Beendigung der damaligen Reparationen blieben die meisten Wehren Jugoslawiens den deutschen Geräten und Fahrzeugen treu.

Serben, Kroaten, Slovenen, Volksdeutsche und bosnische Mohammedaner waren von jeher für die Sache des freiwilligen Feuerwehrwesens besonders eingenommen.

Erst spät gelang es der Regierung in Belgrad, auf das Feuerwehrwesen der einzelnen Landesteile stärkeren Einfluß zu gewinnen.

Solange in diesen noch die alte Tradition des österreich-ungarischen Feuerwehrwesens fortlebte, richteten sie ihre Blicke nach Möglichkeit weiterhin mehr auf Mittel- und Westeuropa als nach der früheren serbischen Hauptstadt.

Bis in die entlegensten Schluchten des Balkans und die Gebirgstäler Mazedoniens drang der freiwillige Feuerwehrgedanke — sogar bis ins altmuselmanische „Sandschak" Novipazar!

Im zentral geleiteten Jugoslawien von heute unterstehen natürlich alle Berufs-, freiwilligen und Werkfeuerwehren des Gesamtstaates dem Belgrader Feuerwehrinspektorat, jedoch ohne bis jetzt ihre örtlich bedingten Eigenheiten und Merkmale gänzlich eingebüßt zu haben.

Auf jeden Fall zählen die Wehren Jugoslawiens zu den rührigsten und bestausgerüsteten in Südosteuropa, so daß sich ihr Studium und Besuch für jeden Fachmann lohnen dürfte.

Rumänien

Als die deutschen Reiseschriftsteller Helmut von Moltke und Hackländer auf dem Wege nach der Türkei zwischen 1834 und 1840 die Hauptstadt der Fürstentümer Moldau und Walachei, Bukarest, besuchten, galt diese bereits als elegantes „Klein-Paris" des Ostens!

Zum Begriff „Paris" gehörte schon damals auch jener der Militärfeuerwehr, weshalb sich Fürst Bibesku 1844 beeilte, eine Artilleriekompanie des neuen rumänischen Heeres als „Serviciul Pompierilor" (Feuerwehrdienst) aufzustellen.

Als Rumänien nach dem Berliner Kongreß 1878 endgültig frei wurde, besetzte die Bukarester Feuerwehrkompanie außer in der Hauptstadt auch in den Provinzstädten Ploesti und Pitesti, Foksani, und Jassy, Galatz und Braila sowie in der Hafenstadt Konstanza ständige Feuerwachen.

Das gesamte Feuerlöschwesen Alt-Rumäniens wurde einem Oberst des Bukarester Artillerie-Inspektorates unterstellt.

Vor und nach den Balkankriegen erhielt ein Dutzend weiterer Provinzstädte kleinere Kommandos der Bukarester Feuerwehrkompanie. Letztere besaß schon um die Jahrhundertwende österreichische Dampfspritzen und deutsche Drehleitern, während in den Provinzorten Abprotzspritze und einspänniges Wasserfaß die hauptsächliche Ausrüstung bildeten.

Kleinere Landstädte, Marktorte und Dörfer kannten weder Löschgerät noch Feuerwehrorganisation — allenfalls außer den angestammten freiwilligen „Tulumbadschi" mit ihren Tragpumpen in den alten Türkenstädten der Dobrudscha.

Nach dem ersten Weltkrieg übernahm der auch im Ausland bestens bekannte Oberst Ghika Pohrib die Feuerwehrabteilung des Artillerie-Inspektorates, deren Löschzüge er ausnahmslos und einheitlich mit deutschen Kraftfahrspritzen, Anhängekraftspritzen und z. T. auch Drehleitern ausstattete.

Hierbei erhielt jede Abteilung auch bereits motorisierte Tanklöschfahrzeuge zur Überwindung des Wassermangels in den Städten und zum Schutz der rumänischen Ölfelder.

Die Riesenbrände auf diesen während des letzten Krieges dürften noch in allgemeiner Erinnerung sein.

Zivile Berufs- und freiwillige Feuerwehren auf rumänischem Boden bestehen von der österreich-ungarischen Zeit her in der Bukowina, in Siebenbürgen und im rumänischen Teil des Banates. Auch sie sind dem Feuerwehr-Inspektorat in Bukarest einheitlich unterstellt, welches auch die amtliche Fachzeitschrift „Bulletinul Pompierilor Romano" begründet hat.

Bulgarien

Die historische Sammlung der Hauptfeuerwache in Sofia zeigt u. a. ein Modell der tragbaren „Tulumbadschi-Spritze“, die von den Türken bei ihrem Abzug 1878 dort zurückgelassen wurde.

In den 80er Jahren bildete sich in der Hafenstadt Rustschuk (Ruse) eine freiwillige Feuerwehrgesellschaft unter dem Namen „Spassetel“ (Salvator).

Zur selben Zeit erhielten außer der Hauptstadt sämtliche Provinzstädte ein „Pozarni Komando“ nach russischem Vorbild mit ständig besetzter Feuerwache, bespannter Fahrspritze und hölzernen Wasserfässern.

Zu einer Dampfspritze brachte es in ganz Bulgarien einzig und allein die Werkfeuerwehr der Holzindustrie Gorna Djumaja.

Anfang der 20er Jahre zeigten der Hoftheaterbrand und die Explosion in der Kathedrale zu Sofia, der Stadtbrand von Vratza und das Erdbeben von Plovdiv (Philippopel) den unzureichenden Stand des bulgarischen Feuerwehrwesens.

Der aus Rußland geflüchtete Branddirektor Georg Zachardschouk übernahm daraufhin mit einigen seiner Landsleute die Leitung der Berufswehren von Sofia und Ruse.

Beide Wehren wurden in der Folgezeit nach russischem Muster, aber mit deutscher Ausrüstung in vorbildlicher Weise reorganisiert. Auch die städtischen Feuerwachen von Plovdiv und Jambol, Stara und Nova Zagora, Burgas und Varna, Schumen und Trnova, Lom und Widin, Vratza und Küstendil, Pirot und Haskovo übernahmen die straffe Zucht und moderne Ausrüstung der hauptstädtischen Feuerwehr. Die Zuckerfabrik Gorna Orechovitza verhalf ihrer Stadtverwaltung zum größten und modernsten Tanklösfahrzeug, das damals in Deutschland überhaupt zu haben war.

Bulgarien war und ist in südöstlicher Richtung das letzte Land mit geordnetem Kaminkehrerwesen.

Nebenher unterhielt die Feuerwehr Sofia schon frühzeitig ein kleines „Kominenautomobil“ mit Handfeuerlöschern und Kehrzeug für Schornsteinbrände.

Obwohl die Wehren Bulgariens städtische Einrichtungen sind, ist ihre Disziplin und Uniform rein militärisch.

Alle örtlichen Feuerwehrkommandanten müssen ihre Ausbildung bei der Branddirektion Sofia empfangen.

Türkei und der Nahe Osten

Die unbeschreiblichen Szenen, welche sich früher bei jedem Brand in der türkischen Hauptstadt Konstantinopel abzuspielen pflegten, wiederholten sich natürlich im ganzen Lande.

Klimatische Unbilden, durchgehende Holzbauweise sowie sorglosester Umgang der Bewohner mit Feuer und Licht schufen überall die gleichen katastrophalen Voraussetzungen.

Auch in der türkischen Provinz war man bis zum ersten Weltkrieg eben im tiefsten Mittelalter steckengeblieben.

Zwar wurden die in Stambul und Smyrna hergestellten trag- oder fahrbaren Tulumbadschi-Spritzen schon frühzeitig über die gesamte Provinz verbreitet, aber das war auch alles!

Außer in der Hauptstadt lag eine Kompanie türkischer Militärfeuerwehr — sogar mit Dampfspritze — in der thrakischen Festung Adrianopel wie auch ein Zug Militärfeuerwehr im anatolischen Balikessir.

Nicht einmal die alte Sultanstadt Brussa mit hunderttausend Einwohnern und hohen, dichtgedrängten Holzhäusern verfügte über uniformierte Feuerwehr — wenn auch wenigstens über eine österreichische Handpumpe und Hydranten.

Die halbnackten Tulumbadschi der Provinzstädte und Landorte bildeten sich auf ihre „Sandik“ (nach dem Wasserkasten der Tragspritze so geheißen) zwar mächtig viel ein. Aber angesichts der brennenden Holzhäuser zerstäubte ihr dünner Wasserstrahl schon von weitem.

Nur die Hafenstadt Smyrna — heute Izmir — bildete eine rühmliche Ausnahme mit ihrer 1865 organisierten „Insurance Fire Brigade“, einer privaten Berufsfeuerwehr englischer Versicherungsgesellschaften.

Von jeher waren in Smyrna Teppichfabrik und Lagerhäuser, Dampfmühle und Schiffswerft, Eisenbahn und Pferdebahn, Gasanstalt und Wasserwerk englisches Eigentum.

Die Wohnsiedlungen der englischen Kaufmannschaft, Ingenieure und Beamten verliehen der Stadt ein halbeuropäisches Aussehen. Litten alle anderen Städte des Orients unter chronischem Wassermangel, so wurden in Smyrna schon frühzeitig Hydranten installiert, von denen aus man sogar ohne Zwischenschalten der Spritze Wasser geben konnte.

Die Versicherungsbrigade war über 100 Mann stark, unterhielt eine Hauptwache unweit des englischen Bahnhofes mit Dampfspritze und ein halbes Dutzend Nebenwachen im übrigen Stadtgebiet.

Diese rückten zu Fuß mit Schlauchkarren und englischer Karrenspritze aus, während Dampfspritze und Tender der Hauptwache bespannt waren.

Später erhielt jeder Hydrantentrupp einen einspännigen, zweirädrigen Maultierwagen und die Hauptwache zwei Magirusleitern für Handzug.

Aber auch diese Einrichtung war machtlos, als 1922 Griechen und Türken die Stadt an verschiedenen Ecken anzündeten. Die fünf Kilometer lange Hafenstraße bildete ein einziges Flammenmeer; wer nicht mitverbrennen wollte, stürzte sich ins Ägäische Meer, um allenfalls von alliierten Kreuzern aufgefischt und fortgebracht zu werden.

In den Kellern und unter den Hausdächern verborgen gehaltene Sprengstoffe und Munition vereitelten alle Löschversuche. Dazu griff die rasende Volksmenge die Löschkräfte dauernd an und versuchte, ihre Spritzen in das Hafenbecken zu stoßen. Das große moderne Stadttheater, die vielstöckigen internationalen Hotels und Luxusgaststätten, die reichen Handelshäuser und gefüllten Warenspeicher sanken mitsamt den beiden Hauptbahnhöfen, Dampfmühlen und den berühmten Teppichfabriken in Schutt und Asche.

Wie durch ein Wunder erhalten blieben außer der mittelalterlichen Zitadelle nur der hölzerne Basar mit seinen engen und überdeckten Ladenstraßen, die Moscheen und Lehmhäuser des Türkenviertels, der Konak des Wali und die Anlagen der Tabaksregie. Dagegen fielen die europäischen Konsulate, Krankenhäuser und Kirchen größtenteils der Zerstörung anheim.

Von den 350 000 Einwohnern der einst blühenden Hafenstadt ging ein Drittel zugrunde, ein weiteres Drittel wurde aus Kleinasien vertrieben und der Rest vegetierte in den Außenbezirken weiter.

Nicht besser als in Smyrna sah es im Lande selbst aus, wo die Hälfte der Provinzstädte niedergebrannt und die Dörfer dem Erdboden gleichgemacht waren; ihre Bevölkerung war „vom Winde verweht“. Aber Kemal Atatürk baute nicht nur die zerstörten Siedlungen wieder auf und half ihren geplagten Bewohnern langsam wieder auf die Beine, sondern er nahm sich auch sogleich des völlig darniederliegenden Brandschutzes an.

Holzbauten durften nicht mehr neu errichtet werden. Feuerlöschordnungen wurden erlassen und den Gemeinden die Reorganisation des Löschwesens zur Auflage gemacht.

In der neuen Hauptstadt Ankara, in Istanbul und einem Dutzend weiterer Provinzhauptorte entstanden städtische Berufsfeuerwehren mit italienischer Ausrüstung und Fahrzeugen.

In Izmir, dem früheren Smyrna, wurde die Versicherungsbrigade ebenfalls in eine städtische Feuerwehr umgewandelt. Sie erhielt schon 1925 eine schwere Autospritze mit Aufprotzleiter von Magirus, übernahm als erste Feuerwehr der Türkei auch den Unfallrettungsdienst und Krankentransport, besaß wenige Jahre später schon ein Dutzend Löschfahrzeuge und Kraftspritzen nebst eigener Werkstatt auf der Hauptfeuerwache. Bevor die Provinzorte noch Bahnanschluß, Landstraßen und Fabriken erhielten, hatten sie bereits ständige Feuerwachen aufstellen und Tanklöschfahrzeuge beschaffen müssen, die gleichzeitig meist zum Straßensprengen dienten.

Zur selben Zeit wurden italienische und französische Anhängekraftspritzen, seit 1930 auch deutsche und österreichische Tragkraftspritzen in anatolischen Hafenorten, Steppensiedlungen und abgelegenen Bergnestern eingeführt.

Eigene Kraftspritzen beschaffte auch die neu aufblühende Industrie, später auch Heer, Marine und Luftwaffe, so daß heute fast keine türkische Siedlung ohne moderne Kraftspritze und geübte Löschmannschaft mehr denkbar ist.

Zahlreiche Städte erbauten auch Wasserleitungen mit Hydranten, legten unterirdische Löschwasserbehälter an und ersetzten die veralteten Feuerbeobachtungstürme durch Telefonnetze.

Schon damals — kurz nach Einführung der Lateinschrift — erschien in Istanbul auch das erste technische Feuerwehrinstruktionsbuch „Yangin söndürme usul ve vasitalari“ (Feuerlöschwesen).

Bei den Branddirektionen Ankara, Istanbul und Izmir wurden technische Prüfstellen errichtet, bei denen die Provinzorte ihre aus Europa neubeschafften Kraftspritzen und sonstigen Löschgeräte vor der endgültigen Übernahme überprüfen lassen konnten. Während des letzten Krieges veröffentlichte ein türkischer Forstingenieur aus Niksar in Anatolien sogar in deutscher Sprache ein ausgezeichnetes Buch über die Bekämpfung von Waldbränden. Dieses erschien in Neudamm/Nmk. und fand trotz der Kriegsereignisse damals auch in deutschen Fachkreisen Beachtung. Immerhin blieben verheerende Waldbrände noch für lange Zeit eine schwere Landplage des ohnehin so forstarmen anatolischen Berglandes und für seine von Katastrophen heimgesuchten Bewohner. Heute steht das Brandschutzwesen der Türkischen Republik auf gleicher Höhe wie ihre Landesverteidigung, Verkehrswesen und ihre gewerbliche Produktion.

Im angrenzenden Iran bestand einzig und allein in der persischen Hauptstadt Teheran eine primitive Löschtruppe, „Ateschdschi“ (von persisch „atesch = Feuer“).

Sie war während des ersten Weltkrieges unter russischem Einfluß entstanden und erhielt um 1930 aus Deutschland ihre ersten modernen Krupp-Motorsprengwagen.

Später haben auch die Engländer in ihrer Riesenölraffinerie Abadan am Persischen Golf eine hochmoderne Werkfeuerwehr zu organisieren verstanden.

In der afghanischen Hauptstadt Kabul sorgte König Amanullah 1925 für die Aufstellung einer kleinen Polizeilöschtruppe, die mit zwei englischen Kraftspritzen ausgestattet wurde. Gleichzeitig gründeten die Engländer in der Hauptstadt des Irak, Bagdad, eine motorisierte Feuerwache.

Syrien und Libanon hatten unter türkischer Verwaltung nur primitive Tulumbadschi-Spritzen gekannt, selbst in den beiden Großstädten Beirut und Damaskus.

Die französische Mandatsverwaltung nahm sich anschließend des Brandschutzes an, so daß in beiden Hauptstädten wie auch in Aleppo, Homs und Tripolis ständige Feuerwachen mit französischen Tanklöschfahrzeugen entstanden.

Das Heilige Land war noch unter der Türkenzeit völlig ohne Brandschutzeinrichtungen.

Sogar Jerusalem besaß bis 1913 keine einzige Feuerspritze, bis in jenem Jahr die Deutschen eine kleine Handpumpe hinbrachten. 1925 wurde in der heutigen Hauptstadt von Israel, Tel-Aviv, eine jüdische freiwillige Feuerwehr gegründet.

Sie ist heute die größte Freiwillige Feuerwehr des Nahen und Mittleren Ostens, zählt über 500 aktive Mitglieder, ein technisches Stammpersonal von fast 100 Mann und über 30 motorisierte Löschfahrzeuge. Ihr Begründer und Ehrenkommandant ist auch Vorsitzender des Landesverbandes israelischer Feuerwehren.

Fast jede jüdische Kolonistensiedlung hat dort ihren eigenen Löschtrupp, die größeren einen Stützpunkt mit Kraftspritze.

In Jerusalem führten die Engländer um 1930 eine ständige Feuerwache mit Kraftfahrspritze ein; letztere konnte aber wegen Wassermangels lange Zeit nichts ausrichten.

Auch in neuerer Zeit waren diese Schwierigkeiten noch nicht völlig behoben, so daß beim Brand der Heiligen Grabeskirche die Feuerwehr von Amman, der Hauptstadt von Transjordanien, mit ihren Tanklöschfahrzeugen durch die Wüste nachbarliche Löschhilfe leisten mußte.

Daß die innerarabischen Länder Yemen, Hedschas und Saudi-Arabien bis vor kurzem nicht einmal den Begriff des Brandschutzes kannten, dürfte sich von selbst verstehen.

Um so erstaunlicher ist die Tatsache, daß heute mitten in der Wüste bärtige und beturbante Beduinen Kohlensäureschnee-Löscher, Luftschaumaggregate und Tanklöschfahrzeuge bedienen — nämlich im Dienste der dortigen Werkfeuerwehren der USA-Ölkonzessionen!

Auf alte Tradition dagegen blickt das Feuerlöschwesen in Ägypten, dessen größte Wehren Alexandrien und Kairo schon seit 1865 bestehen.

Sie waren wie die Feuerbrigade von Smyrna private Einrichtungen englischer Versicherungsgesellschaften, bevor sie nach dem ersten Weltkrieg verstaatlicht wurden.

Seit der Eröffnung des Suezkanales 1869 bestand in Port Said die freiwillige Feuerwehr der französischen Hafenverwaltung mit zwei eigenen Dampfspritzen.

Auch in den Provinzstädten Ägyptens hatten englische Versicherungsgesellschaften frühzeitig kleine Feuerwachen mit Handpumpen aufzustellen vermocht.

Im Zuge der Verstaatlichung wurden alle diese Einrichtungen der Gesamtfeuerwehr des ägyptischen Innenministeriums angegliedert. Sogar in kleineren Orten wie Luxor, Heluan und Tanta bestehen neuzeitlich motorisierte staatliche Feuerwachen.

Die Berufsfeuerwehr Alexandrien ist die größte von ganz Afrika mit über tausend Beamten und weit über hundert Löschfahrzeugen. Dort wie auch in Kairo fanden frühzeitig motorisierte Magirus-Drehleitern Eingang.

Auf der Insel Cypern unterhalten die Engländer eine kleine staatliche Berufsfeuerwehr.

Abschließend sei noch der einzigen deutschen freiwilligen Feuerwehr gedacht, die Jahrzehnte lang im Nahen Osten bestand.

Und zwar war es die der deutschen Templerkolonie Haifa in Palästina, welche schon frühzeitig eine Motorspritze von Magirus anschaffte und bestimmt dazu beigetragen hat, daß auch die israelischen Einwanderer ihr Feuerlöschwesen von Anfang an auf rein freiwillige Basis gestellt haben.

Trotz schärfster ausländischer Konkurrenz sind im Nahen Osten die Erzeugnisse der deutschen Feuerwehrgeräte-Industrie auch heute dort noch vorherrschend und erfreuen sich nach wie vor bei Einheimischen und Europäern allgemeiner Beliebtheit.

Diese brandschutzmäßig so vernachlässigten Gebiete haben nun auch an den allgemeinen Fortschritt der Feuerwehrtechnik erfolgreich Anschluß gefunden.

Rußland

1801 bildete die frühere russische Hauptstadt die erste ständige und uniformierte Feuerwehr aus alten Militärinvaliden.

Etwas forscher war damals schon das „Požarni Komando“ von Moskau, welches der Gouverneur Rostopschia 1812 beim Nahen der Großen Armee Napoleons mit allen Mannschaften und Spritzen in die Steppe jagte, um die Stadt den Flammen preiszugeben.

Schon um 1830 übernahmen die Wehren von Petersburg und Moskau den vergoldeten Römerhelm der Pariser Pompiers wie auch die Feuerbeobachtungstürme der Japaner und Türken.

Denn auch die russischen Siedlungen bildeten ja nichts als einen ungeheueren Wald von Holz, so daß die Turmwächter Tag und Nacht nach Bränden Ausschau halten mußten und die Feuerwehrpferde ständig angeschirrt standen.

Wasser war in der russischen Steppe so wenig vorhanden, daß jede Spritze von einem halben Dutzend hölzerner oder später eiserner Wasserfässer begleitet werden mußten.

Bei Anbruch des langen und schneereichen Winters wurden Spritze, Gerätewagen und Wasserfässer auf Schlitten gesetzt.

Inmitten jedes Stadtteiles befand sich ein geheiztes Brunnenhaus, von wo die Wasserschlitten zur Brandstelle hin- und herfahren mußten.

In der Feuerwehrkaserne wohnten die russischen Wehrmänner mit ihren Familien. In der Zarenzeit waren sie so gering besoldet, daß sie während des Dienstes noch als Schuster, Schneider, Stuhlflechter und sonstige „Sitzprofessionisten“ ihr häusliches Gewerbe ausführen mußten.

Auf dem Beobachtungsturm jeder Feuerwache befand sich der Fernseh- und Meßapparat. Dieser ermöglichte es, die Brandstelle vom Turm aus ziemlich genau zu ermitteln.

Das Brandkommando der russischen Städte war und ist keine staatliche, sondern eine Kommunaleinrichtung unter Leitung des „Brandmajors“.

Riga gehörte damals noch zu Rußland und vor hundert Jahren begannen sich überall im Baltikum deutsche Feuerwehren zu bilden, meist auf freiwilliger Grundlage, ähnlich wie bei den Wolgadeutschen. Dem Russen selbst ist der Begriff des freiwilligen Feuerwehrmannes noch heute fast unbekannt.

Das „Požarni Komando“ ist immer städtisch und hauptamtlich, auch wenn es in kleinen Provinzstädten nur aus dem Kommandanten nebst Kutschern für Spritze und Wasserwagen besteht.

In den baltischen Ländern erreichte das freiwillige Feuerwehrwesen einen beispielhaften Hochstand und der deutsche Einfluß im damaligen Zarenreich war so erheblich, daß um die Jahrhundertwende die Firma Gustav List in Moskau vorzügliche Dampfspritzen herstellte.

Auch Ludwigsberger Dampfspritzen aus Stockholm gelangten früzeitig nach Rußland, wo Alfred Nobel die erste Naphtharaffineriefeuerwehr im Erdölgebiet von Baku am Kaspischen Meer gründete. Auch Russisch-Polen bildete damals einen Bestandteil des Zarenreiches, wo außer der sehr starken und schlagfertigen Warschauer Berufsfeuerwehr 1876 die Freiwillige Feuerwehr Lodz entstand.

Diese war Jahrzehnte lang eine der merkwürdigsten Löscheinrichtungen unseres Kontinents, denn sie hatte den Brandschutz einer Halbmillionenstadt mit Riesenindustrie ohne Wasserleitung wahrzunehmen.

Oberkommandant war der deutsch-russische Großindustrielle Ritter von Scheibler. Die zwölf Kompanien wurden von Fabrikanten und deren Betriebsleitern angeführt.

Die Freiwillige Feuerwehr Lodz unterhielt eigene Berufsfeuerwehrmannschaften, die mit ihren Familien in den Gerätehäusern kaserniert waren. Die Lodzer freiwilligen Wehrmänner deutscher, polnischer und russischer Nationalität zählten nach Tausenden.

Bei jedem Brand mußte von weither Wasser herangefahren werden; sogar die vier Dampfspritzen wurden aus Wasserfässern gespeist!

Das buntfarbige Bild des Löschwesens im alten zaristischen Vielvölkerstaat wurde noch durch die freiwilligen Feuerwehren der jüdischen Kulturgemeinden im westlichen Rußland und durch die Brandkommandos in Russisch-Asien vielfältig ergänzt.

Auch ein Kaiserlicher Feuerwehrverband bestand bis zum ersten Weltkrieg im Zarenreich, doch die russische Revolution bereitete allen diesen Errungenschaften ein vorzeitiges Ende.

Die erste Berührung des Westens mit dem Feuerlöschwesen der Sowjetunion bildete die Vertretung der russischen Feuerwehren auf der Internationalen Brandschutz- und Rettungstagung in Salzburg 1925. Ihr dortiger Ausstellungsstand zeigte Bilder des damaligen Stadtbrandes von Pinsk, eines der schlimmsten Flächenbrände nach dem ersten Weltkrieg, wie auch von der zaghaften Umstellung der russischen Wehren auf Automobilbetrieb.

Anschließend lieferte besonders die Firma Magirus die ersten motorisierten Tanklöschfahrzeuge mit chemischen Schaumgeneratoren ins Naphtagebiet von Baku, die ersten Motordrehleitern nach Moskau und Leningrad wie auch einen damals hochmodernen Löschzug nach Urga, dem heutigen Ulan Bator in der russischen Außenmongolei.

Übrigens werden von jeher die Schornsteine durch die russischen Feuerwehrmänner persönlich gekehrt!

Dänemark

In Dänemark bestanden seit Einführung von Löschmaschinen im 17. Jahrhundert städtische und ländliche Pflichtfeuerwehren, zu denen 1889 noch die Berufsfeuerwehr Kopenhagen kam. Sie gilt heute als eine der technisch höchststehenden und schlagfertigsten der Welt.

Die wissenschaftliche Forschungsarbeit, welche ihre leitenden Ingenieure und die der Nachbarfeuerwehr Frederiksburg seit dem ersten Weltkrieg auf verschiedenen Gebieten geleistet haben, hat den internationalen Ruf des dänischen Feuerlöschwesens ebenso begründen helfen wie „Falck's Redningskorps".

Anfang dieses Jahrhunderts kam der junge Däne Falck auf die Idee, in Kopenhagen neben der Berufsfeuerwehr und dem Roten Kreuz einen eigenen privaten Unfallhilfs- und Katastrophenrettungsdienst ins Leben zu rufen.

Dieses Korps konnte schon 1906 in der Hauptstadt seine gemeinnützige Tätigkeit bei Verkehrs- und Bauunfällen oder sonstigen öffentlichen Notständen aufnehmen.

Neben der Hauptrettungsstelle in Kopenhagen gründete Falck auch schon frühzeitig Nebenwachen in allen Teilen des Landes.

Sie erhielten nicht nur Rettungs- und Hilfsgerät, sondern auch Feuerlöschausrüstung zur Unterstützung der örtlichen Pflichtfeuerwehren. In der Provinz verfügt Falck's Rettungskorps über aktive und unterstützende Mitglieder.

Letztere haben die finanziellen Mittel für das Korps aufzubringen und dafür bevorzugten Anspruch auf Unfall- und Löschhilfe.

Die aktiven Mitglieder rekrutieren sich aus allen Berufen und werden für ihre Leistung als Kranken- oder Kranwagenfahrer, Kraftspritzenmaschinist oder Gasschutzgerätewart pauschal oder stundenweise entschädigt.

Die Besatzung der Hauptrettungszentrale in Kopenhagen ist dagegen hauptberuflich und uniformiert.

Infolge der Ausbreitung von Falck's Rettungskorps ist es in der dänischen Provinz nicht zur Entstehung freiwilliger Feuerwehren gekommen außer in Nordschleswig.

Dort stand von der preußischen Zeit her das freiwillige Feuerwehrwesen in hoher Blüte und wurde nach der Abtretung 1919 an Dänemark von diesem weiter beibehalten und gepflegt.

Neben den Wachen des Rettungskorps und der örtlichen Pflichtfeuerwehr verfügt ein halbes Dutzend dänischer Provinzstädte jetzt auch über straff organisierte Berufswehren mit modernster Ausrüstung. Auch ein staatliches Feuerwehrinspektorat ist vorhanden.

Holland

Als die Brüder van der Heyde zu Amsterdam in der zweiten Hälfte des 17. Jahrhunderts sich um Verbesserung der Löschmaschinen bemühten, bestand die von ihnen geleitete Amsterdamer Pflichtfeuerwehr aus folgenden Abteilungen:

Der eigentlichen Löschmannschaft mit Wenderohrspritzen ohne Windkessel und Schläuche. Sie wurden teils auf Schleifen von Pferden gezogen, teils auf den Kanälen der Stadt mittels Booten und Prähmen fortbewegt.

Den Wasserzubringern mit Sturmfässern, Tragbutten und Stangen, an denen die Feuereimer auf den Schultern getragen wurden. Die Wassermannschaft schöpfte das Löschwasser aus den Hafenbecken und Kanälen, bildete Eimerketten und besorgte die Wasserfuhren zu weiter entlegenen Brandstellen.

Der Rettungs- und Einreißmannschaft mit zwei- und dreiholmigen Feuerleitern, mit Einreißhaken wie auch mit riesigen Rammbäumen zum Niederlegen gefahrdrohender Verbindungsbauten. Von den Einreißgeräten wurde bei jedem Amsterdamer Brand ausgiebig und stärker Gebrauch gemacht als von den Löschmaschinen selbst.

Dem Brandsegelkorps zum Überdecken von Dächern und Holzwänden mit wassergetränkten Segeltüchern. Die gleiche Einrichtung bestand bis zur letzten Jahrhundertwende auch in den nordischen Ländern sowie zum Teil auch im Nahen Osten.

Das Studium der antiken Schriftsteller Plinius und Vitruv hatte die Leiter der Amsterdamer Löschanstalt, denen auch die Aufsicht über die dortige „Wasserkunst" und die Hafenschleusen oblag, frühzeitig auf den Windkessel der griechisch-römischen Feuerspritzen wie auch auf die Wasserschläuche aus Tierhaut der Militärfeuerwehr in den Legionslagern aufmerksam gemacht.

Den „Heronsball" übernahmen die Brüder van der Heyde im Original als Windkessel von dem antiken Vorbild, während messingne Schlauchverschraubungen, Strahlrohre wie auch Druckschläuche aus Segeltuch oder genietetem Leder ihre ureigenste Schöpfung bildeten. 1672 löschte die von ihnen entwickelte „Schlangenspritze" selbständig den ersten Hausbrand, so daß die Einreißmannschaft fortab immer geringere Verwendung fand.

Zehn Jahre später waren bereits alle Amsterdamer Löschabteilungen mit van der Heydeschen Schlauchspritzen ausgerüstet.

Sie wurden von ihrer Bedienungsmannschaft auf Schleifen zur Brandstelle gezogen oder auf Kähnen gerudert.

Die Bootsspritzen löschten zu jener Zeit erstmalig mit Erfolg den Brand einer Gallone, eines hölzernen Segelschiffes, im Hafen.

Saugschläuche besaßen die ersten holländischen Schlauchspritzen noch nicht, sondern die Wassermannschaft schöpfte aus den Kanälen. Der Inhalt der Feuereimer wurde sodann in einen Segeltuchsack gegossen, der auf einem zusammenlegbaren Gestell stand.

Aus dem Wassersack lief das Wasser durch ein kupfernes Füllrohr in den Wasserkasten der Spritze.

Vor seinem Tode hat Jan van der Heyde auch noch den Saugeschlauch erfunden, von dem aber im In- und Ausland meist erst viel später praktischer Gebrauch gemacht wurde.

Schon vorher und zwar 1699 erschien Jan van der Heydes berühmtes Löschmaschinenbuch mit einer Unzahl wertvollster, von ihm selbst vorgezeichneter Kupferstiche.

Diese zeigten die Entwicklung der Schlangenspritze seit ihren Uranfängen, ihre technische und taktische Überlegenheit gegenüber den vorher üblichen Wenderohrspritzen wie auch den Einsatz der neuen Schlauchspritzen bei allen Bränden, die zwischen 1672 und 1698 zum besonderen Erfolg der neuen Löschmaschine Anlaß boten. In dem gleichen Zeitraum fanden die Schlauchspritzen auch in allen übrigen Städten und Gemeinden der Niederlande Eingang, deren Löschorganisation fast überall die gleichen Merkmale zeigte.

Auf dem Uhrturm mit dem schönen Glockenspiel hing auch die Brandglocke, deren Ertönen die Löschpflichtigen alsbald um die Schlauchspritze und übrigen Gerätschaften scharte.

Jede Löschabteilung wurde von einem Spritzenmeister angeführt, der als äußeres Zeichen seiner Würde den langen Leutnantsspieß des damaligen Militärs trug.

Da seit Einführung der Schlauchspritzen in Holland der Löschangriff frühzeitig von innen erfolgte, verloren in der Folgezeit Leiterabteilungen und Rettungsmannschaften an Bedeutung.

Dies änderte sich erst, als man in der zweiten Hälfte des vorigen Jahrhunderts auch in den Großstädten der Niederlande vielstöckige Hochbauten für Industrie- und Handelszwecke zu errichten begann.

1875 konnten die Leiter der Amsterdamer Pflichtfeuerwehr, Mynheers Steenkamp Vater und Sohn, die beiden ersten ständig besetzten Feuerwachen eröffnen und zwei englische Dampfspritzen beschaffen. Ein Jahr später war hieraus schon eine reguläre Berufsfeuerwehr geworden, neben der die alte Pflichtfeuerwehr vorläufig noch weiter bestand.

Zur selben Zeit verfügten außer Amsterdam bereits auch Rotterdam, der Haag, Utrecht und Leyden über eigene Dampffeuerspritzen. In allen diesen wie auch in den Städten Groningen, Zwolle, Deventer, Nimwegen, Dortrecht, Harlem und Maastricht entwickelte sich damals aus der alten Pflichtfeuerwehr die uniformierte „Gemeinschaftliche Brandwehr" auf freiwilliger Grundlage.

Die Zeit der Jahrhundertwende brachte sodann die langsame Umwandlung der meisten holländischen Pflichtfeuerwehren in Stadt und Land in freiwillige Löschkorps.

Das interessanteste von diesen war und ist noch heute die Freiwillige Feuerwehr Rotterdam, neben Hamburg der größten Hafenstadt des europäischen Festlandes.

Sie zeigte schon frühzeitig mit ihren Landdampfspritzen und Löschdampfern, Dampfautomobilen und leichten Handzuggeräten eine solche Schlagfertigkeit, daß lediglich das technische Stammpersonal hauptamtlich war und bis heute allein geblieben ist.

Ähnliche Beispiele von Großstädten mit rein freiwilliger Feuerwehr hatte man bis zum letzten Kriege u. a. nur in den Kohlenstädten Mährisch-Ostrau (CSR) und Harrisburg, Pennsylvanien, sowie neuerdings wieder in der israelischen Hauptstadt Tel Aviv!

Heute verfügt die Freiwillige Feuerwehr Rotterdam über die modernsten Löschboote, chemischen Feuerlöschmittel, amerikanischen Löschfahrzeuge und Drehleitern deutscher Herkunft, aber auch die Zerstörungen des letzten Krieges haben den freiwilligen Feuerwehrgeist der Rotterdamer Bevölkerung nicht unterzukriegen vermocht.

Dagegen ist man in fast allen anderen Mittel- und Großstädten des Landes inzwischen zur Berufsfeuerwehr übergegangen, während die freiwilligen Wehren der übrigen Provinzstädte und des platten Landes im Kgl. Holländischen National-Feuerwehrverband eng zusammengeschlossen sind.

Als Seefahrer- und Kolonialvolk brachten die Holländer die Feuerspritze sogar noch vor Erfindung des Windkessels und der Schläuche bereits im 17. Jahrhundert nach Japan und China sowie auf ihre eigenen Besitzungen in Niederländisch-Indien.

Dort bestand die Feuerwehr der Hauptstadt Batavia (heute Djakarta) noch bis 1930 fast nur aus Freiwilligen meist malayischer Herkunft. Sie verfügte damals über englische, die freiwillige Feuerwehr der zweitgrößten Hafenstadt Soerabaya über amerikanische Kraftfahrspritzen.

Holländische Schlauchspritzen aber waren kurz nach ihrer Erfindung durch van der Heyde bereits um 1685 fast auf dem gesamten Kontinent zwischen Kopenhagen und Konstantinopel, zwischen Dresden, Neapel und Hamburg zu finden. Ohne diese Errungenschaft wäre der Aufschwung undenkbar gewesen, den das Feuerlöschwesen während des letzten Vierteljahrtausends in aller Welt zu verzeichnen gehabt hat, und dieses bleibt für immer das hauptsächlichste Verdienst der braven Niederländer.

Norwegen

Die norwegischen Seefahrer haben nicht nur frühzeitig Amerika entdeckt, sondern später auch dessen Brandschutzeinrichtungen aufmerksam studiert und nachzuahmen versucht.

Ähnlich wie die amerikanischen Städte wurden auch die aus Holz erbauten norwegischen Siedlungen bis zur Zeit des ersten Weltkrieges immer wieder von verheerenden Flächenbränden heimgesucht. Erschwerend trat hierzu der Umstand, daß bei der dünnen Besiedlung des Landes und der weiten Entfernung zwischen den einzelnen Hafenorten oder Binnensiedlungen nachbarliche Löschhilfe kaum in Frage kam.

Nachdem die Hauptstadt Christiania (heute Oslo) Mitte des vorigen Jahrhunderts teilweise abgebrannt war, bildete sich dort aus der angestammten Pflichtfeuerwehr nach und nach ein hauptberufliches Brandkorps von besonderer Schlagfertigkeit.

Auch die alte Bischofs- und Krönungsstadt Drontheim besaß um die Jahrhundertwende bereits eine schlagfertige Berufswehr mit Dampfspritzen, die schöne Hafen- und Handelsstadt Bergen eine gut ausgerüstete uniformierte Pflichtfeuerwehr.

Was beide Städte aber nicht hinderte, auch in neuerer Zeit, mehrmals ganz oder teilweise abzubrennen — Bergen zum letztenmal 1916. Nach diesem Brandunglück half trotz der Kriegsnöte auch Deutschland tatkräftig mit Geldspenden und Sachlieferungen. Denn der letzte deutsche Kaiser liebte von seinen alljährlichen Nordlandreisen her die Küste Norwegens besonders, weshalb er bei jedem der leider dort häufigen Ortsbrände gern helfend eingriff.

Schlagfertige Berufsfeuerwachen mit modernster technischer Einrichtung entstanden frühzeitig auch in der Hafenstadt Stavanger und sogar in der nördlichsten Stadt Europas, Hammerfest.

Dagegen bestand in den meisten übrigen Gemeinden noch bis zum letzten Kriege die Pflichtfeuerwehr meist nur auf dem Papier, wenn auch Dampf- und Motorspritzen fast überall vorhanden waren.

Ein wirklich freiwilliger Feuerwehrgeist vermochte eben in Norwegen ebenso wenig aufzukommen wie eigenartiger Weise auch in den drei anderen nordischen Ländern Dänemark, Schweden und Finnland. Der Nordländer ist zwar sportlich und hilfsbereit, aber dabei auch ebenso kühl und zurückhaltend, weshalb ihm das uniformierte Vereinswesen wie bei den freiwilligen Feuerwehren anscheinend weniger liegt.

Umgekehrt bilden gerade Schweden und Norweger bei den Feuerwehren Nordamerikas neben Iren und Deutschen von jeher das wertvollste und zuverlässigste Stammpersonal! — Auf jeden Fall zählt heute die Berufsfeuerwehr Oslo zu den modernsten und fortschrittlichsten Feuerwehreinrichtungen unseres Kontinents.

Schweden

Wäre Schweden nicht so abgelegen, würde es wahrscheinlich einen Mittelpunkt des europäischen Brandschutzwesens bilden. Denn mit Ausnahme der Hauptstadt Stockholm bestanden fast alle schwedischen Siedlungen von jeher aus Holzbauten.

Diese durchgehende Holzbauweise führte bis zur Jahrhundertwende immer von neuem zu verheerenden Orts- und Flächenbränden.

Zugleich mit der Gründung der Stockholmer Berufsfeuerwehr 1878 erhielt daher fast jede schwedische Stadt schon damals einen hauptamtlichen Branddirektor.

Die schwedischen Feuerwehroffiziere wurden dem Beurlaubtenstand der Armee entnommen, um in den Provinzstädten die bestehenden Pflichtfeuerwehren so bald wie möglich in Berufsfeuerwachen umzuwandeln.

Hauptamtliches Stammpersonal und Bespannung für die in den meisten Städten von Anfang an vorhandene Dampfspritze, Feuermelde- und Alarmanlage der bekannten Ericson-Telefongesellschaft bildeten Voraussetzung und Grundstock für die späteren Berufswehren. Daneben entstanden frühzeitig Werkfeuerwehren auf meist freiwilliger Basis, während die weit verstreuten Einzelhöfe auf dem Lande den Begriff der „Dorffeuerwehr“ kaum aufkommen ließen. Brennen schwedische Guts- oder Bauernhöfe, so rückt eben die Berufsfeuerwache der nächsten Stadt oder die Werkfeuerwehr der nächsterreichbaren Industrieanlage aus.

Da jeder schwedische Bauernhof von jeher über eigenen Telefonanschluß verfügt, geht auch auf dem Lande die Feuermeldung und nachbarliche Löschhilfe stets rasch vonstatten.

Außer Feuermelde- und Alarmanlagen hat die schwedische Industrie auch frühzeitig Löschgeräte und Feuerwehrfahrzeuge von internationalem Ruf hergestellt, unter denen die seinerzeitigen „Ludwigsberger Dampfspritzen“ bis weit nach Finnland und Rußland gelangten. Später genossen auch die motorisierten Löschfahrzeuge der „Aktiebolaget Skania Vabis“ in Södertelje bei Stockholm und die „RAG-Pumpen“ der schwedischen Kraftfahrspritzen internationales Ansehen.

Stockholms „Brandwerps“ erhielt gleich nach der Gründung 1878 seine Feuertaufe beim Brand der Deutschen Kirche und verfügte außer den Landdampfspritzen schon frühzeitig über zwei eigene große Löschdampfer.

Diese, wie späterhin die Motorfeuerlöschboote, haben über die ausgedehnten Wasserstraßen der Hauptstadt vor allem den weitverstreuten Holzhaussiedlungen auf den Stockholmer Schären Löschhilfe zu leisten.

Neben der hauptstädtischen Feuerwehr sind u. a. die Berufswehren der Städte Göteborg und Norköping, Helsingborg und Malmö weit über die Landesgrenzen hinaus zu besonderem Ansehen gelangt.

Holzhäuserviertel und industrielle Hochbauten, Papier- und Zellulosefabriken, riesige Holzlager und Hafenanlagen bieten den schwedischen Feuerwehren vielseitige Aufgaben und ebenso interessante wie oft heikle Brandschutzprobleme.

Von jeder Kriegseinwirkung bis heute verschont, haben Schwedens Stadtverwaltungen und Industriewerke ihre Brandschutzeinrichtungen frei von politischer und finanzieller Beschränkung im Laufe der letzten Jahrzehnte planmäßig weiter zu entwickeln und auszubauen vermocht.

Die Offiziere und Ingenieure der schwedischen Berufswehren konnten von jeher mit erheblichen Mitteln lehrreiche Studienreisen ins Ausland und bis nach Übersee unternehmen.

Hierdurch erweiterten sich ihre fremdsprachlichen und Auslandskenntnisse wie auch ihr beruflicher Gesichtskreis in hervorragender Weise und wie selten in einem anderen Lande.

Die Fachzeitschrift „Brandskyd" in Stockholm, das amtliche Organ der schwedischen Feuerwehren, genießt seit langem auch außerhalb des Landes internationales technisches Ansehen. Besondere Merkmale der schwedischen Feuerwehren sind ihre reichhaltige sportliche Betätigung wie auch ihr Einsatz unter schwierigsten klimatischen Bedingungen.

Mit Ausnahme der unerläßlichen technischen Fachkräfte kommen die jungen Feuerwehranwärter meist direkt von der Schulbank oder vom Militär zur Berufsfeuerwehr.

Dort werden sie einer turnerischen und sportlichen Ausbildung unterzogen, wie man sie sonst allenfalls noch beim Pariser Feuerwehrregiment oder bei den Wehren Nordamerikas vorfindet.

Dank dieser körperlichen Abhärtung und sportlichen Erziehung sind die schwedischen Wehrmänner imstande, auch bei „sibirischer Kälte" rasche Überlandhilfe zu leisten und tagelang auf Großbrandstellen unermüdlich auszuhalten.

Daß die schwedischen Feuerwehren auch im zivilen Luftschutz des Landes eine wichtige Rolle spielen, dürfte sich aus dem Vorhergesagten von selbst ergeben.

Mit den deutschen Feuerwehrkreisen verbindet die schwedischen Brandschutzfachleute von jeher ein besonders reger fachlicher Austausch und eine herzliche Kameradschaft, der auch die internationalen politischen Erschütterungen keinerlei Abbruch zu tun vermocht haben. Auf jeden Fall verdienen die schwedischen Brandschutzeinrichtungen unsere dauernde und höchste Aufmerksamkeit und Anerkennung.

Finnland

Seit hundert Jahren steht Finnland unter dem Einfluß der schwedischen Brandschutzeinrichtungen auf der einen sowie derjenigen Rußlands auf der anderen Seite.

Die brandschutzmäßigen Voraussetzungen entsprechen dem einen wie dem anderen der beiden Nachbarländer, nämlich riesige Waldungen mit der dazugehörigen Holz-, Zellulose- und Papierindustrie wie auch weit auseinander liegende Siedlungen, außer den wenigen großen Hafen- und Industriestädten durchweg aus hölzernen Reihen- oder Einzelhäusern bestehend.

Der schwedische Holzriegelbau trifft sich hier mit dem russischen Blockhaus, das rauhe Klima Schwedens mit nordöstlicher Polarluft. Auch unter zaristischer Herrschaft waren die finnischen Feuerwehren immer selbständig, wobei sie sich mehr als schwedisches „Brandkorps" denn als russisches „Zožarni Komando" fühlten.

Ständige Berufsfeuerwache auch in den kleineren Städten und Dampfspritzen selbst in kleineren Siedlungen entsprachen ebenfalls den Einrichtungen der beiderseitigen Nachbarländer.

Nach der finnischen Staatsgründung ging in der Hauptstadt Helsinki der bekannte Brandschutzfachmann Leo Pesonen, ein besonderer Freund und Bewunderer der deutschen Feuerwehreinrichtungen, daran, den Wehren seines Landes zu einheitlicher und planmäßiger Ausbildung zu verhelfen.

Seinen jahrelangen Bemühungen verdankt Finnland seine heutige Landesfeuerwehrschule, die aufs engste mit der städtischen Branddirektion Helsinki zusammenarbeitet.

Das „Brandhaus" — heute ein wichtiger Bestandteil zahlreicher Feuerwehrschulen — geht ursprünglich auf den finnischen Schuldirektor Pesonen zurück.

Dieser hat solche Versuchsbauten für einen mehrfachen Zweck errichten lassen und zwar für

Schulung der Wehrmänner im Innenangriff,
Übungs- und Kriechstrecke für den Einsatz unter Atemschutzgerät,
Erprobung der geeignetsten Be- und Entlüftungsmethoden bei Bränden,
Studium der Gefahren von Stichflammen und Staubexplosionen,
Verhalten der Baustoffe im Feuer und
Prüfung neuartiger Löschmittel, Löschverfahren und Geräte.

Jeder finnische Wehrmann muß diese Schule besuchen und ihre wirklich umfassende Ausbildung aktiv mitmachen.

Finnland und sein Feuerwehrschulwesen stehen daher heute sogar bei den Brandschutzkreisen Nordamerikas in hohem Ansehen.

USA und Kanada

„... bald zieren sie im fernen Westen
des leichten Bretterhauses Wand ..."

So dichtete Ferdinand Freiligrath vor mehr als hundert Jahren, als jährlich Zehntausende tüchtigster Deutscher nach Amerika auswanderten.

Die im Gedicht erwähnten „leichten Bretterhäuser" brannten und brennen noch heute so rasch, daß schon 1648 die erste „Fire-Regulation" (Brandordnung) für die ältesten nordamerikanischen Siedlungen in Neu-England erlassen wurde.

Aber erst hundert Jahre später gelangten englische Feuerspritzen nach New York, Boston und Philadelphia.

In letzterer Stadt gründete der Buchdrucker, amerikanische Staatsminister und Erfinder des Blitzableiters, Benjamin Franklin, die erste freiwillige Feuerwehr.

Als Gesandter der Vereinigten Staaten in Paris hatte er die dortigen „Kgl. Spritzenwächter" als zweitälteste Berufsfeuerwehr Europas kennen gelernt.

Von seiner intensiven Beschäftigung mit dem Blitzschutz her kannte er die jeder menschlichen Siedlung drohenden Brandgefahren nur allzu genau.

Ein zeitgenössisches Gemälde zeigt Benjamin Franklin vor dem ersten Spritzenhaus von Philadelphia mit dem gleichen weißen Helm mit vergoldeter Kokarde, den noch heute die amerikanischen „Fire Chiefs" allgemein tragen.

Zu Beginn des amerikanischen Unabhängigkeitskrieges brannte die New Yorker Innenstadt in derselben Weise größtenteils ab wie 1838 anläßlich des großen Stadtbrandes von Manhattan.

Diese Katastrophe zeitigte die Gründung der ersten Bergungskorps privater Feuerversicherungsgesellschaften nach dem Vorbild gleichartiger Einrichtungen im englischen Mutterland.

Seitdem die britischen Truppen 1812 das Kapitol und das Weiße Haus zu Washington in Brand gesteckt hatten, schossen in allen Teilen des Landes freiwillige Feuerkompanien aus dem Boden. Diese waren und sind noch heute von der staatlichen und Gemeindeverwaltung unabhängige eingetragene Vereine.

Sobald irgendwo auf dem weiten nordamerikanischen Kontinent eine neue Siedlung entstand, wurde bald auch das „Fire House“ errichtet, die „Fire Company“ aufgestellt und Löschgerät beschafft.

So hatte schon vor hundert Jahren Winnepeg im kanadischen Mittelwesten bereits eine gut organisierte freiwillige Feuerwehr, während zur gleichen Zeit New Yorker Wehrmänner in der aufstrebenden Goldgräberstadt San Franzisko eine Tochterfeuerwehr aufgestellt hatten.

Was allerdings nicht verhinderte, daß dieses kalifornische Abenteurernest damals zweimal fast völlig niederbrannte ...

Die amerikanischen Feuerspritzen jener Zeit waren kunstvoll verziert, vergoldet und bemalt wie große Karusselorgeln.

An langen Tauen wurden sie von ihrer Mannschaft durch die endlosen geraden und breiten Straßen unter ständigem Anschlagen der großen Schiffsglocke im Laufschritt gezogen.

Ihnen folgte die Schlauchkompanie mit dem Hydrantenkarren sowie die Haken- und Leiterkompanie, die auf ihrem „Truck“ außer Anstelleitern und Einreißgerät hauptsächlich Feuereimer mitführte.

Die landesübliche „Bucket Brigade“ — organisierte Eimerkette — mußte noch bis zu unserer Zeit in vielen kleineren Präriesiedlungen die Löschmaschine mit ihrer „Inkorporierten Feuerkompanie“ ersetzen.

Nach den ersten Siamesischen Zwillingen der vierziger Jahre benannte man das Verteilungsstück für amerikanische Feuerwehrschläuche kurzerhand „Siamese“, wie es dort noch heutzutage heißt!

Die amerikanischen Schläuche bestanden schon frühzeitig aus einfachem oder doppeltem Baumwollgewebe mit einer Gummieinlage.

Sie hatten von Anfang an die auch in England und früher in Hamburg übliche zweieinhalb Zollweite wie die Deckwasch- und Feuerschläuche der gesamten internationalen Seeschiffahrt.

Die Wehrmänner trugen außer dem noch heute üblichen gummierten Lederhelm mit der Kompanienummer auf der Kokarde an ihrem blauen Uniformhemd die „Badge“, die bekannte amerikanische Polizeimarke. Im sonnigen Süden der Vereinigten Staaten gab es neben den weißen Feuerwehrabteilungen auch Negerkompanien.

Wer ein Feuer entdeckte, lief zum Hauptplatz der Siedlung, um dort mit einem Vorschlaghammer auf einen großen Eisenreifen zu schlagen, der an einem Holzständer hing.

Jede Kompanie hatte ihr eigenes Gerätehaus und diese völlige Dezentralisierung haben die amerikanischen Wehren bis auf den heutigen Tag fast unverändert beibehalten.

1855 wurden die Beobachtungsposten der New Yorker Kirchtürme durch den ersten Feuertelegraphen Nordamerikas verbunden.

Zur selben Zeit führten Cincinnati, Ohio, und New York auch die ersten Dampffeuerspritzen ein; sie wurden wie die übrigen Geräte noch lange Jahre von Hand gefahren.

In New York, das damals schon eine der größten Städte der Welt war, führten die politischen Unruhen des amerikanischen Sezessionskrieges 1865 zur Gründung der ersten städtischen Berufsfeuerwehr.

„Fire Department“ (Feuerabteilung) nennt der Amerikaner seither die Feuerwehrorganisationen, ganz gleich, ob Berufs- oder freiwilliger Art.

Hydranten gaben es schon seit 1840, jedoch von Kanada bis Neu-Mexiko, von New York bis Kalifornien einzig und allein nur Überflurhydranten.

Ähnlich wie in Wien, so sind auch in Nordamerika Unterflurhydranten bis heute so gut wie unbekannt geblieben.

Zugleich mit der Feuerwehr wurde auch die New Yorker „Fire Patrol", das private Bergungskorps der Feuerversicherer, hauptamtlich.

1863 wurde die amerikanische Dampfspritze „Viktoria" in Frankfurt a. M. öffentlich vorgeführt, unterlag jedoch im Wettstreit gegen die höher drückende Metzsche Abprotzspritze!

Trotzdem kaufte sie der König von Württemberg an, um sie seiner braven Stuttgarter freiwilligen Feuerwehr zum Geschenk zu machen.

Ungezählten und verheerenden Flächenbränden in amerikanischen Siedlungen folgte 1870 der „Große Brand von Chikago", dem der größte Teil dieser riesigen Handels- und Industriestadt zum Opfer fiel.

Und dabei verfügte die Chikagoer freiwillige Feuerwehr bereits damals über elf Dampfspritzen und ein halbes hundert Schlauchwagen!

Der 5. Oktober, an dem der Brand von Chikago im Stall eines Vorstadtfarmers ausgebrochen war, dessen Kuh die brennende Stallaterne in das Stroh stieß, wurde vom Präsidenten der Vereinigten Staaten zum Beginn der alljährlichen Feuerschutzwoche bestimmt.

Auch verdankt dieser Katastrophe die Nationale Brandschutzliga von Nordamerika (N. F. P. A.) ihre Entstehung.

Auch der „National Board of Fire Underwriters", die Vereinigung aller amerikanischen Feuerversicherungsanstalten, sowie die „International Association of Fire Chiefs" (Feuerwehroffiziersverband für USA und Kanada) verdanken dem Riesenbrand von Chikago erst ihre heutige Bedeutung.

1872 mußte die Innenstadt von Boston daran glauben, weil das Feuer sich von einem hölzernen Mansardendach zum anderen ausbreitete, während die freiwillige Feuerwehr zur Beförderung ihrer Dampfspritzen der Straßenbahn erst die Pferde ausspannen mußte!

Damals baute der deutsche Einwanderer Peter Pirsch in Kenosha (Wisconsin), und die Firma Skenner in Chikago die ersten fahrbaren Feuerwehrleitern Nordamerikas.

Diese Leiterkonstruktion mit über der Vorderachse gelagertem Drehturm für den Leiterpark war an sich schon ein halbes Jahrhundert alt und stammte aus Süddeutschland.

Von dort hatten Auswanderer das System nach der Neuen Welt mit hinüber genommen, während in ihrer alten Heimat die erste Drehleiter auch erst fünfzig Jahre später in Nürnberg entstand.

1867 war in Elberfeld die einholmige Hakenleiter eingeführt worden. Sie stammte ursprünglich aus Sachsen, wo sie schon zur Zeit des Siebenjährigen Krieges bekannt war.

Ein aktives Mitglied der freiwilligen Feuerwehr Elberfeld wanderte in den siebziger Jahren nach Nordamerika aus, trat in die Berufswehr der damals besonders stark deutsch betonten Stadt St. Louis ein, wo er es bis zum „Fire Captain" brachte.

Die einholmige Hakenleiter — „Scaling- bzw. Pompier Ladder" genannt — und der Stoffgurt mit birnenförmigem Karabinerhaken fanden durch diesen Deutschen nicht nur in St. Louis, sondern auch bei der New Yorker Feuerwehr Eingang.

In der Folgezeit haben sämtliche amerikanische Feuerwehren diese Leiterart nebst „Life Belt" (Rettungsgürtel) einheitlich übernommen, während ihr deutscher Lehrmeister bei einem Lagerhausbrand in St. Louis ums Leben kam.

Die 80er Jahre verbannten in Amerika die Handdruckspritze auf das flache Land, denn bis zur kleinsten Stadt wurde jede Berufs- und freiwillige Feuerwehr mit Dampfspritzen ausgerüstet.

Dies war aber auch dringend nötig, weil man seit hundert Jahren in Stadt und Land ohne jede Rücksicht auf Feuersicherheit gebaut hatte und die klimatischen Verhältnisse das Übrige dazu taten, um überall Katastrophenbedingungen zu schaffen.

Diese Sünden der Väter wirken sich in Nordamerika noch bis auf den heutigen Tag in unheilvollster Weise aus, haben aber dem dortigen Feuerwehrwesen dafür einen Auftrieb verliehen wie wohl sonst nirgends in der Welt!

Was den Häusern an Feuersicherheit fehlte, suchte die amerikanische Feuerwehr durch besondere Schnelligkeit beim Ausrücken zu ersetzen: Feuermelde- und Alarmanlagen mit Ruhestrom, Sicherheitsschaltung und Einschlagweckern kamen schon damals in Amerika auf, die Rutsch- oder Gleitstange trat von dort ihren Siegeszug durch fast alle Feuerwachen der Welt an, automatische Türöffner für Ausfahrtstore und von der Decke herablaßbare Pferdegeschirre stammen ebenfalls aus dem Nordamerika jener Zeit.

Infolge der enormen Brandgefahr und der Raschheit der Feuerwehren entwickelte sich ein Wettstreit zwischen Gefahr und Zeit, zwischen Brandausbruch und Rettungswerk, der drüben eine ganz besondere Art von Feuerwehrromantik aufkommen ließ.

In deutschen Städten weiß mancher kaum, wo die Feuerwache liegt. Ganz anders in der Neuen Welt, wo jeder Amerikaner schon von Kindheit auf die „Spritzen- oder Leiterkompanie“ seines Viertels fast täglich zu sehen bekommt.

New York hat über 360 Feuerwachen, Los Angeles deren mehr als 80!

Bei uns sind die Tore der Feuerwache tagsüber geschlossen, denn die Wachbesatzung arbeitet hinten in den Werkstätten.

Drüben lehnt die Fahrzeugbesatzung vor dem offenen Tor der Wache, scherzt mit Frauen und Kindern und kennt jedermann im ganzen Straßenblock.

Hierzulande rückt die Feuerwehr wohl auch häufig aus, aber in Amerika alle Stunde:

Nacheinander explodieren dort der Gasofen, der Ölbrenner, Benzin oder Flüssiggas, gehen Abfälle unter der unverputzten Holztreppe in Flammen auf oder brennt Holzwolle im Keller.

Biegt dann der erste Spritzenwagen um die Ecke, so wollen sich die geängstigten Bewohner der vielstöckigen Mietshäuser bereits aus dem Fenster stürzen.

Jede Hausfront hat nach der Straße zu zwar eiserne Feuertreppen und Rettungsbalkons, aber bei Bränden machen Rauch und Flammen, im Winter noch die sibirische Kälte und Vereisung diese Fluchtwege vorzeitig unpassierbar.

Der erste Löschtrupp nimmt sofort von der Straße her ein B-Rohr vor, um mit dessen Strahl die brennende Hausfront abzuwaschen. Weitere Schlauchmänner eskaladieren mit der einholmigen Hakenleiter nach oben, um die Hausbewohner wenigstens zu beruhigen. Der mit dem roten Funkwagen eingetroffene Brandchef im weißen Helm brüllt seine Befehle in das Mikrophon des Lautsprechers. Endlich erscheint auch der „Hook & Ladder Truck“, ein dreiachsiger Sattelschlepper, dessen durchlenkbare Hinterachse von dem in schwindelnder Höhe thronenden „Tillerman“ gesteuert wird. Dessen Gabelsitz wird vor der Brandstelle herumgeschwenkt, die Drehleiter mittels zweier gespannter Federn aufgerichtet und von Hand — neuerdings auch mit motorischer Kraft ausgeschoben. Wenn dieses Leiterungetüm durch die Straßen und um die Ecken rast, pflegen die Amerikaner zu sagen:

„Die Feuerwehr rückt aus; einen wollen sie retten — zwei fahren sie vorher unterwegs tot . . .“

Während der Fahrt haben die Wehrmänner Helm, Feuerkittel und Gummistiefel angelegt, um für die große „Wasserpantomime" gerüstet zu sein.

Denn ein eisernes, wenn auch ungeschriebenes Gesetz der amerikanischen Feuerwehr besagt:

> „Sobald in einem Hause ein Stockwerk gänzlich vom Feuer ergriffen ist, muß der Innenangriff eingestellt und das Gebäude von allen Löschkräften geräumt werden!"

Da andernfalls nämlich der Schwindelbau leicht vorzeitig über den Köpfen der Wehrmänner zusammenbricht, wie es leider alljährlich bei ungezählten Brandkatastrophen in Nordamerika vorkommt ...

Dann wird der brennende Häuserblock von allen Straßenseiten aus mit Wasserwerfern auf dem Gefechtsdeck der Löschfahrzeuge, mit auf der Straßenfläche postierten Wasserkanonen und in großen Städten noch mit fahrbaren Wasserteleskopmasten umstellt, „hoch im Bogen" über das Dach und durch alle Fensteröffnungen angespritzt, bis das Feuer schließlich ersäuft ist oder die Umfassungsmauern zusammenfallen.

Über 15 000 Todesopfer waren in jedem der letzten Jahre bei Bränden in USA und Kanada zu verzeichnen, während der jährliche Brandschaden in die Milliarden Dollar geht!

Und dabei verfügen die amerikanischen Wehren über die modernsten Hilfsmittel in Form von Hochdruckpumpen, Wassernebel, Trocken- und Schaumlöscheinrichtungen, Riesenfeuerlöschboote in den Häfen und umfassende Funkanlagen zur Befehlsübermittlung.

Eine besondere Geißel des gesamten Kontinentes bilden auch die furchtbaren Waldbrände, zu deren Bekämpfung eigene Feuerwehrflugzeuge, Hubschrauber und staatliche Waldbrandfeuerwehren eingesetzt werden.

Ein Netz von Beobachtungstürmen überzieht die gesamten riesigen Waldgebiete, aber der kleinste Funke genügt, um Busch und Hochwald, Forsthäuser und angrenzende Ortschaften in ein einziges meilenweites Feuermeer zu verwandeln!

Oder die großen amerikanischen Ströme Mississippi, Missouri, Ohio, Alleghany usw. treten urplötzlich über ihre Ufer und schwemmen außer Wohnhäusern, Fabriken und Bahnkörpern auch Mineralöltanks und Hochspannungsanlagen mit sich fort.

Dann entstehen inmitten des überfluteten Gebietes zu allem Unglück noch Flächenbrände und Explosionen.

Was alle diese Katastrophen noch übrig lassen, wird alljährlich durch Tornados, rasende Wirbelstürme, in die Lüfte geschleudert und anschließend „am Boden zerstört" ...

Dagegen herrscht in den amerikanischen Wolkenkratzern, den in Stahlskelett und Eisenbeton ausgeführten Hochhäusern, vorbildliche Feuersicherheit:

> Elektrische Hochdruckpumpen in den Kellern und Wasserhochbehälter auf den Dächern speisen Steigrohrleitungen und Wandhydranten, Innen- und Außensprinkleranlagen.
> Brandschleusen und Feuerschürzen, vollständig abgetrennte Treppentürme und Aufzüge bieten allen Insassen dieser Hochbauten rechtzeitige und hinreichende Rückzugsmöglichkeiten.
> Rauchmeldeanlagen und selbständige Feuermelder ergänzen die auf jedem Stockwerk verteilten Druckknopfmelder.

Diese Nachrichtenmittel laufen zum Teil in den privaten Feuermeldezentralen der Amerikanischen Distrikt-Telegraphengesellschaft und Western Electric Corporation ein.

Ihre Nachrichtenstellen stehen mit den städtischen Feueralarmzentralen in ständiger und direkter Verbindung.

Betätigt man irgendwo im Stadtgebiet einen Feuermelder, so setzt in der Zentrale dessen Auslösung eine Art Hollerithmaschine in Betrieb.

Ihre Lochkarten lösen von der Zentrale den Alarm auf allen Feuerwachen aus, die zu dem betreffenden Melder auszurücken haben.

Auf den ersten Alarm rücken in New York z. B. stets mindestens vier Spritzen- und zwei Leiterkompanien sofort aus, gefolgt vom zuständigen Bataillonschef und einer Rettungskompanie mit Feuertauchern und Atemschutzgeräten.

Reicht dieses Aufgebot nicht aus, so genügt ein nochmaliges Auslösen desselben Melders, um ein gleichstarkes Aufgebot an Löschkräften mit dem zuständigen Distriktsbeamten, einem Wasserteleskopmast sowie einer Unfallambulanz zur Brandstelle zu bringen. Auf „3. Alarm" folgen sodann weitere Spritzen- und Leiterfahrzeuge, eines oder mehrere Löschboote, der oberste Brandchef von Groß-New-York mit dem Feuerwehrarzt und dem „Feuerkaplan".

Letzterer dient dazu, um Verunglückten und Sterbenden ungeachtet ihrer Konfession geistlichen Beistand zu leisten und letzten Trost zu spenden.

In den ländlichen „Grafschaften" werden die einzelnen Ortswehren heutzutage mittels eigenem oder polizeilichen Sprechfunk im Notfall auf Hunderte von Meilen rasch und planmäßig zusammengeholt.

Diese und andere Maßnahmen gehören zum System der Katastrophenhilfe, welches von der amerikanischen Bundesregierung seit Jahren im Interesse einer wirksamen zivilen Verteidigung vorbereitet und mit ungeheueren Mitteln langsam, aber sicher durchgeführt wird.

Südamerika

Zu den ältesten Feuerwehrorganisationen Südamerikas gehören die von Chile.

Vor fast hundert Jahren haben dort einheimische Chilenen und vor allem Einwanderer aus Nordamerika und Europa in den drei größten Städten Valparaiso, Santiago und Valdivia internationale Feuerwehrkorps auf rein freiwilliger Grundlage ins Leben gerufen.

Bei diesen Wehren hatte bis zum letzten Kriege jeder Löschzug Uniform und Ausrüstung, Geräte und Fahrzeuge, Kommandosprache und Übungsordnung seines früheren Heimatlandes.

So gab es eine nordamerikanische, englische, deutsche, französische, italienische und spanische Feuerwehrabteilung.

Ehrenamtlicher Oberkommandant der Gesamtfeuerwehr war meist ein einheimischer Chilene, z. B. bei der freiwilligen Feuerwehr Valparaiso lange Jahre der Rechtsanwalt Rafael Louis Barahona.

Bei den einzelnen Abteilungen ging die nationale Eigenart dagegen so weit, daß die Brandmeister und Oberfeuermänner der deutschen Löschzüge bei den chilenischen freiwilligen Feuerwehren noch bis nach dem ersten Weltkrieg sogar — preußische Pickelhauben trugen!

Die Geräteausstattung dieser Wehren war von Anfang an in jeder Weise umfassend mit allerlei amüsanten internationalen Mischungen. So sah man im alten Valdivia deutschsprachige Wehrmänner in rein deutscher Uniform die amerikanische Riesendampfspritze — nicht anders als eine nordamerikanische freiwillige Feuerwehr im wilden Westen — im Laufschritt an langen Zugseilen durch die heißen und staubigen Straßen ziehen.

Oder aber zu einer deutschen Kraftfahrspritze der späteren Zeit mußte den chilenischen freiwilligen Feuerwehren, auch wenn es sich um deren deutsche Abteilungen handelte, durchaus ein automobiler Schlauchwagen mitgeliefert werden.

Und zwar deshalb, weil es bei den Kraftspritzenabteilungen nordamerikanischer Wehren seit je ohne zusätzlichen Schlauchtender einfach nicht geht...

Auch die allgemeine Feuersicherheit war in Chile mehr amerikanischer als europäischer Art, so daß die Hafenstadt Valparaiso Ende des vorigen Jahrhunderts mit ihren riesigen Holzbauten allen internationalen Dampfspritzen zum Trotz rettungslos abbrannte!

Den internationalen freiwilligen Feuerwehren der chilenischen Städte kann einzig und allein die frühere Internationale Feuerbrigade von Shanghai würdig zur Seite gestellt werden, sowohl in bezug auf ihre Zusammensetzung aus verschiedenen Nationalitäten wie auf ihre Mitglieder selbst:

Wie früher in Shanghai, so rekrutieren sich auch bei den chilenischen freiwilligen Feuerwehren deren Mitglieder aus den angesehensten Bürger- und Einwandererfamilien sowie aus den Kreisen des Handels und der Industrie.

Dem jungen Nachwuchs dieser Familien und Gesellschaftskreise gilt der aktive Feuerwehrdienst als eine Art von gemeinnützigem Sport — eine Auffassung, die in heutiger Zeit auch in unseren besser gestellten Schichten zu begrüßen und von Nutzen wäre.

Nachdem das Zeitalter der Flächenbrände inzwischen auch in Chile aufgehört hat, haben die dortigen Wehren bei den schweren Erdbebenkatastrophen der neuesten Zeit ausreichende Betätigungsmöglichkeit gefunden.

Jenseits der Anden in Argentinien tun sich von jeher neben anderen Nationalitäten die italienischen Einwanderer im freiwilligen Feuerwehrdienst der Provinzstädte hervor.

In der Hauptstadt Buenos Aires dagegen hat man frühzeitig einer bewaffneten Polizeitruppe nach dem Vorbild des Pariser Feuerwehrregiments den gesamten Brandschutz anvertraut.

Dieses weit über tausend Mann starke, militärisch organisierte Löschkorps richtet sich seit der Motorisierung seiner Löschzüge auch in der Ausstattung mit Fahrzeugen und Geräten wie auch in seiner persönlichen Ausrüstung strengstens nach Pariser Muster.

Obwohl die argentinische Hauptstadt in ihrer ungeheuren Ausdehnung und mit ihren zahllosen Wolkenkratzern einer Großstadt Nordamerikas ähnelt, ist es interessant zu beobachten, daß man trotzdem den gesamten Feuerschutz nach europäischen Grundsätzen eingerichtet hat.

Im Hinterland der Hauptstadt haben deren Feuerlöschtruppe wie auch die Wehren der Provinzorte längs des La-Plata-Flusses ungeheuere Industrieanlagen und vor allem Mineralöl-Tanklager zu schützen.

Neben den Löschzügen zu Lande stehen für diesen Zweck auch mehrere Feuerlöschboote größten Ausmaßes zur Verfügung.

Auch bei ausgedehnten Waldbränden in diesem Gebiet müssen die Löschkommandos der Hauptstadt häufig über weite Entfernungen den örtlichen Wehren zu Hilfe eilen.

Außer den freiwilligen Feuerwehren in den Hauptorten von Chile und der argentinischen Provinz sind auf südamerikanischem Gebiet freiwillige Feuerwehrorganisationen vor allem in den früheren deutschen Siedlungsgebieten Brasiliens bekannt geworden.

In Blumenau und den anderen deutschen Kolonien des brasilianischen Hinterlandes haben noch bis zum letzten Kriege die freiwilligen Feuerwehren jahrzehntelang an ihrer deutschen Kommandosprache festgehalten und dem früheren Deutschen Feuerwehrverband als Auslandsmitglieder angehört.

Die Hauptstadt Rio de Janeiro beschaffte schon vor dem ersten Weltkrieg einen deutschen Automobillöschzug.

Die Millionenstadt Sao Paulo im Landesinnern dagegen stand schon damals mehr unter amerikanischen Einfluß, weshalb Automobildampfspritze und Feuermeldeanlage aus Nordamerika beschafft wurden.

Die eigenartige Feuerwehrorganisation beider Städte gilt auch für die in den meisten übrigen Haupt- und Großstädten Südamerikas mit Ausnahme von Argentinien und Chile.

Es handelt sich hierbei um eine Verbindung von ziviler Berufs- und Militärfeuerwehr, von privater Versicherungsbrigade, staatlicher und kommunaler Organisation.

Das ganze Institut bezeichnet sich als „Societate Anonima" (Aktiengesellschaft), wird aus öffentlichen Mitteln und durch private Versicherungsgesellschaften unterhalten und bildet eine eigene Körperschaft.

An ihrer Spitze steht der „Tenente Colonel", der Oberstleutnant.

Offiziere, Unteroffiziere und Mannschaft sind streng militärisch organisiert, diszipliniert und uniformiert.

Dabei sind sie in Wirklichkeit weder aktive Angehörige der Armee noch der staatlichen Polizei.

Dieses nur in Südamerika bekannte Feuerwehrsystem hat sich bei den dortigen Unruhen und politischen Konflikten stets bestens bewährt.

Wird die Regierung gestürzt, bleibt die „Feuerwehrgesellschaft" hiervon ebenso unberührt wie von einem radikalen Wechsel bei der örtlichen Stadtverwaltung.

Ist die Staatskasse oder der Gemeindesäckel leer, vermag sich die Wehr aus eigenen Mitteln und mit Hilfe der Privatversicherungen auch dann noch weiter zu erhalten.

In Sao Paulo war die Feuerwehr bis vor einigen Jahren in einer einzigen Kaserne zentralisiert, so daß sie oft meilenweite Fahrten unter erheblichem Zeitverlust zur Brandstelle zurückzulegen hatte.

Erst in letzter Zeit konnten in dieser ausgedehntesten Stadt Brasiliens ein paar Nebenfeuerwachen eröffnet werden.

Brasilien wird leider nicht selten von Katastrophen heimgesucht.

Flächenbrände und Explosionen, Eisenbahnzusammenstöße und Elementarereignisse halten die dortigen Wehren stets erneut in Atem.

Für die übrigen südamerikanischen Staaten und Länder gilt der Grundsatz, daß die Haupt- und Großstädte über Feuerwehrorganisationen nach Art der geschilderten, die Provinzorte über keine nennenswerten Löscheinrichtungen verfügen.

Große südamerikanische Farmen und Plantagen besitzen vielfach ihre eigene Betriebsfeuerwehr, nicht selten mit deutscher Kraftspritze.

Japan und China

Bis vor hundert Jahren bestand im alten Nippon die wichtigste Brandschutzmaßnahme darin, daß man jedem Bürger, in dessen Haus Feuer ausbrach, kurzerhand den Kopf abschlug . . .

Im Gewirr der hölzernen Tempel, Bambus- und Papierhäuschen mußte jeder Brandausbruch zu einer unabsehbaren Katastrophe führen.

Die Japaner fürchteten Erdbeben mehr als das Feuer, so daß sie für ihre Wohnungen noch heute an der angestammten leichten Bauweise festhalten.

Nicht ganz so stark war die Brandgefahr in dem aus Holz und Lehm erbauten Siedlungen des chinesischen Festlandes.

In ihnen opferte man fleißig dem Stadtgott, um das Gemeinwesen vor Feuersgefahr zu bewahren.

Polizei gab es in beiden Ländern schon seit dem Mittelalter. Sie hatte die Aufgabe, durch symbolische Zeichen aller Art die Macht des Feuers zu bannen.

In China geschah dies durch Fahnen, Trommeln und Glöckchen, in Japan durch buntbemalte Feldzeichen und Papierlampions. Seit dem Mittelalter gab es dort bereits auch ständig besetzte Feuerwachen.

Auf einem hölzernen Beobachtungsturm hielt Tag und Nacht ein Posten nach Bränden Ausschau. Hatte er ein Feuer entdeckt, so lief er ins Wachlokal, wo die Löschmannschaft mit dem Kopf auf einer waagerechten elastischen Bambusstange schlief.

Um sie aufzuwecken, schlug der Wächter mit einem Holzhammer auf das freischwebende Ende der Stange, so daß die Köpfe der Ruhenden automatisch in die Höhe fuhren.

Niemand konnte daher behaupten, den Alarm verschlafen zu haben!

Schon vor dreihundert Jahren bildeten sich in Japan auch freiwillige Brandgilden, während in China der Feuerschutz ausschließlich in polizeilichen Händen blieb.

In beiden Ländern diente Jahrhunderte lang der Holzkübel als einziges Löschgerät. Dazu kamen in Japan noch leichte Bambusleitern und durch Imprägnieren schwer entflammbar gemachte Stoffe, die als Kopf- und Nackenschutz dienten.

Erst im 18. Jahrhundert wurde in Japan eine Feuerspritze erfunden, welche die Chinesen als „Feuerdrachen" bezeichneten.

Sie bestand zum größten Teil aus Bambus, hatte weder Windkessel noch Schläuche und nur ein primitives Wenderohr.

An ihrer geschweiften hölzernen Druckstange wurde sie zum Brandplatz getragen, wo sie die Wirkung etwa einer Gartenspritze hatte. Im alten Japan war diese Spritze ziemlich verbreitet, bei den Chinesen außer in Peking nur in den größten Hafenstädten.

Vor hundert Jahren gründeten die Engländer in ihrer Shanghaier Konzession die „Internationale Feuerbrigade", deren mustergültige Einrichtungen ganz Ostasien zum Vorbild dienten.

Auch die britische Kolonie Hongkong gegenüber Kanton erhielt eine solche Versicherungs-Feuerbrigade.

Nach der gewaltsamen Öffnung Japans für den Welthandel gelangten die ersten fahrbaren Spritzen und Feuerwehrschläuche englischer Herkunft dorthin.

Auch die französischen Konzessionen in Shanghai und Tientsin bildeten gemischte freiwillige und Polizeifeuerwehren.

Nach 1870 entsandte der Kaiser von Japan Studienkommissionen sowohl nach Nordamerika wie nach Europa, wo die Japaner Jahrzehnte hindurch ständige Gäste der Berliner Feuerwehr wurden.

In ihrer Heimat nahm seither das Feuerwehrwesen einen ebenso raschen und beispiellosen Aufschwung wie die meisten anderen Zweige von Kultur und Technik im aufstrebenden Nippon.

Es gab fast kein amerikanisches oder europäisches Löschgerät sowie feuerwehrliches Ausrüstungsstück, das nicht auch in Japan frühzeitig zur Einführung und Verbreitung gelangte.

Nach China gelangte die erste deutsche Dampfspritze aus Jöhstadt im Erzgebirge um die Jahrhundertwende und zwar zur deutsch-chinesischen freiwilligen Feuerwehr Tsingtau in Kiautschau.

Zur selben Zeit wurde dem Tenno, dem japanischen Kaiser, anläßlich einer großen Ausstellung in Tokio eine österreichische Dampfspritze von Czermak/Teplitz vorgeführt.

Unglückseligerweise traf ein Wasserstrahl die Paradeuniform des Kaisers, der damals noch göttliche Ehren genoß. Alles zitterte für das Leben der Löschgerätevertreter und ihrer unvorsichtigen Spritzenbedienung.

Aber der Tenno bemerkte lächelnd, er habe sich ja nun am eigenen Leibe von der Schlagkraft der Maschinen überzeugen können, und ließ mehrere dieser Dampfspritzen für die Hauptstadt ankaufen.

Schon damals war keine japanische Stadt ohne Berufs- oder freiwillige Feuerwehr, während das Innere von China noch immer im Urzustand verharrte.

In der Mandschurei waren einige russische „Požarni Komando“ entstanden, in Korea Wehren nach japanischem Vorbild.

Die Provinzstädte im Innern des Himmlischen Reiches haben nach dem ersten Weltkrieg den kühnen Sprung vom Wasserträger mit dem Holzkübel unmittelbar zur Tragkraftspritze aus Deutschland vollzogen.

Die Feuerbrigade in Shanghai hat als erste die Brandbekämpfung im Luftschutz praktisch durchführen müssen und ihre bitteren Erfahrungen von 1932 fanden auch bei uns starke Beachtung.

Die Feuerwehr im modernen Japan kennen wir aus zahllosen Zeitungsberichten, Zeitschriftenbildern und Filmstreifen. Altes und neues verbindet sich auch im heutigen Japan in sinnvoller Weise:

Beim Jahresfest der Feuerwehr Tokio, „Dezome Shiki“, vor dem Kaiserpaar machen Wehrmänner in ihren althistorischen Kimonos auf der Spitze freistehend zusammengebundener Bambusleitern Handstand. Dabei halten sie zwischen den Füßen bunte Kommandofähnchen mit symbolischen Zeichen zur Brandbeschwörung.

Dicht daneben sind die Magirus- und Metz-Motordrehleiter neuester Konstruktion aufgerichtet und ausgezogen.

Noch heute trägt der japanische Wehrmann trotz Feuerkittel und Stiefeln aus Gummi den Nacken- und Schulterschutz aus schwerentflammbaren Stoffen nach uraltem Rezept.

Auch die symbolischen Feldzeichen werden von den freiwilligen Wehren noch zu Großbränden mitgeführt, um durch den Anblick dieser Symbole den Kampfesmut der Mannschaft zu stärken.

In den Großstädten Japans hat die Bevormundung des Löschwesens durch die Polizei aufgehört, so daß die städtischen Branddirektionen allein für den Feuerschutz verantwortlich sind.

Dieser hat sich durch zunehmende Verbreitung erdbebensicherer Eisenbeton- und Stahlskelettbauten in den Verwaltungs-, Industrie- und Geschäftsvierteln bedeutend gebessert.

Vor dem letzten Krieg wollte der japanische Luftschutz die privaten Bambus- und Papierhäuschen ebenso niederreißen wie der türkische die Holzbauten von Alt-Stambul.

An beiden Stellen wurde diese Maßnahme schließlich doch nicht durchgeführt, so daß auch in Japan unheilvolle Flächenbrände nach wie vor an der Tagesordnung sind.

China hat durch die Auflösung der europäischen Konzessionsfeuerwehren in den Hafenstädten viel verloren und nur die Feuerbrigade von Hongkong steht noch unter britischer Leitung. Sie besitzt auch das größte seetüchtige Feuerlöschboot im gesamten Ostasien und in ihr können es die Chinesen bis zum Stations- und Distriktoffizier bringen.

V. TEIL

AUS DEN ANNALEN DER FEUERWEHR

Siebzig Jahre im Dienste der Feuerwehr

erzählt Albin Klein, Gießen a. d. Lahn

Was man erlebte in seiner Jugend,
Sei richtunggebend für Sinn und Tugend!

1886 Kilometerlange Kolonnen uniformierter Feuerwehrmänner marschierten anläßlich des Landfeuerwehrtages am Hause des Dr. med. Harnack in Leipzig, ihrem Landesfeuerwehrführer, vorbei. Ich im Schritt und Tritt mit. Ein gewaltiger Anblick.

1882 bis 1892. Täglich zweimal, früh nach sechs Uhr auf dem Wege zu meiner Lehrstätte und abends acht Uhr auf meinem Heimweg kam ich an dem schon damals zwei Stockwerk hohen Feuerwehrhaus am Fleischerplatz zu Leipzig vorbei. Gar oft sah ich Alarmierung, Abrutschen der Männer durch die Luken, das schnelle Ausfahren der mit Pferden bespannten Dampfspritzen.

1894 wurden meine Berichte über Feuerwehrtagungen in den „Harburger Nachrichten" veröffentlicht.

1897 war die „Waldecksche Zeitung" in Bad Wildungen der Anfang meiner Redaktionsaufgaben.

1899 wechselte ich an den größeren „Rheinhessischen Beobachter" (Verlagsort Ingelheim). Dort bin ich mit den Kreisfeuerwehrinspektoren Meier und Hofmann auf Inspektionen gegangen.

1902 kaufte ich in Gießen die 1605 gegründete Verlagsdruckerei (vormals Hampel, Karger, Chemlin usw.).

1904 wurde ich aktiver Feuerwehrmann.

1905 war die Ausgestaltung des goldenen Doppeljubiläums der beiden Gießener Feuerwehren (Gießener Freiwillige Feuerwehr und Freiwillige Geilsche Feuerwehr) eine meiner Hauptaufgaben.

1929 Der Verleger der „Hessischen Feuerwehr-Zeitung" bot mir die Verlagsrechte an. Ich zahlte einen anständigen Preis.

1944 Gießen wurde am 6. Dezember 1944 bombardiert. Als Siebzigjähriger habe ich das durch eingefallene Brandbomben in unserer Druckerei entstandene Feuer mit meiner Familie gelöscht. Von den dreizehn Gießener Druckereien blieb infolge unserer Löscharbeiten nur unsere jetzt dreihundertfünfzig Jahre alte Druckerei betriebsfähig.

1949 Am 15. Juni konnte ich die „Hessische Feuerwehr-Zeitung" wieder herausgeben.

1951 rief man mich von Kiel aus telefonisch an, in der ersten Beratung zwecks Gründung des Deutschen Feuerwehrverbandes in Münster (Westfalen) mit anwesend zu sein. Auch an den folgenden Besprechungen und an der Gründung des DFV im Januar 1952 in Fulda habe ich als Achtundsiebzigjähriger teilgenommen. Es waren erhebende Tage.

Das Deutsche Feuerwehr-Ehrenkreuz ist mein größter Stolz.

Brand eines Altgummilagers

Von Dipl.-Ing. E. Rietzel, Hannover

Hannover, Bartweg 7, am 9. April 1952, 22.23 Uhr

Im Industriegebiet Hannovers hatte sich in den Nachkriegsjahren mitten zwischen anderen, feuergefährlichen Industriebetrieben ein etwa 5 000 m² großes Altgummilager eingenistet, dessen eine westliche Hälfte aus Holzbaracken mit Teerpappdächern bestand und dessen östliche Hälfte noch zu Baracken ausgebaut werden sollte. In beiden Hälften des etwa 200 m langen und 25 m breiten Geländestreifens lagerten gestapelt riesige Mengen von Altgummi.

Nördlich der östlichen Hälfte, vom Altgummilager nur durch 2 Anschlußgeleise getrennt, befand sich der etwa 100 m lange und 30 m tiefe, massive, zweigeschossige Bau einer Essigfabrik, die nur mit einem Holz-Teerpappdach eingedeckt war und in der sich außer den Essigvorräten in senkrechten, hölzernen Behältern etwa 3 Millionen Liter Alkohol befanden.

Westlich des Altgummilagers, getrennt durch eine Straße, lagen ein großes Schnittholzlager, ein Kohlenlager mit Holzschuppen, die mit Teerpappe eingedeckt waren, und dahinter das Lager der größten hannoverschen Chemikalien-Großhandlung mit zahlreichen oberirdischen Tanks voll leichtentzündlicher Flüssigkeiten aller Gefahrenklassen.

Am 9. April 1952 geriet aus nicht aufgeklärter Ursache gegen 22.25 Uhr der eine der Holzschuppen des Altgummilagers in Brand. Das Feuer muß sich sehr rasch entwickelt haben, denn der anrückende Löschzug der Feuerwache 4 fand bereits einen sehr ausgedehnten Brand mit dunkel im tiefschwarzen Qualm lodernden Flammen vor, der größere Teile der Schuppen der westlichen Hälfte des Lagers erfaßt hatte. Der leitende Oberbeamte gab nach Eintreffen auf der Brandstelle, je mehr er sich in dem über den Erdboden sich hinwälzenden, tiefschwarzen Qualm über die Größe der Gefahr klar wurde, kurz nacheinander die Alarmstufen 3 (22.37 Uhr), 4 (22.40 Uhr) und 5 (22.44 Uhr). Der Branddirektor ordnete nach seinem Eintreffen noch den Einsatz zweier Löschgruppen der Freiwilligen Feuerwehr zur Brandbekämpfung und die Alarmierung der übrigen acht Löschgruppen der Freiwilligen Feuerwehr an, welche dann die entblößten 5 Feuerwachen der Berufsfeuerwehr besetzten und den Feuerschutz der übrigen Stadt übernahmen.

Taktisch war folgende Lage gegeben (siehe Lageplan!). Es herrschte ein glücklicherweise nur leichter Wind aus SO, der zusammen mit dem Auftrieb des Brandherdes Qualm, Hitze und vor allem Funken und sogar brennende Dachteile und Dachpapp-Fladen nach den Kohlenschuppen des Kohlenlagers sowie dem Schnittholzlager trieb. Gerieten diese in Brand, waren die oberirdischen Tankanlagen der Chemikalien-Großhandlung stark gefährdet. Es mußte also zunächst hier eine Barriere dadurch errichtet werden, daß Kohlenlager und Holzlager abgeschirmt wurden. Da weiter die Strahlungshitze so stark war, daß Holzfässer der Essigfabrik, die nördlich der Brandstelle auf einer Rampe jenseits des Doppel-Anschlußgeleises bereits Feuer fingen und sich das Feuer auch seitlich nach Osten gegen den von halbrechts einfallenden Wind in das noch offene Altgummilager fraß, mußte naturgemäß auch dieser Teil des Lagers abgeschirmt werden. Gelang dies nicht, so war die Essigfabrik nicht zu halten, zumal auch hier schon die ersten Fensterscheiben in Entfernungen bis zu 40 m vom Brandherd sprangen, die Fensterrahmen Feuer fingen und die riesigen, hölzernen, durch beide Geschosse gehenden Holzbottiche mit 3 Millionen Litern Alkohol sich gerade in Räumen befanden, deren Fenster auf das Altgummilager blickten. Zudem hatte diese Fabrik nur ein leichtes Holzdach mit Teerpappdeckung, die stellenweise auch bereits durch Strahlungshitze zu brennen anfing. Das Inbrandgeraten der Alkoholvorräte in den Holzbottichen aber konnte unübersehbare Folgen haben.

Nach Aufbau der Abschirmungen nach West und Ost wurde erst zum eigentlichen, konzentrischen Angriff übergegangen, indem jede Deckungsmöglichkeit gegen die ungeheure Strahlungshitze, die durch Mauern der südlichen Grundstücksbegrenzung und ein Bürogebäude gegeben waren, ausgenutzt wurden. Unnötig zu sagen, daß der Himmel blutrot gefärbt war und die tiefschwarzen schweren Qualmwolken Orientierung und Übersicht sehr erschwerten. Obwohl es ein offenes Feuer war, machten die ungeheure Strahlungshitze und vor allem das Schlüpfrigwerden und Kleben der Brandstelle, das durch Schmelzen und Breitlaufen geschmolzenen Gummis hervorgerufen wurde, den Löschmannschaften arg zu schaffen, standen diese doch stellenweise bis über die Knöchel in geschmolzenem, zähklebrigen Gummibrei oder rutschten gar aus und fielen in diesen hinein. Es kostete Mühe, sie da herauszuziehen und mancher Knobelbecher blieb darin stecken.

Die erforderlichen Abschirmungen gelangen. Nach 2½stündigem Kampf von 80 Feuerwehrleuten war die Macht des Feuers gebrochen, nach weiteren 4 Stunden war das Feuer aus und die Aufräumungs- und Nachlöscharbeiten begannen. Die Löschwasserversorgung war ausreichend, so daß 6 Pumpen mit einer Gesamtleistung von 13 000 l/Minutenleistung durch insgesamt 4 B- und 14 C-Rohre mit ihren Wassermassen die Nachbargrundstücke schützen und den Brand bezwingen konnten. Insgesamt waren 13 Großfahrzeuge der Berufsfeuerwehr und 2 der Freiwilligen Feuerwehr sowie 3 Personenkraftwagen hier eingesetzt.

„Dachstuhlbrand, Explosion!"

Von W. Ulrich, Bielefeld

Feuerwache, Mannschaftsraum. Nach dem Übungs-, Werkstätten- und sonstigen Arbeitsdienst des Tages sitzen die Männer, lesend, plaudernd, schach- oder skatspielend an den Tischen. Ein „Grand-Hand" ist angesagt und von schwerer Hand wird Kreuzbube auf die Tischplatte getrumpft.

Plötzlich schrillen die Alarmglocken. Das drittemal heute. Ein unterdrückter Fluch wegen des totsicheren Grands, die Türen der Rutschstangenkästen springen auf, Mann um Mann verschwindet in der Tiefe, und nach zehn Sekunden zeugen nur noch die durcheinandergeworfenen Spielkarten, umherliegende Zeitungen und umgefallene Schachfiguren von der so jäh unterbrochenen Abendunterhaltung.

In der Wagenhalle verkündet der Zugführer mit Stentorstimme das Ziel der Fahrt und genau eine halbe Minute nach Ertönen des ersten Glockenzeichens öffnen sich die Tore und verlassen vier dunkelrotglänzende Porsche-Elektromobile fast lautlos die Halle.

Die Brandstelle ist nur wenige Minuten entfernt. Kaum haben die Männer auf den niedrigen offenen Fahrzeugen Zeit Helm, Hakengurt und Gasmaskenbüchse zurechtzurücken und die Flammenschutzhandschuhe am Gurthaken zu befestigen. Dichter Qualm hüllt die oberen Geschosse des großen Industriegebäudes ein. Der harrenden Menschenmenge verkünden die roten Scheinwerfer und die melodischen Glockensignale, daß die Feuerwehr naht.

Die Männer springen von den haltenden Fahrzeugen. Zwei, drei Pfeifensignale, vom Zugführer gegeben, schrillen über die Menge. „Erstes Rohr, zweites Rohr vor!" Schnell, aber ohne Hast nehmen die Trupps ihre Geräte, winden sich die roten Schlangen der wasserspeienden Schläuche dem wütenden Element entgegen.

Plötzlich der Ruf: „Sauerstoffschutzgerät!"

Ein blutjunger Feuerwehrmann, der bisher wie unbeteiligt an dem ersten Fahrzeug gestanden hat, schultert den schweren Sauerstofftornister auf und findet in dem Wirrwarr von Schläuchen unbeirrt seinen Weg zum ersten Rohr, wohin ihn der Zugführer zur Unterstützung des Angriffstrupps beordert hat. Schritt für Schritt, fast bedächtig, erklimmt er das dunkle, hohe Treppenhaus. Er darf nicht atemlos oben ankommen, denn schwere Arbeit wartet seiner.

Auf dem oberen Treppenpodest kauern vier Männer in Qualm und Hitze vor einer Tür. Hier nützt die Gasmaske nichts, die Verqualmung im Dachraum ist zu stark, sie haben daher die Tür wieder geschlossen.

Der Mann mit dem Sauerstoffgerät erhält eine kurze Information. Prüfend erfaßt er mit der ungeschützten Hand den Türdrücker, zieht sie aber schnell zurück, denn der Drücker ist unerträglich heiß. Flammenschutzhandschuhe an! — Der Trupp nimmt Deckung, als der junge Kamerad, im linken Arm das blanke Strahlrohr, halbliegend die Tür vorsichtig aufzieht. Eine Glutwelle schlägt heraus. Prasselnd und sausend tobt der Rote Hahn im Dachgebälk.

Der Feuertaucher ist inzwischen mit seinem Schlauch einige Meter auf dem Bodengang vorgekrochen. Dicht über dem Fußboden strömt die Luft aus dem Treppenhaus dem Brandherde zu, ist die Temperatur noch erträglich. Der Gang winkelt links ab. Er führt in einen größeren Nachbarraum, dessen Tür offensteht. Hier wütet der Brand am ärgsten. Da fährt der Wasserstrahl zischend und dumpf rollend in das glühende Inferno.

Allein schafft er es nicht, das weiß der junge Feuerwehrmann. Andere Trupps, die dem Feuer über benachbarte Treppen und Drehleitern zu Leibe gehen, helfen die Brandstelle einkreisen. Aber diesen günstigen Platz muß er halten, sagt er sich.

Seine Kameraden, die am Ausgang zum Treppenhaus zurückbleiben mußten, rufen warnend: „Paß auf, auch über dir brennts!" Der Taucher dreht sich im Liegen halb um und richtet den Strahl nach oben. Zischend und heiß kommt das Wasser zurück, bald hat er keinen trockenen Faden am Leibe. Alle Sinne auf das äußerste angespannt, liegt er, sein Herz schlägt in Hitze und Anstrengung. Er richtet sein Rohr erneut nach vorn, wieder nach oben, nach links, halb nach hinten, wo auch der Inhalt einiger Bodenverschläge bereits Feuer gefangen hat. Aber er verläßt seinen Platz nicht. Ist es Leichtsinn? Wohl kaum! Schon öfter lag er mit dem einzigen Sauerstoffgerät des Löschzuges vorn, immer in Rufverbindung mit dem unterstützenden Trupp.

Ihm scheint, als lasse Glut und Hitze nach. — — —

Da dröhnt ein dumpfer Knall durchs Treppenhaus. Zwei Männer des Angriffstrupps werden einige Stufen heruntergeschleudert. Aber die Angst um den einsamen Kameraden im Feuer peitscht sie wieder nach oben. Ein Vordringen an der Schlauchleitung ist jedoch nicht möglich. Die Explosion hat alles, was noch nicht brannte oder schon abgelöscht war, in ein Flammenmeer verwandelt. Sie rufen, schreien. Keine Antwort. — — —

Da versagt plötzlich die Wasserzufuhr, der Schlauch wird schlaff. — — — Sie ziehen das Rohr unter den Trümmern ins Treppenhaus zurück; ohne den Mann. — —

Die Hitze reißt den Feuertaucher aus seiner Betäubung: Das Rohr ist fort! Wo ist das Rohr geblieben? Wo bleiben die Kameraden, wo der kühlende Wasserstrahl?

Jetzt das nackte Leben retten! Keine Zeit, die Fangleine irgendwo anzubringen und die fünf Stockwerke abzuseilen! Der Sprung dort ins Dunkle aber wäre der sichere Tot! Nur noch vielleicht eine Möglichkeit der Rettung: den Rückweg zur Treppe!

Der aber ist durch niedergestürzte Teile der Dachkonstruktion, durcheinandergewirbelte Verschlagwände versperrt. Der Unglückliche lüftet die Gesichtsmaske seines Atemgeräts und ruft mehrmals um Hilfe.

Nichts, nichts!

Die Hitze beginnt ihm durch die dampfende Kleidung zu fressen. Wo war die Richtung zur Treppe? Nur die Türöffnung zum anderen Raum gibt noch eine unsichere Orientierungsmöglichkeit. Wie eine Raubkatze in der brennenden Prärie setzt er in höchster Verzweiflung zum Sprung an, zum Sprung in die Hölle! Mit Kräften, wie sie nur Todesangst und Wahnsinn verleihen, arbeitet er sich, Schmerzempfindungen nicht mehr mächtig, zwischen den glosenden Trümmern hindurch.

Er bringt das Feuer hinter sich. Ein, zwei Quadratmeter Bodengang sind frei! Aber hilflos blickt der Gequälte um sich. Nun ist Orientierung und alle Hoffnung verloren. — — —

Fast schon zusammenbrechend erblickt er durch brennende Verschläge das Schwenken von Handlampen. Hört Rufe. Ganz nah ist die Rettung! Er nimmt sein Herz noch einmal in beide Hände, er springt — — —

Die Kameraden ziehen den Bewußtlosen heraus, bringen ihn in Sicherheit. Wie gut war es diesmal gewesen, daß sie vergessen hatten, ihn anzuseilen, wie die Vorschrift es verlangt! Sie nehmen dem Verunglückten die Ausrüstung ab, legen ihn nieder. Andere bringen ihn ins Krankenhaus.

Seine Jugend und Lebensenergie lassen ihn, der einen Nervenchock und schwere Verbrennungen davongetragen hat, wieder genesen.

Wie konnte das Unglück geschehen?

Kein besonderer Fall: In einem Bodenverschlag des Industriegebäudes war Karbid in Blechtrommeln gelagert. Durch die Hitze schmolzen die Lötnähte, verbogen die Verschlüsse, Löschwasser drang ein und das entwickelte Azetylen explodierte.

Der Branddirektor, bei dem sich der junge Feuerwehrmann nach seiner Genesung melden mußte, klopfte dem Braven freundlich auf die Schulter und meinte: „Ja, mein Lieber, Feuerwehr ist eben keine Lebensversicherung."

Zwei Kinder vor dem Flammentod bewahrt!

Von G. A. Hugo, Koblenz (Rhein)

Man schrieb das Jahr 1951. Weihnachten, das Fest des Schenkens und Friedens stand vor der Türe. In einer der engsten Gassen des zerstörten Koblenz wohnte in der 5. Etage der Druckereigehilfe R. mit Frau und zwei Buben im Alter von 6 und 3 Jahren. Nur zwei kleine, aber saubere Räume standen der Familie zur Verfügung. Die Nachkriegsverhältnisse ließen die Eltern nur bescheiden leben, da in der jungen Ehe noch zuviel beschafft und gesorgt werden mußte. Wie oft mögen trotzdem die beiden Jungen ihrer Mutter die großen und kleinen Weihnachtswünsche vorgetragen und sich auf das kommende Fest gefreut haben. Es sollte aber anders kommen.

Am Abend des 19. Dezember, der Vater hatte bereits seinen Nachtdienst angetreten, legte die Mutter die beiden Kleinen nach dem Abendessen zur Ruhe, brachte die Wohnung in Ordnung und ging, nach kurzem Blick auf die schlafenden Buben, zu einem Spaziergang durch die nahen Geschäftsstraßen. Hier und dort vor den Weihnachtsausstellungen der hell erleuchteten Schaufenster verweilend, war sie schon vor Ablauf einer Stunde wieder vor ihrem Hause angelangt. Beim Betreten des Hausflurs gewahrte sie plötzlich einen leichten Brandgeruch, welcher sich beim Emporsteigen zur Wohnung schnell verstärkte. Von einer jäh aufsteigenden Angst getrieben, eilte die Mutter die letzten Treppen hoch und sah mit Entsetzen, daß aus der Küchentüre ihrer Wohnung, also dem einzigen Zugang, der Qualm in dicken Schwaden hervordrang. Unter schrillen Hilferufen riß sie die Türe auf und prallte in der gleichen Sekunde zurück. Ein in der Küche herrschendes Schwelfeuer flammte bei der Frischluftzufuhr schlagartig zu einem, den ganzen Raum umfassenden Brande auf. Nur einen Gedanken hatte die vor Schreck erstarrte Frau: Hinter dieser Flammenwand lagen ihre zwei

Kinder und kein anderer Ausgang war vorhanden. — Unfähig zu jeder Hilfeleistung umstanden sie die herbeigeeilten Mitbewohner des Hauses. Mit ungeheurer Wucht schlugen die Flammen aus dem offenen Raum und fraßen sich über eine kleine Wendeltreppe in die darüber liegenden offenen Speicherräume. Wie die Mutter aber in fliegender Hast die Stockwerke hinunter und den Weg bis zur 150 m entfernt liegenden Feuerwache gelaufen war, wußte sie nachher nicht mehr zu sagen.

Zur gleichen Minute, es war 22.40 Uhr, waren die Lichter in den Dienst- und Schlafräumen der Feuerwehrgebäude gelöscht. Nur der Telegraphist vom Dienst saß vor seinen Empfangsapparaturen. Eben wollte sich der Leiter der Berufsfeuerwehr gleichfalls zur Ruhe begeben, als immer näher kommende gellende Hilferufe ihn aufhorchen ließen. Als er aber die Worte: Meine Kinder verbrennen — verstand, wickelten sich die folgenden Ereignisse in einem atemberaubenden Tempo ab. Sein Befehl: Alarm — war in den Fluren des Wachgebäudes noch nicht verhallt, als schon die Alarmglocken anschlugen und die Feuerwehrmänner zum Einsatz an die Rutschstangen sprangen. Ohne auf die Fahrzeuge zu warten, lief der Löschzugführer in fliegender Hast, gefolgt von der jammernden Mutter, zur nahegelegenen Brandstelle. Hier mußte er erkennen, daß eine Rettungsaktion durch die brennende Küche nicht die geringste Erfolgschance haben konnte. Der Brand hatte sich bereits auf die benachbarten Zimmer und den gesamten Speicherraum ausgedehnt. Lediglich die Türe zum Schlafzimmer der beiden Kleinen hielt, obwohl voll brennend, noch stand. Jetzt galt es, die wenigen Minuten bis zum Durchbruch der Flammen zu nützen. Die einzige Möglichkeit zur Rettung war von der Straße aus gegeben. Nur mit Mühe konnte sich der Löschzugführer von den Händen der wie wahnsinnig sich gebärdenden Mutter lösen, um die inzwischen eingetroffenen Kräfte einzusetzen. Selten ist von einer Feuerwehrbesatzung schneller und einwandfreier gearbeitet worden. Gleichzeitig mit dem Einsatz eines Rohres über das Treppenhaus zum Speicher rückte die erst neubeschaffte Kraftfahrdrehleiter in der nur etwas über drei Meter breiten Gasse an. Unter Einsatz der vollen Maschinenkraft schoß der Leitersatz in das Dunkel der Nacht zu den roten Brandschwaden an den Dachfenstern hoch. Im Kampf mit den Sekunden hastete der Rettungstrupp ohne Atemschutz über die Sprossen. Obwohl die Leiter fast ein Meter von der Dachkante entfernt war, sprang der Oberfeuerwehrmann mit einem Satz in das offenstehende Schlafzimmerfenster. In dem mit beizendem Rauch gefüllten Raum fand er nach kurzer Zeit den älteren Buben bewußtlos unter dem Fenster liegend. Unter äußerster Anstrengung mußte er sich, den Jungen freischwebend in die von außen einströmende Frischluft haltend, über die fast mannshohe Fensterbrüstung nach oben arbeiten, um das Kind seinem wartenden Kameraden übergeben zu können. Nach kurzem Atemholen tauchte er wieder in den siedendheißen Nebel zur weiteren Suche zurück. Vergeblich tastete er, ohne Sicht und fast dem Ersticken nah, die Betten nach dem zweiten Jungen ab. Doch als er, nach Atem ringend über ein Bett zum Fenster sprang, ließ ein leises Wimmern ihn den Liegeplatz des Buben erkennen. Völlig erschöpft konnte er auch ihn seiner Mutter übergeben. Es war keine Sekunde zu früh, denn der in Bereitschaft stehende zweite Angriffstrupp mußte sich den Zugang zu dem jetzt lichterloh brennenden Schlafzimmer von der Leiter aus erkämpfen. Von diesem Augenblick an hatte der Löschzug das Feuer in seiner Gewalt und konnte in harter zweistündiger Arbeit seine weitere Ausdehnung verhindern.

Vor einem Nichts stand nun die Familie R. Hatte sie auch an materiellem Gut alles verloren, so half hier die öffentliche Hand über das Schlimmste hinweg. Ihr wahrer Reichtum aber, ihre beiden Kleinen, war ihnen geblieben ohne Schaden erlitten zu haben.

Als die Feuerwehrmänner am Heiligabend dieser Brandnacht gedachten, schien ein feines Leuchten auf ihren ernsten Gesichtszügen zu liegen.

Filmbrandkatastrophen

Von B. Peill, Ladenburg a. Neckar

So wie die Jahre vor dem ersten Weltkrieg die Großbrände und Explosionen in chemischen Reinigungsanstalten, so brachte die Zeit nach dem damaligen Kriegsende Serien unheilvoller Filmbrandkatastrophen!

Der Großbrand in einer Filmverleihanstalt der südlichen Berliner Friedrichstraße war bis zum letzten Kriege noch in allgemeiner Erinnerung, obwohl er sich bereits Anfang der 20er Jahre dort abgespielt hatte.

1929 ließ der Brand eines Röntgenfilmlagers in einem dichtbelegten nordamerikanischen Krankenhaus die ganze Welt aufhorchen, da er über hundert Todesopfer forderte.

Bald darauf gingen zahlreiche Menschenleben und ein ganzer Häuserblock bei einem Filmlagerbrand in Zagreb, Jugoslawien, zugrunde.

Welche beispiellosen Schreckensszenen sich bei den damals so häufigen Filmbränden abspielten, möge folgender Bericht zeigen:

18 Januar 1931 im modernen kemalistischen Istanbul!

Über dem Hafenviertel von Galata unweit der Ottomanbank steigt eine braune Rauchsäule plötzlich zum Himmel.

Der Ruf „Yangin war — es gibt Feuer!“ ertönt auf der dichtbelebten Stambuler Hafenbrücke, während auf beiden Feuertürmen die buntfarbigen Feuerwimpel aufgezogen werden.

Die Tramwaystraße zwischen dem Bankenviertel von Galata und der Anhöhe von Pera ist durch eine tausendköpfige schreiende Menschenmenge verstopft.

Aus den Fenstern der Straßenfront des vierstöckigen monumentalen Geschäftshauses „Agopyan Han“ schießen riesige Stichflammen: In einer Filmverleihanstalt sind durch Unvorsichtigkeit die dort lagernden vierzig abendfüllenden Zelluloid-Spielfilme in Brand geraten!

Explosionsartig und mit Windeseile breitet sich das Feuer vom ersten nach dem zweiten Stock aus.

Treppenhaus und sämtliche Räumlichkeiten des großen Bürohauses sind binnen kurzer Zeit von giftigen braunen Zelluloiddämpfen erfüllt.

Mit ungeheurem Getöse rückt der erste Löschzug der Feuerwehrgruppe Beyoglu an, das deutsche Tanklöschfahrzeug arbeitet und die Straßenhydranten geben ihre letzte Wasserreserve her.

Nun erscheinen auch die Löschzüge aus der Feuerwehrzentrale Fatih in Alt-Stambul, aber niemand vermag in die völlig verqualmte Brandstelle einzudringen.

Die Istanbuler städtische Berufsfeuerwehr verfügt zwar über neuzeitliche Fahrzeuge und Kraftspritzen, aber leider noch über kein einziges brauchbares Atemschutzgerät.

Der Vertreter einer europäischen Löschgerätefabrik, der seit langem der Stadtverwaltung Gasmasken und Sauerstoffschutzgeräte immer von neuem angeboten hat, weigert sich, seine Lagerbestände an solchen Geräten nunmehr leihweise herauszugeben.

Angesichts der drohenden Gefahr könnte ihn die türkische Polizei ohne weiteres dazu zwingen.

Aber der Branddirektor weiß nur zu genau, daß die Benutzung von Atemschutzgeräten ohne langes vorheriges Training für ihre Träger den sicheren Tod bedeuten würde . . .

Innerhalb des Brandherdes selbst sind die vom Feuer überraschten Menschen längst in den Flammen umgekommen oder im giftigen Zelluloidrauch erstickt.

Dieses Bild aus dem Jahre 1881 vom Brand des Ring-Theaters in Wien läßt an Deutlichkeit zu wünschen übrig. Man erkennt aber im Vordergrund die Ansammlung von Feuerwehr und Polizei, in der Mitte Rettung von Personen mit Sprungtuch und Leiter, links eine Dampfspritze, in der Mitte ein Strahlrohr im Außenangriff und ein zweites auf dem Dach des Nebengebäudes rechts.

Brand des Grazer Landständischen Theaters am 24. Dezember 1823

Erster Rüstwagen der Wiener Feuerwehr (1869)

Fahrt der Unterkammeramts-Spritze zu einem Brande in einer Vorstadt

Die Feuerwehrzentrale von Wien im Jahre 1907

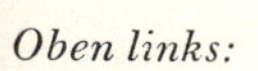

Oben links:

Feuerwehr-Hornist der Pariser Feuerwehr (1887)

Oben rechts:

Französischer Feuerwehroffizier in der großen Oper in Paris (1884)

Unten:

Dampfspritze der Pariser Feuerwehr (1878)

Aber oben im vierten Stock ist ein Dutzend Büroangestellter — Männer und Frauen, Türken wie Deutschen — der Fluchtweg über die Treppe durch Rauch und Flammen abgeschnitten.

An den straßenseitigen Fenstern harren sie sehnsüchtig auf Hilfe von unten, und bald ist inmitten des Flammenmeeres die zweirädrige italienische Abprotzspritze in Stellung gebracht.

Als die zweiteilige Leiter glücklich voll ausgeschoben ist, hat ihre Spitze gerade mit knapper Not den Mauervorsprung zwischen dem zweiten und dritten Stockwerk erreicht!

Drüben in Fatih besitzt die Stambuler Hauptgruppe zwar eine 18 m hohe deutsche Aufprotzleiter, aber deren Transportfahrzeug befindet sich an diesem Tage unglückseligerweise gerade in Reparatur ...

Nunmehr befiehlt der Branddirektor den Einsatz der noch vom Grafen Széchényi stammenden Rettungsgeräte.

Das Rutschtuch und der Rettungsschlauch werden vorgenommen, aber um sie für die Bedrohten nutzbar machen zu können, muß jemand erst zu ihnen selbst hinauf gelangen!

Die breiten Mauervorsprünge der monumentalen Hausfassade lassen weder die Anwendung der einholmigen amerikanischen noch der zweiholmigen italienischen Hakenleiter zu.

Inzwischen ist die Lage immer bedrohlicher geworden, denn nicht nur den Hilfesuchenden im vierten Stock wird von den giftigen Schwaden der braunen Zelluloiddämpfe übel, sondern sogar den Wehrmännern an den Hydranten und den Maschinisten an den Kraftspritzen ...

Auf der Spitze der zu niedrigen Zweiradleiter steht der an diesem Tage dienstfreie Gruppenführer Turmusch Effendi, der auf den Feuerlärm hin ohne Helm und Gurt zur Brandstelle geeilt ist.

Von seinem schwankenden Platz aus versucht er immer von neuem den Bedrohten im vierten Stock lassoartig eine Fangleine zuzuwerfen.

Trotz aller Anstrengungen will das Manöver leider nicht gelingen, denn der Abstand von unten ist zu groß.

Dabei breitet sich das Feuer immer weiter aus, die Bedrohten jammern und schreien von oben, die Volksmenge unten auf der Straße brüllt und tobt ...

Schließlich befiehlt der Branddirektor unten das runde Wiener Sprungtuch aufzuhalten.

Drei Wehrmänner und anderthalb Dutzend Zivilisten halten das Tuch, in das schon im nächsten Augenblick vielleicht mehrere der Bedrängten zugleich springen können.

Im letzten Augenblick ruft von der Leiterspitze Turmusch den zum Abspringen Bereiten das Wort „Dur — stop!“ zu, denn ihm ist inzwischen die rettende Idee gekommen:

Von seinen Leuten läßt er sich zwei Einreißhaken nach oben reichen, die durch Zusammenbinden entsprechend verlängert worden sind.

Am oberen Ende dieser langen Doppelstange befestigt der Gruppenführer eine Rettungsleine, die er auf diesem Wege den aus dem Fenster Hängenden von unten zureicht.

Mit ihrer letzten Kraft erhaschen diese das Seil, um es an einem schweren Geldschrank im vierten Stock zu befestigen.

Mit dem rechten Fuß auf der schwankenden Leiterspitze, mit dem linken auf dem Mauervorsprung stehend, gibt Turmusch den Bedrängten nunmehr das Zeichen zum Abseilen.

Männer wie Frauen lassen sich einer nach dem anderen an der dünnen Leine bis zum Gruppenführer hinabgleiten.

Dieser nimmt einen Geretteten nach dem anderen in Empfang, um sie den Wehrmännern zu übergeben, die unter ihm auf der Leiter stehen.

Daneben auf der Straße halten die freiwilligen Helfer mit gemischten Gefühlen das Sprungtuch, denn jeden Augenblick kann daß Seil reißen oder die Leiter neben ihnen umfallen.

Denn diese ist durch Retter und Gerettete völlig überlastet und beginnt, sich gefährlich zur Seite zu neigen.

Aber wie durch ein Wunder halten Seil und Leiter stand, so daß unter lautem Applaus der Zuschauer auch der letzte der zwölf vom Feuer Abgeschnittenen den sicheren Erdboden erreicht.

Die kleine schwache Zweiradleiter hat sich während der Rettungsaktion derart verzogen, daß sie nicht mehr zurückgekurbelt werden kann...

Kurz danach ertönt von neuem die Feuerwehrglocke — klappernd und scheppernd rückt nunmehr das Fahrzeug, welches der Garagenmeister drüben in Fatih in fliegender Eile instandgesetzt hat, mit der ausreichend hohen Leiter an.

Der Applaus der heißblütigen südländischen Volksmenge verwandelt sich in Pfuirufe und orientalische Verwünschungen!

Inzwischen ist der letzte Tropfen Wasser aus den Hydranten erschöpft, so daß Meerwasser aus dem Hafenbecken des Goldenen Horns im Relais zur Brandstelle hinaufgepumpt werden muß.

Die Dächer der Nachbarhäuser und des großen Postamtes Galata sind allseitig mit Strahlrohrmännern besetzt, die aus zwei Dutzend B-Schläuchen den brennenden Agopyan Han unter Wasser nehmen.

Langsam läßt gegen Abend die Gewalt des Feuers und der fürchterliche Zelluloidrauch nach, so daß die ersten Rettungstrupps nach und nach in die Brandstelle eindringen können.

Eine Tragbahre nach der anderen trägt man heraus und in das nahe österreichische St. Georgs-Spital:

Acht Todesopfer und zwölf Schwerverletzte hat die Katastrophe gefordert — seit langer Zeit das schwerste Unglück in der früheren türkischen Hauptstadt!

Am Morgen nach dem Unglückstag läßt der Wali — der türkische Gouverneur von Istanbul — kurzerhand sämtliche Filmverleihanstalten der Stadt polizeilich ausräumen und ihre Filmvorräte nach Alt-Stambul überführen.

Dort steht seit dem 16. Jahrhundert die alte Moschee Rustem Pascha mit ihren festungsartig starken Umfassungsmauern und ihrer massiven Kuppel — weitab von menschlichen Behausungen und sonstigen Gefahrenpunkten.

Diese Moschee dient hinfort allen Istanbuler Filmverleihern als vorläufige Lagerstätte, bis neue feuerpolizeiliche Vorschriften die Frage der Filmunterbringung zeitgemäß geregelt haben werden.

Der tapfere Gruppenführer aber erhält eine Belobigung und seine brave Wehr bald darauf auch endlich ihre Atemschutzgeräte, zwei Jahre später sogar eine vollautomatische 30 m hohe Magirus-Drehleiter nebst zwei Dutzend neuer Kraftspritzen gleicher Herkunft. Diese retten anschließend beim Brande des Stambuler Justizpalastes das wertvollste Kleinod der Stadt, die weltberühmte Hagia Sophia!

Brand auf der „Gneisenau"

Von R. Joop, Hannover

Als im Sommer 1940 die deutschen Seestreitkräfte dem Feind immer empfindlichere Verluste beifügten, verstärkten die Engländer ihre Luftangriffe auf die Stützpunkte der deutschen Marine in Frankreich. Zu diesen Stützpunkten gehörte auch der am weitesten westlich gelegene Kriegshafen Brest. Den Schiffen, die im Atlantik erfolgreich operiert hatten, bot er die erste und günstigste Zuflucht vor den verfolgenden englischen Kriegsschiffen.

Im Hafen stellten sie aber gute Ziele für die feindlichen Flugzeuge dar, besonders dann, wenn sie zur Überholung oder Reparatur irgendwelcher im Kampf erlittener Schäden im Trockendock liegen mußten und hierbei ihre eigenen schweren Flak-Geschütze nicht einsetzen konnten.

Der derzeitige Marineoberbefehlshaber Bretagne, Admiral Arnault de la Perrière, hatte deshalb bereits im Juli 1940 die ständige Bereitstellung einer Feuerschutzpolizeieinheit angefordert.

Das Feuerschutzpolizei-Regiment I („Sachsen") verlegte daraufhin im Juli 1940 zunächst einen Zug und am Ende des gleichen Jahres die gesamte 5. Kompanie dorthin.

Ihr oblag gleichzeitig der vorbeugende Feuerschutz in der Stadt und im Hafengebiet, z. B. durch Sicherstellung der Löschwasserversorgung, Ausbildung zusätzlicher Löscheinheiten der Wehrmacht und die Dienstaufsicht über die französischen (Stadt- und Hafen-) Feuerwehren.

In den darauf folgenden Monaten steigerten sich die Luftangriffe dann immer mehr, sowohl zahlenmäßig als auch hinsichtlich ihres Umfanges (Anzahl der abgeworfenen Bomben).

Die Kompanie mußte daher die kurzen angriffsfreien Zwischenzeiten allein für die Wiederherstellung ihrer Einsatzbereitschaft ausnutzen.

Die oben beschriebenen Vorarbeiten wirkten sich dann auch günstig auf die Einsätze aus. Manches Großfeuer in den Hafen- und Arsenalanlagen konnte innerhalb kurzer Zeit erfolgreich niedergekämpft werden.

Am 10. April 1941 liefen die Schlachtschiffe „Schornhorst" und „Gneisenau" unter dem Kommando des Admirals Lüttjens, der später als Kommandant der „Bismarck" mit seiner Besatzung den Heldentod starb, in Brest ein.

An den zahlreichen Wimpeln, die an den Masten der beiden Schiffe im Winde flatterten, war zu erkennen, daß auch sie der englischen Handelsschiffahrt empfindliche Schläge versetzt hatten. Sie waren von einer großen Anzahl englischer Kriegsschiffe bis zur Hafeneinfahrt verfolgt worden. Dabei hatte die „Gneisenau" einen Torpedotreffer erhalten, der eine längere Liegezeit in Brest erforderlich machte.

Bereits am 11. April setzte der Engländer seine Angriffe auf diese Schiffe, diesmal jedoch mit Kampfflugzeugen, fort. Nachdem diese aber während des Tages keine Erfolge erzielen konnten, erhielt die „Gneisenau" gegen 23 Uhr drei Volltreffer mittlerer Bomben auf das Vorschiff und setzte es in Brand. Obgleich im Dunkeln zunächst das Ausmaß dieser Schäden noch nicht genau zu übersehen war, wurde die 5. Kompanie sofort alarmiert und — da keine weiteren Brandschäden im Stadt- und Hafengebiet gemeldet waren — geschlossen eingesetzt.

Beim Eintreffen der Kompanie konnten zunächst nur schwache Rauchwolken über den Einschlagstellen festgestellt werden. Um so erschreckender aber war das Bild, das sich bei der ersten Erkundung der Brandstelle im Innern des Schiffes bot.

Durch die Sprengwirkung der Bomben waren im vorderen Teile des Schiffes fast alle Querwände (Schotte) herausgerissen worden und bildeten ein wüstes Gewirr von verbogenen Stahlplatten und sonstigen Teilen der ehemaligen Inneneinrichtung, die, soweit sie aus brennbaren Stoffen bestand, in Brand geraten war. Dadurch war die Rauchentwicklung im Schiffsinnern so groß, daß nur ein Eindringen mit schwerem Gasschutzgerät möglich war. Da sich in diesem Teil des Schiffes auch das Lazarett befand und sich in den über dem Panzerdeck liegenden Räumen zufällig über 80 erst am Morgen dieses Tages eingetroffene Fähnriche aufgehalten hatten, waren auch die Verluste unter der Besatzung erheblich.

Trotz dieser erschwerten Umstände setzte der Löschangriff mit exerziermäßiger Exaktheit und Geschwindigkeit ein, da sich wohl jeder einzelne Kompanieangehörige der Verantwortung dieses Einsatzes bewußt war. Inzwischen wurde auch festgestellt, daß sich das Feuer auf die Munitionskammern auszudehnen drohte. Wenn es nicht gelang, dies zu verhindern, wäre das Schicksal des Schiffes, der Mannschaft und der eingesetzten Löschmannschaften besiegelt gewesen.

Das Feuer wurde daher mit 6 C-Rohren, später zusätzlich mit 2 B-Rohren umfassend angegriffen. Über die Trümmer hinweg und unter glühenden Stahlplatten durchkriechend mußten sich die Angriffstrupps ihren Weg zum Feuer bahnen. Gleichzeitig mußten zusammen mit der Mannschaft des Schiffes die Toten und Verletzten geborgen werden.

Während dieser Arbeiten setzten immer wieder neue Luftangriffe auf das Schiff ein, die jedoch glücklicherweise ihr Ziel diesmal verfehlten.

Nach fünfstündigem Einsatz konnte dem Kommandanten gemeldet werden, daß das Feuer in der Gewalt und damit auch die Gefahr des Übergreifens auf die Munitionskammern gebannt sei. Bald darauf konnte dann auch das Feuer endgültig gelöscht werden. Damit aber war das Schiff vor der völligen Zerstörung bewahrt worden.

Der Feuerfresser aus USA

Von H. G. K.

Myron M. Kinley heißt der Mann, dem man nachsagt, daß er Nerven gleich Stahl, daß er die Ölbrände in aller Welt bändigt. In Kalifornien, im großen und mächtigen Lande der Vereinigten Staaten Amerikas und in aller Welt ist der Mann Myron M, Kinley sehr bekannt.

Wer Myron M. Kinleys Brandwunden, die die Feuer in vielen Ländern in seinen Körper zeichneten, gesehen, ein Wundmal nach dem andern, glaubt alles, was über diesen Mann erzählt und geschrieben wurde.

Wenn Ölquellen Tag und Nacht Flammen himmelwärts speien, wenn alle Mittel, diesen Bränden zu wehren, versagen, telegraphieren Besitzer, Aktionäre, Vorstandsmitglieder an Myron M. Kinley: „Kommt!"

Ein Schriftsteller aus Amerika erzählte, Myron M. Kinley sei stets auf Reisen, im Auto, mit der Bahn, mit Schiff und Flugzeug. Oft sind es Zehntausende von Kilometern von einem Ort zum anderen, die er zurücklegen muß. immer ohne großes Gepäck, der Asbestanzug ist ihm das wichtigste.

1898, zwei Jahre vor der Jahrhundertwende, kam Myron M. Kinley in Kalifornien, arm an Gütern, zur Welt.

Viele Jahre verrichtete er für wenige Dollars harte Arbeit. Er war lange nicht der reiche Mann, der er heute ist, der sich durch die Feuer im Süden, Westen, Osten und Norden der Welt ein Vermögen ersparen konnte. Der Retter in letzter Minute, so wird er auch genannt, er, der Spezialist zur Eindämmung von Erdölbränden, wo diese auch auftauchen. Mit dem Einsatz seines Lebens rettet er, was zu retten ist.

Wenn die größten Feuerschlünde brüllend aus der Erde schießen, dann ist Myron M. Kinley in seinem Element. Da schmerzen ihn nicht mehr die vernarbten

Brandwunden, der zerschlagene Fuß. Mit aller Energie, die nur Besessene aufbringen können, stürzt er sich in seine Arbeit.

Myron M. Kinley hat als junger Mann mit seinem Bruder eine Firma gegründet. — Sie wollten mit dem höchstexplosiven Sprengstoff „Nitroglyzerin“ große Feuer auffressen. Manches Jahr hat man über die Brüder Kinley gelacht. Den Ölquellenbesitzern in aller Welt boten die Kinleys ihre Hilfe an. Die Brüder Kinley galten als Narren, die „sensationell“ sein wollten.

Myron Kinley war zweiundreißig Jahre alt, wenige Dollars nannte er sein eigen, als er von einem großen Ölbrand im Südosten Europas hörte.

Bei einer Bohrung, die eiserne Zange steckte sehr tief in der Erde, setzte die Hitze Erdgas und Öl in Brand.

Diesem Flammenvulkan war nicht anzukommen. Viele glaubten, das Jüngste Gericht sei angebrochen, Welt und Menschen würden verbrennen. Die Zeitungen in aller Welt schickten ihre Berichterstatter nach dem brennenden Ölfeld.

Tausende von Arbeitern wurden brotlos. Kilometerlang zog sich ein Meer von schwarzen Rauchwolken hin. Dreihundertfünfundsechzig Tage lang hatten Menschen schon vergeblich an der Bekämpfung dieses Brandes gearbeitet. Die Flammen waren Sieger. Im zweiten Jahre, als der Frühling sich meldete, brannte das Öl immer noch. Tote, Verwundete, Arbeitslosigkeit, Millionen und Millionen grünen Goldes gingen verloren.

Myron M. Kinley aus Kalifornien machte sich auf die Reise. Er wollte den schon bald zwei Jahre andauernden Brand aus der Nähe sehen. Aus eigener Tasche bezahlte er diese weite, kostspielige Reise. Er wußte, als er das Feuer vor Augen hatte, wie er dieses ausblasen müsse.

Kinley sagte: „Eine Handvoll Leute. In zwei Monaten habe ich diesen Brand aufgefressen.“

Er wurde ausgelacht. Verspottet.

Das Öl im Südosten Europas brannte das dritte Jahr. Alle Versuche, das Feuer zu bekämpfen, waren vergebens.

Die Regierung entschloß sich Myron M. Kinley zu rufen.

Kinley kam. Kein stolzer, kein siegessicherer Kinley. Es kam ein Mann, der guten Willens war. Kein Schwätzer, kein Maulheld. Ein Dutzend Leute suchte er sich aus. Es waren die Besten. Er ließ dicke Wasserrohre legen, eines nach dem andern, viele, viele Meter. Er sah das Lächeln, hörte den Spott.

„Mit Wasser will er das Feuer bekämpfen?“

Er ließ sie lachen, er ließ sie spotten.

Es kam der Tag, der Tausende, Hunderttausende und Millionen Menschen einen Atemzug aufhorchen ließ. Myron M. Kinley hatte sein Wort gehalten. Er hatte den Ölbrand, der viele Jahre wütete, ausgeblasen. Von einer Minute zur anderen wurde der Name Myron M. Kinley in alle Welt getragen, bekannt und geschätzt. Die Detonation, die die Nitroglyzerinbombe auslöste, war unbeschreiblich. Viele Männlein, Weiblein und Kinder in Städten und Dörfern fielen aus den Betten, Züge entgleisten. Das ganze Volk betete. Alle waren überzeugt, der Tag des Weltunterganges sei angebrochen.

Myron M. Kinley lachte. Er hatte allen Grund dazu. Er hatte das Feuer, das ein Volk bedrängte, aufgefressen.

Sie drückten dem Manne, der ihnen geholfen, viel Geld in die Hand, es bedankten sich die Erdölmagnaten, die Regierungsmitglieder, auch der König drückte ihm die Hand.

Wie war es gewesen?

Tage und Nächte kam er nicht zum Schlafen. Er stand im Banne des Feuers. Die Flammen brüllten gegen die Sonne, gegen den Mond. Kein Wort war zu verstehen. Kinley mußte das Feuerloch verstopfen. Kinley packte an. Überströmt von Wasser brachte Kinley die Nitroglyzerinbombe an das Feuerloch. Kinley wußte, nur einer kann Sieger sein, das Feuer oder ich. Er stopfte mit der Nitroglyzerinbombe den unersättlichen Feuerrachen. Der Moloch erbrach sich. Er gab alles von sich. Er fraß das Feuer auf. Gegen Osten zogen Rauchschwaden, immer weiter nach Osten. Sie verdunkelten das Schwarze Meer. — Was kann Myron M. Kinley? Er nimmt eine Nitroglyzerinbombe und wirft diese in das Feuerloch!

Man muß den Mann aus Kalifornien gesehen haben, wie er, ein Gebet auf den Lippen, allem Feuer den Kampf ansagt, einen Kampf zum Nutzen und Frommen aller.

Mit dem Einsatz seines Lebens vernichtete Myron M. Kinley alle Flammen — wo er sie trifft. Er hat jeden Brand bezwungen, ist immer Sieger über alle Brände geblieben.

Wer von Myron M. Kinley gehört, soll ihm nachleben. — Denn es dürfen keine Feuer lodern, die der Menschheit Schaden bringen...

Schloßbrand Sigmaringen

Von Dr. Walter Kaufhold, Werenwag (Hohenzollern)

Das tausendjährige Hohenzollernschloß zu Sigmaringen war schon im Dreißigjährigen Kriege beim Schwedeneinfall am 5. März 1633 zum Teil in Flammen aufgegangen.

1658 war der vom Feuer zerstörte Ostflügel wieder aufgebaut worden, aber mehr als zwei Jahrhunderte später sollte ihn das gleiche Schicksal treffen.

Am Abend des 17. April 1893 verbreitete sich in der Stadt die Schreckensnachricht, daß auf dem Schloß Feuer ausgebrochen sei. Im obersten Stockwerk des Ostflügels am Ende der hölzernen Haupttreppe war man mit dem Verlegen der neuen elektrischen Lichtleitung beschäftigt gewesen.

Die Drähte verliefen in geteerten Zelluloserohren mit Gipsplatten unter dem Deckenverputz.

In dem Hohlraum zwischen Treppenhausdecke und Dachboden entzündete die Lötflamme die dort lagernden Abfälle von Werg, Spreu und dergleichen. Binnen kürzester Zeit stand der ganze Dachstuhl des Ostflügels in Flammen, von wo das Feuer sich nach unten weiter ausbreitete. Schloßpersonal und Handwerker aus der Stadt verschlossen sofort in allen Stockwerken die Durchgangstüren zum Mittelbau mit Bleiplatten, um den Durchbruch des Feuers an diesen Stellen zu verhindern. Inzwischen war auch die Freiwillige Feuerwehr der Stadt Sigmaringen alarmiert worden und im Anrücken.

Die Wehr bestand schon seit 1860 und stand zu jener Zeit unter der Leitung des Kommandanten Stadtbaumeister Johann Steidle.

Alarmiert wurde mittels Sturmglocke der Pfarrkirche, die an das Schloß grenzt und vom Funkenregen selbst bedroht war.

Wasser für die Hydranten lieferte außer dem städtischen Wasserwerk auch die eigene Pumpanlage der Schloßverwaltung.

Da die damaligen Geräte der freiwilligen Feuerwehr — je drei Handdruckspritzen und Schlauchwagen, Steigerkarren und Schiebeleitern — natürlich zur Bekämpfung eines so ausgedehnten und gefährlichen Brandes nicht ausreichten, ließ der Stadtbaumeister folgende Nachbarwehren zur Hilfe herbeirufen:

Laiz, Inzigkofen, Jungnau, Sigmaringendorf, Mengen, Scheer und Riedlingen, die natürlich auch nur ihre Landspritzen einzusetzen vermochten.

Gerade der brennende Ostflügel gehört zu dem von außen schwer erreichbaren Hochschloß, gegen das jedoch die Wehren unverzagt zum Innenangriff vorgingen.

Hierbei wäre es fast zu einem schweren Unglücksfall gekommen. Zwei Feuerwehrleute, die nur langsam der Gewalt des Feuers ausgewichen waren, standen nach Einsturz der Zwischendecken hoch auf einem schmalen Mauervorsprung.

Wie durch ein Wunder konnten sie die furchtbare Hitze solange ertragen, bis man sie über die Schiebeleiter in Sicherheit bringen konnte.

Zur Zeit des Brandausbruches waren Fürst Leopold und sein Kammerherr verreist und trafen erst einige Tage nach der Katastrophe in Sigmaringen ein.

In ihrer Abwesenheit machten sich Schloßpersonal und Einwohnerschaft ebenso emsig wie umsichtig an die Rettung von Mobiliar und Kunstgegenständen.

Unter diesen konnte ein Gemälde von Tizian im Werte von hunderttausend Goldmark unversehrt den Flammen entrissen werden, während die halbverbrannte Marmorfigur „Dornröschen“ im Schloßmuseum noch heute an die Brandnacht erinnert.

Manche Möbelstücke von unersetzlichem historischem und Kunstwert konnten nicht mehr rechtzeitig ins Freie geschafft werden und sanken mitsamt dem Ostflügel des Hochschlosses in Schutt und Asche. Das Feuer, dessen Brandfetzen vom Winde bis nach dem zehn Kilometer entfernten Dietfurt getragen wurden, bedrohte eine Zeitlang auch die untere Schloßanlage mit der herrlichen Pfarrkirche.

Aber nach zehnstündigem Kampf war es den Wehren gelungen, mit ihren unzureichenden Mitteln und dank ihrem todesmutigen Einsatz des entfesselten Elementes glücklich Herr zu werden.

Den Feuerwehren und der Einwohnerschaft sprach der Fürst nach seiner Rückkehr besonderen Dank und höchste Anerkennung für ihre umfassende und unerschrockene Hilfe aus.

Den zerstörten Schloßflügel aber ließ der Fürst wenige Jahre später in neuem und noch höherem Glanz wieder erstehen, so daß gerade dieser Teil für den Besucher heute einen Hauptanziehungspunkt bildet.

Vor der Gründung der Sigmaringer Feuerwehr hatte auch dort der alte schwäbische Spruch gelautet:

„Zu wissen, daß in dieser Stadt — ein jeder seinen eignen hat.
Und in der Not, daß Gott vor sei — hat jeder deren zwei auch drei.“

Gemeint sind hiermit natürlich die Feuereimer, die von altersher in jedem Anwesen bereit gehalten werden mußten.

Seit 1927 lassen Feuermelde- und Alarmanlage, Weckerlinie und Motorlöschzug nach menschlichem Ermessen eine Katastrophe wie den beschriebenen Schloßbrand auch in Sigmaringen kaum noch als möglich erscheinen. Die Freiwillige Feuerwehr Sigmaringen aber wird bald in das zweite Jahrhundert ihres Bestehens treten können.

Nur ein Kätzchen

Von W. Ulrich, Bielefeld

In der Mietskaserne der Großstadt hörte man seit vielen Stunden klägliches Miauen, obwohl niemand im Hause eine Katze hielt. Hausbewohner und herbeigerufene Polizei durchsuchten das vielstöckige Gebäude vom Keller bis zum Boden, doch ohne Erfolg. Die angstvollen Klagelaute der kleinen Kreatur ertönten unaufhörlich, mal näher, mal von fern. In der vergangenen Nacht war mancher biedere Bürger um seinen verdienten Schlaf gekommen.

„Da muß die Feuerwehr her! Vielleicht sitzt die Katze im Schornstein!“

Wenige Minuten später war der rote Gerätewagen zur Stelle. Der Brandmeister fand aus dem Schwall der Schilderungen, die ihm von einem halben Dutzend Leuten gleichzeitig gegeben wurden, heraus, um was es sich handeln mochte, und stieg mit seinen Männern sogleich durch den Bodenraum auf das Hausdach.

Richtig! Tief in einem Schornstein, wohl zwischen dem ersten und zweiten Stock, kauerte auf einem Steinvorsprung ein halbwüchsiges Kätzlein. Angstvoll und mit Sehnsucht sandte die heiser gewordene kleine Kehle ihre Hilferufe empor zu dem unerreichbar fernen Viereck des Tageslichts, das die Freiheit gewesen war.

„Wir werden den Schornstein aufstemmen müssen", meinte der Brandmeister.

Da trat ein junger Feuerwehrmann vor: „Herr Brandmeister, darf ich einen Vorschlag machen?"

„Na?"

„Wir rollen ein Stück Fangleine zu einem Knäuel zusammen und lassen dieses in dem Schornstein hinab. Wenn die Katze unsere Absicht versteht, hält sie sich daran fest, und wir ziehen sie samt dem Knäuel nach oben. Versteht sie sie nicht, dann wissen wir, in welcher Höhe wir aufstemmen müssen."

Der Vorschlag wurde gebilligt und das Knäuel hinabgelassen. Die Katze verstand sogleich die Absicht, krallte sich hinein, ward nach oben gezogen, sprang wie der Blitz durchs offene Bodenfenster und ward nicht mehr gesehen.

Das seltsame Geheimnis eines nicht entstandenen Feuers

Von H. Witzler, Hannover

Daß die Feuerwehr außer Brände zu bekämpfen noch eine erhebliche Anzahl anderer Aufgaben zu erfüllen hat, weiß heute wohl jeder, und nicht umsonst wird sie „Mädchen für alles" genannt. Es gibt die merkwürdigsten Situationen im Leben, wie sie sich kaum der phantasievollste Geist ausdenken kann. Und wenn man sich in einer solchen Lage gar nicht mehr zu helfen weiß, ist die Feuerwehr die letzte Rettung. In jeder illustrierten Zeitung finden sich solche Fälle in Wort und Bild verzeichnet.

Aber ich will hier nicht von irgend einer ausgefallenen Geschichte berichten, wie sie sicher jeder einmal erlebt hat, der berufsmäßig Feuerwehrmann ist, sondern von einem merkwürdigen Erlebnis aus meinen frühesten Feuerwehrtagen, aus meiner Volontärzeit in einer rheinischen Großstadt.

Die Einsatzmeldung war damals nicht einmal für mich als Anfänger besonders aufregend. Eine Wohnung sollte geöffnet werden, da man ihre Bewohnerin schon seit einigen Tagen nicht mehr gesehen hatte und man annahm, daß ihr etwas zugestoßen sei.

Es war in einem von den häßlichen Mietshäusern, wie sie uns die Gründerzeit in so reichlicher Anzahl in allen Städten beschert hat, ganz oben, unterm Dach. Während wir versuchten, die Tür, möglichst ohne viel Schaden anzurichten, aufzubrechen, redeten neugierige Hausbewohner auf uns ein. In solchen Situationen sind die immer recht zahlreichen Zuschauer besonders mitteilsam, da sich ihre Zungen aus reiner Sensationsgier zu lösen scheinen:

Es sei eine ganz alte Frau, die schon sehr lange hier wohne, ganz allein! Noch nie sei jemand in der Wohnung gewesen, sie würde niemand hineinlassen. Jetzt habe man sie schon einige Tage nicht mehr gesehen, während man sie sonst täglich kommen und gehen sehe. An die Tür zu klopfen sei zwecklos, da sie doch nie jemandem aufmache. Alle platzten bald vor Neugier.

16. 12. 1934
Magirus-Auto-Ganzstahlleiter am Notre-Dame, Paris

18. 3. 1933
2 Magirus-Leitern heben ein Flugzeug aus den Bäume

10. 10. 1932: Gruppenaufnahme von Feuerwehrfahrzeugen in Istanbul (Türkei)

Brand in Bukarest (15. Juni 1927)

Brennende Docks im Hafen von Liverpool

Neuer Stromlinienwagen der Londoner Feuerwehr

Eisenbahnunglück Hamburg – Berliner Tor am Donnerstag, dem 18. September 1952, morgens 8 Uhr 8 Tote und mehr als 35 Verletzte Ursache: Schienenbruch infolge Materialfehlers

Feuerwehr in Äthiopien

Löscharbeiten an der gekenterten „Empress of Canada“ im Hafen von Liverpool

Zwei Feuerwehrmänner mit Aluminiumbekleidung als Hitzeschutz

ST. BARBARA

(Kunstguß-Statue. Entwurf: Prof. Moshage. Guß: Buderus-Werke, Hirzenhain)

Wir hatten ein Wiederbelebungsgerät dabei und dachten an eine Gasvergiftung oder an einen anderen Selbstmordversuch, wie es damals leider an der Tagesordnung war. Aber als wir die Wohnung betraten, es waren nur zwei armselige Zimmer mit zum Teil schrägen Wänden, zeigte sich uns das Seltsamste, was ich je gesehen habe und wie es sicherlich auch etwas Einmaliges ist: Spinnen als Haustiere, obwohl sie selbst nicht sichtbar waren. Es ist schwer, es so zu beschreiben, daß man sich ein richtiges Bild davon machen kann.

Von der Decke herab hing Faden an Faden, ein undurchdringliches Gewirr von Spinnenfäden, immer einer dicht neben dem anderen. Es müssen Hunderttausende gewesen sein. Nicht so, daß man sie nur oben an der Decke hängen sah, sie reichten herab bis nahe über den Fußboden. Man konnte sich kaum bewegen; denn das Merkwürdigste war, daß die Wege, die die alte Frau in ihren Räumen gehen mußte und überhaupt nur gehen konnte, wie ein Tunnel mit dem Profil ihrer Gestalt hineingetrieben waren in das dichte Fadengewirr. Wie Höhlengänge von der Tür zum Fenster, vom Bett zum Schrank, vom Tisch zum Herd. Spinnfaden an Spinnfaden, auch dicht am Fenster, das schon jahrelang nicht mehr geöffnet gewesen sein konnte. Wie eine dichte Trauerweide, deren Äste bis zum Boden reichen und in die man einen Hohlweg hineingeschnitten hat, so groß, daß eben ein Mensch hindurchgehen kann oder besser vielleicht wie eine Dekoration zur Karnevalszeit, nur anstatt Papierschlangen, wie graue Wollfäden Spinnenfäden dicht an dicht.

Wir konnten nur einer hinter dem anderen gehen, geradezu ängstlich bedacht, etwas von der grauen Fadenhöhle in Unordnung zu bringen oder gar zu zerstören.

Bis zum Küchenherd waren wir vorgedrungen, und nun kam wieder eine Überraschung. Er war wohl ebenfalls lange, lange Zeit nicht benutzt worden, das zeigten die Spinnenfäden. Aber auf und neben dem Herd lagen sauber geschichtet Brotscheibe auf und neben Brotscheibe, mit und ohne Belag, alt und trocken, zusammen wohl 1 Kubikmeter.

Und dann fanden wir die Alte. Sie lag friedlich auf ihrem Bett unter ihrem Spinnenhimmel und war tot. Sie war fraglos eines natürlichen Todes gestorben, so daß uns keine Arbeit mehr verblieb.

Sie hatte sich scheinbar nur von Brot ernährt, das sie sich erbettelt, und von dem sie stapelte, was sie nicht aß, vielleicht für schlechte Zeiten, vielleicht für ihre Spinnen. Kein Licht, kein Feuer, kein Luftzug, keine Bewegung außerhalb der notwendigen Bahn, die vorgezeichnet war durch den Spinnenfadentunnel und der entstanden war um ihre Bewegungen herum. Wie lange mußte sie so gehaust haben, bis eine unvorstellbare Zahl von Spinnen, von denen man keine sah, ein solch merkwürdiges Werk vollbringen konnte? Fragen über Fragen, denen nachzugehen sicher interessant gewesen wäre. — Aber ich hatte damals keine Zeit, ich wollte Feuerwehringenieur werden und meine Interessen lagen auf anderen Gebieten. Sicher wäre es auch schwer gewesen, in das Leben dieser alten Bettlerin hineinzuleuchten.

Vieles hat Krieg und Frieden uns im Feuerwehrberuf erleben lassen. Es brannte, — mehr oder weniger stark —, und es wurde gelöscht, — unter mehr oder weniger großen Schwierigkeiten. Es geschehen einfache und mehr oder weniger merkwürdige Dinge, die zu einem Brande führen, und nicht immer finden die Fachleute die richtige Spur. Kurzschluß ist oft der Weisheit letzter Schluß.

Hier hätte ein einfaches Streichholz genügt, um ein so lange bis zum Tode gehütetes Geheimnis in Sekundenschnelle zu zerstören, und ein zünftiger Dachstuhlbrand wäre das Ergebnis gewesen, dessen eigentliche Entstehungsursache sicher ein Geheimnis geblieben wäre.

Die Feuerwehr - das Mädchen für alles

Von Emil Zillmer, Dortmund

In jeder Stadt und in jedem Dorf gibt es eine Telefonnummer, unter der man bei Tag und Nacht im Notfall um Hilfe nachsuchen kann. Es sind dies die Nummern der Feuerwehren.

Tritt irgendwann und irgendwo ein Notstand ein, so steht stets die Feuerwehr helfend zur Seite. Ob es sich um Naturkatastrophen, Unfälle, Brände, Gasvergiftungen, Menschen und Tiere in Notlage oder dergleichen mehr handelt, immer wird die Feuerwehr gerufen. Sie ist das Mädchen für alles und ständig zur Stelle.

Wer anders sollte wohl auch helfen als die Feuerwehr, wenn ein schönes Mädchen im leichten Nachtgewand auf dem Dachfirst eines sechsstöckigen Hauses nachtwandelt? Wer sollte den in einen abgedeckten Brunnen gesackten Lastkraftwagen aus seiner Lage befreien, wenn es nicht die Feuerwehr täte? Wer kann helfen, wenn Kinder in einem Geldschrank eingeschlossen sind und die Schlüssel verloren gingen? Doch nur die Feuerwehr. Ob es sich um Eisenbahn-Katastrophen, um in Kanäle und Flüsse gestürzte Lastkraftwagen oder Pkw. handelt, ob entsprungene Zirkustiere oder ausgeschwärmte Bienen eingefangen werden müssen, ob Kohlenkastenbrände oder Großbrände in Industriewerken gelöscht werden müssen, immer genügt ein Anruf und die Feuerwehr ist da. Ja, es wird sogar als selbstverständlich angesehen, daß sie jeder Situation gewachsen ist. Die eben angeführten Beispiele sind nur eine ganz geringe Auswahl von Ereignissen, bei denen der Verfasser selbst zugegen war und wo den Betroffenen die erwartete Hilfe durch die Feuerwehr zuteil wurde.

Es gibt wohl kaum einen anderen Beruf, der vor so vielseitigen Aufgaben gestellt wird, wie die Feuerwehr. Sei es Sommer oder Winter, Tag oder Nacht, stets kann man mit ihrer Hilfe rechnen. Welche Ansprüche an die Männer der Feuerwehr gestellt werden, soll folgende Einsatzdarstellung zeigen:

Es ist Winter und das Thermometer zeigt 18 Grad unter Null. Um 2 Uhr nachts gellt plötzlich ein schrilles Klingeln durch sämtliche Räume der Berufsfeuerwache. Alles springt aus den Betten, zieht in aller Eile Stiefel und Rock an und läuft oder rutscht in die Fahrzeughalle. Motoren springen an, aus der Meldestelle wird die Meldung in Empfang genommen und schon geht eine mechanische Leiter und eine Motorspritze auf die Fahrt. Bis auf den Gruppenführer weiß zunächst niemand wohin. Also für unsere Feuerwehrmänner zunächst eine Fahrt ins Ungewisse. Das sind die ersten Sekunden bei einem Nachtalarm auf einer Berufsfeuerwache und wenn jemand auf die Uhr geschaut hat, wird er feststellen, daß vom Einlaufen der Meldung bis zur Ausfahrt der Fahrzeuge noch nicht eine Minute vergangen ist. Bisher ging alles automatisch vor sich. Aber nun beginnt das Fragen: Wo geht es hin? Was ist los? Wo liegen die nächsten Hydranten usw.? Schon während der Fahrt werden vom Gruppenführer Anordnungen getroffen, die entscheidend sind für die ersten Maßnahmen am Einsatzort. Und schon ist man an Ort und Stelle. Auch auf der Feuerwache wird während dieser Zeit nicht geruht. Es werden die zuständigen Stellen benachrichtigt und die Reservekräfte erwarten ihre Nachalarmierung.

Die in der K-Straße eingetroffenen Einsatzkräfte finden einen ausgedehnten Dachstuhlbrand vor. Sofort wird mit den Brandbekämpfungsmaßnahmen begonnen und an die Feuerwache wird das Stichwort „Großfeuer“ durchgegeben. Hierauf erfolgt von dort eine sofortige Nachsendung von weiteren Löschkräften. Der nach taktischen Erwägungen eingeleitete Löschangriff geht schnell vonstatten. Mehrere Löschtrupps sind unter starker Rauch- und Hitzeeinwirkung von innen und andere über die mechanische Leiter und die Dächer der Nebengebäude an den Brandherd vorgedrungen. Die Löscharbeiten gestalten sich im Dunkeln und bei der grimmigen Kälte recht schwierig, aber nach etwa einer dreiviertel Stunde kann der inzwischen auf der Brandstelle eingetroffene Leiter der Feuerwehr an die Feuerwache das Stichwort „Feuer in der Gewalt“ melden lassen. Wieder einmal ist durch den Einsatz der Feuerwehr größeres Unheil vermieden worden. Wenn dann nach erfolgter Brandstellenaufräumung, was beim Fackelschein und bei minus 18 Grad keine angenehme Beschäftigung ist, das Kommando „zum Abmarsch fertig“ ertönt, geht es vor Kälte und Nässe zitternd im Morgengrauen zur Feuerwache zurück. Hier werden als erstes die Fahrzeuge wieder einsatzbereit gemacht und das verbrauchte Schlauchmaterial erneuert. Die Männer reinigen sich und wechseln ihre Kleidung. Oftmals ist das letztere noch gar nicht geschehen, da kommen schon wieder neue Anforderungen.

Verkehrsunfälle, Tiere in Notlage, Wasserrohrbrüche, Gasvergiftungen, Brände aller Art und hunderte anderer Notstände sind der Anlaß, wenn die Feuerwehr „das Mädchen für alles“ angefordert wird. Nur wenige Menschen wissen, welcher Idealismus und welche Ausbildung für den Feuerwehrberuf, ganz gleich, ob es sich um Freiwillige, Berufs- oder Werkfeuerwehr handelt, erforderlich sind. Mut, Gewandtheit, geistige Aufgeschlossenheit und vollkommene Gesundheit sind Grundbedingung für den Feuerwehrberuf. Ständige Einsatzbereitschaft zu jeder Jahres- und Tageszeit, starke Verqualmungen und Durchnässungen, sowie der häufige Wechsel von Kälte und Wärme erfordern ganze Männer.

Es ist aber nicht nur Aufgabe der Feuerwehr, in der Not zu helfen, sondern vielmehr, dazu beizutragen, daß es nicht zu Bränden, Katastrophen und anderen Notständen kommt. Die Gestellung von Brand- und Sicherheitswachen bei den verschiedensten Anlässen, wie z. B. in Theatern, Zirkussen und ähnlichen, sowie die Überwachung und Überprüfung feuergefährdeter Betriebe sind Maßnahmen der Brandverhütung. Durch enge Zusammenarbeit mit der Polizei, den Bau- und Gewerbeaufsichtsämtern und den Feuerversicherungen wird dafür gesorgt, daß die praktischen Erfahrungen der Feuerwehr nutzbringend ausgewertet werden.

Goethe, Schiller und der Brandschutz

Von Goethe stammt der Ausspruch:

„Die Höhe der Kultur eines Volkes erkennt man unter anderem auch daran, inwieweit es bestrebt und imstand ist, seine wertvollsten Kulturgüter gegen Vernichtung durch Feuer zu schützen.“

In Goethes Vaterhaus war die Erinnerung an die schweren Brandkatastrophen noch lebendig, von denen seine Frankfurter Heimat Ende des 17. und Anfang des 18. Jahrhunderts mehrfach heimgesucht worden war.

Frühzeitig verstand Goethes Vater, in seinem Sohn das Interesse für Brandschutzmaßnahmen und Feuerlöschkräfte zu wecken — zu einer Zeit, als erst wenige akademische und angesehene Bürgerkreise hierfür besonderes Verständnis aufbrachten.

Obwohl der junge Goethe Jura studierte, galt von Anfang an seine ganze Liebe den Naturwissenschaften.

Diese waren damals noch nicht so vielseitig wie heutzutage, so daß auch ein Außenseiter in die Zusammenhänge der damaligen Physik, Chemie und Technik leichter einzudringen vermochte.

Die Beschäftigung mit den Naturwissenschaften aber führte den jungen Goethe ganz von selbst auf die Entstehung, Nutzanwendung und Gefahrenmomente des Feuers.

Der Engländer James Watt, der Erfinder der Dampfmaschine, wie auch der Amerikaner Benjamin Franklin, der Schöpfer des Blitzableiters, waren Goethes unmittelbare Zeitgenossen.

Daß Franklin außer Staatsmann und Buchdrucker auch Begründer des freiwilligen Feuerwehrwesens in Nordamerika war, dürfte Goethes Interesse für den Brandschutz noch erhöht haben.

Als Goethe nach seinen Lehr- und Wanderjahren als Herzoglicher Rat und später Staatsminister in Weimar heimisch wurde, gehörte zu seinem dortigen Aufgabenkreis auch der Brandschutz des Herzogtums.

Jeder andere höhere Staatsbeamte der damaligen Zeit hätte es in diesem Nebenressort bei papierenen Feuerordnungen und den sonst noch üblichen behördlichen Maßnahmen bewenden lassen. Anders unser Goethe!

Hielt es der Minister und Gesandte der Vereinigten Staaten Benjamin Franklin nicht für unter seiner Würde, drüben in seiner amerikanischen Heimat den weißen Helm des „Fire Chief" zu tragen, so war auch für den Weimarer Geheimrat und Staatsminister diese aktive Betätigung selbstverständlich.

Bauliche und betriebliche Brandschutzmaßnahmen, Schornsteinfegerwesen und Feuerstättenschau, Kehrordnung und Kehrgebühren, Löschwasserbeschaffung und Alarmwesen verfolgte der Geheimrat schriftlich und persönlich nicht weniger intensiv als die Aufstellung von Löschmannschaften und die Herausgabe von Feuerpolizeibzw. Feuerlöschordnungen.

Die Einführung von Feuerspritzen außer in den Städten und Marktflecken auch auf dem flachen Lande lag damals ohnehin im Zuge der Zeit.

In Preußen bemühte sich Friedrich der Große, in Österreich Kaiserin Maria Theresia im Verein mit den neuentstandenen Feuersozietäten und Brandkassen persönlich um die Versorgung auch der kleineren Gemeinden mit geeignetem Feuerlöschgerät.

Von seiner Frankfurter Heimat her kannte Goethe die überragenden Vorzüge der Schlauchspritzen gegenüber dem Wenderohr auf den Löschmaschinen älterer Herkunft.

Sobald die Feuerreiter den Ausbruch eines größeren Schadenfeuers irgendwo im Herzogtum bei der Weimarischen Staatskanzlei meldeten, schwang sich der Geheimrat bei Tage wie bei Nacht unverzüglich aufs Pferd, um in schnellem Ritt den Schauplatz der Verheerung zu erreichen.

Sah er dort die Bauern oder Kleinstädter sich mit der angestammten Wenderohrspritze fruchtlos abplagen, so beorderte Goethe auf der Stelle die nächsterreichbare Schlauchspritze zum Brandplatz.

Über Feuerleitern und Dächer folgte er persönlich den Rohrführern bis zum Brandherd, um dort notfalls auch selbst das Strahlrohr zu ergreifen und der Vernichtung Einhalt zu gebieten.

Als 1780 in Weimar die Schreckensnachricht einlief, daß Gera, die Residenz von Reuß j. L. und größte Stadt Thüringens, in Flammen stehe, beorderte der Staatsminister sofort alle erreichbaren weimarischen Löschmannschaften mit ihren Geräten dorthin.

Der Brand von Gera, der größte deutsche Stadt- und Flächenbrand des 18. Jahrhunderts, war insofern ganz besonders tragisch, als die Handwerksmeister dieser Stadt vorher das Thüringer Land mit ausgezeichneten und neuartigen Löschmaschinen versorgt hatten. Als um die Mittagsstunde die Scheunen, Stallungen und Fachwerkbauten der Geraer Alstadt mit ihren Stroh- und Schindeldächern überraschend schnell vom Flugfeuer ergriffen wurden, verbrannten die schönen und neuen Stadtspritzen auf offener Straße.

Obwohl Graf Heinrich zu Reuß eiligst alle verfügbaren Feuerreiter nach sämtlichen Himmelsrichtungen abgesandt hatte, trafen aus diesen auf den schlechten Fahrwegen der damaligen Zeit erst nach und nach Hilfsmannschaften mit Stadt- und Landspritzen, Wasserfuhren und Einreißgerät in Gera ein.

Dort hatte das Feuer inzwischen auch die besser gebauten Wohn- und Geschäftsviertel mitsamt Kirchen, Rathaus und sonstigen öffentlichen Gebäuden ergriffen.

An den durch die Stadt fließenden Mühlgraben konnte man inmitten des Flammenmeeres zur Löschwasserentnahme bald nicht mehr heran, während der ausgetrocknete Elsterfluß den Wasserfuhren nur geringe Nahrung bot. Den Begriff „Löschwasserversorgung über lange Wegstrecken“ kannte man damals noch ebenso wenig wie hundert Jahre später.

Nachdem im Laufe von zwei qualvollen Tagen und Nächten fast tausend Geraer Häuser niedergebrannt waren, lag die schöne reußische Hauptstadt in Trümmern und ihre Bewohner litten furchtbare Not.

Von Weimar aus war Goethe seinen Löschmannschaften alsbald nachgeeilt und was er im brennenden Gera erlebte, berichtete er bei der Rückkehr seinem Freunde, dem Geschichtsprofessor Friedrich Schiller in Jena.

Wie kein anderer, kannte Schiller aus dem historischen Quellenstudium die Brandplage, die sich wie ein roter Faden aus grauer Vorzeit durch die Jahrtausende bis zu unseren Tagen durch die Geschichte aller menschlichen Siedlungen fortpflanzt.

Was diese ständige Brandgeißel für die geplagte Menschheit und ihre Kultur bedeutet, wurde Schiller durch die Geraer Brandschilderung seines Freundes nunmehr anschaulich und praktisch bestätigt.

Die gesamte Kultur- und Geisteswelt beklagte damals den Verlust der Geraer Baudenkmäler, ihrer Kunstschätze, Sammlungen und Archive.

Handel und Verkehr des Thüringer gewerblichen und Geschäftszentrums hatte der Geraer Brand auf lange Zeit ebenfalls lahmgelegt.

Erst der große Hamburger Brand von 1842 hat wieder so namenloses Elend über eine deutsche Stadt herauf beschworen und den unwiederbringlichen Verlust hoher Kulturgüter in ähnlicher Weise nach sich gezogen.

Goethes Tätigkeit als weimarischer „Landesbranddirektor“ — wie wir heute sagen würden — auf der einen sowie die Geraer Brandkatastrophe auf der anderen Seite haben Schiller zur unsterblichen Brandschilderung in seinem „Lied von der Glocke“ angeregt und veranlaßt.

Und wie oft hat sich seine Schilderung in der Folgezeit bei den Flächenbränden im Ausland und in Übersee, zuletzt inmitten der Feuerstürme unserer angegriffenen Städte bis auf den heutigen Tag immer von neuem deutlich und furchtbar bewahrheitet!

Die Brandschilderung in Schillers „Lied von der Glocke“ hat den allgemeinen Feuerschutzgedanken im deutschen Volk seither stärker beeinflußt, als mancher denken möchte.

Schon in der Schule mußten wir vornehmlich die Strophen der Brandschilderung auswendig lernen, während im Elternhaus das Familienbuch ältere oder neuere Illustrationen zu derselben enthielt.

Diese Bilder schmückten nach Entstehung der Berufs- und freiwilligen Feuerwehren vielfach auch deren Feuerwachen und Gerätehäuser, Feuerwehrausstellungen und Vereinsfestlichkeiten.

Hierbei liebten es die ausführenden Künstler, gern drei verschiedene Zeitalter darzustellen, nämlich Brandszenen entweder aus dem deutschen Mittelalter, aus der Barock- und Rokokozeit oder auch aus der Neuzeit.

Mittelalterliche Brandbilder wirkten hierbei am eindrucksvollsten, obwohl auf ihnen nur sehr wenig Löschgeräte abgebildet werden konnten.

Brandszenen aus dem 17. Jahrhundert zeigten bereits die ersten Löschmaschinen, die des 18. Jahrhunderts Baulichkeiten und Trachten, wie sie Schiller und Goethe seinerzeit selbst erlebt hatten.

Brandbilder aus neuerer Zeit dagegen wirkten am wenigsten packend, denn seit Entstehung der Feuerwehren hatten wenigstens bei uns Orts- und Flächenbrände wie in Schillers „Lied von der Glocke“ erheblich nachgelassen.

Unter unseren geordneten deutschen Verhältnissen hielt man Schillers Brandschilderung für ziemlich überholt, bis im letzten Kriege das Feuer wieder erneut zur furchtbaren „Himmelsmacht" werden sollte.

Friedrich Schiller starb schon 1805, ohne den Anbruch des technischen Zeitalters noch miterleben zu müssen.

Bei Goethes Tode 1832 dagegen fuhr in England bereits die erste Eisenbahn, führten die Großstädte die ersten „Gasfabriken" und „Wasserkünste" ein, liefen die ersten maschinellen Webstühle und fuhren die ersten Raddampfer.

Gerade in seinem Todesjahre aber beschaffte der Königliche Hof in Berlin die erste und älteste Dampffeuerspritze der Welt, ohne deren erfolgreichen Einsatz es in der Folgezeit für die preußische Hauptstadt leicht mehrere Situationen gegeben hätte wie in Schillers „Lied von der Glocke" und beim großen Brand von Hamburg 1842!

„Wie das Kätzchen um die Feuerleitern schleicht" heißt es in einer Szene von Goethes „Faust" und dieser Ausspruch gilt noch heute, wenn in der modernen Fahrzeughalle die Feuerwehrkatze zufällig auf der Plattform der Drehleiter oder auf dieser selbst sitzt.

Johann Wolfgang von Goethe war also Jurist und aktiver Feuerwehrmann. Seinem Vorbild haben in der Folgezeit zahlreiche bedeutende Männer seiner Fakultät ihr Leben lang nachgeeifert.

Man denke nur neben vielen anderen an den Eßlinger Rechtskonsulenten Theodor Georgii, neben C. D. Magirus der Altmeister der Feuerwehren Württembergs.

Oder aber an die Rechtsanwälte Dr. Richter in Mährisch-Ostrau und Dr. Lampl in Linz a. D., beide zu ihrer Zeit und jahrzehntelang bekannte Feuerwehrverbandspräsidenten im alten Österreich und noch danach.

Oder auch an Justizrat Odenkirchen in Rheydt, den unvergessenen Vorsitzenden des Rheinischen Provinzialfeuerwehrverbandes.

Vor allem aber an Branddirektor und Syndikus Paul Arthur Frank in Leipzig-Schönefeld, den früheren bekannten Werksfeuerwehrführer, Leipziger Verbandsvorsitzenden und seinerzeitigen Herausgeber des „Deutschen Feuerwehrbuches" von 1929.

Überhaupt haben die letzten hundert Jahre zahlreiche Akademiker auch anderer Fakultäten in den Reihen der freiwilligen Feuerwehren und an ihrer Spitze gesehen.

Ärzte und Apotheker, Universitätsprofessoren und Studienräte haben neben den von Hause aus dazu berufenen Architekten und Ingenieuren im freiwilligen Feuerwehrwesen fast aller deutschen Sprachgebiete eine hervorragende Rolle gespielt.

Den meisten von ihnen, besonders in der älteren Generation, war es dabei bewußt, daß ihnen Johann Wolfgang von Goethe im Rahmen seiner Zeit mit gutem Beispiel vorangegangen war.

Ebenso hat Goethes Vorbild auf die Techniker eingewirkt und sie dazu veranlaßt, sich in den letzten hundert Jahren zunächst neben- und ehrenamtlich wie später auch hauptberuflich mit dem aktiven Brandschutz zu befassen.

Denn vor Goethes Zeit hatte dieses Fach als etwas völlig untergeordnetes gegolten, wenn auch die Stadtbaumeister von jeher als Techniker mit höherer Vorbildung den Feuerschutz mit zu betreuen hatten.

In diesem Zusammenhang sei abschließend noch ein alter und noch heute weit verbreiteter historischer Irrtum klargestellt:

Die Erfinder der „Schlangenspritze", die beiden Brüder van der Heyde in Amsterdam, waren von Hause aus keine Kunstmaler, sondern technische Betreuer der dortigen Wasserkunst. Sein ausgesprochenes Maltalent hat später Jan van der Heyde dazu verwertet, um auf den bekannten Kupferstichen seine Erfindung beizeiten in aller Welt bekannt zu machen.

Die Frau als Feuerwehrmann

Von Dr. E. Emrich, Stuttgart

Brandschutz und Feuerwehrdienst sind zwar in erster Linie Aufgaben für Männer und doch gibt es Fälle, in denen die Frauen aktiv oder passiv daran beteiligt sind, bzw. ohne männliche Hilfe sich einsetzen müssen. Zum Beispiel in einem großen Anstaltskomplex, in dem dreitausend Menschen, darunter siebenhundert Schwestern leben. Bei den Anstaltsinsassen handelt es sich um schwachsinnige, taube, blinde, epileptische und verkrüppelte Kinder und Erwachsene, also um absolut hilflose Menschen, die bei einem Brand in Sicherheit gebracht werden müssen. Bei ihnen ist zu befürchten, daß sie sich von fremden Feuerwehrleuten nicht willig retten lassen würden, daß sie nicht in der Lage sind, deren Anweisungen zu folgen. Abgesehen davon würde auch schon zu viel wertvolle Zeit vergehen, bis die Feuerwehren der nächst gelegenen Ortschaften eintreffen könnten. So entstand der Plan, eine Schwesternfeuerwehr zu schaffen, die nun schon mehr als zwei Jahrzehnte besteht und sich hervorragend bewährt hat.

Achtzig bis hundert Schwestern, und zwar ausschließlich Lehr- und Pflegeschwestern wurden systematisch im Brandschutz und Feuerwehrdienst ausgebildet. Die Anstalt erhielt einen eigenen Feuerlöschteich als Ergänzung zur vielleicht unzureichenden Wasserleitung. Innenhydranten in den Gebäuden wurden eingerichtet und sonstige Sicherheitsvorkehrungen getroffen. Die Schwestern lernten in vielen Übungen, mit den modernen Feuerlöschgeräten umzugehen und sie schulten systematisch die Anstaltsinsassen, wie sie sich bei einem Alarm zu verhalten haben. Man gewöhnte sie wie im Spiel an die Benutzung des Rettungsschlauches usw.

Die Rettung der Anstaltsinsassen ist der eine Teil der Aufgabe der Schwesternfeuerwehr, der andere Teil die Niederhaltung eines entstandenen Bra: des bis zum Eintreffen der Feuerwehren der Umgebung, also der nächstgelegenen freiwilligen Dorffeuerwehren und der Berufsfeuerwehr aus der nächsten größeren Stadt. So wird erreicht, daß die für die Brandausweitung entscheidenden ersten Minuten voll zur Niederkämpfung des Feuers genutzt werden können.

In zwei Bränden hat die Schwesternfeuerwehr schon ihre Aufgaben mustergültig erfüllt. Einmal hatte ein schwachsinniger Zögling bewußt und böswillig einen Brand gelegt und ein andermal entstand im Stroh eines Ökonomiegebäudes ein Brand, dessen Ursache nicht festgestellt werden konnte. Wenn in der Öffentlichkeit kaum etwas bekannt geworden ist über Frauenfeuerwehren, so deshalb, weil die Ordensschwestern ihre Arbeit in der Stille leisten und nicht im Scheinwerferlicht der Öffentlichkeit erscheinen wollen. Sie verzichten gerne auf die Anerkennung der Allgemeinheit im Bewußtsein ihrer Pflichterfüllung und verantwortlichen Aufgabe.

Während des Krieges, als nur wenige Männer noch in der Heimat zur Verfügung standen und die Kräfte der Feuerwehr in erster Linie zum Schutz kriegswichtiger Industriebetriebe, Lager und Krankenhäuser eingesetzt werden mußten, haben sich die Frauen ohne Auftrag und Ausbildung aktiv an der Bekämpfung von Bränden und der Rettung brandgefährdeter Menschen beteiligt. Ihr stilles Heldentum bei den schweren Bombenangriffen auf deutsche Städte wird in manchem Erlebnisbericht geschildert. Manche Frau hat bei diesen Einsätzen auch ihr Leben verloren. Niemand fragte da lang, wo es nottat, griffen eben alle Hände zu und suchten zu retten, was irgend noch zu retten war.

Systematisch für den Feuerwehreinsatz ausgesucht und ausgebildet wurden aber an den großen Flugplätzen junge Luftwaffenhelferinnen, für die der Feuerwehrdienst ebenso Kriegseinsatz und Pflicht bedeutete, wie für ihre Kameradinnen der

Dienst in der Schreibstube oder in der Telefonzentrale. Alterfahrene Brandmeister leiteten ihre Ausbildung und ihr Eingreifen im Ernstfall. Sie sind heute noch des Lobes voll über diese jungen Mädchen, die durch ihren Mut und ihre Geschicklichkeit ohne Rücksicht auf persönliche Gefahren die in sie gesetzten Erwartungen weit übertroffen haben.

Nicht zu vergessen sind aber auch jene Frauen, die nur indirekt mit der Feuerwehr zu tun haben: die Ehefrauen der Feuerwehrleute. So manchen Sonn- und Feiertag müssen sie mit ihren Kindern allein verbringen, weil der Ehemann und Vater zu Feuerwehrübungen unterwegs sein muß. Bei jedem Brand aber lastet auf ihnen die Sorge um den Mann, dessen Leben und Gesundheit gefährdet sein kann. Und diese Frauen sind es auch, die bei Alarm die Männer auf ihrer Arbeitsstätte aufsuchen, sie benachrichtigen und zum Einsatzort schicken. Für die freiwilligen Feuerwehren gibt es ja keinen Bereitschaftsdienst und deshalb kommt es besonders darauf an, bei Alarm keine Minute unnütz zu vergeuden und die Männer so rasch wie irgend möglich zum Brandplatz zu bringen. Die Frauen haben dann auch die zusätzliche Aufgabe der Pflege der Uniformen, Schuhe und Wäsche, die die Männer oft durchnäßt, beschmutzt und beschädigt vom Dienst zurückbringen.

Wer 25 Jahre in der freiwilligen Feuerwehr Dienst gemacht hat, dem wird in einer kleinen Feier eine Ehrenurkunde überreicht, gleichzeitig wird aber auch der Frau gedacht, die in Anerkennung ihrer Leistungen eine Dankesplakette erhält.

Lob und Dank den Frauen

Von H. G. K.

Der Wahrheit die Ehre: die Frauen sind es, die, wenn Not und harte Zeit über das Land fallen, im besten Sinne des Wortes „ihren Mann" stehen. Mütter, Frauen, Bräute und Töchter wissen nie, ob die Feuerschützer, an denen sie in Liebe hängen, bei der Ausübung ihres Dienstes am Nächsten nicht Schaden leiden — bei der Erfüllung ihrer berufsmäßig oder freiwillig übernommenen Pflicht den Tod erleiden oder für ihr Leben bestraft werden. — Frauen sind von der Natur ausersehen, alle Nöte zu ertragen; sie sind nicht dagegen, wenn Vater, Gatte, Sohn, Bräutigam nach getaner Arbeit, statt im Kreise der Lieben zu weilen, zu den Übungen der Feuerschützer eilt, damit im Ernstfall jeder seinen Platz und seine Aufgabe kennt. Sonn- und Feiertage sind es, die die Frauen ohne ihre Männer verbringen müssen; — diese sind auf Orts-, Kreis- oder Landesfeuerwehrtagungen, um Erfahrungen im Feuerschutz auszutauschen.

Wenn die Feuerglocke ruft, sind die Frauen und Mädchen auf dem Lande die ersten, die den auf dem Feld und im Wald arbeitenden Männern Stiefel, Helm, Rock entgegenbringen. Ohne große Worte zu brauchen, bestärken sie die Männer, die Ideale innerhalb der Feuerwehr und den Spruch „Gott zur Ehr, dem Nächsten zur Wehr" hochzuhalten.

Viele Frauen stehen in erhabener Trauer vor dem toten Feuerschützer, den sie geliebt — der sie geliebt; an den Händen — Kinder, die ihren Vater in der Ausübung einer berufsmäßigen oder freiwilligen Pflicht im Dienste der Nächstenliebe verloren haben. — Um die Mutter, um die Witwe und um die Kinder des verunglückten Feuerschützers kümmern sich und sorgen die Kameraden.

Dem ewig alten menschlichen Gesetz gehorchend, das eigene Leben und den Fortbestand der Nächsten zu sichern, fordert die Mutter den Sohn auf — zu helfen, wo es zu helfen gibt. Die opferbringenden Frauen der Feuerschützer werden von allen Wehrmännern ehrlichst und herzlichst verehrt. Der aufrechte Geist, der unter den Feuerwehrmännern herrscht, macht sich auch in der Liebe zu ihren Frauen und in der Erziehung ihrer Kinder bemerkbar; Nächstenliebe, Barmherzigkeit, Hilfsbereitschaft, Treue, Tapferkeit und Mut sind die großen Eigenschaften einer Feuerwehrfamilie.

Immer sind es die Frauen, die, ohne ihren Schmerz, ihre Sorge zu zeigen, die Männer auffordern, ihrer gefahrvollen Pflicht nachzukommen.

Allen Müttern und Frauen Lob und Dank — ihnen gebührt die Achtung und Liebe aller Menschen.

„Sankt Barbara beschütz' uns in Feuersgefahren!“

Von P. W. Klink, Untertalheim/Württ.

Jenen Wintermorgen werde ich nie vergessen, da ich als blutjunges „Vikärle“ noch vor der Frühmesse zu einer Sterbenden weit hinten auf einem Einödhof in den Schwarzwaldbergen gerufen wurde. Alles war verschneit, kein Fahrzeug vermochte sich dorthin durchzubeißen. Keuchend stapfte ich bergauf. Endlich, nach einem mehrstündigen Marsch, lag der Hof vor mir und bald auch die Kranke. Aber welch ein Milieu! Auf einer verwahrlosten Strohschütte lag das ausgemergelte Weib; statt einer Bettjacke trug sie einen ausgefransten Männerkittel. Anstelle eines Buschzweigleins stak eine ausgedroschene Kornähre im Weihbrunnkessel und eine leere Schnapsflasche war zum Leuchter für die Sterbekerze befördert worden. Aber ER, der in der Futtertraufe zwischen Ochs und Esel zur Welt gekommen war, kam dafür um so lieber zur armen Sterbenden. Und mitten unter der heiligen Handlung der Sakramentenspendung kam es urplötzlich über die verfärbten Lippen der todmüden Schweigerin und es floß und sprudelte wie einer der plaudernden Bergbäche im nahen Tann:

„Sankt Barbara, Du edle Braut: — Mein Leib und Seel' sei Dir vertraut!
Sowohl im Leben als im Tod — Komm' mir zu Hilf in jeder Not
Und reiche mir vor meinem End' — Das allerheiligste Sakrament!“

Nein, es waren sogar noch viel mehr Verse, aber sie brachte sie alle zum glücklichen Ende, gleichwie die Angerufene es mit der Beterin tat . . .

Wer ist diese heilige Nothelferin Barbara? Vor 1650 Jahren ist sie, noch wenige Jahre vor dem Sieg des Christentums, als Märtyrin für ihren Glauben gestorben. Ihr Vater, der steinreiche Purpurhändler Dioskur aus Nikomedien, sah in ihr sein Ein und Alles. Und vor lauter betulicher Besorgtheit um ihr Wohl und Wehe steckte er sie, wenn er auf Reisen gehen mußte, in einen Turm hinter Schloß und Riegel. Niemand sollte sein bildschönes einziges Töchterlein verführen oder entführen können. Doch die väterlich verordnete „Klausur“ hatte ein ganz unbeabsichtigtes Ergebnis: Die sorglich behütete (— Ist sie wohl deshalb auch zur Patronin der Hutmacher geworden? —) verliebte sich dafür um so gründlicher in die neue Lehre vom Christentum. Nichts war dem Vater widerlicher als das! Diese Neuerer aus Palästina, die allmählich überall auftauchten, um sich für eine fixe Idee lächelnd umbringen zu lassen, so wie sich ihr Wanderredner und Wundertäter einst hatte für seine umwälzenden Ideen ans Kreuz nageln lassen — nein, die kamen schon gar nicht für seine Einzige in Frage! Seine Wut kannte keine Grenzen mehr; seine bisherige Affenliebe schlug nun in tierischen Haß um. Er selber zeigte sie an und erwirkte ihre Folterung. Aber die Liebe zu Christus war nicht, wie der Vater gehofft hatte, ein bloßer Schwarm, eine Backfischbegeisterung für irgend etwas Neues; es war ihr buchstäblich „tod-ernst“ damit. So konnten sie all die Marter, die der Richter ihr antun ließ, nicht mürbe machen:

Spießruten mußte sie laufen durch den Straßenpöbel, nachdem man ihr den letzten Fetzen hüllenden Gewandes vom jungfräulichen Leibe gerissen und ihre kaum erblühten Brüste mit Zangen und Brenneisen zu einer einzigen Wunde entstellt hatte. Man zerrte sie durch die Gassen der Gaffer, die wie eh und je dankbar waren für derlei Sensation. Ob wirklich ein Engel des Lichtes herzuschwebte, um ihre blutende Blöße mit einem lichten Gewande zu bedecken — wer vermöchte das heute noch als wirkliche geschichtliche Begebenheit oder spätere legendäre Zutat zu erweisen? Die Heiligenscheine und die hilfreichen Engel, das überirdische Lächeln und das mühelose Sterben bekommen die Heiligen ja meist erst hinterher von den Bildschnitzern und

Kunstmalern, vom gläubigen Volk und seinen begeisterten Predigern. Das Wundfieber sollte die Geschändete vollends umstimmen, aber das Fieber ihres mißhandelten Körpers war rascher verheilt als das Fieber des haßerfüllten Vaterherzens: Als Dioskur keine Aussicht mehr hatte auf eine Sinnesänderung seiner Tochter, da nahm er ihr mit einem Schwerthieb dasselbe Leben, das er ihr einst in Liebe geschenkt hatte. Aber kaum war sein eigen Fleisch und Blut entseelt vor ihm hingesunken, da stürzte er selber — so berichtet die Legende weiter — vom Blitz getroffen, neben ihr nieder: Mörder und Märtyrin im Tode vereint. Ob nicht der überirdische Blitzschlag am Ende doch nur ein sehr natürlicher Herzschlag war? Denn nichts wirkt tödlicher als blinder Haß und grundlose Wut.

Es dauerte mehr denn ein halbes Jahrtausend, bis ihre Leidensgeschichte und ihre Verehrung von Kleinasien über die Alpen zu uns gewandert kam. Aber dann rissen sich alle Berufe, die sich besonders gefährdet wußten, um das Patronat dieser standhaften Dulderin: Die Bergleute beteten in ihren Stollen zu ihr und die Kriegsleute hinter ihren Geschützen. Auch die Feuerwerker und Feuerwehrler hatten das Bedürfnis, zur gestrengen Männlichkeit ihres Patrons Sankt Florian die holdselige Lieblichkeit dieser tapferen Leidensbraut hinzuzunehmen, denn wo es auf Leben und Tod geht, schlug man schon immer gerne sicherheitshalber gleich zwei Nägel ein. Das Feuer ihrer Peiniger und das Fieber der Gepeinigten, die Haßglut des Vaters und die Liebesglut der Tochter, ihr schuldloses Eingesperrtsein im Turm und ihre „Befreiung" zu erneuter Bedräuung — das alles waren Züge in ihrem Leben, die jene besonders ansprechen mußten, die es mit dem Feuer und seinen Opfern zu tun hatten. Und strahlen nicht im Lichterschein des Christbaums die Blüten der Barbarazweige als alljährliches Symbol ewiger Urständ auf, wenn sie erstarrt und vereist am Barbaratag ins Glas gestellt worden sind?

ANHANG

Deutsche Feuerwehr-Fachzeitschriften

„Brandschutz“, Zeitschrift für das gesamte Feuerwehr- und Rettungswesen, Verlag W. Kohlhammer, Stuttgart O, Urbanstraße 12/14.

„Brandverhütung — Brandbekämpfung“, herausgegeben von der Feuersozietät Berlin, Berlin W 35, Am Karlsbad 4/5.

„Brandwacht“, Mitteilungsblatt des Bayerischen Landesamtes für Feuerschutz, München 23, Pündterplatz 5.

„Der Feuerwehrmann“, Organ der Freiwilligen Feuerwehren im Lande Nordrhein-Westfalen, Verlag Heinrich Lapp, M.-Gladbach, Lüpertzenderstraße 161/163.

„Die Feuerwehr“, Norddeutsche Zeitschrift für Brandverhütung und Brandbekämpfung, Norddeutscher Feuerschutzverlag, Kiel, Moltkestraße 68.

„Hessische Feuerwehrzeitung“, mit den Bekanntmachungen des Referates Brandschutz im Hessischen Ministerium des Innern, des Deutschen Feuerwehrverbandes und des Hessischen Landesfeuerwehrverbandes. Verlag Albin Klein, Gießen, Südanlage 21.

„VFDB-Zeitschrift“, Forschung und Technik im Brandschutz; herausgegeben von der Vereinigung zur Förderung des Deutschen Brandschutzes EV, Verlag W. Kohlhammer, Stuttgart-O, Urbanstraße 12/14.

„Die Brandhilfe“, Verlag: Neckar-Verlag G.m.b.H., Villingen, Klosterring 1.

„Das Schornsteinfegerhandwerk“, M.-Gladbach, Lüpertzenderstraße 161/163.

„Der Technische Handel“, Vinzens-Verlag, Hannover.

Österreich

„Die Österreichische Feuerwehr“, Wien I, Am Hof 10, Verlag — Wien I, Doblhofgasse 5.

Stichwortverzeichnis

Die Aufnahmen wurden dankenswerterweise von den Autoren, den Verbänden und den Firmen zur Verfügung gestellt.